国外电子与电气工程技术丛书

电子电路原理

（原书第8版）

[美] 艾伯特·马尔维诺（Albert Malvino）
戴维·贝茨（David Bates）　著

李冬梅　译

Electronic Principles
Eighth Edition

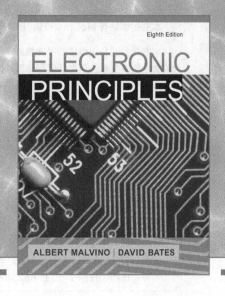

机械工业出版社
China Machine Press

图书在版编目（CIP）数据

电子电路原理（原书第 8 版）/（美）艾伯特·马尔维诺（Albert Malvino），（美）戴维·贝茨（David Bates）著；李冬梅译 . —北京：机械工业出版社，2019.6（2024.4 重印）
（国外电子与电气工程技术丛书）
书名原文：Electronic Principles, Eighth Edition

ISBN 978-7-111-63256-6

I. 电… II. ①艾… ②戴… ③李… III. 电子电路–电路理论 IV. TN710.01

中国版本图书馆 CIP 数据核字（2019）第 144873 号

北京市版权局著作权合同登记　图字：01-2015-5212 号。

Albert Malvino, David Bates: Electronic Principles, Eighth Edition (ISBN 978-1-259-25266-2/0-07-337388-5).

Copyright © 2016 by McGraw-Hill Education.

All rights reserved. No part of this publication may be reproduced or transmitted in any form or by any means, electronic or mechanical, including without limitation photocopying, recording, taping, or any database, information or retrieval system, without the prior written permission of the publisher.

This authorized Chinese translation edition is jointly published by McGraw-Hill Education and China Machine Press. This edition is authorized for sale in the Chinese mainland (excluding Hong Kong SAR, Macao SAR and Taiwan).

Copyright © 2020 by McGraw-Hill Education and China Machine Press.

版权所有。未经出版人事先书面许可，对本出版物的任何部分不得以任何方式或途径复制或传播，包括但不限于复印、录制、录音，或通过任何数据库、信息或可检索的系统。

本授权中文简体字翻译版由麦格劳－希尔教育出版公司和机械工业出版社合作出版。此版本经授权仅限在中国大陆地区（不包括香港、澳门特别行政区及台湾地区）销售。

版权 © 2020 由麦格劳－希尔教育出版公司与机械工业出版社所有。

本书封面贴有 McGraw-Hill Education 公司防伪标签，无标签者不得销售。

本书是经过多次修订的经典教材，第 8 版更注重新型电子器件与仿真电路，更强调现代集成电路技术和软件仿真技术。全书从半导体器件出发，系统介绍电子电路的基本概念、构成原理、分析方法、实际器件和应用电路，进而运用这些知识分析当今工业界广泛应用的各类器件和电路，并以颇具实用性的故障诊断训练贯穿全书。

出版发行：机械工业出版社（北京市西城区百万庄大街 22 号　邮政编码：100037）
责任编辑：曲 熠　　　　　　　　　　　　　　责任校对：李秋荣
印　　刷：北京建宏印刷有限公司　　　　　　版　　次：2024 年 4 月第 1 版第 5 次印刷
开　　本：185mm×260mm　1/16　　　　　　印　　张：46.75
书　　号：ISBN 978-7-111-63256-6　　　　　　定　　价：139.00 元

客服电话：（010）88361066　68326294

译 者 序

电子电路作为信息技术的重要基础，是相关领域的科研与技术人员的必修内容。随着电路技术的飞速发展，其应用日益广泛，读者对能够反映现代电路技术内容的专业基础教材的需求也越来越迫切。本书是经多次修订的经典教材，既注重基础知识，又兼顾工业界的应用及仿真技术；既可供教师和学生作为教材使用，也可供相关领域的技术人员学习参考。

本书从半导体器件的基础知识入手，系统地介绍了电子电路的基本概念、构成原理、分析方法、实际器件和应用电路，结构严谨、叙述清晰、内容丰富。作为经典教材，本书具有鲜明的特色：每一章的开始部分都有概要、目标和关键术语，章后有总结和习题，便于课堂讲授和学生自学；注重与实践相结合，配有大量 MultiSim 仿真实例，并以对实际电路的故障诊断方法和练习贯穿全书；适当给出了相关概念的拓展知识，同时针对常用器件数据手册中的实际特性进行分析，并附有工作面试题目，颇具实用性。

本书的内容比较全面，在使用过程中可根据实际需求有所取舍和侧重。

第 1 章给出了分析方法、定理等基本概念，是学习本书的基础。本章对三种公式（定义、定律、推理）进行了界定；定义了电路分析中所采用的近似方法和条件；基本概念（电压源和电流源）和定理（戴维南定理和诺顿定理）是电子电路分析的初步知识，对于入门读者来说是非常重要的。本章还介绍了电路故障产生的原因和诊断方法，这是本书的特色之一。电路故障虽然在实际中很常见，但现有教材中涉及这部分内容的却不多见。

第 2 章介绍的是半导体的基础知识。半导体的物理结构和特性决定了电子元器件以及电子电路乃至电路系统的特性。理解这部分内容是后续学习的前提。第 3～6 章介绍了电子电路的基本元器件（二极管和双极型晶体管）的原理和特性。第 3 章和第 6 章分别介绍二极管和晶体管的结构、工作原理、器件特性和近似模型；同时给出了器件数据手册，有助于读者对器件参数的理解。第 4 章给出了二极管的应用电路；第 5 章介绍了特殊用途二极管，包括齐纳二极管、发光二极管和其他光电器件等，类型比较全面。第 6 章给出了负载线、工作点、图解法、器件饱和/截止等概念。

第 7～8 章以共发射极放大器为例介绍了晶体管放大器的特性及电路分析方法的核心概念。第 7 章重点介绍晶体管的几种偏置电路的形式及分析方法。第 8 章给出了放大器的小信号分析概念、器件交流模型、交直流等效电路、电压增益、负载效应等放大电路分析的基础知识。

第 9 章介绍共集电极（CC）、共基极（CB）放大器的特性分析，以及多级放大器的概念与分析方法。第 10 章介绍了 A 类、B 类、AB 类及 C 类功率放大器的特性。

第 11～13 章分别介绍结型场效应管、MOS 场效应管和晶闸管。其中 MOS 场效应管是集成电路的主流器件，其工作原理、特性及分析方法都比较重要。

第 14 章是频率特性的分析。还介绍了放大电路频率特性的基本概念和分析方法，包括波特图、电压增益及功率增益的分贝表示方法与意义、阻抗匹配、密勒效应、时域与频域特性的关系、双极型和场效应晶体管电路的频率特性分析等。

第 15～16 章分别介绍差分放大器和运算放大器。第 15 章的差分放大电路是构成集成运算放大器的基本单元，对其结构和特性的分析和理解是非常重要的。对差分放大器的分析包括直流分析、交流分析、输入特性及共模特性。同时对集成电路和电流源的基本概念进行了简要介绍。第 16 章以集成运放 741 为例介绍了运算放大器的组成、特性分析、指标参数的意义等。还介绍了同相和反相负反馈放大器的特性及分析方法、分析了运放在加法器和电压跟随器电路中的典型应用。最后给出了几种常见集成运放的参数比较及应用，包括音视频放大器和射频放大器等。

第 17 章介绍了负反馈的基本概念、负反馈放大电路的四种类型及特性分析。负反馈是提高放大电路特性的重要形式，是运算放大器线性应用的前提条件。负反馈的电路形式、分析方法及对电路特性的影响都需要读者很好地掌握。

第 18~20 章是运算放大器的三种主要应用即线性运算电路、有源滤波器和非线性电路。第 18 章给出了运算放大器在实际中较常用的典型线性应用电路，包括同相/反相放大、仪表放大、差分放大、加法、减法、电流放大、压控电流源、自动增益控制等。第 19 章介绍五种基本滤波器（低通、高通、带通、带阻、全通）的概念及滤波器特性的五种逼近方式（巴特沃斯、切比雪夫、反切比雪夫、椭圆和贝塞尔）和特点分析，并介绍了一阶、二阶和高阶滤波器的典型电路和特性。第 20 章非线性运算放大器电路主要包括比较器、积分器/微分器、波形变换器、波形发生器和 D 类放大器。这三章内容非常丰富，在使用时可根据学时情况有所侧重，具有较大的选择空间。

第 21 和 22 章分别介绍振荡器和稳压电源，这两部分都是电子电路中的重要功能电路。第 21 章介绍了正弦波振荡器和锁相环的基本概念，给出几种基本振荡器电路（文氏电桥、RC 振荡器、考毕兹振荡器、LC 振荡器及晶体振荡器），作为实用电路的 555 定时器及其电路是非常实用的。第 22 章介绍了稳压电源的基本类型（并联式、串联式、开关式），并给出 DC-DC 转换器的原理和实例。

作为教材，建议全书 120~180 学时，可分解为 2~3 门课程分阶段完成，也可侧重其中基础原理部分作为入门课程，或侧重其中分析应用部分作为专业课程。书中的电路（或器件）类型和应用电路不必全部讲授学习，可选典型部分作为重点，其余部分作为参考。

机械工业出版社王颖编审及编辑团队对本书的翻译出版给予了大力支持，在此表示感谢。

鉴于译者水平有限，译文中的错误与疏漏之处在所难免，敬请读者批评指正。

译者

2019 年 5 月于清华园

前　言

本书第 8 版继承了之前版本的主要内容，对半导体器件和电子电路进行了清晰且深入的讲解。本书适于初次学习线性电路课程的学生使用，预备知识为直流/交流电路课程、代数和部分三角函数的内容。

本书详细介绍了半导体器件特性、测试及其应用电路，为学生理解电子系统的工作原理和故障诊断打下了良好的基础。其中，电路实例、应用和故障诊断练习将贯穿全书。

第 8 版的更新

基于当前电子电路领域的教师、专业人士和认证机构的调查意见反馈以及广泛的课程研究，本书对部分内容进行了增加和调整，具体如下：

内容方面

- 增加了对 LED 特性的介绍。
- 新增了介绍高亮度 LED 的部分，以及该器件高效发光的控制原理。
- 在较前面的章节中将三端稳压器作为供电系统模块的一部分加以介绍。
- 删除了电路参量增减分析法的有关内容。
- 重新组织关于双极型晶体管的章节，从原来的 6 章压缩为 4 章。
- 对电子系统加以介绍。
- 增加了多级放大器中的部分内容，因其与构成系统的电路模块关系密切。
- "功率 MOS 场效应管"部分增加了以下内容：
- 功率 MOS 管的结构和特性。
- 高侧和低侧 MOS 管的驱动与接口要求。
- 低侧和高侧负载开关。
- 半桥与全 H 桥电路。
- 用于电机转速控制的脉冲宽度调制（PWM）。
- 增加了 D 类放大器中的部分内容，包括单片 D 类放大器的应用。
- 更新了开关电源的相关内容。

特色方面⊖

- 增加并突出了"应用实例"。
- 各章节内容相对独立，便于读者挑选所需内容进行学习。
- 在所有章节中，对于原有的 Multisim 电路增加了新的 Multisim 故障诊断题。

⊖　以下更新中，Multisim 故障诊断、数字/模拟训练器、实验手册、Multisim 电路文件为教师资源。此外，教师资源还包括教师手册和 PPT 幻灯片。只有使用本书作为教材的教师才可以申请教师资源，需要的教师可向麦格劳·希尔教育出版公司北京代表处申请，电话 010-57997618/7600，传真 010-59575582，电子邮件 instructorchina@mheducation.com。——编辑注

- 在很多章节中新增加了关于数字/模拟训练器的习题。
- 根据采用系统方法进行的新实验，对实验手册进行了更新。
- 更新并充实了配套的教师资源。
- Multisim 电路文件位于教师资源的 "Connect for Electronic Principles" 中。

致　谢

本书的出版是专业团队合作努力的结果。

感谢 McGraw-Hill 出版社高教部门为本书付出努力的每一个人，尤其是 Raghu Srinivasan、Vincent Bradshaw、Jessica Portz 和 Vivek Khandelwal。特别感谢 Pat Hoppe 的见地和针对 MultiSim 文件所做的大量工作，这些贡献对本书具有非常重要的意义。感谢每一位对本书提出有价值的意见和建议的人。包括在初稿修改之前，那些花费时间对问卷调查进行回复的人，以及那些对修改后的材料进行仔细评审的人。他们的每一次回复和审阅都非常仔细，对本书十分有益。本书的修订建议来自于电子电路领域的教师，以及美国乃至国外的评阅者。同时，本书也得到了各电子认证机构的大力支持，这些机构包括技术员工能力认证委员会（CertTEC）、国际电子技术协会（ETA）、国际电子技师认证协会（ISCET）和美国国家联合电子教育（NCEE）。下面是参加第 8 版评审工作的人员名单，正是由于他们的帮助才使得本书具有更好的可读性和连贯性。

评审人员名单

Reza Chitsazzadeh

Community College of Allegheny County

Walter Craig

Southern University and A&M College

Abraham Falsafi

BridgeValley Community & Technical College

Robert Folmar

Brevard Community College

Robert Hudson

Southern University at Shreveport Louisiana

John Poelma

Mississippi Gulf Coast Community College

Chueh Ting

New Mexico State University

John Veitch

SUNY Adirondack

KG Bhole

University of Mumbai

Pete Rattigan

President International Society of Certified Electronics Technicians

Steve Gelman

President of National Coalition for Electronics Education

作 者 简 介

Albert P. Malvino 1950～1954 年在美国海军任电子技术员。1959 年毕业于圣克拉拉大学，获得电气工程学士学位。接下来的五年，他在微波实验室和惠普公司任电子工程师，并于 1964 年获得圣何塞州立大学电气工程硕士学位。之后，他在山麓学院任教四年，于 1968 年获得国家科学基金会奖学金。在 1970 年获得斯坦福大学的电气工程博士学位以后，Malvino 便开始了全职写作生涯。他编著的 10 本教材被翻译成 20 种语言，拥有超过 108 个版本。Malvino 博士目前是一名顾问，并为 "SPD-Smart™ windows" 设计微控制电路。他还为电子技术人员和工程师编写教育软件。此外，他还在 Research Frontiers 公司的理事会任职。Malvino 的个人网页为 www. malvino. com。

David J. Bates 西威斯康星技术学院（位于拉克罗斯）电子技术系的兼职讲师。作为电子维护和电子工程技术人员，他拥有 30 年以上的教学经验。Bates 曾获得工业教育专业学士学位和职业/技术教育专业硕士学位。他拥有 FCC GROL 证书、计算机硬件技术人员 A＋证书，以及由国际电子技师认证协会（ISCET）授予的电子技术员熟练等级证书。Bates 目前是 ISCET 的资质管理员、理事会成员，并且任美国国家联合电子教育（NCEE）基础电子学的学科专家（SME）。David J. Bates 还与 Zbar、Rockmaker、Bates 合著了 "基础电学" 实验指南。

目 录

第 1 章

绪　论

本章作为全书内容的框架基础具有非常重要的作用，主要内容包括公式、电压源、电流源、两个电路定理和故障诊断。虽然有些内容是对旧知识的复习，但是读者可以从中产生新的认识，如电路的近似计算，有助于对半导体器件的理解。

目标

在学习完本章后，你应该能够：

■ 区分三种公式，并能解释每种公式成立的原因；
■ 解释为什么常常采用近似的估算方法而不用精确的公式计算；
■ 说出理想电压源和理想电流源的定义；
■ 描述识别准理想电压源和准理想电流源的方法；
■ 阐述戴维南定理并能把它应用到实际电路中；
■ 阐述诺顿定理并能把它应用到实际电路中；
■ 举出两个开路器件和两个短路器件的例子。

关键术语

虚焊点（cold-solder joint）

定义（definition）

推论（derivation）

对偶原理（duality principle）

公式（formula）

理想化（一阶）近似（ideal（first）
　approximation）

定律（law）

诺顿电流（Norton current）

诺顿电阻（Norton resistance）

开路器件（open device）

二阶近似（second approximation）

短路器件（shorted device）

焊锡桥（solder bridge）

准理想电流源（stiff current source）

准理想电压源（stiff voltage source）

定理（theorem）

戴维南电阻（Thevenin resistance）

戴维南电压（Thevenin voltage）

三阶近似（third approximation）

故障诊断（troubleshooting）

1.1　三种类型的公式

公式是将不同参量联系起来的一种规则。这个规则可能是等式、不等式或者其他数学表述。在本书中将会出现许多公式，只有知道了每个公式成立的原因，才能更好地理解它。公式的类型只有三种，懂得了这三种公式的意义，在电子学的学习中就会更有条理并获得更满意的效果。

　知识拓展　从实用角度出发，公式有点像一个用简略的数学方式写成的指令集。公式表述了如何对一个特定量或参量进行计算。

1.1.1　定义

在学习电力或电子学知识的时候，需要记住诸如电流、电压和电阻等一些新词汇。然而，仅对这些词汇做字面上的解释是不够的，还须在数学角度上和其他人的理解相一致，而达成这种一致性的唯一方式就是通过**定义**。所谓定义，就是为阐述一个新概念而创造的公式。

下面是一个定义的例子。电容等于一个平板上的电量除以加在两个平板间的电压。对应公式为：

$$C = \frac{Q}{V}$$

这个公式就是一个定义，它说明了电容 C 是什么，以及如何计算它。这是以前的研究者给出的定义，现在已被广泛接受。

下面给出一个创造新定义的例子。假设我们在进行阅读技巧方面的研究，并需要一种方式来衡量阅读速度。为此，我们想到定义阅读速度为一分钟内阅读单词的数量。如果单词的数量是 W，所用的时间是 M 分钟，可以建立如下公式：

$$S = \frac{W}{M}$$

在该式中，S 是用每分钟所阅读的单词数来衡量的阅读速度。

可以使用希腊字母：ω 代表单词数，μ 代表分钟数，σ 代表阅读速度。该定义描述如下：

$$\sigma = \frac{\omega}{\mu}$$

这个公式表述的仍然是阅读速度等于单词数量除以阅读时间。当这个公式再次出现时，读者就会知道这是一个定义。

总而言之，定义是研究人员创造的公式。基于科学的观察和研究，这些定义构成了电子学的基础。定义是可以接受的事实，这在科学界已成为惯例。一个定义的正确性犹如一个单词的正确性，每个定义都代表了某些需要讨论的内容。定义是学习的起点，需要理解并记住它们。当知道了哪些公式是定义时，对电子学的理解就会更加容易。

1.1.2 定律

定律和定义不同，定律是对自然界中已经存在的某种关系的总结。下面是一个定律的例子：

$$f = K \frac{Q_1 Q_2}{d^2}$$

其中，f 代表力，K 是比例常量 9×10^9，Q_1、Q_2 分别代表两个电荷所带的电量，d 是两个电荷的间距。

这是库仑定律，它阐述的是两个电荷间的吸引力或排斥力与所带电量成正比，与电荷间距的平方成反比的关系。这个方程式很重要，是电学的基础。那么它从何而来？又为什么正确呢？首先，在库仑定律发现之前，定律中所有的变量就已存在。库仑通过实验证明了两个电荷间的吸引力或排斥力正比于每个电荷所带电量，并反比于两个电荷间距的平方。库仑定律就是反映自然界中存在的某种关系的一个例子，虽然早期的研究人员已经可以测量出 f、Q_1、Q_2 和 d，但库仑发现了这些量之间的关系，并以公式的形式描述了这种关系。

在定律发现之前，有些人可能预感到这种关系的存在。经过大量的实验，研究人员将他们的发现总结为公式。当足够多的人通过实验证实了这个发现后，该公式就变成了定律。定律是事实，因为可以通过实验进行验证。

1.1.3 推论

给定一个等式：

$$y = 3x$$

在等式两边同时加上 5，则有：

$$y + 5 = 3x + 5$$

等式两边相等，所以等式依然成立。还有很多其他运算，如减法、乘法、除法、因式分解，或者变量置换，都可以保持等式两边仍然是相等的。因此，可通过数学方法推导出许多新的公式。

推论是指从其他公式中推导出的公式。这意味着可从一个或多个已经存在的公式开始，用数学方法推导出一个不在原先公式集中的新公式。推论是正确的，因为从原始公式到推演的公式之间的每一步数学变换都保持了公式两边的相等关系。

举例来说，欧姆在做导体实验时，发现了电压和电流的比值是一个常量，他把这种常量命名为电阻，并且给出如下公式：

$$R = \frac{V}{I}$$

这是欧姆定律的原始形式。重新组织这个公式，有：

$$I = \frac{V}{R}$$

这是一个推论，它是从欧姆定律的原始形式推导出的另一个等式。

下面是另一个例子，电容的定义为：

$$C = \frac{Q}{V}$$

可以在等式两端同时乘以 V，得到下面的新等式：

$$Q = CV$$

这是一个推论，它表述了一个电容上的电荷量等于电容乘以加在电容两端的电压。

1.1.4 必要常识

一个公式为什么是正确的？有三种可能的答案。要将对电子学的理解建立在夯实的基础上，有必要区分每一个新公式属于下面三种类型中的哪一类。

定义：为描述新概念而创造的公式。

定律：描述自然界中已存在的关系的公式。

推论：用数学方法推导出的公式。

1.2 近似

在我们的日常生活中，每天都在运用着近似。如果有人问你的年龄，你可能回答 21 岁了（理想化近似），也可能回答 21 岁多，快 22 岁了（二阶近似），或者还可能回答 21 岁零 9 个月（三阶近似）。当然，如果希望更精确一些，可以回答 21 岁零 9 个月 2 天 6 小时 23 分钟 42 秒（精确值）。

上述例子阐述了不同程度的近似：理想化近似、二阶近似、三阶近似和精确值。采用哪种近似取决于当时的情况。在电子学中也是一样，进行电路分析时，需要根据情况选择合适的近似精度。

1.2.1　理想化近似

有一段长度为 1 英尺的 AWG22 导线，与基板的距离为 1 英寸，你知道它具有 0.016Ω 电阻、$0.24\mu H$ 电感和 $3.3pF$ 电容吗？如果在每次计算电流时都计入连线的电阻、电感和电容效应，那么将耗费太多的时间。这就是人们在大多数情况下都忽略连线的电阻、电感和电容的原因。

理想化近似，有时也称**一阶近似**，是一个器件最简单的等效电路。例如，一段导线的理想化近似就是一个阻抗为零的导体，这种理想化近似适用于日常的电路分析。

例外的情况发生在高频电路中，这时不得不考虑导线的电感和电容的影响。假设 1 英寸的导线有 $0.24\mu H$ 电感和 $3.3pF$ 电容，那么在 $10MHz$ 频率下，感抗是 15.1Ω，容抗是 $4.82k\Omega$，可见此时的设计已经不能再将导线理想化了。互连线的感抗和容抗可能会非常重要，这取决于电路其他部分的情况。

工作频率在 $1MHz$ 以下时可以将导线理想化，这是一个常用的经验法则。但并不意味着可以对互连线掉以轻心。通常情况下，应使互连线越短越好，因为在一定的频率下，长互连线将使电路性能下降。

在做故障诊断时，通常可以采用理想化近似，因为需要寻找的是那些与正常电压或电流有明显偏差的故障。在本书中，将把半导体器件理想化地等效成简单电路。借助于理想化近似，可以更容易地分析和理解半导体电路的工作原理。

1.2.2　二阶近似

一个手电筒电池可以理想化近似为一个 $1.5V$ 的电压源，而**二阶近似**将在理想化近似的基础上加入一个或多个元件。例如，手电筒电池也可表述为一个 $1.5V$ 电压源串联上一个 1Ω 电阻，这个串联电阻称为电池的源电阻或内阻。如果负载电阻小于 10Ω，则负载电压会明显少于 $1.5V$，因为有一部分电压被分配到电源内阻上，在这种情况下，精确计算就必须考虑电源内阻。

1.2.3　三阶和高阶近似

出现**三阶近似**的情况时，器件的等效电路中会包含另一个元件。第 3 章讨论半导体二极管时将会给出一个三阶近似的例子。

更高阶的近似在等效电路中可能包含更多元件，此时手工计算将变得很困难而且很费时，因此经常利用计算机仿真软件进行电路计算。例如，由 EWB 公司开发的软件 Multisim，以及 PSpice 等商用软件，均采用高阶近似模型来分析半导体电路。本书中的大量实例和电路都可以采用这类软件进行分析。

1.2.4　结论

采用哪种近似取决于想要做什么事。如果进行故障诊断，那么理想化近似就足够了。更多时候，二阶近似是最佳选择，因为它便于使用，也不需要计算机辅助。对于高阶近似，则需要有一台计算机和类似 Multisim 的软件。

1.3　电压源

理想直流电压源可提供恒定的负载电压。内阻为零的电池就是一个最简单的理想直流电压源。如图 1-1a 所示，一个理想电压源与一个从 1Ω 到 10MΩ 的可变电阻相连，电压表的读数为 10V，与电源电压完全一致。

图 1-1b 给出了负载电压随负载电阻变化的曲线。如图 1-1b 所示，在负载电阻从 1Ω 变化到 10MΩ 过程中，负载电压保持 10V 不变。换句话说，无论负载电阻变大或变小，理想的直流电压源总能输出恒定的负载电压。对于理想电压源，只有负载电流是随负载电阻的变化而变化的。

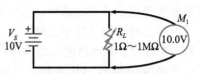

a）连接可变电阻的理想电压源

1.3.1 二阶近似

理想电压源只是理论上存在的器件，实际是不存在的。原因是当负载电阻值趋近于零时，负载电流就会变为无穷大。没有任何实际的电压源可以产生无穷大的电流，实际电压源总会存在一定的内阻。电压源的二阶近似就包括这个内阻。

图 1-2a 说明了这种情况。一个 1Ω 的电源内阻 R_S 和一个理想电池串联在一起，当负载电阻是 1Ω 时，电压表的读数是 5V。因为负载电流等于 10V 除以 2Ω，即 5A，当 5A 的电流流过电源内阻时，产生了 5V 的压降。因为内阻分掉了一半电压，所以负载电压只有电源电压理想值的一半。

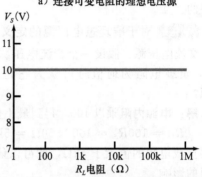

b）负载电压在所有负载电阻情况下恒定不变

图 1-1 理想电压源

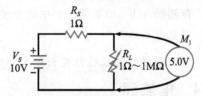

a）包含电源内阻的二阶近似

图 1-2b 给出了负载电压随负载电阻变化的曲线。在这种情况下，只有当负载电阻远远大于电源内阻时，负载电压才会接近电源电压的理想值。不过，怎样才能称为"远远大于"呢？换句话说，什么时候才可以忽略电源内阻呢？

1.3.2 准理想电压源 ⊖

下面将创造一个非常有用的新定义。当电源内阻为负载电阻的 1/100 或更小时，则内阻可以忽略。满足这个条件的电压源称为准理想电压源。定义如下：

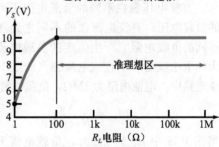

b）负载电压在大负载电阻时恒定不变

图 1-2 二阶近似电压源

$$准理想电压源 \quad R_S < 0.01R_L \tag{1-1}$$

该公式定义了什么是准理想电压源。在不等式的边界处（把"<"换成"="）得到下面的等式：

$$R_S = 0.01R_L$$

由此可以推导出满足准理想电压源条件的最小负载电阻为：

$$R_{L(\min)} = 100R_S \tag{1-2}$$

即最小的负载电阻值等于电源内阻的 100 倍。

⊖ 原文为 "stiff voltage source"，因其可近似认为是理想电压源，所以这里译作"准理想电压源"。——译者注

式（1-2）是一个推论，它从准理想电压源的定义出发，推导出满足准理想电压源条件的最小负载电阻。只要负载电阻大于 100 倍的电源内阻，电压源就是准理想的。当负载电阻恰好等于这个最小负载时，忽略电源内阻带来的计算误差为百分之一，这个误差足够小，可以在二阶近似计算中忽略。

图 1-3 总结了准理想电压源的条件：当负载电阻大于电源内阻的 100 倍时，电压源就是准理想的。

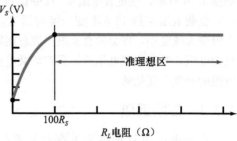

例 1-1 对于准理想电压源的定义同样也适用于交流电压源。假设一个交流电压源的内阻为 50Ω，负载电阻为何值时可认为它是准理想电压源？

解： 电源内阻乘以 100，得到最小负载电阻：
$$R_L = 100R_s = 100 \times 50\Omega = 5k\Omega$$

图 1-3 准理想区出现在负载电阻足够大的区域

只要负载电阻的值大于 5kΩ，就可以认为交流电压源是准理想电压源，此时可以忽略电源内阻的影响。

最后需要说明的是，对于交流电源使用二阶近似仅在低频区有效。在高频区，导线电感和寄生电容等附加因素会产生不可忽视的影响。稍后的章节将讨论这些高频效应。 ◀

✎ **自测题 1-1** 如果例 1-1 中的交流电压源内阻为 600Ω，负载电阻为何值时可认为是准理想电压源？ ⊖

知识拓展 稳压性能良好的电源就是一个很好的准理想电压源的例子。

1.4 电流源

直流电压源在不同的负载电阻下可提供恒定的负载电压。直流电流源的不同之处在于，对于不同的负载电阻它产生恒定的负载电流。内阻很大的电池就是一个直流电流源（如图 1-4a 所示），该电路中，电池内阻为 1MΩ，负载电流为：

$$I_L = \frac{V_s}{R_s + R_L}$$

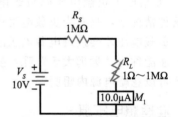

a）用直流电压源和大电阻构成的模拟电流源

当图 1-4a 中 R_L 为 1Ω 时，负载电流为：

$$I_L = \frac{10V}{1M\Omega + 1\Omega} = 10\mu A$$

在这个计算中，小的负载电阻对负载电流几乎不产生影响。

图 1-4b 中给出了负载电阻从 1Ω 变化到 1MΩ 过程中负载电流的变化曲线。负载电流在很大的范围内保持 10μA，只有当负载电阻大于 10kΩ 时，负载电流才出现明显的下降。

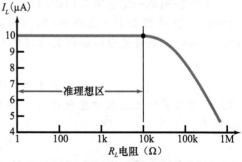

b）负载电阻很小时负载电流保持恒定

图 1-4 电流源

知识拓展 恒流源的输出电压 V_L 与负载电阻值成正比。

1.4.1 准理想电流源[⊖]

这是另一个有用的定义，尤其是在半导体电路中。当电流源内阻比负载电阻大至少 100 倍时，可以忽略电流源内阻。满足这一条件的电流源称为准理想电流源。定义如下：

$$准理想电流源 \quad R_S > 100R_L \tag{1-3}$$

其上界是最坏情况，该值为：

$$R_S = 100R_L$$

求解可获得满足准理想电流源条件的最大负载电阻为：

$$R_{L(\max)} = 0.01R_S \tag{1-4}$$

即最大负载电阻是电流源内阻的百分之一。

式（1-4）是一个推论，它从准理想电流源的定义出发推导得到满足准理想电流源定义的负载电阻的最大值。当负载电阻等于最大值时，计算误差为百分之一。这个误差足够小，可以在二阶近似中忽略。

图 1-5 给出了准理想区。只要负载电阻小于电流源内阻的百分之一，电流源就是准理想的。

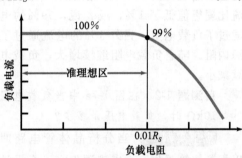

图 1-5 准理想区出现在负载电阻足够小的区域

1.4.2 电路符号

图 1-6a 所示是一个理想电流源的电路符号，它具有无穷大的内阻。这个理想近似在实际电路中是不存在的，但它可以在数学层面存在。因此，在故障诊断等过程中，我们可以用这个理想电流源进行快速的电路分析。

图 1-6a 是一个图形定义，这是一个电流源的符号。这个符号表示该器件可以产生恒定电流 I_s。电流源也可以被想象为一个每秒钟可输出固定数目库仑电荷的泵。所以有"电流源给 1kΩ 的电阻输出 5mA 电流"的表述方法。

图 1-6b 给出的是二阶近似情况。内阻并联于理想电流源，这与电压源中内阻的串联关系不同。本章稍后将讨论诺顿定理，由此可知为什么内阻必须和理想电流源是并联关系。表 1-1 可以帮助理解电压源和电流源之间的区别。

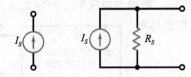

a）电流源的电路符号 b）电流源的二阶近似

图 1-6 电流源的符号和近似

表 1-1 电压源和电流源的性质

参量	电压源	电流源
R_S	一般比较低	一般比较高
R_L	大于 $100R_S$	小于 $0.01R_S$
V_L	常量	取决于 R_L
I_L	取决于 R_L	常量

例 1-2 一个 2mA 的电流源内阻为 10MΩ。负载电阻取值在什么范围时是准理想电流源？

解： 由于是电流源，因此负载电阻应该相对内阻尽量小，由 100∶1 的关系可以算出，

最大的负载电阻为：

$$R_{L(\max)} = 0.01 \times 10\text{M}\Omega = 100\text{k}\Omega$$

对于这个电流源来说，使其保持准理想特性的负载电阻的范围是 0～100kΩ。

图 1-7 给出了完整解答。在图 1-7a 中，一个 2mA 的电流源和 10MΩ 的电阻并联，此时可变电阻设为 1Ω，电流表测出负载电流为 2mA。当负载电阻从 1Ω 变为 1MΩ 时，由图 1-7b可以看到电流源的准理想特性一直保持到负载电阻增到 100kΩ。在这个点上，负载电流比理想值低了 1%，或者说，99% 的电流都通过了负载电阻，另外 1% 的电流通过了电流源内阻。随着负载电阻继续增大，负载电流持续减小。

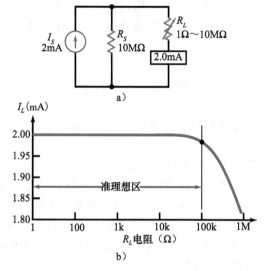

图 1-7　例 1-2 题解

◀

✎ **自测题 1-2**　在图 1-7a 中当负载电阻等于 10kΩ 时，负载电压是多少？

最大负载 **应用实例 1-3**　当分析晶体管电路时，可以把晶体管看作一个电流源。在一个设计良好的电路中，晶体管就像一个准理想电流源，可以忽略内阻影响来计算其负载电压。例如，如果晶体管向 10kΩ 的负载电阻输出 2mA 的电流，则负载电压为 20V。 ◀

1.5　戴维南定理

一些人在工程实践中偶然做出的重大突破可以把我们的认识提升到一个新的高度。法国工程师 M. L. 戴维南推导出的电路定理就是这些重大突破之一，该定理以他的名字命名为**戴维南定理**。

1.5.1　戴维南电压和戴维南电阻的定义

定理是可以通过数学手段证明的一个命题。因此，它区别于定律和定义，应归入推论的范畴。回顾前续课程对戴维南定理的表述，如图 1-8a 所示，**戴维南电压** V_{TH} 的定义为当负载开路时负载两端的电压，因此，戴维南电压有时也称作开路电压。定义如下：

$$\text{戴维南电压}\quad V_{TH} = V_{OC} \tag{1-5}$$

戴维南电阻的定义为当图 1-8a 所示电路中的负载电阻开路且所有电源置零时，在负载两端所测得的电阻：

$$\text{戴维南电阻}\quad R_{TH} = R_{OC} \tag{1-6}$$

凭借这两个定义，戴维南得到了以他名字命名的著名定理。

求戴维南电阻时有一个小问题，所谓电源置零，对电压源和电流源而言是不一样的。对于电压源，相当于把它短路，因为这是确保电压源流过电流时其电压为零的唯一办法。对

a）内含线性电路的黑盒子

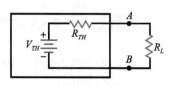

b）**戴维南等效电路**

图 1-8　戴维南定理

于电流源，相当于把它开路，因为这是确保电流源两端加载电压时其电流为零的唯一办法。总结如下：

将电压源置零时，使之短路。

将电流源置零时，使之开路。

1.5.2　推论

戴维南定理是什么？请看图 1-8a，其中的黑盒子内可以包含任何含有直流电源和线性电阻的电路（线性电阻的阻值不随电压变化）。戴维南证明了无论图 1-8a 中黑盒子里面的电路有多么复杂，它将产生与图 1-8b 中简化电路完全相同的负载电流，推导如下：

$$I_L = \frac{V_{TH}}{R_{TH} + R_L} \tag{1-7}$$

戴维南定理是一个强大的工具，工程师和技术人员一直都在使用这个定理。如果没有这个定理，电子学甚至可能无法发展到今天的程度。戴维南定理不仅简化了计算，而且可以由此解释电路的工作原理，如果仅用基尔霍夫方程来解释有时不太可能。

例 1-4　图 1-9a 所示电路的戴维南电压和戴维南电阻分别是多少？　‖‖‖‖ Multisim

解： 首先计算戴维南电压。将负载电阻开路，即将负载电阻从电路中移除，如图 1-9b 所示。由于有 8mA 的电流通过由 6kΩ 电阻与 3kΩ 电阻串联的电路，3kΩ 电阻上的分压为 24V。由于负载电阻开路，4kΩ 电阻上没有电流经过，所以 AB 节点间的电压为 24V。故戴维南电压为：

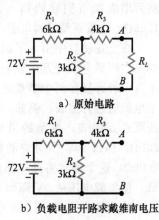

a）原始电路

$$V_{TH} = 24V$$

然后计算戴维南电阻。将直流电压源置零等价于将其短路，如图 1-9c 所示。如果把欧姆表连在图 1-9c 中 AB 两个节点间，读数将是多少？

读数将会是 6kΩ。因为当电源短路时，从 AB 两端向里看，欧姆表看到的电阻是 4kΩ 电阻串联在 3kΩ 电阻与 6kΩ 电阻并联后的电阻上，可以表述为：

$$R_{TH} = 4k\Omega + \frac{3k\Omega \times 6k\Omega}{3k\Omega + 6k\Omega} = 6k\Omega$$

3kΩ 和 6kΩ 的积除以它们的和等于 2kΩ，再加上 4kΩ，得到 6kΩ。

b）负载电阻开路求戴维南电压

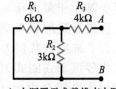

c）电源置零求戴维南电阻

图 1-9　举例

对于并联的表示方法，我们需要一个新的定义。由于并联在电路中很常见，人们习惯用一个简写符号 "‖" 来表示并联。当方程式中出现 ‖ 时，则代表其两侧的量是并联关系。在工业界，上述戴维南电阻有如下表达形式：

$$R_{TH} = 4k\Omega + (3k\Omega \parallel 6k\Omega) = 6k\Omega$$

绝大多数的工程师和技术人员都理解这两条竖线是并联的意思，会用积除以和的方法求出 3kΩ 与 6kΩ 并联后的等效电阻。

图 1-10 给出了带负载的戴维南等效电路。将这个简化电路与图 1-9a 中的原始电路对比，就会发现在求解不同负载情况下的负载电流时，问题变得容易多了。下面通过自测题 1-4 来体会一下。

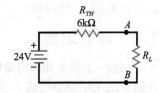

图 1-10　图 1-9a 的戴维南等效电路

自测题 1-4 使用戴维南定理，求当图 1-9a 所示电路的负载电阻分别为 $2k\Omega$、$6k\Omega$ 和 $18k\Omega$ 时，负载电流是多少？

如果要真正领略戴维南定理的好处，可以采用图 1-9a 所示的原始电路或者其他方法重新计算上述电流。

应用实例 1-5 面包板可用来验证电路设计的可行性，面包板上的电路器件不是通过焊锡连接的，其位置也不是固定不变的。假设实验台上有一块用面包板插接完成的电路，如图 1-11a 所示，如何测量戴维南电压和戴维南电阻？

||||| Multisim

解： 首先用万用表充当负载电阻，如图 1-11b 所示。当把万用表调到电压挡时，它将显示读数 9V，这就是戴维南电压。然后，用短接线取代电源（见图 1-11c），将万用表调节到欧姆挡，它将显示读数 1.5kΩ，这就是戴维南电阻。

在上述测量中引入了误差。值得注意的是在测量电压时万用表的输入电阻。由于万用表跨接在两个节点之间，因此会有小电流通过万用表。例如，如果使用可动线圈式万用表，典型的灵敏度是每伏特 20kΩ，那么 10V 挡对应的输入电阻就是 200kΩ，这个负载将使电路的输出电压降低，使负载电压从 9V 降到 8.93V。

作为测量的准则，电压表的输入电阻至少要大于戴维南电阻的 100 倍，这样，负载导致的误差就会下降到 1% 以内。为了避免负载误差，使用数字万用表来代替可动线圈式万用表。数字万用表的输入电阻至少为 $10M\Omega$，通常可以消除负载误差。当采用示波器进行测量时也会产生负载误差，因此对于高阻电路应该采用 10 倍的探头。 ◀

1.6 诺顿定理

回顾一下前续课程对**诺顿定理**的表述。在图 1-12a 中，诺顿电流 I_N 定义为当负载电阻短路时的负载电流。因此，**诺顿电流**有时也称为"短路电流"。定义如下：

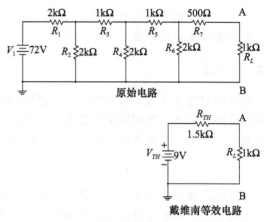

原始电路

戴维南等效电路

a）实验电路

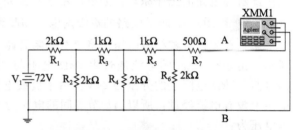

b）戴维南电压的测量

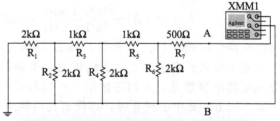

c）戴维南电阻的测量

图 1-11 举例

$$诺顿电流 \quad I_N = I_{SC} \quad\quad (1\text{-}8)$$

而**诺顿电阻**是将所有电源置零后，负载电阻开路时在负载两端测得的电阻。定义如下：

$$诺顿电阻 \quad R_N = R_{OC} \quad\quad (1\text{-}9)$$

由于戴维南电阻的值也是 R_{OC} ，因而有：

$$R_N = R_{TH} \quad\quad (1\text{-}10)$$

这个推论说明诺顿电阻等于戴维南电阻。当算出戴维南电阻是 $10k\Omega$ 时，便立刻知道诺顿电阻也是 $10k\Omega$ 。

1.6.1　基本概念

诺顿定理的本质是什么呢？在图 1-12a 中的黑盒子内可以包含任何含有直流电源和线性电阻的电路。诺顿证明了图 1-12a 中黑盒子内的电路与图 1-12b 中的简化电路会产生完全相等的负载电压。作为推论，诺顿定理可表述为：

$$V_L = I_N(R_N \parallel R_L) \quad\quad (1\text{-}11)$$

即负载电压等于诺顿电流乘以诺顿电阻与负载电阻的并联。

a）含有线性电路的黑盒子

诺顿电阻虽然与戴维南电阻相等，但是它们在等效电路中的位置是不同的：戴维南电阻始终与电压源串联，而诺顿电阻始终与电流源并联。

注意：如果使用的是电子流，记住下面的符号表示方法。在工业界，电流源内部箭头方向几乎总是按照电流的方向而设定，例外的情况是当电流源内部的箭头是虚线时，电流源按照虚线箭头方向输出电子。

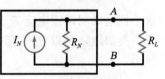

b）诺顿等效电路

图 1-12　诺顿定理

知识拓展　和戴维南定理一样，诺顿定理可以应用于包含电感、电容和电阻的交流电路。对于交流电路，诺顿电流 I_N 常常以极坐标下的复数形式表示，而诺顿阻抗 Z_N 则常常以直角坐标下的复数形式表示。

1.6.2　推论

诺顿定理可以由**对偶原理**推导出来。对偶原理表明，在电路分析中任何定理都存在一个对偶（对立）定理，在对偶定理中，原定理中的各个物理量都替换为相应的对偶物理量。以下是最常见的对偶物理量：

电压 ←————→ 电流

电压源 ←————→ 电流源

串联 ←————→ 并联

串联电阻 ←————→ 并联电阻

图 1-13 解释了对偶原理应用在戴维南定理和诺顿定理中的情形，这表明我们可以将两个电路中的任意一个用于计算。在后续的讨论中将会了解到，两个电路都很有用。有时使用戴维南电路更方便，有时

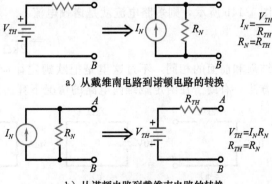

a）从戴维南电路到诺顿电路的转换

b）从诺顿电路到戴维南电路的转换

图 1-13　对偶原理：戴维南定理与
诺顿定理的互换关系

则使用诺顿电路，这取决于具体的问题。表 1-2 总结了得到戴维南和诺顿电路物理量的步骤。

表 1-2　戴维南和诺顿物理量

过程	戴维南等效	诺顿等效
步骤 1	将负载电阻开路	将负载电阻短路
步骤 2	计算或测量开路电压，即戴维南电压	计算或测量短路电流，即诺顿电流
步骤 3	将电压源短路，电流源开路	将电压源短路，电流源开路，同时负载电阻开路
步骤 4	计算或测量开路电阻，即戴维南电阻	计算或测量开路电阻，即诺顿电阻

1.6.3　戴维南电路和诺顿电路的关系

戴维南电阻和诺顿电阻的数值相等，但是位置不同：戴维南电阻和电压源串联，而诺顿电阻和电流源并联。

还可以推导出如下两个关系。可以把任意一个戴维南电路转化为诺顿电路，如图 1-13a 所示。证明很简单，将戴维南电路的 AB 两端短路，得到诺顿电流：

$$I_N = \frac{V_{TH}}{R_{TH}} \tag{1-12}$$

这个推论说明诺顿电流等于戴维南电压除以戴维南电阻。

类似地，可以把任意一个诺顿电路转化为戴维南电路，如图 1-13b 所示。开路电压为：

$$V_{TH} = I_N R_N \tag{1-13}$$

这个推论说明戴维南电压等于诺顿电流乘以诺顿电阻。

图 1-13 总结了两种电路的转换公式。

例 1-6　假设一个复杂的电路已经化简成如图 1-14a 所示的戴维南等效电路，如何把它转化成诺顿等效电路呢？

解：使用式（1-12）得到：

$$I_N = \frac{10V}{2k\Omega} = 5mA$$

图 1-14c 为诺顿等效电路。

大多数的工程师和技术人员在离开学校之后很快就会忘记式（1-12），但他们通常会用欧姆定律解决同样问题。具体方法是，对于图 1-14a 所示电路，假设 AB 两端短路，如图 1-14b 所示，则短路电流就是诺顿电流：

$$I_N = \frac{10V}{2k\Omega} = 5mA$$

结果和前面的相同，不过这里是把欧姆定律应用在戴维南电路中了。图 1-15 总结了这种方法，有助于在给定戴维南电路的情况下算出诺顿电流。◀

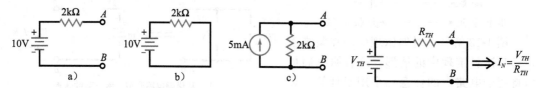

图 1-14　计算诺顿电流　　　　　　　图 1-15　诺顿电流求解的记忆方法

自测题 1-6　当图 1-14a 所示电路的戴维南电阻为 $5k\Omega$ 时，计算诺顿电流的值。

1.7 故障诊断

故障诊断就是查明电路没有正常工作的原因。最常见的故障原因是开路和短路。例如晶体管故障，很多原因会导致其开路或者短路，原因之一就是实际功率超过了晶体管的最大功率。

当消耗在电阻上的功率超过额定值之后就会导致电阻开路。而以下原因会间接导致电阻短路：在印制电路板的制作或焊接过程中，一些焊锡可能会意外地溅到两个相邻的互联线中间使它们短路，这就是所谓的**焊锡桥**，它使得被连接的两根导线间的器件全部短路。另一方面，一个糟糕的焊点通常根本没有连接上，这种情况称为**虚焊点**，意味着器件是开路的。

除了开路和短路以外，其他任何故障也都有可能发生。例如，焊接时温度过高可能造成一个电阻阻值的永久性改变。如果这个电阻值对于电路来说是关键值，那么受到这种热冲击后电路便有可能工作异常。

令故障诊断员棘手的是那些间断出现的电路故障。这种电路故障很难被分离出来，因为它们时而出现时而消失。有可能是因为虚焊引起的导通与断开间断出现，也可能是电缆接头松动，或者是其他类似的故障造成电路的时通时断。

1.7.1 开路器件

需要记住**开路器件**的两个特征：

流过开路器件的电流为零。

加载在开路器件两端的电压值是不确定的。

因为开路器件的电阻值是无穷大的，所以电阻上不可能存在电流。根据欧姆定律：

$$V = IR = 0 \times \infty$$

在等式中，零乘以无穷大在数学上是不确定的，所以需要由电路的其他部分来确定开路器件两端的电压。

1.7.2 短路器件

短路器件恰好相反，需要记住的两个特征为：

加载在短路器件两端的电压为零。

流过短路器件的电流值是不确定的。

因为短路器件的电阻值为零，所以电阻上不可能存在电压。根据欧姆定律：

$$I = \frac{V}{R} = \frac{0}{0}$$

零除以零在数学上是没有意义的，所以需要由电路的其他部分来确定流经短路器件的电流。

1.7.3 诊断过程

通常测量的电压是对地而言的，由这些测量值和基础电学知识，一般可以推断出问题所在。当把最大的疑点集中在某个元件上时，可以断开这个元件然后用欧姆表或其他仪表来证实这个判断。

1. 正常值

图 1-16 所示的电路是一个准理想分压器，由电阻 R_1 和 R_2 构成，并驱动串联电阻 R_3

和 R_4。在诊断该电路的故障之前，需要知道这个电路的正常电压值是多少。首先算出 V_A 和 V_B，前者是 A 点到地的电压，后者是 B 点到地的电压。由于 R_1 和 R_2 远远小于 R_3 与 R_4（10Ω 对 $100k\Omega$ 而言），准理想分压器 A 点电压近似为 $+6V$。此外，由于 R_3 和 R_4 相等，因此 B 点电压近似为 $+3V$。如果电路没有问题，应该测出 A 点对地的电压为 $6V$，B 点对地的电压为 $3V$，这两个电压值列于表 1-3 的第一行。

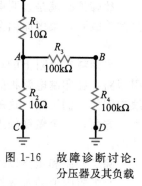

图 1-16　故障诊断讨论：分压器及其负载

2. R_1 开路

如果 R_1 开路，电路的电压会怎样变化？由于没有电流通过开路的 R_1，所以也没有电流流过 R_2。由欧姆定律可知 R_2 两端电压将为 0，因此 $V_A=0$，且 $V_B=0$，见表 1-3 "R_1 开路" 的情况。

3. R_2 开路

如果 R_2 开路，电路的电压会怎样变化？由于没有电流通过开路的 R_2，A 点电压被拉高到电源电压。由于 R_1 远远小于 R_3 和 R_4，所以 A 点电压近似为 $12V$。又因为 R_3 和 R_4 相等，B 点电压应该是 $6V$，所以表 1-3 中 "R_2 开路" 时对应的 $V_A=12V$，$V_B=6V$。

4. 其他问题

如果作为地的 C 点开路，没有电流可以流过 R_2，这种情况和 R_2 开路是等效的。因此表 1-3 中 "C 开路" 时对应的 $V_A=12V$，$V_B=6V$。

对于表 1-3 中的其他问题，应该计算各种情况所对应的电压值并理解其产生原因。

例 1-7　如果测得图 1-16 所示电路的 V_A 和 V_B 都是 0，故障可能在哪里？

解： 查看表 1-3，可知有两种可能的故障："R_1 开路" 或 "R_2 短路"，这两种情况都会导致 A、B 两点的电压为 0。为了区分究竟是哪种情况，可以断开 R_1 然后测量它，如果测出它是开路的，则故障为 "R_1 开路"。如果测量没有问题，则故障为 "R_2 短路"。◀

自测题 1-7　如果测得图 1-16 所示电路的 $V_A=12V$，$V_B=6V$，故障可能在哪里？

表 1-3　故障及其线索

故障	V_A	V_B
电路正常	6V	3V
R_1 开路	0	0
R_2 开路	12V	6V
R_3 开路	6V	0
R_4 开路	6V	6V
C 开路	12V	6V
D 开路	6V	6V
R_1 短路	12V	6V
R_2 短路	0	0
R_3 短路	6V	6V
R_4 短路	6V	0

总结

1.1 节　定义是为了说明新概念而创造的公式；定律是对自然界中已经存在的某种关系的描述；推论是由数学推导产生的公式。

1.2 节　近似方法在工业上应用广泛。理想化近似适用于故障诊断，二阶近似适用于对电路的初步计算，高阶近似适用于计算机辅助分析。

1.3 节　理想电压源没有内阻。电压源的二阶近似包含了一个与电压源串联的内阻。准理想电压源的内阻小于负载电阻的 1%。

1.4 节　理想电流源具有无穷大的内阻。电流源的二阶近似包含了一个与电流源并联的大的内阻。准理想电流源的内阻大于负载电阻的

100 倍。

1.5 节　戴维南电压是跨接在开路负载两端的电压。戴维南电阻是在负载开路且所有电源都置零的情况下，从负载两端测得的电阻。戴维南证明了戴维南等效电路产生的负载电流与任何其他含电源和线性电阻的对应电路的负载电流相等。

1.6 节　诺顿电阻与戴维南电阻相等。诺顿电流等于负载短路时的负载电流。诺顿证明了诺顿等效电路产生的负载电压与任何其他含电源和线性电阻的对应电路的负载电压相等。诺顿电流等于戴维南电压除以戴维南电阻。

1.7 节 最常见的电路故障是短路、开路和间断出现的故障。短路器件上总是出现零电压，其电流取决于电路的其他部分。开路器件上总是出现零电流，其电压取决于电路的其他部分。间断出现的故障是电路时通时断的问题，需要耐心地、有逻辑地排查，把故障分离出来。

定义

(1-1) **准理想电压源**

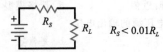

$R_S < 0.01R_L$

(1-3) **准理想电流源**

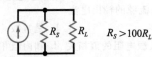

$R_S > 100R_L$

(1-5) **戴维南电压**

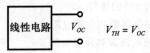

$V_{TH} = V_{OC}$

(1-6) **戴维南电阻**

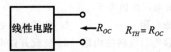

$R_{TH} = R_{OC}$

(1-8) **诺顿电流**

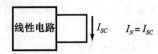

$I_N = I_{SC}$

(1-9) **诺顿电阻**

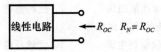

$R_N = R_{OC}$

推论

(1-2) **准理想电压源**

$R_{L(min)} = 100R_S$

(1-4) **准理想电流源**

$R_{L(max)} = 0.01R_S$

(1-7) **戴维南定理**

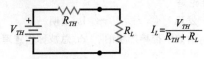

$I_L = \dfrac{V_{TH}}{R_{TH} + R_L}$

(1-10) **诺顿电阻**

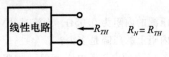

$R_N = R_{TH}$

(1-11) **诺顿定理**

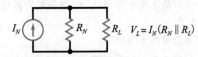

$V_L = I_N(R_N \parallel R_L)$

(1-12) **诺顿电流**

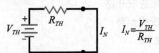

$I_N = \dfrac{V_{TH}}{R_{TH}}$

(1-13) **戴维南电压**

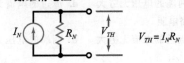

$V_{TH} = I_N R_N$

选择题

1. 理想电压源具有
   - a. 零内阻
   - b. 无穷大内阻
   - c. 和负载相关的电压
   - d. 和负载相关的电流

2. 实际电压源具有
   - a. 零内阻
   - b. 无穷大内阻
   - c. 小的内阻
   - d. 大的内阻

3. 如果负载电阻为 100Ω，则准理想电压源的内阻为
   - a. 小于 1Ω
   - b. 至少 10Ω
   - c. 大于 10kΩ
   - d. 小于 10kΩ

4. 理想电流源具有
   - a. 零内阻
   - b. 无穷大内阻
   - c. 和负载相关的电压
   - d. 和负载相关的电流

5. 实际电流源具有
   - a. 零内阻
   - b. 无穷大内阻
   - c. 小的内阻
   - d. 大的内阻

6. 如果负载电阻为 100Ω，则准理想电流源的内阻为
   a. 小于 1Ω   b. 大于 1Ω[⊖]
   c. 小于 10kΩ   d. 大于 10kΩ

7. 戴维南电压等于
   a. 负载短路电压   b. 负载开路电压
   c. 理想电压源电压   d. 诺顿电压

8. 戴维南电阻的值等于
   a. 负载电阻   b. 负载电阻的一半
   c. 诺顿等效电路的内阻 d. 负载开路电阻

9. 为得到戴维南电压，需要
   a. 把负载电阻短路   b. 把负载电阻开路
   c. 把电压源短路   d. 把电压源开路

10. 为得到诺顿电流，需要
    a. 把负载电阻短路   b. 把负载电阻开路
    c. 把电压源短路   d. 把电流源开路

11. 诺顿电流有时也称为
    a. 负载短路电流   b. 负载开路电流
    c. 戴维南电流   d. 戴维南电压

12. 焊锡桥
    a. 可能会造成短路   b. 可能会造成开路
    c. 在有些电路中有用处 d. 总是具有高阻

13. 虚焊点
    a. 总是呈现低电阻
    b. 显示了高超的焊接技术
    c. 通常造成开路
    d. 会造成短路

14. 开路电阻
    a. 流过的电流无穷大 b. 两端的电压为零
    c. 两端的电压无穷大 d. 流过的电流为零

15. 短路电阻
    a. 流过的电流无穷大 b. 两端的电压为零

c. 两端的电压无穷大   d. 流过的电流为零

16. 理想电压源和内阻属于以下哪种情况
    a. 理想化近似   b. 二阶近似
    c. 高阶近似   d. 严格模型

17. 把导线当成零电阻导体属于以下哪种情况
    a. 理想化近似   b. 二阶近似
    c. 高阶近似   d. 严格模型

18. 理想电压源的输出电压
    a. 是零   b. 是常数
    c. 和负载电阻相关   d. 和内阻相关

19. 理想电流源的输出电流
    a. 是零   b. 是常数
    c. 和负载电阻的值相关 d. 和内阻相关

20. 戴维南定理把一个复杂电路替换成负载与以下哪种电路的连接
    a. 理想电压源和并联电阻
    b. 理想电流源和并联电阻
    c. 理想电压源和串联电阻
    d. 理想电流源和串联电阻

21. 诺顿定理把一个复杂电路替换成负载与以下哪种电路的连接
    a. 理想电压源和并联电阻
    b. 理想电流源和并联电阻
    c. 理想电压源和串联电阻
    d. 理想电流源和串联电阻

22. 使器件短路的一种方式是
    a. 通过虚焊点   b. 通过焊锡桥
    c. 该器件未连接   d. 使该器件开路

23. 推论是
    a. 发现   b. 发明
    c. 由数学推导产生的 d. 总被称作定理

习题 [⊜]

1.3 节

1-1 已知电压源的理想电压为 12V，内阻为 0.1Ω。负载电阻为何值时该电压源是准理想电压源？

1-2 若负载电阻可以在 270Ω 到 100kΩ 之间变化，作为一个准理想电压源，其最大内阻是多少？

1-3 若函数发生器的输出电阻为 50Ω，负载电阻为何值时该函数发生器是准理想的？

1-4 汽车蓄电池的内阻为 0.04Ω，负载电阻为何值时该电池具有准理想特性？

1-5 电压源的内阻为 0.05Ω。当流过 2A 电流时，该内阻上的压降是多少？

1-6 图 1-17 中的电压源电压为 9V，内阻为 0.4Ω。如果负载电阻为零，负载电流是多少？

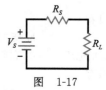

图   1-17

1.4 节

1-7 假设一个电流源的理想电流为 10mA，内阻为 10MΩ。负载电阻为何值时该电流源是准理想的？

1-8 若要驱动阻值在 270Ω 到 100kΩ 之间可变的负载电阻，准理想电流源的内阻应为多少？

1-9 某电流源的内阻为 100kΩ，如果要求该电流源具有准理想特性，则负载电阻最大是多少？

1-10 图 1-18 中电流源的理想电流为 20mA，其内阻为 200kΩ。如果负载电阻为零，则负载电流是多少？

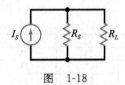

图 1-18

1-11 图 1-18 中电流源的理想电流为 5mA，其内阻为 250kΩ。如果负载电阻为 10kΩ，则负载电流是多少？该电流源是准理想电流源吗？

1.5 节

1-12 图 1-19 所示电路的戴维南电压和戴维南电阻各是多少？

1-13 用戴维南定理计算图 1-19 所示电路在负载电阻分别为 0、1kΩ、2kΩ、3kΩ、4kΩ、5kΩ、6kΩ 时的负载电流。

思考题

1-23 将电压源的负载短路，若理想电压为 12V，短路负载电流为 150A，则电压源内阻是多少？

1-24 图 1-17 所示电路中，理想电压为 10V，负载电阻为 75Ω。如果负载电压为 9V，则内阻是多少？该电压源是准理想的吗？

1-25 有一个黑盒子，一个 2kΩ 的电阻跨接在黑盒子的外部负载端上。如何测量它的戴维南电压？

1-26 题 1-25 中的黑盒子上有一个旋钮可以将所有内部电源置零。如何测量它的戴维南电阻？

1-27 试试不使用戴维南定理求解题 1-13。然后想一想你学到了有关戴维南定理的什么知识。

1-28 研究如图 1-20 所示的电路，给出该电路驱动负载时的戴维南等效电路，并描述测量该电路的戴维南电压和戴维南电阻的实验过程。

1-29 用一节电池和一个电阻设计一个电流源，要求该电流源对于 0～1kΩ 范围的负载电阻

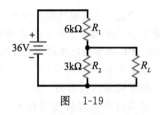

图 1-19

1-14 若图 1-19 所示电路中的电源电压减小到 18V，戴维南电压和戴维南电阻有何变化？

1-15 若图 1-19 所示电路中的所有电阻都变为原来的两倍，戴维南电压和戴维南电阻有何变化？

1.6 节

1-16 某电路的戴维南电压为 12V，戴维南电阻为 3kΩ。求其对应的诺顿等效电路。

1-17 某电路的诺顿电流为 10mA，诺顿电阻为 10kΩ。求其对应的戴维南等效电路。

1-18 求图 1-19 所示电路的诺顿等效电路。

1.7 节

1-19 若图 1-19 所示电路的负载电压为 36V，则 R_1 出现了什么故障？

1-20 若图 1-19 所示电路的负载电压为 0，电池和负载电阻都正常。设想两种可能的故障。

1-21 若图 1-19 所示电路的负载电压为 0，所有电阻都是正常的。故障在哪里？

1-22 在图 1-19 所示电路中，负载电阻被一个电压表取代，测量 R_2 两端电压。则电压表的输入电阻为多大时可以避免仪表的负载效应？

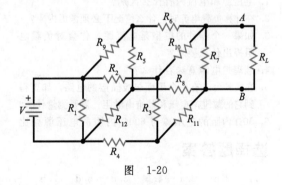

图 1-20

均能输出 1mA 的恒定电流。

1-30 设计一个分压器（类似图 1-19 所示电路），满足以下要求：电压源理想电压为 30V，负载开路电压为 15V，戴维南电阻不大于 2kΩ。

1-31 设计一个如图 1-19 所示的分压器。对于任何大于 1MΩ 的负载电阻均输出恒定的 10V 电压。其中，电压源理想电压为 30V。

1-32　有一个 D 芯闪光灯电池和一个数字万用表，除此之外没有其他工具。描述确定闪光灯电池的戴维南等效电路的实验方法。

1-33　有一个 D 芯闪光灯电池，一个数字万用表和一盒不同阻值的电阻。如果只用一个电阻，如何测出闪光灯电池的戴维南电阻？给出实验方法。

1-34　电路如图 1-21 所示。计算当负载电阻分别为 0、1kΩ、2kΩ、3kΩ、4kΩ、5kΩ、6kΩ 时的负载电流。

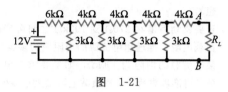

图　1-21

故障诊断

1-35　针对图 1-22 所示电路和该电路的故障表，确定故障 1～8 分别对应的电路故障。可能的故障为：某一个电阻开路、某一个电阻短路，未接地或者未接电源。

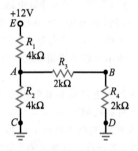

条件	V_A	V_B	V_E
正常	4V	2V	12V
故障 1	12V	6V	12V
故障 2	0V	0V	12V
故障 3	6V	0V	12V
故障 4	3V	3V	12V
故障 5	6V	3V	12V
故障 6	6V	6V	12V
故障 7	0V	0V	0V
故障 8	3V	0V	12V

图 1-22　故障诊断

求职面试问题

　　面试官通过面试可以很快知道你对电子学知识的理解程度。他们往往不会问那些有明确答案的问题，有时会忽略数据，了解你处理这些问题的过程。当你面试求职时，面试官可能会问如下问题。

1. 电压源和电流源有什么区别？
2. 在计算负载电流时，什么情况下必须考虑内阻？
3. 如果一个器件的模型是电流源，你会对负载电阻提出什么要求？
4. 准理想电源意味着什么？
5. 在实验台上有一个用面包板插接的电路，如要得到它的戴维南电压和戴维南电阻，需要测量什么？
6. 50Ω 内阻的电压源与 600Ω 内阻的电压源相比优势在哪里？
7. 戴维南电阻与汽车电池的"冷启动电流"之间有何联系？
8. 当说到电压源的负载很重时，是什么意思？
9. 技术人员在进行初期故障诊断时通常使用哪种近似？为什么？
10. 当对一个电子系统进行故障诊断时，在一个测试点测得直流电压为 9.5V，然而根据电路图，这个电压应该为 10V。应该如何推断？为什么？
11. 为什么要使用戴维南电路或诺顿电路？
12. 戴维南定理和诺顿定理在实验测试时的价值是什么？

选择题答案

1. a　2. c　3. a　4. b　5. d　6. d　7. b　8. c　9. b　10. a　11. a　12. a　13. c　14. d　15. b
16. b　17. a　18. b　19. b　20. c　21. b　22. b　23. c

自测题答案

1-1　60kΩ

1-2　$V_L = 20V$

1-4　R_L 为 2kΩ、6kΩ、18kΩ 时，电流分别为 3mA、2mA、1mA

1-6　$I_N = 2mA$

1-7　R_2 或 C 开路；或者 R_1 短路

第2章
半 导 体

为了理解二极管、晶体管和集成电路的工作原理，首先必须要了解半导体。半导体是一种既不是导体也不是绝缘体的材料，其中包含自由电子和空穴，空穴的存在使半导体具有特殊的性质。在本章中，将学习半导体、空穴和其他相关内容。

目标

在学习完本章之后，你应该能够：

■ 在原子的层面识别良导体和半导体；

■ 描述出硅晶体的结构；

■ 列出两种载流子，指出导致两种载流子分别为多子的掺杂类型；

■ 分别解释二极管在无偏置、正向偏置和反向偏置时 pn 结的状况；

■ 描述由于二极管反向电压过大导致的击穿电流的类型。

关键术语

环境温度（ambient temperature）

雪崩效应（avalanche effect）

势垒（barrier potential）

击穿电压（breakdown voltage）

导带（conduction band）

共价键（covalent bond）

耗尽层（depletion layer）

二极管（diode）

掺杂（doping）

非本征半导体（extrinsic semiconductor）

正向偏置（forward bias）

自由电子（free electron）

空穴（hole）

本征半导体（intrinsic semiconductor）

结型二极管（junction diode）

结区温度（junction temperature）

多数载流子（majority carrier）

少数载流子（minority carrier）

n 型半导体（n-type semiconductor）

p 型半导体（p-type semiconductor）

pn 结（pn junction）

复合（recombinatio）

反向偏置（reverse bias）

饱和电流（saturation current）

半导体（semiconductor）

硅（silicon）

表面漏电流（surface-leakage current）

热能（thermal energy）

2.1 导体

从原子结构可以判断：铜是良导体（见图 2-1）。铜原子核中包含 29 个质子（带正电荷），当它表现出电中性时，29 个电子（带负电荷）像行星环绕太阳一样环绕着原子核运动。电子位于不同的轨道（又称为层）上，两个电子在第一轨道，8 个电子在第二轨道，18 个电子在第三轨道，1 个电子在最外层的轨道。

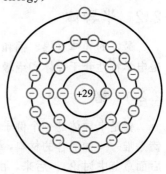

图 2-1 铜原子

2.1.1　稳定轨道

图 2-1 中带正电的原子核吸引环绕它运动的电子，而这些电子没有被拉进原子核的原因在于其圆周运动产生的（向外的）离心力，该离心力恰好等于原子核对电子的吸引力，因此轨道是稳定的。这类似于卫星在轨道上围绕地球的运行，在合适的速度和高度下，卫星就处在一个稳定的运行轨道中。

电子轨道越大，来自原子核的吸引力就越小。在较大的轨道上，电子运动的速度较慢，产生的离心力也相对较小。图 2-1 中所示的最外层的电子运动速度就非常慢，它几乎感受不到来自原子核的吸引力。

2.1.2　核心

对于电子来说，最外层轨道最重要，称为价带轨道，它决定了原子的电特性。为了强调价带轨道的重要性，将原子核与所有内层轨道定义为原子的核心。对于铜原子来说，其核心就是原子核（+29）及其内层的三个轨道（−28）。

铜原子的核心带有 +1 的净电荷，这是由于它包含了 29 个带正电的质子和 28 个带负电的内层电子。图 2-2 有助于理解核心和价带轨道的关系。价电子在一个很大的轨道上，其核心的净电荷仅有 +1，因此价电子受到的向内的拉力很小。

2.1.3　自由电子

由于核心和价电子之间的吸引力很弱，外力可以轻易地使这个电子脱离铜原子。这就是价电子经常称为**自由电子**的原因，也是铜成为良导体的原因。微小的电压就可以使自由电子从一个原子流向另一个原子。最好的导体是银、铜和金，它们都可以用图 2-2 所示的核心图表示。

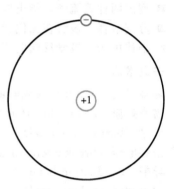

图 2-2　铜原子的核心图

例 2-1 假设一个外力使图 2-2 中的价电子脱离铜原子，那么铜原子的净电荷是多少？如果外来一个电子进入到图 2-2 所示的价带轨道中，铜原子的净电荷又是多少？

解： 价电子离开后，铜原子的净电荷变为 +1。原子失去电子后带正电荷，带正电荷的原子称为**正离子**。

当外来的电子进入到图 2-2 所示的价带轨道中时，原子的净电荷变为 −1。当价带轨道上有多余的电子时，原子带负电荷，称为**负离子**。　◀

2.2　半导体

最好的导体（银、铜和金）只有一个价电子，而最好的绝缘体有 8 个价电子。**半导体**是电学特性介于导体和绝缘体之间的元素，最好的半导体具有 4 个价电子。

2.2.1　锗

锗是半导体的一个例子，它的价带轨道中有 4 个电子。在早期的半导体器件制造中，锗是唯一一种适合的材料，然而锗器件存在无法克服的致命缺陷（反向电流过大，这将在后面章节中讨论）。后来，由于另一种名为硅的半导体材料的实用化，使得大多数电子应用中已不再使用锗材料。

2.2.2 硅

硅是地球上除氧以外含量最丰富的元素。不过在半导体发展的早期，硅的提纯问题制约了它的应用。这个问题解决以后，硅的优点（稍后讨论）使它立刻成为了半导体材料的首选。没有硅，就没有现代电子、通信和计算机。

一个独立的硅原子有 14 个质子和 14 个电子。如图 2-3a所示，第一层轨道中含有 2 个电子，第二层轨道中含有 8 个电子，其余 4 个电子位于价带轨道上。在图 2-3a 中，核心部分包含原子核内 14 个质子和最内两层轨道的 10 个电子，因此共带有 +4 的净电荷。

图 2-3b 显示的是硅原子的核心图，4 个价电子表明硅是半导体。

> **知识拓展** 另一个常见的半导体元素是碳（C），它主要用来制作电阻。

例 2-2 如果图 2-3b 中的硅原子失去一个价电子，余下的净电荷是多少？如果它的价带轨道得到一个外来的电子，净电荷又是多少？

解：如果失去一个价电子，它将成为带 +1 电荷的正离子。如果得到一个外来的电子，它将成为带 -1 电荷的负离子。◄

2.3 硅晶体

当硅原子结合成固体时，它们的排列具有规律性，称为晶体。每个硅原子和相邻的 4 个硅原子共享价电子，这样其价带轨道内便有 8 个价电子。例如，图 2-4a 显示了一个处于中心位置的硅原子和与其相邻的 4 个硅原子，其中带阴影的圆代表硅原子核心。虽然硅原子价带轨道原来只有 4 个价电子，而现在拥有了 8 个。

2.3.1 共价键

每个中间位置的硅原子都和每个相邻的硅原子共用一个电子，这样，中间位置的硅原子得到了 4 个额外的电子，使得其价带轨道填满 8 个电子。这些电子不再属于任何一个独立的硅原子，每个硅原子都和它相邻的原子共享电子，晶体内的所有硅原子均是如此。换句话说，硅晶体内的每个原子都有 4 个相邻原子。

在图 2-4a 中，每个原子核心都带有 +4 电荷。观察中间的原子核心和它右边的原子核心，这两个原子核心以大小相等方向相反的力吸引着位于它们中间的电子对。这种力使硅原子结合在一起，就像拔河的两个队同时拉绳子，

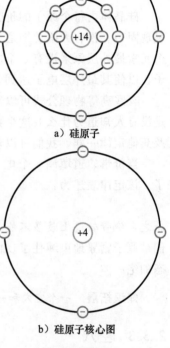

a）硅原子

b）硅原子核心图

图 2-3 硅原子

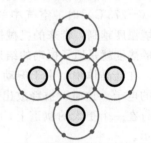

a）晶体中的原子具有4个相邻原子

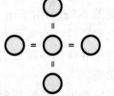

b）共价键

图 2-4 相邻原子和共价键

只要两边的拉力大小相等方向相反，他们就始终被连为一体。

由于图 2-4a 中的每个共用电子都被方向相反的力拉着，该电子就成为连接在两个原子之间的键，这种化学键称为**共价键**。共价键的一种更简单的表示方法如图 2-4b 所示。在一块硅晶体中有数十亿个硅原子，每个原子都拥有 8 个价电子。这些价电子构成的共价键维系着整个晶体，使得晶体非常稳固。

2.3.2 价带饱和

硅晶体内每个原子的价带轨道都拥有 8 个电子，这 8 个电子的化学稳定性使得硅材料呈现固态。没有人确切知道为什么所有元素的最外层轨道都趋向于拥有 8 个电子。如果一个元素最外层原来没有 8 个电子，那么这个元素的原子就趋向于与其他原子结合并共享电子，以使其最外层电子达到 8 个。

有些高等物理公式可以部分解释为什么 8 个电子可以使不同材料的化学性能稳定，但是没有人知道为什么 8 这个数会如此特殊。这是一个定律，就像万有引力定律、库仑定律及其他定律一样，我们可以观察到但却无法解释清楚。

当价带轨道填满 8 个电子后，它就饱和了，因为再也没有电子能够填充进这一轨道了。该定律表述为：

$$价带饱和 \quad n = 8 \tag{2-1}$$

总之，价带轨道上最多不能超过 8 个电子。此外，这 8 个价电子也称为束缚电子，因为它们被原子紧紧地束缚住了。由于电子受束缚，硅晶体在室温下（大约 25℃）是接近理想状态的绝缘体。

知识拓展 一个空穴和一个电子分别带有 1.6×10^{-19} 库仑的电荷量，但是极性相反。

2.3.3 空穴

环境温度是指所处环境的空气温度。当环境温度高于绝对零度（−273℃）时，空气中的热能使硅晶体中的原子发生振动。环境温度越高，带来的机械振动越显著。拿起一个物体时所感觉到的热度就是原子振动的结果。

在硅晶体中，由于振动，原子偶尔会释放出一个价带轨道中的电子。这时，被释放出来的电子获得了足够多的能量可以运行在一个更大的轨道上，这个电子就是自由电子，如图 2-5a 所示。

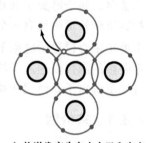

a）热激发产生自由电子和空穴

电子的离开使得原来的价带轨道上留下了一个空缺，称为**空穴**（见图 2-5a）。由于电子的缺失形成了正离子，因此空穴表现出正电荷特性，会吸引并捕获其周边出现的电子。空穴的存在是导体与半导体的本质区别，空穴使得半导体可以实现导体无法实现的功能。

在室温下，热能只激发少量的空穴和自由电子。为了增加空穴和自由电子的数量，需要对晶体进行掺杂，这一内容将在后续章节中叙述。

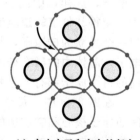

b）自由电子和空穴的复合

图 2-5 自由电子和空穴

2.3.4 复合与寿命

在纯净的硅晶体中，**热能激发产生相同数目的自由电子和空穴**。自由电子在晶体中随机移动，有时会接近某个空穴，被它吸引并陷入其中。**复合**指的即是自由电子和空穴的结合（见图 2-5b）。

一个自由电子从产生到消失的这段时间被称为它的**寿命**。由于晶体纯度等因素的影响，寿命可以从几纳秒到几微秒不等。

2.3.5 要点

硅晶体中无时无刻不在发生着以下过程：

1. 热能激发产生一些自由电子和空穴。
2. 另一些自由电子和空穴复合。
3. 一些自由电子和空穴暂时存在，并等待复合。

例 2-3 如果一个纯净的硅晶体内部有 100 万个自由电子，那么有多少个空穴？如果环境温度升高，自由电子和空穴的数目将怎样变化？

解：如图 2-5a 所示，当热能激发产生一个自由电子的同时自动产生一个空穴，因此在纯净的硅晶体中自由电子和空穴的数目总是相等的。如果有 100 万个自由电子就对应着 100 万个空穴。

温度升高会使原子的振动更剧烈，这意味着有更多的自由电子和空穴被激发。但在任何温度下，纯净的硅晶体中总是含有等量的自由电子和空穴。   ◀

2.4 本征半导体

本征半导体是指纯净的半导体。如果晶体中的每个原子都是硅原子，那么这个硅晶体就是本征半导体。在室温下，硅晶体具有电绝缘特性，因为热能激发产生的自由电子和空穴数量很少。

2.4.1 自由电子的流动

图 2-6 所示是处于带电金属极板间的硅晶体的一部分。假设热能只激发了一个自由电子和一个空穴，该自由电子在一个较大的轨道里运动，且位于晶体的右侧。由于负极板的作用，这个自由电子受到排斥，向左移动。该自由电子可以从一个原子的大轨道迁移到另一个原子的大轨道上，直至到达正极板为止。

2.4.2 空穴的流动

观察位于图 2-6 左侧的空穴。该空穴对位于点 A 的价电子有吸引作用，使该价电子移动到这个空穴中。

当 A 点价电子向左移动时，A 点就产生了一个新的空穴，等效于原来的空穴向右移动。位于点 A 的新空穴又可以吸引和捕获另一个价电子。通过这种方式，价电子可以沿着图中标示的箭头方向移动。这意味着空穴沿着 A-B-C-D-E-F 路径向反方向移动，如同一个正电荷的运动。

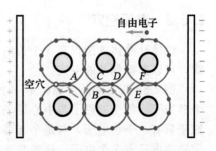

图 2-6 空穴在半导体中的流动

2.5 两种电流

图 2-7 显示的是本征半导体。它具有相同数目的自由电子和空穴，因为热能激发产生的自由电子和空穴总是成对出现的。外加电压驱使自由电子向左侧流动，空穴向右侧流动。当自由电子移动到晶体的最左端时，它们将进入到外部的导线中并流向电池的正极。

另一方面，电池负极的自由电子将流向晶体的右端，它们进入晶体并和流动到晶体右侧的空穴复合。这样，在半导体内部形成了自由电子和空穴的稳定流动。值得注意的是，在半导体之外没有空穴的流动。

在图 2-7 中，自由电子和空穴移动的方向相反。半导体中的电流可看成两种电流的组合效应：自由电子沿某方向形成的电流和空穴沿另一方向形成的电流。自由电子和空穴通常称为载流子，因为它们携带电荷从半导体内的一个位置移动到另一个位置。

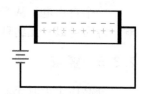

图 2-7 本征半导体含有等量的自由电子和空穴

2.6 半导体的掺杂

提高半导体导电性能的方法之一是**掺杂**。掺杂是指在本征晶体中掺入杂质原子从而改变其电导率。经过掺杂的半导体称为**非本征半导体**。

2.6.1 增加自由电子

如何对硅晶体进行掺杂的呢？第一步是将纯净的硅晶体熔化，这样可以断开共价键并且将固态硅转化为液态。为了增加自由电子的数目，将"5 价原子"加入到熔化的硅中。5 价原子的价带轨道上有 5 个电子，如砷、锑和磷。由于这些材料会给硅晶体贡献出一个多余的电子，因此常称为施主杂质。

图 2-8a 所示是经掺杂的硅晶体在冷却后重新形成的固态晶体结构。一个 5 价原子在中心，周围是 4 个硅原子，每个中心原子与相邻的原子共享一个电子。但是由于每个 5 价原子有 5 个价电子，所以留下了一个多余的电子。因为价带轨道只能容纳 8 个电子，这个多余的电子将在更大的轨道上运动。或者说，这是一个自由电子。

硅晶体中的每个 5 价原子或施主原子都会产生一个自由电子。据此可控制掺杂半导体的电导率，掺杂越多，电导率就越大。半导体可以轻掺杂，也可以重掺杂。轻掺杂的半导体电阻率高，重掺杂的半导体电阻率低。

•自由电子

a) 通过掺杂获得更多的自由电子

2.6.2 增加空穴

纯净硅晶体掺杂仅有 3 个价电子的三价杂质，如铝、硼和镓，可以获得额外的空穴。

图 2-8b 所示的晶体结构中一个 3 价原子在中心，周围是 4 个硅原子，每个硅原子与中心原子共享一个价电子。由于 3 价原子只有 3 个价电子，与每个相邻的原子共享一个电子后，价带轨道内只有 7 个电子。这意味着每个 3 价原子的价带轨道内

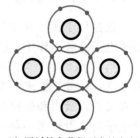

b) 通过掺杂获得更多的空穴

图 2-8 掺杂

都存在一个空穴[⊖]。3 价原子也称作受主原子，每个受主原子提供的空穴在复合期间可以接受一个自由电子。

2.6.3 必要常识

掺杂之前，首先要制造出纯净的半导体晶体，然后通过控制掺杂数量来精确控制半导体的性能。生产纯净的锗晶体比硅晶体要容易，所以最早的半导体器件是锗器件。后来，随着半导体加工工艺的进步，纯净的硅晶体开始实用化，并逐渐成为最流行且最有用的半导体材料。

例 2-4 一个掺杂半导体有 1×10^{10} 个硅原子和 1.5×10^7 个 5 价原子。如果环境温度是 25℃，那么该半导体内的自由电子和空穴各有多少？

解： 每个 5 价原子贡献一个自由电子，因此半导体内共有 1.5×10^7 个因掺杂而产生的自由电子。比较而言，空穴几乎可忽略，因为该半导体内只有由热能激发产生的空穴。◀

自测题 2-4 在例 2-4 中，如果掺杂的是 5×10^6 个 3 价原子，那么半导体内的空穴有多少？

2.7 两种非本征半导体

掺杂可以使半导体拥有额外的自由电子或空穴，因此掺杂半导体有两种类型。

2.7.1 n 型半导体

掺入 5 价杂质的半导体称作 **n 型半导体**，其中 n 代表负（negative）的意思。图 2-9 是 n 型半导体的示意图。由于 n 型半导体中的自由电子数量比空穴多，自由电子称作**多数载流子**[⊖]，而空穴称作**少数载流子**[⊜]。

在图 2-9 中，外加电压使得自由电子向左移动而空穴向右移动。自由电子流向晶体的左端，然后进入导线到达电池的正极。而当空穴移动到晶体右端时，外部电路的自由电子就会流进半导体与之复合。

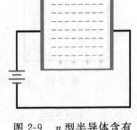

图 2-9 n 型半导体含有大量自由电子

2.7.2 p 型半导体

掺入 3 价杂质的半导体称作 **p 型半导体**，其中 p 代表正（positive）的意思。图 2-10 是 p 型半导体的示意图。由于空穴的数量比自由电子多，所以空穴成为多子，而自由电子成为少子。

在图 2-10 中，外加电压使得自由电子向左移动而空穴向右移动。由于自由电子的数量很有限，所以它们形成的电流对电路几乎没有影响。而当空穴移动到晶体右端时，就会与来自外电路的自由电子复合。

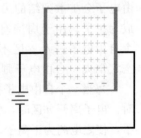

图 2-10 p 型半导体含有大量空穴

⊖ 按照定义，空穴应带有正电荷。此处的"空位"是电中性的，不带电荷，所以不是严格意义的空穴。当相邻共价键中的电子填补该"空位"时，受主原子电离，同时在共价键中产生一个真正的空穴。——译者注

⊖ 为表述简捷，后文均简称"多子"。——译者注

⊜ 为表述简捷，后文均简称"少子"。——译者注

2.8 无偏置的二极管

单独的 n 型和 p 型半导体的用途类似于碳电阻。然而对半导体进行掺杂后，使得晶体的一半呈 p 型，另一半呈 n 型，便产生了新的性能。

p 型半导体和 n 型半导体的交界处叫作 **pn 结**。二极管、晶体管和集成电路的发明都源于 pn 结，只有理解了 pn 结，才能理解所有类型的半导体器件。

2.8.1 无偏置的二极管

如前所述，每个掺杂在硅晶体中的 3 价原子都会产生一个空穴。因此可以用图 2-11 中左侧的图来表示 p 型半导体，这里每个带圆圈的负号代表一个 3 价原子，正号代表位于该原子价带轨道上的空穴。

类似地，可以用图 2-11 中右侧的图表示含 5 价原子和自由电子的 n 型半导体。每个带圆圈的正号代表一个 5 价原子，负号代表它贡献出的自由电子。这里特别要注意的是，每块半导体材料都是电中性的，因为正号数量和负号数量相等。

可将一块晶体材料的一边做成 p 型，另一边做成 n 型，如图 2-12 所示。pn 结就在 p 型和 n 型区域的交界处，**结型二极管**是 pn 结晶体的别称。这里的**二极管**（diode）是两个电极的缩写，其中"di"代表"二"。

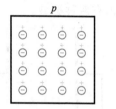
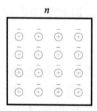

图 2-11 两种类型的半导体

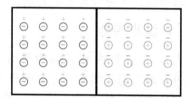

图 2-12 pn 结

2.8.2 耗尽层

图 2-12 中 n 区的自由电子由于互相排斥的作用，有向各个方向扩散的趋势。有些自由电子会扩散到结的另一边，当自由电子进入 p 区后，就成为少子。由于周围有大量的空穴，少子的寿命很短，一个自由电子进入 p 区不久便会与某个空穴复合。这时，该空穴消失，自由电子则成为价电子。

每当一个自由电子扩散并穿越结区，就会产生一个离子对。电子离开 n 区时，留下一个缺少了一个负电荷的 5 价原子，使之电离为正离子。当扩散到 p 区的电子陷入某个空穴后，该空穴消失，使得这个捕获它的 3 价原子成为负离子。

图 2-13a 给出了结两侧的正离子和负离子的情况，带圆圈的正号代表正离子，带圆圈的负号代表负离子。由于共价键的作用，这些离子被固定在晶体结构中，它们不能像自由电子或空穴那样移动。

在结附近的正负离子对称作偶极子。一个偶极子的产生意味着一个自由电子和一个空穴从载流子中消失。随着

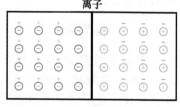

a）结区离子的产生

b）耗尽层

图 2-13 耗尽层的形成

偶极子数目的增多，结区附近的载流子匮乏，这部分没有载流子的区域称为**耗尽层**（见图 2-13b）。

2.8.3 势垒

每个偶极子的正负离子之间都有一个电场。因此，如果外来的自由电子进入耗尽层，电场力将试图把它们推回 n 区。电场强度随着穿越过去的电子数的增加而增强，直至达到平衡。对于一阶近似，可认为是电场力阻止了电子穿越结区的扩散运动。

在图 2-13a 中，离子之间的电场所对应的电势差称作**势垒**。在 25℃时，锗二极管的势垒约为 0.3V，硅二极管的势垒约为 0.7V。

2.9 正向偏置

图 2-14 中所示的二极管与直流电源连接，电源的负极与 n 区相连，正极与 p 区相连，这种连接方式称为**正向偏置**。

2.9.1 自由电子的运动

在图 2-14 中，电池驱使自由电子和空穴向结区移动。如果电池电压低于势垒电压，自由电子就没有足够的能量通过耗尽层。当它们进入耗尽层时，离子会把它们推回 n 区，因此二极管中没有电流。

当直流电压源的电压大于势垒电压时，自由电子拥有足够的能量通过耗尽层并与空穴复合。可以想象 p 区所有的空穴向右移动，n 区所有的自由电子向左移动，这些极性相反的电荷在结附近相遇并复合。由于自由电子不断地进入二极管的右端，空穴也在二极管的左端不断产生，因此二极管中有持续的电流流过。

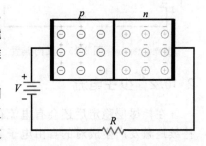

Multisim 图 2-14 正向偏置

2.9.2 单个电子的运动

下面观察一个电子通过整个电路的过程。一个自由电子离开电池的负极，进入二极管的右端，穿过 n 区并到达 pn 结。当电池电压大于 0.7V 时，这个自由电子具有足够的能量穿越耗尽层。当它到达 p 区不久，便会与某个空穴复合。

此时，自由电子变成了一个价电子，并继续向左移动，从一个空穴迁移到另一个空穴，直至到达二极管的左端。当它离开二极管的左端时，便产生了一个新的空穴，整个过程又重新开始。由于有数以亿计的电子都在进行着同样的行程，从而形成了通过二极管的连续电流。图 2-14 中的串联电阻用来限制正向电流的大小。

2.9.3 必要常识

在正向偏置二极管中，电流很容易形成。只要外加电压大于势垒电压，电路中就会有较大的连续电流。就是说，只要电源电压大于 0.7V，硅二极管中就会产生连续的正向电流。

2.10 反向偏置

把直流电源转换一个方向，得到如图 2-15 所示电路。此时，电池负极连接 p 区，正极连接n区，这种连接方式称为**反向偏置**。

2.10.1 耗尽层变宽

由于电池负极吸引空穴，正极吸引自由电子，所以自由电子和空穴会从 pn 结附近流走，使得耗尽层变宽。

图 2-16a 中的耗尽层有多宽呢？当空穴和自由电子从结中向外移动时，新产生的离子使耗尽层的电势差增加，耗尽层越宽电势差就越大。当电势差与外加反向电压相等时，耗尽层就不再变宽了，这时电子和空穴不再从结中向外移动。

有时用阴影区域来表示耗尽层，如图 2-16b 所示。这个阴影区域的宽度正比于反向电压。随着反向电压的增大，耗尽层变宽。

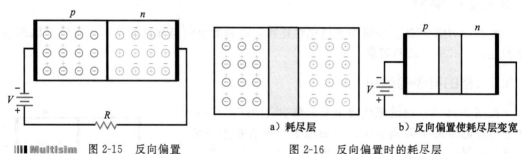

IIII Multisim 图 2-15 反向偏置　　　　　　　　图 2-16 反向偏置时的耗尽层

a) 耗尽层　　　　b) 反向偏置使耗尽层变宽

2.10.2 少子电流

在耗尽层稳定后还会有电流存在吗？在反向偏置下还会存在一个很小的电流。热能会持续地激发产生成对的自由电子和空穴，即结的两侧都有少量的少子存在，其中的大部分会与多子复合。但耗尽层中的少子有可能存活足够长的时间并穿过结区，这时，就会有一小股电流流过外部电路。

该过程如图 2-17 所示。假设热能使结附近产生一个自由电子和一个空穴，耗尽层把自由电子推向右侧，迫使一个电子离开晶体的右端。而空穴则被推向左侧，使得一个电子从晶体的左端进入并陷入空穴。由于耗尽层中存在持续的热激发产生的电子–空穴对，外电路中就形成了一个连续的小电流。

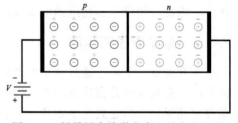

图 2-17　耗尽层中热激发产生的自由电子和空穴形成少子的反向饱和电流

由热激发产生的少子所形成的反向电流称为**饱和电流**。在公式中，饱和电流的符号是 I_S。饱和的意思是这个电流最大就是热激发产生的少子电流，即反向电压的增加不会增加由热激发产生的少子数量。

2.10.3 表面漏电流

在反偏二极管中，除了由热激发产生的少子电流外，在晶体的表面还存在着一个小电流，称为**表面漏电流**，它是由于晶体中的表面杂质和缺陷造成的。

2.10.4 必要常识

二极管中的反向电流由少子电流和表面漏电流组成。在大多数应用中，硅二极管中的反向电流很小，甚至可以忽略。所以，在反向偏置的硅二极管中，电流近似为零。

2.11　击穿

　　二极管有最大额定电压。二极管在损毁之前所能承受的最大反向电压是有限制的。如果持续地增加二极管的反向电压，最终将会达到二极管的**击穿电压**。对于很多二极管来说，击穿电压至少是 50V。击穿电压可以在二极管的数据手册中查到，数据手册将在第 3 章讨论。

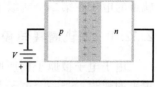

图 2-18　雪崩效应使耗尽层产生大量的自由电子和空穴

　　一旦达到击穿电压，耗尽层会突然出现大量的少数载流子，从而使二极管导通电流过大。

　　这些载流子是在较高的反向电压下发生的**雪崩效应**所产生的（见图 2-18）。正常反偏电压下少子电流很小，当电压增大时，迫使少子移动速度加快并和晶体内的原子发生碰撞。当这些少子具有足够高的能量时，就可以把价电子撞击出来成为自由电子。这些新产生的少子和原有的少子一起继续撞击其他原子，整个过程呈几何级数增长。因为一个自由电子释放一个价电子后就变成了两个自由电子，而这两个自由电子又可以释放另外两个价电子变成 4 个自由电子，这个过程一直持续使反向电流变得非常大。

　　图 2-19 是放大了的耗尽层示意图。反偏电压使得自由电子向右运动，电子在运动中获得一定速度。反向电压越大，电子运动得就越快。如果这些高速电子具有足够的能量，能够把第一个原子的价电子撞击到大轨道上，就会形成两个自由电子。这两个自由电子继续加速，进一步释放出另外两个电子。这样，少子的数量会急剧增加，从而使二极管导通电流过大。

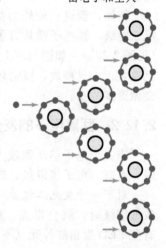

图 2-19　雪崩过程的几何级数增长：1, 2, 4, 8, …

　　二极管的击穿电压取决于这个二极管的掺杂浓度。整流二极管（最普通的类型）的击穿电压通常大于 50V。表 2-1 给出了正向偏置和反向偏置二极管的区别。

　　知识拓展　高于二极管的击穿电压并不意味着二极管必然被损毁，只要反向电压和反向电流的乘积没有超过二极管的额定功率，则二极管可完全恢复。

表 2-1　二极管偏置

	正向偏置	反向偏置
	耗尽层↓ V_S ┤├ p ▌ n ├ R　大电流↓	耗尽层↓ V_S ┤├ p ▌ n ├　小电流 R
V_S 极性	（＋）连接 p 区 （－）连接 n 区	（－）连接 p 区 （＋）连接 n 区
电流	当 V_S＞0.7V，正向电流大	当 V_S＜击穿电压，反向电流（饱和电流和表面漏电流）小
耗尽层	窄	宽

2.12　能级

为了更好地实现近似，可以用轨道的大小来区分电子的能量。即可以把图 2-20a 中的每个轨道半径与图 2-20b 中的能级对应。处于最小轨道的电子在第一个能级上，处于第二轨道的电子在第二个能级上，以此类推。

2.12.1　大轨道具有较高能级

由于电子被原子核所吸引，电子需要额外的能量才能跃迁到更大的轨道。当一个电子从第一轨道跃迁到第二轨道时，它获得了相对于原子核的势能。能使电子跃迁到更高能级的外力包括热、光和电压。

例如，假设一种外力把图 2-20a 中的电子从第一能级提升到第二能级，该电子就具有了更大的势能，因为它离原子核更远了（见图 2-20b）。如同地球上空的物体，位置越高，相对地球的势能就越大。一旦释放，该物体的下落距离更长，当它撞击地面时也会做更多的功。

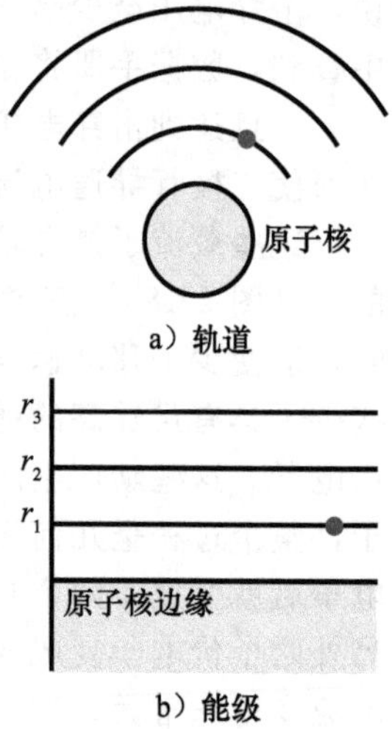

2.12.2　回落电子的发光辐射

当一个电子移动到较大轨道上后，它有可能回落到较低的能级。此时，电子将以热、光或者其他辐射形式释放多余的能量。

对于一个发光二极管（LED），外加电压把电子提升到较高能级。当这些电子回落到较低能级时，就会发光。根据所用材料的不同，LED 可发出红光、绿光、橙光或蓝光。有些 LED 发出红外光（不可见的），可用于防盗警报系统。

2.12.3　能带

当一个硅原子被孤立时，电子的运行轨道只受孤立原子电荷的影响，形成如图 2-20b 所示的能级。然而，当硅原子处于晶体中时，每个电子的轨道也同时会受其他许多原子电荷的影响。由于每个电子在晶体中都有互不相同的位置，任何两个电子周围的电荷都不会是完全一样的。因此每个电子的轨道都是不同的，或者说每个电子都具有不同的能级。

图 2-21 是能级示意图。由于没有任何两个电子具有完全相同的周边电荷，所以处于第一轨道的电子能级略有不同。晶体中有数十亿的第一轨道电子，微小的能级差别就形成了一簇能量或称能带。类似地，数十亿具有微小能量差别的第二轨道电子形成了第二能带，其他能带的情况类似。

另外，热能会激发出一些自由电子和空穴。空穴留在价带，而自由电子会到达相邻的较高能带，这个能带称为**导带**。如图 2-21 所示，导带中有一些自由电子，而价带中有一些空穴。当开关闭合时，纯净半导体中存在小电流，其中自由电子在导带中流动，空穴在价带中流动。

知识拓展　对于 n 型半导体和 p 型半导体，温

图 2-20　能级和轨道大小成正比

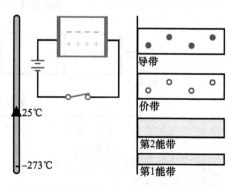

图 2-21　本征半导体及其能带

度的上升会使其少子和多子有相同数量的增加。

2.12.4　n 型半导体能带

图 2-22 所示是 n 型半导体的能带。多子是位于导带的自由电子，少子是位于价带的空穴。当开关闭合时，多子向左端流动，少子向右端流动。

2.12.5　p 型半导体能带

图 2-23 所示是 p 型半导体的能带。与 n 型半导体正好相反，现在的多子是位于价带的空穴，少子是位于导带的自由电子。当开关闭合时，多子向右端流动，少子向左端流动。

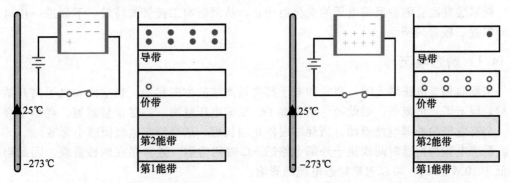

图 2-22　n 型半导体及其能带　　　　　　图 2-23　p 型半导体及其能带

2.13　势垒与温度

结区温度是指二极管内部 pn 结处的温度。而环境温度则是指二极管周围空气的温度。当二极管导通时，由于复合会产生热量，使得结区温度高于环境温度。

势垒的高低取决于结区温度。结温升高，使得掺杂区域产生更多的自由电子和空穴。当这些电荷扩散至耗尽区，则耗尽区会变窄。这就意味着结区温度升高使势垒下降。

在继续讨论前，需要定义一个符号：

$$\Delta \quad 变化量 \tag{2-2}$$

希腊字母 Δ（delta）代表变化量的意思。例如，ΔV 代表电压的变化量，而 ΔT 代表温度的变化量。比值 $\dfrac{\Delta V}{\Delta T}$ 就是电压的变化量除以温度的变化量。

可用如下规则来估算势垒变化：硅二极管势垒按照每提升 $1℃$ 下降 $2\mathrm{mV}$ 的速率变化。即：

$$\frac{\Delta V}{\Delta T}=-2\mathrm{mV}/℃ \tag{2-3}$$

重新整理为：

$$\Delta V=(-2\mathrm{mV}/℃)\Delta T \tag{2-4}$$

通过这些公式，可以计算势垒在任何结区温度下的值。

例 2-5 假设环境温度 $25℃$ 时硅二极管的势垒为 $0.7\mathrm{V}$，当结区温度为 $100℃$ 和 $0℃$ 时，势垒电压分别是多少？

解：当二极管的结温是 $100℃$ 时，势垒的变化为：

$$\Delta V=(-2\mathrm{mV}/℃)\Delta T=(-2\mathrm{mV}/℃)\times(100℃-25℃)=-150\mathrm{mV}$$

也就是说，势垒比室温条件下低了 150mV，所以：

$$V_B = 0.7V - 0.15V = 0.55V$$

当结温是 0℃ 时，势垒的变化量为：

$$\Delta V = (-2mV/℃)\Delta T = (-2mV/℃) \times (0℃ - 25℃) = 50mV$$

也就是说势垒比室温条件下高了 50mV，所以：

$$V_B = 0.7V + 0.05V = 0.75V$$

◢

自测题 2-5 例 2-5 中，当结区温度为 50℃ 时，势垒电压为多少？

2.14 反偏二极管

耗尽层宽度会随着反偏电压的变化而变化，从而影响二极管的特性。下面进一步讨论反向偏置二极管的特性。

2.14.1 瞬态电流

当反向偏置电压增大时，空穴和电子都向远离结的方向移动。当空穴和电子离开结区之后，留下了正负离子，因此耗尽层变宽了。反偏电压越高，耗尽层就越宽。耗尽层变宽时，会有电流向外部电路流动。当耗尽层停止增长后，这个瞬态电流便减小为零。

瞬态电流的持续时间取决于外部电路的 RC 时间常数。通常是在纳秒量级，因此当频率低于 10MHz 时，可以忽略瞬态电流的影响。

2.14.2 反向饱和电流

由前面的讨论可知，正向偏置使二极管耗尽层的宽度减小，从而使自由电子能够穿过结区。反向偏置的作用相反：它使空穴和自由电子向远离结区的方向运动，从而使耗尽层变宽。

假设在反偏二极管的耗尽层中，由于热能激发产生了一个空穴和一个自由电子，如图 2-24 所示。在 A 点的自由电子和在 B 点的空穴可以形成反向电流。由于是反向偏置，自由电子会向右移动，从而迫使一个电子从二极管的右端流出。类似地，空穴会向左移动，p 区多出来的空穴会使外部电路的一个电子进入晶体的左端。

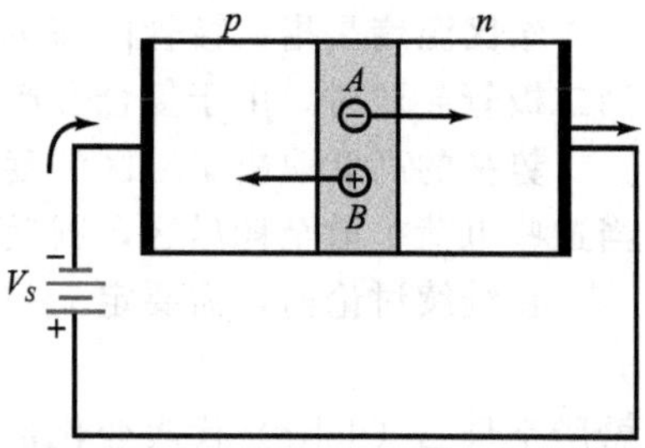

图 2-24 热能在耗尽层激发产生自由电子和空穴

结区温度越高，饱和电流就越大。下面这个估计方法非常有用：温度每升高 10℃，I_S 增加一倍。即：

$$(\Delta I_S/I_S) \times 100\% = (\Delta T/10℃) \times 100\% \tag{2-5}$$

如果温度变化小于 10℃，可以用下面这个等效的式子计算：

$$(\Delta I_S/I_S) \times 100\% = (\Delta T/1℃) \times 7\% \tag{2-6}$$

即结区温度每增加 1℃，电流增加 7%，这个 7% 的求解方法是 10℃ 法则的近似。

2.14.3 硅和锗的比较

在硅原子中，价带和导带的间距称为能隙。当热激发产生自由电子和空穴时，需要给价电子足够的能量使其跃迁到导带。能隙越大，热激发产生电子-空穴对就越困难。幸运的是，硅的能隙较大，也就是说，在常温下热激发不会产生很多电子-空穴对。

在锗原子中，价带离导带很近，即锗的能隙比硅的小很多。因此在锗器件中，热激发产生更多的电子-空穴对，这就是前文提及的锗的最大缺陷。过大的反向电流阻碍了锗在现代计算机、电子产品和通信电路中的广泛应用。

2.14.4 表面漏电流

2.10 节对表面漏电流进行了简单的讨论，表面漏电流是在晶体表面流动的反向电流，下面解释存在表面漏电流的原因。假设图 2-25a 所示的顶层和底层的原子位于晶体表面，由于这些原子缺少相邻原子，它们的价带轨道中只有 6 个价电子，这表明每个表面原子有两个空穴⊖。这些在晶体表面的空穴如图 2-25b 所示，可以看到晶体的表面犹如一个 p 型半导体。因此电子可以进入晶体的左端，穿越表面的空穴，从晶体的右端离开，这样就在晶体表面形成了一个小的反向电流。

表面漏电流与反偏电压成正比，若将反偏电压加倍，表面漏电流 I_{SL} 也会加倍。表面漏电阻可定义为：

$$R_{SL} = \frac{V_R}{I_{SL}} \tag{2-7}$$

例 2-6 硅二极管在 25℃ 时的饱和电流为 5nA，100℃ 时的饱和电流是多少？

解：温度变化量为：

$$\Delta T = 100℃ - 25℃ = 75℃$$

由式（2-5）可知，温度从 25℃ 变化到 95℃，电流倍增了 7 次：

$$I_S = 2^7 \times 5\text{nA} = 640\text{nA}$$

温度从 95℃ 到 100℃ 还有 5℃ 的变化，由式（2-6）得：

$$I_S = 1.07^5 \times 640\text{nA} = 898\text{nA}$$

自测题 2-6 例 2-6 中的二极管在 80℃ 时的饱和电流是多少？

例 2-7 如果 25V 反偏电压下的表面漏电流是 2nA，则 35V 反偏电压下的表面漏电流是多少？

解：有两种方法求解。第一种方法，首先计算表面漏电阻：

$$R_{SL} = \frac{25\text{V}}{2\text{nA}} = 12.5 \times 10^9 \, \Omega$$

然后再算出 35V 时的表面漏电流，为

$$I_{SL} = \frac{35\text{V}}{12.5 \times 10^9 \, \Omega} = 2.8\text{nA}$$

第二种方法，由于表面漏电流正比于反偏电压，所以

$$I_{SL} = \frac{35\text{V}}{25\text{V}} \times 2\text{nA} = 2.8\text{nA}$$

自测题 2-7 在例 2-7 中，反偏电压为 100V 时的表面漏电流是多少？

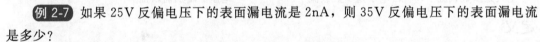

a）晶体表面的原子没有相邻原子

b）晶体表面含有空穴

图 2-25 晶体表面的情况

总结

2.1节 一个电中性的铜原子的最外层轨道中只有一个电子，这个电子可以比较容易地从原子中释放出来，因此称为自由电子。微小的电压即可使自由电子从一个铜原子流向下一个铜原

⊖ 此结论对应 4 个顶角原子。其余顶层和底层的原子应有 7 个价电子，1 个空穴。——译者注

子，所以铜是良导体。

2.2 节 硅是应用最广泛的半导体材料。一个孤立的硅原子的价带轨道上有 4 个电子。价带轨道上的电子数是决定导电性的关键。导体有 1 个价电子，半导体有 4 个价电子，绝缘体有 8 个价电子。

2.3 节 处于硅晶体内的每个硅原子有 4 个价电子，还有与相邻硅原子共享的 4 个电子。在室温下，纯净硅晶体中只有少量由热激发产生的自由电子和空穴。一个自由电子和空穴从产生到复合所经历的时间称为寿命。

2.4 节 本征半导体就是纯净半导体。当对本征半导体外加电压时，自由电子流向电池正极，空穴流向电池负极。

2.5 节 在本征半导体中存在两种载流子的流动。一种是较大轨道（导带）上的自由电子形成的电流，另一种是较小轨道（价带）上的空穴形成的电流。

2.6 节 掺杂使半导体的导电性增加，经过掺杂的半导体称作非本征半导体。当本征半导体掺杂 5 价（施主）原子时，它拥有的自由电子要比空穴多。当本征半导体掺杂 3 价（受主）原子时，它拥有的空穴要比自由电子多。

2.7 节 在 n 型半导体中，自由电子是多数载流子，空穴是少数载流子。在 p 型半导体中，空穴是多数载流子，自由电子是少数载流子。

2.8 节 无偏置的二极管在 pn 结处有一个耗尽层，耗尽层中的离子形成势垒。在室温下，硅二极管的势垒约为 0.7V，锗二极管的势垒约为 0.3V。

2.9 节 当外加电压与势垒的方向相反时，二极管即为正向偏置。如果外加电压比势垒高，则电流较大。即在正向偏置的二极管中，电流容易流动。

2.10 节 当外加电压使势垒增大时，二极管即为反向偏置。耗尽层的宽度随着反向偏压的增加而增加，电流近似为 0。

2.11 节 过大的反偏电压会产生雪崩效应或齐纳效应。过大的击穿电流会损毁二极管。一般来说，二极管不会工作在击穿区。唯一的例外就是齐纳二极管，一种特殊用途的二极管，将在后续章节中讨论。

2.12 节 运行轨道越大，电子的能级就越高。如果外力使得电子跃迁到较高能级，当它回落到原始轨道时将会释放出能量。

2.13 节 当结区温度上升时，耗尽层宽度变窄，势垒下降。每增加 1℃，势垒约降低 2mV。

2.14 节 二极管中的反向电流由三部分组成。首先是反向电压变化时产生的瞬时电流。其次是少子电流，由于它与反偏电压无关，又称为饱和电流。第三个是表面漏电流，随反向电压的增加而增加。

定义

(2-2) Δ：变化量

(2-7) $R_{SL} = \dfrac{V_R}{I_{SL}}$

定律

(2-1) 价带饱和：$n = 8$

推论

(2-3) $\dfrac{\Delta V}{\Delta T} = -2\text{mV/℃}$

(2-4) $\Delta V = (-2\text{mV/℃})\Delta T$

(2-5) $(\Delta I_S/I_S) \times 100\% = (\Delta T/10℃) \times 100\%$

(2-6) $(\Delta I_S/I_S) \times 100\% = (\Delta T/1℃) \times 7\%$

选择题

1. 铜原子的原子核有多少个质子？
   a. 1   b. 4
   c. 18   d. 29

2. 一个电中性的铜原子的净电荷是多少？
   a. 0   b. +1

   c. −1   d. +4

3. 假设铜原子的价电子被移出，铜原子的净电荷变为
   a. 0   b. +1
   c. −1   d. +4

4. 铜原子中的价电子受到来自原子核的哪种吸引力？
   a. 没有　　　　　　b. 弱
   c. 强　　　　　　　d. 无法确定
5. 硅原子有几个价电子？
   a. 0　　　　　　　b. 1
   c. 2　　　　　　　d. 4
6. 应用最广泛的半导体是
   a. 铜　　　　　　　b. 锗
   c. 硅　　　　　　　d. 以上都不是
7. 硅原子的原子核中有多少个质子？
   a. 4　　　　　　　b. 14
   c. 29　　　　　　　d. 32
8. 硅原子组成有规则的排列，称为
   a. 共价键　　　　　b. 晶体
   c. 半导体　　　　　d. 价带轨道
9. 本征半导体内在室温下有空穴，产生这些空穴的原因是
   a. 掺杂　　　　　　b. 自由电子
   c. 热能　　　　　　d. 价带电子
10. 当电子被移到更高的轨道时，它的能级相对于原子核
    a. 增加了　　　　　b. 减小了
    c. 保持不变　　　　d. 取决于原子类型
11. 自由电子和空穴的合并称为
    a. 共价键　　　　　b. 寿命
    c. 复合　　　　　　d. 热能
12. 在室温下，本征硅晶体的特性大体上类似
    a. 电池　　　　　　b. 导体
    c. 绝缘体　　　　　d. 铜导线
13. 空穴从产生到消失之间的时间称为
    a. 掺杂　　　　　　b. 寿命
    c. 复合　　　　　　d. 原子价
14. 导体的价电子又可以叫作
    a. 束缚电子　　　　b. 自由电子
    c. 原子核　　　　　d. 质子
15. 导体内部有几种电流？
    a. 1　　　　　　　b. 2
    c. 3　　　　　　　d. 4
16. 半导体内部有几种电流？
    a. 1　　　　　　　b. 2
    c. 3　　　　　　　d. 4
17. 对半导体外加电压时，空穴会流向
    a. 离开负电势方向
    b. 朝向正电势方向
    c. 外部电路
    d. 以上都不对

18. 对半导体材料来说，当价带轨道饱和时，它含有
    a. 1 个电子　　　　b. 等量的正负离子
    c. 4 个电子　　　　d. 8 个电子
19. 在本征半导体内，空穴的数量
    a. 等于自由电子的数量
    b. 大于自由电子的数量
    c. 小于自由电子的数量
    d. 以上都不对
20. 绝对零度等于
    a. −273℃　　　　b. 0℃
    c. 25℃　　　　　d. 50℃
21. 在绝对零度下，本征半导体内有
    a. 一些自由电子　　b. 很多空穴
    c. 很多自由电子　　d. 没有空穴或自由电子
22. 在室温下本征半导体内有
    a. 少量自由电子和空穴
    b. 大量空穴
    c. 大量自由电子
    d. 没有空穴
23. 在本征半导体内，当温度怎样变化时自由电子和空穴会减少？
    a. 降低　　　　　　b. 升高
    c. 保持不变　　　　d. 以上都不对
24. 价电子向右流动意味着空穴的流动方向为
    a. 左　　　　　　　b. 右
    c. 左右都有　　　　d. 以上都不对
25. 空穴的特性表现为
    a. 原子　　　　　　b. 晶体
    c. 负电荷　　　　　d. 正电荷
26. 三价原子有多少价电子？
    a. 1　　　　　　　b. 3
    c. 4　　　　　　　d. 5
27. 受主原子有多少价电子？
    a. 1　　　　　　　b. 3
    c. 4　　　　　　　d. 5
28. 如果要生产 n 型半导体，需要使用的是
    a. 受主原子　　　　b. 施主原子
    c. 5 价杂质　　　　d. 硅
29. 哪种类型的半导体中的少子是电子？
    a. 非本征　　　　　b. 本征
    c. n 型　　　　　　d. p 型
30. p 型半导体中有多少自由电子？
    a. 很多
    b. 没有
    c. 只有被热能激发的

　　d. 与空穴数量相同

31. 银是最好的导体，它有几个价电子？
　　a. 1　　　　　　b. 4
　　c. 8　　　　　　d. 29

32. 假设本征半导体在室温下有 10 亿个自由电子，当温度降为 0℃ 时，空穴有多少？
　　a. 少于 10 亿　　b. 10 亿
　　c. 多于 10 亿　　d. 无法确定

33. 在 p 型半导体上外加一个电压源。如果晶体左端是正极，多子会向哪个方向流动？
　　a. 左　　　　　　b. 右
　　c. 都不是　　　　d. 无法确定

34. 下面哪项不属于同一类？
　　a. 导体　　　　　b. 半导体
　　c. 4 个价电子　　d. 晶体结构

35. 下面哪个温度约等于室温？
　　a. 0℃　　　　　b. 25℃
　　c. 50℃　　　　　d. 75℃

36. 晶体内的硅原子的价带轨道内有几个电子？
　　a. 1　　　　　　b. 4
　　c. 8　　　　　　d. 14

37. 负离子是原子
　　a. 得到了一个质子
　　b. 失去了一个质子
　　c. 得到了一个电子
　　d. 失去了一个电子

38. 下面关于 n 型半导体的描述哪一项是正确的？
　　a. 电中性　　　　b. 带正电荷
　　c. 带负电荷　　　d. 有很多空穴

39. p 型半导体包含空穴和
　　a. 正离子　　　　b. 负离子
　　c. 五价原子　　　d. 施主原子

40. 下面关于 p 型半导体的描述哪一项是正确的？
　　a. 电中性　　　　b. 带正电荷
　　c. 带负电荷　　　d. 有很多自由电子

41. 与锗二极管相比，硅二极管的反向饱和电流
　　a. 在高温时相等　b. 更小
　　c. 在低温时相等　d. 更大

42. 是什么导致耗尽层的形成？
　　a. 掺杂　　　　　b. 复合

43. 室温下硅二极管的势垒电压是多少？
　　a. 0.3V　　　　　b. 0.7V
　　c. 1V　　　　　　d. 每摄氏度 2mV

44. 与锗原子的能隙相比，硅原子的能隙
　　a. 基本一致　　　b. 更低
　　c. 更高　　　　　d. 无法预测

45. 在硅二极管中，反向电流通常
　　a. 很小　　　　　b. 很大
　　c. 为零　　　　　d. 在击穿区

46. 在温度保持恒定的情况下，硅二极管的反偏电压增加，则其饱和电流
　　a. 增加　　　　　b. 减少
　　c. 保持不变　　　d. 等于它的表面漏电流

47. 发生雪崩效应时的电压叫作
　　a. 势垒　　　　　b. 耗尽层
　　c. 拐点电压　　　d. 击穿电压

48. 二极管 pn 结的势垒在什么情况下会降低？
　　a. 正向偏置　　　b. 初次形成
　　c. 反向偏置　　　d. 不导通

49. 当反偏电压从 10V 降低到 5V 时，耗尽层
　　a. 变小　　　　　b. 变大
　　c. 不受影响　　　d. 击穿

50. 二极管在正向偏置下，自由电子和空穴的复合将产生
　　a. 热　　　　　　b. 光
　　c. 辐射　　　　　d. 以上都有

51. 二极管在 10V 的反偏电压下，加在耗尽层两端的电压是多少？
　　a. 0　　　　　　b. 0.7V
　　c. 10V　　　　　d. 以上都不是

52. 硅原子的能隙是指价带和什么之间的距离？
　　a. 原子核　　　　b. 导带
　　c. 原子核心　　　d. 正离子

53. 当结温增加多少时，反向饱和电流增加一倍？
　　a. 1℃　　　　　b. 2℃
　　c. 4℃　　　　　d. 10℃

54. 当反向电压增加多少时表面漏电流增加一倍？
　　a. 7%　　　　　b. 100%
　　c. 200%　　　　d. 2mV

习题

2-1 如果铜原子获得了两个电子，其净电荷是多少？

2-2 如果硅原子获得了 3 个价电子，其净电荷是多少？

2-3 下列材料属于导体还是半导体？
　　a. 锗　　　　　　b. 银

c. 硅   d. 金

2-4 如果一个纯净硅晶体内有 500 000 个空穴，那么它含有多少自由电子？

2-5 一个正偏的二极管中，通过 n 区的电流是 5mA。则通过以下各个部分的电流各是多少？

    a. p 型区

    b. 连接外部电路的导线

    c. 结

2-6 区分下列情况是 n 型半导体还是 p 型半导体

    a. 被掺杂了受主原子

    b. 带有 5 价杂质的晶体

    c. 多子是空穴

    d. 晶体中加入了施主原子

    e. 少子是自由电子

2-7 设计中要使用在 0～75℃ 环境中的硅二极管，其势垒电压的最小值和最大值是多少？

2-8 如果一个硅二极管在 25～75℃ 环境中的饱和电流为 10nA，则饱和电流的最小值和最大值各是多少？

2-9 在反向电压为 10V 时，二极管的表面漏电流是 10nA。如果反向电压增加到 100V，表面漏电流是多少？

思考题

2-10 硅二极管在 25℃ 的反向电流是 $5\mu A$，100℃ 时是 $100\mu A$。在 25℃ 时的饱和电流和表面漏电流各是多少？

2-11 使用 pn 结器件来制造计算机，计算机的速度取决于二极管开关的速度。基于所学的关于反向偏置的知识，如何能加快计算机的速度？

求职面试问题

这是一个电子专家团队准备的面试题。在大多数情况下，本书已经提供了回答全部问题所需要的足够的信息。当偶然遇到陌生的术语时，就需要找一本科技词典查看。有的问题本书也可能没有覆盖到，这时就需要自己查阅一些资料了。

1. 为什么铜是电的良导体？

2. 半导体与导体有什么区别？用示意图进行解释。

3. 介绍一下你对空穴的认识，用示意图说明它们和自由电子的区别。

4. 请描述掺杂半导体的基本原理，希望能给出示意图。

5. 为什么正向偏置的二极管中存在电流，请画图给予解释。

6. 为什么反向偏置的二极管中存在非常小的电流？

7. 反偏的二极管在特定的条件下会击穿，请尽量详细地描述雪崩效应。

8. 说明为什么发光二极管能够发光。

9. 在导体中有空穴流动吗？为什么？当空穴到达半导体的一端时会怎样？

10. 表面漏电流是什么？

11. 为什么二极管中的复合很重要？

12. 非本征硅与本征硅的区别是什么？说明其重要性。

13. 描述 pn 结初始形成时的情况，包括耗尽层的形成。

14. 在 pn 结二极管中，哪种载流子移动？是空穴还是自由电子？

选择题答案

1. d   2. a   3. b   4. b   5. d   6. c   7. b   8. b   9. c   10. a   11. c   12. c   13. b   14. b   15. a

16. b   17. d   18. d   19. a   20. a   21. d   22. a   23. a   24. a   25. d   26. b   27. b   28. b   29. d   30. c

31. a   32. a   33. b   34. a   35. b   36. c   37. c   38. a   39. b   40. a   41. b   42. b   43. b   44. c   45. a

46. c   47. d   48. a   49. a   50. d   51. c   52. b   53. d   54. b

自测题答案

2-4 约 5 000 000 个空穴

2-5 $V_B = 0.65V$

2-6 $I_S = 224nA$

2-7 $I_{SL} = 8nA$

第3章

二极管原理

本章继续研究二极管。首先讨论二极管的特性曲线，然后讨论二极管的近似。通常，对二极管进行精确分析是十分复杂和耗时的，因此需要进行近似处理。例如，二极管的理想化近似可以用于故障诊断，二阶近似可以进行快速而简便的分析，三阶近似可以获得更高的精度，或者用计算机获得近乎精确的结果。

目标

在学习完本章后，你应该能够：

■ 画出二极管的符号，标出正极和负极；
■ 画出二极管特性曲线，标出所有关键点及关键区域；
■ 描述理想二极管特性；
■ 描述二阶近似二极管特性；
■ 描述三阶近似二极管特性；
■ 列出二极管数据手册上的四项基本参数；
■ 使用数字万用表或欧姆表来测量二极管；
■ 描述元器件、电路与系统之间的关系。

关键术语

正极（anode）	线性器件（linear device）
体电阻（bulk resistance）	负载线（load line）
负极（cathode）	最大正向电流（maximum forward current）
电子系统（electronic system）	非线性器件（nonlinear device）
理想二极管（ideal diode）	欧姆电阻（ohmic resistance）
阈值电压（knee voltage）	额定功率（power rating）

3.1 基本概念

普通电阻是**线性器件**，它的电流-电压特性曲线（伏安特性曲线）是一条直线。二极管则不同，它的电流-电压特性曲线不是直线，因此是**非线性器件**。原因是二极管存在势垒，当加在二极管两端的电压小于势垒电压时，流过二极管的电流很小；当二极管上的电压超过势垒电压时，电流就会迅速增加。

3.1.1 电路符号及封装规格

图 3-1a 为二极管的电路符号，p

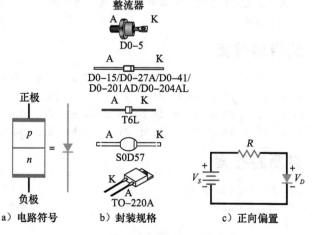

a）电路符号　　b）封装规格　　c）正向偏置

图 3-1　二极管

端称为正极，n 端称为负极。二极管的符号看起来像一个箭头，从 p 端指向 n 端，从正极指向负极。图 3-1b 所示是一些典型二极管的封装规格。多数二极管的负极引脚（K）都有一个彩条标识。

3.1.2 基本二极管电路

图 3-1c 所示是一个二极管电路。在该电路中，电池的正极通过一个电阻来驱动二极管的 p 端，负极与二极管的 n 端相连，所以以二极管正向偏置。在这种连接下，电路驱动空穴和自由电子向结的方向移动。

在较复杂的电路中，判断二极管是否正向偏置可能比较困难。这里有一个方法，不妨试着回答如下问题：外部电路对二极管电流的驱动是否沿着载流子容易流动的方向？如果是，则该二极管是正向偏置的。

容易流动的方向该如何确定？如果选择常规的电流，其容易流动的方向就是二极管箭头所指的方向。如果选用电子流，则是相反的方向。

当二极管是复杂电路的一部分时，也可以用戴维南定理来判断它是否是正向偏置。例如，假设能够将一个复杂电路用戴维南定理简化为图 3-1c 所示的电路，则可知这个二极管是正向偏置的。

3.1.3 正向区域

在实验室中搭建如图 3-1c 所示的电路。完成电路连接后，可以测量流过二极管的电流以及二极管两端的电压。也可以将直流电源反接，测量二极管在反偏时的电流和电压。如果绘制二极管的电流 - 电压特性曲线，就可以得到类似图 3-2 所示的图形。

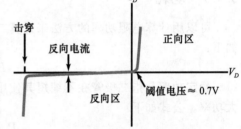

图 3-2 二极管特性曲线

该特性曲线是前面章节中所讨论的一些概念的图形化总结。例如，当二极管正偏时，在二极管上电压大于势垒电压之前，流过二极管的电流不明显。当二极管反偏时，反向电流几乎为零，直至二极管上电压达到击穿电压。而且，雪崩效应产生很大的反向电流，将会损坏二极管。

3.1.4 阈值电压

在正向区域，二极管电流开始迅速增加的电压被称为**阈值电压**，阈值电压等于势垒电压。对二极管电路的分析经常归结为确定二极管电压是否大于阈值电压。如果大于阈值电压，则二极管的导通性良好。否则，二极管的导通性较差。定义硅二极管的阈值电压为：

$$V_K \approx 0.7V \tag{3-1}$$

（注意：符号"$\approx$"表示"近似等于"。）

虽然锗二极管已很少出现在新设计的电子产品中，但在一些特殊电路以及早期的设备中仍然可能会见到它们。基于这个原因，需要知道锗二极管的阈值电压大约是 0.3V。阈值电压较低是锗二极管的一个优势，也是它在一些特定场合应用的原因。

知识拓展 特殊用途二极管，如肖特基二极管，已经在需要低阈值的现代应用中取代了锗二极管。

3.1.5 体电阻

电压大于阈值电压后，二极管电流迅速增加，即很小的电压增量就会引起很大的电流增量。在势垒被克服后，只有 p 区和 n 区的**欧姆电阻**是阻止电流的因素。换句话说，如果 p 区和 n 区是半导体的两个独立部分，则可以用欧姆表测量每一部分的电阻，就像普通电阻一样。

这两个欧姆电阻之和被称为二极管的**体电阻**，定义如下：

$$R_B = R_P + R_N \tag{3-2}$$

体电阻的大小取决于 p 区和 n 区的尺寸及掺杂浓度，通常小于 1Ω。

3.1.6 最大正向直流电流

如果电流太大，则二极管会因过热而烧毁。因此，制造商会在数据手册中列出二极管安全工作时的最大电流，即不会缩短其使用寿命且不会导致其性能恶化的最大工作电流。

最大正向电流是数据手册中给出的最大额定指标之一，可表示为 $I_{\max}$、$I_{F(\max)}$、I_O 等。例如，二极管 1N456 的最大正向电流为 135mA，说明该二极管在正向电流是 135mA 时仍能持续安全工作。

3.1.7 功耗

可以用计算电阻功率的方法来计算二极管的功率，即二极管电压与电流的乘积，公式如下：

$$P_D = V_D I_D \tag{3-3}$$

额定功率是指二极管在不缩短其使用寿命且不导致其性能恶化的情况下安全工作的最大功率。公式如下：

$$P_{\max} = V_{\max} I_{\max} \tag{3-4}$$

其中，$V_{\max}$ 是二极管工作在 $I_{\max}$ 时相应的电压。例如，若一个二极管的最大电压和最大电流分别是 1V 和 2A，则它的额定功率为 2W。

例 3-1 图 3-3a 中所示的二极管是正向偏置的还是反向偏置的？ ⅢⅢ **Multisim**

解： 由于电阻 R_2 两端的电压是正的，因此电路使电流沿着易于流动的方向流动。如果仍然不能清楚判断，则可以先得到从二极管看进去的戴维南等效电路，如图 3-3b 所示，在这个串联电路中，可以看到直流电源是驱使电流向易于流动的方向流动的。因此，该二极管是正向偏置的。

如果在判断上没有把握，则可以将电路简化成串联电路，这样可以清楚地判别出直流电源是否沿易于流动的方向驱动电流。 ◀

✎ **自测题 3-1** 图 3-3c 中的二极管是正向偏置的还是反向偏置的？

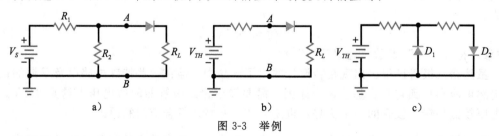

a)   b)   c)

图 3-3 举例

例 3-2 某二极管的额定功率是 5W。如果该二极管上的电压为 1.2V，流过它的电流为 1.75A，那么它的功率是多少？该二极管是否会被烧毁？

解：

$$P_D = 1.2\text{V} \times 1.75\text{A} = 2.1\text{W}$$

小于额定功率，因此该二极管不会被烧毁。◀

✎ **自测题 3-2** 例 3-2 中，如果二极管上的电压为 1.1V，流过它的电流为 2A，其功率是多少？

3.2 理想二极管

图 3-4 为二极管正向区域特性曲线，可以看到二极管电流 I_D 与电压 V_D 的关系。在二极管电压接近势垒电压之前，电流几乎为零。在 $0.6 \sim 0.7\text{V}$ 附近，电流开始增加。当二极管电压超过 0.8V 之后，电流急剧增加，特性近乎直线。

不同二极管的最大正向电流、额定功率等特性可能有所不同，这取决于二极管的物理尺寸以及掺杂浓度。如果需要得到精确的结果，必须使用特定二极管的特性曲线。虽然各个二极管的确切电流和电压点有所不同，但任何二极管的特性曲线都类似于图 3-4 所示的曲线，所有硅二极管的阈值电压都在 0.7V 左右。

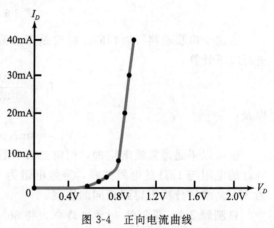

图 3-4 正向电流曲线

多数情况下并不需要精确求解，这也是对二极管采用近似分析的原因。首先分析最简单的**理想二极管**近似。在多数基本应用中，二极管的正向导通特性良好而反向导通特性较差。理想情况下，正向偏置时二极管如同一个理想导体（电阻为零），而反向偏置时二极管如同一个理想绝缘体（电阻无穷大）。

图 3-5a 所示是理想二极管的伏安特性曲线。正向偏置时电阻为零，反向偏置时电阻无穷大。但现实中无法制造这样的器件。

什么器件能够像理想二极管那样工作呢？答案是开关。普通开关闭合时电阻为零，断开时电阻无穷大。因此理想二极管就像一个正偏时闭合、反偏时断开的开关。图 3-5b 显示了二极管的开关特性。

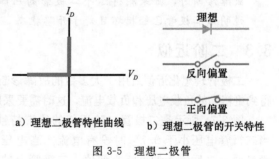

a）理想二极管特性曲线　b）理想二极管的开关特性

图 3-5 理想二极管

例 3-3 用理想二极管模型计算图 3-6a 所示电路的负载电压和负载电流。

解： 由于二极管是正偏，所以等效于一个闭合的开关。将二极管看成一个闭合的开关，则电源电压全部加到负载电阻上：

$$V_L = 10\text{V}$$

由欧姆定律，可得负载电流为：

$$I_L = \frac{10\text{V}}{1\text{k}\Omega} = 10\text{mA}$$ ◀

自测题 3-3　在图 3-6a 所示电路中，如果电源电压为 5V，试求理想负载电流。

例 3-4　图 3-6b 所示电路中采用理想二极管，计算负载电压和负载电流。

解：一种求解方法是画出二极管左边电路的戴维南等效电路。从二极管向电源方向看去，电源电压被 6kΩ 和 3kΩ 的电阻分压，因此戴维南电压为 12V，戴维南电阻为 2kΩ。驱动二极管的戴维南等效电路如图 3-6c 所示。

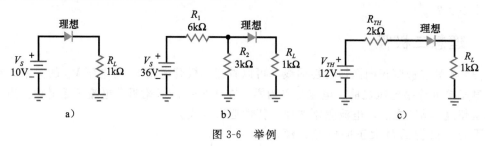

图 3-6　举例

由这个串联电路可以判断二极管是正向偏置的。将二极管视作一个闭合的开关，可以进行以下计算：

$$I_L = \frac{12\text{V}}{3\text{k}\Omega} = 4\text{mA}$$

以及：

$$V_L = 4\text{mA} \times 1\text{k}\Omega = 4\text{V}$$

也可以不通过戴维南定理，而将二极管看作闭合的开关，直接分析图 3-6b 中的电路。3kΩ 的电阻与 1kΩ 的电阻并联，等效电阻为 750Ω。由欧姆定律可得，6kΩ 电阻上的压降为 32V。继续分析可得到相同的答案。　◀

自测题 3-4　图 3-6b 所示电路中，将 36V 电源电压换成 18V，用理想二极管分析计算负载电压及负载电流。

知识拓展　对含有一个应该为正向偏置的硅二极管电路进行故障诊断时，如果测得这个二极管的压降远大于 0.7V，则说明该二极管已经损坏且处于开路状态。

3.3　二阶近似

二极管理想化近似适用于大多数的故障诊断，但有时我们希望得到更精确的负载电压和负载电流，这时需要采用"二阶近似"。

图 3-7a 所示是二极管二阶近似的伏安特性曲线。由图可知，当二极管电压小于 0.7V 时没有电流。当电压等于 0.7V 时二极管导通。之后，无论电流为何值，二极管上的电压均为 0.7V。

图 3-7b 所示为硅二极管的二阶近似等效电路。将二极管看作一个开关与 0.7V 的电压源串联。如果二极管两端的戴维南电压大于 0.7V，则开关闭合。导通以后，无论正向电流为何值，加在二极管上的电压均为 0.7V。如果戴维南电压小于 0.7V，则开关断开。此时，二极管上没有电流。

例 3-5　采用二阶近似来计算图 3-8 所示电路中的负载电压、负载电流及二极管功率。

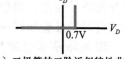

a）二极管的二阶近似特性曲线

b）二阶近似等效电路

图 3-7　二极管的二阶近似

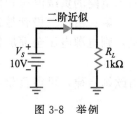

图 3-8　举例

解：由于二极管是正向偏置的，可等效为一个 0.7V 的电池。则负载电压等于电源电压减去二极管上的压降：

$$V_L = 10V - 0.7V = 9.3V$$

由欧姆定律可得负载电流为：

$$I_L = \frac{9.3V}{1k\Omega} = 9.3mA$$

二极管功率为：

$$P_D = 0.7V \times 9.3mA = 6.51mW \qquad \blacktriangleleft$$

自测题 3-5 将图 3-8 所示电路中的电压源换成 5V，重新计算负载电压、电流及二极管功率。

例 3-6 采用二阶近似来计算图 3-9a 所示电路中的负载电压、负载电流以及二极管功率。

解：用戴维南定理等效二极管左边的电路。戴维南电压和电阻分别为 12V 和 2kΩ。化简后的电路如图 3-9b 所示。

由于二极管上电压为 0.7V，负载电流为：

$$I_L = \frac{12V - 0.7V}{3k\Omega} = 3.77mA$$

负载电压为：

$$V_L = 3.77mA \times 1k\Omega = 3.77V$$

二极管功率为：

$$P_D = 0.7V \times 3.77mA = 2.64mW \qquad \blacktriangleleft$$

自测题 3-6 使用 18V 的电源电压，重新计算例 3-6。

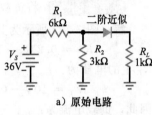

a）原始电路

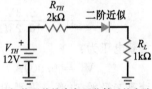

b）使用戴维南定理化简后的电路

图 3-9 举例

3.4 三阶近似

在二极管的三阶近似中，考虑了体电阻 R_B 的作用，R_B 对二极管特性曲线的影响如图 3-10a 所示。二极管导通后，电压随着电流的增加而线性增加。电流越大，则体电阻上的压降越大，所以二极管两端的电压也就越大。

二极管的三阶近似等效电路是一个开关与 0.7V 的电压源以及电阻 R_B 的串联（见图 3-10b）。当二极管上的电压超过 0.7V 时，二极管导通。在导通期间，二极管两端的电压为：

$$V_D = 0.7V + I_D R_B \qquad (3-5)$$

通常体电阻小于 1Ω，因此在计算中可以忽略。忽略体电阻的准则如下：

$$忽略体电阻 \quad R_B < 0.01 R_{TH} \qquad (3-6)$$

即当体电阻小于二极管两端对应电路的戴维南等效电阻值的 1/100 时，则体电阻可以忽略。如果满足这个条件，误差将会小于 1%。由于电路设计常常满足式（3-6），因此三阶近似用的不多。

应用实例 3-7 图 3-11a 所示的二极管 1N4001 的体电阻为 0.23Ω。求负载电压、负载电流及二极管功率。

解：用二极管三阶近似的等效电路来代替二极管，得到图 3-11b。由于二极管的体电阻小于负载电阻的 1/100，可以

a）二极管的三阶近似特性曲线

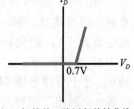

b）三阶近似等效电路

图 3-10 二极管的三阶近似

被忽略。此时，可以用二阶近似来求解。求解方法同例 3-6，求得负载电压，负载电流以及二极管功率分别是 9.3V，9.3mA 和 6.51mW。◀

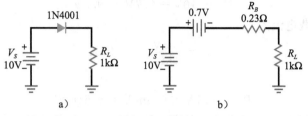

图 3-11   举例

应用实例 3-8   将负载电阻改为 10Ω，重新求解例 3-7。 ||||Multisim

解：图 3-12a 所示为其等效电路。总电阻为：

$$R_T = 0.23\Omega + 10\Omega = 10.23\Omega$$

R_T 上的电压为：

$$V_T = 10V - 0.7V = 9.3V$$

因此，负载电流为：

$$I_L = \frac{9.3V}{10.23\Omega} = 0.909A$$

负载电压为：

$$V_L = 0.909A \times 10\Omega = 9.09V$$

计算二极管功率，需要知道二极管两端的电压。有两种方法求解。可以用电源电压减去负载电压：

$$V_D = 10V - 9.09V = 0.91V$$

或者使用式（3-5）：

$$V_D = 0.7V + 0.909A \times 0.23\Omega = 0.909V$$

上述两个结果间的微小差别是由四舍五入造成的。二极管功率为：

$$P_D = 0.909V \times 0.909A = 0.826W$$

还有两点值得注意。第一，二极管 1N4001 的最大正向电流为 1A，额定功率为 1W，因此在负载电

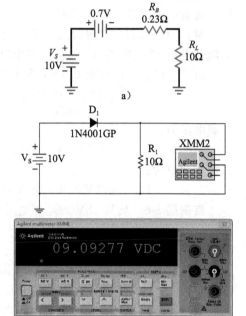

图 3-12   举例

阻为 10Ω 的情况下，二极管已接近极限值。第二，在三阶近似下得到的负载电压为 9.09V，已十分接近用 Multisim 仿真得到的负载电压 9.08V（见图 3-12b）。

表 3-1 列出了三种二极管近似情况的区别。   ◀

表 3-1   二极管近似

	一阶或理想化近似	二阶近似	三阶近似
使用场合	故障诊断或快速分析	常规技术分析	高级设计或工程分析
二极管特性曲线			

（续）

	一阶或理想化近似	二阶近似	三阶近似
等效电路	反向偏置 正向偏置	0.7V 反向偏置 0.7V 正向偏置	0.7V R_B 反向偏置 0.7V R_B 正向偏置
电路实例	Si V_{out} 10V，V_S 10V，R_L 100Ω	Si V_{out} 9.3V，V_S 10V，R_L 100Ω	Si R_B V_{out} 9.28V，0.23Ω，V_S 10V，R_L 100Ω

自测题 3-8 将电源电压改为 5V，重新计算例 3-8。

3.5 故障诊断

可以用欧姆表的中高阻挡快速检测二极管的工作状况。首先测量二极管任意偏置方向的直流电阻，然后改变偏置方向再次测量。正向电流的大小与欧姆表使用的量程有关，即在不同的量程会得到不同的读数。

通常希望二极管的反向电阻和正向电阻的比率较高。对于电子产品中的典型硅二极管，这个比率应该高于 1000∶1。一定要使用尽可能高的电阻量程进行测量，以避免对二极管造成的损坏。一般来讲，R×100 与 R×1K 挡就能保证安全的测量。

用欧姆表测量二极管是合格检测的一个例子。实际上不必关心二极管直流电阻的确切值，真正需要知道的是二极管是否具有较低的正向电阻和较高的反向电阻。二极管的故障表现为以下情况：正向电阻和反向电阻都极低（二极管短路）；正向电阻和反向电阻都很高（二极管开路）；反向电阻有点低（称为泄漏二极管）。

大多数数字万用表设置为欧姆挡或电阻挡时，都无法提供适合于测试 pn 结二极管的输出电压及输出电流。但大多数数字万用表都有一个专门用于二极管的测试挡。当万用表设置在该挡时，无论接上什么器件，它都能提供约 1mA 的恒定电流。正向偏置时，数字万用表显示 pn 结的正向电压 V_F，如图 3-13a 所示。对于普通硅 pn 结二极管来说，这个正向电压一般在 0.5～0.7V 之间。反向偏置时，数字万用表将会给出一个溢出提示，如 "OPEN" 或 "1"，如图 3-13b 所示。短路的二极管两个方向的测量电压都小于 0.5V。开路的二极管两个方向的测量电压都会显示溢出。而泄漏二极管在两个方向的测量电压都会小于 2V。

a）数字万用表对二极管的正向测试

图 3-13 故障诊断测试

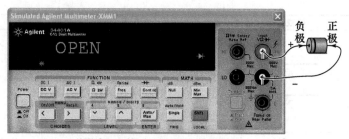

b）数字万用表对二极管的反向测试

图 3-13　（续）

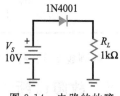

图 3-14　电路的故障
诊断

例 3-9　图 3-14 所示是前文分析过的二极管电路。假设该二极管因为某种原因而烧毁，将会看到什么现象？

解： 二极管被烧毁后变为开路，电流下降为零。因此，在测量负载电压时，电压表的读数为零。　◀

例 3-10　假设图 3-14 中的电路不能工作，如果负载电阻没有短路，那么故障在什么地方？

解： 故障可能有多种。第一，二极管开路；第二，电源电压的输出为零；第三，有一根导线断开了。

确定故障的方法如下：首先通过测量电压找出可能存在问题的元件，然后断开该元件与电路的连接，再测量它的电阻。例如，可以先测量电源电压，然后再测量负载电压。如果电源电压正常而负载电压为零，那么二极管就有可能是开路的，用欧姆表或数字万用表进行测量就可以确定。如果二极管经测量没有问题，再检查是否是连线出了问题，因为只有这一种因素可能造成电源电压存在而负载电压为零。

如果测量显示没有电源电压，则可能是电源本身存在问题或者是电源与二极管之间的连线断开了。电源方面出现问题是很常见的，电子设备不工作，问题通常出在电源上。因此大部分的故障诊断都是从测量电源电压开始的。　◀

3.6　阅读数据手册

器件数据手册或说明书中会列出半导体器件的重要参数和工作特性，同时也包含封装规格、引线引脚、测试流程及典型应用等基本信息。半导体生产厂家通常会在数据手册或厂家网站上提供这些信息。还有一些公司专门从事半导体产品的比较分析，也可以从他们的网站中了解相关信息。

生产厂家的数据手册中有很多信息不易读懂，只适用于专业电路设计人员。基于这个原因，这里仅讨论数据手册中与本书所描述的定量参数相关的项。

知识拓展　因特网搜索引擎，例如 Google，可以帮助你快速获取半导体器件的说明书。

3.6.1　反向击穿电压

首先看看 1N4001 的数据手册，1N4001 是一个用于电源的整流二极管（将交流电压转变为直流电压），图 3-15 所示是 1N4001～1N4007 系列二极管的器件参数，这七种二极管具有相同的正向特性和不同的反向特性。对于该系列中的 1N4001，我们感兴趣的是

"最大额定绝对值"下的第一项：

	符号	1N4001
可重复反向峰值电压	V_{RRM}	50V

FAIRCHILD
SEMICONDUCTOR®
（仙童半导体）

2009年5月

1N4001–1N4007
普通整流管

特性
- 正向压降低
- 浪涌电流承受能力强

DO-41
彩条标识阴极

最大额定绝对值*　$T_A=25℃$（除非标明其他条件）

符号	参数	数值							单位
		4001	4002	4003	4004	4005	4006	4007	
V_{RRM}	可重复反向峰值电压	50	100	200	400	600	800	1000	V
$I_{F(AV)}$	平均正向整流电流，管脚长度0.375″，$T_A=75℃$	1.0							A
I_{FSM}	不可重复正向峰值浪涌电流，0.83ms单向正弦波信号	30							A
T_{stg}	保存温度范围	$-55~+175$							℃
T_J	结的工作温度	$-55~+175$							℃

*高于额定值时半导体器件的适用性可能降低。

温度特性

符号	参数	数值	单位
P_D	功耗	3.0	W
$R_{θJA}$	结对环境的热电阻	50	℃/W

电特性　$T_A=25℃$（除非标明其他条件）

符号	参数	器件							单位
		4001	4002	4003	4004	4005	4006	4007	
V_F	正向电压@1.0A	1.1							V
$I_π$	最大全负载反向电流，完整周期，$T_A=75℃$	30							μA
I_R	反向电流@额定V_R，$T_A=25℃$	5.0							μA
	$T_A=100℃$	500							μA
C_T	总电容，$V_R=4.0V$，$f=1.0MHz$	15							pF

a）

图 3-15　二极管 1N4001-1N4007 的数据手册

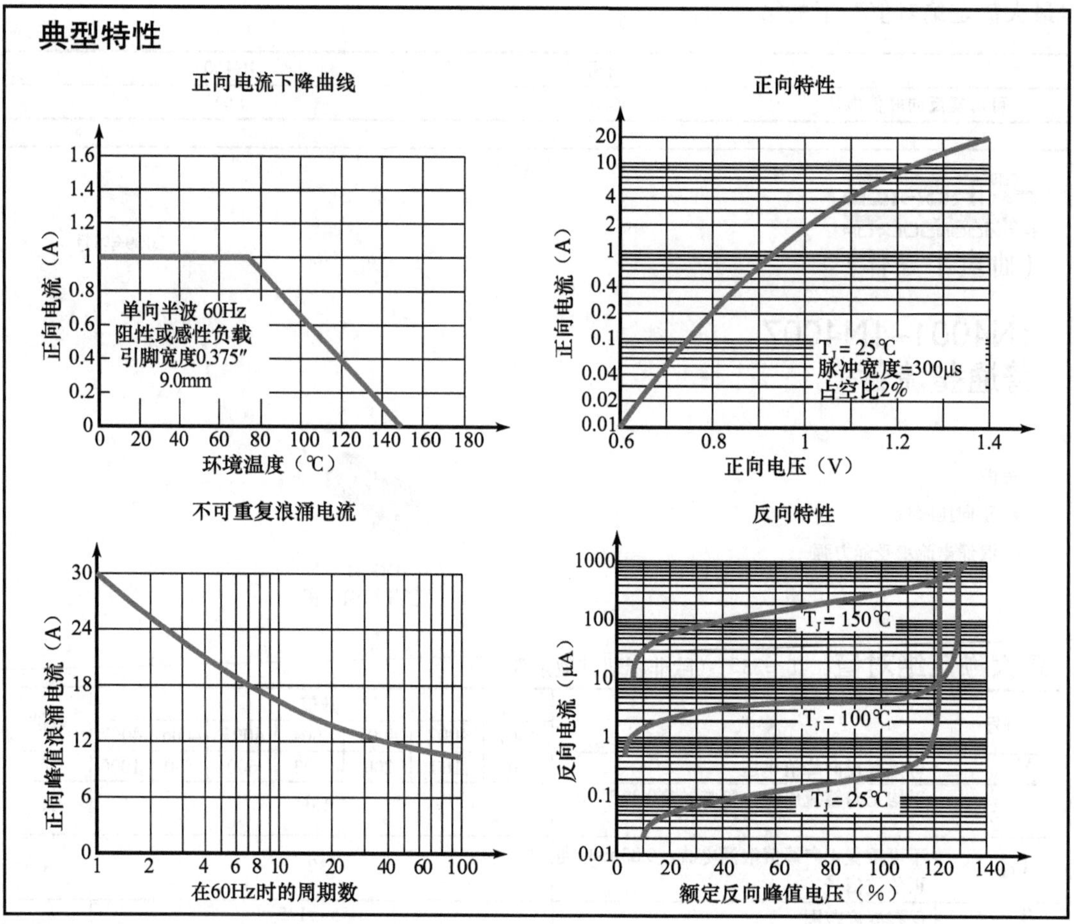

典型特性

正向电流下降曲线

正向电流（A） vs **环境温度（℃）**

单向半波 60Hz
阻性或感性负载
引脚宽度0.375″
9.0mm

正向特性

正向电流（A） vs **正向电压（V）**

$T_J = 25℃$
脉冲宽度=300μs
占空比2%

不可重复浪涌电流

正向峰值浪涌电流（A） vs **在60Hz时的周期数**

反向特性

反向电流（μA） vs **额定反向峰值电压（%）**

$T_J = 150℃$

$T_J = 100℃$

$T_J = 25℃$

b)

图 3-15 （续）

该二极管的反向击穿电压是 50V。击穿发生在二极管雪崩时，耗尽层中突然出现大量载流子。对于整流二极管，这种击穿常常是破坏性的。

对 1N4001 来说，50V 的反向电压表明这是一个设计者应使电路在任何工作条件下都避免达到的具有破坏性的电压边界值。因此设计者必须要考虑安全系数。安全系数的设定取决于多种因素，没有绝对的规则。保守设计的安全系数可以采用 2，这意味着绝不允许加在 1N4001 上的反向电压超过 25V。而不太保守的设计可能允许加载 40V 的反向电压。

在其他数据手册中，反向击穿电压可能被表示为 PIV、PRV 或 BV。

3.6.2　最大正向电流

另一个感兴趣的参数是平均正向整流电流，在器件数据手册上显示如下：

	符号	数值
平均正向整流电流@T_A=75℃	$I_{F(AV)}$	1A

这一项说明 1N4001 用于整流时能够承受的最大正向电流是 1A。在下一章里将学习更多关于平均正向整流电流的知识，不过这里需要知道的是：1A 就是导致二极管功耗过大

而烧毁的正向电流边界值。在其他数据手册中，这个平均电流可能会被表示成 I_O。

同样地，设计者将 1A 视为 1N4001 的最大额定绝对值，一个不允许接近的正向电流边界值。这就是需要考虑安全系数的原因。例如安全系数取 2，意思是一个可靠性设计应该确保在任何工作条件下二极管的正向电流值都小于 0.5A。器件失效研究表明越接近最大额定值，器件的寿命越短。这使得某些设计的安全系数高达 10 : 1，这种保守的设计将确保 1N4001 的最大正向电流为 0.1A 或更小。

3.6.3　正向压降

在图 3-15 中，"电特性"下的第一项列出了如下数据：

特性参数和工作条件	符号	最大值
正向压降（$i_F = 1.0\text{A}$，$T_A = 25℃$）	V_F	1.1V

正如图 3-15b 中标题为"正向特性"的图所示，在电流为 1A 且结区温度为 25℃ 时，1N4001 的正向压降的典型值为 0.93V。但是如果测试数千个 1N4001，会发现在电流为 1A 时有个别管子的正向压降会高达 1.1V。

3.6.4　最大反向电流

数据手册中值得讨论的另一项内容是：

特性参数和工作条件	符号	最大值
反向电流	I_R	—
$T_A = 25℃$	—	$10\mu\text{A}$
$T_A = 100℃$	—	$50\mu\text{A}$

这就是在最大反向额定电压（对 1N4001 来说是 50V）下的电流值，该反向电流包含了热激发产生的饱和电流以及表面漏电流。25℃ 时，1N4001 的最大反向电流典型值是 $10\mu\text{A}$。但请注意，在 100℃ 时它增大到 $50\mu\text{A}$。从这些数据中可以发现温度的重要性。对于 1N4001 来说，如果要求最大反向电流低于 $10\mu\text{A}$，那么它在 25℃ 下可以良好工作，但在结区温度达到 100℃ 时，大部分产品都将出现异常。

3.7　计算体电阻

精确分析二极管电路时，就需要知道二极管的体电阻。生产厂家通常不会把体电阻在数据手册中单独列出，但是会提供足够的信息来计算它。计算体电阻的公式如下：

$$R_B = \frac{V_2 - V_1}{I_2 - I_1} \tag{3-7}$$

V_1 和 I_1 是二极管特性曲线上阈值电压或阈值电压以上某个点的电压和电流，V_2 和 I_2 是曲线上相对于第一个点更高处某个点的电压和电流。

例如，1N4001 的数据手册中给出了电流为 1A 时的正偏电压 0.93V。由于是硅二极管，它的阈值电压约为 0.7V，电流约为 0。因此，需要的数据为 $V_2 = 0.93\text{V}$，$I_2 = 1\text{A}$，$V_1 = 0.7\text{V}$，$I_1 = 0$。将这些值代入公式，可得体电阻如下：

$$R_B = \frac{V_2 - V_1}{I_2 - I_1} = \frac{0.93\text{V} - 0.7\text{V}}{1\text{A} - 0\text{A}} = \frac{0.23\text{V}}{1\text{A}} = 0.23\Omega$$

二极管特性曲线是电流与电压的关系曲线。体电阻等于阈值电压以上曲线斜率的倒数，曲线斜率越大，体电阻越小。或者说，二极管特性曲线在阈值电压以上的部分越陡，体电阻的值就越小。

3.8 二极管的直流电阻

将二极管总电压除以其总电流，可以得到二极管的直流电阻。正向时，直流电阻记为 R_F；反向时，直流电阻记为 R_R。

3.8.1 正向电阻

由于二极管是非线性器件，因此当流过它的电流不同时，它的直流电阻也不同。这里列出了 1N914 的几对正向电流电压值：10mA-0.65V，30mA-0.75V，以及 50mA-0.85V。在第一个点，直流电阻为：

$$R_F = \frac{0.65\text{V}}{10\text{mA}} = 65\Omega$$

在第二个点：

$$R_F = \frac{0.75\text{V}}{30\text{mA}} = 25\Omega$$

在第三个点：

$$R_F = \frac{0.85\text{V}}{50\text{mA}} = 17\Omega$$

直流电阻随电流的增大而减小，且正向电阻都是小于反向电阻的。

3.8.2 反向电阻

这里也列出 1N914 的两组反向电流电压：25nA-20V；5μA-75V。在第一个点，直流电阻为：

$$R_R = \frac{20\text{V}}{25\text{nA}} = 800\text{M}\Omega$$

第二个点，直流电阻为：

$$R_R = \frac{75\text{V}}{5\mu\text{A}} = 15\text{M}\Omega$$

在接近击穿电压（75V）时，直流电阻变小了。

3.8.3 直流电阻和体电阻

二极管的直流电阻不同于体电阻，它是体电阻和势垒电压综合作用后的结果。也可以说，直流电阻是二极管的总电阻，而体电阻只是 p 区和 n 区的电阻。因此，二极管的直流电阻总是大于体电阻。

3.9 负载线

本节讨论**负载线**，它是用于精确查找二极管工作点电流与电压值的工具。负载线对于晶体管来说非常有用，后续有关晶体管的讨论中将会给出详尽的解释。

3.9.1 负载线方程

对图 3-16a 中二极管的电流与电压值进行精确求解。流过电阻的电流为：

$$I_D = \frac{V_S - V_D}{R_S} \qquad (3-8)$$

因为是串联电路,这也是流过二极管的电流。

若电源电压是 2V,电阻是 100Ω,如图 3-16b 所示。则式(3-8)变为:

$$I_D = \frac{2 - V_D}{100} \qquad (3-9)$$

方程(3-9)表明电压与电流之间是线性关系。如果画出方程所对应的曲线,将得到一条直线。若设 V_D 为零,则有:

$$I_D = \frac{2\text{V} - 0\text{V}}{100\Omega} = 20\text{mA}$$

在图 3-17 中的纵轴上画出该点($I_D = 20\text{mA}$,$V_D = 0$),称之为饱和点,因为它代表了电源电压为 2V 时流过 100Ω 电阻的最大电流。

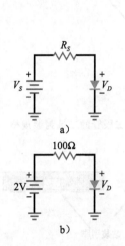

图 3-16 负载线分析

图 3-17 Q 点是二极管特性曲线与负载线的交点

再来求另外一个点。设 V_D 为 2V。则式(3-9)变成:

$$I_D = \frac{2\text{V} - 2\text{V}}{100\Omega} = 0$$

若画出该点($I_D = 0$,$V_D = 2\text{V}$),它将落在横轴上(见图 3-17)。因为它代表了最小电流,因此称之为截止点。

将电压设定成其他值,可以求得并画出更多的点。因为式(3-9)是线性的,因此所有的点都会落在图 3-17 所示的直线上,该直线称为负载线。

3.9.2 Q 点

图 3-17 所示是负载线和二极管的特性曲线。它们的交点即 Q 点,就是二极管特性曲线和负载线所代表的方程组的解。或者说,Q 点是图中唯一同时适合二极管与电路工作状态的点。从 Q 点的坐标可以得到二极管上的电流为 12.5mA,电压为 0.75V。

这里 Q 点并不是线圈的品质因数。在当前讨论中,Q 是 quiescent 的缩写,表示"静态"的意思。在后续章节中还将讨论半导体电路的静态工作点或 Q 点。

3.10 表面贴装二极管

在实际应用中,表面贴装二极管十分常见。表面贴装二极管的体积小、效率高,而且易于测量、移除和替换。尽管表面贴装规格有很多种，但在工业上最为常用的有两种：SM（表面贴装）以及 SOT（小外形晶体管）。

SM 封装有两个 L 形内弯的引脚，封装体末端有彩条的一侧标示的是负引出端。图 3-18 所示为 SM 封装的三视图。其长和宽的大小与器件的额定电流有关，表面积越大，额定电流就越大。因此额定电流为 1A 的 SM 封装二极管的表面积是 $0.181'' \times 0.115''$，额定电流为 3A 的二极管可能是 $0.260'' \times 0.236''$。无论额定电流是多少，封装的厚度大约都是 $0.103''$。

增加 SM 封装二极管的表面积就增强了它的散热能力。而增加封装引脚的宽度，实际上也就增强了由焊点、贴装部分及电路板本身所组成的散热系统的导热能力。

SOT-23 封装有 3 个鸥翼型引脚（见图 3-19）。从其顶部往下看，引脚的标号按逆时针顺序，其中 3 号引脚单独在一侧。不过二极管的正极和负极引脚并没有标准的标记方法。为了确定二极管的内部连接，可以查看印刷在电路板上的指示说明、原理图，或者翻阅厂家提供的说明书。有些 SOT 型封装包含两个二极管，它们共用一个正极引脚或一个负极引脚。

SOT-23 封装的二极管尺寸小，长、宽、高都不超过 $0.1''$。如此小的尺寸难以散热，因此这些二极管的额定电流都被限定在 1A 以下。小尺寸还造成了识别码标示困难，与很多小型的表面贴装器件一样，必须通过电路板或原理图上的其他线索来识别其引脚。

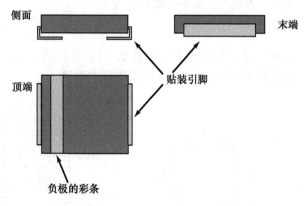

图 3-18　用于 SM 二极管的二端封装规格

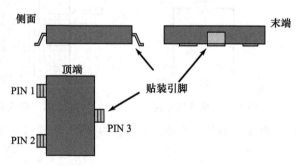

图 3-19　SOT-23 是常用于 SM 二极管的三端晶体管封装

3.11　电子系统简介

在电子电路原理的研究过程中，会遇到各种各样的半导体器件。每种器件都具有独特的属性和特点。了解不同元件的功能是非常重要的，但这仅仅是开始。

这些电子器件通常不能独立工作，而是需要与电阻、电容、电感元件及其他半导体器件相互连接形成电路。这些电路通常又分为几种类型，如模拟电路和数字电路；或专用电路，如放大器、转换器、整流器等。模拟电路处理的是连续变化的量，通常被称为线性电路；数字电路通常处理那些可用两个不同逻辑状态或数值表示的量。图 3-20a 是一种简单二极管整流电路，由变压器、二极管、电容和电阻构成。

不同类型的电路可以连接在一起。通过组合各种电路，可以形成功能模块。这些模块可以由多级构成，当输入为特定信号时能得到所需的输出结果。例如，图 3-20b 是一个两级放大器，可将峰峰值为 10mV 的输入信号放大，得到峰峰值为 10V 的输出信号。

电路功能模块也可以相互连接，使得电子电路更加灵活多样。这些相互联接的功能模块组合在一起形成**电子系统**。电子系统用于很多领域，包括自动化和工业控制、通信、计算机信息、安全系统等。图 3-20c 是一个通信接收机系统的基本模块框图，这类框图在做系统故障诊断时非常有用。

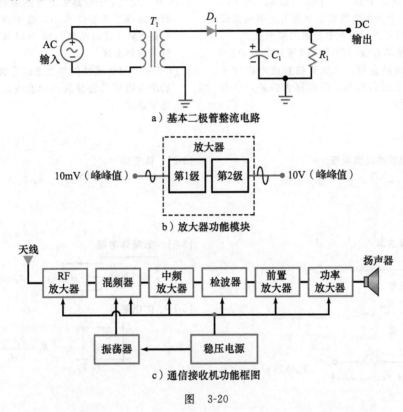

a）基本二极管整流电路

b）放大器功能模块

c）通信接收机功能框图

图 3-20

总之，半导体元器件相互连接可以形成电路，电路可以组合成功能模块，功能模块可以连接形成电子系统。进而，电子系统常常相互连接以构成复杂的系统。

总结

3.1 节 二极管是非线性器件。二极管伏安特性曲线开始上扬的地方对应的电压为阈值电压，硅二极管的阈值电压大约为 0.7V。体电阻是 p 区和 n 区的欧姆电阻。二极管具有最大正向电流以及额定功率的限定。

3.2 节 理想二极管是二极管的一阶近似，等效电路是一个开关，正向偏置时开关闭合，反向偏置时开关断开。

3.3 节 在二阶近似下，硅二极管可看成开关与 0.7V 的阈值电压源的串联。如果二极管两端的戴维南电压高于 0.7V，则开关闭合。

3.4 节 在三阶近似下，二极管可看成一个开关与阈值电压源以及体电阻的串联。由于体电阻很小，通常可以忽略，所以这种近似很少使用。

3.5 节 如果怀疑某个二极管发生故障，可以将它从电路中取出，并用欧姆表测量其两个方向的电阻。应该测得一个方向为高阻而另一个方向为低阻，两者的比例至少是 1000∶1。在测量二极管电阻时切记要使用足够高的电阻量程，以避免可能对它造成的损坏。数字万用表在二极管正向偏置时的示数应该在 0.5～0.7V 之间；反向偏置时，应显示溢出。

3.6 节 器件数据手册对于电路设计者来说十分有用，维修技师在更换器件时也需要用到它。不同厂家提供的二极管数据手册包含的信息类似，只是描述各种工作状态的符号可能会有所不同。二极管数据手册可能会列出如下信息：击穿电压（V_R、V_{RRM}、V_{RWM}、PIV、

PRV、BV），最大正向电流（$I_{F(max)}$、$I_{F(av)}$、I_0），正向压降（$V_{F(max)}$、V_F），以及最大反向电流（$I_{R(max)}$、I_{RRM}）。

3.7 节　计算体电阻需要知道二极管三阶近似中正向区域的两个点。一个点可以取（0.7V，0A），另一个点可以取数据手册上正向电流较大且可同时读出电压和电流值的某个点。

3.8 节　二极管的直流电阻等于电压与电流的比，即欧姆表的测量值。二极管的直流电阻除了表明该阻值正向很小、反向很大以外，没有其他的作用。

3.9 节　二极管电路的电流和电压值必须同时满足二极管特性曲线和负载电阻上的欧姆定律。可以通过画图找到满足这两个独立要求的点，即二极管特性曲线和负载线的交点。

3.10 节　现代电子电路板上常使用表面贴装二极管。这些二极管体积小，效率高，其规格一般是 SM（表面贴装）或 SOT（小外形晶体管）封装形式。

3.11 节　半导体元件的相互连接形成电路，电路的组合构成功能模块，功能模块的连接形成电子系统。

定义

(3-1)　硅二极管的阈值电压

$$R_L \approx 0.7V$$

(3-2)　体电阻

$$R_B = R_P + R_N$$

推论

(3-3)　二极管功率

$$P_D = V_D + I_D$$

(3-4)　最大功率

$$P_{max} = V_{max} + I_{max}$$

(3-5)　三阶近似

$$V_D = 0.7V + I_D R_B$$

(3-6)　忽略体电阻

$$R_B < 0.01 R_{TH}$$

(3-7)　体电阻

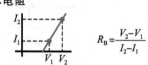

$$R_B = \frac{V_2 - V_1}{I_2 - I_1}$$

选择题

1. 若某器件的电流-电压关系曲线是一条直线，则该器件是
   - a. 有源的
   - b. 线性的
   - c. 非线性的
   - d. 无源的

2. 电阻是哪种类型的器件？
   - a. 单向的
   - b. 线性的
   - c. 非线性的
   - d. 双极的

3. 二极管是哪种类型的器件？
   - a. 双向的
   - b. 线性的
   - c. 非线性的
   - d. 单极的

4. 若二极管不导通，其偏置状态为
   - a. 正向偏置
   - b. 倒置的
   - c. 弱偏置
   - d. 反向偏置

5. 若二极管电流很大，其偏置状态为
   - a. 正向偏置
   - b. 倒置的
   - c. 弱偏置
   - d. 反向偏置

6. 二极管的阈值电压近似等于
   - a. 外加电压
   - b. 势垒电压

   - c. 击穿电压
   - d. 正向电压

7. 反向电流包括少子电流和
   - a. 雪崩电流
   - b. 正向电流
   - c. 表面漏电流
   - d. 齐纳电流

8. 二阶近似下，正向偏置的硅二极管两端电压是多少？
   - a. 0
   - b. 0.3V
   - c. 0.7V
   - d. 1V

9. 二阶近似下，反向偏置的硅二极管电流是多少？
   - a. 0
   - b. 1mA
   - c. 300mA
   - d. 以上都不是

10. 理想二极管的正向电压是多少？
   - a. 0
   - b. 0.7V
   - c. 大于 0.7V
   - d. 1V

11. 1N4001 的体电阻是多少？
   - a. 0
   - b. 0.23Ω
   - c. 10Ω
   - d. 1kΩ

12. 若体电阻为零，则二极管特性在阈值电压之后的曲线是
    a. 水平线   b. 竖直线
    c. 45°斜线   d. 以上都不是

13. 理想二极管常用于
    a. 故障诊断   b. 精确计算
    c. 电源电压很低时 d. 负载电阻很小时

14. 二阶近似适用于
    a. 故障诊断
    b. 负载电阻很大时
    c. 电源电压很高时
    d. 上述所有情况

15. 三阶近似仅在下列情况使用
    a. 负载电阻很小   b. 电源电压很高
    c. 故障诊断   d. 以上都不是

16. **IIII Multisim**对于图 3-21 中的电路，用理想二极管分析，负载电流是多少？
    a. 0   b. 11.3mA
    c. 12mA   d. 25mA

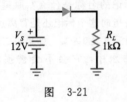

图 3-21

17. **IIII Multisim**对于图 3-21 中的电路，用二阶近似分析负载电流是多少？
    a. 0   b. 11.3mA
    c. 12mA   d. 25mA

18. **IIII Multisim**对于图 3-21 中的电路，用三阶近似分析负载电流是多少？
    a. 0   b. 11.3mA
    c. 12mA   d. 25mA

19. **IIII Multisim**若图 3-21 中二极管开路，则负载电压为
    a. 0   b. 11.3V
    c. 20V   d. −15V

20. **IIII Multisim**若图 3-21 中的电阻未接地，则用数字万用表测得电阻上端与地之间的电压接近于
    a. 0   b. 12V
    c. 20V   d. −15V

21. **IIII Multisim**若测得图 3-21 中的负载电压是 12V，则故障可能是
    a. 二极管短路   b. 二极管开路
    c. 电阻开路   d. 电源电压过大

22. 采用三阶近似分析图 3-21 中的电路，负载电阻低于多少时必须要考虑体电阻？
    a. 1Ω   b. 23Ω
    c. 10Ω   d. 100Ω

习题

3.1 节

3-1 二极管与 220Ω 的电阻串联，若电阻上的电压为 6V，则流过二极管的电流是多少？

3-2 二极管上电压为 0.7V，电流为 100mA，则二极管的功率是多少？

3-3 两个二极管串联，第一个二极管上电压是 0.75V，第二个二极管上电压是 0.8V。若流过第一个二极管的电流是 400mA，则流过第二个二极管的电流是多少？

3.2 节

3-4 计算图 3-22a 中电路的负载电流、负载电压、负载功率、二极管功率及总功率。

3-5 若图 3-22a 中的电阻变为原来的两倍，则负载电流是多少？

3-6 计算图 3-22b 中电路的负载电流、负载电压、负载功率、二极管功率及总功率。

3-7 若图 3-22b 中的电阻变为原来的两倍，则负载电流是多少？

3-8 若转换图 3-22b 中二极管的极性，则二极管

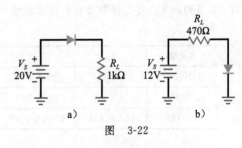

图 3-22

电流是多少？二极管上电压是多少？

3.3 节

3-9 计算图 3-22a 中电路的负载电流、负载电压、负载功率、二极管功率及总功率。

3-10 若图 3-22a 中的电阻变为原来的两倍，则负载电流是多少？

3-11 计算图 3-22b 中电路的负载电流、负载电压、负载功率、二极管功率及总功率。

3-12 若图 3-22b 中的电阻变为原来的两倍，则负载电流是多少？

3-13 若转换图 3-22b 中二极管的极性，则二极管电流是多少？二极管上电压是多少？

3.4 节

3-14　计算图 3-22a 中电路的负载电流、负载电压、负载功率、二极管功率及总功率。（R_B = 0.23Ω）

3-15　若图 3-22a 中的电阻变为原来的两倍，则负载电流是多少？（R_B = 0.23Ω）

3-16　计算图 3-22b 中电路的负载电流、负载电压、负载功率、二极管功率及总功率。（R_B = 0.23Ω）

3-17　若图 3-22b 中的电阻变为原来的两倍，则负载电流是多少？（R_B = 0.23Ω）

3-18　若转换图 3-22b 中二极管的极性，则二极管电流是多少？二极管上电压是多少？

3.5 节

3-19　若图 3-23a 中二极管上电压是 5V，则二极管是开路还是短路？

3-20　某种原因使图 3-23a 中电阻 R 短路，则二极管上电压是多少？二极管将会发生什么情况？

3-21　测得图 3-23a 中二极管上电压是 0V。然后检测电源对地电压，读数是 5V。请问电路出了什么问题？

3-22　测得图 3-23b 中电阻 R_1 与 R_2 之间的节点电位为 3V（电位总是对地而言的）。然后测

得 5kΩ 电阻和二极管之间节点电位为 0V。列出可能的故障情况。

3-23　用数字万用表对二极管进行正向测量和反向测量，得到的读数分别是 0.7V 和 1.8V。二极管是否正常？

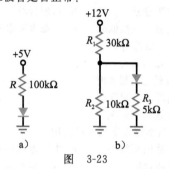

图　3-23

3.6 节

3-24　如果需要承受 300V 的可重复反向峰值电压，应选择 1N4000 系列中的哪个二极管？

3-25　数据手册中，二极管的一端有一条状标记，这个标记的名称是什么？原理图中的二极管箭头指向这个标记还是背离这个标记？

3-26　沸水的温度是 100℃。如果将二极管 1N4001 投入沸水中，它会不会被损坏？试分析原因。

思考题

3-27　这里列出了一些二极管及它们的最坏情况参数：

二极管	I_F	I_R
1N914	10mA-1V	25nA-20V
1N4001	1A-1.1V	10μA-50V
1N1185	10A-0.95V	4.6mA-100V

计算每个二极管的正向电阻和反向电阻。

3-28　图 3-23a 中，若要使二极管电流为 20mA，则电阻 R 的值应为多少？

3-29　图 3-23b 中，若要使二极管电流为 0.25mA，R_2 的值应为多少？

3-30　某硅二极管在正向电压为 1V 时的电流为 500mA，采用三阶近似来计算它的体电阻。

3-31　已知某二极管在 25℃ 时的反向电流是 5μA，在 100℃ 时的反向电流是 100μA，求它的表面漏电流。

3-32　将图 3-23b 中的电源关闭，电阻 R_1 的上端接地。用欧姆表来测量二极管的正向电阻和反向电阻，两个读数都是一样的。请问欧姆表的读数是多少？

3-33　自动防盗报警系统和计算机系统都使用了备份电池以防止主电源失效。试描述图 3-24 中电路的工作原理。

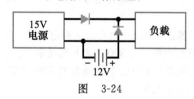

图　3-24

求职面试问题

对于下列问题，只要有可能就画出电路、曲线或图表，这样能帮助你更好地阐述答案。如果能在表述中结合图形和文字，说明你对所讨论的

问题十分清楚。另外，当你一个人的时候，不妨想象你正在进行面试，要大声回答，这可以使你在以后真正的面试中应对自如。

1. 你知道理想二极管吗？说明它的定义及使用条件。

2. 二极管有一种近似是二阶近似，说出它的等效电路以及硅二极管导通的条件。

3. 画出二极管的特性曲线，并解释它的各个区域。

4. 有一个实验电路，每次换上一个新的二极管，它都会烧毁。如果有该二极管的数据手册，需要检查哪些参量？

5. 用最基本的术语描述二极管在正偏和反偏情况下的电学性质。

6. 锗二极管和硅二极管阈值电压的典型值有什么不同？

7. 用什么方法可以在不拆除电路的情况下，确定流过二极管的电流？

8. 如果怀疑电路板上有一个二极管损坏了，应该采取哪些步骤来确定？

9. 对于一个可用的二极管，它的反向电阻应该是正向电阻的多少倍？

10. 在游艺车电池电路中，如何加入一个二极管，使其既能防止备份电池漏电，又能从交流发电机充电？

11. 什么设备可以用来测量电路中或电路外的二极管？

12. 详尽描述二极管的工作原理，包括多数载流子和少数载流子的情况。

选择题答案

1. b 2. b 3. c 4. d 5. a 6. b 7. c 8. c 9. a 10. a 11. b 12. b 13. a 14. d 15. a 16. c 17. b 18. b 19. a 20. b 21. a 22. c

自测题答案

3-1 D_1 反向偏置；D_2 正向偏置。

3-2 $P_D = 2.2W$

3-3 $I_L = 5mA$

3-4 $V_L = 2V$；$I_L = 2mA$

3-5 $V_L = 4.3V$；$I_L = 4.3mA$；$P_D = 3.01mW$

3-6 $V_L = 1.77V$；$I_L = 1.77mA$；$P_D = 1.24mW$

3-8 $R_T = 10.23\Omega$；$V_L = 4.2V$；$I_L = 420mA$；$P_D = 335mW$

第4章
二极管电路

　　多数电子系统需要在直流电压下才能正常工作，如高清晰度电视、音频功率放大器和计算机。由于电力线路的电压是交流的而且通常是高压，所以，需要降低电压并将交流电压转换成直流电压。电子系统中产生该直流电压的部分叫作电源。电源中只允许电流向一个方向流动的电路叫作整流电路。还要经过其他电路对直流输出进行滤波和稳压。本章讨论整流电路和滤波器，并对稳压器、削波器、钳位器和电压倍增器加以介绍。

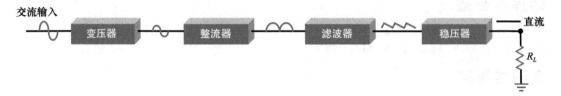

目标

在学习完本章后，你应该能够：

■ 画出半波整流电路并解释电路的工作原理；
■ 理解输入变压器在电源中的作用；
■ 画出全波整流电路并解释电路的工作原理；
■ 画出桥式整流电路并解释电路的工作原理；
■ 分析电容输入滤波器电路及其浪涌电流；
■ 列出整流器数据手册中的三个重要指标；
■ 解释削波器的工作原理并画出其波形；
■ 解释钳位器的工作原理并画出其波形；
■ 描述电压倍增器的工作过程。

关键术语

桥式整流器（bridge rectifier）

电容输入滤波器（capacitor-input filter）

扼流圈输入滤波器（choke-input filter）

钳位器（clamper）

削波器（clipper）

信号的直流分量（dc value of a signal）

滤波器（filter）

全波整流器（full-wave rectifier）

半波整流器（half-wave rectifier）

集成稳压器（IC voltage regulator）

集成电路（integrated circuit）

无源滤波器（passive filter）

峰值检波器（peak detector）

峰值反向电压（peak inverse voltage）

极化电容器（polarized capacitor）

电源（power supply）

整流器（rectifier）

纹波（ripple）

浪涌电流（surge current）

浪涌电阻（surge resistor）

开关式稳压器（switching regulator）

单向负载电流（unidirectional load current）

电压倍增器（voltage multiplier）

4.1 半波整流器

半波整流电路如图 4-1a 所示。交流电源产生正弦电压。假设二极管是理想的，则在电源电压的正半周，二极管处于正向偏置。由于开关是闭合的，电源电压的正半周会加载在负载电阻两端，如图 4-1b 所示。在负半周，二极管反向偏置。此时理想二极管如同断开的开关，如图 4-1c 所示，负载电阻两端没有电压。

4.1.1 理想波形

图 4-2a 所示是输入电压的波形。输入电压是一个正弦波，其瞬时值为 v_{in}，峰值为 $V_{p(in)}$。理想正弦波在一个周期内的平均值为 0，因为对于每个瞬态电压，在半个周期之后，都会出现与之大小相等且极性相反的电压值。如果用直流电压表测量该电压，得到的读数是 0，因为直流电压表指示的是平均值。

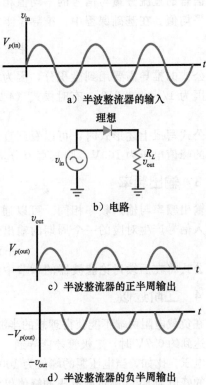

a）半波整流器的输入

b）电路

c）半波整流器的正半周输出

d）半波整流器的负半周输出

图 4-2 半波整流器的输入和输出

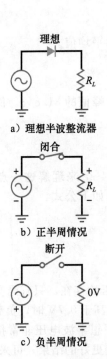

a）理想半波整流器

b）正半周情况

c）负半周情况

图 4-1 理想半波整流器

在图 4-2b 所示的半波整流器中，二极管在电压的正半周处于导通状态，但是在负半周处于非导通状态。因此，该电路将波形的负半周削掉了，如图 4-2c 所示。具有这种波形的信号叫作半波信号。这样的半波电压将产生一个**单向负载电流**，即电流仅向一个方向流动。如果二极管极性颠倒，则输出脉冲为负。如果将二极管的极性颠倒，当输入电压为负时二极管变为正向偏置，则输出脉冲为负。如图 4-2d 所示，可以看到负尖峰与正尖峰分离，并跟随输入电压的变化交替出现。

图 4-2c 所示的半波信号是一个脉动电压，信号增加到最大值后再减小到 0，且在负半周期内，电压维持在 0 值。电子设备需要的不是这样的直流电压，而是一个恒定不变的电压，就像从电池得到的电压一样。为了得到这种电压，需要对半波信号进行**滤波**（本章稍后讨论）。

进行故障诊断时，可以用理想二极管模型分析半波整流器。需要记住的是，输出电压的峰值和输入电压的峰值是相等的。

$$\text{理想的半波信号} \quad V_{p(\text{out})} = V_{p(\text{in})} \tag{4-1}$$

知识拓展 半波信号的均方值可以由下面的公式确定：

$$V_{\text{rms}} = 1.57 V_{\text{avg}}$$

其中，$V_{\text{avg}} = V_{\text{dc}} = 0.318 V_p$。另一个可用的公式为

$$V_{\text{rms}} = \frac{V_p}{\sqrt{2}}$$

对于任意波形，均方值相当于产生相同热效应的直流电压值。

4.1.2 半波信号的直流分量

信号的直流分量与信号的平均值相等。如果用直流电压表测量某信号，读数等于该信号的平均值。在基础课程中，推导了半波信号的直流分量。公式如下：

$$\text{半波信号} \quad V_{\text{dc}} = \frac{V_p}{\pi} \tag{4-2}$$

这个公式的推导需要用到微积分，因为需要求出一个周期的平均值。

因为 $1/\pi \approx 0.318$，有时候式（4-2）也会写为：

$$V_{\text{dc}} \approx 0.318 V_p$$

当该公式写成上述形式时，可以看到直流分量或平均值等于峰值的 31.8%。例如，若半波信号的峰值电压为 100V，则其直流分量或平均值为 31.8V。

4.1.3 输出频率

输出频率与输入频率相同。可以通过对比图 4-2a 和图 4-2c 来理解这一点，每一周期的输入信号产生对应的一个周期的输出信号，因此可以得到如下公式：

$$\text{半波} \quad f_{\text{out}} = f_{\text{in}} \tag{4-3}$$

这个公式将在后续讨论滤波器的章节中使用。

4.1.4 二阶近似

在负载电阻两端不能获得理想的半波电压。由于势垒电压的存在，只有当交流电压源的电压达到约 0.7V 时，二极管才能导通。当电压源的峰值远远高于 0.7V 时，负载电压近似为半波电压。比如，当电压源的峰值为 100V 时，负载电压与理想半波电压非常接近。如果电压源的峰值为 5V，则负载电压的峰值仅为 4.3V。若需要得到更好的结果，可采用如下推论：

$$\text{采用二阶近似的半波} \quad V_{p(\text{out})} = V_{p(\text{in})} - 0.7\text{V} \tag{4-4}$$

4.1.5 高阶近似

多数设计中会使二极管的体电阻远小于其两端电路的戴维南电阻。因此，在大多数情况下可以忽略体电阻。如果需要得到比二阶近似更为精确的结果，则需要采用计算机和电路仿真软件，如 Multisim。

应用实例 4-1 图 4-3 所示的半波整流器电路可以在实验台上或通过 Multisim 在电脑屏幕上搭建。将示波器接在 1kΩ 电阻两端时，示波器上将显示负载上的半波电压波形。1kΩ 电阻两端还接了一个万用表，用来读出直流负载电压。计算负载电压峰值和直流负载电压的理论值，然后将计算值与示波器和万用表的读数进行比较。 **Ⅲ Multisim**

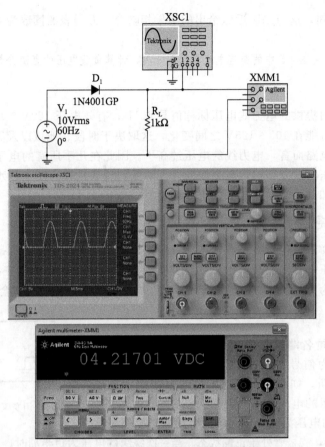

图 4-3　实验室中的半波整流器举例

解: 图 4-3 所示是 10V/60Hz 交流信号源。电路图中通常标明交流信号源的有效值或均方值。有效值是与该交流电压所产生的热效应相当的直流电压值。

由于电压源的均方值为 10V, 首先应计算交流信号源的峰值。根据前续课程可知正弦波的均方值:

$$V_{rms} = 0.707 V_p$$

因此, 图 4-3 中电压源的峰值为:

$$V_p = \frac{V_{rms}}{0.707} = \frac{10V}{0.707} = 14.1V$$

对于理想的二极管, 负载上的电压峰值为:

$$V_{p(out)} = V_{p(in)} = 14.1V$$

负载上电压的直流分量为:

$$V_{dc} = \frac{V_p}{\pi} = \frac{14.1V}{\pi} = 4.49V$$

考虑二阶近似, 负载上的电压峰值为:

$$V_{p(out)} = V_{p(in)} - 0.7V = 14.1V - 0.7V = 13.4V$$

负载上电压的直流分量为:

$$V_{dc} = \frac{V_p}{\pi} = \frac{13.4V}{\pi} = 4.27V$$

图 4-3 显示了示波器和万用表的读数。示波器的通道 1 设置为 5V/格, 半波信号的峰

值在 13～14V 之间，这与二阶近似给出的结果相吻合。万用表的读数为 4.22V，与理论值吻合得也很好。◀

自测题 4-1 将图 4-3 中的交流电压源改为 15V，计算负载电压的直流分量，采用二阶近似。

4.2 变压器

美国电力公司提供的电力线电压标称值是 60Hz，有效电压 120V $^\ominus$。电源插座输出的实际电压有效值可能在 105～125V 之间变化，这取决于时段、地域以及其他因素。对大多数电子系统中的电路而言，电力线的电压过高了。因此在几乎所有的电子设备中，其电源部分都会用到变压器。变压器将电力线的电压降低到较低且较为安全的水平，使之更适合二极管、晶体管和其他半导体器件的工作环境。

4.2.1 基本概念

前续课程曾详细讨论过变压器，本节只是简单的复习。图 4-4 所示是一个变压器，可以看到电力线电压加载到变压器的一次绕组上。通常，电源插座的第三插脚将设备接地。变压器的匝数比为 N_1/N_2，当 N_1 大于 N_2 时，二次绕组的输出电压就会降低。

4.2.2 同名端

绕组上端是同名端，同名端具有相同的瞬时相位，即一次绕组两端为信号的正半周期，则二次绕组两端也是信号的正半周期。如果二次绕组的同名端接地，则二次绕组与一次绕组的电压有 180°的相位差。

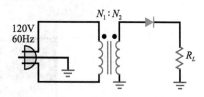

图 4-4　用变压器实现的半波整流器

当一次绕组的电压为正半周时，正半周的正弦信号出现在二次绕组两端，二极管处于正偏状态。当一次绕组的电压为负半周时，二次绕组两端的电压也处于负半周，二极管处于反偏状态。假设二极管是理想的，便可以得到半波负载电压。

4.2.3 匝数比

在前续课程中曾推导过：

$$V_2 = \frac{V_1}{N_1/N_2} \tag{4-5}$$

该式说明二次绕组的电压等于一次绕组的电压除以匝数比。有时也会看到其等效形式：

$$V_2 = \frac{N_2}{N_1}V_1$$

这表明二次绕组的电压等于匝数比的倒数乘以一次绕组的电压。

可以用任一公式计算电压有效值、峰值或瞬时值。多数情况下会用式（4-5）计算有效值，因为绝大多数情况下交流信号源标明的都是有效值。

在处理有关变压器的问题时会经常遇到术语升压和降压。这些术语通常表明二次电压与一次电压的关系，升压变压器的二次电压高于一次电压，降压变压器的二次电压低于一次电压。

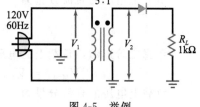

图 4-5　举例

例 4-2 图 4-5 所示电路中负载电压的峰值和直流

$\ominus$　我国的电力线工业标准为：50Hz，220Vrms。——译者注

分量各是多少？

解：变压器的匝数比为 $5:1$，即二次电压的有效值是一次电压有效值的 $1/5$：

$$V_2 = \frac{120\text{V}}{5} = 24\text{V}$$

二次电压的峰值为：

$$V_p = \frac{24\text{V}}{0.707} = 34\text{V}$$

对于理想二极管，负载电压的峰值为：

$$V_{p(\text{out})} = 34\text{V}$$

其直流分量为：

$$V_{\text{dc}} = \frac{V_p}{\pi} = \frac{34\text{V}}{\pi} = 10.8\text{V}$$

采用二阶近似，负载电压的峰值为：

$$V_{p(\text{out})} = 34\text{V} - 0.7\text{V} = 33.3\text{V}$$

其直流分量为：

$$V_{\text{dc}} = \frac{V_p}{\pi} = \frac{33.3\text{V}}{\pi} = 10.6\text{V} \qquad \blacktriangleleft$$

自测题 4-2 将图 4-5 所示电路中的变压器的匝数比改变为 $2:1$，计算理想情况下负载电压的直流分量。

4.3 全波整流器

图 4-6 所示是**全波整流**电路。电路中二次绕组的中心抽头是接地的，全波整流器等效为两个半波整流器。由于中心抽头的存在，每个整流器的输入等于二次电压的一半。二极管 D_1 在正半周导通，二极管 D_2 在负半周导通，从而整流电流在两个半周时段内都流经负载。全波整流器如同两个背靠背的半波整流器。

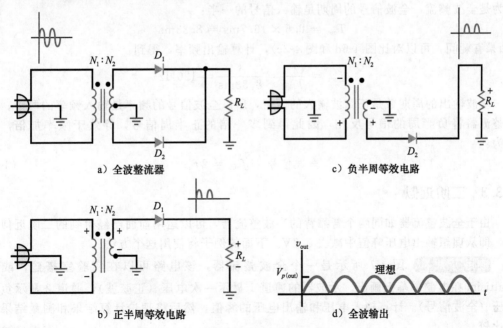

a）全波整流器

c）负半周等效电路

b）正半周等效电路

d）全波输出

图 4-6 全波整流器

图 4-6b 所示是整流器工作在正半周的等效电路。可以看到，D_1 是正向偏置的。按照图中标明的负载电阻的正负极性，将会产生正的负载电压。图 4-6c 所示是整流器工作在负半周的等效电路。此时 D_2 正向偏置，也同样产生正的负载电压。

在两个半周时段内，负载电压的极性相同，负载电流的方向不变。因为这个电路将交流输入电压转换为如图 4-6d 所示的脉动的直流输出电压，所以该电路称作全波整流器。该波形具有一些有意思的特性，下面将逐一讨论。

知识拓展　全波整流信号的有效值为 $V_{rms} = 0.707V_p$，和正弦波信号的有效值一样。

4.3.1　直流分量或平均值

由于全波信号的正半周信号是半波信号的两倍，其直流分量或平均值也是半波信号的两倍，即：

$$全波信号 \quad V_{dc} = \frac{2V_p}{\pi} \tag{4-6}$$

因为 $2/\pi = 0.636$，式 (4-6) 可以写作：

$$V_{dc} \approx 0.636V_p$$

由此可见，直流分量或平均值是其峰值的 63.6%。如全波信号的峰值是 100V，则其直流分量或平均值为 63.6V。

4.3.2　输出信号频率

对于半波整流器，输出信号的频率和输入信号的频率相同。但是对于全波整流器，情况则有所不同。交流电力线的电压频率为 60Hz，输入信号的周期：

$$T_{in} = \frac{1}{f} = \frac{1}{60\,Hz} = 16.7ms$$

因为是全波整流，全波信号的周期是输入信号的一半：

$$T_{out} = 0.5 \times 16.7ms = 8.33ms$$

(如果有疑问，可以对比图 4-6d 和图 4-2c)，计算输出频率，得到：

$$f_{out} = \frac{1}{T_{out}} = \frac{1}{8.33ms} = 120Hz$$

全波输出的周期数是正弦波输入的两倍，所以全波信号的频率是输入频率的两倍。全波整流器将负半周的信号反相，因此得到多一倍的正半周信号，等效于频率加倍，表示为：

$$全波信号 \quad f_{out} = 2f_{in} \tag{4-7}$$

4.3.3　二阶近似

由于全波整流器如同两个背靠背的半波整流器，可以运用前面已经得到的二阶近似结果，即从理想输出电压峰值中减去 0.7V。下面的例子将使用这个方法。

应用实例 4-3　图 4-7 所示是一个全波整流器，该电路可以在实验室搭建，或用 Multisim 在电脑屏幕上画出。示波器的通道 1 显示一次电压（正弦波），通道 2 显示负载电压（全波信号）。计算输入电压和输出电压的峰值，然后将理论计算结果和测量结果进行比较。

‖‖‖ Multisim

解：一次峰值电压为：

$$V_{p(1)} = \frac{V_{\text{rms}}}{0.707} = \frac{120\text{V}}{0.707} = 170\text{V}$$

因为是 10∶1 的降压变压器，二次峰值电压为：

$$V_{p(2)} = \frac{V_{p(1)}}{N_1/N_2} = \frac{170\text{V}}{10} = 17\text{V}$$

全波整流器如同两个背靠背的半波整流器。由于中心抽头接地，每个半波整流器的输入都是二次电压的一半：

$$V_{p(\text{in})} = 0.5 \times 17\text{V} = 8.5\text{V}$$

理想情况下，输出电压为：

$$V_{p(\text{out})} = 8.5\text{V}$$

采用二阶近似：

$$V_{p(\text{out})} = 8.5\text{V} - 0.7\text{V} = 7.8\text{V}$$

现在，将理论值和测量值进行比较。通道 1 的灵敏度是 100V/格，正弦输入的读数约为 1.7 格，因此其峰值约为 170V。通道 2 的灵敏度是 5V/格，全波输出的读数约为 1.4 格，因此其峰值电压约为 7V。输入和输出的读数与理论值在合理的范围内达到一致。

可见二阶近似对结果的精确度有微小的改善。但若是进行电路的故障诊断，那么这种改善意义不大。因为电路有故障时，全波输出的峰值将与理论值 8.5V 有明显的偏差。◀

自测题 4-3 将图 4-7 所示电路中的变压器的匝数比改变为 5∶1，计算 $V_{p(\text{in})}$ 和 $V_{p(\text{out})}$ 的二阶近似值。

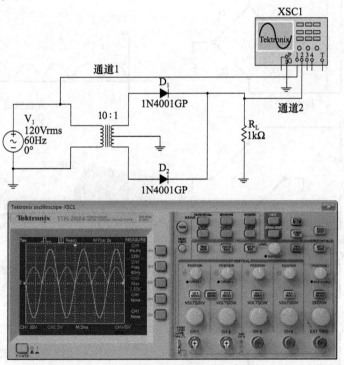

图 4-7 实验室中的全波整流器举例

应用实例 4-4 如果图 4-7 所示电路中的某一个二极管开路，电路中的电压将如何变化？

||||| Multisim

解：如果某一个二极管开路，电路恢复为半波整流器。这时，二次电压的一半仍然是8.5V，但是负载电压将是半波信号而不是全波信号。该半波信号的峰值仍是8.5V（理想值）或7.8V（二阶近似值）。 ◀

4.4 桥式整流器

图 4-8a 所示是**桥式整流**电路。桥式整流器类似于全波整流器，因为该电路的输出是全波信号。二极管 D_1 和 D_2 在正半周导通，D_3 和 D_4 在负半周导通，这样整流后的电流在两个半周时段都流经负载。

图 4-8b 所示是正半周时的等效电路。可见，D_1 和 D_2 正向偏置。按照图中标明的负载电阻的正负极性，将产生正向的负载电压。为便于记忆，可视 D_2 为短路，这样其余电路就是一个我们比较熟悉的半波整流器。

图 4-8c 所示是负半周时的等效电路。此时 D_3 和 D_4 正向偏置，也产生正向的负载电压。如果视 D_3 为短路，则电路看上去依然是半波整流器。因此桥式整流器工作起来也如同两个背靠背的半波整流器。

在两个半周时段内，负载电压的极性相同，负载电流的方向不变。该电路将交流输入电压转变为如图 4-8d 所示的脉动输出电压。这种类型的全波整流器比 4.3 节所述的中心抽头接地的全波整流器的优越之处在于：二次电压可以全部被利用。

图 4-8e 所示是包含四个二极管的桥式整流器的几种封装样式。

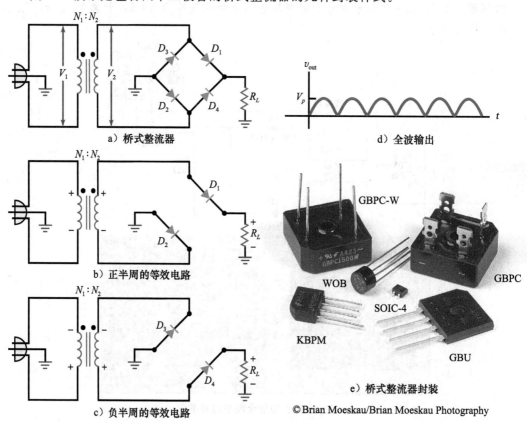

a）桥式整流器

d）全波输出

b）正半周的等效电路

c）负半周的等效电路

e）桥式整流器封装

©Brian Moeskau/Brian Moeskau Photography

图 4-8　桥式整流器

4.4.1　平均值和输出频率

因为桥式整流器产生全波输出，计算输出信号平均值和频率的公式与已给出的全波整流器的公式相同：

$$V_{dc} = \frac{2V_p}{\pi}$$

和

$$f_{out} = 2f_{in}$$

平均值是峰值的 63.6%，当电力线电压的频率为 60Hz 时，输出频率是 120Hz。

桥式整流器的优点之一是二次电压可以全部用作整流器的输入。对于相同的变压器，与全波整流器相比，用桥式整流器可以得到两倍的峰值电压和两倍的直流电压。得到倍增的直流电压，代价是多用了两个二极管。通常，桥式整流器比全波整流器的应用广泛得多。

在全波整流器应用了多年之后，桥式整流器才开始应用。因此，尽管桥式整流器也具有全波电压输出，但全波整流器依然沿用了其原有的名称。为了将全波整流器和桥式整流器加以区分，有些文献将全波整流器称为传统全波整流器、双二极管全波整流器，或中心抽头全波整流器。

知识拓展　使用桥式整流器，在获得相同的直流输出电压情况下，与采用双二极管全波整流器相比，其变压器的匝数比要更高。这意味桥式整流器中，变压器的绕组匝数会少一些，因而变压器更小、更轻、成本更低。桥式整流器采用 4 个二极管，而传统整流器只需 2 个二极管。但整体来说桥式整流器的优势更大。

4.4.2　二阶近似及其他损耗

由于桥式整流器在导通路径上有两个二极管，峰值电压为：

$$二阶近似下的桥式整流器 \quad V_{p(out)} = V_{p(in)} - 1.4V \tag{4-8}$$

可以看到，需要从理想的峰值电压中减去两个二极管的压降以得到更准确的峰值负载电压。表 4-1 是对三种整流器及其特点的比较。

表 4-1　未滤波的整流器

	半波	全波	桥式
二极管个数	1	2	4
整流器输入	$V_{p(2)}$	$0.5V_{p(2)}$	$V_{p(2)}$
峰值输出（理想）	$V_{p(2)}$	$0.5V_{p(2)}$	$V_{p(2)}$
峰值输出（二阶近似）	$V_{p(2)} - 0.7$	$0.5V_{p(2)} - 0.7$	$V_{p(2)} - 1.4$
输出直流分量	$V_{p(out)}/\pi$	$2V_{p(out)}/\pi$	$2V_{p(out)}/\pi$
纹波频率	f_{in}	$2f_{in}$	$2f_{in}$

注：$V_{p(2)}$=二次电压峰值；$V_{p(out)}$=输出电压峰值。

应用实例 4-5　计算图 4-9 所示电路中的输入电压和输出电压的峰值。将理论计算结果和测量值进行比较。

||||Multisim

注意电路中使用的是封装好的桥式整流器。

解：一次电压和二次电压的峰值与例 4-3 中的相同：

$$V_{p(1)} = 170V$$

$$V_{p(2)} = 17\text{V}$$

对于桥式整流器，二次电压作为整流器的输入。理想情况下，输出峰值电压为：

$$V_{p(\text{out})} = 17\text{V}$$

考虑二阶近似的结果为：

$$V_{p(\text{out})} = 17\text{V} - 1.4\text{V} = 15.6\text{V}$$

下面比较理论值和测量值。通道1的灵敏度为100V/格，正弦输入的读数约1.7格，因此其峰值约为170V。通道2的灵敏度为5V/格。半波输出的读数约为3.2格，因此其峰值约为16V。输入和输出的读数与理论值大致相同。◀

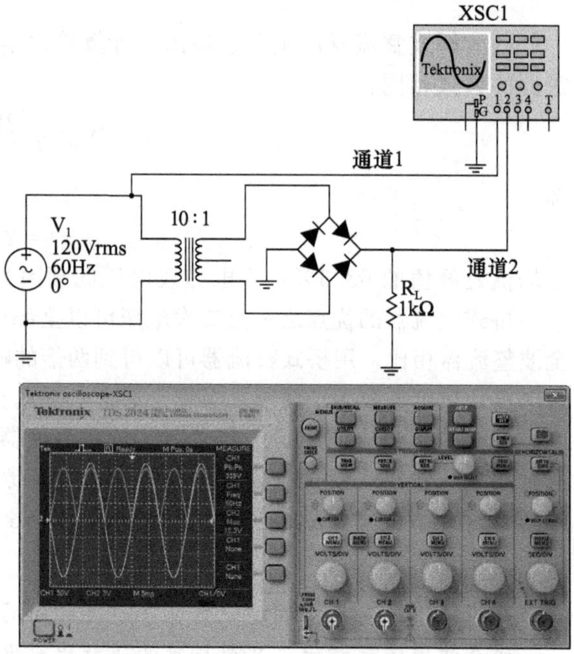

✎ **自测题4-5** 在例题4-5中，变压器的匝数比取5:1，计算$V_{p(\text{out})}$的理想值和二阶近似值。

图4-9　实验室中的桥式整流器举例

4.5　扼流圈输入滤波器

扼流圈输入滤波器曾经广泛应用于整流器的输出滤波。尽管由于成本、体积和重量的原因，目前使用得不多，但这种类型的滤波器仍具有理论指导价值，有助于对其他类型滤波器的理解。

4.5.1　基本概念

如图4-10a所示的滤波器叫作**扼流圈输入滤波器**。交流信号源在电感、电容和电阻上产生电流。每个元件上的交流电流取决于电感的感抗、电容的容抗和电阻的阻抗。电感的感抗为：

$$X_L = 2\pi f L$$

电容的容抗为：

$$X_C = \frac{1}{2\pi f C}$$

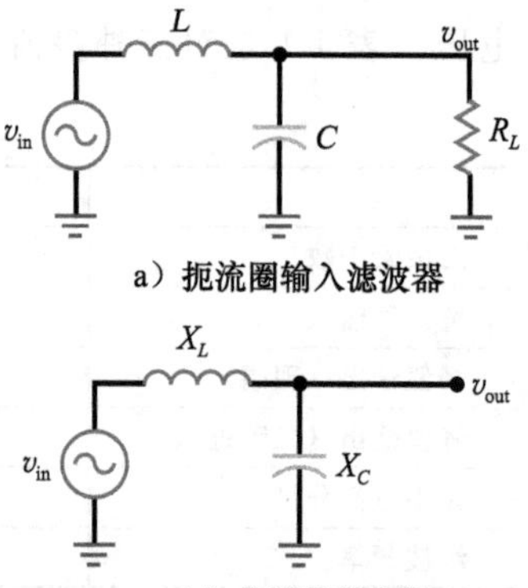

正如在前续课程中所学到的，扼流圈（或电感）的基本特性是阻碍电流的变化。因此扼流圈输入滤波器在理想情况下将负载电阻上的电流减小到零。考虑二阶近似，它将负载交流电流减小到一个很小的值。

一个设计良好的扼流圈输入滤波器，其首要条件是，在输入频率下，容抗X_C要比阻抗R_L小很多。满足这个条件时，可以忽略负载电阻而利用如图4-10b所示的等效电路。设计良好的扼流圈输入滤波器的第二个条件是，在输入频率下，感抗X_L远大于容抗X_C。满足这个条件时，交流输出电压接近于0。另一方面，由于扼流圈在0Hz处近似为短路，电容在0Hz处近似为开路，因此直流电流可以传输到负载电阻而且损耗很小。

a）扼流圈输入滤波器

b）交流等效电路

图4-10　扼流圈输入滤波器电路

图 4-10b 所示电路如同一个电抗型的分压器。当感抗 X_L 远大于容抗 X_C 时，几乎所有的交流电压都加在扼流圈上，这种情况下，交流输出电压为：

$$v_{\text{out}} \approx \frac{X_C}{X_L} V_{\text{in}} \tag{4-9}$$

例如，当 $X_L = 10\text{k}\Omega$，$X_C = 100\Omega$，$v_{\text{in}} = 15\text{V}$ 时，交流输出电压为：

$$v_{\text{out}} \approx \frac{100\Omega}{10\text{k}\Omega} \times 15\text{V} = 0.15\text{V}$$

在这个例子中，扼流圈输入滤波器对交流电压的衰减因子为 100。

4.5.2 整流器输出滤波

图 4-11a 所示是整流器和负载之间的扼流圈输入滤波器。整流器可以是半波、全波或桥式结构。下面分析扼流圈输入滤波器对负载电压的影响。最简单的分析方法是采用叠加原理。叠加原理是指：如果有两个或两个以上的信号源同时作用，则可以分析每个信号源单独作用时电路的响应，再把各个电源独立作用时电路中的电压相加得到最终的电压。

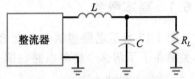

a）带有扼流圈输入滤波器的整流器

整流器的输出有两个不同的分量：直流电压分量（平均值）和交流电压分量（波动的部分），如图 4-11b 所示。每个电压如同独立的信号源一样。对于交流电压信号，X_L 远大于 X_C，所以负载电阻上的交流电压很小。尽管交流分量不是纯正弦波，式（4-9）仍然可以给出对于交流负载电压的近似。

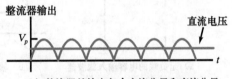

b）整流器的输出包含交流分量和直流分量

对于直流电压信号，电路等效为图 4-11c 在 0Hz 时，感抗为 0，容抗为无穷大，电路中只有电感线圈上的串联电阻。使 R_S 远小于 R_L，则可在负载电阻上得到大部分直流分量。

这就是扼流圈输入滤波器的工作原理：几乎所有的直流分量都传输到负载电阻上，几乎所有的交流分量都被阻隔。这样便可以得到近似理想的直流电压，一个近乎稳定的、类似电池提供的电压。图 4-11d 所示是全波信号的滤波输出，与理想的直流电压的差别仅在于图中显示的负载电压有一个小幅度的交流变化。这个小的交变电压叫作**纹波**（ripple）。可以用示波器测量纹波电压的峰峰值。

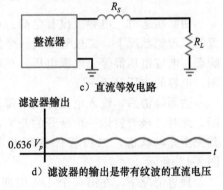

c）直流等效电路

d）滤波器的输出是带有纹波的直流电压

图 4-11 整流器输出滤波

为了测量纹波的值，需设置示波器垂直输入耦合开关，或设置为交流电而不是直流电。这样可以在阻断直流平均值的情况下观察到波形的交流分量。

4.5.3 主要缺陷

电源是电子设备中将交流输入电压转换成近似理想的直流输出电压的电路。它包含整流器和滤波器。现在电源的发展趋势是低电压、大电流。因为电力线电压信号频率仅为 60Hz，为了获得足够的滤波效果，感抗必须足够大，因此必须使用大电感。但是大的电感都有很大的绕线电阻，使得扼流圈电阻上存在很大的直流压降，当负载电流很大时，会带来极大的设计问题。此外，对于注重轻便性的现代半导体电路设计，不适合使用体积庞大的电感。

4.5.4 开关稳压器

扼流圈输入滤波器有一个重要的应用，即**开关稳压器**。这是一种特殊的电源，用于电脑、监控器等多种电子设备中。开关稳压器中的频率远高于 60Hz，通常，需要滤除 20kHz 以上的分量。滤除这样的高频，可以用相对较小的电感设计有效的扼流圈输入滤波器。这个问题将在后续章节讨论。

4.6 电容输入滤波器

扼流圈输入滤波器产生的直流输出电压与整流器电压平均值相等，而**电容输入滤波器**产生的直流输出电压则与整流器峰值电压相等。这种类型的滤波器在电源中最为常见。

4.6.1 基本概念

图 4-12 所示电路包括一个交流源、一个二极管和一个电容。对电容输入滤波器的理解关键在于了解这个简单电路在第一个 1/4 周期内的工作原理。

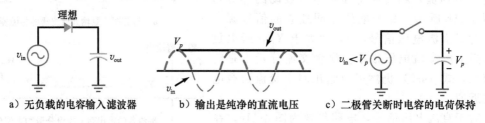

a）无负载的电容输入滤波器　　b）输出是纯净的直流电压　　c）二极管关断时电容的电荷保持

图 4-12　电容输入滤波器

初始状态时，电容上没有电荷。在图 4-12b 所示的第一个 1/4 周期，二极管是正向偏置的。理想状况下，二极管如同一个闭合的开关，电容被充电，在前 1/4 周期的任何一个瞬态，电容电压都等于电源电压。充电过程一直持续到输入电压达到其最大值，在这一时刻，电容的电压等于 V_p。

达到峰值后，输入电压开始下降。然而输入电压一旦小于其峰值 V_p，二极管随即关断。此时二极管就像一个断开的开关，如图 4-12c 所示。在余下的周期时段内，电容保持其完全充电状态，二极管保持断开状态。因此，输出电压就恒定保持在 V_p 不变，如图 4-12b所示。

理想情况下，在第一个 1/4 周期，所有的电容输入滤波器都是将电容充电至峰值电压。这个峰值电压是常数，它正是电子设备上所需要的理想的直流电压。而这里唯一的问题是没有接负载电阻。

4.6.2 负载电阻效应

要使电容输入滤波器有所应用，需要在电容两端并联负载电阻，如图 4-13a 所示。只要 R_LC 时间常数远大于电源周期，电容则几乎保持其完全充电状态，负载电压近似为 V_p。与理想直流电压仅有的不同是如图 4-13b 中所示的小的纹波。纹波的峰峰值越小，输出就越接近于理想的直流电压。

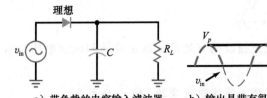 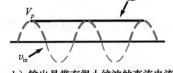 

a) 带负载的电容输入滤波器　　　b) 输出是带有很小纹波的直流电流　　　c) 全波输入的输出纹波更小

图 4-13　负载电阻效应

在峰值之间，二极管处于截止状态，电容通过负载电阻放电，即电容为负载提供电流。因为在峰值与峰值之间，电容仅有微弱的放电，因此纹波的峰峰值很小。当下一个峰值到来时，二极管导通，重新将电容充电至峰值。关键的问题是，电容的值应当多大才能保证正常工作？在讨论电容大小之前，先考虑一下其他整流电路的情况。

4.6.3　全波滤波

如果把一个全波或桥式整流器与电容输入滤波器连接，纹波的峰峰值将减半，原因如图 4-13c 所示。当全波电压加至 RC 电路，电容放电时间只有一半，因此纹波的峰峰值应为半波整流器情况下的一半。

4.6.4　纹波公式

这里给出对于任意电容输入滤波器，用来估计其输出电压纹波峰峰值的公式：

$$V_R = \frac{I}{fC} \tag{4-10}$$

式中　　V_R——纹波电压的峰峰值；

　　　　I——直流负载电流；

　　　　f——纹波频率；

　　　　C——电容值。

这是近似公式，不是精确的推导。可以用这个公式估算纹波的峰峰值。如果需要更为精确的答案，可以借助 Multisim 之类的仿真工具进行计算。

例如，当直流负载电流为 10mA，电容为 $200\mu F$ 时，桥式整流器级联电容输入滤波器的输出纹波为：

$$V_R = \frac{10mA}{120Hz \times 200\mu F} = 0.417V(峰峰值)$$

用这个推导式时，需要记住两点。首先，纹波用峰峰值电压表示，通常用示波器测量纹波电压。其次，这个公式适用于半波整流和全波整流。半波时，频率取 60Hz，全波时，频率取 120Hz。

如果条件允许，应该用示波器来测量纹波电压。如果条件不允许，可以用交流电压表测量，但会出现明显的误差。大多数交流电压表的读数都是通过读取正弦波电压均方根值来校正的。由于纹波电压不是正弦波，用交流电压表测得的误差会高达 25%，这取决于交流电压表的设计。但是这种测量在故障诊断时没有问题，因为需要排查的纹波故障变化值要比设计值大很多。

如果确实需要用交流电压表测量纹波，可以将式 4-10 给出的峰峰值换算成有效值，对于正弦信号，用以下公式：

$$V_{\mathrm{rms}} = \frac{V_{\mathrm{pp}}}{2\sqrt{2}}$$

除以因子 2 将峰峰值换算成峰值，除以 $\sqrt{2}$ 得到正弦波的有效值，该正弦波和纹波电压具有相同的峰峰值。

知识拓展 可以用来更加精确地确定电容输入滤波器纹波的另一个公式是：

$$V_R = V_{P(\mathrm{out})}(1 - \mathrm{e}^{-t/R_L C})$$

时间 t 代表滤波器中电容 C 的放电时间。对于半波整流器，t 近似等于 16.67ms，而全波整流器的 t 近似为 8.33ms。

4.6.5 精确的直流负载电压

精确计算带有电容输入滤波器的桥式整流器的直流负载电压十分困难。首先应从峰值电压中减去两个二极管的压降。此外，还有一个压降。这是因为，当对电容进行再充电时，二极管深度导通，这些二极管在每个周期仅导通很短的时间，持续时间短且大的电流要流经变压器的绕线圈和二极管的体电阻，产生压降。这里计算的是理想的输出和考虑二极管二阶近似效应时的输出，准确的直流电压要稍小一些。

例 4-6 图 4-14 所示电路中的直流负载电压和纹波电压是多少？

解： 二次电压的有效值为：

$$V_2 = \frac{120\mathrm{V}}{5} = 24\mathrm{V}$$

二次电压的峰值为：

$$V_p = \frac{24\mathrm{V}}{0.707} = 34\mathrm{V}$$

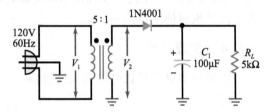

图 4-14 半波整流器和电容输入滤波器

假设二极管是理想的，且纹波很小，则直流负载电压为：

$$V_L = 34\mathrm{V}$$

为了计算纹波电压，首先需要得到直流负载电流：

$$I_L = \frac{V_L}{R} = \frac{34\mathrm{V}}{5\mathrm{k}\Omega} = 6.8\mathrm{mA}$$

用式 4-10 计算得到：

$$V_R = \frac{6.8\mathrm{mA}}{60\mathrm{Hz} \times 100\mu\mathrm{F}} = 1.13\mathrm{V}(峰峰值) \approx 1.1\mathrm{V}(峰峰值)$$

由于是近似计算，所以将计算的纹波电压四舍五入取两位有效数字，且提高示波器的精度也不可能得到精确测量值。

下面考虑如何对计算结果进行一点改进：当硅二极管导通时，二极管两端存在 0.7V 的压降。因此负载的峰值电压更接近于 33.3V 而不是 34V。而纹波电压的存在也使得直流电压稍微降低。所以实际的直流负载电压更接近于 33V 而不是 34V。这些都是细微的修正，理想情况下给出的答案对于故障诊断和基本分析已经足够了。

关于这个电路要说明的最后一点是：滤波器电容的正号表明这是一个**极化电容**，电容的正极必须接整流器的正向输出端。在图 4-15所示电路中，电容的正极正确地连接至电压正输出端。在搭建电路或进行故障诊断时，必须仔细查看电容的封装，确定该电容是极化的还是非极化的。如果改变整流二极管的极性并建立一个负电源电路，则要确保将电容的负极连接到负电压输出端，将电容的正极连接到电路的地端。

电源中经常用到极化的电解电容，因为这种电容的封装小，却可以提供较大的电容值。在前续课程曾讨论过，电解电容的极性必须正确连接，以产生氧化膜。如果电解电容的极性接反，它将会发热甚至爆炸。◀

例 4-7 图 4-15 所示电路中的直流负载电压和纹波电压是多少？ |||| Multisim

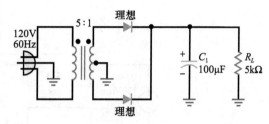

图 4-15 全波整流器和电容输入滤波器

解： 因为变压器是 5:1 的降压变压器，如前面的例子，二次电压的峰值仍是 34V。该电压的一半作为每个半波整流部分的输入。假设二极管是理想的且纹波很小，则直流负载电压为：

$$V_L = 17\text{V}$$

直流负载电流为：

$$I_L = \frac{17\text{V}}{5\text{k}\Omega} = 3.4\text{mA}$$

由式（4-10）得：

$$V_R = \frac{3.4\text{mA}}{120\text{Hz} \times 100\mu\text{F}} = 0.283\text{V} \approx 0.28\text{V}(\text{峰峰值})$$

由于导通二极管有 0.7V 的压降，实际的直流负载电压更接近 16V 而不是 17V。◀

自测题 4-7 将图 4-15 所示电路中的 R_L 改为 $2\text{k}\Omega$，计算直流负载电压和纹波电压。

例 4-8 图 4-16 所示电路中的直流负载电压和纹波电压各是多少？将答案和前面两个例子进行比较。 |||| Multisim

解： 因为变压器是 5:1 的降压变压器，如前面的例子，二次电压的峰值仍是 34V。假设二极管是理想的且纹波很小，直流负载电压为：

$$V_L = 34\text{V}$$

直流负载电流为：

$$I_L = \frac{34\text{V}}{5\text{k}\Omega} = 6.8\text{mA}$$

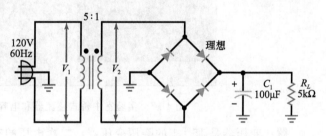

图 4-16 桥式整流器和电容输入滤波器

由式（4-10）得：

$$V_R = \frac{6.8\text{mA}}{120\text{Hz} \times 100\mu\text{F}} = 0.566\text{V} \approx 0.57\text{V}(\text{峰峰值})$$

由于两个导通二极管上的 1.4V 压降以及纹波电压，实际的直流负载电压更接近于 32V 而不是 34V。

三种不同整流器的直流负载电压和纹波的计算结果如下：

半波整流器　　34V 和 1.13V

全波整流器　　17V 和 0.288V

桥式整流器　　34V 和 0.566V

对于给定的变压器，桥式整流器要优于半波整流器，因为其纹波较小；桥式整流器也优于全波整流器，因为输出电压为后者的两倍。在这三者中，桥式整流器是首选。◀

应用实例 4-9 图 4-17 所示是 Multisim 的测量值。计算负载电压和纹波电压的理论值，将理论值与测量结果进行比较。 ||||| **Multisim**

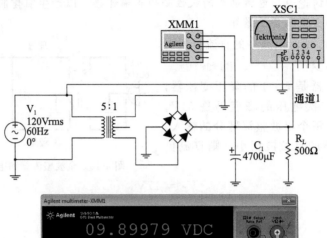

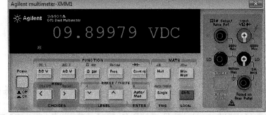

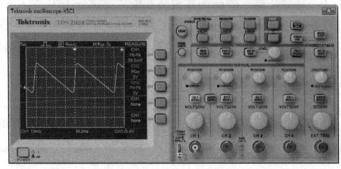

图 4-17 实验室中桥式整流器和电容输入滤波器举例

解： 变压器是 15∶1 的降压变压器，二次电压的有效值为：

$$V_2 = \frac{120\text{V}}{15} = 8\text{V}$$

二次电压的峰值为：

$$V_p = \frac{8\text{V}}{0.707} = 11.3\text{V}$$

考虑二极管的二阶近似，则直流负载电压为：

$$V_L = 11.3\text{V} - 1.4\text{V} = 9.9\text{V}$$

为计算纹波电压，首先需要得到直流负载电流：

$$I_L = \frac{9.9\text{V}}{500\Omega} = 19.8\text{mA}$$

由式（4-10）得到：

$$V_R = \frac{19.8\text{mA}}{120\text{Hz} \times 4700\mu\text{F}} = 35\text{mV}（峰峰值）$$

在图 4-17 中，万用表读出的直流负载电压为 9.9V。

示波器的通道 1 设置为 10mV/格。纹波的峰峰值大约为 2.9 格，测量的纹波电压为 29.3mV，比理论计算的 35mV 要小。这印证了先前提到的观点，即式（4-10）是用来估算纹波电压的。如果要得到准确值，则需要借助计算机仿真软件。◀

✎ **自测题 4-9** 将图 4-17 所示电路中的电容值改为 $1000\mu F$，重新计算 V_R 的值。

4.7 峰值反向电压和浪涌电流

峰值反向电压（PIV）指整流器中不导通的二极管两端的最大电压。这个电压必须小于二极管的击穿电压；否则，二极管将会损坏。峰值反向电压取决于整流器和滤波器的类型，最坏情况出现在使用电容输入滤波器时。

如前所述，来自各个生产厂家的数据手册会用许多不同的符号表示二极管的最大额定反向电压。有时，这些符号标明不同的测试条件。数据手册中表示最大额定反向电压的符号有 PIV、PRV、V_B、V_{BR}、V_R、V_{RRM}、V_{RWM} 和 $V_{R(max)}$。

4.7.1 带有电容输入滤波器的半波整流器

图 4-18a 所示是半波整流器的关键部分，它决定了二极管两端反向电压的大小。由于电路的其他部分对此没有作用，为简明起见暂且略去。在最坏情况下，二次电压处于负峰值，而电容器完全充电至 V_p 电压。运用基尔霍夫电压定律，可以立刻得到不导通的二极管两端的峰值反向电压为：

$$\text{PIV} = 2V_p \qquad (4\text{-}11)$$

例如，当二次电压的峰值为 15V 时，则峰值反向电压为 30V。只要二极管的击穿电压比这个值高，二极管就不会损坏。

4.7.2 带有电容输入滤波器的全波整流器

图 4-18b 所示是计算峰值反向电压所必需的全波整流器的主要部分。同样地，二次电压处于负峰值。在这种情况下，下方的二极管短路（闭合开关）而上方的二极管开路，由基尔霍夫电压定律有：

$$\text{PIV} = V_p \qquad (4\text{-}12)$$

4.7.3 带有电容输入滤波器的桥式整流器

图 4-18c 所示是桥式整流器的部分电路，这些电路足以用来计算峰值反向电压。因为图中上方的二极管短路而下方的二极管开路，下方二极管两端的峰值反向电压为：

$$\text{PIV} = V_p \qquad (4\text{-}13)$$

桥式整流器的另一个优点是，对于给定的负载电压，其峰值反向电压最小。为了产生相同的负载电压，全波整流器的次级电压是桥式的两倍。

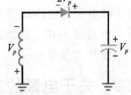

a）半波整流器的峰值反向电压

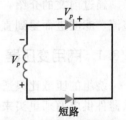

b）全波整流器的峰值反向电压

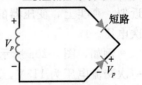

c）整流器的峰值反向电压

图 4-18 整流器反向电压

4.7.4 浪涌电阻

在电源开启前，滤波电容没有被充电。在电源开启的瞬间，这个电容如同短路。因此，初始充电电流可能很大。充电路径上所有能阻碍电流的电阻只有变压器的绕组和二极管的体电阻。在电源开启时的初始冲击电流叫作**浪涌电流**（surge current）。

一般情况下，设计者会选择额定电流足够大的二极管，以便能够承受浪涌电流的冲击。浪涌电流的关键是滤波电容的大小。有时，设计者会选用**浪涌电阻**，而不是选择新的二极管。

图 4-19 所示的就是采用浪涌电阻的电路，即在电容输入滤波器和桥式整流器之间加入一个小电阻。如果没有这个电阻，浪涌电流可能会损坏二极管。加入这个浪涌电阻，便可以将浪涌电流降低到安全范围内。浪涌电阻并不经常使用，这里提及是考虑到读者有可能会遇到某个使用了这种电阻的电源。

例 4-10 图 4-19 所示电路，如果匝数比是 8：1，峰值反向电压是多少？二极管 1N4001 的反向击穿电压是 50V，在该电路中使用 1N4001 是否安全？

解：二次电压的有效值为：

$$V_2 = \frac{120V}{8} = 15V$$

二次电压的峰值为：

$$V_p = \frac{15V}{0.707} = 21.2V$$

峰值反向电压为：

$$PIV = 21.2V$$

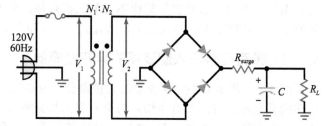

图 4-19　浪涌电阻对浪涌电流的限制

由于峰值反向电压比击穿电压 50V 小得多，所以使用 1N4001 足够安全。◀

自测题 4-10　将如图 4-19 所示电路中的电压比改为 2：1，应该采用 1N4000 系列的哪种二极管？

4.8　关于电源的其他知识

通过前文的介绍，我们对电源电路有了基本认识，并学到了通过对交流输入电压进行整流、滤波进而得到直流电压的原理。除此之外，还应该了解一些知识。

4.8.1　商用变压器

绕组的匝数比只适用于理想变压器。对于铁心变压器，情况则有所不同。也就是说，从器件供应商那里买来的变压器并不是理想变压器，因为绕线电阻会带来损耗。此外，叠片铁心存在涡流，这将带来了额外的能耗。因为存在这些不必要的损耗，匝数比只是一种近似。事实上，变压器的数据手册中很少列出匝数比，通常能查到的是在额定电流下的二次电压。

例如，图 4-20a 所示是一种工业用变压器 F-25X，其数据手册上只给出如下规格：当一次交流电压为 115V，二次电流为 1.5A 时，二次交流电压为 12.6V。如果图 4-20a 所示电路中的二次电流小于 1.5A，此时绕组和叠片铁心的能耗比较小，则二次交流电压将高于 12.6V。

如果需要知道一次电流，可以根据如下定义估算实际变压器的匝数比：

$$\frac{N_1}{N_2} = \frac{V_1}{V_2} \tag{4-14}$$

例如，对于 F25X，$V_1 = 115V$，$V_2 = 12.6V$。在 1.5A 额定负载电流情况下，匝数比为：

$$\frac{N_1}{N_2} = \frac{115}{12.6} = 9.13$$

这只是近似值，因为当负载电流减小时，匝数比也随之减小。

知识拓展　当变压器空载时，其二次电压测试值往往比额定值高 5%～10%。

4.8.2　计算熔丝电流

在进行故障诊断时，需要计算一次
电流，从而确定所用的熔丝是否安全。
对于实际变压器，最简单的方法是假设
其输入功率和输出功率相同：$P_{in} = P_{out}$。
例如，图 4-20b 所示电路是带有熔丝的
变压器驱动一个经过滤波的整流器，
0.1A 的熔丝是否安全？

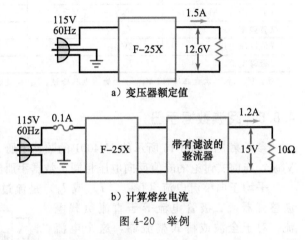

a）变压器额定值

b）计算熔丝电流

图 4-20　举例

下面给出进行故障检查时计算一次
电流的方法。输出功率等于直流负载
功率：

$$P_{out} = VI = 15V \times 1.2A = 18W$$

忽略整流器和变压器的功率损耗，由于输入功率和输出功率相等，所以：

$$P_{in} = 18W$$

因为 $P_{in} = V_1 I_1$，可以解得一次电流：

$$I_1 = \frac{18W}{115V} = 0.156A$$

这仅仅是估算值，忽略了变压器和整流器的损耗。考虑这些损耗后，一次电流实际上还要
高 5%～20%。无论如何，这个熔丝是不保险的，至少应该使用 0.25A 的。

4.8.3　慢熔断熔丝

假设图 4-20b 所示电路中使用的是电容输入滤波器。如果采用一般的 0.25A 的熔丝，
在上电时熔丝会熔断，原因是浪涌电流。许多电源采用慢熔断熔丝，这种熔丝可以暂时承
受过载电流。例如，0.25A 的慢熔断熔丝可以承受 2A 电流 0.1s，1.5A 电流 1s，1A 电流
2s……采用慢熔断熔丝，使得电路有时间对电容充电，此后一次电流降到正常值，熔丝仍
然完好。

4.8.4　计算二极管电流

不论半波整流器的输出滤波与否，通过二极管的平均电流都等于直流负载电流，因为
这个电流只有唯一的通路。表述如下：

$$\text{半波信号} \quad I_{diode} = I_{dc} \tag{4-15}$$

另一方面，全波整流器流过二极管的平均电流等于直流负载电流的一半。这是因为有
两个二极管，每个二极管分担一半电流。同理，桥式整流器中每个二极管所承受的平均电
流等于负载直流电流的一半。表述为：

$$\text{全波信号} \quad I_{diode} = 0.5I_{dc} \tag{4-16}$$

表 4-2 比较了三种带有电容输入滤波器的整流器的特性。

表 4-2 带有电容输入滤波器的整流器

	半波整流器	全波整流器	桥式整流器
二极管个数	1	2	4
整流器输入	$V_{p(2)}$	$0.5V_{p(2)}$	$V_{p(2)}$
直流输出（理想）	$V_{p(2)}$	$0.5V_{p(2)}$	$V_{p(2)}$
直流输出（二阶近似）	$V_{p(2)} - 0.7\ \text{V}$	$0.5V_{p(2)} - 0.7\ \text{V}$	$V_{p(2)} - 1.4\ \text{V}$
纹波频率	f_{in}	$2f_{\text{in}}$	$2f_{\text{in}}$
峰值反向电压	$2V_{p(2)}$	$V_{p(2)}$	$V_{p(2)}$
二极管电流	I_{dc}	$0.5I_{\text{dc}}$	$0.5I_{\text{dc}}$

注：$V_{p(2)}$ = 二次电压峰值；$V_{p(\text{out})}$ = 输出电压峰值；I_{dc} = 直流负载电流。

4.8.5 阅读数据手册

参考第 3 章图 3-16 所示的 1N4001 的数据手册。数据手册中的可重复最大峰值反向电压 V_{RRM}，与前文讨论的峰值反向电压相同。数据手册给出 1N4001 可以承受 50V 的反向电压。

平均正向整流电流（$I_{\text{F(av)}}$、I_{max} 或 I_0）是流过二极管的直流电流或平均电流。对于半波整流器，二极管电流等于直流负载电流。对于全波或桥式整流器，这个电流等于直流负载电流的一半。数据手册给出 1N4001 可以流过 1A 的直流电流，这意味着对于桥式整流器，直流负载电流可以达到 2A。注意浪涌电流额定值 I_{FSM}，数据手册给出 1N4001 可以在上电的第一个周期内承受 30A 的浪涌电流。

4.8.6 RC 滤波器

在 20 世纪 70 年代之前，**无源滤波器**（由电阻，电感和电容元件组成）常连接在整流器和负载电阻之间。现在，在半导体电源电路中已经很少看到无源滤波器了。但是在一些特殊的应用场合，如音频功率放大器中还可以遇到这种滤波器。

图 4-21a 所示是桥式整流器和电容输入滤波器。通常，滤波电容两端的纹波峰峰值会达到 10%。之所以没有得到更小的纹波，是因为这将需要很大的滤波电容。进一步的滤波是由滤波电容和负载电阻之间的 RC 环节完成的。

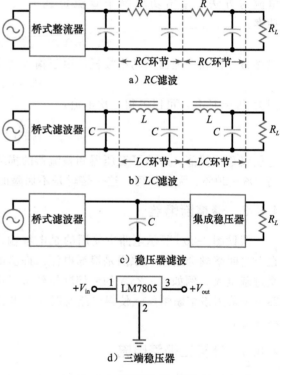

图 4-21 不同类型的滤波

RC 环节是无源滤波器的一个例子，其中只用到了电阻、电感、电容等元件。通过精心设计，在纹波频率下，电阻值 R 比容抗值 X_C 大许多。这样，纹波在到达负载电阻之前就被减小了。通常，电阻值 R 至少是容抗 X_C 的 10 倍。这意味着每一个 RC 环节将纹波至少降低为原来的 1/10。RC 滤波器的缺点是：直流电压在电阻上有损耗。因此，RC 滤波器仅适用于负载很轻的情况（小负载电流或大负载电阻）。

4.8.7 *LC* 滤波器

当负载电流很大时，采用如图 4-21b 所示的 *LC* 滤波器优于 *RC* 滤波器。其原理仍然是通过串联元件使纹波电压降低，这里的串联元件是电感。通过将感抗 X_L 设计得远大于容抗 X_C，可以将纹波减小到很低的水平。由于电感的绕线电阻很小，所以电感两端的直流压降比 *RC* 电路中电阻两端的压降小很多。

LC 滤波器曾得到过广泛应用，而现在一般的电源电路中已不再使用，原因在于电感的尺寸和成本。对低电压电源，*LC* 滤波器已被**集成电路**取代。集成电路器件在很小的封装内包含了二极管、晶体管、电阻和其他元件，可以完成特定的功能。

图 4-21c 所示即是这种应用。**集成稳压器**是一种集成电路，用在滤波电容和负载电阻之间。这个器件不但可以减小纹波，而且可以维持输出电压恒定。集成稳压器将在后续章节讨论。图 4-21d 显示的是一个三端稳压器的例子。当满足输入电压比输出电压大 2～3V 时，LM7805 芯片可提供稳定的 5V 电压。78XX 系列的其他稳压器可以提供一系列稳压输出，如 9V、12V 和 15V。79XX 系列可提供负的稳压输出。因为其成本低，使用集成稳压器成为目前减小纹波的标准方法。

表 4-3 将电源电路分解为不同的功能模块。

表 4-3 电源框图

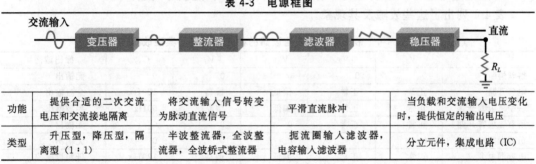

功能	提供合适的二次交流电压和交流接地隔离	将交流输入信号转变为脉动直流信号	平滑直流脉冲	当负载和交流输入电压变化时，提供恒定的输出电压
类型	升压型，降压型，隔离型（1:1）	半波整流器，全波整流器，全波桥式整流器	扼流圈输入滤波器，电容输入滤波器	分立元件，集成电路（IC）

知识拓展 在两个并联电容中间串联一个电感的滤波器常被称为 π 型滤波器。

4.9 故障诊断

几乎每一个电子设备中都有电源，通常是整流器驱动电容输入滤波器，后面再连接稳压器（稍后讨论）。该电源产生的直流电压适合于晶体管和其他器件的需要。如果某电子系统不能正常工作，应首先从电源电路开始进行故障排查。多数情况下，设备故障是由电源问题引起的。

4.9.1 诊断过程

假如对图 4-22 所示电路进行故障诊断。可以首先测量直流负载电压，这

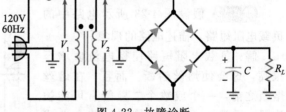

图 4-22 故障诊断

个电压应该和二次电压的峰值近似相等。如果不等，则有两种可能的原因。

首先，如果没有直流负载电压，可以用浮地的模拟万用表或数字万用表测量二次电压（交流挡），读数是二次电压的有效值。将这个值换算成峰值电压，可以在有效值的基础上

增加 40% 作为对峰值的估算。如果这个值是正常的,那么可能是二极管有问题。如果二次线圈上无电压,则有可能是熔丝熔断或变压器故障。

另外,如果有直流负载电压,但是电压值偏小,则用示波器观测直流负载电压并测量纹波大小。纹波的峰峰值为理想负载电压的 10% 左右是正常的。纹波电压可以比这个值大一些或小一些,这取决于电路设计情况。此外,对于全波整流器和桥式整流器,纹波频率应该是 120Hz,如果纹波是 60Hz,则其中的一个二极管有可能开路。

4.9.2　常见问题

这里列出了带有电容输入滤波器的桥式整流器中最常出现的故障:

1. 如果熔丝开路,则电路任何一处都没有电压。

2. 如果滤波电容开路,则直流负载电压偏低。因为输出是没有经过滤波的全波信号。

3. 如果其中一个二极管开路,则直流负载电压偏低。因为此时只是半波整流,而且此时的纹波频率是 60Hz 而不是 120Hz。如果所有的二极管都开路,则没有输出电压。

4. 如果负载短路,熔丝会熔断。而且,可能一个或多个二极管损坏,或变压器损坏。

5. 有时滤波电容老化漏电,这时直流负载电压会减小。

6. 变压器绕组也会偶然短路,直流输出电压会减小。此时,变压器通常会发烫。

7. 除了这些故障,还会遇到焊锡桥、虚焊点、不良连接等问题。

表 4-4 列出了这些故障及其现象。

表 4-4　带有电容输入滤波器的桥式整流器的典型故障

	V_1	V_2	$V_{L(dc)}$	V_R	f_{ripple}	输出波形
熔丝熔断	0	0	0	0	0	无输出
电容开路	正常	正常	偏低	偏高	120Hz	全波输出
一个二极管开路	正常	正常	偏低	偏高	60Hz	半波输出
所有二极管开路	正常	正常	0	0	0	无输出
负载短路	0	0	0	0	0	无输出
电容漏电	正常	正常	偏低	偏高	120Hz	低幅度输出
绕组短路	正常	偏低	偏低	正常	120Hz	低幅度输出

例 4-11 当如图 4-23 所示电路正常工作时,二次电压的有效值为 12.7V,负载电压为 18V,纹波的峰峰值为 318mV。如果滤波电容开路,直流负载电压如何变化?

解: 电容开路时,电路变为无滤波电容的桥式整流器。因为没有滤波,所以用示波器测量负载两端的电压时,将显示峰值为 18V 的全波信号。其平均值是 18V 的 63.6%,即 11.4V。　　　　　　　　　　　　　　　　　　　　　　　　　　◀

例 4-12 假设图 4-23 所示电路中的负载电阻短路,描述电路的现象。

解: 负载电阻短路使得电流值增至很高,这会使熔丝熔断。而且,在熔丝熔断之前,一个或数个二极管有可能被烧毁。通常,一个二极管的短路会造成另外一个整流二极管也短路。因为熔丝熔断,所有电压的测量值为零。如果观察熔丝或用欧姆表测量熔丝,会发现熔丝是断路的。

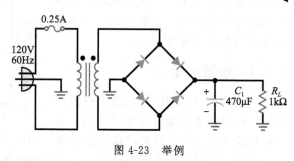

图 4-23　举例

应该在关掉电源后用欧姆表检查二极管是否损坏。还应该用欧姆表测量负载电阻，如果负载电阻测量值为零或很小，则将有更多的故障需要诊断。

这些故障可能是负载电阻上出现焊锡桥、错误的连接或其他各种可能。熔丝偶尔也会在负载非短路情况下熔断。但关键是，如果出现了熔丝熔断，则应检查二极管可能出现的损坏以及负载电阻可能出现的短路。

本章最后的故障诊断练习包含八种不同的故障，包括二极管开路、滤波电容故障、负载短路、熔丝熔断、接地点开路等。 ◀

4.10　削波器和限幅器

低频电源中使用的二极管是整流二极管。这些二极管在 60Hz 工作频率下具有优化特性，其额定功率高于 0.5W。典型的整流二极管的正向额定电流在安培量级。整流二极管在电源电路以外很少应用，因为电子设备中大部分电路的工作频率要高得多。

4.10.1　小信号二极管

本节要用到小信号二极管，这些二极管的高频特性是优化的，其额定功率小于 0.5W。典型的小信号二极管的额定电流在毫安量级。正是由于轻而小的结构使得这些二极管可工作在更高的频率。

4.10.2　正向削波器

削波器是将信号波形中的正向或负向部分去除的电路。这种处理在信号整形、电路保护和通信中非常有用。图 4-24a 所示是一个正向削波器，该电路删除了输入信号中的所有正向部分，因此输出中只留有负半周信号。

下面讨论电路工作原理。在正半周，二极管导通，如同将输出端短路。理想情况下，输出电压为零。在负半周，二极管开路。此时，负半周的信号出现在输出端。通过精心的设计，使串联电阻远小于负载电阻，因此图 4-24a 中负向输出峰值为 $-V_p$。

考虑二阶近似，二极管的导通压降为 0.7V，因此削波电平不是零，而是 0.7V。例如，当输入信号的峰值为 20V 时，削波器的输出如图 4-24b 所示。

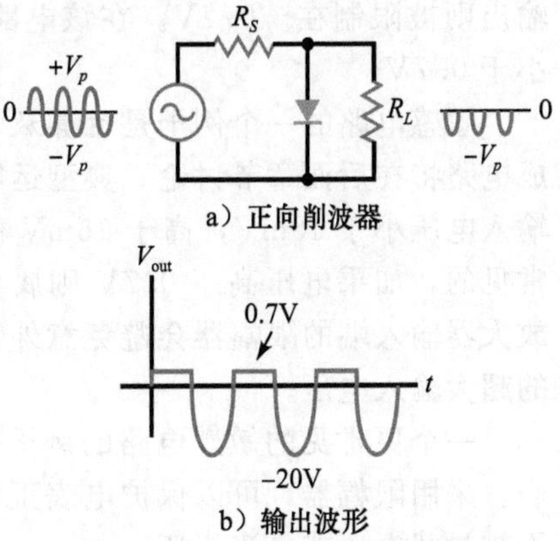

a）正向削波器

b）输出波形

图 4-24　正向削波器电路和波形

4.10.3　定义条件

小信号二极管的结面积比整流二极管小，适宜在高频区工作。结面积小的结果是体电阻比较大。小信号二极管 1N914 的数据手册给出，该二极管在 1V 电压下的正向电流是 10mA。其体电阻为：

$$R_B = \frac{1\text{V} - 0.7\text{V}}{10\text{mA}} = 30\Omega$$

体电阻为何重要？因为只有串联电阻 R_S 远大于体电阻时削波器才能正常工作。而且只有当串联电阻 R_S 远小于负载电阻时，削波器才能正常工作。为了使得削波器正常工作，给出如下定义：

$$\text{准理想削波器} \quad 100R_B < R_S < 0.01R_L \tag{4-17}$$

这说明，串联电阻必须比体电阻大 100 倍，且小于负载电阻的 1/100。如果削波器满足这些条件，则称为准理想削波器。例如，当二极管的体电阻为 30Ω，则串联电阻至少为 $3k\Omega$，负载电阻至少为 $300k\Omega$。

4.10.4 负向削波器

如果把二极管的极性颠倒，将得到负向削波器，如图 4-25a 所示。该电路将除去信号的负半部分。理想情况下，输出波形只有正半周信号。

由于二极管存在偏移电压（势垒的另一种表述），所以削波效果并不理想，削波电平为 $-0.7V$。当输入信号的峰值为 20V 时，输出信号如图 4-25b 所示。

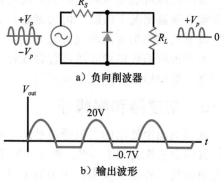

a）负向削波器

b）输出波形

图 4-25 负向削波器电路和波形

4.10.5 限幅器或二极管钳位

削波器在波形整形中非常有用，但是相同的电路可以在完全不同的情况下使用。在图 4-26a 中，正常输入信号的峰值只有 15mV，因此正常的输出与输入信号相同，因为两个二极管都不导通。

如果二极管不导通，那么这个电路有什么作用呢？假设有一个敏感电路，这个电路不能接收过大的信号，可以采用正负向限幅器对输入进行保护，如图 4-26b 所示。如果输入信号高于 0.7V，输出会被限制在 0.7V；另一方面，如果输入信号低于 $-0.7V$，输出则被限制在 $-0.7V$。在该电路中，正常的工作条件是输入信号的正负向幅度始终小于 0.7V。

敏感电路的一个例子是运算放大器，该集成电路将在后面章节讨论。典型运算放大器的输入电压小于 15mV，高于 15mV 的电压是不常见的，如果电压高于 0.7V 则属异常。运算放大器输入端的限幅器会避免意外情况下出现的超大输入电压。

一个更常见的敏感电路的例子是磁电式电表。采用限幅器，可以保护电表正常工作，而不被过载电压或电流烧坏。

图 4-26a 所示的限幅器也叫作二极管钳位，这个术语表明它将电压钳位或限制在特定的范围内。采用二极管钳位时，正常工作条件下，二极管处于关断状态，只有出现信号过大这种异常情况时，二极管才导通。

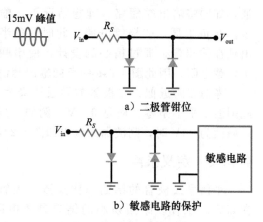

a）二极管钳位

b）敏感电路的保护

图 4-26 二极管的限幅应用

知识拓展　负向二极管钳位经常用在 TTL 数字逻辑门的输入端。

4.10.6 带偏置的削波器

正向削波器的参考电平（同削波电平）的理想值为零，考虑二阶近似则为 0.7V。如何才能改变这个参考电平呢？

在电子系统中，偏置是指加入一个外部的电压来改变电路的参考电平。图 4-27a所示电路是通过偏置改变正向削波器的参考电平的例子。在二极管支路上串联直流电源，就可以改变削波电平。正常工作时，电源电压 V 必须小于 V_p。对于理想的二极管，只要输入电压超过 V，二极管即刻导通。考虑二阶近似，则当输入电压超过 $(V+0.7)$V 时，二极管导通。

图 4-27b 所示是对负向削波器的偏置。注意到二极管和电池极性是相反的，因此参考电平变为（$-V-0.7$）V。输出波形在该偏置电平处被负向削波。

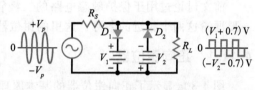

a）带偏置的正向削波器

b）带偏置的负向削波器

图 4-27　带偏置的削波器

4.10.7　组合型削波器

可以把两个带偏置的削波器组合为如图 4-28所示的电路。二极管 D_1 将削平大于正向偏置电平的电压，同时二极管 D_2 将削平小于负向偏置电平的电压。当输入电压比偏置电平大很多时，输出信号呈现方波，图 4-28 所示是另一个用削波器进行波形整形的例子。

图 4-28　有偏置的正负向削波器

4.10.8　电路的变化形式

用电池设置削波参考电平是不实际的，一种常用的方法是加入更多的硅二极管，每个二极管可以提供 0.7V 的偏置电压。图 4-29a 所示的正向削波器中使用了三个二极管，由于每个二极管提供约 0.7V 的偏移电平，三个二极管提供大约 2.1V 的削波电平。这种应用不局限于削波器（整形），还可用于二极管钳位（限幅），以保护不能承受高于 2.1V 输入的敏感电路。

图 4-29b 所示是另一种不用电池偏置的削波器。这里，用分压器（R_1 和 R_2）设置偏

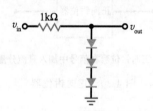

a）带有三个偏移电压的削波器

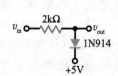

c）二极管钳位电路，高于5.7V的电平不会损坏电路

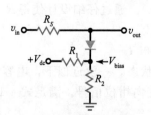

b）分压器偏置的削波器

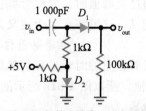

d）用二极管D_2消除D_1的失调电压

图 4-29　电路的变化形式

置电平，由下式给出：

$$V_{\text{bias}} = \frac{R_2}{R_1 + R_2} V_{\text{dc}} \tag{4-18}$$

在这种情况下，当输入电平高于（$V_{\text{bias}} + 0.7$）V 时，输出电压即被削平或限幅。

图 4-29c 所示是带偏置的二极管钳位电路，可以用来保护敏感电路不被过载输入电压损坏。偏置电平可以任意设置，这里是 +5V。有了这样的电路，具有破坏性的 +100V 的电压不可能到达负载，因为二极管将输出电压最大值限制在 +5.7V。

有时，将电路做如图 4-29d 所示的改变，就可消除由限幅二极管 D_1 带来的失调偏差。原理如下：二极管 D_2 偏置在正向微导通状态，其两端的电压约为 0.7V。该电压加在与 D_1 串联的 1kΩ 和 100kΩ 电阻上，则二极管 D_1 处于临界导通状态。因此当输入信号到来时，在 0V 附近就可使二极管 D_1 导通。

4.11 钳位器

前文讨论过用于保护敏感电路的二极管钳位。本节将要讨论**钳位器**，二者是不同的，不要混淆这两个相近的名称。这里的钳位器在信号中加入了直流电压。

4.11.1 正向钳位器

图 4-30a 显示了正向钳位器的基本原理。当输入是一个正弦信号时，正向钳位器在正弦波上加入了一个正的直流电压。即正向钳位器将交流参考电平（通常是零）加载到一个直流电平上。其作用是形成一个以该直流电平为中心的交流电压信号。这意味着正弦信号上每个点的电平都被抬升了，如图 4-30a 的输出波形所示。

图 4-30b 所示是正向钳位器的等效形式。交流信号源作为钳位器输入端的驱动，钳位器输出端的戴维南电压是直流源和交流源的叠加，即交流信号上加了直流电压 V_p。所以图 4-30a 中显示的整个正弦波向上抬升，其正向峰值为 $2V_p$，负向峰值为零。

图 4-31a 所示是一个正向钳位器。下面解释理想情况下电路的工作原理。在初始状态下，电容上无电荷，在输入信号的第一个负半周，二极管导通（见图 4-31b），在交流信号的负向峰值点，电容完全充电至 V_p，其极性如图所示。

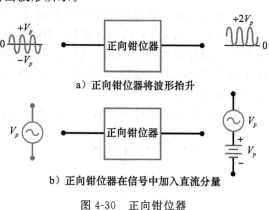

a）正向钳位器将波形抬升

b）正向钳位器在信号中加入直流分量

图 4-30　正向钳位器

当信号稍微超过负峰值时，二极管截止（见图 4-31c）。通过仔细设计使得 $R_L C$ 时间常数远大于信号周期 T。这里将远大于定义为大 100 倍以上：

$$准理想钳位器 \quad R_L C > 100T \tag{4-19}$$

因此，在二极管截止的时候电容仍然保持完全充电状态。一阶近似下，电容如同一个提供 V_p 电压的电池，所以图 4-31a 所示的输出电压是正向钳位信号。满足式 4-19 的钳位器称为准理想钳位器。

钳位器的工作原理类似于带有电容输入滤波器的半波整流器。最初的 1/4 周期中对电容完全充电，在后续的周期，电容几乎保持电荷不变。周期之间的微小电荷损失会在二极管导通时得到补充。

图 4-31c 显示充电后的电容如同一个提供 V_p 电压的电池，该直流电压被加在信号上。在第一个 1/4 周期之后，输出电压就成为一个参考电平为零的正向钳位的正弦信号。也就是说，正弦波信号被置于零电平之上。

图 4-31d 所示是通常情况下的正向钳位器电路。由于二极管具有 0.7V 的导通压降，电容电压并不能完全达到 V_p。因此，钳位并不理想，负向峰值电平为 -0.7V。

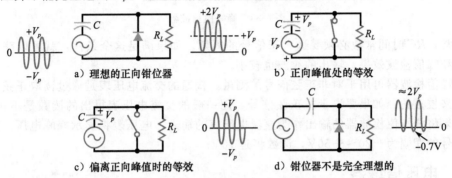

a) 理想的正向钳位器   b) 正向峰值处的等效

c) 偏离正向峰值时的等效   d) 钳位器不是完全理想的

图 4-31 正向钳位器工作原理

知识拓展 钳位器通常在集成电路芯片中使用，用于信号中正向或负向直流电平的转换。

4.11.2 负向钳位器

如果将图 4-31d 所示电路中的二极管反向，将得到如图 4-32 所示的负向钳位器。由图可见，电容电压极性反向，电路变为负向的钳位器。钳位同样是不理想的，正向峰值不是 0V，而是 0.7V。

二极管箭头的指向即为波形的移动方向，这样可以方便记忆。在图 4-32 中，二极管箭头向下，与正弦波形移动的方向相同。由此就可以知道它是一个负向钳位器。在图 4-31a 中，二极管箭头向上，正弦波形向上移动，它是一个正向钳位器。

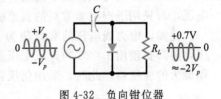

图 4-32 负向钳位器

正向和负向钳位器都有广泛应用。例如，电视接收机采用钳位器改变视频信号的参考电平。此外，钳位器也用于雷达和通信电路中。

最后需要说明的是，削波和钳位的非理想特性并不是什么严重的问题。在讨论运算放大器之后，我们会重新审视削波器和钳位器。那时将会看到，消除势垒的影响是很容易的。也就是说，这些电路可以看作是近似理想的。

4.11.3 峰峰值检波器

带有电容输入滤波器的半波整流器产生一个直流电压，该电压约等于输入信号的峰值。当同样的电路采用小信号二极管时，该电路称为**峰值检波器**。一般情况下，峰值检波器的工作频率远高于 60Hz。峰值检波器的输出信号在测量、信号处理和通信中十分有用。

如果将钳位器和峰值检波器级联起来，就可以得到峰峰值检波器（见图 4-33）。由图可见，钳位器的输出作为峰值检波器的输入。由于正弦波是正向钳位的，输入到峰值检波器的信号峰值电压为 $2V_p$，所以该峰值检波器输出的直流电压为 $2V_p$。

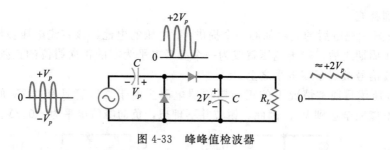

图 4-33 峰峰值检波器

通常，RC 时间常数必须要远大于信号的周期。如果满足这个条件，就可以获得很好的钳位和峰值检波效果，输出的纹波也较小。

峰峰值检波器可用于对非正弦信号的测量。普通的交流电压表是通过读取正弦信号的有效值来校正的。如果要测量非正弦信号，用一般的交流电压表得出的读数是不正确的。但是如果将峰峰值检波器的输出作为直流电压表的输入，电压表将显示峰峰电压。如果非正弦信号的摆幅为 $-20 \sim +50$V，读数将是 70V。

4.12 电压倍增器

峰峰值检波器采用小信号二极管，工作在高频。如果采用工作在 60Hz 的整流二极管，则可以得到一种叫作倍压器的新型电源电路。

4.12.1 倍压器

图 4-34a 所示是一个倍压器。电路的结构和峰峰值检波器相同，只是采用了工作在60Hz 的整流二极管。钳位器在二次电压上加入了直流分量。峰值检波器产生一个直流输出电压，该电压是二次电压的两倍。

为什么要用倍压器而不是通过改变匝数比来得到更高的电压呢？因为倍压器不用于低电压，而只用于产生非常高的直流输出电压。

比如，电力线电压的有效值为 120V，峰值为 170V。如果需要得到 3400V 的直流电压，则需要使用 1:20 的升压变压器。这就是问题所在：获得很高的二次电压需要使用体积庞大的变压器。此时，采用倍压器和小变压器会更简单一些。

4.12.2 三倍压器

如果再级联一级，便可得到三倍压器，如图 4-34b 所示。电路的前两级与倍压器相同。在负半周的峰值点，D_3 正向偏置，C_3 因而充电至 $2V_p$，极性如图 4-34b 所示。在 C_1 和 C_3 两端出现三倍的电压输出。负载电阻可以连接在这个三倍电压输出端。只要时间常数足够大，则输出电压约等于 $3V_p$。

4.12.3 四倍压器

图 4-34c 所示是一个四级级联的四倍压器。前三级是一个三倍压器，加入第四级使电路形成四倍压器。第一个电容充电至 V_p，所有其他的电容都充电至 $2V_p$。四倍压器的输出电压加在串联的 C_2 和 C_4 两端。可以将负载电阻接在四倍压输出端，获得 $4V_p$ 的输出。

理论上，倍压器可以无限地级联下去，但是每新加一级，输出电压的纹波就会更加严重。纹波的逐级增加，是**电压倍增器**（倍压器，三倍压器，四倍压器）不在低电压电源中使用的又一个原因。如前所述，电压倍增器几乎总是用来产生数百或数千伏的高压。电压倍增器在高电压、低电流的器件中是当然的选择，如电视接收机、示波器和电脑显示器中的阴极射线管（CRT）。

4.12.4 电路的变化形式

图 4-34 中所示的所有电压倍增器用的负载电阻都是悬浮的，这意味着负载的任何一端都不接地。图 4-35a，b 和 c 所示的是电压倍增器的变化形式。图 4-35a 是在图 4-34a 所示电路基础上加入了地节点。图 4-35b 和 c 所示的电路是对三倍压器（见图 4-34b）和四倍压器（见图 4-34c）的重新设计。在某些应用中，可以看到悬浮负载设计（如阴极射线管）；而在其他设计中，可能会使用接地负载。

4.12.5 全波倍压器

图 4-35d 所示是一个全波倍压器。在信号源的正半周，电路上方的电容充电至峰值电压，极性如图所示。在后半周期，下方的电容充电至峰值电压，极性如图所示。对于轻负载，最终的输出电压约为 $2V_p$。

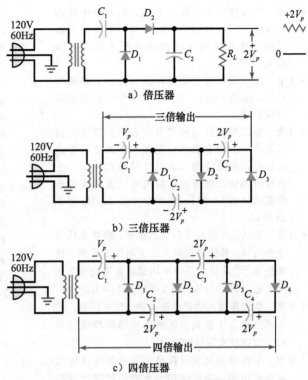

图 4-34 负载悬浮的电压倍增器

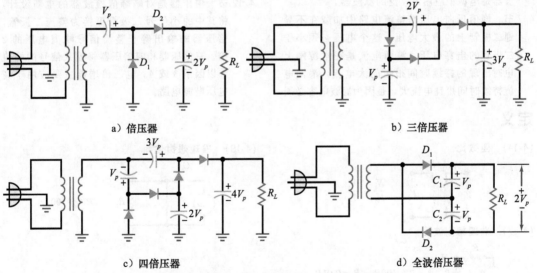

图 4-35 负载接地的电压倍增器，全波倍压器除外

前文讨论的电压倍增器都是半波设计，即输出纹波频率是 60 Hz。而图 4-35d 所示的电路叫作全波倍压器，因为输出电容在每半个周期充电一次。因此，输出电压纹波频率是 120 Hz，这个纹波频率的优点是滤波更容易。全波倍压器的另一个优点是二极管的峰值反向电压的额定值只需要大于 V_p。

总结

4.1 节 半波整流器包括一个与负载电阻串联的二极管。负载电压是半波信号,半波整流器输出电压的平均值或直流电压是峰值电压的 31.8%。

4.2 节 输入变压器通常是降压变压器,即电压降低,电流升高。二次电压等于一次电压除以匝数比。

4.3 节 全波整流器包括带有中心抽头的变压器以及两个二极管和负载电阻。负载电压是全波信号,其峰值为二次电压峰值的一半。全波整流器输出电压的平均值或直流电压等于峰值信号的 63.6%,纹波频率是 120 Hz 而不是 60 Hz。

4.4 节 桥式整流器包含四个二极管。负载电压是全波信号,峰值电压等于二次电压的峰值。桥式整流器⊖输出电压的平均值或直流电压等于峰值电压的 63.6%,纹波频率是 120 Hz。

4.5 节 扼流圈输入滤波器是一种 LC 分压器,其中感抗远大于容抗。这种滤波器将整流信号的平均值输出到负载电阻。

4.6 节 电容输入滤波器将整流信号的峰值输出到负载电阻。通过采用大电容,可使纹波很小,一般小于直流输出的 10%。电容输入滤波器是电源中应用最广泛的滤波器。

4.7 节 峰值反向电压是整流电路中加载在不导通二极管上的最大电压。这个电压必须小于二极管的击穿电压。浪涌电流是在电源刚上电时出现的持续时间很短的大电流。浪涌电流持续时间短且电流大,是因为滤波电容必须

在第一个周期或至多前几个周期内完成充电,达到峰值电压。

4.8 节 实际变压器通常标明额定负载电流下的二次电压。为了计算一次电流,可以假设输出功率和输入功率相等。慢熔断熔丝通常用来抵抗浪涌电流的冲击。半波整流器的二极管电流等于直流负载电流。在全波整流器或桥式整流器中,任何二极管的平均电流等于负载直流电流的一半。RC ⊜滤波器和 LC 滤波器有时在整流输出时使用。

4.9 节 对带有电容输入滤波器的整流器进行的测量包括:直流输出电压、一次电压、二次电压和纹波。通过这些测量可以推断故障所在。二极管开路使得输出电压减小到零。滤波电容开路使得输出电压减小到整流信号的平均值。

4.10 节 削波器可实现对信号的整形。它可以将信号的正向部分或负向部分削平。限幅器或二极管钳位电路可以在输入信号过大时对敏感电路起到保护作用。

4.11 节 钳位器通过加入一个直流电压将信号向正方向或负方向移动。峰峰值检波器产生的负载电压等于信号电压的峰峰值。

4.12 节 倍压器是对峰峰值检波器的重新设计,将其中的小信号二极管更换为整流二极管。倍压器的输出等于整流信号峰值电压的 2 倍。三倍压器和四倍压器将输入信号的峰值乘以因子 3 或 4。电压倍增器主要应用于高电压电源电路。

定义

(4-14) 匝数比

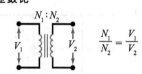

$$\frac{N_1}{N_2} = \frac{V_1}{V_2}$$

(4-17) 准理想削波器

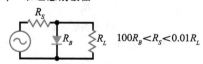

$100R_B < R_S < 0.01R_L$

(4-19) 准理想钳位器

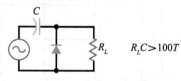

$R_L C > 100T$

⊖ 原文为"半波整流器",有误,此处已更正。——译者注

⊜ 原文为"LC",有误,此处已更正。——译者注

推论

(4-1)　理想半波整流器

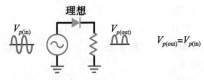

$$V_{p(\text{out})} = V_{p(\text{in})}$$

(4-2)　半波

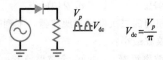

$$V_{\text{dc}} = \frac{V_p}{\pi}$$

(4-3)　半波

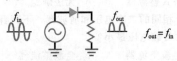

$$f_{\text{out}} = f_{\text{in}}$$

(4-4)　二阶近似下的半波

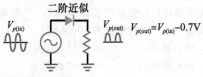

$$V_{p(\text{out})} = V_{p(\text{in})} - 0.7\text{V}$$

(4-5)　理想变压器

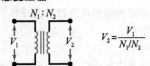

$$V_2 = \frac{V_1}{N_1/N_2}$$

(4-6)　全波

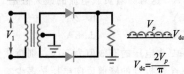

$$V_{\text{dc}} = \frac{2V_p}{\pi}$$

(4-7)　全波

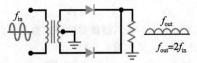

$$f_{\text{out}} = 2f_{\text{in}}$$

(4-8)　二阶近似下的桥式

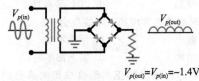

$$V_{p(\text{out})} = V_{p(\text{in})} - 1.4\text{V}$$

(4-9)　扼流圈输入滤波器

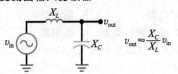

$$v_{\text{out}} \approx \frac{X_C}{X_L} v_{\text{in}}$$

(4-10)　纹波的峰峰值

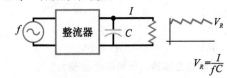

$$V_R = \frac{I}{fC}$$

(4-11)　半波

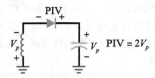

$$\text{PIV} = 2V_p$$

(4-12)　全波

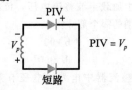

$$\text{PIV} = V_p$$

(4-13)　桥式

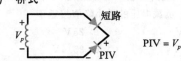

$$\text{PIV} = V_p$$

(4-15)　半波

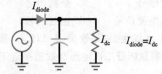

$$I_{\text{diode}} = I_{\text{dc}}$$

(4-16)　全波和桥式

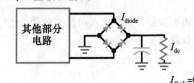

$$I_{\text{diode}} = 0.5I_{\text{dc}}$$

(4-18)　带偏置的削波器

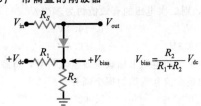

$$V_{\text{bias}} = \frac{R_2}{R_1 + R_2} V_{\text{dc}}$$

选择题

1. 如果 $N_1/N_2 = 4$，一次电压为 120V，二次电压为多少？
   - a. 0V
   - b. 30V
   - c. 60V
   - d. 480V

2. 对于降压变压器，下列哪个值较大？
   - a. 一次电压
   - b. 二次电压
   - c. 两者都不是
   - d. 以上都不对

3. 变压器的匝数比是 2：1。假设一次绕组加载 115Vrms 的信号，二次电压的峰值为多少？
   - a. 57.5V
   - b. 81.3V
   - c. 230V
   - d. 325V

4. 负载电阻上加载半波整流电压，负载电流出现在信号周期的哪个部分？
   - a. 0°
   - b. 90°
   - c. 180°
   - d. 360°

5. 如果半波整流器中电力线电压有效值最小为 105V，最高可达 125V。对于一个 5：1 降压变压器，负载电压的最小峰值接近于
   - a. 21V
   - b. 25V
   - c. 29.7V
   - d. 35.4V

6. 桥式整流器的输出电压是
   - a. 半波信号
   - b. 全波信号
   - c. 桥式整流信号
   - d. 正弦信号

7. 如果电力线电压有效值是 115V，匝数比是 5：1，则意味着二次电压有效值接近于
   - a. 15V
   - b. 23V
   - c. 30V
   - d. 35V

8. 对于全波整流器，如果二次电压有效值为 20V，则峰值负载电压为多少？
   - a. 0V
   - b. 0.7V
   - c. 14.1V
   - d. 28.3V

9. 如果希望从桥式整流器得到峰值 40V 的负载电压，则二次电压的有效值约为多少？
   - a. 0V
   - b. 14.4V
   - c. 28.3V
   - d. 56.6V

10. 如果负载电阻上加载全波整流信号，负载电流出现在信号周期的哪个部分？
    - a. 0°
    - b. 90°
    - c. 180°
    - d. 360°

11. 桥式整流器的二次电压的有效值为 12.6V，峰值负载电压是多少？（考虑二阶近似）
    - a. 7.5V
    - b. 16.4V
    - c. 17.8V
    - d. 19.2V

12. 如果电力线的频率是 60Hz，半波整流器输出频率是
    - a. 30Hz
    - b. 60Hz
    - c. 120Hz
    - d. 240Hz

13. 如果电力线的频率是 60Hz，桥式整流器输出频率是
    - a. 30Hz
    - b. 60Hz
    - c. 120Hz
    - d. 240Hz

14. 对于相同的二次电压和滤波器，下列哪类整流器的纹波最小？
    - a. 半波整流器
    - b. 全波整流器
    - c. 桥式整流器
    - d. 无法确定

15. 对于相同的二次电压和滤波器，下列哪类整流器的负载电压最小？
    - a. 半波整流器
    - b. 全波整流器
    - c. 桥式整流器
    - d. 无法确定

16. 如果滤波后的负载电流是 10mA，下列哪类整流器中的二极管电流为 10mA？
    - a. 半波整流器
    - b. 全波整流器
    - c. 桥式整流器
    - d. 无法确定

17. 如果负载电流是 5mA，滤波电容是 $1000\mu F$，桥式整流器的输出电压纹波的峰峰值是多少？
    - a. 21.3pV
    - b. 56.3nV
    - c. 21.3mV
    - d. 41.7mV

18. 桥式整流器中每个二极管的最大额定直流电流为 2A，这意味着负载电流的最大值是
    - a. 1A
    - b. 2A
    - c. 4A
    - d. 8A

19. 如果二次电压的有效值为 20V，则桥式整流器中每个二极管的峰值反向电压是多少？
    - a. 14.1V
    - b. 20V
    - c. 28.3V
    - d. 34V

20. 如果带有电容输入滤波器的桥式整流器的二次电压增加，则负载电压将
    - a. 减小
    - b. 保持不变
    - c. 增加
    - d. 以上都不对

21. 如果滤波电容增加，则纹波会
    - a. 减小
    - b. 保持不变
    - c. 增加
    - d. 以上都不对

22. 可以除去波形的正向部分或负向部分的电路叫作
    - a. 钳位器
    - b. 削波器
    - c. 二极管钳位电路
    - d. 限幅器

23. 在输入正弦信号中加入正的或负的直流电压的电路叫作

a. 钳位器　　　　b. 削波器

c. 二极管钳位电路　d. 限幅器

24. 如果钳位器电路正常工作，其 R_LC 常数应该

　　a. 等于信号周期

　　b. 大于信号周期的 10 倍

　　c. 大于信号周期的 100 倍

d. 小于信号周期的 10 倍

25. 电压倍增器最适合于产生

　　a. 低电压、低电流

　　b. 低电压、大电流

　　c. 高电压、低电流

　　d. 高电压、大电流

习题

4.1 节

4-1　‖‖Multisim如果二极管是理想的，图 4-36a 所示电路的峰值输出电压是多少？其平均值、直流电压各是多少？画出输出波形。

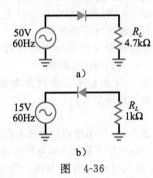

图　4-36

4-2　‖‖Multisim对于图 4-36b 所示电路，重复上题的过程。

4-3　‖‖Multisim 考虑二极管的二阶近似后，图 4-36a所示电路的峰值输出电压、平均值、直流电压各是多少？画出输出电压的波形。

4-4　‖‖Multisim对于图 4-36b，重复上题的过程。

4.2 节

4-5　假设一次电压的有效值为 120V，变压器的匝数比为 6∶1，二次电压的有效值是多少？二次电压的峰值是多少？

4-6　假设一次电压的有效值为 120V，变压器的匝数比为 1∶12，二次电压的有效值是多少？二次电压的峰值是多少？

4-7　采用理想的二极管，计算图 4-37 所示电路的峰值输出电压和直流输出电压。

4-8　考虑二极管的二阶近似，计算图 4-37 所示电路的峰值输出电压和直流输出电压。

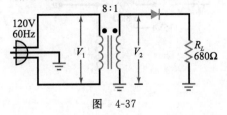

图　4-37

4.3 节

4-9　带有中心抽头的变压器的输入电压是 120V，匝数比是 4∶1。二次绕组上半部分电压的有效值是多少？峰值电压是多少？二次绕组下半部分电压的有效值是多少？

4-10　‖‖Multisim如果图 4-38 所示电路中的二极管是理想的，其峰值输出电压是多少？平均值是多少？直流电压是多少？画出输出电压波形。

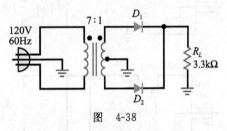

图　4-38

4-11　‖‖Multisim考虑二阶近似，重复上题的过程。

4.4 节

4-12　‖‖Multisim如果图 4-39 所示电路中的二极管是理想的，其峰值输出电压是多少？平均值是多少？直流电压是多少？画出输出电压波形。

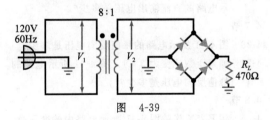

图　4-39

4-13　‖‖Multisim考虑二阶近似，重复上题的过程。

4-14　如果图 4-39 所示电路中电力线电压的有效值为 $105\sim125$V，直流输出电压的最小值和最大值各是多少？

4.5 节

4-15　扼流圈输入滤波器的输入是峰值为 20V 的

半波信号。如果 $X_L=1\text{k}\Omega$ 且 $X_C=25\Omega$，电容两端纹波的峰峰值是多少？

4-16　扼流圈输入滤波器的输入是峰值为 14V 的全波信号。如果 $X_L=2\text{k}\Omega$ 且 $X_C=50\Omega$，电容两端纹波的峰峰值是多少？

4.6 节

4-17　图 4-40a 所示电路的直流输出电压和纹波各是多少？画出输出电压波形。

4-18　计算图 4-40b 所示电路的直流输出电压和纹波电压。

4-19　如果滤波电容值减小一半，图 4-40a 所示电路的纹波如何变化？

4-20　如果电阻值减小到 500Ω，图 4-40b 所示电路的纹波如何变化？

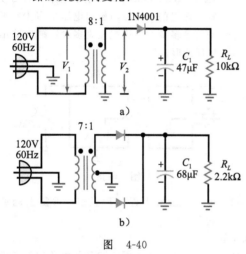

图　4-40

4-21　图 4-41 所示电路的直流输出电压是多少？纹波电压是多少？画出输出电压波形。

4-22　如果电力线的电压降低到 105V，图 4-41 所示电路的直流输出电压是多少？

4.7 节

4-23　图 4-41 所示电路的峰值反向电压是多少？

4-24　如果匝数比变为 3:1，图 4-41 所示电路的峰值反向电压是多少？

4.8 节

4-25　用 F-25X 代替图 4-41 所示电路中的变压器。二次绕组上的峰值电压大约是多少？直流输出电压大约是多少？变压器工作在其额定输出电流下吗？直流输出电压较正常值偏高还是偏低？

4-26　图 4-41 所示电路中一次电流是多少？

4-27　在图 4-40a 和 4-40b 所示电路中，每个二极管的平均电流是多少？

4-28　在图 4-41 所示电路中，每个二极管的平均电流是多少？

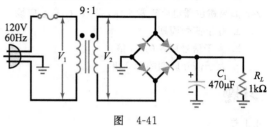

图　4-41

4.9 节

4-29　如果图 4-41 所示电路中的滤波电容开路，直流输出电压是多少？

4-30　如果图 4-41 所示电路中只有一个二极管开路，直流输出电压是多少？

4-31　如果在搭建图 4-41 所示电路时将电解电容接反了，会出现什么故障？

4-32　如果图 4-41 所示电路中的负载电阻开路，输出电压如何变化？

4.10 节

4-33　画出图 4-42a 所示电路的输出电压波形。其最大正向电压、最大负向电压各是多少？

4-34　对于如图 4-42b 所示电路，重复上题的过程。

4-35　图 4-42c 所示电路中的二极管钳位是保护敏感电路的。其限幅电平是多少？

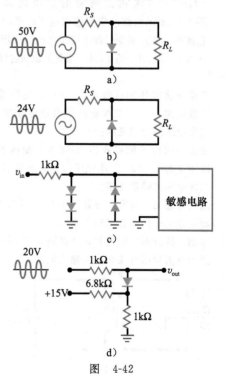

图　4-42

4-36 图 4-42d 所示电路的最大正向输出电压、最大负向输出电压各是多少？画出输出波形。

4-37 如果图 4-42d 所示电路中的正弦波只有 20mV，电路将表现为一个二极管钳位电路，而不是带偏置的削波器。在这种情况下，输出电压的保护范围是多少？

4.11 节

4-38 画出图 4-43a 所示电路的输出电压波形。其最大正向输出电压、最大负向输出电压各是多少？

4-39 对于图 4-43b 所示电路，重复上题的过程。

4-40 画出图 4-43c 所示电路中钳位器的输出波形和最终的输出波形。如果二极管是理想的，其直流输出电压是多少？考虑二阶近似，结果又是多少？

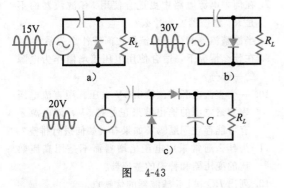

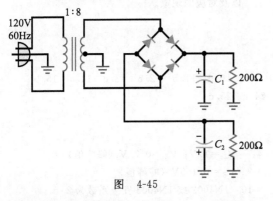

图 4-43

4.12 节

4-41 计算图 4-44a 所示电路的直流输出电压。

4-42 图 4-44b 所示三倍压器的输出是多少？

4-43 图 4-44c 所示四倍压器的输出是多少？

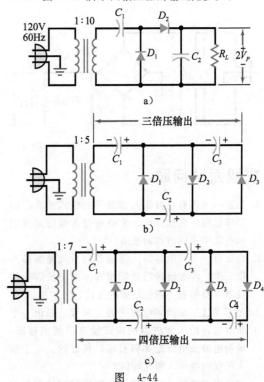

图 4-44

思考题

4-44 如果图 4-41 所示电路中一个二极管短路，可能的结果是什么？

4-45 图 4-45 所示的电源有两个输出，它们的近似值是多少？

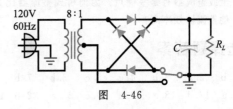

图 4-45

4-46 图 4-45 所示电路中加入 4.7Ω 的浪涌电阻，可能的最大浪涌电流是多少？

4-47 全波电压的峰值是 15V。可以用三角函数表查到各角度对应的正弦值。请描述如何证明全波电压的平均值是峰值的 63.6%。

4-48 图 4-46 所示电路中的输出电压是多少？如果开关倒向另一端，其输出电压是多少？

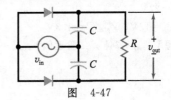

图 4-46

4-49 如果图 4-47 所示电路中 v_{in} 的有效值为 40V，时间常数 RC 与信号周期相比很大，输出 v_{out} 等于多少？为什么？

图 4-47

故障诊断

4-50　图 4-48 给出了一个桥式整流器及其元件值，有 T1～T8 8 种故障，请找出引起这些故障的原因。

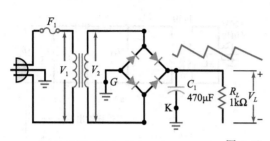

		故障						
	V_1	V_2	V_L	V_R	f	R_L	C_1	F_1
正常	115	12.7	18	0.3	120	1k	正常	正常
T1	115	12.7	11.4	18	120	1k	∞	正常
T2	115	12.7	17.7	0.6	60	1k	正常	正常
T3	0	0	0	0	0	0	正常	∞
T4	115	12.7	0	0	0	1k	正常	正常
T5	0	0	0	0	0	1k	正常	∞
T6	115	12.7	18	0	0	∞	正常	正常
T7	115	0	0	0	0	1k	正常	正常
T8	0	0	0	0	0	1k	0	∞

图 4-48　故障诊断

求职面试问题

1. 描述一下带有电容输入滤波器的桥式整流器的工作原理。在描述中，希望能包含电路原理图和电路中不同节点的波形。

2. 假如有一个带电容输入滤波器的桥式整流器不能工作，将如何进行故障排查？列出所需的仪器以及排查一般性故障的方法。

3. 过流或过压会损坏电源中的二极管。画出一个带有电容输入滤波器的桥式整流器的原理图，说明电流或电压是如何损坏二极管的。对于过大的反向电压，情况如何？

4. 请说出削波器、钳位器、二极管钳位的有关内容。画出典型的波形，削波电平，钳位电平和保护电平。

5. 描述峰峰值检波器的工作原理。说出倍压器和峰峰值检波器的相同点和不同点。

6. 电源中，采用桥式整流器相对于半波整流器和全波整流器有哪些优点？为何桥式整流器比其他整流器效率高？

7. 在何种电源电路中更适合使用 LC 滤波器而不是 RC 滤波器？为什么？

8. 半波整流器和全波整流器之间有什么关系？

9. 在什么情况下，适合使用电压倍增器作为电源的一部分？

10. 一个直流电源应该输出 5V 电压。用直流电压表测量电源的输出结果正好是 5V，该电源还有可能存在问题吗？如果有，如何进行排查？

11. 为什么通常采用电压倍增器而不是用高匝数比的变压器和普通的整流器？

12. 列出 RC 和 LC 滤波器的优缺点。

13. 当对电源电路进行故障排查时，发现有电阻烧坏。测量显示这个电阻断路。能将电阻替换掉，然后开启电源吗？如果不能，应该怎么做？

14. 对于桥式整流器，列出三个可能出现的故障以及对应的现象。

选择题答案

1. b　2. a　3. b　4. c　5. c　6. b　7. b　8. c　9. c　10. d　11. b　12. b　13. c　14. a　15. b　16. a　17. d　18. c　19. c　20. c　21. a　22. b　23. a　24. c　25. c

自测题答案

4-1　$V_{dc} = 6.53V$

4-2　$V_{dc} = 27V$

4-3　$V_{p(in)} = 12V$；$V_{p(out)} = 11.3V$

4-5　理想 $V_{p(out)} = 34V$；二阶近似 $V_{p(out)} = 32.6V$

4-7　$V_L = 17V$；$V_R = 0.71V$（峰峰值）

4-9　$V_R = 0.165V$（峰峰值）

4-10　1N4002 或 1N4003 安全系数为 2

第 5 章

特殊用途二极管

整流二极管是最常用的一种二极管，作用是将电源电路中的交流电压转换为直流电压。除了整流以外，二极管还有很多其他的应用。本章首先介绍齐纳二极管，它具有优化的击穿特性。齐纳二极管是稳定电压的关键，所以非常重要。本章内容还涉及光敏二极管，包括发光二极管（LED）、肖特基二极管、变容二极管及其他类型的二极管。

目标

在学习完本章后，你应该能够：

■ 说明如何使用齐纳二极管，并计算相关的工作参数；

■ 列出一些光电器件并且描述它们的工作原理；

■ 记住肖特基管相对于一般二极管的两个优点；

■ 解释变容二极管的工作原理；

■ 描述变阻器的基本应用；

■ 列出技术人员所关注的且可以在数据手册中找到的四项齐纳二极管指标；

■ 列出并描述一些其他半导体二极管的基本功能。

关键术语

反向二极管（back diode）	光敏二极管（photodiode）
共阳极（common-anode）	PIN 二极管（PIN diode）
共阴极（common-cathode）	前置稳压器（preregulator）
稳流二极管（current-regulator diode）	肖特基二极管（Schottky diode）
减额系数（derating factor）	七段显示（seven-segment display）
场致发光（electroluminescence）	阶跃恢复二极管（Step-recovery diode）
激光二极管（laser diode）	温度系数（temperature coefficient）
泄漏区域（leakage region）	隧道二极管（tunnel diode）
发光二极管（light-emitting diode，LED）	变容二极管（varactor）
发光效率（luminous efficacy）	压敏电阻（varistor）
发光强度（luminous intensity）	齐纳二极管（zener diode）
负阻（negative resitance）	齐纳效应（zener effect）
光耦合器（optocoupler）	齐纳稳压器（zener regulator）
光电子学（optoelectronics）	齐纳电阻（zener resistance）

5.1 齐纳二极管

小信号二极管和整流二极管在正常工作时是绝对不允许处于击穿区的，因为这样可能会损坏二极管。**齐纳二极管**（zener diode）则不同，这种硅二极管在制造时对击穿区工作特性进行了优化。齐纳二极管是稳压器的支撑器件，在外加电压和负载电阻有很大变化时仍能使电路的负载电压基本保持稳定。

5.1.1 *I-V* 曲线

图 5-1a 所示是齐纳二极管的电路符号，图 5-1b 是另一种电路符号，在这两种符号表示中，形状像 *z* 的那条线表示"齐纳"（zener）。通过改变硅二极管的掺杂浓度，厂家可以制造出击穿电压从 2～1000V 以上的齐纳二极管。这些二极管可以工作在三个区域中的任意一个：正向偏置区、泄漏区以及击穿区。

图 5-1c 所示是齐纳二极管的 *I-V* 特性曲线图。在正偏区域，大约在 0.7V 开始导通，与普通二极管一样。在**泄漏区域**（0V 和击穿电压之间）时，只有很小的反偏电流。齐纳二极管击穿区的拐点很陡，电流增加的曲线几乎垂直，此时电压近似恒定，在整个击穿区域近似等于 V_Z。数据手册中一般给出的是在特定电流 I_{ZT} 下对应的 V_Z。

图 5-1c 也同时给出了最大的反偏电流 I_{ZM}，只要反偏电流小于 I_{ZM}，则二极管工作在安全区域，如果反偏电流大于 I_{ZM}，二极管将会损坏。为了防止过大的电流出现，必须使用限流电阻（稍后讨论）。

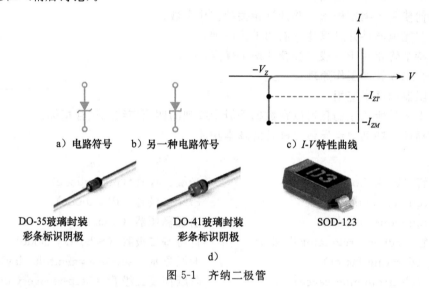

a）电路符号   b）另一种电路符号   c）*I-V*特性曲线

DO-35玻璃封装   DO-41玻璃封装   SOD-123
彩条标识阴极   彩条标识阴极

d）

图 5-1 齐纳二极管

知识拓展 和普通二极管一样，制造厂家会以色带标记来识别齐纳二极管的阴极。

5.1.2 齐纳电阻

在硅二极管的三阶近似中，二极管的正向电压等于阈值电压加上体电阻上的压降。

类似地，在击穿区，二极管的反向电压等于击穿电压加上体电阻上的压降。在反向区的体电阻称为**齐纳电阻**，其阻值等于击穿区曲线斜率的倒数，即曲线越陡，齐纳电阻越小。

在图 5-1c 中，齐纳电阻体现在当反向电流增大时，反向电压有微小的增加。电压的增加非常小，通常只有零点几伏，这个电压的微小变化在电路设计中可能很重要，但是在故障诊断和基本分析时却并非如此。除非有其他说明，在讨论中将会忽略齐纳电阻。图 5-1d 所示为典型的齐纳二极管。

5.1.3 齐纳稳压器

齐纳二极管有时又称作稳压二极管，因为当电流变化时它的输出电压可以保持恒定。正常工作时，应该将齐纳二极管反偏，如图 5-2a 所示。而且，为了使其工作在击穿区，电源电压 V_S 必须大于齐纳击穿电压 V_Z。通常需要串联一个限流电阻，以使齐纳电流小于它的最大额定电流，否则将会和其他器件一样，由于功耗过大而导致烧毁。

图 5-2b 给出了一种接地的电路画法，电路中存在地时，就能以地为参考来确定电压。

例如，假设需要知道图 5-2a 中串联电阻两端的电压。当电路已经搭建好时，可以用以下方法测试：首先测出 R_S 左端到地的电压，然后测出 R_S 右端到地的电压，再将这两个电压相减，就得到了 R_S 两端的电压。如果欧姆表或数字万用表是浮地的，可以跨接在电阻的两端直接测量。

图 5-2c 所示的是一个连接串联电阻和齐纳二极管的电源，这个电路用来产生一个小于电源电压的直流输出电压。这种电路称为齐纳电压稳定器，简称**齐纳稳压器**。

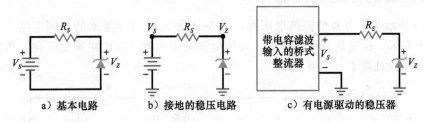

a）基本电路　　　b）接地的稳压电路　　　c）有电源驱动的稳压器

图 5-2　齐纳稳压器

5.1.4　利用欧姆定律

在图 5-2 中，串联电阻或限流电阻两端的电压等于电源电压与齐纳电压之差，所以流过电阻的电流为：

$$I_S = \frac{V_S - V_Z}{R_S} \tag{5-1}$$

因为图 5-2 所示的是串联电路，所以得到了串联电流，也就得到了齐纳电流。要注意的是，电流 I_S 必须小于 I_{ZM}。

5.1.5　理想齐纳二极管

为了故障诊断和基本分析的方便，可将击穿区变化曲线近似认为是垂直的，这样在电流改变时可以认为电压不变，相当于忽略了齐纳电阻。图 5-3 所示是齐纳二极管的理想化近似，即齐纳二极管在击穿区工作的理想情况可以看作一个电池。在电路中，如果齐纳二极管工作在击穿区，就可以将齐纳二极管当成一个电压值为 V_Z 的电压源。

图 5-3　齐纳二极管的
理想化近似

例 5-1　假设图 5-4a 所示电路中齐纳二极管的击穿电压为 10V，齐纳电流的最小值和最大值是多少？

解： 电源电压变化范围是 20～40V，理想情况下，齐纳二极管就像一个电池，如图 5-4b 所示。因此，当所加电压在 20～40V 之间变化时，输出电压保持 10V 不变。

最小电流出现在电源电压最小时，电阻左端为 20V，右端为 10V，因而电阻上的电压为 20V−10V，即 10V，由欧姆定律可得

$$I_S = \frac{10\text{V}}{820\Omega} = 12.2\text{mA}$$

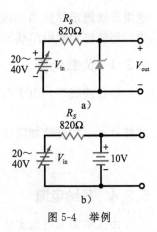

图 5-4　举例

同理，最大电流发生在电源电压为 40V 时，电阻上的电压为 30V，得到电流为：

$$I_s = \frac{30\text{V}}{820\Omega} = 36.6\text{mA}$$

在图 5-4a 所示稳压器电路中，尽管电源电压从 20V 变化到 40V，输出电压保持 10V 不变。电源电压越大，产生的齐纳电流越大，但输出电压稳定在 10V（若考虑齐纳电阻，则输出电压将会随电源电压的增加而略有增加）。◀

✎ **自测题 5-1**　在图 5-4 所示电路中，若 $V_{\text{in}} = 30\text{V}$，齐纳电流为多少？

5.2　带负载的齐纳稳压器

图 5-5a 所示为带负载的齐纳稳压器，图 5-5b 所示是有参考地的相同电路。齐纳二极管工作在击穿区，保持负载电压不变。即使电源电压或者负载电阻发生变化，负载两端的电压保持不变并且等于齐纳电压。

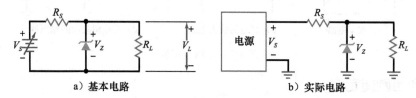

a）基本电路　　　　　　　　　b）实际电路

图 5-5　带负载的齐纳稳压器

5.2.1　工作在击穿区

判断图 5-5 中的齐纳二极管是否工作在击穿区的方法如下，根据分压关系，二极管两端对应的戴维南电压为：

$$V_{TH} = \frac{R_L}{R_s + R_L} V_s \tag{5-2}$$

这是齐纳二极管未连接时的电压，这个戴维南电压必须比齐纳电压大，否则二极管不会被击穿。

5.2.2　串联电流

除非特别提示，后续所有的讨论都假设齐纳二极管工作在击穿区。在图 5-5 中，流过串联电阻的电流为：

$$I_s = \frac{V_s - V_z}{R_s} \tag{5-3}$$

这里将欧姆定律应用于限流电阻，无论是否有负载电阻，它的表达形式是一样的，或者说，即使将负载电阻断开，流过串联电阻的电流仍然等于它上边的电压与电阻之比。

5.2.3　负载电流

理想情况下，由于负载电阻与齐纳二极管是并联的，负载上的电压等于齐纳电压：

$$V_L = V_z \tag{5-4}$$

这样就可以根据欧姆定律计算负载电流：

$$I_L = \frac{V_L}{R_L} \tag{5-5}$$

5.2.4　齐纳电流

由基尔霍夫电流定律：

$$I_S = I_Z + I_L$$

齐纳二极管和负载阻抗是并联的，它们的电流之和等于总电流，即流过串联电阻的电流。

可以将前边的公式写成如下重要形式：

$$I_Z = I_S - I_L \qquad (5\text{-}6)$$

这个式子告诉我们，齐纳电流不再像无载齐纳稳压器那样等于串联电流了。由于负载电阻的存在，齐纳电流等于串联电流减去负载电流。

表 5-1 总结了含负载的齐纳稳压器的电路分析步骤，从串联电流开始，然后分析负载上的电压和电流，最后分析齐纳电流。

表 5-1 有载齐纳稳压器的分析

	过程	注释
步骤 1	计算串联电流，式（5-3）	对串联电阻 R_S 应用欧姆定律
步骤 2	计算负载电压，式（5-4）	负载电压等于二极管电压
步骤 3	计算负载电流，式（5-5）	对负载电阻 R_L 应用欧姆定律
步骤 4	计算齐纳电流，式（5-6）	对二极管应用电流定律

5.2.5 齐纳效应

当击穿电压大于 6V 时，发生击穿的原因是雪崩效应。关于雪崩效应可参照第 2 章的讨论，其基本原理是少数载流子被加速到足够大的速度从而产生出更多的少子[⊖]，产生一个连锁的如雪崩一样的效应，从而产生一个很大的反向电流。

齐纳效应与此不同，当二极管是重掺杂时，耗尽层变得非常窄，因此耗尽层的电场（电压除以距离）非常大。当电场达到大约 300 000V/cm 时，其强度足以将电子从其价带轨道中拉出，这种产生自由电子的方式称为**齐纳效应**（也称强场激发）。齐纳效应与雪崩效应有显著区别，雪崩效应是通过高速的少子使价带电子成为自由电子。

当击穿电压小于 4V 时，只发生齐纳效应；当击穿电压大于 6V 时，只发生雪崩效应；当击穿电压介于两者之间时，两种效应都存在。

齐纳效应的发现要早于雪崩效应，所以工作在击穿区的所有二极管都被称作齐纳二极管。虽然偶尔会叫作雪崩二极管，但齐纳二极管的说法更常用。

5.2.6 温度系数

当环境温度改变时，齐纳电压将随之发生微小变化，在数据手册中，温度的影响列在**温度系数**这一项中，它定义为温度每增加 1℃带来的击穿电压的改变。在击穿电压小于 4V 时（齐纳效应），温度系数是负值。例如，击穿电压为 3.9V 的某齐纳二极管的温度系数为 −1.4mV/℃，即温度每增加 1℃，击穿电压减小 1.4mV。

另一方面，当击穿电压大于 6V 时（雪崩效应），温度系数是正值。例如，击穿电压为 6.2V 的某齐纳二极管的温度系数为 2mV/℃，即温度每升高 1℃，击穿电压增加 2mV。

在击穿电压介于 4～6V 时，温度系数从负值变到正值。也就是说，有些击穿电压在 4～6V 的齐纳二极管具有零温度系数，这一特性对于那些需要在温度变化较大的环境中保持稳定电压的电子产品非常重要。

⊖ 通过撞击使价带中的电子电离，产生电子空穴对。——译者注

知识拓展　在齐纳电压介于3~8V之间时，温度系数受二极管反向电流的影响也很大。随着反向电流的增加，温度系数向正向变化。

知识拓展　在需要高稳定参考电压源的电路中，齐纳二极管与一个或多个半导体二极管串联起来使用，这些二极管的电压随温度的变化方向与V_Z的变化方向相反，从而使V_Z在很宽的温度范围内保持稳定。

例 5-2　图 5-6a 所示电路中的齐纳二极管是否工作在击穿区？　IIII Multisim

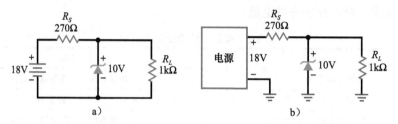

图 5-6　举例

解：由式（5-2）有：

$$V_{TH} = \frac{1\text{k}\Omega}{270\Omega + 1\text{k}\Omega} \times 18\text{V} = 14.2\text{V}$$

因为戴维南电压大于齐纳电压，所以齐纳二极管工作在击穿区。　◀

例 5-3　图 5-6b 所示电路中，通过齐纳二极管的电流等于多少？　IIII Multisim

解：图中给出了串联电阻两端的电压，两者相减即得到串联电阻上的电压为 8V，根据欧姆定律：

$$I_S = \frac{8\text{V}}{270\Omega} = 29.6\text{mA}$$

由于负载电压为 10V，则负载电流为：

$$I_L = \frac{10\text{V}}{1\text{k}\Omega} = 10\text{mA}$$

齐纳电流是两个电流之差：

$$I_Z = 29.6\text{mA} - 10\text{mA} = 19.6\text{mA}$$　◀

自测题 5-3　将图 5-6b 所示电路中的电源电压改为 15V，计算 I_S，I_L，I_Z。

应用实例 5-4　图 5-7 所示电路的功能是什么？　IIII Multisim

解：这是一个采用**前置稳压器**（第一个齐纳二极管）来驱动齐纳稳压器（第二个齐纳二极管）的例子。首先，前置稳压器的输出电压是 20V，这是第二个齐纳二极管的输入，第二个稳压器输出电压为 10V。基本思路是给第二级齐纳稳压器提供一个已经稳压的输入，使它的输出电压更稳定。　◀

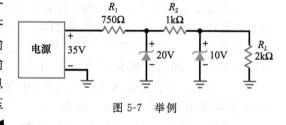

图 5-7　举例

应用实例 5-5　图 5-8 所示电路的功能是什么？　IIII Multisim

解：在大部分应用中，齐纳二极管用于稳压，工作在击穿区。但是也有例外，有时齐纳二极管被用来实现如图 5-8 所示的波形整形。

这两个齐纳二极管是背靠背连接的，在输入波形的正半周，上方的二极管导通，下方的二极管击穿。这样，输出波形被削平，如图所示，削波后的电平等于齐纳电压（击穿的二极管）加上 0.7V（正偏的二极管）。

在输入波形的负半周期，情况则相反。下方的二极管导通，上方的二极管击穿。这样，输出波形接近方波，输入正弦波的幅度越大，输出的方波整形效果越好。 ◀

📝 **自测题 5-5** 在图 5-8 中，每个二极管的击穿电压 $V_Z = 3.3V$，则 R_L 两端的电压是多少？

应用实例 5-6 简要描述图 5-9 所示各个电路的工作原理。

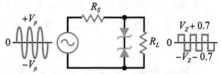

图 5-8 用于波形整形的齐纳二极管

解： 图 5-9a 的电路给出了一种在 20V 的电源电压下，使用齐纳二极管和普通硅二极管产生多个直流输出电压的方法。底部的二极管产生 10V 的输出，每个普通二极管都是正向偏置的，分别产生 10.7V、11.4V 的输出，如图 5-9a 所示。顶部二极管的击穿电压为 2.4V，给出 13.8V 的输出。将齐纳二极管与普通二极管以其他方式连接构成类似电路，可以产生不同的直流输出电压。

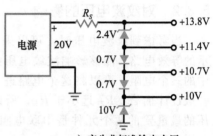

a）产生非标准输出电压

如果将一个 6V 的继电器接到 12V 的系统中，继电器可能会损坏，所以需要降低电压。图 5-9b 给出了一个方案，将一个击穿电压为 5.6V 的齐纳二极管与继电器串联，则加在继电器两端的电压只有 6.4V，这通常在继电器工作的额定电压范围之内。

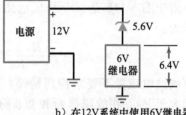

b）在12V系统中使用6V继电器

大的电解电容器往往具有较小的额定电压。例如，$1000\mu F$ 的电解电容的额定电压可能只有 6V，这意味着电容器两端的最大电压必须小于 6V。图 5-9c 给出了一种在 12V 电源电压情况下使用额定电压为 6V 的电解电容器的解决方法。其基本原理都是利用齐纳二极管降低部分电压，在这个例子中，齐纳二极管压降为 6.8V，余下 5.2V 的电压加在电容上，

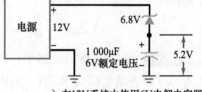

c）在12V系统中使用6V电解电容器

图 5-9 齐纳管的应用

这样电解电容在实现对电源滤波的同时，其工作电压可保持在额定范围内。 ◀

5.3 齐纳二极管的二阶近似

图 5-10a 所示是齐纳二极管的二阶近似，齐纳电阻与一个理想电池串联，二极管的总电压等于击穿电压加上齐纳电阻上的压降，由于齐纳电阻 R_Z 相对较小，它对齐纳二极管两端总电压的影响很小。

5.3.1 对负载电压的影响

如何计算齐纳电阻对负载电压的影响？图 5-10b 所示是一个电源驱动有载齐纳稳压器的电路。理想情况下，输出电压应该等于击穿电压 V_Z，但是在二级近似下，需要考虑齐纳电阻，如图 5-10c 所示，由于 R_Z 上的额外压降，将会导致输出电压略有增加。

图 5-10c 中，由于齐纳电流流过齐纳电阻，所以输出电压为：

$$V_L = V_Z + I_Z R_Z$$

可见，相对于理想情况，输出电压的改变量为：

$$\Delta V_L = I_Z R_Z \qquad (5\text{-}7)$$

通常情况下 R_Z 很小，所以引起的电压变化不大，一般为零点几伏。例如，当 $I_Z = 10\text{mA}$，$R_Z = 10\Omega$ 时，$\Delta V_L = 0.1\text{V}$。

知识拓展　击穿电压为 7V 左右的齐纳二极管具有最小的齐纳阻抗。

5.3.2　对纹波电压的影响

当考虑到纹波电压时，可以采用图 5-11a 所示的等效电路。能够影响波纹电压的器件只有图中的三个电阻。可以将这个电路进一步简化，对一般设计而言，R_Z 远小于 R_L，所以影响波纹电压的最重要的两个元件是串联电阻和齐纳电阻，如图 5-11b 所示。

由于图 5-11b 是一个分压电路，故输出纹波电压为：

$$V_{R(\text{out})} = \frac{R_Z}{R_Z + R_S} V_{R(\text{in})}$$

计算波纹电压并不要求特别精确，由于一般设计中 R_S 远远大于 R_Z，在故障诊断和初步分析时可以采用近似计算：

$$V_{R(\text{out})} = \frac{R_Z}{R_S} V_{R(\text{in})} \qquad (5\text{-}8)$$

例 5-7　图 5-12 所示电路中，齐纳二极管的击穿电压为 10V，齐纳电阻为 8.5Ω，采用二级近似，计算当齐纳电流为 20mA 时的负载电压。

解： 输出电压的变化量等于齐纳电阻与齐纳电流的乘积：

$$\Delta V_L = I_Z R_Z = 20\text{mA} \times 8.5\Omega = 0.17\text{V}$$

对于二级近似，输出电压为：

$$V_L = 10\text{V} + 0.17\text{V} = 10.17\text{V} \qquad \blacktriangleleft$$

自测题 5-7　当 $I_Z = 12\text{mA}$ 时，利用二级近似模型计算图 5-12 所示电路的输出电压。

例 5-8　在图 5-12 中，$R_S = 270\Omega$，$R_Z = 8.5\Omega$，$V_{R(\text{in})} = 2\text{V}$，计算负载上的纹波电压。

解： 输出波纹电压近似等于输入波纹乘以 R_Z 与 R_S 之比：

$$V_{R(\text{out})} = \frac{8.5\Omega}{270\Omega} \times 2\text{V} = 63\text{mV} \qquad \blacktriangleleft$$

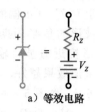

a）等效电路

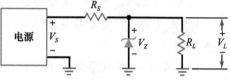

b）电源驱动有载齐纳稳压器

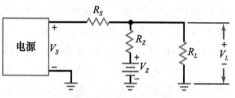

c）考虑齐纳电阻的电路分析

图 5-10　齐纳二极管的二阶近似

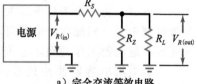

a）完全交流等效电路

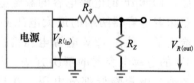

b）简化后的交流等效电路

图 5-11　齐纳稳压器减少波纹

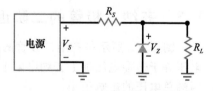

图 5-12　带负载的齐纳稳压器

自测题 5-8　在图 5-12 所示电路中，若 $V_{R(\text{in})}=3\text{V}$，近似计算负载上的纹波电压。

应用实例 5-9　图 5-13 中的齐纳稳压器，$V_Z=10\text{V}$，$R_S=270\Omega$，$R_Z=8.5\Omega$，使用与例 5-7 和例 5-8 相同的数值，描述 Multisim 电路仿真时的测量过程。　　**||||| Multisim**

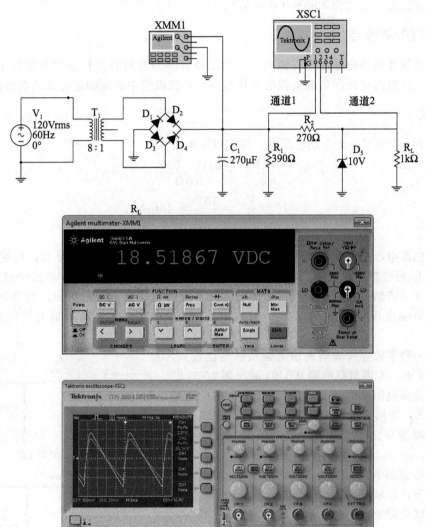

图 5-13　齐纳稳压器波纹的 Multisim 分析

解：如果采用前文所述方法对图 5-13 电路的电压进行计算，将得到以下结果。匝数比为 8∶1 的变压器的二次电压峰值为 21.2V，减去两个二极管的压降，滤波电容上的峰值电压为 19.8V。流过 390Ω 电阻的电流为 51mA，流过 R_S 的电流为 36mA，电容需要提供这两个电流的和，即 87mA。根据式（4-10），这个电流将会导致电容上产生大约 2.7V（峰峰值）的纹波电压，由此得到齐纳稳压器输出的纹波电压近似等于 85mV（峰峰值）。

由于纹波电压较大，电容器两端的电压将会在 17.1～19.8V 之间摆动，取两者的平均值得到滤波电容上的直流电压约为 18.5V。这个直流电压有所下降，意味着之前计算的输入及输出的纹波电压也将减小，如前所述，这只是估算，精确分析需要考虑高阶效应。

现在看一下 Multisim 的测量结果，这个结果几乎是精确的。万用表读数为 18.78V，非常接近估计值 18.5V，示波器的通道 1 给出电容上的纹波电压近似为 2V（峰峰值），比估计值 2.7V（峰峰值）要小一些，但仍然在合理近似范围之内。最终由通道 2 测得齐纳稳压器的纹波电压大约为 85mV（峰峰值）。　◀

5.4　齐纳失效点

齐纳稳压器要保持输出电压恒定，齐纳二极管必须在所有工作条件下都处于击穿区。也就是说，在电源电压和负载电流的变化过程中，二极管中必须始终有齐纳电流通过。

最坏情况

图 5-14a 给出了一个齐纳稳压器，得到以下电流：

$$I_S = \frac{V_S - V_Z}{R_S} = \frac{20\text{V} - 10\text{V}}{200\Omega} = 50\text{mA}$$

$$I_L = \frac{V_L}{R_L} = \frac{10\text{V}}{1\text{k}\Omega} = 10\text{mA}$$

$$I_Z = I_S - I_L = 50\text{mA} - 10\text{mA} = 40\text{mA}$$

考虑电源电压从 20V 减小到 12V 的情况。通过前边的计算可以看到，I_S 将会减小，I_L 不变，I_Z 将会减小。当 V_S 减小到 12V 时，I_S 等于 10mA，$I_Z = 0$，在这个较低的电源电压作用下，齐纳二极管即将脱离击穿区，如果电源电压继续下降，稳压特性将会丧失，或者说，负载电压将会小于 10V，所以，电源电压太低将会导致齐纳电路的稳压作用失效。

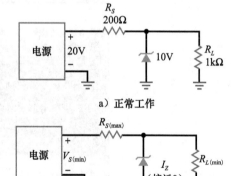

另外一种导致稳压失效的情况是负载电流过大。在图 5-14a 中，考虑负载电阻从 1kΩ 减小到 200Ω 的情况。当负载电阻降低为 200Ω 时，负载上的电流增加到 50mA，齐纳电流减小到 0，同样地，齐纳二极管即将脱离击穿区。所以，负载电阻太小也会导致稳压失效。

最后考虑当 R_S 从 200Ω 增加到 1kΩ 的情形。在这种情况下，串联电流从 50mA 减小到 10mA，所以过大的串联电阻也能够使电路脱离稳压区。

将上述情况进行归纳，可得到所有最坏条件，如图 5-14b 所示。当齐纳电流接近 0 时，齐纳稳压器接近失控或失效条件。通过分析这种最坏情况，可以得到以下公式：

图 5-14　齐纳稳压器

$$R_{S(\max)} = \left(\frac{V_{S(\min)}}{V_Z} - 1\right) R_{L(\min)} \tag{5-9}$$

另外一种形式也很有用：

$$R_{S(\max)} = \frac{V_{S(\min)} - V_Z}{I_{L(\max)}} \tag{5-10}$$

这两个等式非常重要，可以用来检查齐纳稳压器在任何条件下是否有可能失效。

例 5-10　一个齐纳稳压器的输入电压可以从 22V 变化到 30V，如果它的稳定输出电压是 12V，负载电阻从 140Ω 变化到 10kΩ，允许的最大串联电阻是多少？

解：利用式（5-9）计算最大串联电阻：

$$R_{S(max)} = \left(\frac{22V}{12V} - 1\right) \times 140\Omega = 117\Omega$$

只要串联电阻小于 117Ω，齐纳稳压器就可以在各种情况下正常工作。　◀

自测题 5-10　在例 5-10 中，若稳定输出电压为 15V，允许的最大串联电阻是多少？

例 5-11　一个齐纳二极管的输入电压范围是 15～20V，负载电流变化范围是 5～20mA，若齐纳电压为 6.8V，允许的最大串联电阻是多少？

解：利用式（5-10）计算最大串联电阻：

$$R_{S(max)} = \frac{15V - 6.8V}{20mA} = 410\Omega$$

只要串联电阻小于 410Ω，则齐纳稳压器可在各种情况下正常工作。　◀

自测题 5-11　当齐纳电压为 5.1V 时，重复例 5-11 中的计算。

5.5　阅读数据手册

图 5-15 给出了 1N957B 和 1N4728A 系列的齐纳二极管数据手册中的数据，在后面的讨论中将参考这些数据。数据手册中大部分信息是提供给电路设计者的，但有些内容在故障诊断和测试时也有必要了解。

5.5.1　最大功率

齐纳二极管的功率等于它对应的电压与电流的乘积：

$$P_Z = V_Z I_Z \tag{5-11}$$

例如，若 $V_Z=12V$，$I_Z=10mA$，那么：

$$P_Z = 12V \times 10mA = 120mW$$

只要 P_Z 小于额定功率，齐纳二极管就能工作在击穿区而不会损坏，商用齐纳二极管的额定功率从 0.25W 到 50W 以上不等。

例如，1N957B 系列数据手册中列出了其最大的额定功率为 500mW。安全的设计应有一定的安全系数以保证功率可靠小于最大值 500mW。如前文所述，对于保守设计，安全系数应为 2 或更大。

5.5.2　最大电流

数据手册中通常给出齐纳二极管在不超过其额定功率情况下所能承受的最大电流 I_{ZM}。如果这个值没有给出，最大电流可以通过下式得到：

$$I_{ZM} = \frac{P_{ZM}}{V_Z} \tag{5-12}$$

其中 I_{ZM} 是最大额定齐纳电流，P_{ZM} 是额定功率，V_Z 是齐纳电压。

例如，1N4742A 的齐纳电压为 12V，额定功率为 1W，那么它的最大额定电流为：

$$I_{ZM} = \frac{1W}{12V} = 83.3mA$$

如果能满足额定电流，额定功率则自动满足。举例来说，如果保持最大齐纳电流小于 83.3mA，则最大功率自然小于 1W。如果将安全系数取为 2，则不必担心临界情况会将二极管烧毁。给定的或通过计算得到的 I_{ZM} 是连续的额定电流值，通常给出非重复的反向电流峰值，包括器件的测试条件。

FAIRCHILD
SEMICONDUCTOR®

（仙童半导体）

1N5221B-1N5263B
齐纳管

容差=5%

DO-35 玻璃封装
彩条标识阴极

2013年7月

绝对最大额定值

符号	参数	数值	单位
P_D	功率	500	mW
	大于50℃时的功率值降低	4.0	mW/℃
T_{STG}	保存温度范围	−65~+200	℃
T_J	工作时的结温范围	−65~+200	℃
	引脚温度（1/16英寸可持续10s）	+230	℃

电特性　T_A=25℃（除非标明其他条件）

器件	V_Z(V) @I_Z（注2）			Z_Z(Ω) @I_Z（mA）		Z_{ZK}(Ω) @I_{ZK}（mA）		I_R（μA） @V_R（V）		T_C （%/℃）
	最小值	典型值	最大值							
1N5221B	2.28	2.4	2.52	30	20	1200	0.25	100	1.0	−0.085
1N5222B	2.375	2.5	2.625	30	20	1250	0.25	100	1.0	−0.085
1N5223B	2.565	2.7	2.835	30	20	1300	0.25	75	1.0	−0.080
1N5224B	2.66	2.8	2.94	30	20	1400	0.25	75	1.0	−0.080
1N5225B	2.85	3	3.15	29	20	1600	0.25	50	1.0	−0.075
1N5226B	3.135	3.3	3.465	28	20	1600	0.25	25	1.0	−0.07
1N5227B	3.42	3.6	3.78	24	20	1700	0.25	15	1.0	−0.065
1N5228B	3.705	3.9	4.095	23	20	1900	0.25	10	1.0	−0.06
1N5229B	4.085	4.3	4.515	22	20	2000	0.25	5.0	1.0	+/−0.055
1N5230B	4.465	4.7	4.935	19	20	1900	0.25	2.0	1.0	+/−0.03
1N5231B	4.845	5.1	5.355	17	20	1600	0.25	5.0	2.0	+/−0.03
1N5232B	5.32	5.6	5.88	11	20	1600	0.25	5.0	3.0	0.038
1N5233B	5.7	6	6.3	7.0	20	1600	0.25	5.0	3.5	0.038
1N5234B	5.89	6.2	6.51	7.0	20	1000	0.25	5.0	4.0	0.045
1N5235B	6.46	6.8	7.14	5.0	20	750	0.25	3.0	5.0	0.05
1N5236B	7.125	7.5	7.875	6.0	20	500	0.25	3.0	6.0	0.058
1N5237B	7.79	8.2	8.61	8.0	20	500	0.25	3.0	6.5	0.062
1N5238B	8.265	8.7	9.135	8.0	20	600	0.25	3.0	6.5	0.065
1N5239B	8.645	9.1	9.555	10	20	600	0.25	3.0	7.0	0.068
1N5240B	9.5	10	10.5	17	20	600	0.25	3.0	8.0	0.075
1N5241B	10.45	11	11.55	22	20	600	0.25	2.0	8.4	0.076
1N5242B	11.4	12	12.6	30	20	600	0.25	1.0	9.1	0.077
1N5243B	12.35	13	13.65	13	9.5	600	0.25	0.5	9.9	0.079
1N5244B	13.3	14	14.7	15	9.0	600	0.25	0.1	10	0.080
1N5245B	14.25	15	15.75	16	8.5	600	0.25	0.1	11	0.082
1N5246B	15.2	16	16.8	17	7.8	600	0.25	0.1	12	0.083
1N5247B	16.15	17	17.85	19	7.4	600	0.25	0.1	13	0.084
1N5248B	17.1	18	18.9	21	7.0	600	0.25	0.1	14	0.085
1N5249B	18.05	19	19.95	23	6.6	600	0.25	0.1	14	0.085
1N5250B	19	20	21	25	6.2	600	0.25	0.1	15	0.086

正向电压V_F=1.2V　最大值@I_F=200mA

注：1. 高于额定值时，半导体器件的适用性可能降低。

　　　非重复方波脉冲宽度=8.3ms，TA=50℃。

　　2. 齐纳电压（V_Z）

　　　齐纳电压的测量条件：器件的结达到温度平衡，引脚温度（T_J）为30±1℃，且引脚长度为3/8英寸。

www.fairchildsemi.com

图 5-15　齐纳管数据手册的部分内容（版权属于仙童半导体，授权使用）

1N4728A–1N4758A–齐纳管

FAIRCHILD
SEMICONDUCTOR®
（仙童半导体）

1N4728A–1N4758A
齐纳管

2009年4月

容差=5%

DO-41 玻璃封装
彩条标识阴极

最大额定绝对值* T_A=25℃（除非标明其他条件）

符号	参数		数值	单位
P_D	功率 @TL≤50℃，引脚长=3/8″		1.0	mW
	大于50℃时的功率值降低		6.67	mW/℃
T_J, T_{STG}	工作及保存温度范围		−65~+200	℃

*高于额定值时二极管的适用性可能降低。

电特性 T_A=25℃（除非标明其他条件）

器件	V_Z(V)@I_Z（注1）			测量电流 I_Z(mA)	最大齐纳阻抗			漏电流		非重复性反向电流峰值 I_{ZSM}
	最小值	典型值	最大值		Z_{ZK}@I_{ZK} (Ω)	Z_{ZK}@I_{ZK} (Ω)	I_{ZK} (mA)	I_R (μA)	V_R (V)	(mA)（注2）
1N4728A	3.315	3.3	3.465	76	10	400	1	100	1	1380
1N4729A	3.42	3.6	3.78	69	10	400	1	100	1	1260
1N4730A	3.705	3.9	4.095	64	9	400	1	50	1	1190
1N4731A	4.085	4.3	4.515	58	9	400	1	10	1	1070
1N4732A	4.465	4.7	4.935	53	8	500	1	10	1	970
1N4733A	4.845	5.1	5.355	49	7	550	1	10	1	890
1N4734A	5.32	5.6	5.88	45	5	600	1	10	2	810
1N4735A	5.89	6.2	6.51	41	2	700	1	10	3	730
1N4736A	6.46	6.8	7.14	37	3.5	700	1	10	4	660
1N4737A	7.125	7.5	7.875	34	4	700	0.5	10	5	605
1N4738A	7.79	8.2	8.61	31	4.5	700	0.5	10	6	550
1N4739A	8.645	9.1	9.555	28	5	700	0.5	10	7	500
1N4740A	9.5	10	10.5	25	7	700	0.25	10	7.6	454
1N4741A	10.45	11	11.55	23	8	700	0.25	5	8.4	414
1N4742A	11.4	12	12.6	21	9	700	0.25	5	9.1	380
1N4743A	12.35	13	13.65	19	10	700	0.25	5	9.9	344
1N4744A	14.25	15	15.75	17	14	700	0.25	5	11.4	304
1N4745A	15.2	16	16.8	15.5	16	700	0.25	5	12.2	285
1N4746A	17.1	18	18.9	14	20	700	0.25	5	13.7	250
1N4747A	19	20	21	12.5	22	700	0.25	5	15.2	225
1N4748A	20.9	22	23.1	11.5	23	750	0.25	5	16.7	205
1N4749A	22.8	24	25.2	10.5	25	750	0.25	5	18.2	190
1N4750A	25.65	27	28.35	9.5	35	750	0.25	5	20.6	170
1N4751A	28.5	30	31.5	8.5	40	1000	0.25	5	22.8	150
1N4752A	31.35	33	34.65	7.5	45	1000	0.25	5	25.1	135
1N4753A	34.2	36	37.8	7	50	1000	0.25	5	27.4	125
1N4754A	37.05	39	40.95	6.5	60	1000	0.25	5	29.7	115
1N4755A	40.85	43	45.15	6	70	1500	0.25	5	32.7	110
1N4756A	44.65	47	49.35	5.5	80	1500	0.25	5	35.8	95
1N4757A	48.45	51	53.55	5	95	1500	0.25	5	38.8	90
1N4758A	53.2	56	58.8	4.5	110	2000	0.25	5	42.6	80

注：1. 齐纳电压（V_Z）
齐纳电压的测量条件是：器件的结达到温度平衡，引脚温度（T_J）为30±1℃，且引脚长度为3/8英寸。
2. 预热8.3ms时的方波反向浪涌。

www.fairchildsemi.com

图 5-15 （续）

5.5.3　容差

大多数齐纳二极管都以后缀 A、B、C、D 来标识齐纳电压的容差，由于这些后缀所表示的内容并不总是一致的，所以一定要区分数据手册中对每一特定容差给出的特别说明。例如，1N4728A 系列数据手册中的容差为 ±5％，1N957B 系列也为 ±5％，而后缀 C 一般表示容差为 ±2％，D 则表示容差为 ±1％，没有后缀则表示容差为 ±20％。

5.5.4　齐纳电阻

齐纳电阻（也称作齐纳阻抗），可以用 R_{ZT} 或 Z_{ZT} 来表示。例如，1N961B 在测试电流为 12.5mA 时的齐纳电阻为 8.5Ω，只要齐纳电流大于特性曲线的拐点电流，就可以用 8.5Ω 作为齐纳电阻的近似值。但是要注意齐纳电阻在拐点有较大的增加（700Ω），关键在于尽可能地让齐纳二极管工作在给定的测试电流附近，这样，齐纳电阻相对来说是比较小的。

数据手册中包含了很多额外的信息，主要是为电路设计者提供的，如果从事设计工作，那么就需要仔细阅读，包括那些关于数据测量的注释。

5.5.5　额定值的减小

数据手册中的**减额系数**给出了温度升高时需要将器件的额定功率减小的值。例如 1N4728A 系列，在引脚温度 50℃ 时的额定功率为 1W，减额系数为 6.67mW/℃，这表示当温度高于 50℃ 时，温度每升高 1℃，需要将额定功率减小 6.67mW。无论是否从事设计，都必须了解温度的影响。如果已知引脚温度高于 50℃，设计时必须相应减小齐纳二极管的额定功率。

5.6　故障诊断

图 5-16 所示为一个齐纳稳压器。当电路正常工作时，节点 A 到地的电压为 +18V，节点 B 到地的电压为 +10V，节点 C 到地的电压为 +10V。

5.6.1　可确定故障

现在来讨论电路可能会出现的问题。当电路工作异常时，故障诊断通常从测量电压开始，这些电压测量值可以提供线索以利于找出问题所在。例如，假设电压测量值为：

$$V_A = +18V \qquad V_B = +10V \qquad V_C = 0$$

当测得这些电压后，可能想到的是：

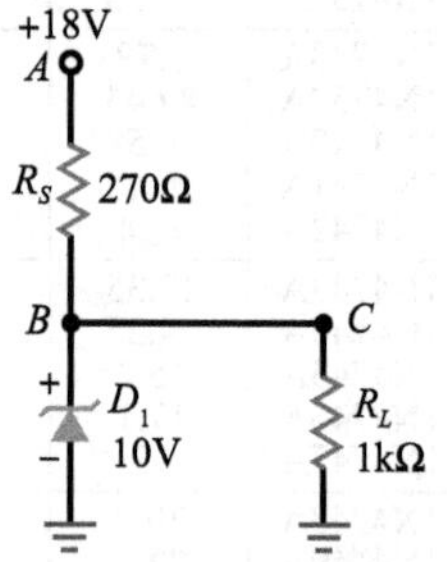

是否是负载电阻开路？不可能，如果这样负载电压应该仍然是 10V；是否是负载电阻短路？也不可能，那将会导致节点 B 和 C 对地短接，电压均为零；那么如果连接节点 B 和 C 的导线断开了呢？对，这样就与测得的数据吻合了。

图 5-16　齐纳稳压器的故障诊断

这种故障导致了特定现象，唯一能够出现这种电压值的原因就是连接节点 B 和 C 的导线断开了。

5.6.2　不可确定故障

并不是所有的故障都会导致特定现象，有时，两个或多个故障都会导致相同的电压。

这里举一个例子,假设测得电压如下:

$$V_A = +18V \qquad V_B = 0 \qquad V_C = 0$$

问题可能会出在哪儿呢? 先考虑出结果后,再看下边的内容。

下面给出查找故障的一种思路:

已经得到了节点 A 的电压,但是节点 B、C 处却没有电压。会不会是串联电阻开路呢? 那样的话节点 B、C 不会有电压,同时还能保持 A 点电压为 18V。对,串联电阻可能是开路的。

这时,可以断开串联电阻,用欧姆表测它的阻值,它很可能确实是开路的。但是假如测量结果证明电阻没有问题,那么就可能继续思考下去:

奇怪! 还有别的可能使得 A 点电压为 18V,而 B、C 电压为零吗? 若是齐纳二极管或者负载电阻短路呢? 若是节点 B 或 C 由于焊锡渣使其与地短路呢? 任何一种可能都会导致这种测量结果。

这时,就需要去排查更多的可能性,最终找到问题所在。

当元器件烧坏后,它们可能变为开路,但也并非都是如此。有些半导体器件可能发生内部短路,此时它们犹如一个阻值为零的电阻。引起短路的原因还可能是印制电路板上两根走线之间有焊锡渣接触到了走线,或者其他可能的情况。因此,对于器件短路的情况也必须提出并回答一些假设的问题,就像对待器件开路时一样。

5.6.3　故障表

表 5-2 给出了图 5-16 所示齐纳稳压器的可能故障。在分析电压时需谨记: 短路的元件可看作阻值为零的电阻,而开路的元件则可看作阻值为无穷大的电阻。当用 0 和 ∞ 计算有困难时,可以采用 0.001Ω 和 $1000M\Omega$ 来代替,即用小电阻替代短路,大电阻替代开路。

表 5-2　齐纳稳压器的故障及其现象

故障	$V_A(V)$	$V_B(V)$	$V_C(V)$	评价
无	18	10	10	无故障
R_{SS}	18	18	18	D_1 和 R_L 可能开路
R_{SO}	18	0	0	—
D_{1S}	18	0	0	R_S 可能开路
D_{1O}	18	14.2	14.2	—
R_{LS}	18	0	0	R_S 可能开路
R_{LO}	18	10	10	—
BC_O	18	10	0	—
无电源	0	0	0	检查电源

在图 5-16 中,串联电阻 R_S 可能短路也可能开路,将其记为 R_{SS} 和 R_{SO},类似地,齐纳二极管可能短路或者开路,分别记为 D_{1S} 和 D_{1O},负载电阻的短路、开路记为 R_{LS} 和 R_{LO},连接 B、C 的导线可能会断开,记为 BC_O。

在表 5-2 中,第二行给出了故障 R_{SS},即串联电阻短路的情形,此时节点 B、C 电压为 18V,这将会烧坏齐纳二极管甚至负载电阻。对于这种故障,用电压表测得节点 A、B、C 电压都为 18V,此故障以及对应的电压列于表 5-2 中。

如果图 5-16 中串联电阻开路,电源电压将不能作用到 B 点,此时,节点 B、C 电压将为零,如表 5-2 所示。按照这种方式,可以得到表 5-2 的其他故障情形。

表 5-2 中，评价一栏给出了故障可能造成的后果，例如，R_S 短路将会烧坏齐纳二极管，也有可能造成负载电阻开路，这取决于负载电阻的额定功率。R_S 短路意味着 1kΩ 的电阻上有 18V 的压降，产生的功率是 0.324W，若负载电阻额定功率只有 0.25W，则会被烧坏导致开路。

表 5-2 中的一些故障产生特定的电压，而另一些故障则产生不典型的电压。例如，R_{SS}、D_{1O}、BC_O 以及无电源的故障对应一组特定的电压值，如果测得这些特定电压，就能确定问题所在，而不需要拆开电路用欧姆表去测电阻。

表 5-2 中其余的故障都会产生不典型的电压。这意味着两个或者多个故障会导致相同的电压测量结果。如果测得一组不典型的电压，必须拆开电路去测量可疑元件的电阻。例如，假设测得电压分别为 A 点 18V，B 点 0V，C 点 0V，那么造成故障的原因可能是 R_{SO}、D_{1S} 和 R_{LS}。

可以通过多种方式测量齐纳二极管。使用数字万用表，调到二极管测试挡，可以测得二极管是开路还是短路。正常情况下，正偏时显示电压约为 0.7V，反偏时显示的则是开路（过载）。但是这种测量并不能确认齐纳二极管具有合适的击穿电压 V_Z。

图 5-17 中所示的半导体特性曲线图示仪将会精确地显示齐纳二极管的正偏/反偏特性，如果没有图示仪，可用另一个简单方法：将齐纳二极管接入电路中，然后测其压降，这个压降应该接近它的额定值。

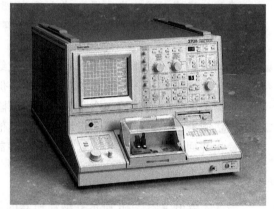

图 5-17　半导体特性曲线图示仪

5.7　负载线

流过图 5-18a 所示电路中齐纳二极管的电流为：

$$I_Z = \frac{V_S - V_Z}{R_S}$$

假设 $V_S = 20V$，$R_S = 1kΩ$，则上述方程化简为：

$$I_Z = \frac{20V - V_Z}{1000Ω}$$

设 V_Z 为零，得到饱和工作点（纵轴截距），解得 $I_Z = 20mA$，同理，为了得到截止工作点（横轴截距），设 I_Z 为零，解得 $V_Z = 20V$。

也可以用其他方式得到负载线的两端位置。直接观察图 5-18a，可得 $V_S = 20V$，$R_S = 1kΩ$，将齐纳二极管短路，得到二极管中最大的电流为 20mA，将其开路，则可以得到最大的电压为 20V。

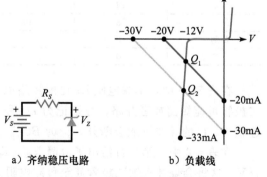

a）齐纳稳压电路　　b）负载线

图 5-18　齐纳二极管负载线

假设齐纳二极管的击穿电压为 12V，其曲线见图 5-18b。画出 $V_S = 20V$，$R_S = 1kΩ$ 的负载线，得到上方负载线的交点 Q_1，此时由于特性曲线有轻微倾斜，齐纳二极管上的电压略大于击穿处的拐点电压。

　　为了说明电路稳压的工作原理，假设电源电压变为 30V，则齐纳电流变为：

$$I_Z = \frac{30\mathrm{V} - V_Z}{1000\Omega}$$

这时负载线两端点分别为 30mA 和 30V，如图 5-18b 所示。此时新的交点为 Q_2，比较 Q_2 和 Q_1，可以看出此时流过齐纳二极管的电流增大了，但是相应的电压却几乎没有变化。所以，尽管电源电压从 20V 变化到 30V，齐纳电压依然近似为 12V，体现了稳压作用。即当输入电压有很大变化时，输出电压几乎保持不变。

5.8　发光二极管

　　光电子学是将光学和电子学相结合的一门学科，涉及许多基于 pn 结特性的器件，典型的光电器件如**发光二极管**（LED）、光敏二极管、光耦合器、激光二极管等，下面首先介绍发光二极管。

5.8.1　发光二极管

　　由于 LED 的功耗低、体积小、更新速度快且寿命长，因此在很多应用中已取代了白炽灯。图 5-19 所示为标准低功耗 LED 的组成。与普通二极管一样，LED 具有阴极和阳极，必须加以合适的偏置电压。塑料壳外面通常有一处平坦的部位，用来表示 LED 的阴极。半导体芯片的材料决定了 LED 的特性。

　　图 5-20a 所示是与电源、电阻相连接的 LED 电路，向外的箭头表示有向外辐射的光。在正偏 LED 中，自由电子穿过 pn 结并落入空穴，由于这些电子是从高能级落到低能级，以光子的形式释放能量。在普通的二极管中，这些能量是以热的形式辐射出来，但是在 LED 中，能量以光的形式辐射。上述效应称作**场致发光**。

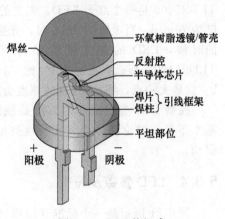

图 5-19　LED 的组成

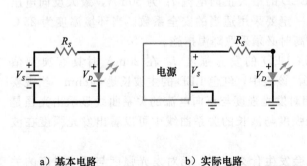

a）基本电路　　　　b）实际电路

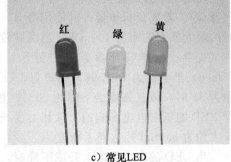

c）常见LED

图 5-20　LED 指示器

光的颜色与光子的能量有关，主要是由所使用的半导体材料的带隙能量决定的。通过使用诸如镓、砷、磷等元素，生产厂家可以制作出发射红、绿、黄、蓝、橙或者红外光（不可见光）的 LED。能够产生可见光的 LED 用于仪器、计算器等；而红外 LED 则在防盗系统、遥控器、CD 播放器等需要不可见光的设备中使用。

5.8.2　LED 电压和电流

图 5-20b 中的电阻是一个常见的限流电阻，用来防止电流超过二极管的最大额定电流。由于电阻左端的电压为 V_S，右端的电压为 V_D，电阻上的电压为上述两个电压之差。由欧姆定律得串联电流为：

$$I_S = \frac{V_S - V_D}{R_S} \tag{5-13}$$

对于大部分商用 LED，典型压降为 $1.5\sim2.5$V，电流为 $10\sim50$mA。准确的压降取决于 LED 的电流、颜色、容差等。除非特殊说明，本书在故障诊断或者 LED 电路分析中，均采用 2V 压降。图 5-20c 所示为一些常见的低功耗 LED 及与其发光颜色对应的管壳。

5.8.3　LED 的亮度

LED 的亮度由电流决定。发射的光总量通常被称为**发光强度** I_V，额定单位为坎德拉斯（cd）。低功率 LED 的额定发光强度通常为毫坎德拉斯（mcd）量级。例如，TLDR5400 是一个红光 LED，当它的正向电压降为 1.8V、电流为 20mA 时，额定发光强度为 70mcd。当电流为 1mA 时，光强降到 3mcd。当式（5-13）中的电压 V_S 比 V_D 大得多的时候，LED 的亮度近似保持恒定。如果图 5-20b 中的电路批量生产，且采用 TLDR5400，那么只要电压 V_S 比 V_D 大得多，它们的亮度将会基本一致。但是如果 V_S 比 V_D 只是大一点，那么 LED 的亮度会随电路的不同而发生明显变化。

控制 LED 亮度最好的方法是使用电流源做驱动，这样电流是恒定的，因此其亮度基本不变。讨论晶体管（其特性类似电流源）时将会阐述如何使用晶体管来做 LED 的驱动。

5.8.4　LED 参数及特性

图 5-21 所示是一个标准 TLDR5400 5mm T-1¾ 红光 LED 数据手册的部分内容。这种类型的 LED 是槽孔引脚，可有多种应用。

在绝对最大额定值的表中可见，该 LED 的最大正向电流 I_F 为 50mA，最大反向电压只有 6V。若要延长该器件的使用寿命，一定要采用适当的安全系数。当环境温度为 25℃ 时的最大额定功率为 100mW，当温度较高时必须采取降温措施。

光学和电学特征参数表中显示，该 LED 的发光强度 I_V 在 20mA 时具有典型值 70mcd，当电流为 1mA 时，则降为 3mcd。该表中，红色 LED 的主波长是 648nm，当观察角为 30° 时，发光强度会下降约 50%。相对发光强度与正向电流的关系曲线显示出光强是受 LED 的正向电流影响的。从相对发光强度与波长的关系曲线中可以看出发光强度在波长大约为 650nm 处达到了峰值。

当 LED 的环境温度上升或下降时，会发生什么情况？相对发光强度与环境温度的关系曲线显示，当环境温度升高时，LED 的光输出会减小。在温度变化较大的应用环境下，LED 的这一特性是很重要的。

TLDR5400

www.vishay.com

Vishay 半导体

高强度 LED，φ5mm 有色扩散封装

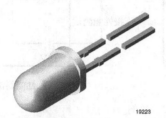

应用
- 使环境明亮的照明设施
- 电池供电的设备
- 室内室外信息显示
- 便携设备
- 远程通信指示器
- 一般用途

绝对最大额定值　$T_{amb}=25℃$（除非标明其他条件）
TLDR5400

参数	测试条件	符号	数值	单位
方向电压（注1）		V_R	6	V
正向直流电流		I_F	50	mA
正向浪涌	$t_p≤10\mu s$	I_{FSM}	1	A
功耗		P_V	100	mW
结温		T_j	100	℃
工作温度范围		T_{amb}	$-40\sim+100$	℃

注1：该 LED 可以短时间采用反向驱动。

光学和电学特性　$T_{amb}=25℃$（除非标明其他条件）
TLDR5400，红

参数	测试条件	符号	最小值	典型值	最大值	单位
发光强度	$I_F=20mA$	I_V	35	70	—	mcd
发光强度	$I_F=1mA$	I_V	—	3	—	mcd
主波长	$I_F=20mA$	λ_d	—	648	—	nm
峰值波长	$I_F=20mA$	λ_p	—	650	—	nm
标定线半宽度		$\Delta\lambda$	—	20	—	nm
半光强角度	$I_F=20mA$	φ	—	±30	—	deg
正向电压	$I_F=20mA$	V_F	—	1.8	2.2	V
反向电压	$V_R=6V$	I_R	—	—	10	μA
结电容	$V_R=0V$，$f=1MHz$	C_j	—	30	—	pF

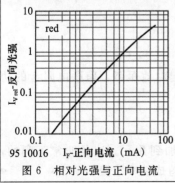

图 6　相对光强与正向电流

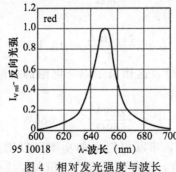

图 4　相对发光强度与波长

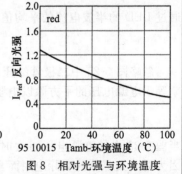

图 8　相对光强与环境温度

Rev. 1.8，29-Apr-13　　　　　　　　Document Number：83003

图 5-21　TLDR5400 数据手册的部分内容（由 Vishay Intertechnology 提供）

应用实例 5-12 图 5-22a 所示是一个电压极性指示器，它可以用来分辨未知的直流电压的极性，当直流电压为正时，绿色 LED 发光，当直流电压为负时，红色 LED 发光。当输入的直流电压为 50V，串联电阻为 2.2kΩ 时，流过 LED 的电流约为多少？

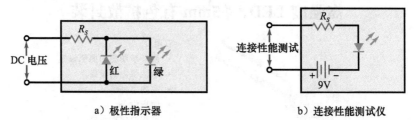

a）极性指示器   b）连接性能测试仪

图 5-22 举例

解： 两种情况下发光二极管的正向电压均取近似值 2V，由式（5-13）得：

$$I_S = \frac{50\text{V} - 2\text{V}}{2.2\text{k}\Omega} = 21.8\text{mA}$$ ◄

应用实例 5-13 图 5-22b 所示是一个连接性能测试仪。测试时先关掉被测电路中的所有电源，用这个电路可以检测电缆、转接头、开关的连接性能。当串联电阻为 470Ω 时，流过 LED 的电流是多少？

▌▌▌▌**Multisim**

解： 当输入端短接（连接）时，内部 9V 电池组将会产生 LED 电流：

$$I_S = \frac{9\text{V} - 2\text{V}}{470\Omega} = 14.9\text{mA}$$ ◄

自测题 5-13 在图 5-22 中，为了使 LED 的电流为 21mA，需要串联多大的电阻？

应用实例 5-14 LED 常被用来显示交流电压的存在。图 5-23 所示是一个交流电压源驱动的 LED 指示器。当有交流电压时，正半周期中 LED 中有电流存在，而负半周期中，整流二极管导通，保护 LED，防止其反偏电压过大。若交流电压有效均值是 20V，串联电阻为 680Ω，LED 中的平均电流是多少？计算串联电阻的近似功率。

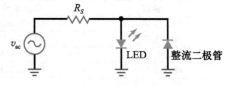

图 5-23 低压交流电压指示器

解： LED 的电流是一个整流后的半波信号。电压源的峰值为 1.414×20V≈28V，忽略 LED 的压降，峰值电流约为：

$$I_S = \frac{28\text{V}}{680\Omega} = 41.2\text{mA}$$

通过 LED 的半波电流的平均值为：

$$I_S = \frac{41.2\text{mA}}{\pi} = 13.1\text{mA}$$

忽略图 5-23 中二极管的压降，这相当于串联电阻的右端对地短路，串联电阻上的功率等于电源电压的平方除以电阻：

$$P = \frac{(20\text{V})^2}{680\Omega} = 0.588\text{W}$$

当图 5-23 中的电源电压增大时，串联电阻上的功率可以增加到几瓦。这是非常不利的，因为对于大部分的实际应用而言，高能耗电阻的体积太大且造成功率浪费。 ◄

自测题 5-14 若图 5-23 中的交流输入电压为 120V，串联电阻为 2kΩ，计算 LED 的平均电流以及串联电阻上的近似功率。

应用实例 5-15 图 5-24 所示电路是一个用于交流电力线的 LED 指示器,其基本原理与图 5-23 中电路相同,只是用电容代替了电阻。若电容大小为 $0.68\mu\mathrm{F}$,则 LED 中平均电流是多少?

解:计算电容的电抗:

$$X_C = \frac{1}{2\pi fC} = \frac{1}{2\pi \times 60\mathrm{Hz} \times 0.68\mu\mathrm{F}} = 3.9\mathrm{k}\Omega$$

忽略 LED 的压降,LED 峰值电流约为:

$$I_S = \frac{170\mathrm{V}}{3.9\mathrm{k}\Omega} = 43.6\mathrm{mA}$$

LED 平均电流为:

$$I_S = \frac{43.6\mathrm{mA}}{\pi} = 13.9\mathrm{mA}$$

采用串联电容而非串联电阻的优点是电容没有功率消耗,这是因为电容上的电压和电流存在 90°的相位差。如果换作是一个 $3.9\mathrm{k}\Omega$ 的电阻,将会有大约 3.69W 的功率。大多数电路设计更倾向于使用电容,因为它的体积更小,而且理想情况下不产生热量。◄

应用实例 5-16 图 5-25 所示电路的用途是什么?

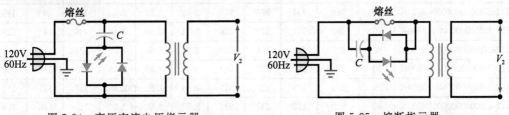

图 5-24　高压交流电压指示器　　　　　图 5-25　熔断指示器

解:这是一个熔断指示器。如果熔丝正常,由于 LED 上的电压接近于零,故 LED 不亮。反之,如果熔丝开路,电力线上的一部分电压会加到 LED 指示器上使其发光。◄

5.8.5　大功率 LED

一般的 LED 功率较低,在 mW 量级。例如,TLDR5400 LED 最大的额定功率为 100mW,通常在其正向电压下降到 1.8V 时,工作电流在 20mA 左右,这时的功率为 36mW。

目前大功率 LED 可获得 1W 以上的连续功率。这些功率 LED 可以在数百 mA 到 1A 的电流下工作。越来越多的应用程序被开发出来,包括汽车的内部、外部和前向照明,室内和室外建筑区域照明,以及数字图像和显示的背光。

图 5-26 所示是一个大功率 LED 在高亮度定向照明中的应用实例,如射灯和室内区域照明。这种 LED 需要占用更大的半导体芯片面积以适应大功率输入。由于该元件需要 1W 的功率,采用合适的技术安装散热片尤为重要。否则,LED 将会在短时间内损坏。

在大多数应用中,光源的效率是一个重要的因素。由于 LED 同时产生光和热,弄清楚有多少电能被用来产生光输出是非常重要的。用来描述这一性质的量称为发光效率。光源的**发光效率**是指输出光照度(lm)与电

图 5-26　LUXEON TX 大功率发射管

功率（W）的比值，单位是 lm/W。图 5-27 给出了高功率 LED 管 LUXEON TX 的部分典型的性能参数。注意表中的额定参数为 350mA、700mA 和 1000mA。测试电流为 700mA 的情况下，LIT2-3070000000000 发射管的输出照度典型值为 245lm。在这个正向电流下，正向电压通常降为 2.80V。因此，总功耗为 $P_D = I_F \times V_F = 700\mathrm{mA} \times 2.80\mathrm{V} = 1.96\mathrm{W}$。该发射管的发光效率为：

$$\text{发光效率} = \frac{\mathrm{lm}}{\mathrm{W}} = \frac{245\mathrm{lm}}{1.96\mathrm{W}} = \frac{125\mathrm{lm}}{\mathrm{W}}$$

LUXEON TX 发射管的产品选择指南，结温 = 85℃

表1

元件号	ANSI CCT 正常值	CRI 最小值	照度最小值 (lm)	照度典型值 (lm)			正向电压典型值 (V)			效率典型值 (lm/W)		
		700mA	700mA	350mA	700mA	1000mA	350mA	700mA	1000mA	350mA	700mA	1000mA
LIT2-3070000000000	3000K	70	230	135	245	327	2.71	2.80	2.86	142	125	114
LIT2-4070000000000	4000K	70	250	147	269	360	2.71	2.80	2.86	155	137	126
LIT2-5070000000000	5000K	70	260	151	275	369	2.71	2.80	2.86	159	140	129
LIT2-5770000000000	5700K	70	260	151	275	369	2.71	2.80	2.86	159	140	129
LIT2-6570000000000	6500K	70	260	151	275	369	2.71	2.80	2.86	159	140	129
LIT2-2780000000000	2700K	80	200	118	216	289	2.71	2.80	2.86	124	110	101
LIT2-3080000000000	3000K	80	210	124	227	304	2.71	2.80	2.86	131	116	106
LIT2-3580000000000	3500K	80	220	130	238	319	2.71	2.80	2.86	137	121	112
LIT2-4080000000000	4000K	80	230	136	247	331	2.71	2.80	2.86	143	126	116
LIT2-5080000000000	5000K	80	230	135	247	332	2.71	2.80	2.86	142	126	116

注：1. Philips Lumileds 产品的照度容差为 ±6.5%，CRI 的测量误差为 ±2。

Courtesy of Philips Lumileds

图 5-27　LUXEON TX 发射管数据手册的部分内容

作为对比，一般的白炽灯泡的发光效率是 16lm/W，而小型日光灯发光效率的典型额定值为 60lm/w。对于 LED 的整体效率而言，控制 LED 的电流及光输出的驱动电路是需要重点关注的。因为这些驱动电路也消耗电能，会使得整体系统的效率降低。

5.9　其他光电器件

除了标准的低功率发光二极管外，还有许多其他基于 pn 结的光子作用的光电器件。这些器件可用于光源，以及对光的检测和控制等。

5.9.1　七段显示器

图 5-28a 所示是一个**七段显示器**。它包含七个矩形 LED（从 A 到 G），每一个 LED 称为一段，构成显示字符的一部分。图 5-28b 是七段显示的电路图。外加串联电阻是为了将电流限制在安全范围内，通过将一个或者多个电阻接地，能够得到 0~9 的任意数字。例如，将 A、B 和 C 端接地，得到数字 7，将 A、B、C、D 和 G 端接地则得到数字 3。

七段显示器也能显示大写字母 A、C、E、F 以及小写字母 b 和 d。微处理器经常用它来显示 0~9 的所有数字，以及字母 A、b、C、d、E 和 F。

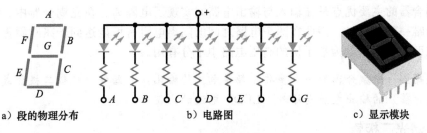

a) 段的物理分布　　　　　　　b) 电路图　　　　　　c) 显示模块

图 5-28　七段显示器

图 5-28b 所示的七段显示器的所有正极接在一起，所以称为**共阳极**型，也可以将所有的负极接在一起，称为**共阴极**型。图 5-28c 所示是一个实际的七段显示模块，有引脚可插入到插座中或焊接到印刷电路板上。可以看到后面有一个额外的点段用于显示小数点。

　　知识拓展　LED 相对于其他显示器的主要缺点是消耗的电流比较大。在许多情况下，LED 不采用固定的电流驱动，而是以频率非常快的脉冲驱动其导通和关断。在人眼看来，LED 是连续发光的，其功耗比连续导通时要小。

5.9.2　光敏二极管

如前文所述，二极管反向电流中的一部分是少子电流，这些载流子是由热能将价带电子从它们的轨道中释放出来从而产生的自由电子和空穴。虽然少子寿命很短，但是它们的存在对反向电流是有所贡献的。

光照射 pn 结可释放价带电子，光照越强，二极管的反向电流就越大。**光敏二极管**的光敏感性能是经过优化的，封装管壳上的窗口使光能够通过它照射到 pn 结上，入射光使二极管产生自由电子和空穴。光线越强，产生的少子越多，反向电流也越大。

图 5-29 所示是光敏二极管的电路符号。箭头代表入射光。需要特别注意的是，电压源和串联电阻使得光敏二极管处于反偏工作状态。当入射光线变强时，反向电流增大，典型光敏二极管的反向电流大约在几十微安的量级。

5.9.3　光耦合器

光耦合器（也称为光隔离器）由一个 LED 和一个光敏二极管组成且封装在一起。图 5-30 所示是一个光耦合器，输入回路中有一个 LED，输出回路中有一个光敏二极管。左边的电压源和串联电阻给 LED 提供电流，LED 发射出的光激励光敏二极管，在输出电路中建立反向电流，这个反向电流在输出电阻上产生电压，输出电压等于输出回路电源电压减去电阻上的电压。

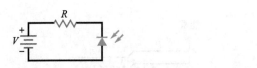

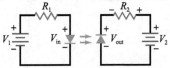

图 5-29　入射光使光敏二极管中的反向电流增大　　　图 5-30　光耦合器由 LED 和光敏二极管组成

当输入电压变化时，发射出的光随之波动，从而使输出电压随着输入电压发生同步变化。因此将 LED 和光敏二极管组成的电路称为**光耦合器**。它能够将输入信号耦合到输出电路中。其他类型的光耦合器的输出电路中采用光敏晶体管、光敏晶闸管或者其他的光电器件，这些器件将在后续章节介绍。

光耦合器的主要优点是在输入与输出电路间实现了电隔离。在光耦合器中，输入与输出之间的唯一联系是光。因此在两个电路之间的隔离电阻有可能达到千兆欧姆量级，这样的隔离在两个电路压差为数千伏的高压电路中十分有用。

知识拓展　光耦合器的一个重要参数是电流传输比，即器件（光敏二极管或者光敏晶体管）的输出电流与输入（LED）电流的比值。

5.9.4　激光二极管

在 LED 中，自由电子从较高能级降落到较低能级时发光，自由电子的降落是随机且连续的，这使得光波包含 0°~360° 间的任意相位，这样的含有众多不同相位的光称为非相干光。LED 发出的光就是非相干光。

激光二极管则不同，它发出的是相干光，即所有光波的相位都是一致的。激光二极管的基本原理是通过一个镜面谐振腔对具有相同相位的单一频率的发射光波进行增强，产生强度、聚集度和纯度都非常高的窄束光。

激光二极管也称为半导体激光器，这种二极管可以产生可见光（红、绿或蓝）和不可见光（红外线）。激光二极管的应用很广泛，可用于无线通信、数据通信、宽带接口、工业、航空、测试与测量、医疗及国防领域。同时也被应用在激光打印机和需要大容量光盘系统的消费产品中，如 CD 和 DVD 播放机等。在宽带通信中，它们和光纤光缆共同使用以提高互联网的速度。

光缆类似于多股绞合电缆，不同之处在于，光缆是通过很细的玻璃或者塑料纤维来传输光束，而不是通过自由电子。优点是光缆比铜缆所能传输的信息要多得多。

将可见光激光二极管（VLD）产生的激光波长降低到可见光波谱范围以外，可以得到新的应用。近红外二极管已经用于机器视觉系统、传感器和安全系统中。

5.10　肖特基二极管

随着频率的增加，小信号整流二极管的工作性能开始变差。它们的关断速度不够快，不能产生轮廓清晰的半波信号。解决这个问题的办法是使用肖特基二极管。在介绍肖特基二极管之前，先来看一下普通小信号二极管存在的问题。

5.10.1　电荷存储

图 5-31a 所示是一个小信号二极管，图 5-31b 显示了它的能带情况。可以看到，导带的电子在复合（路径 A）之前已经通过扩散经过 pn 结到达 p 区。相似地，空穴在复合之前（路径 B）也通过 pn 结到达 n 区。电荷的寿命越长，在发生复合之前，所经过的路程越远。

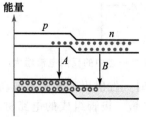

a）正向偏置产生存储电荷　　　b）位于高能带和低能带的存储电荷

图 5-31　电荷存储

例如，若自由电子和空穴的寿命是 $1\mu s$，它们在复合之前存在的平均时间为 $1\mu s$，这使得自由电子能够进入 p 区很深的距离，暂时存储于较高能带。类似地，空穴亦可较深地进入 n 区，暂时存储于较低能带。

正向电流越大，通过 pn 结的电荷量越大。电荷的寿命越长，它们穿越的距离越深，而且停留在各自能级的时间也越长。自由电子和空穴分别在较高能带和较低能带暂时存储，称为电荷存储。

5.10.2 电荷存储产生反向电流

如果试图将二极管从导通变为截止，电荷存储将会产生问题。因为突然将二极管反偏时，存储的电荷将会沿着相反的方向流动一段时间，电荷的寿命越长，它们产生的反向电流的时间越长。

例如，假设一个正向偏置的二极管突然被反偏，如图 5-32a 所示。由于如图 5-32b

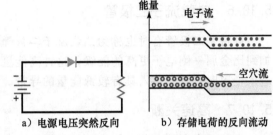

a）电源电压突然反向　　　b）存储电荷的反向流动

图 5-32　电荷存储产生短暂的反向电流

所示的存储电荷的流动，在一段时间里将会持续存在一个较大的反向电流，直至存储电荷完全通过 pn 结或者被复合掉。

5.10.3 反向恢复时间

关断正向偏置的二极管所需要的时间称为反向恢复时间 t_{rr}。不同生产厂家测试 t_{rr} 的条件不同，方法之一是将反向电流减小到正向电流的 $1/10$ 时所用的时间作为恢复时间 t_{rr}。

例如，1N4148 二极管的 t_{rr} 为 4ns，假设其正向电流为 10mA，并且突然被反偏，那么反向电流大约需要 4ns 的时间减小到 1mA。小信号二极管的反向恢复时间很短，它的影响在低于 10MHz 的频率下甚至可以忽略。只有当频率大于 10MHz 时，才必须在计算时对 t_{rr} 加以考虑。

5.10.4 高频时整流特性恶化

反向恢复时间对整流特性有什么影响？研究图 5-33a 所示的半波整流器电路。在低频时输出是半波整流信号，而当频率增大到兆赫兹时，输出信号开始偏离半波形状，如图 5-33b 所示。在负半周期的开始位置，显示出明显的反向导通情况（称为拖尾）。

a）普通小信号二极管构成的半波整流器电路　　　b）高频区出现负半周期的拖尾

图 5-33　存储电荷导致高频区的整流特性恶化

这里的问题在于反向恢复时间成为了整个周期中重要的一部分，使得二极管在负半周期的起始部分处于导通状态。例如，当 $t_{rr}=4ns$，周期为 50ns 时，那么负半周期起始部分将会出现如图 5-33b 所示的拖尾。随着频率的持续增加，整流器将会失效。

5.10.5 电荷存储的消除

解决拖尾问题的方法是采用特殊器件**肖特基二极管**。这种二极管 pn 结的一端由金属构成，如金、银或者铂，另一端则是经过掺杂的硅（一般是 n 型）。由于结的一端是金属，所以肖特基二极管没有耗尽层，也就是结中没有存储电荷。

当肖特基二极管未加偏置时，n 区自由电子所处的轨道比金属一侧的自由电子更小，这种轨道大小的差别称为肖特基势垒，大约为 $0.25V$。当二极管正偏时，n 区的自由电子可以获得足够的能量进入更大的轨道，因此，自由电子可以穿过结并且进入金属，从而产生较大的正向电流。由于金属内部没有空穴，不存在电荷存储，也不需要反向恢复时间。

5.10.6 热载流子二极管

肖特基二极管有时也称为热载流子二极管。由于正向偏置使得 n 区自由电子的能量增加到比金属一侧电子更高的能级，这种高能量的电子被称为热载流子。当这些电子通过结进入金属时，就会落入具有较低能量的导带。

5.10.7 高速关断

由于没有存储电荷，使肖特基二极管比一般二极管的关断速度快。事实上，肖特基二极管可以轻松地实现 $300MHz$ 以上频率的整流。当它被用于如图 5-34a 所示电路中时，即使频率高于 $300MHz$，肖特基二极管也可以产生如图 5-34b 所示的理想的半波信号。

图 5-34a 所示是肖特基二极管的电路符号，在阴极那一侧，线形好像直角的 S，表示 Schottky，便于记忆。

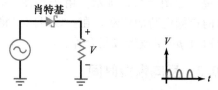

a）采用肖特基二极管的电路　b）300MHz时的半波信号

图 5-34　肖特基二极管可消除高频区的拖尾

5.10.8 应用

肖特基二极管最重要的应用就是数字计算机。计算机的速度取决于其中的二极管以及晶体管的开关速度，这恰好可以体现肖特基二极管的特点。由于没有存储电荷，肖特基二极管已经成为低功率肖特基 TTL 器件的主要构成，并广泛应用于数字电路中。

由于肖特基二极管的势垒只有 $0.25V$，偶尔也会用于低压桥式整流器中。因为在二阶近似中，只需要在每个二极管上减去 $0.25V$ 而非通常的 $0.7V$，所以在低压电路中，较小的二极管压降是具有优势的。

> **知识拓展**　相对而言，肖特基二极管是大电流器件，可以在 $50A$ 左右的正向电流下快速开关！它的缺点是额定击穿电压低于常规 pn 结的整流二极管。

5.11 变容二极管

变容二极管（也称为压控电容、可变电容、调谐二极管等）可以用来实现电调谐，因而在电视接收机、FM 接收机和其他通信设备中应用广泛。

5.11.1 基本概念

在图 5-35a 中，耗尽层位于 p 区和 n 区之间，p 区和 n 区相当于电容的两个极板，而耗尽层就相当于电介质。当二极管反偏时，耗尽层的厚度随着反偏电压的增大而增加。当反偏电压增大时，耗尽层变宽，故电容变小，就像电容极板向两边移开一样。电容的大小是通过改变反向电压来控制的。

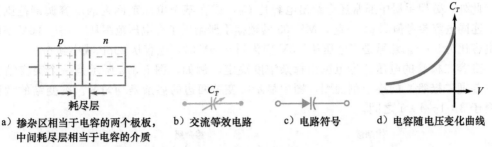

a）掺杂区相当于电容的两个极板   b）交流等效电路   c）电路符号   d）电容随电压变化曲线
中间耗尽层相当于电容的介质

图 5-35　变容二极管

5.11.2　等效电路及符号

图 5-35b 所示是反偏二极管的交流等效电路，在与交流信号有关的电路分析中，变容二极管就可以看作是一个可变电容。图 5-35c 所示是变容二极管的电路符号，一个电容和一个二极管串联，说明变容二极管具有优化的变容特性。

5.11.3　高反向电压下电容的减小

图 5-35d 所示是电容随反向电压的变化曲线。由图可见，电容随着反向电压的增大而减小，说明直流反向电压可控制电容的大小。

变容二极管的使用方法是，将它与一个电感并联，形成并联谐振电路。该电路在出现最大阻抗时具有唯一的频率，这个频率称为谐振频率。如果改变变容二极管上的直流反偏电压，谐振频率也会发生变化。利用这个原理可实现对收音机、电视机等的电调频。

5.11.4　变容二极管的特性

由于变容二极管的电容是由电压控制的，因此在电视接收机、汽车收音机等许多应用中已经取代了机械调制电容。变容二极管的数据手册中列出了在特定的反向电压下测量的电容参考值，一般电压取 $-3\sim-4V$。图 5-36 所示是 MV209 型变容二极管数据手册的一部分，在 $-3V$ 下电容 C_t 的参考值为 29pF。

器件	C_t，二极管电容，pF $V_R=$ DC 3.0V，f=1.0MHz			Q，品质因数 $V_R=$DC 3.0V，f=50MHz	C_R，电容比 C_3/C_{25}，f=1.0MHz[1]	
	最小值	典型值	最大值	最小值	最小值	最大值
MMBV109LT1，MV209	26	29	32	200	5.0	6.5

[1] C_R 是 DC 3V时的 C_t 与 DC 25V时的 C_t 的比值。

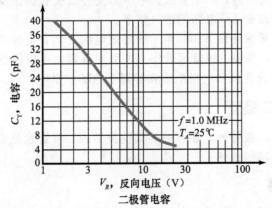

图 5-36　MV209 数据手册的一部分（版权归 LLC 半导体器件公司，得到使用许可）

此外，数据手册中通常还会给出电容比 C_R，或在某个电压范围内的电容调谐范围。例如，连同电容参考值 29pF 一起，MV209 的数据手册给出了在电压范围从 $-3\sim-25V$ 下的最小电容比为 5:1。意思是当电压从 $-3V$ 变化到 $-25V$ 时，电容从 29pF 减小到 6pF。

变容二极管的电压调谐范围由掺杂浓度决定，例如，图 5-37a 所示是一个突变结二极管（普通二极管）的掺杂剖面图，图中显示突变结两边的掺杂是均匀的。突变结的调谐范围介于 3:1~4:1 之间。

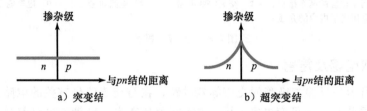

图 5-37　掺杂剖面图

为了得到较大的调谐范围，一些变容二极管具有超突变结，它的掺杂剖面情况如图 5-37b 所示。从这个剖面图可以看出，越靠近结，掺杂浓度就越大。掺杂越重，形成的耗尽层越窄，电容越大，而且，反向电压的变化对电容的影响越显著。超突变结变容二极管的调谐范围能够达到 10:1，满足频率范围在 $535\sim1605kHz$ 的调幅收音机的调谐（提示：需要 10:1 的调谐范围是因为谐振频率与电容的平方根成反比）。

应用实例 5-17　图 5-38a 所示电路的用途是什么？

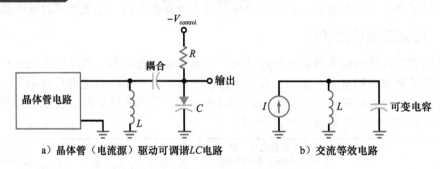

图 5-38　变容二极管对谐振电路的调谐

解：如第一章中所述，晶体管的工作特性与电流源类似。在图 5-38a 中，晶体管将几毫安的电流供给 LC 谐振回路，一个直流负电压给变容二极管提供反向偏置，通过改变这个直流控制电压，可以改变 LC 电路的谐振频率。

对于交流小信号，可采用图 5-38b 所示的等效电路。耦合电容可以视为短路，交流电流源驱动 LC 谐振回路，变容二极管可看作一个可变电容，可以通过改变直流控制电压来改变谐振频率。这就是收音机和电视机接收器调谐的基本原理。　◀

5.12　其他类型二极管

除了上述特殊用途二极管外，还有一些其他类型的二极管也是应该了解的。由于它们十分特殊，这里只做简略的描述。

5.12.1　压敏电阻器

闪电、电力线故障和一些瞬态冲击将会以下冲和上冲的尖峰脉冲叠加到正常的

120Vrms 电压上，从而影响交流电力线电压。下冲尖峰是指可持续几微秒或更短时间的剧烈的电压下降，而上冲尖峰则是指非常短暂的电压上升，可高达 2000V 甚至更高。在某些设备中，通过在电力线和变压器一次绕组之间加入滤波器来消除交流电力线上出现的问题。

电力线滤波采用的器件是**压敏电阻器**（也称瞬态抑制器）。这种半导体器件像两个背对背的齐纳二极管连接在一起，在两个方向上都有很高的击穿电压。商用压敏电阻器的击穿电压范围是 10~1000V，能够抑制几百甚至上千安培的瞬态电流尖峰。

例如，V130LA2 是一个击穿电压为 184V（等效于 130V 有效电压）、额定峰值电流为 400A 的压敏电阻器，按照图 5-39a 所示的方式将其跨接在一次绕组上，这样就不必再担心上冲尖峰脉冲了。压敏电阻器将会削平所有高于 184V 的尖峰，从而保护电源。

5.12.2　稳流二极管

齐纳二极管的作用是保持电压恒定，而保持电流恒定的二极管一般称为**稳流二极管**（也称恒流二极管），当电压发生改变时，可以保持电流不变。例如，1N5305 是一个当电压从 2~100V 变化时，典型电流为 2mA 的恒流二极管。图 5-39b 所示是稳流二极管的电路符号，在图 5-39b 中，即使负载电阻从 1Ω 变化到 49kΩ，稳流二极管仍可保持负载电流在 2mA 稳定不变。

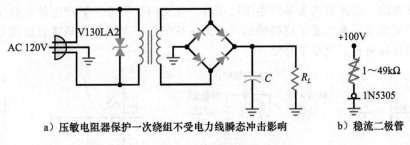

a) 压敏电阻器保护一次绕组不受电力线瞬态冲击影响　　　b) 稳流二极管

图 5-39　压敏电阻器和稳流二极管

5.12.3　阶跃恢复二极管

从图 5-40a 所示的掺杂剖面图可以看出，**阶跃恢复二极管**的掺杂情况很特殊，在 pn 结附近的载流子浓度是降低的。这种特殊的载流子分布带来的现象称为反向突变。

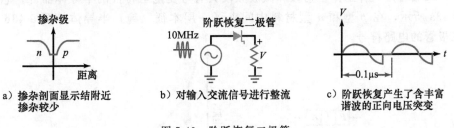

a) 掺杂剖面显示结附近掺杂较少　　b) 对输入交流信号进行整流　　c) 阶跃恢复产生了含丰富谐波的正向电压突变

图 5-40　阶跃恢复二极管

图 5-40b 所示是阶跃恢复二极管的电路符号。在正半周时，它和一般的硅二极管一样处于导通状态，但是在负半周时，由于电荷存储的存在，反向电流存在一段时间后突然降为零。

图 5-40c 所示是输出电压的波形，二极管反向导通时间很短，然后突然断开，因此阶跃恢复二极管又被称为突变二极管。这种电流的突然跳变含有丰富的谐波成分，可以通过

滤波器产生较高频率的正弦波。（谐波是输入频率的整数倍，如 $2f_{in}$、$3f_{in}$、$4f_{in}$。）因此，阶跃恢复二极管可用于倍频器中，该电路的输出频率是输入频率的整数倍。

5.12.4　反向二极管

齐纳二极管的击穿电压一般大于 2V，通过增加掺杂浓度，可以使击穿电压接近 0V。正向导通依然在 0.7V 左右，但是反向导通（击穿）出现在大约 −0.1V 处。

具有如图 5-41a 所示特性的二极管称为**反向二极管**，因为它在反向区的导通特性比正向特性好。图 5-41b 所示是由一个峰值为 0.5V 的正弦波驱动反向二极管和负载电阻的电路。（注意：齐纳符号用来表示反向二极管。）0.5V 不足以使得二极管正向导通，但却足以使得二极管反向击穿，因此，输出是一个峰值为 0.4V 的半波信号，如图 5-41b 所示。

反向二极管有时用于峰值 0.1～0.7V 之间的微弱信号的整流。

5.12.5　隧道二极管

通过继续增加反向二极管的掺杂浓度，可以使击穿电压为 0V。而且，重掺杂使得正向导通曲线发生弯曲，如图 5-42a 所示，具有这种特性的二极管称为**隧道二极管**。

图 5-42b 所示是隧道二极管的电路符号，这种二极管表现出**负阻特性**。即正向电压的增加可以使正向电流减小，如图中 V_P 到 V_V 之间的特性。隧道二极管的负阻特性可用于高频振荡器电路。这种电路能够产生正弦信号，与交流信号发生器产生的正弦波相似。不同之处在于交流信号发生器是将机械能转化为正弦信号，而振荡器是将直流能量转化为正弦信号。振荡器将在后续章节介绍。

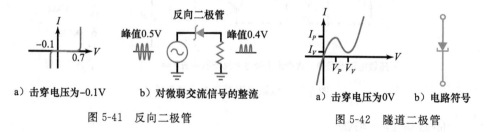

a）击穿电压为−0.1V　　b）对微弱交流信号的整流

图 5-41　反向二极管

a）击穿电压为0V　　b）电路符号

图 5-42　隧道二极管

5.12.6　PIN 二极管

PIN 二极管是一种工作在射频和微波频段具有可变电阻特性的半导体器件。它的结构如图 5-43a 所示，在 p 型和 n 型材料中间夹了一层本征（纯）半导体。图 5-43b 所示是 PIN 二极管的电路符号。

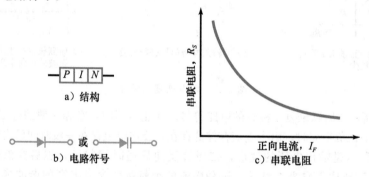

a）结构

b）电路符号

c）串联电阻

图 5-43　PIN 二极管

当二极管正偏时，其特性类似于电流控制的电阻。图 5-43c 所示是当正向电流增加时其串联电阻 R_S 随之减小的情况。反偏时，PIN 二极管类似于固定电容。PIN 二极管广泛应用于射频及微波调制器电路中。

5.12.7 器件列表

表 5-3 列出了本章讨论的所有特殊用途器件。齐纳二极管用于稳压，LED 用作直流或交流指示器，七段显示器用于测量设备等。应该学习并记住表中器件的要点。

表 5-3 特殊用途二极管

器件	要点	应用
齐纳二极管	工作在击穿区	稳压器
LED	发射非相干光	直流或交流指示器
七段指示器	可以显示数字	测量设备
光敏二极管	光照产生少数载流子	光检测
光耦合器	由 LED 和光敏二极管组成	输入/输出的电隔离
激光二极管	发射相干光	CD/DVD 播放器，宽带通信
肖特基二极管	没有电荷存储	高频整流器（300MHz）
变容二极管	相当于可变电容	电视和接收机调谐器
压敏电阻器	两个方向都击穿	电力线脉冲保护器
稳流二极管	保持电流恒定	稳流器
阶跃恢复二极管	反向导通时突然截止	倍频器
反向二极管	反向导通特性较好	弱信号整流器
隧道二极管	具有负阻区	高频振荡器
PIN 二极管	可控电阻	微波通信

总结

5.1 节 齐纳二极管是一种经过优化的工作于击穿区的特殊二极管，主要应用于稳压器——一种保持负载电压恒定的电路。理想情况下，反向偏置的齐纳二极管可以看作理想电池，在二阶近似时，它存在体电阻并产生小幅的额外压降。

5.2 节 齐纳二极管和负载电阻并联时，流过限流电阻的电流等于齐纳电流和负载电流之和。分析齐纳稳压器的过程是找到串联电流、负载电流以及齐纳电流（按顺序）。

5.3 节 在二阶近似中，可以将齐纳二极管看作一个电压为 V_Z 的电池和电阻 R_Z 的串联，流过 R_Z 的电流在二极管上产生额外电压，但是这个电压通常很小，考虑这个电阻是为了计算纹波电压的下降。

5.4 节 如果齐纳二极管脱离击穿区，则齐纳稳压器将会失效。最坏情况发生在电源电压最小、串联电阻最大且负载电阻最小的时候。为了使齐纳稳压器正常工作，必然保证在最坏情况下有齐纳电流存在。

5.5 节 齐纳二极管数据手册中最重要的数据是齐纳电压、最大额定功率、最大额定电流及容差。电路设计时还需要知道齐纳电阻、减额系数等其他参数。

5.6 节 从书中只能学到有限的故障诊断知识，其余的必须从实际电路的故障处理经验中学习。需要多问"如果……会怎样"，然后找到解决问题的办法。

5.7 节 负载线与齐纳二极管特性曲线的交点为 Q，当电源电压改变时，不同的负载线对应不同的 Q 点。尽管两个不同的 Q 点可能对应不同的电流，但是电压却基本相同，表现出稳压特性。

5.8 节 LED 已经作为指示器在仪表、计算器及其他电子设备上广泛应用。高强度的 LED 可以提供高发光效率（lm/W），该 LED 具有多种用途。

5.9 节 将七个 LED 封装在一起，可以得到七段显示器。另一个重要的光电器件是光耦合器，它可以实现两个相互隔离电路间的信号耦合。

5.10 节 反向恢复时间是指二极管从正向导通状态突然切换所需要的关断时间。这个时间也许只有几纳秒，但是它却约束了整流电路的上限频率。肖特基二极管是一种反向恢复时间几乎为零的特殊二极管，用于要求快速开关的高频电路中。

5.11 节 由于耗尽层的宽度随着反向电压的增大而增大，所以变容二极管的电容可以由反向电压控制，常见的应用是收音机和电视机的遥控调谐。

5.12 节 压敏电阻器可用于瞬态抑制；恒流二极管可在电压变化时保持电流的恒定；阶跃恢复二极管可突然截止，产生富含谐波分量的跳变电压；反向二极管的反向导通特性优于正向特性；隧道二极管表现出负阻特性，可用于高频振荡器；PIN 二极管通过调节正向电流改变电阻，应用于射频及微波通信电路中。

推论

(5-3)　串联电流

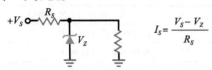

$$I_S = \frac{V_S - V_Z}{R_S}$$

(5-4)　负载电压

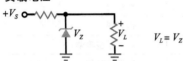

$$V_L = V_Z$$

(5-5)　负载电流

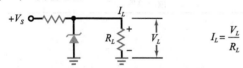

$$I_L = \frac{V_L}{R_L}$$

(5-6)　齐纳电流

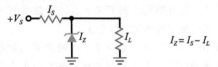

$$I_Z = I_S - I_L$$

(5-7)　负载电压的变化

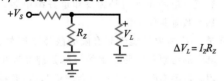

$$\Delta V_L = I_Z R_Z$$

(5-8)　输出纹波

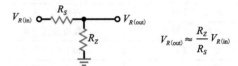

$$V_{R(out)} \approx \frac{R_Z}{R_S} V_{R(in)}$$

(5-9)　最大串联电阻

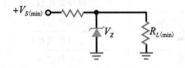

$$R_{S(max)} = \left(\frac{V_{S(min)}}{V_Z} - 1 \right) R_{L(min)}$$

(5-10)　最大串联电阻

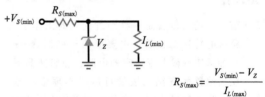

$$R_{S(max)} = \frac{V_{S(min)} - V_Z}{I_{L(max)}}$$

(5-13)　LED 电流

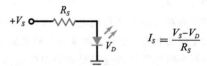

$$I_S = \frac{V_S - V_D}{R_S}$$

选择题

1. 下列关于齐纳二极管击穿电压的描述，哪个是正确的？
   a. 电流增加时，击穿电压减小
   b. 击穿会使二极管损坏
   c. 击穿电压等于电流乘以电阻
   d. 击穿电压近似恒定

2. 下列关于齐纳二极管的描述，最准确的是
   a. 它是整流二极管　　b. 它是恒压器件
   c. 它是恒流器件　　　d. 它工作在正向偏置区

3. 齐纳二极管

a. 是一个电池　　　　b. 在击穿区域电压恒定

c. 势垒电压为 1V　　　d. 是正向偏置的

4. 齐纳电阻上的电压通常

　　a. 很小　　　　　　　b. 很大

　　c. 为几伏　　　　　　d. 从击穿电压中减掉

5. 在一个无负载的齐纳稳压器中，若串联的电阻增大，则齐纳电流将会

　　a. 减小　　　　　　　b. 保持不变

　　c. 增大　　　　　　　d. 等于电压除以电阻

6. 在二级阶近似中，齐纳二极管上的总电压等于击穿电压与下列哪个电压的和？

　　a. 电源　　　　　　　b. 串联电阻

　　c. 齐纳电阻　　　　　d. 齐纳二极管

7. 当齐纳二极管处于下列哪种情况时，负载电压基本保持恒定？

　　a. 正偏　　　　　　　b. 反偏

　　c. 工作在击穿区　　　d. 不加偏置

8. 在带负载的齐纳稳压器中，电流最大的是

　　a. 串联支路电流　　　b. 齐纳电流

　　c. 负载电流　　　　　d. 以上都不对

9. 在齐纳稳压器中，若负载电阻增大，则齐纳电流

　　a. 减小

　　b. 保持不变

　　c. 增大

　　d. 等于电源电压除以串联电阻

10. 在齐纳稳压器中，若负载电阻减小，串联支路电流

　　a. 减小

　　b. 保持不变

　　c. 增大

　　d. 等于电源电压除以串联电阻

11. 在齐纳稳压器中，当电源电压增大时，下列哪个电流基本保持不变？

　　a. 串联支路电流　　　b. 齐纳电流

　　c. 负载电流　　　　　d. 总电流

12. 若齐纳稳压器中的齐纳二极管极性接反了，负载电压将最接近于

　　a. 0.7V　　　　　　　b. 10V

　　c. 14V　　　　　　　d. 18V

13. 当齐纳二极管的工作温度高于额定功率适应值时

　　a. 将马上烧毁

　　b. 必须减小它的额定功率

　　c. 必须增大它的额定功率

　　d. 不受影响

14. 下列哪个不能表示或测量齐纳二极管的击穿电压

　　a. 在线电压降　　　　b. 特性扫描仪

　　c. 反偏测试电路　　　d. 数字万用表

15. 高频时，普通二极管不能正常工作的原因是

　　a. 正向偏置　　　　　b. 反向偏置

　　c. 击穿　　　　　　　d. 电荷存储

16. 当变容二极管电容增大时，其反向电压

　　a. 减小　　　　　　　b. 增大

　　c. 击穿　　　　　　　d. 存储电荷

17. 当齐纳电流小于下列哪个值时，击穿不会损坏齐纳二极管

　　a. 击穿电压

　　b. 齐纳测试电流

　　c. 最大额定齐纳电流

　　d. 势垒电压

18. 相对于硅整流二极管，LED 有

　　a. 更低的正向电压和更低的击穿电压

　　b. 更低的正向电压和更高的击穿电压

　　c. 更高的正向电压和更低的击穿电压

　　d. 更高的正向电压和更高的击穿电压

19. 为了用七段显示器显示数字 0

　　a. C 段必须关断　　　b. G 段必须关断

　　c. F 段必须点亮　　　d. 所有段必须全部点亮

20. 光敏二极管通常

　　a. 正偏

　　b. 反偏

　　c. 既不正偏也不反偏

　　d. 发光

21. 当光线减弱时，光敏二极管中的反向少数载流子电流

　　a. 减小　　　　　　　b. 增大

　　c. 不受影响　　　　　d. 改变方向

22. 与压控电容有关的器件是

　　a. 发光二极管　　　　b. 光敏二极管

　　c. 变容二极管　　　　d. 齐纳二极管

23. 若耗尽层宽度减小，则电容

　　a. 减小　　　　　　　b. 保持不变

　　c. 增大　　　　　　　d. 可变

24. 当反向电压减小时，电容

　　a. 减小　　　　　　　b. 保持不变

　　c. 增大　　　　　　　d. 带宽增加

25. 变容二极管通常

　　a. 正偏　　　　　　　b. 反偏

　　c. 不加偏置　　　　　d. 工作在击穿区

26. 用来对微弱的交流信号进行整流的器件是

a. 齐纳二极管　　　b. 发光二极管

c. 压敏电阻器　　　d. 反向二极管

27. 下列具有负阻特性区的是

a. 隧道二极管　　　b. 阶跃恢复二极管

c. 肖特基二极管　　d. 光耦合器

28. 熔断指示器使用的是

a. 齐纳二极管　　　b. 恒流二极管

c. 发光二极管　　　d. PIN 二极管

29. 为了使输出电路与输入电路隔离，应使用下列哪个器件？

a. 反向二极管　　　b. 光耦合器

c. 七段显示器　　　d. 隧道二极管

30. 正向压降约为 0.25V 的二极管是

a. 阶跃恢复二极管

b. 肖特基二极管

c. 反向二极管

d. 恒流二极管

31. 在典型工作状态，下列器件中需要反向偏置的是

a. 齐纳二极管　　　b. 光敏二极管

c. 变容二极管　　　d. 上述所有器件

32. 当 PIN 二极管的正向电流减小时，它的电阻

a. 增大　　　　　　b. 减小

c. 保持不变　　　　d. 无法判断

习题

5.1 节

5-1　▥▥ Multisim一个无载齐纳稳压器，其电源电压为 24V，串联电阻为 470Ω，齐纳电压为 15V，则齐纳电流为多少？

5-2　若题 5-1 中的电源电压从 24V 变化到 40V，则最大齐纳电流为多少？

5-3　若题 5-1 中的串联电阻的容差为 ±5%，则最大齐纳电流为多少？

5.2 节

5-4　▥▥ Multisim若图 5-44 中的齐纳二极管断路，则负载电压为多少？

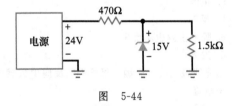

图　5-44

5-5　▥▥ Multisim计算图 5-44 中的三个电流。

5-6　假设图 5-44 中的两个电阻的容差均为 ±5%，则最大齐纳电流为多少？

5-7　假设图 5-44 中的电源电压从 24V 变化到 40V，此时的最大齐纳电流为多少？

5-8　将图 5-44 中的齐纳二极管用 1N963B 替代，则负载电压和齐纳电流各是多少？

5-9　画出齐纳稳压器的电路图。其中电源电压为 20V，串联电阻为 330Ω，齐纳电压为 12V，负载电阻为 1kΩ，则负载电压和齐纳电流各是多少？

5.3 节

5-10　图 5-44 中的齐纳二极管的齐纳电阻为 14Ω。若电源电压的纹波为 1V（峰峰值），负载

电阻上的纹波电压是多大？

5-11　白天，交流电力线电压会发生变化，使得未经稳压的 24V 电压源在 21.5～25V 之间变化。若齐纳电阻是 14Ω，在上述范围内，负载电压将会如何改变？

5.4 节

5-12　假设图 5-44 中的电源电压从 24V 下降到 0V，在这个过程中，齐纳二极管的稳压性能将会在某点处终止，试找出稳压特性开始失效处的电压。

5-13　图 5-44 中，未经稳压的电源电压会在 20～26V 之间变化，负载电阻可在 500Ω～1.5kΩ 间变化。在这些条件下，齐纳稳压器会失效么？如果失效的话，串联电阻应该如何调整？

5-14　图 5-44 中，未经稳压的电源电压会在 18～25V 之间变化，负载电流可在 1～25mA 间变化。在这些条件下，齐纳稳压器的稳压性能会丧失吗？如果会的话，R_S 可取的最大值是多少？

5-15　图 5-44 中，在保证齐纳稳压器不失去稳压性能的情况下，负载电阻的最小值是多少？

5.5 节

5-16　齐纳二极管上的电压为 10V，电流为 20mA，其功率是多少？

5-17　流过型号为 1N968 的二极管的电流为 5mA，其功率是多少？

5-18　试求图 5-44 中的电阻和齐纳二极管的功率。

5-19　图 5-44 中的齐纳二极管型号为 1N4744A，求齐纳电压的最小值和最大值。

5-20　若型号为 1N4736A 的齐纳二极管的管脚温

度升高到 100℃，该二极管此时的额定功率为多少？

5.6 节

5-21 在图 5-44 中，下列情况下的负载电压分别为多少？
　　a. 齐纳二极管短路
　　b. 齐纳二极管开路
　　c. 串联电阻开路
　　d. 负载电阻短路

5-22 若测得图 5-44 中负载电压约为 18.3V，则问题可能会出在哪里？

5-23 若测得图 5-44 中负载电压为 24V，欧姆表显示齐纳二极管是开路的。在替换掉齐纳二极管之前，应该做哪些检查？

5-24 在图 5-45 中，LED 不亮，有可能发生下列

哪些故障？
　　a. V130LA2 开路
　　b. 左边两个桥接二极管之间对地开路
　　c. 滤波电容开路
　　d. 滤波电容短路
　　e. 1N5314 开路
　　f. 1N5314 短路

5.8 节

5-25 ‖‖‖ **Multisim** 求图 5-46 中流过 LED 的电流。

5-26 若图 5-46 中电源电压增加到 40V，LED 电流为多少？

5-27 若图 5-46 中电阻减小到 1kΩ，LED 电流为多少？

5-28 减小图 5-46 中的电阻，直至 LED 电流为 13mA，求此时的电阻值。

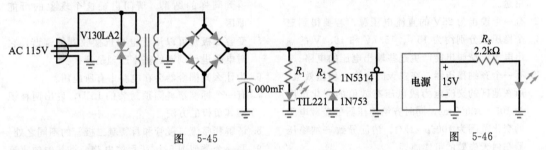

图　5-45　　　　　　　　　　　图　5-46

思考题

5-29 图 5-44 中齐纳二极管的齐纳电阻为 14Ω，若考虑 R_Z 的影响，则负载电压是多少？

5-30 图 5-44 中的齐纳二极管型号是 1N4744A，若负载电阻从 1Ω 变化到 10kΩ，计算负载电压的最小值和最大值（采用二阶近似）。

5-31 设计一个满足下列指标的齐纳整流器：负载电压 6.8V，电源电压 20V，负载电流 30mA。

5-32 TIL312 是七段显示器，电流为 20mA 时，每一段的电压降在 1.5～2V 之间，电源电压为 +5V，设计一个七段显示电路，其中控制开关的最大电流为 140mA。

5-33 图 5-45 电路中，当电力线电压为 115Vrms 时，二次电压为 12.6Vrms，电力线在白天的变化为 ±10%，电阻的容差为 ±5%，1N4733A 的容差为 ±5%，齐纳电阻为 7Ω。若 R_2 = 560Ω，齐纳电流在白天的最大值可能是多少？

5-34 图 5-45 中的二次电压是 12.6Vrms，二极管的压降为 0.7V，1N5314 是一个电流为 4.7mA 的恒流二极管。LED 的电流是 15.6mA，齐纳管的电流为 21.7mA，滤波电容的容差为 ±20%，求最大纹波电压峰峰值。

5-35 图 5-47 所示为自行车照明系统的部分电路，其中的二极管是肖特基二极管，采用二阶近似模型计算滤波电容上的电压。

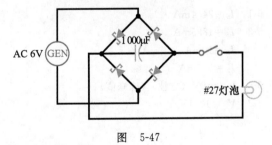

图　5-47

故障诊断

‖‖‖ **Multisim** 图 5-48 所示的故障诊断表根据 $T_1 \sim T_8$ 的故障情况，列出了电路中每个节点的电压值和二极管 D_1 的工作情况，第一行给出了正常

情况下的数值。

5-36 确定故障 1～4。

5-37 确定故障 5～8。

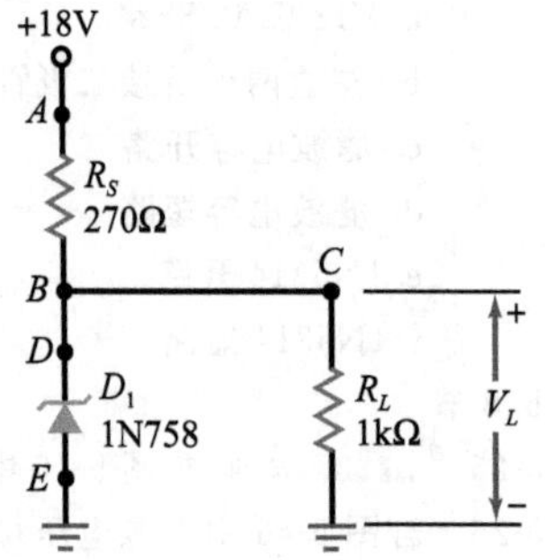

	V_A	V_B	V_C	V_D	D_1
正常	18	10.3	10.3	10.3	正常
T1	18	0	0	0	正常
T2	18	14.2	14.2	0	正常
T3	18	14.2	14.2	14.2	∞
T4	18	18	18	18	∞
T5	0	0	0	0	正常
T6	18	10.5	10.5	10.5	正常
T7	18	14.2	14.2	14.2	正常
T8	18	0	0	0	0

图　5-48　故障诊断

求职面试问题

1. 画一个齐纳稳压器，然后解释它的工作原理和用途。

2. 有一个输出为 25V 的直流电压源，若要得到三个稳压值分别约为 15V、15.7V 和 16.4V 的输出电压，请画出能产生这些输出电压的电路。

3. 有一个齐纳稳压器，在白天时会失去稳压效果。所在地区的交流电力线电压有效值的变化范围为 105～125Vrms，同时齐纳稳压器的负载电阻的变化范围为 100Ω～1kΩ。请问导致齐纳稳压器在白天失效的可能原因。

4. 若在面包板上插接一个 LED 指示器，将 LED 接入电路并接通电源后，LED 没有亮，检查后发现 LED 是断路的。更换了另外一个 LED 后得到同样的结果。请问出现这个现象的可能原因。

5. 变容二极管可以用于电视机接收器的调谐，它对电路进行调谐的基本原理是什么？

6. 为什么光耦合器会在电路中有所应用？

7. 有一个标准塑料圆顶封装的 LED，说出两种识别其负极的方法。

8. 请解释整流二极管和肖特基二极管的不同之处。

9. 画一个类似图 5-4a 所示的电路，将其中的直流源换成峰值为 40V 的交流源。当齐纳电压为 10V 时，画出输出电压的波形。

选择题答案

1. d　2. b　3. b　4. a　5. a　6. c　7. c　8. a　9. c　10. b　11. c　12. a　13. b　14. d　15. d
16. a　17. c　18. c　19. b　20. b　21. a　22. c　23. c　24. c　25. b　26. d　27. a　28. c　29. b　30. b
31. d　32. a

自测题答案

5-1　$I_S = 24.4\text{mA}$

5-3　$I_S = 18.5\text{mA}$
　　$I_L = 10\text{mA}$
　　$I_Z = 8.5\text{mA}$

5-5　$V_{RL} = 8\text{V}$（方波）（峰峰值）

5-7　$V_L = 10.1\text{V}$

5-8　$V_{R(\text{out})} = 94\text{mV}$（峰峰值）

5-10　$R_{S(\text{max})} = 65\Omega$

5-11　$R_{S(\text{max})} = 495\Omega$

5-13　$R_S = 330\Omega$

5-14　$I_S = 27\text{mA}$
　　$P = 7.2\text{W}$

第 6 章

双极型晶体管基础

1951 年，William Schockley 发明了第一个 **结型晶体管**，这种半导体器件能够放大电子信号，如广播和电视信号。晶体管的出现带来了许多半导体领域的其他发明，包括 **集成电路**（IC），这种电路可以在一个很小的器件中包含成千上万的微小晶体管。由于有了集成电路，使得现代计算机和其他电子奇迹的出现成为可能。

本章介绍 **双极型晶体管**（BJT）的基本原理，这种晶体管利用的是自由电子和空穴。双极是"两种极性"的缩写。后续章节将会研究双极型晶体管的放大特性和开关特性。本章也将研究如何为双极型晶体管设置适当的偏置以使其具有开关特性。

目标

在学习完本章之后，你应该能够：

- 描述双极型晶体管基极、发射极和集电极电流之间的关系；
- 画出共发射极电路，并标出端口、电压和阻抗；
- 画出设定情况下的基极特性曲线及一组集电极特性曲线，标明坐标；
- 在双极型晶体管集电极特性曲线上标示出三个工作区域；
- 利用晶体管理想化近似和二阶近似模型计算共发射极晶体管的电压与电流；
- 列出技术人员可能用到的双极型晶体管的几个指标；
- 解释为什么基极偏置对于放大电路来说是不理想的；
- 对给定的基极偏置电路判断其饱和点和截止点；
- 对给定的基极偏置电路计算静态工作点。

关键术语

有源区（active region）

放大电路（amplifying circuit）

基极（base）

基极偏置（base bias）

双极型晶体管（bipolar junction transistor，BJT）

击穿区（breakdown region）

集电极（collector）

集电结（collector diode）

共发射极（common emitter，CE）

电流增益（current gain）

截止点（cutoff point）

截止区（cutoff region）

直流系数 α（dc alpha）

直流系数 β（dc beta）

发射极（emitter）

发射结（emitter diode）

h 参数（h parameter）

散热器（heat sink）

集成电路（integrated circuit，IC）

结型晶体管（junction transistor）

负载线（load line）

功率晶体管（power transistor）

静态工作点（quiescent point）

饱和点（saturation point）

饱和区（saturation region）

小信号晶体管（small-signal transistor）

轻度饱和（soft saturation）

表面贴装晶体管（surface-mount transistor）　　热电阻（thermal resistance）

开关电路（switching circuit）　　双态电路（two-state circuit）

6.1　无偏置的晶体管

晶体管有三个掺杂区，如图 6-1 所示。底部区域是**发射极**，中间区域是**基极**，顶部区域是**集电极**。实际晶体管的基极比集电极和发射极薄很多。图 6-1 所示晶体管是一个 npn 型器件，p 区在两个 n 区的中间。n 型材料中的多子是自由电子，p 型材料中的多子是空穴。

晶体管也可以制造成 pnp 型。pnp 型晶体管的 n 区在两个 p 区中间。为了避免 npn 管和 pnp 管的混淆，首先集中讨论 npn 型晶体管。

6.1.1　掺杂浓度

图 6-1 中，发射极是重掺杂的，基极掺杂浓度较轻，集电极的掺杂浓度为中等，介于发射极重掺杂和基极轻掺杂之间[⊖]。集电极区域在外形上是三个区域中最大的。

6.1.2　发射结和集电结

图 6-1 所示的晶体管有两个结，一个在发射极和基极之间，另一个在集电极和基极之间。因此，晶体管看起来好像两个背靠背的二极管。下面的二极管称为发射极-基极二极管，或简称为**发射结**，上面的二极管称为集电极－基极二极管，或简称为**集电结**。

6.1.3　扩散前后

图 6-1 所示是晶体管各区域载流子扩散之前的情况。如第 2 章中的讨论，n 区中的自由电子将会穿过 pn 结扩散到 p 区并与那里的空穴复合。两个 n 区的自由电子都会穿过 pn 结并与空穴复合。

扩散的结果是形成两个耗尽层，如图 6-2a 所示。对硅晶体管而言，每个耗尽层的势垒电压在 25℃下大约为 0.7V（锗晶体管在 25℃下为 0.3V）。这里重点讨论硅器件，因为目前硅器件比锗器件的应用更广泛。

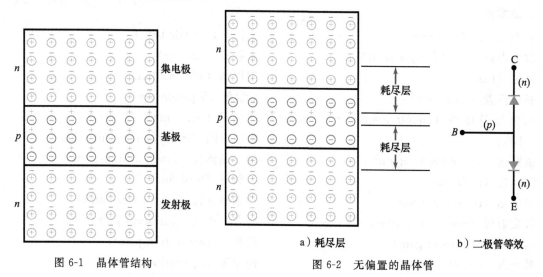

图 6-1　晶体管结构　　　　a）耗尽层　　　b）二极管等效

图 6-2　无偏置的晶体管

⊖　集电极的掺杂浓度也可能会低于基极掺杂浓度。——译者注

知识拓展　1947 年 12 月 23 日下午，Walter H. Brattain 和 John Bardeen 在贝尔电话实验室的实验发现了第一个晶体管的放大作用。第一个晶体管称为"点接触晶体管"，这是 Schockley 发明的结型晶体管的前身。

知识拓展　图 6-1 中的晶体管有时又称为"双极型晶体管"，或 BJT。而电子工业界大多数人仍将"晶体管"这个词默认为双极型晶体管。

6.2　有偏置的晶体管

未加偏置的晶体管像是两个背靠背的二极管，如图 6-2b 所示。每个二极管的势垒电压大约为 0.7V。记住这个二极管等效电路对于使用数字万用表测量 npn 晶体管是有帮助的。将外部电压源连接到晶体管上时，可以得到通过晶体管不同区域的电流。

6.2.1　发射极电子

图 6-3 所示是施加偏置的晶体管，负号表示自由电子。重掺杂发射极的作用是将自由电子发射或注入到基极。轻掺杂基极的作用是将发射极注入的电子传输到集电极。集电极收集或聚集来自基极的绝大部分电子，因而得名。

图 6-3 所示是晶体管的常见偏置方式。其中左边的电源 V_{BB} 使发射结正偏，右边的电源 V_{CC} 使集电结反偏。尽管还有其他可能的偏置方式，但是发射结正偏，集电结反偏是最常用的偏置方式。

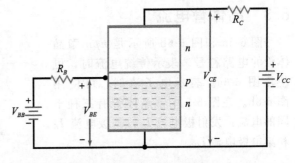

图 6-3　加偏置的晶体管

知识拓展　晶体管中，发射极-基极间的耗尽层要比集电极-基极间的窄，原因是发射极和集电极的掺杂浓度不同。由于发射极的掺杂浓度高，有足够多的自由电子可以提供，所以耗尽层扩展到 n 型区的宽度小。而相比之下，集电极的自由电子较少，为建立起势垒电压，耗尽层必须扩展得更宽一些。

6.2.2　基极电子

图 6-3 中，在发射结正偏的瞬间，发射极中的电子尚未进入到基区。如果 V_{BB} 大于发射极-基极的势垒电压，那么发射极电子将进入基区，如图 6-4 所示。理论上，这些自由电子可以沿着以下两个方向中任意一个流动。第一，它们可以向左流动并从基极流出，通过该路径上的 R_B 到达电源正极。第二，自由电子可以流到集电极。

自由电子会去向哪里呢？大多数电子会继续流到集电极。原因有两个：一是基极轻掺杂，二是基区很薄。轻掺杂意味着自由电子在基区的寿命长，基区很薄则意

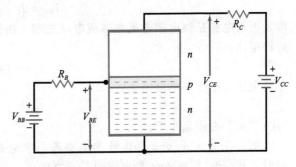

图 6-4　发射极将自由电子注入基极

味着自由电子只需通过很短的距离就可以到达集电极。由于这两个原因，几乎所有发射极注入的电子都能通过基极到达集电极。

只有很少的自由电子会与轻掺杂的基极中的空穴复合，如图 6-5 所示，然后作为导带电子，通过基区电阻到达电源 V_{BB} 的正极。

6.2.3　集电极电子

几乎所有的自由电子都能到达集电极，如图 6-5 所示。当它们进入集电极，便会受到电源电压 V_{CC} 的吸引。这些自由电子因而会流过集电极和电阻 R_C，到达集电极电压源的正极。

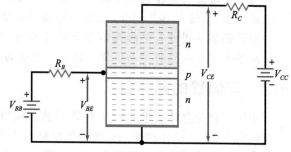

图 6-5　自由电子从基极流入集电极

总结一下：在图 6-5 中，V_{BB} 使发射结正偏，迫使发射极的自由电子进入基极。基极很薄而且浓度低，使几乎所有电子有足够时间扩散到集电极。这些电子流过集电极和电阻 R_C，到达电压源 V_{CC} 的正极。

6.3　晶体管电流

图 6-6a 和图 6-6b 所示是 npn 型晶体管的电路符号。表示传统电流时，可使用图 6-6a。表示电子流时，可使用图 6-6b。在图 6-6 中，晶体管有三种不同的电流：发射极电流 I_E、基极电流 I_B 和集电极电流 I_C。

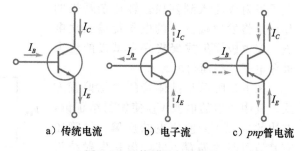

a）传统电流　　b）电子流　　c）pnp管电流

图 6-6　晶体管的三种电流

6.3.1　电流的大小

发射极是电子发射的源头，因而它的电流最大。由于发射极中大多数电子流到集电极，所以集电极电流几乎和发射极电流大小相同。比较而言，基极电流非常小，通常不到集电极电流的 1/100。

6.3.2　电流间的关系

由基尔霍夫电流定律：流入一个点或结的所有电流总和等于流出这个点或结的所有电流总和。对于晶体管，得出如下重要的关系式：

$$I_E = I_C + I_B \tag{6-1}$$

即发射极电流是集电极电流和基极电流之和。由于基极电流很小，集电极电流几乎等于发射极电流：

$$I_C \approx I_E$$

基极电流远小于集电极电流：

$$I_B \ll I_C$$

（注："$\ll$"表示远小于。）

图 6-6c 所示是 pnp 晶体管的电路符号和它的电流，它的电流方向和 npn 管的相反。同时，式（6-1）对 pnp 管电流也是成立的。

6.3.3　直流系数 α

直流系数 α（用 α_{dc} 表示）定义为集电极直流电流与发射极直流电流之比：

$$\alpha_{\text{dc}} = \frac{I_C}{I_E} \tag{6-2}$$

因为集电极电流几乎等于发射极电流，所以 α_{dc} 略小于 1。例如，对于一个低功率晶体管，α_{dc} 通常大于 0.99。即使是大功率晶体管，α_{dc} 也通常大于 0.95。

6.3.4　直流系数 β

晶体管的**直流系数 β**（用符号 β_{dc} 表示）定义为集电极直流电流与基极直流电流之比：

$$\beta_{\text{dc}} = \frac{I_C}{I_B} \tag{6-3}$$

β_{dc} 也称为**电流增益**，通过较小的基极电流控制比它大得多的集电极电流。

具有电流增益是晶体管的主要特点，几乎所有应用都是由此产生的。对于低功率晶体管（小于 1W），电流增益通常为 $100 \sim 300$。大功率（高于 1W）晶体管的电流增益通常为 $20 \sim 100$。

6.3.5　两个推论

式（6-3）可以重新整理成两个等效形式。首先，如果已知 β_{dc} 和 I_B 的值，可以用下面的推论计算集电极电流：

$$I_C = \beta_{\text{dc}} I_B \tag{6-4}$$

其次，如果已知 β_{dc} 和 I_C 的值，可以利用下面的推论计算基极电流：

$$I_B = \frac{I_C}{\beta_{\text{dc}}} \tag{6-5}$$

例 6-1 晶体管的集电极电流为 10mA，基极电流为 40uA。该晶体管的电流增益是多少？

解： 用集电极电流除以基极电流得：

$$\beta_{\text{dc}} = \frac{10\text{mA}}{40\mu\text{A}} = 250$$ ◀

自测题 6-1 当基极电流为 50uA 时，例 6-1 中晶体管电流增益是多少？

例 6-2 晶体管的电流增益为 175。当基极电流为 0.1mA 时，集电极电流是多少？

解： 基极电流乘以电流增益得：

$$I_C = 175 \times 0.1\text{mA} = 17.5\text{mA}$$ ◀

自测题 6-2 计算例 6-2 中电流 I_C，$\beta_{\text{dc}} = 100$。

例 6-3 晶体管集电极电流为 2mA。如果电流增益为 135，则基极电流是多少？

解： 集电极电流除以电流增益得：

$$I_B = \frac{2\text{mA}}{135} = 14.8\mu\text{A}$$ ◀

自测题 6-3 如果例 6-3 中 $I_C = 10\text{mA}$，计算晶体管基极电流。

6.4　共发射极组态

晶体管有三种有用的组态：CE（共发射极）、CC（共集电极）和 CB（共基极）。CC 和 CB 组态将在后续章节讨论。本章集中讨论应用最广的 CE 组态。

6.4.1　共发射极

在图 6-7a 所示电路中，两个电压源的公用端或地端连接到发射极上，该电路称为共发射极组态。该电路有两个回路，左边的回路是基极回路，右边的是集电极回路。

在基极回路中，电压源 V_{BB} 使发射结正偏，R_B 为限流电阻。通过改变 V_{BB} 或 R_B，可以改变基极电流，而改变基极电流将使集电极电流发生改变，即基极电流控制集电极电流。这一点很重要，说明可以用小电流（基极）控制大电流（集电极）。

在集电极回路中，电压源 V_{CC} 通过 R_C 使集电结反偏。电压源 V_{CC} 必须使集电结反偏，否则晶体管将不能正常工作。即集电极必须是正电压，这样才能够将注入基极的大多数自由电子收集过来。

图 6-7a 所示电路中，左边回路中基极电流的流动在基极电阻 R_B 上产生一个电压，极性如图 6-7a 所示。同样地，右边回路中集电极电流的流动在集电极电阻 R_C 上产生一个电压，极性如图 6-7a 所示。

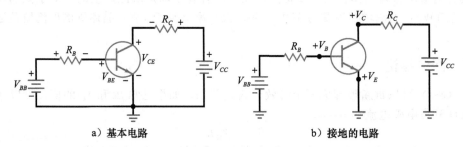

a）基本电路　　　　　　　　　　　　　b）接地的电路

图 6-7　共发射极组态

知识拓展　有时将基极回路称为输入回路，集电极回路称为输出回路。在 CE 连接中，输入回路控制输出回路。

6.4.2　双下标

晶体管电路中常使用双下标表示方法。当下标中两个字符相同时，电压表示电压源（V_{BB} 和 V_{CC}）。当下标中两个字符不同时，则表示两点间的电压（V_{BE} 和 V_{CE}）。

例如，V_{BB} 下标中两个字符相同，表明 V_{BB} 是基极电压源。同样地，V_{CC} 是集电极电压源。V_{BE} 表示 B 点和 E 点之间的电压，即基极和集电极之间的电压。同样，V_{CE} 是 C 点和 E 点之间的电压，即集电极和发射极之间的电压。测量双下标电压时，主探针或正极探针放在第一个下标对应的电路节点处，共地探针与第二个下标对应的电路节点相连接。

6.4.3　单下标

单下标用于节点电压，即标注点和地之间的电压。例如，如果将图 6-7a 所示电路重画，并将各部分的地电位分别表示，就得到如图 6-7b 所示的电路。电压 V_B 是基极和地之间的电压，电压 V_C 是集电极和地之间的电压，V_E 是发射极和地之间的电压（该电路中 V_E 为零）。

通过将单下标电压相减，可以计算出字符不同的双下标电压。下面举三个例子：

$$V_{CE} = V_C - V_E$$
$$V_{CB} = V_C - V_B$$
$$V_{BE} = V_B - V_E$$

这是计算任何晶体管电路中双下标电压的方法。由于在 CE 组态中，V_E 为零（见图 6-7b），则电压可简化为：

$$V_{CE} = V_C$$
$$V_{CB} = V_C - V_B$$
$$V_{BE} = V_B$$

知识拓展　"晶体管"最初是由在贝尔实验室工作的约翰·皮尔斯命名的。这个新器件具有与真空管的对偶特性。真空管具有"跨导特性"，而新器件具有"跨阻特性"。

6.5　基极特性

I_B 与 V_{BE} 的特性曲线看起来就像是普通二极管的特性曲线，如图 6-8a 所示。实际上对于正向偏置的发射结，它的特性就是二极管的伏安特性，即可以采用之前讨论过的任何有关二极管的近似方法。

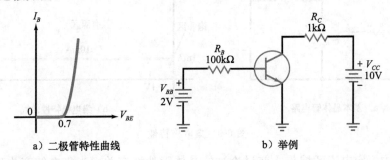

a）二极管特性曲线　　　　　　b）举例

图 6-8　基极特性

对图 6-7b 中的基极电阻使用欧姆定律，得到：

$$I_B = \frac{V_{BB} - V_{BE}}{R_B} \tag{6-6}$$

如果采用理想二极管，则取 $V_{BE} = 0$。如果采用二阶近似，则取 $V_{BE} = 0.7V$。

大多数情况下，采用二阶近似是在理想二极管计算速度和高阶近似计算精度之间的最好折中。在二阶近似中 V_{BE} 要取 0.7V，如图 6-8a 所示。

例 6-4　采用二阶近似计算图 6-8b 中的基极电流和基极电阻上的电压。当 $\beta_{dc} = 200$ 时，集电极电流是多少？

解：2V 的基极电压源通过 100kΩ 的限流电阻使发射结正偏。因为发射结上压降为 0.7V，基极电阻上的电压为：

$$V_{BB} - V_{BE} = 2V - 0.7V = 1.3V$$

流过基极电阻的电流为：

$$I_B = \frac{V_{BB} - V_{BE}}{R_B} = \frac{1.3V}{100kΩ} = 13\mu A$$

电流增益为 200，则集电极电流为：

$$I_C = \beta_{dc} I_B = 200 \times 1.3\mu A = 2.6mA$$

◀

自测题 6-4　当基极电压源 $V_{BB} = 4V$ 时，重新计算例 6-4。

6.6　集电极特性

6.5 节已经讨论了计算图 6-9a 中电路基极电流的方法。因为 V_{BB} 使发射结正偏，需要计算的是通过基极电阻 R_B 的电流。下面讨论集电极回路。

可以改变图 6-9a 中的 V_{BB} 和 V_{CC}，使晶体管产生不同的电压和电流。通过测量 I_C 和 V_{CE}，获得 I_C 与 V_{CE} 特性曲线的数据。

例如，假定按需要改变 V_{BB} 使得 $I_B = 10\mu A$，保持这个基极电流值不变，改变 V_{CC}，并测量出 I_C 和 V_{CE}。根据所得数据画出图 6-9b 所示的特性曲线。（注意：这是 2N3904 晶体管的特性曲线，一种被广泛使用的低功率晶体管。对于其他晶体管，数值可能不同，但是曲线的形状是类似的。）

当 V_{CE} 为零时，集电结不再处于反偏状态，因而当 V_{CE} 为零时，图 6-9b 中显示集电极电流为零。当 V_{CE} 从零开始增加时，集电极电流迅速增加。当 V_{CE} 介于 0～1V 之间时，集电极电流增到 1mA，并几乎恒定不变。

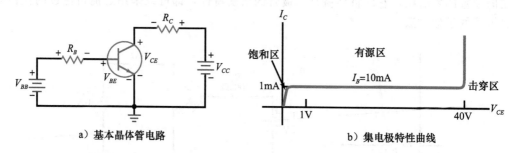

a）基本晶体管电路 b）集电极特性曲线

图 6-9 集电极特性

图 6-9b 中恒定电流区域与之前讨论过的晶体管特性有关。当集电结变为反向偏置后，到达耗尽层的电子被全部收集。进一步增加 V_{CE} 并不能增加集电极电流，因为集电极只能收集发射极注入基极中的自由电子，这些注入电子的数目仅依赖于基极电路，而不是集电极电路。因此，图 6-9b 显示的集电极电流从 V_{CE} 小于 1V 直至大于 40V 的区域均为恒定值。

当 V_{CE} 大于 40V 时，集电结将被击穿，晶体管将失去正常特性，因此晶体管不能工作在击穿区。在晶体管数据手册中，有一个最大额定指标就是集电极-发射极击穿电压 $V_{CE(\max)}$。如果晶体管被击穿，将会损坏。

6.6.1 集电极电压和功率

基尔霍夫电压定律说明一个回路或者闭合路径的电压和等于零。对于图 6-9a 所示的集电极电路，得到如下推论：

$$V_{CE} = V_{CC} - I_C R_C \tag{6-7}$$

说明 V_{CE} 等于集电极电源电压减去集电极电阻上的电压。

在图 6-9a 中，晶体管的功率大约为：

$$P_D = V_{CE} I_C \tag{6-8}$$

说明晶体管的功率等于 V_{CE} 与集电极电流的乘积。这个功率导致集电结的结温升高，功率越大，结温越高。

当结温升高至 150～200℃ 时，晶体管将会烧毁。数据手册中最重要的信息之一就是最大额定功率 $P_{D(\max)}$，式（6-8）给出的功耗必须小于 $P_{D(\max)}$，否则晶体管将会损坏。

6.6.2 工作区

在图 6-9b 所示特性曲线的不同区域，晶体管的工作状态是不同的。首先，在 V_{CE} 处于

1~40V 的中间区域，是晶体管的正常工作区。在这个区域，发射结正偏，集电结反偏。而且，集电极将发射极注入基极的电子几乎全部收集，因此改变集电极电压不影响集电极电流，这个区域叫作**有源区**，有源区是曲线的水平部分，即集电极电流在这个区域是恒定的。

另外一个区域是**击穿区**。因为晶体管在这个区域会损坏，所以绝不允许工作在该区域。齐纳二极管的击穿区特性是经过优化的，可以工作在该区域，而晶体管是不允许工作在击穿区的。

第三个区域是曲线在起始处上升的部分，这里的 V_{CE} 在 0~1V 之间。这个曲线的斜坡部分称为**饱和区**。在该区域内，集电结的正电压不能将注入基极的自由电子全部收集，基极电流 I_B 大于正常值，电流增益 β_{dc} 则小于正常值。

6.6.3　更多的特性曲线

如果在 $I_B = 20\mu A$ 时测量 I_C [⊖] 和 V_{CE}，就可以得到图 6-10 中第二条特性曲线，与第一条曲线相似，只是集电极电流在有源区的值为 2mA。而且，集电极电流在有源区也是恒定值。

画出不同基极电流对应的曲线后，就得到与图 6-10 类似的一组集电极特性曲线。得到这组曲线的另一种方法是用特性曲线扫描仪（一种能够显示晶体管 I_C 与 V_{CE} 特性曲线的测试仪器）。在图 6-10 中的有源区部分，每个集电极电流是相应基极电流的 100 倍。例如，顶部特性曲线的集电极电流为 7mA，而基极电流为 70μA。则电流增益为：

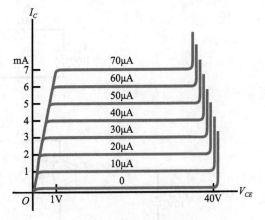

图 6-10　一组集电极特性曲线

$$\beta_{dc} = \frac{I_C}{I_B} = \frac{7\text{mA}}{70\mu A} = 100$$

对其他任意曲线进行检测，得到的结果相同：电流增益为 100。

对于其他晶体管，电流增益可能不是 100，但是其特性曲线的形状都是相似的。所有的晶体管特性都分为有源区、饱和区和击穿区。有源区是最重要的，因为晶体管工作在有源区才能够实现对信号的放大。

知识拓展　使用特性曲线扫描仪时，图 6-10 中的集电极特性曲线实际上随着 V_{CE} 的增加略微上翘，这是由于 V_{CE} 的增加使基区宽度略微变小的结果（当 V_{CE} 增加时，CB 结耗尽层变宽，从而使得基区变窄）。基区变窄则参与复合的空穴减少。由于每条曲线对应同一个恒定的基极电流，这个效应表现为集电极电流的增加。

6.6.4　截止区

在图 6-10 的最下端，有一条并不希望存在的曲线，它表示的是第四个可能的工作区。注意，此时基极电流为零，但仍然有一个小的集电极电流。在特性曲线扫描仪上，这个电流通常很小，难以观察到，而这里的底部曲线是将实际电流曲线的比例放大了。底部特性曲线叫作晶体管的**截止区**，这个小的集电极电流称为集电极截止电流。

⊖　原文为"I_B"，有误。——译者注

集电极截止电流的存在是因为集电结中有反向少子电流和表面漏电流。对于设计良好的电路，集电极截止电流很小，可以忽略。例如，晶体管 2N3904 的集电极截止电流为 50nA，如果实际集电极电流为 1mA，忽略 50nA 的集电极截止电流所产生的计算误差小于 5%。

6.6.5 要点重述

晶体管有四个不同的工作区域：有源区、截止区、饱和区和击穿区。晶体管工作在有源区时，可用来对弱信号进行放大。因为输入信号的变化使输出信号发生成比例的变化，所以有时有源区又称为线性区。晶体管在数字电路和计算机电路中工作在饱和区和截止区，这些电路均称为**开关电路**。

例 6-5 图 6-11a 所示晶体管的 $\beta_{dc}=300$。计算 I_B、I_C、V_{CE} 和 P_D。

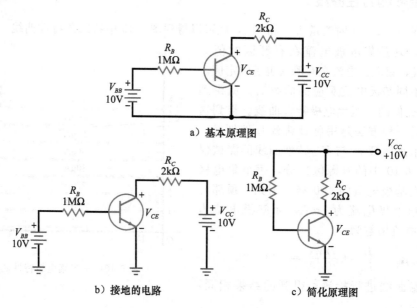

图 6-11 晶体管电路

解：图 6-11b 显示了该电路接地的情况。基极电流等于：

$$I_B = \frac{V_{BB} - V_{BE}}{R_B} = \frac{10\text{V} - 0.7\text{V}}{1\text{M}\Omega} = 9.3\mu\text{A}$$

集电极电流为：

$$I_C = \beta_{dc} I_B = 300 \times 9.3\mu\text{A} = 2.79\text{mA}$$

V_{CE} 为：

$$V_{CE} = V_{CC} - I_C R_C = 10\text{V} - 2.79\text{mA} \times 2\text{k}\Omega = 4.42\text{V}$$

集电极功耗为：

$$P_D = V_{CE} I_C = 4.42\text{V} \times 2.79\text{mA} = 12.3\text{mW}$$

当基极和集电极电源电压相等时，如图 6-11b 所示，通常以如图 6-11c 所示的简单电路形式表示。◀

自测题 6-5 将 R_B 改为 680kΩ，重新计算例 6-5。

应用实例 6-6 图 6-12 所示是通过 Multisim 建立的仿真电路。计算晶体管 2N4424 的电流增益。

‖‖‖Multisim

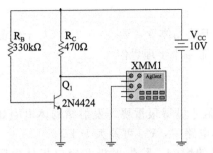
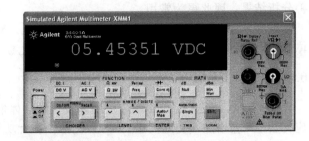

图 6-12　用于计算 2N4424 的电流增益的 Multisim 仿真电路

解： 首先，得到基极电流如下：

$$I_B = \frac{10\text{V} - 0.7\text{V}}{330\text{k}\Omega} = 28.2\mu\text{A}$$

然后，需要得到集电极电流。由于万用表显示 V_{CE} 为 5.45V（四舍五入到 3 位有效数字），集电极电阻上的电压为：

$$V = 10\text{V} - 5.45\text{V} = 4.55\text{V}$$

因为集电极电流流过集电极电阻，利用欧姆定律得到集电极电流：

$$I_C = \frac{4.55\text{V}}{470\Omega} = 9.68\text{mA}$$

下面，计算电流增益，得到：

$$\beta_{dc} = \frac{9.68\text{mA}}{28.2\mu\text{A}} = 343$$

2N4424 是一个高电流增益的晶体管。小信号晶体管 β_{dc} 的典型值范围为 100～300。　◀

　🖊 **自测题 6-6**　使用 Multisim 将图 6-12 中基极电阻改为 560kΩ，计算 2N4424 的电流增益。

6.7　晶体管的近似

　　图 6-13a 所示晶体管的发射结电压为 V_{BE}，集电极-发射极两端电压为 V_{CE}。该晶体管的等效电路是什么？

6.7.1　理想化近似

　　图 6-13b 所示是晶体管的理想化近似。将发射结表示为理想二极管，此时，$V_{BE} = 0$，可以快速容易地计算出基极电流。该等效电路常用于故障诊断，因为这时所需要的仅是对基极电流的粗略估计。

　　如图 6-13b 所示，晶体管的集电极就像一个电流源，它输出 $\beta_{dc}I_B$ 的集电极电流并流经集电极电阻。因此，当计算出基极电流后，将它与电流增益相乘即可得到集电极电流。

6.7.2　二阶近似

　　图 6-13c 所示是晶体管的二阶近似。由于该模型在基极电压比较小的时候能显著地改

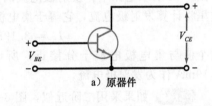

a）原器件

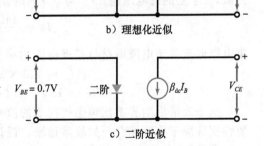

b）理想化近似

c）二阶近似

图 6-13　晶体管的近似

善分析结果，因此更为常用。

这里采用二极管的二阶近似来计算基极电流。对于硅晶体管，$V_{BE} = 0.7V$（对于锗晶体管，$V_{BE} = 0.3V$）。在二阶近似下，基极和集电极电流略小于理想值。

6.7.3 高阶近似

只有在电流很大的大功率应用中，发射结的体电阻才显得很重要。发射结的体电阻效应将会使 V_{BE} 增加，使之大于 0.7V。例如，在大功率电路中，V_{BE} 可能大于 1V。

同样地，集电结的体电阻在某些设计中也有明显的影响。除发射极和集电极体电阻外，晶体管还有很多其他的高阶效应，这使得手工计算变得十分繁琐且耗时。所以，二阶以上的近似计算应通过计算机来解决。

知识拓展 双极型晶体管通常用作恒流源。

例 6-7 图 6-14 中 V_{CE} 是多少？采用理想晶体管。

解： 对于理想发射结：
$$V_{BE} = 0$$
因此，R_B 上的总电压是 15V。根据欧姆定律：
$$I_B = \frac{15V}{470k\Omega} = 31.9\mu A$$

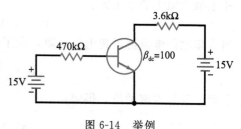

集电极电流等于电流增益与基极电流的乘积：
$$I_C = 100 \times 31.9\mu A = 3.19mA$$

图 6-14 举例

下面计算 V_{CE}，它等于集电极电源电压减去集电极电阻上的压降：
$$V_{CE} = 15V - 3.19mA \times 3.6k\Omega = 3.52V$$
在图 6-14 所示电路中，发射极电流的值不太重要，所以多数人不会计算它。但作为例题，这里将计算发射极电流，它等于集电极电流和基极电流之和：
$$I_E = 3.19mA + 31.9\mu A = 3.22mA$$
这个值与集电极电流十分接近，所以一般不需要计算。多数人会将集电极电流的值 3.19mA 作为发射极电流。◀

例 6-8 如果采用二阶近似，图 6-14 所示电路中的 V_{CE} 是多少？ ‖‖ **Multisim**

解： 这里，使用二阶近似对图 6-14 中电路的电流和电压值进行计算。发射结上的电压：
$$V_{BE} = 0.7V$$
所以，R_B 上的总电压是 15V 与 0.7V 的差：14.3V。基极电流为：
$$I_B = \frac{14.3V}{470k\Omega} = 30.4\mu A$$
集电极电流等于电流增益与基极电流相乘：
$$I_C = 100 \times 30.4\mu A = 3.04mA$$
$$V_{CE} = 15V - 3.04mA \times 3.6k\Omega = 4.06V$$

这个改进后的答案比理想情况下的值高了大约 0.5V（4.06V−3.52V）。这 0.5V 的重要性则取决于实际场合，如故障诊断、设计或其他情况。◀

例 6-9 假设测得 V_{BE} 为 1V，那么图 6-14 中的 V_{CE} 是多少？

解： R_B 上的总电压是 15V 和 1V 的差：14V。根据欧姆定律，基极电流为：
$$I_B = \frac{14V}{470k\Omega} = 29.8\mu A$$

集电极电流等于电流增益与基极电流相乘：

$$I_C = 100 \times 29.8\mu A = 2.98mA$$

$$V_{CE} = 15V - 2.98mA \times 3.6k\Omega = 4.27V \quad \blacktriangleleft$$

例 6-10 当基极电压为 5V 时，前面三个例子中的 V_{CE} 各为多少？

解： 采用理想二极管：

$$I_B = \frac{5V}{470k\Omega} = 10.6\mu A$$

$$I_C = 100 \times 10.6\mu A = 1.06mA$$

$$V_{CE} = 15V - 1.06mA \times 3.6k\Omega = 11.2V$$

采用二阶近似：

$$I_B = \frac{4.3V}{470k\Omega} = 9.15\mu A$$

$$I_C = 100 \times 9.15\mu A = 0.915mA$$

$$V_{CE} = 15V - 0.915mA \times 3.6k\Omega = 11.7V$$

实际测量的 V_{BE}：

$$I_B = \frac{4V}{470k\Omega} = 8.51\mu A$$

$$I_C = 100 \times 8.51\mu A = 0.851mA$$

$$V_{CE} = 15V - 0.851mA \times 3.6k\Omega = 11.9V$$

通过这个例子对低基极电压情况下的三种近似情况进行比较。可以看到，所有答案间的偏差在 1V 以内。由此，可作如下近似选择：若是对电路进行故障诊断，则理想化分析就足够了；但若是设计电路，因为精度的要求，就需要使用计算机来计算。表 6-1 总结了理想化近似和二阶近似的差别。 $\blacktriangleleft$

自测题 6-10 当基极电源电压为 7V 时，重新计算例 6-10。

表 6-1 晶体管电路的近似

理想化近似		二阶近似	
使用情况	故障诊断或粗略估算	需要更精确的计算时，特别是 V_{BB} 较小时	
$V_{BE} =$	0V	0.7V	
$I_B =$	$\dfrac{V_{BB}}{R_B} = \dfrac{12V}{220k\Omega} = 54.5\mu A$	$\dfrac{V_{BB} - 0.7V}{R_B} = \dfrac{12V - 0.7V}{220k\Omega} = 51.4\mu A$	
$I_C =$	$\beta_{dc}I_B = 100 \times 54.5\mu A = 5.45mA$	$\beta_{dc}I_B = 100 \times 51.4\mu A = 5.14mA$	
$V_{CE} =$	$V_{CC} - I_C R_C = 12V - 5.45mA \times 1k\Omega = 6.55V$	$V_{CC} - I_C R_C = 12V - 5.14mA \times 1k\Omega = 6.86V$	

6.8 阅读数据手册

小信号晶体管的功耗不到 1W，**功率晶体管**的功耗超过 1W。查看数据手册中的任意一种晶体管参数时，应该首先找到那些最大额定值，因为这些是晶体管电流、电压和其他参量的极限值。

6.8.1 击穿额定值

在图 6-15 所示的数据手册中，给出了晶体管 2N3904 的最大额定值：$V_{CEO}=40\mathrm{V}$；$V_{CBO}=60\mathrm{V}$；$V_{EBO}=6\mathrm{V}$。这些额定电压是反向击穿电压，V_{CEO} 是基极开路时集电极与发射极间的电压，V_{CBO} 表示发射极开路时集电极与基极间的电压，V_{EBO} 是集电极开路时发射极与基极间的最大反向电压。通常，一个保守的设计是绝不会允许电压接近最大额定值的，因为即使是接近最大额定值也会降低器件寿命。

6.8.2 最大电流和功率

在数据手册中也给出了最大电流和功率的值：$I_C=200\mathrm{mA}$；$P_D=625\mathrm{mW}$。I_C 是集电极最大直流电流额定值，即 2N3904 能够处理高达 200mA 的直流电流，前提是没有超过额定功率。额定值 P_D 是器件的最大功率额定值，这个功率额定值取决于是否采用了晶体管的散热措施。如果晶体管没有风扇冷却而且没有散热片（将在后面讨论），它的管壳温度 T_C 将会比环境温度 T_A 高很多。

在多数应用中，像 2N3904 这样的小信号晶体管不用风扇冷却，也不用散热片。在这种情况下，当环境温度 T_A 为 25℃时，晶体管 2N3904 的额定功率为 625mW。

管壳温度 T_C 是晶体管封装或壳体的温度。在多数应用中，管壳温度要比 25℃高，这是因为内部晶体管的热量使管壳温度升高。

当环境温度为 25℃时，保持管壳温度在 25℃的唯一方法就是用风扇冷却或者用大散热片。如果采用了上述措施，就有可能将晶体管的温度降到 25℃。在这种情况下，额定功率可以提高到 1.5W。

6.8.3 减额系数

正如第 5 章中的讨论，减额系数表示的是需要将器件的额定功率降低的值。晶体管 2N3904 的减额系数为 5mW/℃，意思是超过 25℃后，温度每上升 1℃，需要将额定功率减少 5mW。

6.8.4 散热片

提高晶体管额定功率的一种方法是快速驱除内部热量，这就需要使用**散热片**（一块金属）。增大晶体管外壳的表面积，可以使热量更容易地散发到周围空气中。例如，图 6-16a 所示的散热片，当把它按压到晶体管外壳上时，因为增加了翘片的表面积，热量能更快地辐射出去。

图 6-16b 所示是一个功率晶体管，它的散热方式是利用金属片提供晶体管散热的路径。可以把这个金属片固定到电子设备的底板上，因为底板是一块大散热片，热量能够很容易地从晶体管传到底板上。

2N3904/MMBT3904/PZT3904——NPN普通放大器

2011年10月

2N3904 / MMBT3904 / PZT3904
NPN普通放大器

特性：
- 该器件用于普通放大器和开关。
- 有用动态范围：作为开关扩展到100mA，作为放大器扩展到100MHz。

2N3904

TO-92

E B C

MMBT3904

C

E

B

SOT-23
Mark:1A

PZT3904

C

E

C

B

SOT-223

最大额定绝对值* $T_A=25℃$（除非标明其他条件）

符号	参数	数值	单位
V_{EBO}	集电极-发射极电压	40	V
V_{CBO}	集电极-基极电压	60	V
I_C	发射极-基极电压	6.0	V
V_{CEO}	集电极电流-连续	200	mA
T_J, T_{stg}	工作及保存时的结温范围	−55~+150	℃

*高于额定值时半导体器件的适用性可能降低。

注意：
1）这些额定值基于的结温最大值为150℃。
2）这些额定值是稳态极限值。若工作在脉冲或低占空比状态下，应向厂家咨询。

温度特性 $T_A=25℃$（除非标明其他条件）

符号	参数	最大值			单位
		2N3904	*MMBT3904	**PZT3904	
P_D	器件总功耗 25℃以上减额	625 5.0	350 2.8	1 000 8.0	mW mW/℃
$R_{θJC}$	结对管壳的热电阻	83.3	—	—	℃/W
$R_{θJA}$	结对环境的热电阻	200	357	125	℃/W

*器件封装在FR-4 PCB 1.6″×1.6″×0.06″.
**器件封装在FR-4 PCB 36mm×18mm×1.5mm; 集电极引脚压焊块最小6cm².

www.fairchildsemi.com

图 6-15　2N3904 数据手册

2N3904/MMBT3904/PZT3904——NPN普通放大器

电特性 T_A=25℃（除非标明其他条件）

符号	参数	测试条件	最小值	最大值	单位
截止特性					
$V_{(BR)CEO}$	集电极-发射极击穿电压	$I_C = 1.0\mu A$，$I_E = 0$	40	—	V
$V_{(BR)CBO}$	集电极-基极击穿电压	$I_C = 10\mu A$，$I_E = 0$	60	—	V
$V_{(BR)EBO}$	发射极-基极击穿电压	$I_E = 10\mu A$，$I_C = 0$	6.0	—	V
I_{BL}	基极截止电流	$V_{CE} = 30V$，$V_{EB} = 3V$	—	50	nA
I_{CEX}	集电极截止电流	$V_{CE} = 30V$，$V_{EB} = 3V$	—	50	nA
导通特性*					
h_{FE}	直流电流增益	$I_C = 0.1mA$，$V_{CE} = 1.0V$ $I_C = 1.0mA$，$V_{CE} = 1.0V$ $I_C = 10mA$，$V_{CE} = 1.0V$ $I_C = 50mA$，$V_{CE} = 1.0V$ $I_C = 100mA$，$V_{CE} = 1.0V$	40 70 100 60 30	300	—
$V_{CE(sat)}$	集电极-发射极饱和电压	$I_C = 10mA$，$I_B = 1.0mA$ $I_C = 50mA$，$I_B = 5.0mA$	—	0.2 0.3	V V
$V_{BE(sat)}$	基极-发射极饱和电压	$I_C = 10mA$，$I_B = 1.0mA$ $I_C = 50mA$，$I_B = 5.0mA$	0.65	0.85 0.95	V V
小信号特性					
f_T	电流增益-带宽积	$I_C = 10mA$，$V_{CE} = 20V$， $f = 100MHz$	300	—	MHz
C_{obo}	输出电容	$V_{CB} = 5.0V$，$I_E = 0$， $f = 1.0MHz$	—	4.0	pF
C_{ibo}	输入电容	$V_{EB} = 0.5V$，$I_C = 0$， $f = 1.0MHz$	—	8.0	pF
NF	噪声系数	$I_C = 100\mu A$，$V_{CE} = 5.0V$， $R_s = 1.0k\Omega$，$f = 10Hz \sim 15.7kHz$	—	5.0	dB
开关特性					
t_d	延时	$V_{CC} = 3.0V$，$V_{BE} = 0.5V$	—	35	ns
t_r	上升时间	$I_C = 10mA$，$I_{B1} = 1.0mA$	—	35	ns
t_s	存储时间	$V_{CC} = 3.0V$，$I_C = 10mA$	—	200	ns
t_f	下降时间	$I_{B1} = I_{B1} = 1.0mA$	—	50	ns

*脉冲测量：脉宽≤300μs，占空比≤2.0%

订货信息

产品型号	标号	封装	包装方式	包装数量
2N3904BU	2N3904	TO-92	BULK	10000
2N3904TA	2N3904	TO-92	AMMO	2000
2N3904TAR	2N3904	TO-92	AMMO	2000
2N3904TF	2N3904	TO-92	TAPE REEL	2000
2N3904TFR	2N3904	TO-92	TAPE REEL	2000
MMBT3904	1A	SOT-23	TAPE REEL	3000
MMBT3904_D87Z	1A	SOT-23	TAPE REEL	10000
PZT3904	3904	SOT-223	TAPE REEL	2500

图 6-15 （续）

如图 6-16c 所示是大功率晶体管，集电极连接到管壳上，使得热量尽可能容易地散发出去。晶体管的外壳固定到底板上，为了防止集电极与底板的地短路，在晶体管外壳和底板之间有一个很薄的绝缘垫片和导热材料，主要目的是使晶体管更快散热，即在同样的环境温度下，额定功率更高。有时，将晶体管固定到大的鳍状散热片上，能达到更好的散热效果。

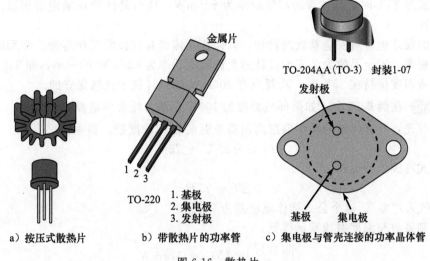

图 6-16　散热片

无论采用什么样的散热片，目的都是为了降低外壳温度，从而降低晶体管内部温度或结的温度。数据手册中还包括热电阻参量，设计时可根据这些参量计算不同散热片的外壳温度。

6.8.5　电流增益

在 **h 参数**分析系统中，电流增益的符号被定义为 h_{FE}。h_{FE} 与 β_{dc} 是相等的：

$$\beta_{dc} = h_{FE} \tag{6-9}$$

数据手册中使用符号 h_{FE} 代表电流增益。

在晶体管 2N3904 的数据手册中，在标记为"导通特性"的部分列出了 h_{FE} 的值：

I_C, mA	最小 h_{FE}	最大 h_{FE}	I_C, mA	最小 h_{FE}	最大 h_{FE}
0.1	40	—	50	60	—
1	70	—	100	30	—
10	100	300			

晶体管 2N3904 在集电极电流为 10mA 附近时有最佳工作点，在这个电流下，最小电流增益是 100，最大电流增益是 300。这说明如果批量生产某个包含 2N9304 晶体管的电路，且该管的集电极电流为 10mA，则其中有些管的电流增益可能低至 100，有些则会高达 300，而大多数管的电流增益将处于这个范围之中。

当集电极电流小于或者大于 10mA 时，最小电流增益随之减小。在 0.1mA 时，最小电流增益是 40；在 100mA 时，最小电流增益为 30。数据手册中只给出了电流偏离 10mA 时的最小电流增益，因为此时代表了最坏情况。设计电路通常要考虑最坏情况，即需要确认当晶体管特性（如电流增益）处于最坏情况时电路是否可以工作。

例 6-11 晶体管 2N3904 的 $V_{CE} = 10\text{V}$，$I_C = 20\text{mA}$，其功耗为多少？当环境温度为 25℃时，该功耗是安全的吗？

解： 将 V_{CE} 乘以 I_C 得到：

$$P_D = 10\text{V} \times 20\text{mA} = 200\text{mW}$$

当环境温度为 25℃时，晶体管的额定功率为 625mW，说明晶体管在额定功率以内，处于安全工作区。

良好的设计包含对安全系数的设计，以保证晶体管有较长的工作寿命。常用的安全系数为 2 或更高。安全系数为 2 表示设计的允许额定功率为 625mW 的一半，即 312mW。因此，当环境温度保持在 25℃时，功耗只有 200mW 的设计属于比较保守的。◀

例 6-12 在例 6-11 中，如果环境温度为 100℃，该功耗水平是否安全？

解： 首先，计算出新的环境温度高出参考温度 25℃的度数。得到：

$$100℃ - 25℃ = 75℃$$

有时，上式写成如下形式：

$$\Delta T = 75℃$$

其中，Δ 代表"差"。这个公式读作温度差为 75℃。

用减额系数与温度差相乘，得到：

$$\left(5\,\frac{\text{mW}}{℃}\right) \times 75℃ = 375\text{mW}$$

经常写成：

$$\Delta P = 375\text{mW}$$

其中 ΔP 表示功率差。最终，需要把这个功率差从 25℃时的额定功率中减掉：

$$P_{D(\max)} = 625\text{mW} - 375\text{mW} = 250\text{mW}$$

这就是环境温度为 100℃时晶体管的额定功率。

下面分析该设计的安全性。晶体管的功率是 200mW，而最大额定值是 250mW，因此晶体管是正常工作的。但是安全系数不到 2。如果环境温度进一步提高，或者功耗再增加，晶体管就会有被烧毁的危险。因此，需要重新设计电路，使安全系数达到 2。就是说需要改变电路参数，使功耗为 250mW 的一半，即 125mW。◀

自测题 6-12 假设安全系数为 2，如果环境温度为 75℃，例 6-12 中的 2N3904 晶体管能够安全使用吗？

6.9 表面贴装晶体管

表面贴装晶体管通常是简单的三端形式，采用鸥翼型封装。SOT-23 封装是其中较小的一种，通常用于毫瓦量级的晶体管，而 SOT-223 是较大的封装，通常用于额定功率为 1W 左右的晶体管。

图 6-17 所示是典型的 SOT-23 封装。从上往下看，引脚按逆时针标号，其中引脚 3 是在单端的一侧。这种引脚分配已经成为双极型晶体管的标准：1 是基极，2 是发射极，3 是集电极。

SOT-223 封装用于工作在 1W 左右的晶体管的散热。这种封装比 SOT-23 的表面积更大，提高了散热能力。一些热量从上表面散发掉，大部分热量则通过器件与下面电路板的接触而传导出去。SOT-223 外壳的主要特点是集电极引脚从一侧延展到另一侧，图 6-18

的底视图显示出这两个集电极引脚是电连接的。

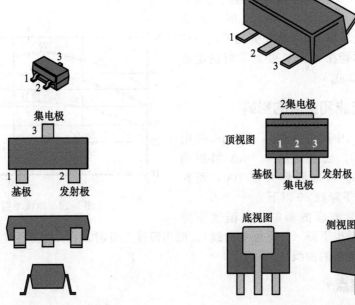

图 6-17　SOT-23 封装，适合于额定功率低于　　　图 6-18　SOT-223 封装，该封装可使
1W 的表面贴装晶体管　　　　　　　　　　　　　1W 功率管散热

SOT-23 和 SOT-223 封装引脚的分布标准不同。对于 SOT-223 封装，从顶部看，位于同一侧的三个引脚按从左向右的顺序编号，引脚 1 是基极，2 是集电极（与对侧的大金属片是电连接的），3 是发射极。由图 6-15 中的数据，可发现 2N3904 是两个表面贴装，MMBT3904 是 SOT-23 封装，其最大功耗为 350mW，PZT3904 是 SOT-223 封装，其额定功耗为 1000mW。

SOT-23 的封装很小，上面无法标记标准元件的识别码。通常鉴别标准标识码的唯一方法就是注意看印在电路板上的引脚号码，然后参考这个电路的元件列表。SOT-223 封装足够大，能将标识码印到上面，但这些码很少是标准晶体管的标识码。关于其他方面，SOT-223 封装晶体管的情况与较小的 SOT-23 封装相同。

有的电路可能采用 SOIC 封装，这种结构能容纳多个晶体管。SOIC 封装与小型双列直插封装类似，双列直插封装通常用于 IC 和较早的插接电路板技术中。不同的是，SOIC 上的引脚为鸥翼型，须采用表面贴装技术。

6.10　电流增益的变化

晶体管的电流增益 β_{dc} 取决于三个因素：晶体管、集电极电流和温度。比如，把一只晶体管替换为同种类型的另一只晶体管时，电流增益通常会发生变化。同样，如果集电极电流或者温度发生改变，电流增益也会随之改变。

6.10.1　最坏和最好情况

例如，2N3904 晶体管的数据手册列出了当温度为 25℃ 且集电极电流为 10mA 时 h_{FE} 的最小值为 100，最大值为 300。如果用 2N3904 晶体管构成数千个电路，那么有些晶体管的电流增益会低至 100（最坏情况），而有些的电流增益会高达 300（最好情况）。

图 6-19 给出了 2N3904 晶体管在最坏情况下（h_{FE} 最小）的曲线，中间那条曲线是环境温度为 25℃ 时的电流增益。当集电极电流为 10mA，电流增益是 100 时，即为 2N3094 的最坏情况。（最好情况下，一些 2N3094 晶体管在 10mA 和 25℃ 时的电流增益能达到 300。）

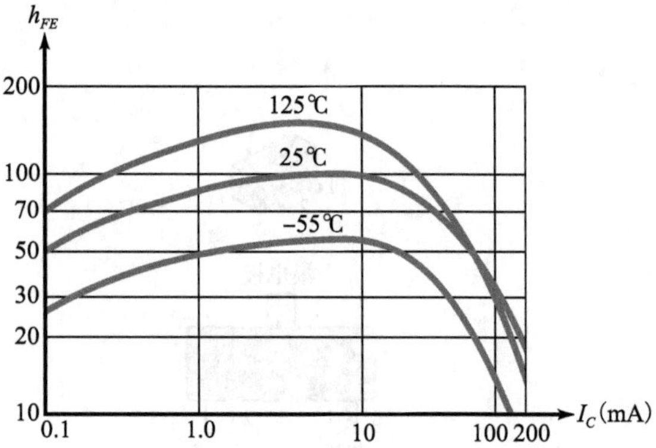

6.10.2 电流和温度的影响

25℃ 时（中间的曲线），0.1mA 的电流增益为 50。当电流从 0.1mA 增加到 10mA 时，h_{FE} 增加到最大值 100，而在 200mA 处则下降到 20 以下。

还要注意温度的影响。当温度下降时，电流增益也下降（最下面的曲线）。而当温度上升时，在几乎整个电流范围内的 h_{FE} 都增加了（最上面的曲线）。

图 6-19 电流增益的变化

6.10.3 要点

可见，更换晶体管、改变集电极电流或者改变温度会导致 h_{FE} 或 β_{dc} 的较大改变。在特定的温度下，更换晶体管有可带来 3∶1 的变化[⊖]。当温度改变时，又可能带来 3∶1 的变化。当电流发生变化时，可能带来大于 3∶1 的变化。总之，2N3904 晶体管的电流增益可以从小于 10 到大于 300 不等。因此，如果所设计的电路需要精确的电流增益，那么在大批量的生产中将会出现废品。

> **知识拓展** 符号 h_{FE} 表示 CE 组态的正向电流传输比。h_{FE} 是混合（hybrid，简写为 h）参量符号。h 参量系统是今天最常用的定义晶体管参数的方法。

6.11 负载线

将晶体管作为放大器或开关使用时，需要使它的直流电路满足合适的条件，即对晶体管进行合适的偏置。可采用多种偏置方法，每种方法各有优缺点。本章先介绍基极偏置。

6.11.1 基极偏置

图 6-20a 所示是**基极偏置**电路的例子，基极偏置是指设定一个固定的基极电流值。例如，当 $R_B = 1M\Omega$ 时，则基极电流为 14.3μA（二阶近似）。即使是更换晶体管及改变温度，基极电流在各种工作条件下都会保持在 14.3μA 左右。

如果图 6-20a 中晶体管的 $\beta_{dc} = 100$，其集电极电流约为 1.43mA，V_{CE} 为：

$$V_{CE} = V_{CC} - I_C R_C = 15V - 1.43mA \times 3k\Omega = 10.7V$$

因此，静态工作点 Q 为：

$$I_C = 1.43mA \quad \text{且} \quad V_{CE} = 10.7V$$

⊖ 这里的 3∶1 指的是变化范围，即最大值与最小值之比。——译者注

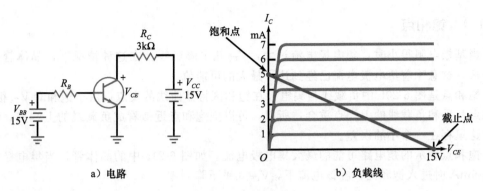

a) 电路　　　　　　　　　　　b) 负载线

图 6-20　基极偏置

6.11.2　图解法

也可以利用晶体管的**负载线**和 I_C-V_{CE} 的特性曲线，通过图解法求出静态工作点。图 6-20a 中的 V_{CE} 为：

$$V_{CE} = V_{CC} - I_C R_C$$

可求得 I_C：

$$I_C = \frac{V_{CC} - V_{CE}}{R_C} \tag{6-10}$$

对这个方程作图（I_C 和 V_{CE} 的关系），得到一条直线。这条线叫作负载线，它反映了负载对 I_C 和 V_{CE} 的影响。

例如，将图 6-20a 中的数值代入式（6-10），得到：

$$I_C = \frac{15\text{V} - V_{CE}}{3\text{k}\Omega}$$

这是一个线性方程，即作图得到一条直线。（注：任何能化简成标准形式 $y = mx + b$ 的方程都是线性方程。）在集电极特性曲线上做出该方程的图，得到图 6-20b。

负载线的两个端点很容易找到。在负载线方程中（之前的方程），当 $V_{CE} = 0$ 时：

$$I_C = \frac{15\text{V}}{3\text{k}\Omega} = 5\text{mA}$$

与 $I_C = 5\text{mA}$ 和 $V_{CE} = 0$ 对应的就是图 6-20b 中负载线的上端点。

当 $I_C = 0$，由负载线方程得：

$$0 = \frac{15\text{V} - V_{CE}}{3\text{k}\Omega}$$

或

$$V_{CE} = 15\text{V}$$

同样，与 $I_C = 0$ 和 $V_{CE} = 15\text{V}$ 对应的是图 6-20b 中负载线的下端点。

6.11.3　工作点的直观表示

负载线的意义在于：它包含了电路所有可能的工作点。当基极电阻从零到无穷大变化时，导致了 I_B 的变化，从而使得 I_C 和 V_{CE} 在整个工作范围内变动。如果对每个 I_B 画出相应的 I_C 和 V_{CE} 的值，就可得到负载线。因此，负载线表示的是晶体管所有可能的工作点。

6.11.4 饱和点

当基极电阻很小时，集电极电流过大，V_{CE}几乎降到零。在这种情况下，晶体管进入饱和区，这意味着集电极电流已经到达了最大的可能值。

饱和点是图6-20b中负载线与集电极在饱和区特性曲线的交点。由于饱和时V_{CE}很小，饱和点几乎和负载线的上端点重合，所以，可以把饱和点近似看成负载线的上端点，但要记住这里存在一个小的误差。

饱和点表示的是电路可能的最大集电极电流。如图6-21a中的晶体管，当集电极电流约为5mA时进入饱和区，在该电流下，V_{CE}几乎下降到零。

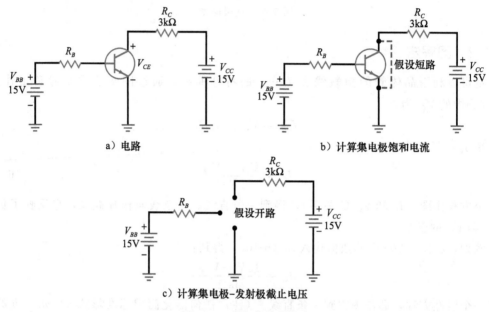

a）电路   b）计算集电极饱和电流

c）计算集电极–发射极截止电压

图6-21 求负载线的端点

一种简单的求解饱和点电流的方法是，假设集电极和发射极短路，得到图6-21b，则V_{CE}下降到0，集电极电源的15V电压全部加载到3kΩ的电阻上。这样，电流为：

$$I_C = \frac{15\text{V}}{3\text{k}\Omega} = 5\text{mA}$$

这种"假设短路"的方法可以用于任何基极偏置电路。

基极偏置电路中，计算饱和电流的公式如下：

$$I_{C(\text{sat})} = \frac{V_{CC}}{R_C} \tag{6-11}$$

这说明集电极电流的最大值等于集电极电源电压除以集电极电阻。这只是欧姆定律在集电极电阻上的应用，图6-21b是这个方程的电路表示。

知识拓展 当晶体管饱和时，继续增大基极电流不会使集电极电流增大。

6.11.5 截止点

截止点是图6-20b中负载线与集电极特性曲线的截止区的交点。由于截止时集电极电流很小，因此截止点几乎和负载线的下端点重合。因此，可以把截止点近似看成负载线的下端点。

截止点表示的是电路可能的最大 V_{CE}。图 6-21a 中，最大可能的 V_{CE} 约为 15V，即集电极的电源电压。

一种求解截止电压的简单的方法是，假设图 6-21a 中晶体管的集电极和发射极开路（见图 6-21c），此时，由于没有电流通过集电极电阻，集电极电源的 15V 电压全部加在集电极和发射极之间。因此，集电极和发射极之间的电压为 15V：

$$V_{CE(cutoff)} = V_{CC} \tag{6-12}$$

知识拓展　当集电极电流为零时，晶体管截止。

例 6-13　图 6-22a 所示电路中的饱和电流和截止电压各是多少？　　　|||| **Multisim**

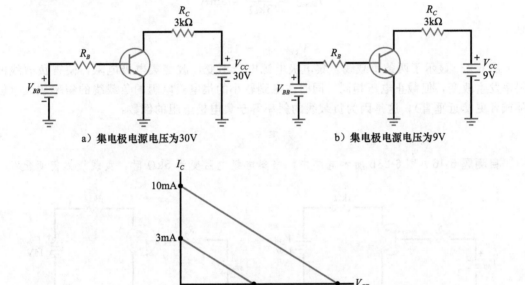

a）集电极电源电压为30V　　　　　　　　　　b）集电极电源电压为9V

c）负载线具有相同的斜率

图 6-22　集电极电阻相同情况下的负载线

解： 假设集电极和发射极短路，则：

$$I_{C(sat)} = \frac{30V}{3k\Omega} = 10mA$$

下面再假设集电极和发射极开路，则：

$$V_{CE(cutoff)} = 30V \qquad\qquad\qquad\qquad ◄$$

例 6-14　计算图 6-22b 所示电路的饱和电流和截止电压。画出本例和上例的负载线。

解： 用金属导线将集电极和发射极短接，则：

$$I_{C(sat)} = \frac{9V}{3k\Omega} = 3mA$$

将集电极和发射极间的连线断开，得到：

$$V_{CE(cutoff)} = 9V$$

图 6-22c 显示了两条负载线。改变集电极电源电压，同时集电极电阻保持不变，将得到两条斜率相同的负载线，两条负载线具有不同的饱和电流和截止电压。　　　　　　　◄

自测题 6-14　当图 6-22a 中的集电极电阻为 $2k\Omega$，V_{CC} 为 12V 时，求饱和电流和截止电压。

例 6-15 求图 6-23a 所示电路的饱和电流和截止电压。 ▐▐▐ **Multisim**

解： 饱和电流为：

$$I_{C(\text{sat})} = \frac{15\text{V}}{1\text{k}\Omega} = 15\text{mA}$$

截止电压为：

$$V_{CE(\text{cutoff})} = 15\text{V} \qquad \blacktriangleleft$$

例 6-16 计算图 6-23b 所示电路的饱和电流和截止电压，然后比较本例和上例的负载线。

解： 计算如下：

$$I_{C(\text{sat})} = \frac{15\text{V}}{3\text{k}\Omega} = 5\text{mA}$$

且

$$V_{CE(\text{cutoff})} = 15\text{V}$$

图 6-23c 显示了两条负载线。集电极电源电压不变，改变集电极电阻，使得负载线的斜率发生改变，但截止电压相同。同时注意到较小的集电极电阻的负载线的斜率较大（较陡或者更接近垂直），这是因为负载线的斜率等于集电极电阻的倒数：

$$斜率 = \frac{1}{R_C} \qquad \blacktriangleleft$$

自测题 6-16 图 6-23b 所示电路中，当集电极电阻变为 5kΩ 时，负载线如何变化？

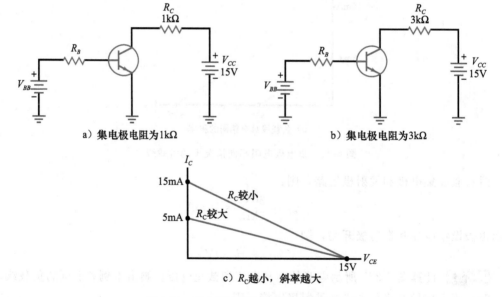

a）集电极电阻为1kΩ   b）集电极电阻为3kΩ

c）R_C越小，斜率越大

图 6-23 集电极电压相同情况下的负载线

6.12 工作点

每个晶体管电路都有一条负载线。对于任一电路，计算出饱和电流和截止电压，将这两个值标在纵轴和横轴上，然后过这两个点画一条直线就得到了负载线。

6.12.1 确定静态工作点

图 6-24a 所示是一个基极偏置电路，基极电阻为 500kΩ。通过前面所讲的步骤得到饱

和电流和截止电压。首先，假设集电极-发射极两端短路，则集电极电源电压全部加在集电极电阻上，即饱和电流为 5mA。然后，假设集电极-发射极两端开路，则电路中没有电流，电源电压全部加在集电极-发射极两端，即截止电压为 15V。标出饱和电流和截止电压后，就可以得到如图 6-24b 所示的负载线。

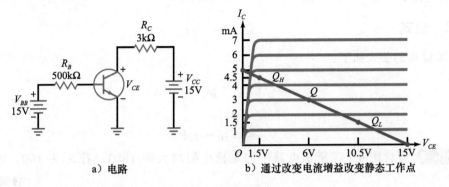

a）电路   b）通过改变电流增益改变静态工作点

图 6-24　计算静态工作点

为了讨论简单，先假设晶体管是理想的，则基极电源电压将全部加在基极电阻上。因此，基极电流为：

$$I_B = \frac{15\text{V}}{500\text{k}\Omega} = 30\mu\text{A}$$

后面的计算需要用到电流增益，假设晶体管的电流增益为 100，那么集电极电流为：

$$I_C = 100 \times 30\mu\text{A} = 3\text{mA}$$

这个电流流过一个 3kΩ 集电极电阻产生 9V 的电压，从集电极电源电压中减去这个值，就得到晶体管上的电压。计算如下：

$$V_{CE} = 15\text{V} - 3\text{mA} \times 3\text{k}\Omega = 6\text{V}$$

找到 3mA 和 6V（集电极电流和电压），从而确定负载线上的工作点，如图 6-24b 所示。这个点通常被称为**静态工作点**（quiescent point，静态是指静止不动），标为 **Q**。

6.12.2　静态工作点发生变化的原因

前面假设电流增益为 100，如果电流增益为 50 或是 150 会怎样？首先，基极电流不会变，因为电流增益对基极电流不起作用。理想情况下，基极电流固定在 30μA，当电流增益为 50 时：

$$I_C = 50 \times 30\mu\text{A} = 1.5\text{mA}$$

V_{CE} 为：

$$V_{CE} = 15\text{V} - 1.5\text{mA} \times 3\text{k}\Omega = 10.5\text{V}$$

在图 6-24b 中画出这些值，将得到较低的工作点 Q_L。

如果电流增益为 150，则：

$$I_C = 150 \times 30\mu\text{A} = 4.5\text{mA}$$

V_{CE} 为：

$$V_{CE} = 15\text{V} - 4.5\text{mA} \times 3\text{k}\Omega = 1.5\text{V}$$

在图 6-24b 中画出这些值，将得到较高的工作点 Q_H。

图 6-24b 中显示的三个工作点说明了基极偏置的晶体管的静态工作点对 β_{dc} 的变化很敏感。当电流增益从 50 变到 150 时，集电极电流从 1.5mA 变到 4.5mA。如果电流增益变化

过大,则静态工作点很容易进入到饱和区或截止区。这时,由于在有源区以外电流增益有损失,所以放大电路便不能正常使用。

知识拓展 在基极偏置电路中,由于 I_C 和 V_{CE} 的值取决于 β 值的大小,故而也称这种电路是"由 β 决定"的。

6.12.3 公式

计算 Q 点的公式如下:

$$I_B = \frac{V_{BB} - V_{BE}}{R_B} \qquad (6\text{-}13)$$

$$I_C = \beta_{dc} I_B \qquad (6\text{-}14)$$

$$V_{CE} = V_{CC} - I_C R_C \qquad (6\text{-}15)$$

例 6-17 假设图 6-24a 所示电路中的基极电阻增大到 $1\text{M}\Omega$,若 β_{dc} 为 100,V_{CE} 如何变化? ▌▌▌ **Multisim**

解:理想情况下,基极电流减小为 $15\mu\text{A}$,集电极电流减小为 1.5mA,V_{CE} 增大为:

$$V_{CE} = 15\text{V} - 1.5\text{mA} \times 3\text{k}\Omega = 10.5\text{V}$$

若是二阶近似,基极电流将减小为 $14.3\mu\text{A}$,集电极电流减小为 1.43mA,V_{CE} 增大为:

$$V_{CE} = 15\text{V} - 1.43\text{mA} \times 3\text{k}\Omega = 10.7\text{V} \qquad \blacktriangleleft$$

✎ **自测题 6-17** 如果例 6-17 中 β_{dc} 的值因温度的变化而变为 150,重新计算 V_{CE} 的值。

6.13 饱和的识别

晶体管电路有两种基本类型:**放大电路**和**开关电路**。对于放大电路,Q 点必须在所有工作条件下都处于有源区,否则,输出信号的波峰将由于进入饱和区或截止区而发生失真。对于开关电路,Q 点一般在饱和区和截止区之间切换。开关电路的工作原理和应用条件稍后再作讨论。

6.13.1 矛盾判别法

假设图 6-25a 中晶体管的击穿电压大于 20V,可以判断出晶体管不会工作在击穿区,而且,由于偏置电压的存在,晶体管也不会工作在截止区。但是还不能立刻判断出晶体管是工作在有源区还是饱和区。

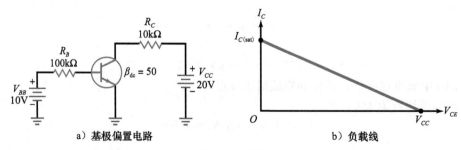

a) 基极偏置电路 b) 负载线

图 6-25 举例

故障诊断员和设计人员通常采用下面的方法来判断晶体管的工作区。步骤如下:

1. 假设晶体管工作在有源区;
2. 计算电流和电压;

3. 如果计算中出现了不可能的结果，则说明假设是错误的。

若出现不可能的结果，说明晶体管工作在饱和区。否则，晶体管工作在有源区。

6.13.2 饱和电流法

例如，图 6-25a 所示为一个基极偏置电路。先计算饱和电流：

$$I_{C(\text{sat})} = \frac{20\text{V}}{10\text{k}\Omega} = 2\text{mA}$$

理想情况下基极电流是 0.1mA，假设电流增益为 50，则集电极电流为：

$$I_C = 50 \times 0.1\text{mA} = 5\text{mA}$$

这个结果是不可能的，因为集电极电流不能大于饱和电流。所以，晶体管不可能工作在有源区，它一定工作在饱和区。

6.13.3 集电极电压法

若要计算图 6-25a 中的 V_{CE}，可做如下推断：理想情况下基极电流为 0.1mA，假设电流增益为 50，则集电极电流为：

$$I_C = 50 \times 0.1\text{mA} = 5\text{mA}$$

从而 V_{CE} 为：

$$V_{CE} = 20\text{V} - 5\text{mA} \times 10\text{k}\Omega = -30\text{V}$$

这个结果是不可能的，因为 V_{CE} 不可能是负的。所以，晶体管不可能工作在有源区，它一定工作在饱和区。

6.13.4 饱和区电流增益减小

电流增益一般是对有源区而言的。例如，图 6-25a 所示的电流增益为 50，是指当晶体管工作在有源区时，集电极电流为基极电流的 50 倍。

而当晶体管处于饱和状态时，电流增益比其处于有源区时要小。可以按下面的方法计算饱和电流增益：

$$\beta_{\text{dc}(\text{sat})} = \frac{I_{C(\text{sat})}}{I_B}$$

对于图 6-25a，饱和电流增益为：

$$\beta_{\text{dc}(\text{sat})} = \frac{2\text{mA}}{0.1\text{mA}} = 20$$

6.13.5 深度饱和

若使晶体管在所有条件下都工作在饱和区，设计时通常会选择一个使电流增益为 10 的基极电阻。因为这样能够产生足够大的基极电流使得晶体管处于饱和状态，该状态称为**深度饱和**。例如，图 6-25a 中 50kΩ 的基极电阻产生的电流增益为：

$$\beta_{\text{dc}} = \frac{2\text{mA}}{0.2\text{mA}} = 10$$

对于图 6-25a 中的晶体管，只需：

$$I_B = \frac{2\text{mA}}{50} = 0.04\text{mA}$$

即可使得晶体管进入饱和。所以，0.2mA 的基极电流将使晶体管进入深度饱和。

为什么需要设计为深度饱和状态呢？如前所述，集电极电流、温度变化以及晶体管的替换都会使电流增益发生变化。为了确保晶体管在集电极电流较低、温度较低等情况下不至于脱离饱和，设计时就需要采用深度饱和使得晶体管在所有工作条件下都处于饱和状态。

这里，深度饱和是指饱和电流增益近似为 10 的设计。而**轻度饱和**则指那些使得晶体管刚刚进入饱和的设计，即饱和电流增益只是略小于有源区电流增益。

6.13.6 深度饱和的快速判别

下面的方法可以快速判断晶体管是否处于深度饱和状态。通常，基极电源电压和集电极电源电压相等：$V_{BB} = V_{CC}$。这种情况下，可以用 10：1 规则设计电路，也就是说，使基极电阻大约是集电极电阻的 10 倍。

图 6-26a 所示电路是按 10：1 规则设计的。只要看到电路中参数比为 10：1（R_B：R_C），就可以判定晶体管处于深度饱和状态。

例 6-18 假设图 6-18a 所示电路的基极电阻增大为 1MΩ，晶体管是否仍然处于饱和区？

解： 假设晶体管工作在有源区，看是否有矛盾出现。理想情况下，基极电流等于 10V 除以 1MΩ，即 10μA。集电极电流等于 50 乘以 10μA，即 0.5mA。这个电流通过集电极电阻产生 5V 电压，用 20V 减去 5V 得到：

$$V_{CE} = 15V$$

没有出现矛盾。如果晶体管是饱和的，将会得到一个负值，最大是 0V，由于得到的是 15V，所以可知晶体管是工作在有源区的。 ◄

例 6-19 假设图 6-25a 所示电路的集电极电阻减小为 5kΩ，晶体管是否仍然处于饱和区？

解： 假设晶体管工作在有源区，看是否有矛盾出现。可以用与例 6-18 同样的方法，但为了解题的多样化，这里尝试第二种方法。

先计算集电极饱和电流值，假设将集电极和发射极短路，则可以看到 20V 电压加载到 5kΩ 电阻上，得到集电极饱和电流为：

$$I_{C(sat)} = 4mA$$

理想情况下，基极电流等于 10V 除以 100kΩ，即 0.1mA。集电极电流等于 50 乘以 0.1mA，即 5mA。

这里出现了矛盾。当 $I_C = 4mA$ 时晶体管即进入饱和，因而集电极电流不可能大于 4mA。这时可能改变的只有电流增益，基极电流仍然是 0.1mA，但是电流增益减小为：

$$\beta_{dc(sat)} = \frac{4mA}{0.1mA} = 40$$

这个结果验证了前面的结论：晶体管有两个电流增益，一个在有源区，另一个在饱和区，第二个增益小于或等于第一个。 ◄

自测题 6-19 如果图 6-25a 所示电路的集电极电阻为 4.7kΩ，采用 10：1 的设计规则，要实现深度饱和，基极电阻为多少？

6.14 晶体管开关

基极偏置用于数字电路，因为这种电路通常工作在饱和区和截止区。因此，它们的输出不是高电压就是低电压。也就是说，工作点 Q 不会处于饱和区和截止区之间。这样，Q 点发生变化也没有关系，因为当电流增益变化时，晶体管始终处于饱和或截止状态。

举个基极偏置电路的工作状态在饱和与截止之间转换的例子。图 6-26a 所示是一个晶体管处于深度饱和状态的例子，输出电压接近于 0V，即 Q 点在负载线的上端点（见图 6-26b）。

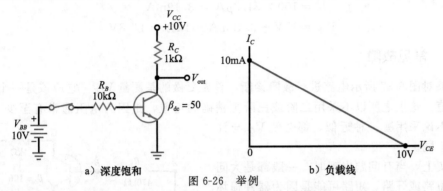

a）深度饱和　　　　　　　　　　　b）负载线

图 6-26　举例

当开关断开时，基极电流下降为 0A，于是，集电极电流也下降为 0A。由于 1kΩ 电阻上没有电流通过，集电极电源电压全部加到集电极-发射极两端。因此，输出电压上升到 10V。此时，Q 点在负载线的下端点（见图 6-26b）。

该电路只有两种输出电压：0V 或 10V，可以由此来识别数字电路。它只有两种输出电平：高电平或低电平。两种输出电压的确切值并不重要，重要的是能够分辨出电平的高低。

数字电路也常常称为开关电路，因为它的 Q 点在负载线的两个端点之间切换。在大多数设计中，这两个点就是饱和点和截止点。另一个常用的名称叫作**双态电路**，是指其具有两种输出状态：高电平和低电平。

例 6-20　图 6-26a 所示电路的集电极电源电压减小为 5V，输出电压的两个值各是多少？如果饱和电压 $V_{CE(\text{sat})}$ 为 0.15V，集电极漏电流 I_{CEO} 为 50nA，输出电压的两个值又各是多少？

解：晶体管在饱和与截止状态之间切换。理想情况下，输出电压的两个值为 0V 和 5V，第一个电压是晶体管饱和时的压降，第二个电压是晶体管截止时的压降。

如果考虑饱和电压和集电极漏电流的影响，输出电压为 0.15V 和 5V。第一个电压是晶体管的饱和压降，已知为 0.15V；第二个电压是 V_{CE}，有 50nA 的电流流过 1kΩ 的电阻，则：

$$V_{CE} = 5\text{V} - 50\text{nA} \times 1\text{k}\Omega = 4.999\,95\text{V}$$

该电压十分接近 5V。

只有在设计电路时才会考虑开关电路的饱和电压和泄漏电流的影响。对开关电路而言，所关心的就是得到可区分的高、低两种电压。至于低电压是 0V、0.1V 还是 0.15V 并不重要；同样地，高电压是 5V、4.9V 还是 4.5V 也不重要。重要的是，在分析开关电路时能够区分出是高电压还是低电压。◀

自测题 6-20　如果图 6-26a 所示电路中的集电极和基极电源电压为 12V，输出开关电压的两个值各为多少？（假设 $V_{CE(\text{sat})} = 0.15\text{V}$，$I_{CEO} = 50\text{nA}$）

6.15　故障诊断

图 6-27 所示是接地的共发射极电路。15V 的基极电压源通过 470kΩ 的电阻使发射结

正偏，15V 的集电极电压源通过 1kΩ 的电阻使集电结反偏。用理想化近似计算 V_{CE}。过程如下：

$$I_B = \frac{15\text{V}}{470\text{k}\Omega} = 31.9\mu\text{A}$$

$$I_C = 100 \times 31.9\mu\text{A} = 3.19\text{mA}$$

$$V_{CE} = 15\text{V} - 3.19\text{mA} \times 1\text{k}\Omega = 11.8\text{V}$$

6.15.1 常见故障

如果对图 6-27 所示电路进行故障诊断，首先要做的是测量 V_{CE}，它应该是一个 11.8V 左右的值。这里之所以不采用二阶或三阶更精确的近似，是因为电阻通常有至少 $\pm5\%$ 的容差，不论采用哪一种近似，都会使 V_{CE} 与计算结果不同。

事实上，当有问题出现时，一般都是大问题，如短路或开路。短路可能是因为器件损坏或者焊锡飞溅到电阻两端造成的，开路可能是器件烧毁造成的。这样的问题将使得电流或电压发生很大的变化。例如，最常见的问题发生在当电源电压没有连接到集电极时，可能以几

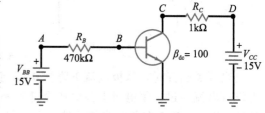

图 6-27　共发射极电路的故障诊断

种方式发生，如电源电压本身的问题、电源电压和集电极电阻间的导线开路、集电极电阻开路等。以上任何一种情况下，因为没有集电极电源电压，图 6-27 中的集电极电压都将近似为零。

另一种可能的问题是基极电阻开路，使得基极电流下降到零。这迫使集电极电流也降到零，且 V_{CE} 上升到集电极电源电压的值 15V。晶体管开路也会产生同样的结果。

6.15.2 故障分析

需要强调的是：典型故障会引起晶体管电流和电压出现较大偏差，故障诊断时很少寻找 0～1V 之间的电压差，而是寻找那些和理想值明显不同的电压。因此在故障诊断的开始，采用理想晶体管分析会很有效。而且，很多故障诊断员甚至不用计算器就能得到 V_{CE}。

如果不使用计算器，可以用心算估计 V_{CE} 的值。下面是估算图 6-19 中 V_{CE} 时的分析过程：

基极电阻上的电压大约是 15V。1MΩ 的基极电阻上大约产生 $15\mu\text{A}$ 的基极电流。由于 470kΩ 约为 1MΩ 的一半，基极电流就是它的两倍，大约 $30\mu\text{A}$。如果电流增益为 100，集电极电流大约是 3mA，流过 1kΩ 的电阻将产生 3V 的压降。从 15V 减去 3V 就得到 V_{CE} 为 12V。所以测量得到的 V_{CE} 应该在 12V 左右，否则就是电路中某处出现了问题。

6.15.3 故障列表

短接元件等效于一个阻值为零的电阻，开路元件等效于一个阻值无穷大的电阻。例如，基极电阻 R_B 可能短路或开路，分别用 R_{BS} 和 R_{BO} 来表示这两种故障情况。同样地，集电极电阻也可能短路或开路，用 R_{CS} 和 R_{CO} 表示。

表 6-2 所示是几个可能在图 6-27 电路中发生的故障，用二阶近似计算得到这些电压。当电路正常工作时，应该测得集电极电压约为 12V。如果基极电阻短路，则 +15V 会出现

在基极上，如此大的电压会将发射结烧毁，集电结可能因此而开路，使得集电极电压升至 15V。R_{BS} 产生的问题及其对应的电压列在表 6-2 中。

表 6-2　问题和现象

故障	V_B, V	V_C, V	评价
没有	0.7	12	没有问题
R_{BS}	15	15	晶体管烧毁
R_{BO}	0	15	没有基极或集电极电流
R_{CS}	0.7	15	—
R_{CO}	0.7	0	—
没有 V_{BB}	0	15	检查电源及其连线
没有 V_{CC}	0.7	0	检查电源及其连线

如果基极电阻开路，则基极电压或电流将不存在。此外，集电极电流将为零，且集电极电压升至 15V。R_{BO} 产生的问题及其对应的电压列在表 6-2 中。继续上面的步骤，可以得到表中其余的情况。

晶体管可能出现的问题很多。因为它包含两个二极管，击穿电压、最大电流、额定功率中任何一个量超出范围，都会使其中一个或两个二极管损坏。这些故障可能是短路、开路、泄漏电流过大和 β_{dc} 减小。

6.15.4　离线测试

通常可用设置成二极管测试挡的数字万用表来测试晶体管。如图 6-28 所示，npn 型晶体管由两个背对背的二极管组成，可以测出每个 pn 结正向偏置和反向偏置的读数。集电极到发射极之间的电压也可以测量，用万用表的两种极性连接，测量结果都应该显示溢出。由于晶体管有三端，所以有六种可能的极性连接，如图 6-29a 所示。要注意的是，只有两种极性连接的读数约为 0.7V，而且基极应是唯一与其他引脚间电压读数都是 0.7V 的引脚，并且需要与正极相连。也可参看图 6-29b。

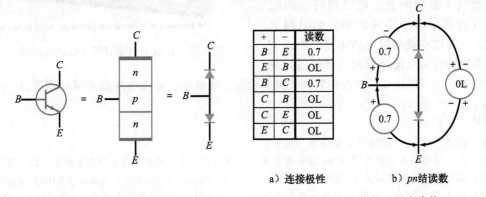

a）连接极性　　　　b）pn 结读数

图 6-28　npn 型晶体管　　　　图 6-29　npn 管的万用表读数

可以用同样的方法对 pnp 型晶体管进行测试。如图 6-30 所示，pnp 型晶体管也是由两个背对背的二极管组成。将数字万用表设置成二极管测试挡，对正常晶体管的测试结果如图 6-31a 和图 6-31b 所示。

很多数字万用表都有专门的 β_{dc} 和 h_{FE} 测量功能。将晶体管的引脚插入合适的槽中，将会显示正向电流增益。这个电流增益是针对特定的基极电流或集电极电流和 V_{CE} 而言的，可以从万用表的使用手册中查到测试条件。

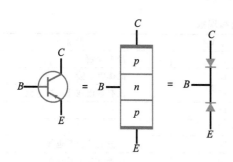

+	−	读数
B	E	0L
E	B	0.7
B	C	0L
C	B	0.7
C	E	0L
E	C	0L

a) 连接极性   b) pn结读数

图 6-30 pnp 型晶体管   图 6-31 pnp 管的万用表读数

　　另一种测量晶体管的方法是用欧姆表。可以先测量集电极和发射极之间的电阻，该电阻值应该在两个方向上都很大，因为集电结和发射结是背靠背串联的。一个很常见的故障是集电极-发射极短路，原因是功率超过了额定值。如果任何方向上的读数在 0 到几千欧姆，则可判定晶体管发生短路，并应该更换。

　　假设集电极-发射极电阻在两个方向都很大（几兆欧），可以测量集电结（集电极-基极两端）和发射结（基极-发射极两端）的正向电阻和反向电阻。这两个二极管的反向电阻和正向电阻之比都应该很大，典型值应该大于 1000：1（硅），如果不在这个范围，则该晶体管已损坏。

　　即使晶体管通过了欧姆表测试，它仍然会有一些缺陷，因为欧姆表只是在直流情况下进行测量。可以用特性曲线测试仪查找更多细小的缺陷，如泄漏电流过大，β_{dc}过小或击穿电压不足。图 6-32 所示是用特性曲线测试仪对晶体管进行测试的情形。也可以用商用的晶体管测试仪器检查泄漏电流、电流增益 β_{dc} 和其他参数。

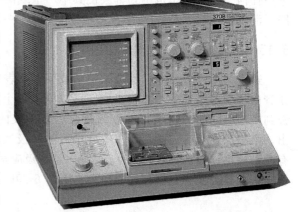

图 6-32   Tektronix 晶体管特性曲线测试仪

总结

6.1 节   晶体管有三个掺杂区：发射极、基极和集电极。基极和发射极之间的 pn 结叫作发射结。基极和集电极之间的 pn 结叫作集电结。

6.2 节   在正常工作时，应使发射结正偏，集电结反偏。在此条件下，发射极将自由电子注入基极，大多数自由电子穿过基极到达集电极。因此，集电极电流几乎等于发射极电流。基极电流要小得多，通常不到发射极电流

的 5%。

6.3 节   集电极电流与基极电流的比叫作电流增益，用 β_{dc} 或者 h_{FE} 表示。对低功率晶体管，典型值为 100~300。发射极电流是三个电流中最大的，集电极电流几乎与之相同，而基极电流很小。

6.4 节   共发射极电路中，发射极接地或为公共端。晶体管的基极-发射极间的特性像一个普通二极管。集电极-发射极 ⊖ 间的特性像一个

　　⊖ 原文为"基极-集电极"，有误。——译者注

电流源，电流等于 β_{dc} 乘以基极电流。晶体管有有源区、饱和区、截止区和击穿区。线性放大器工作在有源区，数字电路工作在饱和区和截止区。

6.5 节 基极电流与基极-发射极电压的关系类似普通二极管的伏安特性。因此，可以采用二极管三种近似方法中的任意一种来计算基极电流。多数情况下，用理想化近似或二阶近似就足够了。

6.6 节 晶体管的四个不同的工作区域包括有源区、饱和区、截止区和击穿区。用于放大器时，晶体管工作在有源区。用于数字电路时，晶体管通常工作在饱和区和截止区。应该避免使晶体管工作在击穿区，因为损坏的风险很高。

6.7 节 对于大多数电路的计算，得到精确的结果是极为耗时的，几乎都使用近似方法，因为在多数应用中，近似结果就足够了。理想晶体管可用于基本的故障诊断。三阶近似对于精确的设计是必要的。二阶近似对于故障诊断和设计而言是一个很好的折中。

6.8 节 晶体管的电压、电流和功率都有最大额定值。小信号晶体管的功率为 1W 或更低。功率晶体管的功率为 1W 以上。温度会改变晶体管特性，最大功率随温度的升高而下降，电流增益随温度的变化也会发生极大的改变。

6.9 节 表面贴装晶体管（SMT）有各种封装形式。简单的三端鸥翼型封装很普遍。一些表面贴装晶体管的功率可以超过 1W。还有一些可包含多个晶体管的其他类型的表面贴装器件。

6.10 节 晶体管的电流增益是一个不确定的量。由于制造偏差，当用同类型的晶体管进行替换时，电流增益的变化可达 3：1。温度和集电极电流变化也会造成直流增益的变化。

6.11 节 直流负载线包含了晶体管电路所有可能的直流工作点。负载线的上端点叫作饱和点，下端点叫作截止点。假设将集电极和发射极短路，可以得到饱和电流；假设将集电极和发射极开路，可以得到截止电压。

6.12 节 晶体管的工作点在直流负载线上，工作点的精确位置由集电极电流和 V_{CE} 决定。对于基极偏置电路，任何一个电路参数的改变都会引起 Q 点的移动。

6.13 节 首先假设 npn 晶体管工作在有源区，如果这个假设导致了矛盾的结果（如出现负的 V_{CE}，或者集电极电流大于饱和电流），则晶体管工作在饱和区。另一种识别饱和区的方法是比较基极电阻和集电极电阻，如果比例接近 10：1，则晶体管可能是饱和的。

6.14 节 当晶体管用作开关时往往采用基极偏置，在截止和饱和两个工作状态之间切换。这种操作用于数字电路。开关电路也叫作双态电路。

6.15 节 可以用数字万用表或者欧姆表测量晶体管，这对没有连在电路中的晶体管是最好的方法。当晶体管在电路中且已加电后，可以测量它的电压，这能为可能发生的故障提供线索。

定义

(6-2) α_{dc}

$$\alpha_{dc}=\frac{I_C}{I_E}$$

(6-3) β_{dc} **（电流增益）**

$$\beta_{dc}=\frac{I_C}{I_B}$$

推论

(6-1) **发射极电流**

$$I_E=I_C+I_B$$

(6-4) **集电极电流**

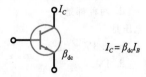

$$I_C=\beta_{dc}I_B$$

(6-5)　基极电流

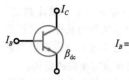

$$I_B = \frac{I_C}{\beta_{dc}}$$

(6-6)　基极电流

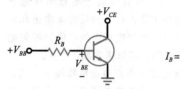

$$I_B = \frac{V_{BB} - V_{BE}}{R_B}$$

(6-7)　集电极-发射极电压

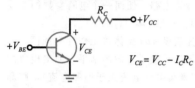

$$V_{CE} = V_{CC} - I_C R_C$$

(6-8)　CE 组态功率

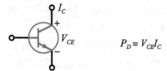

$$P_D = V_{CE} I_C$$

(6-9)　电流增益

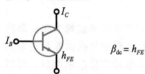

$$\beta_{dc} = h_{FE}$$

(6-10)　负载线分析

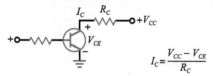

$$I_C = \frac{V_{CC} - V_{CE}}{R_C}$$

(6-11)　饱和电流（基极偏置）

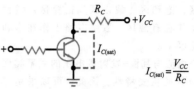

$$I_{C(sat)} = \frac{V_{CC}}{R_C}$$

(6-12)　截断电压（基极偏置）

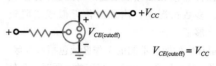

$$V_{CE(cutoff)} = V_{CC}$$

(6-13)　基极电流

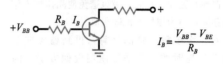

$$I_B = \frac{V_{BB} - V_{BE}}{R_B}$$

(6-14)　电流增益

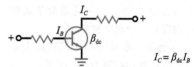

$$I_C = \beta_{dc} I_B$$

(6-15)　集电极-发射极电压

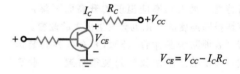

$$V_{CE} = V_{CC} - I_C R_C$$

选择题

1. 晶体管有多少个 *pn* 结？
   - a. 1
   - b. 2
   - c. 3
   - d. 4

2. 在 *npn* 型晶体管中，发射极中的多子是
   - a. 自由电子
   - b. 空穴
   - c. 都不是
   - d. 两种都是

3. 每个硅耗尽层的势垒电压是
   - a. 0
   - b. 0.3V
   - c. 0.7V
   - d. 1V

4. 发射结通常
   - a. 正偏
   - b. 反偏
   - c. 不导通
   - d. 工作在击穿区

5. 对于正常工作的晶体管，集电结应该
   - a. 正偏
   - b. 反偏
   - c. 不导通
   - d. 工作在击穿区

6. *npn* 晶体管的基极很薄，而且
   - a. 重掺杂
   - b. 轻掺杂
   - c. 是金属
   - d. 掺杂五价材料

7. *npn* 晶体管的基极中，大多数电子
   - a. 流出基极引脚
   - b. 流入集电极
   - c. 流入发射极
   - d. 流入基极电源

8. 晶体管的β值是

a. 集电极电流比发射极电流

b. 集电极电流比基极电流

c. 基极电流比集电极电流

d. 发射极电流比集电极电流

9. 提高集电极电源电压会增加

　a. 基极电流　　　　　b. 集电极电流

　c. 发射极电流　　　　d. 都不是

10. 晶体管发射极有很多自由电子，这说明发射极是

　a. 轻掺杂的　　　　　b. 重掺杂的

　c. 没有掺杂　　　　　d. 上述都不是

11. pnp 型晶体管中，发射极中的多子是

　a. 自由电子　　　　　b. 空穴

　c. 都不是　　　　　　d. 两种都是

12. 关于集电极电流最重要的事实是

　a. 以毫安量级测量

　b. 等于基极电流除以电流增益

　c. 它很小

　d. 它与发射极电流几乎相等

13. 如果电流增益是 100，且集电极电流是 10mA，则基极电流是

　a. 10μA　　　　　b. 100μA

　c. 1A　　　　　　　d. 10A

14. 基极-发射极电压通常

　a. 小于基极电源电压

　b. 等于基极电源电压

　c. 大于基极电源电压

　d. 无法回答

15. 集电极-发射极电压 V_{CE} 通常

　a. 小于集电极电源电压

　b. 等于集电极电源电压

　c. 大于集电极电源电压

　d. 无法回答

16. 晶体管消耗的功率大约等于集电极电流乘以

　a. 基极-发射极电压

　b. 集电极-发射极电压

　c. 基极电源电压

　d. 0.7V

17. 晶体管特性类似于一个二极管和一个

　a. 电压源　　　　　b. 电流源

　c. 电阻　　　　　　d. 电源

18. 在有源区，集电极电流不会随以下哪个量的变化而有显著变化

　a. 基极电源电压　　b. 基极电流

　c. 电流增益　　　　d. 集电极电阻

19. 基极-发射极电压的二阶近似是

a. 0　　　　　　　　b. 0.3V

c. 0.7V　　　　　　d. 1V

20. 如果基极电阻开路，集电极电流是多少？

　a. 0　　　　　　　b. 1mA

　c. 2mA　　　　　　d. 10mA

21. 比较 2N3904 晶体管和 PZT3904 表面贴装管的功耗，2N3904

　a. 能处理较小的功率

　b. 能处理较大的功率

　c. 能处理同样的功率

　d. 不能比较

22. 晶体管电流增益被定义为集电极电流与哪个电流的比值？

　a. 基极电流　　　　b. 发射极电流

　c. 电源电流　　　　d. 集电极电流

23. 电流增益与集电极电流的特性曲线表明电流增益

　a. 是常数

　b. 变化微小

　c. 变化很大

　d. 等于集电极电流除以基极电流

24. 集电极电流增大时，电流增益如何变化？

　a. 减小　　　　　　b. 保持不变

　c. 增大　　　　　　d. 以上任一答案

25. 当温度上升时，电流增益

　a. 减小　　　　　　b. 保持不变

　c. 增大　　　　　　d. 以上任一答案

26. 当基极电阻增大时，集电极电压可能_____

　a. 减小　　　　　　b. 保持不变

　c. 增大　　　　　　d. 以上所有答案

27. 如果基极电阻很小，晶体管将工作在

　a. 截止区　　　　　b. 有源区

　c. 饱和区　　　　　d. 击穿区

28. 负载线上三个不同的静态工作点，最上面的静态工作点代表

　a. 电流增益最小　　b. 电流增益处于中等

　c. 电流增益最大　　d. 截止点

29. 如果晶体管工作点在负载线的中间，减小基极电阻将使静态工作点

　a. 下降　　　　　　b. 上升

　c. 不动　　　　　　d. 偏离负载线

30. 如果基极电源电压未连接，则集电极-发射极电压等于

　a. 0V　　　　　　　b. 6V

　c. 10.5V　　　　　d. 集电极电源电压

31. 如果基极电阻为 0，则晶体管可能会

a. 饱和   b. 截止

c. 损坏   d. 以上都不对

32. 集电极电流为 1.5mA，如果电流增益为 50，则基极电流为

 a. 3 μA   b. 30 μA

 c. 150 μA   d. 3mA

33. 基极电流为 50 μA，如果电流增益为 100，集电极电流最接近的值为

 a. 50 μA   b. 500 μA

c. 2mA   d. 5mA

34. 当 Q 点沿负载线移动时，当集电极电流发生以下哪种情况时 V_{CE} 会减小？

 a. 减小   b. 保持不变

 c. 增大   d. 以上都不是

35. 当晶体管开关电路中基极电流为 0 时，输出电压为

 a. 低电平   b. 高电平

 c. 不变   d. 未知

习题

6.3 节

6-1 晶体管发射极电流为 10mA，集电极电流为 9.95mA，则基极电流是多少？

6-2 集电极电流为 10mA，基极电流为 0.1mA，则电流增益是多少？

6-3 晶体管电流增益为 150，基极电流为 30μA，则集电极电流是多少？

6-4 晶体管集电极电流为 100mA，电流增益为 65，则发射极电流是多少？

6.5 节

6-5 |||| Multisim 图 6-33 所示电路中的基极电流是多少？

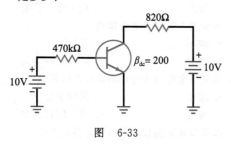

图 6-33

6-6 |||| Multisim 图 6-33 所示电路中，如果电流增益从 200 减小到 100，基极电流是多少？

6-7 如果图 6-33 电路中 470kΩ 的电阻容差为 ±5%，最大基极电流是多少？

6.6 节

6-8 |||| Multisim 一个与图 6-33 类似的晶体管电路，集电极电源电压为 20V，集电极电阻为 1.5kΩ，集电极电流为 6mA，则集电极−发射极电压是多少？

6-9 如果晶体管集电极电流为 100mA，集电极−发射极电压为 3.5V，它的功耗是多少？

6.7 节

6-10 图 6-33 中晶体管的 V_{CE} 和功耗各是多少？（用理想化近似和二阶近似计算。）

6.11 节

6-11 图 6-34a 中给出了一个简单的画晶体管电路的方法，它与之前讨论过的晶体管电路的工作类似。V_{CE} 是多少？晶体管功耗是多少？（用理想化近似和二阶近似计算。）

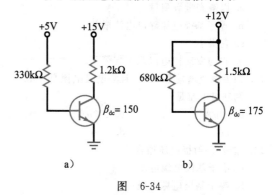

a)   b)

图 6-34

6-12 当基极电压和集电极电源电压相等时，晶体管可以画成图 6-34b 所示的样子。这个电路中的 V_{CE} 是多少？晶体管功率是多少？（用理想化近似和二阶近似计算。）

6.8 节

6-13 晶体管 2N3904 的保存温度范围是多少？

6-14 当集电极电流为 1mA，V_{CE} 为 1V 时，晶体管 2N3904 的最小 h_{FE} 是多少？

6-15 一个晶体管的功率额定值是 1W。如果 V_{CE} 是 10V，集电极电流是 120mA，该晶体管会发生什么情况？

6-16 晶体管 2N3904 在没有散热片情况下的额定功率为 625mW。如果环境温度为 65℃，额定功率有何变化？

6.10 节

6-17 参考图 6-19，当集电极电流为 100mA，结温为 125℃ 时，2N3904 的电流增益是多少？

6-18 参考图 6-19，结温为 25℃，集电极电流为 1.0mA，电流增益为多少？

6.11 节

6-19 画出图 6-35a 的负载线。饱和点的集电极电流为多少？截止点的 V_{CE} 为多少？

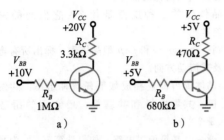

图　6-35

6-20 如果图 6-35a 中集电极电源电压增加到 25V，负载线将如何变化？

6-21 如果图 6-35a 中集电极电阻增加到 4.7kΩ，负载线将如何变化？

6-22 如果图 6-35a 中基极电阻减小到 500kΩ，负载线将如何变化？

6-23 画出图 6-35b 的负载线。饱和点的集电极电流为多少？截止点的 V_{CE} 为多少？

6-24 如果图 6-35b 中集电极电源电压加倍，负载线将如何变化？

6-25 如果图 6-35b 中集电极电阻增加到 1kΩ，负载线将如何变化？

6.12 节

6-26 图 6-35a 中，若电流增益为 200，集电极对地的电压为多少？

6-27 图 6-35a 中，电流增益在 25 到 300 之间变化，集电极对地电压的最小值为多少？最大值为多少？

6-28 图 6-35a 中的电阻容差为±5%，电源电压容差为±10%，若电流增益在 50 到 150 之间变化，集电极对地电压的最小值为多少？最大值为多少？

6-29 图 6-35b 中，若电流增益是 150，集电极对地的电压为多少？

6-30 图 6-35b 中，电流增益从 100 到 300 之间变化，集电极对地电压的最小值为多少？最大值为多少？

6-31 图 6-35b 中的电阻容差为±5%，电源电压容差为±10%，若电流增益在 50 到 150 之间变化，集电极对地电压的最小值为多少？最大值为多少？

6.13 节

6-32 请利用图 6-35a 中的电路参数值，有特别说明的除外。确定晶体管在下列条件下是否饱和。

　　a. $R_B=33$kΩ 且 $h_{FE}=100$

　　b. $V_{BB}=5$V 且 $h_{FE}=200$

　　c. $R_C=10$kΩ 且 $h_{FE}=100$

　　d. $V_{CC}=10$V 且 $h_{FE}=100$

6-33 请利用图 6-35b 中的电路参数值，有特别说明的除外。确定晶体管在下列条件下是否饱和。

　　a. $R_B=51$kΩ 且 $h_{FE}=100$

　　b. $V_{BB}=10$V 且 $h_{FE}=500$

　　c. $R_C=10$kΩ 且 $h_{FE}=100$

　　d. $V_{CC}=10$V 且 $h_{FE}=100$

6.14 节

6-34 将图 6-35b 中的 680kΩ 电阻换成 4.7kΩ 的电阻和一个开关的串联，假设晶体管是理想的，当开关打开时集电极电压为多少？当开关闭合时集电极电压又是多少？

6.15 节

6-35 ⅢⅡ Multisim 在图 6-33 中，当发生以下故障时，V_{CE} 会增加、减小还是保持不变？

　　a. 470kΩ 电阻短路

　　b. 470kΩ 电阻开路

　　c. 820kΩ 电阻短路

　　d. 820kΩ 电阻开路

　　e. 没有基极电源电压

　　f. 没有集电极电源

思考题

6-36 电流增益是 200 的晶体管，其 α_{dc} 是多少？

6-37 α_{dc} 为 0.994 的晶体管，其电流增益是多少？

6-38 设计一个 CE 电路，满足以下指标：$V_{BB}=5$V，$V_{CC}=15$V，$h_{FE}=120$，$I_C=10$mA，且 $V_{CE}=7.5$V。

6-39 图 6-21 所示电路中，为了使 $V_{CE}=6.7$V，基极电阻的值应该是多少？

6-40 室温情况下（25℃），2N3904 晶体管的功率额定值为 350mW。如果 V_{CE} 是 10V，当环境温度为 50℃时，晶体管能处理的最大电流是多少？

6-41 假设将 LED 与图 6-33 所示电路中的 820Ω 电阻串联，LED 的电流等于多少？

6-42 查看数据手册，当集电极电流为 50mA 时，晶体管 2N3904 的 V_{CE} 饱和电压是多少？

求职面试问题

1. 画一个 npn 型晶体管，标出 n 区和 p 区，然后给这个晶体管加上正确的偏置，并说出它的工作原理。

2. 画一组集电极特性曲线，然后利用这些曲线，指出晶体管的四个工作区域。

3. 画出工作在有源区的晶体管的两种等效电路（理想化近似和二阶近似）。说明在什么时候及如何利用这些电路计算晶体管的电流和电压。

4. 画一个 CE 组态的晶体管电路。这个电路中可能会发生什么故障？为了隔离这些故障，应该如何测量？

5. 当看到原理图中的 npn 和 pnp 晶体管时，如何分辨它们的类型？如何判断电子（或者传统电流）的流动方向？

6. 能够显示一组晶体管集电极特性曲线、I_C 与 V_{CE} 关系曲线的测量仪器是什么？

7. 晶体管功耗的公式是什么？指出负载线上预期

8. 晶体管的三种电流是什么？它们间的关系怎样？

9. 画一个 npn 型和 pnp 型晶体管，标出所有电流及其流动方向。

10. 晶体管可能连接成如下任意种组态：共发射极、共集电极和共基极。最常用的组态是哪个？

11. 画一个基极偏置电路。如何计算 V_{CE}？为什么不能采用这种电路在大规模生产中实现精确的电流增益？

12. 再画一个基极偏置电路。画出负载线，如何计算饱和点和截止点？讨论电流增益变化对 Q 点位置的影响。

13. 请阐述在电路中测试晶体管的方法。当电路接通电源时，应采用什么方法对晶体管进行测试？

14. 温度对电流增益有什么影响？

达到最大功耗的位置。

选择题答案

1. b 2. a 3. c 4. a 5. b 6. b 7. b 8. b 9. d 10. b 11. b 12. d 13. b 14. a 15. a
16. b 17. b 18. d 19. c 20. a 21. a 22. a 23. b 24. d 25. d 26. c 27. c 28. c 29. b 30. d
31. c 32. b 33. d 34. c 35. b

自测题答案

6-1　$\beta_{dc}=200$

6-2　$I_C=10\text{mA}$

6-3　$I_B=74.1\mu\text{A}$

6-4　$V_B=0.7\text{V}$
　　　$I_B=74.1\mu\text{A}$
　　　$I_C=6.6\text{mA}$

6-5　$I_B=13.7\mu\text{A}$
　　　$I_C=4.11\text{mA}$
　　　$V_{CE}=1.78\text{V}$
　　　$P_D=7.32\text{mW}$

6-6　$I_B=16.6\mu\text{A}$
　　　$I_C=5.89\text{mA}$
　　　$\beta_{dc}=355$

6-10　理想近似：$I_B=14.9\mu\text{A}$
　　　　　　　　$I_C=1.49\text{mA}$
　　　　　　　　$V_{CE}=9.6\text{V}$

　　　二阶近似：$I_B=13.4\mu\text{A}$
　　　　　　　　$I_C=1.34\text{mA}$
　　　　　　　　$V_{CE}=10.2\text{V}$

6-12　$P_{D(\max)}=375\text{mW}$，不在安全系数为 2 的范围内。

6-14　$I_{C(\text{sat})}=6\text{mA}$，$V_{CE(\text{cutoff})}=12\text{V}$

6-16　$I_{C(\text{sat})}=3\text{mA}$，斜率下降。

6-17　$V_{CE}=8.25\text{V}$

6-19　$R_B=47\text{k}\Omega$

6-20　$V_{CE}=11.999\text{V}$ 和 0.15V

第 **7** 章

双极型晶体管的偏置

原型是指基本的初级电路，可以在此基础上加以改进。基极偏置电路是用于开关电路设计的原型电路。发射极偏置电路是用于放大电路设计的原型电路。本章着重介绍发射极偏置电路及其衍生的应用电路。

目标

在学习完本章后，你应该能够：

- 画出发射极偏置电路，并解释为什么这种偏置适用于放大电路；
- 画出分压器偏置电路图；
- 计算 npn 管分压器偏置电路的分压电流、基极电压、发射极电压、发射极电流、集电极电压和 V_{CE}；
- 对于给定的分压器偏置电路，画出其负载线并计算 Q 点；
- 根据设计指南设计分压器偏置电路；
- 画出双电源发射极偏置电路，并计算 V_{RE}、I_E、V_C 和 V_{CE}；
- 比较几种不同形式的偏置电路，并描述它们的特点；
- 计算 pnp 管分压器偏置电路的 Q 点；
- 对晶体管偏置电路进行故障诊断。

关键术语

集电极反馈偏置（collector-feedback bias）	自偏置（self-bias）
修正系数（correction factor）	级（stage）
发射极偏置（emitter bias）	准理想分压器（stiff voltage divider）
发射极反馈偏置（emitter-feedback bias）	消除影响（swamp out）
稳定分压器（firm voltage divider）	双电源发射极偏置（two-supply emitter bias，TSEB）
光敏晶体管（phototransistor）	
原型（prototype）	分压器偏置（voltage-divider bias，VDB）

7.1 发射极偏置

计算机中的电路是数字电路，其中采用的是基极偏置以及由基极偏置构成的电路。但对于放大器，则需要电路的静态工作点不随电流增益的变化而变化。

图 7-1 所示是一个**发射极偏置**电路。由图 7-1 可见，电阻从基极电路移到了发射极电路。这个变化改变了整个电路的特性，使得该电路的 Q 点十分稳定。电流增益从 50 变到 150 的过程中，Q 点在负载线上的位置几乎不变。

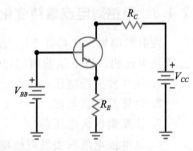

图 7-1　发射极偏置电路

7.1.1 基本概念

将基极电源电压直接加在基极，基极和地之间的电压为 V_{BB}，发射极不再接地。发射极和地之间的电压为：

$$V_E = V_{BB} - V_{BE} \tag{7-1}$$

如果 V_{BB} 大于 20 倍的 V_{BE}，则理想化近似足够准确；如果 V_{BB} 小于 20 倍的 V_{BE}，应该采用二阶近似，否则误差会大于 5%。

7.1.2 确定 Q 点

分析图 7-2 所示的发射极偏置电路。由于基极电源电压只有 5V，因此需要采用二阶近似。基极和地之间的电压为 5V，将基极到地之间的电压称为基极电压，记为 V_B。基极和发射极两端的压降为 0.7V，将该电压称为基极-发射极电压，记为 V_{BE}。

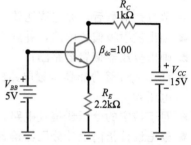

图 7-2 确定 Q 点的发射极偏置电路

将发射极和地之间的电压称为发射极电压，它等于：

$$V_E = 5V - 0.7V = 4.3V$$

该电压加在发射极电阻上，可以用欧姆定律来计算发射极电流：

$$I_E = \frac{4.3V}{2.2k\Omega} = 1.95mA$$

这也意味着集电极电流近似为 1.95mA。当这个集电极电流流过集电极电阻时，产生 1.95V 的压降。从集电极电源电压中减去这个压降，得到集电极和地之间的电压：

$$V_C = 15V - 1.95mA \times 1k\Omega = 13.1V$$

将集电极到地之间的电压称为集电极电压。

这个电压是故障诊断人员在检测晶体管电路时需要测量的。测量时将电压表的一端接到集电极，另一端接地。如果要得到 V_{CE}，需要从集电极电压中减去发射极电压，得到：

$$V_{CE} = 13.1V - 4.3V = 8.8V$$

所以，图 7-2 中的发射极偏置电路的 Q 点坐标为：

$$I_C = 1.95mA, \qquad V_{CE} = 8.8V$$

V_{CE} 可用来绘制负载线，并可在查阅晶体管的数据手册时使用。其计算公式为：

$$V_{CE} = V_C - V_E \tag{7-2}$$

7.1.3 电路对电流增益变化不敏感

发射极偏置的优势在于，发射极偏置电路的 Q 点对电流增益的变化不敏感。电路分析过程便可证明。以下是前面用过的计算步骤：

1. 计算发射极电压；
2. 计算发射极电流；
3. 计算集电极电压；
4. 集电极电压减去发射极电压得到 V_{CE}。

在上述计算过程中，没有用到电流增益。由于不需要用电流增益来计算发射极电流和集电极电流等参数，那么电流增益的精确值就不再重要了。

将电阻从基极移到发射极后，迫使基极到地的电压等于基极电源电压。在基极偏置电路中，几乎所有的基极电源电压都加在基极电阻上，从而产生固定基极电流，而在发射极偏置电路中，电源电压减去 0.7V 后的电压全部加在发射极电阻上，产生的是固定的发射极电流。

7.1.4 电流增益的微小影响

电流增益对集电极电流有微小的影响。在所有工作条件下，三个电流的关系都满足：

$$I_E = I_C + I_B$$

也可以写成：

$$I_E = I_C + \frac{I_C}{\beta_{dc}}$$

由该方程求解集电极电流，得：

$$I_C = \frac{\beta_{dc}}{\beta_{dc} + 1} I_E \qquad (7\text{-}3)$$

I_E 前面相乘的系数叫作**修正系数**，它表明 I_C 与 I_E 是不同的。当电流增益为 100 时，修正系数为：

$$\frac{\beta_{dc}}{\beta_{dc} + 1} = \frac{100}{100 + 1} = 0.99$$

也就是说集电极电流为发射极电流的 99%。所以，如果忽略修正系数，认为集电极电流与发射极电流相等，导致的误差只有 1%。

知识拓展 由于在发射极偏置电路中，I_C 和 V_{CE} 不受 β 值的影响，所以也称该电路是"与 β 不相关"的。

例 7-1 在图 7-3 所示的 Multisim 仿真电路中，集电极对地的电压是多少？集电极和发射极之间的电压是多少？ **||||| Multisim**

解：基极电压为 5V，发射极电压比基极电压低 0.7V，即：

$$V_E = 5V - 0.7V = 4.3V$$

该电压加在 1kΩ 的发射极电阻上，因此发射极电流为 4.3V 除以 1kΩ，即：

$$I_E = \frac{4.3V}{1k\Omega} = 4.3mA$$

集电极电流近似等于 4.3mA，当该电流流过集电极电阻（这里是 2kΩ）时，产生的电压为：

$$I_C R_C = 4.3mA \times 2k\Omega = 8.6V$$

集电极电源电压减去这个电压，得：

$$V_C = 15V - 8.6V = 6.4V$$

该电压值与 Multisim 中仪表测得的值很接近。

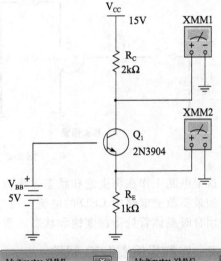

图 7-3 仪表测量值

这个电压是集电极对地的电压，也是在故障诊断时需要测量的电压。

不能把电压表直接连在集电极和发射极之间，因为这样会将发射极对地短路，除非电压表具有很高的输入电阻，并且其地线悬浮。若需要测量 V_{CE} 的值，应该首先测量集电极对地的电压和发射极对地的电压，然后将两者相减得到。本例中：

$$V_{CE} = 6.4\mathrm{V} - 4.3\mathrm{V} = 2.1\mathrm{V}$$ ◀

✎ **自测题 7-1** ⅢMultisim将图 7-3 中的基极电源电压减小到 3V, 估计并测量 V_{CE} 的值。

7.2 LED 驱动

前文讨论到基极偏置电路产生固定的基极电流, 发射极偏置电路产生固定的发射极电流。由于电流增益的问题, 在饱和状态和截止状态之间切换的电路设计中常采用基极偏置, 而工作在有源区的电路设计中常采用发射极偏置。

本节讨论两种 LED 驱动电路: 第一种电路采用基极偏置, 第二种电路采用发射极偏置。可以观察到不同电路在同一应用中的性能表现。

7.2.1 基极偏置 LED 驱动

图 7-4a 所示电路中, 基极电流为 0, 即晶体管截止。当开关闭合时, 晶体管进入深度饱和状态。就像将集电极-发射极两端短路一样, 此时集电极电源电压 (15V) 将加在 1.5kΩ 的串联电阻和 LED 上。如果忽略 LED 上的压降, 集电极电流的理想值为 10mA。但是如果允许 LED 上有 2V 压降, 则只有 13V 的电压加在 1.5kΩ 的电阻上, 集电极电流等于 13V 除以 1.5kΩ, 即 8.67mA。

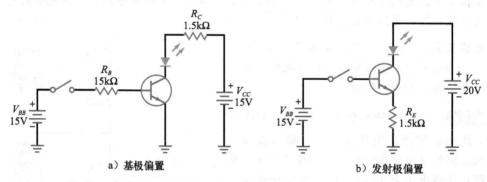

a) 基极偏置　　　　　　　　　　　　b) 发射极偏置

图 7-4　LED 驱动电路

这个电路工作在深度饱和状态, 电流增益并不重要, 因而是一个很好的 LED 驱动电路。如果要改变电路中 LED 的电流, 可以改变集电极电阻或集电极电源电压。由于希望开关闭合时晶体管处于深度饱和状态, 所以取基极电阻为集电极电阻的 10 倍。

7.2.2 发射极偏置 LED 驱动

图 7-4b 所示电路中, 发射极电流为 0, 即晶体管截止。当开关闭合时, 晶体管进入有源区。理想情况下, 发射极电压为 15V, 也就是说发射极的电流是 10mA。此时, LED 上的压降对电流没有影响, 即 LED 上的确切电压为 1.8V、2V 还是 2.5V 都没有关系。这是发射极偏置相对于基极偏置的一个优点: LED 上的电流与电压相互独立。该电路的另一个优点是不需要集电极电阻。

图 7-4b 所示的发射极偏置电路在开关闭合时工作在有源区。要改变 LED 电流, 可以改变基极电源电压或者发射极电阻。例如, 若改变基极电源电压, LED 电流将随之呈正比例变化。

应用实例 7-2 当图 7-2b 中的开关闭合时, 若要得到 25mA 的 LED 电流, 应该怎样做?

解: 一种方法是增大基极电源电压。若要流过 1.5kΩ 发射极电阻的电流为 25mA, 由欧姆定律，得到发射极电压为：

$$V_E = 25\text{mA} \times 1.5\text{k}\Omega = 37.5\text{V}$$

理想情况下，$V_{BB}=37.5\text{V}$，如果采用二阶近似，则取 $V_{BB}=38.2\text{V}$。这比典型的电源电压要稍高一点，但是如果在特殊应用时允许使用这么高的电源电压，则该方法也是可行的。

15V 的电源电压在电子电路中是很常见的，因而在大多数应用中更好的方法是减小发射极电阻。理想情况下，发射极电压为 15V，若流过发射极电阻的电流为 25mA，由欧姆定律得：

$$R_E = \frac{15\text{V}}{25\text{mA}} = 600\Omega$$

最接近该阻值的标准电阻为 620Ω，其容差为 5%。如果采用二阶近似，电阻为：

$$R_E = \frac{14.3\text{V}}{25\text{mA}} = 572\Omega$$

最接近的标准电阻的阻值是 560Ω。 ◀

自测题 7-2 在图 7-4b 中，若要产生 21mA 的 LED 电流，R_E 的值应为多大？

应用实例 7-3 图 7-5 所示电路的用途是什么？

解：这是一个直流电源的熔断指示器。当熔丝接通时，晶体管处于基极偏置的饱和状态，这时绿色 LED 点亮，表明一切正常。节点 A 和地之间的电压近似为 2V，这个电压不足以点亮红色 LED。两个串联二极管（D_1 和 D_2）用于防止红色 LED 点亮，因为需要 1.4V 的电压才能使这两个二极管导通。

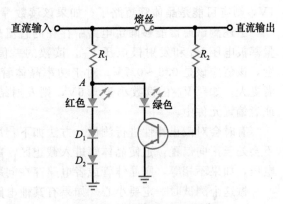

图 7-5 基极偏置 LED 驱动

当熔丝熔断时，晶体管进入截止区，绿色 LED 熄灭。这时 A 点电压被拉高到电源电压，这样就有足够的电压导通两个二极管和红色 LED，从而指示熔丝被熔断。表 7-1 列出了基极偏置和发射极偏置之间的区别。

表 7-1 基极偏置和发射极偏置的比较

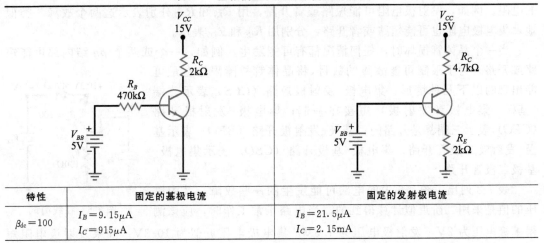

特性	固定的基极电流	固定的发射极电流
$\beta_{dc}=100$	$I_B = 9.15\mu\text{A}$ $I_C = 915\mu\text{A}$	$I_B = 21.5\mu\text{A}$ $I_C = 2.15\text{mA}$

（续）

特性	固定的基极电流	固定的发射极电流
$\beta_{dc}=300$	$I_B=9.15\mu A$ $I_C=2.74mA$	$I_B=7.7\mu A$ $I_C=2.15mA$
工作模式	截止区和饱和区	有源区或线性区
应用	开关/数字电路	受控的 I_C 驱动器和放大器

◀

7.3 发射极偏置电路的故障诊断

当晶体管与电路断开时，可以使用数字万用表或欧姆表来测试各种参数。当晶体管在通电的电路中时，可以通过在线测量它的电压来查找出现故障的原因。

7.3.1 在线测试

最简单的在线测试是测量晶体管的对地电压。例如，测量集电极电压 V_C 和发射极电压 V_E，（V_C-V_E）的差值应该大于1V且小于 V_{CC}。如果在放大器电路中，该读数小于1V，则有可能是晶体管短路了；如果该读数等于 V_{CC}，则有可能是晶体管开路了。

上述测试通常能够确定电路中存在的直流故障。很多时候还需要对 V_{BE} 进行测试：测量基极电压 V_B 和发射极电压 V_E，读数的差值为 V_{BE}。对于工作在有源区的小信号晶体管，该值应该是 $0.6\sim0.7V$；对于功率晶体管，由于发射结的体电阻，V_{BE} 可能为1V或者更大。如果 V_{BE} 的读数小于0.6V，则发射结没有处于正向偏置，故障可能出在晶体管或者偏置元件中。

有时会对截止特性进行测试，方法如下：用一根跳线将基极和发射极短接，使发射结不会处于正向偏置，迫使晶体管进入截止区，此时集电极对地的电压应该等于集电极电源电压，如果不相等，则晶体管或者电路存在问题。

做这个测试时一定要小心。如果有其他电路或者设备连接到集电极，应确保集电极电压的上升不会导致对它们的损害。

7.3.2 故障表

正如电路基本原理中所讨论的，短路的器件相当于零电阻，开路的器件相当于无穷大的电阻。例如，发射极电阻可能短路或者开路，用 R_{ES} 和 R_{EO} 分别表示这两个故障。类似地，集电极电阻也可能短路或者开路，分别用 R_{CS} 和 R_{CO} 表示。

当一个晶体管损坏时，任何情况都有可能发生。例如，一个或两个 pn 结内部可能短路或开路。为了限制可能故障的数目，将晶体管故障限定在最可能出现的以下几种情形：集电极-发射极短路（CES）表示三端（基极，集电极和发射极）短接在一起；集电极-发射极开路（CEO）表示三端都是开路的；基极-发射极开路（BEO）表示基极-发射极二极管开路；集电极-基极开路（CBO）表示集电极-基极二极管开路。

表7-2列出了图7-6中的电路可能发生的一些故障，其中电压的值是采用二阶近似计算得到的。当电路正常工作时，应该测得基极电压为2V，发射极电压为1.3V，集电极电压近似为10.3V。如果发射极电阻短

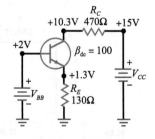

图 7-6 在线测试

路，＋2V 电压将加在发射结上，这个大电压会使晶体管损坏，可能导致集电极-发射极开路，该故障 R_{ES} 及其电压如表 7-2 所示。

表 7-2　故障与现象

故障	V_B, V	V_E, V	V_C, V	评价
无	2	1.3	10.3	无故障
R_{ES}	2	0	15	晶体管损坏（CEO）
R_{EO}	2	1.3	15	没有基极电流或集电极电流
R_{CS}	2	1.3	15	—
R_{CO}	2	1.3	1.3	—
无 V_{BB}	0	0	15	检查电源及其连线
无 V_{CC}	2	1.3	1.3	检查电源及其连线
CES	2	2	2	晶体管三端短接
CEO	2	0	15	晶体管三端开路
BEO	2	0	15	基极-发射极二极管开路
CBO	2	1.3	15	集电极-基极二极管开路

　　如果发射极电阻开路，就不会有发射极电流，而且，集电极电流也将为 0，集电极电压将增大到 15V。该故障 R_{EO} 及其电压如表 7-2 所示。如此继续分析，可以得到表中其他情况。

　　值得说明的是"无 V_{CC}"这一项。因为没有集电极电源电压，直觉上是集电极电压为 0，但是用电压表并不能测量到这个电压。因为将电压表接在集电极和地之间时，基极电源会产生一个小的正向电流流过与电压表串联的集电结。由于基极电压被固定在 2V，集电极电压比这个电压低 0.7V，所以，集电极和地之间的电压读数为 1.3V。或者说，电压表使电路实现了对地的连接，它就像一个大电阻串联在集电极结与地之间。

7.4　光电器件

　　如前文所述，基极开路的晶体管存在一个很小的集电极电流，由表面漏电流和由热激发的少子电流组成。将集电结暴露在光线下，就能够制造出**光敏晶体管**，这种器件对光的敏感度比光敏二极管要高。

7.4.1　光敏晶体管的基本概念

　　图 7-7a 所示是一个基极开路的晶体管，电路中存在一个很小的集电极电流。忽略表面漏电流，重点关注集电结中热激发产生的载流子。假设由这些载流子产生的反向电流是一个理想电流源，与理想晶体管的集电结并联（见图 7-7b）。

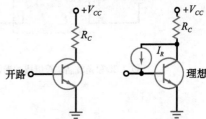

　　由于基极引脚开路，反向电流被迫全部流入晶体管的基极，使得集电极电流为：

$$I_{CEO} = \beta_{dc} I_R$$

其中，I_R 是少子反向电流，这说明集电极电流比初始反向电流大，且为 I_R 的 β_{dc} 倍。

　　集电结对光和热一样敏感。在光敏晶体管中，光通过一个窗口照到集电结上，随着光强的增加，I_R 增加，I_{CEO} 也增加。

a）基极开路的晶体管　　b）等效电路

图 7-7　基极开路的晶体管等效电路

7.4.2 光敏晶体管和光敏二极管

光敏晶体管和光敏二极管的主要差别是电流增益 β_{dc}。相同强度的光照到这两个器件上，光敏晶体管中产生的电流是光敏二极管的 β_{dc} 倍。相对于光敏二极管，光敏晶体管的一大优点是灵敏度增加了。

图 7-8a 所示是光敏晶体管的电路符号。要注意它的基极是开路的，这是光敏晶体管常见的工作方式。可以用基极回路电阻（见图 7-8b）控制它的灵敏度，但为了获得对光的最大灵敏度，通常采用基极开路方式。

灵敏度增加的代价是速度的降低。光敏晶体管比光敏二极管灵敏，但其开关速度则没有那么快。光敏二极管典型的输出电流为几微安，开关速度为几纳秒；光敏晶体管典型的输出电流为几毫安，开关速度为几微秒。图 7-8c 所示是一个典型的光敏晶体管。

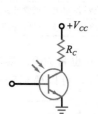
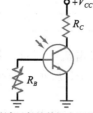

a）基极开路时灵敏度最高　　b）通过可变的基极电阻改变灵敏度　　　c）典型光敏晶体管

图 7-8　光敏晶体管

7.4.3 光耦合器

图 7-9a 所示是一个 LED 驱动光敏晶体管。该光耦合器比前面讨论过的 LED 驱动光敏二极管要灵敏得多。它的原理很简单，V_S 的变化会改变 LED 的电流，从而改变通过光敏晶体管的电流，导致集电极-发射极两端电压的改变。这样，信号就由输入电路耦合到了输出电路。

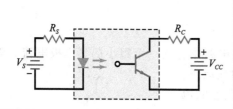

a）LED和光敏晶体管组成的光耦合器　　　　　b）光耦合器集成电路

图 7-9　光耦合器

光耦合器的一大优点是实现了输入和输出电路之间的电隔离。换句话说，输入电路的公共点和输出电路的公共点是不同的，因此两个电路之间没有电通路。这意味着可以将其中一个电路接地，而另一个电路的地浮空。例如，可以将输入电路的地接到仪器的机架上，而输出电路的公共端不接地。图 7-9b 是一个典型的光耦合器集成电路。

知识拓展　光耦合器实际上是用来替代机械继电器的。它在功能上与机械继电器相似，可以使输入端和输出端之间高度隔离。相比之下，光耦合器具有以下优点：工作速度更快，无触点反弹，尺寸更小，无须黏附运动部件，并且可与数字微处理器电路相兼容。

应用实例 7-4　图 7-10a 中，光耦合器 4N24 实现了电力线与过零检测器电路的电源线的隔离。集电极电流与 LED 电流的关系如图 7-10b 所示。可以用如下方法计算光耦合器的输出电压峰值。

桥式整流器产生的全波电流流过 LED，忽略二极管压降，则通过 LED 的电流峰值为：

$$I_{LED} = \frac{1.414 \times 115V}{16k\Omega} = 10.2mA$$

光敏晶体管的饱和电流值为：

$$I_{C(sat)} = \frac{20V}{10k\Omega} = 2mA$$

图 7-10b 所示是三个不同光耦合器在相应 LED 电流下的光敏晶体管电流的静态特性曲线。对于 4N24（最上面的曲线），当负载电阻为 0 时，10.2mA 的 LED 电流产生约 15mA 的集电极电流。由图 7-10a 可知，由于光敏晶体管在 2mA 时饱和，所以电流不可能达到 15mA。也就是说，LED 的电流足以使光敏晶体管进入饱和。由于 LED 的峰值电流为 10.2mA，所以晶体管在一个周期的大部分时间里都是饱和的。这时，输出电压约为 0，如图 7-10c 所示。

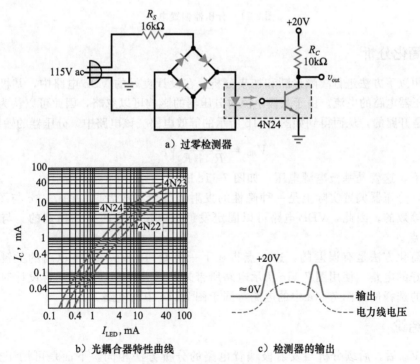

a）过零检测器

b）光耦合器特性曲线　　　c）检测器的输出

图 7-10　光耦合器的应用

当电力线电压极性发生改变时，则出现零点，可能从正电压变成负电压，也可能从负电压变成正电压。在过零点，LED 电流降到 0，此刻，光敏晶体管开路，输出电压上升到将近20V，如图7-10c所示。可见，输出电压在一个周期中的大部分时间里近似为零，在过零点，快速上升到20V然后下降到基准线。

图7-10a所示的电路很有用，因为该电路不需要变压器来实现与电力线的隔离，而是通过光耦合器实现隔离，而且该电路还可以检测过零点。在有些应用中需要将电路与电力线电压频率同步，就需要使用这种过零检测器。　　　　　　　　　　　　　　　◀

7.5　分压器偏置

图7-11a所示是应用最广泛的偏置电路。基极偏置电路包含一个分压器（R_1 和 R_2），因此该电路称为**分压器偏置**（VDB）电路。

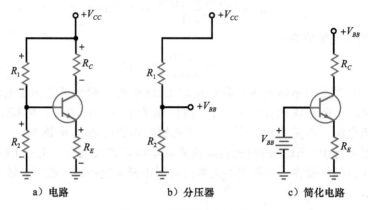

a）电路　　　　　　b）分压器　　　　　　c）简化电路

图7-11　分压器偏置电路

7.5.1　简化分析

可采用以下方法进行故障诊断和初步分析。在设计良好的VDB电路中，基极电流远小于通过分压器电路的电流。由于基极电流对分压器的影响可以忽略，因此可以认为分压器与基极之间是开路的，从而得到如图7-11b所示的等效电路。该电路中，分压器的输出电压为：

$$V_{BB} = \frac{R_2}{R_1 + R_2} V_{CC}$$

理想情况下，这就是基极电源电压，如图7-11c所示。

可见，分压器偏置实际上是一种隐性的发射极偏置。或者说，图7-11c与图7-11a中的电路是等效的。因此，VDB电路可以固定发射极电流，从而得到稳定的、与电流增益无关的 Q 点。

上述简化方法是有误差的，这一点将在下一节专门讨论。VDB电路的关键在于，对于设计良好的电路，使用图7-11c所示电路所带来的误差很小。换言之，设计时可通过对电路参数的选择使得图7-11a中的电路等同于图7-11c中的电路。

7.5.2　结论

得到 V_{BB} 后，后续分析与发射极偏置电路的分析方法相同。下面是可用于分析VDB电路的公式汇总：

$$V_{BB} = \frac{R_2}{R_1 + R_2} V_{CC} \tag{7-4}$$

$$V_E = V_{BB} - V_{BE} \tag{7-5}$$

$$I_E = \frac{V_E}{R_E} \tag{7-6}$$

$$I_C \approx I_E \tag{7-7}$$

$$V_C = V_{CC} - I_C R_C \tag{7-8}$$

$$V_{CE} = V_C - V_E \tag{7-9}$$

这些公式都基于欧姆定律和基尔霍夫定律。分析的步骤为：

1. 计算由分压器输出的基极电压 V_{BB}；

2. 减去 0.7V 得到发射极电压（锗管为 0.3V）；

3. 除以发射极电阻得到发射极电流；

4. 假设集电极电流近似等于发射极电流；

5. 从集电极电压源电压中减去集电极电阻两端的电压，得到集电极对地电压；

6. 从集电极电压中减去发射极电压，得到 V_{CE}。

这六个步骤具有逻辑顺序，很容易记住，分析几个 VDB 电路以后就会运用自如了。

知识拓展　由于 $V_E \approx I_C R_E$，式（7-9）可表示为：

$$V_{CE} = V_{CC} - I_C R_C - I_C R_E$$

或

$$V_{CE} = V_{CC} - I_C (R_C + R_E)$$

例 7-5　图 7-12 中的 V_{CE} 是多少？　|||| Multisim

解：分压器产生的空载输出电压为：

$$V_{BB} = \frac{2.2\text{k}\Omega}{10\text{k}\Omega + 2.2\text{k}\Omega} \times 10\text{V} = 1.8\text{V}$$

减掉 0.7V 得：

$$V_E = 1.8\text{V} - 0.7\text{V} = 1.1\text{V}$$

发射极电流为：

$$I_E = \frac{1.1\text{V}}{1\text{k}\Omega} = 1.1\text{mA}$$

由于集电极电流与发射极电流近似相等，可计算出集电极对地电压为：

$$V_C = 10\text{V} - 1.1\text{mA} \times 3.6\text{k}\Omega = 6.04\text{V}$$

求得 V_{CE} 为：

$$V_{CE} = 6.04\text{V} - 1.1\text{V} = 4.94\text{V}$$

这里的重点是：上述初步分析结果与晶体管、集电极电流或者温度的改变无关。因此该电路的 Q 点稳定，并且几乎是固定不变的。　◄

自测题 7-5　将图 7-12 中的电源电压从 10V 变为 15V，求 V_{CE}。

例 7-6　图 7-13 所示为对例 7-5 电路的 Multisim 分析，试讨论其意义。　|||| Multisim

解：由图可见，电压表读数为 6.03V（四舍五入到小数点后 2 位），与前面计算得到的 6.04V 相比可以发现一个重要事实：用计算机分析得到了几乎相同的答案。这说明用简化的分析方法所得到的结果与用计算机分析的结果基本一致。

设计良好的 VDB 电路可以达到很好的一致性。其主要原因是分压器偏置电路类似于发射极偏置电路，消除了晶体管、集电极电流和温度改变所带来的影响。　◄

自测题 7-6　使用 Multisim 将图 7-13 中的电源电压变为 15V，测量 V_{CE}，将测量值与自测题 7-5 的结果进行比较。

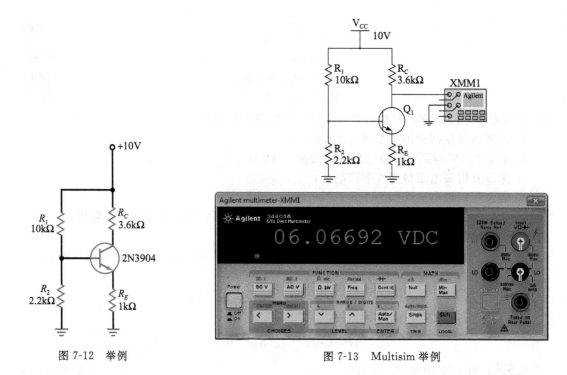

图 7-12　举例

图 7-13　Multisim 举例

7.6　VDB 电路的精确分析

设计优良的 VDB 电路指的是分压器对基极输入电阻呈现准理想特性。下面做进一步讨论。

7.6.1　电源电阻

当准理想电压源的内阻小于负载电阻的 1/100 时，就可以忽略：

$$准理想电压源 \quad R_S < 0.01 R_L$$

满足此条件时，负载电压与理想值的偏差不超过 1%，这里，将这个概念沿用到分压器。

图 7-14a 中分压器的戴维南电阻是多少？将 V_{CC} 接地，从输出端看分压器，可见 R_1 与 R_2 并联，有：

$$R_{TH} = R_1 \parallel R_2$$

由于该电阻的存在，分压器的输出电压并不理想。更精确的分析应考虑这个戴维南电阻，如图 7-14b 所示。流过戴维南电阻的电流使得实际基极电压低于理想值 V_{BB}。

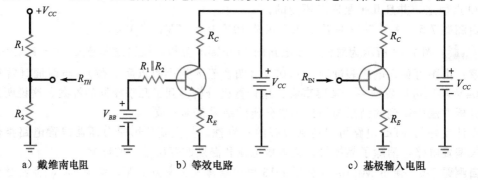

a）戴维南电阻　　　　b）等效电路　　　　c）基极输入电阻

图 7-14　分压器偏置电路的分析

7.6.2　负载电阻

基极电压比理想值低多少呢？分压器需要为基极提供电流，如图 7-14b 所示。分压器的负载电阻是 R_{IN}，如图 7-14c 所示。为使分压器对基极呈现准理想特性，应按 100∶1 的准则，即：

$$R_S < 0.01R_L$$

这里：

$$R_1 \parallel R_2 < 0.01R_{IN} \tag{7-10}$$

设计优良的 VDB 电路应满足此条件。

7.6.3　准理想分压器

如果图 7-14c 中晶体管的电流增益为 100，则集电极电流是基极电流的 100 倍，发射极电流也是基极电流的 100 倍。从晶体管基极看进去，发射极电阻 R_E 被放大了 100 倍，于是：

$$R_{IN} = \beta_{dc}R_E \tag{7-11}$$

因此，式（7-10）可写成：

$$准理想分压器 \quad R_1 \parallel R_2 < 0.01\beta_{dc}R_E \tag{7-12}$$

在电路设计中，对电路参数的选择应尽可能满足 100∶1 准则，从而获得超稳定的 Q 点。

7.6.4　稳定分压器

有时准理想设计会使 R_1 和 R_2 的阻值太小，导致其他问题（后文讨论）。这时，许多设计采用如下的准则进行折中：

$$稳定分压器 \quad R_1 \parallel R_2 < 0.1\beta_{dc}R_E \tag{7-13}$$

满足上述 10∶1 条件的分压器称为**稳定分压器**。最坏情况下，采用稳定分压器意味着集电极电流比准理想情况下低 10%。这在很多应用中是可以接受的，因为 VDB 电路仍然具有合适的且稳定的 Q 点。

7.6.5　更精确的近似

如果需要更为精确的发射极电流，可采用下列表达式：

$$I_E = \frac{V_{BB} - V_{BE}}{R_E + (R_1 \parallel R_2)/\beta_{dc}} \tag{7-14}$$

这与准理想情况下的值不同，因为分母中有 $(R_1 \parallel R_2)/\beta_{dc}$ 项，当这一项趋于 0 时，上式简化为准理想情况下的值。

式（7-14）改善了分析结果，但它是一个相当复杂的公式。如果有计算机且需要用准理想分析得到更为精确的分析，建议使用 Multisim 或等效电路仿真器。

例 7-7　图 7-15 中的分压器是准理想的吗？用式（7-14）计算更精确的发射极电流。

解：检查是否满足 100∶1 准则：

$$准理想分压器 \quad R_1 \parallel R_2 < 0.01\beta_{dc}R_E$$

分压器的戴维南电阻为：

$$R_1 \parallel R_2 = 10\text{k}\Omega \parallel 2.2\text{k}\Omega = \frac{10\text{k}\Omega \times 2.2\text{k}\Omega}{10\text{k}\Omega + 2.2\text{k}\Omega} = 1.8\text{k}\Omega$$

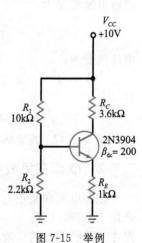

图 7-15　举例

基极输入电阻为：

$$\beta_{dc} R_E = 200 \times 1\text{k}\Omega = 200\text{k}\Omega$$

它的 1% 为：

$$0.01\beta_{dc} R_E = 2\text{k}\Omega$$

由于 $1.8\text{k}\Omega$ 小于 $2\text{k}\Omega$，因此分压电路是准理想的。

由式（7-14），发射极电流为：

$$I_E = \frac{1.8\text{V} - 0.7\text{V}}{1\text{k}\Omega + 1.8\text{k}\Omega/200} = \frac{1.1\text{V}}{1\text{k}\Omega + 9\Omega} = 1.09\text{mA}$$

这个结果与简化分析得到的 1.1mA 极为接近。

问题的关键是：当分压器满足准理想条件时，不一定用式（7-14）计算发射极电流，即使分压器是稳定的，用式（7-14）计算也只能改善发射极电流精度的 10%。除非特别说明，以后所有对 VDB 电路的分析都采用简化方法。 ◀

7.7　VDB 电路的负载线与 Q 点

图 7-16 所示电路是准理想分压器，在后面讨论中，假定发射极电压被稳定在 1.1V。

7.7.1　Q 点

在 7.5 节中曾计算过 Q 点，集电极电流为 1.1mA，V_{CE} 为 4.94V，在图 7-16 中画出这些值，得到 Q 点。由于分压器偏置源于发射极偏置，Q 点实际上不随电流增益变化，改变 Q 点的方法之一是改变发射极电阻。

例如，若发射极电阻变为 $2.2\text{k}\Omega$，则发射极电流减小为：

$$I_E = \frac{1.1\text{V}}{2.2\text{k}\Omega} = 0.5\text{mA}$$

电压变化如下：

$$V_C = 10\text{V} - 0.5\text{mA} \times 3.6\text{k}\Omega = 8.2\text{V}$$

且

$$V_{CE} = 8.2\text{V} - 1.1\text{V} = 7.1\text{V}$$

所以新 Q 点 Q_L 的坐标为 0.5mA 和 7.1V。

另一方面，若将发射极电阻减小为 510Ω，则发射极电流增加为：

$$I_E = \frac{1.1\text{V}}{510\Omega} = 2.15\text{mA}$$

电压改变为：

$$V_C = 10\text{V} - 2.15\text{mA} \times 3.6\text{k}\Omega = 2.26\text{V}$$

且

$$V_{CE} = 2.26\text{V} - 1.1\text{V} = 1.16\text{V}$$

这时新 Q 点 Q_H 的坐标为 2.15mA 和 1.16V。

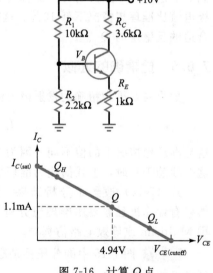

图 7-16　计算 Q 点

7.7.2　Q 点在负载线中点

饱和电流和截止电压受 V_{CC}、R_1、R_2 和 R_C 的控制，改变这些参数中的任何一个，都会使 $I_{C(\text{sat})}$ 和（或）$V_{CE(\text{cutoff})}$ 发生变化。当上述参数确定后，改变发射极电阻可以将 Q 点设置在负载线的任何位置。如果 R_E 太大，则 Q 点向截止点移动，如果 R_E 太小，则 Q 点向饱和点移动。有些设计将 Q 点设置在负载线的中点。

7.7.3　VDB 电路的设计方法

图 7-17 所示是一个 VDB 电路。下面用该电路来说明如何建立稳定的 Q 点。这种设计方法适用于大多数电路，但只是一个参考，也可以采用其他方法。

在开始设计之前，确定电路的需求和指标是很重要的。一般的电路通常需要在特定集电极电流的情况下将 V_{CE} 偏置在中点值。还要知道电源 V_{CC} 和所用晶体管的 β_{dc} 值范围。而且要确保电路不会使晶体管的功率超过限定值。

首先，将发射极电压设定为电源电压的 1/10 左右：

$$V_E = 0.1V_{CC}$$

然后，计算在特定集电极电流情况下的 R_E 的值：

$$R_E = \frac{V_E}{I_E}$$

由于 Q 点需要设置在直流负载线的中点附近，在集电极-发射极之间的电压约为 $0.5V_{CC}$，余下的 $0.4V_{CC}$ 则加在集电极电阻上，因此：

$$R_C = 4R_E$$

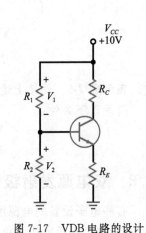

图 7-17　VDB 电路的设计

下一步，按照 100∶1 原则设计准理想分压器：

$$R_{TH} \leqslant 0.01\beta_{dc}R_E$$

R_2 通常比 R_1 小，所以，准理想分压器的公式可简化为：

$$R_2 \leqslant 0.01\beta_{dc}R_E$$

也可以选择 10∶1 原则设计稳定分压器：

$$R_2 \leqslant 0.1\beta_{dc}R_E$$

在任何情况下，都采用 β_{dc} 的最小额定值来满足特定集电极电流的要求。

最后，利用比例关系计算 R_1：

$$R_1 = \frac{V_1}{V_2}R_2$$

知识拓展　使 Q 点处于晶体管负载线的中点非常重要，因为这样可以使放大器获得最大的交流输出电压。使 Q 点处于负载线中点的偏置有时也称为"中点偏置"。

例 7-8　设计图 7-17 中电路的电阻值，使之满足以下条件：

$$V_{CC} = 10V \quad V_{CE}\text{ 中点偏置}$$
$$I_C = 10mA \quad 2N3904 \text{ 的 } \beta_{dc} = 100 \sim 300$$

解：首先，确定发射极电压：

$$V_E = 0.1V_{CC}$$
$$V_E = 0.1 \times 10V = 1V$$

发射极电阻为：

$$R_E = \frac{V_E}{I_E}$$

$$R_E = \frac{1V}{10mA} = 100\Omega$$

集电极电阻为：

$$R_C = 4R_E$$
$$R_C = 4 \times 100\Omega = 400\Omega(使用 390\Omega)$$

选择准理想分压器或稳定分压器。准理想情况下，R_2 的值为：

$$R_2 \leqslant 0.01\beta_{dc}R_E$$
$$R_2 \leqslant 0.01 \times 100 \times 100\Omega = 100\Omega$$

R_1 的值为：

$$R_1 = \frac{V_1}{V_2}R_2$$
$$V_2 = V_E + 0.7V = 1V + 0.7V = 1.7V$$
$$V_1 = V_{CC} - V_2 = 10V - 1.7V = 8.3V$$
$$R_1 = \frac{8.3V}{1.7V} \times 100\Omega = 488\Omega(使用 490\Omega)$$ ◀

自测题 7-8   按照上述 VDB 电路设计指导方法，设计图 7-17 所示的 VDB 电路参数，满足以下条件：

$$V_{CC} = 10V \quad V_{CE} 中点偏置 \quad 准理想分压器$$
$$I_C = 1mA \quad \beta_{dc} = 70 \sim 200$$

7.8   双电源发射极偏置

有些电子设备的电源可提供正负电压供电。例如，图 7-18 所示的晶体管电路有 +10V 和 −2V 两个电源电压。负电源使发射结正向偏置，正电源使集电结反向偏置。该电路源于发射极偏置电路，因此称为**双电源发射极偏置**（TSEB）。

7.8.1   电路分析

首先要按通常习惯的形式重画电路图，即去掉电池符号，如图 7-19 所示。这种形式的电路图是必要的，因为在复杂的电路中，一般没有地方画电池符号。尽管电路图简化了形式，但仍然包含了所有信息，即 −2V 负电源与 1kΩ 电阻的下端相连，10V 正电源与 3.6kΩ 电阻的顶端相连。

如果这类电路设计无误，则基极电流很小，可以忽略不计，相当于基极电源近似为 0V，如图 7-20 所示。

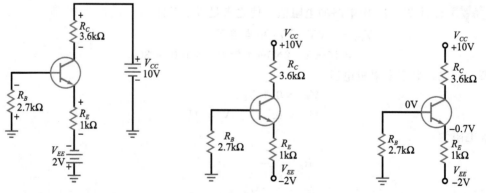

图 7-18 双电源发射极偏置   图 7-19 重画的 TSEB 电路   图 7-20 基极电位理想值为 0

发射结两端电压为 0.7V，因此发射极电位为 −0.7V。由于从基极到发射极有 0.7V

的正压降，当基极电位为 0V 时，发射极电位则为 $-0.7V$。

图 7-20 中，发射极电阻对发射极电流的确定起关键作用。为得到该电流值，应用欧姆定律，则发射极电阻上端电位为 $-0.7V$，下端电位为 $-2V$，电阻上的电压等于两个电位之差。为了得到准确的结果，用高电位减去低电位，这里低电位为 $-2V$，因此：

$$V_{RE} = -0.7V - (-2V) = 1.3V$$

得到发射极电阻上的压降后，用欧姆定律可计算发射极电流：

$$I_E = \frac{1.3V}{1k\Omega} = 1.3mA$$

该电流流过 $3.6k\Omega$ 产生一个压降，从 $+10V$ 电源电压中减掉，得：

$$V_C = 10V - 1.3mA \times 3.6k\Omega = 5.32V$$

V_{CE} 是集电极与发射极电位之差：

$$V_{CE} = 5.32V - (-0.7V) = 6.02V$$

与分压器基极偏置类似，好的双电源发射极偏置在设计时满足 100∶1 准则，即：

$$R_B < 0.01\beta_{dc}R_E \tag{7-15}$$

这时，可以采用以下简化公式进行分析：

$$V_B \approx 0 \tag{7-16}$$

$$I_E = \frac{V_{EE} - 0.7V}{R_E} \tag{7-17}$$

$$V_C = V_{CC} - I_C R_C \tag{7-18}$$

$$V_{CE} = V_C + 0.7V \tag{7-19}$$

知识拓展 设计良好的分压器或发射极偏置结构的晶体管电路属于与 β 无关的电路，因为 I_C 和 V_{CE} 的值不受晶体管 β 值的影响。

7.8.2 基极电压

图 7-20 中电路简化后，误差的来源之一是基极电阻上的小电压。由于有一个小的基极电流流过该电阻，基极和地之间存在负电压。在设计良好的电路中，基极电压小于 $-0.1V$。如果设计时必须采用较大的基极电阻进行折中，则基极电压有可能低于 $-0.1V$。如果对该电路进行故障诊断，基极和地之间电压的读数应当很小，否则就是电路有问题。

例 7-9 图 7-20 中，若发射极电阻增至 $1.8k\Omega$，集电极电压是多少？

▉▉▉ Multisim

解： 发射极电阻两端电压仍为 $1.3V$，发射极电流为：

$$I_E = \frac{1.3V}{1.8k\Omega} = 0.722mA$$

集电极电压为：

$$V_C = 10V - 0.722mA \times 3.6k\Omega = 7.4V$$ ◀

自测题 7-9 将图 7-20 中发射极电阻改为 $2k\Omega$，求 V_{CE} 的值。

例 7-10 一级电路是指一个晶体管和与之相连的无源器件。图 7-21 所示是一个采用了双电源发射极偏置的三级电路，其中每级的集电极对地电压是多少？

解： 首先忽略电容，因为它们对直流电压和直流电流而言是开路的，余下的是采用双电源发射极偏置的三个相互独立的晶体管。

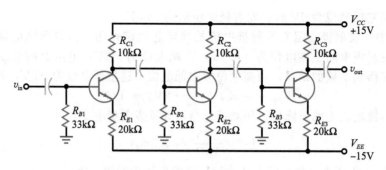

图 7-21 三级电路

第一级的发射极电流为：

$$I_E = \frac{15\text{V} - 0.7\text{V}}{20\text{k}\Omega} = \frac{14.3\text{V}}{20\text{k}\Omega} = 0.715\text{mA}$$

集电极电压为：

$$V_C = 15\text{V} - 0.715\text{mA} \times 10\text{k}\Omega = 7.85\text{V}$$

由于其他级的电路参数都是相同的，因此每级集电极对地的电压均近似为 7.85V。

表 7-3 归纳了四种主要的偏置电路类型。

自测题 7-10 将图 7-21 中的电源电压改为 +12V 和 −12V，计算每个晶体管的 V_{CE} 值。

表 7-3 主要偏置电路

类型	电路	计算	特性	应用
基极偏置		$I_B = \dfrac{V_{BB} - 0.7\text{V}}{R_B}$ $I_C = \beta I_B$ $V_{CE} = V_{CC} - I_C R_C$	元件少；与 β 有关；固定基极电流	开关；数字电路
发射极偏置		$V_E = V_{BB} - 0.7\text{V}$ $I_E = \dfrac{V_E}{R_E}$ $V_C = V_C - I_C R_C$ $V_{CE} = V_C - V_E$	固定发射极电流；与 β 无关	I_C 驱动器；放大器
分压器偏置		$I_B = \dfrac{R_2}{R_1 + R_2} V_{CC}$ $V_E = V_B - 0.7\text{V}$ $I_E = \dfrac{V_E}{R_E}$ $V_C = V_{CC} - I_C R_C$ $V_{CE} = V_C - V_E$	需要多个电阻；与 β 无关；只需单电源	放大器

（续）

类型	电路	计算	特性	应用
双电源发射极偏置	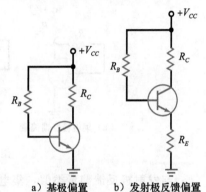	$V_B \approx 0\text{V}$ $V_E = V_B - 0.7\text{V}$ $V_{RE} = V_{EE} - 0.7\text{V}$ $I_E = \dfrac{V_{RE}}{R_E}$ $V_C = V_{CC} - I_C R_C$ $V_{CE} = V_C - V_E$	需要正负电源； 与 β 无关	放大器

7.9　其他类型的偏置

本节将讨论几种其他类型的偏置。虽然这些偏置类型在新的设计中已经很少使用了，但当它们在电路图中出现时也应该能够识别。这里只是简单介绍，不做细致的分析。

7.9.1　发射极反馈偏置

前文讨论过基极偏置情况（见图 7-22a）。该电路在 Q 点的稳定性方面，性能是最差的。因为基极电流是固定的，集电极电流将随电流增益的变化而变化。当晶体管进行更换或温度发生变化时，这种电路的 Q 点将在负载线上移动。

发射极反馈偏置是最早用来稳定 Q 点的方法，如图 7-22b 所示，在电路中增加了发射极电阻。其基本原理是：假设 I_C 增加，则 V_E 增加，使得 V_B 增加；V_B 的增加意味着 R_B 两端电压减小，这样 I_B 会减小，导致 I_C

a) 基极偏置　　b) 发射极反馈偏置

图 7-22　两种偏置

减小，与 I_C 增加的初始假设相反。由于发射极电压的变化反馈到了基极电流，所以称为反馈。又由于该反馈产生的变化与集电极电流的初始变化相反，所以称为负反馈。

发射极反馈偏置并没有广泛应用，因为对于大多数需要批量生产的产品来说，该电路 Q 点的漂移仍然太大。相关公式如下：

$$I_E = \frac{V_{CC} - V_{BE}}{R_E + R_B / \beta_{\text{dc}}} \tag{7-20}$$

$$V_E = I_E R_E \tag{7-21}$$

$$V_B = V_E + 0.7\text{V} \tag{7-22}$$

$$V_C = V_{CC} - I_C R_C \tag{7-23}$$

使用发射极反馈偏置的目的是为了**掩蔽** β_{dc} 变化的影响，R_E 需要远大于 R_B / β_{dc}。若满足该条件，则式（7-20）对 β_{dc} 的变化不敏感。而实际中，在不使晶体管截止的情况下，选择足够大的 R_E 值来消除 β_{dc} 的影响是很困难的。

图 7-23a 所示是一个发射极反馈偏置电路的例子，图 7-23b 显示了负载线和两个不同电流增益下的 Q 点。可以看出，3∶1 的电流增益变化使集电极电流发生较大的改变。与基极偏置相比，该电路的改进不多。

7.9.2　集电极反馈偏置

图 7-24a 所示是**集电极反馈偏置**（也称**自偏置**），这是另一个稳定 Q 点的方法。其基

本思想也是将电压反馈到基极，以减小集电极电流的变化。例如，假设集电极电流增加，使集电极电压降低，从而使基极电阻两端的电压减小，导致基极电流的减小，其结果与集电极电流增大的初始假设相反。

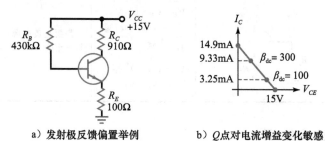

a）发射极反馈偏置举例　　　b）Q点对电流增益变化敏感

图 7-23　举例

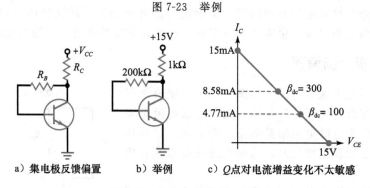

a）集电极反馈偏置　　b）举例　　c）Q点对电流增益变化不太敏感

图 7-24　集电极反馈偏置电路

与发射极反馈偏置类似，集电极反馈偏置通过负反馈减小集电极电流的初始变化。以下是分析集电极反馈偏置的几个公式：

$$I_E = \frac{V_{CC} - V_{BE}}{R_C + R_B/\beta_{dc}} \tag{7-24}$$

$$V_B = 0.7\text{V} \tag{7-25}$$

$$V_C = V_{CC} - I_C R_C \tag{7-26}$$

一般通过设置如下的基极电阻值使 Q 点处于负载线的中间：

$$R_B = \beta_{dc} R_C \tag{7-27}$$

图 7-24b 所示是一个集电极反馈偏置的例子，图 7-24c 显示了负载线和两种不同电流增益下的 Q 点。可以看到，3:1 的电流增益变化引起的集电极电流变化比使用发射极反馈要小（见图 7-23b）。

在稳定 Q 点方面，集电极反馈偏置比发射极反馈偏置更有效。尽管电路依然对电流增益变化敏感，但由于结构简单，因而在实际中得到了应用。

7.9.3　集电极-发射极反馈偏置

发射极反馈偏置和集电极反馈偏置是稳定晶体管电路的第一步。尽管采用负反馈的思想是正确的，但由于无法实现足够深的负反馈，电路依然存在不足。所以需要进一步改进偏置，如图 7-25 所示。该电路的原理是同时采用发射极反馈

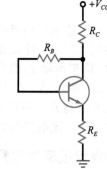

图 7-25　集电极-发射极反馈偏置

和集电极反馈来改善工作点的稳定性。

然而结果显示，在一个电路中同时采用两种反馈虽然有一定帮助，但仍不适合大规模生产。对于这类电路的分析公式如下：

$$I_E = \frac{V_{CC} - V_{BE}}{R_C + R_E + R_B/\beta_{dc}} \tag{7-28}$$

$$V_E = I_E R_E \tag{7-29}$$

$$V_B = V_E + 0.7V \tag{7-30}$$

$$V_C = V_{CC} - I_C R_C \tag{7-31}$$

7.10 分压器偏置电路的故障诊断

这里讨论分压器偏置电路的故障诊断，因为这种偏置方法应用最为广泛。图 7-26 所示是前文分析过的 VDB 电路，表 7-4 列出了用 Multisim 分析该电路得到的电压值。V_{CC} 用于测量的电压表的输入电阻为 10MΩ。

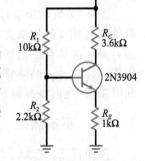

7.10.1 可确定故障

开路或短路通常会产生唯一的电压值。例如，使图 7-26 中晶体管基极电压为 10V 的唯一方法是使 R_1 短路，其他元件的开路或短路不会产生相同的结果。表 7-4 中绝大多数情况只能产生唯一的电压集合，所以不需要断开电路做进一步的检查，就可以确定这些故障。

7.10.2 不可确定故障

图 7-26 故障诊断

表 7-4 中有两种故障得到的电压不唯一：R_{1O} 和 R_{2S}。这两种情况的电压值都为 0、0、10V。像这样不确定的故障，故障诊断时必须断开其中一个可疑元件，用欧姆表或其他测量仪器进行测试。如取出 R_1，用欧姆表测量其电阻。如果它是开路的，则可以确定该故障；如果它没问题，则是 R_2 短路。

表 7-4 故障及现象

故障	V_B	V_E	V_C	评价
无	1.79	1.12	6	无故障
R_{1S}	10	9.17	9.2	晶体管饱和
R_{1O}	0	0	10	晶体管截止
R_{2S}	0	0	10	晶体管截止
R_{2O}	3.38	2.68	2.73	转化为发射极反馈偏置
R_{ES}	0.71	0	0.06	晶体管饱和
R_{EO}	1.8	1.37	10	10MΩ 的电压表减小了 V_E 的值
R_{CS}	1.79	1.12	10	集电极电阻短路
R_{CO}	1.07	0.4	0.43	基极电流过大
CES	2.06	2.06	2.06	晶体管所有管脚短接
CEO	1.8	0	10	晶体管所有管脚开路
无电源	0	0	0	检查电源及其连线

7.10.3 电压表的负载效应

使用电压表相当于在电路中接入了一个新的电阻,该电阻会从电路中分流。如果被测电路的电阻较大,那么测量值会比正常值小。

例如,假设图 7-26 中发射极电阻开路,基极电压为 1.8V。因为发射极电阻开路时没有发射极电流,所以测量之前发射极对地电压也一定为 1.8V。当用内阻为 $10\text{M}\Omega$ 的电压表测量 V_E 时,相当于在发射极和地之间接入了一个 $10\text{M}\Omega$ 的电阻,这将导致有微小的电流从发射极流过,从而在发射结上产生压降。所以表 7-4 中 $R_{E开}$ 对应的 $V_E=1.37\text{V}$,而不是 1.8V。

7.11 pnp 型晶体管

前文重点研究了 npn 型晶体管的偏置电路。在很多电路中也会用到 pnp 型晶体管, pnp 晶体管在有负电源供电的电子设备中很常用。此外,在双电源(正负电源)供电时, pnp 晶体管和 npn 晶体管作为互补元件使用。

图 7-27 所示是 pnp 晶体管的结构及其电路符号。由于两种器件具有相反的掺杂类型,分析时需要转换思路。特别要注意的是, pnp 晶体管发射极的多子是空穴而不是自由电子。与 npn 晶体管一样, pnp 晶体管正常的偏置条件也是:基极-发射极正偏,同时基极-集电极反偏。如图 7-27 所示。

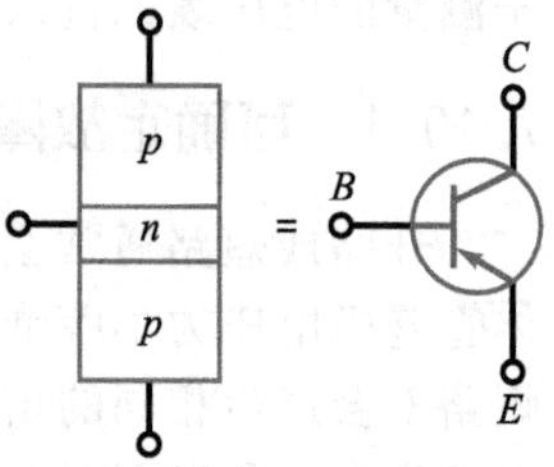

7.11.1 基本概念

简而言之,在原子层面,发射极注入基极的是空穴,其中绝大部分空穴漂移到集电极,因此集电极电流几乎等于发射极电流。

图 7-28 显示了晶体管的三种电流。实线箭头表示传统电流方向,虚线箭头表示电子流动方向。

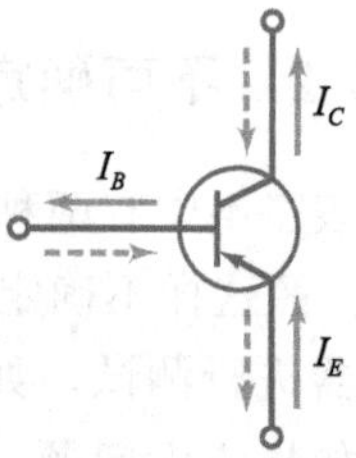

图 7-27 pnp 晶体管

7.11.2 负电源供电

图 7-29a 所示是包括 pnp 晶体管和一10V 负电源的分压器偏置电路。2N3906 是 2N3904 的互补晶体管,即晶体管特性参数的绝对值相同,而所有电流和电压的极性相反。与图 7-26 中的 npn 晶体管电路进行比较,所不同的只是电源电压和晶体管类型。

图 7-28 pnp 管电流

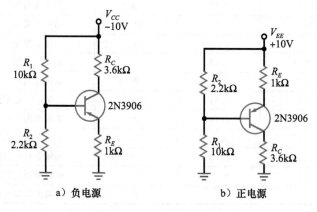

a)负电源   b)正电源

图 7-29 pnp 晶体管电路

对于已有的 npn 晶体管电路，只需将其中的电源换成负电源，npn 晶体管换成 pnp 晶体管。

由于采用负电源，电路参数将变为负值，在计算时要格外小心。确定图 7-29a 电路 Q 点的步骤如下：

$$V_B = \frac{R_2}{R_1 + R_2} V_{CC} = \frac{2.2\mathrm{k}\Omega}{10\mathrm{k}\Omega + 2.2\mathrm{k}\Omega}(-10\mathrm{V}) = -1.8\mathrm{V}$$

对 pnp 晶体管，发射结正向偏置时，V_E 比 V_B 高 0.7V，因此，

$$V_E = V_B + 0.7\mathrm{V} = -1.8\mathrm{V} + 0.7\mathrm{V} = -1.1\mathrm{V}$$

然后，确定发射极和集电极电流：

$$I_E = \frac{V_E}{R_E} = \frac{-1.1\mathrm{V}}{1\mathrm{k}\Omega} = 1.1\mathrm{mA}$$

$$I_C \approx I_E = 1.1\mathrm{mA}$$

求解集电极电压和 V_{CE}：

$$V_C = -V_{CC} + I_C R_C - 10\mathrm{V} + 1.1\mathrm{mA} \times 3.6\mathrm{k}\Omega = -6.04\mathrm{V}$$

$$V_{CE} = V_C - V_E = -6.04 - (-1.1\mathrm{V}) = -4.94\mathrm{V}$$

7.11.3 正电源供电

在晶体管电路中，正电源比负电源应用更为广泛。因此经常见到如图 7-29b 所示的 pnp 晶体管的倒置画法。该电路的工作原理是：R_2 两端电压加在发射结及与其串联的发射极电阻上，以此确定发射极电流。集电极电流流过 R_C，产生集电极对地的电压。故障诊断时，可用如下方法计算 V_C、V_B 和 V_E：

1. 计算 R_2 两端电压；
2. 从上述电压减 0.7V 得到发射极电阻两端电压；
3. 求得发射极电流；
4. 计算集电极对地电压；
5. 计算基极对地电压；
6. 计算发射极对地电压。

例 7-11 计算图 7-29b 电路中 pnp 晶体管的三个电压。 ⫼ Multisim

解：先求 R_2 两端电压，由分压公式得：

$$V_2 = \frac{R_2}{R_1 + R_2} V_{EE}$$

也可以用另一种方法得到电流值，即先求得分压电路的电流，再乘以 R_2：

$$I = \frac{10\mathrm{V}}{12.2\mathrm{k}\Omega} = 0.82\mathrm{mA}$$

$$V_2 = 0.82\mathrm{mA} \times 2.2\mathrm{k}\Omega = 1.8\mathrm{V}$$

然后，从上述电压中减去 0.7V，得到发射极电阻两端电压：

$$1.8\mathrm{V} - 0.7\mathrm{V} = 1.1\mathrm{V}$$

计算发射极电流：

$$I_E = \frac{1.1\mathrm{V}}{1\mathrm{k}\Omega} = 1.1\mathrm{mA}$$

集电极电流流过集电极电阻，产生集电极对地电压：

$$V_C = 1.1\mathrm{mA} \times 3.6\mathrm{k}\Omega = 3.96\mathrm{V}$$

基极对地电压为：

$$V_B = 10\text{V} - 1.8\text{V} = 8.2\text{V}$$

发射极对地电压为：

$$V_E = 10\text{V} - 1.1\text{V} = 8.9\text{V} \quad \blacktriangleleft$$

自测题 7-11 将图 7-29a 和图 7-29b 电路中的电源电压由 10V 改为 12V，计算 V_B、V_E、V_C 和 V_{CE}。

总结

7.1 节 发射极偏置实际上对电流增益的变化不敏感。发射极偏置电路的分析过程是求出发射极电压、发射极电流、集电极电压和 V_{CE}，整个过程只需要应用欧姆定律。

7.2 节 基极偏置的 LED 驱动电路是通过晶体管工作在饱和或截止状态来控制流过 LED 的电流；发射极偏置的 LED 驱动电路是利用晶体管工作在有源区和截止区来控制流过 LED 的电流。

7.3 节 可以用数字万用表或者欧姆表测量晶体管，这对没有连在电路中的晶体管是最好的方法。当晶体管在电路中且已加电时，可以测量它的电压，这能为可能发生的故障提供线索。

7.4 节 由于有电流增益 β_{dc}，光电晶体管比光电二极管对光更敏感。光电晶体管与 LED 结合，可以实现更加敏感的光耦合器。它的缺点是对光强变化的反应速度比光电二极管慢。

7.5 节 基于发射极偏置原型的最重要的电路称为分压器偏置，可以通过基极电路中的分压器来识别。

7.6 节 该偏置的关键是使基极电流远小于分压器中的电流。若满足此条件，则分压器基极电压几乎保持不变，且等于分压器空载时的输出电压。这样，在任何情况下，电路的 Q 点都是稳定的。

7.7 节 负载线经过饱和点和截止点。Q 点在负载线上的具体位置由偏置决定。电流增益的较大变化几乎不影响 Q 点，因为这类偏置的发射极电流保持不变。

7.8 节 该设计采用正负两个电源，工作原理是设置恒定的发射极电流。它是之前讨论的发射极偏置原型电路的变形。

7.9 节 本节引入了负反馈，即输出量的增加导致输入量的减小。由这个思路产生了分压器偏置电路。其他类型的偏置无法得到足够深的负反馈，因而无法获得与分压器偏置同样的性能。

7.10 节 故障诊断是一门艺术。因此不能简单地得到一套规则，必须通过经验来学习。

7.11 节 pnp 器件与 npn 器件是互补的，它们的电流和电压完全相反。可以采用负电源，但更多情况下采用的是正电源，在电路形态上是倒置的。

推论

(7-1) 发射极电压

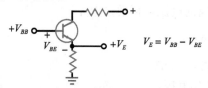

$$V_E = V_{BB} - V_{BE}$$

(7-2) 集电极-发射极电压

$$V_{CE} = V_C - V_E$$

(7-3) I_C 对 β_{dc} 不敏感

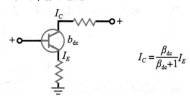

$$I_C = \frac{\beta_{dc}}{\beta_{dc}+1} I_E$$

分压器偏置公式

(7-4)　基极电压

$$V_{BB} = \frac{R_2}{R_1 + R_2} V_{CC}$$

(7-5)　发射极电压

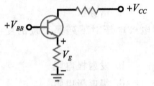

$$V_E = V_{BB} - V_{BE}$$

(7-6)　发射极电流

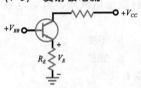

$$I_E = \frac{V_E}{R_E}$$

(7-7)　集电极电流

$$I_C \approx I_E$$

(7-8)　集电极电压

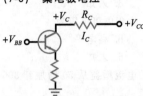

$$V_C = V_{CC} = I_C R_C$$

(7-9)　集电极-发射极电压

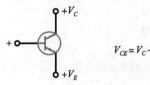

$$V_{CE} = V_C - V_E$$

双电源发射极偏置公式

(7-10)　基极电压

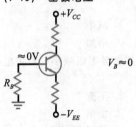

$$V_B \approx 0$$

(7-11)　发射极电流

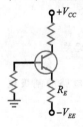

$$I_E = \frac{V_{EE} - 0.7V}{R_E}$$

(7-12)　集电极电压（TSEB）

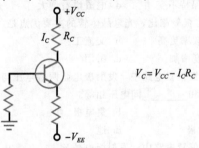

$$V_C = V_{CC} - I_C R_C$$

(7-13)　集电极-发射极电压（TSEB）

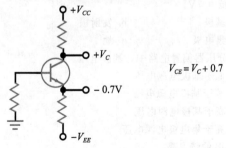

$$V_{CE} = V_C + 0.7$$

选择题

1. 发射极电流不变的电路称为
　a. 基极偏置　　　　　b. 发射极偏置

　c. 晶体管偏置　　　d. 双电源偏置
2. 分析发射极偏置电路的第一步是求出

a. 基极电流   b. 发射极电压

c. 发射极电流   d. 集电极电流

3. 如果发射极偏置电路中的电流增益未知，则无法计算

  a. 发射极电压   b. 发射极电流

  c. 集电极电流   d. 基极电流

4. 若发射极电阻开路，则集电极电压为

  a. 低电平   b. 高电平

  c. 不变   d. 未知

5. 若集电极电阻开路，则集电极电压为

  a. 低电平   b. 高电平

  c. 不变   d. 未知

6. 当发射极偏置电路的电流增益从 50 增加到 300 时，集电极电流

  a. 几乎保持不变

  b. 减小到原来的 1/6

  c. 增加到原来的 6 倍

  d. 为 0

7. 若发射极电阻增大，则集电极电压

  a. 减小   b. 保持不变

  c. 增大   d. 使晶体管击穿

8. 若发射极电阻减小，则

  a. Q 点向上移动   b. 集电极电流减小

  c. Q 点保持不变   d. 电流增益增大

9. 与光电二极管相比，光电晶体管的主要优点是

  a. 响应频率更高   b. 交流工作

  c. 敏感度增加   d. 耐用

10. 在发射极偏置电路中，发射极电阻两端电压与发射极和_____间电压相等。

  a. 基极   b. 集电极

  c. 发射极   d. 地

11. 在基极偏置电路中，发射极电位比_____电位低 0.7V。

  a. 基极   b. 发射极

  c. 集电极   d. 地

12. 在分压器偏置电路中，基极电压

  a. 低于基极电源电压

  b. 等于基极电源电压

  c. 高于基极电源电压

  d. 高于集电极电源电压

13. VDB 的特点是

  a. 集电极电压不稳定

  b. 发射极电流变化

  c. 基极电流较大

  d. Q 点稳定

14. VDB 电路中，集电极电阻的增加会

a. 降低发射极电压   b. 降低集电极电压

c. 提高发射极电压   d. 减小发射极电流

15. VDB 电路的 Q 点稳定，与下列哪种电路类似？

  a. 基极偏置   b. 发射极偏置

  c. 集电极反馈偏置   d. 发射极反馈偏置

16. VDB 电路需要

  a. 三个电阻   b. 一个电源

  c. 精密电阻   d. 更多电阻以改善性能

17. VDB 电路一般工作在

  a. 有源区   b. 截止区

  c. 饱和区   d. 击穿区

18. VDB 电路中的集电极电压对下列哪个量的变化不敏感？

  a. 电源电压   b. 发射极电阻

  c. 电流增益   d. 集电极电阻

19. 若 VDB 电路中发射极电阻减小，则集电极电压

  a. 降低   b. 不变

  c. 升高   d. 加倍

20. 基极偏置与下列哪项有关？

  a. 放大器   b. 开关电路

  c. 稳定的 Q 点   d. 固定的发射极电流

21. VDB 电路中，如果发射极电阻减半，则集电极电流

  a. 加倍   b. 减半

  c. 保持不变   d. 增加

22. VDB 电路中，如果集电极电阻减小，则集电极电压

  a. 降低   b. 不变

  c. 增加   d. 加倍

23. VDB 电路的 Q 点

  a. 对电流增益的变化极其敏感

  b. 对电流增益的变化有些敏感

  c. 对电流增益的变化几乎完全无关

  d. 受温度变化影响很大

24. 双电源发射极偏置（TSEB）电路的基极电压为

  a. 0.7V   b. 很大

  c. 接近于 0   d. 1.3V

25. TSEB 电路中，如果发射极电阻加倍，则集电极电流

  a. 减半   b. 不变

  c. 加倍   d. 增加

26. 如果由于焊锡飞溅，使 TSEB 电路的集电极电阻短路，则集电极电压

  a. 降至 0   b. 等于集电极电源电压

c. 不变   d. 加倍

27. TSEB 电路中，如果发射极电阻减小，则集电极电压

  a. 降低   b. 不变

  c. 增加   d. 等于集电极电源电压

28. TSEB 电路中，如果基极电阻开路，则集电极电压

  a. 降低   b. 不变

  c. 稍有增加   d. 等于集电极电源电压

29. 在 TSEB 电路中，基极电流必须非常

  a. 小   b. 大

  c. 不稳定   d. 稳定

30. TSEB 电路的 Q 点不依赖于

  a. 发射极电阻   b. 集电极电阻

  c. 电流增益   d. 发射极电压

31. pnp 晶体管发射极的多子是

  a. 空穴   b. 自由电子

  c. 三价原子   d. 五价原子

32. pnp 晶体管的电流增益为

  a. npn 晶体管电流增益的相反数

  b. 集电极电流除以发射极电流

  c. 接近 0

  d. 集电极电流与基极电流的比值

33. pnp 晶体管中，最大的电流是

  a. 基极电流   b. 发射极电流

  c. 集电极电流   d. 以上都不是

34. pnp 晶体管电流

  a. 一般比 npn 管电流小

  b. 与 npn 电流方向相反

  c. 一般比 npn 电流大

  d. 为负

35. 对于 pnp 晶体管分压器偏置电路，必须使用

  a. 负电源电压   b. 正电源电压

  c. 电阻   d. 地

36. 采用负电源电压的 pnp 管 TSEB 电路，其发射极电压

  a. 等于基极电压

  b. 比基极电压高 0.7V

  c. 比基极电压低 0.7V

  d. 等于集电极电压

37. 在设计优良的 VDB 电路中，基极电流

  a. 远大于分压器电流

  b. 等于发射极电流

  c. 远小于分压器电流

  d. 等于集电极电流

38. VDB 电路中，基极输入电阻 R_{IN}

  a. 等于 $\beta_{dc}R_E$ b. 一般小于 R_{TH}

  c. 等于 $\beta_{dc}R_C$ d. 与 β_{dc} 无关

39. 在下列哪种情况下，TSEB 电路的基极电压近似为 0？

  a. 基极电阻很大   b. 晶体管饱和

  c. β_{dc} 很小   d. $R_B < 0.01\beta_{dc}R_E$

习题

7.1 节

7-1 ‖‖‖Multisim图 7-30a 中的集电极电压是多少？发射极电压是多少？

7-2 ‖‖‖Multisim若图 7-30a 中的发射极电阻变为原来的两倍，V_{CE} 是多少？

7-3 ‖‖‖Multisim若图 7-30a 中的集电极电源电压减小到 15V，集电极电压为多少？

7-4 ‖‖‖Multisim若图 7-30b 中 $V_{BB} = 2V$，集电极电压为多少？

7-5 ‖‖‖Multisim若图 7-30b 中的发射极电阻变为原来的两倍，基极电源电压为 2.3V，V_{CE} 为多少？

7-6 ‖‖‖Multisim若图 7-30b 中的集电极电源电压增大到 15V，当 $V_{BB} = 1.8V$ 时，V_{CE} 为多少？

7.2 节

7-7 ‖‖‖Multisim若图 7-30c 中的基极电源电压是 2V，通过 LED 的电流为多少？

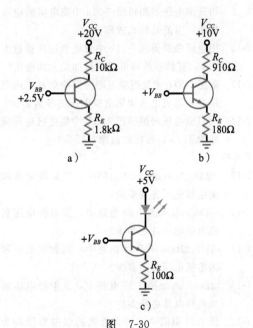

图 7-30

7-8　**ⅢⅢ Multisim** 若图 7-30c 中 $V_{BB}=1.8\text{V}$，LED 的电流为多少？V_C 大约为多少？

7.3 节

7-9　若图 7-31a 中集电极电压的读数为 10V，有哪些故障可能导致如此大的电压？

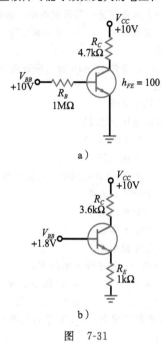

a）

b）

图　7-31

7-10　若图 7-31a 中发射极接地端开路会怎样？用电压表测得的基极电压和集电极电压将各为多少？

7-11　用直流电压表测得图 7-31a 中集电极的电压很小，可能是什么故障？

7-12　用电压表测得图 7-31b 中集电极电压读数为 10V，有哪些故障可能导致如此大的电压？

7-13　若图 7-31b 中发射极电阻开路会怎样？用电压表测基极电压和集电极电压将各为多少？

7-14　用直流电压表测得图 7-31b 中集电极电压读数为 1.1V，可能的故障有哪些？

7.5 节

7-15　**ⅢⅢ Multisim** 图 7-32 电路中，发射极电压和集电极电压各是多少？

7-16　**ⅢⅢ Multisim** 图 7-33 电路中，发射极电压和集电极电压各是多少？

7-17　**ⅢⅢ Multisim** 图 7-34 电路中，发射极电压和集电极电压各是多少？

7-18　**ⅢⅢ Multisim** 图 7-35 电路中，发射极电压和集电极电压各是多少？

7-19　图 7-34 电路中，所有电阻的误差容限均为

±5%，集电极电压最低和最高值各是多少？

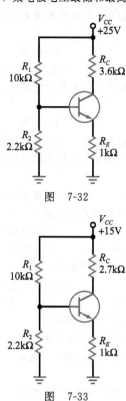

图　7-32

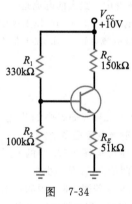

图　7-33

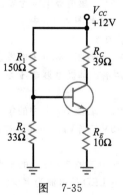

图　7-34

图　7-35

7-20 图 7-35 电路中，电源电压的误差容限为 ±10%，集电极电压最低和最高值各是多少？

7.7 节

7-21 求图 7-32 中电路的 Q 点。

7-22 求图 7-33 中电路的 Q 点。

7-23 求图 7-34 中电路的 Q 点。

7-24 求图 735 中电路的 Q 点。

7-25 图 7-34 中，所有电阻的误差容限均为 ±5%，集电极电流的最低和最高值各是多少？

7-26 图 7-35 中，电源电压的误差容限为 ±10%，集电极电流的最低和最高值各是多少？

7.8 节

7-27 求图 7-36 电路中的发射极电流和集电极电压。

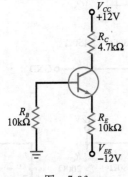

图 7-36

7-28 若图 7-36 电路中所有电阻值加倍，求发射极电流和集电极电压。

7-29 图 7-36 中，所有电阻的误差容限均为 ±5%，集电极电压的最低和最高值各是多少？

7.9 节

7-30 当下列参量发生微小变化时，图 7-35 电路中的集电极电压是增加、降低还是保持不变？

a. R_1 增加   b. R_2 减小

c. R_E 增加   d. R_C 减小

e. V_{CC} 增加   f. β_{dc} 减小

7-31 当下列电路参量微弱增加时，图 7-37 电路中的集电极电压是增加、降低还是保持不变？

a. R_1 b. R_2

c. R_E d. R_C

e. V_{CC} f. β_{dc}

思考题

7-38 当将图 7-35 所示电路中的分压电路参数改变为 $R_1 = 150k\Omega$ 和 $R_2 = 33k\Omega$ 时，基极电

7.10 节

7-32 当图 7-35 电路出现下列故障时，集电极电压的近似值为多少？

a. R_1 开路   b. R_2 开路

c. R_E 开路   d. R_C 开路

e. 集电极-发射极开路

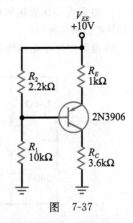

图 7-37

7-33 当图 7-37 电路出现下列故障时，集电极电压的近似值为多少？

a. R_1 开路   b. R_2 开路

c. R_E 开路   d. R_C 开路

e. 集电极-发射极开路

7.11 节

7-34 求图 7-37 电路中的集电极电压。

7-35 求图 7-37 电路中的 V_{CE}。

7-36 求图 7-37 电路中的集电极饱和电流和 V_{CE} 截止电压。

7-37 求图 7-38 电路中的发射极电压和集电极电压。

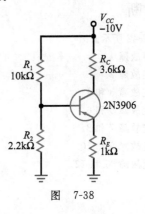

图 7-38

压只有 $0.8V$，而不是分压电路的理想输出 $2.16V$，请解释原因。

7-39　当用 2N3904 搭建图 7-35 所示电路时，需要注意什么？

7-40　在测量图 7-35 中的 V_{CE} 时，将电压表接在集电极和发射极之间，得到的读数为多少？

7-41　可以改变图 7-35 中任意的电路参数，列出可能导致晶体管损坏的所有情况。

7-42　图 7-35 中的电源为晶体管提供电流，列出能够求解该电流的所有方法。

7-43　计算图 7-39 电路中每个晶体管的集电极电

压（提示：电容对直流而言是开路的）。

7-44　图 7-40a 电路中使用硅二极管，求发射极电流和集电极电压。

7-45　求图 7-40b 电路的输出电压。

7-46　求流过图 7-41a 电路中 LED 的电流。

7-47　求流过图 7-41b 电路中 LED 的电流。

7-48　当要求图 7-34 中的分压器为准理想特性时，请在不改变 Q 点的情况下，确定 R_1 和 R_2 的值。

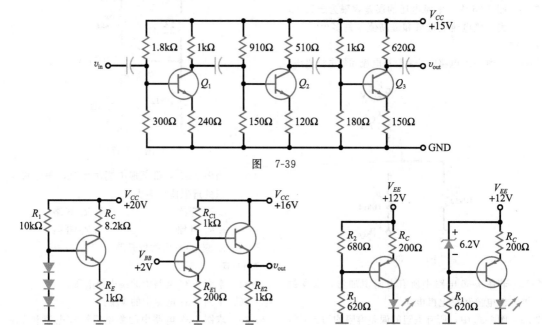

图　7-39

图　7-40

图　7-41

故障诊断

故障如图 7-42 所示。

7-49　确定故障 1。

7-50　确定故障 2。

7-51　确定故障 3 和 4。

7-52　确定故障 5 和 6。

7-53　确定故障 7 和 8。

7-54　确定故障 9 和 10。

7-55　确定故障 11 和 12。

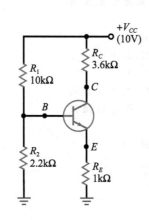

	测量值			
故障	V_B(V)	V_E(V)	V_C(V)	R_2(Ω)
正常	1.8	1.1	6	正常
T1	10	9.3	9.4	正常
T2	0.7	0	0.1	正常
T3	1.8	1.1	10	正常
T4	2.1	2.1	2.1	正常
T5	0	0	10	正常
T6	3.4	2.7	2.8	∞
T7	1.83	1.212	10	正常
T8	0	0	10	0
T9	1.1	0.4	0.5	正常
T10	1.1	0.4	10	正常
T11	0	0	0	正常
T12	1.83	0	10	正常

图　7-42

求职面试问题

1. 画一个 VDB 电路，说明计算 V_{CE} 的所有步骤。为什么该电路具有很稳定的 Q 点？
2. 画一个 TSEB 电路，说明其工作原理。当晶体管被替换或温度发生变化时，集电极电流怎样变化？
3. 描述一些其他类型的偏置电路，说明它们的 Q 点情况。
4. 两种反馈偏置是什么？它们产生的原因是什么？
5. 分立的双极型晶体管电路的基本偏置类型是什么？
6. 用于开关电路的晶体管应当被偏置在有源区吗？如果不是，那么对于开关电路来说，负载线上的哪两点很重要？
7. 在 VDB 电路中，如果基极电流不比分压器电流小，该电路有什么缺点？应该如何改正？
8. 最常用的晶体管偏置结构是什么？为什么？
9. 画出 npn 管构成的 VDB 电路，标出流过分压器、基极、发射极和集电极的电流方向。
10. 如果 VDB 电路中的 R_1 和 R_2 比 R_E 大 100 倍，该电路有什么问题？

选择题答案

1. b 2. b 3. d 4. b 5. a 6. a 7. c 8. a 9. c 10. d 11. a 12. a 13. d 14. b 15. b
16. b 17. a 18. c 19. a 20. b 21. a 22. c 23. c 24. c 25. a 26. b 27. a 28. d 29. a 30. c
31. a 32. d 33. b 34. b 35. c 36. b 37. c 38. a 39. d

自测题答案

7-1 $V_{CE}=8.1V$

7-2 $R_E=680\Omega$

7-5 $V_B=2.7V$
  $V_E=2mA$
  $V_C=7.78V$
  $V_{CE}=5.78V$

7-6 $V_{CE}=5.85V$，非常接近预测值

7-8 $R_E=1k\Omega$
  $R_C=4k\Omega$
  $R_2=700\Omega$（680）
  $R_1=3.4k\Omega$（3.3k）

7-9 $V_{CE}=6.96V$

7-10 $V_{CE}=7.05V$

7-11 对于图 7-29a
  $V_B=2.16V$
  $V_E=-1.46V$
  $V_C=-6.73V$;
  $V_{CE}=-5.27V$
  对于图 7-29b
  $V_B=9.84V$
  $V_E=10.54V$
  $V_C=5.27V$
  $V_{CE}=-5.27V$

第 8 章

双极型晶体管的基本放大器

　　将晶体管的 Q 点偏置在负载线中点附近后，将一个小的交流信号耦合到基极，便会产生一个交流的集电极电压。交流集电极电压与交流基极电压波形相似，但幅度要大很多，即交流集电极电压是对交流基极电压的放大。

　　本章将说明根据电路参数计算电压增益和交流电压的方法。这部分内容对于故障诊断非常重要，可以通过测量所需的交流电压来判断其是否与理论值相符。本章还将讨论放大器的输入、输出阻抗和负反馈等内容。

目标

学习完本章后，你应该能够：

■ 画出晶体管放大器电路并解释其工作原理；
■ 描述耦合电容和旁路电容的用途；
■ 给出交流短路和交流接地的例子；
■ 运用叠加定理，画出直流和交流等效电路；
■ 定义小信号工作条件，并解释其必要性；
■ 画出使用 VDB 的放大器及其交流等效电路；
■ 论述 CE 放大器的重要特性；
■ 说明如何计算和预估 CE 放大器的电压增益；
■ 说明发射极反馈放大器的工作原理，并列举其三个优点；
■ 说出 CE 放大器中可能出现的与电容相关的两个问题；
■ 对 CE 放大器进行故障诊断。

关键术语

集电极交流电阻（ac collector resistance）

交流电流增益（ac current gain）

发射极交流反馈（ac emitter feedback）

发射结交流电阻（ac emitter resistance）

交流等效电路（ac equivalent circuit）

交流接地点（ac ground）

交流短路（ac short）

旁路电容（bypass capacitor）

共基放大器（CB amplifier）

共集放大器（CC amplifier）

共射放大器（CE amplifer）

耦合电容（coupling capacitor）

直流等效电路（dc equivalent circuit）

失真（distortion）

EM 模型（Ebers-Moll model）

反馈电阻（feedback resistor）

π 模型（π model）

小信号放大器（small-signal amplifiers）

叠加定理（superposition theorem）

发射极负反馈放大器⊖（swamped amplifier）

掩蔽作用⊜（swamping）

T 模型（T model）

电压增益（voltage gain）

　　⊖ 该放大器指的是"发射极负反馈放大器"，为避免混淆，这里采用意译。——译者注
　　⊜ 此处指较大信号对较小信号的掩蔽作用。——译者注

8.1　基极偏置放大器

本节将讨论基极偏置放大器。尽管基极偏置放大器不能用于大批量的电子产品，但可以利用它的基本原理来实现更复杂的放大器，所以仍具有指导意义。

8.1.1　耦合电容

图 8-1a 所示电路中交流电压源与一个电容和一个电阻相连接。由于电容的阻抗与频率成反比，所以电容能够有效地阻断直流电压，并传输交流电压。当频率足够高时，容性电抗远小于电阻，几乎全部的交流电压都加在电阻上。这种情况下使用的电容称为**耦合电容**，因为它将交流信号耦合或传输到电阻上。耦合电容很重要，它可以将交流信号耦合进入放大器，同时不影响放大器的 Q 点。

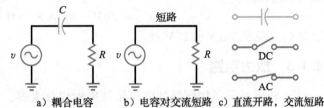

a) 耦合电容　　b) 电容对交流短路　c) 直流开路，交流短路

图 8-1　对耦合电容的分析

要使耦合电容正常工作，它的电抗值在交流源最低频率下必须远小于电阻值。例如，假设交流源的频率在 20Hz～20kHz 之间变化，那么最坏情况是 20Hz，设计时选择电容的电抗值在 20Hz 时应远小于电阻值。

怎样才可以认为足够小呢？定义如下：

$$\text{较适当的耦合电容值}\qquad X_C < 0.1R \tag{8-1}$$

即在最低工作频率下，电抗应小于电阻的 1/10。

当满足此 10∶1 的条件时，则图 8-1a 电路可用等效电路图 8-1b 代替。图 8-1a 电路的阻抗值为：

$$Z = \sqrt{R^2 + X_C{}^2}$$

将最坏情况代入，得：

$$Z = \sqrt{R^2 + (0.1R)^2} = \sqrt{R^2 + 0.01R^2} = \sqrt{1.01R^2} = 1.005R$$

在最低频率下，阻抗值与 R 值相差不超过 0.5%，所以图 8-1a 中的电流只比图 8-1b 中的电流小 0.5%。由于所有设计优良的电路都满足 10∶1 准则，可以近似认为耦合电容是**交流短路**的（见图 8-1b）。

关于耦合电容还需要说明的是，由于直流电压频率为 0，耦合电容的电抗在零频处为无穷大，因此对于电容，可以利用以下两个近似：

1. 对直流分析，电容开路；
2. 对交流分析，电容短路。

图 8-1c 概括了这两个重要的近似概念。除非特别说明，以后分析的所有电路都满足 10∶1 准则，因而可以将耦合电容看作开路或短路，如图 8-1c 所示。

例 8-1　电路如图 8-1a 所示，若 $R = 2\text{k}\Omega$，频率范围为 20Hz～20kHz，求使其成为较好的耦合电容所需的 C 值。

解： 根据 10∶1 准则，在最低频率下，X_C 应小于 R 的 1/10，因此，在 20Hz 时，$X_C < 0.1R$，即 $X_C < 200\Omega$。

由于 $X_C = \dfrac{1}{2\pi f C}$，整理得，$C = \dfrac{1}{2\pi f X_C} = \dfrac{1}{2\pi \times 20\text{Hz} \times 200\Omega} = 39.8\mu\text{F}$。　◀

自测题 8-1　若例 8-1 中最低频率为 1kHz，电阻为 1.6kΩ，求 C 的值。

8.1.2　直流电路

图 8-2a 所示是一个基极偏置电路，基极直流电压为 0.7V。由于 30V 远大于 0.7V，所以基极电流近似等于 30V 除以 1MΩ：

$$I_B = 30\mu A$$

电流增益为 100，则集电极电流为：

$$I_C = 3mA$$

集电极电压为：

$$V_C = 30V - 3mA \times 5k\Omega = 15V$$

因此 Q 点位于 3mA 和 15V 处。

8.1.3　放大电路

图 8-2b 显示了如何通过增加元件来构成放大器。首先，将耦合电容接在交流源和基极之间。由于耦合电容对直流开路，所以电容和交流源的存在并不改变基极直流电流。同样地，在集电极和 100kΩ 的负载电阻之间接入耦合电容。由于这个电容对直流开路，因此集电极直流电压在接入电容和负载电阻后保持不变。关键是用耦合电容来防止交流源和负载电阻对 Q 点的影响。

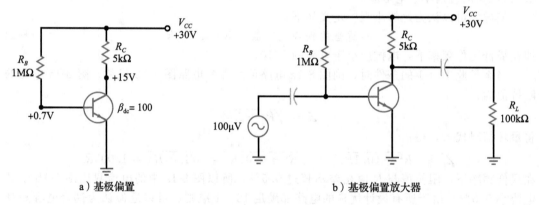

a）基极偏置　　　　　　　　　b）基极偏置放大器

图 8-2　放大电路的电容耦合

在图 8-2b 中，交流源电压为 100μV，由于耦合电容对交流短路，所有交流电压都加在基极和地之间，该电压产生的基极交流电流叠加在原来的直流基极电流上。或者说，总的基极电流包含直流分量和交流分量。

图 8-3a 对此进行了说明。交流分量叠加在直流分量上，在正半周，基极交流电流与 30μA 基极直流电流相加，而在负半周则与 30μA 相减。

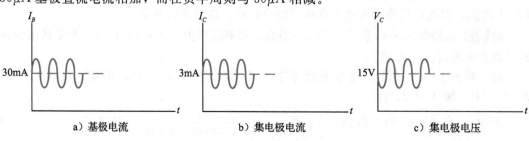

a）基极电流　　　　　　　b）集电极电流　　　　　　　c）集电极电压

图 8-3　直流和交流分量

由于有电流增益，基极交流电流使集电极电流被放大。图 8-3b 中，集电极电流的直流分量为 3mA，其上叠加了集电极交流电流。这个被放大的集电极电流流过集电极电阻，在该电阻上产生一个变化的电压。从电源电压中减去这个电压，便得到集电极电压，如图 8-3c 所示。

集电极电压也是交流分量叠加在直流分量上，即在 15V 直流电平上以正弦波变化，该交流电压波形与输入电压反相，即两者相差 180°。在基极交流电流的正半周，集电极电流增加，使集电极电阻上的电压增加，即集电极对地电压降低。类似地，在负半周，集电极电流减小，使集电极电阻上的电压减小，从而使集电极电压增加。

8.1.4　电压波形

图 8-4 显示了基极偏置放大器的电压波形。交流电压源产生一个很小的正弦电压，这个电压被耦合到基极，并叠加到直流分量 +0.7V 上。基极电压的变化使基极电流、集电极电流和集电极电压都发生了正弦变化。集电极总电压是一个叠加在集电极直流电压 +15V 上的反相的正弦波。

输出耦合电容的作用如下：由于它对直流开路，因此阻断了集电极电压的直流分量；又由于它对交流短路，因此将集电极电压的交流分量耦合到负载电阻上。所以负载电压是均值为 0 的纯交流信号。

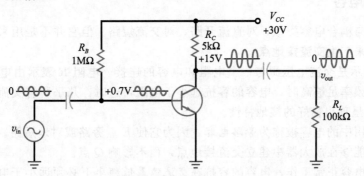

图 8-4　基极偏置放大器及其波形

8.1.5　电压增益

放大器的**电压增益**定义为交流输出电压与交流输入电压的比，即：

$$A_v = \frac{v_{\text{out}}}{v_{\text{in}}} \tag{8-2}$$

例如，若测得交流负载电压为 50mV，交流输入电压为 100μV，则电压增益为：

$$A_v = \frac{50\text{mV}}{100\mu\text{V}} = 500$$

说明交流输出电压是交流输入电压的 500 倍。

8.1.6　计算输出电压

将式（8-2）两端同时乘以 v_{in}，得：

$$v_{\text{out}} = A_v v_{\text{in}} \tag{8-3}$$

该式用于已知 A_v 和 v_{in} 时对 v_{out} 的计算。

例如，图 8-5a 中三角形符号表示任意放大器。已知输入电压为 2mV，电压增益为 200，可以计算出输出电压为：

$$v_{out} = 200 \times 2mV = 400mV$$

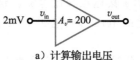 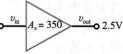

a）计算输出电压 　　b）计算输入电压

图 8-5　举例

8.1.7　计算输入电压

将式（8-3）两边除以 A_v 得：

$$v_{in} = \frac{v_{out}}{A_v} \qquad (8\text{-}4)$$

该式用于已知 v_{out} 和 A_v 时对 v_{in} 的计算。例如，已知图 8-5b 中输出电压为 2.5V，电压增益为 350，则输入电压为：

$$v_{in} = \frac{2.5V}{350} = 7.14mV$$

8.2　发射极偏置放大器

由于基极偏置放大器的 Q 点不稳定，因此该类型在放大电路中没有广泛应用。发射极偏置放大器（VDB 或 TSEB）具有稳定的 Q 点，因此应用较多。

8.2.1　旁路电容

旁路电容与耦合电容类似，对直流开路，对交流短路。但它并不是用来在两点间耦合信号，而是用来产生**交流接地点**。

图 8-6a 所示是交流电压源与一个电阻和电容的连接，电阻 R 表示由电容端看到的戴维南电阻。当频率足够高时，电容的容抗远小于电阻，这时，几乎所有交流电压都加在电阻上。即 E 点呈现出良好的接地特性。

在这种应用中的电容被称为**旁路电容**，因为它使 E 点旁路或对地短路。旁路电容的重要性在于，它能够在放大器中建立交流接地点，而不影响 Q 点。

要使旁路电容正常工作，电容的容抗在交流源最低频率下必须远小于电阻。较适当的旁路电容值与耦合电容一样，定义为：

$$较适当的旁路电容值 \quad X_C < 0.1R \qquad (8\text{-}5)$$

满足此条件时，图 8-6a 可以被等效电路图 8-6b 所代替。

例 8-2　图 8-7 电路中，输入信号 v 的频率为 1kHz，要使 E 点具有良好的接地特性，电容 C 应取何值？

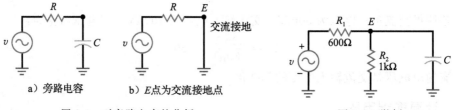

a）旁路电容　　b）E 点为交流接地点

图 8-6　对旁路电容的分析　　　　图 8-7　举例

解：首先，求出从电容 C 看到的戴维南电阻：

$$R_{TH} = R_1 \parallel R_2 = 600\Omega \parallel 1k\Omega = 375\Omega$$

X_C 应小于 R_{TH} 的 1/10，因此，在 1kHz 时 $X_C < 37.5\Omega$，求得 C 为：

$$C = \frac{1}{2\pi f X_C} = \frac{1}{2\pi \times 1\text{kHz} \times 37.5\Omega} = 4.2\mu\text{F} \qquad \blacktriangleleft$$

自测题 8-2　当图 8-7 中的 R 为 50Ω 时，求 C 的值。

8.2.2　VDB 放大器

图 8-8 所示是分压器偏置（VDB）放大器。为计算直流电压和电流，将所有电容视为开路。则晶体管电路简化为之前分析过的 VDB 电路，电路的静态或直流值为：

$$V_B = 1.8\text{V} \quad V_E = 1.1\text{V} \quad V_C = 6.04\text{V} \quad I_C = 1.1\text{mA}$$

在电压源和基极之间、集电极和负载电阻之间分别接入耦合电容，同时需要在发射极和地之间接入一个旁路电容。如果没有旁路电容，基极交流电流会非常小，有了这个旁路电容，便可以获得较大的电压增益。有关的数学推导将在下一章中讨论。

图 8-8 中，交流源电压 $100\mu\text{V}$ 被耦合到基极输入端，由于存在旁路电容，交流电压全部加在发射结上。这样，基极交流电流将产生一个被放大的集电极交流电压。

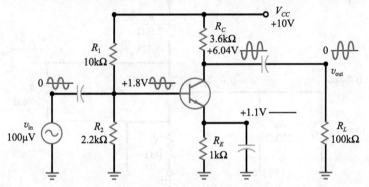

图 8-8　VDB 放大器及其信号波形

8.2.3　VDB 波形

观察图 8-8 中的电压波形，交流源电压是均值为 0 的小正弦信号，基极电压是该交流电压在 1.8V 直流电压上的叠加值。集电极电压为反相放大的交流电压在 6.04V 集电极直流电压上的叠加。负载电压与集电极电压相同，但均值为 0。

需要注意的是，发射极的电压是 1.1V 的纯直流电压，没有交流成分。这是由于旁路电容使发射极交流接地。记住这一点对于故障诊断来说是非常重要的。如果旁路电容开路，则发射极与地之间会存在交流电压。出现该现象便可以断定故障的唯一可能是旁路电容开路。

　　知识拓展　在图 8-8 电路中，由于旁路电容的存在，发射极电压稳定在 1.1V 不变，因此基极电压的任何变化都会直接加在晶体管的发射结上。例如，假设 $v_{in}=10\text{mV}$（峰峰值），在 v_{in} 的正峰值点，交流基极电压等于 1.805V，$V_{BE}=$ 1.805V−1.1V=0.705V，在 v_{in} 的负峰值点，交流基极电压降为 1.795V，$V_{BE}=$ 1.795V−1.1V=0.695V。V_{BE} 上的交流电压变化（0.705~0.695V）使 I_C 和 V_{CE} 发生交流变化。

8.2.4　分立电路与集成电路

图 8-8 中的 VDB 放大器是分立晶体管放大器的标准构建形式。分立表示所有元件

（如电阻、电容、晶体管）都是独立接入并通过相互连接构成最终电路的。分立电路与集成电路（IC）不同，集成电路中所有元件是同时在一块半导体芯片上制造并连接的。后续章节将会讨论运算放大器，一种电压增益超过 100 000 的集成放大器。

8.2.5 TSEB 电路

图 8-9 所示是双电源发射极偏置（TSEB）放大器，在第 7 章中对这种电路的直流部分进行了分析，并计算出其静态电压为：

$$V_B \approx 0\text{V} \quad V_E = -0.7\text{V} \quad V_C = 5.32\text{V} \quad I_C = 1.3\text{mA}$$

图 8-9 所示电路中有两个耦合电容和一个发射极旁路电容。该电路的交流情况与 VDB 放大器类似。交流信号被耦合到基极，放大后得到集电极电压，然后放大信号被耦合到负载上。

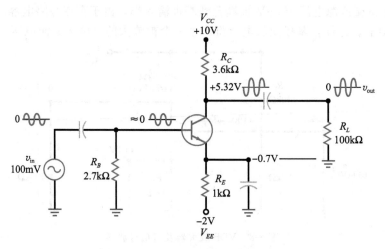

图 8-9 TSEB 放大器及其信号波形

观察信号的波形可知，交流源电压是一个很小的正弦电压，基极电压是这个小的交流分量在接近于 0V 的直流分量上的叠加。总的集电极电压是反相的正弦波在＋5.32V 的集电极直流电压上的叠加，负载电压是同一个放大信号，但没有直流分量。

同样由于旁路电容的作用，发射极上是纯直流电压。若旁路电容开路，则发射极会呈现交流电压，这将极大地降低电压增益。因此，在对一个带有旁路电容的放大器进行故障诊断时，须谨记所有交流接地点上都应该没有交流电压。

8.3 小信号工作

图 8-10 所示是发射结电流-电压特性曲线。当交流电压耦合到晶体管的基极时，该交流电压将加在发射结上，使 V_{BE} 产生如图 8-10 所示的正弦变化。

8.3.1 瞬态工作点

当电压增加到正的峰值点时，瞬态工作点由图 8-10 中的 Q 点移到最上面的点。反之，当正弦电压降到负的峰值点时，瞬态工作点从 Q 点移到最下面的点。

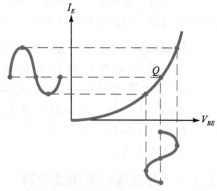

图 8-10 信号太大时会产生失真

总的 V_{BE} 是以直流电压为中心的交流电压，如图 8-10 所示。交流电压的幅度决定了瞬态工作点偏离 Q 点的距离。基极的交流电压越大，产生的偏离越大；基极的交流电压越小，产生的偏离越小。

8.3.2　失真

如图 8-10 所示，基极上的交流电压产生同频的发射极交流电流。例如，若驱动基极的交流信号源频率为 1kHz，则发射极电流频率也是 1kHz，且发射极交流电流的波形与基极交流电流的波形基本相同。若基极交流电压为正弦，则发射极交流电压也近似为正弦。

由于特性曲线的弯曲，发射极交流电压并不是基极交流电压的完美复制。由于曲线向上弯曲，发射极交流电流的正半周被拉长，而负半周被压缩。这种在两个半周中被拉伸与压缩的现象被称为**失真**。在高精度放大器中是不希望有失真的，因为失真会使语音或音乐的音质发生改变。

8.3.3　减小失真

减小图 8-10 中信号失真的方法之一是使基极交流电压保持在小幅度。当基极电压的峰值降低后，瞬态工作点的移动范围将减小。变化的幅度越小，曲线的弯曲程度就越小。当信号足够小时，曲线呈现线性特性。

使放大器在小信号下工作很重要。因为对于小信号而言，失真可以忽略。当信号幅度很小时，相应的特性曲线近似为线性，发射极交流电流的变化几乎与基极交流电压的变化成正比。即如果基极交流电压是幅度足够小的正弦波，则发射极交流电流也是幅度很小的正弦波，它在两个半周的波形没有明显的拉伸或压缩。

8.3.4　10% 准则

图 8-10 所示的发射极总电流包含直流分量和交流分量，可以表示为：

$$I_E = I_{EQ} + i_e$$

其中 I_E 为发射极总电流，I_{EQ} 为发射极直流电流，i_e 为发射极交流电流。

为了使失真最小，i_e 的峰峰值必须比 I_{EQ} 小，小信号工作条件定义为：

$$\text{小信号条件}\quad i_{e(\text{pp})} < 0.1 I_{EQ} \tag{8-6}$$

即发射极交流电流的峰峰值小于发射极直流电流的 10% 时，称该交流信号为小信号。例如，图 8-11 所示电路中的发射极直流电流为 10mA，为满足小信号工作条件，发射极电流的峰峰值必须小于 1mA。

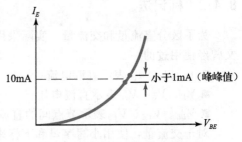

图 8-11　小信号工作条件的定义

将满足 10% 准则的放大器称为**小信号放大器**。这类放大器用于收音机或电视接收机的前端，因为天线接收到的信号非常微弱，当该信号被耦合到晶体管放大器时，在发射极产生的电流变化很小，远小于 10% 准则所要求的幅度。

例 8-3　电路如图 8-9 所示，求发射极电流的小信号最大值。

解：首先求 Q 点，发射极电流为：

$$I_{EQ} = \frac{V_{EE} - V_{BE}}{R_E} = \frac{2\text{V} - 0.7\text{V}}{1\text{k}\Omega} = 1.3\text{mA}$$

然后求发射极电流的小信号值 $i_{e(\text{pp})}$：

$$i_{e(\text{pp})} < 0.1 I_{EQ}$$

$$i_{e(\text{pp})} = 0.1 \times 1.3\text{mA} = 130\mu\text{A}（峰峰值）$$

◀

自测题 8-3 将图 8-9 电路中的 R_E 改为 $1.5\text{k}\Omega$，计算发射极电流的小信号最大值。

8.4 交流电流增益

前文所有关于电流增益的讨论都是指直流电流增益，定义为：

$$\beta_{\text{dc}} = \frac{I_C}{I_B} \tag{8-7}$$

公式中的电流为图 8-12 中 Q 点的电流，由于图中 I_C-I_B 特性曲线是弯曲的，因而直流电流增益与 Q 点有关。

8.4.1 定义

交流电流增益与直流电流增益不同，它的定义为：

$$\beta = \frac{i_c}{i_b} \tag{8-8}$$

即交流电流增益等于集电极交流电流除以基极交流电流。在图 8-12 中，交流信号只用到 Q 点两侧曲线很小的部分，因此交流电流增益的值不同于直流电流增益，后者几乎用到整条曲线。

由图可见，β 等于图 8-12 中曲线在 Q 点的斜率。若将晶体管偏置在另一个 Q 点，则曲线斜率

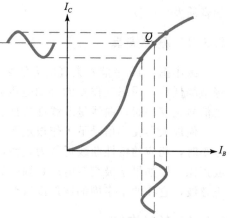

图 8-12 交流电流增益等于变化量之比

会有所变化，即 β 会发生改变。所以，β 的值取决于全部集电极直流电流的总值。

在数据手册中，β_{dc} 以 h_{FE} 表示，β 以 h_{fe} 表示，注意这里的大写下标表示直流电流增益，小写下标表示交流电流增益。两种增益在数值上大致相当，因此在初步分析时，可以用其中一个的值代替另一个。

8.4.2 标记法

为了区分直流量和交流量，实际采用的标准是用大写字母和下标表示直流，例如，前文曾经使用过的：

- I_E、I_C、I_B 表示直流电流；
- V_E、V_C、V_B 表示直流电压；
- V_{BE}、V_{CE}、V_{CB} 表示节点间的直流电压。

对于交流量，使用小写字母和下标来表示，例如：

- i_e、i_c、i_b 表示交流电流；
- v_e、v_c、v_b 表示交流电压；
- v_{be}、v_{ce}、v_{cb} 表示节点间的交流电压。

还有一点值得说明的是，大写字母 R 表示直流电阻，小写字母 r 表示交流电阻。下一节将讨论交流电阻。

8.5　发射结交流电阻

图 8-13 所示是发射结的电流-电压特性曲
线。当一个小交流电压加在发射结上时，将产生
发射极交流电流，该交流电流的大小取决于 Q
点位置。由于曲线是弯曲的，Q 点在曲线上的位
置越高，发射极交流电流的峰峰值将会越大。

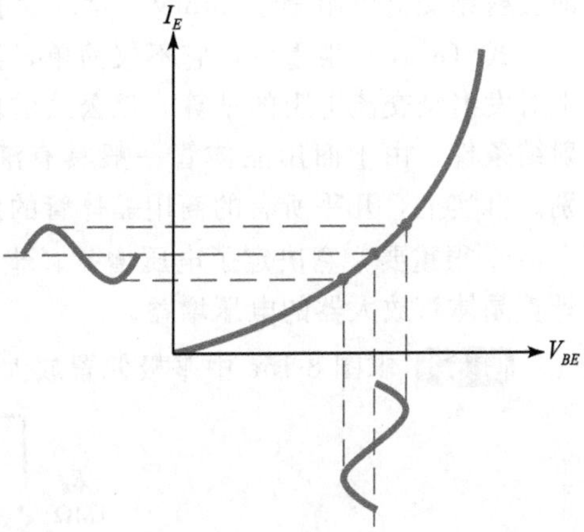

8.5.1　定义

如 8-3 节中的讨论，发射极总电流由直流分
量和交流分量组成，即：

$$I_E = I_{EQ} + i_e$$

其中 I_{EQ} 为发射极直流电流，i_e 为发射极交流
电流。

类似地，图 8-13 中发射结上的总电压包括
直流分量和交流分量，可以写为：

$$V_{BE} = V_{BEQ} + v_{be}$$

其中 V_{BEQ} 为发射结上的直流电压，v_{be} 为发射结上的交流电压。

如图 8-13 所示，V_{BE} 上的正弦变化在 I_E 上产生正弦变化，i_e 的峰峰值取决于 Q 点位
置。由于曲线的弯曲，对于相同的 v_{be}，Q 点在曲线上的位置越高，产生的 i_e 越大。即发
射结的交流电阻随发射极直流电流的增加而降低。

发射结交流电阻的定义为：

$$r'_e = \frac{v_{be}}{i_e} \tag{8-9}$$

图 8-13　发射结的交流电阻

该式表示的是，发射结交流电阻等于发射结上
的交流电压除以发射极交流电流。r'_e 上的 "'"
表示这个电阻在晶体管的内部。

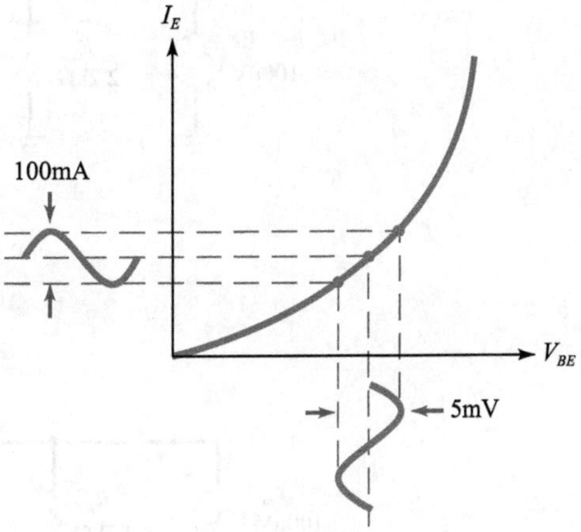

例如，图 8-14 中，发射结上的交流电压峰
峰值为 5mV，在给定的 Q 点上，由它确定的发
射极交流电流峰峰值为 $100\mu A$，则发射结交流
电阻为：

$$r'_e = \frac{5\text{mV}}{100\mu A} = 50\Omega$$

又比如，假设 Q 点在图 8-14 中曲线的位置更高，
$v_{be} = 5\text{mV}$，$i_e = 200\mu A$，则交流电阻减小为：

$$r'_e = \frac{5\text{mV}}{200\mu A} = 25\Omega$$

图 8-14　计算 r'_e

需要指出的是：由于 v_{be} 基本保持不变，因此发
射结交流电阻总是随发射极直流电流的增加而降低。

8.5.2　发射结交流电阻公式

由固态物理学和微积分的知识，可推导出以下关于发射结交流电阻的重要公式：

$$r'_e = \frac{25\text{mV}}{I_E} \tag{8-10}$$

即发射结交流电阻等于 25mV [⊖] 除以发射极直流电流。

式（8-10）很重要，它不仅简单，而且适用于所有类型的晶体管，因而广泛用于工业上对发射结交流电阻的估算。该公式的使用条件是：假设满足小信号、室温、矩形突变发射结条件。由于商用晶体管一般具有渐变的非矩形结，实际情况会与式（8-10）有些区别。事实上，几乎所有的商用晶体管的发射结交流电阻都在 $25\text{mV}/I_E$ 和 $50\text{mV}/I_E$ 之间。

r'_e 很重要，它决定了电压增益。r'_e 值越小，电压增益越高。8.9 节将阐述如何使用 r'_e 计算晶体管放大器的电压增益。

例 8-4　求图 8-15a 中基极偏置放大器的 r'_e。　　　　|||| Multisim

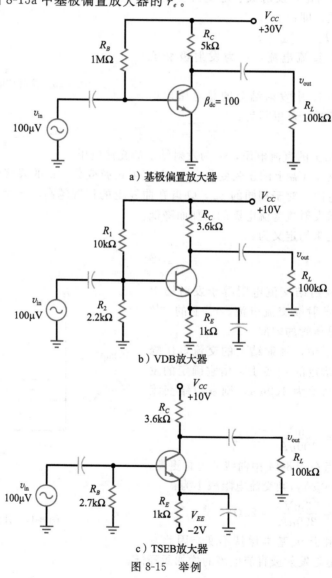

a）基极偏置放大器

b）VDB放大器

c）TSEB放大器

图 8-15　举例

⊖　该值由 V_T 而来。$V_T = kT/q$，是温度的电压当量。通常取室温 27℃（$T=300K$）时的值，约为 26mV。本书取的是 25mV，对应的温度是 20℃左右。——译者注

解： 前文中已经计算出该电路的发射极直流电流约为 3mA，由式（8-10），得发射结交流电阻为：

$$r_e' = \frac{25\text{mV}}{3\text{mA}} = 8.33\Omega \qquad \blacktriangleleft$$

例 8-5　求图 8-15b 电路中的 r_e'。　　　　　　　　　　　　　　||||| Multisim

解： 前文分析中已计算出该 VDB 放大器的发射极直流电流为 1.1mA，则其发射结交流电阻为：

$$r_e' = \frac{25\text{mV}}{1.1\text{mA}} = 22.7\Omega \qquad \blacktriangleleft$$

例 8-6　求图 8-15c 中双电源发射极偏置放大器的发射结交流电阻。　||||| Multisim

解： 由前文的计算，知其发射极直流电流为 1.3mA，可以求得发射结交流电阻为：

$$r_e' = \frac{25\text{mV}}{1.3\text{mA}} = 19.2\Omega \qquad \blacktriangleleft$$

自测题 8-6　将图 8-15c 电路中的 V_{EE} 改为 -3V，计算 r_e'。

8.6　两种晶体管模型

为分析晶体管放大器的交流情况，需要利用晶体管的交流等效电路。即需要晶体管模型来模拟交流信号在器件中的作用。

8.6.1　T 模型

最早的交流模型之一是 **EM 模型**，如图 8-16 所示。考虑交流小信号时，晶体管发射结的作用相当于交流电阻 r_e'，而集电结的作用相当于电流源 i_c。由于从侧面看 EM 模型像字母 T，因此这种等效电路也称为 **T 模型**。

分析晶体管放大器时，可以将每个晶体管用 T 模型替换，然后计算 r_e' 和其他交流参量，如电压增益，具体细节将在下一章中讨论。

当有交流输入信号作为晶体管放大器的驱动时，发射结上的交流电压为 v_{be}，如图 8-17a 所示，它产生基极交流电流 i_b。交流电压源提供基极交流电流，以保证放大器的正常工作，基极输入阻抗作为交流电压源的负载。

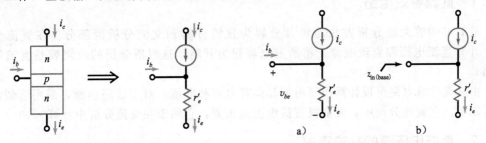

图 8-16　晶体管的 T 模型　　　　　图 8-17　基极输入阻抗的定义

如图 8-17b 所示，从交流电压源向晶体管基极看进去的输入阻抗为 $z_{\text{in(base)}}$，在低频下该阻抗为纯阻性，定义为：

$$z_{\text{in(base)}} = \frac{v_{be}}{i_b} \qquad (8\text{-}11)$$

对图 8-17a 中的发射结运用欧姆定律，有：

$$v_{be} = i_e r_e'$$

将该式代入式（8-11），可得：

$$z_{\text{in(base)}} = \frac{v_{be}}{i_b} = \frac{i_e r_e'}{i_b}$$

由于 $i_e \approx i_c$，上式可简化为：

$$z_{\text{in(base)}} = \beta r_e' \tag{8-12}$$

该式说明基极输入阻抗等于交流电流增益与发射结交流电阻的乘积。

8.6.2 π模型

图 8-18a 给出了晶体管的**π模型**，它是式（8-12）的形象表示，比 T 模型（图 8-18b）更便于使用。T 模型的输入阻抗不直观，而 π 模型很清晰地显示出基极输入阻抗 $\beta r_e'$ 是基极交流电压源的负载。

由于 π 模型和 T 模型都是晶体管的交流等效电路，因此可以选择任何一个来分析放大器。多数情况下选择 π 模型，而对有些电路，T 模型可以更好地表现电路的行为。这两种模型在工业界都很常用。

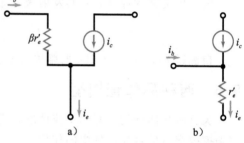

图 8-18　晶体管的 π 模型

知识拓展　除了图 8-16、图 8-17、图 8-18 给出的晶体管等效电路以外，还有其他更为精确的等效电路（模型）。具有较高精度的等效电路中包括"基极扩散电阻 r_b'"和集电极电流源的"内阻 r_c'"。需要精确计算时可采用这类模型。

8.7　放大器的分析

对放大器的分析是比较复杂的，因为电路中同时包含直流和交流两种电源。可以先计算直流电源的作用，然后再计算交流源的作用。在分析中使用叠加定理，将每个信号源的独立作用相加，便得到两个信号源同时作用的总效应。

8.7.1　直流等效电路

最简单的放大器分析方法是将其分解为直流分析和交流分析两部分。在直流分析中，计算直流电压和直流电流。将所有电容视为开路，这时所分析的电路就是**直流等效电路**。

由直流等效电路可以计算出所需的晶体管电流和电压。对于故障诊断，采用近似计算就可以了。在直流分析中，发射极直流电流最重要，它用于在交流分析中计算 r_e'。

8.7.2　直流电压源的交流等效

图 8-19a 电路中有交流源和直流源。对该电路的交流电流而言，直流电压源的作用相当于短路，如图 8-19b 所示。因为直流电压源上的电压是恒定值，任何交流电流都不会在该电压源上产生交流电压。由于没有交流电压存在，则直流电压源等效于交流短路。

也可以用基本电子学课程中讨论过的**叠加定理**来分析。对图 8-19a 中电路应用叠加定理，可以计算出每个电源单独作用的结果，此时另一个电源减小为 0。直流电压源减小为

0 即等效于短路。因此，在计算图 8-19b 中交流源的作用时，可以把直流电压源短路。

在分析放大器的交流情况时，都可以采用将所有直流电压源短路的方法。如图 8-19b 所示，即所有直流电压源相当于交流接地点。

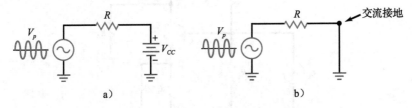

图 8-19　直流电压源是交流接地的

8.7.3　交流等效电路

在分析过直流等效电路后，下面进行**交流等效电路**的分析。交流等效电路是将所有电容和所有直流电压源短路后的电路。其中的晶体管由其 π 模型或 T 模型代替。下一章将给出交流分析的数学过程。本章重点讨论如何得到目前已知的三种放大器的交流等效电路：基极偏置、VDB 和 TSEB 电路。

8.7.4　基极偏置放大器

图 8-20a 所示是一个基极偏置放大器。首先将所有电容开路并分析其直流等效电路，为交流分析做准备。然后将所有电容和直流电压源短路，得到交流等效电路，标为 $+V_{CC}$ 的节点为交流接地点。

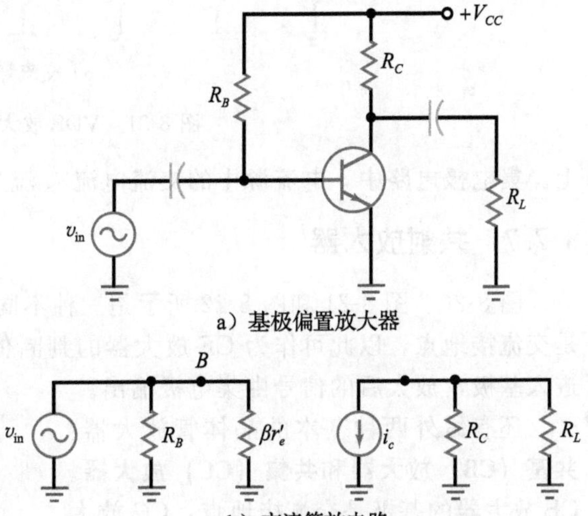

a）基极偏置放大器

b）交流等效电路

图 8-20　基极偏置放大器的交流等效

图 8-20b 所示是其交流等效电路，其中晶体管由 π 模型取代。基极电路中，交流输入电压加在与 $\beta r'_e$ 并联的 R_B 上；集电极电路中，电流源中的交流电流 i_c 流过并联的 R_C 和 R_L。

8.7.5　VDB 放大器

图 8-21a 所示为 VDB 放大器，它的交流等效电路如图 8-21b 所示。其中所有电容短路，直流电源变为交流接地点，晶体管为其 π 模型所取代。基极电路中，交流输入电压加在并联的 R_1、R_2 和 $\beta r'_e$ 两端；集电极电路中，电流中的交流电流 i_c 流过并联的 R_C 和 R_L。

8.7.6　TSEB 放大器

最后一个例子是如图 8-22a 所示的双电源发射极偏置放大器。在完成了直流等效电路分析后，可以画出其交流等效电路，如图 8-22b 所示。其中所有电容短路，直流电压源变为交流接地点，晶体管替换为 π 模型。基极电路中，交流输入电压加在并联的 R_B 和 $\beta r'_e$

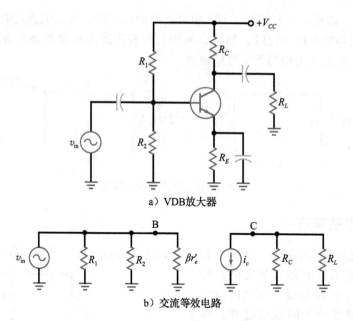

a）VDB放大器

b）交流等效电路

图 8-21　VDB 放大器的交流等效

上。集电极电路中，电流源中的交流电流 i_c 流过并联的 R_C 和 R_L。

8.7.7　共射放大器

图 8-20、图 8-21 和图 8-22 所示是三种不同的**共射（CE）放大器**电路。电路中发射极是交流接地点，以此可作为 CE 放大器的判断依据。在 CE 放大器中，交流信号通过耦合进入基极，放大后的信号由集电极输出。

还有另外两种基本的晶体管放大器：**共基（CB）放大器**和**共集（CC）放大器**。CB 放大器的基极是交流接地点，CC 放大器的集电极是交流接地点。它们的应用不如 CE 放大器广泛。后续章节将讨论 CB 放大器和 CC 放大器。

8.7.8　要点

上述分析方法可用于所有类型的放大器。首先分析直流等效电路，计算直流电压和电流，然后分析交流等效电路。得到交流等效电路的要点如下：

1. 将所有耦合电容和旁路电容短路；
2. 将所有直流电压源作为交流接地点；
3. 将晶体管用 π 模型或 T 模型替代；
4. 画出交流等效电路。

使用叠加定理分析 VDB 电路的过程见表 8-1。

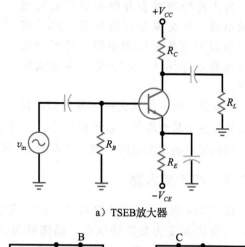

a）TSEB放大器

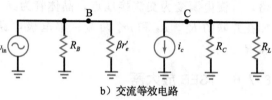

b）交流等效电路

图 8-22　TSEB 放大器的交流等效

表 8-1　VDB 直流和交流等效电路

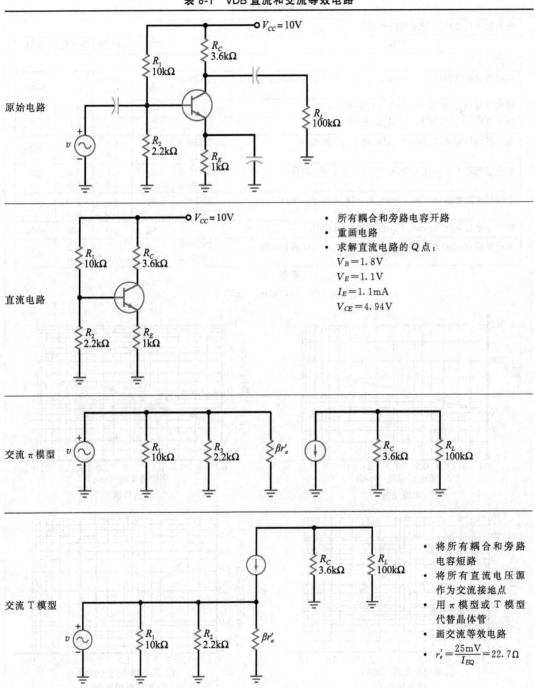

- 所有耦合和旁路电容开路
- 重画电路
- 求解直流电路的 Q 点:

$$V_B = 1.8\text{V}$$
$$V_E = 1.1\text{V}$$
$$I_E = 1.1\text{mA}$$
$$V_{CE} = 4.94\text{V}$$

- 将所有耦合和旁路
  电容短路
- 将所有直流电压源
  作为交流接地点
- 用 π 模型或 T 模型
  代替晶体管
- 画交流等效电路
- $r'_e = \dfrac{25\text{mV}}{I_{EQ}} = 22.7\,\Omega$

8.8　数据手册中的交流参量

下面的讨论参考了 2N3904 数据手册中的一部分, 如图 8-23 所示。交流参量在标有 "小信号特性" 的部分, 在这部分中可以找 h_{fe}、h_{ie}、h_{re} 和 h_{oe} 四个新参量, 它们被称为 h 参量。下面介绍 h 参量的作用。

2N3903, 2N3904				
电参数（T_A=25℃，除非特殊说明）				
特性	符号	最小值	最大值	单位
小信号特性				
电流增益带宽积（I_C=DC 10mA，V_{CE}=DC 20V，f=100MHz）　2N3903　2N3904	f_T	250　300	——　——	MHz
输出电容（V_{CB}=DC 0.5V，I_E=0，f=1.0MHz）	C_{obo}	——	4.0	pF
输入电容（V_{EB}=DC 0.5V，I_C=0，f=1.0MHz）	C_{ibo}	——	8.0	pF
输入阻抗（I_C=DC 1.0mA，V_{CE}=DC 10V，f=1.0kHz）　2N3903　2N3904	h_{ie}	1.0　1.0	8.0　10	kΩ
电压反馈系数（I_C=DC 1.0mA，V_{CE}=DC 10V，f=1.0kHz）　2N3903　2N3904	h_{re}	0.1　0.5	5.0　8.0	×10⁻⁴
小信号电流增益（I_C=DC 1.0mA，V_{CE}=DC 10V，f=1.0kHz）　2N3903　2N3904	h_{fe}	50　100	200　400	——
输出导纳（I_C=DC 1.0mA，V_{CE}=DC 10V，f=1.0kHz）	h_{oe}	1.0	40	μmhos
噪声系数（I_C=DC 100μA，V_{CE}=DC 5.0V，R_S=1.0kΩ，f=1.0kHz）　2N3903　2N3904	NF	——　——	6.0　5.0	dB

H参量

V_{CE}=DC 10V，f=1.0kHz，T_A=25℃

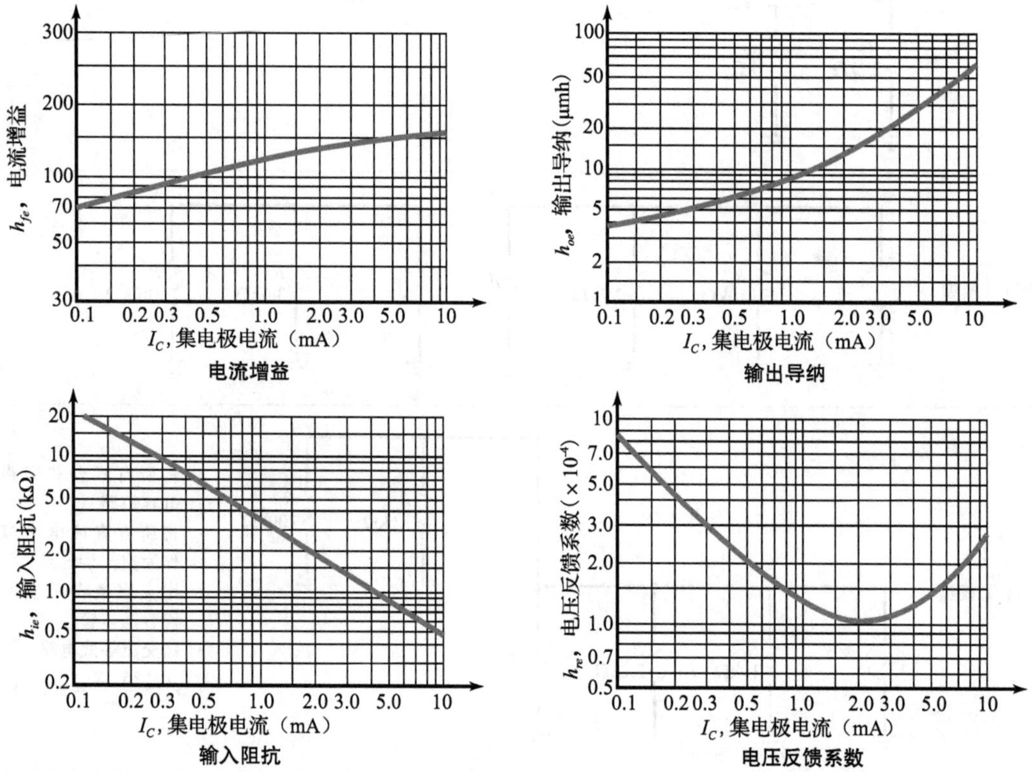

图 8-23　2N3904 数据手册的一部分（版权归 Semiconductor Components Industries，LLC 所有；已得到授权使用）

8.8.1　H 参量

在发明晶体管的初期，采用了一种叫作 h 参量的方法来分析和设计晶体管电路。h

参量法是对晶体管外部端口特性建立数学模型的数学分析方法，对晶体管内部的物理过程并不关心。

目前更为实际的方法是用 β 和 r_e' 进行分析的 r' 参量法。用该方法进行晶体管电路的分析和设计时可以使用欧姆定律和其他基本原理。所以 r' 参量法适用性更广。

尽管如此，h 参量也不是没有用处。由于 h 参量比 r' 参量更容易测得，所以器件的数据手册中会使用 h 参量。数据手册中没有 β、r_e' 这些 r' 参量，只有 h_{fe}、h_{ie}、h_{re} 和 h_{oe}。从这四个 h 参量中可以获得转换为 r' 参量的有用信息。

8.8.2　R 参量和 H 参量的关系

例如，数据手册中"小信号特性"部分给出的 h_{fe} 实际上是交流电流增益，用符号表示则为：

$$\beta = h_{fe}$$

数据手册中列出 h_{fe} 的范围为 100～400，因此 β 可能低至 100，也可能高达 400。这些参数是在集电极电流为 1mA、V_{CE} 为 10V 情况下的数值。

另一个 h 参量是 h_{ie}，相当于输入阻抗。数据手册中给出了它的范围是 1～10kΩ，它和 r' 参量的关系如下：

$$r_e' = \frac{h_{ie}}{h_{fe}} \tag{8-13}$$

例如，h_{ie} 和 h_{fe} 的最大值分别为 10kΩ 和 400，所以：

$$r_e' = \frac{10\text{k}\Omega}{400} = 25\Omega$$

最后两个 h 参量 h_{re} 和 h_{oe} 在故障诊断和一般设计时用不到。

8.8.3　其他参量

在"小信号特性"中还有其他参量，包括 f_T、C_{ibo}、C_{obo} 和 NF。f_T 给出了 2N3904 高频极限值的相关信息；C_{ibo} 和 C_{obo} 是器件的输入和输出电容；NF 是噪声系数，它表示 2N3904 产生的噪声情况。

2N3904 的数据手册中包含了很多值得关注的特性曲线。例如，"电流增益"曲线显示出当集电极电流从 0.1mA 增加到 10mA 时，h_{fe} 大约由 70 增至 160。注意当集电极电流为 1mA 时 h_{fe} 约为 125，这条曲线是 2N3904 在室温时的典型情况。由于 h_{fe} 的范围是 100～400，所以在批量生产时 h_{fe} 的波动很大，另外 h_{fe} 还会随着温度的变化而变化。

观察 2N3904 数据手册中的"输入阻抗"曲线，当集电极电流由 0.1mA 增至 10mA 时，h_{ie} 大约由 20kΩ 降至 500Ω。式（8-13）说明了计算 r_e' 的方法，即用 h_{ie} 除以 h_{fe} 得到 r_e'，下面进行计算。由数据手册中的图可以读出当集电极电流为 1mA 时的 h_{fe} 和 h_{ie} 近似值分别为 $h_{fe}=125$ 和 $h_{ie}=3.6$kΩ，由式（8-13）：

$$r_e' = \frac{3.6\text{k}\Omega}{125} = 28.8\Omega$$

则 r_e' 的理想值为：

$$r_e' = \frac{25\text{mV}}{1\text{mA}} = 25\Omega$$

8.9 电压增益

图 8-24a 所示是一个分压器偏置放大器。**电压增益**定义为交流输出电压除以交流输入电压。由定义可推导出用于故障诊断的另一个电压增益公式。

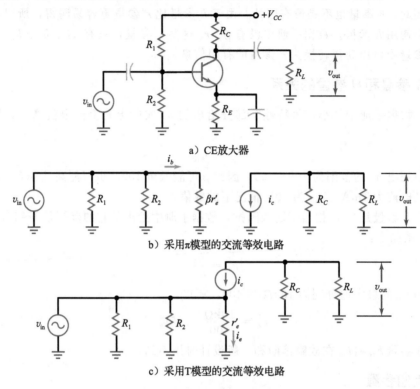

a）CE放大器

b）采用π模型的交流等效电路

c）采用T模型的交流等效电路

图 8-24 放大器的交流分析

8.9.1 由 π 模型推导的公式

用晶体管 π 模型得到的交流等效电路如图 8-24b 所示。基极交流电流 i_b 流过基极输入电阻（$\beta r'_e$），由欧姆定律可得：

$$v_{\text{in}} = i_b \beta r'_e$$

在集电极电路中，电流源中的交流电流 i_c 流过并联的 R_L 和 R_C，所以输出电压等于：

$$v_{\text{out}} = i_c(R_C \| R_L) = \beta i_b(R_C \| R_L)$$

下面用 v_{out} 除以 v_{in}，得到：

$$A_v = \frac{v_{\text{out}}}{v_{\text{in}}} = \frac{\beta i_b(R_C \| R_L)}{i_b \beta r'_e}$$

可化简为：

$$A_v = \frac{R_C \| R_L}{r'_e} \tag{8-14}$$

8.9.2 集电极交流电阻

在图 8-24b 中，从集电极看到的交流负载总电阻是 R_C 和 R_L 的并联，这个总电阻称为**集电极交流电阻**，用符号 r_c 表示，定义为：

$$r_c = R_C \,\|\, R_L \tag{8-15}$$

将式（8-14）改写为：

$$A_v = \frac{r_c}{r_e'} \tag{8-16}$$

即电压增益等于集电极交流电阻除以发射结交流电阻。

8.9.3　由 T 模型推导的公式

采用晶体管的任一模型得到的推导结果都相同。后面章节将采用 T 模型分析差分放大器，作为练习，这里用 T 模型来推导电压增益的公式。

用 T 模型得到的交流等效电路如图 8-24c 所示。输入电压 $v_{\rm in}$ 跨接在 r_e' 两端。由欧姆定律可以得到：

$$v_{\rm in} = i_e r_e'$$

在集电极电路中，电流源中的交流电流 i_c 流过集电极交流电阻，所以交流输出电压等于：

$$v_{\rm out} = i_c r_c$$

下面用 $v_{\rm out}$ 除以 $v_{\rm in}$，得到：

$$A_v = \frac{v_{\rm out}}{v_{\rm in}} = \frac{i_c r_c}{i_e r_e'}$$

由于 $i_c \approx i_e$，可以将上式化简为：

$$A_v = \frac{r_c}{r_e'}$$

该等式与由 π 模型推导的结果相同，需用到放大器的集电极交流电阻 r_c 和发射结交流电阻 r_e'，可适用于所有 CE 放大器。

知识拓展　共射放大器的电流增益 A_i 等于输出电流 $i_{\rm out}$ 和输入电流 $i_{\rm in}$ 之比。然而输出电流 $i_{\rm out}$ 并不是 i_c，而是流过负载 R_L 的电流。可推导出 A_i 的表达式为：

$$A_i = \frac{v_{\rm out}/R_L}{v_{\rm in}/Z_{\rm in}}$$

或

$$A_i = \frac{v_{\rm out}}{v_{\rm in}} \times \frac{Z_{\rm in}}{R_L}$$

由于 $A_v = v_{\rm out}/v_{\rm in}$，则 A_i 可以表示为 $A_i = A_v \times (Z_{\rm in}/R_L)$。

例 8-7　图 8-25a 所示放大器的电压增益是多少？负载电阻上的输出电压是多少？

||||| Multisim

解：集电极交流电阻为：

$$r_c = R_C \,\|\, R_L = 3.6{\rm k}\Omega \,\|\, 10{\rm k}\Omega = 2.65{\rm k}\Omega$$

在例 8-2 中计算过 r_e' 为 22.7Ω。则电压增益为：

$$A_v = \frac{r_c}{r_e'} = \frac{2.65{\rm k}\Omega}{22.7\Omega} = 117$$

输出电压为：

$$v_{\rm out} = A_v v_{\rm in} = 117 \times 2{\rm mV} = 234{\rm mV}$$

自测题 8-7　将图 8-25a 中的 R_L 改为 $6.8{\rm k}\Omega$，求 A_v。

例 8-8　图 8-25b 所示放大器的电压增益是多少？负载电阻上的输出电压是多少？

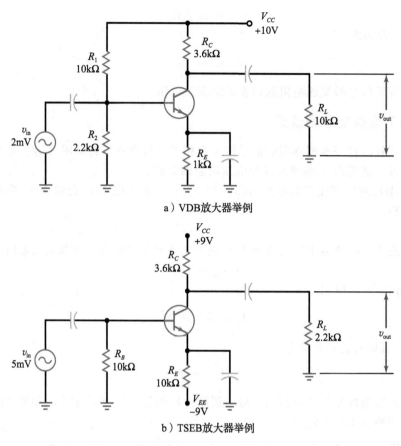

a）VDB放大器举例

b）TSEB放大器举例

图 8-25　举例

解：集电极交流电阻为：

$$r_c = R_C \| R_L = 3.6\text{k}\Omega \| 2.2\text{k}\Omega = 1.37\text{k}\Omega$$

发射极交流电流近似为：

$$i_E = \frac{9\text{V} - 0.7\text{V}}{10\text{k}\Omega} = 0.83\text{mA}$$

发射结交流电阻为：

$$r_e' = \frac{25\text{mV}}{0.83\text{mA}} = 30\Omega$$

则电压增益为：

$$A_v = \frac{r_c}{r_e'} = \frac{1.37\text{k}\Omega}{30\Omega} = 45.7$$

输出电压为：

$$v_{\text{out}} = A_v v_{\text{in}} = 45.7 \times 5\text{mV} = 228\text{mV}$$ ◀

✎ **自测题 8-8**　将图 8-25b 中的发射极电阻 R_E 由 10kΩ 改为 8.2kΩ，重新计算输出电压 v_{out}。

8.10　输入电阻的负载效应

在之前的分析中均假设交流电压源是理想的，即内阻为零。在本节中，放大器的输入电阻作为交流信号源的负载，会使发射结上获得的电压低于信号源电压。

8.10.1 输入阻抗

在图 8-26a 中，交流电压源 v_g 的内阻为 R_G（下标"g"代表信号发生器，与信号源是同义词）。如果交流信号源不是准理想的，则其内阻上将会产生部分压降，使得基极和地之间的交流电压小于理想值。

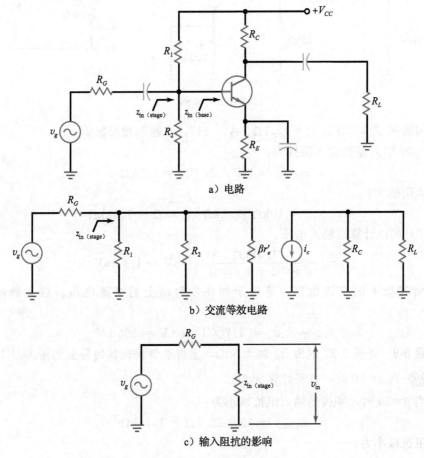

a）电路

b）交流等效电路

c）输入阻抗的影响

图 8-26 CE 放大器

交流信号源要驱动第一级的输入阻抗 $z_{\text{in(stage)}}$，该输入阻抗包括偏置电阻 R_1 和 R_2，与基极输入阻抗 $\beta r'_e$ 并联，如图 8-26b 所示。该级输入阻抗等于：

$$z_{\text{in(stage)}} = R_1 \| R_2 \| (\beta r'_e)$$

8.10.2 输入电压公式

若信号源不是准理想的，则图 8-26c 中的交流输入电压 v_{in} 小于 v_g。由分压定理，可以得到：

$$v_{\text{in}} = \frac{z_{\text{in(stage)}}}{R_G + z_{\text{in(stage)}}} v_g \tag{8-17}$$

该式适用于任何放大器。计算或估算出输入阻抗后，便可以确定输入电压。注意：当 R_G 小于 $0.01 z_{\text{in(stage)}}$ 时，可以认为信号源是准理想的。

例 8-9 在图 8-27 中，交流信号源内阻为 600Ω，如果 $\beta = 300$，输出电压是多少？

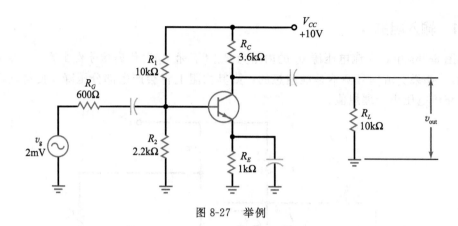

图 8-27 举例

解：前面例子中计算过 $r'_e = 22.7\Omega$，$A_v = 117$，本题取相同数值。

当 $\beta = 300$ 时，基极输入阻抗为：

$$z_{\text{in(base)}} = 300 \times 22.7\Omega = 6.8\text{k}\Omega$$

该级的输入阻抗为：

$$z_{\text{in(stage)}} = 10\text{k}\Omega \,\|\, 2.2\text{k}\Omega \,\|\, 6.8\text{k}\Omega = 1.42\text{k}\Omega$$

由式（8-17）可以计算出输入电压：

$$v_{\text{in}} = \frac{1.42\text{k}\Omega}{600\Omega + 1.42\text{k}\Omega} \times 2\text{mV} = 1.41\text{mV}$$

这是晶体管基极上的交流电压，等效于加在发射结上的交流电压。放大器的输出电压为：

$$v_{\text{out}} = A_v v_{\text{in}} = 117 \times 1.41\text{mV} = 165\text{mV}$$ ◀

自测题 8-9 将图 8-27 中的 R_G 改为 50Ω，重新求解放大器的输出电压。

例 8-10 当 $\beta = 50$ 时，重新计算例 8-9。

解：当 $\beta = 50$ 时，基极的输入阻抗减小为：

$$z_{\text{in(base)}} = 50 \times 22.7\Omega = 1.14\text{k}\Omega$$

该级输入阻抗减小为：

$$z_{\text{in(stage)}} = 10\text{k}\Omega \,\|\, 2.2\text{k}\Omega \,\|\, 1.14\text{k}\Omega = 698\Omega$$

由式（8-17）可以计算出输入电压：

$$v_{\text{in}} = \frac{698\Omega}{600\Omega + 698\Omega} \times 2\text{mV} = 1.08\text{mV}$$

输出电压等于：

$$v_{\text{out}} = A_v v_{\text{in}} = 117 \times 1.08\text{mV} = 126\text{mV}$$

这个例子说明了晶体管的交流电流增益对输出电压的影响。当 β 减小时，基极的输入阻抗减小，该级的输入阻抗也减小，使得级输入电压降低，则输出电压降低。 ◀

自测题 8-10 将图 8-27 中的 β 值改为 400，计算输出电压。

8.11 发射极负反馈放大器

CE 放大器的增益随着静态电流、温度、晶体管的更换等因素而变化，导致 r'_e 和 β 发生改变。

8.11.1 发射极交流反馈

稳定电压增益的方法之一是将发射极的电阻保留一部分不被旁路，如图 8-28a 所示，这样可以构成**发射极交流反馈**。当发射极交流电流通过未被旁路的电阻 r_e 时，便会在该电阻上产生交流电压，形成负反馈。r_e 上的交流电压的变化与电压增益的变化相反，未被旁路的电阻 r_e 称为**负反馈电阻**。

例如，假设由于温度升高使集电极交流电流增加，从而使得输出电压增加，但同时 r_e 上的电压也会增加。由于 v_{be} 等于 v_{in} 和 v_e 的差值，v_e 的增加将使 v_{be} 减小，从而使得集电极电流减小。结果与最初的集电极电流增加的假设相反，因而是负反馈。

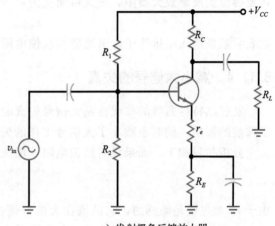

8.11.2 电压增益

图 8-28b 所示是采用晶体管 T 模型得到的交流等效电路。发射极交流电流经过 r_e' 和 r_e，由欧姆定律可以得到：

$$v_{in} = i_e(r_e + r_e') = v_b$$

在集电极电路中，电流源中的交流电流 i_c 经过集电极交流电阻，所以输出交流电压等于：

$$v_{out} = i_c r_c$$

用 v_{out} 除以 v_{in}，得到电压增益：

$$A_v = \frac{v_{out}}{v_{in}} = \frac{i_c r_c}{i_e(r_e + r_e')} = \frac{v_c}{v_b}$$

由于 $i_c \approx i_e$，可将上式简化为：

$$A_v = \frac{r_c}{r_e + r_e'} \qquad (8\text{-}18)$$

当 r_e 远大于 r_e' 时，上式可简化为：

$$A_v = \frac{r_c}{r_e} \qquad (8\text{-}19)$$

a）发射极负反馈放大器

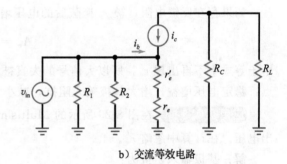

b）交流等效电路

图 8-28 发射极负反馈放大器及其交流等效电路

这表明电压增益等于集电极交流电阻除以反馈电阻。由于 r_e' 不再出现在电压增益的表达式中，它的变化也将不再影响电压增益。

上述内容是**掩蔽作用**的一个例子，通过使第一个量远大于第二个量，从而消除第二个量的变化对结果的影响。在式（8-18）中，r_e 的值较大，将 r_e' 值的变化掩蔽掉了。结果是稳定了电压增益，使增益不随温度的变化和晶体管的更换而改变。

8.11.3 基极输入阻抗

负反馈不仅可以稳定电压增益，而且增大了基极输入阻抗。在图 8-28b 中，基极输入阻抗为：

$$z_{in(base)} = \frac{v_{in}}{i_b}$$

对发射结运用欧姆定律，可以得到：

$$v_{in} = i_e(r_e + r'_e)$$

将 v_{in} 代入前一个等式，得到：

$$z_{in(base)} = \frac{v_{in}}{i_b} = \frac{i_e(r_e + r'_e)}{i_b}$$

由于 $i_e \approx i_c$，上述等式变为：

$$z_{in(base)} = \beta(r_e + r'_e) \tag{8-20}$$

在**发射极负反馈放大器**中，该式可简化为：

$$z_{in(base)} = \beta r_e \tag{8-21}$$

这表明基极输入阻抗等于电流增益与反馈电阻的乘积。

8.11.4 减小大信号的失真

发射结特性曲线的非线性是大信号失真的原因。通过对发射结的掩蔽，减小了它对电压增益的影响，同时也减小了大信号工作的失真。

分析过程如下。如果没有反馈电阻，电压增益为：

$$A_v = \frac{r_c}{r'_c}$$

由于 r'_c 对电流是敏感的，它的值在大信号情况下会发生变化。这说明电压增益在大信号的一个周期内是变化的，即大信号的失真是由 r'_c 的变化引起的。

如果存在反馈电阻，被 r_e 掩蔽后的电压增益为：

$$A_v = \frac{r_c}{r_e}$$

由于等式中不再出现 r'_c，所以大信号的失真被消除了。可见发射极负反馈放大器有三个优点：稳定电压增益，增大基极输入阻抗，减小大信号的失真。

应用实例 8-11 在图 8-29 所示的 Multisim 仿真中，如果 $\beta = 200$，求负载电阻上的输出电压。在计算中忽略 r'_e。

‖‖‖ Multisim

解：基极输入阻抗为：

$$z_{in(base)} = \beta r_e = 200 \times 180 = 36k\Omega$$

该级输入阻抗为：

$$z_{in(stage)} = 10k\Omega \| 2.2k\Omega \| 36k\Omega = 1.71k\Omega$$

基极交流输入电压为：

$$v_{in} = \frac{1.71k\Omega}{600\Omega + 1.71k\Omega} \times 50mV = 37mV$$

电压增益为：

$$A_v = \frac{r_c}{r_e} = \frac{2.65k\Omega}{180\Omega} = 14.7$$

输出电压为：

$$v_{out} = 14.7 \times 37mV = 544mV$$

◀

自测题 8-11 将图 8-29 中的 β 值改为 300，求加在 $100k\Omega$ 负载电阻上的输出电压。

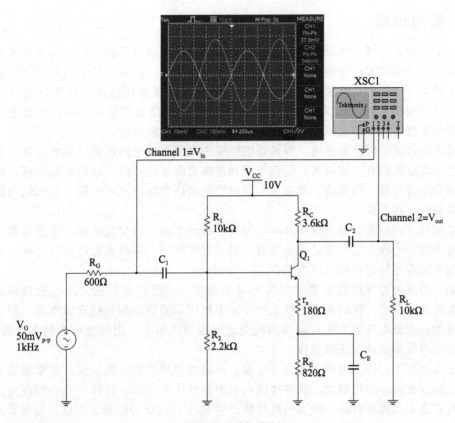

图 8-29 单级举例

应用实例 8-12 重复对例 8-11 的分析，在计算时需要考虑 r_e'。

解：基极输入阻抗为：

$$z_{in(base)} = \beta(r_e + r_e') = 200 \times (180\Omega + 22.7\Omega) = 40.5k\Omega$$

该级输入阻抗为：

$$z_{in(stage)} = 10k\Omega \parallel 2.2k\Omega \parallel 40.5k\Omega = 1.72k\Omega$$

基极交流输入电压为：

$$v_{in} = \frac{1.71k\Omega}{600\Omega + 1.71k\Omega} \times 50mV = 37mV$$

电压增益为：

$$A_v = \frac{r_c}{r_e + r_e'} = \frac{2.65k\Omega}{180\Omega + 22.7\Omega} = 13.1$$

输出电压为：

$$v_{out} = 13.1 \times 37mV = 485mV$$

比较考虑 r_e' 和不考虑 r_e' 两种情况的计算结果，可以发现 r_e' 对最终结果的影响很小，对发射极负反馈放大器来说，这是意料之中的。进行故障诊断时，若使用了发射极反馈电阻，则可以假设放大器的变化被掩蔽了。如果需要更精确的计算，可以把 r_e' 考虑在内。 ◀

自测题 8-12 对比计算得到的 v_{out} 值和用 Multisim 测量得到的值。

8.12 故障诊断

当一个单级或多级放大器工作异常时，故障诊断员可以首先测量包括电源电压在内的直流电压。可以像前文讨论的那样先对这些电压进行估算，然后测量它们的值，看看是否合理。如果直流电压与估算值有明显差异，则可能的电路故障包括：电阻开路（烧坏）、电阻短路（两端引线间存在焊锡桥）、连线错误、电容短路及晶体管损坏。耦合电容或者旁路电容的短路将改变其直流等效电路，即直流电压将彻底改变。

如果所有直流电压测量正确，则需要继续考虑交流等效电路可能引起的故障。如果信号源有电压而基极没有交流电压，则信号源和基极之间可能开路或连线存在问题，也可能是输入耦合电容开路。类似地，如果集电极有交流电压而输出没有电压，那么输出耦合电容可能开路或连接不良。

异常情况下，当发射极交流接地时，发射极和地之间没有交流电压。当放大器工作异常时，需要进行的检查之一就是用示波器测量发射极电压。如果被旁路的发射极上有交流电压，则意味着旁路电容没有正常工作。

例如，旁路电容开路意味着发射极不再交流接地，因此发射极交流电流将流过 R_E，而不是流过旁路电容。这将在发射极上产生一个可用示波器观测到的交流电压。所以，如果发现发射极交流电压的大小可以与基极交流电压值比拟时，则要检查发射极旁路电容，有可能是电容故障或没有正常连接。

在正常情况下，因为电源上有滤波电容，所以电源线是交流接地点。如果滤波电容失效，则电源纹波将会变得很大。这些纹波由电阻器分压到基极，并像信号一样被放大。当放大器与扩音器相连的时候，放大的纹波将产生 $60\sim120\mathrm{Hz}$ 的杂音。所以，如果听到扩音器传出额外杂音，主要的疑点就是电源的滤波电容开路。

例 8-13 图 8-30 中 CE 放大器负载上的交流电压为 0，如果集电极直流电压为 6V，且交流电压为 70mV，确定故障所在。

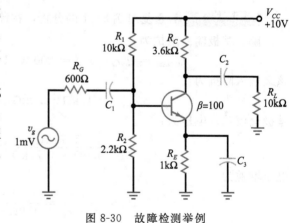

图 8-30 故障检测举例

解： 由于集电极的直流和交流电压都正常，那么只有两个元件可能出现故障：C_2 或 R_L。如果思考这两个器件在四种假设下的可能情况，就可以发现故障所在。四种假设问题如下：

如果 C_2 短路会出现什么情况？
如果 C_2 开路会出现什么情况？
如果 R_L 短路会出现什么情况？
如果 R_L 开路会出现什么情况？
答案是：

C_2 短路则会使集电极直流电压明显降低。

C_2 开路则会阻断交流通路，但不影响集电极的直流和交流电压。

R_L 短路则会导致集电极没有交流电压。

R_L 开路则会使集电极交流电压明显增加。

故障应该是 C_2 开路。在刚开始学习故障诊断时，可能需要思考多种假设的情况来分

离故障。经验丰富之后，整个过程会比较自然。有经验的故障诊断员对类似故障几乎可以立刻做出判断。◀

例 8-14 图 8-30 中 CE 放大器的发射极交流电压是 0.75mV，集电极交流电压是 2mV，确定故障所在。

解： 故障诊断过程中，需要思考一系列可能的假设情况，得到符合现象的假设条件，从而发现故障。假设情况的顺序可以是任意的。如果始终无法确定故障所在，可以采用对每个元件逐一进行分析的方法来寻找故障。完成分析后再参考下面的内容。

无论选择哪个元件，假设的情况都不会出现题中所述的现象，直到提出以下问题：

如果 C_3 短路则会出现什么情况？

如果 C_3 开路则会出现什么情况？

C_3 短路不会出现题中所述的现象，但是 C_3 开路时会出现。因为 C_3 开路时，基极输入阻抗将非常高，基极交流电压从 0.625mV 增加到 0.75mV。由于发射极不再是交流接地点，0.75mV 几乎全部加在发射极上。由于该放大器具有稳定的电压增益 2.65，其集电极交流电压近似为 2mV。◀

自测题 8-14 如果图 8-30 所示 CE 放大器中晶体管的 BE 发射结开路，则晶体管的直流和交流电压将会怎样？

总结

8.1 节 性能良好的耦合要求耦合电容的电抗在交流源最低工作频率下远小于电阻。在基极偏置放大器中，输入信号耦合到基极，产生反相放大的集电极交流电压，并耦合到负载电阻。

8.2 节 性能良好的旁路要求旁路电容的电抗在交流源最低工作频率下远小于电阻，旁路节点为交流接地点。在 VDB 或 TSEB 放大器中，交流信号耦合到基极，放大后耦合到负载电阻。

8.3 节 基极电压包含直流分量和交流分量，产生集电极电流的直流和交流分量。避免过度失真的方法之一是在小信号下工作，即使发射极交流电流的峰峰值小于其直流电流的 1/10。

8.4 节 晶体管的交流电流增益定义为集电极交流电流除以基极交流电流，它的值通常与直流电流增益只有微小差异。在故障诊断时可以使用相同增益值。在数据手册中，h_{FE} 相当于 β_{dc}，h_{fe} 相当于 β。

8.5 节 晶体管的 V_{CE} 包括直流分量 V_{BEQ} 和交流分量 v_{be}，其中交流电压确定发射极交流电流 i_e。发射结交流电阻的定义为 v_{be} 除以 i_e。通过数学方法可以证明，发射结交流电阻等于 25mV 除以发射极直流电流。

8.6 节 对晶体管进行交流信号分析时，可以用任意一种等效电路替代：T 模型或 π 模型。π 模型将晶体管基极输入阻抗表示为 $\beta r'_e$。

8.7 节 最简单的放大器分析方法是将其分解为交流分析和直流分析两部分。在直流分析中，电容开路；在交流分析中，电容短路且直流电压源作为交流接地点。

8.8 节 数据手册中使用 h 参量，因为它比 r' 参量容易测量。r' 参量法可以运用欧姆定律和其他基本原理，所以在电路分析时更便于使用。数据手册中最重要的参量是 h_{fe} 和 h_{ie}，可以很容易地将其转化为 β 和 r'_e。

8.9 节 CE 放大器的电压增益等于集电极交流电阻除以发射结交流电阻。

8.10 节 级输入阻抗包括偏置电阻和基极输入阻抗。当信号源相对于输入阻抗不满足准理想条件时，输入电压将小于源电压值。

8.11 节 保留发射极电阻的一部分不被旁路，则可以得到负反馈。该负反馈能够稳定电压增益，增加输入阻抗，并减小大信号的失真。

8.12 节 对于单级或两级放大器的故障诊断，从测量直流参数入手。如果仍不能分辨故障，则继续测量交流量，直至找到故障。

定义

(8-1)　性能良好的耦合

$$X_C < 0.1R$$

(8-2)　电压增益

$$A_v = \frac{v_{out}}{v_{in}}$$

(8-5)　性能良好的旁路

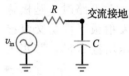

$$X_C < 0.1R$$

(8-6)　小信号

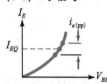

$$i_{e(pp)} < 0.1 I_{EQ}$$

(8-7)　直流电流增益

$$\beta_{dc} = \frac{I_C}{I_B}$$

(8-8)　交流电流增益

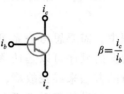

$$\beta = \frac{i_c}{i_b}$$

(8-9)　交流电阻

$$r'_e = \frac{v_{be}}{i_e}$$

(8-11)　输入阻抗

$$z_{in(base)} = \frac{v_{be}}{i_e}$$

(8-15)　集电极交流电阻

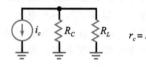

$$r_c = R_C \| R_C$$

推论

(8-3)　交流输出电压

$$v_{out} = A_v v_{in}$$

(8-4)　交流输入电压

$$v_{in} = \frac{v_{out}}{A_v}$$

(8-10)　交流电阻

$$r'_e = \frac{25mV}{I_E}$$

(8-12)　输入阻抗

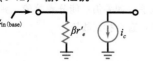

$$z_{in(base)} = \beta r'_e$$

(8-16)　CE 电压增益

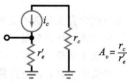

$$A_v = \frac{r_c}{r'_e}$$

(8-17)　负载效应

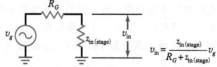

$$v_{in} = \frac{z_{in(stage)}}{R_G + z_{in(stage)}} v_g$$

(8-18)　单级反馈

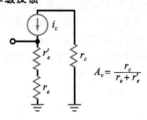

$$A_v = \frac{r_c}{r_e + r'_e}$$

(8-19)　发射极负反馈放大器

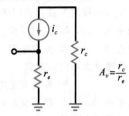

$$A_v = \frac{r_c}{r_e}$$

(8-20)　输入阻抗

$$z_{\text{in (base)}} = \beta(r_e + r'_e)$$

(8-21)　发射极负反馈放大器的输入阻抗

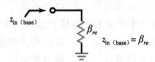

$$z_{\text{in (base)}} = \beta r_e$$

选择题

1. 对于直流而言，耦合电路上的电流为
   - a. 0
   - b. 最大
   - c. 最小
   - d. 平均值

2. 对于高频信号，耦合电路的电流为
   - a. 0
   - b. 最大
   - c. 最小
   - d. 平均值

3. 耦合电容是
   - a. 直流短路的
   - b. 交流开路的
   - c. 直流开路且交流短路的
   - d. 直流短路且交流开路的

4. 旁路电路中，电容上端为
   - a. 开路
   - b. 短路
   - c. 交流接地点
   - d. 机械地

5. 产生交流接地点的电容称为
   - a. 旁路电容
   - b. 耦合电容
   - c. 直流开路
   - d. 交流开路

6. CE 放大器中的电容应该
   - a. 对交流开路
   - b. 对直流短路
   - c. 对电压源开路
   - d. 对交流短路

7. 在获得下列哪种电路时，需要将所有直流源减为 0?
   - a. 直流等效电路
   - b. 交流等效电路
   - c. 完全放大器电路
   - d. 分压器偏置电路

8. 由原始电路得到交流等效电路时，需要将下列哪种元件全部短路?
   - a. 电阻
   - b. 电容
   - c. 电感
   - d. 晶体管

9. 当基极交流电压过大时，发射极交流电流是
   - a. 正弦波
   - b. 恒定值
   - c. 失真的
   - d. 交替变化的

10. 在 CE 放大器中，当输入信号很大时，发射极交流电流的正半周
    - a. 等于负半周
    - b. 小于负半周
    - c. 大于负半周
    - d. 以上都不对⊖

11. 发射结交流电阻等于 25mV 除以
    - a. 静态基极电流
    - b. 发射极直流电流
    - c. 发射极交流电流
    - d. 集电极电流的变化量

12. 为减小 CE 放大器中的失真，可以减小下列哪个量?
    - a. 发射极直流电流
    - b. V_{CE}
    - c. 集电极电流
    - d. 基极交流电压

13. 若发射结上的交流电压为 1mV，发射极交流电流为 $100\mu A$，则发射结交流电阻为
    - a. 1Ω
    - b. 10Ω
    - c. 100Ω
    - d. $1k\Omega$

14. $i_e - v_{be}$ 特性曲线是针对下列哪个量而言的?
    - a. 电阻
    - b. 发射结
    - c. 集电结
    - d. 电源

15. CE 放大器的输出电压是
    - a. 放大的
    - b. 反相的
    - c. 与输入信号相差 $180°$
    - d. 以上都对

16. CE 放大器的发射极没有交流电压，是因为
    - a. 发射极上有直流电压
    - b. 有旁路电容
    - c. 有耦合电容
    - d. 有负载电阻

17. 电容耦合 CE 放大器负载电阻上的电压
    - a. 既有直流也有交流
    - b. 只有直流
    - c. 只有交流
    - d. 既没有交流也没有直流

⊖　原文为"等于负半周"，与 a 重复。——译者注

18. 集电极交流电流近似等于
    a. 基极交流电流　　　b. 发射极交流电流
    c. 交流电流源电流　　d. 旁路交流电流
19. 发射极交流电流乘以发射结交流电阻等于
    a. 发射极直流电压　　b. 基极交流电压
    c. 集电极交流电压　　d. 电源电压
20. 集电极交流电流等于基极交流电流乘以
    a. 集电极交流电阻　　b. 直流电流增益
    c. 交流电流增益　　　d. 信号源电压
21. 当发射极电阻 R_E 加倍时, 发射结交流电阻
    a. 增加　　　　　　b. 降低
    c. 保持不变　　　　d. 无法确定
22. 发射极作为交流接地点是在
    a. CB 级　　　　　b. CC 级
    c. CE 级　　　　　d. 以上都不对
23. 发射极旁路的 CE 放大级的输出电压通常
    a. 是常数　　　　　b. 取决于 r_e'
    c. 很小　　　　　　d. 小于 1
24. 基极输入阻抗在下列哪种情况下会下降?
    a. β 增加　　　　　b. 电源电压增加
    c. β 减小　　　　　d. 集电极交流电阻增加
25. 电压增益与下列哪个量成正比?
    a. β　　　　　　　b. r_e'
    c. 集电极直流电压　　d. 集电极交流阻抗
26. 与发射结交流电阻相比, 发射极负反馈放大器的反馈电阻应该
    a. 小　　　　　　　b. 相等
    c. 大　　　　　　　d. 为 0
27. 与一般 CE 放大级相比, 发射极负反馈放大器的输入阻抗
    a. 小　　　　　　　b. 相等

c. 大　　　　　　　d. 为 0
28. 为了减小放大信号的失真, 可以增加
    a. 集电极电阻　　　b. 发射极反馈电阻
    c. 信号源内阻　　　d. 负载电阻
29. 发射极负反馈放大器的发射极
    a. 接地　　　　　　b. 没有直流电压
    c. 有交流电压　　　d. 没有交流电压
30. 发射极负反馈放大器采用
    a. 基极偏置　　　　b. 正反馈
    c. 负反馈　　　　　d. 发射极接地
31. 反馈电阻
    a. 增加电压增益　　b. 减小失真
    c. 减小集电极电阻　d. 减小输入阻抗
32. 反馈电阻
    a. 稳定电压增益　　b. 增加失真
    c. 增加集电极阻抗　d. 减小输入阻抗
33. 如果发射极旁路电容开路, 输出交流电压将会
    a. 减小　　　　　　b. 增加
    c. 不变　　　　　　d. 等于 0
34. 如果负载电阻开路, 交流输出电压将会
    a. 减小　　　　　　b. 增加
    c. 不变　　　　　　d. 等于 0
35. 如果输出耦合电容开路, 交流输入电压将会
    a. 减小　　　　　　b. 增加
    c. 不变　　　　　　d. 等于 0
36. 如果发射极电阻开路, 基极交流输入电压将会
    a. 减小　　　　　　b. 增加
    c. 不变　　　　　　d. 等于 0
37. 如果集电极电阻开路, 基极交流输入电压将会
    a. 减小　　　　　　b. 增加
    c. 不变　　　　　　d. 近似等于 0

习题

8.1 节

8-1 ▐▐▐▐ Multisim 图 8-31 电路中, 求满足良好耦合条件的最低工作频率。

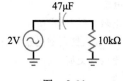

图　8-31

8-2 ▐▐▐▐ Multisim 若图 8-31 电路中的负载电阻改为 1kΩ, 求满足良好耦合条件的最低工作频率。

8-3 ▐▐▐▐ Multisim 若图 8-31 电路中的电容改为

$100\mu F$, 求满足良好耦合条件的最低工作频率。

8-4 若图 8-31 电路的输入最低频率为 100Hz, 求满足良好耦合条件的 C 值。

8.2 节

8-5 图 8-32 电路中, 求满足良好旁路条件的最低工作频率。

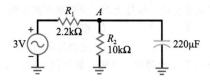

图　8-32

8-6　若图 8-32 电路中的串联电阻改为 10kΩ，求满足良好旁路条件的最低工作频率。

8-7　若图 8-32 电路中的电容改为 47μF，求满足良好旁路条件的最低工作频率。

8-8　若图 8-32 电路的输入最低频率为 1kHz，求满足良好旁路条件的 C 值。

8.3 节

8-9　若要求图 8-33 所示电路实现小信号工作，求允许的最大发射极交流电流。

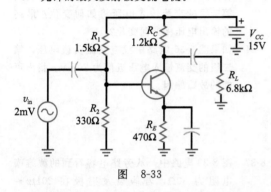

图　8-33

8-10　若图 8-33 电路中的发射极电阻加倍，要实现小信号工作，求允许的最大发射极交流电流。

8.4 节

8-11　若 100μA 的基极交流电流产生 15mA 的集电极交流电流，求交流电流增益。

8-12　若交流电流增益为 200，基极交流电流为 12.5μA，求集电极交流电流。

8-13　若集电极交流电流为 4mA，交流电流增益为 100，求基极交流电流。

8.5 节

8-14　▏▎▎Multisim求图 8-33 所示电路的发射结交流电阻。

8-15　▏▎▎Multisim若图 8-33 电路中的发射极电阻加倍，求发射结交流电阻。

8.6 节

8-16　若图 8-33 电路的 β=200，求基极输入阻抗。

8-17　图 8-33 电路的 β=200，若发射极电阻加倍，求基极输入阻抗。

8-18　图 8-33 电路的 β=200，若电阻由 1.2kΩ 改为 680Ω，求基极输入阻抗。

8.7 节

8-19　▏▎▎Multisim画出图 8-33 所示电路的交流等效电路，β=150。

8-20　将图 8-33 电路中的所有电阻加倍，画出其交流等效电路，β=300。

8.8 节

8-21　在图 8-23 所示的"小信号特性"部分，2N3903 的 h_{fe} 最小值和最大值分别是多少？测量这些值时的集电极电流和温度是多少？

8-22　参阅 2N3904 的数据手册。若晶体管集电极电流为 5mA，由 h 参数计算出的 r'_e 的典型值。与由 $25mV/I_E$ 计算出的 r'_e 理想值相比，是偏大还是偏小？

8.9 节

8-23　▏▎▎Multisim如果图 8-34 电路中交流源的电压加倍，求输出电压。

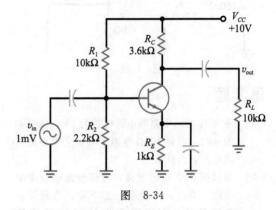

图　8-34

8-24　▏▎▎Multisim如果图 8-34 电路中的负载电阻减小一半，求输出电压。

8-25　▏▎▎Multisim如果图 8-34 电路中的电源电压增加到＋15V，求输出电压。

8.10 节

8-26　▏▎▎Multisim如果图 8-35 电路中的电源电压增加到＋15V，求输出电压。

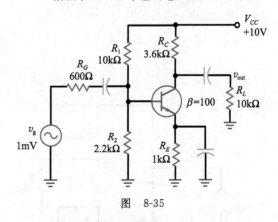

图　8-35

8-27　▏▎▎Multisim如果图 8-35 电路中的发射极电阻值加倍，求输出电压。

8-28　▏▎▎Multisim如果图 8-35 电路中的信号源内阻减小一半，求输出电压。

8.11 节

8-29 ‖‖ Multisim 如果图 8-36 电路中的信号源电压减小一半，求输出电压。忽略 r_e'。

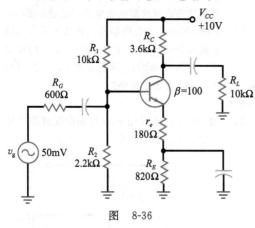

图 8-36

思考题

8-35 图 8-31 所示电路的电源电压为 2V，当频率为 0 时，测得 10kΩ 电阻上有一个很小的直流电压，为什么？

8-36 测试图 8-32 所示电路，当信号源的频率增加时，节点 A 的电位一直下降，直至无法测到数值。而当频率继续增加到高于10MHz 时，A 点电位开始上升，请解释原因。

故障诊断

下面的问题参考图 8-37 所示的电路。

8-40 确定故障 1～6。

8-41 确定故障 7～12。

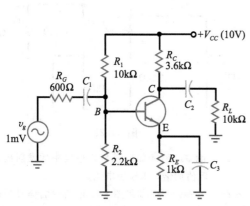

8-30 ‖‖ Multisim 如果图 8-36 电路中的信号源内阻是 50Ω，求输出电压。

8-31 ‖‖ Multisim 如果图 8-36 电路中的负载电阻减小到 3.6kΩ，求电压增益。

8-32 ‖‖ Multisim 如果图 8-36 电路中的电源电压增至三倍，求输出增益。

8.12 节

8-33 在图 8-36 电路中，第一级的发射极旁路电容开路，则第一级的直流电压将如何变化？第二级的交流输入电压将如何变化？最终的输出电压将如何变化？

8-34 如果图 8-36 电路中没有交流负载电压，第二级的交流输入电压近似为 20mV。指出可能的故障原因。

8-37 图 8-33 电路中，从旁路电容看到的戴维南电阻为 30Ω，若假设发射极在 20Hz～20kHz 的频率范围内可视为交流接地，则旁路电容的取值应为多少？

8-38 如果图 8-34 电路中的所有电阻值都加倍，求电压增益。

8-39 如果图 8-35 电路中的所有电阻值都加倍，求输出电压。

	V_B	V_E	V_C	v_b	v_e	v_c
正常	1.8	1.1	6	0.6mV	0	73mV
T1	1.8	1.1	6	0	0	0
T2	1.83	1.13	10	0.75mV	0	0
T3	1.1	0.4	10	0	0	0
T4	0	0	10	0.8mV	0	0
T5	1.8	1.1	6	0.6mV	0	98mV
T6	3.4	2.7	2.8	0	0	0
T7	1.8	1.1	6	0.75mV	0.75mV	1.93mV
T8	1.1	0.4	0.5	0	0	0
T9	0	0	0	0.75mV	0	0
T10	1.83	0	10	0.75mV	0	0
T11	2.1	2.1	2.1	0	0	0
T12	1.8	1.1	6	0	0	0

图 8-37

求职面试问题

1. 为什么需要使用耦合电容和旁路电容？
2. 画一个含有波形的 VDB 放大器。解释其中不同波形的原因。
3. 解释小信号工作的含义，可以作图说明。
4. 说明将晶体管的 Q 点偏置在负载线的中间位置的重要性。
5. 将耦合电容和旁路电容进行对比。
6. 画出一个 VDB 放大器。说明电路的工作原理，包括对电压增益和输入阻抗的描述。
7. 画出一个发射极负反馈放大器。它的电压增益和输入阻抗是多少？说明电压增益稳定的原理。
8. 负反馈可以改善放大器的哪三个性能？
9. 发射极负反馈电阻对电压增益有哪些作用？
10. 音频放大器对性能有哪些要求？为什么？

选择题答案

1. a　2. b　3. c　4. c　5. a　6. d　7. b　8. b　9. c　10. c　11. b　12. d　13. b　14. b　15. d
16. b　17. c　18. b　19. b　20. c　21. a　22. c　23. b　24. c　25. d　26. c　27. c　28. b　29. c　30. c
31. b　32. a　33. a　34. b　35. c　36. b　37. a

自测题答案

8-1　$C = 1\mu F$

8-2　$C = 33\mu F$

8-3　i_e（峰峰值）$= 86.7\mu A$（峰峰值）

8-6　$r'_e = 28.8\Omega$

8-7　$A_v = 104$

8-8　$v_{out} = 277mV$

8-9　$v_{out} = 226mV$

8-10　$v_{out} = 167mV$

8-11　$v_{out} = 547mV$

8-12　计算结果与 Multisim 仿真结果近似相等

多级、共集和共基放大器

当负载电阻小于集电极电阻时，CE 放大器的电压增益变小，并且放大器可能会过载。避免过载的方法之一是采用共集（CC）放大器，即射极跟随器，这种放大器有很高的输入阻抗并且能够驱动小的负载电阻。本章内容还包括多级放大器、达林顿放大器、改进型稳压器以及共基（CB）放大器。

目标

学习完本章后，你应该能够：

■ 画出一个两级 CE 放大器；
■ 画出射极跟随器的电路图并描述它的优点；
■ 分析射极跟随器的直流和交流工作特性；
■ 说明 CE-CC 放大器级联的目的；
■ 描述达林顿晶体管的优点；
■ 画出齐纳跟随器的原理图，并讨论齐纳稳压器负增加载电流的原理；
■ 对 CB 放大器进行直流和交流分析；
■ 比较 CE、CC 和 CB 三种放大器的特性；
■ 完成多级放大器的故障诊断。

关键术语

缓冲器（buffer）	达林顿晶体管（Darlington transistor）
级联（cascading）	直接耦合（direct coupled）
共基放大器（common-base amplifier）	射极跟随器（emitter follower）
共集放大器（common-collector amplifier）	多级放大器（multistage amplifier）
互补达林顿（complementary Darlington）	总电压增益（total voltage gain）
达林顿组合（Darlington connection）	两级反馈（two-stage feedback）
达林顿对（Darlington pair）	齐纳跟随器（zener follower）

9.1 多级放大器

为了获得更高的增益，可以把两级或者多级放大器**级联**起来，构成**多级放大器**。这意味着第一级的输出作为第二级的输入，第二级的输出作为第三级的输入，依此类推。

9.1.1 第一级电压增益

图 9-1a 所示是一个两级放大器。第一级输出的反相放大信号耦合到第二级的基极，第二级的反相放大输出耦合到负载电阻。由于每一级都将信号反相，相移为 $180°$，两级共移相 $360°$，因此负载上的信号相移 $0°$，即与信号源同相。

图 9-1b 所示是交流等效电路。可以看到，第二级的输入阻抗加重了第一级的负载，即第二级的 z_{in} 和第一级的 R_C 并联，则第一级的集电极交流电阻为：

$$\text{第一级} \quad r_c = R_C \,\|\, z_{in(stage)}$$

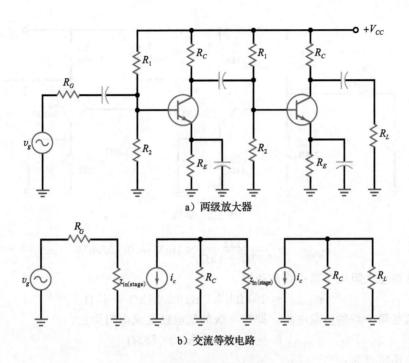

a）两级放大器

b）交流等效电路

图 9-1 两级放大器及其交流等效电路

则第一级的电压增益为：

$$A_{v2} = \frac{R_C \parallel z_{\text{in(stage)}}}{r'_e}$$

9.1.2 第二级电压增益

第二级的集电极交流电阻为：

$$第二级 \quad r_c = R_c \parallel R_L$$

电压增益为：

$$A_{v2} = \frac{R_C \parallel R_L}{r'_e}$$

9.1.3 总电压增益

放大器的**总电压增益**等于两级电压增益的乘积：

$$A_{v2} = A_{v1} \times A_{v2} \tag{9-1}$$

例如，若每一级的电压增益为 50，则总电压增益为 2500。

例 9-1 图 9-2 电路中第一级的集电极交流电压是多少？负载电阻上的交流输出电压是多少？

解：第一级的基极输入阻抗为：

$$z_{\text{in(base)}} = 100 \times 22.7\Omega = 2.27\text{k}\Omega$$

第一级的级输入阻抗为：

$$z_{\text{in(stage)}} = 10\text{k}\Omega \parallel 2.2\text{k}\Omega \parallel 2.27\text{k}\Omega = 1\text{k}\Omega$$

第一级的基极输入信号为：

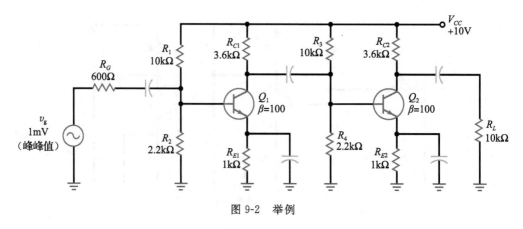

图 9-2 举例

$$v_{\text{in(stage)}} = \frac{1\text{k}\Omega}{600\Omega + 1\text{k}\Omega} \times 1\text{mV} = 0.625\text{mV}$$

第二级的基极输入阻抗与第一级的相同：

$$z_{\text{in(stage)}} = 10\text{k}\Omega \parallel 2.2\text{k}\Omega \parallel 2.27\text{k}\Omega = 1\text{k}\Omega$$

该输入阻抗是第一级的负载电阻，即第一级的集电极交流电阻为：

$$r_c = 3.6\text{k}\Omega \parallel 1\text{k}\Omega = 783\Omega$$

第一级的电压增益为：

$$A_{v1} = \frac{783\Omega}{22.7\Omega} = 34.5$$

所以第一级的集电极交流电压为：

$$v_c = A_{v1}v_{\text{in}} = 34.5 \times 0.625\text{mV} = 21.6\text{mV}$$

第二级的集电极交流阻抗为：

$$r_c = 3.6\text{k}\Omega \parallel 10\text{k}\Omega = 2.65\text{k}\Omega$$

其电压增益为：

$$A_{v2} = \frac{2.65\text{k}\Omega}{22.7\Omega} = 117$$

所以负载电阻上的交流输出电压为：

$$v_{\text{out}} = A_{v2}v_{b2} = 117 \times 21.6\text{mV} = 2.52\text{mV}$$

另一种计算最终输出电压的方法是利用总的电压增益，即：

$$A_v = 34.5 \times 117 = 4037$$

则负载电阻上的交流输出电压为：

$$v_{\text{out}} = A_v v_{\text{in}} = 4037 \times 0.625\text{mV} = 2.52\text{V}$$ ◀

✎ **自测题 9-1** 将图 9-2 中第二级的负载电阻由 $10\text{k}\Omega$ 改为 $6.8\text{k}\Omega$，计算最终的输出电压。

例 9-2 在图 9-3 中，如果 $\beta = 200$，输出电压是多少？计算中忽略 r'_e。

解：第一级的值为

$$z_{\text{in(base)}} = \beta_{re} = 200 \times 180\Omega = 36\text{k}\Omega$$

第一级的输入阻抗为

$$z_{\text{in(stage)}} = 10\text{k}\Omega \parallel 2.2\text{k}\Omega \parallel 36\text{k}\Omega) = 1.71\text{k}\Omega$$

第一级基极交流输入电压为：

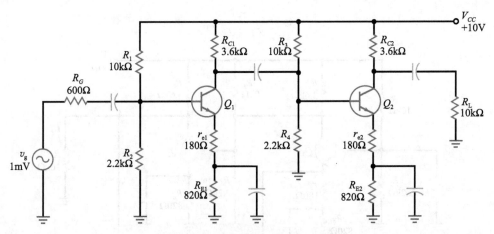

图 9-3 两级发射极负反馈放大器举例

$$v_{\text{in}} = \frac{1.71\text{k}\Omega}{600\Omega + 1.71\text{k}\Omega} \times 1\text{mV} = 0.74\text{mV}$$

第二级的输入阻抗和第一级相同: $z_{\text{in(stage)}} = 1.71\text{k}\Omega$。所以第一级的集电极交流电阻为:

$$r_c = 3.6\text{k}\Omega \,\|\, 1.71\text{k}\Omega = 1.16\text{k}\Omega$$

第一级的电压增益为:

$$A_{v_1} = \frac{1.16\text{k}\Omega}{180\Omega} = 6.44$$

在第一级的集电极,也就是第二级的基极,被反向放大的交流电压为:

$$v_c = 6.44 \times 0.74\text{mV} = 4.77\text{mV}$$

在例 8-6 中曾计算过第二级的集电极电阻为 $2.65\text{k}\Omega$,所以它的电压增益为:

$$A_{v_2} = \frac{2.65\text{k}\Omega}{180\Omega} = 14.7$$

最终输出电压等于:

$$v_{\text{out}} = 14.7 \times 4.77\text{mV} = 70\text{mV}$$

另一种计算输出电压的方法是用总电压增益:

$$A_v = A_{v_1} \times A_{v_2} = 6.44 \times 14.7 = 95$$

那么:

$$v_{\text{out}} = A_v v_{\text{in}} = 95 \times 0.74\text{mV} = 70\text{mV} \qquad \blacktriangleleft$$

9.2 两级反馈

发射极负反馈放大器是一个单级反馈放大器,它在一定程度上稳定了电压增益,增加了输入阻抗,减小了失真。若需进一步加强反馈效果,则要用到**两级反馈**放大器。

9.2.1 基本概念

图 9-4 所示是一个两级反馈放大器。第一级接有一个没有被旁路掉的发射极电阻 r_e。第二级是一个 CE 放大级,为了最大程度地获得增益,该级的发射极交流接地。输出信号通过反馈电阻 r_f 接回到第一级的发射极。由于分压作用,第一级发射极对地的交流电压为:

$$v_e = \frac{r_e}{r_f + r_e} v_{out}$$

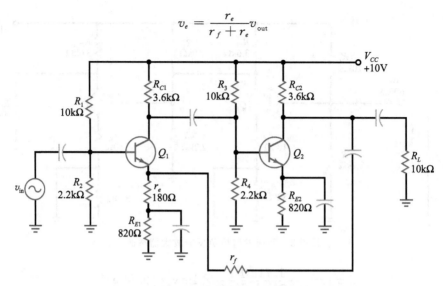

图 9-4　两级反馈放大器

两级反馈电路的基本工作原理如下：假设由于温度上升导致输出电压增加，由于输出电压的一部分反馈回了第一级的发射极，使得 v_e 增加，从而使第一级的 v_{be} 减小，进而减小第一级的 v_c，最终使 v_{out} 减小。反之，如果输出电压趋于减小，则 v_{be} 将增加，v_{out} 也将随之增加。

以上两种情况下，输出电压的任何变化都会被反馈，放大器的变化被放大，且与最初的方向相反。总的效果是输出电压的变化量比没有负反馈的情况下小得多。

9.2.2　电压增益

在一个设计良好的两级反馈放大器中，电压增益由下式给出：

$$A_v = \frac{r_f}{r_e} + 1 \tag{9-2}$$

在大多数设计中，第一项远大于 1，故上式可以简化为：

$$A_v = \frac{r_f}{r_e}$$

在讨论运算放大器的时，将会对负反馈的细节做进一步分析，从而明确设计良好的反馈放大器的含义。

式（9-2）的重要性在于：电压增益仅取决于外接电阻 r_f 和 r_e，由于这两个电阻是固定值，因此电压增益也是固定值。

例 9-3　图 9-5 电路中使用了一个可变电阻，变化范围是 0～10kΩ，求该两级放大器的最小电压增益和最大电压增益。

解： 反馈电阻 r_f 是 1kΩ 电阻与可变电阻的和，最小电压增益出现在可变电阻为 0 时：

$$A_v = \frac{r_f}{r_e} = \frac{1\text{k}\Omega}{100\Omega} = 10$$

最大电压增益出现在可变电阻为 10kΩ 时：

$$A_v = \frac{r_f}{r_e} = \frac{11\text{k}\Omega}{100\Omega} = 110$$

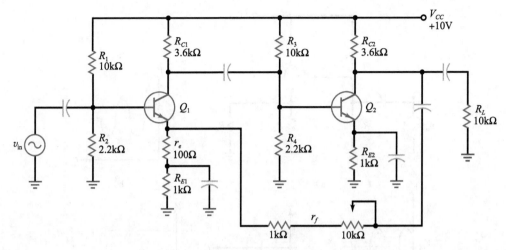

图 9-5 两级反馈举例

自测题 9-3 在图 9-5 中，为了使电压增益为 50，可变电阻的值应该取多少？

应用实例 9-4 如何修改图 9-5 所示的电路，使之能用作便携式麦克风的前置放大器？

解：10V 直流电源可以用 9V 电池和控制开关替代。在前置放大器输入端的电容和地之间连接一个适当尺寸的麦克风插孔，接入低阻抗理想麦克风。如果采用驻极体麦克风，则需要由 9V 电池通过串联电阻为之供电。为了获得较好的低频响应，耦合电容和旁路电容应具有较低的容抗值，可以选 $47\mu F$ 作耦合电容和 $100\mu F$ 作旁路电容。需将 $10k\Omega$ 的输出负载换成 $10k\Omega$ 电位器，用来调节输出电平。如果需要更高的电压增益，可以将作为反馈的 $10k\Omega$ 电位器换成阻值更大的电位器。放大器的输出应该能够驱动电缆/CD/辅助设备/磁带等家用立体声放大器的输入端口。还需要检查系统的指标，确认其具备合理的输入要求。将所有元件放入小金属盒内，并通过屏蔽电缆减小外部噪声和干扰的影响。◄

9.3 CC 放大器

射极跟随器也称共集（CC）放大器，信号从基极输入，从发射极输出。

9.3.1 基本概念

图 9-6a 所示是一个射极跟随器电路，集电极是交流接地点，因此该电路是 CC 放大器。输入电压耦合到基极，产生发射极电流并在发射极电阻上形成交流电压，该交流电压被耦合到负载电阻上。

图 9-6b 显示了基极对地的总电压，包括直流分量和交流分量。可以看到，交流输入电压叠加在基极静态电压 V_{BQ} 上。类似地，图 9-6c 显示了发射极对地的总电压，此时，交流输出电压[⊖]的变化是以发射极静态电压 V_{EQ} 为中心的。

发射极交流电压耦合到负载电阻上作为最终的输出，如图 9-6d 所示。该输出电压是纯交流的，与输入电压同相且幅度近似相等。由于该电路的输出电压跟随输入电压变化，所以称为射极跟随器。

⊖ 原文为"交流输入电压"，有误。——译者注

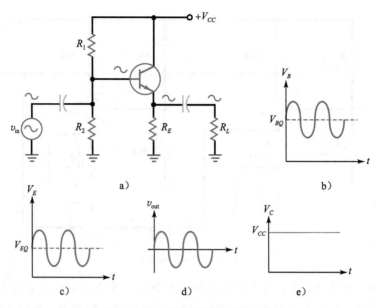

图 9-6 射极跟随器及其信号波形

由于没有集电极电阻，集电极对地的总电压等于电源电压。用示波器可以观察到集电极电压是不变的直流电压，如图 9-6e 所示。集电极是交流接地点，没有交流信号。

知识拓展 在一些射极跟随器电路中，为了防止发射极与地之间出现短路，在集电极串一个小电阻以限制直流。如果采用 R_C，则需要一个旁路电容使之交流接地。小阻值的 R_C 仅使直流工作点有微小变化，对交流没有任何影响。

9.3.2 负反馈

与发射极负反馈放大器类似，射极跟随器也采用了负反馈方式。因为整个发射极电阻全部作为反馈电阻，所以射极跟随器的负反馈更强。这样就使得电压增益非常稳定，几乎没有失真，而且基极输入阻抗很高。但是射极跟随器的电压增益却不高，最大值为 1。

9.3.3 发射极交流电阻

在图 9-7a 中，发射极的交流信号加在 R_E 和与之并联的 R_L 上，发射极交流电阻定义为：

$$r_e = R_E \,\|\, R_L \tag{9-3}$$

这是外端口的发射极交流电阻，与内部的发射极交流电阻 r_e' 不同。

9.3.4 电压增益

由 T 模型得到的交流等效电路如图 9-7a 所示。根据欧姆定律，可得到两个等式如下：

$$v_{\text{out}} = i_e r_e$$

$$v_{\text{in}} = i_e (r_e + r_e')$$

用第一个等式除以第二个等式，得到射极跟随器的电压增益：

$$A_v = \frac{r_e}{r_e + r_e'} \tag{9-4}$$

在电路设计中，通常 r_e 的取值远大于 r_e'，使电压增益等于 1（近似）。在初步分析和故障诊断时都用 1 来近似。

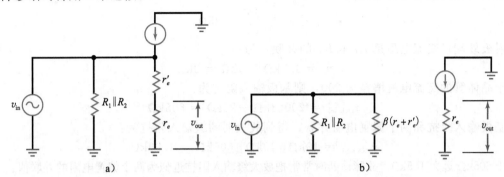

图 9-7　射极跟随器的交流等效电路

射极跟随器的电压增益只有 1，为什么还称之为放大器呢？因为它的电流增益为 β。系统的末级往往需要提供较大的电流以驱动低阻负载，射极跟随器能够产生低阻负载所需的大输出电流。总之，尽管射极跟随器不是电压放大器，但却是电流放大器或功率放大器。

9.3.5　基极输入阻抗

由 π 模型得到的交流等效电路如图 9-7b 所示。该电路的基极输入阻抗与发射极负反馈放大器的情况相同。电流增益使发射极电阻提高了 β 倍，推导出的公式与发射极负反馈放大器的相同：

$$z_{\text{in(base)}} = \beta(r_e + r_e') \tag{9-5}$$

进行故障诊断时，可以假设 r_e 远大于 r_e'，即输入阻抗近似为 βr_e。

射极跟随器的主要优点是可以提高输入阻抗。小负载电阻容易引起 CE 放大器过载，而使用射极跟随器则可提高输入阻抗，防止过载。

9.3.6　级输入阻抗

当交流信号源不是准理想时，一部分交流信号会被内阻所损耗。如果计算内阻的影响，则需要用到级输入阻抗，已知：

$$z_{\text{in(stage)}} = R_1 \parallel R_2 \parallel (\beta(r_e + r_e')) \tag{9-6}$$

由输入阻抗和信号源内阻，则可采用分压公式计算出到达基极的输入电压，计算过程与前面章节相同。

知识拓展　在图 9-8 中，偏置电阻 R_1 和 R_2 使 z_{in} 的值降低了，这样便与发射极负反馈 CE 放大器的输入阻抗差别不大。为了克服这个缺点，在许多射极跟随器的设计中不使用偏置电阻 R_1 和 R_2，而是由驱动级提供直流偏置。

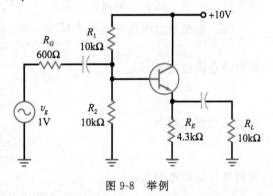

图 9-8　举例

例 9-5　如果 $\beta = 200$，求图 9-8 电路的基极输入阻抗和级输入阻抗。　|||| **Multisim**

解：因为分压器的两个电阻都是 $10\text{k}\Omega$，所以基极直流电压是电源电压的一半，为 5V。发射极直流电压比它低 0.7V，为 4.3V。发射极直流电流为 4.3V 除以 $4.3\text{k}\Omega$，即

1mA。所以发射结交流电阻为：

$$r_e' = \frac{25\text{mV}}{1\text{mA}} = 25\Omega$$

发射极外端口交流电阻是 R_E 和 R_L 的并联，为：

$$r_e = 4.3\text{k}\Omega \,\|\, 10\text{k}\Omega = 3\text{k}\Omega$$

由于晶体管的交流电流增益为 200，则基极输入阻抗为：

$$z_{\text{in(base)}} = 200(3\text{k}\Omega + 25\Omega) = 605\text{k}\Omega$$

将基极输入阻抗和两个偏置电阻并联，得到放大器的级输入阻抗为：

$$z_{\text{in(stage)}} = 10\text{k}\Omega \,\|\, 10\text{k}\Omega \,\|\, 605\text{k}\Omega = 4.96\text{k}\Omega$$

由于 605kΩ 远大于 5kΩ，故障诊断时常常把放大级输入阻抗近似为两个偏置电阻的并联值：

$$z_{\text{in(stage)}} = 10\text{k}\Omega \,\|\, 10\text{k}\Omega = 5\text{k}\Omega \qquad \blacktriangleleft$$

自测题 9-5 将图 9-8 电路中的 β 改为 100，求它的基极输入阻抗和级输入阻抗。

例 9-6 假设 β 为 200，求图 9-8 所示射极跟随器的交流输入电压。 ▌▌▌**Multisim**

解： 电路的交流等效电路如图 9-9 所示。基极交流电压加在 z_{in} 上。因为放大级输入阻抗比信号源内阻大，所以信号源电压的大部分加在基极上。由分压公式：

$$v_{\text{in}} = \frac{5\text{k}\Omega}{5\text{k}\Omega + 600\Omega} \times 1\text{V} = 0.893\text{V} \qquad \blacktriangleleft$$

自测题 9-6 如果 β 值是 100，求图 9-8 电路的输入交流电压。

例 9-7 图 9-10 所示的射极跟随器的电压增益是多少？如果 $\beta = 150$，其交流负载电压是多少？

▌▌▌**Multisim**

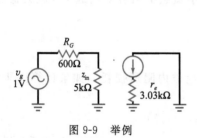

图 9-9 举例　　　　　　图 9-10 举例

解： 基极直流电压是电源电压的一半：

$$V_B = 7.5\text{V}$$

发射极直流电流为：

$$I_E = \frac{6.8\text{V}}{2.2\text{k}\Omega} = 3.09\text{mA}$$

发射结交流电阻为：

$$r_e' = \frac{25\text{mV}}{3.09\text{mA}} = 8.09\Omega$$

发射极外端口电阻为：

$$r_e = 2.2\text{k}\Omega \,\|\, 6.8\text{k}\Omega = 1.66\text{k}\Omega$$

电压增益等于：

$$A_v = \frac{1.66\text{k}\Omega}{1.66\text{k}\Omega + 8.09\Omega} = 0.995$$

基极输入阻抗为：

$$z_{\text{in(base)}} = 150(1.66\text{k}\Omega + 8.09\Omega) = 250\text{k}\Omega$$

基极输入电阻远大于偏置电阻，所以射极跟随器的输入阻抗可以近似为：

$$z_{\text{in(stage)}} = 4.7\text{k}\Omega \,\|\, 4.7\text{k}\Omega = 2.35\text{k}\Omega$$

交流输入电压为：

$$v_{\text{in}} = \frac{2.35\text{k}\Omega}{2.35\text{k}\Omega + 600\Omega} \times 1\text{V} = 0.797\text{V}$$

交流输出电压为：

$$v_{\text{out}} = 0.995 \times 0.797\text{V} = 0.793\text{V} \qquad \blacktriangleleft$$

✎ **自测题 9-7** 取 R_G 为 50Ω，重新计算例 9-7。

9.4 输出阻抗

放大器的戴维南阻抗就是它的输出阻抗，射极跟随器的优点之一是它具有较低的输出阻抗。

在前续电子类课程中讨论过，最大功率传输发生在负载阻抗与信号源阻抗（戴维南阻抗）匹配（相等）的时候。若希望得到最大负载功率，可以使负载阻抗与射极跟随器的输出电阻相匹配。例如，扬声器的低阻抗可以和射极跟随器的输出阻抗相匹配以获得最大的语音传输功率。

9.4.1 基本概念

图 9-11a 所示是交流信号源驱动放大器的电路。如果信号源不是准理想的，则一部分交流电压将被信号源内阻 R_G 分压。在这种情况下，需要分析图 9-11b 所示的分压器电路以得到输入电压 v_{in}。

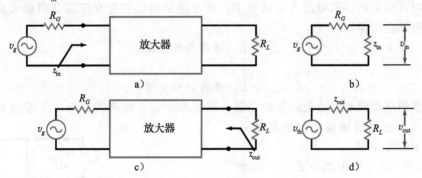

图 9-11 输入和输出阻抗

采用相同的方法分析放大器输出端。在图 9-11c 电路的负载端应用戴维南定理，得到放大器对负载端的输出阻抗为 z_{out}。在戴维南等效电路中，这个输出电阻和负载电阻构成分压器，如图 9-11d 所示。如果 z_{out} 比 R_L 小很多，则输出是准理想信号源，且 v_{out} 等于 v_{th}。

9.4.2 CE 放大器

CE 放大器输出端的交流等效电路如图 9-12a 所示。应用戴维南定理，得到如图 9-12b 所示的等效电路，即 R_C 是对负载电阻端口的输出阻抗。由于 CE 放大器的电压增益取决于 R_C，所以若不损失电压增益，就不能将 R_C 设计得太小。也就是说，CE 放大器很难实现较小的

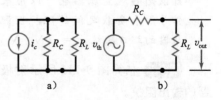

图 9-12 CE 放大级的输出阻抗

输出阻抗。因此，CE 放大器不适合驱动小负载电阻。

9.4.3 射极跟随器

图 9-13a 所示是射极跟随器的交流等效电路。对 A 点应用戴维南定理，可以得到图 9-13b，其输出阻抗 z_{out} 比 CE 放大器小很多，为：

$$z_{out} = R_E \parallel \left(r_e' + \frac{R_G \parallel R_1 \parallel R_2}{\beta} \right) \qquad (9\text{-}7)$$

基极电路的阻抗是 $R_G \parallel R_1 \parallel R_2$，晶体管的电流增益使得这个阻抗值下降了 β 倍。其效果与发射极负反馈放大器类似，只是这里是在发射极端口得到的阻抗，所以阻抗值是减小的而不是增加的，如式（9-7）所示。减小后的阻抗 $(R_G \parallel R_1 \parallel R_2)/\beta$ 和 r_e' 串联。

9.4.4 理想特性

在有些设计中，偏置电阻和发射结交流电阻是可以忽略不计的。在这种情况下，射极跟随器的输出阻抗可以近似为：

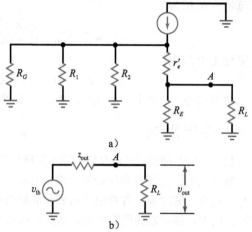

图 9-13 射极跟随器的输出阻抗

$$z_{out} = \frac{R_G}{\beta} \qquad (9\text{-}8)$$

这说明射极跟随器的重要特性是将交流源的内阻降低了 β 倍，因此可以构建出准理想信号源。设计时可能更希望获得最大负载功率，而不是采用准理想交流源获得最大负载电压。此时，一般不会选择：

$$z_{out} \ll R_L \text{（准理想电压源）}$$

而是选择：

$$z_{out} = R_L \text{（最大功率传输）}$$

这样，射极跟随器能够供给低阻负载以最大的功率，如立体声扩音器。不考虑 R_L 对输出电压的影响，射极跟随器在输出和输入之间起到了缓冲作用。

式（9-8）是一个理想公式，可以由它得到射极跟随器输出阻抗的近似值。对于分立电路，这个等式通常仅给出输出阻抗的估计值，这对故障诊断和初步分析来说足够了。如果有必要，可以应用式（9-7）得到输出阻抗的精确值。

知识拓展 变压器也可以用来实现信号源和负载之间的阻抗匹配。变压器的端口阻抗 $z_{in} = (N_p/N_s)^2 R_L$。

例 9-8 估算图 9-14a 所示射极跟随器的输出阻抗。

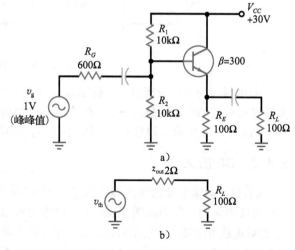

图 9-14 举例

解： 理想情况下，输出阻抗等于信号源内阻除以晶体管电流增益：

$$z_{\text{out}} = \frac{600\Omega}{300} = 2\Omega$$

图 9-14b 为等效输出电路，输出阻抗远小于负载阻抗，所以大部分信号加在了负载电阻上。可见，图 9-14b 电路的输出几乎是准理想的信号源，因为负载与信号源之间的电阻比为 50。　◄

自测题 9-8　将图 9-14 电路中的信号源内阻改为 $1k\Omega$，求 z_{out} 的近似值。

例 9-9　用式（9-7）计算图 9-14a 电路的输出阻抗。

解： 基极静态电压近似为：

$$V_{BQ} = 15\text{V}$$

忽略 V_{BE}，发射极静态电流近似为：

$$I_{EQ} = \frac{15\text{V}}{100\Omega} = 150\text{mA}$$

发射结交流电阻为：

$$r_e' = \frac{25\text{mV}}{150\text{mA}} = 0.167\Omega$$

从基极向左看的阻抗为：

$$R_G \parallel R_1 \parallel R_2 = 600\Omega \parallel 10k\Omega \parallel 10k\Omega = 536\Omega$$

电流增益使其降低到：

$$\frac{R_G \parallel R_1 \parallel R_2}{\beta} = \frac{536\Omega}{300} = 1.78\Omega$$

它和 r_e' 串联，所以从发射极看进去的总阻抗为：

$$r_e' + \frac{R_G \parallel R_1 \parallel R_2}{\beta} = 0.167\Omega + 1.78\Omega = 1.95\Omega$$

它与发射极直流阻抗并联，所以输出阻抗为：

$$z_{\text{out}} = R_E \parallel \left(r_e' + \frac{R_G \parallel R_1 \parallel R_2}{\beta} \right) = 100\Omega \parallel 1.95\Omega = 1.91\Omega$$

精确答案与理想值 2Ω 极为接近，这个结果对大多数设计来说是很典型的。进行故障诊断和初步分析时，可以用理想方法来估计输出电阻。　◄

自测题 9-9　若 R_G 的值为 $1k\Omega$，重新计算例 9-9。

9.5　CE-CB 级联放大器

为了说明 CC 放大器的缓冲作用，假设负载电阻为 270Ω，如果试图将 CE 放大器的输出直接耦合在负载电阻上，则放大器有可能过载。避免过载的方法之一是在 CE 放大器和负载之间加一个射极跟随器。信号可以通过电容耦合，也可以**直接耦合**，如图 9-15 所示。

由图可见，第二级晶体管的基极直接连接在第一级晶体管的集电极。因此，第一级晶体管的集电极直流电压为第二级晶

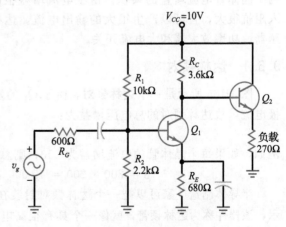

图 9-15　直接耦合输出级

体管提供偏置。如果第二级晶体管的直流电流增益为 100，那么从第二级晶体管基极看进去的直流电阻 $R_{in}=100\times270\Omega=27k\Omega$。

因为 $27k\Omega$ 比 $3.6k\Omega$ 大，所以第一级的集电极直流电压仅仅受到轻微的干扰。

在图 9-15 中，第一级输出的放大电压驱动射极跟随器，并最终加在了 270Ω 的负载电阻上。如果没有射极跟随器，270Ω 电阻将会使得第一级过载。而加入射极跟随器后，它的阻抗效应使得负载增大了 β 倍。无论在直流还是交流等效电路中，负载的阻抗值不再是 270Ω，而是 $27k\Omega$。

这个例子说明了射极跟随器是如何在高输出阻抗和低负载电阻之间充当**缓冲器**的。

例 9-10 图 9-15 电路中的 β 为 100，求 CE 级的电压增益。 ▐▐▐▐ **Multisim**

解：CE 放大器的基极直流电压是 1.8V，发射极直流电压是 1.1V，发射极直流电流 $I_E=1.1V/680\Omega=1.61mV$，发射结交流电阻 $r'_e=25mV/1.61mA=15.5\Omega$。下面，需要计算射极跟随器的输入阻抗。由于没有偏置电阻，输入阻抗等于由基极看进去的输入阻抗，即 $z_{in}=100\times270\Omega=27k\Omega$，CE 放大器的集电极交流电阻 $r_c=3.6\Omega\parallel27k\Omega=3.18k\Omega$，该级的电压增益 $A_v=3.18k\Omega/15.5\Omega=205$。 ◀

✎ **自测题 9-10** 如果图 9-15 电路的 β 为 300，求该 CE 放大级的电压增益。

例 9-11 假设将图 9-15 电路中的射极跟随器去掉，用一个电容将交流信号耦合到 270Ω 的负载上，则 CE 放大器的电压增益将如何变化？ ▐▐▐▐ **Multisim**

解：r'_e 的值仍然与 CE 级一样为 15.5Ω，而集电极交流阻抗更低。首先，集电极交流电阻是 $3.6k\Omega$ 和 270Ω 的并联，即 $r_c=3.6\Omega\parallel270\Omega=251\Omega$。因为这个值非常低，所以电压增益降低至 $A_v=251\Omega/15.5\Omega=16.2$。 ◀

✎ **自测题 9-11** 当负载为 100Ω 时，重新计算例 9-11。

例 9-11 说明了 CE 放大器过载的结果。为获得最大增益，负载电阻应该比集电极直流电阻大很多，而例题中的情况刚好相反，负载电阻（270Ω）比集电极电阻（$3.6k\Omega$）小很多。

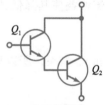

a）达林顿对

9.6 达林顿组合

达林顿组合是将两个晶体管连接在一起，其总的电流增益等于两个晶体管电流增益的乘积。由于电流增益很高，达林顿组合的输入阻抗很大，且可以产生很大的输出电流。达林顿组合经常用作稳压器、功率放大器和大电流开关。

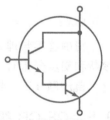

b）达林顿管

9.6.1 达林顿对

图 9-16a 所示是一个**达林顿对**。由于 Q_1 的发射极电流是 Q_2 的基极电流，故达林顿对的总电压增益为：

$$\beta=\beta_1\beta_2 \tag{9-9}$$

例如，如果每个晶体管的电流增益为 200，则总电流增益为：

$$\beta=200\times200=40\,000$$

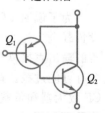

c）互补型达林顿管

图 9-16 达林顿组合

半导体制造厂家可以把一个达林顿对封装在一起，如图 9-16b 所示，该器件称为**达林顿管**，就像一个具有很高电流增益的单个晶体管。例如，2N6725 是一个达林顿管，在 200mA 时的电流增益为 25 000；TIP102 是一个功率达林顿管，在 3A 时的电流增益为1000。

可参见图 9-17 所示的数据手册。该器件采用 TO-220 封装，并且在基极和发射极之间内置了与发射结并联的分流电阻。在用欧姆表测量时，必须将这些内部元件考虑在内。

FAIRCHILD
SEMICONDUCTOR®
（仙童半导体）

2008年10月

TIP100/TIP101/TIP102-NPV Epitaxial Silicon Darlington Transistor

TIP100/TIP101/TIP102
NPN型外延硅达林顿晶体管

- 单片结构，含内置发射结分流电阻
- 直流电流增益高: h_{FE}=1 000@V_{CE}=4V, I_C=3A(最小值)
- 集电极-发射极间耐压
- V_{CE}饱和压降低
- 工业用途
- 与TIP105/106/107互补

1 2 3   TO-220
1.基极 2.集电极 3.发射极

最大额定绝对值* T_C=25℃（除非标明其他条件）

符号	参数		数值	单位
V_{CBO}	集电极-基极电压: TIP100		60	V
	: TIP101		80	V
	: TIP102		100	V
V_{CEO}	集电极-发射极电压: TIP100		60	V
	: TIP101		80	V
	: TIP102		100	V
V_{EBO}	发射极–基极电压		5	V
I_C	集电极电流(DC)		8	A
I_{CP}	集电极电流（脉冲）		15	A
I_B	基极电流（DC）		1	A
P_C	集电极功率（T_a=25℃）		2	W
	集电极功率（T_C=25℃）		80	W
T_J	结温		150	℃
T_{STG}	保存温度		−65～150	℃

*如果超过这些额定值的界限，半导体器件的可用性可能会受损。

等效电路

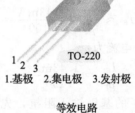

R1≈10kΩ
R2≈0.6kΩ

电特性* T_C=25℃（除非标明其他条件）

符号	参数	测试条件	最小值	最大值	单位
$V_{CEO(sus)}$	集电极-发射极耐压				
	: TIP100	I_C=30mA, I_B=0	60	—	V
	: TIP101		80		V
	: TIP102		100		V
I_{CEO}	集电极截止电流				
	: TIP100	V_{CE}=30V, I_B=0		50	μA
	: TIP101	V_{CE}=40V, I_B=0	—	50	μA
	: TIP102	V_{CE}=50V, I_B=0		50	μA
I_{CBO}	集电极-发射极耐压				
	: TIP100	V_{CE}=60V, I_E=0		50	μA
	: TIP101	V_{CE}=80V, I_E=0		50	μA
	: TIP102	V_{CE}=100V, I_E=0		50	μA
I_{EBO}	发射极截止电流	V_{EB}=5V, I_C=0		2	mA
h_{FE}	直流电流增益	V_{CE}=4V, I_C=3A	1 000	20 000	—
		V_{CE}=4V, I_C=8A	200		
$V_{CE(sat)}$	集电极-发射极饱和压降	I_C=3A, I_B=6mA		2	V
		I_C=8A, I_B=80mA		2.5	V
$V_{BE(on)}$	基极-发射极导通压降	V_{CE}=4V, I_C=8A	—	2.8	V
C_{ob}	输出电容	V_{CB}=10V, I_E=0, f=0.1MHz		200	pF

*脉冲检测: 脉宽≤300μs, 占空比≤2%。

www.fairchildsemi.com

图 9-17　达林顿晶体管（仙童半导体公司）

含有达林顿管的电路与射极跟随器的分析方法基本一致。由于有两个晶体管,达林顿管有两个 V_{BE} 的压降。Q_2 的基极电流与 Q_1 的发射极电流相同,Q_1 的基极输入阻抗 $z_{\text{in(base)}} \approx \beta_1 \beta_2 r_e$,或写为:

$$z_{\text{in(base)}} \approx \beta r_e \qquad (9-10)$$

例 9-12 如果图 9-18 中每个晶体管的 β 值均为 100,那么总电流增益是多少?Q_1 的基极电流是多少?Q_1 的基极输入阻抗是多少?

解: 总的电流增益为:

$$\beta = \beta_1 \beta_2 = 100 \times 100 = 10\,000$$

Q_2 的发射极直流电流为:

$$I_{E2} = \frac{10\text{V} - 1.4\text{V}}{60\Omega} = 143\text{mA}$$

Q_1 的发射极电流等于 Q_2 的基极电流,为:

$$I_{E1} = I_{B2} \approx \frac{I_{E2}}{\beta_2} = \frac{143\text{mA}}{100} = 1.43\text{mA}$$

Q_1 的基极电流为:

$$I_{B1} \approx \frac{I_{E1}}{\beta_1} = \frac{1.43\text{mA}}{100} = 14.3\mu\text{A}$$

为了求 Q_1 的基极输入阻抗,先求解 r_e,发射极交流阻抗为:

$$r_e = 60\Omega \| 30\Omega = 20\Omega$$

Q_1 的基极输入阻抗为:

$$z_{\text{in(base)}} = 10\,000 \times 20\Omega = 200\text{k}\Omega$$

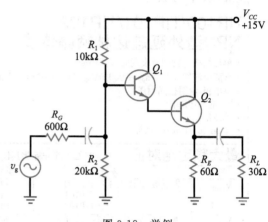

图 9-18 举例

自测题 9-12 若达林顿对中的每个晶体管电流增益为 75,重新求解例 9-12。

9.6.2 互补型达林顿

图 9-16c 所示是另一种达林顿组合,称为**互补型达林顿**,由 *npn* 和 *pnp* 管连接而成。Q_1 的集电极电流是 Q_2 的基极电流。如果 *pnp* 管的电流增益为 β_1,*npn* 输出管的电流增益为 β_2,互补型达林顿管的特性犹如一个电流增益为 $\beta_1 \beta_2$ 的 *pnp* 管。

npn 和 *pnp* 达林顿管可以制作成互补形式,例如,TIP105/106/107 *pnp* 达林顿系列和 TIP101/102 *npn* 系列是互补的。

知识拓展 最初采用图 9-16c 所示的互补达林顿管是因为没有其他可用的大功率互补晶体管。互补晶体管常用于特殊的输出级,即准互补输出级。

9.7 稳压应用

射极跟随器除了用于缓冲电路和阻抗匹配放大器之外,还广泛用于稳压器中。射极跟随器与齐纳二极管结合,可以产生稳定的输出电压和更大的输出电流。

9.7.1 齐纳跟随器

图 9-19a 所示是一个**齐纳跟随器**,该电

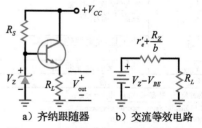

a) 齐纳跟随器   b) 交流等效电路

图 9-19 齐纳跟随器及其交流等效电路

路由齐纳稳压管和射极跟随器组成。它的工作原理是：齐纳电压作为射极跟随器的基极输入，射极跟随器的直流输出电压为：

$$V_{out} = V_Z - V_{BE} \tag{9-11}$$

该输出电压是固定的，等于齐纳电压减去晶体管的 V_{BE} 压降。如果电源电压发生变化，齐纳电压仍近似保持不变，因此输出电压也不变。该电路的功能是稳压器，因为输出电压始终等于齐纳电压减 V_{BE} 的值。

齐纳跟随器与普通的齐纳稳压器相比有两个优点。第一，图 9-19a 电路中的齐纳二极管需要产生的负载电流只有：

$$I_B = \frac{I_{out}}{\beta_{dc}} \tag{9-12}$$

由于这个基极电流比输出电流小得多，所以可以使用较小的齐纳二极管。

例如，要为负载提供几个安培的电流，若采用普通的齐纳稳压器则需要齐纳二极管能承受该值的电流。而用图 9-19a 所示的改进稳压器，齐纳二极管仅需要承受几十毫安的电流。

齐纳跟随器的第二个优点是输出阻抗低。对于普通齐纳稳压器，负载端的输出阻抗近似为齐纳阻抗 R_Z。而齐纳跟随器的输出阻抗为：

$$z_{out} = r_e' + \frac{R_Z}{\beta_{dc}} \tag{9-13}$$

图 9-19b 所示为输出等效电路。与 R_L 相比，z_{out} 通常很小，可以近似认为是准理想电压源，所以射极跟随器能够保持直流输出电压接近常数。

总之，齐纳跟随器使齐纳二极管在稳压工作时具有与射极跟随器一样的大电流承受能力。

知识拓展 在图 9-19 中，与没有跟随器的情况相比，射极跟随器电路使齐纳电流的变化减小了 β 倍。

9.7.2 双晶体管稳压器

图 9-20 所示是另一种稳压器电路。直流输入电压 V_{in} 来自没有经过稳压的电源，如带电容输入滤波器的桥式整流器。通常 V_{in} 纹波的峰峰值大约为直流电压的 10%，尽管输入电压或负载电流可能在较大范围内变动，但最终输出电压几乎没有纹波且近似为常数。

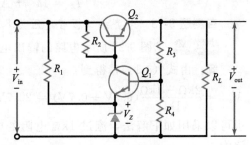

图 9-20 晶体管稳压器

它的工作原理如下：输出电压的任何改变都会产生一个被放大的反馈电压，该反馈电压与初始变化的作用相反。例如，假设输出电压增加，那么 Q_1 的基极电压将会增加，由于 Q_1 与 R_2 构成 CE 放大器，则 Q_1 的集电极电压将因为反相电压放大而下降。

Q_1 的集电极电压下降，即 Q_2 的基极电压下降。因为 Q_2 是射极跟随器，它的输出电压也随之下降。也就是说，由于负反馈作用，输出电压初始时的增加产生了一个使输出电压降低的反作用，结果使输出电压的变化很微弱，比没有负反馈的情况小得多。

反之，如果输出电压减小，Q_1 的基极电压随之减小，Q_1 的集电极电压增加，即 Q_2

的发射极电压增加。同样地，输出电压获得了与初始变化相反的电压。所以输出电压仅会有很小的变化，比没有负反馈的情况小很多。

由于齐纳二极管的存在，Q_1 发射极电压等于 V_Z，Q_1 的基极电压比它高 V_{BE}，所以 R_4 上电压为：

$$V_4 = V_Z + V_{BE}$$

由欧姆定律，流过 R_4 的电流为：

$$I_4 = \frac{V_Z + V_{BE}}{R_4}$$

由于这个电流经过与 R_4 串联的 R_3，故输出电压为：

$$V_{\text{out}} = I_4(R_3 + R_4)$$

整理后，得到输出电压为：

$$V_{\text{out}} = \frac{R_3 + R_4}{R_4}(V_Z + V_{BE}) \tag{9-14}$$

例 9-13 齐纳跟随器常见的原理图形式如图 9-21 所示。它的输出电压是多少？如果 $\beta_{dc} = 100$，齐纳电流是多少？ **||||Multisim**

解： 输出电压近似为：

$$V_{\text{out}} = 10\text{V} - 0.7\text{V} = 9.3\text{V}$$

负载电阻为 15Ω，负载电流为：

$$I_{\text{out}} = \frac{9.3\text{V}}{15\Omega} = 0.62\text{A}$$

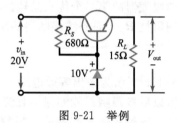

图 9-21 举例

基极电流为：

$$I_B = \frac{0.62\text{A}}{100} = 6.2\text{mA}$$

流过串联电阻的电流为：

$$I_S = \frac{20\text{V} - 10\text{V}}{680\Omega} = 14.7\text{mA}$$

齐纳电流为：

$$I_Z = 14.7\text{mA} - 6.2\text{mA} = 8.5\text{mA} \quad \blacktriangleleft$$

自测题 9-13 若齐纳二极管电压为 8.2V，输入电压为 15V，重新求解例 9-13。

例 9-14 求图 9-22 所示电路的输出电压。 **||||Multisim**

解： 由式（9-14），得到：

$$V_{\text{out}} = \frac{2\text{k}\Omega + 1\text{k}\Omega}{1\text{k}\Omega}(6.2\text{V} + 0.7\text{V}) = 20.7\text{V}$$

也可以采用如下解法，流过 $1\text{k}\Omega$ 电阻的电流为：

$$I_4 = \frac{6.2\text{V} + 0.7\text{V}}{1\text{k}\Omega} = 6.9\text{mA}$$

该电流经过的总电阻为 $3\text{k}\Omega$，则输出电压为：

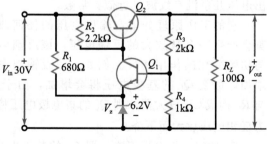

图 9-22 举例

$$V_{\text{out}} = 6.9\text{mA} \times 3\text{k}\Omega = 20.7\text{V} \quad \blacktriangleleft$$

自测题 9-14 将图 9-22 电路中的齐纳电压值改为 5.6V，重新求解输出电压 V_{out}。

9.8 CB 放大器

图 9-23a 所示电路为一个采用双极性电源或双电源供电的**共基（CB）放大器**。由于基极接地，该电路又称为基极接地放大器。图 9-23b 是其直流等效电路，Q 点是由发射极偏置的，故发射极直流电压为：

$$I_E = \frac{V_{EE} - V_{BE}}{R_E} \tag{9-15}$$

图 9-23c 所示是一个分压器偏置的 CB 放大器，采用单电源供电。R_2 两端并联有旁路电容，使基极交流接地。其直流等效电路如图 9-23d 所示，可见该电路是分压器偏置结构。

上述两种放大器的基极都是交流接地的。信号从发射极输入，从集电极输出。CB 放大器在输入电压为正半周时的交流等效电路如图 9-24a 所示。在该电路中，集电极交流电压 v_{out} 等于：

$$v_{out} \approx i_c r_c$$

该电压与输入电压 v_e 同相。由于输入电压等于：

$$v_{in} = i_e r'_e$$

电压增益为：

$$A_v = \frac{v_{out}}{v_{in}} = \frac{i_c r_c}{i_e r'_e}$$

因为 $i_c \approx i_e$，等式可以简化为：

$$A_v = \frac{r_c}{r'_e} \tag{9-16}$$

该电压增益与未加发射极负反馈的 CE 放大器的增益数值相等，不同之处是输出电压的相位。CE 放大器的输出与输入相差 $180°$，而 CB 放大器的输出与输入是同相的。

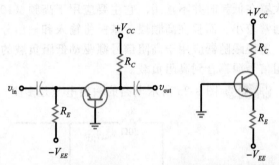

a）双电源供电　　b）发射极偏置的直流等效电路

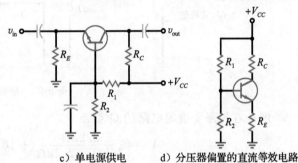

c）单电源供电　　d）分压器偏置的直流等效电路

图 9-23　CB 放大器

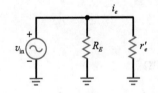 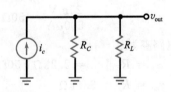

图 9-24　交流等效电路

理想情况下，图 9-24 所示的集电极电流源的内阻无穷大，所以 CB 放大器的输出阻抗为：

$$z_{out} \approx R_C \tag{9-17}$$

CB 放大器和其他结构放大器的区别之一是它的输入阻抗低。在图 9-24 电路中，从发射极看进去的输入阻抗为：

$$z_{\text{in(emitter)}} = \frac{v_e}{i_e} = \frac{i_e r_e'}{i_e} \quad \text{或} \quad z_{\text{in(emitter)}} = r_e'$$

电路的输入阻抗为：

$$z_{\text{in}} = R_E \| r_e'$$

由于 R_E 通常远大于 r_e'，因而电路的输入阻抗近似为：

$$z_{\text{in}} \approx r_e' \tag{9-18}$$

例如，假设 $I_E = 1\text{mA}$，CB 放大器的输入阻抗仅为 25Ω。大部分信号都会损失在信号源内阻上，除非输入信号源内阻很小。

CB 放大器的输入阻抗通常很小，对于大多数信号源而言都会过载。因此，分立的 CB 放大器在低频时并不常用。它主要应用于高频（10MHz 以上），因为信号源在高频时的内阻通常较小。而且在高频段，基极将输入和输出分离开，使得在该频段很少出现振荡。

射极跟随器应用于高阻信号源驱动低阻负载的情况。而共基电路恰恰相反，它用于将低阻信号源耦合到高阻负载。

例 9-15 图 9-25 所示电路的输出电压是多少？　　　　　　　　　|||| **Multisim**

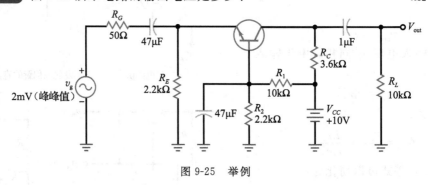

图 9-25　举例

解：首先需要确定电路的 Q 点。

$$V_B = \frac{2.2\text{k}\Omega}{10\text{k}\Omega + 2.2\text{k}\Omega}(+10\text{V}) = 1.8\text{V}$$

$$V_E = V_B - 0.7\text{V} = 1.8\text{V} - 0.7\text{V} = 1.1\text{V}$$

$$I_E = \frac{V_E}{R_E} = \frac{1.1\text{V}}{2.2\text{k}\Omega} = 500\mu\text{A}$$

$$r_e' = \frac{25\text{mV}}{500\mu\text{A}} = 50\Omega$$

下面求解交流电路参数：

$$z_{\text{in}} = R_E \| r_e' = 2.2\text{k}\Omega \| 50\Omega \approx 50\Omega$$

$$z_{\text{out}} = R_c = 3.6\text{k}\Omega$$

$$A_v = \frac{r_c}{r_e'} = \frac{3.6\text{k}\Omega \| 10\text{k}\Omega}{50\Omega} = \frac{2.65\text{k}\Omega}{50\Omega} = 53$$

$$v_{\text{in(base)}} = \frac{r_e'}{R_G}v_{\text{in}} = \frac{50\Omega}{50\Omega + 50\Omega} \times 2\text{mV}（峰峰值）= 1\text{mV}（峰峰值）$$

$$v_{\text{out}} = A_v v_{\text{in(base)}} = 53 \times 1\text{mV}（峰峰值）= 53\text{mV}（峰峰值） \qquad \blacktriangleleft$$

自测题 9-15 将图 9-25 电路中的 V_{CC} 改为 20V，求解 v_{out}。

四种常用的晶体管放大器结构如表 9-1 所示。这些内容对于辨别放大器的组态、了解它们的基本特性及其应用是很重要的。

表 9-1 常用放大器结构

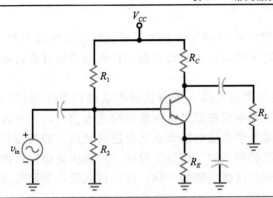

类型：CE　　相移 ϕ：180°
A_v：中高　　Z_{in}：中等
A_i：β　　Z_{out}：中等
A_p：高
应用：通用放大器，具有电压增益和电流增益

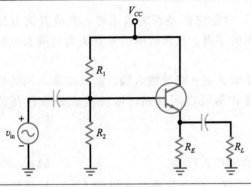

类型：CC　　相移 ϕ：0°
A_v：约为1　　Z_{in}：低
A_i：β　　Z_{out}：高
A_p：中等
应用：缓冲器，阻抗匹配，大电流驱动

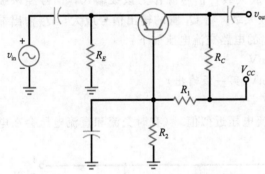

类型：CB　　相移 ϕ：0°
A_v：中等　　Z_{in}：低
A_i：β　　Z_{out}：高
A_p：中等
应用：高频放大器，低阻到高阻的匹配

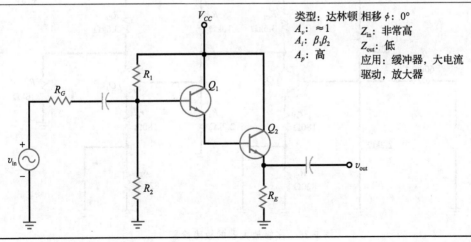

类型：达林顿　相移 ϕ：0°
A_v：≈1　　Z_{in}：非常高
A_i：$\beta_1\beta_2$　　Z_{out}：低
A_p：高
应用：缓冲器，大电流驱动，放大器

9.9 多级放大器的故障诊断

当放大器由两级或多级组成时,有效排除故障的有效方法有哪些?在单级放大器中,可以先测量直流电压,包括电源电压。而对于两级或多级放大器,首先测量所有直流电压的方法并不是很有效。

在多级放大器中,最好先通过信号跟踪或信号注入的方法将有故障的放大级进行分离。例如,如果放大器由四级组成,则通过测量或在第二级的输出端注入信号,将放大器从中间分割为两部分。这样就可以确定故障发生在该电路节点之前还是之后。如果在第二级输出端测得信号是正确的,则可证明电路前两级的工作是正常的,故障应该来自后面两级之一。现在可以将下一个故障诊断点移到后两级电路的中间。这种将电路从中间节点进行分割的故障诊断方法可以快速隔离出故障级。

当故障级确定后,则可以测量直流电压,判断它们是否大致正确。如果直流电压正确,则进一步通过交流等效电路确定故障产生的原因。这种故障通常是因为有隔直电容或旁路电容。

最后,在多级放大器中,前级输出端的负载是下一级的输入端。第二级输入端的故障会对第一级的输出产生负面影响。有时需要在两级之间开路,以便验证是否存在负载问题。

应用实例 9-16 分析图 9-26 所示两级放大器中的问题。　　　|||| **Multisim**

解: 图 9-26 电路的第一级是共发射极放大级,信号源作为该级输入,信号经该级放大后输出到第二级。第二级也是共发射极放大级,将 Q_1 管的输出信号放大,Q_2 输出端信号耦合到负载电阻上。在例 9-2 中,计算出的电路交流电压如下:

$$v_{in} = 0.74mV$$
$$v_c = 4.74mV(第一级输出)$$
$$v_{out} = 70mV$$

这些是当电路工作正常时应该能测到的交流电压近似值。(有时交流和直流电压会在电路图中给出,用于故障诊断。)

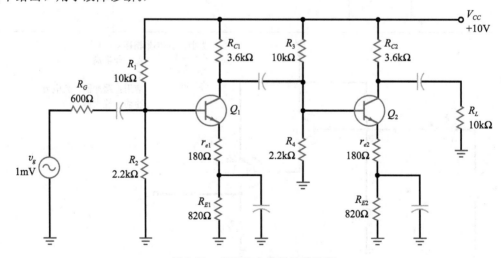

图 9-26　多级放大器的故障诊断

连接并测量电路的输出电压，测得 10kΩ 负载上的输出信号仅为 13mV，输入电压值基本正常，约为 0.74mV。下一步如何进行呢？

采用电路分割与信号跟踪方法，测量放大器中间节点的交流电压。此时 Q_1 集电极的输出电压和 Q_2 基极的输入电压为 4.90mV，略高于正常值。测量结果证明第一级工作正常。因此，问题一定存在于第二级。

测得 Q_2 的基极、发射极和集电极的直流电压均正常。这说明电路的直流工作点正常，而是交流电路出了问题。导致问题的原因是什么？进一步的交流测量显示，820Ω 电阻 R_{E2} 上的电压约为 4mV。通过拆掉 R_{E2} 的旁路电容器并测量，发现旁路电容已经开路。这只失效的电容使第二级增益明显下降。同时，电容开路导致第二级的输入阻抗增加，这使得第一级的输出略高于正常值。

对于两级或多级放大器的故障诊断，采用电路分割以及信号追踪和信号注入方法是十分有效的。

总结

9.1 节　总电压增益等于每级电压增益的乘积。第二级的输入阻抗是第一级的负载电阻。两级 CE 放大器产生与输入相同的放大信号。

9.2 节　将第二级的输出电压通过分压器反馈回第一级的发射极，这样形成的负反馈能够稳定两级放大器的电压增益。

9.3 节　CC 放大器即射极跟随器，它的集电极交流接地，信号从基极输入，从发射极输出。因为是发射极深度负反馈，因此射极跟随器具有稳定的电压增益、高输入阻抗且低失真。

9.4 节　放大器的输出阻抗就是它的戴维南阻抗。射极跟随器的输出阻抗低。晶体管的电流增益使得基极信号源阻抗在发射极转换为低阻抗。

9.5 节　当一个低阻负载连接到 CE 放大器的输出时，可能因为过载而使电压增益很小。在 CE 放大器的输出与负载之间放置一个 CC 放大器，便可以显著减小这一影响。这里 CC 放大器的作用是缓冲器。

9.6 节　两个晶体管可以连接为达林顿对，第一个管的发射极和第二个管的基极相连。总电流增益等于每个管电流增益的乘积。

9.7 节　将齐纳二极管与射极跟随器组合起来便得到齐纳跟随器。该电路产生稳定的输出电压和大的负载电流。优点是齐纳电流比负载电流小很多，通过增加电压放大级，可以得到更大的稳压值。

9.8 节　CB 放大器的基极是交流接地的。信号从发射极输入，集电极输出。尽管这个电路没有电流增益，但可以获得较大的电压增益。CB 放大器的输入阻抗低、输出阻抗高，常应用于高频电路。

9.9 节　多级放大器故障诊断采用信号跟踪或信号注入技术。电路分割法能快速确定故障所在电路级。通过对直流电压的测量（包括电源电压），对故障进行隔离。

定义

(9-3)　发射极交流电阻

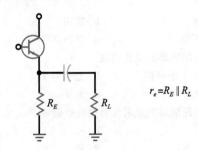

$$r_e = R_E \parallel R_L$$

推论

(9-1)　两级电压增益：

$A_V = (A_{V_1})(A_{V_2})$

(9-2)　两级反馈增益：

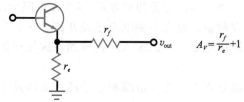

$A_V = \dfrac{r_f}{r_e} + 1$

(9-4)　射极跟随器的电压增益

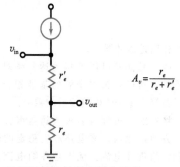

$A_v = \dfrac{r_e}{r_e + r'_e}$

(9-5)　射极跟随器的基极输入阻抗

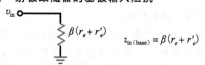

$z_{\text{in(base)}} = \beta(r_e + r'_e)$

(9-7)　射极跟随器的输出阻抗

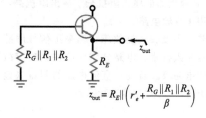

$z_{\text{out}} = R_E \| \left(r'_e + \dfrac{R_G \| R_1 \| R_2}{\beta} \right)$

(9-9)　达林顿管电流增益

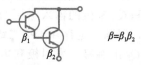

$\beta = \beta_1 \beta_2$

(9-11)　齐纳跟随器

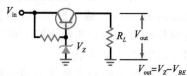

$V_{\text{out}} = V_Z - V_{BE}$

(9-14)　稳压器

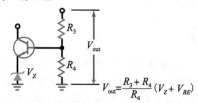

$V_{\text{out}} = \dfrac{R_3 + R_4}{R_4}(V_Z + V_{BE})$

(9-16)　共基电压增益

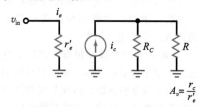

$A_v = \dfrac{r_c}{r'_e}$

(9-18)　共基输入阻抗

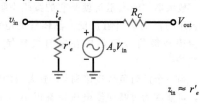

$z_{\text{in}} \approx r'_e$

选择题

1. 如果第二级输入阻抗减小，第一级电压增益将会
   a. 减小　　　　　　b. 增加
   c. 不变　　　　　　d. 等于 0

2. 如果第二级的 BE 发射结开路，第一级电压增益将会
   a. 减小　　　　　　b. 增加
   c. 不变　　　　　　d. 等于 0

3. 如果第二级负载电阻开路，第一级电压增益将会
   a. 减小　　　　　　b. 增加
   c. 不变　　　　　　d. 等于 0

4. 射极跟随器的电压增益
   a. 比 1 小得多　　　b. 近似等于 1
   c. 大于 1　　　　　d. 为 0

5. 射极跟随器的发射极总交流电阻等于
   a. r'_e　　　　　　b. r_e
   c. $r_e + r'_e$　　　d. R_E

6. 射极跟随器的基极输入阻抗通常
   a. 低　　　　　　　　b. 高
   c. 对地短路　　　　　d. 开路

7. 射极跟随器的直流电流增益为
   a. 0　　　　　　　　b. ≈ 1
   c. β_{dc}　　　　　　d. 取决于 r_e'

8. 射极跟随器的基极电压加在
   a. 发射结
   b. 发射极直流电阻
   c. 负载电阻
   d. 发射结和发射极外端口的交流电阻

9. 射极跟随器的输出电压加在
   a. 发射结
   b. 发射极直流电阻
   c. 负载电阻
   d. 发射结和发射极外端口的交流电阻

10. 如果 $\beta = 200$，$r_e = 150\Omega$，基极输入阻抗为
    a. 30kΩ　　　　　b. 600Ω
    c. 3kΩ　　　　　d. 5kΩ

11. 射极跟随器的输入电压通常
    a. 低于信号源电压　　b. 等于信号源电压
    c. 大于信号源电压　　d. 等于电源电压

12. 发射极交流电流最接近于
    a. v_g 除以 r_e　　　b. v_{in} 除以 r_e'
    c. v_g 除以 r_e'　　　d. v_{in} 除以 r_e

13. 射极跟随器的输出电压近似为
    a. 0　　　　　　　　b. V_G
    c. v_{in}　　　　　　d. V_{CC}

14. 射极跟随器的输出电压
    a. 与 v_{in} 同相　　　b. 远大于 v_{in}
    c. 与 v_{in} 相差 180°　d. 通常远小于 v_{in}

15. 射极跟随器作为缓冲器通常用于下列哪种情况？
    a. $R_G \ll R_L$　　　b. $R_G = R_L$
    c. $R_L \ll R_G$　　　d. R_L 非常大

16. 为了实现最大功率传输，CC 放大器应设计为
    a. $R_G \ll z_{in}$　　　b. $z_{out} \gg R_L$
    c. $z_{out} \ll R_L$　　　d. $z_{out} = R_L$

17. 如果 CE 放大级直接耦合到射极跟随器，则
    a. 低频和高频信号可以通过
    b. 仅高频信号可以通过
    c. 高频信号受阻
    d. 低频信号受阻

18. 如果射极跟随器的负载电阻非常大，发射极外端口的交流电阻等于
    a. 信号源电阻　　　　b. 基极阻抗

c. 发射极直流电阻　　d. 集电极直流电阻

19. 如果射极跟随器的 $r_e' = 10\Omega$，$r_e = 90\Omega$，电压增益近似为
    a. 0　　　　　　　　b. 0.5
    c. 0.9　　　　　　　d. 1

20. 射极跟随器电路通常使信号源电阻
    a. 减小 β 倍　　　　b. 增加 β 倍
    c. 等于负载　　　　　d. 为 0

21. 达林顿管具有
    a. 非常低的输入阻抗
    b. 三个晶体管
    c. 非常高的电流增益
    d. 一个 V_{BE} 压降

22. 产生 180°相移的放大器结构为
    a. CB　　　　　　　b. CC
    c. CE　　　　　　　d. 以上三种都是

23. 如果射极跟随器的信号源电压是 5mV，则负载上的输出电压接近于
    a. 5mV　　　　　　b. 150mV
    c. 0.25V　　　　　　d. 0.5V

24. 如果图 11-1a 电路中的负载电阻短路，下列哪一项的值将不正常？
    a. 仅交流电压
    b. 仅直流电压
    c. 直流电压和交流电压
    d. 既不是直流电压，也不是交流电压

25. 如果射极跟随器的 R_1 开路，下列哪项是正确的？
    a. 基极直流电压为 V_{CC}
    b. 集电极直流电压为 0
    c. 输出电压正常
    d. 基极直流电压为 0

26. 通常情况下，射极跟随器的失真
    a. 很低　　　　　　b. 很高
    c. 大　　　　　　　d. 不可接受

27. 射极跟随器的失真
    a. 通常不低　　　　b. 通常很高
    c. 总是很低　　　　d. 出现切顶时很高

28. 如果 CE 级和射极跟随器是直接耦合，两级之间有几个耦合电容？
    a. 0　　　　　　　　b. 1
    c. 2　　　　　　　　d. 3

29. 达林顿管的 $\beta = 8000$，如果 $R_E = 1k\Omega$，$R_L = 100\Omega$，基极输入阻抗的值最接近
    a. 8kΩ　　　　　b. 80kΩ
    c. 800Ω　　　　　d. 8MΩ

30. 射极跟随器的发射极交流电阻

a. 等于发射极直流电阻

b. 比负载电阻大

c. 比负载电阻小 β 倍

d. 通常比负载电阻小

31. 共基放大器的电压增益

a. 远小于 1　　　　b. 近似等于 1

c. 大于 1　　　　　d. 为 0

32. 共基放大器应用于下列哪种情况?

a. $R_{\text{source}} \gg R_L$　　　b. $R_{\text{source}} \ll R_L$

c. 需要高电流增益　d. 需要阻断高频信号

33. 共基放大器可以用于下列哪种情况?

a. 将低阻与高阻相匹配

b. 需要电压增益而不需要电流增益时

c. 需要对高频信号放大

d. 以上所有

34. 齐纳跟随器中的齐纳电流

a. 等于输出电流　　b. 比输出电流小

c. 比输出电流大　　d. 易于散热

35. 双晶体管稳压器的输出电压

a. 是稳定的　　　　b. 纹波小于输入电压

c. 比齐纳电压大　　d. 以上都对

36. 对于多级放大器的故障诊断,应从以下哪个步骤开始?

a. 测量所有电压　　b. 信号跟踪或信号注入

c. 测量电阻　　　　d. 拆卸元件

习题

9.1 节

9-1 图 9-27 电路中第一级的基极交流电压是多少? 第二级的基极交流电压是多少? 负载电阻上的交流电压是多少?

9-2 如果图 9-27 电路中的电源电压加倍,求输出电压。

9-3 如果图 9-27 中的 $\beta = 300$,求输出电压。

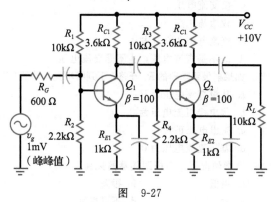

图　9-27

9.2 节

9-4 如图 9-4 所示的反馈放大器,其中 $r_f = 5\text{k}\Omega$, $r_e = 50\Omega$,求电压增益。

9-5 如图 9-5 所示的反馈放大器,其中 $r_e = 125\Omega$。如果要使电压增益为 100, r_f 的取值应为多少?

9.3 节

9-6 如果图 9-28 电路的 $\beta = 200$,求基极输入阻抗和级输入阻抗。

9-7 如果图 9-28 电路的 $\beta = 150$,求射极跟随器的交流输入电压。

9-8 图 9-28 电路的电压增益是多少? 如果 $\beta = $

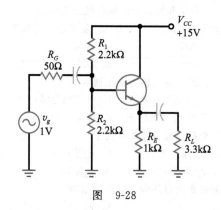

图　9-28

175,求交流负载电压。

9-9 图 9-28 电路的 β 在 $50\sim300$ 间变化,则输入电压是多少?

9-10 图 9-28 电路的 $\beta = 150$,若将所有电阻值加倍,级输入阻抗和输入电压将如何变化?

9-11 如果图 9-29 电路的 $\beta = 200$,求基极输入阻抗和级输入阻抗。

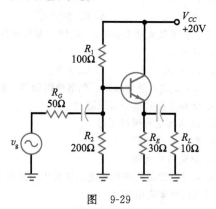

图　9-29

9-12 如果图 9-29 电路的 $\beta=150$，$v_{in}=1V$，求射极跟随器的交流输入电压。

9-13 图 9-29 电路的电压增益是多少？如果 $\beta=175$，交流负载电压是多少？

9.4 节

9-14 如果图 9-28 电路的 $\beta=200$，求输出阻抗。

9-15 如果图 9-29 电路的 $\beta=100$，求输出阻抗。

9.5 节

9-16 如果图 9-30 电路中的第二级晶体管的直流和交流电流增益均为 200，求该 CE 放大级的电压增益。

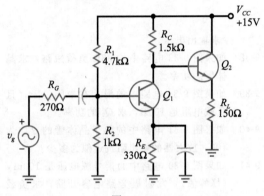

图 9-30

9-17 如果图 9-30 电路中的两个晶体管的直流和交流电流增益均为 150，当 $V_G=10mV$ 时，输出电压是多少？

9-18 如果图 9-30 电路中的两个晶体管的直流和交流电流增益均为 200，当负载电阻减为 125Ω 时，CE 放大级的电压增益是多少？

9-19 如果将图 9-30 所示电路的射极跟随器去掉，用电容将交流信号耦合到 150Ω 的负载上，CE 放大器的电压增益将如何变化？

9.6 节

9-20 如果图 9-31 中的达林顿对的总电流增益为 5000，Q_1 的基极输入阻抗是多少？

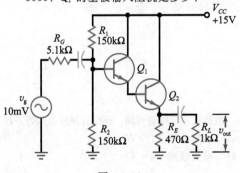

图 9-31

9-21 如果图 9-31 电路中达林顿对的总电流增益为 7000，求 Q_1 的基极交流输入电压。

9-22 如果图 9-32 电路中的两个晶体管的 β 均为 150，求第一级的基极输入阻抗。

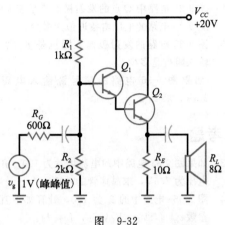

图 9-32

9-23 如果图 9-32 电路中的达林顿对的总电流增益为 2000，求 Q_1 的基极交流输入电压。

9.7 节

9-24 图 9-33 电路中晶体管的电流增益为 150，若 1N658 管的齐纳电压为 7.5V，求输出电压和齐纳电流。

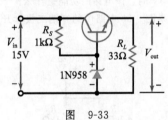

图 9-33

9-25 如果将图 9-33 电路中的输入电压改为 25V，求输出电压和齐纳电流。

9-26 图 9-34 电路中的变阻器可以在 0~1kΩ 之间变化，若滑片在中间位置时，输出电压是多少？

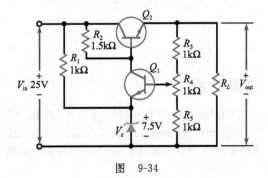

图 9-34

9-27 如果图 9-34 电路中的滑片在最上端，输出电压是多少？如果滑片在最下端，输出电压是多少？

9.8 节

9-28 图 9-35 电路中 Q 点的发射极电流是多少？

9-29 图 9-35 电路的电压增益近似为多少？

9-30 图 9-35 电路的发射极输入阻抗是多少？级输入阻抗是多少？

9-31 如果图 9-35 电路的信号源输入电压为 2mV，求 v_{out}。

9-32 如果图 9-35 电路中的电源电压 V_{CC} 增加到 15V，求 v_{out}。

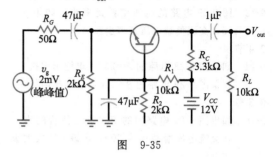

图 9-35

思考题

9-33 如果图 9-33 电路中的电流增益为 100，齐纳电压为 7.5V，求晶体管的功率。

9-34 图 9-36a 电路中的 β_{dc} 为 150，计算如下直流参数：V_B，V_E，V_C，I_E，I_C，I_B。

9-35 如果图 9-36a 所示电路由一个峰峰值为 5mV 的信号作为输入，两个交流输出电压分别是多少？该电路的用途是什么？

9-36 图 9-36b 电路中的控制电压可能是 0V 或 5V。如果音频输入电压为 10mV，当控制电压为 0V 时，音频输出电压是多少？当控制电压为 5V 时，该电路的功能是什么？

9-37 如果图 9-33 电路中的齐纳二极管开路，求输出电压。

9-38 如果图 9-33 电路中的 33Ω 负载短路，求晶体管的功率。

9-39 如果图 9-34 电路中的滑片在中间位置，且负载电阻是 100Ω，求 Q_2 的功率。

9-40 如果图 9-31 电路中的两个晶体管的 β 均为 100，放大器的输出阻抗近似为多少？

9-41 如果图 9-30 电路中的信号源电压是 100mV（峰峰值），发射极旁路电容开路，求负载上的输出电压。

9-42 如果图 9-35 电路中的基极旁路电容短路，求输出电压。

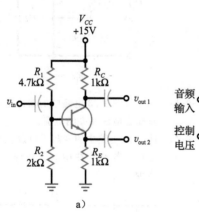

a)

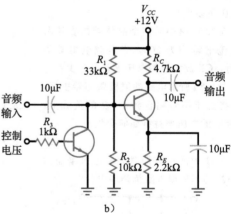

b)

图 9-36

故障诊断

下列各题均对应图 9-37 所示电路和故障表。标为"交流 mV"的表格列出了交流电压的测量值，其单位是 mV。在这个练习中，所有的电阻都是正常的。故障仅限于电容开路、连线开路或晶体管开路。

9-43 确定故障 T1～T3。

9-44 确定故障 T4～T7。

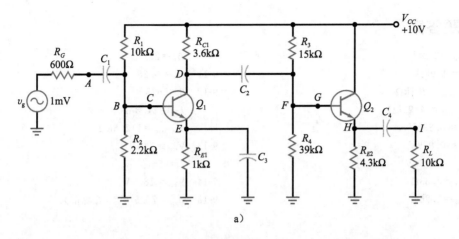

a)

交流 mV

故障	V_A	V_B	V_C	V_D	V_E	V_F	V_G	V_H	V_I
正常	0.6	0.6	0.6	70	0	70	70	70	70
T1	0.6	0.6	0.6	70	0	70	70	70	0
T2	0.6	0.6	0.6	70	0	70	0	0	0
T3	1	0	0	0	0	0	0	0	0
T4	0.75	0.75	0.75	2	0.75	2	2	2	2
T5	0.75	0.75	0	0	0	0	0	0	0
T6	0.6	0.6	0.6	95	0	0	0	0	0
T7	0.6	0.6	0.6	70	0	70	70	0	0

b)

图 9-37

求职面试问题

1. 画出射极跟随器的原理图，说明该电路广泛应用于功率放大器和稳压器的原因。

2. 对射极跟随器输出阻抗的相关内容进行描述。

3. 画一个达林顿对，并解释为什么它的总电流增益等于各管电流增益的乘积。

4. 画一个齐纳跟随器，并解释为什么当输入电压变化时，输出电压能够稳定。

5. 射极跟随器的电压增益是多少？该电路有哪些应用？

6. 解释为什么达林顿对比单个晶体管的功率增益高。

7. 为什么跟随器电路在音频电路中很重要？

8. CC 放大器的交流电压增益近似是多少？

9. CC 放大器的另一个名称是什么？

10. CC 放大器的输入、输出信号的相位关系是什么？

11. 如果测量 CC 放大器时得到单位电压增益（输出电压比输入电压），问题会是什么？

12. 因为达林顿管能增大功率增益，因此大多数高品质音频放大器将其作为最终的功率放大器。达林顿放大器增大功率增益的原理是什么？

选择题答案

1. a   2. b   3. c   4. b   5. c   6. b   7. c   8. d   9. c   10. a   11. a   12. d   13. c   14. a   15. c
16. d   17. a   18. c   19. c   20. a   21. c   22. c   23. a   24. a   25. d   26. a   27. d   28. a   29. c   30. d
31. c   32. b   33. d   34. b   35. d   36. b

自测题答案

9-1　$V_{out} = 2.24V$

9-3　$r_f = 4.9k\Omega$

9-5　$z_{in(base)} = 303k\Omega$

　　$z_{in(stage)} = 4.92k\Omega$

9-6　$v_{in} \approx 0.893V$

9-7　$v_{in} = 0.979V$

　　$v_{out} = 0.974V$

9-8　$z_{out} = 3.33\Omega$

9-9　$z_{out} = 2.86\Omega$

9-10　$A_v = 222$

9-11　$A_v = 6.28$

9-12　$\beta = 5625$

　　$I_{B1} = 14.3\mu A$

　　$z_{in(base)} = 112.5k\Omega$

9-13　$V_{out} = 7.5V$

　　$I_z = 5mA$

9-14　$V_{out} = 18.9V$

9-15　$v_{out} = 76.9mV$（峰峰值）

立体声系统、收音机或电视机中的输入信号都很小。而经过几级电压放大后，信号会变得很大，其动态范围覆盖了整条负载线。这是因为负载阻抗非常小，所以系统末级的集电极电流变得很大。例如，立体声系统中的扬声器阻抗只有 8Ω 甚至更小。

小信号晶体管的额定功率不到 1W，而功率晶体管的额定功率要高于 1W。小信号晶体管通常用于功率较低的系统前端，功率管则用于功率和电流都很高的系统输出端。

目标

在学习完本章后，你应该能够：

■ 描述 CE、CC 功率放大器的直流和交流负载线及 Q 点的确定方法。
■ 计算 CE、CC 功率放大器的无切顶交流电压的最大峰峰值（MPP）。
■ 描述放大器的特性，包括工作类型、耦合方式和频率范围。
■ 画出 B/AB 类推挽放大器的原理图，并解释其工作原理。
■ 确定功率管的效率。
■ 说明限制晶体管额定功率的因素以及提高额定功率的方法。

关键术语

最佳交流输出（ac output compliance）	占空比（duty cycle）
交流负载线（ac load line）	效率（efficiency）
音频放大器（audio amplifier）	谐波（harmonics）
带宽（bandwidth，BW）	大信号工作（large-signal operation）
电容耦合（capacitive coupling）	窄带放大器（narrowband amplifier）
A 类工作（class A operation）	功率放大器（power amplifier）
AB 类工作（class AB operation）	功率增益（power gain）
B 类工作（class B operation）	前置放大器（preamp）
C 类工作（class C operation）	推挽电路（push-pull circuit）
补偿二极管（compensating diodes）	射频放大器（radio-frequency amplifier）
交越失真（crossover distortion）	热击穿（thermal runaway）
消耗电流（current drain）	变压器耦合（transformer coupling）
直接耦合（direct coupling）	可调谐射频放大器（tuned RF amplifer）
驱动级（driver stage）	宽带放大器（wideband amplifier）

10.1 放大器相关术语

可以用不同的方式来描述放大器。例如，可以描述它们的工作类型、级间耦合方式或者频率范围。

10.1.1 工作类型

A 类工作放大器表示晶体管在所有时刻都工作在有源区，即在交流信号的 360°完整周期内都有集电极电流，如图 10-1a 所示。对于 A 类放大器，设计时通常需要将 Q 点设计在负载线的中间位置。这样，晶体管不会进入饱和区或截止区，即在不发生失真的情况下，信号可能的摆动范围最大。

B 类工作则不同，它表示晶体管只在半个周期（180°）内有集电极电流，如图 10-1b 所示。如果需要工作在这种模式下，设计时需要把 Q 点设置在截止区。这样只有在基极交流电压的正半周才能够产生集电极电流，从而降低功率管的热损耗。

C 类工作指的是在一个交流信号周期内，只有不到 180°的范围内存在晶体管集电极电流，如图 10-1c 所示。对于 C 类工作，只有基极交流电压正半周的一部分产生集电极电流，在集电极得到的是短暂的脉冲电流，如图 10-1c 所示。

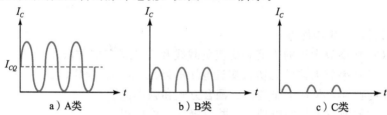

图 10-1 集电极电流

知识拓展 可以看到，当采用字母顺序 A、B、C 来命名晶体管的工作类型时，相应的线性工作时间越来越短。后续的 D 类放大器的输出是开关状态，即放大器在每个输入信号周期内处于线性区的时间为零。D 类放大器常常用作脉宽调制器，它的输出脉宽正比于放大器的输入信号幅度。

10.1.2 耦合方式

图 10-2a 所示是**电容耦合**电路，耦合电容将放大后的交流电压传输到下一级。图 10-2b 所示是**变压器耦合**电路，交流电压通过变压器传输到下一级。电容耦合和变压器耦合都是交流耦合，交流耦合方式阻止了直流电压的通过。

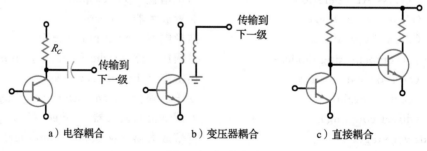

图 10-2 耦合方式

直接耦合则不同。图 10-2c 所示电路中，第一个晶体管的集电极直接连到第二个晶体管的基极，从而将直流和交流电压同时耦合到下一级。因为没有对低频的限制，直接耦合放大器有时又称为直流放大器。

知识拓展 大多数集成电路内部的放大器采用直接耦合方式。

10.1.3　频率范围

　　放大器的另一种描述方式是**频率范围**。例如，**音频放大器**指的是工作频率范围在 20Hz～20kHz 的放大器，而**射频（RF）放大器**指的则是工作频率在 20kHz 以上或更高频率的放大器。例如，调幅收音机中的 RF 放大器的频率范围在 535～1605kHz 之间，而调频收音机中的 RF 放大器的频率范围在 88～108MHz 之间。

　　放大器也可以用**窄带**和**宽带**来分类。窄带放大器的工作频率范围较小，如 450～460kHz。而宽带放大器的工作频率范围较大，如 0～1MHz。

　　窄带放大器通常是**可调谐 RF 放大器**，即交流负载是一个高 Q 值的谐振回路。可将谐振频率调谐到某个广播电台或电视频道的频率上。宽带放大器通常不用调谐，其交流负载是阻性的。

　　图 10-3a 所示是一个可调谐 RF 放大器，LC 谐振回路在某个频率上谐振。如果谐振回路 Q 值很高，则带宽很窄。其输出通过电容耦合到下一级。

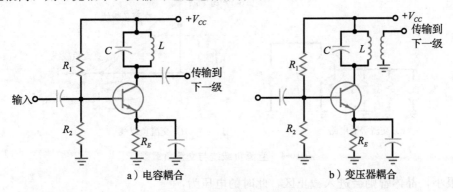

a）电容耦合　　　　　　　b）变压器耦合

图 10-3　可调谐 RF 放大器

　　图 10-3b 是另一个可调谐 RF 放大器的例子，其窄带输出信号是通过变压器耦合到下一级的。

10.1.4　信号电平

　　前文定义了小信号工作，即集电极电流变化的峰峰值小于其静态电流的 10%。而**大信号工作**时，信号的峰峰值范围覆盖了负载线的全部或大部分。在立体声系统中，来自广播调谐器、磁带播放机或者 CD 播放机的小信号作为**前置放大器**的输入，放大器需要产生更大的输出信号，以便驱动对音调和音量的控制。该信号输入到**功率放大器**，产生从几百毫瓦到几百瓦的功率输出。

　　本章将讨论功率放大器及其相关内容，如交流负载线、功率增益和效率。

10.2　两种负载线

　　每个放大器都有直流等效电路和交流等效电路，因而会有两条负载线：直流负载线和交流负载线。小信号工作时对 Q 点位置的要求不严格，但对于大信号放大器，Q 点必须位于交流负载线的中间位置，以获得可能的最大输出摆幅。

10.2.1　直流负载线

　　图 10-4a 所示是一个分压器偏置（VDB）放大器。改变 Q 点位置的方法之一是改变

R_2 的值。若 R_2 非常大，晶体管会进入饱和区，可求得电流如下：

$$I_{C(\text{sat})} = \frac{V_{CC}}{R_C + R_E} \tag{10-1}$$

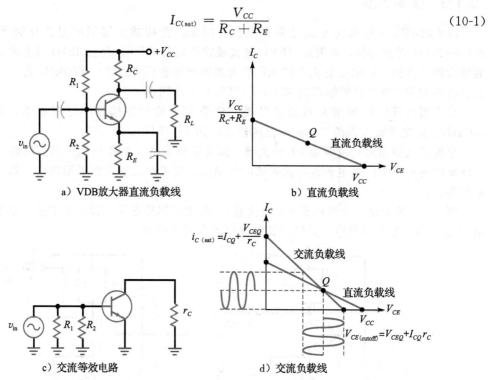

图 10-4　直流负载线与交流负载线

若 R_2 很小，晶体管则会进入截止区，此时的电压为，

$$V_{CE(\text{cutoff})} = V_{CC} \tag{10-2}$$

直流负载线及 Q 点如图 10-4b 所示。

10.2.2　交流负载线

VDB 放大器的交流等效电路如图 10-4c 所示。由于发射极交流接地，所以 R_E 对交流没有影响，而且集电极交流电阻小于集电极直流电阻。因此，在交流信号作用下，瞬时工作点沿着如图 10-4d 所示的**交流负载线**运动，即正弦电流和电压的峰峰值由交流负载线决定。

如图 10-4d 所示，交流负载线上的饱和点和截止点不同于直流负载线。因为集电极交流电阻和发射极交流电阻要比相应的直流电阻小，所以交流负载线更陡一些。需要指出的是，交流负载线和直流负载线相交于 Q 点，这是交流输入电压过零时所在的点。

确定交流负载线两个端点的步骤如下，首先由集电极电压环路方程，得到：

$$v_{ce} + i_c r_c = 0$$

或

$$i_c = -\frac{v_{ce}}{r_c} \tag{10-3}$$

集电极交流电流为：

$$i_c = \Delta I_C = I_C - I_{CQ}$$

交流集电极电压为：

$$v_{ce} = \Delta V_{CE} = V_{CE} - V_{CEQ}$$

将上述表达式代入式（10-3）并整理，得到：

$$I_C = I_{CQ} + \frac{V_{CEQ}}{r_c} - \frac{V_{CE}}{r_c} \qquad (10\text{-}4)$$

这就是交流负载线的方程式。当晶体管进入饱和区后，V_{CE} 为零，由式（10-4）得到：

$$i_{c(\text{sat})} = I_{CQ} + \frac{V_{CEQ}}{r_c} \qquad (10\text{-}5)$$

式中　　$i_{c(\text{sat})}$——交流饱和电流；

　　　　I_{CQ}——集电极直流电流；

　　　　V_{CEQ}——集电极-发射极直流电压；

　　　　r_c——集电极端口的交流电阻。

当晶体管进入截止区时，$I_C = 0$，因为：

$$v_{ce(\text{cutoff})} = V_{CEQ} + \Delta V_{CE}$$

且

$$\Delta V_{CE} = \Delta I_C r_c$$

代入后得到：

$$\Delta V_{CE} = (I_{CQ} - OA) r_c$$

结果为：

$$v_{ce(\text{cutoff})} = V_{CEQ} + I_{CQ} r_c \qquad (10\text{-}6)$$

因为交流负载线比直流负载线的斜率更大，所以输出的最大峰峰值（MPP）总是小于电源电压。公式表示为：

$$\text{MPP} < V_{CC} \qquad (10\text{-}7)$$

例如，当电源电压为 10V，输出正弦波的最大峰峰值将小于 10V。

10.2.3 大信号切顶

当 Q 点低于直流负载线的中点时（见图 10-4d），交流信号在整个交流负载线范围内不可避免地会出现切顶现象。例如，若交流信号增加，将会导致截止切顶，如图 10-5a 所示。

如果 Q 点往高处移动，如图 10-5b 所示，则大信号会使晶体管进入饱和区。此时，将出现饱和切顶。这两种切顶现象都会使信号发生失真，因此是不希望出现的。当用这种失真信号驱动扬声器时，会发出很糟糕的声音。

一个设计良好的大信号放大器，其 Q 点应处于交流负载线的中间（见图 10-5c）。这种情况下，能够得到无切顶的最大峰峰值，该交流电压称作**最佳交流输出**。

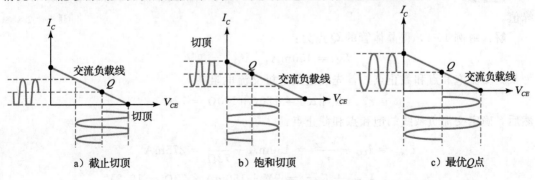

图 10-5　Q 点的设置与切顶失真

10.2.4　最大输出

当 Q 点低于交流负载线的中点时，最大峰值（MP）输出是 $I_{CQ}r_c$，如图 10-6a 所示。相反，如果 Q 点高于交流负载线的中点时，最大峰值输出为 V_{CEQ}，如图 10-6b 所示。

因此，对于任意 Q 点，最大峰值输出为

$$\mathrm{MP} = I_{CQ}r_e \quad 或 \quad V_{CEQ} \ 中的较小值 \quad (10\text{-}8)$$

而最大峰峰值输出则是这个值的两倍：

$$\mathrm{MPP} = 2\mathrm{MP} \qquad (10\text{-}9)$$

式（10-8）和（10-9）可在故障诊断中用来确定可能的最大无切顶失真输出。

当 Q 点位于交流负载线中点时：

$$I_{CQ}r_c = V_{CEQ} \qquad (10\text{-}10)$$

考虑到偏置电阻的容差，设计时应尽可能满足这个条件。可通过调节电路的发射极电阻来找到优化的 Q 点。最佳发射极电阻的公式推导为：

$$R_E = \frac{R_C + r_c}{V_{CC}/V_E - 1} \qquad (10\text{-}11)$$

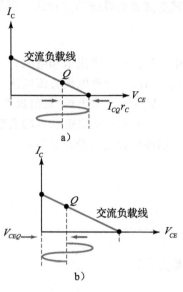

图 10-6　Q 点处于交流负载线中间

例 10-1　求图 10-7 电路中的 I_{CQ}、V_{CEQ} 和 r_c 的值。

▌▌▌Multisim

解： $V_B = \dfrac{68\Omega}{68\Omega + 490\Omega} \times 30\mathrm{V} = 3.7\mathrm{V}$

$V_E = V_B - 0.7\mathrm{V} = 3.7\mathrm{V} - 0.7\mathrm{V} = 3\mathrm{V}$

$I_E = \dfrac{V_E}{R_E} = \dfrac{3\mathrm{V}}{20\Omega} = 150\mathrm{mA}$

$I_{CQ} \approx I_E = 150\mathrm{mA}$

$V_{CEQ} = V_C - V_E = 12\mathrm{V} - 3\mathrm{V} = 9\mathrm{V}$

$r_c = R_C \| R_L = 120\Omega \| 180\Omega = 72\Omega$ ◀

自测题 10-1　将图 10-7 电路中的 R_E 从 20Ω 变为 30Ω，求 I_{CQ} 和 V_{CEQ}。

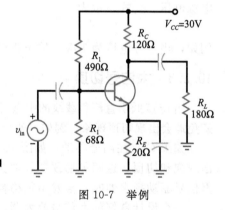

图 10-7　举例

例 10-2　确定图 10-7 电路的交流负载线的饱和点和截止点，并求解输出电压最大峰峰值。

▌▌▌Multisim

解： 由例 10-1，得晶体管的 Q 点为：

$$I_{CQ} = 150\mathrm{mA}, \quad V_{CEQ} = 9\mathrm{V}$$

为找到交流饱和点和截止点，首先确定集电极交流电阻 r_c：

$$r_c = R_C \| R_L = 120\Omega \| 180\Omega = 72\Omega$$

然后，确定交流负载线的饱和点和截止点：

$$i_{c(\mathrm{sat})} = I_{CQ} + \frac{V_{CEQ}}{r_c} = 150\mathrm{mA} + \frac{9\mathrm{V}}{72\Omega} = 275\mathrm{mA}$$

$$v_{ce(\mathrm{cutoff})} = V_{CEQ} + I_{CQ}r_c = 9\mathrm{V} + 150\mathrm{mA} \times 72\Omega = 19.8\mathrm{V}$$

下面确定最大峰峰值 MPP。对于电源电压 30V，有：

$$\text{MPP} < 30\text{V}$$

MP 应该是下面二者中较小的一个，即：

$$I_{CQ}r_c = 150\text{mA} \times 72\Omega = 10.8\text{V}$$

或

$$V_{CEQ} = 9\text{V}$$

所以，MPP$=2\times9$V$=18$V。

✎ **自测题 10-2** 将例 10-2 中的 R_E 变为 30Ω，求解 $i_{c(\text{sat})}$、$v_{ce(\text{cutoff})}$ 和 MPP。

10.3 A 类工作

当输出信号不出现切顶时，图 10-8a 所示的 VDB 放大器就是一个 A 类放大器。这种放大器的集电极电流在整个信号周期内都是导通的，输出信号在信号周期的任何时刻都没有发生切顶。下面讨论几个常用的 A 类放大器分析公式。

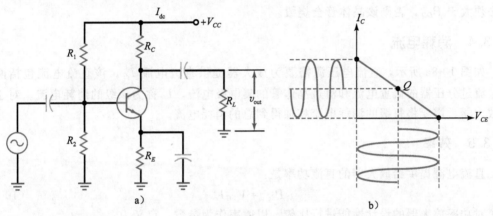

图 10-8 A 类放大器

10.3.1 功率增益

除了电压增益，任何放大器都有**功率增益**，定义为：

$$A_p = \frac{p_{\text{out}}}{p_{\text{in}}} \tag{10-12}$$

即功率增益等于交流输出功率除以交流输入功率。

例如，若图 10-8a 中放大器的输出功率为 10mW，输入功率为 10μW，则功率增益为：

$$A_p = \frac{10\text{mW}}{10\mu\text{W}} = 1000$$

知识拓展 共发射极放大器的功率增益等于 $A_v A_i$。因为 A_i 可以表示成 $A_i = A_v$ (Z_{in}/R_L)，所以 A_p 可以表示为 $A_p = A_v A_v (Z_{\text{in}}/R_L)$ 或 $A_p = A_v^2(Z_{\text{in}}/R_L)$。

10.3.2 输出功率

如果测量图 10-8a 电路的输出电压，单位用均方根伏特，则输出功率为：

$$p_{\text{out}} = \frac{v_{\text{rms}}^2}{R_L} \tag{10-13}$$

通常用示波器测量输出电压的峰峰值，此时，输出功率常用的公式为：

$$p_{\text{out}} = \frac{v_{\text{out}}^2}{8R_L} \tag{10-14}$$

分母系数为 8 的原因是 $v_{pp}=2\sqrt{2}v_{rms}$，将 $2\sqrt{2}$ 平方即得到 8。

当放大器输出最大峰峰值电压时，其输出功率最大，如图 10-8b 所示。此时，v_{pp} 等于最大峰峰值输出电压，则最大输出功率为

$$p_{out(max)} = \frac{MPP^2}{8R_L} \tag{10-15}$$

10.3.3 晶体管的功率

当图 10-8a 中放大器没有输入信号时，晶体管的静态功率是：

$$P_{DQ} = V_{CEQ}I_{CQ} \tag{10-16}$$

该式表明静态功率等于直流电压乘以直流电流。

当有信号输入时，晶体管的功率会降低，因为晶体管将一部分静态功率转化成了信号功率。因此，静态功率是晶体管需要承受的最坏情况。所以 A 类放大器中晶体管的额定功率必须大于 P_{DQ}，否则该晶体管会烧毁。

10.3.4 消耗电流

如图 10-8a 所示，直流电压源需要为放大器提供直流电流 I_{dc}。该直流电流包括两部分：流过分压器的偏置电流和流过晶体管的集电极电流。I_{dc} 称为该级的**消耗电流**。对于多级放大器，需要将每级的消耗电流相加得到总的消耗电流。

10.3.5 效率

直流电源提供给放大器的直流功率是：

$$P_{dc} = V_{CC}I_{dc} \tag{10-17}$$

为了对功率放大器的设计性能进行比较，以**效率**作为参数，定义为：

$$\eta = \frac{p_{out}}{P_{dc}} \times 100\% \tag{10-18}$$

该公式表示效率等于交流输出功率除以直流输入功率。

任何放大器的效率都在 0～100％之间。效率提供了一种比较不同放大器的方法，它能表明放大器将直流输入功率转化为交流输出功率的能力。效率越高，放大器将直流功率转化为交流功率的能力就越强。对于使用电池的设备，该指标非常重要，因为效率高意味着电池可以持续使用的时间更长。

除负载电阻以外，其他所有电阻上的功率都造成浪费，所以 A 类放大器的效率小于100％。实际上，带有直流集电极电阻和独立负载电阻的 A 类放大器的最大效率为 25％。

在有些应用中，A 类放大器的低效率是可以接受的。比如，靠近系统前端的小信号放大级通常可以在效率较低的情况下工作，因为所用的直流输入功率很小。实际上，如果系统的末级只需要提供几百毫瓦输出，电源电压的消耗电流比较低，也是可以接受的。但是如果末级需要提供瓦量级的功率，那么 A 类放大器的消耗电流就太大了。

知识拓展　效率也定义为放大器将直流输入功率转化为有用的交流输出功率的能力。

例 10-3　如果输出电压峰峰值为 18V，且基极输入电阻为 100Ω，求图 10-9a 电路的功率增益。

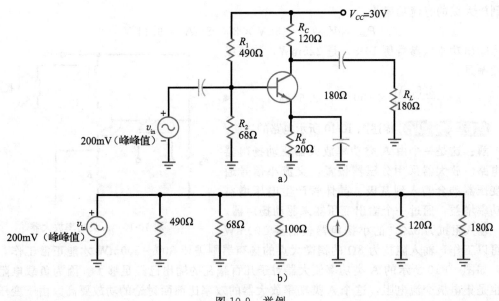

图 10-9　举例

解：如图 10-9b 所示：

$$z_{\text{in(stage)}} = 490\Omega \,\|\, 68\Omega \,\|\, 100\Omega = 37.4\Omega$$

交流输入功率是：

$$p_{\text{in}} = \frac{(200\text{mV})^2}{8 \times 37.4\Omega} = 133.7\mu\text{W}$$

交流输出功率是：

$$p_{\text{out}} = \frac{(18\text{V})^2}{8 \times 180\Omega} = 225\text{mW}$$

功率增益为：

$$A_p = \frac{225\text{mW}}{133.7\mu\text{W}} = 1683 \qquad\blacktriangleleft$$

自测题 10-3　如果图 10-9a 中的 R_L 是 120Ω，输出电压的峰峰值等于 12V，求功率增益。

例 10-4　求图 10-9a 电路中晶体管的功率和效率。　　　　　　**‖‖‖ Multisim**

解：发射极直流电流为：

$$I_E = \frac{3\text{V}}{20\Omega} = 150\text{mA}$$

集电极直流电压为：

$$V_C = 30\text{V} - 150\text{mA} \times 120\Omega = 12\text{V}$$

且集电极-发射极直流电压为：

$$V_{CEQ} = 12\text{V} - 3\text{V} = 9\text{V}$$

则求得晶体管功率如下：

$$P_{DQ} = V_{CEQ}I_{CQ} = 9\text{V} \times 150\text{mA} = 1.35\text{W}$$

为得到放大级的效率，需计算：

$$I_{\text{bias}} = \frac{30\text{V}}{490\Omega + 68\Omega} = 53.8\text{mA}$$

$$I_{\text{dc}} = I_{\text{bias}} + I_{CQ} = 53.8\text{mA} + 150\text{mA} = 203.8\text{mA}$$

得到放大级的直流功率为：

$$P_{\text{dc}} = V_{CC}I_{\text{dc}} = 30\text{V} \times 203.8\text{mA} = 6.11\text{W}$$

因为输出功率（参看例 10-3）是 225mW，故该级
的效率是：

$$\eta = \frac{225\text{mW}}{6.11\text{W}} \times 100\% = 3.68\%$$ ◀

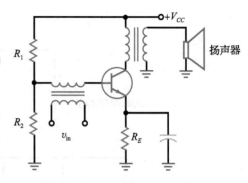

图 10-10　A 类功率放大器

应用实例 10-5 描述图 10-10 所示电路的功能。

解： 这是一个由 A 类功率放大器驱动扬声器
的电路。放大器采用分压器偏置，交流小信号通
过变压器耦合输入到基极。晶体管产生电压增益
和功率增益，通过一个输出变压器来驱动扬声器。

输入阻抗为 32Ω ⊖ 的小扬声器仅需要 100mW
就可以工作，输入阻抗为 8Ω 的稍微大点的扬声器则需要 300～500mW 才能正常工作。因
此，如图 10-10 所示的 A 类功率放大器对于几百毫瓦的输出已经足够了。因为负载电阻同
时也是集电极交流电阻，这个 A 类功率放大器的效率比前面讨论的功放要高。由于变压器
具有阻抗映射性能，从集电极端口看到的扬声器阻抗是负载阻抗的 $(N_P/N_S)^2$ 倍。如果
变压器的匝数比是 10：1，32Ω 的扬声器从集电极看就是 320Ω。

前文讨论的 A 类放大器有单独的集电极电阻 R_C 和单独的负载电阻 R_L。这种情况下，
最好的办法是阻抗匹配，即让 $R_L = R_C$，从而获得 25% 的最大效率。当负载电阻变成如
图 10-10 所示的集电极交流电阻时，能够得到两倍的输出功率，其最大效率增加到 50%。 ◀

自测题 10-5　如果图 10-10 电路中的变压器匝数比为 5：1，8Ω 扬声器从集电极端口
看到的电阻是多少？

10.3.6　射极跟随器功率放大器

当射极跟随器用于系统末端的 A 类功率放大器时，通常将 Q 点设置于交流负载线的
中点以获得最大的峰峰值（MPP）输出。

在图 10-11a 电路中，若 R_2 的阻值大，将会使晶体管进入饱和区，产生饱和电流：

$$I_{C(\text{sat})} = \frac{V_{CC}}{R_E} \tag{10-19}$$

而 R_2 的阻值小，则会使晶体管进入截止区，产生截止电压：

$$V_{CE(\text{cutoff})} = V_{CC} \tag{10-20}$$

直流负载线及 Q 点如图 10-11b 所示。

在图 10-11a 电路中，发射极交流电阻小于发射极直流电阻。因此，当有交流信号输
入时，瞬态工作点会沿着图 10-11c 所示的交流负载线移动。正弦电流和电压的峰峰值由交
流负载线决定。

如图 10-11c 所示，交流负载线的两个端点由下式决定：

$$i_{c(\text{sat})} = I_{CQ} + \frac{V_{CEQ}}{r_e}\, ⊜ \tag{10-21}$$

⊖　原文为"3.2Ω"，有误。——译者注
⊜　原文为"$i_{c(\text{sat})} = I_{CQ} + V_{CE}/r_e$"，有误。应与式（10-5）一致。——译者注

和

$$V_{CE(\text{cutoff})} = V_{CEQ} + I_{CQ}r_e \; \ominus \qquad (10\text{-}22)$$

因为交流负载线的斜率比直流负载线大，所以最大峰峰值输出总是小于电源电压，与 A 类 CE 放大器一样，MPP<V_{CC}。

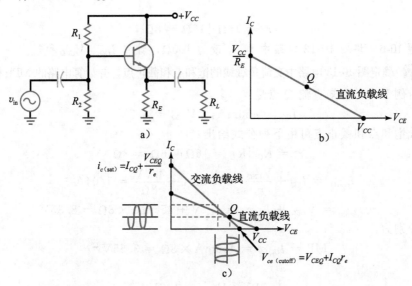

图 10-11　直流和交流负载线

当 Q 点低于交流负载线中点时，最大峰值（MP）输出是 $I_{CQ}r_e$，如图 10-12a 所示。反之，当 Q 点高于交流负载线中点时，最大峰值输出为 V_{CEQ}，如图 10-12b 所示。

确定射极跟随器峰峰值的方法和 CE 放大器的方法基本相同，差别在于这里使用的是发射极交流电阻 r_e，而不是集电极交流电阻 r_c。为了提高输出功率，射极跟随器也可以连接成达林顿结构。

例 10-6　求图 10-13 电路中的 I_{CQ}、V_{CEQ} 和 r_e。　　　　ⅢⅢ Multisim

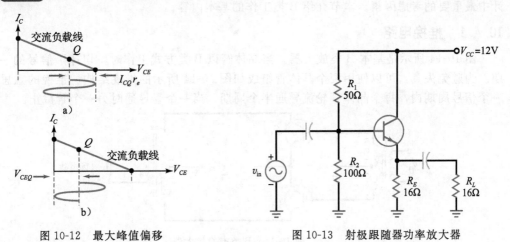

图 10-12　最大峰值偏移　　　　　　　图 10-13　射极跟随器功率放大器

解：

$$I_{CQ} = \frac{8\text{V} - 0.7\text{V}}{16\Omega} = 456\text{mA}$$

$$V_{CEQ} = 12\text{V} - 7.3\text{V} = 4.7\text{V}$$

和

$$r_e = 16\Omega \| 16\Omega = 8\Omega$$

◀

自测题 10-6 将图 10-13 电路中的 R_1 改为 100Ω，计算 I_{CQ}、V_{CEQ} 和 r_e。

例 10-7 确定图 10-13 电路中交流负载线的饱和点和截止点，并计算电路的 MPP 输出电压。

解： 由例 10-6，可知直流 Q 点是：

$$I_{CQ} = 456\text{mA}, \quad V_{CEQ} = 4.7\text{V}$$

交流负载线饱和点和截止点可由下列公式给出：

$$r_e = R_C \| R_L = 16\Omega \| 16\Omega = 8\Omega$$

$$i_{c(\text{sat})} = I_{CQ} + \frac{V_{CEQ}}{r_e} = 456\text{mA} + \frac{4.7\text{V}}{8\Omega} = 1.04\text{A} \ominus$$

$$v_{ce(\text{cutoff})} = V_{CEQ} + I_{CQ}r_e = 4.7\text{V} + 456\text{mA} \times 8\Omega = 8.35\text{V}$$

两个峰值分别为：

$$\text{MP} = I_{CQ}r_e = 456\text{mA} \times 8\Omega = 3.65\text{V} \ominus\ominus$$

或

$$\text{MP} = V_{CEQ} = 4.7\text{V}$$

MPP 由其中较小的值决定，因此：

$$\text{MPP} = 2 \times 3.65\text{V} = 7.3\text{V}（峰峰值）$$

◀

自测题 10-7 如果图 10-13 电路中的 $R_1 = 100\Omega$，求解 MPP 的值。

10.4 B 类工作

因为 A 类工作的晶体管偏置电路最简单且最稳定，所以在线性电路中很常用。但是 A 类工作的晶体管效率不高。在有些应用中，如由电池供电的系统，消耗电流和效率成为设计中最重要的考虑因素。本节介绍 B 类工作的基本内容。

10.4.1 推挽电路

图 10-14 所示是基本 B 类放大器。当晶体管以 B 类方式工作时，切掉了信号的一半周期。为避免失真，可以使用两个晶体管组成如图 10-14 所示的**推挽**结构。推挽的意思是在一个信号周期内，每个晶体管轮流导通半个周期，当一个管导通时另一个管截止。

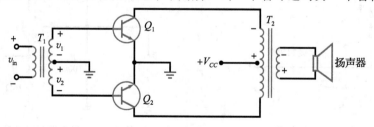

图 10-14 B 类推挽放大器

$\ominus$ 原文为"$i_{c(\text{sat})} = I_{CQ} + V_{CE}/r_e$"，有误。——译者注

$\ominus\ominus$ 原文为"MPP"，有误。——译者注

电路的工作原理如下：在输入电压的正半周，T_1 的二次绕组上的电压是 v_1 和 v_2，如图所示。因此上方的晶体管导通，下方的晶体管截止。Q_1 的集电极电流通过输出端一次绕组的上半部分，并产生一个反向放大电压，通过变压器耦合到扬声器。

在输入电压的后半个周期，极性刚好相反。下方的晶体管导通，上方的晶体管截止。下方的晶体管将信号放大，使后半个周期的信号作用到扬声器上。

由于每个晶体管分别放大输入信号的半个周期，扬声器获得的是完整周期的放大信号。

10.4.2 优点和缺点

图 10-14 电路中没有偏置，当无输入信号时，每个晶体管都处于截止状态，所以信号为零时没有消耗电流。这是 B 类推挽放大器的一个优点。

另一个优点是提高了有信号输入时的效率。B 类推挽放大器的最大效率是 78.5%。相对于 A 类放大器，B 类推挽放大器在输出级的使用更为普遍。

图 10-14 所示放大器的主要缺点是使用了变压器。用于音频的变压器体积较大而且费用昂贵。图 10-14 所示的变压器耦合放大器曾一度广泛使用，但现在已不常用了。在大多数应用中采用的是不需要变压器的新设计。

10.5 B 类推挽射极跟随器

B 类工作是指集电极电流只在交流信号周期的 180° 范围内导通。为此，Q 点设置于直流和交流负载线的截止点上。B 类放大器的优点是电流消耗低且效率高。

10.5.1 推挽电路

图 10-15a 所示是一种构成 B 类推挽射极跟随器的连接方法。分别采用一个 npn 和一个 pnp 射极跟随器连接成推挽结构。

首先分析图 10-15b 的直流等效电路。该设计通过对偏置电阻的选择将 Q 点偏置在截止点。将每个晶体管的发射结偏置在 $0.6 \sim 0.7\text{V}$ 之间，因此晶体管处于导通的边缘。理想情况下：

$$I_{CQ} = 0$$

因为偏置电阻相等，所以每个发射结的偏置电压都相等。这样，每个晶体管的 V_{CE} 都是电源电压的一半，即：

$$V_{CEQ} = \frac{V_{CC}}{2} \tag{10-23}$$

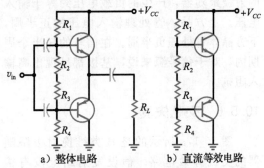

a）整体电路　　　b）直流等效电路

图 10-15　B 类推挽射极跟随器

10.5.2 直流负载线

因为图 10-15b 电路中的集电极或发射极电路均没有直流电阻，所以直流饱和电流为无穷大。这说明直流负载线是垂直的，如图 10-16a 所示。这是一种危险情况。设计 B 类放大器最困难之处就是在截止区设定一个

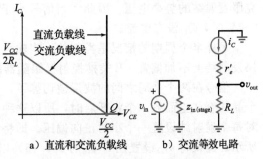

a）直流和交流负载线　　　b）交流等效电路

图 10-16　负载线和交流等效电路

稳定的 Q 点。由温度引起 V_{BE} 的任何明显降低都可能使 Q 点沿着直流负载线上移并导致危险的大电流。这里，暂且假设 Q 点在截止点是稳定的，如图 10-16a 所示。

10.5.3 交流负载线

电路的交流负载线如图 10-16a 所示。当任一个晶体管导通时，它的工作点将会沿着交流负载线上升。导通晶体管的电压摆幅可以从截止区变化到饱和区。在另一半周期内，另一个晶体管的工作情况相同。因此输出的最大峰峰值为：

$$\text{MPP} = V_{CC} \tag{10-24}$$

10.5.4 交流分析

导通晶体管的交流等效电路如图 10-16b 所示，与 A 类射极跟随器的等效电路几乎完全相同。忽略 r_e'，电压增益为：

$$A_V \approx 1 \tag{10-25}$$

基极输入阻抗为：

$$z_{\text{in(base)}} \approx \beta R_L \tag{10-26}$$

10.5.5 总体情况

在输入电压的正半周，图 10-15a 电路上方的晶体管导通，下方的晶体管截止。上方晶体管就像一个普通的射极跟随器，输出电压约等于输入电压。

在输入电压的负半周，上方的晶体管截止，下方的导通。下方晶体管就像一个普通的射极跟随器，产生的负载电压约等于输入电压。上方晶体管处理输入电压的正半周，下方晶体管处理负半周。在信号的任半个周期内，对于信号源来说，基极都呈现出高输入阻抗。

10.5.6 交越失真

图 10-17a 所示的是 B 类推挽射极跟随器的交流等效电路。假设发射结上没有偏置。则输入的交流电压必须达到 0.7V 才能克服发射结的势垒电压。因此，当信号小于 0.7V 时，Q_1 没有电流。

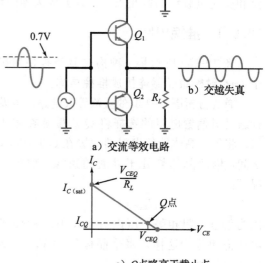

b) 交越失真

a) 交流等效电路

c) Q 点略高于截止点

图 10-17　交越失真及其消除方法

另外半个周期的情况是类似的。当输入电压高于 -0.7V 时，Q_2 没有电流。因此，如果发射结上不加偏置，B 类推挽射极跟随器的输出波形如图 10-17b 所示。

信号在两个半周之间的波形被切掉了，即输出信号发生失真。由于波形缺失发生在一个晶体管截止而另一个将开启时，所以这种失真称为**交越失真**。为了消除交越失真，需要对每个发射结设置一个小的正向偏压。即将 Q 点设置于略高于截止点的位置，如图 10-17c 所示。建议将 I_{CQ} 设置在 $I_{C(\text{sat})}$ 的 1%～5% 以消除交越失真。

10.5.7 AB 类工作

图 10-17c 电路中的微小正向偏置将使晶体管在多半个周期内导通,其导通角略大于 180°。严格来讲,此时的放大器已经不是 B 类工作了。这种情况有时被称作 **AB 类**,指的是导通角在 180°～360°之间的工作类型。对于微小偏置的情况,勉强能称之为 AB 类。因此,很多人仍将这种电路称为 B 类推挽放大器,其工作状态与 B 类很接近。

知识拓展 有些功率放大器为了改善输出信号的线性度,其偏置状态类似于 AB 类放大器。AB 类放大器的导通角大约是 210°。改善输出信号线性度的代价是电路效率的下降。

10.5.8 计算功率的公式

表 10-1 中所列的公式适用于包括 B 类推挽在内的所有类型的放大器。当使用这些公式分析 B/AB 类推挽射极跟随器时,需注意 B/AB 类推挽放大器的交流负载线和波形如图 10-18a 所示,每个晶体管工作半个周期。

表 10-1 计算放大器功率的公式

公式	数值含义
$A_P = \dfrac{p_{out}}{p_{in}}$	功率增益
$p_{out} = \dfrac{v_{out}^2}{8R_L}$	交流输出功率
$p_{out(max)} = \dfrac{MPP^2}{8R_L}$	最大交流输出功率
$P_{dc} = V_{CC}I_{dc}$	直流输入功率
$\eta = \dfrac{p_{out}}{P_{dc}} \times 100\%$	效率

10.5.9 晶体管的功耗

理想情况下,在没有输入信号时,两个晶体管都处于截止状态,所以晶体管的功耗为零。即使有一个用来防止交越失真的小的正向偏置,每个晶体管的静态功耗仍然很小。

有信号输入时,晶体管的功耗增加很明显。晶体管的功耗取决于它在交流负载线上变化的幅度。每个晶体管的最大功耗为:

$$P_{D(max)} = \frac{MPP^2}{40R_L} \tag{10-27}$$

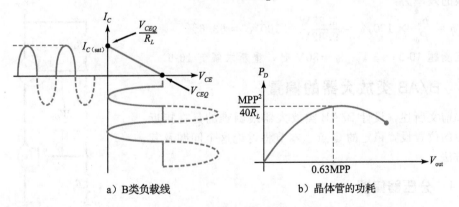

a) B类负载线   b) 晶体管的功耗

图 10-18 晶体管的功耗

晶体管的功耗随输出电压峰峰值的变化关系如图 10-18b 所示。当输出电压峰峰值为 MPP 的 63% 时,P_D 达到最大值。这是晶体管面临的最坏情况,因此 B/AB 类推挽放大器中的每个晶体管的额定功率应不小于 $\mathrm{MPP}^2/40R_L$。

例 10-8 调节图 10-19 电路中的可调电阻将两个晶体管的发射结都设置在导通的边缘。求晶体管的最大功耗和最大输出功率。

解： 最大的峰峰值输出电压为：
$$\mathrm{MPP} = V_{CC} = 20\mathrm{V}$$

由式（10-27）：
$$P_{D(\max)} = \frac{\mathrm{MPP}^2}{40R_L} = \frac{(20\mathrm{V})^2}{40 \times 8\Omega} = 1.25\mathrm{W}$$

最大输出功率为：
$$p_{\mathrm{out}(\max)} = \frac{\mathrm{MPP}^2}{8R_L} = \frac{(20\mathrm{V})^2}{8 \times 8\Omega} = 6.25\mathrm{W} \quad \blacktriangleleft$$

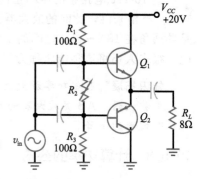

自测题 10-8 将图 10-19 电路中的 V_{CC} 变为 +30V，计算 $P_{D(\max)}$ 和 $P_{\mathrm{out}(\max)}$。

图 10-19 举例

例 10-9 如果可调电阻是 15Ω，求例 10-8 中放大器的效率。

解： 偏置电阻上的直流电流为：
$$I_{\mathrm{bias}} \approx \frac{20\mathrm{V}}{215\Omega} = 0.093\mathrm{A}$$

需要计算通过上方晶体管的直流电流。如图 10-18a 所示，其饱和电流为：
$$I_{C(\mathrm{sat})} = \frac{V_{CEQ}}{R_L} = \frac{10\mathrm{V}}{8\Omega} = 1.25\mathrm{A}$$

导通晶体管的集电极电流是峰值为 $I_{C(\mathrm{sat})}$ 的半波信号。因此，电流的平均值为：
$$I_{\mathrm{av}} = \frac{I_{C(\mathrm{sat})}}{\pi} = \frac{1.25\mathrm{A}}{\pi} = 0.398\mathrm{A}$$

总的消耗电流为：
$$I_{\mathrm{dc}} = 0.093\mathrm{A} + 0.398\mathrm{A} = 0.491\mathrm{A}$$

直流输入功率为：
$$P_{\mathrm{dc}} = 20\mathrm{V} \times 0.491\mathrm{A} = 9.82\mathrm{W}$$

放大级的效率为：
$$\eta = \frac{p_{\mathrm{out}}}{P_{\mathrm{dc}}} \times 100\% = \frac{6.25\mathrm{W}}{9.82\mathrm{W}} \times 100\% = 63.6\% \quad \blacktriangleleft$$

自测题 10-9 当 V_{CC} 为 +30V 时，重新求解例 10-9。

10.6 B/AB 类放大器的偏置

如前文所述，设计 B/AB 类放大器最困难的是在接近截止点的位置设置稳定的 Q 点。本节将讨论这个问题及其解决方法。

10.6.1 分压器偏置

图 10-20 所示是以分压器作偏置的 B/AB 类推挽电路。两个晶体管必须是互补的，即它们必须有相似的 V_{BE} 曲线

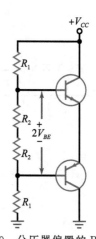

图 10-20 分压器偏置的 B 类推挽放大器

和最大额定值等。例如，2N3904 和 2N3906 是互补的，前者是 *npn* 晶体管，后者是 *pnp*

晶体管。它们有相似的 V_{BE} 曲线和最大额定值等。这种互补对管适用于几乎所有的 B/AB 类推挽电路。

为避免图 10-20 电路的交越失真，将 Q 点设置在略高于截止点的位置，合适的 V_{BE} 大约在 $0.6 \sim 0.7\mathrm{V}$ 之间。这里有一个关键问题：集电极电流对于 V_{BE} 的变化十分敏感。由数据手册可知，V_{BE} 每增加 60mV 将会导致集电极电流增加 10 倍，因此需要一个可调电阻来设定 Q 点。

但是可调电阻并不能解决温度带来的问题。即使 Q 点在室温下是合适的，但当温度变化时 Q 点就会发生改变。如前文所述，温度每升高一度，V_{BE} 下降 2mV。随着图 10-20 电路温度的升高，由于每个发射结上的偏置电压是固定值，所以集电极电流会迅速增加。如果温度升高 30℃，则固定偏置电压比所需偏置高了 60mV，导致集电极电流增加 10 倍。因此采用分压器偏置的 Q 点十分不稳定。

对于图 10-20 电路，最危险的情况是**热击穿**。当温度升高时，集电极电流也随之增加。集电极电流的增加使结温上升更快，进一步降低了 V_{BE}。这种恶性循环可能会使集电极电流"失控"，电流持续增加，直至超过额定功率导致晶体管烧毁。

是否会发生热击穿取决于晶体管的热特性，即散热方式及所使用的散热片类型。多数情况下，图 10-20 所示的分压器偏置电路将导致热击穿，使晶体管损坏。

10.6.2 二极管偏置

避免热击穿的方法之一是采用二极管偏置，如图 10-21 所示，使用**补偿二极管**为发射结提供偏置电压。为达到有效偏置效果，二极管的特性曲线必须与晶体管的 V_{BE} 特性曲线相匹配。这样，由于温度升高所需要降低的那部分偏置电压刚好由补偿二极管产生的相应电压来提供。

例如，假设偏置电压为 $0.65\mathrm{V}$，所设定的集电极电流为 2mA。如果温度升高了 30℃，使每个补偿二极管上的电压下降 60mV。由于晶体管的 V_{BE} 也下降了 60mV，所以集电极电流保持在 2mA 不变。

如果希望通过二极管偏置消除温度的影响，则要求二极管特性曲线与 V_{BE} 特性曲线在很宽的温度范围内相匹配。这对于分立电路而言很难实现，因为元件存在容差。但对于集成电路来说很容易实现，因为二极管和晶体管位于同一个芯片上，它们的特性曲线几乎完全相同。

图 10-21 所示电路采用二极管偏置，流过补偿二极管的偏置电流为：

$$I_{\mathrm{bias}} = \frac{V_{CC} - 2V_{BE}}{2R} \tag{10-28}$$

当补偿二极管与晶体管的 V_{BE} 曲线匹配时，I_{CQ} 与 I_{bias} 的值相同。如前文所述，为避免交越失真，I_{CQ} 的取值应该在 $I_{C(\mathrm{sat})}$ 的 $1\% \sim 5\%$ 之间。

知识拓展 实际设计中，补偿二极管安装在功率管的外壳上，这样二极管的温度会随着晶体管温度的升高而升高。二极管与功率管的黏结，通常采用具有良好导热性能的电绝缘黏合剂。

例 10-10 求图 10-22 电路的集电极静态电流和放大器的最大效率。 ‖‖Multisim

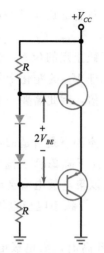

图 10-21　B 类推挽放大器中的二极管偏置

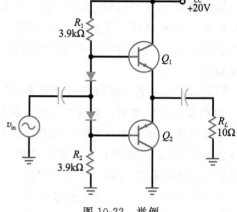

图 10-22　举例

解：流过补偿二极管的偏置电流为：

$$I_{\text{bias}} = \frac{20\text{V} - 1.4\text{V}}{2 \times 3.9\text{k}\Omega} = 2.38\text{mA}$$

假设补偿二极管与发射结的特性相匹配，则所得的偏置电流与集电极的静态电流相等。

集电极饱和电流为：

$$I_{C(\text{sat})} = \frac{V_{CEQ}}{R_L} = \frac{10\text{V}}{10\Omega} = 1\text{A}$$

集电极半波电流的平均值是：

$$I_{\text{av}} = \frac{I_{C(\text{sat})}}{\pi} = \frac{1\text{A}}{\pi} = 0.318\text{A}$$

总的电流消耗是：

$$I_{\text{dc}} = 2.38\text{mA} + 0.318\text{A} = 0.32\text{A}$$

得到直流功率：

$$P_{\text{dc}} = 20\text{V} \times 0.32\text{A} = 6.4\text{W}$$

交流最大输出功率是：

$$p_{\text{out(max)}} = \frac{\text{MPP}^2}{8R_L} = \frac{(20\text{V})^2}{8 \times 10\Omega} = 5\text{W}$$

所以，输出级的效率为：

$$\eta = \frac{p_{\text{out}}}{P_{\text{dc}}} \times 100\% = \frac{5\text{W}}{6.4\text{W}} \times 100\% = 78.1\%$$

自测题 10-10　当 V_{CC} 为 +30V 时，重新求解例 10-10。

10.7　B/AB 类放大器的驱动

前文论述的 B/AB 类推挽射极跟随器中，交流信号是通过电容耦合输入到基极的。这种驱动方式对于 B/AB 推挽放大器来说，并不是最佳的。

10.7.1　CE 驱动

驱动级是指输出级的前一级。推挽输出级与 CE 驱动级之间不是采用电容耦合，而是直接耦合，如图 10-23a 所示。可以通过调整 R_2 控制流过 R_4 的发射极直流电流。因此，Q_1 的作用就是作为电流源为补偿二极管提供偏置电流。

当交流信号输入到 Q_1 的基极时，它就是一个发射极负反馈放大器。将交流信号反相放大到集电极，再驱动 Q_2 和 Q_3 的基极。在信号的正半周，Q_2 导通，Q_3 截止；在负半周，Q_2 截止，Q_3 导通。由于输出耦合电容对交流短路，交流信号被耦合到负载电阻上。

图 10-23b 所示是 CE 驱动级的交流等效电路，二极管替换为它们的 pn 结交流电阻。在任何实际电路中，r'_e 都至少为 R_3 的 1/100，所以其交流等效电路可以简化为图 10-23c 所示的电路。

可以看到，驱动级是一个发射极负反馈放大器，它的反相放大输出信号同时驱动两个晶体管的基极。输出级晶体管的输入阻抗通常较大，可以近似估算驱动级的增益：

$$A_v = \frac{R_3}{R_4}$$

总之，驱动级是一个发射极负反馈放大器，为推挽输出放大器提供大信号。

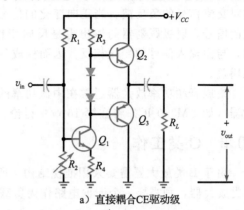

a）直接耦合CE驱动级

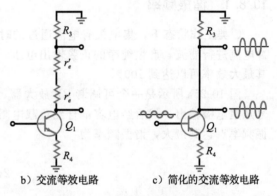

b）交流等效电路 c）简化的交流等效电路

图 10-23 CE 驱动的推挽输出级

10.7.2 两级负反馈

图 10-24 所示是另一种使用大信号 CE 级驱动 B/AB 类推挽射极跟随器的例子。输入信号经 Q_1 反相放大，推挽级提供低输入阻抗扬声器所需的电流增益。注意到 CE 驱动级的发射极是接地的，这样可以获得比图 10-23a 中驱动级更大的电压增益。

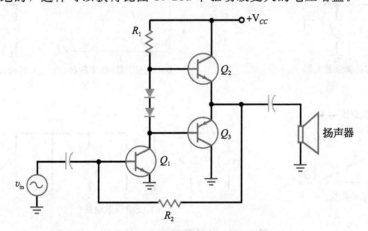

图 10-24 两级负反馈 CE 驱动级

电阻 R_2 有两个作用：其一，与直流电压 $V_{CC}/2$ 相连，为 Q_1 提供直流偏置；其二，构成对交流信号的负反馈。当正向变化的信号作用于 Q_1 的基极时，会在集电极产生反向变化的信号，射极跟随器的输出也是反向变化的信号。该输出信号通过 R_2 反馈到 Q_1 的基极，与原输入信号的变化相反，因而构成负反馈。负反馈可以稳定放大器的直流偏置和电压增益。

集成音频功率放大器通常在中低功率的电路中使用。这些包含 AB 类输出晶体管的放大器（如 LM380 IC）将在第 16 章中讨论。

10.8　C 类工作

由于 B 类放大器需要采用推挽结构，所以绝大多数 B 类放大器都是推挽放大器。对于 C 类放大器，则需要一个谐振电路作为负载，所以绝大多数 C 类放大器都是调谐放大器。

10.8.1　谐振频率

C 类工作状态下，集电极有电流通过的时间少于半个周期。并联谐振电路对集电极脉冲电流进行滤波，产生纯净的正弦输出电压。C 类放大器的主要应用是可调谐 RF 放大器，其最大效率可以达到 100%。

图 10-25a 所示是一个可调谐 RF 放大器，交流电压从晶体管的基极输入，反相放大信号从集电极输出，然后经电容耦合到负载电阻。电路中的并联谐振电路使输出电压在其谐振频率点达到最大，谐振频率为：

$$f_r = \frac{1}{2\pi \sqrt{LC}} \tag{10-29}$$

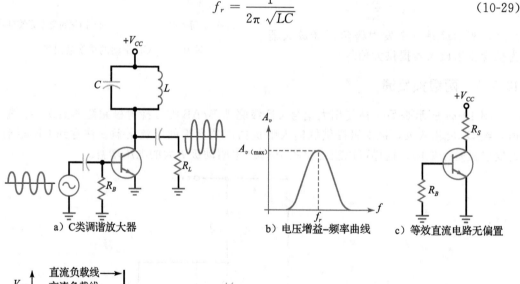

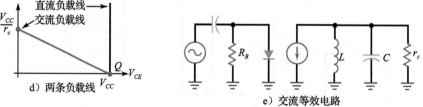

图 10-25　C 类调谐放大器的分析

如图 10-25b 所示，电压增益在谐振频率 f_r 的两边会迅速下降，因此 C 类放大器通常是用于窄带信号的放大。这一点使之成为放大广播和电视信号的理想选择，因为广播电台和电视频道的设置频带都很窄。

由图 10-25c 所示的等效直流电路可知，C 类放大器是无偏置的。R_S 是集电极电路中与电感串联的电阻。

10.8.2　负载线

图 10-25d 显示了两条负载线。直流负载线几乎是垂直的，这是因为 RF 电感的绕线电阻很小。直流负载线并不重要，因为晶体管没有偏置。重要的是交流负载线。如图 10-25d 所示，Q 点位于交流负载线最下端，当有交流信号时，瞬态工作点将沿交流负载线向饱和点移动，集电极电流脉冲的最大值为 V_{CC}/r_C。

知识拓展　大多数 C 类放大器的设计是使输入电压的峰值刚好能够驱动晶体管进入饱和区。

10.8.3　输入信号的直流钳位

图 10-25e 所示是交流等效电路，输入信号驱动发射结，放大电流脉冲驱动谐振电路。调谐 C 类放大器中，输入电容是负向直流钳位电路的一部分。因此，加在发射结上的信号是负向钳位的。

图 10-26a 所示是负向钳位的交流等效电路和波形，只有输入信号正峰值能使发射结导通。因此集电极电流是如图 10-26b 所示的短脉冲。

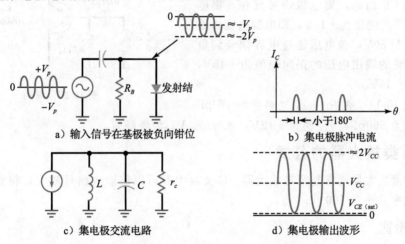

a）输入信号在基极被负向钳位

b）集电极脉冲电流

c）集电极交流电路

d）集电极输出波形

图 10-26　C 类放大器中的波形

10.8.4　谐波滤除

图 10-26b 所示的非正弦周期信号便包含丰富的**谐波**分量，谐波就是输入信号频率的倍频分量。或者说，图 10-26b 所示的脉冲波形等同于一系列频率为 f、$2f$、$3f$、$\cdots$、nf 的正弦波的叠加。

图 10-26c 所示的谐振电路只在基频 f 处有较高的阻抗，因此在基波频率上产生较大的电压增益。而在其他高频谐波频率上，谐振电路的阻抗很低，从而电压增益很小。所以谐振电路上的电压波形是近乎纯净的单频正弦信号，如图 10-26d 所示。由于高频谐波分

量被滤除，谐振电路的输出只有基频分量。

10.8.5 故障诊断

因为 C 类调谐放大器具有对输入信号的负向钳位特性，所以可以用高阻抗的直流电压表测量发射结的电压。若电路工作正常，则读数应该是负电压，近似等于输入信号的峰值。

没有示波器时可以采用上述的电压表测试方法。如果有示波器，最好测一下发射结电压，电路工作正常时，应该能够看到一个负向钳位的波形。

应用实例 10-11 描述图 10-27 所示电路的工作过程。　　**|||| Multisim**

解：电路的谐振频率为：

$$f_r = \frac{1}{2\pi \sqrt{2\mu H \times 470 pF}} = 5.19 MHz$$

如果输入信号中含有该频率，则调谐 C 类放大器将对输入信号进行放大。

图 10-27 电路的输入信号峰峰值为 10V，在晶体管基极被负向钳位，其正向峰值为 +0.7V，负向峰值为 -9.3V。基极平均电压为 -4.3V，该电压可用高输入阻抗的直流电压表测量。

由于是 CE 组态，集电极信号反相。集电极的直流或平均电压为 +15V，即电源电压。因此其峰峰值为 30V，该电压通过电容耦合到负载电阻。最终的输出电压的正向峰值为 +15V，负向峰值为 -15V。　　◀

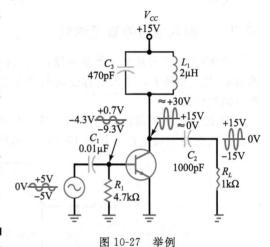

图 10-27 举例

自测题 10-11 将图 10-27 电路中的 470pF 电容换为 560pF，V_{CC} 换为 +12V，求 f_r 和 V_{out} 的峰峰值。

10.9　C 类放大器的公式

C 类调谐放大器通常是窄带放大器。C 类放大器可以将输入信号放大，得到较大的输出功率且效率几乎为 100%。

10.9.1 带宽

在电路基础课程中曾介绍过，谐振电路的**带宽**（BW）定义为：

$$BW = f_2 - f_1 \tag{10-30}$$

式中，f_1＝半功率低频点；
　　　f_2＝半功率高频点。

半功率频点是电压增益达到最大增益的 0.707 倍时的频率点，如图 10-28 所示，BW 值越小，放大器的带宽越窄。

由式（10-30），可导出 BW 的另一个表达式：

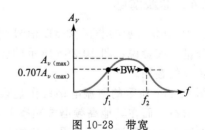

图 10-28 带宽

$$BW = \frac{f_r}{Q} \tag{10-31}$$

式中，Q 是电路的品质因数，式（10-31）表明带宽与 Q 成反比，电路的 Q 值越高，带宽越小。

C 类放大器的 Q 值一般大于 10，即它的带宽小于谐振频率的 1/10，故 C 类放大器是窄带放大器。窄带放大器在谐振频率点输出大幅度的正弦电压，而在谐振点两边的输出则迅速衰减。

10.9.2　谐振点的电流下降

当谐振电路发生谐振时，从集电极电流源处看到的交流负载阻抗达到最大且为纯阻性，因而集电极电流在谐振点最小。在谐振频率两侧的交流阻抗降低，集电极电流增加。

调谐谐振电路的方法之一是找到电源的直流电流降至最小值时的频点，如图 10-29 示。基本方法是在调谐电路（改变 L 或 C）的同时测量电源电流 I_{dc}，当电路在输入频率点谐振时，电流表读数将达到最小值，因为谐振电路在该频点的阻抗最大，此时电路调谐正确。

10.9.3　集电极交流电阻

任何电感都带有串联电阻 R_s，如图 10-30a 所示。电感的 Q 值定义如下：

$$Q_L = \frac{X_L}{R_s} \tag{10-32}$$

其中，Q_L = 电感的品质因数；
　　　X_L = 感性电抗；
　　　R_s = 电感电阻。

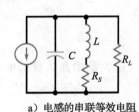
a）电感的串联等效电阻

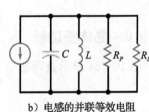
b）电感的并联等效电阻

图 10-29　谐振点处的电流最小　　　　图 10-30　电感的串并联等效电阻

注意，这里的 Q 值是仅针对电感自身的。而整个电路的 Q 值是比较小的，因为还有负载电阻的影响。

在交流电路的基础课程中曾讨论过，电感的串联电阻可由并联电阻 R_P 取代，如图 10-30b 所示。当 Q 值大于 10 时，等效阻抗可由下式给出：

$$R_P = Q_L X_L \tag{10-33}$$

在图 10-30b 电路中，X_L 和 X_C 在谐振点处相互抵消，只剩下 R_P 与 R_L 并联。因此，在谐振点处，从集电极看到的交流阻抗为：

$$r_c = R_p \| R_L \tag{10-34}$$

整个电路的 Q 值如下：

$$Q = \frac{r_c}{X_L} \tag{10-35}$$

电路的 Q 值小于电感的 Q_L，实际 C 类放大器中，Q_L 的典型值为 50 或更大，而电路的 Q 值为 10 或更大。因为总的 Q 值不小于 10，因此电路是窄带工作的。

10.9.4　占空比

输入信号的每一个正峰值到来时，都会使发射结短暂导通，并在集电极产生窄脉冲，如图 10-31a 所示。对于这类脉冲，可以定义其**占空比**：

$$D = \frac{W}{T} \tag{10-36}$$

其中，D＝占空比；
　　　W＝脉冲宽度；
　　　T＝脉冲周期。

例如，如果示波器显示脉冲的宽度为 $0.2\mu s$，周期为 $1.6\mu s$，则其占空比为：

$$D = \frac{0.2\mu s}{1.6\mu s} = 0.125$$

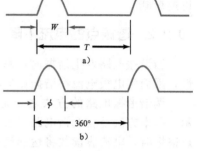

图 10-31　占空比

占空比越小，相对周期而言的脉冲越窄。典型 C 类放大器输出的占空比很小。实际上，C 类放大器的效率随占空比的降低而提高。

10.9.5　导通角

用导通角 ϕ 也同样可以描述占空比。如图 10-31b 所示：

$$D = \frac{\phi}{360°} \tag{10-37}$$

例如，若导通角是 18°，则占空比为：

$$D = \frac{18°}{360°} = 0.05$$

10.9.6　晶体管功耗

图 10-32a 所示是理想 C 类放大器中晶体管的电压 V_{CE}。其中，输出最大值为：

$$\text{MPP} = 2V_{CC} \tag{10-38}$$

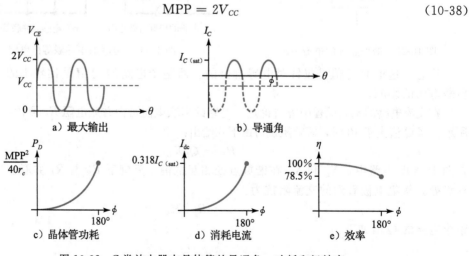

图 10-32　C 类放大器中晶体管的导通角、功耗和级效率

由于电压最大值近似为 $2V_{CC}$，要求晶体管 V_{CEO} 的额定值必须大于 $2V_{CC}$。

C 类放大器的集电极电流如图 10-32b 所示。典型的导通角 ϕ 远小于 $180°$。注意到集电极电流的最大值为 $I_{C(sat)}$，则要求晶体管峰值电流的额定值大于该电流。虚线部分代表晶体管处于截止状态。

晶体管的功耗取决于导通角。如图 10-32c 所示，管功耗随 ϕ 的增加而增加，直至 ϕ 为 $180°$。推导出晶体管的最大功耗如下：

$$P_D = \frac{\text{MPP}^2}{40r_c} \tag{10-39}$$

式（10-39）表示的是最坏情况。在 C 类状态下工作的晶体管，其额定功率必须大于这个值，否则可能会损坏。在正常驱动条件下，导通角远小于 $180°$，晶体管功耗也小于 $\text{MPP}^2/40r_c$。

10.9.7　级效率

集电极直流电流取决于导通角。当导通角为 $180°$（半波信号）时，集电极平均电流或直流电流为 $I_{C(sat)}/\pi$，当导通角变小时，直流电流变小，如图 10-32d 所示。因为没有偏置电阻，所以 C 类放大器中集电极直流电流是唯一的消耗电流。

C 类放大器中，晶体管和电感的功率损耗很小，大部分直流输入功率被转化为交流负载功率，所以 C 类放大器的级效率很高。

图 10-32e 显示的是级效率随导通角的变化曲线。当导通角为 $180°$ 时，效率为 78.5%，即 B 类放大器的理论最大效率。当导通角减小时，级效率增加。C 类放大器的最大效率接近 100%，此时的导通角非常小。

例 10-12　如果图 10-33 电路的 $Q_L = 100$，求放大器的带宽。

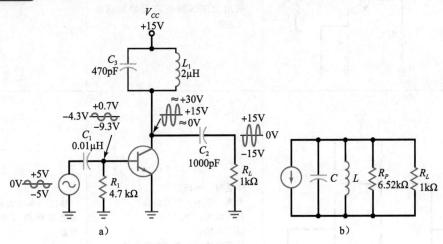

图 10-33　举例

解：在谐振频率点上（参见例 10-11）：

$$X_L = 2\pi fL = 2\pi \times 5.19\text{MHz} \times 2\mu\text{H} = 65.2\Omega$$

由式（10-33）得电感等效并联电阻：

$$R_P = Q_L X_L = 100 \times 65.2\Omega = 6.52\text{k}\Omega$$

该电阻与负载电阻并联，如图 10-33b 所示。故集电极交流电阻为：

$$r_c = 6.52\text{k}\Omega \| 1\text{k}\Omega = 867\Omega$$

由式（10-35）得整个电路的 Q 值为：

$$Q = \frac{r_c}{X_L} = \frac{867\Omega}{65.2\Omega} = 13.3$$

由于谐振频率为 5.19MHz，则电路带宽为：

$$\text{BW} = \frac{5.19\text{MHz}}{13.3} = 390\text{kHz}$$ ◀

例 10-13 求图 10-33a 电路在最坏情况下的晶体管功率。

解： 输出信号最大峰峰值为：

$$\text{MPP} = 2V_{CC} = 2 \times 15\text{V} = 30\text{V}(\text{峰峰值})$$

由式（10-39）可求出最坏情况下晶体管的功率为：

$$P_D = \frac{\text{MPP}^2}{40r_c} = \frac{(30\text{V})^2}{40 \times 867\Omega} = 26\text{mW}$$ ◀

自测题 10-13　如果图 10-33 电路中的 V_{CC} 为 +12V，求最坏情况下的晶体管功率。

表 10-2 中列出了 A 类、B/AB 类和 C 类放大器的特性。

表 10-2　放大器分类

电路	特性	用途
	导通角：360° 失真：小，非线性失真 最大效率：25% MPP<V_{CC} 采用变压器耦合可使效率达到50%左右	效率要求不高的低功率放大器
	导通角：≈180° 失真：中小，交越失真 最大效率：78.5% MPP=V_{CC} 采用推挽结构和互补输出管	输出功率放大器；可使用达林顿结构及二极管偏置

（续）

电路	特性	用途
	导通角：$<180°$ 失真：大 最大效率：$\approx100\%$ 依赖于谐振电路的调谐 MPP$=2V_{CC}$	可调谐 RF 功率放大器，通信电路中的末级放大

10.10 晶体管额定功率

集电结的温度限制了晶体管的允许功率 P_D。根据晶体管类型的不同，当结温在 $150\sim200℃$ 时晶体管将损坏。数据手册上将最高结温表示为 $T_{J(\max)}$。例如，数据手册中 2N3904 的 $T_{J(\max)}$ 为 $150℃$，2N371 的 $T_{J(\max)}$ 为 $200℃$。

10.10.1 环境温度

结内产生的热量通过晶体管的管壳（金属或塑料）传导到周围空气中。空气的温度（即环境温度）大约是 $25℃$，但热天时的温度会更高。而且，电子设备内部的环境温度也要高得多。

10.10.2 减额系数

数据手册中的晶体管的最大额定功率 $P_{D(\max)}$ 给定的环境温度通常是 $25℃$。例如，2N1936 在环境温度为 $25℃$ 时的 $P_{D(\max)}$ 为 4W，意思是 2N1936 在 A 类放大器中的静态功率可高达 4W。只要环境温度不高于 $25℃$，晶体管便可以在最大功率低于额定功率下工作。

若环境温度高于 $25℃$，则必须将额定功率降低。数据手册上有时会给出如图 10-34 所示的减额曲线。当环境温度升高时，额定功率随之降低。例如，当环境温度为 $100℃$ 时，额定功率为 2W。

有些数据手册中并没有给出如图 10-34 所示的减额曲线，而是列出了减额系数 D。例如，2N1936 的减额系数是 $26.7\text{mW}/℃$，即当温度在 $25℃$ 以上时，温度每超过 $1℃$，额定功率将减小 26.7mW。公式如下：

$$\Delta P = D(T_A - 25℃) \qquad (10\text{-}40)$$

其中，$\Delta P=$ 额定功率减小量；

$\quad\quad D=$ 减额系数；

$\quad\quad T_A=$ 环境温度。

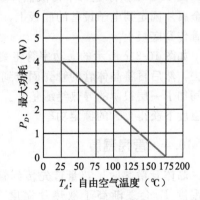

图 10-34 额定功率与环境温度的关系

例如，若环境温度升高到 75℃，则额定功率必须减小为：
$$\Delta P = 26.7\text{mW}(75-25) = 1.34\text{W}$$
因为 25℃时的额定功率为 4W，那么新的额定功率为：
$$P_{D(\max)} = 4\text{W} - 1.34\text{W} = 2.66\text{W}$$
结果与图 10-34 中的减额曲线相符。

额定功率的减小值可以根据如图 10-34 所示的减额曲线读出，也可以根据类似式（10-40）的公式计算得到，但最重要的是需要知道：额定功率是会随着环境温度的升高而降低的。电路在 25℃下能正常工作，并不意味着它在较大的温度范围内仍然可以正常工作。所以在设计电路时，必须将工作的温度范围考虑在内，根据可能的最高环境温度的要求对所有晶体管进行功率的减额处理。

10.10.3 散热片

提高晶体管额定功率的方法之一是加快晶体管的散热速度，因此需要使用散热片。增加管壳的表面积，便可使热量更容易地散发到周围空气中。如图 10-35a 所示，将这种散热片按压到晶体管外壳上，便可以通过翘片所增加的表面积使热量更快地辐射出去。

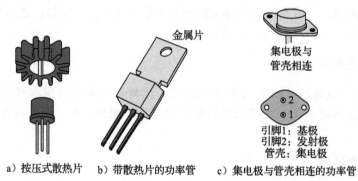

a）按压式散热片　　b）带散热片的功率管　　c）集电极与管壳相连的功率管

图 10-35　散热片

图 10-35b 所示是一个带散热片的晶体管，金属片为晶体管提供散热通道。可以把这个金属片固定到电子设备的底板上，因为底板是一块大散热片，热量便能够很容易地从晶体管传到底板上。

如图 10-35c 所示的大功率管将集电极与管壳直接连起来，使得热量尽可能容易地散发出去，然后再将晶体管的管壳固定到底板上。为防止集电极与底板的地短路，管壳和底板之间加了一层很薄的导热绝缘垫片。采取这些措施的目的是使晶体管散热加速，在相同环境温度下获得更大的额定功率。

10.10.4 管壳温度

晶体管散热时，热量首先传到管壳，再传导到散热片，最后散发到周围空气中。管壳温度 T_C 会逐渐高于散热片温度 T_S，同理，散热片的温度 T_S 也会逐渐高于环境温度 T_A。

大功率管数据手册中通常给出的减额曲线所指定的是管壳温度而不是环境温度。例如，图 10-36 给出了 2N3055 的减额曲线。当管壳温度为 25℃时，额定功率为 115W，随着温度的升高，额定功率线性下降，直至管壳温度为 200℃时，额定功率下降为 0。

有时得到的是减额系数 D 而不是减额曲线。这时，可用以下公式来计算额定功率的减少量：

$$\Delta P = D(T_C - 25℃) \qquad (10\text{-}41)$$

其中，ΔP＝额定功率的减少量；

　　　　D＝减额系数；

　　　　T_C＝管壳温度。

使用大功率管的减额曲线，需要知道最坏情况下的管壳温度，然后通过减额处理得到晶体管的最大额定功率。

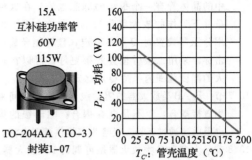

知识拓展　由于集成电路中的晶体管数量很多，最大结温无法确定。所以对于

图 10-36　2N3055 的减额曲线（由安森美公司提供）

集成电路通常采用最大器件温度或者管壳温度来描述相应特性。例如，集成运算放大器 μA741 在采用金属壳封装时其额定功率为 500mW，采用双列直插式封装时其额定功率为 310mW，而采用扁平封装时其额定功率为 570mW。

应用实例 10-14　图 10-37 所示电路的工作温度范围是 0～50℃，求在最坏温度情况下晶体管的最大额定功率。

解：最坏情况的温度是指最高温度，必须对数据手册上的额定功率进行减额处理。阅读 2N3904 的数据手册，可以看到所列的最大额定功率为：

$$P_D = 635\text{mW}（环境温度为 25℃）$$

给出的减额系数为：

$$D = 5\text{mW/℃}$$

由式（10-40），可以算出：

$$\Delta P = 5\text{mW}(50 - 25) = 125\text{mW}$$

因此，50℃下的最大额定功率为：

$$P_{D(\max)} = 625\text{mW} - 125\text{mW} = 500\text{mW} \blacktriangleleft$$

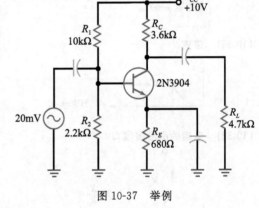

图 10-37　举例

自测题 10-14　在例 10-14 中，当环境温度为 65℃时晶体管的额定功率是多少？

总结

10.1 节　放大器的工作类型有 A、B、C 三类。耦合方式有电容耦合、变压器耦合和直接耦合。放大器的工作频率包括音频、射频、窄带和宽带。一些音频放大器中包括前置放大器和功率放大器。

10.2 节　每个放大器都有直流负载线和交流负载线，为达到最大峰峰值输出，Q 点应该设置在交流负载线的中点。

10.3 节　功率增益等于交流输出功率与交流输入功率之比。晶体管的额定功率必须大于静态功率。放大级的效率等于交流输出功率与直流输入功率之比乘以 100%。带有集电极电阻和负载电阻的 A 类放大器的最大效率为 25%。当负载电阻为集电极电阻或采用变压器耦合时，最大效率可以增加到 50%。

10.4 节　大多数 B 类放大器采用两个晶体管的推挽连接方式。当一个晶体管导通时，另一个截止，每个晶体管分别放大交流信号的半个周期。B 类放大器的最大效率是 78.5%。

10.5 节　B 类放大器的效率远高于 A 类。B 类推挽射极跟随器采用互补的 npn 和 pnp 晶体管，npn 管在交流信号的半个周期导通，pnp 管在另半个周期导通。

10.6节 为避免交越失真，B 类推挽射极跟随器中的晶体管有一个很小的静态电流，在这种条件下工作的放大器称为 AB 类放大器。采用分压器偏置时 Q 点不稳定，且可能导致热击穿。采用二极管偏置效果更好，可以在较大的温度范围内保持 Q 点稳定。

10.7节 B/AB 类放大器的驱动级与输出级之间采用直接耦合，而不是电容耦合。驱动级的集电极电流通过互补二极管为其提供静态电流。

10.8节 大多数 C 类放大器是可调谐 RF 放大器。

输入信号被负向钳位，产生很窄的集电极电流脉冲，将谐振电路调谐在基频，使高频谐波分量被滤除。

10.9节 C 类放大器的带宽反比于电路的 Q 值。集电极交流电阻包括电感的并联等效电阻和负载电阻。

10.10节 温度升高时，晶体管的额定功率下降。晶体管数据手册中会给出减额系数或额定功率与温度的变化曲线。散热片可以加快散热，从而提高晶体管的额定功率。

定义

(10-12) 功率增益

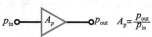

$$A_p = \frac{p_{out}}{p_{in}}$$

(10-18) 效率

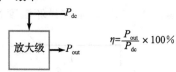

$$\eta = \frac{P_{out}}{P_{dc}} \times 100\%$$

(10-30) 带宽

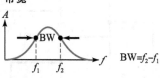

$$BW = f_2 - f_1$$

(10-32) 电感的品质因数 Q

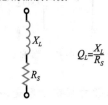

$$Q_L = \frac{X_L}{R_S}$$

(10-33) 等效并联电阻 R

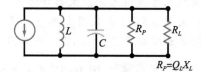

$$R_P = Q_L X_L$$

(10-34) 集电极交流电阻

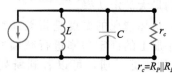

$$r_c = R_P \| R_L$$

(10-35) 放大器的 Q 值

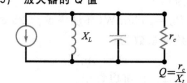

$$Q = \frac{r_c}{X_L}$$

(10-36) 占空比

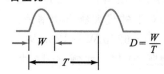

$$D = \frac{W}{T}$$

推论

(10-1) 饱和电流

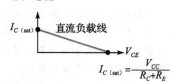

$$I_{C(sat)} = \frac{V_{CC}}{R_C + R_E}$$

(10-2) 截止电压

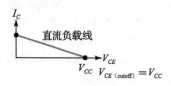

$$V_{CE(cutoff)} = V_{CC}$$

(10-7) 输出的限制条件

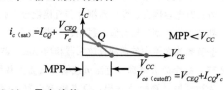

$$i_{c(sat)} = I_{CQ} + \frac{V_{CEQ}}{r_c}$$

MPP < V_{CC}

$$V_{ce(cutoff)} = V_{CEQ} + I_{CQ} r_c$$

(10-8) 最大峰值

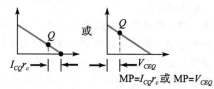

$$MP = I_{CQ} r_c \text{ 或 } MP = V_{CEQ}$$

（10-9）　输出最大峰峰值

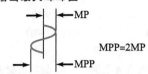

MPP=2MP

（10-14）　输出功率

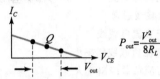

$$P_{out} = \frac{V_{out}^2}{8R_L}$$

（10-15）　最大输出

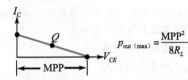

$$p_{out (max)} = \frac{MPP^2}{8R_L}$$

（10-16）　晶体管功耗

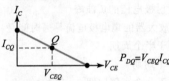

$$P_{DQ} = V_{CEQ} I_{CQ}$$

（10-17）　直流输入功率

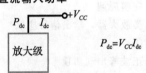

$$P_{dc} = V_{CC} I_{dc}$$

（10-24）　B 类放大器的最大输出

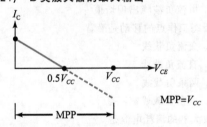

$$MPP = V_{CC}$$

（10-27）　B 类晶体管输出

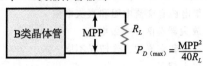

$$P_{D (max)} = \frac{MPP^2}{40R_L}$$

（10-28）　B 类偏置

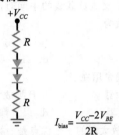

$$I_{bias} = \frac{V_{CC} - 2V_{BE}}{2R}$$

（10-29）　谐振频率

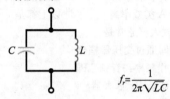

$$f_r = \frac{1}{2\pi\sqrt{LC}}$$

（10-31）　带宽

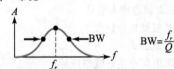

$$BW = \frac{f_r}{Q}$$

（10-38）　最大输出

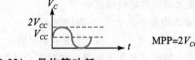

$$MPP = 2V_{CC}$$

（10-39）　晶体管功耗

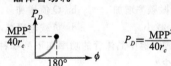

$$P_D = \frac{MPP^2}{40r_c}$$

选择题

1. B 类工作的晶体管集电极电流导通
   a. 整个周期　　　　　b. 半个周期
   c. 小于半个周期　　　d. 小于 1/4 个周期
2. 变压器耦合属于
   a. 直接耦合　　　　　b. 交流耦合
   c. 直流耦合　　　　　d. 阻抗耦合
3. 音频放大器工作的频率范围是
   a. 0～20Hz　　　　　b. 20Hz～2kHz
   c. 20Hz～20kHz　　　d. 20kHz 以上
4. 可调谐 RF 放大器是

   a. 窄带的　　　　　　b. 宽带的
   c. 直接耦合的　　　　d. 直流放大器
5. 前置放大器的第一级是
   a. 可调谐 RF 放大级　b. 大信号的
   c. 小信号的　　　　　d. 直流放大器
6. 为使输出电压峰峰值最大，Q 点应该
   a. 在饱和点附近
   b. 在截止点附近
   c. 在直流负载线的中间
   d. 在交流负载线的中间

7. 放大器有两条负载线，这是因为：
　　a. 集电极有交流电阻和直流电阻
　　b. 放大器有两个等效电路
　　c. 直流和交流的工作情况不同
　　d. 以上都是

8. 当 Q 点设在交流负载线的中间时，输出电压的最大峰峰值为
　　a. V_{CEQ} 　　　　　　 b. $2V_{CEQ}$
　　c. I_{CQ} 　　　　　　　 d. $2I_{CQ}$

9. 推挽结构通常用在
　　a. A 类放大器 　　　　 b. B 类放大器
　　c. C 类放大器 　　　　 d. 以上都是

10. B 类推挽放大器的一个优点是
　　a. 没有静态电流 　　 b. 最高效率为 78.5%
　　c. 比 A 类效率高 　　 d. 以上都是

11. C 类放大器通常是
　　a. 级间通过变压器耦合
　　b. 工作频率在音频范围
　　c. 可调谐 RF 放大器
　　d. 宽带的

12. C 类放大器的输入信号
　　a. 在基极被负向钳位
　　b. 被反相放大
　　c. 在集电极产生电流窄脉冲
　　d. 以上都是

13. C 类放大器的集电极电流
　　a. 是输入电压的放大 　 b. 有谐波
　　c. 是负向钳位的 　　　 d. 导通半个周期

14. C 类放大器的带宽在下列哪种情况下会减少？
　　a. 谐振频率增加 　　　 b. Q 值增加
　　c. X_L 减小 　　　　　 d. 负载电阻减小

15. C 类放大器中晶体管的功率在下列哪种情况下会减少？
　　a. 谐振频率增加 　　　 b. 电感 Q 值增加
　　c. 负载电阻减小 　　　 d. 电容增加

16. C 类放大器的额定功率在下列哪种情况下会增大？
　　a. 温度升高 　　　　　 b. 使用散热片
　　c. 使用减额曲线 　　　 d. 无信号输入

17. 当集电极交流电阻等于下列哪个值时，交流负载线和直流负载线相同？
　　a. 发射极直流电阻
　　b. 发射极交流电阻
　　c. 集电极直流电阻
　　d. 电源电压与集电极电流之比

18. 如果 $R_C = 100\Omega$，$R_L = 180\Omega$，则交流负载电阻等于
　　a. 64Ω 　　　　　 b. 90Ω
　　c. 100Ω 　　　　　 d. 180Ω

19. 集电极静态电流等于
　　a. 集电极直流电流 　　 b. 集电极交流电流
　　c. 集电极总电流 　　　 d. 分压器电流

20. 交流负载线通常
　　a. 等于直流负载线
　　b. 比直流负载线斜率小
　　c. 比直流负载线斜率大
　　d. 是水平的

21. 当 Q 点在 CE 放大器直流负载线上靠近截止点时，切顶现象更容易发生在
　　a. 输入电压的正波峰
　　b. 输入电压的负波峰
　　c. 输出电压的负波峰
　　d. 发射极电压的负波峰

22. A 类放大器的集电极电流导通时间是
　　a. 小于半个周期
　　b. 半个周期
　　c. 小于一个完整周期
　　d. 一个完整周期

23. 对于 A 类放大器，输出信号应该
　　a. 无切顶
　　b. 电压正波峰出现切顶
　　c. 电压负波峰出现切顶
　　d. 电流负波峰出现切顶

24. 瞬态工作点的移动是沿着
　　a. 交流负载线
　　b. 直流负载线
　　c. 两条负载线
　　d. 两条负载线都不是

25. 放大器的消耗电流是
　　a. 从信号源获得的总交流电流
　　b. 从电源获得的总直流电流
　　c. 从基极到集电极的电流增益
　　d. 从集电极到基极的电流增益

26. 放大器的功率增益
　　a. 与电压增益相同
　　b. 小于电压增益
　　c. 等于输出功率除以输入功率
　　d. 等于负载功率

27. 散热片可降低
　　a. 晶体管的功率 　　　 b. 环境温度
　　c. 结温 　　　　　　　 d. 集电极电流

28. 当环境温度增加时，晶体管的最大额定功率
    a. 减小　　　　　　b. 增加
    c. 保持不变　　　　d. 以上都不是

29. 如果负载功率为 300mW，且直流功率为 1.5W，则效率为
    a. 0　　　　　　　b. 2%
    c. 3%　　　　　　d. 20%

30. 射极跟随器的交流负载线一般
    a. 与直流负载线相同　b. 是垂直的
    c. 比直流负载线更平缓　d. 比直流负载线更陡

31. 若射极跟随器的 $V_{CEO}=6V$，$I_{CQ}=200mA$，$r_e=10\Omega$，则输出波形无切顶时的最大峰峰值为
    a. 2V　　　　　　　b. 4V
    c. 6V　　　　　　　d. 8V

32. 补偿二极管的交流电阻
    a. 必须要考虑　　　b. 非常大
    c. 一般很小，可以忽略　d. 补偿温度变化

33. 如果 Q 点在直流负载线的中点，波形切顶将首先发生在：
    a. 电压向左侧摆动时　b. 电流向上方摆动时
    c. 输入的正半周　　　d. 输入的负半周

34. B 类推挽放大器的最大效率是
    a. 25%　　　　　　b. 50%
    c. 78.5%　　　　　d. 100%

35. AB 类推挽放大器需要一个小的静态电流，是为了避免
    a. 交越失真　　　　b. 损坏补偿二极管
    c. 消耗电流过大　　d. 带动驱动级

习题

10.2 节

10-1　求图 10-38 电路的集电极直流电阻和直流饱和电流。

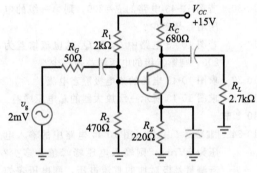

图　10-38

10-2　求图 10-38 电路的集电极交流电阻和交流饱和电流。

10-3　图 10-38 电路的输出最大峰峰值是多少？

10-4　将图 10-38 电路中的所有电阻值加倍，求集电极交流电阻。

10-5　将图 10-38 电路中的所有电阻值变为原来的 3 倍，求输出的最大峰峰值。

10-6　求图 10-39 电路的集电极直流电阻和直流饱和电流。

10-7　求图 10-39 电路的集电极交流电阻和交流饱和电流。

10-8　求图 10-39 电路的输出最大峰峰值。

10-9　将图 10-39 电路中的所有电阻值加倍，求集电极交流电阻。

10-10　将图 10-39 电路中的所有电阻值变为原来

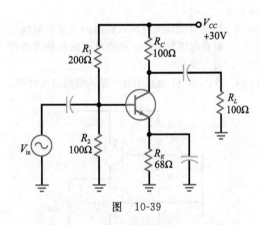

图　10-39

的 3 倍，求输出最大峰峰值。

10.3 节

10-11　放大器的输入功率为 4mW，输出功率为 2W，求功率增益。

10-12　放大器的负载电阻为 $1k\Omega$，输出电压峰峰值为 15V，如果输入功率为 $400\mu W$，则放大器的功率增益是多少？

10-13　求图 10-38 电路的消耗电流。

10-14　求图 10-38 电路中电源供给放大器的直流功率。

10-15　增大图 10-38 电路的输入信号，直至负载电阻上的电压峰峰值达到最大，求放大器的效率。

10-16　求图 10-38 电路的静态功率。

10-17　求图 10-39 电路的消耗电流。

10-18　求图 10-39 电路中电源提供给放大器的直流功率。

10-19　增大图 10-39 电路的输入信号，直至负载电阻上的电压峰峰值达到最大，求放大器

的效率。

10-20 求图 10-39 电路的静态功率。

10-21 若图 10-40 电路中的 $V_{BE}=0.7V$，则发射极直流电流是多少？

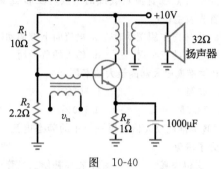

图　10-40

10-22 图 10-40 电路中扬声器的等效负载电阻为 32Ω，如果它两端的峰峰值电压是 5V，输出功率是多少？该放大级的效率是多少？

10.6 节

10-23 如果 B 类推挽射极跟随器的交流负载线上截止电压为 12V，则输出电压的最大峰峰值为多少？

10-24 求图 10-41 电路中每个晶体管的最大功率。

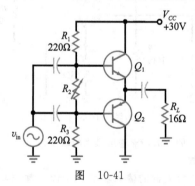

图　10-41

10-25 求图 10-41 电路的最大输出功率。

10-26 求图 10-42 电路的集电极静态电流。

10-27 求图 10-42 所示放大器的最大效率。

10-28 将图 10-42 电路中的偏置电阻变为 1kΩ，求集电极静态电流和放大器的效率。

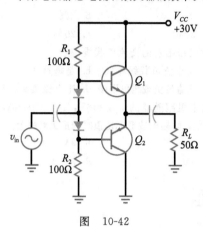

图　10-42

10.7 节

10-29 求图 10-43 电路的最大输出功率。

10-30 若图 10-43 电路的 $\beta=200$，则第一级的电压增益是多少？

10-31 若图 10-43 电路中 Q_3 和 Q_4 的电流增益为 200，则第二级的电压增益是多少？

10-32 求图 10-43 电路的集电极静态电流。

10-33 求图 10-43 所示三级放大器的总电压增益。

10.8 节

10-34 ▌▌▌Multisim如果图 10-44 电路中的输入电压为 5Vrms，则输入电压峰峰值为多少？若测量基极对地的直流电压，则电压表如何显示？

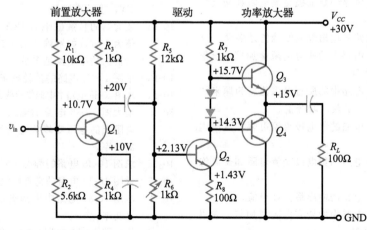

图　10-43

10-35 ▮▮▮Multisim求图 10-44 电路的谐振频率。

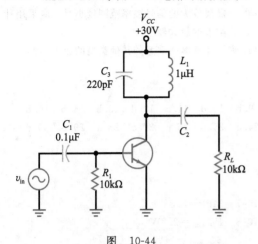

图 10-44

10-36 ▮▮▮Multisim如果图 10-44 电路中的电感值变为原来的 2 倍, 求谐振频率。

10-37 ▮▮▮Multisim如果图 10-44 电路中的电容变为 100pF, 求谐振频率。

10.9 节

10-38 如果图 10-44 所示 C 类放大器的输出功率为 11mW, 且输入功率为 50μW, 其功率增益是多少?

10-39 如果图 10-44 电路的输出电压为 50V (峰峰值), 求输出电压功率。

10-40 求图 10-44 电路的最大交流输出功率。

10-41 如果图 10-44 电路的消耗电流为 0.5mA, 求直流输入功率。

10-42 如果图 10-44 电路的消耗电流为 0.4mA, 且输出电压为 30V (峰峰值), 求放大器的效率。

10-43 如果图 10-44 电路中电感的 Q 值为 125, 求放大器的带宽。

10-44 求图 10-44 电路在最坏情况下的晶体管功率 ($Q=125$)。

10.10 节

10-45 假设图 10-44 电路中使用的晶体管是 2N3904, 如果电路的工作温度范围是 0~100℃, 则晶体管在最坏情况下的最大额定功率是多少?

10-46 晶体管的减额曲线如图 10-34 所示, 当环境温度为 100℃时, 最大额定功率是多少?

10-47 2N3055 数据手册中列出当管壳温度为 25℃时的额定功率为 115W, 若减额系数是 0.657W/℃, 求当管壳温度为 90℃时的 $P_{D(\max)}$。

思考题

10-48 若某放大器的输入信号为正弦波, 但输出信号却是方波, 原因是什么?

10-49 将图 10-36 所示的功率管用作放大器。如果有人说因为其管壳接地, 所以触摸管壳是安全的。这种说法正确吗? 为什么?

10-50 有报道称"某功率放大器的效率达到了 125%", 可以相信吗? 为什么?

10-51 交流负载线通常比直流负载线要陡。交流负载线有可能比直流负载线更平缓吗? 为什么?

10-52 画出图 10-38 电路的交流负载线和直流负载线。

求职面试问题

1. 描述三种类型放大器的工作原理, 并画出其集电极电流波形。

2. 分别画出放大器采用三种不同级间耦合方式的电路简图。

3. 画一个 VDB 放大器, 并画出它的直流负载线和交流负载线。假设 Q 点设在交流负载线的中点, 其交流饱和电流、交流截止电压和输出最大峰峰值分别是多少?

4. 画一个两级放大器, 并说明如何计算整个电路总的消耗电流。

5. 画一个 C 类调谐放大器, 说明如何计算谐振频率。说明基极交流信号如何变化。解释集电极窄脉冲电流为何可以通过谐振电路产生正弦电压?

6. C 类放大器最常见的用途是什么? 这类放大器可以在音频范围应用吗? 如果不能, 原因是什么?

7. 散热片的作用是什么? 为什么在晶体管和散热片之间要使用绝缘垫?

8. 占空比的含义是什么? 它与电源提供的功率有什么关系?

9. 描述 Q 值的定义。

10. 哪种放大器的工作效率最高？为什么？

11. 在订购的晶体管和散热片的盒子里，有一个装有白色物质的袋子，估计一下里面会是什么？

12. 比较 A 类放大器和 C 类放大器，哪个保真度更好？为什么？

13. 当需要放大的信号频率范围较小时，应采用什么类型的放大器？

14. 说说还有哪些熟悉的其他类型的放大器？

选择题答案

1. b　2. b　3. c　4. a　5. c　6. d　7. d　8. b　9. b　10. d　11. c　12. d　13. b　14. b　15. b
16. b　17. c　18. a　19. a　20. c　21. b　22. d　23. a　24. a　25. b　26. c　27. c　28. a　29. d　30. d
31. b　32. c　33. d　34. c　35. a

自测题答案

10-1　$I_{CQ}=100\text{mA}$
　　　$V_{CEQ}=15\text{V}$

10-2　$i_{C(\text{sat})}=350\text{mA}$
　　　$V_{CE(\text{cutoff})}=21\text{V}$
　　　$\text{MPP}=12\text{V}$

10-3　$A_p=1122$

10-5　$R=200\Omega$

10-6　$I_{CQ}=331\text{mA}$
　　　$V_{CEQ}=6.7\text{V}$
　　　$r_e=8\Omega$

10-7　$\text{MPP}=5.3\text{V}$

10-8　$P_{D(\text{max})}=2.8\text{W}$
　　　$p_{\text{out(max)}}=14\text{W}$

10-9　效率$=63\%$

10-10　效率$=78\%$

10-11　$f_r=4.76\text{MHz}$
　　　　$v_{\text{out}}=24\text{V}$（峰峰值）

10-13　$P_D=16.6\text{mW}$

10-14　$P_{D(\text{max})}=425\text{mW}$

第11章

结型场效应晶体管

双极型晶体管（BJT）的工作依赖于两种电荷：自由电子和空穴，因此称为双极型。本章讨论另一种晶体管，**场效应晶体管**（FET）。这类器件是单极型的，因为它的工作只需要一种电荷：自由电子或空穴。即 FET 中只有多子而没有少子。

对于大多数线性应用，BJT 是最佳选择。但由于 FET 具有高输入阻抗和一些其他特性，使之在有些线性应用中更为合适。此外，FET 在大部分开关电路中性能更好。因为 FET 中没有少子，所以在截止时没有存储电荷需要从结区消散，从而关断速度更快。

单极型晶体管有两种类型：结型场效应管（JFET）和 MOS 场效应管（MOSFET）。本章讨论结型场效应晶体管（JFET）及其应用。在第 12 章，将讨论金属-氧化物半导体场效应晶体管（MOSFET）及其应用。

目标

在学习完本章后，你应该能够：

■ 描述 JFET 的基本结构；
■ 画图说明常用的偏置结构；
■ 区分并描述 JFET 的漏极特性和跨导特性中的重要区域；
■ 计算 JFET 的夹断电压并确定工作区域；
■ 用理想的作图法确定直流工作点；
■ 确定跨导并用其计算 JFET 放大器的增益；
■ 描述 JFET 的几种应用，包括开关、可变电阻和斩波器；
■ 通过测试判断 JFET 是否正常工作。

关键术语

自动增益控制（automatic gain control，AGC）
沟道（channel）
斩波器（chopper）
共源放大器（common-source amplifier）
电流源偏置（current source bias）
漏极（drain）
场效应（filed effect）
场效应晶体管（field-effect transistor，FET）
栅极（gate）
栅极偏置（gate bias）
栅源截止电压（gate-source cutoff voltage）

电阻区（ohmic region）
夹断电压（pinchoff voltage）
自偏置（self-bias）
串联开关（series switch）
并联开关（shunt switch）
源极（source）
源极跟随器（source follower）
跨导（transconductance）
跨导特性曲线（transconductance curve）
压控器件（voltage-controlled device）
分压器偏置（voltage-divider bias）

11.1 基本概念

图 11-1a 所示是一个 n 型半导体。下端称为**源极**，上端称为**漏极**，电源电压 V_{DD} 使自由电子从源极流向漏极。制造 JFET 时，在 n 型半导体中通过扩散形成两个 p 型区，如

图 11-1b所示。两个 p 型区在内部连接在一起并引出一个引脚称为**栅极**。

知识拓展 JFET 的温度特性通常比 BJT 更稳定，而且体积比 BJT 小得多。器件尺寸上的差别使得 JFET 更适宜于集成，因为集成电路中元件的尺寸是很关键的。

11.1.1 场效应

图 11-2 所示是 JFET 的正常偏置情况。漏极电源电压是正的，栅极电源电压是负的。**场效应**与 p 区周围的耗尽层有关。n 区的自由电子扩散到 p 区，自由电子和空穴复合形成的耗尽层，如图中阴影区域所示。

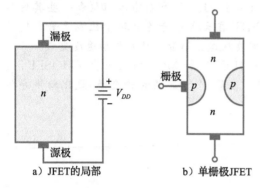

a）JFET的局部　　　b）单栅极JFET

图 11-1　JFET 的结构

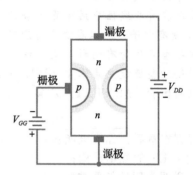

图 11-2　JFET 的正常偏置

11.1.2 栅极反向偏置

在图 11-2 中，p 型栅极和 n 型源极形成了栅源二极管。JFET 中的栅源二极管总是反偏的。由于 pn 结反偏，栅极电流 I_G 几乎为零，相当于 JFET 的输入电阻近似为无穷大。

知识拓展 耗尽层实际上在 p 区的顶端要宽一些，在底端要窄一些。宽度的改变是由于漏极电流 I_D 沿沟道长度方向所产生的压降。从源极开始，沿沟道向漏极方向的正电压越来越大。耗尽层的宽度与 pn 结反偏电压成正比，由于顶部的反偏电压大，所以这里的耗尽层更宽。

典型 JFET 的输入电阻为几百兆欧。与双极型晶体管相比，输入阻抗高是一大优势，也是 JFET 更适于在有高输入阻抗要求的场合应用的原因。JFET 的一个最重要的应用是源极跟随器，一种与射极跟随器类似的电路。源极跟随器在低频时的输入阻抗可以高达几百兆欧。

11.1.3 栅压对漏极电流的控制

在图 11-2 中，电子从源极流向漏极必须经过耗尽层之间的窄**沟道**。栅极负电压的值变大时，由于耗尽层扩展，使导电沟道变窄。负值栅压越大，源极和漏极之间的电流越小。

因为 JFET 的输入电压控制它的输出电流，因此是**压控器件**。在 JFET 中，栅源电压 V_{GS} 决定了源漏电流的大小。当 V_{GS} 为零时，流过 JFET 的漏极电流最大，所以 JFET 通常情况下是处于导通的。当 V_{GS} 负电压足够大时，使两侧耗尽层相连接，则漏极电流被关断。

11.1.4 电路符号

图 11-2 所示的是 n 沟道 JFET，源极和漏极之间的沟道是 n 型的。图 11-3a 是 n 沟道 JFET 的电路符号。在许多低频应用中，源极和漏极是可以互换的，即可以将任一端作为源极，另一端作为漏极。

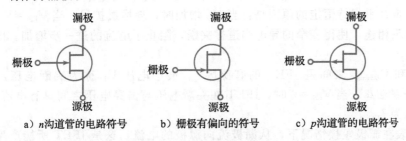

a）n沟道管的电路符号　　b）栅极有偏向的符号　　c）p沟道管的电路符号

图 11-3　JFET 的电路符号

源端和漏端在高频时是不可互换的。因为在器件制造时总是将 JFET 漏极的寄生电容最小化，即栅漏间的电容比栅源间的电容要小。后续章节中将进一步学习寄生电容及其对电路的影响。

图 11-3b 所示是 n 沟道 JFET 的另一种电路符号。该符号中栅极的位置偏向源极。很多工程师和技术人员更愿意使用这种符号。在复杂的多级电路中使用这种符号有很明显的好处。

图 11-3c 所示是 p 沟道 JFET 的电路符号。与 n 沟道 JFET 类似，只是栅极的箭头指向相反的方向。p 沟道 JFET 的特性与 n 沟道 JFET 是互补的，即所有的电压和电流都是反方向的。为了使 p 沟道 JFET 反偏，栅极相对于源极应为正，所以 V_{GS} 是正的。

例 11-1　当 JFET 2N5486 的反偏栅压为 20V 时，栅极电流为 1nA，求该 JFET 的输入电阻。

解： 由欧姆定律可得：

$$R_{in} = \frac{20V}{1nA} = 20\,000M\Omega$$　　◀

自测题 11-1　如果例 11-1 中的栅极电流为 2nA，求输入电阻。

11.2　漏极特性曲线

图 11-4a 所示是一个正常偏置的 JFET。在该电路中，栅源电压 V_{GS} 等于栅极电源电压 V_{GG}，漏源电压 V_{DS} 等于漏极电源电压 V_{DD}。

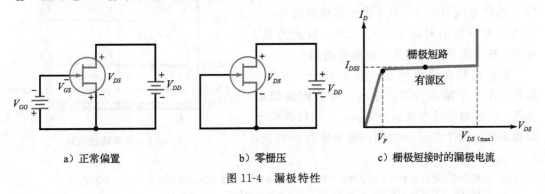

a）正常偏置　　　　　b）零栅压　　　　　c）栅极短接时的漏极电流

图 11-4　漏极特性

11.2.1 最大漏极电流

如果将栅极和源极短接，由于 $V_{GS}=0$，因此漏极电流最大，如图 11-4b 所示。在栅极短接条件下的漏极电流 I_D 关于漏源电压 V_{DS} 的特性图线如图 11-4c 所示。可以看出，漏极电流初始时增加很快，但当 V_{DS} 大于 V_P 后，曲线便几乎保持水平了。

漏极电流几乎保持恒定的原因是：当 V_{DS} 增加时，耗尽层扩展；当 $V_{DS}=V_P$ 时，两边的耗尽层几乎相连，使得变窄的导电沟道被夹断，阻止了电流的进一步增加。因此电流的上限是 I_{DSS}。

在 V_P 和 $V_{DS(\max)}$ 之间是 JFET 的有源区[一]。最小电压 V_P 称为**夹断电压**，最大电压 $V_{DS(\max)}$ 是击穿电压。当 $V_{GS}=0$ 时，JFET 在夹断电压与击穿电压之间具有电流源的特性，电流值近似为 I_{DSS}。

I_{DSS} 代表在栅极短接情况下，从漏极流向源极的电流，这是 JFET 所能产生的最大漏极电流。所有 JFET 的数据手册中都会列出 I_{DSS} 的值。这是 JFET 最重要的参量之一，因为它是 JFET 电流的上限，是需要首先确定的。

> **知识拓展**　当 V_{DS} 大于夹断电压 V_P 时，沟道电阻也随着 V_{DS} 的增加成比例地增加，使得 V_{DS} 的增加与沟道电阻的增加相抵消，因此，I_D 保持不变。

11.2.2 电阻区

图 11-5 显示，夹断电压将 JFET 的工作区分为两个主要部分。特性曲线几乎水平的区域是有源区，低于夹断电压的较陡的部分称为**电阻区**[二]。

当 JFET 工作在电阻区时，其特性等效于一个电阻，其阻值近似为：

$$R_{DS} = \frac{V_P}{I_{DSS}} \tag{11-1}$$

R_{DS} 被称为 JFET 的欧姆电阻。在图 11-5 中，$V_P=4\text{V}$，$I_{DSS}=10\text{mA}$，因此，欧姆电阻为：

$$R_{DS} = \frac{4\text{V}}{10\text{mA}} = 400\Omega$$

如果 JFET 工作在电阻区，则该区域任意位置的欧姆电阻都为 400Ω。

11.2.3 栅源截止电压

图 11-5 所示是 JFET 的漏极特性曲线，I_{DSS} 为 10mA。最上方的曲线通常是栅极短接（$V_{GS}=0$）时的曲线。在本例中，夹断电压是 4V，击穿电压为 30V。其下方的曲线对应 $V_{GS}=-1\text{V}$，再下方的对应 $V_{GS}=-2\text{V}$，以此类推。可见，栅源电压负值越大，漏极电流越小。

最底部的曲线很重要。当 $V_{GS}=-4\text{V}$ 时，漏极电流几乎减小为零，该电压称为**栅源截止电压**，在数据手册中表示为 $V_{GS(off)}$。当栅源电压取该值时，两个耗尽层相连，使导电沟道消失，

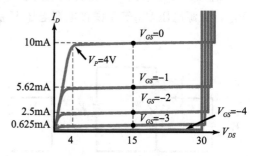

图 11-5　漏极特性曲线

[一] 在很多中文教材和参考书中也将该区域称为“饱和区”。请读者注意加以区分。——译者注
[二] 在很多中文教材和参考书中也将该区域称为“可变电阻区”。——译者注

因此漏极电流几乎为零。

值得注意的是,在图 11-5 中:

$$V_{GS(\text{off})} = -4\text{V}, \quad V_P = 4\text{V}$$

这并不是巧合。因为这是两边的耗尽层相连或几乎相连时的值,所以两个电压在幅度上是相等的。数据手册中可能会列出两个量之一,由此便可知另一个量具有相同的幅度。其关系式为:

$$V_{GS(\text{off})} = -V_P \tag{11-2}$$

> **知识拓展** 在很多教材和产品数据手册中经常将截止电压与夹断电压相混淆。截止电压 $V_{GS(\text{off})}$ 是将沟道完全夹断时的 V_{GS} 值,此时漏极电流减小至零。而夹断电压是指在 $V_{GS} = 0\text{V}$ 时,使 I_D 达到恒定值时的 V_{DS} 值。

例 11-2 MPF4857 的 $V_P = 6\text{V}$,$I_{DSS} = 100\text{mA}$。求欧姆电阻和栅源截止电压。

解: 欧姆电阻为:

$$R_{DS} = \frac{6\text{V}}{100\text{mA}} = 60\Omega$$

由于夹断电压为 6V,所以栅源截止电压为:

$$V_{GS(\text{off})} = -6\text{V}$$

◀

自测题 11-2 2N5484 的 $V_{GS(\text{off})} = -3.0\text{V}$,$I_{DSS} = 5\text{mA}$。求欧姆电阻和 V_P 的值。

11.3 跨导特性曲线

JFET 的**跨导特性曲线**是 I_D 关于 V_{GS} 的关系曲线。通过读取图 11-5 中每条漏极曲线上的 I_D 和 V_{GS} 的值,可以绘出如图 11-6a 所示的曲线。该曲线是非线性的,当 V_{GS} 接近零时,电流增加的速度变快。

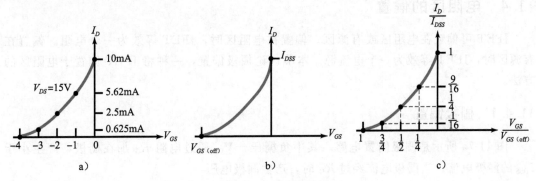

图 11-6 跨导特性曲线

对于任意 JFET 的跨导特性曲线如图 11-6b 所示。曲线的端点为 $V_{GS(\text{off})}$ 和 I_{DSS}。特性方程为:

$$I_D = I_{DSS}\left(1 - \frac{V_{GS}}{V_{GS(\text{off})}}\right)^2 \tag{11-3}$$

由于式中的平方关系,JFET 经常被称为平方律器件。该式决定了如图 11-6b 所示曲线的非线性特性。

归一化跨导特性曲线如图 11-6c 所示。归一化的意思是其曲线的比例为 I_D/I_{DSS} 和

$V_{GS}/V_{GS(off)}$。

　　知识拓展　JFET 的跨导特性与其所在的电路或连接组态无关。

　　在图 11-6c 中，半截止点为：

$$\frac{V_{GS}}{V_{GS(off)}} = \frac{1}{2}$$

　　产生的相应归一化电流为：

$$\frac{I_D}{I_{DSS}} = \frac{1}{4}$$

即当栅电压是截止电压的一半时，漏极电流是最大值的四分之一。

　　例 11-3　2N5668 的 $V_{GS(off)} = -4V$，$I_{DSS} = 5mA$。求在半截止点处的栅极电压和漏极电流。

　　解：在半截止点处：

$$V_{GS} = \frac{-4V}{2} = -2V$$

漏极电流为：

$$I_D = \frac{5mA}{4} = 1.25mA$$

　　例 11-4　2N5459 的 $V_{GS(off)} = -8V$，$I_{DSS} = 16mA$。求在半截止点处的漏极电流。

　　解：漏极电流为最大值的四分之一，即：

$$I_D = 4mA$$

对应的栅源电压为 $-4V$，是截止电压的一半。　　　　　　　　　　　　　　◀

　　✎　**自测题 11-4**　已知 JFET 的 $V_{GS(off)} = -6V$ 和 $I_{DSS} = 12mA$，重新求解例 11-4。

11.4　电阻区的偏置

　　JFET 可偏置在电阻区或有源区。偏置在电阻区时，JFET 等效为一个电阻。偏置在有源区时，JFET 等效为一个电流源。本节讨论栅极偏置，一种将 JFET 偏置于电阻区的方法。

11.4.1　栅极偏置

　　图 11-7a 所示是**栅极偏置**电路。其中负栅压 $-V_{GG}$ 通过电阻 R_G 加在栅极，产生小于 I_{DSS} 的漏极电流。当漏极电流经过 R_D 时，产生漏极电压：

$$V_D = V_{DD} - I_D R_D \tag{11-4}$$

栅极偏置对于在有源区工作的 JFET 而言是最差的偏置方式，因为 Q 点非常不稳定。

　　例如，2N5459 特性的变化范围如下：I_{DSS} 在 4～16mA 之间，$V_{GS(off)}$ 在 -2～$-8V$ 之间。图 11-7b 所示是其特性最小值和最大值所对应的跨导曲线。如果该管的栅极偏置电压为 $-1V$，则得到如图所示的最小和最大的 Q 点，其中，Q_1 的漏极电流为 12.3mA，Q_2 的漏极电流只有 1mA。

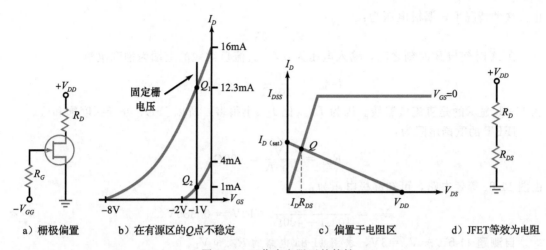

a) 栅极偏置　　　b) 在有源区的 Q 点不稳定　　　c) 偏置于电阻区　　　d) JFET 等效为电阻

图 11-7　工作在电阻区的特性

11.4.2　深度饱和⊖

栅极偏置虽然不适于对有源区的偏置，却很适合对电阻区的偏置。因为电阻区的 Q 点稳定性并不重要。图 11-7c 所示是对 JFET 在电阻区的偏置。直流负载线的上端是漏极饱和电流：

$$I_{D(\text{sat})} = \frac{V_{DD}}{R_D}$$

为了保证 JFET 偏置于电阻区，需要使用 $V_{GS} = 0$ 的漏极曲线，且要求：

$$I_{D(\text{sat})} \ll I_{DSS} \tag{11-5}$$

符号"$\ll$"表示"远小于"。此式说明漏极饱和电流必须远小于最大漏极电流。例如，当 JFET 的 $I_{DSS} = 10\text{mA}$ 时，在 $V_{GS} = 0$ 且 $I_{D(\text{sat})} = 1\text{mA}$ 点将处于深度饱和。

当 JFET 偏置在电阻区时，可以将它用电阻 R_{DS} 来替代，如图 11-7d 所示。利用该等效电路可以计算漏极电压。当 R_{DS} 比 R_D 小很多时，漏极电压接近为零。

例 11-5　求图 11-8a 电路的漏极电压。

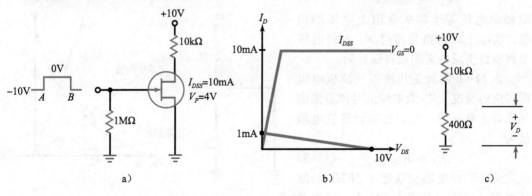

图 11-8　举例

解：因为 $V_P = 4\text{V}$，$V_{GS(\text{off})} = -4\text{V}$，所以输入电压在 A 时刻之前为 -10V，JFET 截

⊖　本书中场效应晶体管的"饱和"是指晶体管工作在电阻区。——译者注

止。这种情况下，漏极电压为：

$$V_D = 10V$$

在 A 时刻与 B 时刻之间，输入电压为 0V。直流负载线的上端为饱和电流：

$$I_{D(\text{sat})} = \frac{10V}{10k\Omega} = 1mA$$

图 11-8b 显示的是直流负载线。因为 $I_{D(\text{sat})}$ 比 I_{DSS} 小很多，所以 JFET 处于深度饱和区。

JFET 的欧姆电阻为：

$$R_{DS} = \frac{4V}{10mA} = 400\Omega$$

由图 11-8c 等效电路，可知漏极电压为：

$$V_D = \frac{400\Omega}{10k\Omega + 400\Omega} \times 10V = 0.385V \qquad \blacktriangleleft$$

✎ **自测题 11-5** 若 $V_P = 3V$，求图 11-8a 电路的 R_{DS} 和 V_D。

11.5 有源区的偏置

JFET 放大器要求将 Q 点设置在有源区。因为 JFET 参数变化范围较大，不能采用栅极偏置，需要其他的偏置方法。有些偏置方法与双极型晶体管中的类似。

分析技术的选择取决于对精度的要求。如，在对偏置电路进行初步分析和故障诊断时，常采用理想值对电路近似计算。在 JFET 电路中，经常会忽略的值。通常，理想结果中会有小于百分之十的误差。当需要进一步分析时，可使用图解法来确定电路的 Q 点。如果是设计电路，或需要更高精度时，则应该使用电路仿真器，如 Multisim（EWB）。

11.5.1 自偏置

图 11-9a 所示是**自偏置**电路。由于漏极电流从源极电阻 R_S 上流过，在源极和地之间存在电压，为：

$$V_S = I_D R_S \qquad (11\text{-}6)$$

又由于 V_G 为零，故：

$$V_{GS} = -I_D R_S \qquad (11\text{-}7)$$

即栅源电压等于源极电阻上电压的负值。实际上，电路是通过 R_S 上的电压给栅极提供反压来实现自偏置的。

图 11-9b 所示是几种不同源极电阻所对应的情况。R_S 取中间值时使栅源电压是截止电压的一半。近似计算该电阻值为：

$$R_S \approx R_{DS}^{\ominus} \qquad (11\text{-}8)$$

此式说明源极电阻应该等于 JFET 的欧姆电阻。当满足该条件时，V_{GS} 约为截止电压的一半，漏极电流约为 I_{DSS} 的四

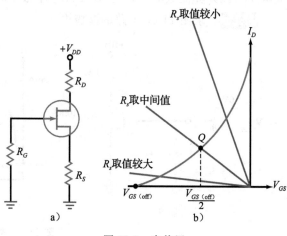

图 11-9　自偏置

⊖ 根据式（11-1）和（11-3），此处结论应为 $R_S \approx 2R_{DS}$。文中多次用到该结论，译文对此未作修改，请读者自行更正。——译者注

分之一。

当 JFET 的跨导特性曲线已知时，可以采用图解法分析自偏置电路。假设自偏置 JFET 具有如图 11-10 所示的跨导特性曲线，最大漏极电流为 4mA，栅电压在 $0 \sim -2\text{V}$ 之间变化。对式（11-7）作图，找到它与跨导特性曲线的交点，并由此确定 V_{GS} 和 I_D 的值。式（11-7）是线性方程，找到两个点后连为直线。

假设源极电阻为 500Ω。式（11-7）变为：

$$V_{GS} = -I_D \times 500\Omega$$

可使用任意两点作图。这里选择两个方便的点：$I_D - 0 \times 500\Omega = 0$，对应第一个点为原点 $(0,0)$。第二个点选择 $I_D = I_{DSS}$ 时对应的 V_{GS}。这时，$I_D = 4\text{mA}$，$V_{GS} = -4\text{mA} \times 500\Omega = -2\text{V}$，该点为 $(4\text{mA}, -2\text{V})$。

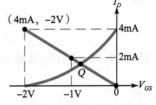

图 11-10　自偏置 Q 点

这样，便得到式（11-7）对应的两个点：$(0,0)$ 和 $(4\text{mA}, -2\text{V})$。在图 11-10 中画出两点位置，然后通过这两点作直线。该直线与跨导特性曲线的交点就是自偏置工作点。在 Q 点处，漏极电流略小于 2mA，栅源电压略小于 -1V。

这里总结一下已知跨导特性曲线确定自偏置 JFET 的 Q 点的过程。如果没有跨导特性曲线，可使用 $V_{GS(\text{off})}$ 和 I_{DSS} 的额定值，根据平方律公式（11-3）画一个特性曲线。后续的步骤如下：

1. 用 I_{DSS} 乘以 R_S 得到 V_{GS}，这是第二个点。

2. 画出第二个点 (I_{DSS}, V_{GS})。

3. 通过原点和第二个点画一条直线。

4. 读出交点坐标。

自偏置的 Q 点不是非常稳定，只适用于小信号放大器。因此，自偏置 JFET 电路可用于信号较小的通信接收机前端。

例 11-6　运用前面讨论的规则，求图 11-11a 电路中源极电阻的中间值，并估算在此源极电阻下的漏极电压。

解： 如前文所述，当源极电阻取值等于 JFET 欧姆电阻时，自偏置效果比较好：

$$R_{DS} = \frac{4\text{V}}{10\text{mA}} = 400\Omega$$

图 11-11b 电路中的源极电阻取值为 400Ω ⊖。此时，漏极电流约为 10mA 的四分之一，即 2.5mA，漏极电压大约为：

$$V_D = 30\text{V} - 2.5\text{mA} \times 2\text{k}\Omega = 25\text{V} \quad \blacktriangleleft$$

自测题 11-6　若 JFET 的 $I_{DSS} = 8\text{mA}$，重新求解例 11-6，确定 R_S 和 V_D。

应用实例 11-7　使用 11-12a 所示的 Multisim 仿真电路，图 11-12b 所示为 2N5486 JFET 的最小值和最大值所对应的跨导特性曲线，确定 V_{GS} 的范围以及 I_D 在 Q 点的值。确定源极电阻的最优值。

|||| **Multisim**

解： 首先，用 I_{DSS} 乘以 R_S 得到 V_{GS}：

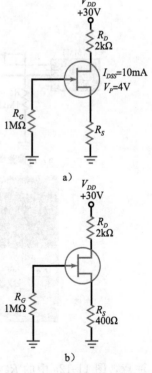

图 11-11　举例

⊖　此处取值应为 800Ω，原因同式（11-8）的注释。——译者注

$$V_{GS} = -20\text{mA} \times 270\Omega = -5.4\text{V}$$

然后，画出第二个点 (I_{DSS}, V_{GS})，为：

$$(20\text{mA}, -5.4\text{V})$$

过原点 $(0, 0)$ 和第二个点之间画一条直线。读出与最小和最大跨导曲线交点 Q 的坐标。

$$Q \text{点（最小）：} \quad V_{GS} = -0.8\text{V} \quad I_D = 2.8\text{mA}$$
$$Q \text{点（最大）：} \quad V_{GS} = -2.1\text{V} \quad I_D = 8.0\text{mA}$$

对图 11-12a 电路仿真给出的测量值在最小和最大值之间。源极电阻最优值为：

$$R_S = \frac{V_{GS(\text{off})}}{I_{DSS}} \quad \text{或} \quad R_S = \frac{V_P}{I_{DSS}}$$

使用最小值：

$$R_S = \frac{2\text{V}}{8\text{mA}} = 250\Omega$$

使用最大值：

$$R_S = \frac{6\text{V}}{20\text{mA}} = 300\Omega$$

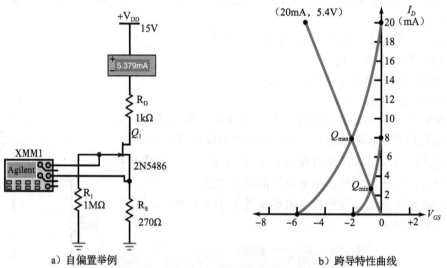

a）自偏置举例　　　　　　　b）跨导特性曲线

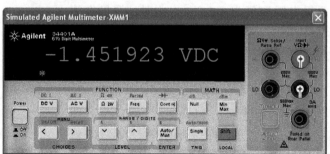

图 11-12　举例

注意，图 11-12a 中的 R_S 的值近似为 $R_{S(\text{min})}$ 和 $R_{S(\text{max})}$ 之间的中点。　　　◀

✎ **自测题 11-7**　将图 11-12a 电路中的 R_S 改变为 390Ω，求 Q 点。

11.5.2　分压器偏置

图 11-13a 所示是**分压器偏置**电路，其中分压器将电源电压的一部分作为栅极电压。将栅源电压减掉，便得到源极电阻上的电压：

$$V_S = V_G - V_{GS} \tag{11-9}$$

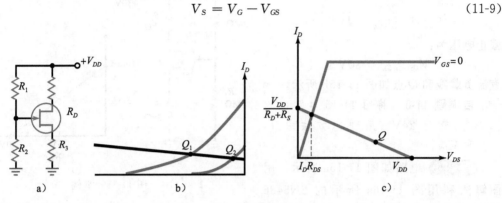

图 11-13　分压器偏置

由于 V_{GS} 是负的，源极电压比栅极电压稍大些。用源极电压除以源极电阻，可得漏极电流：

$$I_D = \frac{V_G - V_{GS}}{R_s} \approx \frac{V_G}{R_s} \tag{11-10}$$

当栅极电压较大时，可将不同 JFET 间 V_{GS} 的变化掩蔽掉。理想情况下，漏极电流等于栅极电压除以源极电阻。因此，对于任意 JFET，漏极电流几乎都保持不变，如图 11-13b 所示。

图 11-13c 所示是直流负载线。放大器的 Q 点必须处在有源区，即 V_{DS} 必须比 $I_D R_{DS}$ 大（电阻区）且比 V_{DD} 小（截止区）。当电源电压较高时，分压器偏置可建立较稳定的 Q 点。

若需要为分压器偏置电路确定较高精度的 Q 点，可采用图解法，尤其是当 JFET 的 V_{GS} 最小值和最大值相差几伏时。在图 11-13a 中，栅极电压为：

$$V_G = \frac{R_2}{R_1 + R_2} V_{DD} \tag{11-11}$$

利用图 11-14 所示的跨导特性曲线，在水平轴或 x 轴上画出 V_G 的值，确定偏置线的第一个点。为了得到第二个点，采用式（11-10），取 $V_{GS} = 0\text{V}$ 来确

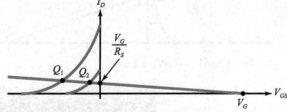

图 11-14　VDB 电路的 Q 点

定 I_D，得到 $I_D = V_G/R_s$，这就是位于跨导曲线的纵轴或 y 轴上的第二个点。然后，画出两点之间的直线并延长使之与跨导特性曲线相交。最后，读出交点的坐标值。

例 11-8　使用理想方法画出图 11-15a 电路的直流负载线和 Q 点。

解： 3：1 分压器产生 10V 的栅极电压。理想情况下，源极电阻上的电压为：

$$V_S = 10\text{V}$$

漏极电流为：

$$I_D = \frac{10\text{V}}{2\text{k}\Omega} = 5\text{mA}$$

漏极电压为：

$$V_D = 30\text{V} - 5\text{mA} \times 1\text{k}\Omega = 25\text{V}$$

漏源电压为：

$$V_{DS} = 25\text{V} - 10\text{V} = 15\text{V}$$

直流饱和电流为：

$$I_{D(\text{sat})} = \frac{30\text{V}}{3\text{k}\Omega} = 10\text{mA}$$

截止电压为：

$$V_{DS(\text{cutoff})} = 30\text{V}$$

直流负载线和 Q 点如图 11-15b 所示。◀

自测题 11-8 将图 11-15 电路中的 V_{DD} 变为 24V。用理想方法求 I_D 和 V_{DS}。

例 11-9 电路如图 11-15a 所示，用图解法利用图 11-16a 所示的 2N5486

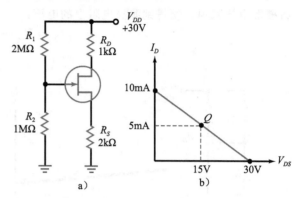

图 11-15 举例

JFET 跨导特性曲线，求 Q 点的最小值和最大值。将结果与 Multisim 的测量结果进行比较。

|||| Multisim

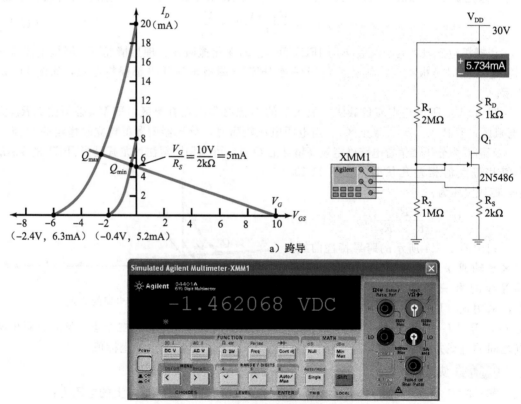

a）跨导

b）MultiSim测量结果

图 11-16 举例

解：首先，V_G 的值为：

$$V_G = \frac{1\text{M}\Omega}{2\text{M}\Omega + 1\text{M}\Omega} \times 30\text{V} = 10\text{V}$$

将此值画在 x 轴上。

然后，找出第二个点：

$$I_D = \frac{V_G}{R_S} = \frac{10\text{V}}{2\text{k}\Omega} = 5\text{mA}$$

将此值画在 y 轴上。

过上述两点画一条直线并延长，通过最小和最大跨导特性曲线，得到：

$$V_{GS(\min)} = -0.4\text{V} \quad I_{D(\min)} = 5.2\text{mA}$$
$$V_{GS(\max)} = -2.4\text{V} \quad I_{D(\max)} = 6.3\text{mA}$$

图 11-16b 所示的 Multisim 测量值处于计算出的最小值和最大值之间。 ◀

自测题 11-9 当图 11-15a 电路中的 $V_{DD} = 24\text{V}$ 时，用图解法求 I_D 的最大值。

11.5.3 双电源偏置

图 11-17 所示是双电源偏置电路。漏极电流为：

$$I_D = \frac{V_{SS} - V_{GS}}{R_S} \approx \frac{V_{SS}}{R_S} \tag{11-12}$$

基本原理仍然是使 V_{SS} 远大于 V_{GS}，以此来消除 V_{GS} 的变化。理想情况下，漏极电流等于源极电源电压除以源极电阻。此时，即使 JFET 被更换或者温度发生变化，漏极电流仍能够基本上保持不变。

11.5.4 电流源偏置

当漏极电源电压不大时，没有足够大的栅极电压来掩蔽 V_{GS} 的变化。此时，更好的设计方法是采用图 11-18a 所示的**电流源偏置**。该电路中，双极型晶体管为 JFET 提供固定电流，漏极电流为：

$$I_D = \frac{V_{EE} - V_{BE}}{R_E} \tag{11-13}$$

图 11-18b 显示了电流源偏置的工作原理。两个 Q 点有同样的电流。即使两个 Q 点处的 V_{GS} 是不同的，也不会对漏极电流产生影响。

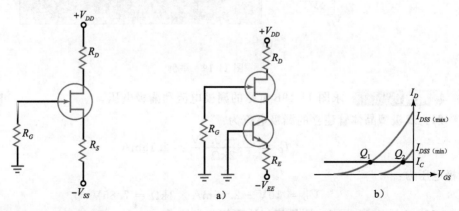

图 11-17 双电源偏置　　　　　　图 11-18 电流源偏置

例 11-10 图 11-19a 电路的漏极电流是多少？漏极和地之间的电压是多少？

解：理想情况下，源极电阻上的电压为 15V，产生的漏极电流为：

$$I_D = \frac{15\text{V}}{3\text{k}\Omega} = 5\text{mA}$$

漏极电压为：

$$V_D = 15\text{V} - 5\text{mA} \times 1\text{k}\Omega = 10\text{V}$$

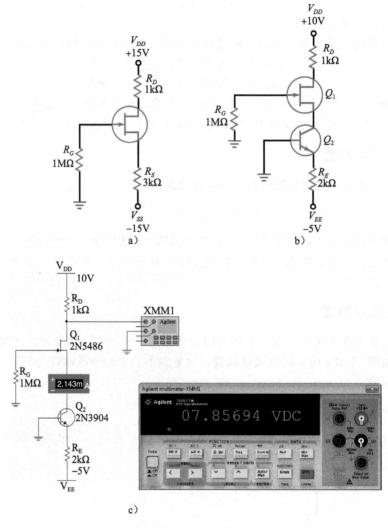

图 11-19　举例

应用实例 11-11　求图 11-19b 电路的漏极电流和漏极电压。　　　　**Multisim**

解：双极型晶体管建立的漏极电流为：

$$I_D = \frac{5\text{V} - 0.7\text{V}}{2\text{k}\Omega} = 2.15\text{mA}$$

漏极电压为：

$$V_D = 10\text{V} - 2.15\text{mA} \times 1\text{k}\Omega = 7.85\text{V}$$

图 11-19c 所示的 Multisim 测量值与计算值非常接近。

自测题 11-11　取 $R_E = 1\text{k}\Omega$，重新计算例 11-11。

表 11-1 列出了最常见的几种 JFET 偏置电路。在跨导特性曲线上标出了工作点，可以清楚地说明每种偏置方法的优点。

表 11-1　JFET 偏置

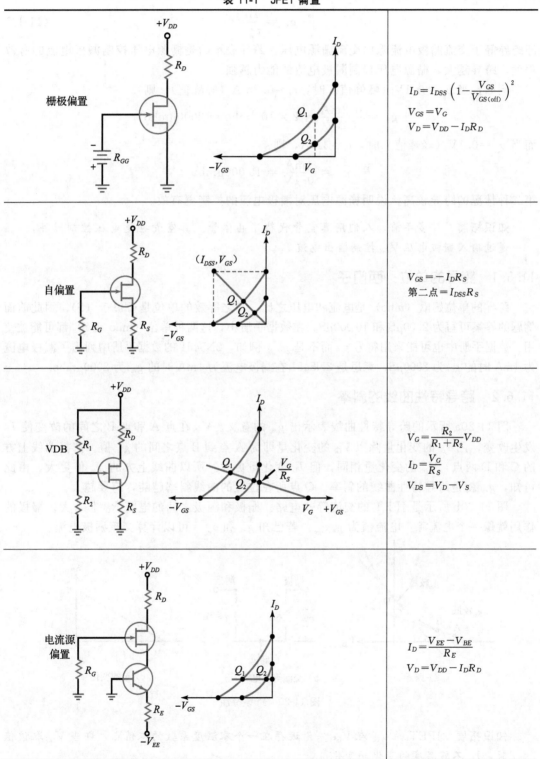

栅极偏置

$$I_D = I_{DSS} \left(1 - \frac{V_{GS}}{V_{GS(\text{off})}}\right)^2$$
$$V_{GS} = V_G$$
$$V_D = V_{DD} - I_D R_D$$

自偏置

$$V_{GS} = -I_D R_S$$
$$\text{第二点} = I_{DSS} R_S$$

VDB

$$V_G = \frac{R_2}{R_1 + R_2} V_{DD}$$
$$I_D = \frac{V_G}{R_S}$$
$$V_{DS} = V_D - V_S$$

电流源偏置

$$I_D = \frac{V_{EE} - V_{BE}}{R_E}$$
$$V_D = V_{DD} - I_D R_D$$

11.6 跨导

在分析 JFET 放大器前，需要首先讨论**跨导**。跨导由 g_m 表示，定义为：

$$g_m = \frac{i_d}{v_{gs}} \tag{11-14}$$

即跨导等于交流漏极电流除以交流栅源电压。跨导表示的是栅源电压控制漏极电流的有效程度。跨导越大，栅源电压控制漏极电流的能力越强。

例如，当 $v_{gs}=0.1$V（峰峰值）时，$i_d=0.2$mA（峰峰值），则：

$$g_m = \frac{0.2\text{mA}}{0.1\text{V}} = 2 \times 10^{-3}\text{mho} = 2000\mu\text{mho}$$

而当 $v_{gs}=0.1$V（峰峰值）时，$i_d=1$mA，则：

$$g_m = \frac{1\text{mA}}{0.1\text{V}} = 10\,000\mu\text{mho}$$

第二种情况的跨导较高，说明栅源电压对漏极电流的控制更有效。

> **知识拓展** 许多年前，人们用真空管代替了晶体管。真空管也是电压控制器件，通过输入栅极电压 V_{GK} 控制输出电流 I_P。

11.6.1 跨导的单位：西门子

跨导的单位姆欧（mho）是电流和电压之比，与之等效的单位是西门子（S），因此前面例题的答案可写为 2000μS 和 $10\,000\mu$S。在数据手册中，这两种单位（mho 或 S）都可能被使用。数据手册中也可能采用符号 g_{fs} 而不是 g_m。例如，2N5451 的数据手册中列出了漏极电流为 1mA 时的 g_{fs} 为 2000μS，意思是 2N5451 在漏极电流为 1mA 时的 g_m 为 2000μmho。

11.6.2 跨导特性曲线的斜率

图 11-20a 所示的跨导特性曲线表示出 g_m 的意义。V_{GS} 在点 A 和点 B 之间的改变使 I_D 发生改变，用 I_D 的变化量除以 V_{GS} 的变化量即为 A 点到 B 点之间的 g_m 值。选择曲线上方的 C 和 D 两点，V_{GS} 的变化量相同，但 I_D 变化量更大。所以曲线上方的 g_m 值更大。由此可知，g_m 就是跨导特性曲线的斜率。Q 点所在位置的曲线斜率越陡，跨导越大。

图 11-20b 所示是 JFET 的交流等效电路。栅极和源极之间的电阻 R_{GS} 非常大。漏极的作用就像一个电流源，电流值为 $g_m v_{gs}$。若已知 g_m 和 v_{gs}，可以计算交流漏极电流。

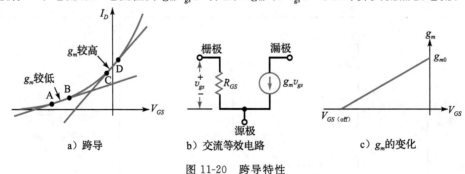

a）跨导 b）交流等效电路 c）g_m 的变化

图 11-20 跨导特性

> **知识拓展** JFET 的 V_{GS} 在 $V_{GS(off)}$ 附近存在一个零温度系数的取值点，即当 V_{GS} 取该值时，I_D 不随温度的变化而变化。

11.6.3 跨导和栅源截止电压

$V_{GS(\text{off})}$ 的值很难准确测量，但 I_{DSS} 和 g_{m0} 的精确测量是比较容易的。因此，计算 $V_{GS(\text{off})}$ 通常采用公式：

$$V_{GS(\text{off})} = \frac{-2 I_{DSS}}{g_{m0}} \tag{11-15}$$

式中，g_{m0} 是 $V_{GS}=0$ 时的跨导值。通常情况下，制造厂家使用该公式计算数据手册中的 $V_{GS(\text{off})}$ 值。

因为 g_{m0} 是 $V_{GS}=0$ 时的值，所以是 g_m 的最大值。当 V_{GS} 为负值时，g_m 减小。在任意 V_{GS} 下计算 g_m 的公式为：

$$g_m = g_{m0}\left(1 - \frac{V_{GS}}{V_{GS(\text{off})}}\right) \tag{11-16}$$

当 V_{GS} 的负值更大时，g_m 呈线性减小，如图 11-20c 所示。可以通过改变 g_m 的值实现自动增益控制，后续章节将会讨论这一问题。

例 11-12 2N5457 的 $I_{DSS}=5\text{mA}$，$g_{m0}=5000\mu\text{S}$，$V_{GS(\text{off})}$ 的值为多少？当 $V_{GS}=-1\text{V}$ 时，g_m 的值为多少？

解：利用式（11-15）：

$$V_{GS(\text{off})} = \frac{-2 \times 5\text{mA}}{5000\mu\text{S}} = -2\text{V}$$

再由式（11-16）得到：

$$g_m = 5000\mu\text{S}\left(1 - \frac{1\text{V}}{2\text{V}}\right) = 2500\mu\text{S} \qquad \blacktriangleleft$$

自测题 11-12 当 $I_{DSS}=8\text{mA}$，$V_{GS}=-2\text{V}$ 时，重新求解例 11-12。

11.7 JFET 放大器

图 11-21a 所示是**共源（CS）放大器**。耦合电容和旁路电容是对交流短路的，因此，信号被耦合到栅极。因为源极经旁路接地，交流输入电压全部加在栅源之间，由此产生漏极交流电流。漏极电流经漏极电阻，形成反向放大的输出电压。输出信号通过耦合传输到负载电阻。

11.7.1 CS 放大器的电压增益

图 11-21b 所示是交流等效电路。漏极交流电阻 r_d 的定义为：

$$r_d = R_D \,\|\, R_L$$

电压增益为：

$$A_v = \frac{v_{\text{out}}}{v_{\text{in}}} = \frac{g_m v_{\text{in}} r_d}{v_{\text{in}}}$$

可简化为：

$$A_v = g_m r_d \tag{11-17}$$

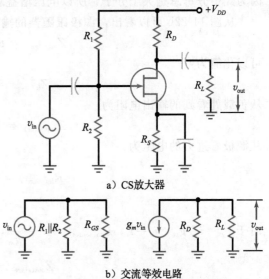

a) CS放大器

b) 交流等效电路

图 11-21 CS 放大器及其交流等效电路

即 CS 放大器的电压增益等于跨导与漏极交流电阻的乘积。

11.7.2 共源极放大器的输入和输出阻抗

由于 JFET 通常情况下栅源电压为负，栅极的输入电阻 R_{GS} 非常大。可以用 JFET 数据手册中的数据来近似 R_{GS} 的值，也可以通过公式求得：

$$R_{GS} = \frac{V_{GS}}{I_{GSS}} \tag{11-18}$$

例如，若 $V_{GS}=15\text{V}$，I_{GSS} 为 -2.0nA，则 R_{GS} 等于 $7500\text{M}\Omega$。

如图 11-21b 所示，该放大级的输入阻抗为：

$$Z_{\text{in(stage)}} = R_1 \parallel R_2 \parallel R_{GS}$$

由于相对于输入偏置电阻，R_{GS} 通常非常大，因此输入阻抗减小为：

$$Z_{\text{in(stage)}} = R_1 \parallel R_2 \tag{11-19}$$

在共源极放大器中，电路在负载 R_L 处的输出阻抗为 $z_{\text{out(stage)}}$。在图 11-21b 中，输出电阻为 R_D 与恒流源并联，该恒流源理想情况下可看作开路，因此得到

$$Z_{\text{out(stage)}} = R_D \tag{11-20}$$

11.7.3 源极跟随器

图 11-22 所示电路是**源极跟随器**。信号从栅极输入，从源极输出并耦合至负载电阻。和射极跟随器一样，源极跟随器的电压增益小于 1。源极跟随器的主要优点是输入电阻非常高，它通常用于系统前端，其后是双极型电压增益级。

在图 11-22 中，源极交流电阻定义为：

$$r_s = R_S \parallel R_L$$

可以推导出源极跟随器的电压增益为：

$$A_v = \frac{g_m r_s}{1 + g_m r_s} \tag{11-21}$$

因为式中分母总是大于分子，所以电压增益总是小于 1。

从图 11-22b 可以看出，源极跟随器的输入阻抗与共源极放大器的相同，为：

$$Z_{\text{in(stage)}} = R_1 \parallel R_2 \parallel R_{GS}$$

可以化简为：

$$Z_{\text{in(stage)}} = R_1 \parallel R_2$$

从负载处看到的输出电阻为：

$$Z_{\text{out(stage)}} = R_S \parallel R_{\text{in(source)}}$$

从源极看进去的电阻为：

$$R_{\text{in(source)}} = \frac{v_{\text{source}}}{i_{\text{source}}} = \frac{v_{g_s}}{i_s}$$

由于 $v_{gs}=i_d/g_m$，$i_d=i_s$，$R_{\text{in(source)}}=\dfrac{\frac{i_d}{g_m}}{i_d}=\dfrac{1}{g_m}$，因此，可得源极跟随器的输出阻抗为

$$Z_{\text{out(stage)}} = R_S \parallel \frac{1}{g_m} \tag{11-22}$$

知识拓展　由于 JFET 的输入阻抗非常高，通常认为其输入电流是 $0\mu A$。所以没有定义 JFET 放大器的电流增益。

知识拓展　对于 JFET 小信号放大器，栅极的输入信号不能过大，以免导致栅源间的 pn 结正偏。

例 11-13　如果图 11-23 中的 $g_m = 5000\mu S$，输出电压为多少？　▌▌▌**Multisim**

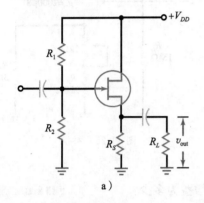
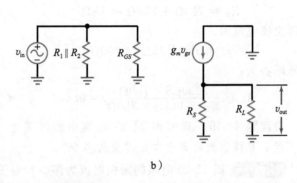

a)　　　　　　　　　b)

图 11-22　源极跟随器

解： 漏极交流电阻为：

$$r_d = 3.6\text{k}\Omega \,\|\, 10\text{k}\Omega = 2.65\text{k}\Omega$$

电压增益为：

$$A_v = 5000\mu S \times 2.65\text{k}\Omega = 13.3$$

输出电压为：

$$v_{\text{out}} = 13.31 \times 1\text{mV}(\text{峰峰值}) = 13.3\text{mV}(\text{峰峰值})$$ ◀

自测题 11-13　如果图 11-23 电路的 $g_m = 2000\mu S$，求输出电压。

例 11-14　如果图 11-24 电路的 $g_m = 2500\mu S$，求源极跟随器的输出电压。

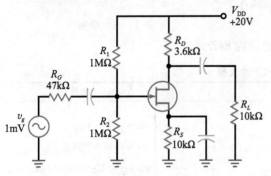
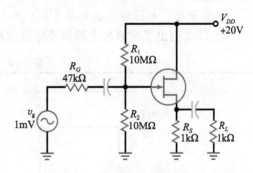

图 11-23　CS 放大器举例　　　　　图 11-24　源极跟随器举例

解： 源极交流电阻为：

$$r_s = 1\text{k}\Omega \,\|\, 1\text{k}\Omega = 500\Omega$$

由式（11-18）得电压增益：

$$A_v = \frac{2500\mu S \times 500\Omega}{1 + 2500\mu S \times 500\Omega} = 0.556$$

级输入电阻为 5MΩ，栅极输入信号近似为 1mV。因此，输出电压为：

$$v_{\text{out}} = 0.556 \times 1\text{mV} = 0.556\text{mV}$$ ◀

自测题 11-14 如果图 11-24 电路的 $g_m = 5000\mu\text{S}$，求输出电压。

例 11-15 图 11-25 电路中包含一个 1kΩ 的可变电阻。如果该可变电阻调到 780Ω，求电压增益。

IIII Multisim

解： 总的源极直流电阻为：

$$R_S = 780\Omega + 220\Omega = 1\text{k}\Omega$$

源极交流电阻为：

$$r_s = 1\text{k}\Omega \| 3\text{k}\Omega = 750\Omega$$

电压增益为：

$$A_v = \frac{2000\mu\text{S} \times 750\Omega}{1 + 2000\mu\text{S} \times 750\Omega} = 0.6$$ ◀

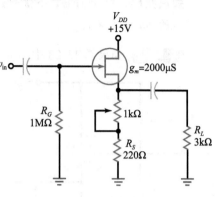

图 11-25 举例

自测题 11-15 调节图 11-25 电路中的可变电阻，可能达到的最大电压增益为多少？

例 11-16 图 11-26 电路的漏极电流为多少？电压增益为多少？

IIII Multisim

解： 由 3：1 分压器产生的栅极直流电压为 10V。

理想情况下，漏极电流为：

$$I_D = \frac{10\text{V}}{2.2\text{k}\Omega} = 4.55\text{mA}$$

源极交流电阻为：

$$r_s = 2.2\text{k}\Omega \| 3.3\text{k}\Omega = 1.32\text{k}\Omega$$

电压增益为：

$$A_v = \frac{3500\mu\text{S} \times 1.32\text{k}\Omega}{1 + 3500\mu\text{S} \times 1.32\text{k}\Omega} = 0.822$$ ◀

自测题 11-16 如果图 11-26 电路中的 3.3kΩ 电阻开路，电压增益会变为多少？

表 11-2 列出了共源放大器和源极跟随器的结构和公式。

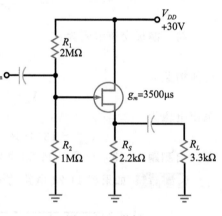

图 11-26 举例

表 11-2 JFET 放大器

电路		特性
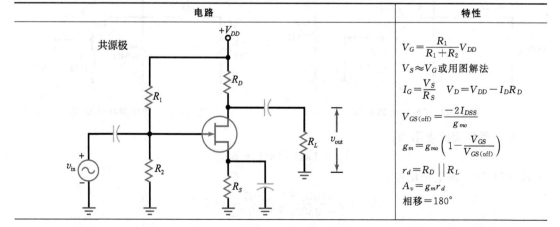 共源极		$V_G = \dfrac{R_1}{R_1 + R_2} V_{DD}$ $V_S \approx V_G$ 或用图解法 $I_G = \dfrac{V_S}{R_S}$ $V_D = V_{DD} - I_D R_D$ $V_{GS(\text{off})} = \dfrac{-2I_{DSS}}{g_{mo}}$ $g_m = g_{mo}\left(1 - \dfrac{V_{GS}}{V_{GS(\text{off})}}\right)$ $r_d = R_D \| R_L$ $A_v = g_m r_d$ 相移 $= 180°$

（续）

电路	特性
源极跟随器 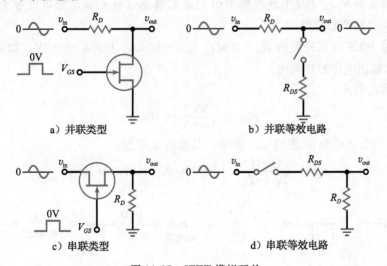	$V_G = \dfrac{R_1}{R_1 + R_2} V_{DD}$ $V_S \approx V_G$ 或用图解法 $I_G = \dfrac{V_S}{R_S} \quad V_D = V_{DD} - V_S$ $V_{GS(\text{off})} = \dfrac{-2 I_{DSS}}{g_{mo}}$ $g_m = g_{mo} \left(1 - \dfrac{V_{GS}}{V_{GS(\text{off})}} \right)$ $A_v = \dfrac{g_m r_s}{1 + g_m r_s}$ 相移 $= 0°$

11.8　JFET 模拟开关

除源极跟随器之外，JFET 的另一个主要应用是模拟开关。在这类应用中，JFET 的作用如同开关，允许或阻止交流小信号的通过。为了实现该功能，栅源电压 V_{GS} 只能取两类值：零或比 $V_{GS(\text{off})}$ 大的值。这样，才能使 JFET 工作在电阻区或截止区。

11.8.1　并联开关

图 11-27a 所示是 JFET 做**并联开关**的例子。JFET 的导通或截止取决于 V_{GS} 的高低。当 V_{GS} 为高（0V）时，JFET 工作在电阻区；当 V_{GS} 为低时，JFET 截止。因此，得到如图 11-27b 所示的等效电路。

图 11-27　JFET 模拟开关

正常工作时，交流输入电压必须是小信号，通常小于 100mV。当交流信号达到正峰值时，小信号保证 JFET 仍能工作在电阻区。同时，R_D 应比 R_{DS} 大很多，以保证 JFET 处于深度饱和：

$$R_D \gg R_{DS}$$

当 V_{GS} 为高时，JFET 工作在电阻区，图 11-27b 中的开关闭合。由于 R_{DS} 比 R_D 小很多，v_{out} 比 v_{in} 小很多。当 V_{GS} 为低时，JFET 截止，图 11-27b 中的开关断开。此时，$v_{out} = v_{in}$。所以，JFET 并联开关的作用是传输或阻断交流信号。

11.8.2 串联开关

图 11-27c 所示是 JFET 做**串联开关**的例子。图 11-27d 是它的等效电路。当 V_{GS} 为高时，开关闭合，JFET 等效为电阻 R_{DS}。此时，输出与输入近似相等。当 V_{GS} 为低时，JFET 截止，v_{out} 近似为零。

将最大输出电压与最小输出电压的比定义为开关比：

$$开关比 = \frac{v_{out(max)}}{v_{out(min)}} \tag{11-23}$$

当要求开关比的取值较高时，选择 JFET 串联开关会更好，因为它的值高于 JFET 并联开关。

知识拓展 JFET 在任意 V_{GS} 时的欧姆电阻可由下式确定：

$$R_{DS} = \frac{R_{DS(on)}}{1 - V_{GS}/V_{GS(off)}}$$

其中 $R_{DS(on)}$ 是 V_{DS} 很小且 $V_{GS}=0$V 时的欧姆电阻。

11.8.3 斩波器

图 11-28 所示电路是 JFET **斩波器**。栅极电压是连续的方波，控制 JFET 的开和关。输入电压是幅度为 V_{DC} 的矩形脉冲。由于栅极方波的作用，输出被斩波（闭合或断开），如图 11-28 所示。

JFET 斩波器可使用并联开关或串联开关。该电路将输入的直流电压转换为方波输出。斩波输出的峰值为 V_{DC}。JFET 斩波器可以用来实现直流放大器，即可以放大频率低至零的信号。相关内容稍后介绍。

例 11-17 JFET 并联开关的 $R_D = 10\text{k}\Omega$，$I_{DSS} = 10\text{mA}$，$V_{GS(off)} = -2\text{V}$。如果 $v_{in} = 10\text{mV}$（峰峰值），求输出电压和开关比。

解： 欧姆电阻为：

$$R_{DS} = \frac{2\text{V}}{10\text{mA}} = 200\Omega$$

JFET 导通时的等效电路如图 11-29a 所示。其输出电压为：

$$v_{out} = \frac{200\Omega}{10.2\text{k}\Omega} \times 10\text{mV} = 0.196\text{mV}（峰峰值）$$

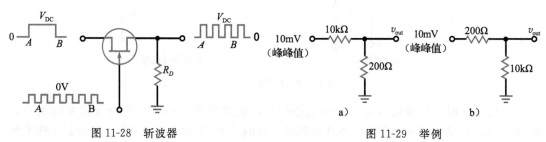

图 11-28 斩波器　　　　　　　　　图 11-29 举例

当 JFET 截止时：

$$v_{out} = 10\text{mV}（峰峰值）$$

求得开关比为：

$$开关比 = \frac{10\text{mV（峰峰值）}}{0.196\text{mV（峰峰值）}} = 51$$　◀

✐ **自测题 11-17**　当 $V_{GS(\text{off})} = -4\text{V}$ 时，重新计算例 11-17。

例 **11-18**　JFET 串联开关电路的参数同例 11-17，求输出电压。如果 JFET 在截止时的电阻为 10MΩ，求开关比。

解： JFET 导通时的等效电路如图 11-29b 所示。其输出电压为：

$$v_{\text{out}} = \frac{10\text{k}\Omega}{10.2\text{k}\Omega} \times 10\text{mV（峰峰值）} = 9.8\text{mV（峰峰值）}$$

当 JFET 截止时：

$$v_{\text{out}} = \frac{10\text{k}\Omega}{10\text{M}\Omega} \times 10\text{mV（峰峰值）} = 10\mu\text{V（峰峰值）}$$

则开关比为：

$$开关比 = \frac{9.8\text{mV（峰峰值）}}{10\mu\text{V（峰峰值）}} = 980$$

与前面的例题相比，可以看到串联开关具有更好的开关比。　◀

✐ **自测题 11-18**　当 $V_{GS(\text{off})} = -4\text{V}$ 时，重新计算例 11-18。

例 **11-19**　图 11-30 中栅极的方波频率为 20kHz。斩波输出的频率为多少？如果 MPF4858 的 R_{DS} 为 50Ω，斩波输出的峰值为多少？

解： 输出频率与栅极的斩波频率相同：

$$f_{\text{out}} = 20\text{kHz}$$

由于 50Ω 远小于 10kΩ，几乎所有的输入电压都传输到了输出：

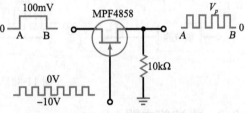

图 11-30　斩波器举例

$$V_p = \frac{10\text{k}\Omega}{10\text{k}\Omega + 50\Omega} \times 100\text{mV} = 99.5\text{mV}$$　◀

✐ **自测题 11-19**　当图 11-30 电路中的 R_{DS} 为 100Ω 时，确定斩波输出的峰值。

11.9　JFET 的其他应用

JFET 在大部分放大器应用中都无法与双极型晶体管竞争，但是它的特殊属性使其在特殊的应用中更加适合。本节讨论能够体现 JFET 优势的一些应用。

11.9.1　多路复用

多路复用指的是将多路合并为一路。图 11-31 所示是一个模拟多路复用器，是将一路或多路输入信号切换到输出的电路。每个 JFET 的作用都是一个串联开关。控制信号（V_1，V_2 和 V_3）使 JFET 导通和截止。当控制信号为高时，其输入信号将传输到输出端。

例如，当 V_1 为高，其他控制电压为低

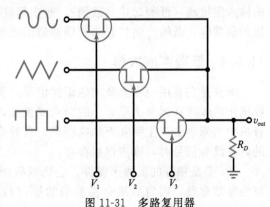

图 11-31　多路复用器

时，则输出为正弦波。当 V_2 为高，其他控制电压为低时，则输出为三角波。当 V_3 为高时，则输出为方波。通常，只有一个控制信号为高，保证只有一路输入信号传递到输出端。

11.9.2   斩波放大器

可以将耦合电容和旁路电容去掉，将每级的输出直接连接到下一级的输入，构成直接耦合放大器。这样，直流电压就可以像交流电压一样被耦合到下一级。能够放大直流信号的放大器称为直流放大器。直接耦合的主要缺点是信号的漂移，即直流输出电压的缓慢改变。信号漂移是由于电源电压、晶体管参数和温度的微小变化引起的。

图 11-32a 所示是克服直接耦合漂移问题的一种方法。电路中没有使用直接耦合，而是使用 JFET 斩波器将输入直流电压转换为方波，其幅度等于 V_{DC}。由于方波是交流信号，可以较方便地使用带耦合电容和旁路电容的交流放大器。放大后的输出信号可以通过峰值检测恢复出放大的直流信号。

斩波放大器可以用来放大低频信号及直流信号。如果输入是低频信号，则被斩波成为如图 11-32b 所示的交流信号。该斩波信号可通过交流放大器放大，放大信号再通过峰值检测来恢复出原始的输入信号。

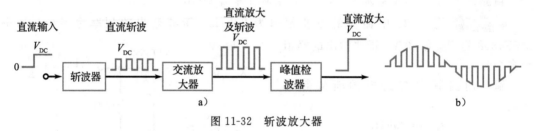

图 11-32   斩波放大器

11.9.3   缓冲放大器

图 11-33 所示是缓冲放大器，用于两级之间的隔离。理想情况下，缓冲器应该具有高输入阻抗。这样，前级 A 的戴维南等效电压几乎全部可以加到缓冲器的输入。同时，缓冲器应具有低输出阻抗，从而确保它所有的输出电压全部加到后级 B 的输入。

图 11-33   缓冲放大器隔离 A 级和 B 级

源极跟随器是非常好的缓冲放大器，它的输入阻抗高（低频时达兆欧姆），输出阻抗低（通常为几百欧姆）。高输入阻抗意味着 A 级的负载轻，低输出阻抗意味着缓冲器的驱动能力强（可驱动小阻抗负载）。

11.9.4   低噪声放大器

噪声是在有用信号上叠加的干扰信号。噪声对信号中的信息形成干扰。比如，电视接收机中的噪声在画面上形成小的白点或黑点，严重的噪声可以破坏整个画面。类似地，收音机中的噪声会产生噼啪声和嘶嘶声，有时会将信号完全掩盖掉。噪声和信号是相互独立的，在没有信号时，噪声依然存在。

JFET 是很好的低噪声器件，它比双极型晶体管的噪声小得多。接收机前端的低噪声特性非常重要，因为后级会将前端的噪声与信号一同放大。如果在前端使用 JFET 放大器，则末级得到的放大噪声较小。

接收机前端的电路还包括混频器和振荡器。混频器是将高频转换到低频的电路；振荡器是产生交流信号的电路。JFET 经常用来作 VHF/UHF 放大器、混频器和振荡器。其中，VHF 代表"甚高频"（30～300MHz），UHF 代表"特高频"（300～3000MHz）。

11.9.5 压控电阻

当 JFET 工作在电阻区时，经常使 $V_{GS}=0$ 以保证深度饱和。此外，V_{GS} 的值在 0～$V_{GS(\text{off})}$ 之间时，可以使 JFET 工作在电阻区。此时，JFET 的特性类似一个压控电阻。

图 11-34 给出了原点附近 V_{DS} 小于 100mV 时 2N5951 的漏极曲线。在此区域中，小信号阻抗 r_{ds} 定义为漏极电压除以漏极电流：

$$r_{ds} = \frac{V_{DS}}{I_D} \qquad (11\text{-}24)$$

如图 11-34 所示，r_{ds} 取决于 V_{GS}。当 $V_{GS}=0$ 时，r_{ds} 最小，且等于 R_{DS}。随着 V_{GS} 负值变大，r_{ds} 增大，且大于 R_{DS}。

例如，当图 11-34 中的 $V_{GS}=0$ 时，可以计算出：

$$r_{ds} = \frac{100\text{mV}}{0.8\text{mA}} = 125\Omega$$

当 $V_{GS}=-2\text{V}$ 时：

$$r_{ds} = \frac{100\text{mV}}{0.4\text{mA}} = 250\Omega$$

当 $V_{GS}=-4\text{V}$ 时：

$$r_{ds} = \frac{100\text{mV}}{0.1\text{mA}} = 1\text{k}\Omega$$

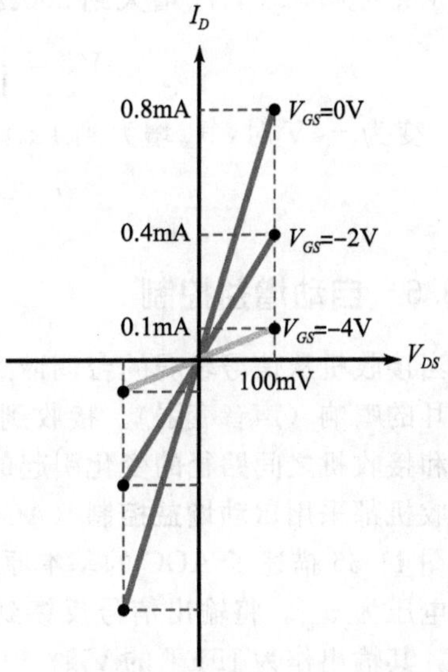

这说明 JFET 在电阻区的特性如同一个压控电阻。

图 11-34　小信号电阻 r_{ds} 大小受电压控制

JFET 在低频时是对称器件，其任意一端都可作为源级或漏极。因此图 11-34 所示的漏极曲线向原点两侧扩展。这意味着 JFET 可以作为压控电阻用于交流小信号，小信号的典型峰峰值小于 200mV，此时，JFET 不需要来自电源的直流漏极电压，因为交流小信号会产生漏极电压。

图 11-35a 所示并联电路中 JFET 的作用是压控电阻。该电路与前面讨论的 JFET 并联开关的形式是相同的，不同之处是控制电压 V_{GS} 不是在 0 和大幅度的负电压之间摆动，而是连续变化的，即可以是 0～$V_{GS(\text{off})}$ 之间的任意值。这样，通过 V_{GS} 控制 JFET 电阻，从而改变输出电压的峰值。

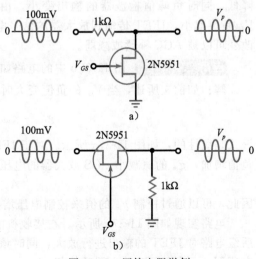

图 11-35　压控电阻举例

图 11-35b 所示串联电路中 JFET 的作用是压控电阻。工作原理基本相同，当改变 V_{GS} 时，JFET 的交流电阻随之改变，从而改变输出电压的峰值。

由前文计算可知，当 $V_{GS}=0V$ 时，2N5951 的小信号电阻为：

$$r_{ds} = 125\Omega$$

则图 11-35a 中分压器产生的输出电压峰值为：

$$V_p = \frac{125\Omega}{1.125k\Omega} \times 100mV = 11.1mV$$

如果 V_{GS} 变为 $-2V$，r_{ds} 增大到 250Ω，输出电压峰值增大为：

$$V_p = \frac{250\Omega}{1.25k\Omega} \times 100mV = 20mV$$

当 V_{GS} 变为 $-4V$ 时，r_{ds} 增大到 $1k\Omega$，输出电压峰值增大到：

$$V_p = \frac{1k\Omega}{2k\Omega} \times 100mV = 50mV$$

11.9.6 自动增益控制

当接收机从信号较弱的台调谐到信号较强的台时，若未将音量立刻调小，扬声器会发出刺耳的鸣响（声音变强）。接收到的音量也有可能因为衰减而发生变化。衰减是指因发射机和接收机之间路径的变化引起的信号减弱。为避免不希望发生的音量改变，大多数现代接收机都采用**自动增益控制**（AGC）。

图 11-36 描述了 AGC 的基本原理。输入信号 v_{in} 经过 JFET 构成的压控电阻后被放大，输出电压为 v_{out}。将输出信号反馈到负峰值检波器，其输出作为 JFET 的 V_{GS}。

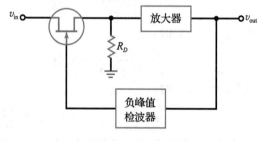

如果输入信号突然增大很多，则输出电压将会增大，同时峰值检波器的输出负电压幅度也会变大。由于 V_{GS} 负值变大，JFET 将具有更高的欧姆电阻，使得放大器的输入信号降低，从而减小输出信号。

反之，如果输入信号减弱，则输出电压降低，同时负峰值检波器的输出变小。由于

图 11-36 自动增益控制

V_{GS} 负值减小，JFET 传输到放大器的信号电压变大，使输出增加。因此，输入信号的突然改变可以被 AGC 补偿或减弱。

应用实例 11-20 图 11-37b 中的电路如何控制接收机的增益？

解： 如前文所述，当 V_{GS} 的负值变大时，JFET 的 g_m 减小。关系式为：

$$g_m = g_{m0}\left(1 - \frac{V_{GS}}{V_{GS(off)}}\right)$$

该式是线性的，如图 11-37a 所示。对于 JFET，当 $V_{GS}=0$ 时 g_m 达到最大值。随着 V_{GS} 的负值增加，g_m 的值减小。CS 放大器的电压增益为：

$$A_v = g_m r_d$$

因此，可以通过控制 g_m 的值来控制电压增益。

电路实现如图 11-37b 所示。在接收机的前端是 JFET 放大器，它的电压增益为 $g_m r_d$。后级电路对 JFET 的输出进行放大，同时该级的输出进入负峰值检波器产生电压 V_{AGC}。负电压 V_{AGC} 反馈到 CS 放大器的栅级。

当接收机从信号较弱的台转换到信号较强的台时，较大信号经峰值检测使 V_{AGC} 的负值变大，从而使 JFET 放大器的增益减小。相反的情况，如果信号衰减，减小的 AGC 电压作用到栅极，使 JFET 级产生较大的输出信号。

AGC 的作用是减小最终输出信号的变化幅度。例如，在一些 AGC 系统中，当输入信号增加 100% 时，其最后输出信号的增加不到 1%。 ◀

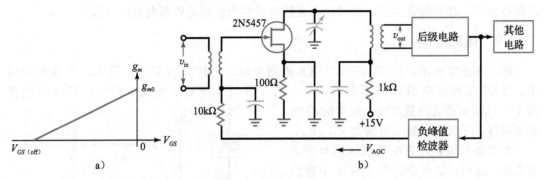

图 11-37 接收机中的 AGC

11.9.7 共源共栅放大器

图 11-38 所示是共源共栅放大器的例子。两个 FET 连接后总的电压增益为：

$$A_v = g_m r_d$$

与 CS 放大器的增益相同。

该电路的优点是输入电容低，这对于 VHF 和 UHF 信号非常重要。在高频应用中，输入电容成为电压增益的限制因素。共源共栅结构的低输入电容使其比单独使用 CS 放大器所能够放大的信号频率更高。

11.9.8 电流源

假设有一个负载要求恒定的电流。一种方法是使用栅极短路的 JFET 来提供恒定的电流，电路如图 11-39a 所示。如果 Q

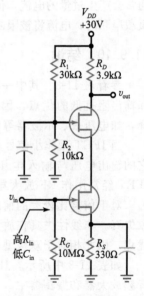

图 11-38 共源共栅放大器

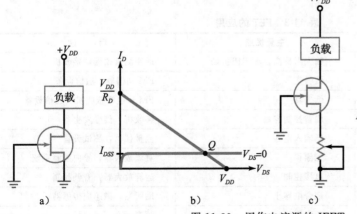

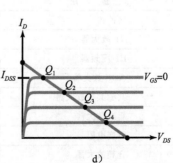

图 11-39 用作电流源的 JFET

点在有源区，则负载电流等于 I_{DSS}，如图 11-39b 所示。如果负载能够容忍由于更换 JFET 可能带来的 I_{DSS} 的改变，则该电路就是非常好的选择。

如果要求负载的恒定电流必须是确定值，则需要在源极使用可调电阻，如图 11-39c 所示。自偏置会产生负的 V_{GS}，通过调整电阻，可以确定不同的 Q 点，如图 11-39d 所示。

这是一种利用 JFET 产生固定负载电流的简单方法，即使负载电阻发生改变，电流仍然保持恒定。在后续章节中，将讨论用运算放大器产生固定负载电流的方法。

11.9.9 电流限制

除了用作电流源，JFET 还可以用来限制电流，电路如图 11-40a 所示。在这种应用中，JFET 工作在电阻区而不是有源区。为了保证 JFET 工作在电阻区，设计时选择图 11-40b 所示的直流负载线，正常的 Q 点在电阻区，正常的负载电流约为 V_{DD}/R_D。

如果负载短路，直流负载线就会变为垂直的。此时，Q 点变为图 11-40b 中所示的新的位置，电流被限制在 I_{DSS}。负载短路通常会产生过量的电流，但是使用 JFET 与负载串联时，电流将被限制在安全值。

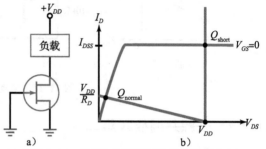

图 11-40　JFET 在负载短路时的限流作用

11.9.10 结论

参看表 11-3。其中一些新的术语将在后续章节中讨论。JFET 缓冲器具有输入阻抗高和输出阻抗低的优点，因此 JFET 自然成为高输入电阻（10MΩ 或更大）设备前端的选择，如电压表、示波器等设备。JFET 栅极的输入阻抗一般高于 100MΩ。

当 JFET 用作小信号放大器时，由于只使用了跨导特性曲线的一小部分，因此可认为它的输出电压与输入电压呈线性关系。电视接收机和收音机的前端信号很小，所以，JFET 经常用作 RF 放大器。

对于信号比较大的情况，需工作在跨导特性曲线的较大范围内，此时平方律特性会导致失真。非线性失真在放大器中是不希望出现的，但在混频器中，平方律失真却是很大的优点。因此相对于双极型晶体管，JFET 在 FM 和电视机混频器应用中具有优势。

如表 11-3 中所示，JFET 用于 AGC 放大器、共源共栅放大器、斩波器、压控电阻、音频放大器和振荡器中。

表 11-3　FET 的应用

应　　用	主要优点	用　　途
缓冲器	输入阻抗高，输出阻抗低	通用测量仪器，接收机
RF 放大器	低噪声	FM 调谐器，通信设备
RF 混频器	低失真	FM 和电视接收机，通信设备
AGC 放大器	增益控制容易	接收机，信号发生器
共源共栅放大器	低输入电容	测量仪器，测试设备
斩波放大器	无漂移	直流放大器，导向控制系统
可变电阻	电压控制	运算放大器，音调控制
音频放大器	耦合电容小	助听器，磁感应传感器
RF 振荡器	频率漂移小	频率标准，接收机

11.10 阅读数据手册

JFET 的数据手册和双极型晶体管的类似，可以找到最大额定值、直流特性、交流特性和机械特性数据等。首先分析最大额定值，因为这些是对 JFET 的电流、电压和其他参量的限制条件。

11.10.1 额定击穿值

如图 11-41 所示，MPF102 的数据手册给出了这些最大额定值：

$$V_{DS} = 25V \quad V_{GS} = -25V \quad P_D = 350mW$$

保守的设计通常会对所有最大额定值设置一定的安全性系数。

如前文所述，减额系数表示器件额定功率值降低的程度。MPF102 的减额系数为 2.8mW/℃，意思是温度高于 25℃ 时，温度每增加 1℃，额定功率值须减小 2.8mW。

11.10.2 I_{DSS} 和 $V_{GS(off)}$

耗尽型器件的数据手册中最重要的两项参数是：最大漏极电流和栅源截止电压。这些值在 MPF102 的数据表中列为：

符 号	最小值	最大值
$V_{GS(off)}$	—	−8V
I_{DSS}	2mA	20mA

请注意：I_{DSS} 的变化范围为 10∶1。在对 JFET 电路进行初步分析时采用理想化近似，原因之一是电流变化范围大，另外一个原因是数据手册中经常有省略值，所以这些参量的值不得不采用理想值。例如，对于 MPF102，$V_{GS(off)}$ 的最小值没有列在数据手册中。

JFET 的另外一个重要的静态特性是 I_{GSS}，即当栅源二极管反偏时的栅电流。可以通过这个电流值确定 JFET 的直流输入阻抗。MPF102 的数据手册中显示，当 $V_{GS} = -15V$ 时 I_{GSS} 值为 2nAdc。此时，栅源电阻为 $R = 15V/2nA = 7500M\Omega$。

11.10.3 JFET 参数列表

表 11-4 中列举了几个不同的 JFET，数据按 g_{m0} 的升序排列。数据手册中显示，它们之中有一些适合在音频使用，另外一些适合在射频使用，而最后的三个 JFET 适合于开关应用。

表 11-4 JFET 举例

器 件	$V_{GS(off)}$，V	I_{DSS}，mA	g_{m0}，μS	R_{DS}，Ω	应 用
J202	−4	4.5	2250	888	音频
2N5668	−4	5	2500	800	RF
MPF3822	−6	10	3333	600	音频
2N5459	−8	16	4000	500	音频
MPF102	−8	20	5000	400	RF
J309	−4	30	15 000	133	RF
BF246B	−14	140	20 000	100	开关
MPF4857	−6	100	33 000	60	开关
MPF4858	−4	80	40 000	50	开关

MPF102

首选器件

JFET VHF放大器
N沟道耗尽型

特性
· 可采用无铅封装

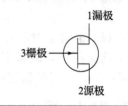

ON Semiconductor®
http://onsemi.com

最大额定值

额定值	符号	数值	单位
漏源电压	V_{DS}	25	DC V
漏栅电压	V_{DG}	25	DC V
栅源电压	V_{GS}	−25	DC V
栅极电流	I_G	10	DC mA
器件总功耗，$T_A=25℃$	P_D	350	mW
25℃以上的减额量		2.8	mW/℃
结温范围	T_J	125	℃
保存温度范围	T_{stg}	−65~+150	℃

最大额定值是指当参数大于该值时，器件将会损坏。最大额定值是相互独立的限制值（不是正常的工作条件），而且在该瞬间是无意义的。如果超过额定值，器件功能会失效，并可能损坏，可靠性也会受到影响。

1漏极

3栅极

2源极

TO−92（TO−2264AA）
29−11
封装5

1
2
3

电学特性 （$T_A=25℃$，除非标明其他条件）

参量	符号	最小值	最大值	单位
截止特性				
栅源击穿电压（IG=DC 10μA，$V_{DS}=0$）	$V_{(BR)GSS}$	−25	—	DC V
栅极反向电流	I_{GSS}			
（$V_{GS}=DC −15V$，$V_{DS}=0$）		—	−2.0	DC nA
（$V_{GS}=DC −15V$，$V_{DS}=0$，$T_A=100℃$）		—	−2.0	DC μA
栅源截止电压	$V_{GS(off)}$	—	−8.0	DC V
（$V_{DS}=DC 15V$，$I_D=DC 2.0nA$）				
栅源电压	V_{GS}	−0.5	−7.5	DC V
（$V_{DS}=DC 15V$，$I_D=DC 2.0nA$）				
导通特性				
零栅压漏极电流 [1]	I_{DSS}	2.0	20	DC mA
（$V_{DS}=DC 15V$，$V_{GS}=DC 0V$）				
小信号特性				
正向传输导纳 [1]	$|y_{fs}|$			μmhos
（$V_{DS}=DC 15V$，$V_{GS}=0$，f=1.0kHz）		2 000	7 500	
（$V_{DS}=DC 15V$，$V_{GS}=0$，f=100MHz）		1 600	—	
输入导纳	$Re(y_{is})$	—	800	μmhos
（$V_{DS}=DC 15V$，$V_{GS}=0$，f=100MHz）				
输出电导	$Re(y_{os})$	—	200	μmhos
（$V_{DS}=DC 15V$，$V_{GS}=0$，f=1.0MHz）				
输入电容	C_{iss}	—	7.0	pF
（$V_{DS}=DC 15V$，$V_{GS}=0$，f=1.0MHz）				
反向传输电容	C_{rss}	—	3.0	pF
（$V_{DS}=DC 15V$，$V_{GS}=0$，f=1.0MHz）				

1. 脉冲检测：脉宽≤630ms，占空比≤10%
*有关我们的无铅焊接策略和焊接细节的更多信息，请下载"安森美焊接和安装技术参考手册SOLDERRM/D"。

标示图

MPF
102
AYWW

MPF102=器件代码
A =封装位置
Y =年
WW =工作周
■ =无铅封装
（注意：小点可能在两个位置）

订货信息

器件	封装	运送
MPF102	TO-92	1000只/包
MPF102G	TO-92（无铅）	1000只/包

该器件是未来应用及获得最佳总体价值的首选。

Semiconductor Components Industries,LLC,2006

January,2006-Rev.3

Publication Order Number:

MPF 102/D

图 11-41 MPF102 数据手册（经安森美半导体授权使用）

JFET 是小信号器件，因为其功率通常在 1W 左右或更小。在音频应用中，JFET 通常用作源极跟随器。在 RF 应用中，它们用作 VHF/UHF 放大器、混频器和振荡器。在开关应用中，JFET 常用作模拟开关。

11.11 JFET 的测试

MPF102 的数据手册中给出最大栅极电流 I_G 是 10mA，即 JFET 所能承受的最大正向栅源或栅漏电流。这种情况出现在栅极与沟道 pn 结正向偏置。如果使用欧姆表或数字万用表进行 JFET 的 pn 结测试，须确认不会导致过量的栅电流。许多模拟伏欧表通常在 R×1 挡内提供约 100mA 的电流，R×100 挡提供 1~2mA 的电流。大部分数字万用表在二极管测试挡时输出电流恒为 1~2mA。这对于 JFET 栅源或栅漏间 pn 结的测试应当是安全的。在检测 JFET 的漏源沟道电阻时，需将栅极引脚和源极引脚连接在一起，否则，会由于沟道产生的电场效应，导致不确定的测量结果。

如果有半导体特性扫描仪，则可测试 JFET 并显示它的漏极特性曲线。图 11-42a 所示是一个简单的 Multisim 测试电路，一次可以显示一条漏极特性曲线。多数示波器有 x-y 显示功能，可以观察到与图 11-42b 类似的漏极特性曲线。通过改变反向偏置电压 V_1，可确定近似的 I_{DSS} 和 $V_{GS(off)}$ 的值。

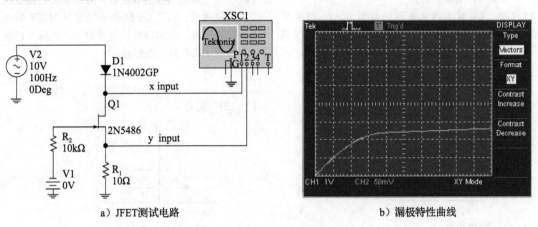

a）JFET测试电路　　　　　　　　　　　b）漏极特性曲线

图 11-42　JFET 测试电路和特性曲线

例如，图 11-42a 所示电路中示波器的 y 输入与 10Ω 的源极电阻相连接。示波器的垂直输入设定为 50mV/格，得到垂直方向的漏极电流为：

$$I_D = \frac{50\text{mV/div}}{10\Omega} = 5\text{mA/div}$$

当 V_1 调到 0V 时，I_D 的值（I_{DSS}）近似为 12mA。可增加 V_1 直至 I_D 为零，得到 $V_{GS(off)}$。

总结

11.1 节　结型场效应晶体管简写为 JFET。JFET 有源极、栅极和漏极；有两个二极管：栅源二极管和栅漏二极管。正常工作时，栅源二极管反向偏置，栅极电压控制漏极电流。

11.2 节　当栅源电压为零时，漏极电流具有最大值。对于 $V_{GS}=0$，夹断电压是电阻区和有源区的分界点。栅源截止电压与夹断电压的大小相等。$V_{GS(off)}$ 使 JFET 截止。

11.3 节　跨导特性曲线是指漏极电流关于栅源电压的特性曲线。V_{GS} 越接近于零，漏极电流增加得越迅速。由于漏极电流的公式中包含平方项，所以 JFET 又称为平方律器件。归一化的跨导特性曲线显示，当 V_{GS} 等于截止电压的一半时，I_D 等于最大值的四分之一。

11.4 节 可以通过栅极偏置将 JFET 设置在电阻区。工作在电阻区时，JFET 等效为一个小电阻 R_{DS}。为确保处于电阻区，可在 $V_{GS}=0$ 和 $I_{D(sat)} \ll I_{DSS}$ 条件下，使 JFET 进入深度饱和状态。

11.5 节 当栅极电压比 V_{GS} 大很多时，用分压器偏置可以在有源区建立稳定的 Q 点。当有正负电源电压时，双电源偏置可用来消除 V_{GS} 变化带来的影响，从而建立稳定的 Q 点。当电源电压不大时，电流源偏置可用来稳定 Q 点。自偏置只适用于小信号放大器，其 Q 点稳定性不如其他偏置。

11.6 节 跨导 g_m 表示栅极电压对漏极电流控制的有效程度。g_m 的值是跨导特性曲线的斜率，V_{GS} 越接近零点 g_m 值越大。数据手册中列出的 g_{fs} 和西门子（simens），与 g_m 和姆欧（mhos）是等价的。

11.7 节 CS 放大器的电压增益为 $g_m r_d$，产生反向的输出信号。JFET 放大器最主要的应用之一是源极跟随器，它的输入电阻很高，经

常应用于系统前端。

11.8 节 JFET 可作为模拟开关，用于导通和阻止交流小信号。为能实现该功能，根据 V_{GS} 的高或低，JFET 被偏置在深度饱和区或截止区。JFET 开关可采用并联或串联形式，串联开关具有较高的开关比。

11.9 节 JFET 可用于多路复用器（电阻区）、斩波放大器（电阻区）、缓冲放大器（有源区）、压控电阻（电阻区）、AGC 电路（电阻区）、共源共栅放大器（有源区）、电流源（有源区），以及限流器（电阻区和有源区）。

11.10 节 JFET 属于小信号器件，多数 JFET 的额定功率小于 1W。阅读数据手册时，首先应找到最大额定值。有些数据手册中省略了最小 $V_{GS(off)}$ 和其他参数。JFET 参数的离散性较大，所以在做初步分析和故障诊断时可以采用理想化近似。

11.11 节 可使用欧姆表或数字万用表的二极管挡来测试 JFET。要注意不能超过 JFET 的电流极限。使用特性扫描仪和相应电路可以显示 JFET 的动态特性。

定义

(11-1) 夹断点的欧姆电阻

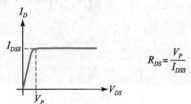

$$R_{DS} = \frac{V_P}{I_{DSS}}$$

(11-5) 深度饱和

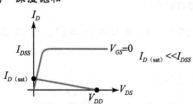

$$I_{D(sat)} \ll I_{DSS}$$

(11-13) 跨导

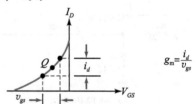

$$g_m = \frac{i_d}{v_{gs}}$$

(11-19) 原点附近的欧姆电阻

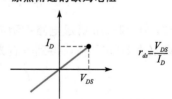

$$r_{ds} = \frac{V_{DS}}{I_D}$$

推论

(11-2) 栅源截止电压

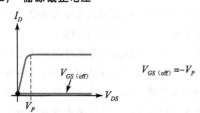

$$V_{GS(off)} = -V_P$$

(11-3) 漏极电流

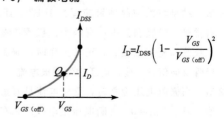

$$I_D = I_{DSS} \left(1 - \frac{V_{GS}}{V_{GS(off)}} \right)^2$$

(11-7) 自偏置

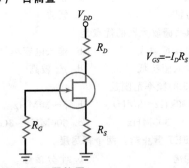

$$V_{GS} = -I_D R_S$$

(11-10) 分压器偏置

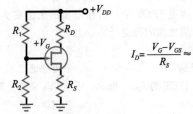

$$I_D = \frac{V_G - V_{GS}}{R_S} \approx \frac{V_G}{R_S}$$

(11-12) 源极偏置

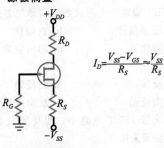

$$I_D = \frac{V_{SS} - V_{GS}}{R_S} \approx \frac{V_{SS}}{R_S}$$

(11-13) 电流源偏置

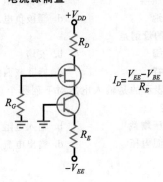

$$I_D = \frac{V_{EE} - V_{BE}}{R_E}$$

(11-15) 栅源截止电压

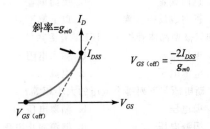

$$V_{GS\,(off)} = \frac{-2I_{DSS}}{g_{m0}}$$

(11-16) 跨导

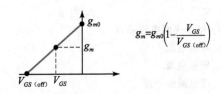

$$g_m = g_{m0}\left(1 - \frac{V_{GS}}{V_{GS\,(off)}}\right)$$

(11-17) CS 电压增益

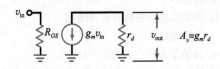

$$A_v = g_m r_d$$

(11-18) 源极跟随器

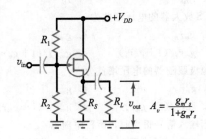

$$A_v = \frac{g_m r_s}{1 + g_m r_s}$$

选择题

1. JFET

  a. 是电压控制器件   b. 是电流控制器件

  c. 输入电阻低   d. 电压增益很高

2. 单极型晶体管工作时

  a. 用到自由电子和空穴

  b. 只用到自由电子

  c. 只用到空穴

  d. 用到自由电子或空穴，但不是同时用到

3. JFET 的输入阻抗

  a. 近似为零   b. 近似为 1

  c. 近似为无穷   d. 不可预测

4. 栅极控制

  a. 沟道的宽度   b. 漏极电流

  c. 栅极电压   d. 以上都对

5. JFET 的栅源二极管应该
   a. 正向偏置
   b. 反向偏置
   c. 正向或反向偏置
   d. 以上都不对

6. 和双极型晶体管相比，JFET 有更高的
   a. 电压增益
   b. 输入电阻
   c. 电源电压
   d. 电流

7. 夹断电压与下列哪个电压的大小相等？
   a. 栅电压
   b. 漏源电压
   c. 栅源电压
   d. 栅源截止电压

8. 当漏极饱和电流小于 I_{DSS} 时，JFET 的特性如同
   a. 双极型晶体管
   b. 电流源
   c. 电阻
   d. 电池

9. R_{DS} 等于夹断电压除以
   a. 漏极电流
   b. 栅极电流
   c. 理想漏极电流
   d. 零栅压下的漏极电流

10. 跨导特性曲线是
    a. 线性的
    b. 和电阻的伏安特性曲线类似
    c. 非线性的
    d. 和单条漏极特性曲线一样

11. 当漏极电流接近下列哪个值时，跨导增加？
    a. 0
    b. $I_{D(\text{sat})}$
    c. I_{DSS}
    d. I_S

12. CS 放大器的电压增益为
    a. $g_m r_d$
    b. $g_m r_s$
    c. $g_m r_s/(1+g_m r_s)$
    d. $g_m r_d/(1+g_m r_d)$

13. 源极跟随器的电压增益为
    a. $g_m r_d$
    b. $g_m r_s$
    c. $g_m r_s/(1+g_m r_s)$
    d. $g_m r_d/(1+g_m r_d)$

14. 当输入信号很大时，源极跟随器
    a. 电压增益小于 1
    b. 有一些失真
    c. 输入电阻大
    d. 以上都对

15. JFET 模拟开关的输入信号应该是
    a. 较小
    b. 较大
    c. 方波
    d. 斩波

16. 共源共栅放大器的优点是
    a. 电压增益大
    b. 输入电容小
    c. 输入阻抗低
    d. g_m 较高

17. VHF 的频率范围是
    a. $300\text{kHz}\sim3\text{MHz}$
    b. $3\sim30\text{MHz}$
    c. $30\sim300\text{MHz}$
    d. $300\text{MHz}\sim3\text{GHz}$

18. 当 JFET 截止时，两个耗尽层
    a. 远离
    b. 十分接近
    c. 相互接触
    d. 导通

19. 在 n 沟道 JFET 中，当栅电压的负值变大时，耗尽层之间的沟道
    a. 缩小
    b. 扩展
    c. 导通
    d. 不再导通

20. 如果 JFET 的 $I_{DSS}=8\text{mA}$，$V_P=4\text{V}$，则 R_{DS} 等于
    a. 200Ω
    b. 320Ω
    c. 500Ω
    d. $5\text{k}\Omega$

21. 将 JFET 偏置于电阻区的最简单的方式是
    a. 分压器偏置
    b. 自偏置
    c. 栅极偏置
    d. 源极偏置

22. 自偏置产生
    a. 正反馈
    b. 负反馈
    c. 前向反馈
    d. 反向反馈

23. 在自偏置 JFET 电路中，要得到负的栅源电压，必须采用
    a. 分压器
    b. 源极电阻
    c. 接地
    d. 栅极负电压源

24. 跨导的量纲是
    a. 欧姆
    b. 安培
    c. 伏特
    d. 姆欧或西门子

25. 跨导表示的是输入电压对下列哪个量的控制程度？
    a. 电压增益
    b. 输入电阻
    c. 电源电压
    d. 输出电流

习题

11.1 节

11-1 当负电压是 -15V 时，2N5458 的栅极电流为 1nA。求栅极的输入电阻。

11-2 当负电压是 -20V，且环境温度是 100℃ 时，2N5460 的栅极电流为 $1\mu\text{A}$。求栅极的输入电阻。

11.2 节

11-3 JFET 的 $I_{DSS}=20\text{mA}$，$V_P=4\text{V}$。求最大漏极电流、栅源截止电压和 R_{DS} 的值。

11-4 2N5555 的 $I_{DSS}=16\text{mA}$，$V_{GS(\text{off})}=-2\text{V}$。求该 JFET 的夹断电压和漏源电阻 R_{DS}。

11-5 2N5457 的 $I_{DSS}=1\sim5\text{mA}$，$V_{GS(\text{off})}=-0.5\sim-6\text{V}$。求 R_{DS} 的最小值和最大值。

11.3 节

11-6 2N5462 的 $I_{DSS}=16\text{mA}$，$V_{GS(\text{off})}=-6\text{V}$。求半截止点处的栅极电压和漏极电流。

11-7 2N5670 的 $I_{DSS} = 10\text{mA}$，$V_{GS(\text{off})} = -4\text{V}$。求半截止点处的栅极电压和漏极电流。

11-8 如果 2N5486 的 $I_{DSS} = 14\text{mA}$，$V_{GS(\text{off})} = -4\text{V}$，当 $V_{GS} = -1\text{V}$ 时，漏极电流是多少？当 $V_{GS} = -3\text{V}$ 时，漏极电流是多少？

11.4 节

11-9 求图 11-43a 电路中的漏极饱和电流和漏极电压。

11-10 将图 11-43a 电路中的 10kΩ 电阻提高到 20kΩ，求漏极电压。

11-11 求图 11-43b 电路中的漏极电压。

11-12 将图 11-43b 电路中的 20kΩ 电阻减小到 10kΩ，求漏极饱和电流和漏极电压。

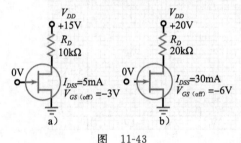

图 11-43

11.5 节

问题 11-13～11-20 中的计算均属于对电路的初步分析。

11-13 求图 11-44a 电路的理想漏极电压。

11-14 画出图 11-44a 电路的直流负载线和 Q 点。

11-15 求图 11-44b 电路的理想漏极电压。

11-16 将图 11-44b 电路中的 18kΩ 改为 30kΩ，求漏极电压。

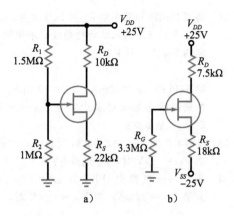

图 11-44

11-17 求图 11-45a 电路的漏极电流和漏极电压。

11-18 将图 11-45a 电路中的 7.5kΩ 改为 4.7kΩ，求漏极电流和漏极电压。

11-19 如果图 11-45b 电路中的漏极电流为 1.5mA，求 V_{GS} 和 V_{DS}。

11-20 如果图 11-45b 电路中 1kΩ 两端的电压是 1.5V，求漏极和地之间的电压。

利用图 11-45c 和图解法，求解 11-21～11-24 的问题。

11-21 利用图 11-45c 所示的跨导特性曲线，求解图 11-44a 电路的 V_{GS} 和 I_D。

11-22 利用图 11-45c 所示的跨导特性曲线，求解图 11-45a 电路的 V_{GS} 和 V_D。

11-23 利用图 11-45c 所示的跨导特性曲线，求解图 11-45b 电路的 V_{GS} 和 I_D。

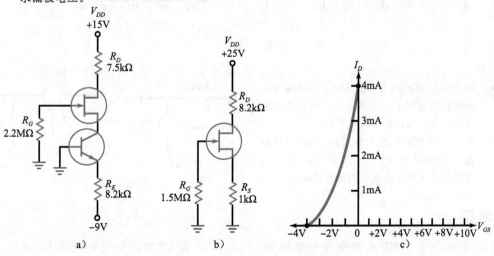

图 11-45

11-24 将图 11-45b 电路中的 R_S 从 1kΩ 改为 2kΩ，利用图 11-45c 所示的特性曲线，求解该电路的 V_{GS}、I_D 和 V_{DS}。

11.6 节

11-25 2N4416 的 $I_{DSS}=10\text{mA}$，$g_{m0}=4000\mu S$。它的栅源截止电压是多少？当 $V_{GS}=-1V$ 时，g_m 是多少？

11-26 2N3370 的 $I_{DSS}=2.5\text{mA}$，$g_{m0}=1500\mu S$。当 $V_{GS}=-1V$ 时，g_m 是多少？

11-27 图 11-46a 电路中 JFET 的 $g_{m0}=6000\mu S$。如果 $I_{DSS}=12\text{mA}$，当 $V_{GS}=-2V$ 时，I_D 的近似值为多少？求出该 I_D 下的 g_m。

11.5 节

11-28 如果图 11-46a 电路中的 $g_m=3000\mu S$，求交流输出电压。

11-29 图 11-46a 所示 JFET 放大器的跨导特性曲线如图 11-46b，求该电路的交流输出电压的近似值。

11-30 如果图 11-47a 所示源极跟随器的 $g_m=2000\mu S$。求交流输出电压。

11-31 图 11-47a 所示源极跟随器的跨导特性曲线如图 11-47b。求该电路的交流输出电压。

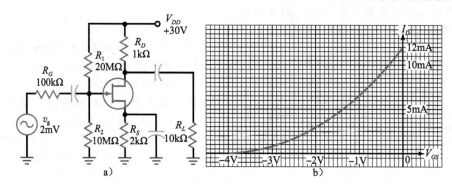

图 11-46

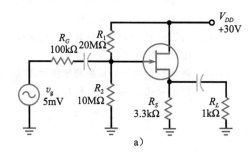

图 11-47

11.8 节

11-32 图 11-48a 的输入电压是 50mV（峰峰值）。分别求出当 $V_{GS}=0V$ 和 $V_{GS}=-10V$ 时的输出电压。求该电路的开关比。

11-33 图 11-48b 电路的输入电压是 25mV（峰峰值）。分别求出当 $V_{GS}=0V$ 和 $V_{GS}=-10V$ 时的输出电压。求该电路的开关比。

思考题

11-34 如果一个 JFET 的漏极特性曲线如图 11-49a 所示，I_{DSS} 等于多少？电阻区 V_{DS} 的最大值是多少？当 JFET 作为电流源工作时，V_{DS} 的电压范围是什么？

11-35 写出特性曲线如图 11-49b 所示的 JFET 的跨导公式。分别求出当 $V_{GS}=-4V$ 和

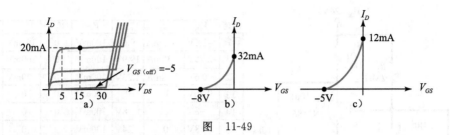

图 11-49

$V_{GS} = -2V$ 时的漏极电流。

11-36 如果 JFET 具有如图 11-49c 所示的平方律特性曲线，当 $V_{GS} = -1V$ 时，漏极电流为多少？

11-37 求图 11-50 电路的直流漏极电压。如果 $g_m = 2000\mu S$，求交流输出电压。

11-38 图 11-51 所示是一个 JFET 直流电压表电路。在测量之前应先进行调零，并定期进行校准，保证当输入为 2.5V 时，显示满量程。对于不同 FET 参数的变化以及 FET 的老化效应，均需要进行校准。

　　a. 经过 510Ω 电阻的电流等于 4mA。求源极对地的直流电压。

　　b. 如果没有电流经过毫安表，则滑动片偏离零点的电压为多少？

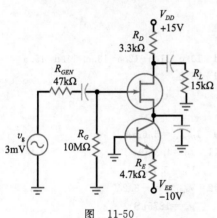

图 11-50

　　c. 如果 2.5V 的输入电压使电流表显示 1mA 的满量程。求输入电压为 1.25V 时产生的电流。

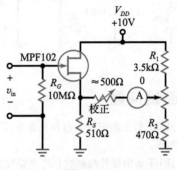

图 11-51

11-39 图 11-52a 电路中 JFET 的 I_{DSS} 为 16mA，R_{DS} 为 200Ω。如果负载电阻为 10kΩ，负载电流和 JFET 上的电压是多少？如果负载短路，负载电流和 JFET 上的电压是多少？

11-40 图 11-52b 所示是 AGC 放大器电路的一部分，直流电压从输出级反馈到前级。图 11-46b 是跨导特性曲线。分别求解下列各情况下的电压增益。

　　a. $V_{AGC} = 0$ 　　　b. $V_{AGC} = -1V$
　　c. $V_{AGC} = -2V$ 　　d. $V_{AGC} = -3V$
　　e. $V_{AGC} = -3.5V$

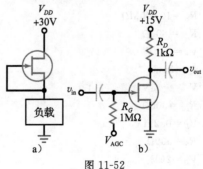

图 11-52

故障诊断

||| **Multisim** 使用图 11-53 和故障诊断表求解下列问题。

11-41 确定故障 1。

11-42 确定故障 2。

11-43 确定故障 3。

11-44 确定故障 4。

11-45 确定故障 5。

11-46 确定故障 6。

11-47 确定故障 7。

11-48 确定故障 8。

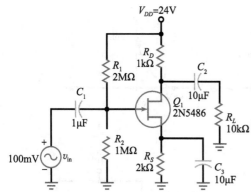

故障	V_{GS}	I_D	V_{DS}	V_g	V_s	V_d	V_{out}
正常	−1.6V	4.8mA	9.6V	100mV	0	357mV	357mV
T1	−2.75V	1.38mA	19.9V	100mV	0	200mV	200mV
T2	0.6V	7.58mA	1.25V	100mV	0	29mV	29mV
T3	0.56V	0	0	100mV	0	0	0
T4	−8V	0	8V	100mV	0	0	0
T5	8V	0	24V	100mV	0	0	0
T6	−1.6V	4.8mA	9.6V	100mV	87mV	40mV	40mV
T7	−1.6V	4.8mA	9.6V	100mV	0	397mV	0
T8	0	7.5mA	1.5V	1mV		0	0

图 11-53 故障诊断

求职面试问题

1. 解释 JFET 的工作原理，包括夹断电压和栅源截止电压。
2. 画出 JFET 的漏极特性曲线和跨导特性曲线。
3. 比较 JFET 和双极型晶体管，分别评价它们各自的优缺点。
4. 如何判断 FET 工作在电阻区还是饱和区？
5. 画出源极跟随器并解释它的工作原理。
6. 画出 JFET 并联开关和串联开关并解释其工作原理。

7. 描述 JFET 作为静态电开关的工作原理。
8. BJT 和 JFET 的输出电流分别由哪种输入量控制？如果控制量不同，请解释原因。
9. JFET 是通过设置栅极电压控制电流的器件，请解释工作原理。
10. 共源共栅放大器的优点是什么？
11. 说明为什么将 JFET 作为无线电接收机前端的第一个放大器件？

选择题答案

1. a　2. d　3. c　4. d　5. b　6. b　7. d　8. c　9. d　10. c　11. c　12. a　13. c　14. d　15. a
16. b　17. c　18. c　19. a　20. c　21. c　22. b　23. b　24. d　25. d

自测题答案

11-1　$R_{in} = 10\,000\text{M}\Omega$

11-2　$R_{DS} = 600\Omega$
　　　$V_P = 3.0\text{V}$

11-4　$I_D = 3\text{mA}$
　　　$V_{GS} = -3\text{V}$

11-5　$R_{DS} = 300\Omega$
　　　$V_D = 0.291\text{V}$

11-6　$R_S = 500\Omega$
　　　$V_D = 26\text{V}$

11-7　$V_{GS(min)} = -0.85$
　　　$I_{D(min)} = 2.2\text{mA}$
　　　$V_{GS(max)} = -2.5\text{V}$
　　　$I_{D(max)} = 6.4\text{mA}$

11-8　$I_D = 4\text{mA}$
　　　$V_{DS} = 12\text{V}$

11-9　$I_{D(max)} = 5.6\text{mA}$

11-11　$I_D = 4.3\text{mA}$
　　　$V_D = 5.7\text{V}$

11-12　$V_{GS(off)} = -3.2\text{V}$
　　　$g_m = 1875\mu\text{S}$

11-13　$v_{out} = 5.3\text{mV}$（峰峰值）

11-14　$v_{out} = 0.714\text{mV}$

11-15　$A_v = 0.634$

11-16　$A_v = 0.885$

11-17　$R_{DS} = 400\Omega$
　　　开关比 = 26

11-18　$v_{out(on)} = 9.6\text{mV}$
　　　$v_{out(off)} = 10\mu\text{V}$
　　　开关比 = 960

11-19　$V_p = 99.0\text{mV}$

第12章

MOS 场效应晶体管

　　金属-氧化物-半导体场效应晶体管（**MOSFET**）由源极、栅极和漏极构成。MOS 场效应晶体管与结型场效应晶体管的不同在于，它的栅极与沟道之间是绝缘的。因此，MOS 管的栅极电流更小。MOS 管有时也称绝缘栅场效应晶体管（Insulated-Gate FET，IGFET）。

　　MOS 场效应晶体管有两类：耗尽型和增强型。增强型 MOS 管广泛用于分立电路和集成电路。在分立电路中，MOS 管主要用作电源开关，控制大电流的导通和关断。在集成电路中，MOS 管主要用作数字开关，这是现代计算机内部的基本操作。耗尽型 MOS 管的使用虽然不多，但仍在通信电路射频前端的射频放大器中有所应用。

目标

在学习完本章后，你应该能够：

■ 解释增强型和耗尽型 MOS 管的特性和工作原理；

■ 画出增强型和耗尽型 MOS 管的特性曲线图；

■ 描述增强型 MOS 管用作数字开关的工作原理；

■ 画出典型 CMOS 数字开关电路图，并解释其工作原理；

■ 比较功率场效应管和功率双极型晶体管的特性；

■ 描述几种功率场效应管的名称及其应用；

■ 描述高侧负载开关的工作原理；

■ 解释分立和单片 H 桥电路的工作原理；

■ 分析增强型和耗尽型 MOS 管放大器电路的直流和交流特性。

关键术语

有源负载电阻（active-load resistor）

模拟（analog）

互补 MOS 管（complementary MOS，CMOS）

直流-交流转换器（dc-to-ac converter）

直流-直流转换器（dc-to-dc converter）

耗尽型 MOS 场效应晶体管（depletion-mode MOSFET）

数字（digital）

漏极反馈偏置（drain-feedback bias）

增强型 MOS 场效应晶体管（enhancement-mode MOSFET）

高侧负载开关（high-side load switch）

浪涌电流（inrush current）

接口（interface）

金属-氧化物-半导体场效应晶体管（metal-oxide semiconductor FET，MOS-FET）

寄生体二极管（parasitic body-diode）

功率场效应晶体管（power FET）

衬底（substrate）

阈值电压（threshold voltage）

不间断电源（uninterruptible power supply，UPS）

垂直 MOS 管（vertical MOS，VMOS）

12.1　耗尽型 MOS 场效应晶体管

　　图 12-1 所示是一个**耗尽型 MOS 场效应晶体管**（**DMOS**）。左边是 n 型区，与绝缘栅相

连。右边是 p 型区，该区域称为**衬底**。电子从源极流向漏极时，必须经过栅极与衬底之间的狭窄沟道。在沟道左侧表面淀积了一层很薄的二氧化硅（SiO_2），二氧化硅和玻璃一样是绝缘体。MOS 管的栅极是金属的[⊖]。由于金属栅与沟道之间是绝缘的，即使栅电压是正的，栅极电流也可以忽略不计。

知识拓展　耗尽型 MOS 管和 JFET 一样，都是常通器件。即当 $V_{GS}=0$ 时，有漏极电流。对于 JFET 而言，I_{DSS} 是漏极电流的最大值。而对于耗尽型 MOS 管，只要栅压偏置的极性正确，使得沟道中的载流子数量增加，则产生的漏极电流可以大于 I_{DSS}。如 n 沟道耗尽型 MOS 管，当 V_{GS} 为正时，漏极电流 I_D 大于 I_{DSS}。

图 12-2a 所示是一个栅电压为负的耗尽型 MOS 管。电源电压 V_{DD} 使自由电子从源极流向漏极，经过 p 型衬底左侧的狭窄沟道。与 JFET 一样，栅极电压控制沟道的宽度。栅极电压负值越大，漏极电流越小。当栅极负电压足够大时，漏极电流截止。因此，当 V_{GS} 取负值时，耗尽型 MOS 管的工作原理与 JFET 是相似的。

因为栅极是绝缘的，所以栅极可以加正电压，如图 12-2b 所示。正栅压使通过沟道的自由电子数量增加。栅极正电压越大，源极到漏极的电流越大，其导电性能越强。

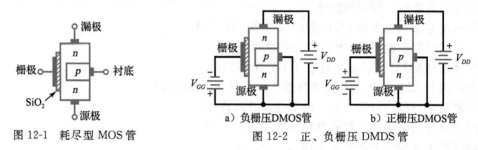

图 12-1　耗尽型 MOS 管

a）负栅压DMOS管　　b）正栅压DMOS管

图 12-2　正、负栅压 DMDS 管

12.2　耗尽型 MOS 场效应晶体管特性曲线

图 12-3a 所示是典型 n 沟道耗尽型 MOS 管的一组漏极特性曲线。在 $V_{GS}=0$ 以上的曲线是正偏压，在 $V_{GS}=0$ 以下的曲线是负偏压。和 JFET 一样，底部的曲线对应 $V_{GS}=V_{GS(off)}$，此处漏极电流近似为零。当 $V_{GS}=0V$ 时，漏极电流等于 I_{DSS}。这说明耗尽型 MOS 管（DMOS 管）是常通器件。当 V_{GS} 取负值时，漏极电流将减小。与 n 沟道 JFET 相比，n 沟道 DMOS 管在 V_{GS} 取正值时仍可以正常工作，因为不会导致 pn 结的正偏。当 V_{GS} 为正时，I_D 将以平方律关系增加，公式如下：

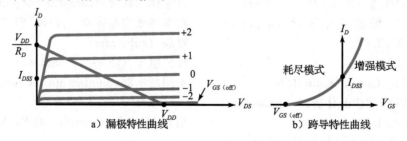

a）漏极特性曲线　　b）跨导特性曲线

图 12-3　n 沟道耗尽型 MOS 管

⊖　目前标准 CMOS 工艺中 MOS 管的栅极材料采用的是多晶硅。——译者注

$$I_D = I_{DSS}\left(1 - \frac{V_{GS}}{V_{GS(\text{off})}}\right)^2 \tag{12-1}$$

当 V_{GS} 为负值时，DMOS 管工作在耗尽模式。当 V_{GS} 为正值时，DMOS 管则工作在增强模式。和 JFET 一样，DMOS 管特性曲线包括了电阻区、恒流区和截止区。

图 12-3b 所示是 DMOS 管的跨导特性曲线。I_{DSS} 是栅源短路时的漏极电流，它不再是最大的漏极电流。这个撬杠形状的跨导特性曲线与 JFET 的相同，符合平方律关系。因此，耗尽型 MOS 管与 JFET 的分析方法也几乎相同，主要区别是耗尽型 MOS 管的 V_{GS} 既可以取正值也可以取负值。

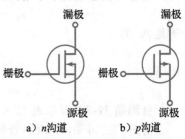

图 12-4　DMOS 管的电路符号

DMOS 管也可以是 p 沟道的。它由源漏间的 p 型沟道和 n 型衬底构成，其栅极与沟道是绝缘的。p 沟道 MOS 管与 n 沟道 MOS 管的特性是互补的。两种 DMOS 管的电路符号如图 12-4 所示。

例 12-1　DMOS 管的 $V_{GS(\text{off})} = -3\text{V}$，$I_{DSS} = 6\text{mA}$。求当 V_{GS} 取值为 -1V、-2V、0V、$+1\text{V}$、$+2\text{V}$ 时的漏极电流。

解：由式（12-1）的平方关系，得：

$$V_{GS} = -1\text{V}, \quad I_D = 2.67\text{mA}$$
$$V_{GS} = -2\text{V}, \quad I_D = 0.667\text{mA}$$
$$V_{GS} = 0\text{V}, \quad I_D = 6\text{mA}$$
$$V_{GS} = +1\text{V}, \quad I_D = 10.7\text{mA}$$
$$V_{GS} = +1\text{V}, \quad I_D = 16.7\text{mA}$$

自测题 12-1　当 $V_{GS(\text{off})} = -4\text{V}$，$I_{DSS} = 4\text{mA}$ 时，重新计算例 12-1。

12.3　耗尽型 MOS 场效应晶体管放大器

耗尽型 MOS 管的特性很明显，它可以在正栅压和负栅压下工作。因此，可以将 Q 点设为 $V_{GS} = 0\text{V}$，如图 12-5a 所示。当输入信号为正时，漏极电流 I_D 大于 I_{DSS}。当输入信号为负时，漏极电流 I_D 小于 I_{DSS}。因为没有 pn 结被正偏，所以 MOS 管的输入电阻始终非常高。由于可以设置零偏压，因此可采用非常简单的偏置电路，如图 12-5b 所示。因为栅极电流 I_G 为零，$V_{GS} = 0\text{V}$ 且 $I_D = I_{DSS}$，所以漏极电压为：

$$V_{DS} = V_{DD} - I_{DSS}R_D \tag{12-2}$$

由于 DMOS 管是常通器件，可以在源极加一个电阻实现自偏置，其工作特性与自偏置 JFET 电路相同。

例 12-2　DMOS 管放大器如图 12-6 所示，$V_{GS(\text{off})} = -2\text{V}$，$I_{DSS} = 4\text{mA}$，$g_{m0} = 2000\mu\text{S}$。求电路的输出电压。

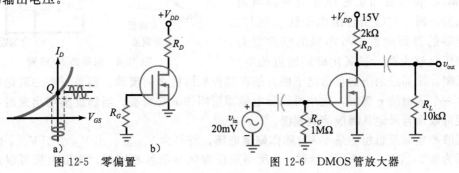

图 12-5　零偏置　　　　图 12-6　DMOS 管放大器

解：由于 DMOS 管的源极接地，$V_{GS}=0V$ 且 $I_D=4mA$，所以：

$$V_{DS} = 15V - 4mA \times 2k\Omega = 7V$$

因为 $V_{GS}=0V$，$g_m=g_{m0}=2000\mu S$，放大器的电压增益为：

$$A_v = g_m r_d$$

漏极交流电阻等效为：

$$r_d = R_D \| R_L = 2k\Omega \| 10k\Omega = 1.76k\Omega$$

于是 A_v 为：

$$A_v = 2000\mu S \times 1.76k\Omega = 3.34$$

所以：

$$v_{out} = v_{in} \times A_v = 20mV \times 3.34 = 66.8mV \qquad \blacktriangleleft$$

自测题 12-2　如果图 12-6 电路中 MOS 管的 g_{m0} 值是 $3000\mu S$，那么 V_{out} 的值是多少？

由例 12-2 可知，DMOS 管的电压增益相对较低。该器件的主要优点之一是输入电阻很高，因而可以用来解决电路的负载问题。同时，MOS 管具有优异的低噪声性能，当信号很弱时，在系统前端各级使用 MOS 管具有明显优势。这种应用在通信电子电路中非常普遍。

有些 DMOS 管是双栅极器件，如图 12-7 所示。一个栅极接入输入信号，另一个栅极则可连接用于自动控制增益的直流电压。这使得 MOS 管的电压增益可控，且随输入信号的强度变化而变化。

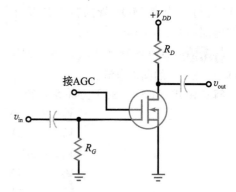

图 12-7　双栅极 MOS 管

12.4　增强型 MOS 场效应晶体管

耗尽型 MOS 管是**增强型 MOS 场效应晶体管**（简写为 EMOS 管）的一个衍生类型。如果没有 EMOS 管，就不会有现在如此普及的个人计算机。

12.4.1　基本概念

图 12-8a 所示是 EMOS 管，p 型衬底延展到表面的二氧化硅层。可见，源极和漏极之间是没有 n 沟道的。下面介绍 EMOS 管的工作原理。图 12-8b 显示的是通常的偏置极性，当栅极电压为零时，源极和漏极之间的电流为零。因此，EMOS 管在栅电压为零时是常断的。

EMOS 管需要加正栅压才能获得电流。当栅压为正时，它吸引自由电子到 p 区与二氧化硅层的界面附近，与那里的空穴复合。当正栅压足够大时，二氧化硅层附近的空穴

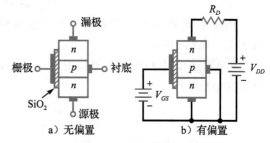

图 12-8　增强型 MOS 管

都被填满，则那里余下的自由电子便开始在源极和漏极之间流动。相当于在二氧化硅层附近产生一个很薄的 n 型层，这个可以导电的薄层叫作 n 反型层。当该反型层出现时，自由电子便可以很容易地从源极流到漏极。

能够产生 n 反型层的最小 V_{GS} 称作**阈值电压**，符号为 $V_{GS(th)}$。当 V_{GS} 小于 $V_{GS(th)}$ 时，漏极电流为零。当 V_{GS} 大于 $V_{GS(th)}$ 时，n 反型层使源区和漏区相连接，漏极电流可以从中流

过。小信号器件的典型 $V_{GS(th)}$ 值为 $1\sim3V$ ⊖。

JFET 被认为是耗尽型器件，因为它的导电性能取决于耗尽层的情况。EMOS 管则被认为是增强型器件，因为栅源电压大于阈值电压时可使导电性能增强。当栅电压为零时，JFET 导通，而 EMOS 管截止。所以，EMOS 管被认为是常断器件。

知识拓展　EMOS 管的 V_{GS} 必须大于 $V_{GS(th)}$ 才能获得漏极电流。因此，对 EMOS 管不能采用自偏置、电流源偏置和零偏置方法，这些偏置方法只适用于耗尽型工作模式。对于 EMOS 管的偏置方法只有栅极偏置、分压器偏置和源极偏置。

12.4.2　漏极特性曲线

小信号 EMOS 管的额定功率为 1W 或更小。图 12-9a 所示是一组典型小信号 EMOS 管的输出特性曲线。最下面的曲线对应于 $V_{GS(th)}$。当 V_{GS} 小于 $V_{GS(th)}$ 时，漏极电流近似为零。当 V_{GS} 大于 $V_{GS(th)}$ 时，晶体管导通，且其漏极电流受栅电压控制。

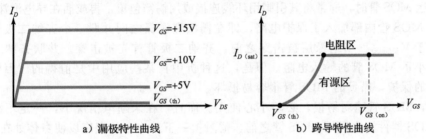

a）漏极特性曲线　　　　b）跨导特性曲线

图 12-9　EMOS 特性图

图中曲线几乎垂直的部分是电阻区，几乎水平的部分是有源区。当偏置在电阻区时，EMOS 管等效为电阻。当偏置在有源区时，则等效为电流源。虽然 EMOS 管可以工作在有源区，但其主要的应用是在电阻区。

图 12-9b 所示是一个典型的跨导特性曲线。当 V_{GS} 小于 $V_{GS(th)}$ 时，漏极电流为零。V_{GS} 大于 $V_{GS(th)}$ 后，漏极电流随着 V_{GS} 的增加迅速增加，达到饱和电流 $I_{D(sat)}$。当 V_{GS} 超过该点后，则工作在电阻区。所以，当 V_{GS} 继续增加时，电流不再增加。为确保晶体管处于深度饱和状态，栅源电压 $V_{GS(on)}$ 应远大于 $V_{GS(th)}$，如图 12-9b 所示。

12.4.3　电路符号

当 $V_{GS}=0$ 时，源漏之间没有导电沟道，因而 EMOS 管截止。图 12-10a 所示的电路符号以间断的沟道表示该器件的常断状态。当 V_{GS} 大于 $V_{GS(th)}$ 时，产生 n 反型层将源极和漏极连接起来。图中的箭头指向反型层，表示当器件导通时，形成的是 n 沟道。

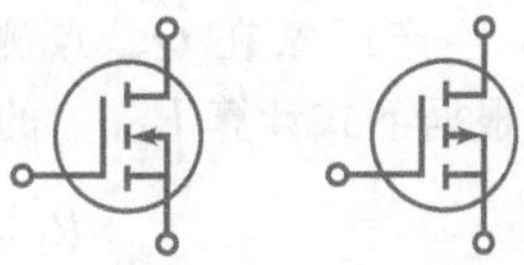

图 12-10b 所示是 p 沟道 EMOS 管的电路符号，与 n 沟道不同的是它的箭头方向指向外侧。

a）n沟道器件　　b）p沟道器件

图 12-10　EMOS 管的电路符号

p 沟道 EMOS 管也是一种通常处于截止状态的增强模式器件。若使 EMOS 管的 p 沟道导通，需要施加负的栅源电压。$-V_{GS}$ 的值必须达到或超过 $-V_{GS(th)}$。当达到该条件时，则以空穴为多数载流子的 p 型反型层形成。n 沟道 EMOS 管的多数载流子是电子，比 p 沟道中空穴的迁移率要高。因此 n 沟道 EMOS 管的导通电阻 $R_{DS(on)}$ 更低，开关速度更快。

⊖　在采用深亚微米 CMOS 工艺实现的集成电路中，阈值电压值更低些。——译者注

知识拓展 EMOS 管常用于 AB 类放大器，其偏置电压 V_{GS} 微高于 $V_{GS(th)}$。这种"极低偏置"是为了避免交越失真。DMOS 管则不适于 B 类或 AB 类放大器，因为它在 $V_{GS} = 0$ 时的漏极电流较大。

12.4.4 最大栅源电压

MOS 管有一层很薄的二氧化硅绝缘层，能够阻止栅电流。该绝缘层应尽可能薄，使栅极电压对漏极电流的控制作用更强。由于绝缘层很薄，所以当栅源电压过大时，很容易被击穿。

例如，2N7000 的额定 $V_{GS(max)}$ 为 $\pm 20V$，当栅源电压大于 $+20V$ 或小于 $-20V$ 时，这层很薄的绝缘层将被击穿。

除了将过大的电压直接加到栅源之间以外，一些其他敏感行为也可能造成绝缘薄层的损坏。当从电路中插入或拔出 MOS 管时，如果电源未切断，那么瞬间的感应电压有可能超过额定 $V_{GS(max)}$。甚至拿起 MOS 管时也可能由于积累的静电荷过多而使电压超过 $V_{GS(max)}$。因此，在装运 MOS 管时，通常将其引脚用环线连接或用锡箔包覆，再或插在导电泡沫中。

有些 MOS 管内部加入了保护电路，即在栅极和源极之间并联一个齐纳二极管，且齐纳电压小于 $V_{GS(max)}$。当绝缘层被击穿之前，齐纳二极管首先被击穿。并联齐纳二极管的缺点是减小了 MOS 管的输入电阻。但是，这种折中在某些应用中是值得的。因为如果没有齐纳管的保护，昂贵的 MOS 管很容易损坏。

总之，MOS 管脆弱易损，必须小心使用。而且，在未断电情况下，一定不要从电路中拔插 MOS 器件。在取用 MOS 管之前，需触摸一下工作台的底座以使身体处在地电位。

12.5 电阻区

尽管 EMOS 管可以被偏置在有源区工作，但由于它的主要应用是开关器件，所以在有源区工作的情况并不多。其典型的输入电压为高电平或者低电平，低电平为 0V，高电平为数据手册中给定的 $V_{GS(on)}$。

12.5.1 漏源导通电阻

当 EMOS 管被偏置在电阻区时，相当于一个电阻 $R_{DS(on)}$。几乎所有数据手册中都会列出该电阻在特定漏极电流和栅源电压下的阻值。

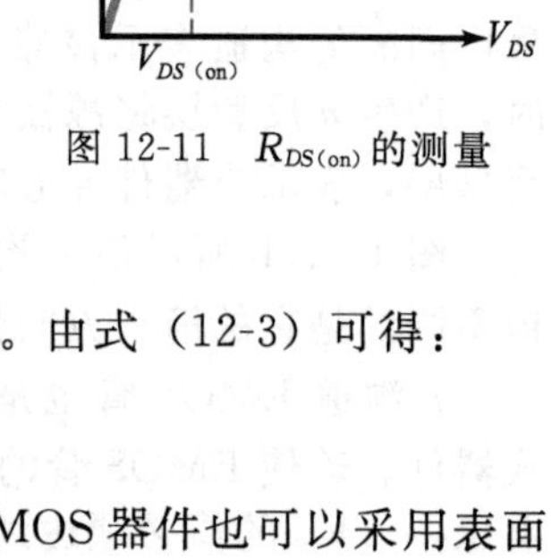

如图 12-11 所示，在 $V_{GS} = V_{GS(on)}$ 曲线的电阻区取一测试点 Q_{test}，生产厂家在 Q_{test} 点测得 $I_{D(on)}$ 和 $V_{DS(on)}$，然后由这些数据，根据下式计算 $R_{DS(on)}$ 的值：

图 12-11 $R_{DS(on)}$ 的测量

$$R_{DS(on)} = \frac{V_{DS(on)}}{I_{D(on)}} \tag{12-3}$$

例如，在测试点，VN2406L 的 $V_{DS(on)} = 1V$，$I_{D(on)} = 100mA$。由式（12-3）可得：

$$R_{DS(on)} = \frac{1V}{100mA} = 10\Omega$$

n 沟道 EMOS 管 2N7000 的数据手册如图 12-12 所示。该 EMOS 器件也可以采用表面贴装形式。需要注意：在漏极和源极管脚之间存在一个内部的二极管 [⊖]。数据手册中列出了该器件参数的最小值、典型值和最大值。这些参数通常的取值范围较大。

[⊖] 由于源极与衬底短接，这里指的是漏极与衬底间形成的二极管。——译者注

FAIRCHILD
SEMICONDUCTOR®
（仙童半导体）

2N7000/1N7002/NDS7002A
N沟道增强型场效应晶体管

基本描述

这些n沟道增强型场效应晶体管采用仙童公司所有的、高密度 DMOS工艺制造。这些产品采用导通电阻最小化设计，具有良好的耐用性、可靠性和快速的开关特性。可在400mA直流和2A脉冲电流情况下应用。这些产品尤其适合于低电压、低电流的应用，如小的侍服电机控制、功率MOS管的栅极驱动和其他开关应用。

性能

- 采用高密度单元设计，$R_{DS(on)}$ 低
- 压控小信号开关
- 耐用可靠
- 饱和电流大

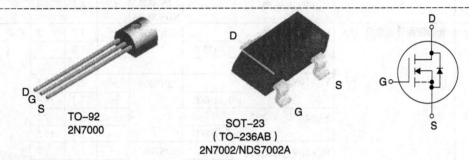

TO-92
2N7000

SOT-23
（TO-236AB）
2N7002/NDS7002A

最大额定值　T_A=25℃（除非标明其他条件）

符号	参数	2N7000	2N7002	NDS7002A	单位
V_{DSS}	漏源电压		60		V
V_{DGR}	漏栅电压（R_{GS}≤1MΩ）		60		V
V_{GSS}	栅源电压-连续的 　　　　-非重复性的（tp<50μs）		± 20		V
			± 40		
I_D	最大漏极电流-连续的	200	115	280	mA
	-脉冲的	500	800	1500	
P_D	最大功耗	400	200	300	mW
	25℃以上减额	3.2	1.6	2.4	mW/℃
T_J, T_{STG}	工作和保存温度范围		−55～+150	−65～+150	℃
T_L	焊接时引脚最高温度，距管壳1/16″，10s		300		℃

温度特性

$R_{θJA}$	结对环境的热电阻	312.5	625	417	℃/W

电学特性　T_A=25℃（除非标明其他条件）

符号	参量	条件	类型	最小值	典型值	最大值	单位
截止特性							
BV_{DSS}	栅源击穿电压	V_{GS}=0V,I_D=10μA	全部	60	—	—	V
I_{DSS}	零栅压漏极电流	V_{DS}=48V,V_{GS}=0V	2N7000	—	—	1	μA
		T_J=125℃		—	—	1	mA
		V_{DS}=60V,V_{GS}=0V	2N7002	—	—	1	μA
		T_J=125℃	NDS7002A	—	—	0.5	mA

图 12-12　2N7000 数据手册

电学特性 T_A=25℃（除非标明其他条件）

符号	参量	条件		类型	最小值	典型值	最大值	单位
截止特性								
I_{GSSF}	栅-衬底漏电流，正向	V_{GS}=15V,V_{DS}=0V		2N7000	—	—	10	nA
		V_{GS}=20V,V_{DS}=0V		2N7002 NDS7002A	—	—	100	nA
I_{GSSR}	栅-衬底漏电流，反向	V_{GS}=-15V,V_{DS}=0V		2N7000	—	—	-10	nA
		V_{GS}=-20V,V_{DS}=0V		2N7002 NDS7002A	—	—	-100	nA
导通特性								
$V_{GS(th)}$	栅极阈值电压	V_{DS}=V_{GS},I_D=1mA		2N7000	0.8	2.1	3	V
		V_{DS}=V_{GS},I_D=250μA		2N7002 NDS7002A	1	2.1	2.5	
$R_{DS(on)}$	静态漏源导通电阻	V_{GS}=10V,I_D=500mA		2N7000	—	1.2	5	Ω
			T_J=125℃		—	1.9	9	
		V_{GS}=4.5V,I_D=75mA			—	1.8	5.3	
		V_{GS}=10V,I_D=500mA		2N7000	—	1.2	7.5	
			T_J=100℃		—	1.7	13.5	
		V_{GS}=5.0V,I_D=50mA			—	1.7	7.5	
			T_J=100℃		—	2.4	13.5	
		V_{GS}=10V,I_D=500mA		NDS7002A	—	1.2	2	
			T_J=125℃		—	2	3.5	
		V_{GS}=5.0V,I_D=50mA			—	1.7	3	
			T_J=125℃		—	2.8	5	
$V_{DS(on)}$	漏源导通电压	V_{GS}=10V,I_D=500mA		2N7000	—	0.6	2.5	V
		V_{GS}=4.5V,I_D=75mA			—	0.14	0.4	
		V_{GS}=10V,I_D=500mA		2N7002	—	0.6	3.75	
		V_{GS}=5.0V,I_D=50mA			—	0.09	1.5	
		V_{GS}=10V,I_D=500mA		NDS7002A	—	0.6	1	
		V_{GS}=5.0V,I_D=50mA			—	0.09	0.15	
$I_{D(on)}$	漏极导通电流	V_{GS}=4.5V,V_{DS}=10V		2N7000	75	600	—	mA
		V_{GS}=10V,V_{DS}≥2$V_{DS(on)}$		2N7002	500	2700	—	
		V_{GS}=10V,V_{DS}≥2$V_{DS(on)}$		NDS7002A	500	2700	—	
g_{FS}	正向跨导	V_{DS}=10V,I_D=200mA		2N7002	100	320	—	mS
		V_{DS}≥2$V_{DS(on)}$,I_D=200mA		2N7000	80	320	—	
		V_{DS}≥2$V_{DS(on)}$,I_D=200mA		NDS7002A	80	320	—	

图 12-12　（续）

12.5.2　EMOS 管参数列表

表 12-1 给出了一些小信号 EMOS 管的实例。典型的 $V_{GS(th)}$ 值为 $1.5\sim3$V。$R_{DS(on)}$ 值为 $0.3\sim28\Omega$，这意味着 EMOS 管偏置在电阻区时的电阻值很低，而偏置在截止区时电阻值很高，近似于开路状态。因此 EMOS 管的开关比极高。

表 12-1　小信号 EMOS 管样例

器　件	$V_{GS(th)}$, V	$V_{GS(on)}$, V	$I_{D(on)}$	$R_{DS(on)}$, Ω	$I_{D(max)}$	$P_{D(max)}$
VN2406L	1.5	2.5	100mA	10	200mA	350mW
BS107	1.75	2.6	20mA	28	250mA	350mW
2N7000	2	4.5	75mA	6	200mA	350mW
VN10LM	2.5	5	200mA	7.5	300mA	1W
MPF930	2.5	10	1A	0.9	2A	1W
IRFD120	3	10	600mA	0.3	1.3A	1W

12.5.3　偏置在电阻区

图 12-13a 电路中的漏极饱和电流是：

$$I_{D(sat)} = \frac{V_{DD}}{R_D} \qquad (12\text{-}4)$$

漏极截止电压是 V_{DD}。图 12-13b 所示为连接饱和电流 $I_{D(sat)}$ 和截止电压 V_{DD} 的直流负载线。

当 $V_{GS}=0$ 时，Q 点在直流负载线的下端，当 $V_{GS}>V_{GS(on)}$ 时，Q 点在直流负载线的上端。当 Q 点在 Q_{test} 点以下时，器件处于电阻区，如图 12-13b 所示。即 EMOS 管工作在电阻区须满足如下条件：

当 $V_{GS}=V_{GS(on)}$ 时，　$I_{D(sat)}<I_{D(on)}$　(12-5)

式（12-5）很重要，它是判断 EMOS 管工作在有源区或电阻区的条件。对于给定的 EMOS 电路，可以计算出 $I_{D(sat)}$。如果当 $V_{GS}=V_{GS(on)}$ 时 $I_{D(sat)}<I_{D(on)}$，则该 EMOS 管工作在电阻区，且可等效为一个小电阻。

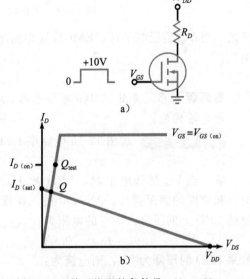

图 12-13　处于饱和的条件是：$V_{GS}=V_{GS(on)}$ 时 $I_{D(sat)}<I_{D(on)}$

例 12-3　求图 12-14a 所示电路的输出电压。

解：根据表 12-1 可知，2N7000 最重要的参数值为：

$$V_{GS(on)} = 4.5\text{V}$$
$$I_{D(on)} = 75\text{mA}$$
$$R_{DS(on)} = 6\,\Omega$$

因为输入电压的摆幅为 $0\sim4.5\text{V}$，所以 2N7000 工作在开关状态。

图 12-14a 电路的漏极饱和电流为：

$$I_{D(sat)} = \frac{20\text{V}}{1\text{k}\Omega} = 20\text{mA}$$

图 12-14b 是直流负载线。因为 20mA 小于 $I_{D(on)}$ 的值 75mA，所以当栅电压为高时，2N7000 处于电阻区。

图 12-14c 是输入为高电平时的等效电路。因为 EMOS 管的导通电阻为 6Ω，所以输出电压为：

$$V_{out} = \frac{6\Omega}{1\text{k}\Omega + 6\Omega} \times 20\text{V} = 0.12\text{V}$$

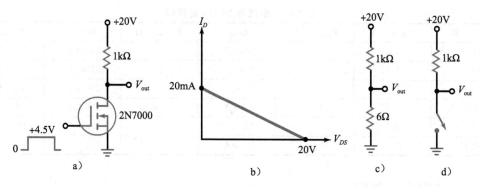

图 12-14　工作状态在截止和饱和之间转换

反之，当 V_{GS} 是低电平时，EMOS 管相当于开路（见图 12-14d），输出电压被上拉至电源电压：

$$V_{\text{out}} = 20\text{V}$$ ◀

✎ **自测题 12-3**　将图 12-14a 电路中的 EMOS 管 2N7000 替换为 VN2406L，求 $I_{D(\text{sat})}$ 和输出电压的值。

[应用实例 12-4]　求图 12-15 电路中 LED 的电流。

▥▥ Multisim

解： 当 V_{GS} 是低电平时，LED 截止。当 V_{GS} 是高电平时，和前面的例题类似，2N7000 进入深度饱和状态。如果忽略 LED 上的压降，则它的电流为：

$$I_D \approx 20\text{mA}$$

如果 LED 的压降为 2V，则电流为：

$$I_D = \frac{20\text{V} - 2\text{V}}{1\text{k}\Omega} = 18\text{mA}$$ ◀

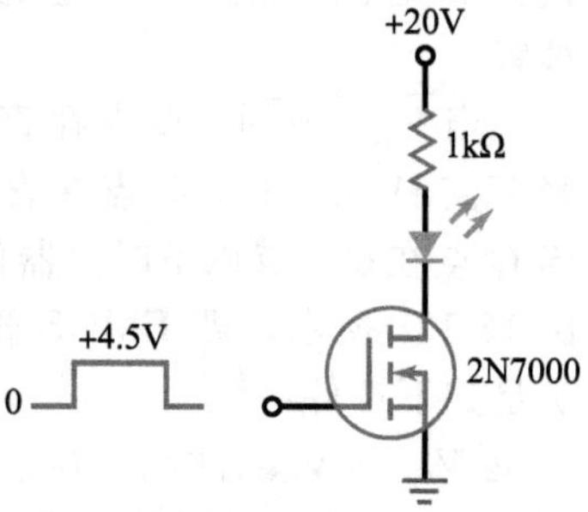

图 12-15　使 LED 导通和截止

✎ **自测题 12-4**　使用 EMOS 管 VN2406L 和 560Ω 漏极电阻，重新计算例题 12-4。

[应用实例 12-5]　图 12-16a 电路中，若 30mA 或更大的电感电流可以使继电器闭合，说明该电路的功能。

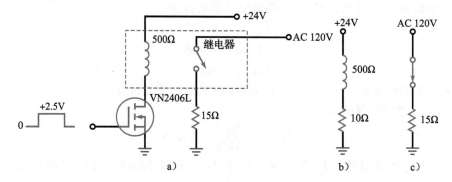

图 12-16　用小电流信号控制大电流输出

解： EMOS 管用于控制继电器的通和断。由于继电器电感的电阻是 500Ω，所以饱和电流是：

$$I_{D(\mathrm{sat})} = \frac{24\mathrm{V}}{500\Omega} = 48\mathrm{mA}$$

该电流值小于 VN2406L 的 $I_{D(\mathrm{on})}$，所以器件的电阻值仅为 10Ω（见表 12-1）。

图 12-16b 所示是当 V_{GS} 为高电平时的等效电路。通过继电器电感的电流大约为 48mA，远大于使继电器闭合的电流。当继电器闭合时，等效电路如图 12-16c 所示。因此，输出电流为 8A（120V 除以 15Ω）。

在图 12-16a 中，输入电压仅为 2.5V，而且输入电流近似为零，所控制的却是 120V 交流负载电压和 8A 的负载电流。因此这类电路可用于远程控制，输入电压可以是从远距离通过铜导线、光缆或空间传播的信号。◀

12.6 数字开关

EMOS 管之所以带来了计算机工业的革命，是由于它的阈值电压使之成为了理想的开关元件。当栅电压大于阈值电压时，器件从截止状态变化到饱和状态。这种开和关的操作是构成计算机的关键。在研究计算机电路时会看到，一个典型的计算机使用了上百万个作为开关的 EMOS 管来处理数据（数据包括数字、文本、图片及其他所有能用二进制数编码的信息。）

12.6.1 模拟电路、数字电路和开关电路

这里的**模拟**是连续的意思，比如正弦波。模拟信号是指那些电压连续变化的信号，如图 12-17a 所示的电压信号。模拟信号不一定是正弦信号，只要没有明显的电压跳变的信号都可以看作是模拟信号。

数字信号指的是不连续的信号，即信号中有电压值的跳变，如图 12-17b 所示。计算机中的信号就是这种数字信号。这些信号是计算机中的编码，代表数字、字母或其他符号。

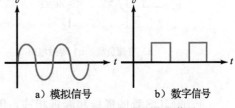

a）模拟信号　　　　b）数字信号

图 12-17　模拟信号和数字信号

开关比数字的含义更广，数字电路是开关电路的一部分。开关电路也包括能够开启电机、灯泡、加热器和其他大电流器件的电路。

> **知识拓展**　自然界中大多数物理量都是模拟的，它们通常作为系统监测和控制的输入和输出。例如，作为模拟信号输入和输出的量有温度、压力、速度、位置、液体的高度和流速等。为了利用数字技术的优势来处理模拟输入，需要把这些物理量转换成数字形式。完成这种转换的电路叫作模数（A/D）转换器。

12.6.2 无源负载开关

图 12-18 所示是采用无源负载的 EMOS 电路，这里无源指的是普通电阻，如 R_D。电路中，v_{in} 可以为高电平或者低电平。当 v_{in} 为低电平时，MOS 管截止，v_{out} 等于电源电压 V_{DD}。当 v_{in} 为高电平时，MOS 管饱和，v_{out} 降为较低的电压。若使电路正常工作，当输入电压大于等于 $V_{GS(\mathrm{on})}$ 时，漏极饱和电流 $I_{D(\mathrm{sat})}$ 必须小于 $I_{D(\mathrm{on})}$。这就是说，MOS 管在电阻区的电阻应远小于无源负载电阻。即：

$$R_{DS(\mathrm{on})} \ll R_D$$

图 12-18 所示是计算机中用到的最简单的电路，其输出电压和输入电压是反相的，所

以叫作反相器。当输入电压为低时，输出电压为高；当输入电压为高时，输出电压为低。
对开关电路的分析不需要高精度，只要能简单地分辨出输入和输出电
压的高低就可以了。

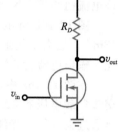

图 12-18 无源负载

12.6.3 有源负载开关

集成电路（IC）由成千上万个微小的晶体管构成，可以是双极管
或 MOS 管。最早的集成电路中使用如图 12-18 所示的无源负载。但
是无源负载的主要问题是，它的物理尺寸比 MOS 管大很多。因此，
由无源负载电阻构成的集成电路都很大，直到**有源负载电阻**的出现。
有源负载电阻极大地减小了集成电路的尺寸，并由此诞生了今天的个
人计算机。

有源负载的核心方法就是去掉无源负载电阻。有源负载开关的电路如图 12-19a 所示，
下方 MOS 管的作用是开关，上方 MOS 管的作用是大电阻。

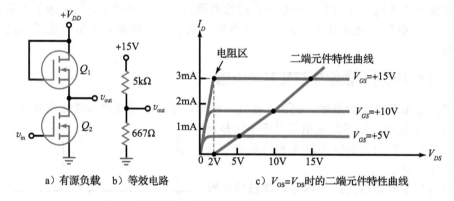

a) 有源负载　　b) 等效电路　　　　c) $V_{GS}=V_{DS}$时的二端元件特性曲线

图 12-19 有源负载开关的特性分析

上方 MOS 管的栅极和漏极相连，因此变成了二端元件，其有源电阻值为：

$$R_D = \frac{V_{DS(\text{active})}}{I_{D(\text{active})}} \tag{12-6}$$

这里的 $V_{DS(\text{active})}$ 和 $I_{D(\text{active})}$ 是有源区的电压和电流。

若使电路正常工作，上方 MOS 管的 R_D 需要大于下方 MOS 管的 $R_{DS(\text{on})}$。例如，若上
方 MOS 管的 R_D 是 5kΩ，下方 MOS 管的 $R_{DS(\text{on})}$ 是 667Ω，如图 12-19b 所示，那么输出电
压将为低电平。

图 12-19c 显示了上方 MOS 管 R_D 的计算方法。因为 $V_{GS}=V_{DS}$，所以 MOS 管的每个
工作点都在图 12-19c 所示的二端元件特性曲线上。如果检验该线段上的每个点，则会发现
$V_{GS}=V_{DS}$。

图 12-19c 所示的二端元件特性曲线说明 MOS 管的特性就像一个电阻 R_D。R_D 的值在
不同的工作点有微小变化。例如，在图 12-19c 线段上的最高点，$I_D=3\text{mA}$，$V_{DS}=15\text{V}$。
根据式（12-6）可以计算出：

$$R_D = \frac{15\text{V}}{3\text{mA}} = 5\text{k}\Omega$$

线段下方邻近点的近似值为，$I_D=1.6\text{mA}$，$V_{DS}=10\text{V}$，因此：

$$R_D = \frac{10\text{V}}{1.6\text{mA}} = 6.25\text{k}\Omega$$

用同样的方法计算可知，最下面一点的 $I_D=0.7\text{mA}$，$V_{DS}=5\text{V}$，从而得 $R_D=7.2\text{k}\Omega$。

如果下方的 MOS 管和上方的 MOS 管有相同的漏极特性曲线，则其 $R_{DS(\text{on})}$ 为：

$$R_{DS(\text{on})} = \frac{2\text{V}}{3\text{mA}} = 667\Omega$$

该值如图 12-19b 所示。

如前文所述，在数字开关电路中数值的精确度并不重要，只要能区分电压的高低电平即可。因此，不需要 R_D 的精确值，R_D 可以采用 $5\text{k}\Omega$、$6.25\text{k}\Omega$、$7.2\text{k}\Omega$ 中的任何值，这些值都足以使输出产生低电平，如图 12-19b 所示。

12.6.4　结论

由于物理尺寸对数字集成电路来说非常重要，所以数字集成电路中需要采用有源电阻负载。在设计时必须保证上方 MOS 管的电阻 R_D 大于下方 MOS 管的电阻 $R_{DS(\text{on})}$。对于图 12-19a 所示的电路，必须记住的基本分析方法是：该电路相当于电阻 R_D 与开关串联，使得输出电压为高电平或者低电平。

例 12-6　分别求出当图 12-20a 电路的输入为低电平和高电平时的输出电压。

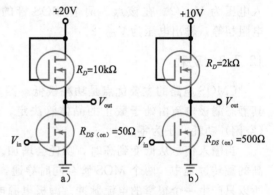

解：当输入电压是低电平时，下方的 MOS 管处于开路状态，输出电压被上拉至电源电压：

$$V_{\text{out}} = 20\text{V}$$

当输入电压是高电平时，下方的 MOS 管电阻为 50Ω。此时，输出电压被下拉至地电位，即：

$$V_{\text{out}} = \frac{50\Omega}{10\text{k}\Omega + 50\Omega} \times 20\text{V} = 100\text{mV} \blacktriangleleft$$

自测题 12-6　如果 $R_{DS(\text{on})}$ 为 100Ω，重新计算例题 12-6。

图 12-20　举例

例 12-7　求图 12-20b 电路的输出电压。

解：当输入电压是低电平时，输出电压：

$$V_{\text{out}} = 10\text{V}$$

当输入电压是高电平时，输出电压：

$$V_{\text{out}} = \frac{500\Omega}{2.5\text{k}\Omega} \times 10\text{V} = 2\text{V}$$

若与前面的例题相比较，会发现该电路的开关比欠佳。但对于数字电路来说，开关比的大小并不重要。在本例中，输出电压为 2V 或者 10V，很容易将其区分为低或高。　　◀

自测题 12-7　对于图 12-20b 电路，当 v_{in} 为高时，若使 v_{out} 小于 1V，$R_{DS(\text{on})}$ 的最大值为多少？

12.7　互补 MOS 管

当有源负载开关的输出为低电平时，其漏极电流近似为 $I_{D(\text{sat})}$。这给电池供电设备带来了问题。降低数字电路漏极电流的方法之一是采用**互补 MOS 管**（CMOS）。这种电路的

设计需要将 n 沟道 MOS 管和 p 沟道 MOS 管结合起来，如图 12-21a 所示。其中，Q_1 是 p 沟道 MOS 管，Q_2 是 n 沟道 MOS 管。这两个晶体管是互补的，即它们的 $V_{GS(th)}$、$V_{GS(on)}$、$I_{D(on)}$ 等值的大小相等、符号相反。这个电路和 B 类放大器类似，当一个 MOS 管导通时另一个 MOS 管截止。

12.7.1 基本功能

当图 12-21a 所示的 CMOS 电路用作开关时，输入电压为高（$+V_{DD}$）或低（0V）。当输入为高时，Q_1 截止，Q_2 导通。此时，短路的 Q_2 将输出电压下拉到地电位。反之，当输入为低时，Q_1 导通，Q_2 截止。此时，短路的 Q_1 将输出电压上拉到 $+V_{DD}$。因为输出电压是反相的，所以该电路称为 CMOS 反相器。

输出电压随输入电压的变化关系如图 12-21b 所示。当输入电压为零时，输出电压是高电平。当输入电压为高电平时，输出电压是低电平。中间过渡带的交越点处的输入电压为 $V_{DD}/2$。在该点，两个 MOS 管的电阻相等，输出电压为 $V_{DD}/2$。

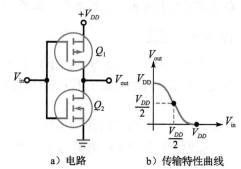

a) 电路　　b) 传输特性曲线

图 12-21　CMOS 反相器

12.7.2 功耗

CMOS 电路的主要优点是功耗极低。因为两个 MOS 管是串联的，如图 12-21a 所示，其静态漏极电流由处于截止的晶体管决定。晶体管截止时的电阻为兆欧量级，所以静态（空闲）功耗几乎为零。

当输入信号从低变到高时，功耗会增加。反之亦然。原因是在输入由高到低或由低到高的翻转过程中，两个 MOS 管会同时导通，导致漏极电流瞬时增加。因为翻转过程很短，所以只产生一个很窄的电流脉冲。漏极电源电压和电流脉冲的乘积是平均动态功耗，该功耗大于静态功耗。也就是说，CMOS 在翻转时的平均动态功耗大于静态功耗。

尽管如此，由于脉冲电流很短，CMOS 器件处于开关状态时的平均功耗仍然是很低的。实际应用中的 CMOS 电路平均功耗很低，常用于需要电池供电的产品，如计算器、电子手表和助听器等。

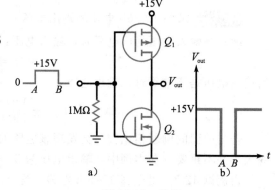

图 12-22　举例

例 12-8 图 12-22a 电路中 MOS 管的 $R_{DS(on)}=100\Omega$，$R_{DS(off)}=1M\Omega$，它的输出波形是怎样的？

解： 输入信号是矩形波脉冲，在 A 点从 0V 变到 $+15$V，在 B 点从 $+15$V 变到 0V。在 A 点到来之前，Q_1 导通而 Q_2 截止。Q_1 的导通电阻为 100Ω，Q_2 的电阻为 $1M\Omega$，所以输出电压被上拉至 $+15$V。

在 A 点和 B 点之间，输入电压是 $+15$V，Q_1 截止而 Q_2 导通。此时，Q_2 的低电阻将输出电压下拉到近似零电位。输出波形如图 12-22b 所示。　◀

自测题 12-8　当 AB 间的脉冲幅值 $V_{in} = +10V$ 时，重新计算例 12-8。

12.8　功率场效应晶体管

前文中主要讨论的是小信号低功率 EMOS 管。虽然一些分立的低功率 EMOS 管也可以买到（见表 12-1），但是低功率 EMOS 管主要用于数字集成电路。

大功率 EMOS 则不同，大功率 EMOS 管作为分立元件广泛应用于电机、灯泡、磁盘驱动器、打印机、电源等的控制电路。这些应用中的 EMOS 管称为**功率场效应晶体管**。

12.8.1　分立器件

功率器件有很多种，如 VMOS、TMOS、hexFET、trench MOSFET 和 waveFET。这些功率场效应管采用不同的沟道几何结构来增加最大额定值。这些器件的额定电流值为 1～200A 及以上，额定功率为 1～500W 及以上。

图 12-23a 所示是一个集成电路中增强型 MOS 管的结构图。源极在左边，栅极在中间，漏极在右边。当 V_{GS} 大于 $V_{GS(th)}$ 时，自由电子沿水平方向从源极流到漏极。由于自由电子必须经过狭窄的反型层（在图中用虚线标出），所以这种结构限制了最大电流值。因为传统的 MOS 器件的沟道非常窄，所以漏极电流和额定功率都比较小。

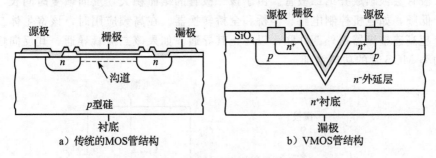

a）传统的 MOS 管结构　　　　　b）VMOS 管结构

图 12-23　对可控硅整流器的电压和电流保护

图 12-23b 所示是**垂直 MOS 管**（VMOS）的结构图。它的顶端有两个源极，这两个源极通常是连在一起的，衬底作为漏极。当 V_{GS} 大于 $V_{GS(th)}$ 时，自由电子从两个源极垂直向下流向漏极。因为沿着 V 形槽两边的导电沟道较宽，所以电流可以很大。因此 VMOS 可以用作功率场效应管。

12.8.2　寄生元件

图 12-24a 显示了另一种垂直方向功率 MOS 管的结构（UMOS）。该器件在栅区底部实现一个 U 型槽。这种结构的沟道浓度较高，从而降低导通电阻。

在大多数功率 MOS 管中，包括由 n^+、p、n^- 和 n^+ 区域构成的四层结构。这种由不同类型半导体构成的层状结构中存在寄生元件。一种寄生元件是源和漏之间形成一个 npn 型 BJT 管。如图 12-24b 所示，p 型衬底区域成为基极，n^+ 源区成为发射极，n^- 漏区成为集电极。

研究这种效应非常重要。早期的功率 MOS 管，在漏源电压增加较快（dV/dt），以及电压瞬时变化较快时，很容易发生电压击穿。当这种情况发生时，寄生基极-集电极间的结电容迅速充电。这相当于是基极电流，使寄生晶体管导通。当寄生晶体管突然导通时，器件将进入雪崩击穿状态。如果漏级电流不受外部限制，则 MOS 管将被烧毁。为防止寄生 BJT 管导通，用源极的金属将 n^+ 源区与 p 型衬底区域短路。需要注意图 12-24b 中源区是如何将 n^+ 区和 p 衬底连接在一起的。这种连接有效地将寄生的基极-发射极间 pn 结短路，防止其导通。将这两层短路的结果是产生了一个**寄生体二极管**，如图 12-24b 所示。

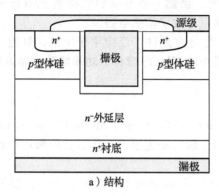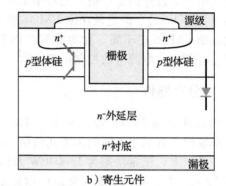

图 12-24　UMOS 管

图 12-25a 显示了在大部分功率 MOS 管中存在的反向并联的寄生体二极管。有时，该寄生体二极管会被画成齐纳二极管。由于该二极管的结面积大，反向恢复时间长，因此只能应用于低频，如电机控制电路、半桥和全桥转换器。在高频应用时，该寄生体二极管通常由一个超高速整流器在外部并联，以防止其导通。如果该二极管导通，其反向恢复的消耗将使功率 MOS 管的功耗增加。

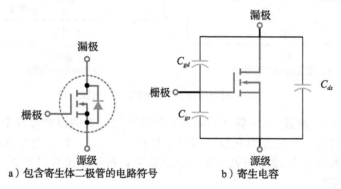

图 12-25　功率 MOS 管

由于功率 MOS 管由多层半导体层组成，每个 pn 结都存在电容。图 12-25b 所示为功率 MOS 管寄生电容的简化模型。数据手册通常会列出 MOS 管的以下寄生电容：输入电容 $C_{iss} = C_{gd} + C_{gs}$，输出电容 $C_{oss} = C_{gd} + C_{ds}$，以及反向转移电容 $C_{rss} = C_{gd}$。这些数值都是由制造厂家在短路交流条件下测量的。

这些寄生电容的充放电直接影响晶体管的开关延迟时间，以及器件的整体频率响应。导通延时 $t_{d(on)}$ 是指 MOS 管漏极电流产生之前其输入电容的充电时间。同样，截止延时 $t_{d(off)}$ 是指当器件偏压关断后，电容的放电时间。在高速开关电路中，必须使用专门的驱动电路对这些电容进行快速的充放电。

表 12-2 是一些商用功率场效应管的数据样例。可以看到所有器件的 $V_{GS(on)}$ 都是 10V，因为它们是体积较大的器件，需要较大的 $V_{GS(on)}$ 才能确保其工作在电阻区。而且，这些器件的额定功率都很大，能够承受诸如自动控制、照明、加热等重负载的应用。

表 12-2 功率场效应管数据样例

器 件	$V_{GS(on)}$，V	$I_{D(on)}$，A	$R_{DS(on)}$，Ω	$I_{D(max)}$，A	$P_{D(max)}$，W
MTP4N80E	10	2	1.95	4	125
MTV10N100E	10	5	1.07	10	250
MTW24N40E	10	12	0.13	24	250
MTW45N10E	10	22.5	0.035	45	180
MTE125N20E	10	62.5	0.012	125	460

功率场效应管电路的分析方法与小信号器件一样。当用 10V 的 $V_{GS(on)}$ 作为驱动时，功率场效管在电阻区的电阻 $R_{DS(on)}$ 较小。如前文所述，当 $V_{GS}=V_{GS(on)}$ 时，电流 $I_{D(sat)}$ 应小于 $I_{D(on)}$，以保证器件被偏置在电阻区，并等效为一个小电阻。

12.8.3 不会热击穿

第 12 章中讨论到双极型晶体管有可能因为热击穿而损坏，其原因在于双极管的 V_{BE} 是负温度系数。当管子内部温度升高时，V_{BE} 降低，导致集电极电流增加，进而使温度升高。而温度的升高使 V_{BE} 更低，如果不采取适当的散热措施，双极管将因为热击穿而损坏。

与双极型晶体管相比，功率场效应管的一个主要优点是不会出现热击穿。MOS 管的 $R_{DS(on)}$ 是正温度系数，当管子内部温度升高时，$R_{DS(on)}$ 升高，使漏极电流降低，从而使温度降低。因此，功率场效应管自身具有温度稳定性，不会发生热击穿。

12.8.4 功率场效应管的并联

由于双极型晶体管的 V_{BE} 不能很好地相互匹配，所以是不能并联的。如果将它们并联，将导致电流混乱，即 V_{BE} 较低的晶体管的集电极电流会比较大。

功率场效应管并联则不会出现电流混乱的问题。如果其中一个晶体管的电流有增加的趋势，它的温度将会升高，导致 $R_{DS(on)}$ 升高，使漏极电流降低。因此，最终的结果是所有并联晶体管的漏极电流都相等。

12.8.5 关断速度更快

如前文所述，双极型晶体管正偏时，少子在结区有存储。要使晶体管关断时，这些存储电荷的消散需要时间，因此不能快速关断。功率场效应管在传输中没有少子，因此在大电流时的关断速度比双极管更快。一般情况下，功率场效应管关断几安培的电流所需的时间在数十纳秒以内，比双极管快 $10\sim100$ 倍。

12.8.6 功率场效应管作为接口电路

数字 IC 是低功率器件，它能提供的输出电流很小。如果需要数字 IC 的输出驱动大电流负载，可以使用功率场效应管作为**接口**（一种中间器件 B，它可以通过器件 A 实现对器件 C 的通信或控制）。

图 12-26 所示是数字 IC 控制大功率负载的电路。其中数字 IC 的输出驱动功率管的栅极。当数字输出为高时，功率管开关闭合。当数字输出为低时，功率管开关断开。功率场

效应管的重要应用之一就是作为数字 IC（小信号 EMOS 和 CMOS）和大功率负载之间的接口。

图 12-27 是一个数字 IC 控制大功率负载的例子。当 CMOS 输出为高时，功率管开关闭合。电机电感上获得大约 12V 的电压，电机轴开始旋转。当 CMOS 输出为低时，功率管断开，电机停止旋转。

知识拓展 在很多情况下，双极器件和 MOS 器件出现在同一个电路中。接口电路连接前级电路的输出和后级电路的输入。接口电路的功能是将前级的输出信号进行处理，使之满足后级负载的要求。

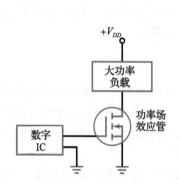 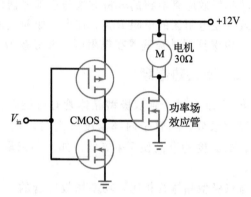

图 12-26 功率场效应管作为低功率数   图 12-27 功率场效应管用于对电机的控制
字 IC 和大功率负载的接口

12.8.7 直流-交流转换器

突然断电时，计算机将停止工作，有用的数据可能会丢失。一个解决方法就是使用**不间断电源**（UPS），UPS 包含一个电池和一个直流-交流转换器。它的基本原理是：当电源断电时，电池电压被转换成交流电压驱动计算机。

图 12-28 所示是一个**直流-交流转换器**的原理图。当电源断电时，其他电路（运算放大器，稍后讨论）开始工作并产生方波驱动功率管的栅极。输入的方波电压控制功率管的通和断。方波将加载到变压器绕组上，使二次绕组产生交流电压以维持计算机的工作。商用的 UPS 电源要复杂很多，但其中直流-交流转换的基本原理是一样的。

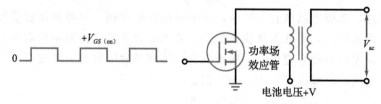

图 12-28 直流-交流转换器原理图

12.8.8 直流-直流转换器

图 12-29 所示是一个**直流-直流转换器**原理图，它能够将输入直流电压转换为较低或较高的直流输出电压。功率场效应管通过开关作用产生方波信号并加载到二次绕组，然后通过半波整流和电容滤波器产生直流输出电压 V_{out}。绕组采用不同的匝数比，可以获得比

输入电压 V_{in} 高或低的直流输出电压。为使纹波较小，可以采用全波整流或桥式整流。直流-直流转换器是开关电源的重要组成部分，第 22 章将介绍它的应用。

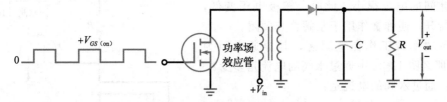

图 12-29　直流-直流转换器原理图

应用实例 12-9　求图 12-30 电路中通过电机电感的电流。

解： 由表 12-2 可知 MTP4N80E 的 $V_{GS(on)} = 10\text{V}$，$I_{D(on)} = 2\text{A}$，$R_{DS(on)} = 1.95\Omega$。图 12-30 电路的饱和电流是：

$$I_{D(sat)} = \frac{30\text{V}}{30\Omega} = 1\text{A}$$

饱和电流小于 2A，所以功率管可等效为 1.95Ω 的电阻。理想情况下，电机电感中的电流为 1A。如果计算中考虑 1.95Ω 的电阻，那么电流值为：

$$I_D = \frac{30\text{V}}{30\Omega + 1.95\Omega} = 0.939\text{A} \quad \blacktriangleleft$$

自测题 12-9　使用表 12-2 中的 MTW24N40E，重新计算例 12-9。

例 12-10　图 12-31 电路中的光敏二极管在白天时导通，栅极电压为低电平。在晚上，该光敏二极管断开，栅极电压为 +10V。因此，该电路在晚上自动将灯泡点亮。求通过灯泡的电流。

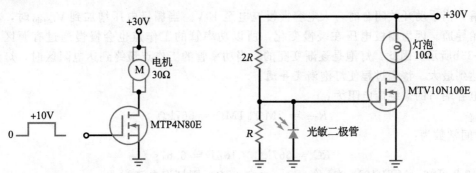

图 12-30　控制电机的例子　　　　图 12-31　自动照明控制电路

解： 由表 12-2 可知 MTV10N100E 的 $V_{GS(on)} = 10\text{V}$，$I_{D(on)} = 5\text{A}$，$R_{DS(on)} = 1.07\Omega$。图 12-31电路的饱和电流是：

$$I_{D(sat)} = \frac{30\text{V}}{10\Omega} = 3\text{A}$$

饱和电流小于 5A，所以功率管等效为 1.07Ω 的电阻。则灯泡电流值为：

$$I_D = \frac{30\text{V}}{10\Omega + 1.07\Omega} = 2.71\text{A} \quad \blacktriangleleft$$

自测题 12-10　使用表 12-2 中的 MTP4N80E，重新计算图 12-29 中灯泡的电流。

应用实例 12-11　图 12-32 所示是一个游泳池的自动注水控制电路。当水面低于两个金属探针时，栅极电压被上拉到+10V，功率管导通，将水阀打开，向水池注水。

因为水是良导体，所以当水面高于金属探针时，探针间的电阻很小。此时，栅极电压变低，功率管断开，使弹簧作用于水阀将其关闭。

如果功率管工作在电阻区，其导通电阻为0.5Ω，那么图12-32中通过水阀的电流是多少？

解：通过水阀的电流是：

$$I_D = \frac{10V}{10\Omega + 0.5\Omega} = 0.952A$$ ◄

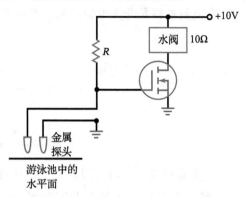

图 12-32　游泳池自动注水控制电路

应用实例 12-12 图 12-33a 所示电路的功能是什么？RC 时间常数是多少？灯泡在最亮时的功率是多少？

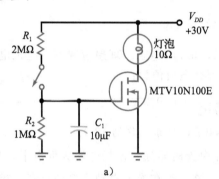 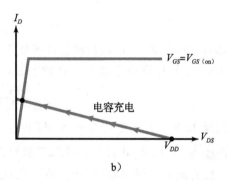

图 12-33　灯泡的渐变导通

解：当手动开关闭合时，大电容慢慢充电至 10V。当栅极电压增加到 $V_{GS(th)}$ 时，功率管开始导通。因为栅极电压在缓慢变化，所以功率管的工作点也会慢慢通过有源区，如图 12-33b 所示。因此，灯泡是逐渐变亮的。当功率管的工作点最终到达电阻区时，灯泡的亮度达到最大。整个过程使灯泡渐变导通。

电容端口的戴维南电阻为：

$$R_{TH} = 2M\Omega \| 1M\Omega = 667k\Omega$$

RC 时间常数为：

$$RC = 667k\Omega \times 10\mu F = 6.67s$$

由表 12-2 可知，MTV10N100E 的 $R_{DS(on)} = 1.07\Omega$，则灯泡电流为：

$$I_D = \frac{30V}{10\Omega + 1.07\Omega} = 2.71A$$

灯泡功率为：

$$P = (2.71A)^2 \times 10\Omega = 73.4W$$ ◄

12.9　高侧 MOS 晶体管负载开关

高侧负载开关用于连接或断开电源到其各自的负载。高侧功率开关用于控制输出功率，这是通过限制其输出电流实现的，与此不同的是，高侧负载开关是将输入电压和电流传输给负载，而不进行限流。高侧负载开关可实现对电池供电系统（如笔记本电脑、手机和手持娱乐系统）的电源管理，根据需要决定打开和关闭系统中的某些子电路，从而延长电池寿命。

图 12-34 所示是负载开关的主电路模块。它由传输元件、栅极控制模块和输入逻辑模块组成。传输元件通常是 p 沟道或 n 沟道的功率 EMOS 管。nMOS 管的沟道（电子）迁移率较高，更适合在大电流情况下应用。对于面积相同的场效应管，其导通电阻 $R_{DS(on)}$ 更低，且栅极输入电容更小。pMOS 管的优点是栅极控制模块简单。栅极控制模块产生适当的栅极电压，使传输元件导通或截止。输入逻辑模块由电源管理电路（通常是微控制芯片）控制，产生使能（EN）信号用于触发栅控模块。

12.9.1　p 沟道负载开关

图 12-35 所示是一个简单的 p 沟道负载开关电路的例子。pMOS 功率管的源极与输入电压 V_{in} 直接相连，其漏极与负载相连。若使 p 沟道负载开关导通，栅极电压必须低于 V_{in}，使晶体管被偏置在欧姆区，具有较低的 $R_{DS(on)}$。满足以下条件：

$$V_G \leqslant V_{in} - |V_{GS(on)}| \tag{12-7}$$

由于 pMOS 管的阈值电压 $V_{GS(on)}$ 为负值，式（12-7）中 $V_{GS(on)}$ 取绝对值。

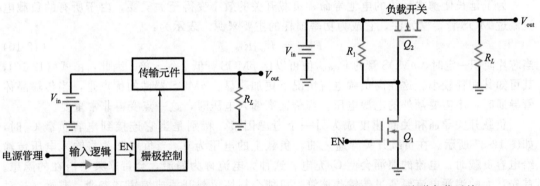

图 12-34　负载开关电路模块　　　　　图 12-35　p 沟道负载开关

在图 12-35 中，使能信号由系统的电源管理控制电路产生。该信号以一个小信号驱动 nMOS 管的栅极。当 $EN \geqslant V_{GS(on)}$ 时，高输入信号使 Q_1 导通，将传输晶体管的栅极拉至地电位，使负载开关 Q_2 导通。

如果 Q_2 的 $R_{DS(on)}$ 非常低，则几乎将 V_{in} 全部传输给负载。因为负载电流全部流经传输晶体管，所以输出电压为：

$$V_{out} = V_{in} - I_{Load} R_{DS(on)} \tag{12-8}$$

当 EN 较低 $< V_{GS(th)}$ 时，Q_1 截止。此时 Q_2 的栅极通过 R_1 被上拉到 V_{in}，负载开关断开。

12.9.2　n 沟道负载开关

n 沟道负载开关如图 12-36 所示。该结构中，负载开关 Q_2 的漏极与输入电压 V_{in} 相连，源极与负载相连。与 p 沟道负载开关一样，Q_1 用于使传输元件 Q_2 完全导通或关断。同样，来自系统电源管理电路的逻辑信号用于触发栅控模块。

V_{Gate} 采用单独的电压源，其原因在

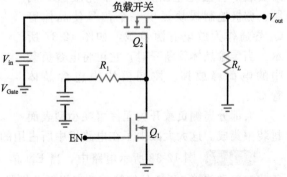

图 12-36　n 沟道负载开关

于：当负载开关导通时，几乎全部 V_{in} 都传输给负载。由于源极连接负载，所以 V_S 与 V_{in} 相等。为了使负载开关 Q_2 完全导通且具有较低的导通电阻 $R_{DS(on)}$，V_G 必须至少比 V_{out} 高一个 $V_{GS(on)}$ 的电压值。因此：

$$V_G \geqslant V_{out} + V_{GS(on)} \tag{12-9}$$

需要使用外加电压 V_{Gate} 将 V_G 的电平移动到 V_{out} 电平之上。在一些系统中，附加的电压是由 V_{in} 或 EN 信号通过**电荷泵**电路形成的。采用额外电压的开销所得到的收益是：电路可以传输接近 0V 的低输入电压且具有更低的 V_{DS} 损失。

在图 12-36 中，当 EN 输入信号较低时，Q_1 截止，Q_2 的栅极被上拉到 V_{Gate} 电位。Q_2 导通并几乎将所有 V_{in} 传输到负载。由于 Q_2 的栅极满足 $V_G \geqslant V_{out} + V_{GS(on)}$，所以 Q_2 完全导通。

当 EN 输入信号变高时，Q_1 导通，使得漏极电位约为 0V。从而使 Q_2 截止，且负载上的输出电压为 0V。

12.9.3 其他考虑

为了延长便携式系统的电池寿命，负载开关的效率变得至关重要。由于所有的负载电流流过 MOS 管传输元件，它成为功率损耗的主要来源。表示为：

$$P_{Loss} = I_{Load}^2 R_{DS(on)} \tag{12-10}$$

当芯片面积一定时，nMOS 管的 $R_{DS(on)}$ 值可以比 pMOS 管低 2 到 3 倍。因此，由式（12-10），其可知其功耗较小。这在高负载电流情况下更加明显。pMOS 器件的优点是，当传输晶体管导通时，不需要额外的电源电压。当传输高输入电压时，这一点变得非常重要。

负载开关导通和关断速度成为另一个考虑因素，特别是当它连接到电容负载 C_L 时，如图 12-37 所示。在负载开关导通之前，负载上的电压为 0。当负载开关将输入电压传输给电容负载时，电流的浪涌会使 C_L 充电。这种大电流称为**涌流**，会带来某些潜在的隐患。首先，大的浪涌电流要通过传输晶体管，可能会损坏负载开关或缩短其寿命。其次，这种涌流会导致输入电源电压出现负尖峰或瞬时下降。这有可能导致连接在同一 V_{in} 电压源的其他子系统电路出现问题。

在图 12-37 中，采用 R_2 和 C_1 实现"软启动"功能来减少上述影响。这些附加元件可以控制传输晶体管栅极电压的上升速率，从而将涌流降低。另外，当负载开关突然关断时，电容负载上的电荷不会立即放电，导致负载不会被完全断开。为了克服这一问题，栅极控制模块提供一个信号使晶体管 Q_3 导通作为放电有源负载，如图 12-37 所示。当传输晶体管断开时，它可将电容负载中的电荷释放掉。控制模块中包含晶体管 Q_1。

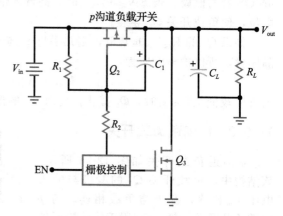

图 12-37 负载为电容的负载开关

大部分高侧负载开关元件可在小型表面封装中集成。这大大减少了在电路板中所占用的面积。

例 12-13 图 12-38 所示电路中，当 EN 信号为 3.5V 和 0V 时，输出负载电压、输出负载功率和传输 MOS 晶体管的功率损耗分别是多少？Q_2 管的 $R_{DS(on)}$ 取值 50mΩ。

解： 当 EN 信号为 3.5V 时，Q_1 导通，并将 Q_2 的栅极拉到地电位。Q_2 的 V_{GS} 大约是 -5V。传输晶体管导通，其导通电阻 $R_{DS(\text{on})}$ 为 50mΩ。

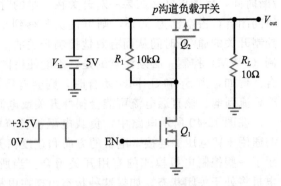

图 12-38　负载开关举例

负载电流为：

$$I_{\text{Load}} = \frac{V_{\text{in}}}{R_{DS(\text{on})} + R_L} = \frac{5\text{V}}{50\text{m}\Omega + 10\Omega}$$
$$= 498\text{mA}$$

由式（12-8）解得 V_{out} 为：

$$V_{\text{out}} = 5\text{V} - 498\text{mA} \times 50\text{m}\Omega = 4.98\text{V}$$

传输到负载的功率为：

$$P_L = I_L V_L = 498\text{mA} \times 4.98\text{V} = 2.48\text{W}$$

由式（12-10）得：

$$P_{\text{Loss}} = 498\text{mA}^2 \times 50\text{mV} = 12.4\text{mW}$$

当 EN 信号为 0V 时，Q_1 截止，Q_2 的栅极电压为 5V，使传输晶体管截止。输出负载电压、输出负载功率以及传输晶体管的功率损耗均为零。　◀

自测题 12-13　将图 12-38 所示电路中的负载电阻改为 1Ω。当 EN 为 3.5V 时，输出负载电压、输出负载功率和传输晶体管的功率损耗是多少？

12.10　MOS 晶体管 H 桥电路

简化 H 桥电路由四个电子（或机械）开关组成。负载在中间，两侧各连接两个开关。如图 12-39a 所示，这种结构形成了字母"H"的形状，因此得名。有时该结构也称为全桥，有些应用只使用桥的一侧，则称为半桥。S_1 和 S_3 称为高侧开关，而 S_2 和 S_4 是低侧开关。通过对各个"开关"进行控制，可以改变流过负载的电流方向和强度。

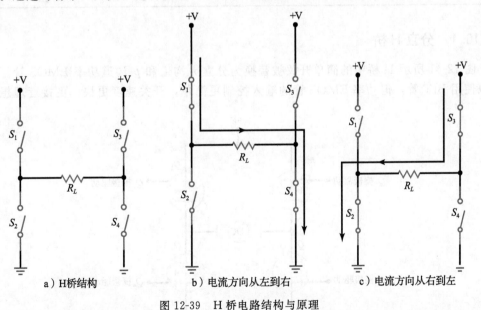

a）H 桥结构　　　　　b）电流方向从左到右　　　　　c）电流方向从右到左

图 12-39　H 桥电路结构与原理

在图 12-39b 所示电路中，开关 S_1 和 S_4 闭合，此时电流从左到右流过负载电阻。将 S_1 和 S_4 断开，同时闭合 S_2 和 S_3，则电流以相反的方向流过负载电阻，如图 12-39c 所示。

改变负载电流的强度,可以通过调整外加电压+V的电平,也可以通过控制不同开关的通/断时间,后者更好。如果一对开关在一半的时间断开,在另一半的时间闭合,占空比为50%,则可使负载得到正常全部电流的一半。控制开关的通/断时间从而有效地控制开关的占空比,被称为脉宽调制(PWM)控制。必须注意的是,不能使桥同侧的两个开关同时闭合。例如,当S_1和S_2同时闭合时,则会有极大的电流经过开关从+V流到地。该直通电流可能会损坏开关或电源。

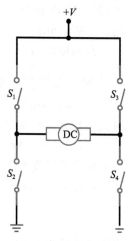

图 12-40 连接直流电机的 H 桥

在图 12-40 所示电路中,负载电阻被直流电机所取代,每侧均与通用+V电压源连接。电机的方向和速度由开关控制。表 12-3 显示了一些控制电机模式的有用开关组合。当所有的开关都断开时,电机将处于关闭状态。如果这种状态出现在电机已经在运行的时刻,则电机将滑行到停止或自由旋转。适当地闭合高侧和低侧开关对中的一个,可以改变电机的方向。闭合S_1和S_4,断开S_2和S_3,则电机正向旋转。闭合S_2和S_3,断开S_1和S_4,则电机反向旋转。电机运行时,高侧或低侧的开关对均可同时闭合。由于电机仍在旋转,电机的自生电压有效地充当动态制动器,使电机快速停止。

表 12-3 基本工作模式

S_1	S_2	S_3	S_4	电机模式
断开	断开	断开	断开	电机关闭(自由旋转)
闭合	断开	断开	闭合	正向转动
断开	闭合	闭合	断开	反向转动
闭合	断开	闭合	断开	动态制动
断开	闭合	断开	闭合	动态制动

12.10.1 分立 H 桥

图 12-41 所示 H 桥中的简单开关被替换为分立 n 沟道和 p 沟道功率 EMOS 管。虽然可以使用 BJT 管,但功率 EMOS 管的输入控制更简单,开关速度更快,更接近理想开关

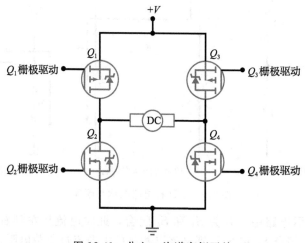

图 12-41 分立 p 沟道高侧开关

的特性。两个高侧开关 Q_1 和 Q_3 为 pMOS 管，低侧开关 Q_2 和 Q_4 为 nMOS 管。由于高侧开关的源极与正电源电压相连，当 pMOS 管的栅极驱动电压 V_G 比 V_S 低 $-V_{GS(on)}$ 时，则该 pMOS 传输器件处于导通模式。当高侧 MOS 管的栅极电压与源极电压相等时，则截止。两个低侧开关 Q_2 和 Q_4 是 nMOS 管，漏极连接到负载，源极连接到地。当满足 $+V_{GS(on)}$ 要求时，则处于导通状态。

在大功率应用中，高侧 pMOS 管常换为 nMOS 管，如图 12-42 所示。nMOS 管的导通电阻 $R_{DS(on)}$ 可以降低功耗。nMOS 管也具有更快的开关速度，这在高速 PWM 控制中尤为重要。当 nMOS 管用作高侧开关时，需要额外的电路来提供栅极驱动电压，该驱动电压应高于连接到漏极的正电源电压。因此需要一个电荷泵或自举电压以使晶体管完全导通。

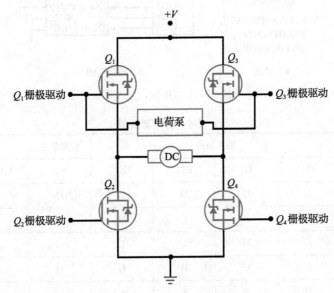

图 12-42　分立 n 沟道高侧开关

虽然由分立 MOS 管构成 H 桥看似简单，但实现起来并不容易。确实存在许多必须加以注意的问题。由于 MOS 管具有栅极输入电容 C_{iss}，因此晶体管的导通和截止需要一定的延迟时间。栅极驱动电路必须能够根据输入逻辑控制信号，产生足够的栅极驱动电流，对 MOS 管的输入电容进行快速的充放电。当需要改变电机的方向或执行动态制动时，使 MOS 管在其他管导通之前有足够的时间完全截止是很重要的。否则，直通电流将会损坏 MOS 管。还有其他因素需要考虑，如输出短路保护、电源电压的变化以及功率 MOS 管过热问题。

12.10.2　单片 H 桥

单片 H 桥是一种特殊的集成电路，将内部控制逻辑、栅极驱动、电荷泵和功率 MOS 管均集成在同一个硅衬底上。图 12-43a 所示是表面贴装的电源芯片 MC33886，其中集成了 5.0A 的 H 桥。因为所有需要的内部元件都是在同一制造过程中实现的，所以提供所需的栅极驱动电路、正确匹配输出驱动器以及构建必要的保护电路要容易得多。

MC33886 的简化框图如图 12-43b 所示。单片 H 桥只需要少量的外部元件就可以正常工作，并且只需要少量的输入控制线。H 桥接收来自微处理单元（MCU）的四个输入逻辑控制信号。IN1 和 IN2 控制 OUT1 和 OUT2 的输出状态。D1 和 $\overline{D2}$ 是输出禁用控制线。在本例中，输出直接连接到直流电机。MC33886 有一个输出状态控制线 $\overline{FS}$，存在故障时，该信号为有源状态的低电平。无故障时，图 12-43b 中所示的外部电阻将 $\overline{FS}$ 控制输出信号上拉到逻辑高电平。

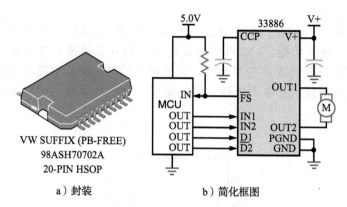

a）封装　　　　　　b）简化框图

图 12-43　电源芯片 MC33886（2014 年版权，经飞思卡尔半导体公司许可使用）

表 12-4　逻辑真值表

器件状态	输入条件				故障状态	输出状态	
	D1	$\overline{D2}$	IN1	IN2	$\overline{FS}$	OUT1	OUT2
正向	L	H	H	L	H	H	L
反向	L	H	L	H	H	L	H
低速自由旋转	L	H	L	L	H	L	L
高速自由旋转	L	H	H	H	H	H	H
禁用 1（D1）	H	X	X	X	L	Z	Z
禁用 2（$\overline{D2}$）	X	L	X	X	L	Z	Z
IN1 悬空	L	H	Z	X	H	H	X
IN2 悬空	L	H	X	Z	H	X	H
D1 悬空	Z	X	X	X	L	Z	Z
$\overline{D2}$ 悬空	X	Z	X	X	L	Z	Z
低压	X	X	X	X	L	Z	Z
过温	X	X	X	X	L	Z	Z
短路	X	X	X	X	L	Z	Z

注：① 2014 年版权，经飞思卡尔半导体公司许可使用。
　　② 采用 D1 或 $\overline{D2}$ 对三态条件和故障状态进行复位。真值表使用以下符号：L＝低电平，H＝高电平，X＝高电平或低电平，Z＝高阻态（所有输出功率管均截止）。

图 12-44 所示是 H 桥内部的整体框图。电源电压 $V+$ 的范围为 5.0～40V。当应用电压超过 28V 时，需要遵循降额说明。控制逻辑电路所需的电压由内部稳压器产生。两个独立的地用于防止大电流功率地 PGND 对小电流模拟信号地 AGND 的干扰。H 桥输出驱动

电路采用 4 个 n 沟道功率 EMOS 管。Q_1 和 Q_2 形成一个半桥，Q_3 和 Q_4 形成另一个半桥。每个半桥可以相互独立，也可以在需要全桥时联合使用。由于高侧开关是 nMOS 管，需要内置的电荷泵为栅极提供适当的高电压，以保持晶体管的完全导通。

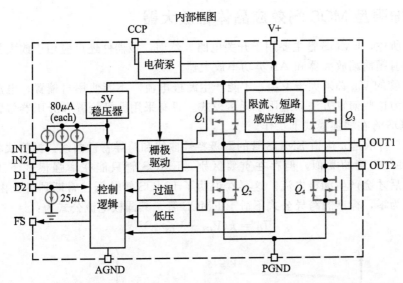

图 12-44　MC33886 内部框图（2014 年版权，经飞思卡尔半导体公司许可使用）

　　MC33886 的部分逻辑真值表如表 12-4 所示。输入控制线路 IN1、IN2、D1、$\overline{D2}$ 用于控制所连接的直流电机的方向和速度。这些输入对 TTL（晶体管-晶体管逻辑，数字电路的一类）和 CMOS 兼容，它允许来自于数字逻辑电路或微控制器的输入控制信号。IN1 和 IN2 通过对两个图腾柱半桥输出的控制，可分别独立控制 OUT1 和 OUT2。当 D1 为逻辑高或 $\overline{D2}$ 为逻辑低时，无论输入 IN1 和 IN2 为何值，H 桥的输出都被禁用并被设置为高阻状态。

　　如表 12-4 所示，当 IN1 为逻辑高，IN2 为逻辑低时，栅极驱动电路使 Q_1 和 Q_4 导通，同时使 Q_2 和 Q_3 截止。因此，OUT1 将为高，设为 V＋，OUT2 将为低，约为 0V。此时直流电机将单方向旋转。当 IN1 为低，IN2 为高时，输出状态正好相反，Q_2 和 Q_3 导通，Q_1 和 Q_4 截止，因而 OUT2 为高，OUT1 为低，此时直流电机向相反的方向旋转。当控制信号 IN1 和 IN2 同时为逻辑高时，输出 OUT1 和 OUT2 均为高。同样，当两个输入都为低时，两个输出也均为低。上述两种输入条件都将导致高侧开关或低侧开关同时导通，使直流电机动态制动。

　　连接到 OUT1 和 OUT2 的直流电机的速度可以通过脉宽调制来控制。将外加电源或微处理器的输出信号连接到 IN1 或 IN2，并采用一个 PWM 脉冲序列以改变其占空比。另一个输入保持在逻辑高电位。通过改变输入脉冲序列的占空比，可以改变电机的转速。占空比越高，电机转速越高。通过改变接收脉冲序列的输入端，可以控制电机的反方向转速。由于输出 MOS 管的开关速度和电路中电荷泵的限制，MC33886 的 PWM 信号的最大频率为 10kHz。

　　如表 12-4 所示，如果输入 D_1 和 $\overline{D2}$ 既不是高电平也不是低电平，则两个输出均进入高阻抗状态。这将有效地禁用输出。下面几种情况也会出现输出禁用状态：当 MC33886 感知到温度过高、电压不足、电流限制或短路时。当上述任一事件发生时，将会产生一个低电平故障状态信号，并将其发送到微处理器。

与分立 H 桥电路相比，单片 H 桥（如 MC33886）相对更容易实现。小功率直流电机和螺线管在很多系统中被使用，包括汽车、工业和机器人工业。

12.11 增强型 MOS 场效应晶体管放大器

如前文所述，EMOS 管主要用于开关电路。然而，该器件还可应用于放大器，包括通信设备中的射频前端放大器和 AB 类功率放大器。

EMOS 管的 V_{GS} 必须大于 $V_{GS(th)}$ 才能产生漏极电流。不能使用自偏置、电流源偏置和零偏置，因为这些偏置方法只适用于耗尽模式。只有采用栅极偏置和分压器偏置两种方法才能使 EMOS 管在增强模式下工作。

图 12-45 所示是 n 沟道 EMOS 管的漏极特性曲线和跨导特性曲线。抛物线状的传输特性曲线与 DMOS 管的类似，但存在重要区别。EMOS 管只能在增强模式下工作，直到 $V_{GS}=V_{GS(th)}$ 后才会产生漏极电流。这再次说明了 EMOS 管是压控常断器件。由于 $V_{GS}=0$ 时漏极电流为零，标准的跨导公式不适于 EMOS 管。其漏极电流公式为：

$$I_D = k(V_{GS} - V_{GS(th)})^2 \tag{12-11}$$

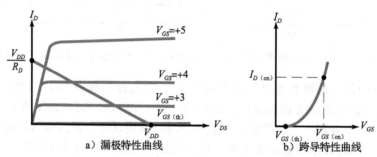

a）漏极特性曲线 b）跨导特性曲线

图 12-45 n 沟道 EMOS 管

其中 k 是常数，对于 EMOS 管，有：

$$k = \frac{I_{D(on)}}{(V_{GS(on)} - V_{GS(th)})^2} \tag{12-12}$$

n 沟道增强型 MOS 管 2N7000 的数据手册如图 12-12 所示。最重要的参数仍然是 $I_{D(on)}$、$V_{GS(on)}$ 和 $V_{GS(th)}$。2N7000 的参数值变化范围很大，在后面的计算中采用典型值。当 $V_{GS}=4.5V$ 时对应的 $I_{D(on)}$ 为 600mA。因此，取 $V_{GS(on)}$ 值为 4.5V。同样可得，当 $V_{DS}=V_{GS}$ 且 $I_D=1mA$ 时，$V_{GS(th)}$ 的典型值为 2.1V。

例 12-14 根据 2N7000 的数据手册及其典型值，求常数 k，并分别求出 $V_{GS}=3V$ 和 $V_{GS}=4.5V$ 时的 I_D。

解：由式（12-12）和器件参数，可求得 k 值为：

$$k = \frac{600\text{mA}}{(4.5V - 2.1V)^2} = 104 \times 10^{-3}\text{A/V}^2$$

由常数 k，可以计算不同 V_{GS} 下的 I_D 值。当 $V_{GS}=3V$ 时，I_D 为：

$$I_D = (104 \times 10^{-3}\text{A/V}^2)(3V - 2.1V)^2 = 84.4\text{mA}$$

当 $V_{GS}=4.5V$ 时，I_D 为：

$$I_D = (104 \times 10^{-3}\text{A/V}^2)(4.5V - 2.1V)^2 = 600\text{mA}$$

◀

自测题 12-14 根据 2N7000 的数据手册和所给的 $V_{GS(th)}$、$I_{D(on)}$ 的最小值，求常数 k 以及当 $V_{GS}=3\text{V}$ 时的 I_D 值。

图 12-46a 所示是 EMOS 管的另一种偏置方式，称为**漏极反馈偏置**。这种偏置方法与双极型晶体管的集电极反馈类似。当 MOS 管导通时，产生漏极电流 $I_{D(on)}$ 和漏极电压 $V_{DS(on)}$。因为栅极电流为零，所以 $V_{GS}=V_{DS(on)}$。与集电极反馈一样，漏极反馈偏置可以对晶体管参数的改变进行补偿。例如，当某些原因引起 $I_{D(on)}$ 增加时，则 $V_{DS(on)}$ 下降，导致 V_{GS} 下降，从而对 $I_{D(on)}$ 的增加起到了部分补偿作用。

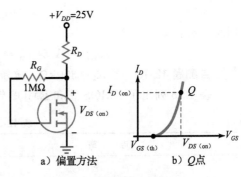

a) 偏置方法　　b) Q点

图 12-46　漏极反馈偏置

图 12-46b 显示了跨导特性曲线上的 Q 点。Q 点的坐标为 $V_{DS(on)}$ 和 $I_{D(on)}$。EMOS 管的数据手册中通常给出 $V_{GS}=V_{DS(on)}$ 时的 $I_{D(on)}$ 值。在设计这种电路时，需要选择 R_D 的值以便产生特定的 V_{DS}。R_D 的值可由下式求得：

$$R_D = \frac{V_{DD} - V_{DS(on)}}{I_{D(on)}} \tag{12-13}$$

例 12-15 由数据手册知，图 12-46a 电路中 EMOS 管的 $I_{D(on)}=3\text{mA}$，$V_{DS(on)}=10\text{V}$。如果 $V_{DD}=25\text{V}$，试确定 R_D 值使 MOS 管工作在该 Q 点。

解： 根据式（12-13）可计算 R_D 的值为：

$$R_D = \frac{25\text{V} - 10\text{V}}{3\text{mA}} = 5\text{k}\Omega$$

◀

自测题 12-15 将图 12-46a 电路中的 V_{DD} 变为 22V，求 R_D。

大多数 MOS 管的数据手册中都会列出正向跨导值 g_{FS}。2N7000 数据手册中给出了在 $I_D=200\text{mA}$ 时的跨导最小值和典型值。其最小值是 100mS，典型值是 320mS。跨导值是随着电路的 Q 点改变的。根据关系式 $I_D = k(V_{GS} - V_{GS(th)})^2$ 和 $g_m = \dfrac{\Delta I_D}{\Delta V_{GS}}$，可以得到：

$$g_m = 2k(V_{GS} - V_{GS(th)}) \tag{12-14}$$

例 12-16 图 12-47 电路中的 MOS 管参数为：$k=104\times10^{-3}\text{A/V}^2$，$I_{D(on)}=600\text{mA}$，$V_{GS(th)}=2.1\text{V}$。求 V_{GS}、I_D、g_m 和 v_{out}。

解： 首先求 V_{GS}：

$$V_{GS} = V_G$$

$$V_{GS} = \frac{350\text{k}\Omega}{350\text{k}\Omega + 1\text{M}\Omega} \times 12\text{V} = 3.11\text{V}$$

然后求 I_D：

$$I_D = (104\times10^{-3}\text{A/V}^2)(3.11\text{V} - 2.1\text{V})^2 = 106\text{mA}$$

求得跨导 g_m 为：

$$g_m = 2k(3.11\text{V} - 2.1\text{V}) = 210\text{mS}$$

该共源放大器的电压增益与其他场效应管相同，为：

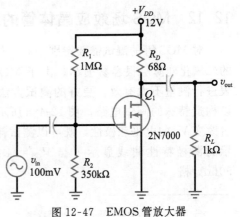

图 12-47　EMOS 管放大器

$$A_v = g_m r_d$$

这里 $r_d = R_D \| R_L = 68\Omega \| 1k\Omega = 63.7\Omega$，因此：

$$A_v = 210\text{mS} \times 63.7\Omega = 13.4$$

同时，有：

$$v_{\text{out}} = A_v \times v_{\text{in}} = 13.4 \times 100\text{mV} = 1.34\text{V} \ominus$$ ◀

✎ **自测题 12-16** 若 $R_2 = 330\text{k}\Omega$，重新计算例 12-16。

表 12-5 列出了 DMOS 管和 EMOS 管放大器及其基本特性和方程。

表 12-5 MOS 管放大器

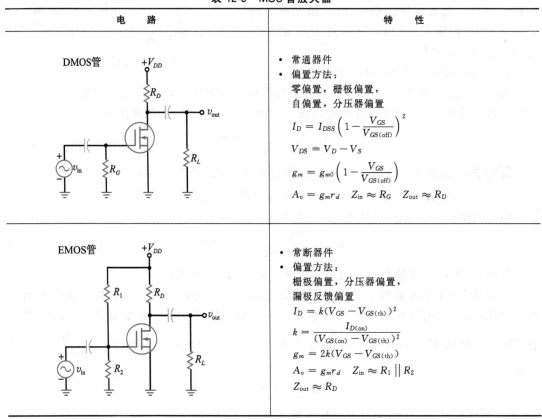

电 路	特 性
DMOS管（电路图）	• 常通器件 • 偏置方法： 零偏置，栅极偏置， 自偏置，分压器偏置 $I_D = I_{DSS}\left(1 - \dfrac{V_{GS}}{V_{GS\,(\text{off})}}\right)^2$ $V_{DS} = V_D - V_S$ $g_m = g_{m0}\left(1 - \dfrac{V_{GS}}{V_{GS\,(\text{off})}}\right)$ $A_v = g_m r_d \quad Z_{\text{in}} \approx R_G \quad Z_{\text{out}} \approx R_D$
EMOS管（电路图）	• 常断器件 • 偏置方法： 栅极偏置，分压器偏置， 漏极反馈偏置 $I_D = k(V_{GS} - V_{GS\,(\text{th})})^2$ $k = \dfrac{I_{D(\text{on})}}{(V_{GS(\text{on})} - V_{GS(\text{th})})^2}$ $g_m = 2k(V_{GS} - V_{GS\,(\text{th})})$ $A_v = g_m r_d \quad Z_{\text{in}} \approx R_1 \| R_2$ $Z_{\text{out}} \approx R_D$

12.12 MOS 场效应晶体管的测试

对 MOS 管的测试需要特别小心。如前文所述，当 V_{GS} 大于 $V_{GS(\text{max})}$ 时，栅极和沟道间的二氧化硅薄层很容易损坏。由于 MOS 管的沟道和绝缘栅结构，用欧姆表或数字万用表进行测量不太有效。更好的测试方法是使用半导体特性图示仪。如果没有图示仪，可以构造特殊的测试电路。图 12-48a 所示的仿真电路可以测试耗尽型和增强型 MOS 管。通过改变 V_1 的电平和极性，既可以测试耗尽型器件，也可以测试增强型器件。图 12-48b 所示的漏极特性曲线显示了当 $V_{GS} = 4.52\text{V}$ 时，漏极电流大约为 275mA。Y 轴设置为 50mA/格。

⊖ 原书有误，此处已更正。——译者注

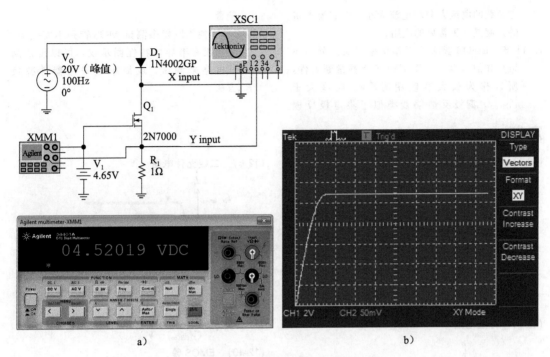

图 12-48 MOS 管测试电路

上述测试方法的简单替代方案是：更换元件。通过对电压值的在线测试，通常可能发现有故障的 MOS 管。用一个正常的元件进行替换，就可以得到最终结果。

总结

12.1 节 耗尽型 MOS 场效应晶体管简写为 DMOS 管，由源极、栅极和漏极构成。栅极与沟道是绝缘的，输入电阻很高。DMOS 管的应用有限，主要用于射频电路。

12.2 节 当 DMOS 管工作在耗尽模式时，其漏极特性曲线与 JFET 是相似的。不同的是，DMOS 管也可以工作在增强模式。增强模式时的漏极电流大于 I_{DSS}。

12.3 节 DMOS 管主要应用于射频放大器。DMOS 管的高频响应特性好，噪声低，输入阻抗高。双栅 DMOS 管可以用于自动增益控制（AGC）电路。

12.4 节 EMOS 管是常断器件。当栅极电压等于阈值电压时，n 反型层将漏极和源极连接起来。当栅极电压大于阈值电压时，器件具有良好的导电特性。由于 MOS 管的绝缘层很薄，所以很容易损坏，需要预先采取保护措施。

12.5 节 EMOS 管主要用作开关，它通常在截止和饱和状态之间转换。当工作在电阻区时，

EMOS 管可等效为一个小电阻。当 $V_{GS} = V_{GS(on)}$ 时，若 $I_{D(sat)}$ 小于 $I_{D(on)}$，则 EMOS 管工作在电阻区。

12.6 节 模拟信号指的是连续变化的信号，即没有突变。数字信号指的是在两个明显不同的电平间跳变的信号。开关电路包括大功率电路和低功率数字电路。有源负载开关电路中一个 MOS 管等效为大电阻，另一个 MOS 管等效为开关。

12.7 节 CMOS 使用两个互补 MOS 管，其中一个导通时另一个截止。CMOS 反相器是基本的数字电路。CMOS 电路的主要优点之一是低功耗。

12.8 节 EMOS 管分立器件可用于大电流的开关。功率场效应管有多种用途，如自动控制、磁盘驱动、转换器、打印机、加热器、照明、电机和其他重负载的应用。

12.9 节 高侧 MOS 管负载开关用于将电源与负载连接或断开。

12.10 节 分立和单片 MOS 管 H 桥可用于控制给

定负载的电流方向和电流大小。对直流电机的控制是一种常见的应用。

12.11 节 EMOS 管除了用作功率开关之外，还可用作放大器。由于 EMOS 管是常断器件，所以作为放大器使用时，V_{GS} 应该大于 $V_{GS(\text{th})}$。漏极反馈偏置类似于集电极反馈偏置。

12.12 节 使用欧姆表测试 MOS 管是不安全的。如果没有半导体特性图示仪，可以设计测试电路来测试，或简单地采用器件替换方法。

定义

(12-1) DMOS 管漏极电流

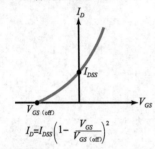

$$I_D = I_{DSS}\left(1 - \frac{V_{GS}}{V_{GS(\text{off})}}\right)^2$$

(12-3) 导通电阻

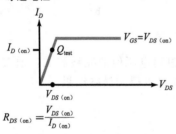

$$R_{DS(\text{on})} = \frac{V_{DS(\text{on})}}{I_{D(\text{on})}}$$

(12-6) 二端元件电阻

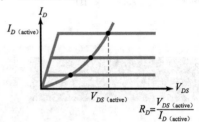

$$R_D = \frac{V_{DS(\text{active})}}{I_{D(\text{active})}}$$

(12-8) EMOS 管常数 k

$$k = \frac{I_{D(\text{on})}}{(V_{GS(\text{on})} - V_{GS(\text{th})})^2}$$

(12-10) EMOS 管：

$$g_m = 2k(V_{GS} - V_{GS(\text{th})})$$

推论

(12-2) DMOS 管零偏置

$$V_{DS} = V_{DD} - I_{DSS}R_D$$

(12-4) 饱和电流

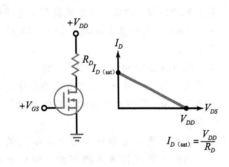

$$I_{D(\text{sat})} = \frac{V_{DD}}{R_D}$$

(12-5) 电阻区

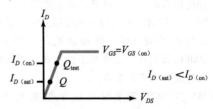

$$I_{D(\text{sat})} < I_{D(\text{on})}$$

(12-7) p 沟道负载开关栅极电压：

$$V_G \leqslant V_{\text{in}} - |V_{GS(\text{on})}|$$

(12-9) n 沟道负载开关栅极电压：

$$V_G \leqslant V_{\text{out}} + V_{GS(\text{on})}$$

(12-11) EMOS 管漏极电流

$$I_D = k(V_{GS} - V_{GS(\text{th})})^2$$

(12-13) 用于漏极反馈偏置的 R_D

$$R_D = \frac{V_{DD} - V_{DS(\text{on})}}{I_{D(\text{on})}}$$

选择题

1. DMOS 管可工作的模式
   - a. 只有耗尽模式
   - b. 只有增强模式
   - c. 耗尽模式或增强模式
   - d. 低阻模式

2. 当 n 沟道 DMOS 管满足 $I_D > I_{DSS}$ 时，它
   - a. 将被损坏
   - b. 工作在耗尽模式
   - c. 正向偏置
   - d. 工作在增强模式

3. DMOS 管放大器的电压增益取决于：
   - a. R_D
   - b. R_L
   - c. g_m
   - d. 以上全部

4. 下列哪种器件带来了计算机工业的革命？
   - a. JFET
   - b. DMOS
   - c. EMOS
   - d. 功率场效应管

5. 使 EMOS 器件导通的电压是
   - a. 栅源截止电压
   - b. 夹断电压
   - c. 阈值电压
   - d. 拐点电压

6. 下列哪个量可能出现在增强型 MOS 管的数据手册中？
   - a. $V_{GS(th)}$
   - b. $I_{D(on)}$
   - c. $V_{GS(on)}$
   - d. 以上全部

7. n 沟道 EMOS 管的 $V_{GS(on)}$
   - a. 小于阈值电压
   - b. 等于栅源截止电压
   - c. 大于 $V_{DS(on)}$
   - d. 大于 $V_{GS(th)}$

8. 普通电阻属于
   - a. 三端器件
   - b. 有源负载
   - c. 无源负载
   - d. 开关器件

9. 栅极和漏极相连的 EMOS 管属于
   - a. 三端器件
   - b. 有源负载
   - c. 无源负载
   - d. 开关器件

10. 工作于截止区或电阻区的 EMOS 管属于
    - a. 电流源
    - b. 有源负载
    - c. 无源负载
    - d. 开关器件

11. VMOS 器件一般
    - a. 比双极型晶体管开关速度快
    - b. 承载较低的电流
    - c. 有负温度系数
    - d. 用于 CMOS 反相器

12. DMOS 管是
    - a. 常断器件
    - b. 常通器件
    - c. 电流控制器件
    - d. 大功率开关

13. CMOS 代表
    - a. 普通 MOS 管
    - b. 有源负载开关
    - c. p 沟道和 n 沟道器件
    - d. 互补 MOS 管

14. $V_{GS(on)}$ 总是
    - a. 小于 $V_{GS(th)}$
    - b. 等于 $V_{DS(on)}$
    - c. 大于 $V_{GS(th)}$
    - d. 负值

15. 在有源负载开关中，上方的 EMOS 管是
    - a. 二端器件
    - b. 三端器件
    - c. 开关
    - d. 小电阻

16. CMOS 器件是
    - a. 双极型晶体管
    - b. 互补 EMOS 管
    - c. A 类工作方式
    - d. DMOS 器件

17. CMOS 的主要优点是它的
    - a. 额定功率大
    - b. 小信号工作
    - c. 开关稳定性
    - d. 低功耗

18. 功率场效应管是
    - a. 集成电路
    - b. 小信号器件
    - c. 多用于模拟信号
    - d. 用于大电流的开关

19. 当功率场效应管内部温度升高时，其
    - a. 阈值电压增加
    - b. 栅极电流减小
    - c. 漏极电流减小
    - d. 饱和电流增加

20. 多数小信号 EMOS 管用于
    - a. 大电流应用
    - b. 分立电路
    - c. 磁盘驱动器
    - d. 集成电路

21. 多数功率场效应管用于
    - a. 大电流应用
    - b. 数字计算机
    - c. 射频模块
    - d. 集成电路

22. n 沟道 EMOS 管在下列哪种情况下导通
    - a. $V_{GS} > V_P$
    - b. 有 n 反型层
    - c. $V_{DS} > 0$
    - d. 有耗尽层

23. CMOS 电路中，上方的 MOS 管是
    - a. 无源负载
    - b. 有源负载
    - c. 不导通
    - d. 互补管

24. CMOS 反相器输出的高电平是
    - a. $V_{DD}/2$
    - b. V_{GS}
    - c. V_{DS}
    - d. V_{DD}

25. 功率场效应管的 $R_{DS(on)}$
    - a. 总是很大
    - b. 有负温度系数
    - c. 有正温度系数
    - d. 是有源负载

26. 分立 nMOS 高侧功率管

    a. 导通时的栅极电压为负

    b. 比 pMOS 管的栅极驱动电路少

    c. 导通时漏极电压高于栅极电压

    d. 需要电荷泵

习题

12.2 节

12-1 一个 n 沟道 DMOS 管的参数为 $V_{GS(off)} = -2V$，$I_{DSS} = 4mA$。当 $V_{GS} = -0.5V$、$-1.0V$、$-1.5V$、$+0.5V$、$+1.0V$ 和 $+1.5V$ 时，求耗尽模式下的 I_D。

12-2 已知管参数与上题相同，求增强模式下的 I_D。

12-3 一个 p 沟道 DMOS 管的参数为 $V_{GS(off)} = +3V$，$I_{DSS} = 12mA$。当 $V_{GS} = -1.0V$、$-2.0V$、$0V$、$+1.5V$ 和 $+2.5V$ 时，求耗尽模式下的 I_D。

12.3 节

12-4 图 12-49 电路中 DMOS 管的 $V_{GS(off)} = -3V$，$I_{DSS} = 12mA$。求电路的漏极电流和 V_{DS}。

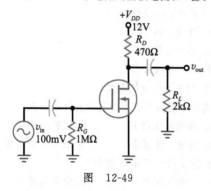

图　12-49

12-5 如果图 12-49 电路中的 g_{m0} 为 $4000\mu S$，求 r_d、A_v 和 V_{out}。

12-6 如果图 12-49 电路中 $R_D = 680\Omega$，$R_1 = 10k\Omega$，求 r_d、A_v 和 V_{out}。

12-7 求图 12-49 电路的输入阻抗近似值。

12.5 节

12-8 根据下列各组 EMOS 管的参数值，求 $R_{DS(on)}$：

    a. $V_{DS(on)} = 0.1V$，$I_{D(on)} = 10mA$

    b. $V_{DS(on)} = 0.25V$，$I_{D(on)} = 45mA$

    c. $V_{DS(on)} = 0.75V$，$I_{D(on)} = 100mA$

    d. $V_{DS(on)} = 0.15V$，$I_{D(on)} = 200mA$

12-9 一个 EMOS 管，当 $V_{GS(on)} = 3V$ 且 $I_{D(on)} = 500mA$ 时，$R_{DS(on)} = 2\Omega$。如果它偏置在电阻区，分别求出在下列每个漏极电流下的管电压：

    a. $I_{D(sat)} = 25mA$ b. $I_{D(sat)} = 100mA$

    c. $I_{D(sat)} = 50mA$ d. $I_{D(sat)} = 200mA$

12-10 ▐▐▐ Multisim 如果图 12-50a 电路中的 $V_{GS} = 2.5V$，求 EMOS 管上的电压（参照表 12-1）。

12-11 ▐▐▐ Multisim 如果图 12-50b 电路的栅极电压是 $+3V$，求漏极电压。假设 $R_{DS(on)}$ 近似等于表 12-1 中给出的值。

12-12 如果图 12-50c 电路中 V_{GS} 是高电平，求负载电阻上的电压。

12-13 如果图 12-50d 电路的输入为高电平，计算 EMOS 管上的电压。

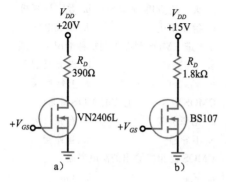
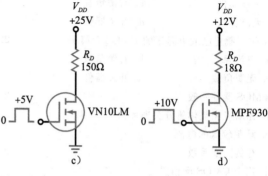

图　12-50

12-14 如果图 12-51a 电路中 $V_{GS} = 5V$，求流过 LED 的电流。

12-15 图 12-51b 电路中的继电器在 $V_{GS} = 2.6V$ 时闭合。当栅压为高电平时，MOS 管的电流是多少？流过负载电阻的电流是多少？

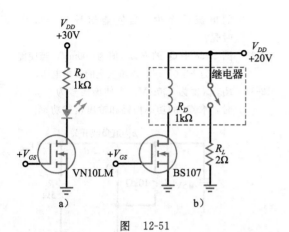

图 12-51

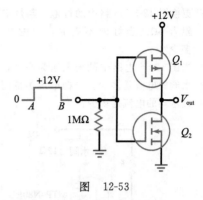

图 12-53

12.6 节

12-16 EMOS 管的参数值为：$I_{D(\text{active})}=1\text{mA}$，$V_{DS(\text{active})}=10\text{V}$。求它工作在有源区时的漏极电阻。

12-17 当图 12-52a 电路的输入为低电平时，输出电压是多少？当输入为高电平时的输出电压是多少？

12-18 当图 12-52b 电路的输入为低电平时，输出电压是多少？当输入为高电平时的输出电压是多少？

12-19 图 12-52a 电路中，栅极由方波电压驱动。如果方波的峰峰值足以驱动下方的 MOS 管进入电阻区，求输出波形。

12.7 节

12-20 图 12-53 电路中 MOS 管的 $R_{DS(\text{on})}=250\Omega$，$R_{DS(\text{off})}=5\text{M}\Omega$。求输出波形。

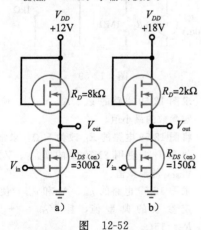

图 12-52

12-21 图 12-53 电路上方 EMOS 管的 $I_{D(\text{on})}=1\text{mA}$，$V_{DS(\text{on})}=1\text{V}$，$I_{D(\text{of})}=1\mu\text{A}$，$V_{DS(\text{off})}=10\text{V}$。分别求出当输入电压为低和高时的输出电压。

12-22 图 12-53 电路的输入是峰值为 12V，频率为 1kHz 的方波。试描述输出波形。

12-23 图 12-53 电路中，输入电压从低向高翻转过程的某一时刻为 6V。此时两个 MOS 管的有源电阻均为 $R_D=5\text{k}\Omega$，求此时的漏极电流。

12.8 节

12-24 当图 12-54 电路中的栅电压为低时，通过电机线圈的电流是多少？当栅电压为高时的线圈电流是多少？

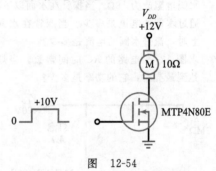

图 12-54

12-25 更换图 12-54 电路中的电机线圈，新线圈的电阻为 6Ω。当栅电压为高时，通过线圈的电流是多少？

12-26 当图 12-55 电路中的栅电压为低时，通过灯泡的电流是多少？当栅电压为 +10V 时的灯泡电流是多少？

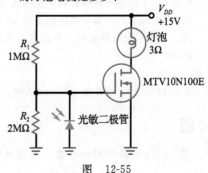

图 12-55

12-27 更换图 12-55 电路中的灯泡，新灯泡的电阻为 5Ω。当灯泡不亮时，它的功率是多少？

12-28 当图 12-56 电路中的栅电压为高时，通过水阀的电流是多少？当栅电压为低时，通过水阀的电流是多少？

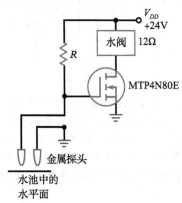

图 12-56

12-29 将图 12-56 电路中的电源电压改为 12V，水阀电阻改为 18Ω。当探针在水面以下时，通过水阀的电流是多少？当探针在水面以上时，流过水阀的电流是多少？

12-30 求图 12-57 电路的 RC 时间常数。当灯泡达到最亮时，它的功率是多少？

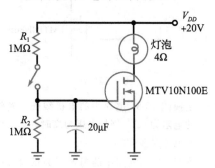

图 12-57

12-31 将图 12-57 电路中栅极的两个电阻值加倍，求 RC 时间常数。如果换成阻值为 6Ω 的灯泡，当灯泡达到最亮时，流过它的电流是多少？

12.9 节

12-32 在图 12-58 中，当使能信号为 0V 时，Q_1

思考题

12-39 图 12-37c 电路中的栅极输入电压是幅值

的电流是多少？当使能信号为 +5.0V 时呢？

12-33 图 12-58 中 Q_2 的 $R_{DS(on)}$ 值为 100mV，当使能信号为 +5.0V 时，求负载上的输出电压。

12-34 $R_{DS(on)}$ 值为 100mV，当使能信号为 +5.0V 时，求 Q_2 的功率损耗和输出负载功率。

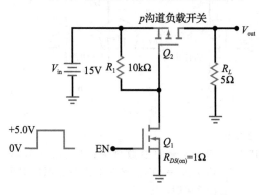

图 12-58

12.11 节

12-35 求图 12-59 电路中 MOS 管的常数 k 和 I_D。使用 2N7000 的 $I_{D(on)}$、$V_{GS(on)}$、$V_{GS(th)}$ 的最小值。

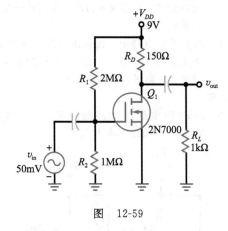

图 12-59

12-36 求图 12-59 电路的 g_m、A_v 和 v_{out}。使用额定参数的最小值。

12-37 将图 12-59 电路的 R_D 改为 50Ω，求常数 k 值和 I_D。使用 2N7000 的 $I_{D(on)}$、$V_{GS(on)}$、$V_{GS(th)}$ 的典型值。

12-38 求图 12-59 电路的 g_m、A_v 和 v_{out}。使用额定参数的典型值，且 $V_{DD} = +12V$，$R_D = 15Ω$。

为 +5V、频率为 1kHz 的方波，求负载电阻上的平均功率。

12-40　图 12-37d 电路中的栅极输入电压是矩形脉冲，占空比为 25%。即栅压在一个周期 25% 的时间内为高电平，其余时间为低电平。求负载电阻上的平均功率。

12-41　图 12-40 电路中 CMOS 反相器的 MOS 管 $R_{DS(on)} = 100\Omega$，$R_{DS(off)} = 10M\Omega$。求电路的静态功率。当输入为方波时，通过 Q_1 的平均电流为 $50\mu A$，求功率。

12-42　如果图 12-42 电路中的栅电压是 3V，求光

敏二极管的电流。

12-43　MTP16N25E 的数据手册给出了 $R_{DS(on)}$ 随温度变化的归一化特性曲线。当结温从 25°C 上升到 125°C 时，归一化值从 1 线性增加到 2.25。如果在 25°C 时 $R_{DS(on)} = 0.17\Omega$，求 100°C 时的 $R_{DS(on)}$ 值。

12-44　图 12-27 电路中的 $V_{in} = 12V$。如果变压器的匝数比是 4∶1，且输出纹波很小，求直流输出电压 V_{out}。

求职面试问题

1. 画出 EMOS 管结构图，指出 n 区和 p 区并解释其导通与截止的原理。
2. 描述有源负载开关的工作原理，并画出电路图。
3. 画一个 CMOS 反相器，并解释电路的工作原理。
4. 画出任意一个功率场效应管控制大电流负载的电路。解释开关原理，包括对 $R_{DS(on)}$ 的描述。
5. 为什么 MOS 技术带来了电子世界的革命？
6. 列出双极型晶体管和场效应晶体管放大器的优

缺点，并进行比较。
7. 当功率场效应管的漏极电流增加时，将会发生什么情况？
8. 为什么对 EMOS 管要小心轻放？
9. 为什么在装运 MOS 管时，要用细金属线将 MOS 管的所有管脚连接起来？
10. 使用 MOS 器件时，需要采取哪些预防措施？
11. 在设计开关电源电路时，为什么一般选择 MOS 管而不是双极型晶体管来作电源的开关？

选择题答案

1. c　2. d　3. d　4. c　5. c　6. d　7. d　8. c　9. b　10. d　11. a　12. b　13. d　14. c　15. a　16. b　17. d　18. d　19. c　20. d　21. a　22. b　23. d　24. d　25. c　26. d

自测题答案

12-1

V_{GS}	I_D
$-1V$	2.25mA
$-2V$	1mA
0V	4mA
$+1V$	6.25mA
$+2V$	9mA

12-2　$v_{out} = 105.6mV$

12-3　$I_{D(sat)} = 10mA$；$V_{out(off)} = 20V$　　$V_{out(on)} = 0.06V$

12-4　$I_{LED} = 32mA$

12-6　$V_{out} = 20V$，198mV

12-7　$R_{DS(on)} \approx 222\Omega$

12-8　如果 $V_{in} > V_{GS(th)}$；$V_{out} = +15V$（脉冲电压）

12-9　$I_D = 0.996A$

12-10　$I_L = 2.5A$

12-13　$V_{load} = 4.76V$；$P_{load} = 4.76W$　　$P_{loss} = 238mW$

12-14　$k = 5.48 \times 10^{-3} A/V^2$；$I_D = 26mA$

12-15　$R_D = 4k\Omega$

12-16　$V_{GS} = 2.98V$；$I_D = 80mA$；$g_m = 183mS$　　$A_v = 11.7$；$v_{out} = 1.17V$

第13章

晶 闸 管

晶闸管一词来源于希腊语，意思是"门"，如同在电路中打开一扇门让某物通过。晶闸管是一种利用内部反馈来实现开关作用的半导体器件。最重要的晶闸管是可控硅整流器和三端双向可控硅开关元件。类似于功率场效应管，可控硅整流器和三端双向可控硅开关可以实现对大电流的开关控制。因此，它们可用于过电压保护、电机控制、加热器、照明系统和其他大电流负载。绝缘栅双极型晶体管（IGBT）不属于晶闸管系列，本章将其作为一种重要的功率开关器件加以介绍。

目标

学习完本章之后，你应该能够：

■ 描述四层二极管的开关工作原理；

■ 解释可控硅整流器的特性；

■ 说明可控硅整流器的测试方法；

■ 计算 *RC* 相位控制电路的触发角和导通角；

■ 解释三端双向可控硅开关和二端双向可控硅开关的特性；

■ 比较绝缘栅双极型晶体管和功率场效应管的开关控制特性；

■ 描述光可控硅整流器和可控硅开关的主要特性；

■ 解释单结晶体管和可编程单结晶体管电路的工作原理。

关键术语

击穿导通（breakover）

导通角（conduction angle）

二端双向可控硅开关（diac）

触发角（firing angle）

四层二极管（four-layer diode）

栅极触发电流 I_{GT}（gate trigger current I_{GT}）

栅极触发电压 V_{GT}（gate trigger voltage V_{GT}）

保持电流（holding current）

绝缘栅双极型晶体管（insulated-gate bipolar transistor，IGBT）

低电流截止（low-current drop-out）

可编程单结晶体管（programmable unijunction transistor，PUT）

锯齿波发生器（sawtooth generator）

肖克利二极管（Shockley diode）

可控硅整流器（SCR）

硅单边开关（silicon unilateral switch，SUS）

晶闸管（thyristor）

三端双向可控硅开关（triac）

单结晶体管（unijunction transistor，UJT）

13.1 四层二极管

晶闸管的工作原理可以用图 13-1a 所示的等效电路来解释。上方的晶体管 Q_1 是 *pnp* 器件，下方的晶体管 Q_2 是 *npn* 器件。Q_1 的集电极作为 Q_2 基极的驱动，同时，Q_2 的集电极作为 Q_1 基极的驱动。

13.1.1　正反馈

图 13-1a 电路的特殊连接方式构成了正反馈。Q_2 基极电流的任何变化都将被放大并且通过 Q_1 的反馈得到增强。这种正反馈将持续改变 Q_2 的基极电流直至两个晶体管都进入饱和或者截止状态。

例如，如果 Q_2 的基极电流增加，则其集电极电流也增加，从而使 Q_1 的基极和集电极电流增加。Q_1 集电极电流的增加将会进一步增大 Q_2 的基极电流。这种放大反馈作用会一直持续到两个晶体管均达到饱和。此时，电路的功能类似于闭合的开关（见图 13-1b）。

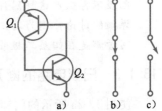

图 13-1　晶体管闩锁电路

另一方面，当 Q_2 的基极电流由于某种原因减小，则其集电极电流也减小，从而使 Q_1 的基极和集电极电流减小。Q_1 集电极电流的减小将会使 Q_2 的基极电流进一步减小。这种作用会一直持续到两个晶体管均进入截止区。此时，电路的功能类似于断开的开关（见图 13-1c）。

图 13-1a 所示电路在断开或闭合状态下都是稳定的。该电路可以一直保持在任意一个状态，直至有外力作用于它。如果电路是开路状态，它将一直处于开路状态直至某种原因导致 Q_2 的基极电流增加。如果电路是闭合状态，它将一直处于闭合状态直至某种原因导致 Q_2 的基极电流减小。由于该电路能够一直保持在任意一个状态，因此称为闩锁电路。

13.1.2　闩锁电路的闭合

图 13-2a 所示是一个与负载电阻相连的闩锁电路，电源电压为 V_{CC}。假设闩锁电路是断开的，如图 13-2b 所示。由于没有电流经过负载电阻，闩锁电路两端电压等于电源电压，因此，工作点位于直流负载线的下端（见图 13-2d）。

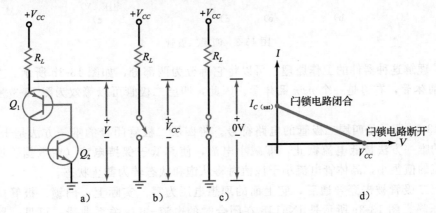

图 13-2　闩锁电路

将图 13-2b 所示闩锁电路闭合的唯一方法是**击穿导通**，即用足够高的电源电压 V_{CC} 使 Q_1 的集电结击穿。由于 Q_1 的集电极电流增大了 Q_2 的基极电流，正反馈机制开始发挥作用，两个晶体管进入饱和区。理想情况下，两管饱和时具有短路特性，闩锁电路闭合（见图 13-2c），此时，它两端的电压为零，工作点位于直流负载线上端（见图 13-2d）。

如果图 13-2a 电路中的 Q_2 先被击穿，击穿导通也会发生。尽管击穿导通可以由任一管集电结的反向击穿开始，但结果都是使两个晶体管进入饱和状态。因此这里使用击穿导通而不是击穿一词来描述闩锁电路的闭合情况。

知识拓展　四层二极管在现代电路设计中已几乎不再使用。事实上，大多数厂家已经不再生产这种器件。尽管这种器件已几乎被废弃，但是这里仍然对它进行了详细的讨论，因为其工作原理适用于很多目前常用的晶闸管。实际上，大多数晶闸管都是在四层二极管的基础上经过少量变化后形成的。

13.1.3　闩锁电路的断开

使图 13-2a 所示的闩锁电路断开的方法是：将电源电压 V_{CC} 降低至零，迫使晶体管从饱和状态变为截止状态。该方法通过将闩锁电流减小到足够低的值，使晶体管脱离饱和状态，故而称为**低电流截止**。

13.1.4　肖克利二极管

图 13-3a 所示的器件最初以发明者的名字命名为**肖克利二极管**。该器件还有其他几个名称：**四层二极管**，$pnpn$ 二极管，**硅单边开关**。该器件中的电流只能单向流动。

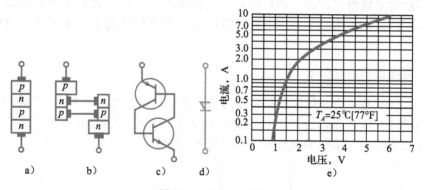

图 13-3　四层二极管

为了理解这种器件的工作原理，可以将它拆分为两部分，如图 13-3b 所示。左边是一个 pnp 晶体管，右边是一个 npn 晶体管。因此，四层二极管可以等效为图 13-3c 所示的闩锁电路。

图 13-3d 所示是四层二极管的电路符号。将四层二极管闭合的唯一方法是击穿导通，断开它的唯一方法是低电流截止，即减小电流，使其低于**保持电流**（由数据手册得到）。保持电流的值很小，晶体管电流小于该值时将从饱和状态转为截止状态。

四层二极管被击穿导通后，它上面的理想电压为零。实际上，闩锁二极管两端仍会有一点压降。图 13-3e 所示是 IN5158 在闭合时的电流-电压关系曲线。可见，器件两端的电压随着电流的增加而增加，例如，0.2A 时为 1V，0.95A 时为 1.5V，1.8A 时为 2V 等。

13.1.5　击穿导通特性

图 13-4 所示是四层二极管的电流-电压曲线。器件有两个工作区域：截止区和饱和区。图中的虚线是截止区与饱和区的转换轨迹，用虚线表示的意思是器件在截止和导通之

间的转换速度很快。

器件在截止区的电流为零。如果二极管上的电压超过 V_B，器件将被击穿导通，并迅速沿虚线进入饱和区。当器件工作在饱和区时，对应的是上方的曲线。只要流过它的电流大于保持电流 I_H，二极管将锁定在导通状态；如果电流小于 I_H，则器件转换到截止状态。

四层二极管的理想化近似模型为：截止时等效为断开的开关，饱和时等效为闭合的开关。二阶近似模型则包含拐点电压 V_K，图 13-4 中约为 0.7V。高阶近似模型需要使用计算机仿真软件或者参考四层二极管的数据手册。

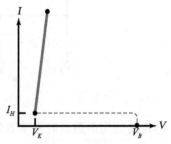

图 13-4　击穿导通特性

例 13-1　图 13-5 中的二极管的击穿导通电压为 10V。若输入电压增加到 15V，求流过二极管的电流。

解： 由于输入电压为 15V，大于击穿导通电压 10V，二极管被击穿导通。理想情况下，二极管相当于闭合开关。其电流为：

$$I = \frac{15V}{100\Omega} = 150mA$$

对于二阶近似，有：

$$I = \frac{15V - 0.7V}{100\Omega} = 143mA$$

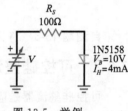

图 13-5　举例

若需要更准确的答案，参见图 13-3e，可以看到当电流在 150mA 附近时，电压为 0.9V。因此，更准确的答案是：

$$I = \frac{15V - 0.9V}{100\Omega} = 141mA \qquad \blacktriangleleft$$

自测题 13-1　当图 13-5 电路的输入电压为 12V 时，求二极管电流。采用二阶近似模型。

例 13-2　图 13-5 电路中的二极管保持电流为 4mA。输入电压增加到 15V 使二极管闩锁在闭合状态，然后再减小电压使二极管断开。求使二极管断开所需的输入电压。

解： 当电流略小于保持电流 4mA 时，二极管断开。在这个小电流下，二极管的电压近似等于拐点电压 0.7V。由于 4mA 的电流经过 100Ω 的电阻，所以输入电压为：

$$V_{in} = 0.7V + 4mA \times 100\Omega = 1.1V$$

所以，输入电压需要从 15V 减小到略小于 1.1V，才能使二极管断开。 $\qquad \blacktriangleleft$

自测题 13-2　当二极管的保持电流为 10mA 时，重新计算例 13-2。

应用实例 13-3　图 13-6a 所示是一个**锯齿波发生器**。电容充电的终值是电源电压，波形如图 13-6b 所示。当电容电压升至 +10V 时，二极管击穿导通，导致电容放电，在输出波形中形成回扫线（电压突降）。理想情况下当电压降为零时，二极管断开，电容重新开始充电。这样，可以得到如图 13-6b 所示的理想锯齿波。

电容充电的 RC 时间常数是多少？如果锯齿波的周期是该时间常数的 20%，则它的频率是多少？

解： RC 时间常数为：

$$RC = 2k\Omega \times 0.02\mu F = 40\mu s$$

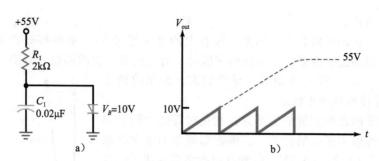

图 13-6　锯齿波发生器

锯齿波的周期是该时间常数的 20%，所以：

$$T = 0.2 \times 40\mu s = 8\mu s$$

频率为：

$$f = \frac{1}{8\mu s} = 125kHz$$

✎ **自测题 13-3**　将图 13-6 电路中的电阻值改为 $1k\Omega$，求锯齿波的频率。

13.2　可控硅整流器

可控硅整流器是应用最广的晶闸管。它可作为大电流的开关，因此常用于控制电机、烤箱、空调和磁感应加热器。

知识拓展　与其他类型的晶闸管相比，可控硅整流器用于对更大电流和电压的处理。目前，它所能控制的电流高达 $1.5kA$，电压超过 $2kV$。

13.2.1　闩锁电路的触发

在 Q_2 的基极增加一个输入端口，如图 13-7a 所示，这是实现闭合闩锁电路的另一种方法。下面是其工作原理：当闩锁电路断开时，如图 13-7b 所示，工作点位于直流负载线的下端（见图 13-7d）。为了闭合闩锁电路，加入一个触发信号（尖脉冲）到 Q_2 的基极，如图 13-7a 所示。触发信号使 Q_2 的基极电流瞬间增加，启动正反馈机制，驱使两个晶体管进入饱和状态。

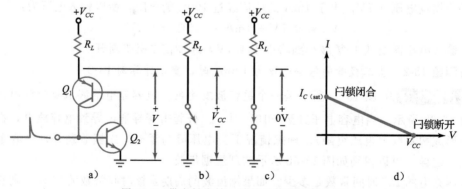

图 13-7　带有触发输入端的晶体管闩锁电路

当两管饱和时，电路近似于短路，闩锁电路闭合（见图 13-7c）。理想情况下，当闩锁电路闭合时，它两端的电压为零，工作点位于负载线的上端（见图 13-7d）。

13.2.2 栅极触发

可控硅整流器的结构如图 13-8a 所示。输入端称为栅极，顶端为阳极，底端为阴极。由于栅极触发比击穿导通触发更易实现，所以可控硅整流器比四层二极管的应用更广泛。

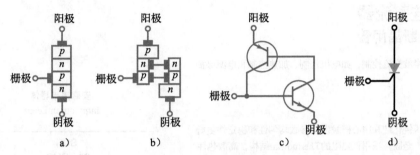

图 13-8 可控硅整流器

将四个掺杂的区域拆分为两个晶体管，如图 13-8b 所示。可见，可控硅整流器等效为一个带有触发输入端的闩锁电路（见图 13-8c），电路符号如图 13-8d 所示。这个符号的含义是带有触发输入端的闩锁电路。典型的可控硅整流器如图 13-9 所示。

由于可控硅整流器的栅极与内部晶体管的基极相连，因此触发电压至少为 0.7V。数据手册中该电压为**栅极触发电压** V_{GT}。厂家会给出开启可控硅整流器的最小输入电流，但不会给出栅极输入电阻。数据手册中该电流为**栅极触发电流** I_{GT}。

图 13-9 典型的可控硅整流器

图 13-10 所示是 2N6504 系列可控硅整流器的数据手册，其中列出了该系列触发电压和触发电流的典型值：

$$V_{GT} = 1.0V$$
$$I_{GT} = 9.0mA$$

这意味着要将典型的 2N6504 系列可控硅整流器闭合，需要提供 1.0V 电压和 9.0mA 电流的驱动。

数据手册中同时列出了击穿导通电压和阻断电压，分别为截止态可重复正向峰值电压 V_{DRM} 和截止态可重复反向峰值电压 V_{RRM}。对于该系列中不同的可控硅整流器，其击穿导通电压范围为 50~800V。

13.2.3 所需的输入电压

当图 13-11 所示的可控硅整流器中的栅极电压 $V_G > V_{GT}$ 时，它将闭合，输出电压从 $+V_{CC}$ 下降到一个很低的值。有时会使用如图 13-11 所示的栅极电阻，该电阻将栅极电流限制在安全范围内。触发可控硅整流器所需的输入电压应该大于：

$$V_{in} = V_{GT} + I_{GT}R_G \tag{13-1}$$

式中，V_{GT} 和 I_{GT} 是器件的栅极触发电压和栅极触发电流。例如，2N4441 的数据手册给出 $V_{GT} = 0.75V$，$I_{GT} = 10mA$。当 R_G 的值已知时，可直接计算 V_{in}。如果没有使用栅极电阻，

则 R_G 为栅极驱动电路的戴维南电阻。如果不满足式（13-1），则可控硅整流器不能闭合。

2N6504系列

优选器件

可控硅整流器
反向阻断晶闸管

主要用于半波交流控制，如电机控制、加热控制和电源保护电路。

特性

· 采用玻璃钝化结和中心栅触发，参数均匀性和稳定性更好
· 体积小，坚固，采用低热阻的Thermowatt结构，高散热性和耐久性
· 阻断电压800V
· 浪涌电流承受能力300A
· 无铅封装上市*

安森美半导体
http://onsemi.com

SCR
25A RMS
50~800V

2N6504系列

可控硅整流器的电压电流特性

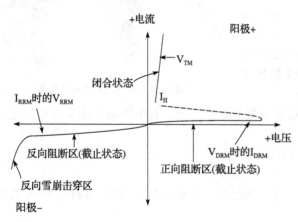

TO-220AB
封装 221A
型号3

标记图

AY WW
650x

x=4, 5, 7, 8, 9
A=组装地点
Y=年代
WW=工作周数

引脚排列	
1	阴极
2	阳极
3	栅极
4	阳极

排列信息
关于引脚排列和运输的信息参见数据手册第3页的封装尺寸部分。

符号	参数
V_{DRM}	截止可重复正向峰值电压
I_{DRM}	正向阻断峰值电流
V_{RRM}	截止可重复反向峰值电压
I_{RRM}	反向阻断峰值电流
V_{TM}	导通峰值电压
I_H	保持电流

*了解无铅焊接的详细内容，请下载安森美焊接与封装参考手册。

图 13-10　可控硅整流器数据手册

2N6504系列

最大额定值 （T_J=25℃，除非标明其他条件）

额定参数		符号	数值	单位
截止可重复峰值电压（注1） （栅极开路，50~60Hz正弦波，T_J=25~125℃）	2N6504 2N6505 2N6507 2N6508 2N6509	V_{DRM}, V_{RRM}	50 100 400 600 800	V
导通电流有效值（导通角180°；T_C=85℃）		$I_{T\,(RMS)}$	25	A
平均导通电流（导通角180°；T_C=85℃）		$I_{T\,(AV)}$	16	A
不可重复浪涌峰值电流（1/2周期，60Hz正弦波，T_J=100℃）		I_{TSM}	250	A
栅极正向最大功耗（脉宽≤1.0μs，T_C=85℃）		P_{GM}	20	W
栅极正向平均功耗（t=8.3ms，T_C=85℃）		$P_{G\,(AV)}$	0.5	W
栅极正向最大电流（脉宽≤1.0μs，T_C=85℃）		I_{GM}	2.0	A
工作结温范围		T_J	−40 ~ +125	℃
存储温度范围		T_{stg}	−40 ~ +150	℃

最大额定值是指当参数大于该值时，器件将会损坏。最大额定值是限制值（不是正常的工作条件），而且在该瞬间是无意义的。

注1：V_{DRM}和V_{RRM}在连续的基础上可以加载。额定栅电压是零或负值；当阳极电压为负时，正栅压不能产生电流。使用恒定电流源时，不能测量阻断电压，否则将会使器件电压超过额定值。

温度特性

特性	符号	最大值	单位
* 结–管壳热电阻	$R_{\theta JC}$	1.5	℃/W
*焊接时引脚最高温度，距管壳1/8″，10s	T_L	260	℃

电学特性 （T_C=25℃，除非标明其他条件）

特性		符号	最小值	典型值	最大值	单位
截止特性						
*正向或反向可重复峰值阻断电流 （V_{AK}=额定V_{DRM}或V_{RRM}，栅极开路）	T_J=25℃	I_{DRM}, I_{RRM}	—	—	10	μA
	T_J=125℃		—	—	2.0	mA
导通特性						
*正向导通电压（注2）（I_{TM}=50A）		V_{TM}	—	—	1.8	V
*栅极触发电流（连续直流）	T_J=25℃	I_{GT}	—	9.0	30	mA
（V_{AK}=DC 12V，R_L=100Ω）	T_J=−40℃		—	—	75	
*栅极触发电压（连续直流）（V_{AK}=DC 12V，R_L=100Ω，T_J=−40℃）		V_{GT}	—	1.0	1.5	V
栅极非触发电压（V_{AK}=DC 12V，R_L=100Ω，T_J=125℃）		V_{GD}	0.2	—	—	V
*维持电流	T_J=25℃	I_H	—	18	40	mA
（V_{AK}=DC 12V，初始电流=200mA，栅极开路）	T_J=−40℃		—	—	80	
*导通时间（I_{TM}=25A，I_{GT}=DC 50mA）		t_{gt}	—	1.5	2.0	μS
关断时间（V_{DRM}=额定电压）		t_q				μS
（I_{TM}=25A，I_R=25A）			—	15	—	
（I_{TM}=25A，I_R=25A，T_J=125℃）			—	35	—	
动态特性						
截止态电压上升率临界值（栅极开路，额定V_{DRM}，指数波形）		dv/dt	—	50	—	V/μS

*表示JEDEC注册数据；

注2：脉冲测试 脉宽≤300μs，占空比≤2%。

图 13-10 （续）

13.2.4　可控硅整流器的复位

当可控硅整流器闭合后，即使将栅极输入电压减小到零，它仍然保持原状态。此时，输出保持在一个不确定的低值。为了使整流器复位，必须将阳极到阴极的电流减小，使其小于保持电流 I_H。可以通过减小 V_{CC} 来实现电流的减小。2N6504 的数据手册中列出的保持电流典型值为 18mA。通常可控硅整流器的额定功率越高，其保持电流越大；额定功率越低，其保持电流越小。由于在图 13-11 中的保持电流经过负载电阻，所以使可控硅整流器截止所需的电源电压必须小于：

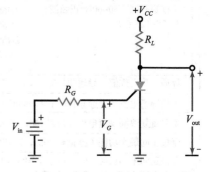

图 13-11　基本可控硅整流器电路

$$V_{CC} = 0.7\text{V} + I_H R_L \tag{13-2}$$

使可控硅整流器复位，除了减小 V_{CC}，还有其他的方法。常用的两种方法是电流中断和强制换向。通过断开图 13-12a 中的串联开关或闭合图 13-12b 中的并联开关，使阳极到阴极的电流下降到保持电流值以下，从而将可控硅整流器转换到截止状态。

另一种使可控硅整流器复位的方法是强制换向，如图 13-12c 所示。当开关闭合时，负电压 V_{AK} 将瞬时加载。这将使阳极到阴极的电流下降到 I_H 以下，导致可控硅整流器截止。实际电路中的开关可用双极型管或场效应管来代替。

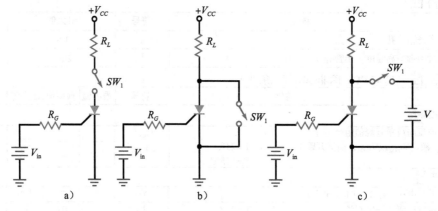

图 13-12　可控硅整流器的复位

13.2.5　功率场效应管和可控硅整流器

虽然功率场效应管和可控硅整流器都可以作大电流的开关，但两种器件却有本质的不同。关键区别在于它们的断开方式。功率场效应管的栅极电压能够使器件导通和截止；而可控硅整流器的栅极电压只能使器件导通。

两种器件的不同点如图 13-13 所示。当功率场效应管的输入电压变高时，输出电压变低。当输入电压变低时，输出电压变高。即输入一个矩形脉冲则输出一个反相的矩形脉冲。

在图 13-13b 中，当可控硅整流器的输入电压变高时，输出电压变低。但是当输入电压变低时，输出仍保持低电压。矩形输入脉冲使其产生一个负向的输出阶跃，而没有将其复位。

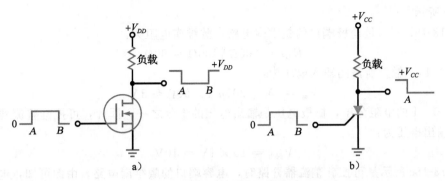

图 13-13 功率场效应管与可控硅整流器

由于两种器件复位的方法不同，它们的应用也不同。功率场效应管如同按钮开关，而可控硅整流器则像是单刀单掷开关。由于功率场效应管更易于控制，所以更多地用于数字电路与重负载之间的接口。可控硅整流器则常用于对状态锁定功能要求较高的应用中。

例 13-4 图 13-14 电路中可控硅整流器的触发电压为 0.75V，触发电流为 7mA。使其闭合的输入电压是多少？如果保持电流为 6mA，使其断开的电源电压是多少？

<svg width="260" height="240" xmlns="http://www.w3.org/2000/svg">
<text x="150" y="20">+15V</text>
<text x="170" y="70">R_L</text>
<text x="170" y="85">100Ω</text>
<text x="230" y="120">V_out</text>
<text x="60" y="130">R_G</text>
<text x="60" y="145">1kΩ</text>
<text x="160" y="140">V_GT = 0.75V</text>
<text x="160" y="160">I_GT = 7mA</text>
<text x="160" y="180">I_H = 6mA</text>
<text x="20" y="180">V_in</text>
</svg>

解： 由式 (13-1)，触发所需的最小输入电压为：

$$V_{in} = 0.75V + 7mA \times 1k\Omega = 7.75V$$

由式 (13-2)，断开可控硅整流器所需的电源电压为：

$$V_{CC} = 0.7V + 6mA \times 100\Omega = 1.3V$$ ◄

图 13-14 举例

自测题 13-4 求图 13-14 电路中触发可控硅整流器导通所需的输入电压和断开所需的电源电压。使用 2N6504 系列可控硅整流器的典型参数值。

应用实例 13-5 图 13-15a 所示电路的用途是什么？其峰值输出电压是多少？如果锯齿波的周期约为时间常数的 20%，其频率是多少？

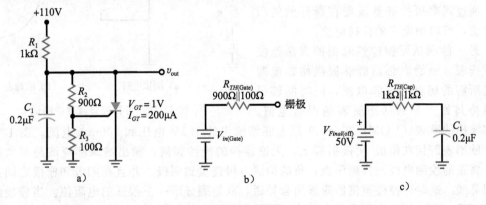

图 13-15 举例

解： 随着电容电压的升高，可控硅整流器最终会导通，并使电容快速放电。当它断开时，电容开始重新充电。因此，输出电压波形是锯齿波，与例 13-3 的波形类似，如

图 13-6b所示。

图 13-15b 所示是栅极端口的戴维南电路，戴维南电阻为：

$$R_{TH} = 900\Omega \parallel 100\Omega = 90\Omega$$

由式（13-1），触发所需的输入电压为：

$$V_{\text{in}} = 1V + 200\mu A \times 90\Omega \approx 1V$$

由于有 10∶1 的电阻分压，栅极电压是输出电压的十分之一。因此，可控硅整流器在触发点时的输出电压为：

$$V_{\text{peak}} = 10 \times 1V = 10V$$

图 13-15c 所示是可控硅整流器开路时，电容端口的戴维南电路。由图可知，电容充电的终值电压为 50V，时间常数为：

$$RC = 500\Omega \times 0.2\mu F = 100\mu s$$

由于锯齿波的周期是该时间常数的 20%，即：

$$T = 0.2 \times 100\mu s = 20\mu s$$

则频率为：

$$f = \frac{1}{20\mu s} = 50kHz \qquad \blacktriangleleft$$

13.2.6 可控硅整流器的测试

晶闸管所处理的是大电流，并且要耐受高电压，如可控硅整流器。在这些条件下，器件有可能会失效。常见的失效有 A-K 开路[⊖]、A-K 短路以及栅极失控。图 13-16a 所示是可控硅整流器工作状况的检测电路。在 SW_1 闭合前，I_{AK} 应该为 0，V_{AK} 应该近似等于 V_A。在 SW_1 闭合后瞬间，I_{AK} 应该上升到接近 V_A/R_L 的水平，V_{AK} 应该下降到 1V 左右。在选择 V_A 和 R_L 值时，要求必须能提供所需的电流和功率。当 SW_1 断开时，可控硅整流器应该保持导通状态。随后，阳极电源电压减小直至它脱离导通状态。通过观察可控硅整流器在断开前的阳极电流，可以确定它的保持电流。

另一种测试可控硅整流器的方法是使用欧姆表。欧姆表必须能够提供使整流器导通所需的栅极电压和电流，同时能够提供维持其处于导通状态所需的保持电流。

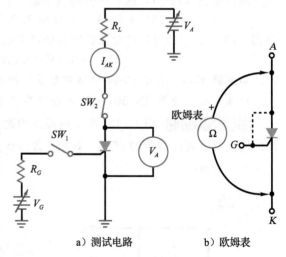

a）测试电路　　　b）欧姆表

图 13-16　可控硅整流器的测试

许多模拟伏欧表（VOM）在 R×1 挡上能够输出约 1.5V 电压和 100mA 电流。图 13-16b 中，欧姆表跨接在阳极-阴极引脚上。无论连接的极性如何，输出结果都应该是很大的电阻。将正的检测电极连接到阳极，负的检测电极连接到阴极，并且在阳极和栅极之间连接一根导线。这时可控硅整流器应该闭合导通，欧姆表显示一个很低的电阻值。当栅极的引线断开后，它应该维持闭合状态不变。将阳极的检测线暂时断开，则可以使其截止。

⊖　这里的 A 代表阳极，K 代表阴极。——译者注

13.3　可控硅短路器

如果电源内部发生故障使输出电压过高，则可能导致破坏性的结果，因为有些负载（如昂贵的数字芯片）在承受高压时会损坏。可控硅整流器的重要应用之一就是保护那些脆弱而昂贵的负载不受到电源过压的损坏。

13.3.1　电路原型

图 13-17 所示电路中电源电压 V_{CC} 加在受保护的负载上。正常条件下，V_{CC} 低于齐纳二极管的击穿电压。此时，R 上没有压降，可控硅整流器保持开路，负载上的电压为 V_{CC}，电路工作正常。

假设由于某种原因使电源电压增加。当 V_{CC} 过大时，齐纳二极管被击穿，使 R 上产生压降。当该电压大于可控硅整流器的栅极触发电压时，整流器将被触发并闭合闩锁。这相当于在负载的两端接入一个短路器。由于可控硅整流器闭合很快（2N4441 系列器件为 $1\mu s$），负载很快得到保护而不会被过高的电压损坏。可控硅整流器闭合所需的过电压是：

$$V_{CC} = V_Z + V_{GT} \tag{13-3}$$

虽然短路是一种极端的保护形式，但对于许多数字芯片来说却是必要的，因为它们不能承受太大的过压。为了避免昂贵芯片的损坏，在刚一出现过压征兆时，就需要用可控硅短路器将负载短路掉。在有可控硅短路器的电路中需要熔断器或限流器（稍后讨论）来保护电源不被损坏。

13.3.2　增加电压增益级

图 13-17 中的短路器电路是原型电路，即可以进一步改进和提高的电路。原型电路对于许多应用来说是足够的。但由于齐纳管击穿时的阈值处弯曲而不够陡，所以该电路存在软启动的缺点。当考虑到齐纳电压的误差时，软启动可能导致在可控硅整流器闭合前，电源电压就已经升高到危险值。

克服软启动的一种方法是加一个电压增益级，如图 13-18 所示。正常情况下，晶体管是截止的。而当输出电压增加时，晶体管最终将导通并在 R_4 上产生较大压降。由于晶体管提供约为 R_4/R_3 的电压增益，因此很小的过压就可以触发可控硅整流器。

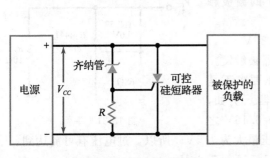

图 13-17　可控硅短路器

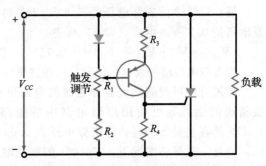

图 13-18　前置晶体管增益级的短路器

这里使用的不是齐纳管，而是普通二极管。该二极管可对晶体管的发射结进行温度补偿，通过触发调节设定电路的触发点，其典型值约超过正常电压的 10%～15%。

13.3.3 用集成芯片提供电压增益

图 13-19 所示是一种更好的方案。图中的三角形符号是集成放大器，称为比较器（后续章节将介绍）。这个放大器有一个正向（＋）输入端和一个反向（一）输入端。当正端输入大于负端输入时，输出电压是正的；当负端输入大于正端输入时，输出电压是负的。

放大器的电压增益很高，典型值是 100 000 或者更高，所以电路能检测到微小的过电压。齐纳管产生 10V 的电压，并连接到放大器的反向输入端。当电源电压是 20V 时（正常输出），触发调节电路产生略小于 10V 的电压到正向输入端。由于反向输入电压大于正向输入电压，所以放大器的输出电压为负，且可控硅整流器断开。

如果电源电压升高并超过 20V，则放大器的正向输入电压将大于 10V，放大器的输出变为正电压，且使可控硅整流器触发闭合。此时，负载两端短路，电源电压迅速关断。

13.3.4 集成短路器

使用集成短路器是最简单的方法，如图 13-20 所示。集成短路器是一个内部含有齐纳管、晶体管和可控硅整流器的集成电路，如商用产品 RCA SK9345 系列。SK9345 可保护＋5V 的电源，SK9346 可保护＋12V 电源，SK9347 可保护＋15V 的电源。

如果在图 13-20 电路中使用 SK9345，将在＋5V 电源下实现电压保护。SK9345 数据手册中的参数表明它在触发点＋6.6V 时闭合，误差为±0.2V。这也就意味着它会在电压达到 6.4～6.8V 之间时闭合。由于许多数字集成电路的最大额定电压是 7V，所以 SK9345 将保护负载工作在正常条件下。

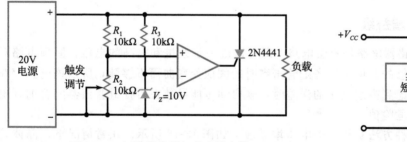

图 13-19 短路器前增加集成放大器

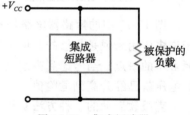

图 13-20 集成短路器

应用实例 13-6 计算使图 13-21 中短路器启动的电源电压值。　▎▎▎Multisim

解：1N752 的击穿电压是 5.6V，2N4441 的栅极触发电压是 0.75V。由式（13-3）可得：

$$V_{CC} = V_Z + V_{GT} = 5.6V + 0.75V = 6.35V$$

当电源电压增加到这个值时，可控硅整流器被触发。

如果对使可控硅整流器导通时的电源电压要求不是很精确的话，则可使用原型电路中的短路器。例如，1N752 的容差是±10％，即击穿电压在 5.04～6.16V 之间。而且，在最坏情况下，2N4441 的触发电压最大为 1.5V。所以，过电压有可能达到：

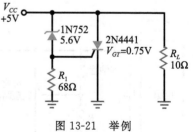

图 13-21 举例

$$V_{CC} = 6.16V + 1.5V = 7.66V$$

由于许多数字芯片的最大电压额定值是 7V，所以不能使用图 13-21 所示的简单短路器作为保护。　◀

自测题 13-6　重新计算例 13-6。使用 1N4733A 系列的齐纳管，齐纳击穿电压为 5.1V，容差是±5％。

13.4　可控硅整流器相位控制

表 13-1 中列出了一些商用可控硅整流器样例。栅极触发电压的变化范围是 0.8～2V，栅极触发电流的变化范围是 $200\mu A \sim 50mA$。同时，阳极电流变化范围是 1.5～70A。这类器件可以通过相位控制技术来控制较重的工业负荷。

表 13-1　可控硅整流器样例

器　件	V_{GT}, V	I_{GT}	I_{max}, A	V_{max}, V
TCR22-2	0.8	$200\mu A$	1.5	50
T106B1	0.8	$200\mu A$	4	200
S4020L	1.5	15mA	10	400
S6025L	1.5	39mA	25	600
S1070W	2	50mA	70	100

13.4.1　*RC* 电路控制相位角

图 13-22a 所示的电路中，交流线电压加在可控硅整流器电路上，可控硅整流器控制重负载上的电流。电路中可变的 *R*、*C* 使得栅极信号相位角发生偏移。当 R_1 是零时，栅极电压与线电压同相，可控硅整流器的作用是半波整流器。R_2 是栅极的限流电阻，使之工作在安全范围内。

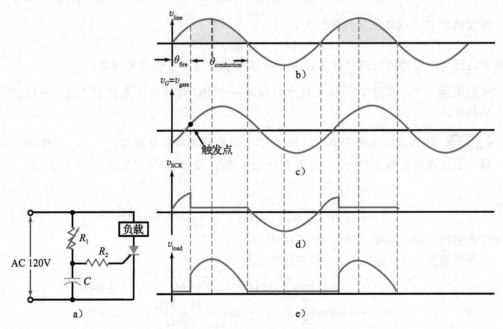

图 13-22　可控硅整流器的相位控制

然而，当 R_1 增加时，栅极交流电压将滞后线电压，相位角在 0～90°之间，如图 13-22b 和图 13-22c 所示。在触发点到来前，可控硅整流器截止，负载电流为零，如图 13-22c 所示。达到触发点时，电容电压足以触发可控硅整流器。此时，线电压几乎全部加在负载上，且负载电流变大。理想情况下，可控硅整流器保持闭合状态直至电力线电压极性翻转，如图 13-22c和 d 所示。

可控硅整流器被触发闭合时的相位角称为**触发角** θ_{fire}，从导通开始到截止之间的角度叫**导通角** $\theta_{\text{conduction}}$，如图 13-22b 所示。图 13-22a 中的 RC 相位控制器可以使触发角在 0～90°之间变化，即导通角可在 180°～90°之间变化。

图 13-22b 中的阴影部分表示可控硅整流器处于导通状态。由于 R_1 是可变的，栅极电压的相位角可以改变，这样便可以控制线电压处于阴影区位置，即控制流过负载的平均电流。该功能可用于改变电机的转速、灯光的亮度和磁感应炉的温度。

利用在基本电学课程中所学的电路分析技术，可以确定电容上相位偏移后的电压值，从而可以计算出电路的触发角和导通角。电容电压的确定需要以下几个步骤：

首先，得出电容 C 的电抗值：

$$X_C = \frac{1}{2\pi fc}$$

RC 相移电路的阻抗值和相位角为：

$$Z_T = \sqrt{R^2 + X_C^2} \tag{13-4}$$

$$\theta_z = \angle - \arctan \frac{X_C}{R} \tag{13-5}$$

以输入电压作为参考点，流过 C 的电流是：

$$I_C \angle \theta = \frac{V_{\text{in}} \angle 0°}{Z_T \angle - \arctan \dfrac{X_C}{R}}$$

因而电容 C 上的电压及其相位为：

$$V_C = (I_C \angle \theta)(X_C \angle - 90°)$$

总的相位延迟近似为电路的触发角，由 180°减去触发角即可得到导通角。

知识拓展　可以在图 13-22a 电路中加入另一个 RC 相移网络来控制产生 0～180°的相位。

例 13-7　图 13-22a 电路中 $R = 26\text{k}\Omega$，求电路的触发角和导通角。　|||| **Multisim**

解：通过求解电容上的电压值和它的相位角，便可以得到触发角的近似值。步骤如下：

$$X_C = \frac{1}{2\pi fC} = \frac{1}{2\pi \times 60\text{Hz} \times 0.1\mu\text{F}} = 26.5\text{k}\Omega$$

因为容性阻抗的相位角是 $-90°$，故 $X_C = 26.5\text{k}\Omega \angle -90°$。

进而求解整个 RC 阻抗值 Z_T 和它的相位角：

$$Z_T = \sqrt{R^2 + X_C^2} = \sqrt{(26\text{k}\Omega)^2 + (26.5\text{k}\Omega)^2} = 37.1\text{k}\Omega$$

$$\theta_z = \angle - \arctan \frac{X_C}{R} = \angle - \arctan \frac{26.5\text{k}\Omega}{26\text{k}\Omega} = -45.5°$$

所以，$Z_T = 37.1\text{k}\Omega \angle -45.5°$

以交流输入作为参考，则流过 C 的电流为：

$$I_C = \frac{V_{\text{in}} \angle 0°}{Z_T \angle \theta} = \frac{120\text{V}_{\text{ac}} \angle 0°}{37.1\text{k}\Omega \angle -45.5°} = 3.23\text{mA} \angle 45.5°$$

可求得电容 C 上的电压，为：

$$V_C = (I_C \angle \theta)(X_C \angle -90°) = (3.23\text{mA} \angle 45.5°)(26.5\text{k}\Omega \angle -90°)$$
$$= 85.7V_{\text{ac}} \angle -44.5°$$

电容上的电压有 $-44.5°$ 的相移，则电路的触发角大约为 $-45.5°$。可控硅整流器被触发后，它保持闭合状态直至电流下降到 I_H 以下。这种情况发生在交流输入大约为 0V 的时候。

所以，导通角为：

$$\theta = 180° - 44.5° = 135.5°$$

◀

自测题 13-7　图 13-22a 电路中的 $R=50\text{k}\Omega$，求触发角和导通角的近似值。

图 13-22a 中所示的 RC 相位控制器是控制负载平均电流的一种基本方法。由于相位角只能在 0~90° 变化，所以电流的可控范围是有限的。如果使用运算放大器和更复杂的 RC 电路，便可使相位角在 0~180° 变化。这样就可以使负载平均电流的变化范围达到零~最大值。

13.4.2　上升率临界值

当交流电压加在可控硅整流器的阳极上时，将有可能导致误触发。由于可控硅整流器内部的电容作用，快速变化的电源电压可能会将其触发。为避免误触发，电压变化的速率不能超过数据手册给出的电压上升率临界值。例如，2N6504 的电压上升率临界值是 $50\text{V}/\mu\text{s}$，即为避免误触发，阳极电压上升速率不能大于 $50\text{V}/\mu\text{s}$。

开关的瞬时变化是导致信号超过电压上升率临界值的主要原因。减小开关瞬时变化影响的一种方法是采用 RC 缓冲器，如图 13-23a 所示。如果电源电压中出现了高速的开关瞬时变化，那么由于 RC 时间常数的作用，阳极电压的上升速率会减小。

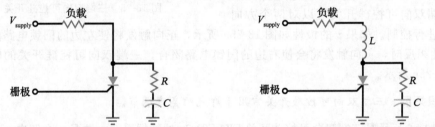

a）RC 缓冲器保护可控硅整流器，避免电压的快速上升　　b）电感保护可控硅整流器，避免电流的快速上升

图 13-23　RC 缓冲器

大型可控硅整流器也有电流上升率临界值。例如，C701 的电流上升率临界值是 $150\text{A}/\mu\text{s}$。如果阳极电流的上升率超过该值，则器件会损坏。在负载上串联一个电感（如图 13-23b）可以使电流上升率减小到安全值。

13.5　双向晶闸管

前文讨论的四层二极管和可控硅整流器两种器件中的电流是单向的。而**二端双向可控硅开关**和**三端双向可控硅开关**是双向晶闸管，即可以沿任一方向导通。二端双向可控硅开关有时也称作硅双向开关。

13.5.1　二端双向可控硅开关

二端双向可控硅开关可以将电流锁定在任一方向。它的等效电路是两个并联的四层二极管，如图 13-24a 所示，理想情况下又可等效为图 13-24b 所示的闩锁电路。当任一方向的电压超过击穿导通电压时，开关便导通，否则将保持开路状态。

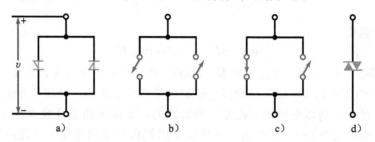

图 13-24　二端双向可控硅开关

例如，v 的极性如图 13-24a 所示，当 v 超过击穿导通电压时，左边的二极管导通。此时，左边的闩锁电路闭合，如图 13-24c 所示。当电压 v 的极性反向时，则右边的闩锁电路闭合。二端双向可控硅开关的电路符号如图 13-24d 所示。

13.5.2　三端双向可控硅开关

三端双向可控硅开关的功能如同两个反向的可控硅整流器并联（见图 13-25a），等效于图 13-25b 所示的两个闩锁电路。因此，三端双向可控硅开关可以对两个方向

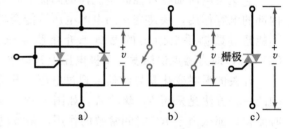

图 13-25　三端双向可控硅开关

的电流进行控制。如果 v 的极性如图 13-25a 所示，正向触发将使左边的闩锁电路闭合。当 v 的极性相反时，负向触发将会使右边的闩锁电路闭合。三端双向可控硅开关的电路符号如图 13-25c 所示。

知识拓展　三端双向可控硅开关常用于灯光的亮度调节。

图 13-26 所示是三端双向可控硅开关 FKPF8N80 的数据手册。这是一个双向（交流）的三极晶闸管。在数据手册的最后给出了象限定义，即三端双向可控硅开关的工作模式。在典型的交流应用中，正常情况下三端双向可控硅开关工作在一、三象限。由于该器件在第一象限最敏感，因此常常用一个二端双向可控硅开关与之共同实现对称的交流导通特性。

表 13-2 给出了一些商用三端双向可控硅开关样例。由于内部结构的不同，三端双向可控硅开关比可控硅整流器具有更高的栅极触发电压和栅极触发电流。由表 13-2 可知，其栅极触发电压范围在 $2 \sim 2.5\text{V}$ 之间，栅极触发电流则在 $10 \sim 50\text{mA}$。最大阳极电流为 $1 \sim 15\text{A}$。

表 13-2　三端双向可控硅开关样例

器　件	V_{GT}，V	I_{GT}，mA	I_{max}，A	V_{max}，V
Q201E3	2	10	1	200
Q4004L4	2.5	25	4	400
Q5010R5	2.5	50	10	500
Q6015R5	2.5	50	15	600

FKPF8N80

应用说明

- 开关模式电源、调光器、电子闪光装置、吹风机
- 电视机、立体声音响、冰箱、洗衣机
- 电热毯、螺线管驱动器、小电机控制
- 复印机、电动工具

TO-220F

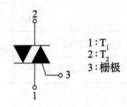

1：T_1
2：T_2
3：栅极

三端双向可控硅

最大额定绝对值　T_A=25℃（除非标明其他条件）

符号	参数	额定值	单位
V_{DRM}	截止态可重复峰值电压 (注1)	800	V

符号	参数	条件		额定值	单位
$I_{T(RMS)}$	导通电流均方根	商用频率，正弦全波360°导通；T_C=91℃		8	A
I_{TSM}	浪涌峰值导通电流	正弦波全周期，不可重复，峰值	50Hz	80	A
			60Hz	88	A
I^2t	熔断时的I^2t	对应半波信号的一个周期，导通浪涌，tp=10ms		32	A^2s
di/dt	导通电流上升率临界值	I_G=2xI_{GT}，tr≤100ns		50	A/μs
P_{GM}	栅极最大功耗	—		5	W
$P_{G(AV)}$	栅极平均功耗	—		0.5	W
V_{GM}	栅极最大电压	—		10	V
I_{GM}	栅极最大电流	—		2	A
T_J	结温	—		−40～125	℃
T_{STG}	存储温度	—		−40～125	℃
V_{iso}	隔离电压	Ta=25℃，交流1min，T_1、T_2和栅极接管壳		1500	V

温度特性

符号	参数	测试条件	最小值	典型值	最大值	单位
$R_{th(J-C)}$	热电阻	结-管壳 (注4)	—	—	3.6	℃/W

图 13-26　三端双向可控硅开关数据手册

电学特性　$T_A=25℃$（除非标明其他条件）

符号	参数	测试条件			最小值	典型值	最大值	单位
I_{DRM}	可重复峰值阻断电流	外加电压V_{DRM}			—	—	20	μA
V_{TM}	导通电压	$V_D=25℃$，$I_{TM}=12A$ 瞬时测量			—	—	1.5	V
V_{GT}	栅极触发电压 (注2)	I	$V_D=12V$，$R_L=20Ω$	T2(+)，栅极(+)	—	—	1.5	V
		II		T2(+)，栅极(−)	—	—	1.5	V
		III		T2(−)，栅极(−)	—	—	1.5	V
I_{GT}	栅极触发电流 (注2)	I	$V_D=12V$，$R_L=20Ω$	T2(+)，栅极(+)	—	—	30	mA
		II		T2(+)，栅极(−)	—	—	30	mA
		III		T2(−)，栅极(−)	—	—	30	mA
V_{GD}	栅极非触发电压	$T_J=125℃$，$V_D=1/2V_{DRM}$			0.2	—	—	V
I_J	保持电流	$V_D=12V$，$I_{TM}=1A$			—	—	50	mA
I_L	闩锁电流	I，III	$V_D=12V$，$I_G=1.2I_{GT}$		—	—	50	mA
		II			—	—	70	mA
dv/dt	截止电压上升率临界值	$V_{DRM}=$额定值，$T_J=125℃$，指数上升			—	300	—	V/μs
$(dv/dt)_C$	截止转换电压上升率临界值 (注3)				10	—	—	V/μs

注：
1.栅极开路；
2.采用栅极触发特性测量电路进行测试；
3.截止转换电压上升率临界值如表所示；
4.当导电膏为0.5℃/W时的接触热阻$R_{TH(C-f)}$。

V_{DRM} (V)	测试条件	转换电压和电流波形 （感性负载）
FKPF8N80	1.结温$T_J=125℃$ 2.导通转换电流衰减率 $(di/dt)_C=−4.5A/ms$ 3.截止电压峰值$V_D=400V$	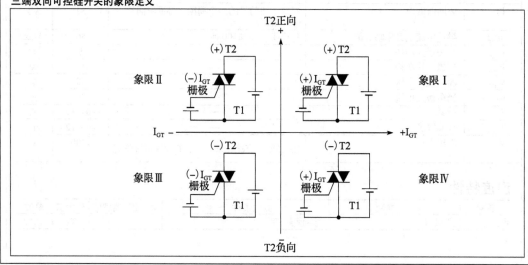

三端双向可控硅开关的象限定义

图 13-26　（续）

13.5.3 相位控制

图 13-27a 中的 RC 电路改变三端双向可控硅开关栅极电压的相位角，该电路能够控制较重负载上的电流。图 13-27b 和 c 显示了线电压和滞后的栅极电压。当电容电压大到足以提供触发电流时，三端双向可控硅开关闭合导通。一旦导通，它将保持该状态直至线电压回到 0V。图 13-27d 和 e 显示的分别是三端双向可控硅开关和负载上的电压。

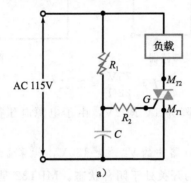

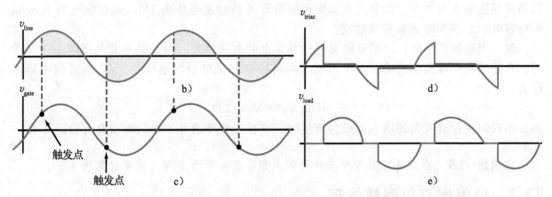

图 13-27 三端双向可控硅开关的相位控制

虽然三端双向可控硅开关能够处理大电流，但这个电流和可控硅整流器能处理的电流不在一个数量级，后者要大得多。然而，当电路需要在两个半周都能闭合导通时，可在此类工业应用中使用三端双向可控硅开关。

13.5.4 三端双向可控硅开关短路器

图 13-28 所示是三端双向可控硅开关短路器保护电路，可用来保护设备不受过大的线电压的破坏。如果线电压过高，二端双向可控硅开关就会击穿导通，并触发三端双向可控硅开关。当开关被触发后，会将熔丝熔断。分压器中的 R_2 可用来设定触发点。

知识拓展 图 13-28 电路中二端双向可控硅开关的作用是保证触发点在交流电压的正负方向上相同。

例 13-8 图 13-29 电路中的开关闭合。如果三端双向可控硅开关被触发，流过 22Ω 电阻的电流约为多少？

解：理想情况下，三端双向可控硅开关导通时的电压是 0V。所以，流过 22Ω 电阻的电流是：

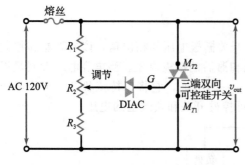

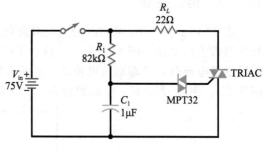

图 13-28　三端双向可控硅开关短路器　　　　　　图 13-29　举例

$$I = \frac{75\text{V}}{22\Omega} = 3.41\text{A}$$

如果三端双向可控硅开关的压降为 1V 或 2V，由于电源电压很大，掩蔽了开关压降的影响，故电流仍可近似为 3.41A。　◀

自测题 13-8　将图 13-29 电路中的 V_{in} 改为 120V，估算流过 22Ω 电阻的电流。

例 13-9　图 13-29 电路中的开关处于闭合状态。MPT32 是一个二端双向可控硅开关，其击穿导通电压为 32V。如果三端双向可控硅开关的触发电压为 1V，触发电流为 10mA，则电容电压为多少时能够将其触发？

解： 当电容充电时，二端双向可控硅开关上的电压增大。当开关上的电压略小于 32V 时，它处于击穿导通的边缘。由于三端双向可控硅开关的触发电压是 1V，所需的电容电压为：

$$V_{\text{in}} = 32\text{V} + 1\text{V} = 33\text{V}$$

当二端双向可控硅开关的输入电压为该值时，它被击穿导通并触发三端双向可控硅开关。　◀

自测题 13-9　若二端双向可控硅开关的击穿导通电压为 24V，重新计算例 13-9。

13.6　绝缘栅双极型晶体管

13.6.1　基本结构

功率 MOS 管和双极型晶体管都可以用于大功率的开关应用。MOS 管的优势是开关速度快，双极管的优势是导通损耗低。将低导通损耗的双极管和高速度的功率 MOS 管相结合，便可以得到近似理想的开关。

这种混合器件被称为**绝缘栅双极型晶体管**（IGBT）。从本质上讲，IGBT 是由功率 MOS 管工艺改进而来，它的结构和工作原理都与功率 MOS 管很类似。图 13-30 所示是 n 沟道 IGBT 的基本结构。它的结构就像加在 p 型衬底上的 n 沟道功率 MOS 管，其引脚为栅极、发射极和集电极。

该器件有两种类型：穿通型和非穿通

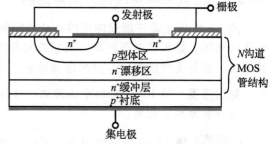

图 13-30　基本 IGBT 的结构

型，图 13-30 所示的是穿通型 IGBT 的结构。穿通型器件的 p^+ 区和 n^- 区之间有一个 n^+ 缓冲层，而非穿通型器件没有 n^+ 缓冲层。

非穿通型的导通 $V_{CE(\text{on})}$ 比穿通型高，并且具有正温度系数，使其更适合并联。而带有 n^+ 缓冲层的穿通型开关速度更快，且具有负温度系数。

13.6.2 IGBT 的控制

图 13-31a 和 b 所示是 n 沟道 IGBT 的两种常见电路符号，图 13-31c 是该器件的简化等效电路。可见，从本质上看，IGBT 的输入端是一个功率 MOS 管，输出端是一个双极型晶体管。栅极和发射极之间的电压作为输入控制信号，集电极与发射极间的电流作为输出。

IGBT 是常断的高输入阻抗器件。当输入电压 V_{GE} 足够大时，集电极开始产生电流。该输入电压的最小值即是栅极阈值电压 $V_{GE(\text{th})}$。图 13-32 所示是使用非穿通型沟槽工艺实现的 IGBT FGL60N100BNTD

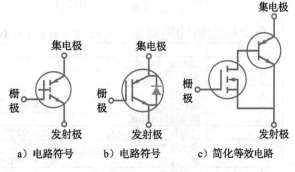

a) 电路符号   b) 电路符号   c) 简化等效电路

图 13-31　IGBT

的数据手册。当该器件的电流 $I_C = 60\text{mA}$ 时，$V_{GE(\text{th})}$ 的典型值是 5.0V。最大的集电极连续电流是 60A。该器件的另一个重要特性参数是集电极到发射极的饱和电压 $V_{CE(\text{sat})}$。数据手册中给出，当集电极电流为 10A 时，$V_{CE(\text{sat})}$ 的典型值是 1.5V；当集电极电流为 60A 时，$V_{CE(\text{sat})}$ 的典型值是 2.5V。

13.6.3 IGBT 的优点

IGBT 的导通损耗与器件的正向压降有关，而 MOS 管的导通损耗与它的 $R_{D(\text{on})}$ 值有关。在低压应用中，功率 MOS 管的 $R_{D(\text{on})}$ 值可以很低。然而，在高压应用中，功率 MOS 管的 $R_{D(\text{on})}$ 增大，导致较大的导通损耗。IGBT 的特性则不同。与 MOS 管的 V_{DSS} 最大值相比，IGBT 的集电极-发射极击穿电压要高得多。如图 13-32 的数据手册所示，V_{CES} 的值是 1000V。这一点对使用高压电感负载的应用来说很重要，如感应加热（IH）的应用。这一特性使得 IGBT 非常适用于高压全 H 桥和半桥电路。

与双极型晶体管相比，IGBT 的输入阻抗高得多，且对栅极驱动的要求也简单得多。虽然 IGBT 的开关速度不能与 MOS 管相比，但是用于高频应用的新型 IGBT 系列正在开发中。因此，对于高电压、大电流的中频应用，采用 IGBT 是较为有效的方法。

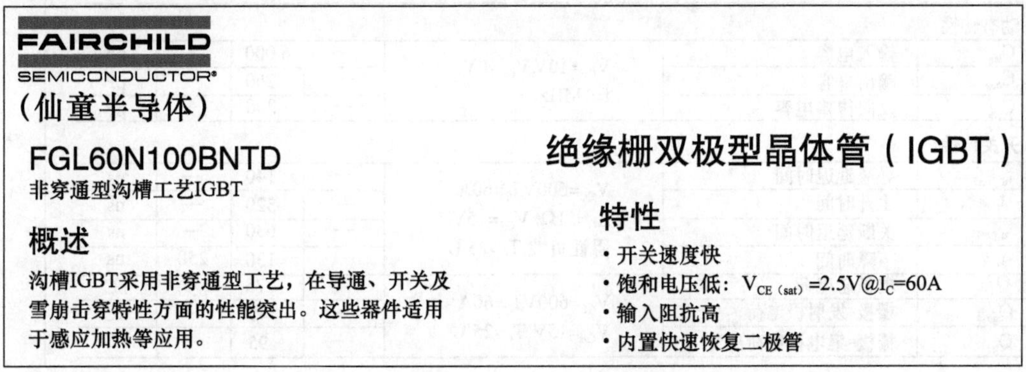

FAIRCHILD
SEMICONDUCTOR®
（仙童半导体）

FGL60N100BNTD
非穿通型沟槽工艺IGBT

概述

沟槽IGBT采用非穿通型工艺，在导通、开关及雪崩击穿特性方面的性能突出。这些器件适用于感应加热等应用。

绝缘栅双极型晶体管（IGBT）

特性

· 开关速度快
· 饱和电压低：$V_{CE(\text{sat})} = 2.5\text{V}@I_C = 60\text{A}$
· 输入阻抗高
· 内置快速恢复二极管

FGL60N100BNTD

图 13-32　IGBT 数据手册

FGL60N100BNTD

应用

微波炉、烤箱、电磁炉、感应加热罐、感应加热器、家用电器

栅极　　　发射极　　TO-264
集电极

集电极
栅极
发射极

最大额定值的绝对值　$T_C=25℃$（除非标明其他条件）

符号	说明		FGL60N100BNTD	单位
V_{CES}	集电极-发射极电压		1 000	V
V_{GES}	栅极-发射极电压		± 25	V
I_C	集电极电流	@$T_C=25℃$	60	A
	集电极电流	@$T_C=100℃$	42	A
$I_{CM(1)}$	集电极脉冲电流		120	A
I_F	二极管正向连续电流	@$T_C=100℃$	15	A
P_D	最大功耗	@$T_C=25℃$	180	W
	最大功耗	@$T_C=100℃$	72	W
T_J	工作结温		−55~+150	℃
T_{stg}	存储温度范围		−55~+150	℃
T_L	引脚最高温度，焊接时距离管壳1/8″，5s		300	℃

注：可重复额定值：脉冲宽度受限于结温的最大值。

温度特性

符号	参数	典型值	最大值	单位
$R_{θJC}$（IGBT）	热电阻，结-管壳	—	0.69	℃/W
$R_{θJC}$（二极管）	热电阻，结-管壳	—	2.08	℃/W
$R_{θJA}$	热电阻，结-环境	—	25	℃/W

IGBT的电学特性　$T_C=25℃$（除非标明其他条件）

符号	参数	测试条件	最小值	典型值	最大值	单位
截止特性						
BV_{CES}	集电极-发射极击穿电压	$V_{GE}=0V,I_C=1mA$	1 000	—	—	V
I_{CES}	集电极截止电流	$V_{GE}=1\,000V,V_{GE}=0V$	—	—	1.0	mA
I_{GES}	栅极-发射极漏电流	$V_{GE}=± 25,V_{GE}=0V$	—	—	± 500	nA
导通特性						
$V_{GE(th)}$	栅极-发射极阈值电压	$V_C=60mA,V_{CE}=V_{GE}$	4.0	5.0	7.0	V
$V_{GE(sat)}$	饱和电压	$I_C=10A,V_{GE}=15V$	—	1.5	1.8	V
		$I_C=60A,V_{GE}=15V$	—	2.5	2.9	V
动态特性						
C_{ies}	输入电容	$V_{CE}=10V,V_{GE}=0V$	—	6 000	—	pF
C_{oes}	输出电容	$f=1MHz$	—	260	—	pF
C_{res}	反向传输电容		—	200	—	pF
开关特性						
$t_{d(on)}$	导通延迟时间	$V_{CC}=600V,I_C=60A$	—	140	—	ns
t_r	上升时间	$R_G=51Ω$, $V_{GE}=15V$	—	320	—	ns
$t_{d(off)}$	关断延迟时间	阻性负载，$T_C=25℃$	—	630	—	ns
t_f	下降时间		—	130	250	ns
Q_g	栅极总电荷		—	275	350	nC
Q_{ge}	栅极-发射极电荷	$V_{CE}=600V,I_C=60A$	—	45	—	nC
Q_{gc}	栅极-集电极电荷	$V_{GE}=15V,T_C=25℃$	—	95	—	nC

图 13-32　（续）

二极管的电学特性 $T_C=25℃$（除非标明其他条件）						
符号	参数	测试条件	最小值	典型值	最大值	单位
V_{FM}	二极管正向电压	$I_F=15A$	—	1.2	1.7	V
		$I_F=60A$	—	1.8	2.1	V
t_{rr}	二极管反向恢复时间	$I_F=60A\ di/dt=20A/\mu s$		1.2	1.5	μs
I_R	瞬时反向电流	$V_{RRM}=1000V$	—	0.05	2	μA

图 13-32　（续）

应用实例 13-10　图 13-33 所示电路的用途是什么？

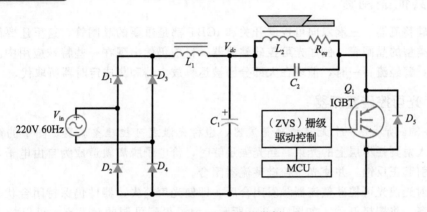

图 13-33　IGBT 应用举例

解： 图 13-33 所示为单端（SE）谐振转换器的简化示意图。它可用于感应加热应用，实现高效的能源利用。这种类型的转换器可以应用于家用电器，如电热锅、电饭煲和微波炉。下面介绍该电路的工作原理。

220V 交流输入信号经由二极管 $D_1 \sim D_4$ 构成的桥式整流电路整流。再经过 L_1 和 C_1 构成的低通扼流圈，输出的是转换器所需的直流电压。主线圈 L_2 的等效直流电阻要求 R_{eq} 和 C_2 构成并联谐振腔电路。L_2 也是变压器的一次加热线圈绕组。该变压器的二次绕组及其负载是一种高导磁率的低阻含铁金属。该负载实际上相当于一个负载短路的单圈二次绕组，并作为烹饪容器或加热表面。

Q_1 是一种开关速度快、$V_{CE(sat)}$ 电压低、阻断电压高的 IGBT。D_5 既可以是封装在一起的反向并联二极管，也可以是本征体二极管。IGBT 的栅极与栅极驱动控制电路相连。栅极驱动电路通常由微控制器控制。

当输入信号到来时，Q_1 导通，电流通过 L_2 和 IGBT 的集电极到达发射极。电流流过 L_2 的一次线圈时产生了一个不断扩大的磁场，磁场穿过加热元件负载二次绕组。当 Q_1 截止时，存储在 L_2 磁场中的能量释放并给 C_2 充电，使得 Q_1 集电极上产生一个正向高电压，由于阻断电压高，所以 Q_1 可以继续保持在截止状态。C_2 将通过 L_2 反向放电重获能量，并产生并联谐振电流。L_2 的磁场扩大并穿过负载元件。通常情况下，涡流造成的热损失可以通过使用铁芯来减少。因为负载元件不使用铁芯，则这种热量损失可以转化为生产热能。这就是感应加热的原理。可通过选择 L_2 和 C_2 的值产生从 $20 \sim 100 kHz$ 的谐振频率，来增加这种感应加热过程的效率。线圈电流的频率越高，负载表面的感应电流越强，称为表面效应。

这种谐振转换器的效率至关重要。该电路的主要功耗之一是 IGBT 的开关损耗。通过控制开关时刻的 IGBT 电压或电流，可获得较高的能量转换效率。这就是所谓的软交换。通过采用 LC 谐振电路产生谐振，并在 IGBT 的集电极和发射器之间并联反向二极管，使加在开关电路上的电压或电流近似为零。微控制器输出的栅极控制信号在电路导通之前将开关电路 V_{CE} 的电压置为零（ZVS），并在电路关断之前使 IGBT 电流接近于零（ZCS）。

当栅极驱动信号处于 LC 谐振电路的谐振频率时，电路向负载元件输出的功率最大。通过调节栅极驱动的频率和占空比，可以控制负载的温度。

13.7 其他晶闸管

可控硅整流器、三端双向可控硅开关和 IGBT 都是重要的晶闸管，这里还要简单介绍一些其他类型的晶闸管。例如光可控硅整流器，目前仍然出现在一些特殊应用中。再如单结晶体管，曾经流行一时，但现在大部分已被运算放大器和集成定时器所取代。

13.7.1 光可控硅整流器

图 13-34a 所示是一个光可控硅整流器，也称光激发可控硅整流器。图中的箭头表示透过窗口入射到耗尽层上的光束。当光强足够时，价电子脱离轨道成为自由电子，自由电子的流动引起正反馈，并使光可控硅整流器闭合。

当入射光使光可控硅整流器触发闭合后，即使光束消失，器件仍保持闭合状态。为使光敏度最高，将栅极开路，如图 13-34a 所示。为了得到可调的触发点，可以加入触发调节装置，如图 13-34b 所示，在栅极和地之间的电阻将光产生的部分电子转移，从而减小电路对入射光的敏感度。

13.7.2 栅控开关

如前文所述，低电流截止是断开可控硅整流器的常规方法，而栅控开关是通过一个反向偏置的触发器使之更易断开。栅控开关通过正向触发实现闭合，负向触发实现断开。

图 13-35 所示是一个栅控开关电路。每个正触发都使开关闭合，每个负触发都使之断开，因此可得到矩形波输出。栅控开关已用于计数器、数字电路和其他采用负触发的应用中。

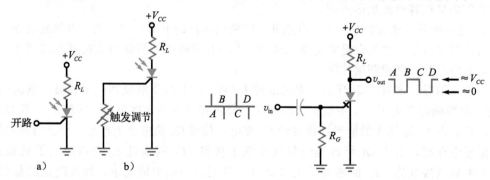

图 13-34　光可控硅整流器　　　　图 13-35　栅控开关电路

13.7.3 可控硅开关

图 13-36a 所示是可控硅开关的掺杂区域，每个掺杂区都引出一个引脚。可将器件分

为两部分（见图 13-36b），它等效于一个闩锁电路，且两个基极均可接入（见图 13-36c）。用正向偏置触发任一个基极，均可以使可控硅开关闭合。类似地，用负向偏置触发任一个基极，可以使之断开。

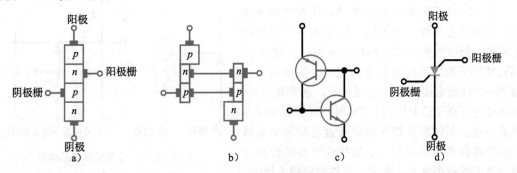

图 13-36 可控硅开关

图 13-36d 给出了可控硅开关的电路符号。较低的栅称为阴栅，较高的栅称为阳栅。与可控硅整流器相比，可控硅开关是低功率器件，它处理的电流是毫安量级而不是安培量级的。

13.7.4 单结晶体管和可编程单结晶体管

单结晶体管有两个掺杂区域，如图 13-37a 所示。当输入电压为零时，器件是不导通的。当输入电压增加且超过平衡电压（数据手册中给出）时，p 区与底端 n 区之间的电阻变得很小，如图 13-37b 所示。单结晶体管的电路符号如图 13-37c 所示。

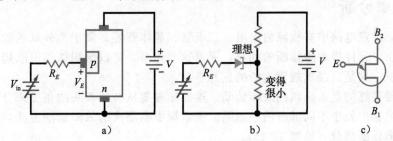

图 13-37 单结晶体管

单结晶体管可以用于脉冲波形产生电路，称为单结晶体管弛张振荡器，如图 13-38 所示。在该电路中，电容充电，终值电压为 V_{BB}。当电容电压达到平衡电压值时，单结晶体管闭合。器件内部底端基极（底端 n 掺杂区）的电阻迅速下降，使电容放电。电容放电直至低电流截止点。截止后，单结晶体管关断，电容将再一次以 V_{BB} 为终值进行充电。RC 充电时间常数通常远大于放电时间常数。

B_1 外接电阻上的尖脉冲波形可以作为控制可控硅整流器和三端双向可控硅开关电路导通角的触发信号。电容上产生的波形可用于需要锯齿波发生器的应用中。

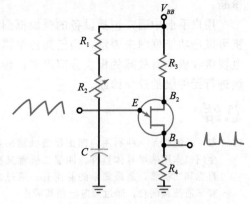

图 13-38 单结晶体管弛张振荡器

　　可编程单结晶体管是一种 $pnpn$ 四层结构的器件，它可用于产生触发脉冲，其波形类似于单结晶体管电路。该器件的电路符号如图 13-39a 所示。

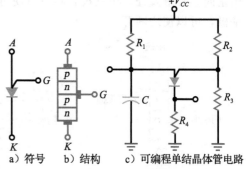

　　图 13-39b 所示的可编程单结晶体管的基本结构。与单结晶体管完全不同，它更像一个可控硅整流器。栅极连接到靠近阳极的 n 型层，这个 pn 结通常用于控制器件的导通和截止。阴极端口连接到一个比栅电压更低的电压点上，通常是地点。当阳极电压高于栅电压约 0.7V 时，可编程单结晶体管导通。器件将保持导通状态直至阳极电流降低到额定保持电流以下，手册中通常会给出额定保持电流的最小值 I_V。此时，器件回到截止状态。

图 13-39　可编程单结晶体管

　　由于栅电压可以通过外接的分压器来确定，所以将这种单结晶体管看作是可编程的，如图 13-39c 所示。外接电阻 R_2 和 R_3 确定了栅电压 V_G，通过改变这些电阻的值，栅电压可以被修改或者说被编程，从而改变了阳极所需的触发电压。电路中，电容通过 R_1 充电，当电容电压高于 V_G 约 0.7V 时，可编程单结晶体管导通，电容放电。和单结晶体管一样，该电路可以产生控制晶闸管所需的锯齿波和触发脉冲波形。

　　单结晶体管和可编程单结晶体管曾一度广泛应用于振荡器、计时器和其他电路。但是，如前文所述，运算放大器、计时集成电路（如 555）和微控制器已经在很多应用中取代了这些器件。

13.8　故障诊断

　　通过检测确定电路中有故障的电阻、二极管、晶体管等，属于元件级的故障诊断。前面章节已给出了元件级故障诊断的练习，通过这些练习，可以学到如何以欧姆定律为依据进行逻辑分析，这是高层次故障诊断的良好基础。

　　本节将要训练的是系统级的故障诊断。这意味着要从功能模块的角度来分析，功能模块是指总体电路中处于不同部分的小电路。要掌握更高层次的故障诊断方法，可以参看本章最后的故障诊断部分（见图 13-49）。

　　图 13-49 所示是一个含有可控硅短路器的电源框图，图中画出了电源中的功能模块。首先测量不同点的电压，将故障分离到具体的模块。然后可以进行必要的元件级的故障诊断。

　　用户手册中通常包括设备的模块框图，并标出各个模块的具体功能。例如，电视接收机可以用功能框图来表示，当已知各个模块的输入和输出的正常值时，便可以通过测试将电视接收机中有故障的模块分离出来；确定故障模块后，既可以替换整个模块，也可以继续进行元件级的故障诊断。

总结

13.1 节　晶闸管是一种利用内部正反馈机制来产生闩锁作用的半导体器件。四层二极管又称肖克利二极管，是最简单的晶闸管。通过击穿导通使其闭合，通过低电流使其截止。

13.2 节　可控硅整流器是应用最广泛的晶闸管，它能够对很大的电流进行开关操作。若使其闭合，需要加入栅极最小触发电压和电流。若使其断开，则需要将阳极电压减小到几乎为零。

13.3 节　可控硅整流器的重要应用之一就是保护脆弱而昂贵的负载不受电源过压的破坏。使用可控硅短路器，需要加熔丝或限流电路来避免电流过大造成的电源损坏。

13.4 节 *RC* 电路可以使栅电压的滞后相位角在 0～90°之间变化，这样便可以控制负载的平均电流。通过使用更先进的相位控制电路，可以使相位角在 0～180°之间变化，从而更好地控制负载的平均电流。

13.5 节 二端双向可控硅开关可以在任一方向实现对电流的闩锁，直到其两端电压超过击穿导通电压时才会断开。三端双向可控硅开关是一种类似于可控硅整流器的栅控器件。通过相位控制器，三端双向可控硅开关可实现对负载平均电流的全波控制。

13.6 节 IGBT 是输入端为功率 MOS 管、输出端是双极型晶体管的混合器件。这种结合的特点是：在输入端栅极所需的驱动很简单，在输出端的导通损耗很低。该器件在高电压、大电流的开关应用中比功率 MOS 管更有优势。

13.7 节 在入射光线足够强时，光可控硅整流器将会闭合。栅控开关在正触发时闭合，负触发时断开。可控硅开关有两个输入触发栅极，任何一个都可以将器件闭合或断开。单结晶体管曾用于振荡器和计时电路。

13.8 节 元件级的故障诊断是通过检测确定有故障的电阻、二极管、晶体管等。当通过检测确定电路中有故障的功能模块时，则为系统级故障诊断。

推论

(13-1) 可控硅整流器导通

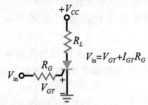

$$V_{in}=V_{GT}+I_{GT}R_G$$

(13-2) 可控硅整流器复位

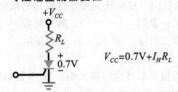

$$V_{CC}=0.7V+I_H R_L$$

(13-3) 过电压

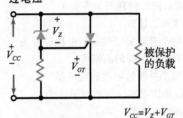

$$V_{CC}=V_Z+V_{GT}$$

(13-4) *RC* 相位控制阻抗

$$Z_T = \sqrt{R^2 + X_C^2}$$

(13-5) *RC* 相位控制角

$$\theta_Z = -\arctan\frac{X_C}{R}$$

选择题

1. 晶闸管可以用作
   - a. 电阻
   - b. 放大器
   - c. 开关
   - d. 电源

2. 正反馈的意思是其返回的信号
   - a. 与原变化相反
   - b. 使原变化增强
   - c. 与负反馈等价
   - d. 被放大了

3. 闩锁电路常使用
   - a. 晶体管
   - b. 负反馈
   - c. 电流
   - d. 正反馈

4. 若使四层二极管闭合，需要
   - a. 正触发
   - b. 低电流截止
   - c. 击穿导通
   - d. 反偏触发

5. 能使晶闸管闭合的最小输入电流叫作
   - a. 保持电流
   - b. 触发电流
   - c. 击穿导通电流
   - d. 低电流截止

6. 将导通的四层二极管断开的唯一方法是
   - a. 正向触发
   - b. 低电流截止
   - c. 击穿导通
   - d. 反向偏置触发

7. 维持晶闸管处于导通的最小阳极电流叫作
   - a. 保持电流
   - b. 触发电流
   - c. 击穿导通电流
   - d. 低电流截止

8. 可控硅整流器有
   - a. 两个外引脚
   - b. 三个外引脚
   - c. 四个外引脚
   - d. 三个掺杂区域

9. 使可控硅整流器闭合的常用方法是
   - a. 击穿导通
   - b. 栅极触发
   - c. 击穿
   - d. 保持电流

10. 可控硅整流器是

a. 小功率器件　　　b. 四层二极管
c. 大电流器件　　　d. 双向的

11. 对负载进行过压保护的常用方法是采用
a. 短路器　　　　　b. 齐纳二极管
c. 四层二极管　　　d. 晶闸管

12. *RC* 缓冲器可保护可控硅整流器避免
a. 电源过压　　　　b. 误触发
c. 击穿导通　　　　d. 短路

13. 当电源电压与短路器相连时，需要熔丝或
a. 适当的触发电流　b. 保持电流
c. 滤波　　　　　　d. 限流

14. 能使光可控硅整流器产生响应的是
a. 电流　　　　　　b. 电压
c. 湿度　　　　　　d. 光

15. 二端双向可控硅开关是
a. 晶体管　　　　　b. 单向器件
c. 三层器件　　　　d. 双向器件

16. 三端双向可控硅开关等价于
a. 四层二极管
b. 两个并联的二端双向可控硅开关
c. 带栅极引脚的晶闸管
d. 两个并联的可控硅整流器

17. 单结晶体管的作用相当于一个
a. 四层二极管
b. 二端双向可控硅开关
c. 三端双向可控硅开关
d. 闩锁电路

18. 使任何晶闸管导通，都可以采用的方法是
a. 击穿导通　　　　b. 正向偏置触发
c. 低电流截止　　　d. 反向偏置触发

19. 肖克利二极管是
a. 四层二极管
b. 可控硅整流器
c. 二端双向可控硅开关
d. 三端双向可控硅开关

20. 可控硅整流器的触发电压最接近
a. 0　　　　　　　b. 0.7V
c. 4V　　　　　　d. 击穿导通电压

21. 使任何晶闸管截止，都可以采用的方法是
a. 击穿导通　　　　b. 正向偏置触发
c. 低电流截止　　　d. 反向偏置触发

22. 超过上升率临界值将导致

a. 功耗过大　　　　b. 误触发
c. 低电流截止　　　d. 反向偏置触发

23. 四层二极管有时称为
a. 单结晶体管
b. 二端双向可控硅开关
c. *pnpn* 二极管
d. 开关

24. 闩锁电路的原理是基于
a. 负反馈　　　　　b. 正反馈
c. 四层二极管　　　d. 可控硅整流器作用

25. 可控硅整流器在下列哪种情况下可以闭合？
a. 超过它的正向击穿导通电压
b. 加载 I_{GT}
c. 超过电压上升率的临界值
d. 以上情况都可以

26. 为了正确测试可控硅整流器，欧姆表
a. 必须提供可控硅整流器的击穿导通电压
b. 提供的电压不能超过 0.7V
c. 必须提供可控硅整流器的反向击穿导通电压
d. 必须提供可控硅整流器的保持电流

27. 单级 *RC* 相位控制电路的最大触发角是
a. 45°　　　　　　b. 90°
c. 180°　　　　　d. 360°

28. 三端双向可控硅开关通常最敏感的象限是
a. 第一象限　　　　b. 第二象限
c. 第三象限　　　　d. 第四象限

29. IGBT 的本质是
a. 双极型晶体管作输入端，MOS 管作输出端
b. MOS 管作输入端和输出端
c. MOS 管作输入端，双极型晶体管作输出端
d. 双极型晶体管作输入端和输出端

30. IGBT 在导通状态的最大输出电压是
a. $V_{GS(on)}$　　　b. $V_{CE(sat)}$
c. $R_{DS(on)}$　　　d. V_{CES}

31. 可编程单结晶体管是通过下列哪种方法实现可编程的？
a. 外接的栅极电阻
b. 使用预置的阴极阶梯电压
c. 外接电容
d. 掺杂 *pn* 结

习题

13.1 节

13-1 图 13-40a 电路中的 1N5160 是导通的，二极管的截止点电压是 0.7V，求当二极管断开时，电压 *V* 的值。

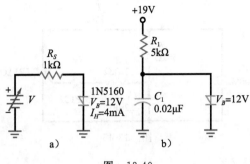

图 13-40

13-2 图 13-40b 电路中的电容电压从 0.7V 充电到 12V，使得四层二极管击穿导通。在二极管将要击穿导通时，流过 5kΩ 电阻的电流是多少？当二极管导通时，流过该电阻的电流是多少？

13-3 图 13-40b 电路的充电时间常数是多少？若锯齿波的周期等于该时间常数，求锯齿波的频率。

13-4 如果将图 13-40a 电路的击穿导通电压改为 20V，保持电流改为 3mA，二极管导通时的电压 V 是多少？二极管断开时的电压 V 是多少？

13-5 如果将图 13-40b 电路中的电源电压改为 50V，电容上的最大电压为多少？如果电阻值是原来的两倍，电容值是原来的三倍，则时间常数是多少？

13.2 节

13-6 图 13-41 中可控硅整流器的 $V_{GT} = 1.0\text{V}$，$I_{GT} = 2\text{mA}$，$I_H = 12\text{mA}$。当它断开时，输出电压是多少？触发可控硅整流器所需的输入电压是多少？如果 V_{CC} 持续降低直至可控硅整流器断开，这时 V_{CC} 的值是多少？

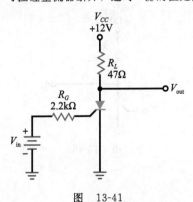

图 13-41

13-7 若图 13-41 电路中所有的电阻值都加倍，且可控硅整流器的栅极触发电流是 1.5mA，求触发它所需的输入电压。

13-8 如果图 13-42 电路中的 R 调整为 500Ω，求输出电压的峰值。

13-9 如果图 13-41 电路中可控硅整流器的栅极触发电压是 1.5V，栅极触发电流是 15mA，保持电流是 10mA，则触发可控硅整流器的输入电压是多少？使其复位的电源电压是多少？

13-10 如果图 13-41 电路中的电阻变为原来的三倍，且可控硅整流器的 $V_{GT} = 2\text{V}$，$I_{GT} = 8\text{mA}$，求触发它的输入电压。

13-11 将图 13-42 电路中的 R 调至 750Ω，求电容的充电时间常数。栅极端口的戴维南等效电阻是多少？

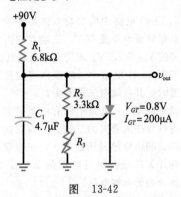

图 13-42

13-12 将图 13-43 中的电阻 R_2 设为 4.6kΩ，求该电路的触发角和导通角的近似值。电容 C 上的交流电压是多少？

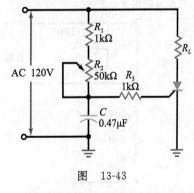

图 13-43

13-13 调节图 13-43 电路中的 R_2，求触发角的最小和最大值。

13-14 求图 13-43 电路中可控硅整流器的最小和最大导通角。

13.3 节

13-15 计算图 13-44 中能使短路器触发的电源电压。

13-16 如果图 13-44 电路中的齐纳二极管的容差

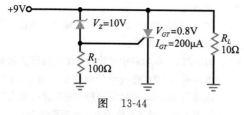

图 13-44

为 ±10%，触发电压为 1.5V。求使电路
发生短路时的电源电压最大值。

13-17　如果图 13-44 电路中的齐纳电压从 10V 变
为 12V，求可控硅整流器的触发电压。

13-18　将图 13-44 电路中的齐纳二极管替换为
1N759。求触发可控硅短路器的电源电压。

13.5 节

13-19　图 13-45 电路中的二端双向可控硅开关的
击穿导通电压是 20V，三端双向可控硅开
关的 V_{GT} 是 2.5V。求使它导通的电容电压。

13-20　当图 13-45 电路中三端双向可控硅开关导
通时，其负载电流是多少？

13-21　若将图 13-45 电路中所有电阻值加倍，并
将电容变为原来的三倍，二端双向可控硅
开关的击穿导通压是 28V，三端双向可控
硅开关的栅极触发电压是 2.5V，求触发
该开关的电容电压。

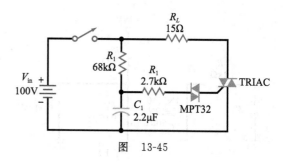

图 13-45

13.7 节

13-22　图 13-46 电路中，当可编程单结晶体管触
发时，阳极和栅极的电压值是多少？

13-23　图 13-46 电路中，当可编程单结晶体管触
发时，R_4 上的理想峰值电压是多少？

13-24　图 13-46 电路中，电容上的电压波形是怎
样的？求该波形的最小和最大电压值。

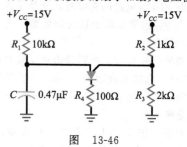

图 13-46

思考题

13-25　图 13-47a 所示是一个过压指示器。将灯点
亮所需的电压是多少？

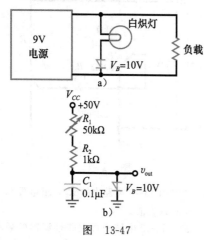

图 13-47

13-26　求图 13-47b 电路输出电压的峰值。

13-27　如果图 13-47b 电路中，锯齿波的周期是时
间常数的 20%，求最小频率和最大频率。

13-28　将图 13-48 电路放在一个黑暗的房间里，其
输出电压是多少？当灯被点亮时，晶闸管触
发。估算输出电压和流过 100Ω 电阻的电流。

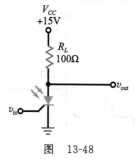

图 13-48

故障诊断

　　以下问题参见图 13-49。这个电源经过桥式
整流器和电容输入滤波器，因此，经过滤波后的

直流电压近似等于二次绕组的峰值电压。所列电
压值如没有特别说明，均以伏特为单位。在 A、

B、C 三点给出的是电压均方根值，在 D、E、F 三点给出的是直流电压。在这个练习中所进行的是系统级故障诊断，即需要确定最可疑的模块位置，以便做进一步的检测。例如，若 B 点的电压没问题，但 C 点的电压不对，则答案应该是变压器。

13-29 确定故障 1~4。

13-30 确定故障 4~8。

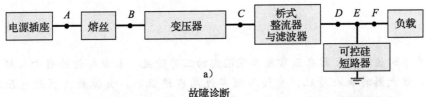

a)

故障诊断

故障	V_A	V_B	V_C	V_D	V_E	V_F	R_L	可控硅整流器
正常	115	115	12.7	18	18	18	100Ω	断开
T1	115	115	12.7	18	0	0	100Ω	断开
T2	0	0	0	0	0	0	100Ω	断开
T3	115	115	0	0	0	0	100Ω	断开
T4	115	0	0	0	0	0	0	断开
T5	130	130	14.4	20.5	20.5	20.5	100Ω	断开
T6	115	115	12.7	0	0	0	100Ω	断开
T7	115	115	12.7	18	18	0	100Ω	断开
T8	115	0	0	0	0	0	100Ω	断开

b)

图 13-49

求职面试问题

1. 画出双晶体管的闩锁电路，解释正反馈驱动晶体管进入饱和区及截止区的原理。
2. 画出基本的可控硅短路器。该电路的工作原理是什么？细致描述电路的工作过程。
3. 画出一个相位控制可控硅整流器电路，包括交流电力线电压和栅极电压的波形，并解释其工作原理。
4. 在晶闸管电路中，缓冲网络的作用是什么？
5. 在报警电路中怎样使用可控硅整流器？为什么使用该器件比晶体管触发的器件更合适？画出简单的电路图。
6. 晶闸管在电子领域中有哪些应用？
7. 比较功率双极型晶体管、功率场效应管和可控硅整流器在大功率放大电路中的应用情况。
8. 解释肖克利二极管和可控硅整流器工作原理的区别。
9. 比较 MOS 管和 IGBT 在大功率开关中的应用情况。

选择题答案

1.c　2.b　3.d　4.c　5.b　6.b　7.a　8.b　9.b　10.c　11.a　12.b　13.d　14.d　15.d
16.d　17.d　18.a　19.a　20.b　21.c　22.b　23.c　24.b　25.d　26.d　27.b　28.a　29.c　30.b
31.a

自测题答案

13-1　$I_D = 113\text{mA}$

13-2　$V_{in} = 1.7\text{V}$

13-3　$f = 250\text{kHz}$

13-4　$V_{in} = 10\text{V}$；$V_{CC} = 2.5\text{V}$

13-6　$V_{CC} = 6.86\text{V}$（最坏情况）

13-7　$\theta_{fire} = 62°$；$\theta_{conduction} = 118°$

13-8　$I_R = 5.45\text{A}$

13-9　$V_{in} = 25\text{V}$

第14章
频率特性

前面章节讨论了放大器在正常频率范围内的工作情况。本章将讨论当输入频率超出正常范围时，放大器的响应情况。当输入频率过高或过低时，交流放大器的电压增益会下降。直流放大器的电压增益在频率降至直流时仍能保持，只是在高频时，电压增益会下降。可以用分贝值来描述电压增益的下降情况，并用波特图来描述放大器的响应。

目标

在学习完本章后，你应该能够：

■ 计算功率增益和电压增益的分贝值，并描述阻抗匹配的含义；
■ 画出幅度和相位的波特图；
■ 利用密勒定理计算电路的等效输入电容和输出电容；
■ 描述上升时间与带宽的关系；
■ 描述双极电路中耦合电容和发射极旁路电容对下限截止频率的影响；
■ 描述双极和场效应管电路中集电极或漏极的旁路电容和输入密勒电容对上限截止频率的影响。

关键术语

波特图（Bode plot）

截止频率（cutoff frequencies）

直流放大器（dc amplifier）

功率增益的分贝值（decibel power gain）

分贝（decibels）

电压增益的分贝值（decibel voltage gain）

主电容（dominant capacitor）

反馈电容（feedback capacitor）

频率响应（frequency response）

半功率频点（half-power frequencies）

内部电容（internal capacitances）

反相放大器（inverting amplifier）

延时电路（lag circuit）

对数坐标（logarithmic scale）

放大器的中频区（midband of an amplifer）

密勒效应（Miller effect）

上升时间 T_R（risetime T_R）

连线分布电容（stray-wiring capacitance）

单位增益频率（unity-gain frequency）

14.1 放大器的频率响应

放大器的**频率响应**是增益相对频率的变化曲线。本节将讨论交流和直流放大器的频率响应。前文讨论过含有耦合电容和旁路电容的 CE 放大器，这是一个交流放大器，用来放大交流信号。也可以设计直流放大器，用来放大直流信号和交流信号。

14.1.1 交流放大器的频率响应

图 14-1a 所示是交流放大器的频率响应。在中频区的电压增益最大，该区域是放大器正常工作的频率范围。在低频区，耦合电容和旁路电容不能视为短路且容抗很大，使得交流信号的

电压变小，导致电压增益下降。因此，在频率趋近零频（0Hz）时，电压增益将下降至零。

在高频区，导致电压增益下降的是其他原因。首先，晶体管的 pn 结上存在**内部电容**（见图 14-1b），为交流信号提供旁路路径。当频率增加时，这些容抗值很低，使得晶体管无法正常工作，导致电压增益损失。

连线分布电容是另一个导致高频增益损失的原因。如图 14-1c 所示，晶体管电路中的任何连线都相当于电容的一个极板，接地的电路板则相当于另一个极板。连线和地之间的分布电容是设计中所不希望出现的。在高频区，这些电容的容抗值很低，会阻止电流流向负载电阻，导致电压增益的下降。

知识拓展 放大器的频率响应特性可以由实验确定：通过输入方波信号，观察其输出响应。在以前的课程中学习过，方波信号中包含了基波频率和无限多的奇次谐波分量。输出信号的形状可以反映出其中的高频分量和低频分量是否得到恰当的放大。方波频率应大约为放大器上限截止频率的十分之一。如果输出方波是输入方波的精确复制，则该放大器的频率响应特性可以满足应用频率的需求。

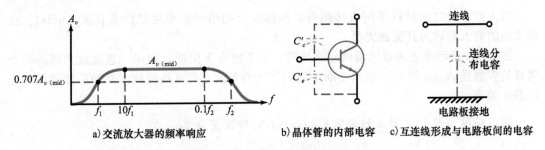

a) 交流放大器的频率响应　　　　b) 晶体管的内部电容　　c) 互连线形成与电路板间的电容

图 14-1　交流放大器的频率响应

14.1.2　截止频率

当电压增益为最大值的 0.707 倍时，所对应的频率称为**截止频率**。在图 14-1a 中，f_1 是下限截止频率，f_2 是上限截止频率。截止频率也称为**半功率频点**，因为在这些频点上，负载得到的功率是最大功率值的一半。

当电压增益为最大值的 0.707 倍时，输出电压为最大值的 0.707 倍。由于功率等于电压的平方除以电阻，将 0.707 取平方得到 0.5。因此，负载功率在截止频率点为最大功率值的一半。

14.1.3　中频区

在 $10f_1$ 和 $0.1f_2$ 之间的频带定义为放大器的**中频区**。在中频区，放大器的电压增益近似为最大值，表示为 $A_{v(\text{mid})}$。交流放大器的三个重要特征为 $A_{v(\text{mid})}$、f_1 和 f_2。当这些参数已知时，就可以得到中频区的电压增益和增益降为 $0.707A_{v(\text{mid})}$ 时的频率点。

14.1.4　中频区以外的特性

虽然放大器通常情况下工作在中频区，但有时也需要知道中频区外的电压增益。以下是近似计算交流放大器电压增益的公式：

$$A_v = \frac{A_{v(\text{mid})}}{\sqrt{1 + (f_1/f)^2}\ \sqrt{1 + (f/f_2)^2}}$$
$$\tag{14-1}$$

已知 $A_{v(\mathrm{mid})}$、f_1 和 f_2，可以计算任意频率 f 下的电压增益。该公式假设一个主电容决定下限截止频率，另一个主电容决定上限截止频率。**主电容**是指对截止频率影响最大的那个电容。

式（14-1）其实并不复杂。只需分析三个频段：中频区、低频区和高频区。在中频区，$f_1/f \approx 0$，$f/f_2 \approx 0$。因此，式（14-1）中的两个根式都约等于 1，从而简化为：

$$中频区 \quad A_v = A_{v(\mathrm{mid})} \tag{14-2}$$

在低频区，$f/f_2 \approx 0$，则第二个根式约等于 1，式（14-1）简化为：

$$低频区 \quad A_v = \frac{A_{v(\mathrm{mid})}}{\sqrt{1+(f_1/f)^2}} \tag{14-3}$$

在高频区，$f_1/f \approx 0$，则第一个根式约等于 1，式（14-1）简化为：

$$高频区 \quad A_v = \frac{A_{v(\mathrm{mid})}}{\sqrt{1+(f/f_2)^2}} \tag{14-4}$$

14.1.5　直流放大器的频率响应

放大器各级之间可以采用直接耦合，所能放大的信号频率可以低至直流（0Hz）。这种类型的放大器称为**直流放大器**。

图 14-2a 所示是直流放大器的频率响应。由于没有下限截止频率，直流放大器的两个重要的参数是 $A_{v(\mathrm{mid})}$ 和 f_2。数据手册中给出了这两个值，即可得到放大器的中频增益和上限截止频率。

知识拓展　图 14-2 所示的带宽是 0Hz～f_2，即带宽为 f_2。

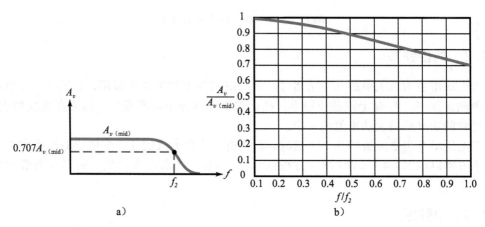

图 14-2　直流放大器的频率响应

由于现在大多数放大器是采用运算放大器，而不是分立的晶体管，因此直流放大器的应用比交流放大器更广泛。运算放大器是直流放大器，具有高电压增益、高输入阻抗和低输出阻抗。商用的集成运算放大器有很多种类。

大多数直流放大器的截止频率 f_2 是由一个主电容决定的。因此，可以采用下面的公式来计算典型直流放大器的增益：

$$A_v = \frac{A_{v(\mathrm{mid})}}{\sqrt{1+(f/f_2)^2}} \tag{14-5}$$

例如，当 $f=0.1f_2$ 时：

$$A_v = \frac{A_{v(\text{mid})}}{\sqrt{1 + (0.1)^2}} = 0.995 A_{v(\text{mid})}$$

说明当输入信号频率为上限截止频率的 1/10 时，电压增益与最大值的偏差不超过 0.5%。即电压增益约等于最大值。

14.1.6 中频区与截止频率之间区域的特性

利用式（14-5）可以计算中频区与上限截止频率之间区域的电压增益。表 14-1 给出了频率和电压增益的归一化值。当 $f/f_2 = 0.1$ 时，$A_v/A_{v(\text{mid})} = 0.995$。当 f/f_2 增大时，归一化电压增益减小，在截止频率点增益降为 0.707。当 $f/f_2 = 0.1$ 时，可以近似地认为电压增益为最大值的 100%。随后，增益下降到 98%、96%，直至截止频率时约为 70%。图 14-2b 所示是 $A_v/A_{v(\text{mid})}$ 随 f/f_2 的变化曲线。

表 14-1 中频区与截止频率之间区域的特性

f/f_2	$A_v/A_{v(\text{mid})}$	百分比（近似值）
0.1	0.995	100
0.2	0.981	98
0.3	0.958	96
0.4	0.928	93
0.5	0.894	89
0.6	0.857	86
0.7	0.819	82
0.8	0.781	78
0.9	0.743	74
1	0.707	70

例 14-1 图 14-3a 所示交流放大器的中频电压增益为 200。若截止频率 $f_1 = 20\text{Hz}$，$f_2 = 20\text{kHz}$，求频率响应。当输入频率为 5Hz 和 200kHz 时，其电压增益分别是多少？

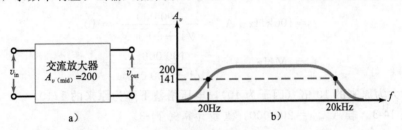

图 14-3 交流放大器及其频率响应

解： 中频区的电压增益是 200，则截止频率处的电压增益：

$$A_v = 0.707 \times 200 = 141$$

图 14-3b 给出了频率响应特性。

由式（14-3），可以计算输入频率为 5Hz 时的电压增益：

$$A_v = \frac{200}{\sqrt{1 + (20/5)^2}} = \frac{200}{\sqrt{1 + 4^2}} = \frac{200}{\sqrt{17}} = 48.5$$

同样，由式（14-4）计算输入频率为 200kHz 时的电压增益：

$$A_v = \frac{200}{\sqrt{1 + (200/20)^2}} = 19.9 \quad \blacktriangleleft$$

自测题 14-1 将交流放大器的中频增益改为 100，重新计算例 14-1。

例 14-2 图 14-4a 是 741C 集成运放，它的中频电压增益为 100 000。如果 $f_2 = 10\text{Hz}$，求频率响应。

解： 在截止频率 10Hz 处的电压增益为最大值的 0.707 倍：

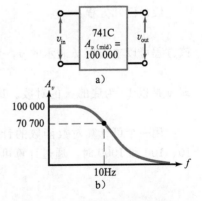

图 14-4 741C 及其频率响应

$$A_v = 0.707 \times 100\,000 = 70\,700$$

图 14-4b 显示了电路的频率响应特性。其电压增益在零频附近为 $100\,000$，当输入频率接近 $10\mathrm{Hz}$ 时，电压增益下降至最大值的约 70%。　◀

✎ **自测题 14-2**　若 $A_{v(\mathrm{mid})} = 200\,000$，重新计算例 14-2。

例 14-3　在例 14-2 中，如果输入频率为：$100\mathrm{Hz}$、$1\mathrm{kHz}$、$10\mathrm{kHz}$、$100\mathrm{kHz}$ 和 $1\mathrm{MHz}$，则电压增益分别为多少？

解：因为截止频率为 $10\mathrm{Hz}$，对于输入频率：

$$f = 100\mathrm{Hz},\ 1\mathrm{kHz},\ 10\mathrm{kHz},\ \cdots$$

比值 f/f_2 为：

$$f/f_2 = 10,\ 100,\ 1000,\ \cdots$$

因此，可以用式（14-5）计算电压增益，如下：

$$f = 100\mathrm{Hz} \quad A_v = \frac{100\,000}{\sqrt{1+10^2}} = 10\,000$$

$$f = 1\mathrm{kHz} \quad A_v = \frac{100\,000}{\sqrt{1+100^2}} = 1000$$

$$f = 10\mathrm{kHz} \quad A_v = \frac{100\,000}{\sqrt{1+1000^2}} = 100$$

$$f = 100\mathrm{kHz} \quad A_v = \frac{100\,000}{\sqrt{1+10\,000^2}} = 10$$

$$f = 1\mathrm{MHz} \quad A_v = \frac{100\,000}{\sqrt{1+100\,000^2}} = 1$$

每当频率增大为原来的 10 倍（因子为 10），电压增益下降为原来的 $1/10$。　◀

✎ **自测题 14-3**　若 $A_{v(\mathrm{mid})} = 200\,000$，重新计算例 14-3。

14.2　功率增益的分贝值

本节讨论分贝，分贝是描述频率响应的一种有效方式。首先需要复习一些相关的基本数学知识。

14.2.1　指数复习

假设已知方程：

$$x = 10^y \tag{14-6}$$

该方程可以求出用 x 表示的 y，为：

$$y = \lg_{10} x$$

即 y 是以 10 为底的 x 的对数。10 通常被省略，方程写为：

$$y = \lg x \tag{14-7}$$

用一个可计算对数函数的计算器，可以快速地得到 x 所对应的 y 值。例如，当 $x = 10$、100 和 1000 时，通过计算可得到 y 为：

$$y = \lg 10 = 1$$
$$y = \lg 100 = 2$$
$$y = \lg 1000 = 3$$

可见，x 每增大 10 倍，y 增加 1。

对于给定的小数 x，也可以计算 y。例如，当 $x=0.1$、0.01 和 0.001 时，得到 y 值为：
$$y = \lg 0.1 = -1$$
$$y = \lg 0.01 = -2$$
$$y = \lg 0.001 = -3$$
x 每减小为原来的 $1/10$，y 减小 1。

14.2.2 $A_{p(\mathrm{dB})}$ 的定义

在之前的章节中，功率增益 A_p 被定义为输出功率除以输入功率：
$$A_p = \frac{p_{\mathrm{out}}}{p_{\mathrm{in}}}$$

功率增益的分贝值定义为：
$$A_{p(\mathrm{dB})} = 10 \lg A_p \tag{14-8}$$
因为 A_p 是输出功率与输入功率之比，所以 A_p 没有单位或量纲。当对 A_p 取对数时，得到的量也没有单位或量纲。一定不要把 $A_{p(\mathrm{dB})}$ 和 A_p 混淆，要将单位分贝（简写为 dB）加在所有的 $A_{p(\mathrm{dB})}$ 数值后面。

例如，当放大器的功率增益为 100 时，它的功率增益分贝值为：
$$A_{p(\mathrm{dB})} = 10 \lg 100 = 20 \mathrm{dB}$$
又如，当 $A_p = 100\,000\,000$，则：
$$A_{p(\mathrm{dB})} = 10 \lg 100\,000\,000 = 80 \mathrm{dB}$$

在这两个例子中，对数值等于 0 的个数：100 有 2 个 0，$100\,000\,000$ 有 8 个 0。当数字是 10 的倍数时，可以通过数零的个数求得对数值，然后再乘以 10 便得到分贝值。例如，功率增益 1000 有 3 个 0，乘以 10 得到 30dB；功率增益 $100\,000$ 有 5 个 0，乘以 10 得到 50dB。这个简便方法在求等效分贝值和检查结果时很有用。

功率增益的分贝值通常在数据手册中给出，表示器件的功率增益。使用分贝表示功率增益的原因之一是：对数将数字压缩了。例如，放大器的功率增益在 $100 \sim 100\,000\,000$ 之间变化，那么它的分贝值在 $20 \sim 80 \mathrm{dB}$ 之间变化。可见，功率增益的分贝值与通常的功率增益相比，在表述上进行了压缩。

14.2.3 两个有用的特性

功率增益的分贝值有两个有用的特性：

1. 每当功率增益以因子 2 增大（减小）时，其分贝值增大（减小）3dB。

2. 每当功率增益以因子 10 增大（减小）时，其分贝值增大（减小）10dB。

表 14-2 给出了这些特性的压缩表述形式。后面的例题将会说明这些特性。

表 14-2　功率增益的特性

因子	分贝，dB
×2	+3
×0.5	-3
×10	+10
×0.1	-10

例 14-4 计算下列功率增益的分贝值：$A_p = 1$、2、4 和 8。

解：利用计算器，得到如下结果：
$$A_{p(\mathrm{dB})} = 10 \lg 1 = 0 \mathrm{dB}$$
$$A_{p(\mathrm{dB})} = 10 \lg 2 = 3 \mathrm{dB}$$
$$A_{p(\mathrm{dB})} = 10 \lg 4 = 6 \mathrm{dB}$$

$$A_{p(\text{dB})} = 10\lg 8 = 9\text{dB}$$

每当 A_p 以因子 2 增大时，其分贝值增加 3dB。这个特性总是正确的，只要将功率增益加倍，其分贝值就会增加 3dB。　◀

自测题 14-4　功率增益为 10、20 和 40，求 $A_{p(\text{dB})}$。

例 14-5　求下列功率增益的分贝值：$A_p=1$、0.5、0.25 和 0.125。

解：　$A_{p(\text{dB})} = 10\lg 1 = 0\text{dB}$
$A_{p(\text{dB})} = 10\lg 0.5 = -3\text{dB}$
$A_{p(\text{dB})} = 10\lg 0.25 = -6\text{dB}$
$A_{p(\text{dB})} = 10\lg 0.125 = -9\text{dB}$

每当 A_p 以因子 2 减小时，其分贝值降低 3dB。　◀

自测题 14-5　若功率增益为 4、2、1 和 0.5，重新计算例 14-5。

例 14-6　求下列功率增益的分贝值：$A_p=1$、10、100 和 1000。

解：　$A_{p(\text{dB})} = 10\lg 1 = 0\text{dB}$
$A_{p(\text{dB})} = 10\lg 10 = 10\text{dB}$
$A_{p(\text{dB})} = 10\lg 100 = 20\text{dB}$
$A_{p(\text{dB})} = 10\lg 1000 = 30\text{dB}$

每当 A_p 以因子 10 增大时，其分贝值增加 10dB。　◀

自测题 14-6　若功率增益为 5、5、500 和 5000，求 $A_{p(\text{dB})}$。

例 14-7　求下列功率增益的分贝值：$A_p=1$、0.1、0.01 和 0.001。

解：　$A_{p(\text{dB})} = 10\lg 1 = 0\text{dB}$
$A_{p(\text{dB})} = 10\lg 0.1 = -10\text{dB}$
$A_{p(\text{dB})} = 10\lg 0.01 = -20\text{dB}$
$A_{p(\text{dB})} = 10\lg 0.001 = -30\text{dB}$

每当 A_p 以因子 10 减小时，其分贝值降低 10dB。　◀

自测题 14-7　若功率增益为 20、2、0.2 和 0.02，求 $A_{p(\text{dB})}$。

14.3　电压增益的分贝值

对电压的测量要比对功率的测量更普遍。因此，分贝值对于电压增益更有用。

14.3.1　定义

如前面章节中的定义，电压增益是输出电压与输入电压之比：

$$A_v = \frac{v_{\text{out}}}{v_{\text{in}}}$$

电压增益的分贝值则定义为：

$$A_{v(\text{dB})} = 20\lg A_v \tag{14-9}$$

这里用 20 代替 10，是因为功率正比于电压的平方。在下一节阻抗匹配系统的讨论中，将由这个定义导出一个重要的推论。

如果一个放大器的电压增益为 100 000，则其电压增益的分贝值为：

$$A_{v(\text{dB})} = 20\lg 100\,000 = 100\text{dB}$$

当数字为 10 的倍数时，可以使用简便方法：数零的个数，然后乘以 20 便得到其分贝值。

对于前面的例子，数出 5 个零，然后乘以 20，得到其分贝值为 100dB。

再如，放大器的电压增益在 100～100 000 000 之间变化，则其分贝值在 40～160dB 之间变化。

14.3.2 电压增益的基本规则

电压增益的分贝值有两个有用的特性：

1. 每当电压增益以因子 2 增加（减小）时，其分贝值增大（减小）6dB。

2. 每当电压增益以因子 10 增加（减小）时，其分贝值增大（减小）20dB。

表 14-3 是对这些特性的总结。

表 14-3　电压增益的特性

因子	分贝，dB
×2	+6
×0.5	−6
×10	+20
×0.1	−20

14.3.3 级联

图 14-5 所示的两级放大器的总增益是每一级增益的乘积，即：

$$A_v = A_{v1} \times A_{v2} \tag{14-10}$$

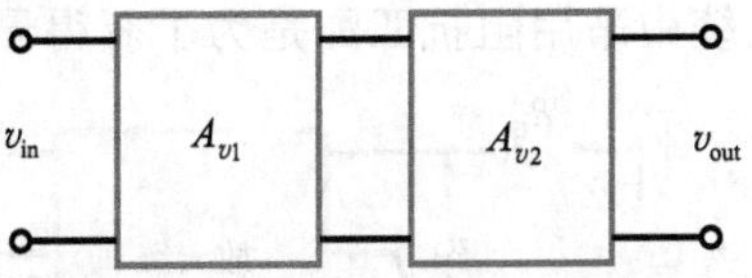

例如，第一级电压增益为 100，第二级电压增益为 50，则总电压增益为：

$$A_v = 100 \times 50 = 5000$$

当用分贝值表示电压增益时，式（14-10）发生了变化：

$$A_{v(dB)} = 20\lg A_v = 20\lg(A_{v1} \times A_{v2}) = 20\lg A_{v1} + 20\lg A_{v2}$$

可以写成：

$$A_{v(dB)} = A_{v1(dB)} + A_{v2(dB)} \tag{14-11}$$

图 14-5　两级放大器的电压增益

这个公式说明，两级放大器总电压增益的分贝值等于这两级电压增益分贝值的和。该结论适用于任意级数的放大器。这也是增益分贝值使用广泛的原因之一。

例 14-8 图 14-6a 电路的总电压增益是多少？求该增益的分贝值。用式（14-11）计算每一级电压增益和总电压增益的分贝值。

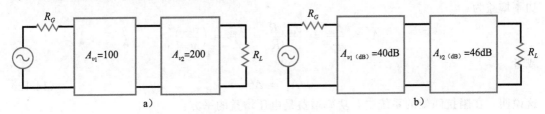

图 14-6　电压增益及其分贝值

解： 由式（14-10），得总电压增益为：

$$A_v = 100 \times 200 = 20\ 000$$

对应的分贝值为：

$$A_{v(dB)} = 20\lg 20\ 000 = 86\text{dB}$$

可以用计算器得到 86dB，或者用下面的捷径计算：20 000 是 10 000 的 2 倍，10 000 有 4 个零，则意味着 80dB，考虑到因子 2，其最终的结果还要高出 6dB，即为 86dB。

下面，计算每级电压增益的分贝值：

$$A_{v1(\text{dB})} = 20\lg100 = 40\text{dB}$$
$$A_{v2(\text{dB})} = 20\lg200 = 46\text{dB}$$

图 14-6b 给出了这些电压增益的分贝值。由式（14-11），总电压增益的分贝值为：

$$A_v = 40\text{dB} + 46\text{dB} = 86\text{dB}$$

可见，将各级的电压增益分贝值相加，和前面计算的结果是一样的。 ◀

自测题 14-8 若单级电压增益分别为 50 和 200，重新计算例 14-8。

14.4 阻抗匹配

图 14-7a 所示的放大器电路中，信号源内阻为 R_G，输入阻抗为 R_{in}，输出阻抗为 R_{out}，负载电阻为 R_L。在前面的讨论中，大部分情况下阻抗是不同的。

在很多通信系统中（微波、电视和电话），所有的阻抗都是匹配的，即 $R_G = R_{\text{in}} = R_{\text{out}} = R_L$，如图 14-7b 所示，其中所有阻抗都等于 R。在微波系统中，$R = 50\Omega$；在电视系统中，$R = 75\Omega$（同轴电缆）或者 300Ω（双线馈线）；在电话系统中，$R = 600\Omega$。这些系统中采用阻抗匹配是为了获得最大功率传输。

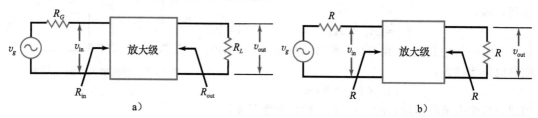

图 14-7 阻抗匹配

在图 14-7b 中，输入功率为：

$$p_{\text{in}} = \frac{v_{\text{in}}^2}{R}$$

输出功率为：

$$p_{\text{out}} = \frac{v_{\text{out}}^2}{R}$$

功率增益为：

$$A_p = \frac{p_{\text{out}}}{p_{\text{in}}} = \frac{v_{\text{out}}^2/R}{v_{\text{in}}^2/R} = \frac{v_{\text{out}}^2}{v_{\text{in}}^2} = \left(\frac{v_{\text{out}}}{v_{\text{in}}}\right)^2$$

或者

$$A_p = A_v^2 \tag{14-12}$$

这说明，在阻抗匹配的系统中，功率增益是电压增益的平方。

用分贝表示为：

$$A_{p(\text{dB})} = 10\lg A_p = 10\lg A_v^2 = 20\lg A_v$$

或者

$$A_{p(\text{dB})} = A_{v(\text{dB})} \tag{14-13}$$

这说明功率增益的分贝值等于电压增益的分贝值。式（14-13）适用于任意阻抗匹配的系统。如果数据手册中给出系统增益为 40dB，则其功率增益和电压增益的分贝值均等于 40dB。

知识拓展 当一个放大器的阻抗不匹配时，功率增益的分贝值可以用下面公式计算：

$$A_{p(\text{dB})} = 20\lg A_v + 10\lg R_{\text{in}}/R_{\text{out}}$$

其中，A_v 是放大器的电压增益，R_{in} 和 R_{out} 分别为输入阻抗和输出阻抗。

将分贝值转换为增益普通值

当数据手册中将功率增益或电压增益表示为分贝值时，可以用以下公式将其转化为增益普通值：

$$A_p = \text{antilg}\,\frac{A_{p(\text{dB})}}{10} \qquad\qquad (14\text{-}14)$$

$$A_v = \text{antilg}\,\frac{A_{v(\text{dB})}}{20} \qquad\qquad (14\text{-}15)$$

其中，antilog 是对数 log 的逆函数，对于有 log 功能和逆函数功能键的计算器来说，上述转换很容易完成。

例 14-9 图 14-8 是一个阻抗匹配系统，其中 $R = 50\Omega$。求总增益的分贝值、总功率增益和总电压增益。

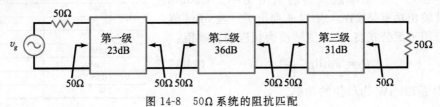

图 14-8　50Ω 系统的阻抗匹配

解： 总电压增益的分贝值为：

$$A_{v(\text{dB})} = 23\text{dB} + 36\text{dB} + 31\text{dB} = 90\text{dB}$$

因为电路是阻抗匹配的，所以总功率增益的分贝值也是 90dB。

由式（14-14），得总功率增益为：

$$A_p = \text{antilg}\,\frac{90\text{dB}}{10} = 1\,000\,000\,000$$

总电压增益为：

$$A_v = \text{antilg}\,\frac{90\text{dB}}{20} = 31\,623$$

◀

自测题 14-9 当各级增益为 10dB、-6dB 和 26dB 时，重新计算例 14-9。

例 14-10 在例 14-9 中，各级的电压增益普通值是多少？

解： 第一级电压增益为：

$$A_{v1} = \text{antilg}\,\frac{23\text{dB}}{20} = 14.1$$

第二级电压增益为：

$$A_{v2} = \text{antilg}\,\frac{36\text{dB}}{20} = 63.1$$

第三级电压增益为：

$$A_{v3} = \text{antilg}\,\frac{31\text{dB}}{20} = 35.5$$

◀

自测题 14-10 当各级增益为 10dB、-6dB 和 26dB 时，重新计算例 14-10。

14.5 基准分贝值

本节讨论分贝值的另外两种表示方法。除了将分贝值应用于电压增益和功率增益外，还可以使用基准分贝值，这里采用的基准是 mW 和 V。

14.5.1 以毫瓦（mW）为基准

分贝值有时用于表示大于 1mW 的功率。此时，用符号"dBm"替代 dB。dBm 末尾的字母 m 表示所采用的基准是 mW。dBm 的公式是：

$$P_{dBm} = 10 \lg \frac{P}{1mW} \tag{14-16}$$

其中 P_{dBm} 是以 dBm 表示的功率。例如，当功率为 2W 时，则：

$$P_{dBm} = 10 \lg \frac{2W}{1mW} = 10 \lg 2000 = 33dBm$$

dBm 是将功率与 1mW 作比较的一种方法，如果数据手册中给出一个功率放大器的输出功率是 33dBm，则说明其输出功率是 2W。表 14-4 列出了一些 dBm 值。

可以用下面公式将 dBm 值转换为相应的功率值：

$$P = antilg \frac{P_{dBm}}{10} \tag{14-17}$$

其中的 P 是以 mW 为单位的功率。

表 14-4 以 dBm 表示的功率值

功率	P_{dBm}
1μW	-30
10μW	-20
100μW	-10
1mW	0
10mW	10
100mW	20
1W	30

知识拓展 音频通信系统的输入阻抗和输出阻抗均为 600Ω，并采用 dBm 为单位来描述放大器、衰减器或整个系统的实际输出功率。

14.5.2 以伏（V）为基准

分贝值也可以用来表示大于 1V 的电压。此时，用"dBV"作为标记。dBV 的公式是：

$$V_{dBV} = 20 \lg \frac{V}{1V}$$

因为分母为 1，可以简化公式：

$$V_{dBV} = 20 \lg V \tag{14-18}$$

其中的 V 是没有量纲的。例如，当电压为 25V 时，则：

$$V_{dBV} = 20 \lg 25 = 28dBV$$

dBV 是将电压与 1V 作比较的一种方法。如果数据手册中给出一个电压放大器的输出是 28dBV，则说明其输出电压是 25V。如果一个麦克风的输出电平或者灵敏度为 -40dBV，则它的输出电压为 10mV。表 14-5 列出了一些 dBV 值。

可以使用下面公式将 dBV 值转换为相应的电压值，

$$V = antilg \frac{V_{dBV}}{20} \tag{14-19}$$

其中的 V 是以 V 为单位的电压。

表 14-5 以 dBV 表示的电压值

电压	V_{dBV}
10μV	-100
100μV	-80
1mV	-60
10mV	-40
100mV	-20
1V	0
10V	+20
100V	+40

知识拓展 单位 dBmV 常用来表示有线电视系统的信号强度。在该系统中，以 75Ω 上的 1mV 信号作为参考基准（即 0dBmV），以 dBmV 为单位来表示放大器、衰减器或整个系统的实际输出电压。

例 14-11 数据手册中给出放大器的输出是 24dBm，则它的输出功率是多少？

解： 利用计数器和式（14-17），求得：

$$P = \text{antilg} \frac{24\text{dBm}}{10} = 251\text{mW}$$ ◄

自测题 14-11 额定功率为 50dBm 的放大器，其输出功率是多少？

例 14-12 数据手册中给出放大器的输出是 -34dBV，则它的输出电压是多少？

解： 由式（14-18），得：

$$V = \text{antilg} \frac{-34\text{dBV}}{20} = 20\text{mV}$$ ◄

自测题 14-12 已知麦克风的额定电压为 -54.5dBV，则其输出电压是多少？

14.6 波特图

图 14-9 所示是一个交流放大器的频率响应特性。虽然它包含了一些信息，如中频电压增益和截止频率，但它对放大器行为的描述并不完整。因此需要引入**波特图**。波特图使用分贝值，可以提供放大器在中频区以外区域的更多频率响应信息。

14.6.1 倍频程

钢琴的中央 C 音的频率是 256Hz。下一个高音阶 C 是高八度音，其频率为 512Hz，再下一个高音阶 C 是 1024Hz，以此类推。在音乐中，八度音表示倍频，即每上升一个八度，其声音的频率增加一倍。

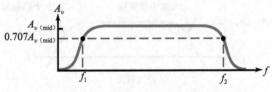

图 14-9 交流放大器的频率响应

在电子学里，倍频有着类似的含义。例如，当 $f_1 = 100\text{Hz}$，$f = 50\text{Hz}$ 时，其比值 f_1/f 为：

$$\frac{f_1}{f} = \frac{100\text{Hz}}{50\text{Hz}} = 2$$

可以说 f 比 f_1 低一个倍频程。又如，设 $f = 400\text{Hz}$，$f_2 = 200\text{Hz}$，则：

$$\frac{f}{f_2} = \frac{400\text{Hz}}{200\text{Hz}} = 2$$

即 f 比 f_2 高一个倍频程。

14.6.2 十倍频程

十倍频程对于 f_1/f 和 f/f_2 有着类似的含义，只是用因子 10 代替了因子 2。例如，$f_1 = 500\text{Hz}$，$f = 50\text{Hz}$，则比值 f_1/f 为：

$$\frac{f_1}{f} = \frac{500\text{Hz}}{50\text{Hz}} = 10$$

可以说 f 比 f_1 低一个十倍频程。又如，设 $f = 2\text{MHz}$，$f_2 = 200\text{kHz}$，则：

$$\frac{f}{f_2} = \frac{2\text{MHz}}{200\text{kHz}} = 10$$

即 f 比 f_2 高一个十倍频程。

14.6.3 线性坐标和对数坐标

普通图中两个坐标轴都使用**线性坐标**。即对于所有的数来说，两数之间的间隔是相等的，如图 14-10a 所示。在线性坐标中，从 0 开始，数值以均匀步长增加。到目前为止所讨论的图采用的都是线性坐标。

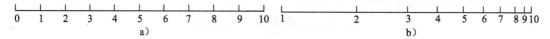

图 14-10 线性坐标与对数坐标

有时候更倾向于使用**对数坐标**。对数坐标将很大的数值压缩了，因此可以看到更多的十倍频程。图 14-10b 显示的是对数坐标，计数是从 1 开始的，1 和 2 的间隔远大于 9 和 10 的间隔。将坐标进行对数压缩，可以得到对数运算和分贝值的某些特性。

使用普通坐标纸和半对数坐标纸均可。半对数坐标纸的纵轴是线性刻度，横轴是对数坐标。当绘制频率范围包含多个十倍频程的电压增益时，通常使用半对数坐标纸。

14.6.4 分贝表示的电压增益图

图 14-11a 是一个典型交流放大器的频率响应。与图 14-9 类似，但这里是用半对数坐标研究用分贝表示的电压增益随频率的变化。这样的图称为**波特图**，纵轴采用线性坐标，横轴采用对数坐标。

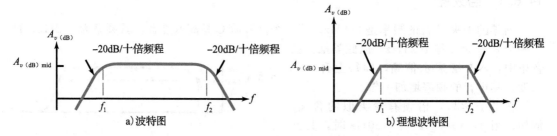

图 14-11 频率响应的波特图

如图 14-11a 所示，电压增益的分贝值在中频区取最大值，在每个截止频率点处比最大值略有下降。频率低于 f_1 时，电压增益的分贝值每减小十倍频则下降 20dB。频率高于 f_2 时，电压增益的分贝值每增加十倍频则下降 20dB。下降 20dB/十倍频出现在放大器的一个主电容产生的下限截止频率点，和一个主旁路电容产生的上限截止频率点，如 14-1 节所述。

知识拓展 使用对数坐标的主要优点是，在不损失小数值精度的情况下，可以显示较大数值范围。

在截止频率 f_1 和 f_2 频点的电压增益是中频区增益的 0.707 倍，用分贝表示为：
$$A_{v(dB)} = 20\lg 0.707 = -3dB$$
图 14-11a 所示的频率响应可以描述为：中频区的电压增益最大，中频区与截止频率之间，电压增益逐渐下降，直至截止频率点，恰好下降 3dB。随后，电压增益以 20dB/十倍频程的速度迅速下降。

14.6.5 理想波特图

图 14-11b 所示是频率响应的理想形式。理想波特图的使用较多，因为它能通过简单

的绘图表现出近似的信息。由理想波特图可知，截止频率点的电压增益下降了 3dB。理想波特图包含了所有的原始信息，只是在读图时需要将截止频率点的特性进行 3dB 的修正。

理想波特图可以近似而简捷地绘制出放大器的频率响应，以便将精力集中于主要问题的分析，而不必陷于精确的计算。例如，图 14-12 的理想波特图简捷、直观地显示了放大器的频率响应特性。可以看到其中频电压增益（40dB）、截止频率（1kHz 和 100kHz）和下降速度（20dB/十倍频程）。在频率点 10Hz 和 10MHz 处的电压增益为 0dB（单位增益或 1）。这样的波特图在工业界被广泛使用。

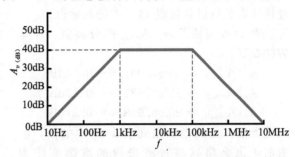

图 14-12 交流放大器的理想波特图

有时，工程师们用拐角频率代替截止频率。因为在理想波特图中，截止频率处有一个锋利的拐角。另一个常用词是转折频率，因为在截止频率处直线发生转折，然后以 20dB/十倍频程的速度下降。

例 14-13 运放 741C 的数据手册中给出其中频增益为 100 000，截止频率为 10Hz，下降速度为 20dB/十倍频程。画出理想波特图。求 10MHz 处的电压增益值。

解： 如 14.1 节所述，运算放大器是直流放大器，只有一个上限截止频率。对于 741C，$f_2=10$Hz。中频电压增益为：

$$A_{v(dB)} = 20 \lg 100\,000 = 100 \text{dB}$$

理想波特图的中频增益为 100dB，直至上限截止频率 10Hz 为止。然后，以 20dB/十倍频程速率下降。

图 14-13 所示是理想波特图。在 10Hz 频点开始转折，并以 20dB/十倍频程的速率下降，直至 1MHz 时增益为 0dB，此时的电压增益为 1。数据手册通常列出**单位增益频率**（符号为 f_{unity}），该参数可以直观地表明运放的应用频率范围。器件在单位频率以内具有电压增益，但不允许超出这个频率。◀

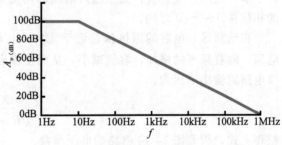

图 14-13 直流放大器的理想波特图

14.7 波特图相关问题

理想波特图通常用于电路的初步分析。但有时需要更准确的信息，如运放在中频区与截止频率之间的电压增益。下面对该过渡带作较详细的分析。

14.7.1 中频区与截止频率之间区域的情况

在 14.1 节中介绍了高于中频区频段的电压增益计算公式为：

$$A_v = \frac{A_{v(mid)}}{\sqrt{1+(f/f_2)^2}} \tag{14-20}$$

利用该式能够计算过渡带的电压增益。例如，当 $f/f_2=0.1$、0.2 和 0.3 时，可得：

$$A_v = \frac{A_{v(mid)}}{\sqrt{1+0.1^2}} = 0.995 A_{v(mid)}$$

$$A_v = \frac{A_{v(\text{mid})}}{\sqrt{1 + 0.2^2}} = 0.981 A_{v(\text{mid})}$$

$$A_v = \frac{A_{v(\text{mid})}}{\sqrt{1 + 0.3^2}} = 0.958 A_{v(\text{mid})}$$

连续计算就可以获得表 14-6 中的其他值。

表 14-6 包括了 $A_v/A_{v(\text{mid})}$ 的分贝值，计算方法如下：

$$A_v/A_{v(\text{mid})} = 20\lg 0.995 = -0.04\text{dB}$$

$$A_v/A_{v(\text{mid})} = 20\lg 0.981 = -0.17\text{dB}$$

$$A_v/A_{v(\text{mid})} = 20\lg 0.958 = -0.37\text{dB}$$

以此类推。虽然很少用到表 14-6 中的值，但有时，也会将这些过渡带内的准确值作为参考。

表 14-6　中频区与截止频率之间区域的增益

f/f_2	$A_v/A_{v(\text{mid})}$	$A_v/A_{v(\text{mid})\text{dB}}$，dB
0.1	0.995	−0.04
0.2	0.981	−0.17
0.3	0.958	−0.37
0.4	0.928	−0.65
0.5	0.894	−0.97
0.6	0.857	−1.3
0.7	0.819	−1.7
0.8	0.781	−2.2
0.9	0.743	−2.6
1	0.707	−3

14.7.2　延时电路

多数运算放大器都含有一个 RC 延时电路，使得电压增益以 20dB/十倍频程的速度下降。这是为了防止振荡，即在某种条件下会出现的不希望存在的信号。后续章节会介绍振荡及运放内部延时电路防止振荡产生的原理。

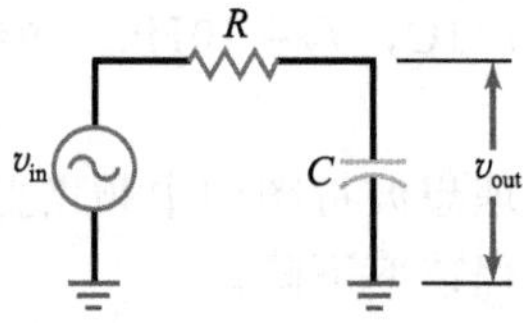

图 14-14 所示是含有旁路电容的电路。R 是电容端口处的戴维南等效电阻，该电路常称为**延时电路**，因为在高频时输出电压滞后于输入电压。或者说，如果输入电压的相位为 0，那么输出电压的相位在 $0 \sim -90°$ 之间。

图 14-14　RC 旁路电路

在低频区，电容的阻抗值趋近于无穷大，输出电压等于输入电压。随着频率的增加，容抗减小，从而使输出电压减小。由电路基础课程的知识，可得该电路的输出电压为：

$$v_{\text{out}} = \frac{X_C}{\sqrt{R^2 + X_C^2}} v_{\text{in}}$$

整理上式，得到图 14-14 电路的电压增益：

$$A_v = \frac{X_C}{\sqrt{R^2 + X_C^2}} \tag{14-21}$$

因为该电路只有无源器件，故其电压增益总是小于或等于 1。

该延时电路的截止频率点的电压增益为 0.707。截止频率表示为：

$$f_2 = \frac{1}{2\pi RC} \tag{14-22}$$

在该频点，$X_C = R$，且电压增益为 0.707。

14.7.3　电压增益的波特图

将 $X_C = 1/2\pi fC$ 代入式（14-21），整理后得到下式：

$$A_v = \frac{1}{\sqrt{1 + (f/f_2)^2}} \tag{14-23}$$

该公式与式（14-20）类似，其中 $A_{v(\text{mid})} = 1$。例如，当 $f/f_2 = 0.1$、0.2 和 0.3 时，得：

$$A_v = \frac{1}{\sqrt{1 + 0.1^2}} = 0.995$$

$$A_v = \frac{1}{\sqrt{1 + 0.2^2}} = 0.981$$

$$A_v = \frac{1}{\sqrt{1 + 0.3^2}} = 0.958$$

继续计算并转换为分贝值，得到的数值见表 14-7。

图 14-15 所示是延时电路的理想波特图。在中频区，电压增益为 0dB，响应特性在 f_2 处转折，并以 20dB/十倍频程的速度下降。

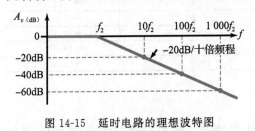

图 14-15 延时电路的理想波特图

表 14-7 延时电路的响应

f/f_2	A_v	$A_{v(dB)}$,dB
0.1	0.995	−0.04
1	0.707	−3
10	0.1	−20
100	0.01	−40
1000	0.001	−60

14.7.4　6dB/倍频程

高于截止频率时，延时电路的电压增益以 20dB/十倍频程下降，相当于 6dB/倍频程。容易证明，当 $f/f_2 = 10$、20 和 40 时，电压增益为：

$$A_v = \frac{1}{\sqrt{1 + 10^2}} = 0.1$$

$$A_v = \frac{1}{\sqrt{1 + 20^2}} = 0.05$$

$$A_v = \frac{1}{\sqrt{1 + 40^2}} = 0.025$$

相应的分贝值为：

$$A_{v(dB)} = 20\lg0.1 = -20\text{dB}$$
$$A_{v(dB)} = 20\lg0.05 = -26\text{dB}$$
$$A_{v(dB)} = 20\lg0.025 = -32\text{dB}$$

因此，对于延时电路高于截止频率的区域，其频率响应可以用两种方法之一来描述：电压增益以 20dB/十倍频程下降，或者以 6dB/倍频程下降。

14.7.5　相位

RC 旁路电路中的电容充放电使得输出电压滞后，即输出电压比输入电压滞后一个相位 φ。图 14-16 所示是 φ 随频率变化的情况。零频（0Hz）时的相位是 0°。随着频率的增加，输出电压的相位从 0°逐渐增加到 −90°。在频率很高的情况下，$\varphi = -90$°。

如果需要，可以用在基础课程中学过的公式计算相位：

$$\varphi = -\arctan\frac{R}{X_C} \tag{14-24}$$

将 $X_C = 1/2\pi fC$ 代入式（14-24），可推导出下式：

$$\varphi = -\arctan\frac{f}{f_2} \tag{14-25}$$

使用具有正切函数和逆函数键的计算器，便可以很容易求出任意 f/f_2 的相位。表 14-8 列出一些 φ 值，例如，$f/f_2 = 0.1$、1 和 10 时的相位分别为：

$$\varphi = -\arctan 0.1 = -5.71°$$
$$\varphi = -\arctan 1 = -45°$$
$$\varphi = -\arctan 10 = -84.3°$$

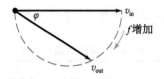

图 14-16 延时电路的相位图

表 14-8 延时电路的频率响应

f/f_2	φ
0.1	$-5.71°$
1	$-45°$
10	$-84.3°$
100	$-89.4°$
1000	$-89.9°$

14.7.6 相位的波特图

图 14-17 所示是延时电路的相位随频率变化的情况。频率很低时的相位为 0；$f = 0.1f_2$ 时的相位约为 $-6°$；$f = f_2$ 时的相位等于 $-45°$；$f = 10f_2$ 时的相位约等于 $-84°$。当频率继续增大时，相位的变化很小，因为相位的极限值是 $-90°$。可见，延时电路的相位范围是 $0 \sim -90°$。

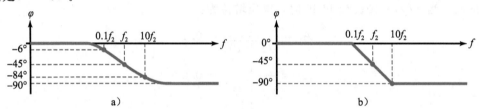

图 14-17 相位的波特图

图 14-17a 所示是相位的波特图。不同频率对应的相位值可以表示相位与极限值的接近程度，但并没有太多其他意义。图 14-17b 所示理想波特图对于初步分析来说更有用。该图强调了以下三个重点：

1. 当 $f = 0.1f_2$ 时，相位约等于 0。

2. 当 $f = f_2$ 时，相位等于 $-45°$。

3. 当 $f = 10f_2$ 时，相位约等于 $-90°$。

另一个总结相位波特图的方法是：截止频率点的相位等于 $-45°$，截止频率的 1/10 处的相位约等于 $0°$，截止频率十倍频处的相位约等于 $-90°$。

例 14-14 画出图 14-18a 所示延时电路的理想波特图。　　　　IIII Multisim

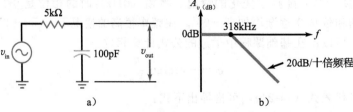

图 14-18 延时电路及其波特图

解： 由式（14-22），可以计算截止频率：

$$f_2 = \frac{1}{2\pi \times 5\text{k}\Omega \times 100\text{pF}} = 318\text{kHz}$$

图 14-18b 所示是理想波特图。低频电压增益是 0dB，频率响应在 318kHz 处转折，并以 20dB/十倍频程的速度下降。◀

自测题 14-14 将图 14-18 中的 R 改为 10kΩ，计算截止频率。

例 14-15 图 14-19a 电路中直流放大级的中频电压增益是 100，如果旁路电容端口处的戴维南等效电阻是 2kΩ，其理想波特图是怎样的？忽略放大级的所有内部电容。

解： 戴维南电阻和旁路电容构成延时电路，它的截止频率为：

$$f_2 = \frac{1}{2\pi \times 2\text{k}\Omega \times 500\text{pF}} = 159\text{kHz}$$

放大器中频增益为 100，等效为 40dB。

图 14-19b 所示是其理想波特图。频率为 0～159kHz 时，电压增益为 40dB，然后，响应特性以 20dB/十倍频程的速度下降，直至单位增益频率（f_{unity}）15.9MHz。◀

自测题 14-15 当戴维南电阻为 1kΩ 时，重新计算例 14-15。

例 14-16 假设图 14-19a 中放大器内部含延时电路，其截止频率为 1.59MHz，该电路对理想波特图有什么影响？

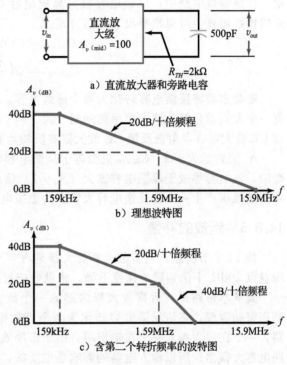

a) 直流放大器和旁路电容

b) 理想波特图

c) 含第二个转折频率的波特图

图 14-19 举例

解： 图 14-19c 所示是该电路的频率响应。曲线在 159kHz 处转折，该截止频率由外部 500pF 的电容产生。然后，电压增益以 20dB/十倍频程下降直至 1.59MHz，在该频点再次转折，此处是内部延时电路的截止频率，最后以 40dB/十倍频程的速度下降。◀

14.8 密勒效应

图 14-20a 所示是一个电压增益为 A_v 的**反相放大器**。反相放大器的输出电压与输入电压的相位差为 180°。

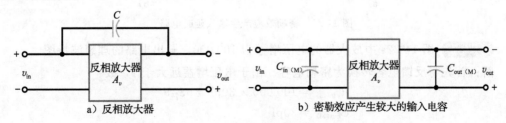

a) 反相放大器

b) 密勒效应产生较大的输入电容

图 14-20 密勒效应

14.8.1 反馈电容

图 14-20a 电路中，在输入端和输出端之间的电容称为**反馈电容**，它将放大器的输出信号反馈回输入端。由于反馈电容同时影响输入和输出，因此对该电路的分析比较困难。

14.8.2 反馈电容的转化

幸运的是，密勒定理提供了将反馈电容转化为两个独立电容的捷径，如图 14-20b 所示。在该等效电路中，反馈电容被分离成电容 $C_{in(M)}$ 和 $C_{out(M)}$，因此较易于分析。利用复杂的代数运算，可以推导出下面的公式：

$$C_{in(M)} = C(A_v + 1) \tag{14-26}$$

$$C_{out(M)} = C\left(\frac{A_v + 1}{A_v}\right) \tag{14-27}$$

密勒定理将反馈电容转化为两个等效电容，一个在输入端，另一个在输出端。这样便将一个大问题化解为两个简单的问题。式（14-26）和式（14-27）适用于任意反相放大器，如 CE 放大器、发射极反馈 CE 放大器或反相运算放大器。公式中的 A_v 是中频电压增益。

A_v 通常远大于 1，$C_{out(M)}$ 近似等于反馈电容。密勒定理最重要的一点是对输入电容的影响，该电容等效于反馈电容放大（$A_v + 1$）倍后的新电容。这种现象称为**密勒效应**，可利用该效应产生一个比反馈电容大很多的虚拟电容。

14.8.3 运放的补偿

如 14.7 节所述，大多数运算放大器是内部补偿的，即包含一个主旁路电容使得电压增益以 20dB/十倍频程的速度下降。密勒效应被用来产生这个主旁路电容。

其基本思路是：运算放大器内部的一个放大级有一个反馈电容，如图 14-21a 所示，利用密勒定理，将该反馈电容转化为两个等效电容，如图 14-21b 所示，得到两个延时电路，一个在输入端，一个在输出端。由于密勒效应，使得输入端的旁路电容比输出端的旁路电容大很多。所以输入电路的影响是主要的，它决定了该级电路的截止频率。输出旁路电容的作用通常不大，除非输入频率高于截止频率几个十倍频程。

在典型的运放中，图 14-21 所示的延时电路产生一个主截止频率，电压增益在该截止频率处转折，以 20dB/十倍频程的速率下降，直至单位增益频率。

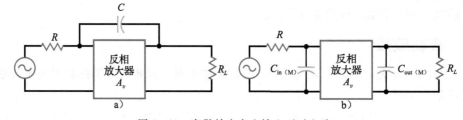

图 14-21　密勒效应产生输入延时电路

例 14-17 图 14-22a 中放大器的电压增益为 100 000，画出电路的理想波特图。

解：首先将反馈电容转换为密勒电容。由于电压增益远大于 1，故：

$$C_{in(M)} = 100\,000 \times 30pF = 3\mu F$$

$$C_{out(M)} = 30pF$$

图 14-22b 显示了输入和输出密勒电容，输入端的主延时电路的截止频率为：

$$f_2 = \frac{1}{2\pi RC} = \frac{1}{2\pi \times 5.3\text{k}\Omega \times 3\mu\text{F}} = 10\text{Hz}$$

由于电压增益 100 000 等效于 100dB，可以画出如图 14-22c 所示的理想波特图。 ◀

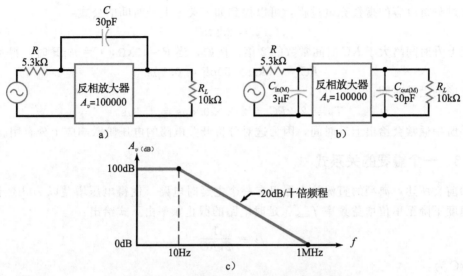

图 14-22 含反馈电容的放大器及其波特图

📝 **自测题 14-17** 如果图 14-22a 电路中电压增益是 10 000，确定 $C_{\text{in}(M)}$ 和 $C_{\text{out}(M)}$。

14.9 上升时间与带宽的关系

放大器的正弦波测试是用一个正弦电压作为输入，并测量输出电压的正弦波。为确定上限截止频率，需要改变输入频率直至电压增益相对其中频增益下降 3dB。除了用正弦波测试外，还可以使用方波信号对放大器进行更加快速简单的测试。

14.9.1 上升时间

图 14-23a 电路中的电容初始状态是未充电的。如果闭合开关，电容两端电压将指数上升直至电源电压 V。**上升时间 T_R** 是指电容电压从 $0.1V$（称为 10% 点）上升到 $0.9V$（称为 90% 点）的时间。如果指数波形从 10% 点上升到 90% 点所用时间为 $10\mu\text{s}$，则其上升时间为：

$$T_R = 10\mu\text{s}$$

可以用方波发生器来代替开关，产生阶跃电压。例如，图 14-23b 所示的方波上升沿驱动与前文相同的 RC 电路，上升时间仍然是波形从 10% 点上升到 90% 点的时间。

图 14-23c 显示了几个周期的波形情况。虽然输入电压在两个电平之间瞬间变化，但是因为旁路电容的作用，输出电压

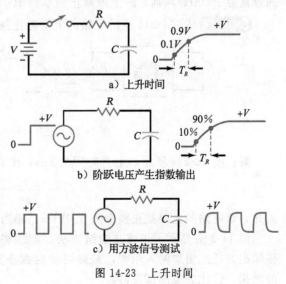

图 14-23 上升时间

完成电平转换需要较长的时间。输出电压不能突变，因为电容需要通过电阻进行充放电。

14.9.2　T_R 与 RC 的关系

通过分析电容的指数充电过程，可以得到如下关于上升时间的公式：

$$T_R = 2.2RC \tag{14-28}$$

这说明上升时间略大于 RC 时间常数的 2 倍。例如，当 $R=10\text{k}\Omega$，$C=50\text{pF}$ 时，得到：

$$RC = 10\text{k}\Omega \times 50\text{pF} = 0.5\mu\text{s}$$

输出波形的上升时间：

$$T_R = 2.2RC = 2.2 \times 0.5\mu\text{s} = 1.1\mu\text{s}$$

数据手册中通常会给出上升时间，因为这对分析开关电路的电压阶跃响应十分有用。

14.9.3　一个重要的关系式

如前文所述，典型的直流放大器只有一个主延时电路，使得电压增益以 20dB/十倍频程的速度下降至单位增益频率 f_{unity}，延时电路的截止频率由下式给出：

$$f_2 = \frac{1}{2\pi RC}$$

解得 RC 为：

$$RC = \frac{1}{2\pi f_2}$$

带入式 （14-28）并化简，便得到一个广泛应用的公式：

$$f_2 = \frac{0.35}{T_R} \tag{14-29}$$

这是一个重要结论，因为它将上升时间转化为截止频率，意味着可以用方波测试得到放大器的截止频率。因为方波测试比正弦波测试快得多，因此很多工程师采用式 （14-29）来确定放大器的上限截止频率。

式 （14-29）称为上升时间和带宽的关系式。对于直流放大器，带宽指的是从零频到截止频率的所有频率。带宽通常是截止频率的同义词。如果数据手册给出一个直流放大器的带宽为 100kHz，则它的上限截止频率为 100kHz。

例 14-18　图 14-24a 所示电路的上限截止频率是多少？

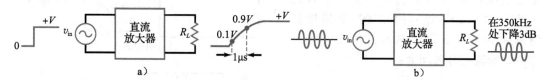

图 14-24　上升时间与截止频率的关系

解： 图 14-24a 所示的上升时间为 $1\mu\text{s}$，由式 （14-29）得：

$$f_2 = \frac{0.35}{1\mu\text{s}} = 350\text{kHz}$$

因此，该电路的上限截止频率为 350kHz，相当于电路的带宽为 350kHz。

图 14-24b 显示了正弦波测试方法。如果将方波输入信号改为正弦波，将得到一个正弦输出。通过增加输入频率，最终可确定截止频率为 350kHz。虽然得到与方波测试相同的结果，但比方波测试要慢。　◀

自测题 14-18 一个 RC 电路的 $R=2\text{k}\Omega$，$C=100\text{pF}$。确定其输出波形的上升时间和上限截止频率。

14.10 双极型晶体管级电路的频率特性分析

目前的商用运算放大器品种很多，其单位增益频率从 1Hz～200MHz 以上不等。因此，多数放大器由运放构成。由于运放已成为模拟系统的核心，所以对分立器件构成的放大级的研究已不如以前那么重要了。下面将简要讨论分压器偏置的 CE 放大级的上限和下限截止频率，研究每个元件对电路频率响应的影响。首先研究下限截止频率。

14.10.1 输入耦合电容

当交流信号通过耦合输入到放大级，其等效电路如图 14-25a 所示。电容端口处所见的是信号发生器的内阻和输入电阻。该耦合电路的截止频率为：

$$f_1 = \frac{1}{2\pi RC} \tag{14-30}$$

其中 R 是 R_G 和 R_{in} 之和。图 14-25b 所示是其频率响应。

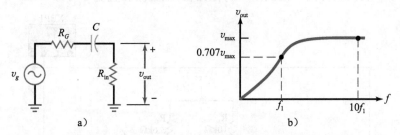

图 14-25 耦合电路及其频率响应

14.10.2 输出耦合电容

图 14-26a 所示是双极型放大级的输出端。应用戴维南定理，得到等效电路如图 14-26b 所示。式（14-30）可以用来计算截止频率，此时的 R 是 R_C 和 R_L 之和。

14.10.3 发射极旁路电容

图 14-27a 所示是一个 CE 放大器。图 14-27b 显示了发射极旁路电容对输出电压的影响。发射极旁路电容端口处的戴维南等效电路如图 14-27c 所示。其截止频率为：

图 14-26 输出耦合电容

$$f_1 = \frac{1}{2\pi z_{\text{out}} C_E} \tag{14-31}$$

输出阻抗 z_{out} 可以通过从 C_E 处所见的电路求得，其中 $z_{\text{out}} = R_E \parallel \left(r'_e + \frac{R_G \parallel R_1 \parallel R_2}{\beta} \right)$。

输入耦合电容、输出耦合电容和发射极旁路电容分别产生截止频率。通常，其中的一个电容起主要作用。当频率下降时，增益曲线在该主截止频率处转折，然后以 20dB/十倍频程的速度下降至另一个截止频率处再次转折，并以 40dB/十倍频程的速度下降，直至第三个截止频率处出现第三次转折。此后随着频率的继续下降，电压增益以 60dB/十倍频程的速度下降。

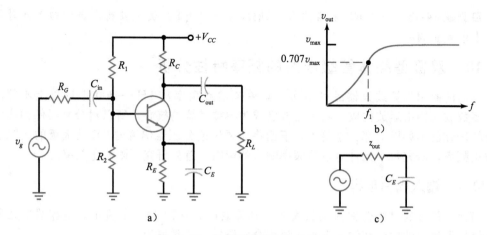

图 14-27　发射极旁路电容的影响

应用实例 14-19 使用图 14-28a 电路中的参数值，计算每一个耦合电容和旁路电容的下限截止频率。利用波特图对测试结果进行比较。（交流和直流 β 均为 150。）

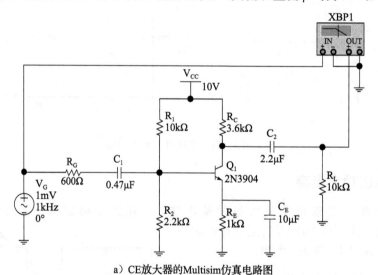

a）CE放大器的Multisim仿真电路图

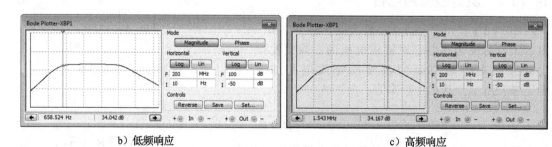

b）低频响应　　　　　　　　　　c）高频响应

图 14-28　CE 放大器 Multisim 仿真电路图与频率响应

解： 对图 14-28a 电路中的耦合电容和旁路电容分别进行分析。分析其中一个电容时，将另外两个电容交流短路。

由之前对电路的直流计算可知 $r'_e = 22.7\Omega$。输入耦合电容端口处的戴维南等效电阻为：

$$R = R_G + R_1 \| R_2 \| R_{\mathrm{in(base)}}$$

其中：

$$R_{\mathrm{in(base)}} = \beta r_e' = 150 \times 22.7\Omega = 3.41\mathrm{k}\Omega$$

因此：

$$R = 600\Omega + (10\mathrm{k}\Omega \| 2.2\mathrm{k}\Omega \| 3.41\mathrm{k}\Omega)$$
$$= 600\Omega + 1.18\mathrm{k}\Omega = 1.78\mathrm{k}\Omega$$

由式（14-30），求得输入耦合电路的截止频率为：

$$f_1 = \frac{1}{2\pi RC} = \frac{1}{2\pi \times 1.78\mathrm{k}\Omega \times 0.47\mu\mathrm{F}} = 190\mathrm{Hz}$$

输出耦合电容端口处的戴维南等效电阻为：

$$R = R_C + R_L = 3.6\mathrm{k}\Omega + 10\mathrm{k}\Omega = 13.6\mathrm{k}\Omega$$

则输出耦合电路的截止频率为：

$$f_1 = \frac{1}{2\pi RC} = \frac{1}{2\pi \times 13.6\mathrm{k}\Omega \times 2.2\mu\mathrm{F}} = 5.32\mathrm{Hz}$$

下面求解发射极旁路电容端口处的戴维南等效阻抗：

$$Z_{\mathrm{out}} = 1\mathrm{k}\Omega \| \left(22.7\Omega + \frac{10\mathrm{k}\Omega \| 2.2\mathrm{k}\Omega \| 600\Omega}{150} \right)$$
$$= 1\mathrm{k}\Omega \| (22.7\Omega + 3.0\Omega)$$
$$= 1\mathrm{k}\Omega \| 25.7\Omega = 25.1\Omega$$

因此，旁路电路的截止频率为：

$$f_1 = \frac{1}{2\pi Z_{\mathrm{out}} C_E} = \frac{1}{2\pi \times 25.1\Omega \times 10\mu\mathrm{F}} = 635\mathrm{Hz}$$

结果归纳为：

$$f_1 = 190\mathrm{Hz} \quad 输入耦合电容$$
$$f_1 = 5.32\mathrm{Hz} \quad 输出耦合电容$$
$$f_1 = 635\mathrm{Hz} \quad 发射极旁路电容$$

从上述结果可以看到，发射极旁路电路产生的是主下限截止频率。

测量图 14-28b 波特图的中频电压增益为 $A_{v(\mathrm{mid})} = 37.1\mathrm{dB}$。该波特图显示增益在 673Hz 处的衰减约为 3dB，与计算结果很接近。 ◀

✎ **自测题 14-19** 将图 14-28a 电路中的输入电容改为 $10\mu\mathrm{F}$，发射极旁路电容改为 $100\mu\mathrm{F}$，求主截止频率。

14.10.4 集电极旁路电路

为了得到准确的放大器高频响应，需要大量细致的数值。这里讨论一些细节问题，但更准确的结果则需用电路仿真软件来获得。

图 14-29a 所示的 CE 放大级含有连线分布电容 C_{stray}。左边的电容 C_c' 通常由晶体管数据手册给出，它反映的是集电极和基极之间的内部电容 ⊖。虽然 C_{stray} 和 C_c' 都很小，但当输入频率足够高时，它们将会影响电路的特性。

图 14-29b 是交流等效电路，图 14-29c 是戴维南等效电路。该延时电路的截止频率为：

⊖ 这里的 C_c' 代表的是集电极-基极的极间电容转化为输出端的密勒电容。参见式（14-27）。——译者注

$$f_2 = \frac{1}{2\pi RC} \tag{14-32}$$

其中，$R = R_C \| R_L$，$C = C_c' + C_{stray}$。在高频应用中保持连线足够短是很重要的，因为连线的分布电容会降低截止频率，从而减小带宽。

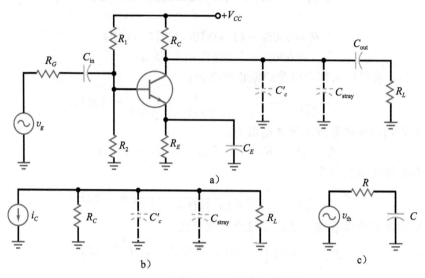

图 14-29 晶体管内部电容和连线分布电容产生上限截止频率

14.10.5 基极旁路电路

晶体管有两个内部电容 C_c' 和 C_e'，如图 14-30 所示。因为 C_c' 是一个反馈电容，所以可以转化为两个元件，其在输入端的密勒电容与 C_e' 并联。基极旁路电路的截止频率由式（14-32）确定，其中 R 是输入电容端口处的戴维南等效电阻，电容则为 C_e' 和输入密勒电容之和。

集电极旁路电容和输入密勒电容各自产生一个截止频率。通常，只有一个截止频率是主要的。当频率升高时，增益在这个主截止频率处转折，然后以 20dB/十倍频的速度下降，直至

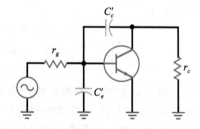

图 14-30 含晶体管内部电容的高频特性分析

第二个截止频率处再次转折。随着频率进一步升高，电压增益以 40dB/十倍频的速度下降。

在数据手册中，C_c' 可能被列为 C_{bc}、C_{ob} 或 C_{obo}，这些值对应晶体管的特定工作条件。例如，2N3904 在 $V_{CB} = 5.0\text{V}$、$I_E = 0$、频率为 1MHz 时，其 C_{obo} 为 4.0pF。C_e' 在数据手册中通常被列为 C_{be}、C_{ib} 或 C_{ibo}。例如，2N3904 在 $V_{EB} = 0.5\text{V}$、$I_C = 0$、频率为 1MHz 时，其 C_{ibo} 为 8pF。上述参数值在图 14-31a 的小信号特性中列出。

晶体管内部电容值会随电路工作条件的不同而发生变化。图 14-31b 显示了 C_{obo} 随反偏电压 V_{CB} 的变化曲线。同样，C_{be} 依赖于晶体管的工作点。如果数据手册中没有给出 C_{be}，其值大约为：

$$C_{be} \approx \frac{1}{2\pi f_T r_e'} \tag{14-33}$$

其中的 f_T 是电流增益带宽积，通常会在数据手册中给出。图 14-30 中的 r_g 等于：

$$r_g = R_G \| R_1 \| R_2 \tag{14-34}$$

可求得 r_c 为：

$$r_c = R_C \| R_L \tag{14-35}$$

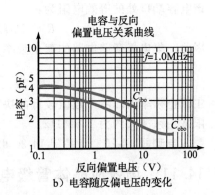

小信号特性						
f_T	电流增益带宽积	I_C=10mA,V_{CE}=20V, f=100MHz	300	—	MHz
C_{obo}	输出电容	V_{CB}=5.0V,I_E=0, f=1.0MHz	—	4.0	pF
C_{ibo}	输入电容	V_{EB}=0.5V,I_C=0, f=1.0MHz	—	8.0	pF
NF	噪声系数	I_C=100μA,V_{CE}=5.0V, R_S=1.0kΩ,f=10Hz~15.7 kHz	—	5.0	dB

a）内部电容

b）电容随反偏电压的变化

图 14-31　2N3904 的数据手册

应用实例 14-20　使用图 14-28a 中的电路参数，计算基极旁路电路和集电极旁路电路的上限截止频率。其中，β 为 150，输出端的连线分布电容为 10pF。将结果与仿真得到的波特图进行比较。

解： 首先确定晶体管的输入电容和输出电容。

在之前的直流计算中，得到 V_B=1.8V，V_C=6.04V，则集电极-基极反偏电压约为 4.2V。使用图 14-31b 中的曲线，在该电压下，C_{obo} 或者 C_c' [⊖] 等于 2.1pF。可以用式（14-33)求得 C_e'：

$$C_e' = \frac{1}{2\pi \times 300\text{MHz} \times 22.7\Omega} = 23.4\text{pF}$$

因为放大电路的电压增益为：

$$A_v = \frac{r_c}{r_e'} = \frac{2.65\text{k}\Omega}{22.7\Omega} = 117$$

输入密勒电容为：

$$C_{\text{in(M)}} = C_c'(A_v + 1) = 2.1\text{pF}(117 + 1) = 248\text{pF}$$

所以，基极旁路电容等于：

$$C = C_e' + C_{\text{in(M)}} = 23.4\text{pF} + 248\text{pF} = 271\text{pF}$$

该电容端口处的等效电阻为：

$$R = r_g \| R_{\text{in(base)}} = 450\Omega \| (150 \times 22.7\Omega) = 397\Omega$$

由式（14-32)，求得基极旁路电路的截止频率为：

$$f_2 = \frac{1}{2\pi \times 397\Omega \times 271\text{pF}} = 1.48\text{MHz}$$

集电极旁路电路的截止频率可由输出总旁路电容确定：

$$C = C_c' + C_{\text{stray}}$$

⊖　原文为"C_e'"，有误。——译者注

由式（14-27），可得输出密勒电容为：

$$C_{\text{out(M)}} = C_c\left(\frac{A_v+1}{A_v}\right) = 2.1\text{pF}\left(\frac{117+1}{117}\right) \approx 2.1\text{pF}$$

则输出总旁路电容为：

$$C = 2.1\text{pF} + 10\text{pF} = 12.1\text{pF}$$

该电容端口处的等效电阻为：

$$R = R_C \| R_L = 3.6\text{k}\Omega \| 10\text{k}\Omega = 2.65\text{k}\Omega$$

因此，集电极旁路电路的截止频率为：

$$f_2 = \frac{1}{2\pi \times 2.65\text{k}\Omega \times 12.1\text{pF}} = 4.96\text{MHz}$$

主截止频率由二者中数值较低的决定。图 14-28a 中 Multisim 仿真得到的波特图显示其上限截止频率大约为 1.5MHz。◀

✎ **自测题 14-20**　如果例 14-20 中的分布电容为 40pF，求集电极旁路电路的截止频率。

14.11　场效应晶体管级电路的频率特性分析

对场效应晶体管电路的频率响应分析与双极型电路很类似。多数情况下，场效应管电路中包括输入耦合电路和输出耦合电路，其中之一将决定下限截止频率。由于场效应管内部电容的作用，栅极和漏极存在旁路电路，与连线分布电容共同决定上限截止频率。

14.11.1　低频特性分析

图 14-32 所示是分压器偏置的 EMOS 共源放大电路。因为 MOS 管的输入阻抗很大，输入耦合电容端口处的等效电阻 R 为：

$$R = R_G + R_1 \| R_2 \tag{14-36}$$

则输入耦合电路的截止频率为：

$$f_1 = \frac{1}{2\pi RC}$$

输出耦合电容端口处的等效电阻 R 为：

$$R = R_D + R_L$$

则输出耦合电路的截止频率为：

$$f_1 = \frac{1}{2\pi RC}$$

可见，场效应管电路的低频分析与双极型电路很相似。由于场效应管的输入阻抗很大，可以使用较大的分压电阻，因而输入耦合电容的取值可以比较小。

应用实例 14-21　求图 14-32 所示电路的输入耦合电路和输出耦合电路的下限截止频率。将计算结果与 Multisim 仿真得到的波特图进行比较。 ‖‖‖ **Multisim**

解： 输入耦合电容端口处的戴维南等效电阻为：

$$R = 600\Omega + 2\text{M}\Omega \| 1\text{M}\Omega = 667\text{k}\Omega$$

则输入耦合电路的截止频率为：

$$f_1 = \frac{1}{2\pi \times 667\text{k}\Omega \times 0.1\mu\text{F}} = 2.39\text{Hz}$$

输出耦合电容端口处的戴维南等效电阻为：

$$R = 150\Omega + 1\text{k}\Omega = 1.15\text{k}\Omega$$

则输出耦合电路的截止频率为：

$$f_1 = \frac{1}{2\pi \times 1.15\mathrm{k}\Omega \times 10\mu\mathrm{F}} = 13.8\mathrm{Hz}$$

因此，电路的下限主截止频率为 13.8Hz，中频电压增益为 22.2dB。图 14-32b 的波特图在 14Hz 处增益下降约 3dB，与计算结果很接近。

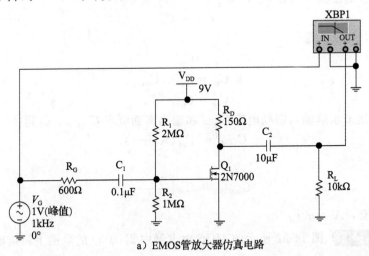

a）EMOS管放大器仿真电路

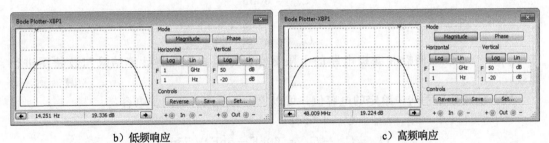

b）低频响应　　　　　　　　　　　　　　　c）高频响应

图 14-32　场效应管电路的频率特性分析

14.11.2　高频特性分析

与双极型电路的高频分析一样，计算场效应管电路的上限截止频率需要大量细致准确的数值。场效应管的内部电容有 C_{gs}、C_{gd} 和 C_{ds}，如图 14-33a 所示。这些电容在低频时不太重要，但在高频时则影响显著。

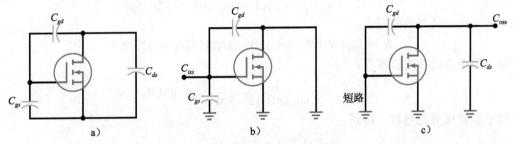

图 14-33　场效应管电容的测量

因为测量较困难，制造厂家给出了这些电容在短路状态下的测量值。比如，C_{iss} 是输出交流短路时测得的输入电容。此时，C_{gd} 和 C_{gs} 并联（如图 14-33b），所以得到：

$$C_{iss} = C_{ds} + C_{gd}$$

数据手册中通常会给出 C_{oss}，这是输入短路时在输出端口的等效电容：

$$C_{oss} = C_{ds} + C_{gd}$$

数据手册中还会给出反馈电容 C_{rss}，等于：

$$C_{rss} = C_{gd}$$

利用这些公式，可以求得：

$$C_{gd} = C_{rss} \tag{14-37}$$

$$C_{gs} = C_{iss} - C_{rss} \tag{14-38}$$

$$C_{ds} = C_{oss} - C_{rss} \tag{14-39}$$

栅-漏电容 C_{gd} 用来求解输入密勒电容 $C_{\text{in(M)}}$ 和输出密勒电容 $C_{\text{out(M)}}$。得到：

$$C_{\text{in(M)}} = C_{gd}(A_v + 1) \tag{14-40}$$

和

$$C_{\text{out(M)}} = C_{gd}\left(\frac{A_v + 1}{A_v}\right) \tag{14-41}$$

对于共源放大器，$A_v = g_m r_d$。

应用实例 14-22 图 14-32 所示的 MOS 放大器中 2N7000 的数据手册给出以下电容值：

$$C_{iss} = 60\text{pF}$$
$$C_{oss} = 25\text{pF}$$
$$C_{rss} = 5.0\text{pF}$$

如果 $g_m = 93\text{mS}^{\ominus}$，栅极和漏极电路的上限截止频率是多少？将计算结果与波特图进行比较。

Ⅲ Multisim

解：使用数据手册中给定的电容值，可以求出场效应管的内部电容：

$$C_{gd} = C_{rss} = 5.0\text{pF}$$
$$C_{gs} = C_{iss} - C_{rss} = 60\text{pF} - 5\text{pF} = 55\text{pF}$$
$$C_{ds} = C_{oss} - C_{rss} = 25\text{pF} - 5\text{pF} = 20\text{pF}$$

为了确定输入密勒电容，必须先求出放大器的电压增益。解得：

$$A_v = g_m r_d = 93\text{mS}(150\Omega \| 1\text{k}\Omega) = 12.1$$

则 $C_{\text{in(M)}}$ 为：

$$C_{\text{in(M)}} = C_{gd}(A_v + 1) = 5\text{pF}(12.1 + 1) = 65.5\text{pF}$$

栅极旁路电容为：

$$C = C_{gs} + C_{\text{in(M)}} = 55\text{pF} + 65.5\text{pF} = 120.5\text{pF}$$

该电容端口处的等效电阻为：

$$R = R_G \| R_1 \| R_2 = 600\Omega \| 2\text{M}\Omega \| 1\text{M}\Omega \approx 600\Omega$$

栅极旁路电路的截止频率为：

$$f_2 = \frac{1}{2\pi \times 600\Omega \times 120.5\text{pF}} = 2.2\text{MHz}$$

下面求解漏极旁路电容，得到：

$$C = C_{ds} + C_{\text{out(M)}}$$

$\ominus$ 原文为 "97mS"，与后文计算中代入的 93mS 不一致，这里改为 93mS。——译者注

$$= 20\text{pF} + 5\text{pF}\left(\frac{12.1 + 1}{12.1}\right) = 25.4\text{pF}$$

该电容端口处的等效电阻 r_d 为：

$$r_d = R_D \| R_L = 150\Omega \| 1\text{k}\Omega = 130\Omega$$

则漏极旁路电路的截止频率为：

$$f_2 = \frac{1}{2\pi \times 130\Omega \times 25.4\text{pF}} = 48\text{MHz}$$

如图 14-32c 所示，Multisim 仿真得到的上限截止频率大约为 638kHz。可见，测量值与估算结果有明显差异，这个结果说明：正确选择内部电容值是很困难的，而这些数值对计算是很关键的。

自测题 14-22 已知 $C_{iss}=25\text{pF}$，$C_{oss}=10\text{pF}$，$C_{rss}=5\text{pF}$，求 C_{gs}，C_{gd}，C_{ds}。

表 14-9 列出了一些用于对双极型 CE 放大器和场效应管共源放大器进行频率分析的公式。

表 14-9 放大器频率特性分析

低频特性分析	低频特性分析
基极输入： $R = R_G + R_1 \| R_2 \| R_{\text{in(base)}}$ $f_1 = \dfrac{1}{2\pi R C_{\text{in}}}$	栅极输入： $R = R_G + R_1 \| R_2$ $f_1 = \dfrac{1}{2\pi R C_{\text{in}}}$
集电极输出： $R = R_C + R_L$ $f_1 = \dfrac{1}{2\pi R C_{\text{out}}}$	漏极输出： $R = R_D + R_L$ $f_1 = \dfrac{1}{2\pi R C_{\text{out}}}$
发射极旁路： $z_{\text{out}} = R_E \| r'_e + \dfrac{R_1 \| R_2 \| R_G}{\beta}$ $f_1 = \dfrac{1}{2\pi R C_E}$	
高频特性分析	高频特性分析
基极旁路： $R = R_G \| R_1 \| R_2 \| R_{\text{in(base)}}$ $C_{\text{in(M)}} = C'_c(A_v + 1)$ $C = C'_e + C_{\text{in(M)}}$ $f_2 = \dfrac{1}{2\pi R C}$	栅极旁路： $R = R_G \| R_1 \| R_2$ $C_{\text{in(M)}} = C_{gd}(A_v + 1)$ $C = C_{gs} + C_{\text{in(M)}}$ $f_2 = \dfrac{1}{2\pi R C}$

（续）

高频特性分析	高频特性分析
集电极旁路： $R = R_C \parallel R_L$ $C_{\text{out(M)}} = C_c' \left(\dfrac{A_v + 1}{A_v} \right)$ $C = C_{\text{out(M)}} + C_{\text{stray}}$ $f_2 = \dfrac{1}{2\pi RC}$	漏极旁路： $R = R_D \parallel R_L$ $C_{\text{out(M)}} = C_{gd} \left(\dfrac{A_v + 1}{A_v} \right)$ $C = C_{ds} + C_{\text{out(M)}} + C_{\text{stray}}$ $f_2 = \dfrac{1}{2\pi RC}$

14.11.3　结论

本节研究了关于分立双极和场效应晶体管放大电路的频率响应问题。如果用手工计算，则这种分析会很繁琐而且耗时。由于目前主要采用计算机来对分立器件放大器的频率响应进行分析，因此这里只作简要讨论，帮助大家理解独立元件对频率响应的影响。

对分立器件放大器的分析需要使用 Multisim 或其他电路仿真器。Multisim 装载了双极和场效应管的所有参数，如 C_c'、C_e'、C_{rss} 和 C_{ass}，还有中频参量 β、r_e' 和 g_m。或者说，Multisim 包含器件的内建数据手册。例如，当选择 2N3904 时，Multisim 会调用 2N3904 的所有参数（包括高频参数），这样可以节省大量的时间。

可以利用 Multisim 绘制的波特图来观察频率响应，从波特图中测量中频电压增益和截止频率。总之，用 Multisim 或其他电路仿真软件可以更快更准确地对分立器件放大器进行频率响应特性分析。

14.12　表面贴装电路的频率效应

当工作频率超过 100kHz 时，分布电容和电感就成为分立器件和 IC 电路的重要影响因素。对于传统的接插元件，分布参数效应有三个来源：

1. 器件的几何尺寸和内部结构。
2. 印制电路板的布线，包括器件的方向和导电路径。
3. 器件的外部引脚。

使用表面贴装元件可以消除第 3 点的影响，这样便可以提高设计工程师对电路板上元件分布参数效应的控制能力。

总结

14.1节　频率响应是指电压增益随输入频率变化的特性。交流放大器有下限截止频率和上限截止频率。直流放大器只有上限截止频率。耦合电容和旁路电容产生下限截止频率，晶体管内部电容和连线分布电容产生上限截止频率。

14.2节　功率增益的分贝值定义为功率增益对数值的 10 倍。当功率增益以因子 2 增加时，其分贝值增加 3dB。当功率增益以因子 10 增加时，其分贝值增加 10dB。

14.3节　电压增益的分贝值定义为电压增益对数值的 20 倍。当电压增益以因子 2 增加时，其分贝值增加 6dB。当电压增益以因子 10 增加时，其分贝值增加 20dB。级联电路的电压增益分贝值等于各级电路电压增益分贝值之和。

14.4节　很多系统的阻抗都是匹配的，以便获得最大传输功率。在一个阻抗匹配的系统中，功率增益的分贝值与电压增益的分贝值相等。

14.5节　分贝值除了用于电压增益和功率增益外，还可以用来表示高于某个基准值的量。两个常见的基准是毫瓦（mW）和伏（V）。用

1mW 作为基准的分贝值记为 dBm，用 1V 作为基准的分贝值记为 dBV。

14.6 节　倍频表示频率变化因子为 2，十倍频表示频率变化因子为 10。表示电压增益分贝值随频率变化的特性曲线称为波特图。理想波特图是一种近似表示，这种频率响应图的绘制快速而简便。

14.7 节　延时电路的电压增益在上限截止频率处转折，然后以 20dB/十倍频程的速度下降，等效于以 6dB/倍频程的速率下降。也可以绘制相位与频率的波特图。延时电路的相位在 $0 \sim -90°$ 之间。

14.8 节　反相放大器输入和输出之间的反馈电容等效为两个电容。一个电容跨接在输入端，另一个电容跨接在输出端。密勒效应是指等效到输入端的电容值是反馈电容的 (A_v+1) 倍。

14.9 节　当直流放大器的输入是阶跃电压时，其输出波形从 $10\% \sim 90\%$ 所用的时间称为上升时间。上限截止频率等于 0.35 除以上升时间，这是一种测量直流放大器带宽的便捷方式。

14.10 节　输入耦合电容、输出耦合电容和发射极旁路电容产生下限截止频率。集电极旁路电容和输入密勒电容产生上限截止频率。双极型和场效应管级电路的频率分析通常采用 Multisim 或其他电路仿真器完成。

14.11 节　场效应管电路的输入耦合电容和输出耦合电容产生下限截止频率（与双极型晶体管电路相同）。漏极旁路电容、栅极电容以及输入密勒电容产生上限截止频率。双极型和场效应管级电路的频率分析通常采用 Multisim 或其他电路仿真器完成。

定义

(14-8)　功率增益的分贝值

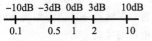

$$A_{p\,(\text{dB})} = 10\lg A_p$$

(14-9)　电压增益的分贝值

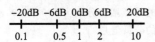

$$A_{p\,(\text{dB})} = 20\lg A_p$$

(14-16)　以 1mW 为基准的分贝表示

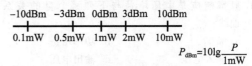

$$P_{\text{dBm}} = 10\lg \frac{P}{1\text{mW}}$$

(14-18)　以 1V 为基准的分贝表示

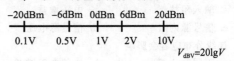

$$V_{\text{dBV}} = 20\lg V$$

推论

(14-3)　低于中频区

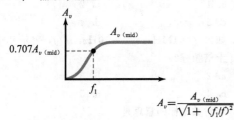

$$A_v = \frac{A_{v\,(\text{mid})}}{\sqrt{1 + (f_1/f)^2}}$$

(14-4)　高于中频区

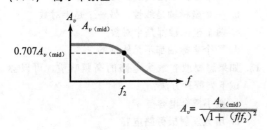

$$A_v = \frac{A_{v\,(\text{mid})}}{\sqrt{1 + (f/f_2)^2}}$$

(14-10)　总电压增益

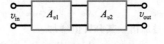

$$A_v = A_{v1} A_{v2}$$

(14-11)　总电压增益的分贝值

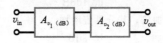

$$A_{v\,(\text{dB})} = A_{v1\,(\text{dB})} + A_{v2\,(\text{dB})}$$

(14-13)　阻抗匹配系统

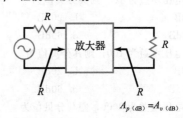

$$A_{p\,(\text{dB})} = A_{v\,(\text{dB})}$$

（14-22）　截止频率

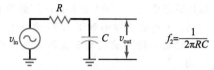

$$f_2 = \frac{1}{2\pi RC}$$

（14-26）　密勒效应　$C_{\text{in (M)}} = C\,(A_v + 1)$

（14-27）　$C_{\text{out (M)}} = C\left(\dfrac{A_v + 1}{A_v}\right)$

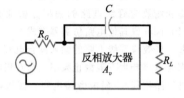

（14-29）　上升时间与带宽

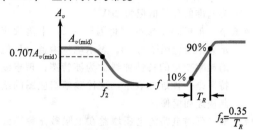

$$f_2 = \frac{0.35}{T_R}$$

（14-33）　双极管基极-发射极的极间电容

$$C_{be} \approx \frac{1}{12\pi f_T r'_e}$$

（14-37）　场效应管的内部电容

$$C_{gd} = C_{rss}$$

（14-38）　场效应管的内部电容

$$C_{gs} = C_{iss} - C_{rss}$$

（14-39）　场效应管的内部电容

$$C_{ds} = C_{oss} - C_{rss}$$

选择题

1. 频率响应是电压增益与下列哪个量的关系曲线？
   a. 频率
   b. 功率增益
   c. 输入电压
   d. 输出电压

2. 在低频区，耦合电容使下列哪个量下降？
   a. 输入阻抗
   b. 电压增益
   c. 信号源内阻
   d. 信号源电压

3. 连线分布电容会影响
   a. 下限截止频率
   b. 中频电压增益
   c. 上限截止频率
   d. 输入阻抗

4. 在上限或下限截止频率处的电压增益是
   a. $0.35A_{v(\text{mid})}$
   b. $0.5A_{v(\text{mid})}$
   c. $0.707A_{v(\text{mid})}$
   d. $0.995A_{v(\text{mid})}$

5. 如果功率增益加倍，其分贝值增加
   a. 2 倍
   b. 3dB
   c. 6dB
   d. 10dB

6. 如果电压增益加倍，其分贝值增加
   a. 2 倍
   b. 3dB
   c. 6dB
   d. 10dB

7. 如果电压增益为 10，则其分贝值为
   a. 6dB
   b. 20dB
   c. 40dB
   d. 60dB

8. 如果电压增益为 100，则其分贝值为
   a. 6dB
   b. 20dB
   c. 40dB
   d. 60dB

9. 如果电压增益为 2000，则其分贝值为
   a. 40dB
   b. 46dB
   c. 66dB
   d. 86dB

10. 两级放大器的电压增益分贝值分别为 20dB 和 40dB，其总电压增益是
    a. 1
    b. 10
    c. 100
    d. 1000

11. 两级放大器的电压增益分别为 100 和 200，其总电压增益的分贝值是
    a. 46dB
    b. 66dB
    c. 86dB
    d. 106dB

12. 一个频率是另一个的 8 倍，这两个频率相差几个倍频程？
    a. 1
    b. 2
    c. 3
    d. 4

13. 如果 $f = 1\text{MHz}$，$f_2 = 10\text{Hz}$，f/f_2 表示几个十倍频程？
    a. 2
    b. 3
    c. 4
    d. 5

14. 半对数坐标的意思是
    a. 一个坐标轴是线性，另一个是对数
    b. 一个坐标轴是线性，另一个是半对数
    c. 两个坐标轴都是半对数
    d. 两个坐标轴都不是线性的

15. 如果想要改善放大电路的高频响应，可以尝试下列哪种方法？
    a. 减小耦合电容
    b. 增大发射极旁路电容
    c. 引脚引线越短越好

d. 增大信号源内阻

16. 放大器的电压增益在高于 20kHz 后，以 20dB/十倍频程下降，如果中频增益为 86dB，20MHz 时的增益是

a. 20　　　　　　　b. 200

c. 2000　　　　　　d. 20 000

17. 在双极型放大电路中，C'_e 就是

a. C_{be}　　　　　　b. C_{ib}

c. C_{ibo}　　　　　d. 以上都不对

18. 在双极型放大电路中，增大 C_{in} 和 C_{out} 将：

a. 降低低频 A_v　　　b. 提高低频 A_v

c. 降低高频 A_v　　　d. 提高高频 A_v

19. 场效应管电路的输入耦合电容：

a. 通常比双极型电路的大

b. 决定了上限截止频率

c. 通常比双极型电路的小

d. 可视为交流开路

20. 在场效应管电路的数据手册中，C_{oss} 等于

a. $C_{ds} + C_{gd}$　　　b. $C_{gs} - C_{rss}$

c. C_{gd}　　　　　　d. $C_{iss} - C_{rss}$

习题

14.1 节

14-1 放大器的中频增益为 1000，其截止频率为 $f_1 = 100$Hz 和 $f_2 = 100$kHz。它的频率响应是怎样的？如果输入频率为 20Hz 和 300kHz，其电压增益分别是多少？

14-2 假设运算放大器的中频增益是 500 000，上限截止频率为 15Hz，其频率响应是怎样的？

14-3 一个直流放大器的中频增益是 200，上限截止频率为 10kHz，当输入频率为 100kHz、200kHz、500kHz 和 1MHz 时，对应电压增益分别是多少？

14.2 节

14-4 如果 $A_p = 5$、10、20 和 40，计算功率增益的分贝值。

14-5 如果 $A_p = 0.4$、0.2、0.1 和 0.05，计算功率增益的分贝值。

14-6 如果 $A_p = 2$、20、200 和 2000，计算功率增益的分贝值。

14-7 如果 $A_p = 0.4$、0.04 和 0.004，计算功率增益的分贝值。

14.3 节

14-8 求图 14-34a 电路的总电压增益并转换为分贝值。

14-9 将图 14-34a 中的每一级增益转换为分贝值。

14-10 求图 14-34b 电路的总电压增益的分贝值。并转换为普通电压增益。

14-11 图 14-34b 电路的每一级电压增益是多少？

14-12 如果一个放大器的电压增益是 100 000，其分贝值是多少？

14-13 音频功率放大器 LM380 的数据手册中给出电压增益为 34dB，将其转换为普通电压增益。

14-14 一个两级放大器的级增益是 $A_{v1} = 25.8$，$A_{v2} = 117$，每一级电压增益的分贝值是多少？总电压增益的分贝值是多少？

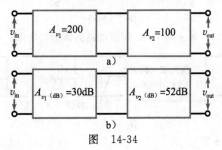

图　14-34

14.4 节

14-15 如果图 14-35 是一个阻抗匹配系统，其总电压增益的分贝值是多少？每一级电压增益的分贝值是多少？

14-16 如果图 14-35 是一个阻抗匹配系统，其负载电压是多少？负载功率是多少？

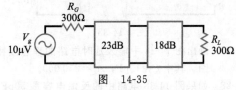

图　14-35

14.5 节

14-17 如果一个前置放大器的输出功率是 20dBm，则其功率是多少 mW？

14-18 一个麦克风的输出为 −45dBV，它的输出电压是多少？

14-19 将下列功率用 dBm 表示：25mW、93.5mW 和 4.87W。

14-20 将下列电压用 dBV 表示：1μV、34.8mV、12.9V 和 345V。

14.6 节

14-21 运算放大器的数据手册给出中频增益是 200 000，截止频率为 10Hz，下降速度为

20dB/十倍频程。画出该运放的理想波特图。1MHz 时的电压增益是多少？

14-22 运放 LF351 的电压增益为 316 000，截止频率为 40Hz，下降速度是 20dB/十倍频程。画出该运放的理想波特图。

14.7 节

14-23 ▐▐▐▐ Multisim 画出图 14-36a 所示延时电路的理想波特图。

14-24 ▐▐▐▐ Multisim 画出图 14-36b 所示延时电路的理想波特图。

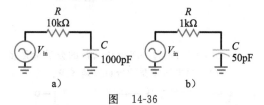

图 14-36

14-25 画出图 14-37 所示电路的理想波特图。

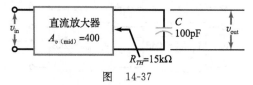

图 14-37

14.8 节

14-26 如果图 14-38 电路中的 $C=5pF$，$A_v=200\,000$，求输入密勒电容。

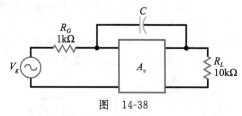

图 14-38

14-27 画出图 14-38 中输入延时电路的理想波特图。其中 $C=15pF$，$A_v=250\,000$。

14-28 如果图 14-38 电路中的反馈电容是 50pF，当 $A_v=200\,000$ 时，输入密勒电容是多少？

14-29 画出图 14-38 电路的理想波特图。其中反馈电容是 100pF，电压增益是 150 000。

14.9 节

14-30 图 14-39a 所示是一个放大器及其阶跃响应，求上限截止频率。

14-31 如果一个放大器的上升时间是 $0.25\mu S$，则其带宽是多少？

14-32 一个放大器的上限截止频率是 100kHz，如果用方波测试，其输出电压的上升时间是多少？

14-33 求图 14-40 电路中基极耦合电路的下限截止频率。

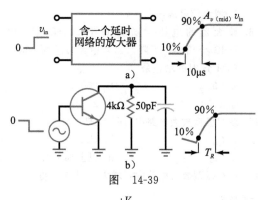

图 14-39

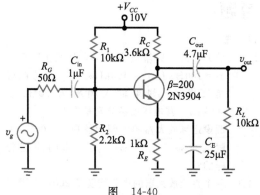

图 14-40

14-34 求图 14-40 电路中集电极耦合电路的下限截止频率。

14-35 求图 14-40 电路中发射极耦合电路的下限截止频率。

14-36 图 14-40 电路中，已知 $C_c'=2pF$，$C_e'=10pF$，$C_{stray}=5pF$。分别求出基极输入电路和集电极输出电路的上限截止频率。

14-37 图 14-41 电路中的 EMOS 晶体管的参数为，$g_m=16.5mS$，$C_{iss}=30pF$，$C_{oss}=20pF$，$C_{rss}=5pF$。求晶体管内部电容 C_{gd}，C_{gs} 和 C_{ds}。

14-38 求图 14-41 电路的下限主截止频率。

14-39 分别求出图 14-41 电路中栅极输入电路和漏极输出电路的上限截止频率。

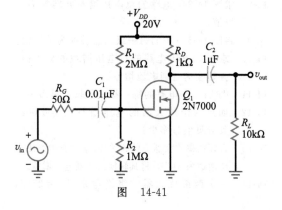

图 14-41

思考题

14-40 当图 14-42a 电路的频率 $f = 20\text{kHz}$ 和 $f = 44.4\text{kHz}$ 时，其电压增益的分贝值分别是多少？

14-41 当图 14-42b 电路的频率 $f = 100\text{kHz}$ 时，其电压增益的分贝值是多少？

14-42 图 14-39a 所示放大器的中频电压增益是 100，如果输入电压是一个 20mV 的阶跃信号，求输出在 10% 和 90% 点的电压。

14-43 图 14-39b 是一个等效电路，求输出电压的上升时间。

14-44 两个放大器的数据手册中显示：第一个放大器的截止频率为 1MHz，第二个放大器的上升时间为 $1\mu S$，则哪一个放大器的带宽更宽？

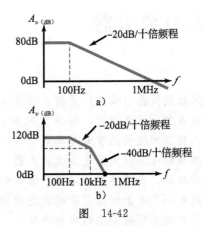

图 14-42

求职面试问题

1. 如果用很多导线在面包板上搭建一个放大电路。测试时发现上限截止频率比预计值低很多，你有哪些改进的建议？

2. 实验室里有直流放大器、示波器和可以产生正弦波、方波和三角波的函数发生器。可以采用什么方法测量放大器的带宽？

3. 在不使用计算器的情况下，将电压增益 250 转换为分贝值。

4. 画一个反相放大器，带有 50pF 反馈电容，且电压增益为 10 000。同时画出该放大器输入延时电路的理想波特图。

5. 假设示波器前面板标注了垂直放大器的上升时间是 7ns，说明该仪器的带宽是多少？

6. 如何测试直流放大器的带宽？

7. 为什么电压增益的分贝值因子是 20，而功率增益的分贝值因子是 10？

8. 为什么阻抗匹配对于有些系统很重要？

9. dB 和 dBm 的区别是什么？

10. 直流放大器为什么被称为直流放大器？

11. 广播电台的工程师要测量多个十倍频程范围的电压增益，使用哪种坐标纸最合适？

12. 是否知道 Multisim (EWB)？如果知道，请作介绍。

选择题答案

1. a　2. b　3. c　4. c　5. b　6. c　7. b　8. c　9. c　10. d　11. c　12. c　13. d　14. a　15. c
16. a　17. d　18. b　19. c　20. a

自测题答案

14-1 $A_{v(\text{mid})} = 70.7$，$A_v = 24.3$（5Hz 时），$A_v = 9.95$（200kHz 时）

14-2 $A_v = 141$（10Hz 时）

14-3 20 000（100Hz 时）；2000（1kHz 时）；200（10kHz 时）；20（100kHz 时）；2.0（1MHz 时）

14-4 10dB，13dB，16dB

14-5 6dB，3dB，0dB，-3dB

14-6 7dB，17dB，27dB，37dB

14-7 13dB，3dB，-7dB，-17dB

14-8 34dB，46dB，$A_{vT} = 10\,000$，$A_{v(\text{dB})} = 80$dB

14-9 $A_{v(\text{dB})} = 30$dB，$A_p = 1000$，$A_v = 31.6$

14-10 $A_{v1} = 3.16$，$A_{v2} = 0.5$，$A_{v3} = 20$

14-11 $P = 1000$W

14-12 $V_{\text{out}} = 1.88$mV

14-14 $f_2 = 159$kHz

14-15 $f_2 = 318$kHz，$f_{\text{unity}} = 31.8$MHz

14-17 $C_{\text{in(M)}} = 0.3\mu\text{F}$，$C_{\text{out(M)}} = 30$pF

14-18 $T_R = 440$ns，$f_2 = 795$kHz

14-19 $f_1 = 63$Hz

14-20 $f_2 = 1.43$MHz

14-22 $C_{gd} = 5$pF，$C_{gs} = 20$pF，$C_{ds} = 5$pF

第15章

差分放大器

　　运算放大器（**运放**）是指能够实现数学运算功能的放大器。历史上的第一个运算放大器出现在模拟计算机中，用来实现加、减、乘等运算。运算放大器曾经采用分立器件搭建，而现在的运放几乎都是集成电路。

　　典型的运算放大器是直流放大器，它具有很高的电压增益、很高的输入阻抗以及很低的输出阻抗。由于类型的不同，运放的单位增益带宽可以从 1Hz 变化到 20MHz 以上。集成运放是一个包含外接引脚的完整功能模块，将引脚接到电源上，并配合少量元件，就可以很快构建出所有类型的实用电路。

　　大多数运放的输入级都采用差分放大器，这种结构决定了集成运放的很多输入特性。差分放大器也可由分立器件构成，可用于通信、仪表和工业控制电路。本章重点关注用于集成电路的差分放大器。

目标

在学习完本章后，你应该能够：

- 对差分放大器进行直流分析；
- 对差分放大器进行交流分析；
- 理解输入偏置电流、输入失调电流、输入失调电压的定义；
- 理解共模增益和共模抑制比；
- 了解集成电路的制造过程；
- 将戴维南定理应用于有载的差分放大器。

关键术语

有源负载电阻（active load resistor）

共模抑制比（common-mode rejection，CMRR）

共模信号（common-mode signal）

补偿二极管（compensation diode）

电流镜（current mirror）

差分放大器（differential amplifier，diff amp）

差分输入（differential input）

差分输出（differential output）

混合集成电路（hybrid IC）

输入偏置电流（input bias current）

输入失调电流（input offset current）

输入失调电压（input offset voltage）

集成电路（integrated circuit，IC）

反相输入端（inverting input）

单片集成电路（monolithic IC）

同相输入端（noninverting input）

运算放大器（operational amplifier，op amp）

单端（single-ended）

尾电流（tail current）

15.1　差分放大器

　　晶体管、二极管和电阻是典型集成电路中仅有的实际元件。有时也会用到电容，通常电容值小于 50pF。因此，在集成电路设计中不会像在分立电路设计中那样使用耦合电容和旁路电容，而是在各级之间采用直接耦合的方式，同时在电压增益损失不太大的情况下去掉发射极旁路电容。

差分放大器（差放）是集成运算放大器中的关键电路。该电路的设计很巧妙，不需要使用发射极旁路电容。此外，还有一些其他因素使得差分放大器成为几乎所有集成运放的输入级。

15.1.1　差分输入和差分输出

图 15-1 所示是一个差分放大器，由两个 CE 级并联构成，且共用一个发射极电阻。虽然有两个输入电压（v_1 和 v_2）和两个集电极输出电压（v_{c1} 和 v_{c2}），但将整个电路作为一级来考虑。因为没有耦合电容和旁路电容，所以该电路没有下限截止频率。

交流输出电压 v_{out} 被定义为两个集电极之间的电压差，其极性如图 15-1 所示：

$$v_{\text{out}} = v_{c2} - v_{c1} \tag{15-1}$$

该电压称为**差分输出**，它将两个集电极输出电压相结合并取二者间的电压差。要注意的是：v_{out}、v_{c1} 和 v_{c2} 应采用小写，因为它们是交流电压，0Hz 作为特例也包含其中。

理想情况下，电路中的晶体管及其集电极电阻都相同。由于理想对称，当两个输入电压相等时，输出 v_{out} 为零。当 v_1 大于 v_2 时，输出电压的极性如图 15-1 所示。当 v_2 大于 v_1 时，输出电压具有相反的极性。

图 15-1 所示的差放有两个独立的输入端，其中 v_1 为**同相输入端**，v_{out} 与 v_1 同相位；v_2 为**反相输入端**，v_{out} 与 v_2 相差 180°。在有些应用中，仅使用同相输入端，将反向输入端接地。而在另一些应用中，只有反相输入端有效，将同相输入端接地。

同时使用同相端和反相端作输入时，则将总输入称为**差分输入**，因为输出电压等于电压增益与两个输入端电压差的乘积，所以输出电压为：

$$v_{\text{out}} = A_v(v_1 - v_2) \tag{15-2}$$

其中 A_v 为电压增益，电压增益的公式推导将在 15.3 节介绍。

15.1.2　单端输出

图 15-1 所示的差分输出需要一个浮地的负载，即负载的任何一端都不能接地。这在许多应用中很不方便，因为负载大多是**单端**的，即负载一端是接地的。

图 15-2a 所示是实际应用广泛使用的差分放大器。它可以驱动单端负载，如 CE 级、射极跟随器和其他电路，因此应用广泛。由图 15-2a 可见，交流输出信号来自右边电路的集电极。左边电路中集电极的负载电阻不起作用，因此可以去掉。

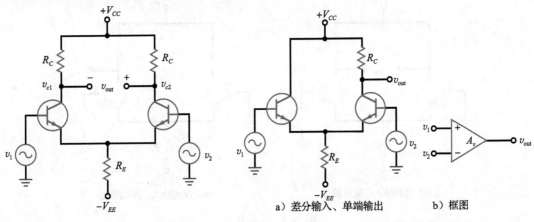

图 15-1　差分输入、差分输出　　　图 15-2　差分输入、单端输出

a）差分输入、单端输出　　　b）框图

因为输入是差分的，因此交流输出电压仍然为 $A_v(v_1-v_2)$。然而对于单端输出，电压增益只有差分输出的一半。因为输出仅仅取出了一个集电极的电压值。

图 15-2b 所示是差分输入、单端输出的差分放大器的框图，运算放大器也使用相同符号。符号"＋"代表同相输入，"－"代表反相输入。

15.1.3　同相输入结构

差分放大器中通常只有一个输入端有效，而另一端接地，如图 15-3a 所示。该结构采用同相输入、差分输出。由于 $v_2=0$，由式（15-2）得：

$$v_{\text{out}} = A_v v_1 \tag{15-3}$$

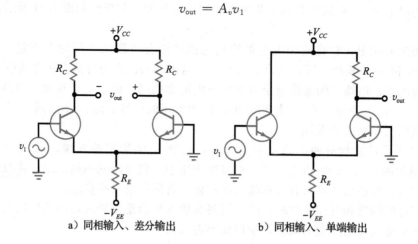

a）同相输入、差分输出　　　　　b）同相输入、单端输出

图 15-3　同相输入

图 15-3b 所示是差分放大器的另一种结构：同相输入，单端输出。由于 v_{out} 是交流输出电压，式（15-3）依然适用。由于输出仅取自差放的一端，因此其电压增益 A_v 是双端输出的一半。

15.1.4　反相输入结构

在有些应用中，v_2 是有效输入，v_1 接地，如图 15-4a 所示。此时，式（15-2）可以简化为：

$$v_{\text{out}} = -A_v v_2 \tag{15-4}$$

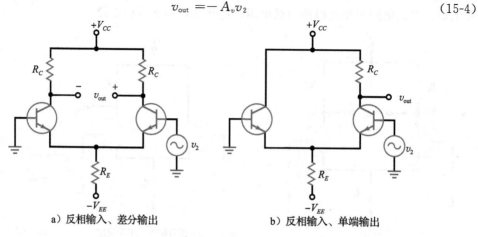

a）反相输入、差分输出　　　　　b）反相输入、单端输出

图 15-4　反相输入

式中的负号表示反相。

图 15-4 b 所示是后文将要讨论的结构，这里采用的是反相输入，单端输出。此时，交流输出电压依然可由式（15-4）得到。

15.1.5 结论

表 15-1 总结了差分放大器的四种基本结构，通用情况是差分输入、差分输出，其余情况则是通用情况的特例。例如，为了获得单端输入运算，只使用一个输入端，将另一端接地。使用单端输入时，可以采用同相输入端 v_1，也可以采用反相输入端 v_2。

表 15-1 差分放大器结构

输入	输出	v_{in}	v_{out}	输入	输出	v_{in}	v_{out}
差分	差分	$v_1 - v_2$	$v_{c2} - v_{c1}$	单端	差分	v_1 或 v_2	$v_{c2} - v_{c1}$
差分	单端	$v_1 - v_2$	v_{c2}	单端	单端	v_1 或 v_2	v_{c2}

15.2 差分放大器的直流分析

图 15-5a 所示是差分放大器的直流等效电路。在本章的讨论中，假设晶体管的集电极电阻相同。在初步分析中，两个基极是接地的。

这里采用的偏置电路与之前章节讨论过的双电源发射极偏置结构几乎相同。发射极偏置电路中负电源电压大多是加在发射极电阻上，产生一个固定的发射极电流。

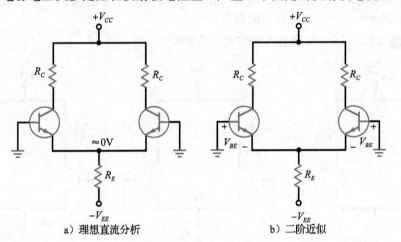

a）理想直流分析 b）二阶近似

图 15-5 直流分析

15.2.1 理想分析

差分放大器有时也称为长尾对，因为两个晶体管共用一个电阻 R_E，流过该共用电阻的电流称为**尾电流**。如果忽略图 15-5a 中发射结压降 V_{BE}，那么发射极电阻的上端就是理想的直流地。这样 V_{EE} 完全加在电阻 R_E 上，则尾电流为：

$$I_T = \frac{V_{EE}}{R_E} \tag{15-5}$$

该式可用于故障诊断和初步分析，它直观地反映了问题的本质，即发射极电源电压几乎全部加到发射极电阻上。

当 15-5a 中的两个半边电路完全对称时，尾电流被等分。则每个晶体管的发射极电流为：

$$I_E = \frac{I_T}{2} \tag{15-6}$$

集电极电压由下式给出：

$$V_C = V_{CC} - I_C R_C \tag{15-7}$$

15.2.2　二阶近似

考虑发射结上的压降 V_{BE} 可以使直流分析更准确。图 15-5b 电路中发射极电阻上端的电压比地电位低 V_{BE}，故尾电流为：

$$I_T = \frac{V_{EE} - V_{BE}}{R_E} \tag{15-8}$$

硅晶体管的 $V_{BE} = 0.7\text{V}$。

15.2.3　基极电阻对尾电流的影响

图 15-5b 电路中，两个晶体管的基极均采用接地方式。若考虑基极电阻，在设计良好的差分放大器中，其对尾电流的影响可以忽略。原因是当考虑基极电阻，尾电流的等式变为：

$$I_T = \frac{V_{EE} - V_{BE}}{R_E + R_B/2\beta_{\text{dc}}}$$

在实际设计中，$R_B/2\beta_{\text{dc}}$ 小于 R_E 的 1%，因此对尾电流的计算最好用式（15-5）或（15-8）。

虽然基极电阻对于尾电流的影响可以忽略，但是当两个半边电路不是理想对称时，会产生输入失调电压。该内容将在后续章节讨论。

例 15-1 图 15-6a 中的理想电流与电压是多少？

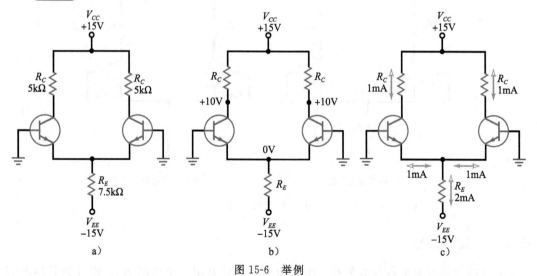

图 15-6　举例

解： 由式（15-5）可得到尾电流为：

$$I_T = \frac{15\text{V}}{7.5\text{k}\Omega} = 2\text{mA}$$

而每一路发射极电流是尾电流的一半：

$$I_E = \frac{2\text{mA}}{2} = 1\text{mA}$$

每个集电极的静态电压大约为:

$$V_C = 15\mathrm{V} - 1\mathrm{mA} \times 5\mathrm{k\Omega} = 10\mathrm{V}$$

图 15-6b 显示了直流电压, 图 15-6c 显示了直流电流。(注意: 标准箭头方向代表电流流向, 三角箭头代表电子流动方向。) ◀

自测题 15-1　将图 15-6a 中的电阻 R_E 改为 5kΩ, 求理想电压与电流值。

例 15-2　采用二阶近似, 重新计算 15-6a 中的电压与电流。

解: 尾电流为:

$$I_T = \frac{15\mathrm{V} - 0.7\mathrm{V}}{7.5\mathrm{k\Omega}} = 1.91\mathrm{mA}$$

每个发射极电流为尾电流的一半:

$$I_E = \frac{1.91\mathrm{mA}}{2} = 0.955\mathrm{mA}$$

每路集电极的静态电压为:

$$V_C = 15\mathrm{V} - 0.955\mathrm{mA} \times 5\mathrm{k\Omega} = 10.2\mathrm{V}$$

可见, 采用二阶近似后, 其结果相差很小, 实际上, 如果用 Multisim (EWB) 来测试相同的电路, 则得到 2N3904 晶体管的测量结果如下:

$$I_T = 1.912\mathrm{mA}$$
$$I_E = 0.956\mathrm{mA}$$
$$I_C = 0.950\mathrm{mA}$$
$$V_C = 10.25\mathrm{V}$$

结果与二阶近似几乎一致, 且与理想化分析结果的差异不大。因此在很多应用中, 用理想分析就足够了。如果需要更加精确的计算, 可以用二阶近似或 Multisim 分析。 ◀

自测题 15-2　当发射极电阻为 5kΩ 时, 重新计算例 15-2。

例 15-3　图 15-7a 所示单端输出电路的电流和电压是多少?

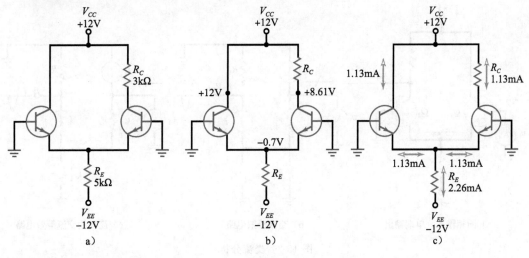

图 15-7　举例

解: 理想情况下, 尾电流为:

$$I_T = \frac{12\mathrm{V}}{5\mathrm{k\Omega}} = 2.4\mathrm{mA}$$

每一条支路的发射极电流是尾电流的一半：

$$I_E = \frac{2.4\text{mA}}{2} = 1.2\text{mA}$$

右边集电极的静态电压约为：

$$V_C = 12\text{V} - 1.2\text{mA} \times 3\text{k}\Omega = 8.4\text{V}$$

而左边集电极电压为 12V。

采用二阶近似，得到：

$$I_T = \frac{12\text{V} - 0.7\text{V}}{5\text{k}\Omega} = 2.26\text{mA}$$

$$I_E = \frac{2.26\text{mA}}{2} = 1.13\text{mA}$$

$$V_C = 12\text{V} - 1.13\text{mA} \times 3\text{k}\Omega = 8.61\text{V}$$

图 15-7b 显示了直流电压，图 15-7c 显示了二阶近似的电流。　◀

✎ **自测题 15-3**　将 15-7a 电路中的电阻 R_E 改为 3kΩ，采用二阶近似计算其电流和电压。

15.3　差分放大器的交流分析

本节将推导差分放大器电压增益的表达式。首先分析最简单的电路结构：同相输入、单端输出的差分电路。然后将推导出的电压增益公式扩展到其他结构。

15.3.1　工作原理

图 15-8a 所示是同相输入、单端输出结构。由于 R_E 很大，当输入端交流信号很小时，尾电流几乎不变。因此，差分放大器的两个半边电路对同相输入信号的响应特性是互补的。即 Q_1 发射极的电流增加时，Q_2 发射极的电流将减小；相反地，Q_1 发射极的电流减小时，Q_2 发射极的电流将增加。

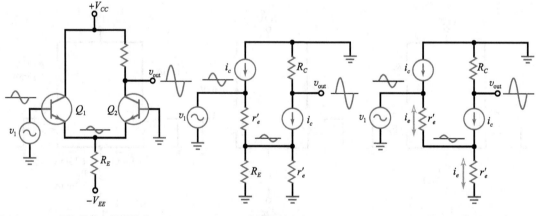

a）同相输入、单端输出　　　　　b）交流等效电路　　　　　c）简化的交流等效电路

图 15-8　交流分析

在图 15-8a 电路中，左边的晶体管 Q_1 的作用类似一个射极跟随器，在发射极电阻上产生一个交流电压，电压值是输入电压 v_1 的一半。在输入电压的正半周，Q_1 发射极电流增加，Q_2 发射极电流减小，且 Q_2 集电极电压增加。类似地，在输入电压的负半周，Q_1

发射极电流减小，Q_2 发射极电流增加，且 Q_2 集电极电压减小。因此，放大器输出的正弦波形与同相输入端的相位相同。

15.3.2　单端输出的增益

图 15-8b 所示是交流等效电路。图中每个晶体管都有电阻 r'_e，且偏置电阻 R_E 与右边晶体管的 r'_e 并联。在实际设计中，R_E 的阻值远大于 r'_e，因此在初步分析时可以忽略 R_E。

图 15-8c 所示是简化等效电路。输入电压 v_1 加在两个串联的 r'_e 上。由于这两个电阻是相等的，所以每个 r'_e 上的压降为输入电压的一半。因此图 15-8a 中尾电阻上的交流电压是输入电压的一半。

在图 15-8c 中，交流输出电压为：

$$v_{\text{out}} = i_c R_c$$

交流输入电压为：

$$v_{\text{in}} = i_e r'_e + i_e r'_e = 2i_e r'_e$$

电压增益为 v_{out} 除以 v_{in}：

$$\text{单端输出}\quad A_v = \frac{R_C}{2r'_e} \tag{15-9}$$

图 15-8a 电路的输出端中包含静态直流电压 V_C，该电压不属于交流信号，交流电压 v_{out} 是在静态电压基础上变化的部分。运算放大器的最后一级会将静态直流电压去掉。

15.3.3　差分输出的增益

图 15-9 是同相输入、差分输出电路的交流等效电路。分析方法与前文例题基本相同，不同的是由于输出来自两个集电极电阻，故输出电压是原来的两倍：

$$v_{\text{out}} = v_{c2} - v_{c1} = i_c R_C - (-i_c R_C) = 2i_c R_C$$

（注意：第二个负号的出现是由于 v_{c1} 与 v_{c2} 有 180°相位差，如图 15-9 所示。）

交流输入电压仍等于：

$$v_{\text{in}} = 2i_e r'_e$$

输出电压除以输入电压，得到电压增益：

$$\text{差分输出}\quad A_v = \frac{R_C}{r'_e} \tag{15-10}$$

这个公式与 CE 放大器电压增益的表达式一样，很容易记忆。

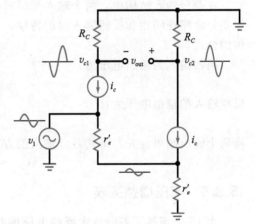

图 15-9　同相输入、差分输出

15.3.4　反相输入结构

图 15-10a 所示是反相输入、单端输出的差放结构，其交流分析与同相输入电路几乎一样。该电路中，反相输入 v_2 在输出端产生一个放大了的反相交流电压。每个晶体管的电阻 r'_e 在交流等效电路中仍然是分压电路的一部分，因此 R_E 上的电压是反相输入信号的一半。如果电路是差分输出，则电压增益是单端输出的两倍。

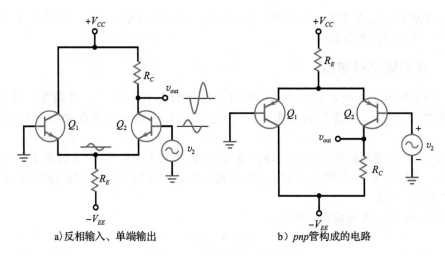

a) 反相输入、单端输出　　　　　b) pnp 管构成的电路

图 15-10　反相输入、单端输出

图 15-10b 所示的差分放大器是 15-10a 所示电路用 pnp 管实现的形式，其电路结构上下颠倒了。pnp 管常用于正电源供电的晶体管电路中，并以颠倒的结构画出。与 npn 管电路一样，其输入和输出可以采用差分或者单端形式。

15.3.5　差分输入结构

在差分输入结构中，两个输入端同时有效。可以用叠加定理将交流分析简化：由于已知差分电路在同相和反相输入时的特性，则可以将这两个结果合并起来，得到差分输入结构的公式。

同相输入的输出电压为：

$$v_{\mathrm{out}} = A_v v_1$$

反相输入的输出电压为：

$$v_{\mathrm{out}} = - A_v v_2$$

将两个输出结果合并，得到差分输入的方程式：

$$v_{\mathrm{out}} = A_v(v_1 - v_2)$$

15.3.6　电压增益列表

表 15-2 概括了差分放大器的电压增益。可见，差分输出的电压增益最大；单端输出时电压增益减半。采用单端输出时，输入可采用同相输入或者反相输入。

表 15-2　差分放大器的电压增益

输入	输出	A_v	v_{out}	输入	输出	A_v	v_{out}
差分	差分	R_c/r_e'	$A_v(v_1 - v_2)$	单端	差分	R_c/r_e'	$A_v v_1$ 或 $-A_v v_2$
差分	单端	$R_c/2r_e'$	$A_v(v_1 - v_2)$	单端	单端	$R_c/2r_e'$	$A_v v_1$ 或 $-A_v v_2$

15.3.7　输入阻抗

在 CE 电路中，基极的输入阻抗是：

$$z_{\mathrm{in}} = \beta r_e'$$

在差放电路中，两个基极的输入阻抗是前者的两倍：

$$z_{\text{in}} = 2\beta r'_e \qquad (15\text{-}11)$$

因为差分放大器的交流等效电路中有两个发射极电阻 r'_e，所以输入阻抗变为两倍。式（15-11）适用于差放的所有结构，因为任何交流输入端口处所见的都是基极与地之间的两个发射极电阻。

例 15-4 求图 15-11 电路的交流输出电压。若 $\beta = 300$，求差分放大器的输入电阻。

IIII Multisim

解： 前面分析过例 15-1 的直流等效电路，理想情况下，发射极电阻上压降为 15V，产生的尾电流为 2mA，则每个晶体管发射极电流为：

$$I_E = 1\text{mA}$$

可以得到发射极交流电阻：

$$r'_e = \frac{25\text{mV}}{1\text{mA}} = 25\Omega$$

电压增益为：

$$A'_v = \frac{5\text{k}\Omega}{25\Omega} = 200$$

则交流输出电压为：

$$v_{\text{out}} = 200 \times 1\text{mV} = 200\text{mV}$$

差分放大器的输入阻抗为：

$$z_{\text{in(base)}} = 2 \times 300 \times 25\Omega = 15\text{k}\Omega \qquad \blacktriangleleft$$

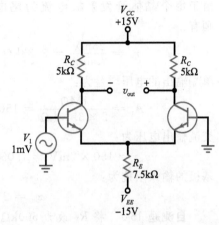

图 15-11 举例

自测题 15-4 将 R_E 改为 5kΩ，重新计算例 15-4。

例 15-5 重新计算例 15-4 题。采用二阶近似计算发射极静态电流。 **IIII Multisim**

解： 在例 15-2 中，已经得到直流发射极电流为：

$$I_E = 0.955\text{mA}$$

发射极交流电阻为：

$$r'_e = \frac{25\text{mV}}{0.955\text{mA}} = 26.2\Omega$$

由于是差分输出，其电压增益为：

$$A_v = \frac{5\text{k}\Omega}{26.2\Omega} = 191$$

交流输出电压为：

$$v_{\text{out}} = 191 \times 1\text{mV} = 191\text{mV}$$

差分放大器的输入阻抗为：

$$z_{\text{in(base)}} = 2 \times 300 \times 26.2\Omega = 15.7\text{k}\Omega$$

如果用 Multisim 来仿真，对于晶体管 2N3904，有如下结果：

$$v_{\text{out}} = 172\text{mV}$$

$$z_{\text{in(base)}} = 13.4\text{k}\Omega$$

Multisim 得到的输出电压和输入阻抗都比估算值略小。采用某个特定型号的晶体管时，Multisim 会装载该晶体管的所有高阶参数，以得到近乎精确的结果。所以当精度要求高时，就需要借助计算机仿真。精度要求不高时，可以采用近似方法进行分析。 ◀

例 15-6 当 $v_2 = 1\text{mV}$，$v_1 = 0$ 时，重新计算例 15-4。

解： 此时信号驱动的不是同相输入端，而是反相输入端。理想情况下，输出电压的幅度相同，为 200mV，只是反相。输入阻抗约为 15kΩ。

例 15-7 求图 15-12 电路的交流输出电压。若 $\beta=300$，求差分放大器的输入阻抗。

解： 理想情况下，15V 加在发射极电阻上，所以尾电流为：

$$I_T = \frac{15V}{1M\Omega} = 15\mu A$$

由于每个晶体管发射极电流为尾电流的一半，则有：

$$r'_e = \frac{25mV}{7.5\mu A} = 3.33k\Omega$$

单端输出的电压增益为：

$$A_v = \frac{1M\Omega}{2 \times 3.33k\Omega} = 150$$

交流输出电压为：

$$v_{out} = 150 \times 7mV = 1.05V$$

基极的输入阻抗为：

$$z_{in} = 2 \times 300 \times 3.33k\Omega = 2M\Omega$$

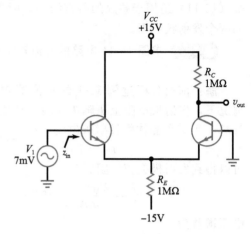

图 15-12　举例

自测题 15-7 将 R_E 改为 500kΩ，重新计算例 15-7。

15.4　运算放大器的输入特性

在很多应用中都假设差分放大器是理想对称的。但在有精度要求的应用中，便不能再把差放的两个半边电路视为完全相等的。在数据手册中，有三个特征参量供设计者在精确设计时使用。这三个参数是：输入偏置电流、输入失调电流和输入失调电压。

知识拓展　如果运放的输入差分放大器采用 JFET，后级采用双极型晶体管，则称为"bi-FET 运算放大器"。

15.4.1　输入偏置电流

在集成运算放大器中，若第一级差放的两个晶体管的 β_{dc} 有微小差别，则意味着图 15-13 电路中的基极电流有微小的差别。将基极直流电流的平均值定义为**输入偏置电流**：

$$I_{in(bias)} = \frac{I_{B1} + I_{B2}}{2} \tag{15-12}$$

例如，当 I_{B1} 为 90nA，I_{B2} 为 70nA 时，输入偏置电流为：

$$I_{in(bias)} = \frac{90nA + 70nA}{2} = 80nA$$

对于双极型运放，其输入偏置电流的典型值是 nA 量级。若输入级运放采用 JFET，那么输入偏置电流则在 pA 量级。

输入偏置电流经过基极与地之间的电阻，这些电阻可能是分立元件，也可能是输入信号源的戴维南等效电阻。

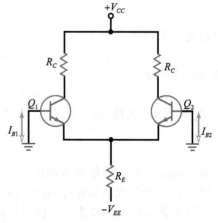

图 15-13　基极电流的偏差

15.4.2 输入失调电流

将两个基极直流电流之间的差定义为**输入失调电流**：

$$I_{\text{in(off)}} = I_{B1} - I_{B2} \tag{15-13}$$

基极电流的差反映了晶体管的匹配程度。如果晶体管是完全相同的，其基极电流相等，则输入失调电流为零。但是几乎所有情况下，两个晶体管之间会存在细微的差别，两个基极电流也不相等。

例如，当 I_{B1} 为 90nA，I_{B2} 为 70nA 时，则：

$$I_{\text{in(off)}} = 90\text{nA} - 70\text{nA} = 20\text{nA}$$

Q_1 管基极电流比 Q_2 管大 20nA。如果基极电阻很大，就会带来问题。

15.4.3 基极电流与失调

整理式（15-12）和（15-13），可以得到基极电流的两个方程：

$$I_{B1} = I_{\text{in(bias)}} + \frac{I_{\text{in(off)}}}{2} \tag{15-13a}$$

$$I_{B2} = I_{\text{in(bias)}} - \frac{I_{\text{in(off)}}}{2} \tag{15-13b}$$

数据手册通常列出 $I_{\text{in(bias)}}$ 和 $I_{\text{in(off)}}$，而不是 I_{B1} 和 I_{B2}。可以利用式（15-13a）和（15-13b）计算 I_{B1} 和 I_{B2}。式中假设 I_{B1} 大于 I_{B2}，如果 I_{B2} 大于 I_{B1}，可将两个等式互换。

15.4.4 基极电流的影响

有些差分放大器中只有一端接有基极电阻，如图 15-14a 所示。根据基极电流的方向，电流通过 R_B 产生同相的直流输入电压：

$$V_1 = -I_{B1}R_B$$

（注意：这里采用大写字母表示直流误差，如 V_1。简单起见，将 V_1 看成是绝对值。这个电压与真实的输入电压作用相同。当这个错误的信号被放大后，就会在输出端产生不期望得到的电压 V_{error}，如图 15-14a 所示。）

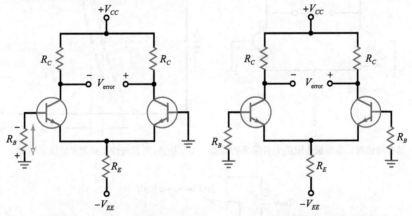

a）基极电阻产生不期望的输入电压   b）相同的基极电阻减小误差电压

图 15-14 基极电阻与失调

例如，如果数据手册给定 $I_{\text{in(bias)}}=80\text{nA}$，$I_{\text{in(off)}}=20\text{nA}$，由式（15-13a）和（15-13b），可以得到：

$$I_{B1} = 80\text{nA} + \frac{20\text{nA}}{2} = 90\text{nA}$$

$$I_{B2} = 80\text{nA} - \frac{20\text{nA}}{2} = 70\text{nA}$$

如果 $R_B=1\text{k}\Omega$，则会在同相输入端产生一个误差电压：

$$V_1 = 90\text{nA} \times 1\text{k}\Omega = 90\mu\text{V}$$

15.4.5　输入失调电流的影响

一种减小输出失调电压的方法是：在另一边电路使用相同的基极电阻，如图 15-14b 所示。此时，得到差分输入电压：

$$V_{\text{in}} = I_{B1}R_B - I_{B2}R_B = (I_{B1} - I_{B2})R_B$$

或者

$$V_{\text{in}} = I_{\text{in(off)}}R_B \tag{15-14}$$

通常情况下，$I_{\text{in(off)}}$ 小于 $I_{\text{in(bias)}}$ 的四分之一，因此当采用相同的基极电阻时，输入误差电压会小很多。正是由于这个原因，设计时经常在差分放大器的两个基极使用相同的电阻，如图 15-14b 所示。

例如，当 $I_{\text{in(bias)}}=80\text{nA}$，$I_{\text{in(off)}}=20\text{nA}$ 时，$1\text{k}\Omega$ 基极电阻产生的输入误差电压为：

$$V_{\text{in}} = 20\text{nA} \times 1\text{k}\Omega = 20\mu\text{V}$$

15.4.6　输入失调电压

当差分放大器作为集成运放的输入级时，两个半边电路几乎相同，但并非完全相同。首先，两个集电极电阻可能有差异，如图 15-15a 所示。因此便会在输出端产生误差电压。

另外一个误差的来源是晶体管的 V_{BE} 曲线的差异。例如，假设两个晶体管的基极-发

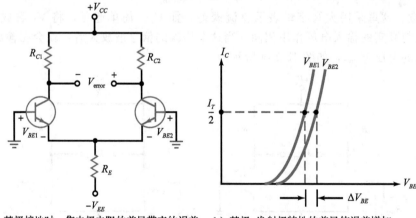

a）基极接地时，集电极电阻的差异带来的误差　　b）基极-发射极特性的差异使误差增加

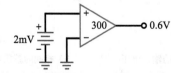

c）输入失调电压等效为一个不期望的输入电压

图 15-15　输入失调电压

射极曲线具有相同的电流，如图 15-15b 所示。因为曲线有微小的差别，使得两个 V_{BE} 不同，这个差异会使输出失调电压增加。除了 R_C 和 V_{BE} 以外，晶体管其他参数的微小差异也可能使差放的两个半边电路存在微小的不同。

差分放大器的**输入失调电压**的定义为：当输出电压与输出失调电压相等时所对应的输入电压。公式表达为：

$$V_{\text{in(off)}} = \frac{V_{\text{error}}}{A_v} \tag{15-15}$$

该式中，V_{error} 并不包括输入偏置电流和失调电流的影响，因为测量 V_{error} 时基极是接地的。

例如，当差分放大器的输出失调电压为 0.6V，且电压增益为 300 时，则输入失调电压为：

$$V_{\text{in(off)}} = \frac{0.6\text{V}}{300} = 2\text{mV}$$

图 15-15c 显示了失调的含义。2mV 的输入失调电压通过电压增益为 300 的放大器，产生 0.6V 的误差电压。

15.4.7 总体影响

在图 15-16 中，输出电压是各种输入作用的叠加。首先，理想的交流输入信号是：

$$v_{\text{in}} = v_1 - v_2$$

这是有用信号。该电压来自于两个输入源，它被放大并产生所需的交流输出：

$$v_{\text{out}} = A_v(v_1 - v_2)$$

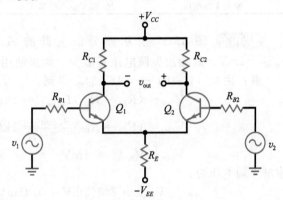

图 15-16 差分放大器的输出包含有用信号与误差电压

还有三个不需要的直流误差输入。由式（15-13a）和（15-13b），得到如下公式：

$$V_{\text{1err}} = (R_{B1} - R_{B2})I_{\text{in(bias)}} \tag{15-16}$$

$$V_{\text{2err}} = (R_{B1} + R_{B2})\frac{I_{\text{in(off)}}}{2} \tag{15-17}$$

$$V_{\text{3err}} = V_{\text{in(off)}} \tag{15-18}$$

这些公式的优点是采用了 $I_{\text{in(bias)}}$ 和 $I_{\text{in(off)}}$，这两个值可以从数据手册中得到。这三个直流误差被放大后产生输出失调电压：

$$V_{\text{error}} = A_v(V_{\text{1err}} + V_{\text{2err}} + V_{\text{3err}}) \tag{15-19}$$

在多数情况下，V_{error} 是可以忽略的，这取决于具体应用。例如，在实现交流放大器时，V_{error} 不是很重要。在实现一些高精度的直流放大器时，需要考虑 V_{error} 的影响。

15.4.8 相同的基极电阻

当偏置误差和失调误差不能忽略时，可以采用一些补偿措施。如前文所述，首先可以采用相同的基极电阻：$R_{B1} = R_{B2} = R_B$，这使得差放的两个半边电路变得近似相等，式（15-16）～（15-19）变为：

$$V_{\text{1err}} = 0$$
$$V_{\text{2err}} = R_B I_{\text{in(off)}}$$
$$V_{\text{3err}} = V_{\text{in(off)}}$$

如果需要进一步的补偿，最好的办法就是采用数据手册中建议的调零电路。生产厂家对调零电路进行了优化，如果需要解决输出失调问题，可以使用调零电路。该电路将在后续章节讨论。

15.4.9　结论

表 15-3 总结了输出失调电压的来源。在很多应用中，输出失调电压要么因为很小而被忽略，要么并不重要。在高精度的应用中，直流输出非常重要，采用某种形式的调零电路可消除输入偏置和失调的影响。设计者通常会采用生产厂家在数据手册上建议的方法实现对输出的调零。

表 15-3　输出失调电压的来源

类型	原因	解决方法
输入偏置电流	一边电路中 R_B 上的电压	在另一边电路使用相同的 R_B
输入失调电流	电流增益不相等	数据手册中的调零措施
输入失调电压	R_C 和 V_{BE} 不相等	数据手册中的调零措施

例 15-8　图 15-17 所示差分放大器的 $A_v = 200$，$I_{in(bias)} = 3\mu A$，$I_{in(off)} = 0.5\mu A$，$v_{in(off)} = 1mV$。其输出失调电压是多少？如果使用匹配的基极电阻，输出失调电压是多少？

解： 由式（15-16）～（15-18），得到：

$$V_{1err} = (R_{B1} - R_{B2})I_{in(bias)} = 1k\Omega \times 3\mu A = 3mV$$

$$V_{2err} = (R_{B1} + R_{B2})\frac{I_{in(off)}}{2} = 1k\Omega \times 0.25\mu A = 0.25mV$$

$$V_{3err} = V_{in(off)} = 1mV$$

输出失调电压为：

$$V_{error} = 200(3mV + 0.25mV + 1mV) = 850mV$$

在反相输入端接入匹配的 $1k\Omega$ 基极电阻时：

$$V_{1err} = 0$$

$$V_{2err} = R_B I_{in(off)} = 1k\Omega \times 0.5\mu A = 0.5mV$$

$$V_{3err} = V_{in(off)} = 1mV$$

输出失调电压为：

$$V_{error} = 200(0.5mV + 1mV) = 300mV$$　◀

自测题 15-8　若图 15-17 所示差分放大器的电压增益为 150，求输出失调电压。

例 15-9　图 15-18 所示差分放大器的 $A_v = 300$，$I_{in(bias)} = 80nA$，$I_{in(off)} = 20nA$，$V_{in(off)} = 5mV$。求输出失调电压。

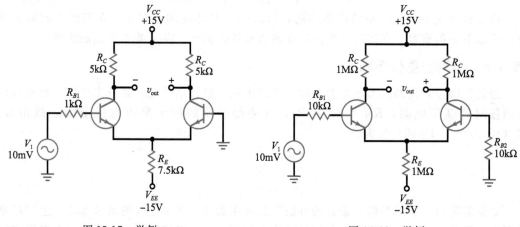

图 15-17　举例　　　　　　　　　图 15-18　举例

解：电路采用了相同的基极电阻，由相关公式得到：

$$V_{1err} = 0$$
$$V_{2err} = 10k\Omega \times 20nA = 0.2mV$$
$$V_{3err} = 5mV$$

则总的输出失调电压为：

$$V_{error} = 300(0.2mV + 5mV) = 1.56V \qquad \blacktriangleleft$$

📝 **自测题 15-9** 当 $I_{in(off)} = 10nA$ 时，重新计算例 15-9。

15.5 共模增益

图 15-19a 所示是差分输入、单端输出结构的差放。两个基极上的输入电压同为 $v_{in(CM)}$，该电压称为**共模信号**。如果差分放大器理想对称，由于共模信号的 $v_1 = v_2$，所以没有交流输出电压。如果电路不是理想对称的，则会有一个小的交流输出电压。

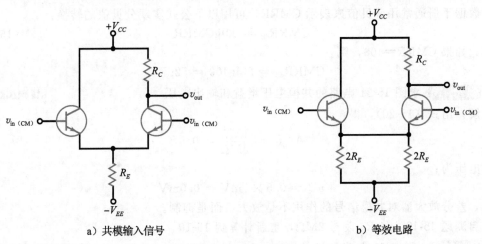

a) 共模输入信号　　　　　　　　b) 等效电路

图 15-19 共模电路分析

在图 15-19a 中，相同的电压加在同相输入端和反相输入端。正常情况下，差分放大器不会采用这种输入方式，因为此时的理想输出电压为零。之所以讨论这种类型的输入，是因为许多静态信号、干扰信号以及其他不期望接收的信号都是共模信号。

共模信号产生的原理是：输入基极上连接线的作用就像小天线，如果差放工作在有很多电磁干扰的环境中，则每个基极都像小天线那样接收到不想要的信号电压。差分放大器被广泛使用的原因之一就是它能够抑制共模信号，即差分放大器不放大共模信号。

这里是一种计算共模增益的简单方法：将电路重画如图 15-19b，由于相同的电压 $v_{in(CM)}$ 同时驱动两个输入端，在两个发射极之间的连线上几乎没有电流。因此可以将这条线去掉，如图 15-20 所示。

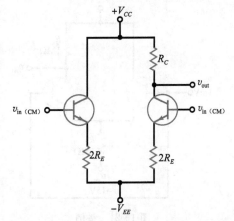

图 15-20 右半边电路犹如一个具有共模输入的发射极反馈放大器

对于共模输入信号来说，右半边电路可以等效为发射极深度负反馈放大器。由于 R_E 通常比 r'_e 大得多，负反馈电压增益为：

$$A_{v(\text{CM})} = \frac{R_C}{2R_E} \tag{15-20}$$

对于典型的 R_E 和 R_C 来说，共模电压增益通常小于 1。

共模抑制比

共模抑制比（CMRR）的定义是电压增益⊖与共模电压增益的比值，表示为：

$$\text{CMRR} = \frac{A_v}{A_{v(\text{CM})}} \tag{15-21}$$

例如，当 $A_v = 200$，$A_{v(\text{CM})} = 0.5$ 时，CMRR = 400。

共模抑制比越高越好。共模抑制比高意味着差分放大器能够有效放大有用信号并抑制共模信号。

数据手册通常用分贝值来表示 CMRR，可用以下公式实现分贝值的转换：

$$\text{CMRR}_{\text{dB}} = 20\lg\text{CMRR} \tag{15-22}$$

例如，如果 CMRR = 400，则：

$$\text{CMRR}_{\text{dB}} = 20\lg400 = 52\text{dB}$$

例 15-10 求图 15-21 电路的共模电压增益和输出电压。　　　　　　　　|||**Multisim**

解： 由式（15-20），得：

$$A_{v(\text{CM})} = \frac{1\text{M}\Omega}{2\text{M}\Omega} = 0.5$$

输出电压为：

$$v_{\text{out}} = 0.5 \times 1\text{mV} = 0.5\text{mV}$$

可见，差分放大器对共模信号的作用不是放大，而是抑制。　　　　　　　　　　　◀

✎ **自测题 15-10** 将 R_E 改为 2MΩ，重新计算例 15-10。

例 15-11 图 15-22 电路的 $A_v = 150$，$A_{v(\text{CM})} = 0.5$，且 $v_{\text{in}} = 1\text{mV}$。如果基极引脚接收到的共模电压信号为 1mV，求输出电压。

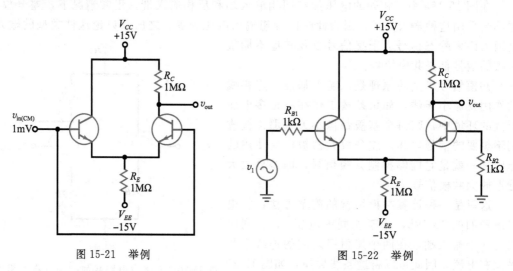

图 15-21 举例　　　　　　　　　　　　　　图 15-22 举例

⊖ 为了与共模参数相区分，实际应用中通常将非共模参数称为差模参数，如差模电压增益。——译者注

解： 输入信号由两部分组成，即有用信号和共模信号，且幅度相同。有用信号被放大，其输出电压为：

$$v_{out1} = 150 \times 1\text{mV} = 150\text{mV}$$

共模信号被抑制，其输出为：

$$v_{out2} = 0.5 \times 1\text{mV} = 0.5\text{mV}$$

总的输出是这两部分之和：

$$v_{out} = v_{out1} + v_{out2}$$

输出也由两部分组成，其中有用信号成分是无用信号成分的 300 倍。

这个例子说明了差分放大器作为运放输入级的作用，它可以抑制共模信号。相对于普通的 CE 放大器，这是一个明显的优势。因为普通 CE 放大器将有用信号和接收到的其他信号一起放大了。◀

自测题 15-11 将图 15-22 中电压增益改变为 200，求输出电压。

应用实例 15-12 运算放大器 741 的 $A_v = 200\,000$，$\text{CMRR}_{dB} = 90\text{dB}$。求共模电压增益。如果共模信号和差模信号都为 $1\mu\text{V}$，输出电压是多少？

解：

$$\text{CMRR} = \text{antilg}\,\frac{90\text{dB}}{20} = 31\,600$$

由式（15-21），得：

$$A_{v(\text{CM})} = \frac{A_v}{\text{CMRR}} = \frac{200\,000}{31\,600} = 6.32$$

有用的输出分量为：

$$v_{out1} = 200\,000 \times 1\mu\text{V} = 0.2\text{V}$$

共模输出电压为：

$$v_{out2} = 6.32 \times 1\mu\text{V} = 6.32\mu\text{V}$$

可见，有用信号输出电压远大于共模输出电压。◀

自测题 15-12 当电压增益为 100 000 时，重新计算例 15-12。

15.6 集成电路

1959 年**集成电路**的发明是一个重大的突破，它使得电路元件不再是分立的，而是集成的。就是说，元件是在制造过程中相互连接起来并装配在一个芯片上，即一小片半导体材料上。器件尺寸非常小，在一个分立晶体管所占用的空间内就可集成数千个器件。

下面将简要描述集成电路的制造过程。现在的制造工艺流程十分复杂，这里通过简单的介绍给出一个双极型集成电路制造的基本概念。

15.6.1 基本概念

首先，制造出几英寸长的 p 型晶体（见图 15-23a）。然后将晶体切割成许多薄晶圆片，如图 15-23b 所示。晶圆片的一面通过研磨和抛光来消除表面的瑕疵。该圆片是 p 型衬底，将用于制作集成电路的基底。然后，将晶圆片放进氧化炉，通入硅原子和五价原子的混合气体，使其在被加热的衬底表面形成一薄层 n 型半导体，该层称为外延层，如图 15-23c 所示。外延层厚度约为 $0.1 \sim 1\text{mil}^{\ominus}$。

$\ominus$ 密耳。1 密耳为千分之一英寸，即 $25.4\mu\text{m}$。——译者注

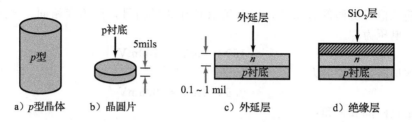

图 15-23　晶圆片的制备

为了防止外延层受到污染，须在外延层表面吹纯氧，使氧原子与硅原子在表面形成二氧化硅膜，如图 15-23d 所示。这个二氧化硅玻璃层将外延层隔离起来，防止发生进一步的化学反应。这种将表面隔离的措施叫作钝化。

晶圆片会被划切成很多方块，如图 15-24 所示。每一块都将是一个单独的芯片。但在划切之前，要在晶圆片上制作几百个电路，每个电路占用图 15-24 所示的一个方块的面积。这种同时且大批量的生产降低了集成电路的制造成本。

下面介绍集成晶体管的制造过程：首先将一部分 SiO_2 腐蚀掉，裸露出外延层（见图 15-25a），然后将圆片放进氧化炉，将三价原子扩散到外延层中。三价原子的深度足以使外延层表面从 n 型转变成 p 型，这样，便在 SiO_2 层下面得到一个 n 型岛（见图 15-25b）。然后向炉中吹氧气，使表面形成完整的 SiO_2 层，如图 15-25c 所示。

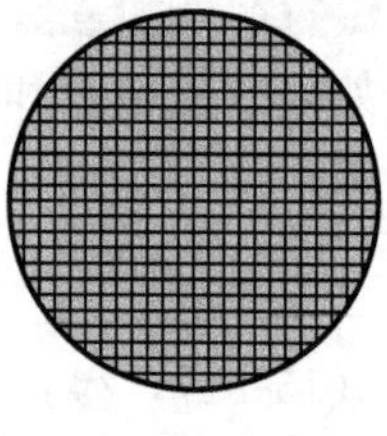

图 15-24　将晶圆片划切成芯片

在 SiO_2 层的中间刻蚀一个洞，露出 n 型外延层（见图 15-25d）。这个在 SiO_2 层上刻蚀的洞叫作窗。这里所开的窗口部分将成为晶体管的集电极。

为了得到基极，需要将三价原子注入这个窗口，使这些杂质扩散到外延层中，形成一个 p 型岛（见图 15-25e）。然后，通入氧气在圆片表面重新形成 SiO_2（见图 15-25f）。

为了形成发射极，要在 SiO_2 层上刻蚀出一个窗口，露出 p 型岛（见图 15-25g）。将五价原子注入 p 型岛，从而形成小的 n 型岛，如图 15-25h 所示。

然后向圆片表面吹氧气形成钝化层（见图 15-25i）。在 SiO_2 层上刻蚀接触孔，淀积金属形成与基极、集电极和发射极的电接触。这样便得到了如图 15-26a 所示的集成晶体管。

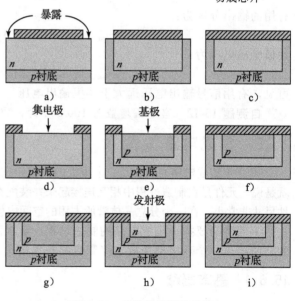

图 15-25　晶体管的制造流程

为了得到二极管，按照相同的流程，当形成 p 型岛后，将窗口封闭（见图 15-25f）。在 p 型和 n 型岛上刻蚀接触孔，然后沉积金属形成集成二极管阳

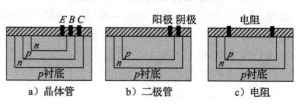

a）晶体管　　　b）二极管　　　c）电阻

图 15-26　集成元件

极和阴极的电接触（见图 15-26b）。如果在图 15-25f 所示的 p 型岛上刻蚀两个接触孔，就可以用金属连接形成集成电阻（见图 15-26c）。

晶体管、二极管以及电阻很容易在芯片上制作。因此，几乎所有集成电路都使用这些元件。在芯片表面集成电感和大电容还不太实用。

15.6.2 简单实例

为了让读者对电路制作过程有一个概念，图 15-27a 给出了一个由三个简单元件构成的电路。为了制作该电路，将在一个圆片上同时制作上百个这样的电路，每个芯片面积与图 15-27b 类似。二极管和电阻的形成如前所述，然后形成晶体管的发射极，接着刻蚀接触孔并淀积金属形成二极管、晶体管和电阻间的连接，如图 15-27b 所示。

无论电路多么复杂，制造的主要工艺流程都是：刻蚀窗口，形成 p 型和 n 型岛，然后形成集成元件的互联。p 型衬底使各集成器件之间相互隔离。图 15-27b 中，p 型衬底与三个 n 型岛之间有耗尽层。因为耗尽层中基本上没有载流子，所以集成元件之间是相互隔离的。这种隔离方式叫作耗尽层隔离。

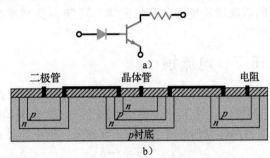

图 15-27 简单集成电路

15.6.3 集成电路的类型

前文所述的集成电路称为**单片集成电路**。单片（monolithic）一词来自希腊语，本意是"一块石头"。用这个词表述是恰当的，因为单片集成电路是芯片的一部分。单片集成电路是最常见的集成电路，自从发明以来，生产厂家已经制造出了各种功能的单片集成电路。

商用类型的单片集成电路有放大器、稳压电路、短路器、AM 接收机、电视机电路和计算机电路。但是单片集成电路的功率有限。由于多数单片集成电路的尺寸与分立小信号晶体管相仿，所以应用于低功率场合。

当需要较大功率时，可以使用薄膜和厚膜晶体管。这些器件比单片集成电路大，但比分立电路小。薄膜或厚膜集成电路中可以集成无源器件，如电阻和电容，但晶体管和二极管只能以分立器件的形式连接，最终构成一个完整的电路。因此，商用薄膜或厚膜电路是集成元件和分立元件的组合。

另外一种用于大功率的集成电路是**混合集成电路**。混合集成电路是将两个或多个单片集成电路封装在一起，或由单片集成电路和薄膜或厚膜集成电路组成。混合集成电路广泛应用于 5～50W 以及一些高于 50W 的大功率音频放大器中。

15.6.4 集成度

图 15-27b 所示的例子是小规模集成电路（SSI），即将很少的元件集成在完整的电路中。SSI 指少于 12 个元件的集成电路。多数 SSL 芯片采用集成电阻、二极管和双极型晶体管。

中等规模集成电路（MSI）一般指在一个芯片上集成 12～100 个元件的集成电路。双极型晶体管或者 MOS 晶体管（增强型 MOS 管）都可以被集成到电路中。但是大多数 MSI 是双极型器件。

大规模集成电路（LSI）指的是集成元件数超过 100 个的集成电路。由于 MOS 管比双极型晶体管的制作步骤少，所以相对于双极型晶体管来说，MOS 管更易于大规模集成在一个芯片上。

超大规模集成电路（VLSI）是指将几千（或几十万）个元件集成在一个芯片上。现在几乎所有的芯片都是 VLSI。

最后，甚大规模集成电路（ULSI）指单片集成度大于 100 万个元件。英特尔的奔腾 P4 处理器采用 ULSI 技术。很多版本的微处理器现已包含超过 10 亿个内部元件。集成度的指数增长规律（摩尔定律）可能会受到挑战，但纳米技术等新技术将会使集成度继续增长。

15.7　电流镜

在集成电路中，有一种方法可以用来提高差分放大器的电压增益和共模抑制比（CMRR）。图 15-28a 所示电路中，一个**补偿二极管**与晶体管的发射结并联。流过电阻的电流是：

$$I_R = \frac{V_{CC} - V_{BE}}{R} \qquad (15\text{-}23)$$

如果补偿二极管和发射结的电流-电压曲线完全相同，则晶体管的集电极电流将与流过电阻的电流相等，即：

$$I_C = I_R \qquad (15\text{-}24)$$

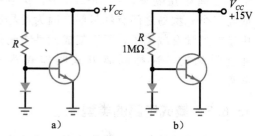

图 15-28　电流镜

图 15-28a 所示的电路叫作**电流镜**，其中集电极电流是电阻电流的镜像。对于集成电路而言，因为两个器件制作在同一个芯片上，比较容易实现补偿二极管和发射结的匹配。电流镜在集成运放的设计中常用作电流源和有源负载。

知识拓展　电流镜概念在 B 类推挽放大器中已经用到，其中推挽晶体管基极端的补偿二极管与发射结相匹配。

15.7.1　电流镜用做尾电流源

对于单端输出的差分放大器，其电压增益为 $R_C/2r_e'$，共模电压增益为 $R_C/2R_E$，两个增益的比值为：

$$\text{CMRR} = \frac{R_E}{r_e'}$$

所以 R_E 越大，CMRR 就越大。

获得较大等效电阻 R_E 的方法之一是用电流镜来产生尾电流，如图 15-29 所示。流过补偿二极管的电流为：

$$I_R = \frac{V_{CC} + V_{EE} - V_{BE}}{R} \qquad (15\text{-}25)$$

由于是电流镜，所以尾电流的电流值与之相同。Q_4 的作用是电流源，它的输出阻抗很高。因此，差分放大器的等效电阻 R_E 有百兆欧姆，使 CMRR 得到显著改善。

15.7.2　有源负载

单端输出差分放大器的电压增益为 $R_C/2r'_e$。R_C 越大，电压增益越大。图 15-30 所示电路中的电流镜作为**有源负载电阻**。由于 Q_6 是 pnp 管电流源，它在 Q_2 端口处的等效电阻 R_C 为几百兆欧姆。所以，采用有源负载比采用普通电阻的电压增益要高很多$\ominus$。大多数运算放大器都采用这样的有源负载。

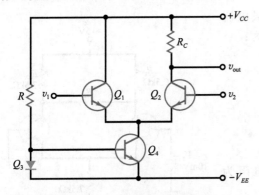

图 15-29　电流镜作尾电流源

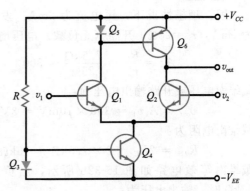

图 15-30　电流镜作有源负载

15.8　有载差分放大器

在前文对差分放大器的讨论中，没有使用电阻负载。当加上电阻作为放大器负载时，分析就会变得非常复杂，尤其是差分输出的情况。

图 15-31a 所示差分输出电路的负载电阻连接在两个集电极之间。有几种方法来计算该电阻对输出电压的影响。如果用基尔霍夫回路方程来处理，则会非常困难。但如果用戴维南定理，问题就会容易得多。

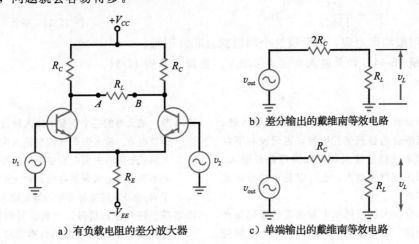

a）有负载电阻的差分放大器

b）差分输出的戴维南等效电路

c）单端输出的戴维南等效电路

图 15-31　有载差分放大器

分析方法如下：如果将图 15-31a 中的负载电阻断开，则戴维南电压与前面讨论的电

$\ominus$　本例中使电压增益提高的另一个原因是：采用电流镜作有源负载，可使单端输出的电压增益与差分输出的电压增益相同，即 $A_v = R_C/r'_e$。因此电流镜有源负载常用于差放的单双端转换。——译者注

压 v_{out} 相同。然后，令所有信号源为零，观察到开路后 AB 端口处的戴维南等效电阻为 $2R_C$。（注意：由于晶体管是电流源，所以当信号源为零时它们可视为开路。）

图 15-31b 所示是戴维南等效电路，交流输出电压 v_{out} 与前文讨论的相同。在计算出 v_{out} 后，利用欧姆定律可以容易地求得负载电压。如果差分放大器是单端输出的，则戴维南等效电路可简化为图 15-31c。

例 15-13 当图 15-32a 电路中的 $R_L = 15\text{k}\Omega$ 时，求负载电压。

解： 理想情况下，尾电流为 2mA。发射极电流为 1mA，$r'_e = 25\Omega$，开路（无负载）电压增益为：

$$A_v = \frac{R_C}{r'_e} = \frac{7.5\text{k}\Omega}{25\Omega} = 300$$

戴维南电压或开路输出电压为：

$$v_{\text{out}} = A_v v_1 = 300 \times 10\text{mV} = 3\text{V}$$

戴维南电阻为：

$$R_{TH} = 2R_C = 2 \times 7.5\text{k}\Omega = 15\text{k}\Omega$$

戴维南等效电路如图 15-32b 所示，当负载电阻为 15kΩ 时，输出电压为：

$$v_L = 0.5 \times 3\text{V} = 1.5\text{V} \qquad \blacktriangleleft$$

自测题 15-13 当图 15-23a 电路中 $R_L = 10\text{k}\Omega$ 时，求负载电压。

例 15-14 将图 15-32a 中的输出电阻置换为电流表，求流过电流表的电流。

解： 在图 15-32b 中，负载电阻在理想情况下为零，故负载电流为：

$$i_L = \frac{3\text{V}}{15\text{k}\Omega} = 0.2\text{mA}$$

如果不采用戴维南定理，则解决这个问题就会非常困难。 $\qquad \blacktriangleleft$

自测题 15-14 如果输入电压为 20mV，重新计算例 15-14。

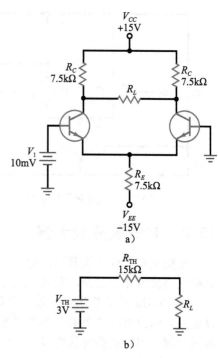

图 15-32　举例

总结

15.1 节 差分放大器是运算放大器典型的输入级，它没有耦合电容或旁路电容，因此没有下限截止频率。差分放大器可以采用差分输入、同相输入或反相输入，也可以是单端输出或差分输出。

15.2 节 差分放大器采用双电源的发射极偏置产生尾电流。当差放完全对称时，每个发射极电流是尾电流的一半。理想情况下，发射极电阻上的电压等于负电源电压。

15.3 节 如果尾电流源是理想恒流源，那么一个晶体管发射极电流增加则导致另一个晶体管发射极电流减小。差分输出的电压增益是 R_C/r'_e。单端输出的电压增益减半。

15.4 节 放大器的三个重要的输入特性参数是输入偏置电流、输入失调电流和输入失调电压。输入偏置电流和失调电流在流过基极电阻时会带来不期望的输入误差电压。输入失调电压是由于 R_C 和 V_{BE} 的差异导致的等效输入误差电压。

15.5 节 许多静态信号、干扰信号和接收到的其他类型的电磁信号都是共模信号。差分放大器可以抑制共模信号，共模抑制比 CMRR 是电压增益与共模电压增益的比值。CMRR 越大越好。

15.6 节 单片集成电路是指在一个芯片上集成了完整的电路功能，如放大器、稳压器和计算机电路。对于大功率应用，可以采用薄膜、厚膜及混合集成电路。小规模集成电路的集成元件数少于 12 个；中等规模集成电路集成元件为 12～100 个；大规模集成电路集成元件数多于 100 个，超大规模集成电路集成元件大于 1 千个；甚大规模集成电路的集成元件数超过 100 万个。

15.7 节　电流镜在集成电路中应用广泛，因为它可以方便地用作电流源和有源负载。使用电流镜可以提高电压增益和 CMRR。

15.8 节　当差分放大器接入负载电阻时，最好的分析方法是采用戴维南定理。先用前面章节中的方法计算出 v_{out}，该电压作为戴维南电压。差分输出时的戴维南电阻为 $2R_C$；单端输出时则为 R_C。

定义

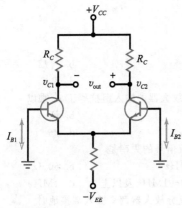

(15-1)　差分输出
$$v_{\text{out}} = v_{c2} - v_{c1}$$

(15-12)　输入偏置电流
$$I_{\text{in(bias)}} = \frac{I_{B1} + I_{B2}}{2}$$

(15-13)　输入失调电流
$$I_{\text{in(off)}} = I_{B1} - I_{B2}$$

推论

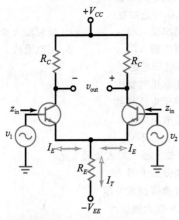

(15-2)　差分输出
$$v_{\text{out}} = A_v(v_1 - v_2)$$

(15-5)　尾电流
$$I_T = \frac{V_{EE}}{R_E}$$

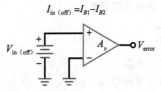

(15-15)　输入失调电压
$$V_{\text{in(off)}} = \frac{V_{\text{error}}}{A_v}$$

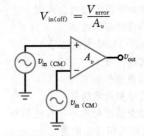

(15-21)　共模抑制比
$$\text{CMRR} = \frac{A_v}{A_{v(\text{CM})}}$$

(15-22)　CMRR 的分贝值
$$\text{CMRR}_{\text{dB}} = 20 \lg \text{CMRR}$$

(15-6)　发射极电流
$$I_E = \frac{I_T}{2}$$

(15-9)　单端输出
$$A_v = \frac{R_C}{2r_e'}$$

(15-10)　差分输出
$$A_v = \frac{R_C}{r_e'}$$

(15-11)　输入阻抗
$$z_{\text{in}} = 2\beta r_e'$$

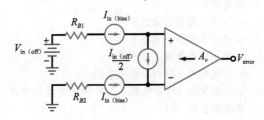

(15-16)　**第一种误差电压**

$$V_{1\text{err}} = (R_{B1} - R_{B2})I_{\text{in(bias)}}$$

(15-17)　**第二种误差电压**

$$V_{2\text{err}} = (R_{B1} + R_{B2})\frac{I_{\text{in(off)}}}{2}$$

(15-18)　**第三种误差电压**

$$V_{3\text{err}} = V_{\text{in(off)}}$$

(15-19)　**总输出失调电压**

$$V_{\text{error}} = A_v(V_{1\text{err}} + V_{2\text{err}} + V_{3\text{err}})$$

(15-20)　**共模电压增益**

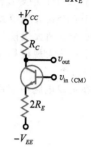

$$A_{v(\text{CM})} = \frac{R_C}{2R_E}$$

选择题

1. 单片集成电路
   - a. 由分立电路组成
   - b. 在一个芯片上
   - c. 由薄膜和厚膜电路组合而成
   - d. 也叫作混合集成电路

2. 运算放大器可以放大的信号
   - a. 仅为交流信号
   - b. 仅为直流信号
   - c. 交流信号和直流信号
   - d. 既不是交流信号也不是直流信号

3. 器件通过焊接相连接的是
   - a. 分立电路　　　　b. 集成电路
   - c. SSI　　　　d. 单片集成电路

4. 差分放大器的尾电流是
   - a. 集电极电流的一半
   - b. 等于集电极电流
   - c. 集电极电流的两倍
   - d. 等于基极电流之差

5. 尾电阻上端的节点电压值最接近于
   - a. 集电极电源电压
   - b. 零
   - c. 发射极电源电压
   - d. 尾电流乘以基极电阻

6. 输入失调电流等于
   - a. 两个基极电流之差
   - b. 两个基极电流的平均值
   - c. 集电极电流除以电流增益
   - d. 两个基极-发射极电压之差

7. 尾电流等于
   - a. 两个发射极电流之差
   - b. 两个发射极电流之和
   - c. 集电极电流除以电流增益
   - d. 集电极电压除以集电极电阻

8. 输出端开路（没有负载）的差分放大器的电压增益等于 R_C 除以

   - a. r_e'　　　　b. $r_e'/2$
   - c. $2r_e'$　　　　d. R_E

9. 差分放大器的输入阻抗等于 r_e' 乘以
   - a. 0　　　　b. R_C
   - c. R_E　　　　d. 2β

10. 直流信号的频率是
    - a. 0Hz　　　　b. 60Hz
    - c. 0～1MHz 及以上　　　d. 1MHz

11. 当差分放大器两个输入端接地时
    - a. 基极电流相等
    - b. 集电极电流相等
    - c. 一般存在输出失调电压
    - d. 交流输出电压为零

12. 输出失调电压的来源之一是
    - a. 输入偏置电流
    - b. 集电极电阻的差异
    - c. 尾电流
    - d. 共模电压增益

13. 共模信号是加在
    - a. 同相输入端　　　b. 反相输入端
    - c. 两个输入端　　　d. 尾电阻的上端

14. 共模电压增益
    - a. 比电压增益小
    - b. 等于电压增益
    - c. 比电压增益大
    - d. 以上都不对

15. 运算放大器的输入级通常是
    - a. 差分放大器
    - b. B类推挽放大器
    - c. CE 放大器
    - d. 发射极负反馈放大器

16. 差分放大器"尾"的性能如同
    - a. 电池　　　　b. 电流源
    - c. 晶体管　　　d. 二极管

17. 差分放大器的共模电压增益等于 R_C 除以

a. r_e' b. $r_e'/2$

c. $2r_e'$ d. R_E

18. 当差分放大器的两个基极接地时，两个发射结上的压降

 a. 为零   b. 等于 0.7V

 c. 相同   d. 很高

19. 共模抑制比

 a. 非常低

 b. 常用分贝值来表示

 c. 等于电压增益

 d. 等于共模电压增益

20. 运算放大器的典型输入级是

 a. 单端输入、单端输出

 b. 单端输入、差分输出

 c. 差分输入、单端输出

d. 差分输入、差分输出

21. 输入失调电流通常

 a. 小于输入偏置电流

 b. 等于零

 c. 小于输入失调电压

 d. 当接入基极电阻时就不太重要了

22. 当两个基极都接地时，导致输出电压失调的因素仅有

 a. 输入失调电流 b. 输入偏置电流

 c. 输入失调电压 d. β

23. 有负载的差分放大器的电压增益

 a. 大于无负载时的电压增益

 b. 等于 R_C/r_e'

 c. 小于无负载时的电压增益

 d. 无法确定

习题

15.2 节

15-1 图 15-33 电路中的理想电压和电流分别是多少？

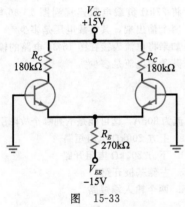

图 15-33

15-2 **⫴Multisim**采用二阶近似，重新计算题 17-1。

15-3 图 15-34 电路中的理想电流和电压分别是多少？

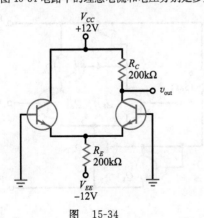

图 15-34

15-4 **⫴Multisim**采用二阶近似，重新计算题 15-3。

15.3 节

15-5 图 15-35 电路的交流输出电压是多少？如果 $\beta = 275$，差分放大器的输入阻抗是多少？用理想化近似方法求解尾电流。

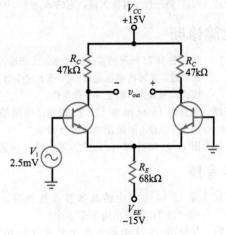

图 15-35

15-6 采用二阶近似，重新计算题 15-5。

15-7 当同相输入端接地，反相输入 $v_2 = 1\text{mV}$ 时，重新计算题 15-5。

15.4 节

15-8 图 15-36 所示差分放大器的 $A_v = 360$，$I_{\text{in(bias)}} = 600\text{nA}$，$I_{\text{in(off)}} = 100\text{nA}$，$V_{\text{in(off)}} = 1\text{mV}$，输出失调电压是多少？如果基极电阻匹配，输出失调电压是多少？

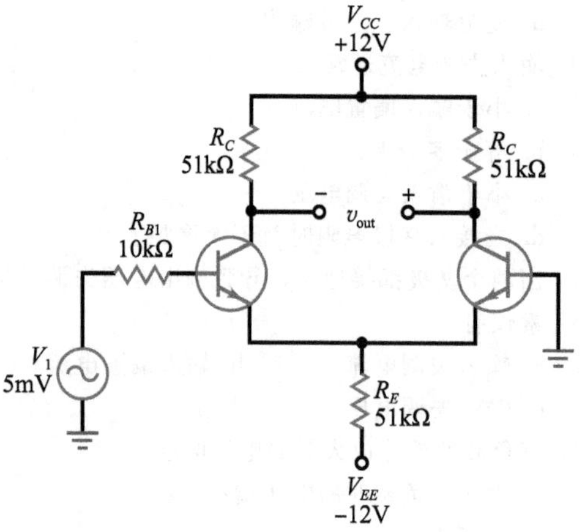

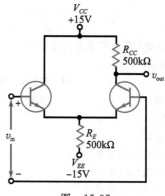

图 15-36

15-9 图 15-36 所示差分放大器的 $A_v = 250$，$I_{in(bias)} = 1\mu A$，$I_{in(off)} = 200nA$，$V_{in(off)} = 5mV$，输出失调电压是多少？如果基极电阻匹配，则输出失调电压是多少？

15.5 节

15-10 图 15-37 电路的共模电压增益是多少？如果两个基极上的共模电压为 $20\mu V$，那么共模输出电压是多少？

15-11 如果图 15-37 电路的 $v_{in} = 2mV$，$v_{in(CM)} = 5mV$，其交流输出电压是多少？

15-12 741C 是一种运算放大器，它的 $A_v = 100\,000$，

图 15-37

最小 $CMRR_{dB} = 70dB$。其共模电压增益是多少？如果有用信号和共模信号都是 $5\mu V$，其输出电压是多少？

15-13 如果将电源电压减小为 $+10V$ 和 $-10V$，图 15-37 电路的共模抑制比为多少？用分贝值表示。

15-14 某个运放的数据手册中给出 $A_v = 150\,000$，$CMRR_{dB} = 85dB$，其共模电压增益是多少？

15.8 节

15-15 将 $27k\Omega$ 负载电阻连接到图 15-36 电路的两个输出端，其负载电压是多少？

15-16 如果将电流表接在图 15-36 电路的输出端，其负载电流是多少？

故障诊断

15-17 如果图 15-35 所示的差分放大器的反相输入端未接地，其输出电压是多少？基于这个答案，说说差分放大器的正常工作条件。

15-18 如果图 15-34 电路上方的 $200k\Omega$ 电阻被误用为 $20k\Omega$，则输出电压等于什么？

15-19 图 15-34 电路的 v_{out} 几乎为零，输入偏置电

流为 80nA，这可能是下列哪个故障引起的？

a. 上方 $200k\Omega$ 电阻短路
b. 下方 $200k\Omega$ 电阻开路
c. 左侧基极开路。
d. 两个输入端短路

思考题

15-20 图 15-34 电路中的晶体管参数相等，且 $\beta_{dc} = 200$，其输出电压是多少？

15-21 如果图 15-34 电路中每个晶体管的 $\beta_{dc} = 300$，其基极电压是多少？

15-22 图 15-38 电路中的晶体管 Q_3 和 Q_5 是晶体管 Q_4 和 Q_6 的补偿二极管，求尾电流。流过有源负载的电流是多少？

15-23 改变图 15-38 电路中的 $15k\Omega$ 电阻，使尾电流为 $15\mu A$，求新的电阻值。

15-24 在室温下，图 15-34 电路的输出电压是 6.0V。当温度升高时，每个发射结的 V_{BE} 会减小，如果左边晶体管的 V_{BE} 每度减小

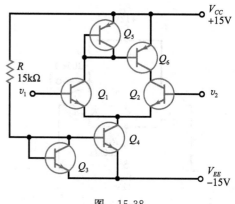

图 15-38

2mV，右边晶体管的 V_{BE} 每度减小 2.1mV。在 75℃时，输出电压是多少？

15-25 若图 15-39a 中每个信号源的直流电阻均为零。则晶体管的 r'_e 为多少？如果两个集电极间的电压作为交流输出电压，则电压增益是多少？

15-26 如果图 15-39b 电路中的晶体管都相同，则尾电流是多少？左边集电极与地之间的电压是多少？右边集电极与地之间电压是多少？

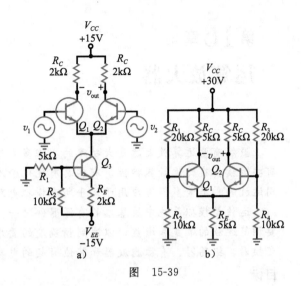

图　15-39

求职面试问题

1. 请画出差分放大器的六种结构，并标明输入和输出的同相、反相、单端或差分情况。
2. 画一个差分输入、单端输出的差分放大器。说明如何计算尾电流、发射极电流和集电极电压。
3. 画一个电压增益为 R_C/r'_e 的差分放大器。再画一个电压增益为 $R_C/2r'_e$ 的差分放大器。
4. 解释什么是共模信号？当输入端出现共模信号时，差分放大器有什么好处？
5. 将电流表接在差分放大器的两个输出端之间，如何计算流过电流表的电流？
6. 如果一个采用尾电阻的差分放大器的 CMRR 不

符合要求，如何提高 CMRR？
7. 什么是电流镜？为什么要使用电流镜？
8. CMRR 的值应该是大还是小？为什么？
9. 差分放大器中的两个晶体管的发射极连在一起，其电流来自一个共同的电阻，如果要用其他器件替代该电阻，选用什么器件可以改善电路的性能？
10. 为什么差分放大器比 CE 放大器输入阻抗高？
11. 电流镜有什么用途？
12. 使用电流镜有什么好处？
13. 如何用欧姆表测试 741 运算放大器？

选择题答案

1. b 　2. c 　3. a 　4. c 　5. b 　6. a 　7. b 　8. a 　9. d 　10. a 　11. c 　12. b 　13. c 　14. a 　15. a
16. b 　17. d 　18. c 　19. b 　20. c 　21. a 　22. c 　23. a

自测题答案

15-1 $I_T=3\text{mA}$; $I_E=1.5\text{mA}$; $V_C=7.5\text{V}$
$V_E=0\text{V}$;

15-2 $I_T=2.86\text{mA}$; $I_E=1.42\text{mA}$; $V_C=7.85\text{V}$
$V_E=-0.7\text{V}$;

15-3 $I_T=3.77\text{mA}$; $I_E=1.88\text{mA}$; $V_E=6.35\text{V}$

15-4 $I_E=1.5\text{mA}$; $r'e=1.67\Omega$; $A_v=300$;
$V_{out}=300\text{mV}$; $z_{in(base)}=10\text{k}\Omega$

15-7 $I_T=30\mu\text{A}$; $r'_e=1.67\text{k}\Omega$; $A_v=300$;

$V_{out}=2.1\text{V}$; $z_{in}=1\text{M}\Omega$

15-9 $V_{error}=638\text{mV}$

15-10 $A_{v(CM)}=0.25$; $V_{out}=0.25\text{V}$

15-11 $V_{out1}=200\text{mV}$; $V_{out2}=0.5\text{mV}$
$V_{out}=200\text{mV}+0.5\text{mV}$

15-12 $A_{v(CM)}=3.16$; $V_{out1}=0.1\text{V}$; $V_{out2}=3.16\mu\text{V}$

15-13 $V_L=1.2\text{V}$

15-14 $I_L=0.4\text{mA}$

第16章
运算放大器

虽然有些运算放大器是大功率的，但多数运放功率较低，其最大额定功率不超过1W。有些运放具有优化带宽特性，有些具有优化输入失调特性，还有些具有优化噪声特性。商用运放的种类繁多，可应用于几乎所有模拟电路中。

运放是模拟系统中最基本的有源器件之一。例如，通过两个外接电阻，就可以根据需要调节运放的带宽和增益，以达到精确度的要求。还可以通过其他外接元件，构建出波形变换器、振荡器、有源滤波器和其他有趣的电路。

目标

在学习完本章后，你应该能够：
- 掌握理想运放和741运放的特性；
- 描述摆率的定义，并利用它来计算运放的功率带宽；
- 分析反相放大器中的运放；
- 分析同相放大器中的运放；
- 解释加法放大器和电压跟随器的工作原理；
- 列出其他线性集成电路及其应用。

关键术语

Bi-FET 运算放大器（BIFET op amp）

自举电路（bootstrapping）

闭环电压增益（closed-loop voltage gain）

补偿电容（compensating capacitor）

一阶响应（first-order response）

增益带宽积（gain-bandwidth product，GBW）

反相放大器（inverting amplifier）

混音器（mixer）

同相放大器（noninverting amplifer）

调零电路（nulling circuit）

开环带宽（open-loop bandwidth）

开环电压增益（open-loop voltage gain）

输出失调电压（output error voltage）

功率带宽（power bandwidth）

电源电压抑制比（power supply rejection ratio，PSRR）

短路输出电流（short-circuit output current）

摆率（slew rate）

加法放大器（summing amplifier）

虚地（virtual ground）

虚短（virtual short）

压控电压源（voltage-controlled voltage source，VCVS）

电压跟随器（voltage follower）

阶跃电压（voltage step）

16.1 运算放大器概述

图 16-1 所示是运算放大器的原理框图。输入级是差分放大器，后面是多级放大器，最后是 B 类推挽射极跟随器。由于差分放大器是第一级，它决定了运放的输入特性。大多数运放采用单端输出，如图 16-1 所示。采用正负电源供电时，单端输出的静态工作点常

设计为 0V。这样，零输入电压可以获得零输出电压。

　　并不是所有运放的设计都与图 16-1 相同。例如，有些运放没有使用 B 类推挽输出，而有些则可能采用双端输出。而且，运放也并不像图 16-1 所示的那样简单。单片集成运放的内部设计非常复杂，要用到大量的晶体管作为电流镜、有源负载以及其他在分立电路设计中无法实现的新型电路。但图 16-1 体现了典型运放的两个重要特征：差分输入和单端输出。

图 16-1　运放的框图

　　图 16-2a 所示是运放的电路符号。它具有同相输入、反相输入和单端输出。理想情况下，这个符号表示放大器的电压增益无穷大，输入阻抗无穷大，输出阻抗为零。理想运放代表了完美的电压放大器，而且通常作为**压控电压源**（VCVS）。这个压控电压源可以表示为图 16-2b，其中输入电阻 R_{in} 无穷大，输出电阻 R_{out} 为零。

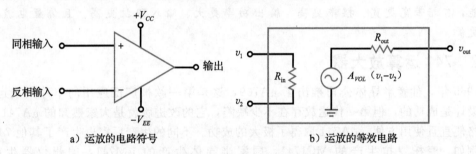

a）运放的电路符号　　　　　　b）运放的等效电路

图 16-2　运放的符号和等效电路

　　表 16-1 总结了理想运放的特性。理想运放的电压增益、单位增益带宽、输入阻抗及共模抑制比均为无穷大。而且，其输出阻抗、偏置电流及失调均为零。上述特性是生产厂家所追求的目标，实际制造的运放参数接近这些理想值。

表 16-1　典型运放的参数

特性	符号	理想值	LM741C	LF157A
开环电压增益	A_{VOL}	无穷大	100 000	200 000
单位增益带宽	f_{unity}	无穷大	1MHz	20MHz
输入电阻	R_{in}	无穷大	2MΩ	10^{12}Ω
输出电阻	R_{out}	0	75Ω	100Ω
输入偏置电流	$I_{in(bias)}$	0	80nA	30pA
输入失调电流	$I_{in(off)}$	0	20nA	3pA
输入失调电压	$V_{in(off)}$	0	2mV	1mV
共模抑制比	CMRR	无穷大	90dB	100dB

　　例如，表 16-1 中的 LM741C 是从 20 世纪 60 年代起就开始使用的标准传统运放。它仅仅具有单片集成运放的最低性能。LM741C 的特性包括电压增益为 100 000，单位增益带宽为 1MHz，输入阻抗为 2MΩ 等。由于电压增益很高，输入失调很容易使运放进入饱和区，因此实际电路需要在运放的输入与输出之间加入外部元件来稳定电压增益。例如，

在许多应用中采用负反馈将电压增益调整到相对较低的值以使运放稳定在线性工作区。

如果没有采用反馈电路（或反馈环路），则电压增益最大，称为**开环电压增益**，记作 A_{VOL}。表 16-1 中列出 LM741C 的 A_{VOL} 是 100 000。这个开环电压增益尽管不是无穷大，但也足够大了。例如，输入只有 $10\mu V$ 时，其输出电压就可以达到 1V。由于开环增益很高，可以采用深度负反馈来改善电路的整体性能。

741C 的单位增益带宽为 1MHz，这意味着可以在 1MHz 频率范围内获得电压增益。741C 的输入电阻为 $2M\Omega$，输出电阻为 75Ω，输入偏置电流为 80nA，输入失调电流为 20nA，输入失调电压为 2mV，CMRR 为 90dB。

当需要高输入阻抗时，可以使用 **Bi-FET 运算放大器**。这种运放在同一块芯片中结合了 JFET 和双极型晶体管，其中 JFET 作为输入级，以获得较小的输入偏置电流和失调电流；后级采用双极型晶体管，以获得更高的电压增益。

LF157A 是 Bi-FET 运算放大器的一个例子。如表 16-1 所示，其输入偏置电流仅有 30pA，输入电阻达到 $10^{12}\,\Omega$。LF157A 的电压增益为 200 000，单位增益带宽为 20MHz。使用该器件可以在 20MHz 频率范围内获得电压增益。

> **知识拓展**　现代通用运放多数采用 Bi-FET 技术，以获得比双极型运放更好的性能，包括带宽更宽、摆率更高、输出功率更大、输入阻抗更高，且偏置电流更低。

16.2　741 运算放大器

1965 年，仙童半导体公司推出了 $\mu A709$，这是第一款被广泛应用的单片集成运放。尽管设计是成功的，但第一代运放存在不少缺陷，它的改进版就是大家熟知的 $\mu A741$。由于价格便宜且使用方便，$\mu A741$ 取得了极大的成功。不同的生产厂家也生产了其他 741 产品，例如，摩托罗拉生产的 MC1741，国家半导体生产的 LM741，德州仪器生产的 SN72741。所有这些单片集成运放与 $\mu A741$ 是等同的，因为其数据手册上的指标参数相同。为方便起见，多数人在使用时省去前缀，将这种广泛应用的运放简称为 741。

16.2.1　工业标准

741 已经成为工业标准。通常来说，在设计中可以首先尝试使用这种运放。当 741 无法达到设计要求时，则可以选择性能更好的运放。因为 741 是标准的，在讨论中可将它作为基本器件。只要理解了 741 的原理，便可以举一反三地理解其他运放的原理。

此外，741 有不同的版本，分别记为 741、741A、741C、741E 和 741N，这些运放在电压增益、温度范围、噪声水平及其他性能方面有所不同。741C（C 代表"商用级"）是最便宜且应用最广泛的。它的开环电压增益为 100 000，输入阻抗为 $2M\Omega$，输出阻抗为 75Ω。图 16-3 所示是三种常见的封装形式以及它们各自的外部引脚。

16.2.2　输入差分放大器

图 16-4 是 741 运放的简化电路原理图，这个电路可用于 741 和许多后续升级运放产品。不需要理解电路设计的每一个细节，但需要对电路的工作原理有整体的了解。下面介绍 741 的基本原理。

741 的输入级是差分放大器（Q_1 和 Q_2）。Q_{14} 作为电流源取代尾电阻。R_2、Q_{13} 和 Q_{14} 构成电流镜为 Q_1 和 Q_2 提供尾电流。这里没有采用一般的电阻作集电极电阻，而是采用了

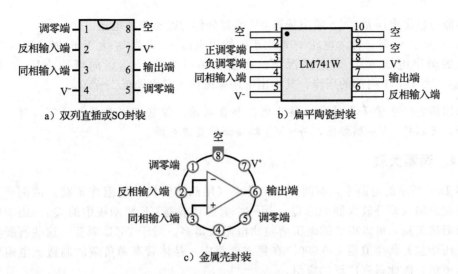

a）双列直插或SO封装　　　　　　b）扁平陶瓷封装

c）金属壳封装

图 16-3　741 的封装形式和输出引脚

有源负载电阻。该有源负载 Q_4 的作用类似电流源，具有极高的阻抗。因此，这个差分放大器的电压增益比采用无源负载电阻的放大器高很多。

　　被差分放大器放大后的信号驱动射极跟随器 Q_5 的基极，射极跟随器的高输入阻抗提高了第一级差分放大级的负载电阻。Q_5 的输出信号输入到 Q_6。二极管 Q_7 和 Q_8 是末级静态偏置的一部分。Q_{11} 是 Q_6 的有源负载。这样，Q_6 和 Q_{11} 构成 CE 放大级，且具有很高的电压增益。

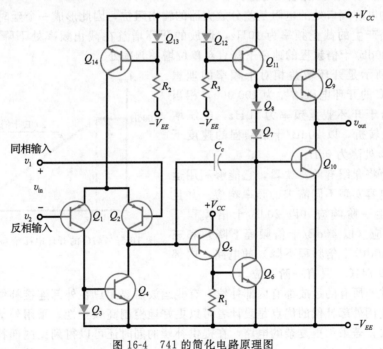

图 16-4　741 的简化电路原理图

16.2.3　末级放大器

　　CE 驱动级（Q_6）输出的放大信号到达末级，该级电路是 B 类推挽射极跟随器（Q_9 和 Q_{10}）。由于是双电源供电（数值相等的正电压 V_{CC} 和负电压 V_{EE}），当输入电压为 0V 时，理想的静态输出电压是 0V。输出偏离 0V 的部分称为**输出失调电压**。

当 v_1 大于 v_2 时，输入电压 v_{in} 产生正的输出电压 v_{out}。当 v_2 大于 v_1 时，输入电压 v_{in} 产生负的输出电压 v_{out}。理想情况下，在信号切顶之前，v_{out} 正向可达 $+V_{CC}$，负向可达 $-V_{EE}$。由于 741 内部的压降，其输出电压幅度比正负电源低 1～2V。

知识拓展 尽管 741 通常连接正电源和负电源，但它可以在单电源下工作。例如，可以将 $-V_{EE}$ 端接地，将 $+V_{CC}$ 端接正的直流电源。

16.2.4　有源负载

图 16-4 所示的电路中，有两个有源负载（用晶体管代替电阻作负载）的例子。一个有源负载是输入差分放大器中的 Q_4，另一个有源负载是 CE 驱动级中的 Q_{11}。由于电流源的输出阻抗很高，可以得到的电压增益比电阻大得多。对于 741C 而言，这些有源负载产生的电压增益的典型值是 100 000。在集成电路中，晶体管有源负载的制造比电阻更容易且成本更低，因此得到广泛的应用。

16.2.5　频率补偿

图 16-4 中的 C_c 是**补偿电容**。由于密勒效应的存在，这个小电容（典型值为 30pF）得到了倍增，与 Q_5 和 Q_6 产生的电压增益相乘后得到一个非常大的等效电容：

$$C_{in(M)} = (A_v + 1)C_c$$

其中，A_v 是 Q_5 和 Q_6 级的电压增益。

这个密勒电容端口处的电阻是差分放大器的输出阻抗，因此形成一个延时电路。741C 中的延时电路产生的截止频率为 10Hz，运放的开环增益在截止频率处下降 3dB。随后，A_{VOL} 以大约 20dB/十倍频程的速率下降直至单位增益频率处。

图 16-5 所示是开环增益相对于频率的理想波特图。741C 的开环电压增益为 100 000，相当于 100dB。由于开环截止频率为 10Hz，电压增益在 10Hz 处转折，以 20dB/十倍频程的速度下降直至 1MHz 处降为 0dB。

后续章节将介绍有源滤波器，它能够利用运放、电阻和电容实现不同需求的频率响应。并且还会讨论产生一阶响应（以 20dB/十倍频程下降）、二阶响应（以 40dB/十倍频程下降）和三阶响应（以 60dB/十倍频程下降）的电路。内部补偿运放（如 741C）具有**一阶响应**。

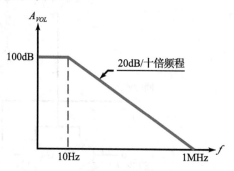

图 16-5　741C 的开环电压增益理想波特图

此外，并非所有的运放都有内部补偿，有些运放需要用户在外部连接补偿电容以避免出现振荡。使用外部补偿的优点是设计者可以更好地控制高频特性。采用外部电容是最简单的补偿方法，若采用更复杂的电路，在提供补偿的同时还可以得到比内部补偿更高的单位增益带宽（f_{unity}）。

16.2.6　偏置和失调

在没有输入信号时，差分放大器的输入偏置和失调会产生输出失调电压。在很多应用中，输出失调很小，可以忽略。但是当输出失调不可忽略时，则可以通过使用相同的基极电阻来减小它。这样做可消除偏置电流带来的影响，但并没有消除失调电流或失调电压带来的影响。

因此，消除输出失调的最好办法是使用**调零电路**，该电路由数据手册给出。使用推荐的调零电路与内部电路相结合，可以减小输出失调并使温度漂移最小。温度漂移指的是由于温度改变引起运放参数变化所导致的输出电压的缓慢变化。有时运放的数据手册中不包括调零电路。此时，需要再加入一个小的输入电压使输出为零。后文将对该方法进行介绍。

图 16-6 所示是 741C 的数据手册中给出的调零方法。驱动反相输入端的交流电源的戴维南电阻为 R_B，为了抵消流过电源电阻的输入偏置电流（80nA）的影响，在同相输入端增加一个等值的分立电阻，如图 16-6 所示。

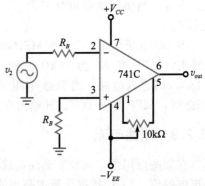

图 16-6　741C 中使用的补偿和调零电路

为了消除 20nA 的输入失调电流和 2mV 的输入失调电压的影响，数据手册中推荐在引脚 1 和 5 之间连接一个 10kΩ 的电位器，通过调整这个电位器，使得在无输入信号时的输出电压为零。

16.2.7　共模抑制比

741C 在低频下的 CMRR 是 90dB。对于两个幅度相同的信号，一个是有用信号[⊖]，另一个是共模信号，则有用信号的输出比共模信号的输出大 90dB。即输出信号中有用信号比共模信号大 30 000 倍左右。高频时，电抗效应将使 CMRR 降低，如图 16-7a 所示。可以看到，CMRR 在 1kHz 时约为 75dB，在 10kHz 时约为 56dB。

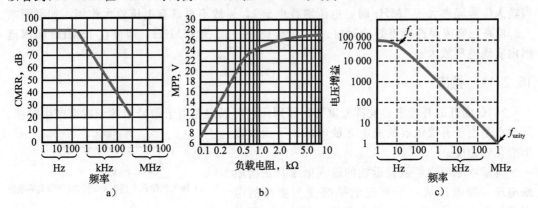

图 16-7　典型 741C 的 CMRR、MPP 和 A_{VOL}

16.2.8　最大输出电压峰峰值

放大器的 MPP 值是指放大器输出电压能达到的未被削波的最大峰峰值。由于理想情况下运放的静态输出电压是 0V，交流输出电压可以是正的或者负的。由于负载电阻远大

⊖　通常指的是差模信号。——译者注

于 R_{out}，输出电压摆幅可以近似达到电源电压值。例如，若 $V_{CC} = +15\text{V}$，$V_{EE} = -15\text{V}$，负载电阻为 $10\text{k}\Omega$，则 MPP 的理想值为 30V。

对于非理想运放，由于最后一级存在小的压降，所以输出电压摆幅不能达到电源电压值。而且，当负载电阻相对于 R_{out} 不太大时，一部分电压加在 R_{out} 上，即最终的输出电压变小了。

图 16-7b 所示是 741C 的 MPP 与负载电阻的关系，其电源电压为 +15V 和 -15V。可以看出，MPP 在 R_L 为 $10\text{k}\Omega$ 时约为 27V，这意味着输出在正电压 +13.5V 和负电压 -13.5V 时进入饱和。当负载电阻减小时，MPP 也随之下降。例如，当负载电阻仅有 275Ω 时，MPP 降至 16V，即输出在正电压 +8V 和负电压 -8V 时进入饱和。

16.2.9 短路电流

在某些应用中，运放驱动的负载电阻可能会接近零。在这种情况下，需要知道**短路输出电流**的值。741C 数据手册中列出的短路输出电流为 25mA，这是运放能够产生的最大输出电流。如果使用的负载电阻很小（小于 75Ω），就不可能得到大的输出电压，因为输出电压不可能大于 25mA 电流与负载电阻的乘积。

16.2.10 频率响应

图 16-7c 所示是 741C 的小信号频率响应特性。中频区的电压增益为 100 000，截止频率 f_c 为 10Hz。电压增益在 10Hz 时为 70 700（下降了 3dB）。在截止频率以上，电压增益以 20dB/十倍频程的速度下降（一阶响应）。

单位增益频率是电压增益为 1 时对应的频率，如图 16-7c 所示，f_{unity} 为 1MHz。数据手册通常给出 f_{unity} 的值，因为它表示了运放能够提供有用增益的频率上限。例如，741C 的数据手册中给出 f_{unity} 为 1MHz，意思是 741C 可以对频率小于 1MHz 的信号进行放大，当输入信号频率大于 1MHz 时，电压增益小于 1，运放不再具有电压放大作用。如果要求 f_{unity} 较高，则需要选择更好的运放。如 LM318 的 f_{unity} 为 15MHz，即可在 15MHz 频率范围内实现电压放大。

16.2.11 摆率

741C 内部的补偿电容发挥着重要的作用，它可以避免由于信号中的干扰而产生振荡。但缺点是由于补偿电容的充电和放电限制了运放输出变化的速度。

其基本原理为：假设运放的输入电压是正向**阶跃电压**，即电压从一个直流电平突变为更高的电平。如果运放是理想的，可以得到如图 16-8a 所示的理想响应，然而实际得到的响应却是一个以正指数规律变化的波形。出现这种情况是因为当输出电压变到较高值时，必须先对补偿电容进行充电。

如图 16-8a，指数波形最初的斜率称为**摆率**，记作 S_R。摆率的定义是：

$$S_R = \frac{\Delta v_{\text{out}}}{\Delta t} \qquad (16\text{-}1)$$

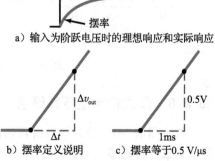

a）输入为阶跃电压时的理想响应和实际响应

b）摆率定义说明   c）摆率等于0.5 V/μs

图 16-8 摆率

其中，希腊字母 Δ 表示变化量。该式的含义是：摆率等于输出电压变化量除以该变化所用的时间。

图 16-8b 说明了摆率的含义：最初的斜率等于指数曲线起始部分两点间的纵向变化量除以横向变化量。例如，设指数曲线在第一个微秒内增加了 0.5V，如图 16-8c 所示，则摆率为：

$$S_R = \frac{0.5\text{V}}{1\mu\text{s}} = 0.5\text{V}/\mu\text{s}$$

摆率代表的是运放能够产生的最快响应速度。例如，741C 的摆率为 $0.5\text{V}/\mu\text{s}$，意思是 741C 的输出变化不会超过 $0.5\text{V}/\mu\text{s}$。换句话说，如果741C 被一个大的输入阶跃电压驱动，则无法得到突变的阶跃输出，而是得到一个指数的输出波形，输出波形的起始部分类似图 16-8c 所示的曲线。

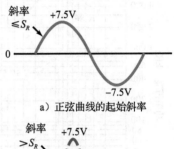

a）正弦曲线的起始斜率

正弦信号也会受到摆率的限制。原因是只有当正弦波的起始斜率小于摆率时才能产生如图 16-9a 所示的正弦波输出。例如，当输出的正弦波起始斜率为 $0.1\text{V}/\mu\text{s}$，741C 可以输出该正弦波，因为摆率为 $0.5\text{V}/\mu\text{s}$。而当正弦波起始斜率为 $1\text{V}/\mu\text{s}$，输出就会小于本应输出的值，而且波形看起来像三角波而不是正弦波，如图 16-9b 所示。

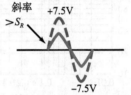

b）当起始斜率超过摆率时出现失真

图 16-9　摆率失真

运放的数据手册中通常会给出摆率的值，因为摆率会限制运放的大信号响应。如果输出的正弦波很小或者频率很低，摆率不会成为问题。但当信号较大且频率较高时，摆率就会导致输出信号失真。

通过计算，可以得到下式：

$$S_S = 2\pi f V_p$$

其中，S_S 是正弦波的起始斜率，f 是正弦信号的频率，V_p 是它的峰值。为了避免摆率引起正弦波的失真，S_S 必须小于或等于 S_R。当二者相等时，信号达到极限状态，即处于摆率失真的边缘。此时：

$$S_R = S_S = 2\pi f V_p$$

求得 f 为：

$$f_{\max} = \frac{S_R}{2\pi V_p} \tag{16-2}$$

其中，$f_{\max}$ 是未发生摆率失真情况下能够实现放大的最高频率。已知运放的摆率和要求的输出电压峰值，便可以利用式（16-2）来计算最大不失真频率。如果超过该频率，则会在示波器上看到摆率失真。

频率 $f_{\max}$ 有时被称为运放的**功率带宽**或大信号带宽。图 16-10 所示的是基于式（16-2）的三种摆率情况下的特性曲线。最下方的曲线对应摆率为 $0.5\text{V}/\mu\text{s}$，它适用于 741C，最上方的曲线对应摆率为 $50\text{V}/\mu\text{s}$，适用于 LM318（它的最小摆率为 $50\text{V}/\mu\text{s}$）。

例如，假定使用的是 741C，为了获得峰值为 8V 的无失真输出，则频率不能高于 10kHz（见图 16-10）。提高 $f_{\max}$ 的一种方法是降低输出电压，用输出峰值电压换取输出频率可以增加功率带宽。例如，若实际应用可接受的输出峰值电压为 1V，则 $f_{\max}$ 可增加至 80kHz。

在分析运放电路时，需要考虑两种带宽：由运放一阶响应决定的小信号带宽和由摆率决定的大信号带宽或功率带宽。这两种带宽将在后续章节中进一步讨论。

例 16-1 若使图 16-11a 电路中的 741C 进入负向饱和区，需要多大的反相输入电压？

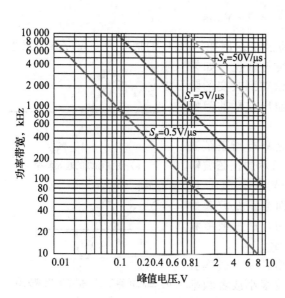

图 16-10 功率带宽与峰值电压的关系

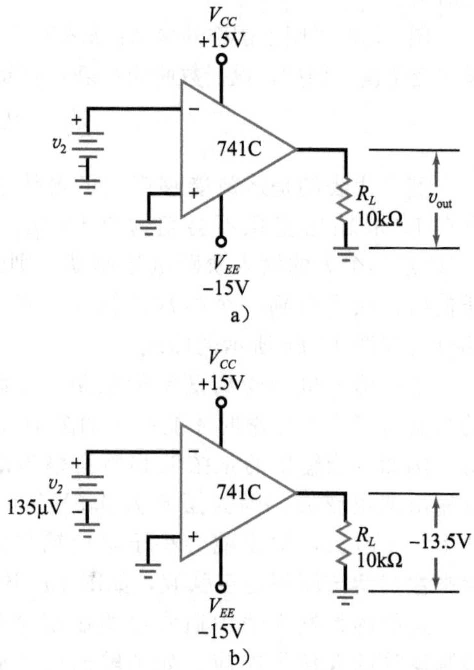

图 16-11 举例

解： 由图 16-7b 可知，MPP 在负载电阻为 10kΩ 时等于 27V，转化为负向饱和输出电压为 -13.5V。741C 的开环电压增益为 100 000，则其所需的输入电压为：

$$v_2 = \frac{13.5\text{V}}{100\,000} = 135\mu\text{V}$$

图 16-11b 给出了答案，135μV 的反相输入电压可导致输出负向饱和，输出电压为 -13.5V。◀

自测题 16-1 设 $A_{VOL} = 200\,000$，重新计算例 16-1。

例 16-2 当输入信号频率为 100kHz 时，741C 的 CMRR 为多少？

解： 由图 16-7a 可知，在 100kHz 时的 CMRR 约为 40dB，相当于 100。这说明在输入信号频率为 100kHz 时，有用信号的放大倍数比共模信号的放大倍数大 100 倍。◀

自测题 16-2 当输入信号频率为 10kHz 时，741C 的 CMRR 为多少？

例 16-3 在 1kHz、10kHz 和 100kHz 时，741C 的开环电压增益分别为多少？

解： 由图 16-7a 可知，在 1kHz、10kHz 和 100kHz 时，电压增益分别为 1000、100、10。输入信号频率每扩大为原来的 10 倍，则输出电压增益减小为原来的 1/10。◀

例 16-4 运放的输入是一个大的阶跃电压，输出是 0.1μs 内变化 0.25V 的指数波形，求该运放的摆率。

解： 由式（16-1）：

$$S_R = \frac{0.25\text{V}}{0.1\mu\text{s}} = 2.5\text{V}/\mu\text{s}$$

◀

自测题 16-4 测得输出电压在 0.2μs 内变化 0.8V，求摆率。

例 16-5 LF411A 的摆率为 $15V/\mu s$，求输出电压峰值为 10V 时的功率带宽。

解： 由式（16-2），得：

$$f_{max} = \frac{S_R}{2\pi V_p} = \frac{15V/\mu s}{2\pi \times 10V} = 239kHz$$ ◀

自测题 16-5 采用运放 741C，且 $V_p = 200mV$，重新计算例 16-5。

例 16-6 求以下各种情况下的功率带宽。

$$S_R = 0.5V/\mu s, \quad V_p = 8V$$
$$S_R = 5V/\mu s, \quad V_p = 8V$$
$$S_R = 50V/\mu s, \quad V_p = 8V$$

解： 由图 16-10 可得，三种情况下的功率带宽分别约为 10kHz、100kHz 和 1MHz。 ◀

自测题 16-6 设 $V_p = 1V$，重新计算例 16-6。

16.3 反相放大器

反相放大器是最基本的运放电路，它利用负反馈来稳定总电压增益。在没有任何形式的反馈时，A_{VOL} 过高且不稳定，以至于无法使用。因此需要稳定总电压增益。例如，741C 的 A_{VOL} 最小值为 20 000，最大值有可能大于 200 000。如果没有负反馈，电压增益大小及其变化都是无法预知的，所以无法使用。

16.3.1 负反馈

图 16-12 所示是一个反相放大器。为了绘图简便，没有标出电源电压。即显示的是交流等效电路。输入电压 v_{in} 通过电阻 R_1 驱动反相输入端，产生反相输入电压 v_2。该输入电压被开环电压增益放大，产生反相输出电压。输出电压通过反馈电阻 R_f 反馈至输入端。由于输出与输入的相位相差 180°，所以形成负反馈。即输入电压引起的 v_2 的任何变化都会通过输出产生相反的变化。

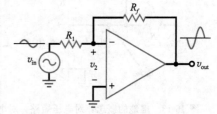

图 16-12 反相放大器

负反馈稳定总电压增益的原理是：如果开环电压增益 A_{VOL} 因为某种原因增加了，则输出电压会相应增加，并反馈更大的电压到反相输入端。这个相反的反馈电压会使 v_2 减小。因此，即使 A_{VOL} 增加，但 v_2 却会减小，最终输出的增量将比没有负反馈时小很多。结果是输出电压仅有微小的增加，可以忽略不计。第 17 章将对负反馈进行详细的数学分析，以便对电路中各参量的变化有更好的理解。

16.3.2 虚地

用导线将电路中某点连接到地时，该点的电压就会变为零，并且导线还提供了一条到地的电流通路。因此，机械接地（通过导线将某点与地相连）是指将电压和电流同时接地。

虚地则不同。这种地在分析反相放大器时经常使用。通过虚地，使得反相放大器及其相关电路的分析变得非常简单。

虚地的概念基于理想运放。理想运放的开环电压增益无穷大，且输入电阻无穷大。因此，得到图 16-13 所示的反相放大器的理想特性如下：

1. 由于 R_{in} 无穷大，所以 i_2 为 0。

2. 由于 A_{VOL} 无穷大，所以 v_2 为 0。

由于图 16-13 电路中的 i_2 为 0，流过 R_f 的电流必须等于流过 R_1 的电流。而且，由于 v_2 等于 0，图 16-13 中虚地意味着反相输入端的电压相当于接地，而它对电流却是开路的。

虚地是一种很特殊的状态，就好像是半个地，因为它对电压是短路的，而对电流是开路的。为了表示这个半地的特性，图 16-13 在反相输入端和地之间用虚线连接，虚线表示对地没有电流。虽然虚地是一种理想化近似，但是采用深度负反馈时，得到的结果是非常准确的。

16.3.3　电压增益

对于图 16-14 所示电路，可以将反相输入端视为虚地点，则 R_1 的右端是地电压，可以得到：

$$v_{in} = i_{in} R_1$$

同理，R_f 的左端是地电压，可得输出电压的值为：

$$v_{out} = - i_{in} R_f$$

v_{out} 除以 v_{in} 可以得电压增益为：

$$A_{v(CL)} = \frac{-R_f}{R_1} \tag{16-3}$$

其中，$A_{v(CL)}$ 称为**闭环电压增益**，因为此时在输出和输入之间存在反馈通路。由于是负反馈，闭环电压增益 $A_{v(CL)}$ 总比开环电压增益 A_{VOL} 小。

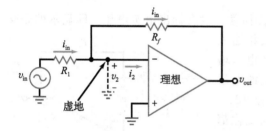

图 16-13　虚地的概念：对电压短路，对电流开路　　图 16-14　在反相放大器中，流过两个电阻的电流相等

可以看到，式（16-3）非常简单和精妙，闭环电压增益等于反馈电阻与输入电阻的比值，等式中的负号表示 $180°$ 的相移。例如，当 $R_1 = 1\text{k}\Omega$，$R_f = 50\text{k}\Omega$ 时，闭环电压增益为 50。由于深度负反馈的作用，这个闭环电压增益非常稳定。如果 A_{VOL} 因温度改变、电源电压变化或是运放的更换而发生变化，$A_{v(CL)}$ 仍会非常接近 50。第 17 章将详细讨论增益的稳定性。

16.3.4　输入阻抗

在有些应用中，可能需要特定的输入阻抗。反相放大器可以很容易地实现需要的输入阻抗，这是它的优势之一。原因如下，由于 R_1 的右端是虚地点，则闭环输入电阻为：

$$Z_{in(CL)} = R_1 \tag{16-4}$$

这是 R_1 左端看到的阻抗，如图 16-14 所示。例如，若需要输入阻抗为 $2\text{k}\Omega$，闭环电压增益为 50，则设计时可以取 $R_1 = 2\text{k}\Omega$，$R_f = 100\text{k}\Omega$。

知识拓展　反相放大器可以有多个输入，由于虚地点的存在，各输入端之间被有效隔离，每个输入端口显现的只是各自的输入阻抗。

16.3.5 带宽

由于有内部补偿电容，运放的**开环带宽**或截止频率非常低。对 741C 而言：

$$f_{2(OL)} = 10\,\text{Hz}$$

开环电压增益曲线在该频率发生转折，并以一阶响应的变化规律下降。

采用负反馈时，总带宽会增加。原因如下：当输入信号频率大于 $f_{2(OL)}$ 时，A_{VOL} 以 20dB/十倍频程的速度下降。当 v_{out} 随之减小时，较小的反向电压被反馈到反相输入端，因此 v_2 增加，使 A_{VOL} 的减小得到补偿。所以，$A_{v(CL)}$ 的转折频率高于 $f_{2(OL)}$。负反馈越深，闭环截止频率越高。或者说，$A_{v(CL)}$ 越小，$f_{2(CL)}$ 越高。

图 16-15 显示了闭环带宽随负反馈的变化情况。可见，负反馈越深（$A_{v(CL)}$ 越小），闭环带宽越大。下面是闭环带宽的公式：

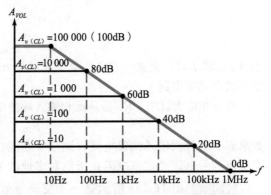

图 16-15 较低的电压增益对应较宽频带

$$f_{2(CL)} = \frac{f_{\text{unity}}}{A_{v(CL)} + 1}$$

在多数应用中，$A_{v(CL)}$ 大于 10，上式可以简化为：

$$f_{2(CL)} = \frac{f_{\text{unity}}}{A_{v(CL)}} \tag{16-5}$$

例如，当 $A_{v(CL)}$ 为 10 时：

$$f_{2(CL)} = \frac{1\,\text{MHz}}{10} = 100\,\text{kHz}$$

这与图 16-14 是相符的。设 $A_{v(CL)}$ 为 100：

$$f_{2(CL)} = \frac{1\,\text{MHz}}{100} = 10\,\text{kHz}$$

同样与图示符合。

式（16-5）可以整理为：

$$f_{\text{unity}} = A_{v(CL)}\, f_{2(CL)} \tag{16-6}$$

注意，单位增益频率等于增益和带宽的乘积。因此，许多数据手册中将单位增益频率称为**增益带宽积**（GBW）。

（注意：数据手册中没有开环电压增益的固定符号，可能会表示为 A_{OL}、A_v、A_{vo} 和 A_{vol}。通常可以清楚地看出这些符号代表的是运放的开环电压增益。本书中采用的是 A_{VOL}。）

16.3.6 偏置和失调

负反馈减小了由输入偏置电流、输入失调电流和输入失调电压引起的输出失调电压。第 15 章讨论的三种输入误差电压和总输出失调电压的公式为：

$$V_{\text{error}} = A_{VOL}(V_{1\text{err}} + V_{2\text{err}} + V_{3\text{err}})$$

使用负反馈时，该等式可以表示为：

$$v_{\text{error}} \approx \pm A_{v(CL)}(\pm v_{1\text{err}} \pm v_{2\text{err}} \pm v_{3\text{err}}) \tag{16-7}$$

其中，V_{error} 是总的输出失调电压。式（16-7）中含有"±号"，而数据手册中不含"±"

号，默认失调电压可以是任意方向的。例如，任一个基极电流都可能比另一个大，且输入失调电压可正可负。

在批量生产中，输入误差可能累加，出现最坏情况。第 15 章讨论过的输入误差，这里重复如下：

$$V_{1\text{err}} = (R_{B1} - R_{B2}) I_{\text{in(bias)}} \tag{16-8}$$

$$V_{2\text{err}} = (R_{B1} + R_{B2}) \frac{I_{\text{in(off)}}}{2} \tag{16-9}$$

$$V_{3\text{err}} = V_{\text{in(off)}} \tag{16-10}$$

当 $A_{v(CL)}$ 较小时，由式（16-7）得到总的输出失调很小，可以忽略。否则，就需要采用电阻补偿和调零电路。

在反相放大器中，R_{B2} 是从反相输入端向电源看去的戴维南电阻。该电阻可由下式得出：

$$R_{B2} = R_1 \parallel R_f \tag{16-11}$$

如果有必要补偿输入偏置电流，则应当在同相输入端连接一个与 R_{B1} 相等的电阻。由于没有交流信号电流经过该电阻，所以对虚地的近似没有影响。

例 16-7 图 16-16a 所示是一个交流等效电路，因此可以忽略由输入偏置和失调引起的输出失调。求闭环电压增益和闭环带宽。当频率为 1kHz 和 1MHz 时，输出电压分别是多少？

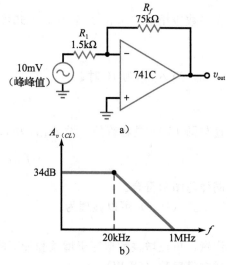

解： 由式（16-13）得到闭环电压增益为：

$$A_{v(CL)} = \frac{-75\text{k}\Omega}{1.5\text{k}\Omega} = -50$$

由式（16-5），可得闭环带宽为：

$$f_{2(CL)} = \frac{1\text{MHz}}{50} = 20\text{kHz}$$

图 16-16b 是闭环电压增益的理想波特图。50 对应的分贝值约等于 34dB。（简便计算：50 是 100 的一半，则用 40dB 减去 6dB。）

1kHz 时的输出电压为：

$$v_{\text{out}} = -50 \times 10\text{mV}（峰峰值）= -500\text{mV}（峰峰值）$$

由于 1MHz 是单位增益频率，1MHz 时输出电压为：

$$v_{\text{out}} = -10\text{mV}（峰峰值）$$

负号表示输入与输出的相位相差 180°。 ◀

图 16-16 举例

自测题 16-7 求图 16-16a 电路在 100kHz 时的输出电压（提示：利用式（14-20））。

例 16-8 求图 16-17 所示电路在 v_{in} 为 0 时的输出电压。使用表 16-1 的典型参数。

解： 由表 16-1 得到 741C 的参数：$I_{\text{in(bias)}} = 80\text{nA}$，$I_{\text{in(off)}} = 20\text{nA}$，$V_{\text{in(off)}} = 2\text{mV}$。利用式（16-11）可得：

$$R_{B2} = R_1 \parallel R_f = 1.5\text{k}\Omega \parallel 75\text{k}\Omega = 1.47\text{k}\Omega$$

由式（16-8）～式（16-10），得到三个输入误差电压分别为：

$$V_{1\text{err}} = (R_{B1} - R_{B2}) I_{\text{in(bias)}} = -1.47\text{k}\Omega \times 80\text{nA} = -0.118\text{mV}$$

$$V_{2\text{err}} = (R_{B1} + R_{B2}) \frac{I_{\text{in(off)}}}{2} = 1.47\text{k}\Omega \times 10\text{nA} = 0.0147\text{mV}$$

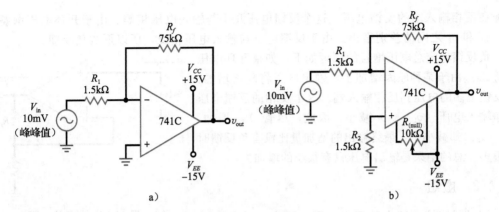

图 16-17 举例

$$V_{3\mathrm{err}} = V_{\mathrm{in(off)}} = 2\mathrm{mV}$$

例 16-7 计算得到闭环电压增益为 50，由式（16-7），考虑最坏情况，得到输出失调电压为：

$$V_{\mathrm{error}} = \pm 50(0.118\mathrm{mV} + 0.0147\mathrm{mV} + 2\mathrm{mV}) = \pm 107\mathrm{mV} \qquad \blacktriangleleft$$

自测题 16-8　采用运放 LF157A，重新计算例 16-8。

应用实例 16-9　在例 16-8 中使用的是典型参数值。741C 的数据手册列出了最坏情况下的参数：$I_{\mathrm{in(bias)}} = 500\mathrm{nA}$，$I_{\mathrm{in(off)}} = 200\mathrm{nA}$，$V_{\mathrm{in(off)}} = 6\mathrm{mV}$。当 $v_{\mathrm{in}} = 0$ 时，重新计算图 16-17a 电路的输出电压。

解： 由式（16-8）～式（16-10），得到三个输入误差电压为：

$$V_{1\mathrm{err}} = (R_{B1} - R_{B2})I_{\mathrm{in(bias)}} = -1.47\mathrm{k\Omega} \times 500\mathrm{nA} = -0.735\mathrm{mV}$$

$$V_{2\mathrm{err}} = (R_{B1} + R_{B2})\frac{I_{\mathrm{in(off)}}}{2} = 1.47\mathrm{k\Omega} \times 100\mathrm{nA} = 0.147\mathrm{mV}$$

$$V_{3\mathrm{err}} = V_{\mathrm{in(off)}} = 6\mathrm{mV}$$

考虑最坏情况的输出失调电压为：

$$V_{\mathrm{error}} = \pm 50(0.375\mathrm{mV} + 0.147\mathrm{mV} + 6\mathrm{mV}) = \pm 344\mathrm{mV}$$

在例 16-7 中的输出电压为 500mV（峰峰值），如此大的输出失调电压能否忽略取决于应用场合。例如，若只需要放大频率在 20Hz～20kHz 的音频信号，可以使用电容将输出耦合到负载电阻或者下一级，这样就阻断了直流输出失调电压，而只传输交流信号。此时，输出失调是无关紧要的。

但是，如果需要放大频率在 0～20kHz 的信号，则需要使用性能更好的运放（低偏置和低失调），或者采用图 16-17b 所示的修正电路。这里，在同相输入端加了补偿电阻来减小输入偏置电流的影响。同时，采用了 10kΩ 的电位器进行调零，以消除输入失调电流和输入失调电压的影响。　　　　　　　　　　　　　　　　　　　　　　　　　　　▲

16.4　同相放大器

同相放大器是另外一种基本运放电路，采用负反馈稳定总电压增益。这种放大器的负反馈还可以增加输入阻抗，减小输出阻抗。

16.4.1　基本电路

图 16-18 所示是同相放大器的交流等效电路。输入电压 v_{in} 驱动同相输入端，该电压被放大后产生同相的输出电压，输出电压的一部分通过分压器反馈到输入端。R_1 上的电压

是加在反相输入端的反馈电压，这个反馈电压几乎与输入电压相等。由于开环电压增益很高，v_1 和 v_2 之间的差别很小。由于反馈电压与输入电压相反，所以形成负反馈。

负反馈稳定总电压增益的原理如下：如果开环电压增益 A_{VOL} 由于某种原因增加了，输出电压将随之增加，并反馈更多的电压到反相输入端。这个反相的反馈电压使净输入电压（$v_1 - v_2$）减小。因此，尽管 A_{VOL} 增加，（$v_1 - v_2$）却减小了，最终输出的增加量比没有负反馈时小很多。总的结果是输出电压只有很小的增加。

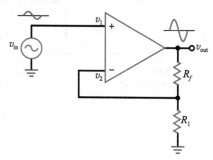

图 16-18 同相放大器

16.4.2 虚短

用导线连接电路中的两点，则这两点对地的电压相等。而且，该导线在两点间提供了电流通路。因此，机械短路（两点间用导线连线）对于电压和电流均是短路的。

虚短则不同。这种短路可以用来分析同相放大器。通过虚短，使得同相放大器及其相关电路的分析变得非常简单。

虚短利用了理想运放的以下两个特性：

1. 由于 R_{in} 无穷大，所以两个输入电流均为 0。

2. 由于 A_{VOL} 无穷大，所以（$v_1 - v_2$）为 0。

图 16-19 显示了运放输入端之间的虚短情况。虚短对电压短路，对电流开路。虚线表示该连线上无电流。虽然虚短是一种理想近似，但在深度负反馈时，可以得到非常精确的结果。

下面介绍虚短概念的使用。在分析同相放大或类似电路时，可将运放的两个输入端视为虚短。只要运放工作在线性区（未进入正向或反向饱和），开环电压增益就近似为无穷大，则两个输入端之间可认为是虚短。

另外，由于虚短的存在，反相输入电压随着同相输入电压变化。如果同相输入电压增加或减小，反相输入电压就会立刻增加或减小到相同数值。这种跟随行为称作**自举**（就像"提着鞋带将自己举起来"）。同相输入端将反相输入端抬高或拉低到相同的值，即反相输入被自举到同相输入值。

16.4.3 电压增益

将图 16-20 电路中运放的两个输入端视为虚短，则意味着输入电压加在了 R_1 上，如图所示。可以得到：

$$v_{in} = i_1 R_1$$

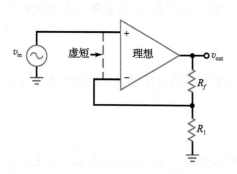

图 16-19 运放的两个输入端之间存在虚短　　图 16-20 输入电压体现在 R_1 上，电阻上的电流相等

由于虚短的两点之间没有电流，相等的电流 i_1 必须流经 R_f，则输出电压为：

$$v_{out} = i_1(R_f + R_1)$$

将 v_{out} 除以 v_{in} 可得电压增益：

$$A_{v(CL)} = \frac{R_f + R_1}{R_1}$$

或者

$$A_{v(CL)} = \frac{R_f}{R_1} + 1 \tag{16-12}$$

这个公式很容易记，与反相放大器类似，只是在电阻的比值后加了 1。同时要注意输出与输入是同相的，因此电压增益公式中没有负号。

知识拓展 对于图 16-19 所示的电路，其闭环输入阻抗为 $z_{in(CL)} = R_{in}(1 + A_{VOL}B)$，其中 R_{in} 表示开环输入电阻。

16.4.4 其他性质

闭环输入阻抗接近无穷大。在下一章中，将精确分析负反馈的影响并说明负反馈提高输入阻抗的作用。开环输入阻抗已经很高了（741C 的为 2MΩ），但闭环输入阻抗更高。

负反馈对带宽的影响与反相放大器相同，为：

$$f_{2(CL)} = \frac{f_{unity}}{A_{v(CL)}}$$

同样，可以用电压增益换取带宽。即闭环电压增益越小，带宽越大。

可以用与反相放大器同样的方法分析由输入偏置电流、输入失调电流和输入失调电压引起的输入误差电压。首先计算各个输入误差，然后乘以闭环电压增益即可得到总的输出失调。

R_{B2} 是反相输入端口的戴维南电阻。该电阻与反相放大器的相同：

$$R_{B2} = R_1 \parallel R_f$$

如果有必要对输入偏置电流进行补偿，则应在同相输入端连接一个与 R_{B2} 相等的电阻 R_{B1}。因为没有交流电流经过该电阻，所以对虚短的近似没有影响。

16.4.5 输出失调电压减小 MPP

如前文所述，如果要放大交流信号，可以使用电容将输出信号耦合至负载。此时，如果输出失调电压不是很大，则可以忽略。如果输出失调电压非常大，将会明显减小输出电压最大不切顶峰峰值 MPP。

例如，如果没有输出失调电压，图 16-21a 所示的同相放大器所达到的单端输出摆

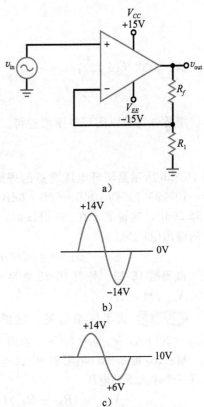

图 16-21 输出失调电压使 MPP 减小

幅与正负电源电压只相差 1～2V。即假设输出信号的幅度可以在 +14～−14V 范围内变化，MPP 为 28V，如图 16-21b 所示。现在，假设输出失调电压为 10V，如图 16-21c 所示。当输出失调电压较大时，最大不切顶峰峰值只能处在 +14～+6V 之间，此时的 MPP 仅为 8V。如果实际应用中不要求大的输出信号，则这种情况仍是可接受的。需要牢记的是：输出失调电压越大，MPP 值越小。

例 16-10 求图 16-22a 电路的闭环电压增益和带宽。当频率为 250kHz 时，输出电压为多少？

||||| Multisim

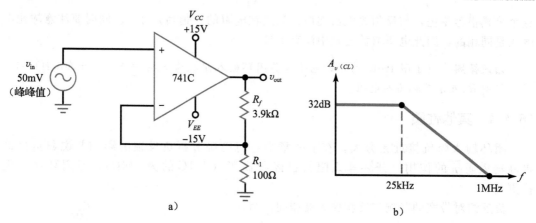

图 16-22　举例

解： 由式（16-12）：

$$A_{v(CL)} = \frac{3.9\text{k}\Omega}{100\text{k}\Omega} + 1 = 40$$

单位增益带宽除以闭环电压增益得：

$$f_{2(CL)} = \frac{1\text{MHz}}{40} = 25\text{kHz}$$

图 16-22b 所示是闭环电压增益的理想波特图。与 40 对应的分贝值为 32dB。（简便计算：$40 = 10 \times 2 \times 2$，则 $20\text{dB} + 6\text{dB} + 6\text{dB} = 32\text{dB}$。）$A_{v(CL)}$ 在 25kHz 时发生转折，在 250kHz 时下降 20dB，这说明了在 250kHz 时，$A_{v(CL)} = 12\text{dB}$，等价于电压增益为 4。因此，250kHz 时的输出电压为：

$$v_{\text{out}} = 4 \times 50\text{mV}（峰峰值）= 200\text{mV}（峰峰值） \qquad \blacktriangleleft$$

自测题 16-10 将图 16-22 电路中的 3.9kΩ 的电阻改为 4.9kΩ，计算在 200kHz 时的 $A_{v(CL)}$ 和 v_{out}。

例 16-11 为了简单起见，继续使用 741C 在最坏情况下的参数：$I_{\text{in(bias)}} = 500\text{nA}$，$I_{\text{in(off)}} = 200\text{nA}$，$V_{\text{in(off)}} = 6\text{mV}$。求图 16-22a 电路的输出失调电压。

解： R_{B2} 是 3.9kΩ 电阻和 100Ω 电阻的并联，近似为 100Ω。由式（16-8）～式（16-10），求得三个输入误差电压：

$$V_{1\text{err}} = (R_{B1} - R_{B2})I_{\text{in(bias)}} = -100\Omega \times 500\text{nA} = -0.05\text{mV}$$

$$V_{2\text{err}} = (R_{B1} + R_{B2})\frac{I_{\text{in(bias)}}}{2} = 100\Omega \times 100\text{nA} = 0.01\text{mV}$$

$$V_{3\text{err}} = V_{\text{in(off)}} = 6\text{mV}$$

考虑最坏情况下的误差，可得输出失调电压为：

$$V_{error} = \pm 40(0.05\text{mV} + 0.01\text{mV} + 6\text{mV}) = \pm 242\text{mV}$$

在实际应用中，如果这个输出失调电压会带来问题，则可以按照前文所述的方法，使用一个 10kΩ 的电位器通过调零来消除。 ◀

16.5 运算放大器的两种应用

运算放大器的应用非常广泛和灵活，本章中无法进行完整的介绍。分析更高级的应用电路需要对负反馈有更好的理解。下面介绍两个实际电路。

16.5.1 加法放大器

当需要把两路或多路模拟信号合成一路信号输出时，会自然地选择图 16-23a 所示的**加法放大器**。简单起见，电路只给出两路输入，实际中可根据需要使用相应数量的输入。该电路会对每一路输入信号进行放大，且每一路输入的增益都是由反馈电阻与该路相应的输入电阻之比决定的。例如，图 16-23a 电路的闭环电压增益为：

$$A_{v1(CL)} = \frac{-R_f}{R_1} \quad \text{和} \quad A_{v2(CL)} = \frac{-R_f}{R_2}$$

加法电路将所有输入信号放大并合成一路信号输出：

$$v_{out} = A_{v1(CL)}v_1 + A_{v2(CL)}v_2 \qquad (16\text{-}13)$$

可以很容易地证明式（16-13）。因为反相输入端虚地，故总的输入电流为：

$$i_{in} = i_1 + i_2 = \frac{v_1}{R_1} + \frac{v_2}{R_2}$$

由于虚地的存在，所有电流都流经反馈电阻，从而产生输出电压为：

$$v_{out} = (i_1 + i_2)R_f = -\left(\frac{R_f}{R_1}v_1 + \frac{R_f}{R_2}v_2\right)$$

可以看出，每一路输入电压都在乘以该路增益之后叠加到总的输出电压上。这个结论适用于任意数量的输入情形。

在某些应用中，所有的电阻值都相等，如图 16-23b所示。此时，每一路的闭环电压增益都是单位增益（=1），则总的输出电压为：

$$v_{out} = -(v_1 + v_2 + \cdots + v_n)$$

这是一种将多路输入信号混合的便捷方法，而且可以保持各自信号的大小。混合后的输出信号可以被后续的电路继续处理。

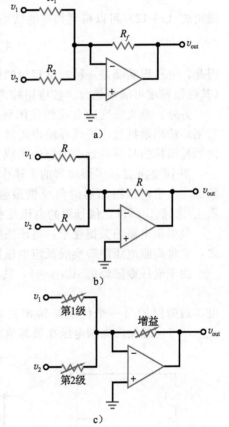

图 16-23 加法电路

图 16-23c 所示是一个**混音器**，用于混合高保真音频系统中的多路音频信号。通过可调电阻设置每一路输入的幅度大小，通过增益控制调节合成输出音量的大小。通过降低第 1 级电阻，可以使 v_1 信号的输出声音更大；通过降低第 2 级电阻，可以使 v_2 信号的声音更大。通过提高增益，可以使两路信号的声音同时增大。

最后强调一点：如果需要在加法器电路的同相输入端添加一个电阻进行补偿，则该电阻应等于反相输入端口面向信号源的戴维南电阻。该电阻是所有与虚地点相连的电阻的并

联等效值:

$$R_{B2} = R_1 \parallel R_2 \parallel R_f \parallel \cdots \parallel R_n \qquad (16\text{-}14)$$

16.5.2 电压跟随器

射极跟随器具有高输入阻抗以及输出与输入近似相等的特性。**电压跟随器**相当于性能更好的射极跟随器。

图 16-24a 所示是电压跟随器的交流等效电路。该电路看似简单,但它的负反馈强度最大,特性十分接近理想情况。电路中的反馈电阻为零,因此输出电压全部被反馈到反相输入端。由于运放的两个输入端之间是虚短的,故输出电压等于输入电压:

$$v_{\text{out}} = v_{\text{in}}$$

即闭环电压增益为:

$$A_{v(CL)} = 1 \qquad (16\text{-}15)$$

使用式(16-12)可以得到相同的结果。由于 $R_f = 0$,$R_1 = \infty$,得到:

$$A_{v(CL)} = \frac{R_f}{R_1} + 1 = 1$$

因此,电压跟随器是一种非常理想的跟随器电路,它产生的输出电压与输入电压完全相同(其近似程度可满足绝大多数应用的需求)。

另外,最大强度的负反馈使闭环输入阻抗远大于开环输入阻抗(741C 是 2MΩ),而且闭环输出阻抗远小于开环输出阻抗(741C 是 75Ω)。因此,这是一种将高阻抗信号源转化为低阻抗信号源的近乎理想的实现方法。

图 16-24b 显示了跟随器的上述作用。输入交流源的输出阻抗 R_{high} 较高,负载 R_{low} 阻抗较低。由于电压跟随器的负反馈最强,使得闭环输入阻抗 $Z_{\text{in}(CL)}$ 极高,且闭环输出阻抗 $Z_{\text{out}(CL)}$ 极低。所以,信号源的电压几乎全部加在了负载电阻上。

理解该电路的关键在于:电压跟随器是高阻信号源和低阻负载之间的理想接口。简言之,它将高阻电压源转换成低阻电压源。电压跟随器的应用非常广泛。

由于电压跟随器的 $A_{v(CL)} = 1$,其闭环带宽达到最大,即:

$$f_{2(CL)} = f_{\text{unity}} \qquad (16\text{-}16)$$

电压跟随器的另一个优点是输出失调误差非常低,原因是输入误差没有被放大。由于 $A_{v(CL)} = 1$,总输出失调电压在最坏情况下等于所有输入误差的和。

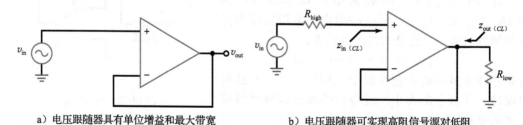

a)电压跟随器具有单位增益和最大带宽　　　　b)电压跟随器可实现高阻信号源对低阻
　　　　　　　　　　　　　　　　　　　　　　　　负载的驱动,且没有电压损失

图 16-24　电压跟随器

应用实例 16-12 有三路语音信号输入到图 16-25 所示的加法放大器,求交流输出电压。

解: 三路闭环电压增益分别为:

$$A_{v1(CL)} = \frac{-100\text{k}\Omega}{20\text{k}\Omega} = -5$$

$$A_{v2(CL)} = \frac{-100\text{k}\Omega}{10\text{k}\Omega} = -10$$

$$A_{v3(CL)} = \frac{-100\text{k}\Omega}{50\text{k}\Omega} = -2$$

输出电压为：

$$v_{\text{out}} = -5 \times 100\text{mV} + (-10) \times 200\text{mV} + (-2) \times 300\text{mV} = -3.1\text{V}(峰峰值)$$

其中负号代表 180^0 的相移。

如果需要在同相输入端增加一个等效 R_B 来对输入偏置进行补偿，则该电阻等于：

$$R_B = 20\text{k}\Omega \parallel 10\text{k}\Omega \parallel 50\text{k}\Omega \parallel 100\text{k}\Omega$$
$$= 5.56\text{k}\Omega$$

可选择与该阻值最接近的标准电阻 $5.6\text{k}\Omega$，调零电路可以对余下的输入误差进行修正。 ◀

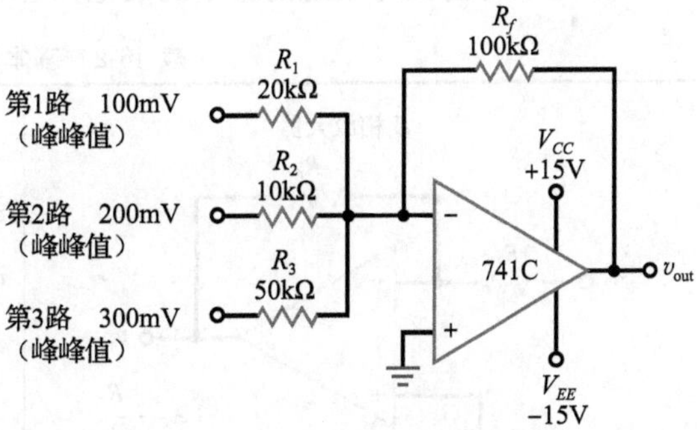

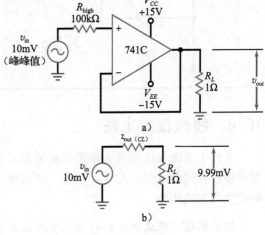

图 16-25 举例

自测题 16-12 将图 16-25 电路中的输入电压从峰峰值改成直流正向电压，求此时输出电压。

应用实例 16-13 一个内阻为 $100\text{k}\Omega$ 的 10mV（峰峰值）交流电压源作为图 16-26a 中电压跟随器的输入。负载电阻是 1Ω。它的输出电压和带宽各是多少？

解： 闭环电压增益是 1，所以：

$$v_{\text{out}} = 10\text{mV}(峰峰值)$$

带宽为：

$$f_{2(CL)} = 1\text{MHz}$$

这个例子验证了前文中所述内容：电压跟随器是实现将高阻信号源转换成低阻信号源的简单方法。它的性能比射极跟随器好得多。 ◀

自测题 16-13 使用 LF157A 运放，重新求解例 16-13。

应用实例 16-14 当使用 Multisim 搭建图 16-26a 所示的电压跟随器时，加在 1Ω 负载上的电压是 9.99mV。给出闭环输出阻抗的求解方法。

图 16-26 举例

解：

$$v_{\text{out}} = 9.9\text{mV}$$

闭环输出阻抗就是输出端口面向负载电阻的戴维南电阻。图 16-26b 电路的负载电流为：

$$i_{\text{out}} = \frac{9.99\text{mV}}{1\Omega} = 9.99\text{mA}$$

该负载电流经过 $z_{\text{out}(CL)}$。由于加在 $z_{\text{out}(CL)}$ 上的电压是 0.01mV，所以：

$$z_{\text{out}(CL)} = \frac{0.01\text{mV}}{9.99\text{mA}} = 0.001\Omega$$

这个结果很重要，因为图 16-26a 电路中内阻为 $100\text{k}\Omega$ 的电压源被转换为内阻为 0.001Ω 的电压源。具有如此小内阻的电压源可以近似认为是第 1 章中所说的理想电压源。◀

自测题 16-14 如果图 16-26a 电路中的负载输出电压是 9.95mV，计算闭环输出阻抗。

表 16-2 对前文讨论过的基本运放电路进行了总结。

表 16-2 基本运放电路结构

16.6 线性集成电路

大约 1/3 的线性集成电路是运放电路。运放是最实用的线性集成电路，利用运放可以实现多种有用的电路。此外，还有一些其他广泛应用的线性集成电路，如音频放大器、视频放大器和稳压器。

知识拓展 像运放这样的集成电路正在逐渐取代电子电路中的晶体管，就如晶体管曾经取代真空管一样。只是运放和线性集成电路实际上仍是微电子电路。

16.6.1 运放参数列表

在表 16-3 中，前缀 "LF" 代表 Bi-FET 运算放大器，如表中第一行的 LF351。这个 Bi-FET 运放的最大输入失调电压为 10mV，最大输入偏置电流为 0.2nA，最大输入失调电流为 0.1nA，可提供的短路电流为 10mA。它的单位增益带宽是 4MHz，摆率为 $13\text{V}/\mu\text{s}$，开环电压增益为 88dB，共模抑制比为 70dB。

表 16-3 一些运放的典型参数(25℃ 时)

型号	$V_{in(off)}$ 最大值, mV	$I_{in(bias)}$ 最大值, nA	$I_{in(off)}$ 最大值, nA	I_{out} 最大值, mA	f_{unity} 典型值, MHz	S_R 典型值, V/μs	A_{VOL} 典型值, dB	CMRR 最小值, dB	PSRR 最小值, dB	温漂典型值, μV/℃	对运放的描述
LF353	10	0.2	0.1	10	4	13	88	70	−76	10	双 Bi-FET
LF356	5	0.2	0.05	20	5	12	94	85	−85	5	Bi-FET,宽带
LF411A	0.5	200	100	20	4	15	88	80	−80	10	低失调 Bi-FET
LM301A	7.5	250	50	10	1+	0.5+	108	70	−70	30	外部补偿
LM318	10	500	200	10	15	70	86	70	−65	—	高速,高摆率
LM324	4	10	2	5	0.1	0.05	94	80	−90	10	低功率,四个
LM348	6	500	200	25	1	0.5	100	70	−70	—	四个 741
LM675	10	2μA*	500	3A†	5.5	8	90	70	−70	25	大功率,25W 输出
LM741C	6	500	200	25	1	0.5	100	70	−70	—	原始经典
LM747C	6	500	200	25	1	0.5	100	70	−70	—	双 741
LM833	5	1μA*	200	10	15	7	90	80	−80	2	低噪声
LM1458	6	500	200	20	1	0.5	104	70	−77	—	两个
LM3876	15	1μA*	0.2μA*	6A†	8	11	120	80	−85	(—)	音频功率放大器,56W
LM7171	1	10μA*	4μA*	100	200	4 100	80	85	−85	35	超高速放大器
OP-07A	0.025	2	1	10	0.6	0.17	110	110	−100	0.6	高精度
OP-42E	0.75	0.2	0.04	25	10	58	114	88	−86	10	高速 Bi-FET
TL072	10	0.2	0.05	10	3	13	88	70	−70	10	低噪声 Bi-FET 两个
TL074	10	0.2	0.05	10	3	13	88	70	−70	10	低噪声 Bi-FET 四个
TL082	3	0.2	0.01	10	3	13	94	80	−80	10	低噪声 Bi-FET 两个
TL084	3	0.2	0.01	10	3	13	94	80	−80	10	低噪声 Bi-FET 四个

* LM675,LM833,LM3876 和 LM7171 通常用 μA,未衡量。

† LM675 和 LM3876 通常用 A,未衡量。

表中有两个前文没有提及的指标。第一个叫作**电源电压抑制比**（PSRR）。该指标的定义如下：

$$PSRR = \frac{\Delta V_{in(off)}}{\Delta V_S} \qquad (16\text{-}17)$$

该式表明电源电压抑制比等于输入失调电压的改变量除以电源电压的改变量。在进行该项测量时，厂家会同时对两个电源进行对称的改变。如果 $V_{CC} = +15V$，$V_{EE} = -15V$，$\Delta V_S = +1V$，则 V_{CC} 变为 $+16V$，V_{EE} 变为 $-16V$。

式（16-17）的含义是，由于输入差分放大器的不平衡以及其他的内部效应，电源电压的变化会引起输出电压失调。将输出失调电压除以闭环电压增益就可以得到输入失调电压的变化。例如，表 16-2 中的 LF351 的 PSRR 为 $-76dB$，将分贝值转换为普通数值为：

$$PSRR = antilg\frac{-76dB}{20} = 0.000\,158$$

有时也表示为：

$$PSRR = 158\mu V/V$$

它表示电源电压每改变 1V，便使输入失调电压变化 $158\mu V$。因此，除了前文所述的三种输入误差外，又多了一种输入误差来源。

LF351 的最后一个参数温漂为 $10\mu V/℃$，温漂的定义是输入失调电压的温度系数。该参数体现了输入失调电压随温度的变化情况。$10\mu V/℃$ 的温漂意味着温度每升高 1℃，输入失调电压增加 $10\mu V$。如果运放内部温度增加 50℃，则 LF351 的输入失调电压将升高 $500\mu V$。

表 16-2 列出了各种商用运算放大器。例如，LF411A 是一种低失调的 Bi-FET 运放，其输入失调电压仅为 0.5mV。多数运放属于小功率器件，但并非全部如此。LM675 是一款大功率运放，它的短路电流达到 3A，可以提供负载电阻的功率为 25W。LM12 的功率更大，它的短路电流达到 10A，可以提供负载功率达 80W。如果将几个 LM12 并联，则可以输出更大的功率，其应用包括重负载稳压器、高品质音频放大器和伺服控制系统。

需要高摆率时，可以选用摆率为 $70V/\mu s$ 的 LM318。OP-64E 的摆率高达 $200V/\mu s$。高摆率通常意味着宽频带。可以看到，LM318 的 f_{unity} 是 15MHz，OP64-E 的 f_{unity} 是 200MHz。

很多运放是双运放或四运放，指的是在一个封装内含有两个或者四个运放。例如，LM747C 是两个 741C，LM348 是四个 741。单运放和双运放的封装为 8 个引脚，四运放的封装有 14 个引脚。

并不是所有的运放都需要两个电压源。例如，LM324 有四个内部补偿运放。尽管它可以像大多数运放那样由两个电源供电，但它是被特意设计为单电源供电的，这一特点在很多应用中具有明显优势。LM324 的另一个方便之处在于它可以使用 $+5V$ 低压单电源供电，这是很多数字系统的标准电压。

采用内部补偿非常方便而且安全，因为有内部补偿的运放在任何情况下都不会产生自激振荡。这个安全性的代价就是失去了设计上的可控性，因此有些运放需要外部补偿。例如，LM301A 是通过外接一个 30pF 电容进行补偿的，设计时可以选择更大的电容实现过补偿，或者较小的电容实现欠补偿。过补偿可以改进低频性能，而欠补偿可以增加带宽和摆率。所以表 16-3 中 LM301A 的 f_{unity} 和 S_R 数值后增加了一个（+）。

所有的运放都有非理想的特性，高精度运放的设计努力使非理想最小化。例如，OP-07A 是一款高精度运放，其最坏情况下的指标为：输入失调电压只有 0.025mV，CMRR 不低于 110dB，PSRR 不低于 100dB，温漂仅有 $0.6\mu\text{V}/℃$。某些要求严格的应用中需要使用高精度运放，如测量和控制。

运放电路广泛应用于线性电路、非线性电路、振荡器、稳压器和有源滤波器等场合，在后续章节中将讨论运放电路的更多应用。

16.6.2 音频放大器

前置放大器指的是输出功率小于 50mW 的音频放大器。前置放大器是低噪声的，因为它们用在音频系统的前端，用于放大来自光传感器、磁带探头、麦克风等设备的微弱信号。

LM381 是集成前置放大器，包含两个低噪声前置放大器，两个放大器相互独立。LM381 的电压增益是 112dB，10V 电压输出时的功率带宽是 75kHz，正电源电压 9～40V，输入阻抗 100kΩ，输出阻抗 150Ω。LM381 的输入级是差分放大器，允许差分输入或者单端输入。

中等级别的音频放大器的输出功率在 50～500mW 之间，这个功率适合于手机或者 CD 播放器这类的便携电子设备的输出端。例如 LM4818 音频功率放大器，其输出功率是 350mW。

音频功率放大器可输出高于 500mW 的功率，主要用于高保真放大器、对讲机、AM-FM 广播和一些其他应用。例如 LM380，它的电压增益是 34dB，带宽为 100kHz，输出功率为 2W。另一个例子是 LM4756 功率放大器，它的内置电压增益是 30dB，能够提供 7W/通道的输出功率。图 16-27 给出了这一款集成电路的封装形式和外部引脚，特别要注意两个失调引脚的排布。

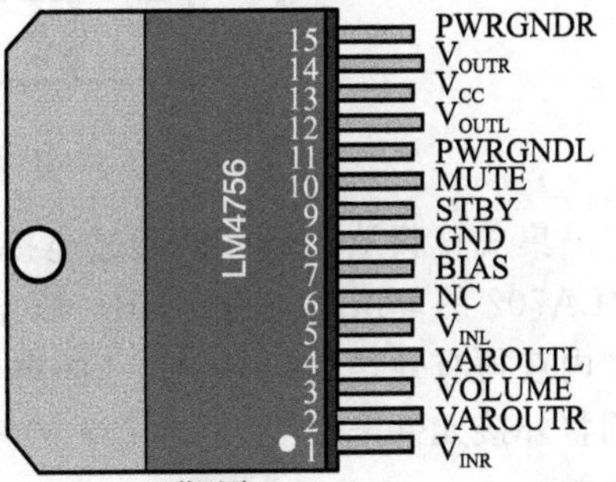

图 16-28 所示是 LM380 的简化原理图。输入差分放大器的输入管为 pnp 管，信号可以直接耦合，这

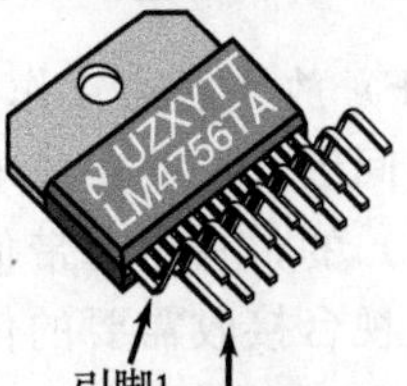

图 16-27 LM4756 的封装形式和外部引脚

在连接传感器时具有优势。差分放大器驱动电流镜负载（Q_5 和 Q_6），电流镜的输出连接后级射极跟随器（Q_7）和 CE 驱动级（Q_8），输出级是一个 B 类推挽射极跟随器（Q_{13} 和 Q_{14}）。电路内部有一个 10pF 的补偿电容，使得电压增益以 20dB/十倍频程速率下降，该电容产生的摆率约为 $5\text{V}/\mu\text{s}$。

16.6.3 视频放大器

视频放大器或宽带放大器在很宽的频域内具有平坦的频响特性（恒定的电压增益），其典型的带宽值达到兆赫兹（MHz）量级。视频放大器不一定是直流放大器，但是它的频率响应通常可达到零频。该类放大器常应用于输入频带很宽的场合，例如，很多示波器的适用频率范围为 0～100MHz 及以上，这类仪器中一般先用视频放大器来增加信号的强度，然后再将信号输入的阴极射线管。另一个放大器 LM7171 是一款高速放大器，其单位增益带宽高达 200MHz，摆率是 $4100\text{V}/\mu\text{s}$，该放大器常用于照相机、复印机、扫描仪和高清电视中。

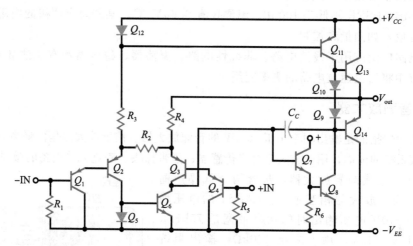

图 16-28　LM380 的简化原理图

集成视频放大器可以通过连接不同的外接电阻来获得不同的电压增益和带宽。例如，VLA702 的电压增益是 40dB，截止频率是 5MHz。通过改变外接元件，可以在 30MHz 频带内获得有效增益。MC1553 的电压增益是 52dB，带宽为 20MHz，这些指标也可以通过调整外接元件来改变。LM733 的频带很宽，它在 120MHz 的带宽内可获得 20dB 的电压增益。

16.6.4　射频和中频放大器

射频（RF）放大器通常作为 AM、FM 和电视接收机的第一级电路。中频（IF）放大器通常作为中间级。一些集成电路在同一块芯片上集成了 RF 和 IF 放大器。这些放大器都是调谐（谐振）的，只对窄带信号进行放大。这一特点使得接收机能够通过调谐来从特定的电台或者电视台接收需要的信号。如前文所述，芯片内部不适合集成电感和大电容。因此，需要通过外接电感和电容来对放大器进行调谐。MBC13720 是射频集成电路，这个低噪声放大器的工作频率范围是 400MHz～2.4GHz，适用于很多宽带无线应用。

16.6.5　稳压器

第 4 章曾讨论过整流器和电源。经过滤波，可以得到含有波纹的直流电压。该直流电压与电力线电压成正比，即电力线电压改变 10%，则直流电压也会改变 10%。10% 的直流电压变化在多数应用中显得过大了，因此需要进行稳压。LM340 系列是典型的集成稳压器。在一般的电力线电压和负载电阻的变化范围内，这类芯片可以保持输出直流电压的波动范围在 0.01% 以内。稳压器的其他特性还包括正负输出、可调输出电压和短路保护。

16.7　表面贴装的运算放大器

运算放大器和其他类似的模拟电路的常见封装形式除了传统的双列直插式，还有表面贴装（SM）式。由于大多数运放的引脚相对简单，短引线封装（SOP）是优选的表面贴装形式。

例如，LM741 运放在学校电子实验室使用了多年，现在已经出现了最新的 SOP 封装

（见图 16-29）。在这种情况下，表面贴装元件（SMD）的外部引脚和更常见的双列直插元件的外部引脚完全相同。

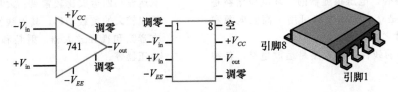

图 16-29　LM741 运放的 SM 封装形式

LM2900 是一款四运放，其 SMD 封装比较复杂。该器件有 14 引脚双列直插和 14 引脚 SOT 的封装两种形式（见图 16-30）。为了方便使用，两种封装的引脚是完全相同的。

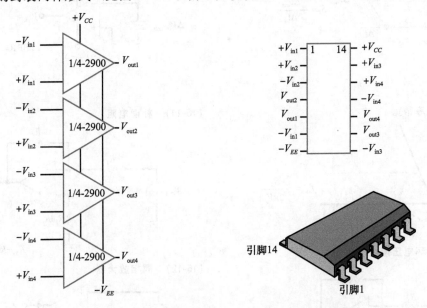

图 16-30　典型四运放电路的 14 引脚 SOT 封装形式

总结

16.1 节　典型的运算放大器有一个同相输入端、一个反相输入端和一个输出端。理想运放的开环电压增益无穷大，输入电阻无穷大，且输出阻抗为零。运算放大器是一个压控电压源（VCVS），也是完美的放大器。

16.2 节　741 是一种广泛应用的标准运算放大器，其内部用补偿电容来防止自激振荡。当负载电阻较大时，正负向摆幅与正负电源电压之差在 1～2V 以内。当负载电阻较小时，MPP 受短路电流的限制。摆率是输入阶跃信号时，输出电压变化速度的最大值。功率带宽与摆率成正比，与输出电压峰值成反比。

16.3 节　反相放大器是最基本的运放电路。该电路通过引入负反馈来获得稳定的闭环电压增益。反相输入端是虚地点，它对于电压短路，对于电流开路。闭环电压增益等于反馈电阻与输入电阻之比。闭环带宽等于单位增益带宽除以闭环电压增益。

16.4 节　同相放大器是另一个基本的运放电路。该电路通过引入负反馈来获得稳定的闭环电压增益。同相输入端与反相输入端之间是虚短的。闭环电压增益等于 $R_f/R_1 + 1$。闭环带宽等于单位增益带宽除以闭环电压增益。

16.5 节　加法放大器有两个或者多个输入和一个输出。每一路输入都有各自的增益。输出是将各路输入信号放大后再叠加。如果每一路的电压增益都是1，则输出等于所有输入的和。在混音器中，加法放大器可将音频信号放大并混合。电压跟随器的闭环电压增益是1，带宽是 f_{unity}。该电路可用于高阻电源和低阻负载之间的接口。

16.6节 1/3 的线性集成电路是运放电路。各种各样的运放几乎遍布所有应用领域，具有低输入失调、宽带和高摆率以及低温漂等特性。双运放和四运放比较常见。大功率运放可以输出较大的负载功率。其他线性集成电路还有音频和视频放大器、射频和中频放大器、稳压器等。

定义

(16-1) 摆率

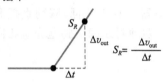

$$S_R = \frac{\Delta v_{out}}{\Delta t}$$

(16-17) 电源电压抑制比

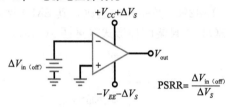

$$PSRR = \frac{\Delta V_{in\,(off)}}{\Delta V_S}$$

推论

(16-2) 功率带宽

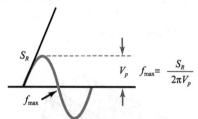

$$f_{max} = \frac{S_R}{2\pi V_p}$$

(16-3) 闭环电压增益

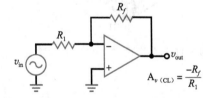

$$A_{v\,(CL)} = \frac{-R_f}{R_1}$$

(16-4) 闭环输入阻抗

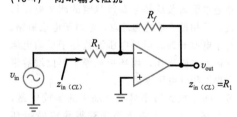

$$z_{in\,(CL)} = R_1$$

(16-5) 闭环带宽

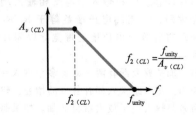

$$f_{2\,(CL)} = \frac{f_{unity}}{A_{v\,(CL)}}$$

(16-11) 补偿电阻

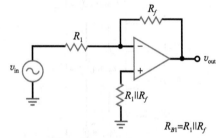

$$R_{B1} = R_1 \| R_f$$

(16-12) 同相放大器

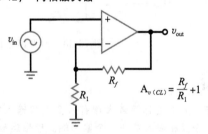

$$A_{v\,(CL)} = \frac{R_f}{R_1} + 1$$

(16-13) 加法放大器

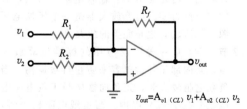

$$v_{out} = A_{v1\,(CL)}\, v_1 + A_{v2\,(CL)}\, v_2$$

(16-15) 电压跟随器

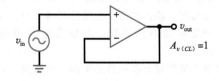

$$A_{v\,(CL)} = 1$$

(16-16) 跟随器的带宽

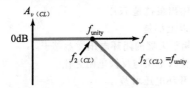

选择题

1. 控制运放的开环截止频率的通常是
   a. 连线的分布电容
   b. 基极-发射极的极间电容
   c. 集电极-基极的极间电容
   d. 补偿电容

2. 补偿电容能够防止
   a. 电压增益
   b. 自激振荡
   c. 输入失调电流
   d. 功率带宽

3. 在单位增益频率处的开环电压增益是
   a. 1
   b. $A_{v(mid)}$
   c. 0
   d. 非常大

4. 运放的闭环截止频率等于单位增益带宽除以
   a. 截止频率
   b. 闭环电压增益
   c. 1
   d. 共模电压增益

5. 如果截止频率是 20Hz，中频开环电压增益是 1 000 000，则单位增益带宽是
   a. 20Hz
   b. 1MHz
   c. 2MHz
   d. 20MHz

6. 如果单位增益带宽是 5MHz，中频开环电压增益是 100 000，则截止频率是
   a. 50Hz
   b. 1MHz
   c. 1.5MHz
   d. 15MHz

7. 正弦波的初始斜率和下列哪一项成正比？
   a. 摆率
   b. 频率
   c. 电压增益
   d. 电容

8. 当正弦波的初始斜率大于摆率时，则
   a. 产生失真
   b. 工作在线性区
   c. 电压增益达到最大
   d. 运放工作在最佳状态

9. 在下列哪种情况下，功率带宽会增加？
   a. 频率降低
   b. 峰值降低
   c. 初始斜率降低
   d. 电压增益增加

10. 741C 中包含
    a. 分立电阻
    b. 电感
    c. 有源负载电阻
    d. 大的耦合电容

11. 741C 在正常工作时，不能没有

a. 分立电阻
b. 无源负载
c. 两个基极上的直流回路
d. 小的耦合电容

12. Bi-FET 的输入阻抗
    a. 低
    b. 中等
    c. 高
    d. 非常高

13. LF157A 是
    a. 差分放大器
    b. 源极跟随器
    c. 双极型运放
    d. Bi-FET 运放

14. 如果两个电源电压是 ±12V，则运放的 MPP 最接近的值是
    a. 0
    b. +12V
    c. -12V
    d. 24V

15. 741C 的开环截止频率受控于
    a. 耦合电容
    b. 输出短路电流
    c. 功率带宽
    d. 补偿电容

16. 741C 的单位增益带宽是
    a. 10Hz
    b. 20kHz
    c. 1MHz
    d. 15MHz

17. 单位增益带宽等于闭环电压增益和下列哪一项的乘积？
    a. 补偿电容
    b. 尾电流
    c. 闭环截止频率
    d. 负载电阻

18. 如果 f_{unity} 为 10MHz，中频开环电压增益是 200 000，则运放的开环截止频率为
    a. 10Hz
    b. 20Hz
    c. 50Hz
    d. 100Hz

19. 正弦波的初始斜率在什么情况下会增加？
    a. 频率下降
    b. 峰值增加
    c. C_c 增加
    d. 摆率降低

20. 如果输入信号的频率大于功率带宽，则
    a. 产生摆率失真
    b. 产生正常的输出信号
    c. 输出失调电压增加
    d. 可能产生失真

21. 若运放的基极电阻开路，则输出电压将是
    a. 0
    b. 0V 附近

c. 正向最大或者负向最大

d. 放大的正弦波

22. 运放的电压增益是 200 000。如果输出电压是 1V，则输入电压是：

  a. 2μV   b. 5μV

  c. 10mV   d. 1V

23. 741C 的电源电压是 ±15V。如果负载电阻很大，则 MPP 值大约是

  a. 0   b. +15V

  c. 27V   d. 30V

24. 741C 的电压增益在高于截止频率后，下降的速度是

  a. 10dB/十倍频程

  b. 20dB/倍频程

  c. 10dB/倍频程

  d. 20dB/十倍频程

25. 运放的电压增益为 1 时的频率是

  a. 截止频率   b. 单位增益频率

  c. 信号源频率   d. 功率带宽

26. 当正弦波出现摆率失真时，输出

  a. 很大   b. 呈现三角波

  c. 正常   d. 没有失调

27. 下列关于 741C 参数的描述正确的是

  a. 电压增益是 100 000

b. 输入阻抗是 $2M\Omega$

c. 输出阻抗是 75Ω

d. 以上都是

28. 反相放大器的闭环电压增益等于

  a. 输入电阻与反馈电阻之比

  b. 开环电压增益

  c. 反馈电阻与输入电阻之比

  d. 输入电阻

29. 同相放大器具有

  a. 大的闭环电压增益

  b. 小的开环电压增益

  c. 大的闭环输入阻抗

  d. 大的闭环输出阻抗

30. 电压跟随器的

  a. 闭环电压增益为单位增益

  b. 开环电压增益小

  c. 闭环带宽为 0

  d. 闭环输出阻抗大

31. 加法放大器具有

  a. 不多于两个输入信号

  b. 两个或更多的输入信号

  c. 无穷大的闭环输入阻抗

  d. 很小的开环电压增益

习题

16.2 节

16-1 假设 741C 电路的负向饱和电压幅度比电源电压小 1V。那么当图 16-31 电路中的反相端输入电压为多少时会使得 741C 进入负向饱和？

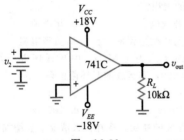

图 16-31

16-2 在低频时，LF157A 的共模抑制比是多少？将分贝值转化成普通数值。

16-3 LF157A 的开环电压增益在输入信号频率为 1kHz、10kHz、100kHz 时分别为多少？（假设是一阶响应，即以 20dB/十倍频程速度下降。）

16-4 运放的输入是一个大的阶跃电压，输出波形呈指数变化，在 0.4μs 的变化量为 2.0V。

求该运放的摆率。

16-5 LM318 的摆率是 $70V/\mu$s，求峰值输出电压为 7V 时的功率带宽。

16-6 利用式（16-2）计算下列情况下的功率带宽。

  a. $S_R = 0.5V/\mu$s，$V_p = 1$V

  b. $S_R = 3V/\mu$s，$V_p = 5$V

  c. $S_R = 15V/\mu$s，$V_p = 10$V

16.3 节

16-7 ▌▌▌Multisim 求图 16-32 电路的闭环电压增益和带宽。求 1kHz 和 10MHz 时的输出电压。画出闭环电压增益的理想波特图。

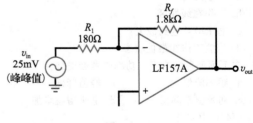

图 16-32

16-8 当图 16-33 电路中的 v_{in} 为 0 时，其输出电压是多少？参数采用表 16-1 中的典型值。

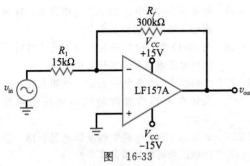

图 16-33

16-9 LF157A 的数据手册中给出了最坏情况下的参量：$I_{in(bias)} = 50pA$，$I_{in(off)} = 10pA$，$V_{in(off)} = 2mV$。当 V_{in} 为 0 时，重新计算图 16-31 电路的输出电压。

16.4 节

16-10 ▐▌▌**Multisim** 求图 16-32 电路的闭环电压增益和带宽。该电路在 100kHz 时的交流输出电压是多少？

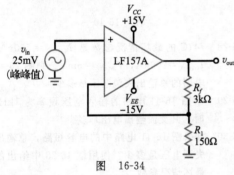

图 16-34

思考题

16-14 图 16-36 电路中可调电阻的调节范围是 0～100kΩ。分别计算闭环电压增益和带宽的最大值和最小值。

16-15 分别计算图 16-37 电路闭环电压增益和带宽的最大值和最小值。

16-16 图 16-35b 电路的交流输出电压是 49.98mV。求闭环输出阻抗。

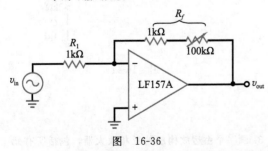

图 16-36

16-17 正弦波的频率为 15kHz、峰值为 2V，它的初始斜率是多少？如果频率增加到

16-11 当图 16-34 电路的 v_{in} 降为 0 时，输出电压是多少？采用例题 16-9 中给出的最坏情况参数。

16.5 节

16-12 ▐▌▌**Multisim** 求图 16-35a 电路的交流输出电压。如果需要在同相输入端增加补偿电阻，该电阻应取值多少？

16-13 求图 16-35b 电路的输出电压和带宽。

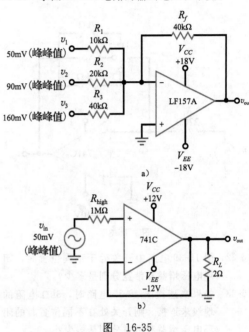

a)

b)

图 16-35

30kHz，其初始斜率变为多少？

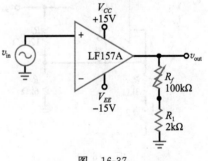

图 16-37

16-18 表 16-2 中列举的哪种运放具有下列特性？

a. 最小输入失调电压

b. 最小输入失调电流

c. 最大电流输出能力

d. 最大带宽

e. 最小温漂

16-19 741C 在 100kHz 时的 CMRR 是多少? 当负载为 500Ω 时的 MPP 是多少? 在 1kHz 时的开环电压增益是多少?

16-20 如果图 16-35a 电路中的反馈电阻改为 100kΩ 可调电阻,则最大和最小输出电压分别是多少?

16-21 图 16-38 电路中开关处于不同位置时的闭环电压增益是多少?

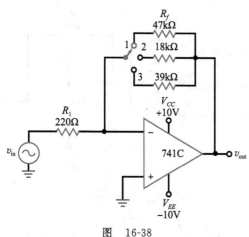

图 16-38

16-22 图 16-39 电路中开关处于不同位置时,闭环电压增益和带宽分别是多少?

16-23 如果在连接图 16-39 电路时,6kΩ 电阻的地线未连接。则开关处在不同位置时的闭环电压增益和带宽分别是多少?

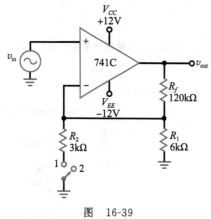

图 16-39

16-24 如果图 16-39 中的 120kΩ 电阻开路,则输出电压最可能的值是多少?

16-25 图 16-40 电路中的开关处在不同位置时的闭环电压增益和带宽分别是多少?

16-26 如果图 16-40 电路中的输入电阻开路,开关处在不同位置时的闭环电压增益是多少?

16-27 如果图 16-40 电路中的反馈电阻开路,输出电压最可能的值是多少?

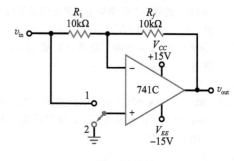

图 16-40

16-28 741C 的最坏情况参数是 $I_{in(bias)} = 500nA$, $I_{in(off)} = 200nA$, $V_{in(off)} = 6mV$。则图 16-41 电路的总输出失调电压是多少?

16-29 当图 16-41 电路的输入电压频率为 1kHz 时,其交流输出电压是多少?

16-30 如果图 16-41 电路中的电容短路,总输出失调电压是多少? 使用题 16-28 中给出的最坏情况参数。

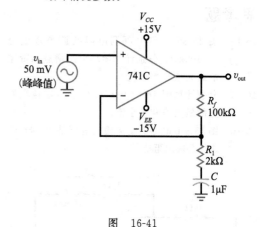

图 16-41

求职面试问题

1. 什么是理想运放? 比较 741C 和理想运放的性能。

2. 画一个运放,其输入为阶跃电压。什么是摆率? 这个指标为什么很重要?

3. 画一个由运放构成的反相放大器,包括所有元件的参数。说明虚地点的位置。虚地有什么特性? 该电路的闭环电压增益、输入阻抗、带宽各是多少？

4. 画一个由运放构成的同相放大器，包括所有元件的参数。说明虚短的位置。虚短有什么特性？该电路的闭环电压增益和带宽各是多少？

5. 画一个加法放大器电路，并简述其工作原理。

6. 画一个电压跟随器电路，其闭环电压增益和带宽分别是多少？描述闭环输入和输出阻抗。如果该电路的电压增益很低，说明好处体现在哪里？

7. 典型运放的输入和输出阻抗是多少？这些取值有何优点？

8. 说明输入信号的频率是如何影响运放电压增益的？

9. 运放 LM318 的速度远高于 LM741C。在哪些应用中更适合使用 LM318？使用 318 可能会有什么缺点？

10. 当理想运放的输入电压为 0 时，它的输出电压为什么也是 0？

11. 除了运放以外，再列举一些线性集成电路。

12. 对于 LM741C，电压增益在什么条件下能够达到最大？

13. 画一个反相运放电路，并推导其电压增益的公式。

14. 画一个同相运放电路，并推导其电压增益的公式。

15. 为什么通常认为 741C 是直流低频放大器？

选择题答案

1. d 2. b 3. a 4. b 5. d 6. a 7. b 8. a 9. b 10. c 11. c 12. d 13. d 14. d 15. d
16. c 17. c 18. c 19. b 20. a 21. c 22. b 23. c 24. d 25. b 26. b 27. d 38. c 29. c 30. a
31. b

自测题答案

16-1 $V_2 = 67.5\mu V$

16-2 CMRR $= 60$dB

16-4 $S_R = 4V/\mu s$

16-5 $f_{max} = 398$kHz

16-6 $f_{max} = 80$kHz，800kHz，8MHz

16-7 $v_{out} = 98$mV

16-8 $v_{out} = 50$mV

16-10 $A_{v(CL)} = 50$；$v_{out} = 250$mV（峰峰值）

16-12 $v_{out} = -3.1$Vdc

16-13 $v_{out} = 10$mV；$f_{2(CL)} = 20$MHz

16-14 $z_{out} = 0.005\Omega$

第17章
负 反 馈

1927 年 8 月，年轻的工程师哈罗德·布莱克（Harold Black）从纽约斯塔顿岛坐渡轮去上班。为了打发时间，他粗略写下了关于一个新想法的几个方程式。后来又经过反复修改，布莱克提交了这个创意的专利申请。起初这个全新的创意被认为像"永动机"一样愚蠢可笑，专利申请也遭到拒绝。但情况很快就发生了变化。布莱克的这个创意就是负反馈。

目标

在学习完本章后，你应该能够：

- 定义四种负反馈；
- 描述 VCVS 负反馈的电压增益、输入阻抗、输出阻抗以及谐波失真；
- 解释跨阻放大器的工作原理；
- 解释跨导放大器的工作原理；
- 描述 ICIS 负反馈用于实现近似理想电流放大器的工作原理；
- 讨论带宽与负反馈的关系。

关键术语

电流放大器（current amplifier）

流控电流源（current-controlled current source，ICIS）

流控电压源（current-controlled voltage source，ICVS）

电流-电压转换器（current-to-voltage converter）

反馈衰减系数（feedback attenuation factor）

反馈系数 B（feedback fraction B）

增益带宽积（gain-bandwidth product，GBW ⊖）

谐波失真（harmonic distortion）

环路增益（loop gain）

负反馈（negative feedback）

跨导放大器（transconductance amplifier）

跨阻放大器（transresistance amplifier）

压控电流源（voltage-controlled current source，VCIS）

压控电压源（voltage-controlled voltage source，VCVS）

电压-电流转换器（voltage-to-current converter）

17.1 负反馈的四种类型

布莱克只发明了一种**负反馈**，它能提高电压增益的稳定性，增大输入阻抗，减小输出阻抗。随着晶体管和运算放大器的出现，另外三种类型的负反馈也出现了。

17.1.1 基本概念

负反馈放大器的输入可以是电压也可以是电流。同样，它的输出也可以是电压或者电流。这样就存在四种类型的负反馈。如表 17-1 所示，第一种是电压输入和电压输出，采用这种负反馈的电路称为**压控电压源**（VCVS），是理想电压放大器，具有稳定的电压增益，无穷大的输入阻抗和零输出阻抗。

⊖ 原文为 GBP。因其他章节中均以 GBW 表示，且 GBW 使用更广泛，故统一表示为 GBW。——译者注

表 17-1 理想负反馈

输入	输出	电路类型	z_{in}	z_{out}	转换关系	比值	符号	放大器类型
V	V	VCVS	∞	0	—	v_{out}/v_{in}	A_v	电压放大器
I	V	ICVS	0	0	电流-电压	v_{out}/i_{in}	r_m	跨阻放大器
V	I	VCIS	∞	∞	电压-电流	i_{out}/v_{in}	g_m	跨导放大器
I	I	ICIS	0	∞	—	i_{out}/i_{in}	A_i	电流放大器

第二种负反馈是由输入电流控制输出电压。采用这种负反馈的电路称为**流控电压源**（ICVS）。由于输入电流控制输出电压，所以 ICVS 有时被称为**跨阻放大器**。称为跨阻是因为 V_{out}/I_{in} 的单位是欧姆，而且是输出电压与输入电流的比值。

第三种负反馈是由输入电压控制输出电流。采用这种负反馈的电路称为**压控电流源**（VCIS）。由于输入电压控制输出电流，所以 VCIS 有时被称为**跨导放大器**。称为跨导是因为 I_{out}/V_{in} 的单位是西门子。

第四种负反馈是由输入电流控制输出电流。采用这种负反馈的电路称为**流控电流源**（ICIS），它是理想的电流放大器，具有稳定的电流增益，零输入阻抗和无穷大的输出阻抗。

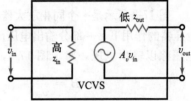

a）压控电压源

17.1.2　转换器

将 VCVS 和 ICIS 电路作为放大器是因为前者是电压放大器而后者是电流放大器。而将跨阻和跨导放大器称为放大器看起来好像不太恰当，因为它们的输入和输出的量纲不一样。因此，很多工程师和技术人员更喜欢将这些电路称作转换器。例如，VCIS 也被称作**电压-电流转换器**。输入的是电压，输出的是电流。同样，ICVS 也被称为**电流-电压转换器**，输入的是电流，输出的是电压。

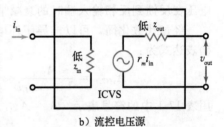

b）流控电压源

图 17-1　受控电压源

17.1.3　图例

图 17-1a 所示是 VCVS，电压放大器。实际电路的输入阻抗虽不是无穷大，但也非常大。同样的，输出阻抗虽不是零，但是非常小。VCVS 的电压增益用 A_v 表示。因为输出阻抗 z_{out} 接近于零，因而对实际负载电阻而言，VCVS 的输出端是准理想电压源。

图 17-1b 所示是 ICVS，跨阻放大器（电流-电压转换器）。它的输入阻抗和输出阻抗都很小。其转换系数称为跨阻，用 r_m 表示，单位是欧姆。例如，当 $r_m = 1k\Omega$ 时，1mA 的输入电流将在负载上产生 1V 的稳定电压。因为 z_{out} 接近于零，所以对实际负载电阻而言，ICVS 的输出端是准理想电压源。

图 17-2a 所示是 VCIS，跨导放大器（电压-电流转换器）。它的输入阻抗和输出阻抗都很大。其转换系数称为跨导，用 g_m 表示，单位是西门子（姆欧）。例如，当 $g_m = 1mS$ 时，1V 的输入电

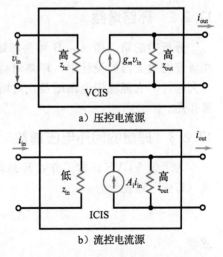

a）压控电流源

b）流控电流源

图 17-2　受控电流源

压将向负载输出 1mA 电流。因为 z_{out} 接近于无穷大，所以对实际负载电阻而言，VCIS 的输出端是准理想电流源。

图 17-2b 所示是 ICIS，电流放大器。它的输入阻抗很小而输出阻抗很大。ICIS 的电流增益用 A_i 表示。因为输出阻抗 z_{out} 接近于无穷大，所以对实际负载电阻而言，ICIS 的输出端是准理想电流源。

17.2 VCVS 电压增益

第 16 章分析的同相放大器是常见的 VCVS 的实际电路形式。本节复习该同相放大器并进一步深入探究它的电压增益。

17.2.1 闭环电压增益的精确表达

图 17-3 所示是一个同相放大器。运放的开环电压增益为 A_{VOL}，通常为 100 000 或更大。在分压器的作用下，一部分输出电压反馈到输入端。在 VCVS 电路中，**反馈系数 B** [⊖] 定义为反馈电压除以输出电压，对于图 17-3，有：

$$B = \frac{v_2}{v_{out}} \qquad (17\text{-}1)$$

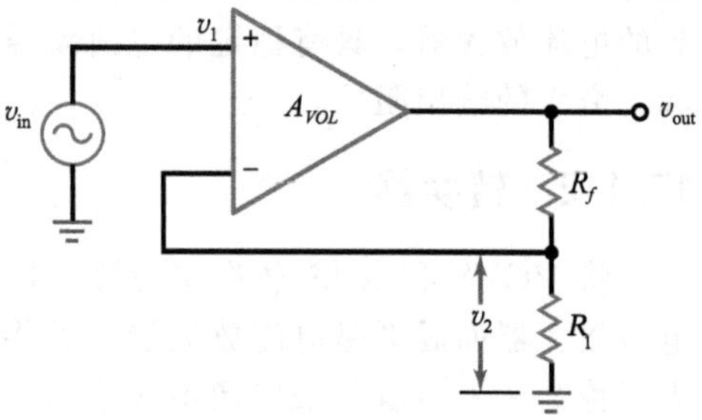

反馈系数也称为**反馈衰减系数**，它表示输出电压在反馈到反相输入端时的衰减情况。

经过代数化简，可以推导闭环电压增益的精确表达式为：

$$A_{v(CL)} = \frac{A_{VOL}}{1 + A_{VOL}B} \qquad (17\text{-}2)$$

用表 17-1 中的符号表示，$A_v = A_{v(CL)}$，即：

$$A_v = \frac{A_{VOL}}{1 + A_{VOL}B} \qquad (17\text{-}3)$$

图 17-3 VCVS 放大器

这是 VCVS 放大器闭环电压增益的精确表达式。

17.2.2 环路增益

分母中的第二项 $A_{VOL}B$ 称为**环路增益**，是环绕正向通路和反馈通路一周的电压增益。在负反馈放大器的设计中，环路增益的值很重要。在实际电路中，环路增益通常很大，且越大越好。它能稳定电压增益，对增益稳定性、失真、失调、输入阻抗和输出阻抗都有改善作用。

17.2.3 理想的闭环电压增益

为了使 VCVS 正常工作，环路增益 $A_{VOL}B$ 必须远大于 1。当设计满足这个条件时，式（17-3）可表示为：

$$A_v = \frac{A_{VOL}}{1 + A_{VOL}B} \approx \frac{A_{VOL}}{A_{VOL}B}$$

或者

⊖ 各教材中使用的符号不统一，较常用的有 F、β 等。——译者注

$$A_v \approx \frac{1}{B} \tag{17-4}$$

该理想方程在 $A_{VOL}B \gg 1$ 时的解几乎接近实际精确值。闭环增益的实际值略小于这个理想值。如果需要，可以应用下式计算理想值与实际值之间的误差率：

$$误差率 = \frac{100\%}{1 + A_{VOL}B} \tag{17-5}$$

例如，若 $1 + A_{VOL}B$ 的值是 1000（60dB），则误差只有 0.1%，即实际值只比理想值小 0.1%。

17.2.4 理想方程的应用

式（17-4）可用来计算 VCVS 放大器的理想闭环电压增益。只需要应用方程（17-1）算出反馈系数并取倒数。例如，图 17-3 电路的反馈系数是：

$$B = \frac{v_2}{v_{out}} = \frac{R_1}{R_1 + R_f} \tag{17-6}$$

取倒数得：

$$A_v \approx \frac{1}{B} = \frac{R_1 + R_f}{R_1} = \frac{R_f}{R_1} + 1$$

与第 16 章中将集成运放输入端虚短导出的公式相同，只是用 A_v 代替了其中的 $A_{v(CL)}$。

应用实例 17-1 计算图 17-4 电路的反馈系数、理想闭环电压增益、误差率和精确的闭环电压增益。设 741C 的 A_{VOL} 为 100 000。

解： 由式（17-6）得反馈系数为：

$$B = \frac{100\Omega}{100\Omega + 3.9k\Omega} = 0.025$$

由式（17-4）得理想闭环电压增益为：

$$A_v = \frac{1}{0.025} = 40$$

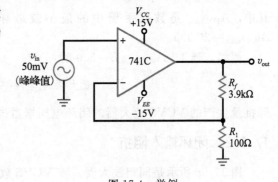

图 17-4 举例

由式（17-5）得误差率为：

$$误差率 = \frac{100\%}{1 + A_{VOL}B} = \frac{100\%}{1 + 100\,000 \times 0.025} = 0.04\%$$

计算闭环电压增益精确值有两种方法：将理想值减小 0.04%，或者应用精确方程式（17-3）计算。以下是采用两种方法分别解出的结果：

$$A_v = 40 - 0.04\% \times 40 = 40 - 0.0004 \times 40 = 39.984$$

这个没有舍入误差的答案可以表明理想值（40）与精确值之间的相近程度。应用式（17-3）可以得到相同的结果：

$$A_v = \frac{A_{VOL}}{1 + A_{VOL}B} = \frac{100\,000}{1 + 100\,000 \times 0.025} = 39.984$$

总之，这个例题说明用理想方程式计算闭环电压增益的精确程度。除非特别严格的分析，一般情况下，可以采用理想公式计算。偶尔也需要计算误差的大小，则可以用式（17-5）来计算误差率。

这个例子也证明了集成运放两个输入端口之间的虚短是成立的。在更为复杂的电路中，利用虚短对反馈效应进行分析可以采用基于欧姆定理的逻辑方法，避免大量公式推导。 ◄

📝 **自测题 17-1** 将图 17-4 电路中的反馈电阻从 3.9kΩ 增大到 4.9kΩ。计算反馈系数、闭环电压增益的理想值、误差率以及闭环增益的精确值。

17.3 其他 VCVS 公式

负反馈对集成和分立放大器的非理想特性有改善作用。例如，不同运放的开环电压增益之间可能有很大的差别，负反馈可以稳定电压增益，即负反馈几乎可以消除运算放大器之间的差别，使闭环电压增益基本由外接电阻决定。可以选择温度系数很低的精密电阻，使闭环电压增益获得超高稳定性。

负反馈可以增大 VCVS 放大器的输入阻抗，减小输出阻抗，减小放大信号的非线性失真。本节将讨论负反馈对电路性能的改善。

知识拓展 没有采用负反馈的运算放大器电路很不稳定，基本上不可用。

17.3.1 增益的稳定性

闭环电压增益的理想值与实际值之间的误差率决定了增益的稳定性。误差率越小，稳定性就越高。闭环电压增益的最坏情况误差出现在开环电压增益最小时。用公式表示为：

$$最大误差率 = \frac{100\%}{1 + A_{VOL(\min)} B} \tag{17-7}$$

其中，$A_{VOL(\min)}$ 是数据手册中的最小或最坏情况下的开环电压增益。以 741C 为例，$A_{VOL(\min)} = 20\,000$。

例如，当 $1 + A_{VOL(\min)} B = 500$ 时：

$$最大误差率 = \frac{100\%}{500} = 0.2\%$$

即批量生产的 VCVS 放大器的闭环电压增益误差范围将会在理想值的 0.2% 以内。

17.3.2 闭环输入阻抗

图 17-5a 所示是同相放大器。该 VCVS 放大器的闭环输入阻抗的精确表达式如下，

$$z_{in(CL)} = (1 + A_{VOL} B)(R_{in} \parallel R_{CM}) \tag{17-8}$$

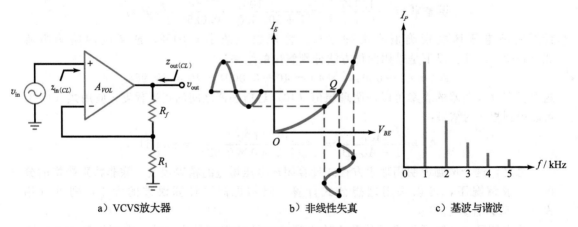

a) VCVS放大器　　　　b) 非线性失真　　　　c) 基波与谐波

图 17-5　VCVS放大器的分析

其中，R_{in} 表示运放的开环输入阻抗，R_{CM} 表示运放的共模输入阻抗。

需要对该式中的电阻做两点说明：首先，R_{in} 是数据手册中的输入电阻，对于分立的双极型差分放大器，该值为 $2\beta r_e'$，如第 17 章中所述。表 16-1 中列出的 741C 的输入阻抗 R_{in} 为 2MΩ。

其次，R_{CM} 是输入差分放大器的等效尾电阻，在分立双极型差分放大器中，R_{CM} 等于 R_E。在运放电路中，通常用电流镜替代 R_E。因此，运放的 R_{CM} 值一般非常高。如 741C 中的 R_{CM} 大于 100MΩ。

R_{CM} 通常很大，可以被忽略，式（17-8）可近似为：

$$z_{in(CL)} \approx (1 + A_{VOL}B)R_{in} \tag{17-9}$$

在实际 VCVS 放大器中，$1 + A_{VOL}B$ 远大于 1，因此闭环输入阻抗非常高。在电压跟随器中，B 为 1，如果不考虑式（17-8）中 R_{CM} 的并联作用，$z_{in(CL)}$ 趋于无穷大。或者说，闭环输入阻抗的极限值为：

$$z_{in(CL)} = R_{CM}$$

需要强调的是：闭环输入阻抗的精确值并不重要，重要的是，它的值很大，通常远大于 R_{in}，但小于极限值 R_{CM}。

17.3.3 闭环输出阻抗

图 17-5a 电路的闭环输出阻抗是在输出端口处看到的 VCVS 放大器的总等效阻抗。闭环输出阻抗的精确表达式是：

$$z_{out(CL)} = \frac{R_{out}}{1 + A_{VOL}B} \tag{17-10}$$

这里，R_{out} 指运放数据手册中给出的开环输出阻抗。表 16-1 列出的 741C 的输出阻抗 R_{out} 为 75Ω。

在实际 VCVS 放大器中，$1 + A_{VOL}B$ 通常远大于 1，因此闭环输出阻抗往往小于 1Ω，在电压跟随器中甚至趋近于零。由于电压跟随器的闭环输出阻抗非常小，使得电路中的连线有可能成为输出阻抗的限制因素。

同样，这里的关键不是闭环输出阻抗的精确值，而是 VCVS 负反馈使它的值远小于 1Ω。因此，VCVS 放大器的输出特性近似于理想电压源。

17.3.4 非线性失真

负反馈还有一个值得关注的作用是对失真的改善。在放大电路的后几级，因为放大元件的输入输出响应是非线性的，所以大信号会出现非线性失真。例如，发射结的非线性会使大信号产生失真，将正半周波形延展而将负半周波形压缩，如图 17-5b 所示。

非线性失真使输入信号产生新的谐波成分。例如，若输入电压信号频率为 1kHz，则失真的输出电流会包含 1kHz、2kHz、3kHz 甚至更高频率的正弦波分量，如图 17-5c 中的频谱图所示。基波频率是 1kHz，其余的都是谐波分量。所有谐波分量总和的均方根反映失真的程度，因此非线性失真常被称为**谐波失真**。

可以通过失真分析仪来测量谐波失真的大小，这种仪器可以测量总的谐波电压并除以基波电压，从而得到总谐波失真度。定义为：

$$THD = \frac{总谐波电压}{基波电压} \times 100\% \tag{17-11}$$

例如，若总谐波电压是 0.1Vrms，基波电压是 1V，则 $THD = 10\%$。

负反馈可以降低谐波失真。闭环谐波失真的精确表达式为

$$THD_{CL} = \frac{THD_{OL}}{1 + A_{VOL}B} \tag{17-12}$$

其中，THD_{OL} 为开环谐波失真，THD_{CL} 为闭环谐波失真。

因子 $(1+A_{VOL}B)$ 具有改善作用。当它的值较大时，可将谐波失真降低到可以忽略的程度。对于立体声放大器来说，则意味着可以听到没有失真的高品质音乐。

17.3.5　分立的负反馈放大器

电压放大器（VCVS）的电压增益由外接电阻控制，其原理已在第9章"电压放大器"部分简要描述。图 9-4 所示的分立二级反馈放大器本质上是带有负反馈的同相电压放大器。

该电路中两个 CE 级产生的开环电压增益等于：
$$A_{VOL} = A_{v1} A_{v2}$$
输出电压驱动由 r_f 和 r_e 组成的分压器。由于 r_e 下端交流接地，反馈系数近似为：
$$B \approx \frac{r_e}{r_e + r_f}$$
这里忽略了输入三极管的发射极的负载作用。

输入 V_{in} 驱动第一级晶体管的基极，同时反馈电压驱动其发射极，从而在发射结上产生误差电压。数学分析过程与前面给出的类似。闭环电压增益近似为 $1/B$，输入阻抗为 $(1+A_{VOL}B) R_{in}$，输出阻抗为 $R_{out}/(1+A_{VOL}B)$，失真为 $THD_{OL}/(1+A_{VOL}B)$。负反馈在各种分立放大器电路中是很常见的。

例 17-2　图 17-6 电路中 741C 的 R_{in} 为 2MΩ，R_{CM} 为 200MΩ。求闭环输入阻抗。采用 741C 的 A_{VOL} 典型值 100 000。

解： 在例题 17-1 中，曾计算得到 $B=0.025$。
所以：
$$1 + A_{VOL}B = 1 + 100\,000 \times 0.025 \approx 2500$$
由式（17-9）得：
$$z_{in(CL)} \approx (1+A_{VOL}B)R_{in} = 2500 \times 2\text{M}\Omega$$
$$= 5000\text{M}\Omega$$
如果得到的值大于 100MΩ，则应使用式（17-8）。
由式（17-8）得：
$$z_{in(CL)} = 5000\text{M}\Omega \parallel 200\text{M}\Omega = 192\text{M}\Omega$$

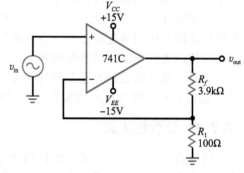

图 17-6　举例

输入阻抗很大，说明 VSVC 近似为理想电压放大器。◀

自测题 17-2　将图 17-6 电路中的 3.9kΩ 电阻改为 4.9kΩ，求 $z_{in(CL)}$。

例 17-3　使用上述例题的数据和结果，计算图 17-6 电路的闭环输出阻抗。设 A_{VOL} 为 100 000，R_{out} 为 75Ω。

解： 由式（17-10）得：
$$z_{out(CL)} = \frac{75\Omega}{2500} = 0.03\Omega$$

该输出阻抗很小，说明 VSVC 近似为理想电压放大器。◀

自测题 17-3　设 A_{VOL} 为 200 000；B 值为 0.025，重新计算例 17-3。

例 17-4　设放大器的开环总谐波失真为 7.5%，求闭环总谐波失真。

解： 由式（17-12）得：

$$THD_{(CL)} = \frac{7.5\%}{2500} = 0.003\%$$

◀

✐ **自测题 17-4** 将 $3.9k\Omega$ 电阻改为 $4.9k\Omega$，重新计算例 17-4。

17.4 ICVS 放大器

图 17-7 所示是一个跨阻放大器，它的输入是电流，输出是电压。ICVS 放大器是近似理想的电流-电压转换器，它的输入阻抗和输出阻抗均为零。

17.4.1 输出电压

输出电压的精确方程为：

$$v_{out} = -i_{in}R_f \frac{A_{VOL}}{1+A_{VOL}} \tag{17-13}$$

因为 A_{VOL} 的值远大于 1，方程可以简化为：

$$v_{out} = -i_{in}R_f \tag{17-14}$$

其中 R_f 是跨阻。

推导并记忆式（17-14）的简便方法是利用虚地的概念。需要记住，反相输入端的电压是虚地的，但电流不是接地的。当反相输入端虚地时，所有的电流都必须流经反馈电阻。由于这个电阻的左端电位是地，则输出电压值为：

$$v_{out} = -i_{in}R_f$$

该电路是电流-电压转换器。可以通过设置不同的 R_f 值，得到不同的转换系数（跨阻）。例如，当 $R_f = 1k\Omega$ 时，输入 $1mA$ 电流将产生 $1V$ 输出电压。当 $R_f = 10k\Omega$ 时，同样的输入电流将产生 $10V$ 输出电压。图 17-8 中标出的电流方向是传统的电流流向。

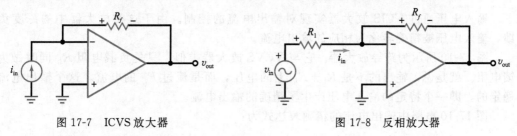

图 17-7 ICVS 放大器　　　　　　　图 17-8 反相放大器

17.4.2 闭环输入和输出阻抗⊖

图 17-7 电路的闭环输入和输出阻抗的精确表达式为：

$$z_{in(CL)} = \frac{R_f}{1+A_{VOL}} \tag{17-15}$$

$$z_{out(CL)} = \frac{R_{out}}{1+A_{VOL}} \tag{17-16}$$

两式中的分母较大，使得阻抗降低到很小的值。

17.4.3 反相放大器

第 16 章中讨论过图 17-8 所示的反相放大器。它的闭环电压增益为：

$$A_v = \frac{-R_f}{R_1} \tag{17-17}$$

⊖ 原文为"同相输入和输出阻抗"，有误。——译者注

这种放大器采用了 ICVS 负反馈。由于反相输入端虚地，则输入电流等于：

$$i_{in} = \frac{v_{in}}{R_1}$$

例 17-5 如果图 17-9 电路的输入频率为 1kHz，求输出电压。   ▐▐▐▐ Multisim

解：1mA（峰峰值）的输入电流流过 5kΩ 的电阻，由欧姆定律或式（17-14），得：

$$v_{out} = -1mA \times 5k\Omega = -5V（峰峰值）$$

这里的负号表示 180°相移。输出电压是交流的，峰峰值
为 5V，频率为 1kHz。   ◄

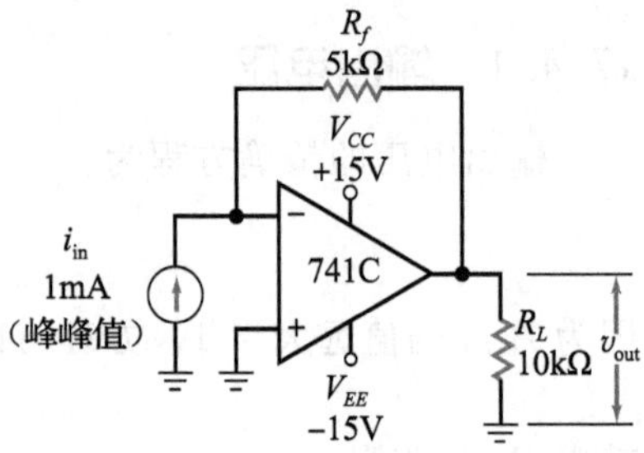

自测题 17-5   将图 17-9 电路中的反馈电阻改为
2kΩ，计算 v_{out}。

例 17-6 求图 17-9 电路的闭环输入和输出阻抗。
使用 741C 参数的典型值。

解：由式（17-15）得：

$$z_{in(CL)} = \frac{5k\Omega}{1 + 100\,000} \approx \frac{5k\Omega}{100\,000} = 0.05$$

由式（17-16）得：

$$z_{out(CL)} = \frac{75\Omega}{1 + 100\,000} \approx \frac{75\Omega}{100\,000} = 0.00\,075\Omega$$ ◄

自测题 17-6   设 A_{VOL} 为 200 000，重新计算例题 17-6。

图 17-9 举例

17.5   VCIS 放大器

输入电压通过 VCIS 放大器实现对输出电流的控制。由于这类放大器中的深度负反
馈，输入电压被精确转化为相应的输出电流。

图 17-10 所示为跨导放大器。它与 VCVS 放大器类似，只是负载电阻 R_L 同时做为反
馈电阻。就是说，输出的不是 $R_1 + R_L$ 上的电压，而是流过 R_L 的电流。这个输出电流是
稳定的，即一个特定的输入电压产生了精确的输出电流。

图 17-10 电路中输出电流的精确表达式为：

$$i_{out} = \frac{v_{in}}{R_1 + (R_1 + R_L)/A_{VOL}} \qquad (17\text{-}18)$$

在实际电路中，分母中的第二项比第一项小很多，
因此方程简化为：

$$i_{out} = \frac{v_{in}}{R_1} \qquad (17\text{-}19)$$

有时又表示为：

$$i_{out} = g_m v_{in}$$

这里 $g_m = 1/R_1$。

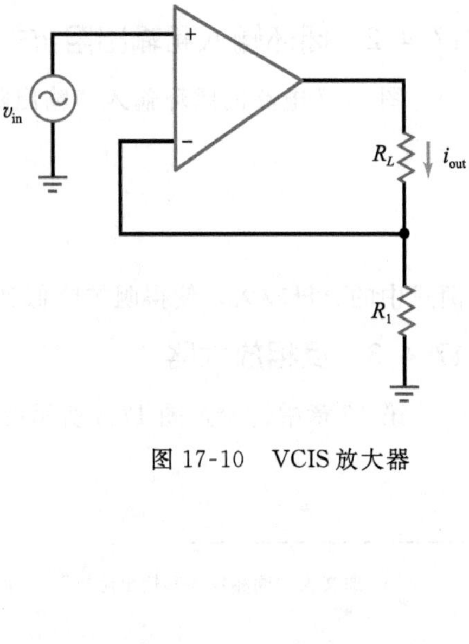

推导和记忆式（17-19）的简便方法为：设想
图 17-10 中两个输入端虚短，则反相输入电压被自
举到同相输入电压，因此，所有的输入电压都加在
R_1 上，流过该电阻的电流为：

$$i_1 = \frac{v_{in}}{R_1}$$

图 17-10   VCIS 放大器

该电流在图 17-10 电路中唯一的通路就是流过 R_L，故可由式（17-19）得到输出电流值。

该电路是一个电压-电流转换器。可以通过设置不同的 R_1 值得到不同的转换系数（跨导）。例如，当 $R_1 = 1k\Omega$ 时，1V 输入电压将产生 1mA 输出电流；当 $R_1 = 100\Omega$ 时，同样的输入电压将产生 10mA 输出电流。

由于图 17-10 电路的输入端与 VCVS 放大器的输入端相同，则 VCIS 放大器闭环输入阻抗的近似表达式为：

$$z_{in(CL)} = (1 + A_{VOL}B)R_{in} \tag{17-20}$$

其中，R_{in} 是运放的输入电阻。在稳定的输出电流端口处的闭环输出阻抗为：

$$z_{out(CL)} = (1 + A_{VOL})R_1 \tag{17-21}$$

在两个方程中，较大的 A_{VOL} 值使输入输出阻抗均趋于无穷大，这是 VCIS 放大器的理想值。该电路近似为理想的电压-电流转换器，其输入和输出阻抗都很高。

图 17-10 跨导放大器中的负载电阻是悬浮的，这在很多情况下不是很方便，因为很多负载都是单端的。可以使用以下线性 IC 作为跨导放大器：LM3080、LM13600 和 LM13700。这些单片跨导放大器可以驱动单端负载电阻。

例 17-7 求图 17-11 电路的负载电流和负载功率。如果将负载电阻变为 4Ω，会有什么变化？ **▥ Multisim**

解： 运放的两个输入端虚短。由于反相输入电压被自举到同相输入电压，使所有的输入电压都加在了 1Ω 的电阻上。由欧姆定律或式（17-19），可以计算输出电流为：

$$i_{out} = \frac{2V_{rms}}{1\Omega} = 2A_{rms}$$

该电流经过 2Ω 的负载电阻，产生的负载功率为：

$$P_L = (2A)^2 \times 2\Omega = 8W$$

如果负载电阻变为 4Ω，输出电流仍然保持 $2A_{rms}$，则负载功率增大为：

$$P_L = (2A)^2 \times 4\Omega = 16W$$

只要运放没有进入饱和，可以任意改变负载电阻值而始终保持 $2A_{rms}$ 的稳定输出电流。 ◀

✎ **自测题 17-7** 将图 17-11 电路中的输入电压变为 $3V_{rms}$，求 i_{out} 和 P_L。

17.6 ICIS 放大器

ICIS 电路可以放大输入电流。由于深度负反馈的作用，ICIS 放大器近似为理想**电流放大器**，它的输入阻抗很小而输出阻抗很大。

如图 17-12 所示为反相电流放大器。其闭环电流增益是稳定的，为：

$$A_i = \frac{A_{VOL}(R_1 + R_2)}{R_L + A_{VOL}R_1} \tag{17-22}$$

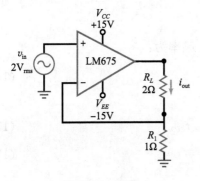

图 17-11 举例

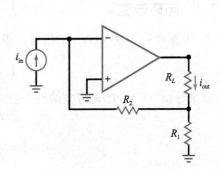

图 17-12 ICIS 放大器

通常情况下，分母的第二项远大于第一项，可简化为：

$$A_i \approx \frac{R_2}{R_1} + 1 \qquad (17\text{-}23)$$

ICIS 放大器的闭环输入阻抗为：

$$z_{in(CL)} = \frac{R_2}{1 + A_{VOL}B} \qquad (17\text{-}24)$$

其中反馈系数为：

$$B = \frac{R_1}{R_1 + R_2} \qquad (17\text{-}25)$$

稳定的电流输出端口处的闭环输出阻抗为：

$$z_{out(CL)} = (1 + A_{VOL})R_1 \qquad (17\text{-}26)$$

当 A_{VOL} 较大时，对应的输入阻抗很小，输出阻抗很大。因此，ICIS 放大电路可近似为理想电流放大器。

例 17-8 求图 17-13 电路的负载电流和负载功率。如果将负载电阻改为 2Ω，求负载电流和功率。

Multisim

解： 由式（17-23），得到电流增益为：

$$A_i = \frac{1k\Omega}{1\Omega} + 1 \approx 1000$$

负载电流为：

$$i_{out} = 1000 \times 1.5mA_{rms} = 1.5A_{rms}$$

负载电压为：

$$P_L = (1.5A)^2 \times 1\Omega = 2.25W$$

如果负载电阻增大到 2Ω，负载电流仍为 1.5A rms，而负载功率增加到：

$$P_L = (1.5A)^2 \times 1\Omega = 4.5W \qquad \blacktriangleleft$$

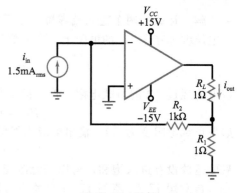

图 17-13 举例

自测题 17-8 将图 17-13 电路中的 i_{in} 改为 2mA，计算 i_{out} 和 P_L。

17.7 频带宽度

负反馈可以扩展放大器的频带。开环电压增益的下降意味着反馈电压降低，使输入电压的成分增加。因此，闭环截止频率比开环截止频率高。

17.7.1 闭环带宽

第 16 章中讨论过 VCVS 的带宽。得到闭环截止频率为：

$$f_{2(CL)} = \frac{f_{unity}}{A_{v(CL)}} \qquad (17\text{-}27)$$

还可以推导出 VCVS 闭环带宽的两个公式如下：

$$f_{2(CL)} = (1 + A_{VOL}B)f_{2(OL)} \qquad (17\text{-}28)$$

$$f_{2(CL)} = \frac{A_{VOL}}{A_{v(CL)}}f_{2(OL)} \qquad (17\text{-}29)$$

其中的 $A_{v(CL)}$ 与 A_v 是相同的。

这些公式都可以用来计算 VCVS 放大器的闭环带宽，可根据已知的数据进行选择。例如，当已知 f_{unity} 和 $A_{v(CL)}$ 时，则可选择式（17-27）；当已知 A_{VOL}、B 和 $f_{2(OL)}$ 时，则应选择式（17-28）；当已知 A_{VOL}、$A_{v(CL)}$ 和 $f_{2(OL)}$ 时，则应选择式（17-29）。

17.7.2 增益带宽积是常数

式（17-27）可以表示为：

$$A_{v(CL)} f_{2(CL)} = f_{unity}$$

方程的左边是增益和带宽的乘积，称之为**增益带宽积**（GBW）。方程的右边对于给定的运放而言是一个常数。该方程表明增益带宽积是一个常数。由于特定运放的 GBW 是常数，因此设计时只能在增益与带宽之间作折中。增益越低，频带越宽。反之，若需要较高的增益，则必须牺牲带宽。

解决这个问题的唯一办法就是使用具有较大 GBW 的运放，GBW 相当于 f_{unity}。如果运放的 GBW 达不到应用需求，则需要选择 GBW 更高的运放。例如，741C 的 GBW 为 1MHz，如果不够大，可以选择 LM318，它的 GBW 是 15MHz。这样，便可以在闭环电压增益不变的情况下，获得相当于原来 15 倍的带宽。

17.7.3 带宽与摆率失真

尽管负反馈可以降低放大器后级的非线性失真，但对摆率失真不起作用。因此，在计算出闭环带宽之后，可以用式（16-2）来计算功率带宽。若输出在整个闭环带宽内均无失真，则闭环截止频率必须小于功率带宽：

$$f_{2(CL)} < f_{max} \quad (17\text{-}30)$$

即输出电压峰值必须小于：

$$V_{p(max)} = \frac{S_R}{2\pi f_{2(CL)}} \quad (17\text{-}31)$$

负反馈对摆率失真不起作用的原因如下。第 16 章中讨论了运放的补偿电容会在输入端产生一个较大的密勒电容。对于 741C 来说，这个大电容加重了输入差分放大器的负载，如图 17-14a 所示。当 v_{in} 足够高时，使得输入差分放大器的一个晶体管饱和而另一个截止，即发生摆率失真。由于运放不再工作在线性区，使得负反馈暂时失效。

图 17-14b 所示是当 Q_1 饱和，Q_2 截止时的情况。3000pF 的电容必须通过 1MΩ 的电阻充电，得到图中所示的电压摆动。电容充电以后，Q_1 脱离饱和，Q_2 也脱离截止，负反馈的改善作用被显现出来。

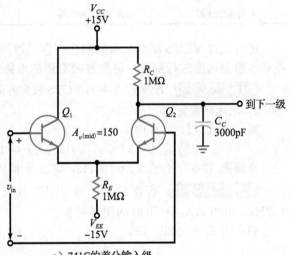

a）741C的差分输入级

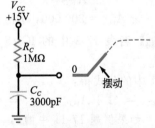

b）电容充电使电压摆动

图 17-14　电容对摆率的影响

17.7.4 负反馈列表

表 17-2 列出了负反馈的四种理想原型电路。可以基于这些原型电路，改进得到更多的高级电路。例如，ICVS 原型电路可以通过使用电压源和输入电阻 R_1，成为第 16 章中讨论过的应用广泛的反相放大器。

表 17-2 四种负反馈类型

类型	稳定参数	方程式	$z_{in(CL)}$	$z_{out(CL)}$	$f_{2(CL)}$	$f_{2(CL)}$	$f_{2(CL)}$
VCVS	A_v	$\dfrac{R_f}{R_1}+1$	$(1+A_{VOL}B)\,R_{in}$	$\dfrac{R_{out}}{(1+A_{VOL}B)}$	$(1+A_{VOL}B)f_{2(OL)}$	$\dfrac{A_{VOL}}{A_{v(CL)}}f_{2(OL)}$	$\dfrac{f_{unity}}{A_{v(CL)}}$
ICVS	$\dfrac{v_{out}}{i_{in}}$	$v_{out}=-(i_{in}R_f)$	$\dfrac{R_f}{1+A_{VOL}}$	$\dfrac{R_{out}}{1+A_{VOL}}$	$(1+A_{VOL})f_{2(OL)}$	—	—
VCIS	$\dfrac{i_{out}}{v_{in}}$	$i_{out}=\dfrac{v_{in}}{R_1}$	$(1+A_{VOL}B)\,R_{in}$	$(1+A_{VOL})R_1$	$(1+A_{VOL})f_{2(OL)}$	—	—
ICIS	A_i	$\dfrac{R_2}{R_1}+1$	$\dfrac{R_2}{(1+A_{VOL}B)}$	$(1+A_{VOL})R_1$	$(1+A_{VOL}B)f_{2(OL)}$	—	—

（同相电压放大器）　　（电流-电压转换器）　　（电压-电流转换器）　　（电流放大器）

还可以在 VCVS 原型上添加耦合电容，得到交流放大器。在后续章节中，将通过对这些基本原型电路进行修改，得到各种有用的电路。

应用实例 17-9 若表 17-2 中的 VCVS 放大器采用 LF411A，$(1+A_{VOL}B)=1000$，$f_{2(OL)}=160\mathrm{Hz}$，求闭环带宽。

解： 由式（17-28）得：
$$f_{2(CL)}=(1+A_{VOL}B)f_{2(OL)}=1000\times160\mathrm{Hz}=160\mathrm{kHz} \qquad \blacktriangleleft$$

自测题 17-9 若 $f_{2(OL)}=100\mathrm{Hz}$，重新计算例题 17-9。

应用实例 17-10 若表 17-2 中的 VCVS 放大器采用 LM308，$A_{VOL}=250\,000$，$f_{2(OL)}=1.2\mathrm{Hz}$，求当 $A_{v(CL)}=50$ 时的闭环带宽。

解： 由式（17-29）得：
$$f_{2(CL)}=\frac{A_{VOL}}{A_{v(CL)}}f_{2(OL)}=\frac{250\,000}{50}\times1.2\mathrm{Hz}=6\mathrm{kHz} \qquad \blacktriangleleft$$

自测题 17-10 设 $A_{VOL}=200\,000$，$f_{2(OL)}=2\mathrm{Hz}$，重新计算例题 17-10。

应用实例 17-11 若表 17-2 中的 ICVS 放大器采用 LM12，$A_{VOL}=50\,000$，$f_{2(OL)}=14\mathrm{Hz}$，求闭环带宽。

解： 由表 17-1 中的公式得：
$$f_{2(CL)}=(1+A_{VOL})f_{2(OL)}=(1+50\,000)\times14\mathrm{Hz}=700\mathrm{kHz} \qquad \blacktriangleleft$$

自测题 17-11 如果例题 17-11 中的 $A_{VOL}=75\,000$，$f_{2(OL)}=750\mathrm{kHz}$，求开环带宽。

应用实例 17-12 若表 17-2 中的 ICIS 放大器采用 OP-07A，$f_{2(OL)}=20\mathrm{Hz}$，$(1+A_{VOL}B)=2500$，求闭环带宽。

解： 由表 17-1 中的公式得：

$$f_{2(CL)} = (1 + A_{VOL}B)f_{2(OL)} = 2500 \times 20\,\text{Hz} = 50\,\text{kHz} \qquad \blacktriangleleft$$

自测题 17-12 当 $f_{2(OL)} = 50\,\text{Hz}$ 时，重新计算例题 17-12。

应用实例 17-13 在 VCVS 放大器中使用 LM741C，$f_{\text{unity}} = 1\,\text{MHz}$，$S_R = 0.5\,\text{V}/\mu\text{s}$。如果 $A_{v(CL)} = 10$，求闭环带宽以及在 $f_{2(CL)}$ 下的最大不失真输出电压峰值。

解： 由式（17-27）得：

$$f_{2(CL)} = \frac{f_{\text{unity}}}{A_{v(CL)}} = \frac{1\,\text{MHz}}{10} = 100\,\text{kHz}$$

由式（17-31）得：

$$V_{p(\max)} = \frac{S_R}{2\pi f_{2(CL)}} = \frac{0.5\,\text{V}/\mu\text{s}}{2\pi \times 100\,\text{kHz}} = 0.795\,\text{V} \qquad \blacktriangleleft$$

自测题 17-13 若 $A_{v(CL)} = 100$，计算例题 17-13 的闭环带宽和 $V_{p(\max)}$。

总结

17.1 节 负反馈有四种理想的类型：VCVS、ICVS、VCIS 和 ICIS。其中两种（VCVS 和 VCIS）由输入电压控制，另外两种（ICVS 和 ICIS）由输入电流控制。VCVS 和 ICVS 的输出端类似电压源，而 VCIS 和 ICIS 的输出端类似电流源。

17.2 节 环路增益是经过正向通路和反馈回路的总电压增益。在实际设计中，环路增益很大。因此，闭环电压增益非常稳定。它不再依赖于放大器的特性，而是基本上取决于外接电阻的特性。

17.3 节 VCVS 负反馈可以改善放大器的非理想特性。它可以稳定电压增益，增大输入阻抗，减小输出阻抗，并减小谐波失真。

17.4 节 跨阻放大器相当于电流-电压转换器。由于虚地的作用，理想状况下它的输入阻抗为零。由输入电流产生相应的精确输出电压。

17.5 节 跨导放大器相当于电压-电流转换器。理想情况下，它的输入阻抗为无穷大。由输入电压产生相应的精确输出电流，且输出阻抗近似为无穷大。

17.6 节 由于深度负反馈的作用，ICIS 放大器近似于理想电流放大器，其输入阻抗为零，且输出阻抗为无穷大。

17.7 节 负反馈可以增加放大器的频带宽度。由于开环电压增益的下降意味着反馈电压的降低，使得输入电压的成分增加。因此闭环截止频率高于开环截止频率。

定义

(17-1) 反馈系数

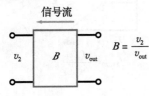

$$B = \frac{v_2}{v_{\text{out}}}$$

(17-4) VCVS 电压增益

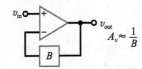

$$A_v \approx \frac{1}{B}$$

(17-11) 总谐波失真

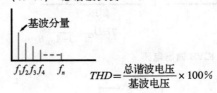

$$THD = \frac{\text{总谐波电压}}{\text{基波电压}} \times 100\%$$

推论

(17-5) VCVS 误差率

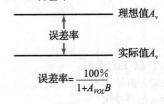

$$误差率 = \frac{100\%}{1 + A_{VOL}B}$$

（17-6）　VCVS 反馈系数

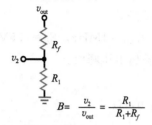

$$B = \frac{v_2}{v_{out}} = \frac{R_1}{R_1 + R_f}$$

（17-9）　VCVS 输入阻抗

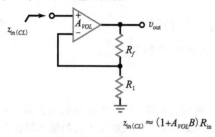

$$z_{in(CL)} \approx (1 + A_{VOL}B)R_{in}$$

（17-10）　VCVS 输出阻抗

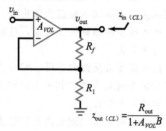

$$z_{out(CL)} = \frac{R_{out}}{1 + A_{VOL}B}$$

（17-12）　闭环失真

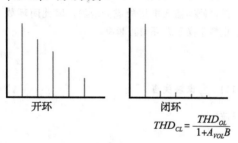

开环　　　　　　闭环

$$THD_{CL} = \frac{THD_{OL}}{1 + A_{VOL}B}$$

（17-14）　ICVS 输出电压

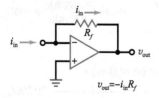

$$v_{out} = -i_{in}R_f$$

（17-15）　ICVS 输入阻抗

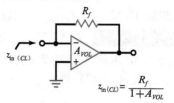

$$z_{in(CL)} = \frac{R_f}{1 + A_{VOL}}$$

（17-16）　ICVS 输出阻抗

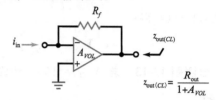

$$z_{out(CL)} = \frac{R_{out}}{1 + A_{VOL}}$$

（17-19）　VCIS 输出电流

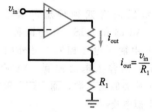

$$i_{out} = \frac{v_{in}}{R_1}$$

（17-23）　ICIS 电流增益

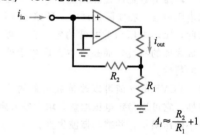

$$A_i \approx \frac{R_2}{R_1} + 1$$

（17-27）　闭环带宽

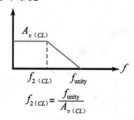

$$f_{2(CL)} = \frac{f_{unity}}{A_{v(CL)}}$$

选择题

1. 通过负反馈返回的信号
   a. 加强输入信号
   b. 与输入信号反相

   c. 与输出电流成正比
   d. 与差分电压增益成正比

2. 负反馈有几种类型?

a. 1　　　　　　　b. 2

c. 3　　　　　　　d. 4

3. VCVS 放大器近似于理想的

　a. 电压放大器

　b. 电流-电压转换器

　c. 电压-电流转换器

　d. 电流放大器

4. 理想运算放大器输入端之间的电压为

　a. 0　　　　　　b. 很小

　c. 很大　　　　　d. 等于输入电压

5. 运放未饱和时，同相与反相输入电压

　a. 几乎相等　　　b. 差别很大

　c. 等于输出电压　d. 等于 ±15V

6. 反馈系数 B

　a. 始终小于 1　　b. 通常大于 1

　c. 可能等于 1　　d. 不可能等于 1

7. 如果 ICVS 放大器没有输出电压，则可能的故障是

　a. 没有负电源电压

　b. 反馈电阻短路

　c. 没有反馈电压

　d. 负载电阻开路

8. 降低 VCVS 放大器的开环电压增益，将会提高

　a. 输出电压　　　b. 误差电压

　c. 反馈电压　　　d. 输入电压

9. 开环电压增益等于

　a. 负反馈时的增益

　b. 运算放大器的差分电压增益

　c. 当 B 等于 1 时的增益

　d. 电路在 f_{unity} 的增益

10. 环路增益 $A_{VOL}B$

　a. 通常远小于 1

　b. 通常远大于 1

　c. 不可能等于 1

　d. 介于 0～1 之间

11. ICVS 放大器的闭环输入阻抗

　a. 通常大于开环输入阻抗

　b. 等于开环输入阻抗

　c. 有时小于开环阻抗

　d. 理想情况下为 0

12. ICVS 放大器电路近似于理想的

　a. 电压放大器

　b. 电流-电压转换器

　c. 电压-电流转换器

　d. 电流放大器

13. 负反馈可以降低

　a. 反馈系数　　　b. 失真

c. 输入失调电压　　d. 开环增益

14. 电压跟随器的电压增益

　a. 远小于 1　　　b. 等于 1

　c. 大于 1　　　　d. 为 A_{VOL}

15. 实际运算放大器输入端之间的电压为

　a. 0　　　　　　b. 很小

　c. 很大　　　　　d. 等于输入电压

16. 放大器的跨阻是下列哪两个参数的比值？

　a. 输出电流比输入电压

　b. 输入电压比输出电流

　c. 输出电压比输入电流

　d. 输出电压比输入电流

17. 下列哪一项不能提供对地的电流？

　a. 机械地　　　　b. 交流地

　c. 虚拟地　　　　d. 普通地

18. 在电流-电压转换器中，输入电流流过

　a. 运放的输入阻抗

　b. 反馈电阻

　c. 地

　d. 负载电阻

19. 电流-电压转换器的输入阻抗

　a. 小

　b. 大

　c. 理想值为零

　d. 理想值为无穷大

20. 开环带宽等于

　a. f_{unity}　　　　b. $f_{2(OL)}$

　c. $f_{unity}/A_{v(CL)}$　d. f_{max}

21. 闭环带宽等于

　a. f_{unity}　　　　b. $f_{2(OL)}$

　c. $f_{unity}/A_{v(CL)}$　d. f_{max}

22. 对于一个给定的运算放大器，保持恒定的参量是

　a. $f_{2(OL)}$　　　　b. 反馈电压

　c. $A_{v(CL)}$　　　　d. $A_{v(CL)}f_{(CL)}$

23. 负反馈不能改善

　a. 电压增益的稳定性

　b. 后级电路的非线性失真

　c. 输出失调电压

　d. 功率带宽

24. 如果 ICVS 放大器处于饱和区，则可能的故障是

　a. 没有电源电压

　b. 反馈电阻开路

　c. 没有输入电压

　d. 负载电阻开路

25. 如果 VCVS 放大器没有输出电压，则可能的故障是

a. 负载电阻短路

b. 反馈电阻开路

c. 输入电压过大

d. 负载电阻开路

26. 如果 ICIS 放大器处于饱和区，则可能的故障是

    a. 负载电阻短路

    b. R_2 开路

    c. 没有输入电压

    d. 负载电阻开路

27. 如果 ICVS 放大器没有输出电压，则可能的故

障是

    a. 没有正电源电压

    b. 反馈电阻开路

    c. 没有反馈电压

    d. 负载电阻短路

28. VCVS 放大器的闭环输入阻抗

    a. 通常大于开环输入阻抗

    b. 等于开环输入阻抗

    c. 有时小于开环输入阻抗

    d. 理想值为零

习题

以下习题中的运放参数均参照表 16-2。

17.2 节

17-1　计算图 17-15 电路的反馈系数、理想闭环电压增益、误差率和电压增益的精确值。

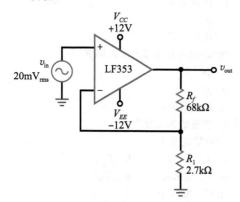

图　17-15

17-2　将图 17-15 中的 68kΩ 电阻改为 39kΩ，求反馈系数和闭环电压增益。

17-3　将图 17-15 中的 2.7kΩ 电阻改为 4.7kΩ，求反馈系数和闭环电压增益。

17-4　将图 17-15 中的 LF351 改为 LM308，求反馈系数、理想闭环电压增益、误差率和电压增益的精确值。

17.3 节

17-5　图 17-16 电路中运放的 R_{in} 为 3MΩ，R_{CM} 为 500MΩ，求闭环输入阻抗。设运放的 A_{VOL} 值为 200 000。

17-6　求图 17-16 电路的闭环输入阻抗。设 A_{VCL} 为 75 000，R_{out} 为 50Ω。

17-7　假设图 17-16 电路中放大器的开环总谐波失真为 10%，求闭环总谐波失真。

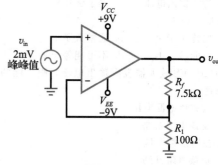

图　17-16

17.4 节

17-8　**|||| Multisim** 求图 17-17 电路在频率为 1kHz 时的输出电压。

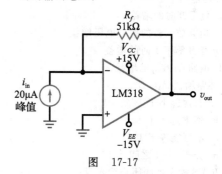

图　17-17

17-9　**|||| Multisim** 将图 17-17 电路中的反馈电阻由 51kΩ 改为 33kΩ，求输出电压。

17-10　将图 17-17 电路的输入电流改为 10.0μA rms，求输出电压的峰峰值。

17.5 节

17-11　**|||| Multisim** 求图 17-18 电路的输出电流和负载功率。

17-12　将图 17-18 电路中的负载电阻由 1Ω 改为 3Ω，求输出电流和负载功率。

17-13　**|||| Multisim** 将图 17-18 电路中的 2.7Ω 电阻改为 4.7Ω，求输出电流和负载功率。

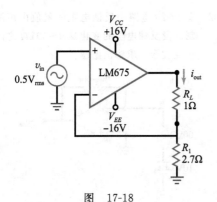

图 17-18

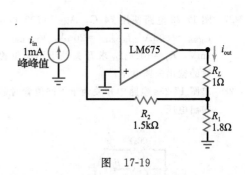

图 17-19

17.6 节

17-14 ▥▥▥ Multisim 求图 17-19 电路中的电流增益和负载功率。

17-15 ▥▥▥ Multisim 将图 17-19 电路中的负载电阻由 1Ω 改为 2Ω，求输出电流和负载功率。

17-16 将图 17-19 电路中的电阻由 1.8Ω 改为 7.5Ω，求电流增益和负载功率。

17.7 节

17-17 如果 VCVS 放大器中采用 LM324，$(1+A_{VOL}B)=1000$，$f_{2(OL)}=2\text{Hz}$，求闭环带宽。

17-18 如果 VCVS 放大器中采用 LM833，$A_{VOL}=316\,000$，$f_{2(OL)}=4.5\text{Hz}$，求当 $A_{v(CL)}=75$ 时的闭环带宽。

17-19 如果 ICVS 放大器中采用 LM318，$A_{VOL}=20\,000$，$f_{2(OL)}=750\text{Hz}$，求闭环带宽。

17-20 如果 ICIS 放大器中采用 TL072，$f_{2(OL)}=120\text{Hz}$，当 $(1+A_{VOL}B)=5\,000$ 时，求闭环带宽。

17-21 如果 VCVS 放大器中采用 LM741C，$f_{unity}=1\text{MHz}$，$S_R=0.5\text{V}/\mu\text{s}$，当 $A_{v(CL)}=10$ 时，求闭环带宽以及在 $f_{2(CL)}$ 下的最大不失真输出电压峰值。

思考题

17-22 图 17-20 所示是一个电流-电压转换器，可以用来测量电流。当输入电流为 $4\mu\text{A}$ 时，电压表的读数是多少？

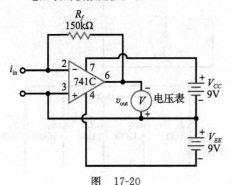

图 17-20

17-23 求图 17-21 的输出电压。

17-24 当图 17-22 电路中的开关处于不同位置时，放大器的电压增益分别为多少？

17-25 图 17-22 电路的输入电压为 10mV，求开关处于不同位置时的输出电压。

17-26 图 17-22 电路使用 741C，$A_{VCL}=100\,000$，$R_{in}=2\text{M}\Omega$，$R_{out}=75\Omega$，求开关处于不同位置时的闭环输入阻抗和输出阻抗。

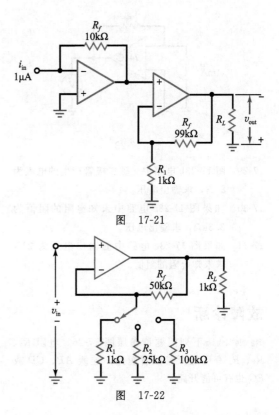

图 17-21

图 17-22

17-27 图 17-22 电路使用 741C，$A_{VCL} = 100\,000$，$I_{in(bias)} = 80nA$，$I_{in(offset)} = 20nA$，$V_{in(offset)} = 1mV$，$R_f = 100k\Omega$。求开关处于不同位置时的输出失调电压。

17-28 求图 17-23a 电路中开关处于不同位置时的输出电压。

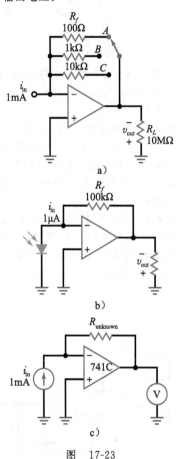

a)

b)

c)

图 17-23

17-29 图 17-23b 电路中光敏二极管产生的电流为 $2\mu A$，求输出电压。

17-30 如果图 17-23c 电路中未知电阻的阻值为 $3.3k\Omega$，求输出电压。

17-31 如果图 17-23c 电路中的输出电压为 2V，求未知电阻的阻值。

17-32 图 17-24 电路中反馈电阻的阻值由声波控制。设反馈电阻的变化是 9～11kΩ 之间的正弦波形，求输出电压。

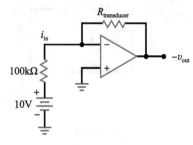

图 17-24

17-33 图 17-24 电路中反馈电阻受温度控制。如果反馈电阻值在 1～10kΩ 范围内变化，求输出电压的变化范围。

17-34 图 17-25 所示是一个采用 Bi-FET 运放的灵敏直流电压表。假设输出电压已经过调零。求开关处于不同位置时能产生满量程输出的输入电压值。

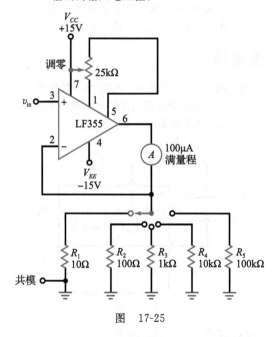

图 17-25

故障诊断

|||| Multisim 下列问题请参照图 17-26。电阻 R_2、R_3、R_4 有可能开路或者短路，连线 AB、CD 或 FG 也有可能开路。

17-35 确定故障 1～3。

17-36 确定故障 4～6。

17-37 确定故障 7～9。

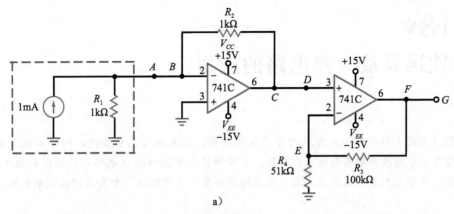

a)

<table>
<tr><td colspan="9" align="center">故障诊断</td></tr>
<tr><th>故障</th><th>V_A</th><th>V_B</th><th>V_C</th><th>V_D</th><th>V_E</th><th>V_F</th><th>V_G</th><th>R_4</th></tr>
<tr><td>正常</td><td>0</td><td>0</td><td>-1</td><td>-1</td><td>-1</td><td>-3</td><td>-3</td><td>正常</td></tr>
<tr><td>T1</td><td>0</td><td>0</td><td>-1</td><td>-1</td><td>0</td><td>0</td><td>0</td><td>正常</td></tr>
<tr><td>T2</td><td>0</td><td>0</td><td>0</td><td>0</td><td>0</td><td>0</td><td>0</td><td>正常</td></tr>
<tr><td>T3</td><td>0</td><td>0</td><td>-1</td><td>-1</td><td>0</td><td>-13.5</td><td>-13.5</td><td>0</td></tr>
<tr><td>T4</td><td>0</td><td>0</td><td>-13.5</td><td>-13.5</td><td>-4.5</td><td>-13.5</td><td>-13.5</td><td>正常</td></tr>
<tr><td>T5</td><td>0</td><td>0</td><td>-1</td><td>-1</td><td>-1</td><td>-3</td><td>0</td><td>正常</td></tr>
<tr><td>T6</td><td>0</td><td>0</td><td>-1</td><td>-1</td><td>0</td><td>-13.5</td><td>-13.5</td><td>正常</td></tr>
<tr><td>T7</td><td>+1</td><td>-4.5</td><td>0</td><td>0</td><td>0</td><td>0</td><td>0</td><td>正常</td></tr>
<tr><td>T8</td><td>0</td><td>0</td><td>-1</td><td>-1</td><td>-1</td><td>-1</td><td>-1</td><td>正常</td></tr>
<tr><td>T9</td><td>0</td><td>0</td><td>-1</td><td>-1</td><td>-1</td><td>-1</td><td>-1</td><td>∞</td></tr>
</table>

b)

图 17-26

求职面试问题

1. 画出 VCVS 负反馈的等效电路。写出闭环电压增益、输入输出阻抗和带宽的方程式。

2. 画出 ICVS 负反馈的等效电路。说明它与反相放大器的关系。

3. 闭环带宽与功率带宽之间有什么区别？

4. 负反馈的四种类型是什么？简要叙述这些电路的作用。

5. 负反馈对放大器的带宽有什么影响？

6. 闭环截止频率与开环截止频率哪个大？

7. 电路采用负反馈的目的是什么？

8. 正反馈对放大器有什么影响？

9. 什么是反馈衰减（也称为反馈衰减系数）？

10. 什么是负反馈？为什么引入负反馈？

11. 负反馈有可能降低放大器的总体电压增益，为什么还要采用负反馈？

12. BJT 和 FET 是什么类型的放大器？

选择题答案

1. b 2. d 3. a 4. a 5. a 6. c 7. b 8. b 9. b 10. b 11. d 12. b 13. b 14. b 15. b
16. d 17. c 18. b 19. c 20. b 21. c 22. d 23. d 24. b 25. a 26. b 27. d 28. a

自测题答案

17-1 $B = 0.020$；$A_{v(ideal)} = 50$；% error $= 0.05\%$；
$A_{v(exact)} = 49.975$

17-2 $z_{in(CL)} = 191\text{M}\Omega$

17-3 $z_{out(CL)} = 0.015\Omega$

17-4 $THD_{(CL)} = 0.004\%$

17-5 $v_{out} = 2\text{V}$（峰峰值）

17-6 $z_{in(CL)} = 0.025\Omega$，$z_{out(CL)} = 0.000\,375\Omega$

17-7 $i_{out} = 3\text{Arms}$；$P_L = 18\text{W}$

17-8 $i_{out} = 2\text{Arms}$；$P_L = 4\text{W}$

17-9 $f_{2(CL)} = 100\text{kHz}$

17-10 $f_{2(CL)} = 8\text{kHz}$

17-11 $f_{2(CL)} = 10\text{Hz}$

17-12 $f_{2(CL)} = 125\text{kHz}$

17-13 $f_{2(CL)} = 10\text{kHz}$；$V_{p(max)} = 7.96\text{Hz}$

第18章
线性运算放大器电路的应用

线性运算放大器的输出和输入信号的波形相同。如果输入是正弦波，则输出也是正弦波。运放在信号整个周期内都不会进入饱和区。本章讨论各种线性运放电路，包括反相放大器、同相放大器、差分放大器、仪表放大器、电流增强电路、受控电流源和自动增益控制电路。

目标

在学习完本章后，你应该能够：
- 描述反相放大器的几种应用；
- 描述同相放大器的几种应用；
- 计算反相放大器和同相放大器的电压增益；
- 解释差分放大器和仪表放大器的工作原理和特性；
- 计算二进制权电阻和 R/2R 结构 D/A 转换器的输出电压；
- 分析电流增强电路和压控电流源；
- 画出单电源供电的运放电路。

关键术语

自动增益控制（automatic gain control，AGC）

平均器（averager）

缓冲器（buffer）

电流增强电路（current booster）

差分放大器（differential amplifier）

差模输入电压（differential input voltage）

差模电压增益（differential voltage gain）

数模转换器 D/A（digital-to-analog，D/A）

浮空负载（floating load）

驱动保护（guard driving）

输入传感器（input transducer）

仪表放大器（instrumentation amplifier）

激光修正（laser trimming）

线性运放电路（linear op-amp circuit）

输出传感器（output transducer）

R/2R 阶梯 D/A 转换器（R/2R ladder D/A converter）

轨到轨运算放大器（rail-to-rail op amp）

符号转换器（sign changer）

静噪电路（squelch circuit）

热敏电阻（thermistor）

基准电压源（voltage reference）

18.1 反相放大器电路

在本章和后面的几章中，将讨论各种不同的运算放大器电路。为了便于理解，会随时进行包含重要公式的电路小结。而且，在必要时用 R_f 表示反馈电阻，代替 R、R_1 等其他标示方法。

反相放大器是最基本的电路之一。在第 16 和 17 章中讨论了该放大器的原型。这类放大器的一个优点是它的电压增益等于反馈电阻与输入电阻之比。下面对一些应用电路进行简要分析。

18.1.1 高阻探针

图 18-1 所示是一个可用于数字万用表的高阻探针。因为第一级虚地，探针的低频输

入阻抗是 100MΩ。第一级是电压增益为 0.1 的反相放大器。第二级是电压增益为 1 或 10 的反相放大器。

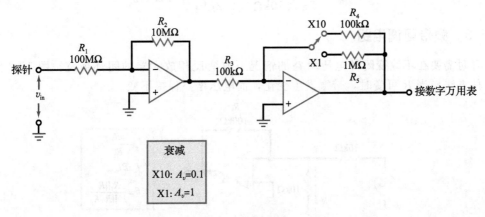

图 18-1　高阻抗探针

图 18-1 电路显示了 10∶1 探针的基本原理。它的输入阻抗非常高，总电压增益为 0.1 或 1。在开关为 ×10 挡位时，输出信号衰减 10 倍。在开关为 ×1 挡位时，输出信号没有衰减。可以通过增加更多的元件来增加电路的测量范围。

18.1.2　交流耦合放大器

在有些只有交流输入信号的应用中，放大器的频率响应不必包括零频率。图 18-2 所示是一个交流耦合放大器及其方程。电压增益为：

$$A_v = \frac{-R_f}{R_1}$$

根据图 18-2 中给出的参数值，可得闭环电压增益为：

$$A_v = \frac{-100\text{k}\Omega}{10\text{k}\Omega} = -10$$

如果单位增益带宽 f_{unity} 是 1MHz，则闭环带宽为：

$$f_{2(CL)} = \frac{1\text{MHz}}{10 + 1} = 90.9\text{kHz}$$

输入耦合电容 C_1 和输入电阻 R_1 产生一个较低的截止频率 f_{c1}。其值为：

$$f_{c1} = \frac{1}{2\pi \times 10\text{k}\Omega \times 10\mu\text{F}} = 1.59\text{Hz}$$

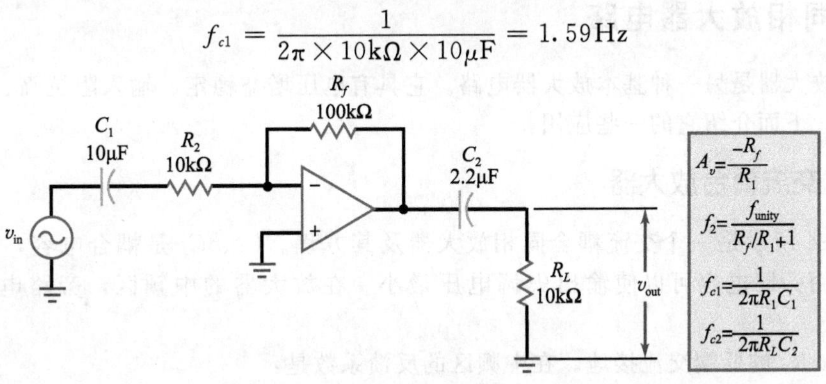

图 18-2　交流耦合反相放大器

同样地，输出耦合电容 C_2 和负载电阻 R_L 产生的截止频率 f_{c2} 为：

$$f_{c2} = \frac{1}{2\pi \times 10\text{k}\Omega \times 2.2\mu\text{F}} = 7.23\,\text{Hz}$$

18.1.3　频带可调电路

有时需要在不改变闭环电压增益的情况下改变反相放大器的闭环带宽。图 18-3 给出了一种方法。当 R 可变时，带宽发生变化，而电压增益保持不变。

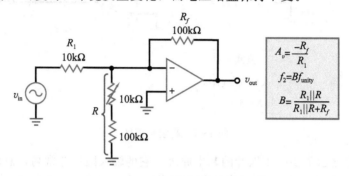

图 18-3　频带可调电路

利用图 18-3 给出的方程及参数值，可得闭环电压增益为：

$$A_v = \frac{-100\text{k}\Omega}{10\text{k}\Omega} = -10$$

最小反馈系数为：

$$B_{\min} \approx \frac{10\text{k}\Omega \parallel 100\Omega}{100\text{k}\Omega} \approx 0.001$$

最大反馈系数为：

$$B_{\max} \approx \frac{10\text{k}\Omega \parallel 10.1\text{k}\Omega}{100\text{k}\Omega} \approx 0.05$$

如果 $f_{\text{unity}} = 1\text{MHz}$，则最小、最大带宽分别为：

$$f_{2(CL)\min} = 0.001 \times 1\text{MHz} = 1\text{kHz}$$

$$f_{2(CL)\max} = 0.05 \times 1\text{MHz} = 50\text{kHz}$$

总的来说，当 R 从 100Ω 变化到 $10\text{k}\Omega$ 时，电压增益不变，带宽从 1kHz 变化到 50kHz。

18.2　同相放大器电路

同相放大器是另一种基本放大器电路。它具有电压增益稳定、输入阻抗高、输出阻抗低的优点。下面介绍它的一些应用。

18.2.1　交流耦合放大器

图 18-4 所示是一个交流耦合同相放大器及其方程。C_1、C_2 是耦合电容，C_3 是旁路电容。采用旁路电容可以使输出失调电压最小。在放大器的中频区，旁路电容的阻抗很低。

因此，R_1 的低端交流接地。在中频区的反馈系数是：

$$B = \frac{R_1}{R_1 + R_f} \tag{18-1}$$

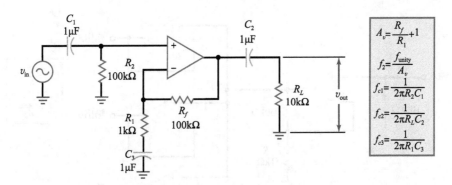

图 18-4 交流耦合同相放大器

在这种情况下，电路的输入电压被放大。

当频率为零时，旁路电容 C_3 开路，反馈系数 B 增加到 1：

$$B = \frac{\infty}{\infty + 1} = 1$$

如果定义 ∞ 是一个非常大的值，它等于零频率时的阻抗，那么这个方程是有意义的。当 B 等于 1 时，闭环增益是 1。这使输出失调电压降至最小值。

根据图 18-4 中的值，可以求得中频电压增益是：

$$A_v = \frac{100k\Omega}{1k\Omega} + 1 = 101$$

如果 f_{unity} 是 15MHz，那么带宽是：

$$f_{2(CL)} = \frac{15MHz}{101} = 149kHz$$

输入耦合电容产生的截止频率是：

$$f_{c1} = \frac{1}{2\pi \times 100k\Omega \times 1\mu F} = 1.59Hz$$

同理，输出耦合电容 C_2 和负载电阻 R_L 产生的截止频率 f_{c2} 为：

$$f_{c2} = \frac{1}{2\pi \times 10k\Omega \times 1\mu F} = 15.9Hz$$

旁路电容产生的截止频率 f_{c3} 为：

$$f_{c3} = \frac{1}{2\pi \times 1k\Omega \times 1\mu F} = 159Hz$$

18.2.2 音频信号分配放大器

图 18-5 所示是一个驱动三个电压跟随器的交流耦合同相放大器。这是一种将音频信号分配到几个不同输出端的实现方法。图 18-5 中给出了第一级电路的闭环电压增益和带宽的公式。根据图中的参数值可求得闭环电压增益是 40。如果 f_{unity} 是 1MHz，则闭环带宽是 25kHz。

LM348 是 4 个 741 结构，采用 14 引脚封装，因此在类似图 18-5 所示的电路中使用 LM348 会很方便。可将其中一个运放作为第一级，其他运放作为电压跟随器。

18.2.3 用结型场效应管开关控制电压增益

有些应用要求闭环电压增益可变。图 18-6 显示了一个同相放大器，其电压增益由一个结型

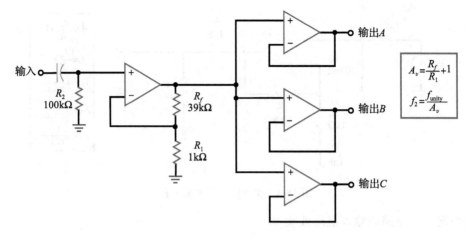

图 18-5　分配放大器

场效应管（JFET）开关控制。结型场效应管的输入电压有两种状态：零或夹断电压 $V_{GS(\text{off})}$。当控制电压为低电平时，场效应管开路。这种情况下，R_2 与地断开，电压增益用普通同相放大器公式求解（见图 18-6 右上的公式）。

当控制电压为高电平时，其值等于 0V，结型场效应管闭合。使得 R_2 和 R_1 并联，闭环电压增益增加[⊖]为：

$$A_v = \frac{R_f}{R_1 \parallel R_2} + 1 \qquad (18\text{-}2)$$

在多数设计中，$R2$ 比 $r_{ds(\text{on})}$ 大很多，以避免结型场效应管电阻对闭环电压增益的影响。有时，可以用多个电阻和晶体管开关支路与 R 并联，以提供不同的电压增益。

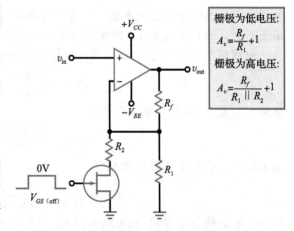

图 18-6　用结型场效应管开关控制电压增益

18.2.4　基准电压源

MC1403 是一种具有特殊功能的集成电路，可以产生非常精确、稳定的输出电压，因此称作**基准电压源**。在 4.5～40V 的正向电源电压下，它能产生 2.5V 的输出电压，误差在 ±1% 以内。温度系数仅有 10ppm/℃。ppm 是"百万分之一"（part per million）的简称（1ppm 等于 0.0001%）。因此，10ppm/℃ 表示当温度改变 100℃ 时，电压改变 2.5mV（10×0.0001%×100×2.5V）。这表明输出电压异常稳定，能在很宽的温度范围内保持 2.5V。

唯一的问题是，2.5V 的基准电压在很多应用中可能过低。例如，若需要一个 10V 的参考电压，则可以使用 MC1403 和一个同相放大器，如图 18-7 所示。根据电路中的参数值，可得电压增益为：

$$A_v = \frac{30\text{k}\Omega}{10\text{k}\Omega} + 1 = 4$$

输出电压为：

$$V_{\text{out}} = 4 \times 2.5\text{V} = 10\text{V}$$

⊖　原书为"降低"，有误。——译者注

因为同相放大器的闭环电压增益为 4，所以输出的是稳定的 10V 参考电压。

应用实例 18-1 图 18-6 的应用之一是**静噪电路**，这种电路用于通信接收机。当没有信号接收时，电路产生较低的电压增益，用户不必去听静电噪声，可以减轻疲劳；当信号到达时，电路切换到高电压增益。

设图 18-6 电路中的 $R_1 = 100\text{k}\Omega$，$R_f = 100\text{k}\Omega$，$R_2 = 1\text{k}\Omega$。当结型场效应管导通时，电压增益是多少？当该管截止时，电压增益是多少？解释该电路在静噪电路中的作用。

解：根据图 18-6 中的方程，最大电压增益是：

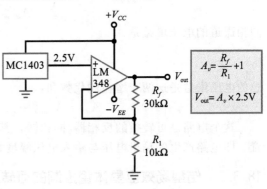

图 18-7 基准电压源

$$A_v = \frac{100\text{k}\Omega}{100\text{k}\Omega \parallel 1\text{k}\Omega} + 1 = 102$$

最小电压增益是：

$$A_v = \frac{100\text{k}\Omega}{100\text{k}\Omega} + 1 = 2$$

当通信信号到达时，可以使用峰值检测器，通过其他电路产生一个高电压控制结型场效应管的栅极，如图 18-6 所示。因此，当信号被接收时，电压增益最大。而当没有接收到信号时，峰值检测器的输出是低电平，使晶体管截止，电压增益最小。◀

18.3 反相/同相电路

本节将讨论输入信号同时驱动运放的两个输入端的电路。当一个信号作为两个输入时，同时得到了反相放大和同相放大。得到的输出是两个放大信号的叠加结果。

当输入信号驱动放大器两个输入端时，总的电压增益等于反相电压增益和同相电压增益之和：

$$A_v = A_{v(\text{inv})} + A_{v(\text{non})} \tag{18-3}$$

该公式将用于本节电路的分析。

18.3.1 可转换反相器/同相器

图 18-8 所示是一个运算放大器，它既可作为反相放大器也可作为同相放大器。当开关处于低位时，同相输入端接地，电路是一个反相放大器。因为反馈电阻和输入电阻相等，其闭环电压增益为：

$$A_v = \frac{-R}{R} = -1$$

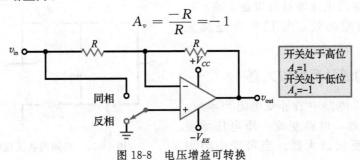

图 18-8 电压增益可转换

当开关移至高位时，信号同时输入反相和同相输入端。反相通道的电压增益仍然是：

$$A_{v(\text{inv})} = -1$$

同相通道的电压增益是：

$$A_{v(\text{non})} = \frac{R}{R} + 1 = 2$$

总的电压增益是这两个增益的代数和：

$$A_v = A_{v(\text{inv})} + A_{v(\text{non})} = -1 + 2 = 1$$

这个电路是可转换的反相器/同相器，其电压增益是 1 或 -1，具体值取决于开关的位置。即电路产生的输出电压与输入电压幅度相同，相位则可以是 0° 或 $-180°$。

18.3.2　结型场效应晶体管控制的可转换反相器

对图 18-8 电路做一些修改便可得到图 18-9 所示电路。结型场效应管的作用类似压控电阻 r_{ds}。可通过改变栅极电压使场效应管的阻抗变高或变低。

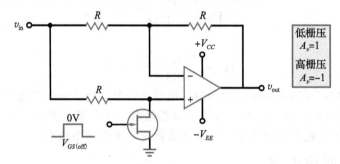

图 18-9　结型场效应管控制增益转换

当栅电压为低电平时，其值等于 $V_{GS(\text{off})}$，晶体管截止。因此，输入信号进入两个输入端。此时：

$$A_{v(\text{non})} = 2$$
$$A_{v(\text{inv})} = -1$$

且

$$A_v = A_{v(\text{inv})} + A_{v(\text{non})} = 1$$

电路犹如一个闭环电压增益为 1 的同相电压放大器。

当栅电压为高电平时，其值等于 0V，晶体管的电阻很低。因此，同相输入端近似接地。此时，电路犹如一个闭环电压增益为 -1 的反相电压放大器。在正常工作时，R 至少应该比晶体管的 r_{ds} 大 100 倍。

总之，电路的电压增益可以是 1 或 -1，取决于控制结型场效应管的电压是高还是低。

18.3.3　可调增益反相放大器

当图 18-10 电路中的可变电阻为零时，同相输入端接地，电路变成一个电压增益为 $-R_2/R_1$ 的反相放大器。当可变电阻增

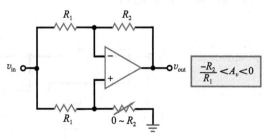

图 18-10　可调增益反相放大器

加到 R_2，输入到运放两个输入端的电压相等（共模输入）。由于电路对共模的抑制作用，输出电压近似为零。因此，图 18-10 所示电路的电压增益可从 $-R_2/R_1 \sim 0$ 连续变化。

应用实例 18-2 当需要改变不同相位信号的幅度时，可以采用图 18-10 所示的电路。如果 $R_1 = 1.2\text{k}\Omega$，$R_2 = 91\text{k}\Omega$，则最大和最小电压增益分别是多少？

解： 利用图 18-10 中的公式，求得最大电压增益为：

$$A_v = \frac{-91\text{k}\Omega}{1.2\text{k}\Omega} = -75.8$$

其最小电压增益是零。

◀

自测题 18-2 在例题 18-2 中，若使最大电压增益为 -50，则 R_2 应该改为多少？

18.3.4 符号转换器

图 18-11 所示的电路称作**符号转换器**，这个电路很特殊，它的增益可以从 -1 变化到 1。工作原理如下。当滑片在最右端时，同相输入端接地，电路的电压增益为：

$$A_v = -1$$

当滑片在最左端时，信号同时输入到同相和反相输入端。此时，总的电压增益是同相和反相电压增益之和：

$$A_{v(\text{non})} = 2$$
$$A_{v(\text{inv})} = -1$$
$$A_v = A_{v(\text{inv})} + A_{v(\text{non})} = 1$$

综上所述，当滑片从最右端移到最左端时，电压增益从 -1 连续变化到 1。在切换点处（当滑片移到中点时），运放的输入只有共模信号，故输出为零。

18.3.5 可转换和可调节增益

图 18-12 所示是另一种特殊电路。它的电压增益可以在 $-n \sim n$ 之间变化。它的工作原理和符号转换器相似。当滑片在最右端时，同相输入端接地，电路变为一个反相放大器，其闭环增益是：

$$A_v = \frac{-nR}{R} = -n$$

当滑片在最左端时，则有：

$$A_{v(\text{inv})} = -n$$
$$A_{v(\text{non})} = 2n$$
$$A_v = A_{v(\text{non})} + A_{v(\text{inv})} = n$$

上述结论可根据戴维南定理和简单的代数运算导出。

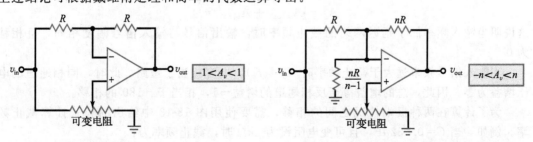

图 18-11 增益可在 ±1 之间转换和调节　　　图 18-12 增益可在 ±n 之间转换和调节

图 18-11 和图 18-12 所示的电路没有简单的分立电路可以替代。这个例子很好地说明了有些用分立器件很难实现的电路，用运放却很容易实现。

应用实例 18-3　如果图 18-12 电路中的 $R=1.5\text{k}\Omega$，$nR=7.5\text{k}\Omega$，最大正向电压增益是多少？另一个固定电阻的值是多少？

解：n 的值为：

$$n = \frac{7.5\text{k}\Omega}{1.5\text{k}\Omega} = 5$$

最大正向电压增益是 5。另一个固定电阻的值是：

$$\frac{nR}{n-1} = \frac{5 \times 1.5\text{k}\Omega}{5-1} = 1.875\text{k}\Omega$$

在这种电路中，必须使用精密电阻才能得到非标准电阻值，如 $1.875\text{k}\Omega$。　◀

自测题 18-3　如果图 18-12 电路中的 $R=1\text{k}\Omega$，求最大正向电压增益和另一个固定电阻的值。

18.3.6　移相器

图 18-13 所示是可以产生理想的 $0\sim-180°$ 相移的电路。同相通道有一个 RC 延迟电路，反相通道有两个阻值相等的电阻 R'。因此，反相通道的电压增益总是 1，而同相通道的电压增益取决于 RC 延迟电路的截止频率。

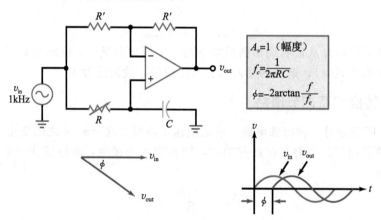

图 18-13　移相器

当输入频率远小于截止频率时（$f \ll f_c$），电容相当于开路。有：

$$A_{v(\text{non})} = 2$$
$$A_{v(\text{inv})} = -1$$
$$A_v = A_{v(\text{non})} + A_{v(\text{inv})} = 1$$

这说明当输入频率低于延迟网络的截止频率时，输出信号与输入信号幅度相同，且相移为 $0°$。

当输入信号频率远大于截止频率时（$f \gg f_c$），电容相当于短路。此时，同相通道的电压增益为零。因此，总的增益等于反相通道的增益 -1，相当于 $-180°$ 的相移。

为了计算在两种极端情况之间的相移，需要使用图 18-13 中给出的公式计算截止频率。例如，当 $C=0.022\mu\text{F}$，且可变电阻设为 $1\text{k}\Omega$ 时，截止频率为：

$$f_c = \frac{1}{2\pi \times 1\mathrm{k}\Omega \times 0.022\mu\mathrm{F}} = 7.23\mathrm{kHz}$$

输入信号频率为 1kHz，则相移为：

$$\phi = -2\arctan\frac{1\mathrm{kHz}}{7.23\mathrm{kHz}} = -15.7°$$

如果可变电阻增加到 10kΩ，则截止频率下降到 723Hz，相移增加到：

$$\phi = -2\arctan\frac{1\mathrm{kHz}}{723\mathrm{Hz}} = -108°$$

如果可变电阻增加到 100kΩ，则截止频率下降到 72.3Hz，相移增加到：

$$\phi = -2\arctan\frac{1\mathrm{kHz}}{72.3\mathrm{Hz}} = -172°$$

综上所述，移相器产生的输出电压幅值和输入电压相同，相位可在 0°～−180°之间连续变化。

18.4　差分放大器

本节讨论用运算放大器构建**差分放大器**的原理。由于差分放大器的典型输入信号是一个较小的差模电压和一个较大的共模电压，因此最重要的特性之一是共模抑制比（CMRR）。

18.4.1　基本差分放大器

图 18-14 所示是一个连接成差分放大器的运算放大器。电阻 R_1' 与 R_1 的标称阻值相同，但由于存在误差，实际阻值会有微小差异。例如，若电阻为 $(1\pm1\%)$ kΩ，R_1 偏高时可能达到 1010Ω，R_1' 偏低时可能达到 990Ω，反之亦然。同理，电阻 R_2' 与 R_2 标称阻值相同，但实际中由于存在误差，阻值也会有微小差异。

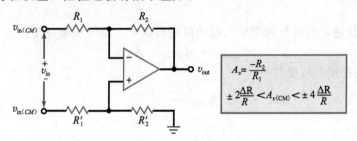

图 18-14　差分放大器

图 18-14 电路中，所需的输入电压 v_{in} 称为**差模输入电压**，以区别共模输入电压 $v_{in(CM)}$。图 18-14 电路将差模输入电压 v_{in} 放大得到输出电压 v_{out}。根据叠加定理，可得：

$$v_{out} = A_v v_{in}$$

其中：

$$A_v = \frac{-R_2}{R_1} \tag{18-4}$$

这个电压增益称为**差模电压增益**，以区别共模电压增益 $A_{v(CM)}$。通过使用精密电阻，可以得到具有精确电压增益的差分放大器。

差分放大器通常应用的条件为：差模输入信号是较小的直流电压（mV 量级），共模输入信号是较大的直流电压（V 量级）。因此，电路的 CMRR 便成为一个很关键的参数。例如，若差模输入信号是 7.5mV，共模信号是 7.5V，差模输入比共模输入小 60dB。除非电路有很大的 CMRR，否则共模输出信号将会非常大。

知识拓展　USB 3.0（通用串口总线 3.0）中的高速数据流是采用成对的导线对互补信号进行传输的，称为差分信号。这些信号输入到差分放大器，差分放大器能抑制共模噪声干扰并产生所需的输出。

18.4.2　运算放大器的 CMRR

图 18-14 所示电路中，决定电路总 CMRR 的有两个因素：第一个是运放本身的 CMRR。对于 741C，CMRR 在低频时的最小值是 70dB。如果差模输入信号比共模输入信号小 60dB，则差模输出信号将仅比共模输出信号大 10dB。即有用信号比无用信号仅大 3.16 倍。因此，741C 在这种应用中将无法使用。

解决的方法是采用精确运算放大器，如 OP-07A。OP-07A 的 CMRR 最小值是 110dB，这将极大改善电路的工作状况。如果差模输入信号比共模输入信号小 60dB，则差模输出信号将会比共模输出信号大 50dB。当运放的 CMRR 是误差的唯一来源时，该电路是可用的。

18.4.3　外部电阻引起的 CMRR

图 18-14 电路中共模误差的第二个来源是电阻的误差。当电阻完全匹配时：

$$R_1 = R_1'$$
$$R_2 = R_2'$$

此时，图 18-14 电路中的共模输入电压在运放两个输入端之间产生的电压值为 0。

另外，当电阻的误差是 ±1% 时，由于电阻的不匹配所产生的差模输入电压将会产生共模输出电压。

如 18.3 节所述，当运放两个输入端的信号相同时，总电压增益是：

$$A_{v(CM)} = A_{v(\text{inv})} + A_{v(\text{non})} \tag{18-5}$$

图 18-14 电路的反相电压增益是：

$$A_{v(\text{inv})} = -\frac{R_2}{R_1} \tag{18-6}$$

同相电压增益是：

$$A_{v(\text{non})} = \left(\frac{R_2}{R_1} + 1\right)\left(\frac{R_2'}{R_1' + R_2'}\right) \tag{18-7}$$

其中的第二个因子是由于同相端的分压器造成的，使同相输入信号减小。

由式（18-5）～（18-7），可以推导出以下有用的公式：

$$A_{v(CM)} = \pm 2\,\frac{\Delta R}{R} \qquad \text{当 } R_1 = R_2 \text{ 时} \tag{18-8}$$

$$A_{v(CM)} = \pm 4\,\frac{\Delta R}{R} \qquad \text{当 } R_1 \ll R_2 \text{ 时} \tag{18-9}$$

或

$$\pm 2\,\frac{\Delta R}{R} < A_{v(CM)} < \pm 4\,\frac{\Delta R}{R} \tag{18-10}$$

在这些公式中，$\Delta R / R$ 是转化为十进制时的电阻误差。

例如，当电阻的误差是 1% 时，由式（18-8）可得：

$$A_{v(CM)} = \pm 2 \times 1\% = \pm 2 \times 0.01 = \pm 0.02$$

由式 (18-9) 可知:

$$A_{v(CM)} = \pm 4 \times 1\% = \pm 4 \times 0.01 = \pm 0.04$$

由不等式 (18-10) 可得:

$$\pm 0.02 < A_{v(CM)} < \pm 0.04$$

这说明共模电压增益在 $\pm0.02 \sim \pm0.04$ 之间。如果有必要,可由式(18-5)~(18-7)计算出 $A_{v(CM)}$ 的精确值。

18.4.4 CMRR 的计算

这里是一个计算 CMRR 的例子:在图 18-14 所示电路中,电阻的误差通常为 $\pm 0.1\%$。当 $R_1 = R_2$ 时,由式(18-4)得到差模电压增益为:

$$A_v = -1$$

由式(18-8)得到共模电压增益为:

$$A_{v(CM)} = \pm 2 \times 0.1\% = \pm 2 \times 0.001 = \pm 0.002$$

则 CMRR 的幅值是:

$$\text{CMRR} = \frac{|A_v|}{|A_{v(CM)}|} = \frac{1}{0.002} = 500$$

这相当于 54dB。(注:上式中 A_v 和 $A_{v(CM)}$ 两端的垂直线表示取 A_v 和 $A_{v(CM)}$ 的绝对值。)

18.4.5 缓冲输入

图 18-14 电路中驱动差分放大器的信号源电阻等效为 R_1 和 R_1' 的一部分,它们将会改变电压增益,并可能使 CMRR 降低。这是一个非常严重的缺陷,解决的办法是增加电路的输入阻抗。

图 18-15 所示是一种解决方案。第一级电路(前置放大器)由两个电压跟随器组成,作为输入的**缓冲**(隔离),如图 18-15 所示。这样可使输入阻抗增加到 $100\text{M}\Omega$ 以上。第一级电压增益对于差模和共模输入信号来说都是 1。因此,总的 CMRR 仍然由第二级(差分放大级)决定。

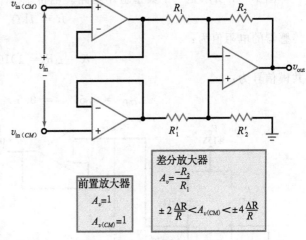

图 18-15 带缓冲输入的差分放大器

18.4.6 惠斯顿电桥

如前所述,差模输入信号通常是一个很小的直流电压。之所以很小是因为它通常是惠斯顿电桥的输出,如图 18-16a 所示。当惠斯顿电桥中左边的电阻比与右边的电阻比相等时,电桥是平衡的:

$$\frac{R_1}{R_2} = \frac{R_3}{R_4} \tag{18-11}$$

满足上述条件时,R_2 上的电压等于 R_4 上的电压,电桥的输出电压为 0。

惠斯顿电桥能够检测出任何一个电阻的细微变化。例如,假设电桥中有三个电阻的阻值为 1kΩ，第四个电阻为 1010Ω，如图 18-16b 所示。R_2 上的电压为：

$$v_2 = \frac{1\text{k}\Omega}{2\text{k}\Omega} \times 15\text{V} = 7.5\text{V}$$

R_4 上的电压约为：

$$v_4 = \frac{1010\Omega}{2010\Omega} \times 15\text{V} = 7.537\text{V}$$

则电桥的输出电压约为：

$$v_{\text{out}} = v_4 - v_2 = 7.537\text{V} - 7.5\text{V} = 37\text{mV}$$

18.4.7 传感器

电阻 R_4 可能是一个**输入传感器**，一种将非电学量转换成电学量的器件。例如，光敏电阻将光的强度转换为电阻的变化，**热敏电阻**将温度的变化转换为电阻的变化。

还有**输出传感器**，它可以将电学量转换

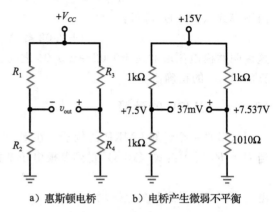

a）惠斯顿电桥　　b）电桥产生微弱不平衡

图 18-16　惠斯顿电桥分析

成非电学量。例如，LED 发光二极管将电流转换为光，扬声器把交流电压转换为声波。

商用传感器的种类繁多，能够转换的物理量很多，如温度、声音、光、湿度、速度、加速度、力、辐射剂量、张力、压力等。将这些传感器连接在惠斯顿电桥中，可以测量非电学参量。由于惠斯顿电桥的输出是在一个较大的共模电压上叠加一个较小的直流电压，因此需要使用具有很高 CMRR 的直流放大器。

18.4.8 典型应用

图 18-17 所示是一个典型应用电路。电桥中三个电阻的值为：

$$R = 1\text{k}\Omega$$

传感器的电阻值为：

$$R + \Delta R = 1010\Omega$$

共模信号为：

$$v_{\text{in}(CM)} = 0.5V_{CC} = 0.5 \times 15\text{V} = 7.5\text{V}$$

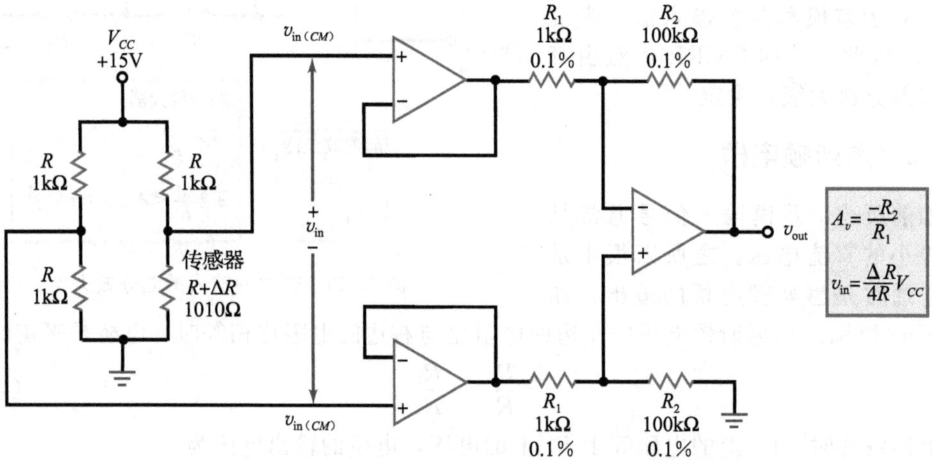

图 18-17　带有传感器的电桥作为仪表放大器的输入

该电压是当 $\Delta R=0$ 时，电桥中下端两个电阻上的电压值。

当一个外部物理量，如光、温度、压力作用在电桥的传感器上时，它的电阻值将发生改变。图 18-17 中显示的传感器电阻为 1010Ω，即 $\Delta R=10\Omega$。可以推导出图 18-17 电路的输入电压公式如下：

$$v_{in} = \frac{\Delta R}{4R + 2\Delta R}V_{CC} \tag{18-12}$$

在典型应用中，$2\Delta R \ll 4R$，则等式可以简化为：

$$v_{in} \approx \frac{\Delta R}{4R}V_{CC} \tag{18-13}$$

带入图 18-17 中的数值，得：

$$v_{in} \approx \frac{10\Omega}{4k\Omega} \times 15V = 37.5mV$$

由于差分放大器的电压增益是 -100，则差分输出电压是：

$$v_{out} = -100 \times 37.5mV = -3.75V$$

对于共模信号，由式（18-9）可得：

$$A_{v(CM)} = \pm 4 \times 0.1\% = \pm 4 \times 0.001 = \pm 0.004$$

图 18-17 中给出的误差是 $\pm 0.1\%$。因此，共模输出电压是：

$$v_{out(CM)} = \pm 0.004 \times 7.5V = \pm 0.03V$$

CMRR 的幅值是：

$$CMRR = \frac{100}{0.004} = 25\,000$$

相当于 88dB。

以上为差分放大器用于惠斯顿电桥的基本原理。图 18-17 所示电路可以在某些场合直接应用，也可以进行改进，相关内容将在后续章节中讨论。

18.5　仪表放大器

本节讨论**仪表放大器**，一种经过直流特性优化的差分放大器。仪表放大器的电压增益大，CMRR 高、输入失调低、温漂小且输入阻抗高。

18.5.1　基本仪表放大器

图 18-18 所示是大多数仪表放大器所采用的经典结构。输出级运放是一个电压增益为 1 的差分放大器。输出级电阻的匹配精度通常在 $\pm 0.1\%$ 以内甚至更好。这意味着输出级的 CMRR 至少为 54dB。

商用精密电阻的阻值范围从 1Ω 到

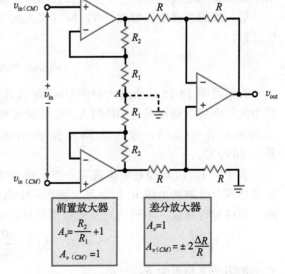

图 18-18　包含三个运放的标准结构仪表放大器

$10M\Omega$ 以上，误差在 $\pm 0.01\% \sim \pm 1\%$ 之间。如果使用的每个电阻之间的匹配精度在 $\pm 0.01\%$ 以内，输出级的 CMRR 可高达 74dB。而且，精密电阻的温漂可以低至 1ppm/℃。

仪表放大器的第一级由两个输入运放组成，其作用类似于前置放大器。第一级电路的设计非常巧妙，主要原因是 A 点的作用，该点是两个 R_1 电阻之间的连接点。A 点对差模输入信号来说是虚地点，对共模信号来说是浮空点。由于 A 点的特殊作用，差分信号被放大，而共模信号则没有被放大。

18.5.2 A 点

理解 A 点的工作原理是理解第一级电路的关键。根据叠加定理，可以将其他输入置零，计算每一种输入的影响。例如，假设差模输入信号为零，则只有共模信号有效。由于共模信号在两个同相输入端所输入的是同一个正电压，在输出端也得到相同的电压。因此，电阻 R_1 和 R_2 所在支路上的电压处处相等。所以，点 A 是浮空的，两个输入级运放类似于电压跟随器。故第一级的共模增益是：

$$A_{v(CM)} = 1$$

第二级中的电阻必须严格匹配，使共模增益最小，而第一级中的电阻误差对共模信号增益没有影响。这是因为包含这些电阻的整条支路是浮空的，且电压为 $v_{in(CM)}$。所以，电阻的取值不重要。这是图 18-18 电路的又一个优点。

应用叠加定理的第二步是设共模输入为零，计算差模信号的作用。由于差模信号在两个同相输入端输入的是幅值相同、相位相反的信号，故一个运放的输出为正，另一个运放的输出为负。由于加在 R_1 和 R_2 支路两端的电压幅度相同、相位相反，因此 A 点与地等电位。

换句话说，A 点对差模信号来说是虚地点。因此，输入级的两个运放都是同相放大器，且差模电压增益是：

$$A_v = \frac{R_2}{R_1} + 1 \tag{18-14}$$

由于第二级的电压增益是 1，仪表放大器的总差模电压增益由式（18-14）决定。

第一级的共模电压增益是 1，所以仪表放大器的总共模电压增益等于第二级的共模电压增益：

$$A_{v(CM)} = \pm 2 \frac{\Delta R}{R} \tag{18-15}$$

为了使图 18-18 仪表放大器的 CMRR 高且失调低，必须采用高精度运放。图 18-18 电路中的三个运放通常采用 OP-07A。它的最坏情况参数为：输入失调电压是 0.025mA，输入偏置电流是 2nA，输入失调电流是 1nA，A_{OL} 是 110dB，CMRR 是 110dB，温漂是 0.6μV/℃。

关于图 18-18 电路还需要说明一点：由于 A 点是虚地而不是机械地，所以第一级中不必采用两个分离的电阻 R_1，而可以使用一个阻值等于 $2R_1$ 的电阻 R_G 来代替，还不会改变第一级的运行情况，不同的只是差模电压增益的表示方式变为：

$$A_v = \frac{2R_2}{R_G} + 1 \tag{18-16}$$

式中的因子 2 是因为 $R_G = 2R_1$。

应用实例 18-4 图 18-18 电路中的 $R_1 = 1\text{k}\Omega$，$R_2 = 100\text{k}\Omega$，$R = 10\text{k}\Omega$。仪表放大器的差模电压增益是多少？如果第二级中的电阻误差是 $\pm 0.01\%$，电路的共模电压增益是多少？如果 $v_{in} = 10\text{mV}$，$v_{in(CM)} = 10\text{V}$，差模和共模输出信号的值各为多少？ **‖‖ Multisim**

解： 根据图 18-18 中所给公式，前置放大器的电压增益是：

$$A_v = \frac{100\text{k}\Omega}{1\text{k}\Omega} + 1 = 101$$

由于第二级的电压增益是 -1，所以仪表放大器的电压增益是 -101。

第二级的共模电压增益是：

$$A_{v(CM)} = \pm 2 \times 0.01\% = \pm 2 \times 0.0001 = \pm 0.0002$$

由于第一级的共模电压增益是 1，则仪表放大器的共模电压增益是 ± 0.0002。

10mV 的差模输入信号产生的输出信号为：

$$v_{\text{out}} = -101 \times 10\text{mV} = -1.01\text{V}$$

10V 的共模输入信号产生的输出信号为：

$$v_{\text{out}(CM)} = \pm 0.0002 \times 10\text{V} = \pm 2\text{mV}$$

虽然共模输入信号比差模输入信号大 1000 倍，但由于仪表放大器的 CMRR 很大，使共模输出信号比差模输出信号小了约 500 倍。 ◀

自测题 18-4 如果 $R_2 = 50\Omega$，且第二级中的电阻误差是 $\pm 0.1\%$，重新计算例 18-4。

18.5.3 驱动保护

因为电桥输出的差分信号很小，所以通常会用一根屏蔽电缆对信号传输导线进行隔离，以防止电磁干扰。但是这会带来一个问题：内部线芯和屏蔽层之间的漏电流会叠加在很小的输入偏置电流和失调电流上。除了漏电流，屏蔽电缆还引入了电容，使电路对于传感器电阻变化的响应速度变慢。为了使漏电流和电缆电容的影响最小，屏蔽层的电压应该被自举到共模电位。这就是**驱动保护**技术。

图 18-19a 给出了将屏蔽层电压自举到共模电位的方法。在第一级的输出端新建一条包含电阻 R_3 的支路。用电阻分压器取出共模电平，并输入给电压跟随器，从而将保护电压反馈到电缆屏蔽层。有时两个输入端会采用不同的屏蔽电缆。此时，保护电压需要连接到两个电缆的屏蔽层，如图 18-19b 所示。

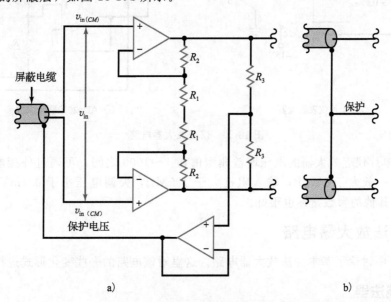

图 18-19 驱动保护用于减小屏蔽电缆的漏电流和电容的影响

18.5.4　集成仪表放大器

图 18-18 所示的经典电路中除了 R_G 以外的所有元件都可以集成到一块芯片上。外接电阻用来控制仪表放大器的电压增益。例如，AD620 是一个单片仪表放大器，数据手册中给出的电压增益如下：

$$A_v = \frac{49.4\text{k}\Omega}{R_G} + 1 \tag{18-17}$$

49.4kΩ 是两个 R_2 电阻的和。集成电路制造厂家采用**激光修正**技术得到 49.4kΩ 的精确电阻。修正是指精细调整而不是粗略调整，激光修正技术是用激光将半导体芯片上的电阻烧断，从而获得非常精确的电阻值。

图 18-20a 所示是 AD620，其中的电阻 R_G 为 499Ω。R_G 是一个误差在 ±0.1% 以内的精密电阻。电压增益为：

$$A_v = \frac{49.4\text{k}\Omega}{499} + 1 = 100$$

AD620 的引脚分布与 741C 类似，2、3 引脚是输入端，4、7 引脚是电源电压，6 引脚是输出端。AD620 的 5 引脚通常是接地的，但不是必须的。如果需要与其他的电路相连接，可以在 5 引脚上加入一个直流电压来调整输出失调。

如果使用驱动保护技术，可将电路进行如图 18-20b 所示的修改。共模电压驱动一个电压跟随器，其输出连接到电缆的屏蔽层。如果输入端使用不同的屏蔽电缆，则电路需进行相应修改。

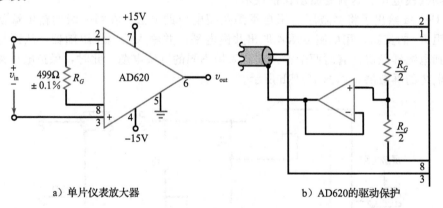

a）单片仪表放大器　　　　　　　　b）AD620的驱动保护

图 18-20　仪表放大器电路

总之，单片仪表放大器的电压增益典型值在 1~1000 之间，可通过外接电阻来设定。它的 CMRR 一般大于 100dB，输入阻抗大于 100MΩ，失调电压小于 0.1mV，温漂小于 0.5μV/℃，其他的参数指标也很好。

18.6　加法放大器电路

第 16 章中讨论了基本加法放大器电路。这里对该电路的一些变化形式进行介绍。

18.6.1　减法器

图 18-21 所示电路的功能是将两个输入电压相减，产生的输出电压是 v_1 和 v_2 的差。工作原理为：输入 v_1 驱动一个电压增益为 1 的反相器，第一级的输出为 $-v_1$，这个电压是第二级加法

电路的输入之一。另一个输入是 v_2。由于每一通道的增益是 1，总的输出电压等于 v_1 减去 v_2。

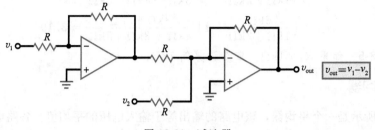

图 18-21 减法器

18.6.2 双端输入加法器

有时会采用图 18-22 所示的电路。它是一个同相端和反相端均作为输入的加法电路。放大器的反相端有两路输入，同相端也有两路输入。总增益是各路增益的叠加。

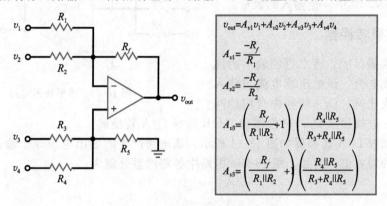

图 18-22 双端输入加法放大器

反相端各路的增益是反馈电阻 R_f 与输入支路电阻的比，R_1 或 R_2 均可。同相端的各路增益是：

$$\frac{R_f}{R_1 \parallel R_2} + 1$$

各路分压器使到达同相输入端口的电压减小为：

$$\frac{R_4 \parallel R_5}{R_3 + R_4 \parallel R_5}$$

或

$$\frac{R_3 \parallel R_5}{R_4 + R_3 \parallel R_5}$$

图 18-22 给出了各路电压增益的表达式。得到各路增益后，就可以计算总的输出电压。

应用实例 18-5 图 18-22 电路中的 $R_1=1\text{k}\Omega$，$R_2=2\text{k}\Omega$，$R_3=3\text{k}\Omega$，$R_4=4\text{k}\Omega$，$R_5=5\text{k}\Omega$，$R_f=6\text{k}\Omega$。求各路的电压增益。 **||||| Multisim**

解：由图 18-22 中给出的公式，可得电压增益为：

$$A_{v1} = \frac{-6\text{k}\Omega}{1\text{k}\Omega} = -6$$

$$A_{v2} = \frac{-6\text{k}\Omega}{2\text{k}\Omega} = -3$$

$$A_{v3}=\left(\frac{6\text{k}\Omega}{1\text{k}\Omega \parallel 2\text{k}\Omega}+1\right)\frac{4\text{k}\Omega \parallel 5\text{k}\Omega}{3\text{k}\Omega+4\text{k}\Omega \parallel 5\text{k}\Omega}=4.26$$

$$A_{v4}=\left(\frac{6\text{k}\Omega}{1\text{k}\Omega \parallel 2\text{k}\Omega}+1\right)\frac{3\text{k}\Omega \parallel 5\text{k}\Omega}{4\text{k}\Omega+3\text{k}\Omega \parallel 5\text{k}\Omega}=3.19$$ ◀

自测题 18-5 如果 $R_f=1\text{k}\Omega$，重新计算例 18-5。

18.6.3 平均器

图 18-23 所示是一个**平均器**，该电路的输出等于输入电压的平均值。各路电压增益为：

$$A_v=\frac{R}{3R}=\frac{1}{3}$$

将所有输出信号叠加后，就得到所有输入电压的平均值。

图 18-23 所示电路有三个输入。输入的数量可以是任意的，只需要将各路输入电阻值改为 nR，其中 n 是输入的数量。

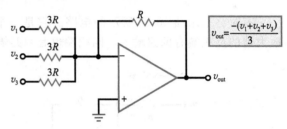

R
3R
3R
3R
v_1
v_2
v_3
v_{out}
$v_{out}=\frac{-(v_1+v_2+v_3)}{3}$
图 18-23 求平均的电路

18.6.4 数模转换器

数模转换器(D/A)将二进制表示的值转换为电压或电流，该电压或电流与输入二进制的值成比例。D/A转换中常用的两种结构是：二进制加权 D/A 转换器和 R/2R 阶梯 D/A 转换器。

二进制加权 D/A 转换器如图 18-24 所示。该电路产生的输出电压等于输入的加权和。权就是各路的增益值。例如，图 18-24a 电路中各路增益分别为：

$$A_{v3}=-1$$
$$A_{v2}=-0.5$$
$$A_{v1}=-0.25$$
$$A_{v0}=-0.125$$

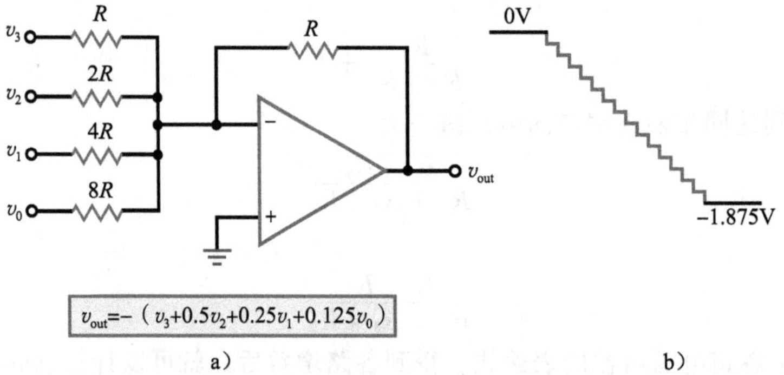

R
2R
4R
8R
R
v_3
v_2
v_1
v_0
v_{out}
$v_{out}=-(v_3+0.5v_2+0.25v_1+0.125v_0)$
0V
−1.875V
a)
b)
图 18-24 二进制加权 D/A 转换器将数字输入量转换为模拟电压

输入电压是数字的，或者说只有 1 和 0 两个值。4 个输入将产生 $v_3v_2v_1v_0$ 的 16 种可能的输入组合：0000、0001、0010、0011、0100、0101、0110、0111、1000、1001、1010、1011、1100、1101、1110、1111。

当所有的输入都是 0 时（0000），输出是：

$$v_{out}=0$$

当 $v_3 v_2 v_1 v_0$ 是 0001 时，输出是：

$$v_{\text{out}} = -0.125\text{V}$$

当 $v_3 v_2 v_1 v_0$ 是 0010 时，输出是：

$$v_{\text{out}} = -0.25\text{V}$$

以此类推，当输入为全 1 时（1111），输出达到最大值，为：

$$v_{\text{out}} = -(1 + 0.5 + 0.25 + 0.125) = -1.875\text{V}$$

如果图 18-24 所示 D/A 转换器的输入是一个能产生上述 0000~1111 数字的序列发生器，它将会产生的输出电压如下（单位 V）：0，−0.125，−0.25，−0.375，−0.5，−0.625，−0.75，−0.875，−1，−1.125，−1.25，−1.375，−1.5，−1.625，−1.75，−1.875。用示波器观察时，D/A 转换器的输出电压形如一个负向的阶梯，如图 18-24b 所示。

阶梯电压说明 D/A 转换器生成的输出取值范围并不是连续的。因此，严格地讲，它的输出不是真正的模拟量。将输出通过一个低通滤波器电路，可以使阶梯转换更光滑。

4 输入 D/A 转换器有 16 种可能的输出，8 输入 D/A 转换器有 256 种可能的输出，16 输入 D/A 转换器有 65 536 种可能的输出。这意味着图 18-24b 中的负向阶梯对于 8 输入转换器有 256 个台阶，对于 16 输入转换器有 65 536 个台阶。这种负向阶梯电压可用于数字万用表，将其与其他电路结合可以对电压进行数字化测量。

二进制加权 D/A 转换器可以在输入位数有限且精度要求不高的情况下使用。当输入量的位数较多时，所需不同阻值的电阻数量就要增加。D/A 转换器的精度和稳定性取决于电阻值的绝对精度及各电阻之间跟随温度变化的能力。因为输入电阻的阻值各不相同，理想的跟随特性很难实现。由于这类 D/A 转换器各个输入端的输入阻抗不同，因此会带来负载问题。

图 18-25 所示是 **R/2R 阶梯数模转换器**，它克服了二进制加权 D/A 转换器的局限，是集成 D/A 转换器中最常用的一种结构。由于只需要两种阻值的电阻，该结构可用于 8 位或更高位数的二进制输入情况，且能得到更高的精度。为简化起见，图 18-25 给出了一个 4 位 D/A 转换器。开关 $D_0 \sim D_3$ 通常是同类型的有源开关，它们使四个输入与地（逻辑 0）或 $+V_{\text{ref}}$（逻辑 1）相连。阶梯网络将 0000~1111 之间可能的二进制输入数值转换为 16 个输出电压中的一个。在图 18-25 所示的 D/A 转换器中，D_0 被认为是最低有效位（LSB），而 D_3 被认为是最高有效位（MSB）。

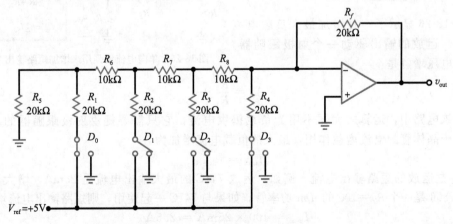

图 18-25　R/2R 阶梯 D/A 转换器

为了确定 D/A 转换器的输出电压，必须先将二进制数值转换为相应的十进制数 BIN。可以通过下式来完成：

$$\mathrm{BIN} = (D_0 \times 2^0) + (D_1 \times 2^1) + (D_2 \times 2^2) + (D_3 \times 2^3) \tag{18-18}$$

然后可得到输出电压为：

$$v_{\mathrm{out}} = -\left(\frac{\mathrm{BIN}}{2^N} \times 2V_{\mathrm{ref}}\right) \tag{18-19}$$

其中 N 是输入数字量的位数。

若需要了解 D/A 转换器电路的具体工作原理，可以应用戴维南定理。分析过程参见附录 B。

应用实例 18-6 图 18-25 电路中的 $D_0 = 1$，$D_1 = 0$，$D_2 = 0$，$D_3 = 1$。参考电压 V_{ref} 为 $+5V$。求与二进制输入（BIN）相应的十进制数值和转换器的输出电压。

解：利用式（18-18），得到十进制数值为：

$$\mathrm{BIN} = (1 \times 2^0) + (0 \times 2^1) + (0 \times 2^2) + (1 \times 2^3) = 9$$

由公式（18-19），得到转换器的输出电压为：

$$v_{\mathrm{out}} = -\frac{9}{2^4} \times 2 \times 5V$$

$$v_{\mathrm{out}} = -\frac{9}{16} \times 10V = -5.625V \qquad \blacktriangleleft$$

自测题 18-6 若图 18-25 电路中的输入数字量中至少有一位是逻辑 1，那么可能的输出电压的最小值和最大值是多少？

18.7 电流增强电路

运放的短路输出电流大约是 25mA 或更小。如果需要更大的输出电流，一种方法是使用功率运算放大器，如 LM675 或 LM12。这些运放的短路输出电流可达到 3A 和 10A。另一种方法是采用**电流增强**，用一个功率晶体管或额定电流和电流增益高于运放的器件来实现。

18.7.1 单向增强

图 18-26 显示了一种增加最大负载电流的方法。运放的输出驱动一个射极跟随器。其闭环电压增益是：

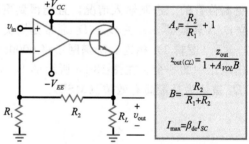

图 18-26 单向电流增强用来增加短路输出电流

$$A_v = \frac{R_2}{R_1} + 1 \tag{18-20}$$

在该电路中，运算放大器不用为负载提供电流，它只需要提供射极跟随器的基极电流。由于晶体管的电流增益作用，最大的负载电流增加为：

$$I_{\max} = \beta_{\mathrm{dc}} I_{SC} \tag{18-21}$$

其中 I_{SC} 是运放的短路输出电流。例如，运放 741C 的最大输出电流是 25mA，增大因子为 β_{dc}；BU806 是一个 $\beta_{\mathrm{dc}} = 100$ 的 npn 功率管，如果与 741C 一起使用，则短路输出电流增加为：

$$I_{\max} = 100 \times 25\mathrm{mA} = 2.5\mathrm{A}$$

由于负反馈使射极跟随器的输出阻抗减小为原来的 $1/(1 + A_{VOL}B)$，所以该电路可以驱动低阻抗负载。又因为射极跟随器的输出阻抗低，故闭环输出阻抗非常小。

18.7.2　双向电流

图 18-26 所示的电流增强的缺点是只能提供单向负载电流。图 18-27 所示是一种获得双向负载电流的方法，即一个反相放大器驱动一个 B 类推挽射极跟随器。其闭环电压增益是：

$$A_v = \frac{-R_2}{R_1} \tag{18-22}$$

当输入电压为正时，下方的晶体管导通，负载电压为负。当输入电压为负时，上方的晶体管导通，负载电压为正。这两种情况中，最大的输出电流通过导通晶体管的电流增益作用而得到倍增。由于 B 类推挽射极跟随器在反馈环内，所以闭环输出阻抗非常小。

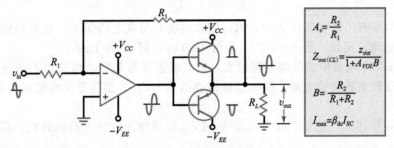

图 18-27　双向电流增强

18.7.3　轨到轨运算放大器

电流增强常用于运放的最后一级。例如，MC33206 是一个**轨到轨运算放大器**，经过放大的输出电流可达到 80mA。轨到轨指的是运放的电源线，它们在电路图中看起来就像两根铁轨。轨到轨意味着输入电压和输出电压可以在正负电源电压范围内摆动。

例如，741C 不是轨到轨输出，它的输出总是比电源电压小 1～2V。而 MC33206 的输出电压的摆动范围可以达到距正、负电源电压 50mV 的范围内，可以认为是轨到轨输出。轨到轨的运放可以使电路设计充分利用电源的有效电压范围。

应用实例 18-7　图 18-27 电路中的 $R_1 = 1\text{k}\Omega$，$R_2 = 51\text{k}\Omega$。如果运放使用 741C，电路的电压增益是多少？闭环输出阻抗是多少？如果晶体管的电流增益是 125，电路的短路负载电流是多少？

解：利用图 18-26 中给出的公式，可得电压增益为：

$$A_v = \frac{-51\text{k}\Omega}{1\text{k}\Omega} = -51$$

反馈系数为：

$$B = \frac{1\text{k}\Omega}{1\text{k}\Omega + 51\text{k}\Omega} = 0.0192$$

由于 741C 的典型电压增益为 100 000，开环输出阻抗为 75Ω，则闭环输出阻抗为：

$$z_{\text{out}(CL)} = \frac{75\Omega}{1 + 100\,000 \times 0.0192} = 0.039\Omega$$

由于 741C 的短路负载电流是 25mA，则增强后的短路负载电流为：

$$I_{\text{max}} = 125 \times 25\text{mA} = 3.13\text{A}　◀$$

自测题 18-7　将图 18-27 电路中的 R_2 改为 27kΩ。求新的电压增益、$z_{\text{out}(CL)}$ 和 I_{max}。设每个晶体管的电流增益是 100。

18.8　压控电流源

本节将讨论输入电压对输出电流的控制作用。负载可以浮空或者接地。所有电路均为第 17 章中 VCIS 原型电路的变形，压控电流源也称电压–电流转换器。

18.8.1　浮空负载

VCIS 原型电路如图 18-28 所示。负载可以是电阻、继电器或者是马达。由于输入端是虚短的，反相输入端的电压被自举到几乎与正相输入端相等的电压，得到输出电流为：

$$i_{out} = \frac{v_{in}}{R} \tag{18-23}$$

由于负载电阻没有出现在表达式中，因此输出电流与负载电阻无关。也就是说，负载被准理想电流源驱动。例如，当 v_{in} 为 1V，R 为 1kΩ 时，则 i_{out} 为 1mA。

如果图 18-28 电路中的负载电阻过大，运放将进入饱和区，电路也不再是准理想电流源。如果使用轨到轨的放大器，输出摆幅将会达到 $+V_{CC}$。因此最大的输出电压是：

$$V_{L(max)} = V_{CC} - v_{in} \tag{18-24}$$

例如，若 V_{CC} 为 15V，v_{in} 为 1V，$V_{L(max)}$ 为 14V。如果输出电压不是轨到轨，可以将 $V_{L(max)}$ 减去 1～2V。

由于负载电流为 v_{in}/R，可推导出当运放未进入饱和时的输出负载最大值：

$$R_{L(max)} = R\left(\frac{V_{CC}}{v_{in}} - 1\right) \tag{18-25}$$

例如，若 R 为 1kΩ，V_{CC} 为 15V，v_{in} 为 1V，那么 $R_{L(max)}$ 为 14kΩ。

压控电流源的另一个限制因素是运放的短路输出电流，如 741C 的短路输出电流是 25mA。不同运放的短路输出电流在第 16 章中讨论过，列于表 16-2。图 18-28 所示受控电流源的短路电流为：

$$I_{max} = I_{SC} \tag{18-26}$$

其中 I_{SC} 是运放的短路输出电流。

应用实例 18-8　如果图 18-28 所示电流源的 $R = 10kΩ$，$v_{in} = 1V$，$V_{CC} = 15V$，输出电流是多少？如果 v_{in} 可以达到 10V，可用的最大负载电阻是多少？　**||||| Multisim**

解：由图 18-28 给出的公式，得输出电流为：

$$i_{out} = \frac{1V}{10kΩ} = 0.1mA$$

最大负载电阻为：

$$R_{L(max)} = 10kΩ\left(\frac{15V}{10V} - 1\right) = 5kΩ \qquad ◀$$

✎ **自测题 18-8**　将电阻 R 改为 2kΩ，重新计算例 18-8。

18.8.2　接地负载

如果可以使用**浮空负载**，而且短路电流能够满足要求，则如图 18-28 所示的电路是很好的。但是如果负载需要接地，或者短路电流不够大时，则需对基本电路进行如图 18-29 的修改。

由于集电极和发射极的电流基本相等，流过电阻 R 上的电流约等于负载电流。由于放大器的两个输入端是虚短的，反相输入端的电压近似等于 v_{in}。因此电阻 R 上的压降等于

V_{CC} 减去 v_{in}，流过 R 的电流是：

$$i_{\text{out}} = \frac{V_{CC} - v_{\text{in}}}{R} \tag{18-27}$$

图 18-29 给出了最大负载电压、最大负载电阻和短路输出电流的公式。注意电路的输出端进行了电流增强，使短路输出电流增加为：

$$I_{\text{max}} = \beta_{dc} I_{SC} \tag{18-28}$$

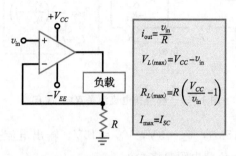

图 18-28 负载浮空的单向 VCIS

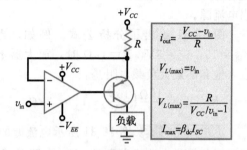

图 18-29 单端负载的 VCIS

18.8.3 输出电流与输入电压成正比

在图 18-29 电路中，当输入电压增大时输出电流减小。图 18-30 所示电路的负载电流与输入电压成正比。由于第一级运放的两个输入端虚短，Q_1 的发射极电流为 v_{in}/R。由于 Q_1 的集电极电流与发射极电流近似相等，集电极电阻上的电压是 v_{in}，A 点电压为：

$$V_A = V_{CC} - v_{\text{in}}$$

该电压作为第二级放大器的同相输入。

由于第二级运放的输入端虚短，B 点电压为：

$$V_B = V_A$$

末级电阻 R 上的电压为：

$$V_R = V_{CC} - V_B = V_{CC} - (V_{CC} - v_{\text{in}}) = v_{\text{in}}$$

所以，输出电流近似等于：

$$i_{\text{out}} = \frac{v_{\text{in}}}{R} \tag{18-29}$$

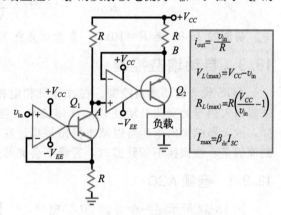

图 18-30 单端负载的 VCIS 举例

图 18-30 给出了用来分析该电路的公式。通过对电流的增强使输出短路电流增大为原来的 β_{dc} 倍。

18.8.4 郝兰德电流源

图 18-30 所示是一个单向电流源。如果需要双向电流源，可以使用图 18-31 所示的郝兰德（Howland）电流源。为了理解电路的工作原理，首先考虑 $R_L = 0$ 的特殊情况。当负载短路时，同相输入端接地，反相输入端为虚地点，运放的输出电压为：

$$v_{\text{out}} = - v_{\text{in}}$$

在电路的下半部分，与负载串联的电阻 R 上的电压便是输出电压。流过 R 的电流为：

$$i_{\text{out}} = \frac{- v_{\text{in}}}{R} \tag{18-30}$$

当负载短路时，所有的电流流过负载。负号表示输出电压是反相的。

当负载电阻大于零时,分析就变得更加复杂,因为同相输入端不再是地电位,反相输入端也不再是虚地点。此时,同相输入电压等于负载电阻上的电压,通过方程求解,可以看到,只要运放不进入饱和区,式 (18-30) 适用于任何阻值的负载电阻。由于 R_L 没有出现在方程中,可认为电路是准理想电流源。

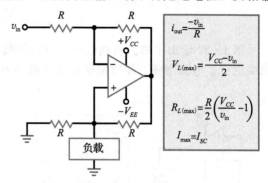

图 18-31 给出了分析公式。例如,当 $V_{CC}=15$, $v_{in}=3V$, $R=1k\Omega$ 时,放大器不进入饱和的最大负载电阻是:

$$R_{L(\max)} = \frac{1k\Omega}{2}\left(\frac{15V}{3V} - 1\right) = 2k\Omega$$

图 18-31 郝兰德电流源是双向 VCIS

应用实例 18-9 图 18-31 所示电流源的 $R=15k\Omega$, $v_{in}=3V$, $V_{CC}=15V$, 输出电流是多少?如果最大输入电压是 9V,电路可用的最大负载电阻是多少?

解:由图 18-31 给出的公式,得:

$$i_{out} = \frac{-3V}{15k\Omega} = -0.2mA$$

最大负载电阻为:

$$R_{L(\max)} = \frac{15k\Omega}{2}\left(\frac{15V}{12V} - 1\right) = 1.88k\Omega \qquad \blacktriangleleft$$

自测题 18-9 若 $R=10k\Omega$,重新计算例 18-9。

18.9 自动增益控制

AGC 代表**自动增益控制**。在收音机和电视机等许多应用中,往往希望电压增益能够随着输入信号的变化自动变化。具体说来,当输入信号增加时,希望电压增益减小。这样,放大器的输出电压可以基本保持平稳。在收音机和电视机中使用 AGC 的一个很重要的原因是:在调换不同频道时,音量不会突然变化。

18.9.1 音频 AGC

图 18-32 所示是一个音频 AGC 电路。Q_1 是作为压控电阻的结型场效应管。当信号很小时,漏极电压接近于零,结型场效应管工作在欧姆区。在交流工作时的电阻为 r_{ds}。r_{ds} 受栅极电压控制。栅极电压的负值越大,r_{ds} 的值越大。对于结型场效应管 2N4861,r_{ds} 的值可以由 100Ω 变化到 $10M\Omega$ 以上。

R_3 和 Q_1 的作用类似于分压器,输出的电压在 $0.001v_{in} \sim v_{in}$ 之间。因此,同相输入端电压的变化范围是 $0.001v_{in} \sim v_{in}$,相当于 60dB。同相放大器的输出电压是输入电压的 (R_2/R_1+1) 倍。

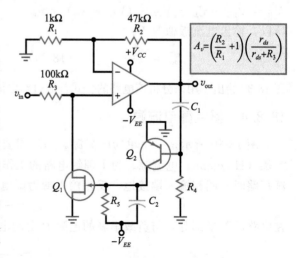

$$A_v = \left(\frac{R_2}{R_1} + 1\right)\left(\frac{r_{ds}}{r_{ds} + R_3}\right)$$

图 18-32 在 AGC 电路中结型场效应管用作压控电阻

图 18-32 电路的输出电压耦合到 Q_2 的基极，对于峰峰值小于 1.4V 的输出，由于没有偏置电压，故 Q_2 截止。由于 Q_2 截止，则 C_2 放电，且 Q_1 的栅极电压是 $-V_{EE}$，足以使结型场效应管截止。这意味着同相输入端可以获得最大输入电压。即输出电压小于 1.4Vpp，电路的作用是一个输入为最大信号的同相放大器。

当输出电压的峰峰值大于 1.4V 时，Q_2 导通，且电容 C_2 充电。这使得栅极电压增加，r_{ds} 减小。由于 r_{ds} 的减小，R_3 与 Q_1 分压后的电压减小，从而减小了同相输入端的电压。即当输出电压峰峰值大于 1.4V 时，电路的总电压增益减小。

输出电压越大，电压增益越小。因此，当输入信号有较大增加时，输出电压增加很小。使用 AGC 电路的一个重要原因是：它可以减小信号电压幅度的突然增大，从而避免扬声器过载。例如，在听广播的时候，不希望信号突然增大对耳朵造成震动。而采用图 18-32 的电路，即使输入电压变化超过 60dB，输出信号的峰峰值也只是略大于 1.4V。

18.9.2　低压视频 AGC

摄像机输出信号的频率范围从 0 到 4MHz 以上，这个范围内的频带称作视频频率。图 18-33 所示是典型的视频 AGC 电路，它的工作频率可以高达 10MHz。在这个电路中，结型场效应管用作压控电阻。当 AGC 电压为零时，由于偏置为负，结型场效应管截止，且 r_{ds} 的值最大。当 AGC 电压增加时，结型场效应管的电阻减小。

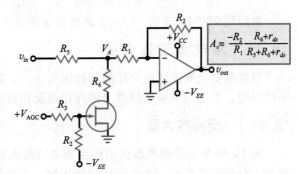

图 18-33　小输入信号时的 AGC 电路

反相放大器的输入电压是 R_5、R_6 和 r_{ds} 的分压值。该电压为：

$$V_A = \frac{R_6 + r_{ds}}{R_5 + R_6 + r_{ds}} v_{in}$$

反相放大器的电压增益为：

$$A_V = -\frac{R_2}{R_1}$$

在该电路中，结型场效应管是压控电阻。AGC 电压越大，r_{ds} 的阻值越小，反相放大器的输入电压也就越小。即 AGC 电压控制电路的总电压增益。

对于宽带运放，当输入信号小于 100mV 时，电路工作正常。如果超过这个电压，结型场效应管的电阻便会随着 AGC 电压以外的电压变化。这是不希望出现的，因为控制总电压增益的只能是 AGC 电压。

18.9.3　高压视频 AGC

对于高压视频信号，可以用 LED 光敏电阻来替代结型场效应管，如图 18-34 所示。当光的强度增加时，光敏电阻 R_7 减小，所以，AGC 电压越大，R_7 的阻值减小。如前文所述，输入的电压值控制反相放大器的输入电压。该电压为：

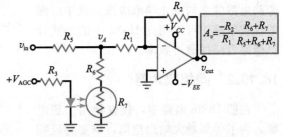

图 18-34　大输入信号时的 AGC 电路

$$v_A = \frac{R_6 + R_7}{R_5 + R_6 + R_7} v_{in}$$

该电路可以处理的输入电压可达 10V，因为光敏电阻只受 V_{AGC} 的影响，而不会受高电压的影响。而且 AGC 电压与输入电压 v_{in} 几乎是完全隔离的。

应用实例 18-10 如果图 18-32 电路中 r_{ds} 的变化范围是 $50\Omega \sim 12k\Omega$，求最大电压增益和最小电压增益。

解： 根据图 18-32 给出的公式，可得最大电压增益为：

$$A_v = \left(\frac{47k\Omega}{1k\Omega} + 1\right)\frac{120k\Omega}{120k\Omega + 100k\Omega} = 26.2$$

最小电压增益为：

$$A_v = \left(\frac{47k\Omega}{1k\Omega} + 1\right)\frac{50\Omega}{50\Omega + 100k\Omega} = 0.024$$ ◀

自测题 18-10 当例 18-10 电路的电压增益为 1 时，r_{ds} 的值应降为多少？

18.10   单电源工作方式

双电源是功率运算放大器的典型供电方式。但在有些应用中，双电源是不必要的或者不值得的。本节讨论单电源供电的同相和反相放大器。

18.10.1   反相放大器

图 18-35 所示是单电源供电的反相电压放大器，可用于交流信号。电源 V_{EE}（引脚 4）接地。分压电路将 $V_{CC}/2$ 加到同相输入端。由于放大器的两个输入端是虚短的，反相输入端的静态电压约为 $+0.5V_{CC}$。

在直流等效电路中，所有电容开路，电路是一个电压跟随器，其输出电压为 $+0.5V_{CC}$。这时的电压增益为 1，故输入失调电压最小。

在交流等效电路中，所有电容短路，电路是一个反相放大器，其电压增益为 $-R_2/R_1$。由图 18-35 给出的分析公式，可以计算出三个低频截止频率。

在同相输入端有一个旁路电容，如图 18-35 所示。这样可以减小同相输入端的纹波电压和噪声。为了达到这一效果，旁路电路带来的截止频率应该远低于电源的纹波频率。可以用图 18-35 中的公式计算旁路电路的截止频率。

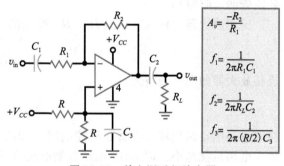

图 18-35   单电源反相放大器

18.10.2   同相放大器

在图 18-36 电路中，仅仅使用了正电源，为了得到最大输出摆幅，需要将反相输入端偏置在电源电压的一半。这可由等电阻分压器得到，使得同相输入端的直流

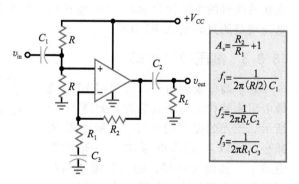

图 18-36   单电源同相放大器

电压为 $+0.5V_{CC}$。由于负反馈的作用,反相输入端的电压也被自举到同一电压值。

在直流等效电路中,所有电容开路,且电路的电压增益为 1,使得输出失调电压最小。运放的直流电压输出为 $+0.5V_{CC}$,而输出耦合电容将该电压与负载相隔离。

在交流等效电路中,所有电容短路。当输入是交流信号时,被放大的输出信号可以加在 R_L 上。如果使用轨到轨的运放,最大无削波的输出电压峰峰值为 V_{CC}。图 18-36 给出了计算截止频率的公式。

18.10.3 单电源运算放大器

尽管一般的运放可以使用单电源供电,如图 18-35 和图 18-36 所示。但有些运放是专门设计为单电源应用的。例如,LM324 是一个四运放,不需要双电源供电。在一个封装中包含了四个补偿运放,每个运放的开环电压增益为 100dB,输入偏置电流为 45nA,输入失调电流为 5nA,输入失调电压为 2mV。电源电压的范围是 3~32V。因此 LM324 常被用作与工作电压为 +5V 的数字电路的接口。

总结

18.1 节 反相放大器电路包括高阻探针(×10 和×1)、交流耦合放大器和带宽可调电路。

18.2 节 同相放大器电路包括交流耦合放大器、音频信号分配放大器、结型场效应管开关放大器以及基准电压源。

18.3 节 本节讨论的是可转换的反相/同相电路、结型场效应管控制的可转换反相器、符号转换器、可转换和可调节增益、移相器。

18.4 节 决定差分放大器 CMRR 的因素有两个:每个运放的 CMRR 以及电阻误差引起的 CMRR。输入信号常常是来自于惠斯顿电桥的很小的差模电压信号和很大的共模电压信号。

18.5 节 仪表放大器是具有高电压增益、高 CMRR、低输入失调、低温漂和高输入阻抗的差分放大器。仪表放大器可以由三个经典运放组成,可使用高精度运放或集成仪表放大器。

18.6 节 本节讨论的是减法器、加法器、平均器以及 D/A 转换器。D/A 转换器在数字万用表中用来测量电压、电流以及电阻。

18.7 节 当运放的短路输出电流过小时,可以在电路的输出端采用电流增强电路。一般通过将运放的输出作为晶体管的基极输入来实现电流增强。由于晶体管的电流增益,使短路输出电流增大了 β 倍。

18.8 节 可以实现由输入电压控制的电流源。负载可以浮空也可以接地。负载电流可以是单向的也可以是双向的。郝兰德电流源是双向压控电流源。

18.9 节 在许多应用中,要求系统的电压增益能够自动变化以保持输出电压基本恒定。在收音机和电视接收机中,AGC 可以避免扬声器的声音幅度发生突变。

18.10 节 虽然运放通常使用双电源供电,但有些应用更适合采用单电源。当需要交流耦合放大器时,可以将单电源放大器的无信号端偏置在正电源电压的一半处。也有些运放是专门设计成单电源工作方式的。

推论

(18-3) 反相/同相电路的增益
$$A_v = A_{v(\text{inv})} + A_{v(\text{non})}$$
参见图 18-8~图 18-13 中的电路,总电压增益是反相和同相电压增益的叠加。当两个输入端都有信号输入时,可以使用这个公式。

(18-5) 共模电压增益
$$A_{v(CM)} = A_{v(\text{inv})} + A_{v(\text{non})}$$
参见图 18-14、图 18-15 和图 18-18。与式(18-3)类似,总电压增益是多个增益的叠加。

(18-7) 总的同相增益
$$A_{v(\text{non})} = \left(\frac{R_2}{R_1} + 1\right)\left(\frac{R_2'}{R_1' + R_2'}\right)$$
参见图 18-14。这是同相输入端经过分压后的电压增益。

(18-8) $R_1 = R_2$ 时的共模增益
$$A_{v(CM)} = \pm 2\,\frac{\Delta R}{R}$$
参见图 18-15 和图 18-18。这是在差分放大器的电阻相等且匹配的情况下，由电阻的误差引起的共模增益。

(18-11) 惠斯顿电桥

$$\frac{R_1}{R_2} = \frac{R_3}{R_4}$$

参见图 18-16a。这是惠斯顿电桥的平衡等式。

(18-13) 不平衡的惠斯顿电桥

$$v_{in} \approx \frac{\Delta R}{4R} V_{CC}$$

参见图 18-17。该式适用于传感器电阻的微小变化。

(18-16) 仪表放大器

$$A_v = \frac{2R_2}{R_G} + 1$$

参见图 18-18 和图 18-20。这是典型三级仪表放大器中第一级的电压增益。

(18-18) 二进制到十进制的等效变换

$$BIN = (D_0 \times 2^0) + (D_1 \times 2^1)$$
$$+ (D_2 \times 2^2) + (D_3 \times 2^3)$$

(18-19) R/2R 阶梯输出电压

$$V_{out} = -\left(\frac{BIN}{2^N} \times 2V_{ref}\right)$$

(18-21) 电流增强

$$I_{max} = \beta_{dc} I_{SC}$$

参见图 18-26~图 18-30。在运放与负载之间使用晶体管，则运放的短路电流可以通过晶体管的电流增益得到倍增。

(18-23) 压控电流源

$$i_{out} = \frac{v_{in}}{R}$$

参见图 18-28~图 18-31。压控电流源使输入电压转换成准理想的输出电流。

选择题

1. 在线性运放电路中
   - a. 信号总是正弦波
   - b. 运放不会进入饱和区
   - c. 输入阻抗是理想的无穷大
   - d. 增益带宽积是常数

2. 在交流放大器中使用耦合电容和旁路电容，则输出失调电压是
   - a. 0
   - b. 最小
   - c. 最大
   - d. 不变

3. 要使用运算放大器，至少需要
   - a. 一个电压源
   - b. 两个电压源
   - c. 一个耦合电容
   - d. 一个旁路电容

4. 由运放构成的受控电流源的作用是
   - a. 电压放大器
   - b. 电流-电压转换器
   - c. 电压-电流转换器
   - d. 电流放大器

5. 仪表放大器具有较高的
   - a. 输出阻抗
   - b. 功耗增益
   - c. CMRR
   - d. 电源电压

6. 在运放输出采用电流增强，使短路电流增加的倍数为
   - a. $A_{v(CL)}$
   - b. β_{dc}
   - c. f_{unity}
   - d. A_v

7. 基准电压源为 +2.5V，要得到 +15V 的参考电压可通过
   - a. 反相放大器
   - b. 正相放大器
   - c. 差分放大器
   - d. 仪表放大器

8. 差分放大器的 CMRR 主要受限于
   - a. 运放的 CMRR
   - b. 增益带宽积
   - c. 供电电压
   - d. 电阻的误差

9. 仪表放大器的输入信号通常来自
   - a. 反相放大器
   - b. 电阻
   - c. 差分放大器
   - d. 惠斯顿电桥

10. 在经典的三级运放仪表放大器中，差模电压增益通常由什么确定？
    - a. 第一级
    - b. 第二级
    - c. 电阻的失配
    - d. 运放的输出

11. 驱动保护减小了
    - a. 仪表放大器的 CMRR
    - b. 屏蔽电缆的漏电流
    - c. 第一级的电压增益
    - d. 共模输入电压

12. 平均电路的输入电阻
    - a. 与反馈电阻相等
    - b. 比反馈电阻小
    - c. 比反馈电阻大
    - d. 不相等

13. D/A 转换器可应用于
    - a. 带宽可调的电路
    - b. 同相放大器
    - c. 电压-电流转换器
    - d. 加法放大器

14. 压控电流源
    - a. 不会使用电流增强
    - b. 负载总是浮空的
    - c. 是准理想电流源驱动负载
    - d. 负载电流等于 I_{SC}

15. 郝兰德电流源产生
    - a. 单向浮空负载电流
    - b. 双向单端负载电流
    - c. 单向单端负载电流
    - d. 双向浮空负载电流

16. AGC 的目的是

a. 当输入信号增大时使电压增益增加

b. 将电压变为电流

c. 保持输出电压基本稳定

d. 减小电路的 CMRR

17. 1ppm 等于

a. 0.1%　　　　b. 0.01%

c. 0.001%　　　d. 0.0001%

18. 输入传感器所转换的量是

a. 电压到电流

b. 电流到电压

c. 电学量到非电学量

d. 非电学量到电学量

19. 热敏电阻所转换的量是

a. 光到电阻　　　b. 温度到电阻

c. 电压到声音　　d. 电流到电压

20. 当对电阻进行修正时,所做的是

a. 精确调整　　　b. 减小阻值

c. 增加阻值　　　d. 粗略调整

21. 四输入 D/A 转换器有

a. 2 个输出值　　b. 4 个输出值

c. 8 个输出值　　d. 16 个输出值

22. 运放的轨到轨输出

a. 采用了输出电流增强

b. 幅度可达电源电压

c. 输出阻抗高

d. 不能小于 0V

23. 结型场效应管在 AGC 电路中的作用是

a. 开关　　　　　b. 压控电流源

c. 压控电阻　　　d. 电容

24. 如果运放只有一个正电源电压,它的输出不能

a. 为负值　　　　b. 为 0

c. 等于电源电压　d. 为交流耦合

习题

18.1 节

18-1 图 18-1 电路中的 $R_1 = 10M\Omega$、$R_2 = 20M\Omega$、$R_3 = 15k\Omega$、$R_4 = 15k\Omega$、$R_5 = 75k\Omega$,求探头在每个开关位置时的衰减是多少?

18-2 图 18-2 中交流耦合反相放大器的 $R_1 = 1.5k\Omega$, $R_f = 75k\Omega$, $R_L = 15k\Omega$, $C_1 = 1\mu F$, $C_2 = 4.7\mu F$, $f_{unity} = 1MHz$,求放大器的中频电压增益、高频和低频截止频率。

18-3 图 18-3 中带宽可调电路的 $R_1 = 10k\Omega$, $R_f = 180k\Omega$,如果将 100Ω 的电阻改为 130Ω,可变电阻值为 $25k\Omega$,其电压增益是多少?如果 $f_{unity} = 1MHz$,其最大和最小带宽各是多少?

18-4 求图 18-37 电路的输出电压、最大和最小带宽。

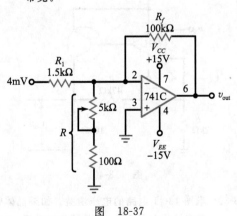

图 18-37

18.2 节

18-5 图 18-4 电路中的 $R_1 = 2k\Omega$, $R_f = 82k\Omega$, $R_L = 25k\Omega$, $C_1 = 2.2\mu F$, $C_2 = 4.7\mu F$, $f_{unity} = 3MHz$,求放大器的中频电压增益、高频和低频截止频率。

18-6 求图 18-38 电路的中频电压增益、高频和低频截止频率。

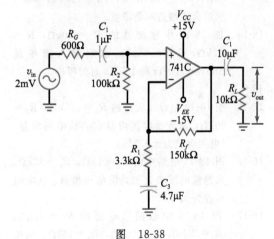

图 18-38

18-7 ▌▌▌Multisim图 18-5 中分配放大器的 $R_1 = 2k\Omega$, $R_f = 100k\Omega$, $v_{in} = 10mV$。则节点 A、B 和 C 的电压是多少?

18-8 图 18-6 所示结型场效应管做开关的放大器中的 $R_1 = 91k\Omega$, $R_f = 12k\Omega$, $R_2 = 1k\Omega$,如果 $v_{in} = 2mV$,求当栅极电压为低或为高时的输出电压。

18-9　如果 $V_{GS(\text{off})} = -5\text{V}$，求图 18-39 电路的最大和最小输出电压。

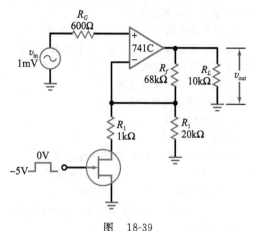

图　18-39

18-10　图 18-7 基准电压电路中的 $R_1 = 10\text{k}\Omega$，$R_f = 10\text{k}\Omega$，求输出基准电压。

18.3 节

18-11　在图 18-10 可调整反相器中，$R_1 = 1\text{k}\Omega$，$R_2 = 10\text{k}\Omega$，求最大正增益和负增益。

18-12　当图 18-11 中可变电阻器滑片接地时，电压增益是多少？当滑片距地的阻值为 10% 时，电压增益是多少？

18-13　图 18-12 电路采用精密电阻。如果 $R = 5\text{k}\Omega$，$nR = 75\text{k}\Omega$，$nR/(n-1) = 5.36\text{k}\Omega$，求最大正增益和负增益。

18-14　图 18-13 中移相器的 $R' = 10\text{k}\Omega$，$R = 22\text{k}\Omega$，$C = 0.02\mu\text{F}$，求当输入频率是 100Hz、1kHz 和 10kHz 时的相移。

18.4 节

18-15　图 18-14 差分放大器的 $R_1 = 1.5\text{k}\Omega$，$R_2 = 30\text{k}\Omega$，求差模电压增益和共模电压增益。（电阻容差为 $\pm 0.1\%$）

18-16　图 18-15 电路中的 $R_1 = 1\text{k}\Omega$，$R_2 = 30\text{k}\Omega$。求差模电压增益和共模电压增益。（电阻容差为 $\pm 0.1\%$）

18-17　图 18-16 中惠斯顿电桥的 $R_1 = 10\text{k}\Omega$，$R_2 = 20\text{k}\Omega$，$R_3 = 20\text{k}\Omega$，$R_4 = 10\text{k}\Omega$，电桥是平衡的吗？

18-18　将图 18-17 电路典型应用中的传感器电阻变为 985Ω，求最终的输出电压。

18.5 节

18-19　图 18-18 中仪表放大器的 $R_1 = 1\text{k}\Omega$，$R_2 = 99\text{k}\Omega$，如果 $v_{\text{in}} = 2\text{mV}$，求输出电压。如果采用三个 OP-07A 运放，且 $R = 10$（$1\pm$

0.5%）kΩ，求该仪表放大器的 CMRR。

18-20　如果图 18-19 电路中的 $v_{\text{in}(CM)} = 5\text{V}$，$R_3 = 10\text{k}\Omega$，求保护电压。

18-21　将图 18-20 电路中的 R_G 改为 1008Ω，求当差模输入电压为 20mV 时的差模输出电压。

18.6 节

18-22　如果图 18-21 电路中的 $R = 10\text{k}\Omega$，$v_1 = -50\text{mV}$，$v_2 = -30\text{mV}$，求输出电压。

18-23　[Multisim] 图 18-22 中加法电路的 $R_1 = 10\text{k}\Omega$，$R_2 = 20\text{k}\Omega$，$R_3 = 15\text{k}\Omega$，$R_4 = 15\text{k}\Omega$，$R_5 = 30\text{k}\Omega$，$R_f = 75\text{k}\Omega$。求当 $v_0 = 1\text{mV}$、$v_1 = 2\text{mV}$、$v_2 = 3\text{mV}$ 和 $v_3 = 4\text{mV}$ 时的输出电压。

18-24　图 18-23 平均电路中的 $R = 10\text{k}\Omega$，求当 $v_1 = 1.5\text{V}$、$v_2 = 2.5\text{V}$ 和 $v_3 = 4\text{V}$ 时的输出电压。

18-25　图 18-24 所示 D/A 转换器的输入 $v_0 = 5\text{V}$，$v_1 = 0\text{V}$，$v_2 = 5\text{V}$，$v_3 = 0\text{V}$，求输出电压。

18-26　将图 18-25 电路中二进制输入扩展到 8 位，输入 $D_7 \sim D_0$ 为 10100101，求相应的十进制数值。

18-27　将图 18-25 电路中二进制输入扩展，$D_7 \sim D_0$ 为 01100110，求输出电压。

18-28　图 18-25 的输入参考电压是 2.5V，求输出电压的最小阶梯增量。

18.7 节

18-29　图 18-40 所示的同相放大器具有电流增强输出，其电压增益是多少？如果晶体管的电流增益为 100，短路输出电流是多少？

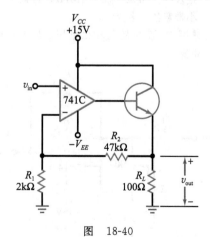

图　18-40

18-30　求图 18-41 电路的电压增益。如果晶体管的电流增益是 125，求短路输出电流。

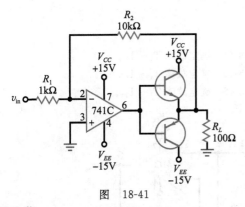

图　18-41

18.8 节

18-31　图 18-42a 电路的输出电流是多少？使运放不进入饱和区的最大负载电阻是多少？

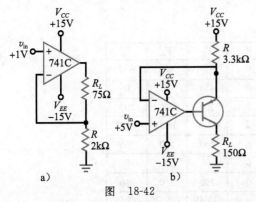

图　18-42

18-32　计算图 18-42b 电路的输出电流和最大负载电阻。

18-33　如果图 18-30 电路中的 $R=10\text{k}\Omega$，$V_{CC}=15\text{V}$，求当输入电压是 3V 时的输出电流和最大负载电阻。

18-34　图 18-31 中郝兰德电流源的 $R=2\text{k}\Omega$，$R_f=500\Omega$，求当输入电压是 6V 时的输出电流。求当输入电压不大于 7.5V（电源电压为 15V）时的最大负载电阻。

思考题

18-40　当图 18-8 电路中的开关处于两个触点之间时，会出现短暂的开路状态。此时输出电压会怎样变化？如何避免这种情况的发生？

18-41　反相放大器电路中的 $R_1=1\text{k}\Omega$，$R_f=100\text{k}\Omega$，如果这些电阻容差是 $\pm0.1\%$。求最大和最小电压增益。

18-42　求图 18-44 所示电路的中频电压增益。

18-43　图 18-41 电路中的晶体管 $\beta_{\text{dc}}=50$，如果输入电压是 0.5V，求晶体管的基极电流。

18.9 节

18-35　图 18-32 所示 AGC 电路中的 $R_1=10\text{k}\Omega$，$R_2=100\text{k}\Omega$，$R_3=100\text{k}\Omega$，$R_4=10\text{k}\Omega$，如果 r_{ds} 的变化范围是 $200\Omega\sim1\text{M}\Omega$。求电路的最小和最大电压增益。

18-36　图 18-33 所示低压 AGC 电路中的 $R_1=5.1\text{k}\Omega$，$R_2=51\text{k}\Omega$，$R_5=68\text{k}\Omega$，$R_6=1\text{k}\Omega$，如果 r_{ds} 的变化范围是 $120\Omega\sim5\text{M}\Omega$。求电路的最小和最大电压增益。

18-37　图 18-34 所示高压 AGC 电路中的 $R_1=10\text{k}\Omega$，$R_2=10\text{k}\Omega$，$R_5=75\text{k}\Omega$，$R_6=1.2\text{k}\Omega$，如果 R_7 的变化范围是 $180\Omega\sim10\text{M}\Omega$。求电路的最小和最大电压增益。

18-38　求图 18-43 所示单电源反相放大器的电压增益和三个低频截止频率。

18-39　若图 18-36 所示单电源同相放大器的 $R=68\text{k}\Omega$，$R_1=1.5\text{k}\Omega$，$R_2=15\text{k}\Omega$，$R_L=15\text{k}\Omega$，$C_1=1\mu\text{F}$，$C_2=2.2\mu\text{F}$，$C_3=3.3\mu\text{F}$。求电压增益和三个低频截止频率。

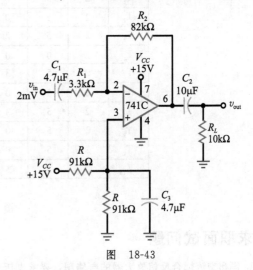

图　18-43

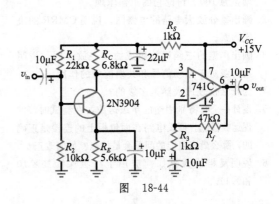

图　18-44

故障诊断

    ▮▮▮▮**Multisim**分析图 18-45 所示电路的情况。其中电阻可能开路或短接，连线 CD、EF、JA 或 KB 有可能断开。如果没有特别说明，则电压的单位是 mV。

18-44   确定故障 $T_1 \sim T_3$。
18-45   确定故障 $T_4 \sim T_6$。
18-46   确定故障 $T_7 \sim T_{10}$。

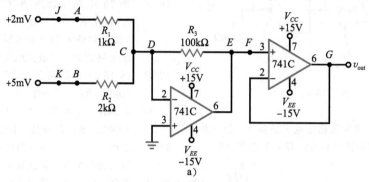

a)

故障诊断

故障	V_A	V_B	V_C	V_D	V_E	V_F	V_G
正常	2	5	0	0	450	450	450
T_1	2	5	0	0	450	0	0
T_2	2	5	0	0	200	200	200
T_3	2	5	2	2	−13.5V	−13.5V	−13.5V
T_4	2	0	0	0	200	200	200
T_5	2	5	3	0	0	0	0
T_6	0	5	0	0	250	250	250
T_7	2	5	3	3	−13.5V	−13.5V	−13.5V
T_8	2	5	0	0	250	250	250
T_9	2	5	0	0	0	0	0
T_{10}	2	5	5	5	−13.5V	−13.5V	−13.5V

b)

图 18-45

求职面试问题

1. 画出交流耦合反相放大器的电路图，要求电压增益为 100。讨论它的工作原理。
2. 画出差分放大电路的电路图。说明 CMRR 的决定因素。
3. 画出典型的三级运放组成的仪表放大器。说明第一级对于差模信号和共模信号的作用。
4. 为什么仪表放大器是多级的？
5. 设计一个有特别用途的单级运放，在测试时，发现运放很热。假设电路在面包板上的连接是正确的，那么最有可能的问题会是什么？如何改正？
6. 说明反相放大器如何应用于高阻探针（×10 和×1）。
7. 如图 18-1 中的探针为什么是高阻？说明开关处在每一个位置时的电压增益应如何计算。
8. 说明 D/A 转换器的模拟输出与数字输入的关系。
9. 如何采用一个 9V 电池和一个 741C 实现便携式放大器？如果需要直流响应，电路应如何修改？
10. 如何增加运放的输出电流？
11. 为什么图 18-27 所示电路不需要用电阻或二极管作偏置？
12. 在使用运放时，常用到轨到轨放大器一词。这里的轨指的是什么？
13. 741 可以用单电源供电吗？如果可以，如何实现一个反相放大器？

选择题答案

1. b　2. b　3. a　4. c　5. c　6. b　7. b　8. d　9. d　10. a　11. b　12. c　13. d　14. c　15. b
16. c　17. d　18. d　19. b　20. a　21. d　22. b　23. c　24. a

自测题答案

18-2　$R_2 = 60\text{k}\Omega$

18-3　$N = 7.5$；$nR = 1.154\text{k}\Omega$

18-4　$A_v = 51$；$A_{v(CM)} = 0.002$
　　　$V_{out} = -510\text{mV}$
　　　$V_{out(CM)} = \pm 20\text{mV}$

18-5　$A_{V1} = -1$；$A_{V2} = -0.5$
　　　$A_{V3} = -1.06$；$A_{V4} = -0.798$

18-6　最大 $V_{out} = -9.375\text{V}$
　　　最小 $V_{out} = -0.625\text{V}$

18-7　$A_v = -27$；$z_{out(CL)} = 0.021\Omega$；$I_{max} = 2.5\text{A}$

18-8　$i_{out} = 0.5\text{mA}$；$R_{L(max)} = 1\text{k}\Omega$

18-9　$i_{out} = -0.3\text{mA}$；$R_{L(max)} = 1.25\text{k}\Omega$

18-10　$r_{ds} = 2.13\text{k}\Omega$

第19章
有源滤波器

几乎所有通信系统中都会使用滤波器。滤波器使某一频带的信号通过，同时阻止另一频带的信号通过。滤波器分为无源和有源两种。**无源滤波器**由电阻、电容和电感构成。通常用于频率高于 1MHz 的场合，没有功率增益，调谐相对较困难。**有源滤波器**由电阻、电容和运算放大器构成。通常用于频率低于 1MHz 的场合，有功率增益，易于调谐。滤波器可以将所需信号从无用信号中分离出来，抑制干扰信号，加强语音和视频信号，并以其他方式改变信号。

目标

在学习完本章后，你应该能够：
- 描述五种基本滤波器的响应；
- 描述无源和有源滤波器的区别；
- 区分理想频率响应和逼近的频率响应；
- 解释滤波器术语，包括通带、阻带、截止、Q 值、纹波和阶数；
- 确定无源滤波器和有源滤波器的阶数；
- 解释滤波器采用级联的原因，描述级联后的结果。

关键术语

有源滤波器 （active filter）

全通滤波器 （all-pass filter）

逼近 （approximation）

衰减 （attenuation）

带通滤波器 （bandpass filter）

带阻滤波器 （bandstop filter）

贝塞尔逼近 （Bessel approximation）

双二阶带通/低通滤波器 （biquadratic bandpass/
lowpass filter）

巴特沃斯逼近 （Butterworth approximation）

切比雪夫逼近 （Chebyshev approximation）

阻尼系数 （damping factor）

延迟均衡器 （delay equalizer）

边缘频率 （edge frequency）

椭圆逼近 （elliptic approximation）

频率缩放因子 （frequency scaling factor，FSF）

几何平均 （geometric average）

高通滤波器 （high-pass filter）

反切比雪夫 （inverse Chebyshev）

线性相移 （linear phase shift ）

低通滤波器 （low-pass filter）

单调 （monotonic）

多路反馈(multiple-feedback，MFB)

窄带滤波器 （narrowband filter）

陷波器 （notch filter）

滤波器阶数 （order of a filter）

通带 （passband）

无源滤波器 （passive filter）

极点频率 （pole frequency，f_p）

极点 （poles）

预失真 （predistortion）

萨伦-凯等值元件滤波器 （Sallen-Key equal-
component filter）

萨伦-凯低通滤波器 （Sallen-Key low-pass
filter）

萨伦-凯二阶 （Sallen-Key second-order）

可变状态滤波器 （state-variable filter）

阻带 （stopband）

过渡带 （transition）

宽带滤波器 （wideband filter）

19.1 理想频率响应

本章对各种无源和有源滤波器电路进行综合介绍。19.1～19.4 节介绍基本滤波器术语和一阶滤波器。19-5 节及以后章节内容包括高阶滤波器的详细电路分析。

滤波器的频率响应是电压增益随频率变化的特性曲线。滤波器分为五种类型：低通、高通、带通、带阻和全通。本节分别讨论它们的理想频率响应特性。下一节论述理想响应的逼近的响应特性。

19.1.1 低通滤波器

图 19-1 所示是**低通滤波器**的理想频率响应。因为矩形的右侧边界看上去像一面砖墙，所以又叫作砖墙响应。低通滤波器可以使零到截止频率之间的信号通过，阻止所有高于截止频率的信号通过。

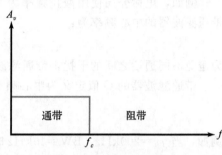

对于低通滤波器，零到截止频率之间的部分称为**通带**，高于截止频率的部分称为**阻带**，通带和阻带之间的曲线下降区域称为**过渡带**。理想低通滤波器在通带内没有衰减（信号损失），在阻带内的衰减为无穷大，且具有垂直的过渡带。

另外，理想低通滤波器在通带内的相移为零。

图 19-1 理想低通响应特性

当输入信号为非正弦波时，零相移是很重要的。当非正弦波信号通过理想滤波器时，其信号的形状不变。例如，当输入信号为方波时，其中含有基波和各次谐波，如果基波和所有主要的谐波（近似为前 10 阶）都在通带内，则可得到波形近似的方波输出。

19.1.2 高通滤波器

图 19-2 所示是**高通滤波器**的理想频率响应。高通滤波器阻止零到截止频率之间的所有信号，同时使所有高于截止频率的信号通过。

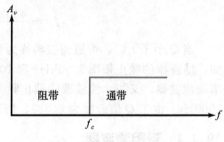

对于高通滤波器，零到截止频率之间的部分为阻带，高于截止频率的部分为通带。理想高通滤波器在阻带内的衰减为无穷大，在通带内的衰减为零，且具有垂直的过渡带。

图 19-2 理想高通响应特性

19.1.3 带通滤波器

带通滤波器可用于收音机或电视机的信号调谐，也可用于电话通信设备，实现同一信道中同时传输的不同通话的分离。

图 19-3 所示是带通滤波器的理想频率响应。响应阻止零到下限截止频率以及高于上限截止频率的信号，同时使处于两个截止频率之间的信号通过。

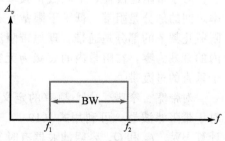

对于带通滤波器，处于上限和下限两个截止频率之间的部分是通带。低于下限截止频率和高于上限截止频率的部分是阻带。理想带通滤波器在通带

图 19-3 理想带通响应特性

内的衰减为零，在阻带内的衰减为无穷大，且具有两个垂直的过渡带。

带通滤波器的带宽（BW）是 3dB 的上限截止频率和下限截止频率之差：

$$BW = f_2 - f_1 \qquad (19\text{-}1)$$

例如，当截止频率分别为 450kHz 和 460kHz 时，带宽为：

$$BW = 460kHz - 450kHz = 10kHz$$

又如，当截止频率分别为 300Hz 和 3300Hz 时，带宽为：

$$BW = 3300Hz - 300Hz = 3000Hz$$

用符号 f_0 来表示中心频率，定义为两个截止频率的**几何平均**：

$$f_0 = \sqrt{f_1 f_2} \qquad (19\text{-}2)$$

例如，电话公司使用截止频率为 300Hz 和 3300Hz 的带通滤波器来分离不同的通话。带通滤波器的中心频率为：

$$f_0 = \sqrt{300Hz \times 3300Hz} = 995Hz$$

为避免不同通话之间的干扰，带通滤波器的频率响应接近图 19-3 所示的理想特性。

带通滤波器的 Q 值定义为中心频率除以带宽：

$$Q = \frac{f_0}{BW} \qquad (19\text{-}3)$$

例如，当 $f_0 = 200kHz$，$BW = 40kHz$ 时，则 $Q = 5$。

当 Q 大于 10 时，中心频率可近似为截止频率的算术平均：

$$f_0 \approx \frac{f_1 + f_2}{2}$$

例如，收音机中的带通滤波器（中频级）的截止频率为 450kHz 和 460kHz，其中心频率近似为：

$$f_0 \approx \frac{450kHz + 460kHz}{2} = 455kHz$$

当 Q 小于 1 时，带通滤波器称为**宽带滤波器**，当 Q 大于 1 时，则称为**窄带滤波器**。例如，滤波器的截止频率为 95kHz 和 105kHz，带宽为 10kHz。由于 Q 值近似为 10，所以是窄带滤波器。又如，滤波器的截止频率为 300Hz 和 3300Hz，中心频率为 1000Hz，带宽为 3000Hz。由于 Q 值近似为 0.333，所以是宽带滤波器。

19.1.4　带阻滤波器

图 19-4 所示是**带阻滤波器**的理想频率响应。这类滤波器使零到下限截止频率以及高于上限截止频率的信号通过，同时阻止处于两个截止频率之间的信号通过。

对于带阻滤波器，下限截止频率和上限截止频率之间的部分是阻带。低于下限截止频率和高于上限截止频率的部分是通带。理想带阻滤波器在通带内的衰减为零，在阻带内的衰减为无穷大，且有两个垂直的过渡带。

对带宽、窄带、中心频率的定义与前文一样。对于带阻滤波器，可利用式（19-1）～（19-3）来计算 BW、f_0 和 Q。带阻滤波器有时又称作陷波器，因为它将阻带内所有频率的信号阻止

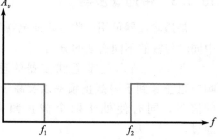

图 19-4　理想带阻响应特性

或者去除。

19.1.5 全通滤波器

图 19-5 所示是理想**全通滤波器**的频率响应。它只有通带，没有阻带。因此，零到无穷大频率的信号都可以通过。称之为滤波器有些不确切，因为它在全频带内都没有衰减。但这样命名的原因是考虑了它对所通过的信号在相位上的影响。当需要对输入信号进行相移而又不改变其幅度时，就需要用到全通滤波器。

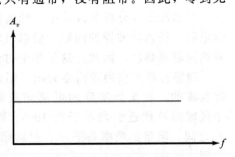

图 19-5 理想全通响应特性

滤波器的相位响应是相移随频率变化的特性曲线。如前所述，理想低通滤波器在全频带内的相位响应均为 0°。因此，当一个非正弦信号通过理想低通滤波器，如果它的基波和各阶主要谐波在通带内，则其输出波形不变。

全通滤波器的相位响应与理想低通滤波器不同。对于全通滤波器，当信号通过滤波器时，每一频率处的信号都可以有一定量的相移。例如，在 19.3 节论述的移相器是一个同相运放电路，在全频带内零衰减，但是输出相位在 0～−180° 之间。移相器是全通滤波器的简单例子。后续章节中将论述可产生更大相移的较复杂的全通滤波器。

知识拓展 可将无源低通和高通滤波器组合起来，实现带通或带阻滤波。

19.2 频率响应的逼近方式

前一节论述的理想频率响应在实际电路中是不可能实现的，作为理想响应的折中方案，可以采用特性逼近的方式。有五种标准逼近方法，每一种都有各自的优点。逼近方法的选择需要依赖于实际应用所能接受的情况。

19.2.1 衰减

衰减是指信号的损失。定义为当输入电压恒定时，任一频率的输出电压除以中频区的输出电压：

$$\text{衰减} = \frac{v_{\text{out}}}{v_{\text{out(mid)}}} \tag{19-3a}$$

例如，某频率处的输出电压为 1V，中频区某频率处的输出电压为 2V，则：

$$\text{衰减} = \frac{1\text{V}}{2\text{V}} = 0.5$$

衰减通常用分贝来表示，使用如下公式：

$$\text{衰减(dB)} = 20\lg \text{衰减} \tag{19-3b}$$

例如，若衰减等于 0.5，则用分贝表示的衰减为：

$$\text{衰减} = -20\lg 0.5 = 6\text{dB}$$

由于分贝表示的衰减表达式中有负号，衰减通常是正数。分贝表示的衰减以中频输出电压作为参考，将任意频率下的输出电压与滤波器中频输出电压作比较。由于衰减通常用分贝来表示，所以本书中的衰减均指衰减的分贝数。

例如，3dB 的衰减意味着输出电压是中频输出电压的 0.707 倍；6dB 的衰减意味着输出电压是中频输出电压的 0.5 倍；12dB 的衰减意味着输出电压是中频输出电压的 0.25 倍；20dB 的衰减意味着输出电压是中频输出电压的 0.1 倍。

19.2.2 通带和阻带衰减

在滤波器的分析和设计中，低通滤波器是原型电路，可以在对其进行修改后构成其他电路。任何滤波器的问题一般都可转化为等价的低通滤波器的问题，并当作低通滤波器的问题来解决。因此，这里集中讨论低通滤波器，然后扩展到其他滤波器。

理想特性是在通带内零衰减，阻带内衰减无穷大，且有垂直的过渡带，这些是不可能实现的。在设计实际的低通滤波器时，将三个区域的特性近似表示于图 19-6。通带在 0 到 f_c 之间，阻带的频率高于 f_s，过渡带在 f_c 和 f_s 之间。

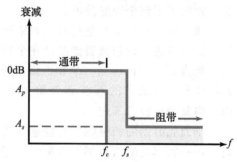

图 19-6 实际低通响应特性

在图 19-6 中，通带不再具有零衰减特性，而是允许衰减范围在 $0 \sim A_p$ 之间。例如，有些应用中允许的通带衰减为 $A_p = 0.5$dB。这意味着允许在通带内有 0.5dB 的信号损失。

类似地，阻带也不再具有无穷大的衰减，而是允许衰减在 A_s 到无穷大之间。例如，有些应用中衰减为 $A_s = 60$dB 就足够了。这意味着阻带内衰减在 60dB 是可接受的。

图 19-6 中的过渡带不再是垂直的，而是允许非垂直的下降，下降速度由 f_c、f_s、A_p 和 A_s 的值决定。例如，当 $f_c = 1$kHz，$f_s = 2$kHz，$A_p = 0.5$dB，$A_s = 60$dB 时，要求下降速度近似为 60dB/十倍频程。

后文将要讨论的是这五种滤波器的逼近响应特性在通带、阻带和过渡带的折中。逼近特性可能优化的是通带的平坦度、过渡带的下降速度或相移特性。

最后要说明一点：低通滤波器通带内的最高频率叫作截止频率（f_c），由于它是通带边界，又称为边缘频率。有些滤波器在边缘频率处的衰减小于 3dB，因此使用 f_{3dB} 作为衰减下降 3dB 时的频率，使用 f_c 作为边缘频率，边缘频率的衰减不一定是 3dB。

19.2.3 滤波器的阶数

无源滤波器的阶数（表示为 n）等于滤波器中电感和电容的数目。如果无源滤波器有两个电感和两个电容，则 $n = 4$；如果有五个电感和五个电容，则 $n = 10$。因此，滤波器的阶数说明了滤波器的复杂程度，阶数越高，滤波器越复杂。

有源滤波器的阶数取决于滤波器中包含的 RC 电路（又称极点）的数目。如果一个有源滤波器包含八个 RC 电路，则 $n = 8$。在有源滤波器中数出单独的 RC 电路通常比较困难。因此，可以使用简单的方法来确定有源滤波器的阶数：

$$n \approx \# \text{电容} \tag{19-4}$$

符号 "#" 代表 "……的数目"。例如，若含有 12 个电容，则它的阶数是 12。

公式（19-4）只是一个指导方法。由于数的是电容，而不是 RC 电路，所以可能有例外情况。除此之外，公式（19-4）给出了一种快速简便的确定有源滤波器阶数或极点数的方法。

19.2.4　巴特沃斯逼近

巴特沃斯逼近有时又叫作**最大平坦逼近**，其通带内大部分区域的衰减为零，到通带的边界时逐渐衰减到 A_p。超过边缘频率后，响应特性以 $20n$ dB/十倍频程的速度下降，其中 n 是滤波器阶数：

$$下降速度 = 20n \quad dB/ 十倍频程 \tag{19-4a}$$

下降速度用倍频程的等效表示为：

$$下降速度 = 6n \quad dB/ 倍频程 \tag{19-4b}$$

例如，一阶巴特沃斯滤波器的下降速度是 20dB/十倍频程，或 6dB/倍频程；四阶巴特沃斯滤波器的下降速度是 80dB/十倍频程，或 24dB/倍频程；九阶巴特沃斯滤波器的下降速度是 180dB/十倍频程，或 54dB/倍频程，等等。

图 19-7 所示是一个巴特沃斯低通滤波器的频率响应，滤波器的指标为：$n = 6$，$A_p = 2.5$dB，$f_c = 1$kHz。这些指标表明这是一个六阶或六个极点的滤波器，通带衰减为 2.5dB，且边缘频率为 1kHz。图 19-7 中频率轴的数字简写为：$2E3 = 2 \times 10^3 = 2000$（说明：E 代表指数）。

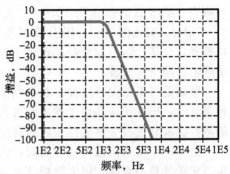

图 19-7　巴特沃斯低通响应特性

巴特沃斯滤波器的主要优点是通带响应非常平坦，主要缺点是过渡带的下降速度相对较慢。

19.2.5　切比雪夫逼近

在一些应用中，平坦的通带响应并不重要。在这种情况下，**切比雪夫逼近**可能是更好的选择。因为它在过渡带的下降速度比巴特沃斯滤波器更快。获得较快下降速度的代价是通带响应出现了纹波。

图 19-8a 所示是一个切比雪夫低通滤波器的响应，滤波器的指标为：$n = 6$，$A_p = 2.5$dB，$f_c = 1$kHz。这些指标和之前巴特沃斯滤波器的指标相同。对比图 19-7 和图 19-8a，可以看出，相同阶数的切比雪夫滤波器的过渡带下降更快。因此，切比雪夫滤波器通常比相同阶数的巴特沃斯滤波器的衰减更大。

切比雪夫低通滤波器通带内纹波的数目等于滤波器阶数的一半：

$$\#纹波 = \frac{n}{2} \tag{19-5}$$

如果滤波器是 10 阶，则通带有 5 个纹波；如果是 15 阶，则通带有 7.5 个纹波。图 19-8b 显示的是放大的 20 阶切比雪夫滤波器的响应，通带内有 10 个纹波。

图 19-8b 中，纹波的峰峰值相同，因此切比雪夫逼近有时又叫作**等纹波逼近**。根据应用的需要，纹波深度通常设计为 0.1~3dB 之间。

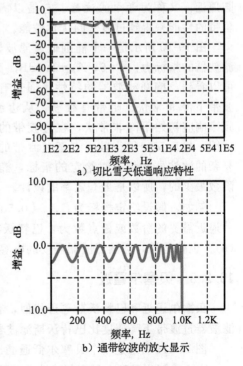

a) 切比雪夫低通响应特性

b) 通带纹波的放大显示

图 19-8　切比雪夫逼近

19.2.6 反切比雪夫逼近

有些应用中既需要平坦的通带响应，同时也需要快速下降的过渡带，这时可以使用**反切比雪夫逼近**。它的通带响应特性平坦，并且阻带响应有纹波。其过渡带的下降速度与切比雪夫滤波器相近。

图 19-9 所示是一个反切比雪夫低通滤波器的响应，滤波器的指标为：$n=6$，$A_p=2.5\text{dB}$，$f_c=1\text{kHz}$。对比图 19-9、图 19-7 及图 19-8a，可以看到，反切比雪夫滤波器的通带平坦、过渡带下降快、阻带有纹波。

单调是指阻带没有纹波。在目前所讨论的各种逼近中，巴特沃斯和切比雪夫滤波器具有单调的阻带。反切比雪夫滤波器的阻带有纹波。

确定一个反切比雪夫滤波器时，需要给定阻带可接受的最小衰减，因为阻带纹波可能达到这

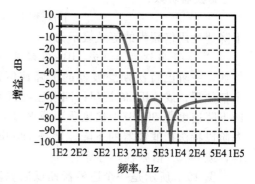

图 19-9 反切比雪夫低通响应特性

个值。例如，在图 19-9 中，反切比雪夫滤波器的阻带衰减为 60dB。可以看到，纹波在阻带的不同频率处确实达到了这一衰减值。

图 19-9 所示的反切比雪夫滤波器频率响应在阻带的某些频率处出现了陷波特性，即阻带的某些频率处的衰减为无穷大。

19.2.7 椭圆逼近

有些应用需要过渡带的下降速度最快。如果允许在通带和阻带有纹波，则可以选择**椭圆逼近**，又称为考尔滤波器。它是以牺牲通带和阻带的性能来得到过渡带的优化性能。

图 19-10 所示是一个椭圆低通滤波器的响应，滤波器的指标为：$n=6$，$A_p=2.5\text{dB}$，$f_c=1\text{kHz}$。可以看到，椭圆滤波器的特性是通带有纹波、过渡带下降非常快、阻带有纹波。从边缘频率起，频率响应初始下降非常快，在过渡带的中间稍微减缓，然后又变得很陡，直至过渡带的终点。对复杂的滤波器来说，对给定的指标，椭圆逼近是阶数最少的，所以是最有效率的设计。

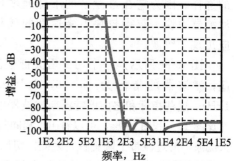

图 19-10 椭圆低通响应特性

例如，假设给定指标为：$A_p=0.5\text{dB}$，$f_c=1\text{kHz}$，$A_s=2.5\text{dB}$ 和 $f_s=1.5\text{kHz}$。每一种逼近需要的阶数或极点数为：巴特沃斯（20），切比雪夫（9），反切比雪夫（9），椭圆（6）。也就是说，椭圆滤波器需要的电容最少，其电路实现最简单。

19.2.8 贝塞尔逼近

贝塞尔逼近和巴特沃斯逼近相似，有平坦的通带、单调的阻带。相同阶数时，贝塞尔滤波器过渡带下降速度比巴特沃斯滤波器慢得多。

图 19-11a 所示是一个贝塞尔低通滤波器的响应，滤波器的指标为：$n=6$，$A_p=2.5\text{dB}$，$f_c=1\text{kHz}$。可以看到，贝塞尔滤波器有平坦的通带、下降较缓慢的过渡带和单调的阻带。对

复杂的滤波器来说，对给定的指标，贝塞尔逼近的过渡带是下降最慢的。就是说，在所有逼近中，贝塞尔逼近是阶数最高或电路最复杂的。

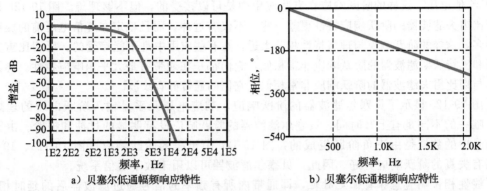

a）贝塞尔低通幅频响应特性　　　　b）贝塞尔低通相频响应特性

图 19-11　贝塞尔低通响应特性

为什么在相同指标条件下，贝塞尔滤波器的阶数最高呢？因为巴特沃斯、切比雪夫、反切比雪夫和椭圆逼近都只是对幅频特性进行优化，而没有对输出信号的相位进行控制。而贝塞尔逼近则对**线性相移**特性进行了优化。即贝塞尔滤波器是以牺牲过渡带下降速度来获得线性相位优化的。

为什么需要线性的相位变化呢？回顾前文讨论的理想低通滤波器，其中的理想特性之一是相移为 $0°$。这是有必要的，因为这意味着当一个非正弦信号经过滤波器后其波形可以保持不变。对贝塞尔滤波器来说，相移不可能为 $0°$，但可以得到线性的相频响应，即相移随频率线性增加。

图 19-11b 所示是一个贝塞尔滤波器的相频响应，滤波器的指标为：$n = 6$，$A_p = 2.5\text{dB}$，$f_c = 1\text{kHz}$。可以看到，相位响应是线性的。相移在 100Hz 时近似为 $14°$、在 200Hz 时为 $28°$、在 300Hz 时为 $42°$……这种线性关系覆盖整个通带，甚至超出了通带。当频率更高时，相位响应变为非线性，但这已经不重要了，重要的是通带内的所有频率具有线性的相位响应特性。

通带内所有频率的相移为线性，意味着输入非正弦信号的基波和各次谐波通过滤波器后的相位变化是线性的。因此，输出信号的波形和输入信号的波形相同。

贝塞尔滤波器主要的优点是使非正弦信号通过后的失真最小。测量这种失真的一种方法是通过滤波器的阶跃响应，即在输入端加入一个阶跃电压，在输出端用示波器来观测。贝塞尔滤波器的阶跃响应特性是最好的。

图 19-12a 到图 19-12c 显示了不同低通滤波器的阶

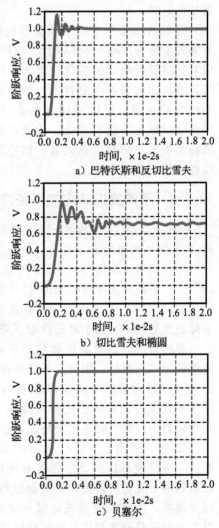

a）巴特沃斯和反切比雪夫

b）切比雪夫和椭圆

c）贝塞尔

图 19-12　阶跃响应特性

跃响应。滤波器的指标为：$A_p = 3\text{dB}$，$f_c = 1\text{kHz}$，$n = 10$。图 19-12a 显示了巴特沃斯滤波器的阶跃响应。可以看到，阶跃响应相对终值电压首先有过冲，然后有几次振铃，最后稳定在 1V 的终值电压。这样的阶跃响应在有些应用中是可以接受的，但不够理想。图 19-12b 显示的切比雪夫滤波器的阶跃响应特性更差一些，不仅有过冲，而且稳定在终值电压前的振铃次数很多。这样的阶跃响应与理想特性相差太远，在有些应用中是不能接受的。反切比雪夫滤波器和巴特沃斯滤波器的阶跃响应非常相似，它们都是在通带有最大平坦响应特性。椭圆滤波器与切比雪夫滤波器的阶跃响应非常相似，它们的通带都有纹波。

图 19-12c 显示了贝塞尔滤波器的阶跃响应。响应电压几乎是输入阶跃电压的理想复制，唯一的不同是有上升时间。贝塞尔滤波器的阶跃响应没有明显的过冲和振铃。由于数字信号中的数据是由正负阶跃组成的，图 19-12c 中干净的阶跃响应比图 19-12a、19-12b 中的有失真的阶跃响应更好。因此，贝塞尔滤波器可以用于数字通信系统。

线性相位响应意味着恒定时延，即通带内所有频率的信号通过滤波器后的延时相等。信号时延由滤波器的阶数决定。除了贝塞尔滤波器，其他所有滤波器的时延是随着频率改变的，而贝塞尔滤波器在通带内所有频率下的时延是恒定的。

图 19-13a 显示了椭圆滤波器的时延情况。滤波器的指标为：$A_p = 3\text{dB}$，$f_c = 1\text{kHz}$，$n = 10$。可以看到时延随频率的变化非常大。图 19-13b 显示了贝塞尔滤波器的时延情况，滤波器的指标和椭圆滤波器相同。可以看到，在通带内及通带外，时延随频率几乎没有变化。因此，贝塞尔滤波器又称为最大平坦时延滤波器。恒定的时延意味着线性相移，反之亦然。

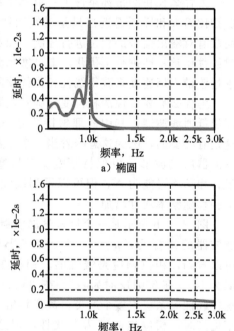

a）椭圆

b）贝塞尔

图 19-13　时延特性

19.2.9　不同逼近响应的下降特性

巴特沃斯响应的过渡带下降速度可以用式（19-4a）和（19-4b）来概括：

$$下降速度 = 20n \quad \text{dB/十倍频程}$$
$$下降速度 = 6n \quad \text{dB/倍频程}$$

切比雪夫、反切比雪夫和椭圆逼近的过渡带下降速度更快，贝塞尔在过渡带下降速度较慢。

非巴特沃斯滤波器的过渡带下降速度不能用简单的公式来概括，因为其下降特性是非线性的，且由滤波器的阶数、纹波深度和其他因素决定。尽管不能用公式来描述这些非线性下降特性，但是可以对不同的下降速度进行比较。

表 19-1 列出了 $n = 6$、$A_p = 3\text{dB}$ 时的衰减情况。不同滤波器以在 $2f_c$ 处的衰减排序。贝塞尔滤波器的下降速度最慢，其次是巴特沃斯滤波器，以此类推。所有在通带或阻带有纹波的滤波器在过渡带的下降速度都比贝塞尔和巴特沃斯这种没有纹波的滤波器要快。

表 19-1　六阶逼近的衰减

类型	f_c，dB	$2f_c$，dB
贝塞尔	3	14
巴特沃斯	3	36
切比雪夫	3	63
反切比雪夫	3	63
椭圆	3	93

19.2.10　其他类型滤波器

上述讨论的大部分内容可以用于高通、带通和带阻滤波器中。高通滤波器的各种逼近方式与低通滤波器相同，只是高通响应是低通响应特性沿边缘频率的水平翻转。例如，图 19-14 所示是高通巴特沃斯滤波器响应，滤波器的指标为：$n=6$，$A_p=2.5\mathrm{dB}$，$f_c=1\mathrm{kHz}$。这是之前论述的低通响应特性的镜像。切比雪夫、反切比雪夫、椭圆和贝塞尔高通滤波器的响应同样也是它们对应的低通响应特性的镜像。

带通响应与高通响应不同。下面例子中的滤波器指标为：$n=12$，$A_p=3\mathrm{dB}$，$f_0=1\mathrm{kHz}$，$\mathrm{BW}=3\mathrm{kHz}$。图 19-15a 是巴特沃斯滤波器的响应，其通带最大平坦，且阻带单调；图 19-15b 是切比雪夫滤波器的响应，通带有纹波，阻带

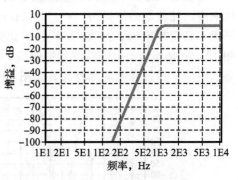

图 19-14　巴特沃斯高通响应特性

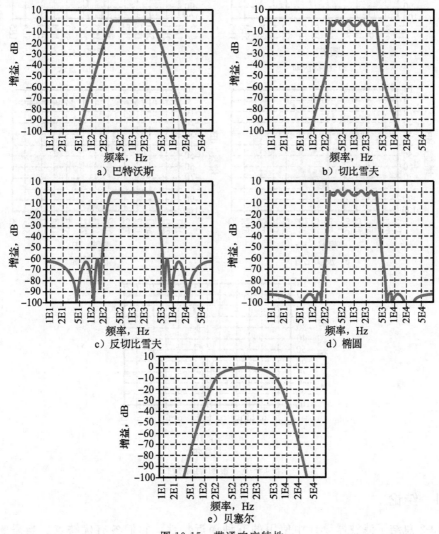

a）巴特沃斯

b）切比雪夫

c）反切比雪夫

d）椭圆

e）贝塞尔

图 19-15　带通响应特性

单调。通带有六个纹波，是滤波器阶数的一半，符合式（19-5）。图 19-15c 是反切比雪夫滤波器的响应，其通带平坦，且阻带有纹波。图 19-15d 是椭圆滤波器的响应，通带和阻带都有纹波。图 19-15e 是贝塞尔滤波器的响应。

带阻滤波器的响应和带通滤波器的响应正好相反。图 19-16a 所示是巴特沃斯滤波器的响应，滤波器的指标为：$n=12$，$A_p=3\mathrm{dB}$，$f_0=1\mathrm{kHz}$，$\mathrm{BW}=3\mathrm{kHz}$。其通带特性最大平坦，且阻带单调。图 19-16b 是切比雪夫滤波器的响应，通带有纹波，且阻带单调。图 19-16c 是反切比雪夫滤波器的响应，通带平坦，且阻带有纹波。图 19-16d 是椭圆滤波器的响应，通带和阻带都有纹波。图 19-16e 是贝塞尔滤波器的带阻响应。

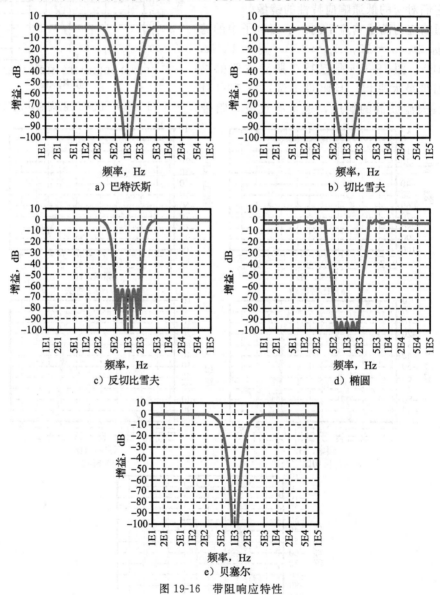

图 19-16　带阻响应特性

19.2.11　结论

表 19-2 总结了滤波器设计中使用的五种逼近特性，它们各有优缺点。当需要平坦的

通带时，巴特沃斯和反切比雪夫滤波器是合理的选择。通过对过渡带下降速度、阶数和其他设计方面的考虑，来决定使用的逼近方式。

表 19-2　滤波器的逼近特性

类型	通带	阻带	过渡带下降	阶跃响应
巴特沃斯	平坦	单调	好	好
切比雪夫	纹波	单调	非常好	差
反切比雪夫	平坦	纹波	非常好	好
椭圆	纹波	纹波	最好	差
贝塞尔	平坦	单调	差	最好

如果有纹波的通带特性可以接受，则切比雪夫和椭圆滤波器是最好的选择。同样，要考虑过渡带下降速度、阶数和其他设计方面的因素，来做出最终选择。

当对阶跃响应特性有要求时，如果贝塞尔滤波器能够满足衰减的要求，则它是合理的选择。贝塞尔逼近是表中列出的唯一能维持非正弦信号的输出波形不变的滤波器。该特性在数字通信中很关键，因为数字信号中包含正负阶跃电压。

有些应用中，当贝塞尔滤波器不能提供足够的衰减时，可以将一个全通滤波器和一个非贝塞尔滤波器级联。如果设计的合适，全通滤波器可以将整体的相位特性线性化，从而得到近乎完美的阶跃响应，后面的章节将详细论述。

运放和电阻、电容组成的电路可以实现这五种逼近中的任一种。可以看到，滤波器有很多种不同的电路实现方法，需要在设计复杂度、元件灵敏度和调谐的难易程度之间进行折中选择。例如，有些二阶滤波器只用了一个运放和少量元件。但这种简单电路的截止频率受元件的容差和温漂的影响严重。其他二阶滤波器使用三个或者更多的运放，这些复杂电路的性能受元件的容差和温漂的影响要小得多。

19.3　无源滤波器

在讨论有源滤波器之前，需要研究两个概念：二阶 LC 低通滤波器中的谐振频率和 Q 值。其电路形式类似于串联或并联谐振电路。在保持谐振频率不变的情况下改变 Q 值，可以使高阶滤波器的通带出现纹波。这是有源滤波器中的重要概念，因此在本节中进行描述。

19.3.1　谐振频率和 Q 值

图 19-17 所示是 LC 低通滤波器。由于含有电感和电容两个电抗元件，其阶数为 2。二阶 LC 滤波器的谐振频率和 Q 值的定义如下：

$$f_0 = \frac{1}{2\pi\sqrt{LC}} \qquad (19\text{-}6)$$

$$Q = \frac{R}{X_L} \qquad (19\text{-}7)$$

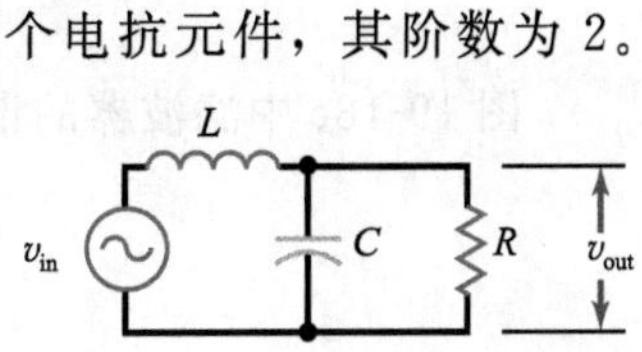

图 19-17　二阶 LC 滤波器

其中 X_L 是谐振频率处的值。

例如，图 19-18a 中滤波器的谐振频率和 Q 值如下：

$$f_0 = \frac{1}{2\pi\sqrt{9.55\text{mH} \times 2.65\mu\text{F}}} = 1\text{kHz}$$

$$Q = \frac{600\Omega}{2\pi \times 1\text{kHz} \times 9.55\text{mH}} = 10$$

图 19-18b 显示了滤波器的频率响应。在滤波器谐振频率 1kHz 处，响应出现尖峰，电压增益增加 20dB。Q 值越高，谐振频率处的电压增益越大。

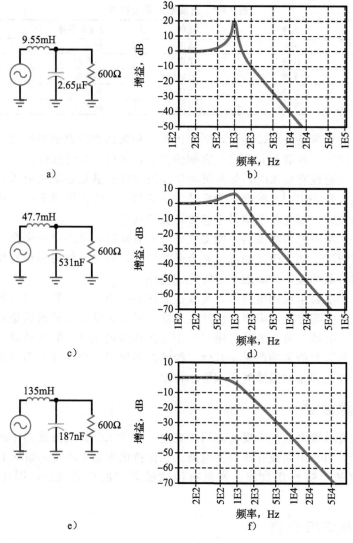

图 19-18　举例

图 19-18c 中滤波器的谐振频率和 Q 值如下：

$$f_0 = \frac{1}{2\pi \sqrt{47.7\mathrm{mH} \times 531\mu\mathrm{F}}} = 1\mathrm{kHz}$$

$$Q = \frac{600\Omega}{2\pi \times 1\mathrm{kHz} \times 47.7\mathrm{mH}} = 2$$

图 19-18c 相对于图 19-18a，电感增加了 5 倍，电容减小了 5 倍。由于 LC 的乘积不变，谐振频率仍然是 1kHz。

另外，由于 Q 值与电感成反比，所以 Q 值减小了 5 倍。图 19-18d 显示了滤波器的频率响应。注意到在滤波器谐振频率 1kHz 处，响应出现了尖峰，但是由于 Q 值减小，电压增益只有 6dB。

如果继续减小 Q 值，谐振频率处的尖峰就会消失。例如，图 19-18e 中滤波器的谐振频率和 Q 值如下：

$$f_0 = \frac{1}{2\pi \sqrt{135\mathrm{mH} \times 187\mathrm{nF}}} = 1\mathrm{kHz}$$

$$Q = \frac{600\Omega}{2\pi \times 1\mathrm{kHz} \times 135\mathrm{mH}} = 0.707$$

图 19-18f 显示了巴特沃斯滤波器的频率响应。当 Q 值为 0.707 时，谐振频率处的尖峰消失，通带具有最大平坦特性。当任何二阶滤波器的 Q 值为 0.707 时，其特性都是巴特沃斯响应。

19.3.2　阻尼系数

另一种表述谐振频率处峰值的方法是使用**阻尼系数**，定义如下：

$$\alpha = \frac{1}{Q} \tag{19-8}$$

当 $Q=10$ 时，阻尼系数为：

$$\alpha = \frac{1}{10} = 0.1$$

类似地，Q 值为 2 时，$\alpha=0.5$；Q 值为 0.707 时，$\alpha=1.414$。

图 19-18b 的阻尼系数较小，$\alpha=0.1$。图 19-18d 的阻尼系数增加到 $\alpha=0.5$，谐振峰值减小。图 19-18f 的阻尼系数增加到 $\alpha=1.414$，谐振尖峰消失。阻尼的意思是"减少"或者"消失"。阻尼系数越高，峰值越低。

19.3.3　巴特沃斯和切比雪夫响应

图 19-19 归纳了 Q 值在二阶滤波器中的作用。如图所示，Q 值为 0.707 时得到巴特沃斯或者最大平坦响应。Q 值为 2 时的纹波深度为 6dB，Q 值为 10 时的纹波深度为 20dB。巴特沃斯响应是临界阻尼，而纹波响应是欠阻尼，贝塞尔响应（图中未画出）是过阻尼，因为它的 Q 值为 0.577。

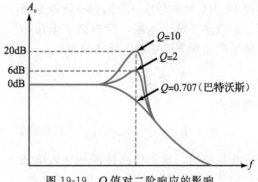

图 19-19　Q 值对二阶响应的影响

19.3.4　高阶 LC 滤波器

高阶 LC 滤波器通常由二阶滤波器级联而成。例如，图 19-20 所示的切比雪夫滤波器，边缘频率为 1kHz，纹波深度为 1dB。滤波器由三个二阶滤波器级联，总阶数是 6。由于是六阶滤波器，所以通带有三个纹波。

每一级有各自的谐振频率和 Q 值，谐振频率的交错造成了通带内的三个纹波。Q 值交错使得当其他级特性下降时，在某一级出现峰值，从而维持通带内 1dB 的纹波深度。例如，第一级的谐振频率是 353Hz，第二级的谐振频率是 747Hz。在第二级出现谐振的

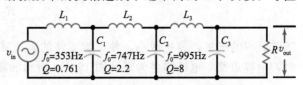

图 19-20　高阶滤波器中交错的谐振频率和 Q 值

频点，第一级的特性已经下降，因此 747Hz 的谐振峰值可以补偿第一级的下降。类似地，第三级的谐振频率是 995Hz，此时第二级特性已经下降，第三级在 995Hz 的峰值可以作为补偿。

二阶滤波器各级间谐振频率和 Q 值的交错方法既可以用于有源滤波器，也可以用于无源滤波器。即要得到高阶滤波器，可以对级联的二阶谐振频率和 Q 值的交错情况进行精确控制，从而得到所需要的响应特性。

19.4 一阶滤波器

一阶或单极点有源滤波器只有一个电容。因此，只能形成低通或高通响应。当 n 大于 1 时，可以实现带通和带阻滤波器。

19.4.1 低通滤波器

图 19-21a 显示的是最简单的一阶低通有源滤波器，由一个 RC 延迟电路和一个电压跟随器构成。电路的电压增益为：

$$A_v = 1$$

3dB 截止频率为：

$$f_c = \frac{1}{2\pi R_1 C_1} \qquad (19\text{-}9)$$

当频率增加且高于截止频率时，容抗减小，同相端输入电压减小。由于 $R_1 C_1$ 延迟电路在反馈环路之外，所以输出电压会下降。当频率接近无穷大时，电容短路，输入电压为零。

图 19-21b 所示是另一个同相一阶低通滤波器。虽然多了两个电阻，但提高了电压增益。低于截止频率区域的电压增益为：

$$A_v = \frac{R_2}{R_1} + 1 \qquad (19\text{-}10)$$

截止频率为：

$$f_c = \frac{1}{2\pi R_3 C_1} \qquad (19\text{-}11)$$

高于截止频率时，延迟电路使同相输入电压减小。由于 $R_3 C_1$ 延迟电路在反馈环路之外，所以输出电压以 20dB/十倍频程速度下降。

图 19-21c 所示是反相一阶低通滤波器及其公式。低频时，电容表现为开路，电路为反相放大器，且电压增益为：

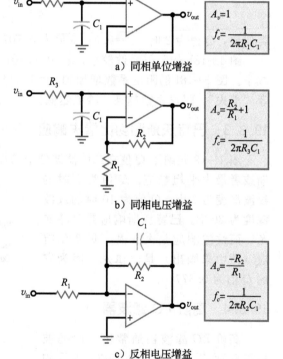

a) 同相单位增益

b) 同相电压增益

c) 反相电压增益

图 19-21 一阶低通滤波器

$$A_v = -\frac{R_2}{R_1} \qquad (19\text{-}12)$$

随着频率的增加，容抗减小，使反馈支路的阻抗减小，电压增益下降。当频率接近无穷大时，电容短路，电压增益为零。图 19-21c 所示的截止频率为：

$$f_c = \frac{1}{2\pi R_2 C_1} \tag{19-13}$$

以上是实现一阶低通滤波器的方法。实现一阶有源滤波器只有图 19-21 所示的三种方法。

由于一阶滤波器没有谐振频率，只能实现巴特沃斯响应特性；没有尖峰，也不会形成通带纹波。因此所有一阶滤波器的响应都具有最大平坦的通带和单调的阻带，且过渡带下降速度为 20dB/十倍频程。

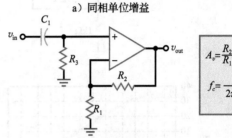

a）同相单位增益

19.4.2 高通滤波器

图 19-22a 所示是最简单的一阶高通有源滤波器。其电压增益为：

$$A_v = 1$$

3dB 截止频率为：

$$f_c = \frac{1}{2\pi R_1 C_1} \tag{19-14}$$

当频率低于截止频率时，容抗增加，同相端输入电压减小。由于 $R_1 C_1$ 延迟电路在反馈环路之外，所以输出电压下降。当频率接近零时，电容变为开路，输入电压为零。

图 19-22b 所示是第二种同相一阶高通滤波器。当频率远高于截止频率时的电压增益为：

$$A_v = \frac{R_2}{R_1} + 1 \tag{19-15}$$

3dB 截止频率为：

b）同相电压增益

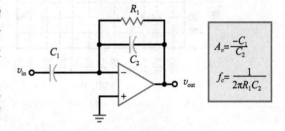

c）反相电压增益

图 19-22 一阶高通滤波器

$$f_c = \frac{1}{2\pi R_3 C_1} \tag{19-16}$$

当频率远低于截止频率时，RC 电路使同相输入电压减小。由于 $R_3 C_1$ 延迟电路在反馈环路之外，所以输出电压以 20dB/十倍频程速度下降。

图 19-22c 所示是第三种一阶高通滤波器及其公式。在高频时，电路为反相放大器，电压增益为：

$$A_v = \frac{-X_{C2}}{X_{C1}} = \frac{-C_1}{C_2} \tag{19-17}$$

当频率下降时，容抗增加，使输入信号和反馈减小，因而电压增益减小。当频率接近零时，电容变为开路，输入电压为零。图 19-22c 所示的截止频率为：

$$f_c = \frac{1}{2\pi R_1 C_2} \tag{19-18}$$

例 19-1 求图 19-23a 电路的电压增益、截止频率和频率响应。 ⫴Multisim

解：这是一个同相一阶低通滤波器，由式（19-10）和式（19-11）求得电压增益和截止频率为：

$$A_v = \frac{39k\Omega}{1k\Omega} + 1 = 40$$

$$f_c = \frac{1}{2\pi \times 12k\Omega \times 680pF} = 19.5kHz$$

频率响应如图 19-23b 所示。通带电压增益为 32dB。频率响应在 19.5kHz 处转折，并以 20dB/十倍频程速度下降。

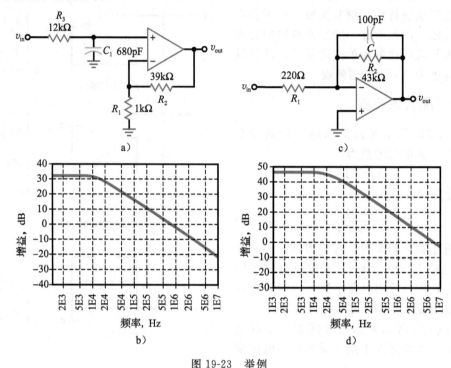

图 19-23 举例 ◀

自测题 19-1 将图 19-23a 电路中的 12kΩ 电阻改为 6.8kΩ，重新计算截止频率。

例 19-2 求图 19-23c 电路的电压增益、截止频率和频率响应。

解：这是一个反相一阶低通滤波器，由式（19-12）和式（19-13）求得电压增益和截止频率为：

$$A_v = \frac{-43k\Omega}{220\Omega} = -195$$

$$f_c = \frac{1}{2\pi \times 43k\Omega \times 100pF} = 37kHz$$

频率响应如图 19-23d 所示。通带电压增益为 45.8dB。频率响应在 37kHz 转折，并以 20dB/十倍频程速度下降。 ◀

自测题 19-2 将图 19-23c 电路中的 100pF 电容改为 220pF，重新计算截止频率。

19.5 VCVS 单位增益二阶低通滤波器

二阶或两极点滤波器易于设计和分析，是最为常见的。高阶滤波器通常采用二阶级联。每一级都有各自的谐振频率和 Q 值，共同决定了整个滤波器的频率响应。

本节讨论**萨伦-凯低通滤波器**（以发明者命名）。这种滤波器中的运放作为压控电压源，所以也称为 VCVS 滤波器。VCVS 低通滤波器能够实现巴特沃斯、切比雪夫和贝塞尔三种逼近。

19.5.1　电路实现

图 19-24 所示是萨伦-凯二阶低通滤波器。其中的两个电阻相同，而两个电容则不同。

同相输入端有一个延迟电路，在输入和输出之间通过第二个电容 C_2 构成反馈。低频时，两个电容表现为开路，运放连接为电压跟随器形式，具有单位增益。

当频率增加时，C_1 阻抗减小，同相输入端的输入电压减小。从 C_2 反馈回来的信号与输入同相，反馈信号与信号源相加，形成正反馈。由于存在正反馈，同相输入端由 C_1 引起的电压减小量没有原来那样大。

C_2 相对 C_1 越大，正反馈的作用越强，相当于增加电路的 Q 值。如果 C_2 大到使 Q 大于 0.707，则在谐振频率处会出现尖峰。

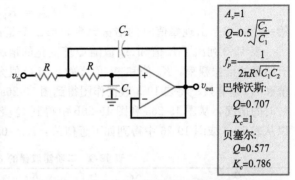

图 19-24　二阶 VCVS 巴特沃斯和贝塞尔滤波器

19.5.2　极点频率

图 19-24 给出：

$$Q = 0.5 \sqrt{\frac{C_2}{C_1}} \tag{19-19}$$

且

$$f_p = \frac{1}{2\pi R \sqrt{C_1 C_2}} \tag{19-20}$$

极点频率（f_p）是设计有源滤波器时的一个特殊频率。极点频率的数学推导太复杂，需要 s 平面的相关知识。后续课程中在分析和设计滤波器时将使用 s 平面。（注：$s = \sigma + j\omega$，为复数。）

这里，只要知道如何计算极点频率就足够了。对更复杂的电路来说，极点频率为：

$$f_p = \frac{1}{2\pi \sqrt{R_1 R_2 C_1 C_2}}$$

在萨伦-凯单位增益滤波器中，$R_1 = R_2$，公式可以简化为式（19-20）。

19.5.3　巴特沃斯和贝塞尔响应

在分析图 19-24 电路时，首先计算 Q 和 f_p。如果 $Q = 0.707$，则为巴特沃斯响应，K_c 值为 1。如果 $Q = 0.577$，则为贝塞尔响应，K_c 值为 0.786。下面，可以计算截止频率：

$$f_c = K_c f_p \tag{19-21}$$

对巴特沃斯和切比雪夫滤波器来说，截止频率总是衰减为 3dB 处的频率。

19.5.4　峰值响应

图 19-25 显示了当 Q 值大于 0.707 时电路的分析方法。在得到 Q 值和谐振

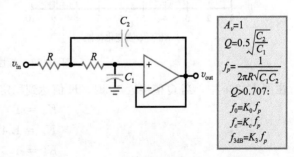

图 19-25　二阶 VCVS 滤波器 $Q > 0.707$

频率后，可用下列公式计算另外三个频率：

$$f_0 = K_0 f_p \tag{19-22}$$

$$f_c = K_c f_p \tag{19-23}$$

$$f_{3dB} = K_3 f_p \tag{19-24}$$

第一个频率是出现峰值时的谐振频率，第二个是边缘频率，第三个是3dB频率。

表19-3列出了 K 值和 A_p 值随 Q 值变化的情况。首先是贝塞尔和巴特沃斯响应，由于没有明显的谐振频率，K_0 值和 A_p 值无效。当 Q 值大于 0.707 时，会出现明显的谐振频率，K 值和 A_p 值有效。将表19-3数据作图得到图19-26a和图19-26b。从表格中可以得到 Q 值为整数时的情况，从图19-26a和图19-26b中得到 Q 值为中间值的情况。例如，若 Q 值为5，可以从表19-3或图19-26中得到如下近似值：$K_0 = 0.99$、$K_c = 1.4$、$K_3 = 1.54$、$A_p = 14\text{dB}$。

表 19-3 二阶滤波器的 K 值和纹波深度

Q	K_0	K_c	K_3	A_p(dB)
0.577	—	0.786	1	—
0.707	—	1	1	—
0.75	0.333	0.471	1.057	0.054
0.8	0.467	0.661	1.115	0.213
0.9	0.620	0.874	1.206	0.688
1	0.708	1.000	1.272	1.25
2	0.935	1.322	1.485	6.3
3	0.972	1.374	1.523	9.66
4	0.984	1.391	1.537	12.1
5	0.990	1.400	1.543	14
6	0.992	1.402	1.546	15.6
7	0.994	1.404	1.548	16.9
8	0.995	1.406	1.549	18
9	0.997	1.408	1.550	19
10	0.998	1.410	1.551	20
100	1.000	1.414	1.554	40

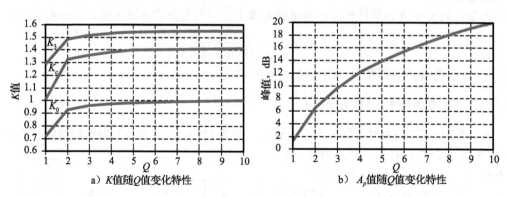

a) K 值随 Q 值变化特性　　b) A_p 值随 Q 值变化特性

图 19-26　特性曲线

在图19-26a中，当 Q 值接近10时，K 值达到稳定。当 Q 值大于10时，可使用下列近似值：

$$K_0 = 1 \tag{19-25}$$

$$K_c = 1.414 \tag{19-26}$$

$$K_3 = 1.55 \tag{19-27}$$

$$A_p = 20\lg Q \tag{19-28}$$

表 19-3 和图 19-26 中所给的值可适用于所有二阶低通滤波器。

19.5.5　运放的 GBW

前面所有关于有源滤波器的讨论中，均假设运放具有足够的 GBW，不会影响滤波器的性能。而有限的 GBW 会使级电路的 Q 值增加。当截止频率很高时，则设计中必须考虑到运放的有限 GBW 可能对滤波器性能造成的影响。

一种矫正有限 GBW 的方法是**预失真**。通过减小设计中需要的 Q 值来补偿有限的 GBW。例如，若某级的 Q 值应该为 10，由于有限 GBW 会使 Q 值增加到 11。则设计时可通过预失真使这一级的 Q 值为 9.1，有限 GBW 会使 Q 值由 9.1 变为 10。设计时应尽量避免预失真，因为低 Q 级和高 Q 滤波器有时会互相作用产生不利的影响。最好的方法是使用性能更好、GBW 更高的运放。

应用实例 19-3　求图 19-27 滤波器的极点频率、Q 值和截止频率。其频率响应如 Multisim 波特图仪所示。

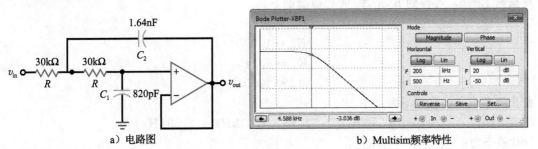

a）电路图　　　　　　　　　b）Multisim频率特性

图 19-27　巴特沃斯单位增益滤波器举例

解： Q 值和极点频率为：

$$Q = 0.5 \sqrt{\frac{C_2}{C_1}} = 0.5 \sqrt{\frac{1.64\text{nF}}{820\text{pF}}} = 0.707$$

$$f_p = \frac{1}{2\pi R \sqrt{C_1 C_2}} = \frac{1}{2\pi \times 30\text{k}\Omega \sqrt{820\text{pF} \times 1.64\text{nF}}} = 4.58\text{kHz}$$

Q 值为 0.707，说明是巴特沃斯响应，所以截止频率等于极点频率：

$$f_c = f_p = 4.58\text{kHz}$$

由于 $n=2$，滤波器的响应特性在 4.58kHz 转折，并以 40dB/十倍频程的速度下降。图 19-27b 显示了 Multisim 仿真的频率响应特性。　◀

自测题 19-3　将电阻值改为 10kΩ，重新计算例 19-3。

例 19-4　求图 19-28 滤波器的极点频率、Q 值和截止频率。

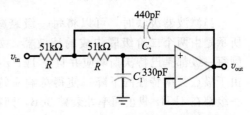

图 19-28　贝塞尔单位增益滤波器举例

解： Q 值和极点频率为：

$$Q = 0.5 \sqrt{\frac{C_2}{C_1}} = 0.5 \sqrt{\frac{440\text{pF}}{330\text{pF}}} = 0.577$$

$$f_p = \frac{1}{2\pi R \sqrt{C_1 C_2}} = \frac{1}{2\pi \times 51\text{k}\Omega \sqrt{330\text{pF} \times 440\text{pF}}} = 8.19\text{kHz}$$

Q 值为 0.577，说明是贝赛尔响应，由式（19-21）得截止频率为：

$$f_c = K_c f_p = 0.786 \times 8.19\text{kHz} = 6.44\text{kHz}$$

自测题 19-4　将例 19-4 电路中的 C_1 改为 680pF，若保持 Q 值为 0.577，C_2 的值应为多少？

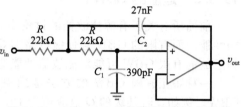

图 19-29　$Q > 0.707$ 的单位增益滤波器举例

例 19-5　求图 19-29 滤波器的极点频率、Q 值、截止频率和 3dB 频率。

解： Q 值和极点频率为：

$$Q = 0.5\sqrt{\frac{C_2}{C_1}} = 0.5\sqrt{\frac{27\text{nF}}{390\text{pF}}} = 4.16$$

$$f_p = \frac{1}{2\pi R \sqrt{C_1 C_2}} = \frac{1}{2\pi \times 22\text{k}\Omega \sqrt{390\text{pF} \times 27\text{pF}}} = 2.23\text{kHz}$$

根据图 19-26，可得到 K 和 A_p 的近似值如下：

$$K_0 = 0.99$$
$$K_c = 1.38$$
$$K_3 = 1.54$$
$$A_p = 12.5\text{dB}$$

截止频率或者边缘频率为：

$$f_c = K_c f_p = 1.38 \times 2.23\text{kHz} = 3.08\text{kHz}$$

3dB 频率为：

$$f_{3\text{dB}} = K_3 f_p = 1.54 \times 2.23\text{kHz} = 3.43\text{kHz}$$

自测题 19-5　将图 19-29 电路中电容值从 27nF 改为 14nF，重新计算例 19-5。

19.6　高阶滤波器

设计高阶滤波器的标准方法是将一阶和二阶滤波器进行级联。当阶数为偶数时，只需级联二阶滤波器。当阶数为奇数时，则需要将二阶和一阶滤波器级联。例如，若设计一个六阶滤波器，可以采用三个二阶级联；若设计一个五阶滤波器，则可以级联两个二阶和一个一阶滤波器。

19.6.1　巴特沃斯滤波器

当滤波器级联时，可以将每一级衰减的分贝数相加得到总的衰减。例如，图 19-30a 所示是由两个二阶级联构成的滤波器。如果每一级的 Q 值为 0.707、极点频率为 1kHz，则每一级都是巴特沃斯响应并且在 1kHz 处的衰减为 3dB。尽管每一级都是巴特沃斯响应，由于极点频率特性的下降，使得总响应特性并不是巴特沃斯，如图 19-30b 所示。因为每一级都在 1kHz 截止频率处衰减 3dB，则在 1kHz 处的总衰减为 6dB。

为了得到巴特沃斯响应，且极点频率仍为 1kHz，则两级的 Q 值必须一个高于 0.707 而另一个低于 0.707。图 19-30c 显示了总特性为巴特沃斯响应的滤波器实现方法。第一级的 Q 值为 0.504，第二级的 Q 值为 1.31。第二级的峰值补偿了第一级的下降，使得在 1kHz 的衰减为 3dB。而且，通带实现了最大平坦响应。

表 19-4 显示了高阶巴特沃斯滤波器中各级交错的 Q 值。每一级滤波器有相同的极点频率，但 Q 值不同。例如，图 19-30c 四阶滤波器中的 Q 值为 0.54 和 1.31，与表 19-4 中的值相同。设计一个十阶巴特沃斯滤波器，则需要五级，Q 值分别为 0.51、3.2、0.56、1.1 和 0.707。

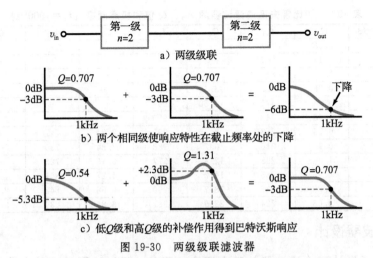

a) 两级级联

b) 两个相同级使响应特性在截止频率处的下降

c) 低 Q 级和高 Q 级的补偿作用得到巴特沃斯响应

图 19-30 两级级联滤波器

表 19-4 巴特沃斯低通滤波器的 Q 值交错情况

阶数	第一级	第二级	第三级	第四级	第五级
2	0.707	—	—	—	—
4	0.54	1.31	—	—	—
6	0.52	1.93	0.707	—	—
8	0.51	2.56	0.6	0.9	—
10	0.51	3.2	0.56	1.1	0.707

19.6.2 贝塞尔滤波器

对于高阶贝塞尔滤波器，各级 Q 值和极点频率都需要是交错的。表 19-5 列出了每级滤波器的 Q 值和极点频率，其中滤波器的截止频率为 1000Hz。例如，一个四阶贝塞尔滤波器第一级的 $Q=0.52$、$f_p=1432\text{Hz}$，第二级的 $Q=0.81$、$f_p=1606\text{Hz}$。

表 19-5 贝塞尔低通滤波器各级交错的 Q 值和极点频率 ($f_c=1000\text{Hz}$)

阶数	Q_1	f_{p1}	Q_2	f_{p2}	Q_3	f_{p3}	Q_4	f_{p4}	Q_5	f_{p5}
2	0.577	1274	—	—	—	—	—	—	—	—
4	0.52	1432	0.81	1606	—	—	—	—	—	—
6	0.51	1607	1.02	1908	0.61	1692	—	—	—	—
8	0.51	1781	1.23	2192	0.71	1956	0.56	1835	—	—
10	0.50	1946	1.42	2455	0.81	2207	0.62	2066	0.54	1984

如果截止频率不是 1000Hz，则表 19-5 中的极点频率需要乘以**频率缩放因子**（FSF）：

$$\text{FSF} = \frac{f_c}{1\text{kHz}}$$

例如，若一个六阶贝塞尔滤波器的截止频率为 7.5kHz，则表 19-5 中每个极点频率乘以 7.5。

19.6.3 切比雪夫滤波器

高阶切比雪夫滤波器需要各级交错的 Q 值和极点频率。而且必须包括纹波深度。表 19-6 显示了每级滤波器的 Q 值和 f_p。例如，一个纹波深度为 2dB 的六阶切比雪夫滤波器要求第一级的 $Q=0.9$、$f_p=316\text{Hz}$，第二级的 $Q=10.7$、$f_p=983\text{Hz}$，第三级的 $Q=2.84$、$f_p=730\text{Hz}$。

表 19-6　切比雪夫低通滤波器的 A_p、Q 值和极点频率（$f_c = 1000\text{Hz}$）

阶数	A_p, dB	Q_1	f_{p1}	Q_2	f_{p2}	Q_3	f_{p3}	Q_4	f_{p4}
2	1	0.96	1050	—	—	—	—	—	—
	2	1.13	907	—	—	—	—	—	—
	3	1.3	841	—	—	—	—	—	—
4	1	0.78	529	3.56	993	—	—	—	—
4	2	0.93	471	4.59	964	—	—	—	—
	3	1.08	443	5.58	950	—	—	—	—
6	1	0.76	353	8	995	2.2	747	—	—
	2	0.9	316	10.7	983	2.84	730	—	—
	3	1.04	298	12.8	977	3.46	722	—	—
8	1	0.75	265	14.2	997	4.27	851	1.96	584
	2	0.89	238	18.7	990	5.58	842	2.53	572
	3	1.03	224	22.9	987	6.83	839	3.08	566

19.6.4　滤波器设计

前文给出了设计高阶滤波器的基本概念。至此，只讨论了最简单电路实现形式：萨伦-凯单位增益二阶滤波器。通过将萨伦-凯单位增益二阶滤波器级联，使每级的 Q 值和极点频率相互交错，可以实现巴特沃斯、贝塞尔、切比雪夫逼近的高阶滤波器。

前面的列表中给出了在不同设计中所需的每级交错的 Q 值和极点频率。在滤波器手册中可以得到更大、更全的数据表格。有源滤波器的设计非常复杂，尤其是当滤波器的阶数超过 20 并且需要在电路复杂度、元件灵敏度和调谐的难易程度间进行折中设计时。

由此可知：所有实际的滤波器设计都是通过计算机完成的，因为手工计算太困难也太耗时。设计有源滤波器的计算机程序中存储了之前讨论的五种逼近（巴特沃斯、切比雪夫、反切比雪夫、椭圆和贝塞尔逼近）所需的所有公式、表格和电路。其中的级电路从简单的单运放级到复杂的五运放级。

19.7　VCVS 等值元件低通滤波器

图 19-31 所示是另一个萨伦-凯二阶低通滤波器。其中两个电阻值和两个电容值都分别相等，所以称为**萨伦-凯等值元件滤波器**。电路的中频电压增益为：

$$A_v = \frac{R_2}{R_1} + 1 \tag{19-29}$$

该电路的工作原理与萨伦-凯单位增益滤波器相似，只是电压增益不同。由于电压增益使得通过反馈电容的正反馈量更大，所以该级的 Q 值是电压增益的函数：

$$Q = \frac{1}{3 - A_v} \tag{19-30}$$

由于 A_v 大于等于 1，Q 的最小值为 0.5。当 A_v 从 1 增加到 3 时，Q 值从 0.5 变为无穷大。因此，A_v 的取值范围在 1～3 之间。当 A_v 大于 3 时，由于正反馈过大，会使电路发生振荡。实际上，当电压增益接近 3 时就会有振荡的危险，因为元件的容差和漂移可能使电压增益大于 3。后面将会举例说明。

利用图 19-31 给出的公式计算 A_v、Q

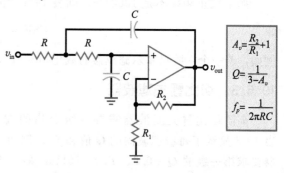

图 19-31　VCVS 等值元件滤波器

值、f_p，其他分析方法和之前相同。巴特沃斯滤波器的 $Q=0.707$、$K_c=1$。贝塞尔滤波器的 $Q=0.577$、$K_c=0.786$。对于其他的 Q 值，可以通过对表 19-3 中数据进行插值或由图 19-26 得到近似的 K 和 A_p 值。

应用实例 19-6 求图 19-32 滤波器的极点频率、Q 值和截止频率。其频率响应如 Multisim 波特图仪所示。 **||||| Multisim**

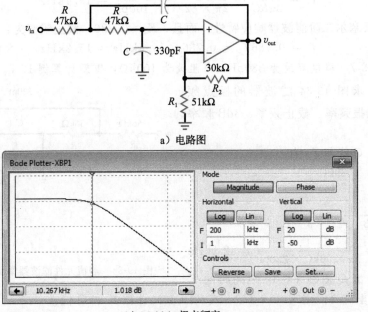

a) 电路图

b) Multisim极点频率

图 19-32 巴特沃斯等值元件滤波器举例

解：A_v、Q 值和 f_p 为：

$$A_v = \frac{30\text{k}\Omega}{51\text{k}\Omega} + 1 = 1.59$$

$$Q = \frac{1}{3 - A_v} = \frac{1}{3 - 1.59} = 0.709$$

$$f_p = \frac{1}{2\pi RC} = \frac{1}{2\pi \times 47\text{k}\Omega \times 300\text{pF}} = 10.3\text{kHz}$$

当 Q 值为 0.77 时，纹波为 0.1dB；当 Q 值为 0.709 时，纹波为 0.003dB。从实际的效果来看，Q 值为 0.709 意味着滤波器的特性已非常接近巴特沃斯响应。

该巴特沃斯滤波器的截止频率等于极点频率，为 10.3kHz。需注意，在图 19-32b 中显示的极点频率约为 1dB，比通带增益 4dB 低了 3dB。 ◀

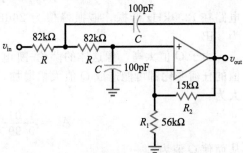

图 19-33 贝塞尔等值元件滤波器举例

自测题 19-6 将例 19-6 中的 47kΩ 电阻改为 22kΩ，计算 A_v、Q 值和 f_p。

例 19-7 求图 19-33 滤波器的极点频率、Q

值和截止频率。

解：A_v、Q 值和 f_p 为：

$$A_v = \frac{15\text{k}\Omega}{56\text{k}\Omega} + 1 = 1.27$$

$$Q = \frac{1}{3 - A_v} = \frac{1}{3 - 1.27} = 0.578$$

$$f_p = \frac{1}{2\pi RC} = \frac{1}{2\pi \times 82\text{k}\Omega \times 100\text{pF}} = 19.4\text{kHz}$$

该 Q 值符合贝塞尔二阶滤波器响应特性。而且，$K_c = 0.786$，截止频率为：

$$f_c = 0.786 f_p = 0.786 \times 19.4\text{kHz} = 15.2\text{kHz}$$

◀

自测题 19-7 将电容改为 330pF，电阻改为 100kΩ，重新计算例 19-7。

例 19-8 求图 19-34 滤波器的极点频率、Q 值、谐振频率、截止频率、3dB 频率和纹波深度。

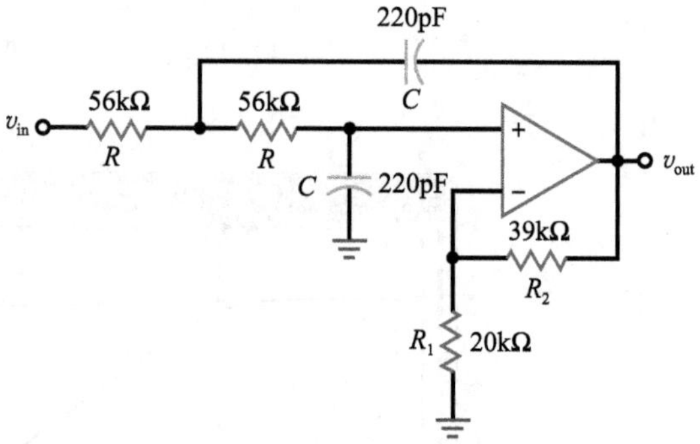

解：A_v、Q 值和 f_p 为：

$$A_v = \frac{39\text{k}\Omega}{20\text{k}\Omega} + 1 = 2.95$$

$$Q = \frac{1}{3 - A_v} = \frac{1}{3 - 2.95} = 20$$

$$f_p = \frac{1}{2\pi RC} = \frac{1}{2\pi \times 56\text{k}\Omega \times 220\text{pF}} = 12.9\text{kHz}$$

图 19-26 只给出 Q 值在 1~10 之间时的 K 和 A_p 值。这里需要使用式（19-27）~式（19-30）计算 K 和 Q 值：

图 19-34 等值元件滤波器举例，$Q > 0.707$

$$K_0 = 1$$
$$K_c = 1.414$$
$$K_3 = 1.55$$
$$A_p = 20\lg Q = 20\lg 20 = 26\text{dB}$$

谐振频率为：

$$f_0 = K_0 f_p = 12.9\text{kHz}$$

边缘截止频率为：

$$f_c = K_c f_p = 1.414 \times 12.9\text{kHz} = 18.2\text{kHz}$$

3dB 频率为：

$$f_{3\text{dB}} = K_3 f_p = 1.55 \times 12.9\text{kHz} = 20\text{kHz}$$

电路在 12.9kHz 谐振，谐振峰值为 26dB，在截止频率处的衰减为 0dB，在 20kHz 衰减为 3dB。

由于 Q 值太高，像这样的萨伦-凯电路是不实用的。由于电压增益为 2.95，R_1 和 R_2 值的任何变化都可能造成 Q 值大幅增加。例如，若电阻的容差是 ±1%，电压增益可以增大为：

$$A_v = \frac{1.01 \times 39\text{k}\Omega}{0.99 \times 20\text{k}\Omega} + 1 = 2.989$$

从而使 Q 值为：

$$Q = \frac{1}{3 - A_v} = \frac{1}{3 - 2.989} = 90.9$$

Q 值从设计值 20 变为 90.9，说明实际频率响应和设计要求完全不同。

尽管萨伦-凯等值元件滤波器比其他滤波器简单，但缺点是在高 Q 值时的元件灵敏度太高。所以在高 Q 值应用时往往使用较复杂的电路，用复杂度的增加来减小元件的灵敏度。◀

19.8 VCVS 高通滤波器

图 19-35a 所示是萨伦-凯单位增益高通滤波器及其公式。与低通滤波器相比，电路中的电阻和电容的位置进行了互换，决定 Q 值的电容比变为电阻比。计算公式与萨伦-凯单位增益低通滤波器相似，只是极点频率需要除以 K 值。高通滤波器的截止频率为：

$$f_c = \frac{f_p}{K_c} \qquad (19\text{-}31)$$

类似地，极点频率除以 K_0 或 K_3 得到其他频率。例如，当极点频率为 2.5kHz 时，从图 19-26 中得到 $K_c = 1.3$，高通滤波器的截止频率为：

$$f_c = \frac{2.5\text{kHz}}{1.3} = 1.92\text{kHz}$$

图 19-35b 所示是萨伦-凯等值元件高通滤波器及其公式。与萨伦-凯等值元件低通滤波器相比，所有公式中的电阻和电容的位置互换。下面举例说明高通滤波器的分析方法。

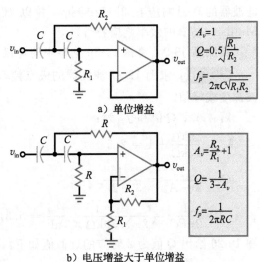

a）单位增益

b）电压增益大于单位增益

图 19-35　二阶 VCVS 高通滤波器

应用实例 19-9 求图 19-36 滤波器的极点频率、Q 值和截止频率。其频率响应如 Multisim 波特图仪所示。

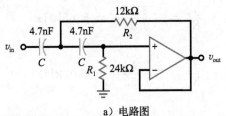

a）电路图

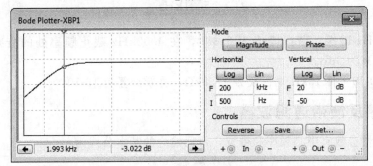

b）Multisim 截止频率

图 19-36　高通巴特沃斯滤波器举例

解： Q 值和极点频率为：

$$Q = 0.5 \sqrt{\frac{R_1}{R_2}} = 0.5 \sqrt{\frac{24k\Omega}{12k\Omega}} = 0.707$$

$$f_p = \frac{1}{2\pi C \sqrt{R_1 R_2}} = \frac{1}{2\pi \times 4.7nF \sqrt{24k\Omega \times 12k\Omega}} = 2kHz$$

由于 $Q = 0.707$，滤波器具有二阶巴特沃斯响应特性。同时：

$$f_c = f_p = 2kHz$$

滤波器的高通响应在 2kHz 转折，并以 40dB/十倍频程的速度下降。图 19-36b 显示了 Multisim 仿真的效率响应特性。◀

✎ **自测题 19-9** 将图 19-36 电路中的电阻值加倍，求电路的 Q 值、f_p 和 f_c。

例 19-10 求图 19-37 滤波器的极点频率、Q 值、谐振频率、截止频率、3dB 频率和纹波深度或峰值。

解： A_v、Q 值和 f_p 为：

$$A_v = \frac{15k\Omega}{10k\Omega} + 1 = 2.5$$

$$Q = \frac{1}{3 - A_v} = \frac{1}{3 - 2.5} = 2$$

$$f_p = \frac{1}{2\pi RC} - \frac{1}{2\pi \times 30k\Omega \times 1nF} = 5.31kHz$$

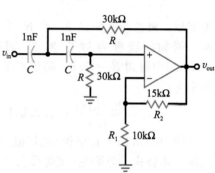

图 19-37 高通滤波器举例，$Q > 1$

图 19-26 给出 Q 值为 2 对应的近似值如下：

$$K_0 = 0.94$$

$$K_c = 1.32$$

$$K_3 = 1.48$$

$$A_p = 20\lg Q = 20\lg 2 = 6.3dB$$

谐振频率为：

$$f_0 = \frac{f_p}{K_0} = \frac{5.31kHz}{0.94} = 5.65kHz$$

截止频率为：

$$f_c = \frac{f_p}{K_c} = \frac{5.31kHz}{1.32} = 4.02kHz$$

3dB 频率为：

$$f_{3dB} = \frac{f_p}{K_3} = \frac{5.31kHz}{1.48} = 3.59kHz$$

电路在 5.65kHz 谐振，谐振峰值为 6.3dB，在 4.02kHz 截止频率处的衰减为 0dB，在 3.59kHz 处衰减为 3dB。◀

✎ **自测题 19-10** 将 15kΩ 电阻改为 17.5kΩ，重新计算例 19-10。

19.9 多路反馈带通滤波器

带通滤波器参数有中心频率和带宽，带通响应的基本公式为：

$$BW = f_2 - f_1$$

$$f_0 = \sqrt{f_1 f_2}$$

$$Q = \frac{f_0}{BW}$$

当 Q 值小于 1 时，滤波器是宽带响应。此时，带通滤波器通常由一个高通和一个低通滤波器级联而成。当 Q 值大于 1 时，滤波器是窄带响应，具有不同的实现方法。

19.9.1 宽带滤波器

假设要设计一个带通滤波器，下限截止频率为 300Hz，上限截止频率为 3.3kHz。则中心频率为：

$$f_0 = \sqrt{f_1 f_2} = \sqrt{300\text{Hz} \times 3.3\text{kHz}} = 995\text{Hz}$$

其带宽为：

$$\text{BW} = f_2 - f_1 = 3.3\text{kHz} - 300\text{Hz} = 3\text{kHz}$$

Q 值为：

$$Q = \frac{f_0}{\text{BW}} = \frac{995\text{Hz}}{3\text{kHz}} = 0.332$$

由于 Q 值小于 1，可以采用一个高通和一个低通级联，如图 19-38 所示。高通滤波器的截止频率为 300Hz，低通滤波器的截止频率为 3.3kHz。当两个响应相加时，得到带通响应，其截止频率分别为 300Hz 和 3.3kHz。

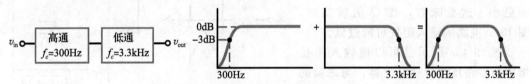

图 19-38　由低通和高通级联构成宽带滤波器

当 Q 值大于 1 时，两个截止频率比图 19-38 中的更靠近，使截止频率处的通带衰减的总和大于 3dB。所以窄带滤波器通常采用另一种设计方法。

19.9.2 窄带滤波器

当 Q 值大于 1 时，可以采用图 19-39 所示的**多路反馈滤波器**（MFB）。首先，输入信号加在反相输入端而不是同相输入端；其次，电路有两条反馈路径，一条通过电阻反馈，另一条通过电容反馈。

低频时，电容表现为开路，输入信号不能到达运放，输出为零；高频时，电容表现为短路，由于反馈电容阻抗为零，所以电压增益为零。在低频和高频之间的中频区，电路类似一个反相放大器。

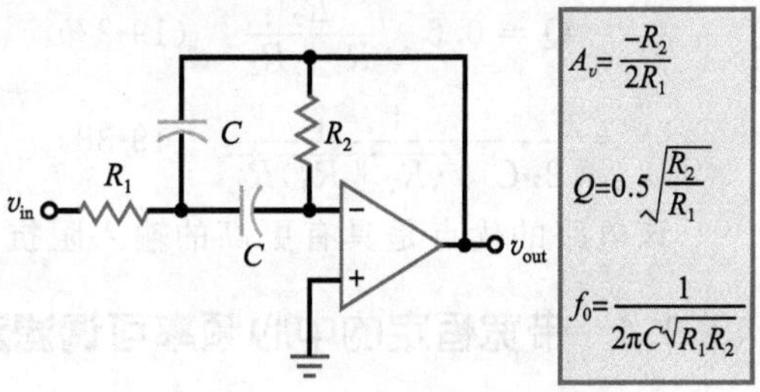

图 19-39　多路反馈带通滤波器

其中频电压增益为：

$$A_v = -\frac{R_2}{2R_1} \tag{19-32}$$

除了分母有一个因子 2 以外，中频电压增益与反相放大器的电压增益几乎一致。电路的 Q 值为：

$$Q = 0.5 \sqrt{\frac{R_2}{R_1}} \tag{19-33}$$

该式等效为：

$$Q = 0.707 \sqrt{-A_v} \tag{19-34}$$

例如，若 $A_v = -100$，则有：

$$Q = 0.707 \sqrt{100} = 7.07$$

式（19-34）说明电压增益越高，Q 值越高。

中心频率为：

$$f_0 = \frac{1}{2\pi \sqrt{R_1 R_2 C_1 C_2}} \qquad (19\text{-}35)$$

由于图 19-39 中 $C_1 = C_2$，该式简化为：

$$f_0 = \frac{1}{2\pi C \sqrt{R_1 R_2}} \qquad (19\text{-}36)$$

19.9.3　输入阻抗的增大

　　式（19-33）说明 Q 值与 R_2/R_1 的平方根成正比。要得到高 Q 值，需要增大 R_2/R_1 的值。例如，为了使 Q 值为 5，R_2/R_1 必须等于 100。为了避免输入失调和偏置电流的问题，R_2 通常要小于 100kΩ，也就是说 R_1 必须小于 1kΩ。当 Q 值大于 5 时，R_1 必须更小。这意味着，在 Q 值较高时，图 19-39 电路的输入阻抗可能过低。

　　图 19-40a 所示是可以使输入阻抗增加的多路反馈带通滤波器。与之前的电路相比，增加了一个电阻 R_3，R_1 和 R_3 形成分压器。由戴维南定理，电路可简化为图 19-40b 所示。该电路与图 19-39 的电路结构相同，只是有些公式不同。电压增益仍由式（19-34）给出，而 Q 值和中心频率变为：

$$Q = 0.5 \sqrt{\frac{R_2}{R_1 \parallel R_3}} \qquad (19\text{-}37)$$

$$f_0 = \frac{1}{2\pi C \sqrt{(R_1 \parallel R_3) R_2}} \qquad (19\text{-}38)$$

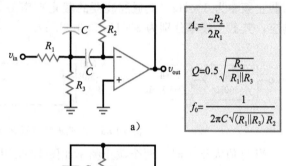

$$A_v = \frac{-R_2}{2R_1}$$

$$Q = 0.5 \sqrt{\frac{R_2}{R_1 \parallel R_3}}$$

$$f_0 = \frac{1}{2\pi C \sqrt{(R_1 \parallel R_3) R_2}}$$

a)

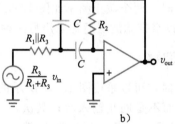

b)

图 19-40　使输入阻抗增加的多路反馈滤波器

　　该电路的优点是具有更高的输入阻抗，因为对于给定的 Q 值，R_1 可以取较高的值。

19.9.4　带宽恒定的中心频率可调滤波器

　　许多应用中是不需要电压增益大于 1 的，因为电压增益通常在其他级电路中获得。如果单位电压增益可以接受，则可使用一个巧妙的电路，在保持带宽恒定的情况下实现可调的中心频率。

　　图 19-41 所示是改进的多路反馈电路，其中 $R_2 = 2R_1$，R_3 是可变电阻，该电路的分析公式为：

$$A_v = -1 \qquad (19\text{-}39)$$

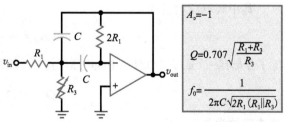

$$A_v = -1$$

$$Q = 0.707 \sqrt{\frac{R_1 + R_3}{R_3}}$$

$$f_0 = \frac{1}{2\pi C \sqrt{2R_1 (R_1 \parallel R_3)}}$$

图 19-41　带宽恒定的中心频率可调多路反馈滤波器

$$Q = 0.707 \sqrt{\frac{R_1 + R_3}{R_3}} \tag{19-40}$$

$$f_0 = \frac{1}{2\pi C \sqrt{2R_1(R_1 \parallel R_3)}} \tag{19-41}$$

由于 $\mathrm{BW} = f_0/Q$，可得带宽为：

$$\mathrm{BW} = \frac{1}{2\pi R_1 C} \tag{19-42}$$

式（19-41）表明可以通过改变 R_3 使 f_0 发生改变，而式（19-42）表明带宽与 R_3 无关。这样，在改变中心频率时可以保持带宽不变。

图 19-41 中的可变电阻 R_3 常使用结型场效应管作为压控电阻。由于栅压可以改变结型管的电阻，则电路的中心频率可实现电子调节。

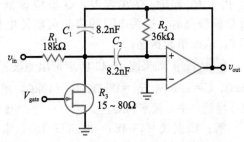

图 19-42 压控电阻可调谐多路反馈滤波器

例 19-11 图 19-42 中结型场效应管的栅压可使其电阻在 $15 \sim 80\Omega$ 之间变化。求带宽、最小和最大中心频率。

解： 由式（19-42）解得带宽为：

$$\mathrm{BW} = \frac{1}{2\pi R_1 C} = \frac{1}{2\pi \times 18\mathrm{k}\Omega \times 8.2\mathrm{nF}} = 1.08\mathrm{kHz}$$

由式（19-41）得最小中心频率为：

$$f_0 = \frac{1}{2\pi C \sqrt{2R_1(R_1 \parallel R_3)}} = \frac{1}{2\pi \times 8.2\mathrm{nF} \sqrt{2 \times 18\mathrm{k}\Omega \times 18\mathrm{k}\Omega \parallel 80\Omega}} = 11.4\mathrm{kHz}$$

最大中心频率为：

$$f_0 = \frac{1}{2\pi \times 8.2\mathrm{nF} \sqrt{2 \times 18\mathrm{k}\Omega(18\mathrm{k}\Omega \parallel 15\Omega)}} = 26.4\mathrm{kHz}$$

自测题 19-11 将图 19-42 电路中的 R_1 改为 $10\mathrm{k}\Omega$，R_2 改为 $20\mathrm{k}\Omega$，重新计算例 19-11。

19.10 带阻滤波器

带阻滤波器的实现方法很多。每级二阶滤波器可采用从一个运放到四个运放的各种结构。在很多应用中，带阻滤波器只需要抑制单一频率。例如，交流电力线会给敏感电路带来 $60\mathrm{Hz}$ 的噪声，这可能会对有用信号造成干扰。此时，可使用带阻滤波器将有害的干扰滤除。

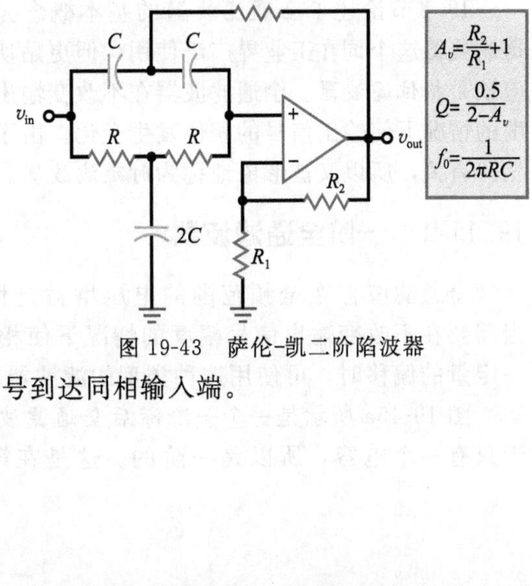

图 19-43 所示是**萨伦-凯二阶陷波器**及其公式。低频时，所有电容开路。使得所有输入信号到达同相输入端。电路的通带电压增益为：

$$A_v = \frac{R_2}{R_1} + 1 \tag{19-43}$$

$$A_v = \frac{R_2}{R_1} + 1$$

$$Q = \frac{0.5}{2 - A_v}$$

$$f_0 = \frac{1}{2\pi RC}$$

图 19-43 萨伦-凯二阶陷波器

当频率很高时，电容短路，也使得所有输入信号到达同相输入端。

在低频和高频之间，电路的中心频率为：

$$f_0 = \frac{1}{2\pi RC} \tag{19-44}$$

在该频率下，输出反馈回来恰当的幅度和相位，使同相端的输入信号衰减。因此，输出电压下降到非常低的值。

电路的 Q 值为：

$$Q = \frac{0.5}{2 - A_v} \tag{19-45}$$

为了避免振荡，萨伦-凯陷波器的电压增益必须小于 2。由于 R_1 和 R_2 存在容差，Q 值应该远小于 10。当 Q 值较高时，这些电阻的容差可能使电压增益大于 2，从而引起振荡。

例 19-12 如果图 19-43 所示带阻滤波器中的 $R=22\text{k}\Omega$、$C=120\text{nF}$、$R_1=13\text{k}\Omega$、$R_2=10\text{k}\Omega$，求滤波器的电压增益、中心频率和 Q 值。 **||||| Multisim**

解： 根据式（19-43）～式（19-45），求得：

$$A_v = \frac{10\text{k}\Omega}{13\text{k}\Omega} + 1 = 1.77$$

$$f_0 = \frac{1}{2\pi \times 22\text{k}\Omega \times 120\text{nF}} = 60.3\text{Hz}$$

$$Q = \frac{0.5}{2 - A_v} = \frac{0.5}{2 - 1.77} = 2.17$$

其响应特性如图 19-44a 所示。可以看到二阶滤波器的陷波特性很陡。

通过增加滤波器的阶数，可以展宽陷波频带。

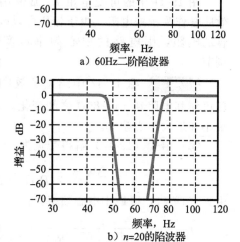

a）60Hz二阶陷波器

b）$n=20$的陷波器

图 19-44 举例

例如，图 19-44b 显示的是 $n=20$ 的陷波器的频率响应。较宽的陷波频带可以减小元件的灵敏度，并且保证在 60Hz 处有更强的衰减。◀

自测题 19-12 改变图 19-43 电路中 R_2 的电阻值，使得 Q 等于 3。改变 C 的电容值，使得中心频率为 120Hz。

19.11 全通滤波器

19.1 节论述了全通滤波器的基本概念。尽管全通滤波器这个词在工业界广泛使用，但更贴切的描述应该是相位滤波器。全通滤波器在不改变输出信号幅度的情况下使输出信号的相位发生变化。由于时延和相移有关，所以又被形象地称为时延滤波器。

19.11.1 一阶全通滤波器

全通滤波器在全频范围的电压增益是恒定的。当需要在不改变输出信号幅度的情况下使相位发生一定量的偏移时，可使用这种类型的滤波器。

图 19-45a 所示是一个一阶滞后全通滤波器。由于只有一个电容，所以是一阶的。这是在第 18 章

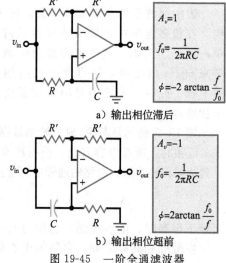

a）输出相位滞后

b）输出相位超前

图 19-45 一阶全通滤波器

中讨论的移相器，它使输出信号相位改变的范围是 $0°\sim-180°$。全通滤波器的中心频率在最大相移的一半处。对一阶滞后全通滤波器来说，中心频率在相移为 $-90°$ 的频率处。

图 19-45b 所示是一阶超前全通滤波器。输出信号的相位改变在 $180°\sim0°$ 之间，这意味着输出信号可以超前输入信号 $180°$。对一阶超前滤波器来说，其中心频率在相移为 $+90°$ 的频率处。

19.11.2 二阶全通滤波器

二阶全通滤波器电路中至少有一个运放、两个电容和若干电阻，可以提供 $0°\sim\pm360°$ 的相移。此外，可以通过调整二阶全通滤波器的 Q 值来改变 $0°\sim\pm360°$ 相位特性曲线的形状。二阶滤波器的中心频率在相移等于 $\pm180°$ 的频率处。

图 19-46a 所示是二阶多路反馈全通滞后滤波器，由一个运放、四个电阻和两个电容组成，是最简单的结构。更复杂的结构中可使用两个或更多的运放、两个电容和少量电阻。对于二阶全通滤波器，可以设定电路的中心频率和 Q 值。

图 19-47a 所示是 Q 值为 0.707 时的二阶全通滞后滤波器的相位响应，相移从 $0°$ 增加到 $-360°$。图 19-47b 所示是 Q 值为 2 时的二阶全通滞后滤波器的相位响应。可见，Q 值增加并没有改变滤波器的中心频率，而是使中心频率附近的相移变化加快。Q 值为 10 时中心频率附近的相位变化更快，如图 19-47c 所示。

19.11.3 线性相移

为了防止数字信号（矩形脉冲）的失真，滤波器必须对信号的基波和各次显著谐波具有线性相移特性，或者等效为通带内所有频率的恒定时延特性。贝塞尔逼近可以产生几乎线性的相移和恒定时延。但贝塞尔逼近的过渡带下降速度太慢，在有些应用中不能满足要求。有时只能使用其他的逼近方式产生所需的过渡带下降速度，然后使用全通滤波器对相移进行修正，从而实现总的线性相移特性。

19.11.4 贝塞尔逼近

例如，设低通滤波器的指标为：$A_p=3\text{dB}$、$f_c=1\text{kHz}$、$A_s=60\text{dB}$、$f_s=2\text{kHz}$，且通带内具有线性相移。如果使用十阶贝塞尔滤波器，其幅频响应、相频响应、时延响应和阶跃响应特性分别如图 19-48a、图 19-48b、图 19-48c 和图 19-48d 所示。

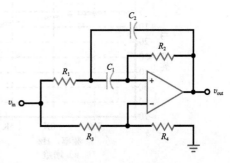

图 19-46 二阶全通滤波器

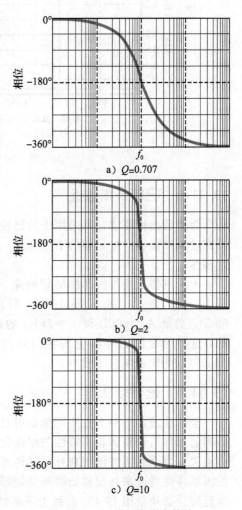

a) $Q=0.707$

b) $Q=2$

c) $Q=10$

图 19-47 二阶相位响应特性

由图 19-48a 可以看到其增益下降缓慢，截止频率为 1kHz，在一倍频处的衰减只有 12dB，不能满足 $A_s=60$dB 和 $f_s=2$kHz 的指标要求。但图 19-48b 所示相位响应的线性非常好，这种相位响应对数字信号几乎是理想的。由于线性相移等价于恒定时延，因此图 19-48c 所示的时延为恒定值。图 19-48d 的阶跃响应已接近理想特性。

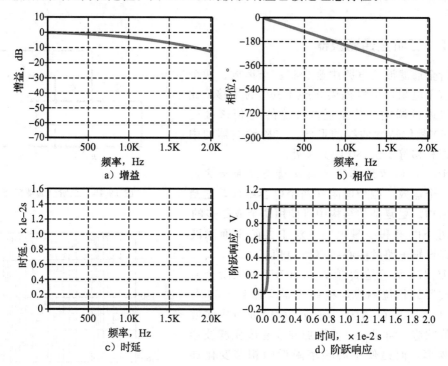

a）增益 b）相位 c）时延 d）阶跃响应

图 19-48   贝塞尔响应，$n=10$

19. 11. 5   巴特沃斯逼近

为满足指标要求，可采用十阶巴特沃斯滤波器与一个全通滤波器级联。巴特沃斯滤波器在过渡带能够产生足够的下降速度，全通滤波器可以补偿巴特沃斯的相位响应，实现线性相移。

十阶巴特沃斯滤波器的幅频响应、相频响应、时延响应和阶跃响应分别如图 19-49a、图 19-49b、图 19-49c 和图 19-49d 所示。由图 19-49a 可见，增益在 2kHz 处的衰减为 60dB，满足 $A_s=60$dB 和 $f_s=2$kHz 的指标要求。然而图 19-49c 所示的相位响应是非线性的，这样的相位响应将使数字信号产生失真。图 19-49c 所示的时延响应有一个尖峰。图 19-49d 的阶跃响应有过冲。

19. 11. 6   延迟均衡器

全通滤波器的一个主要用途是对总的相位响应特性进行修正，通过在每个频率处增加适当的相移实现整体相移特性的线性化。当相移线性实现后，时延即为恒定的，并且过冲会消失。当全通滤波器用来补偿其他滤波器的时延时，又被称为**时延均衡器**。时延均衡器的时延特性看起来好像初始时延的倒影。例如，为了补偿图 19-49c 的时延，时延均衡器的时延特性必须是图 19-49c 曲线上下翻转后的形状。由于总时延是两个时延之和，所以总时延将平坦或趋于恒定。

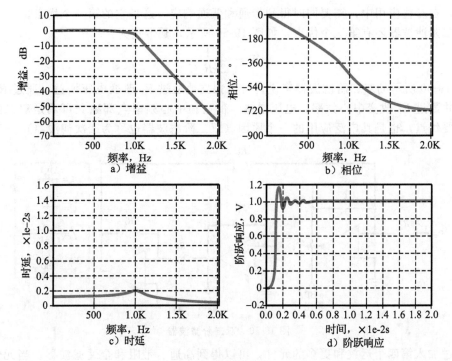

图 19-49　巴特沃斯响应，$n=10$

设计时延均衡器是极其复杂的。因为计算的难度大，只有用计算机才能在可接受的时间内计算出元件参数。为了合成符合需求的全通滤波器，计算机分析时需要将几个二阶全通滤波器级联，然后使中心频率和 Q 值交错，计算滤波器参数。

例 19-13　图 19-45b 电路中的 $R=1\text{k}\Omega$、$C=100\text{nF}$，求 $f=1\text{kHz}$ 处的输出电压相移。

Multisim

解： 由图 19-45b 给出的截止频率公式，有：

$$f_0 = \frac{1}{2\pi \times 1\text{k}\Omega \times 100\text{nF}} = 1.59\text{kHz}$$

相移为：

$$\phi = 2\arctan\frac{1.59\text{kHz}}{1\text{kHz}} = 116°$$

◀

19.12　双二阶滤波器和可变状态滤波器

目前所讨论的二阶滤波器都只含有一个运放。这些单运放的级电路在很多应用中是足够的。而在更苛刻的应用中，会用到较复杂的二阶级电路。

19.12.1　双二阶滤波器

图 19-50 所示是**双二阶带通/低通滤波器**。由三个运放、两个相等的电容和六个电阻构成。电阻 R_2 和 R_1 确定电压增益，R_3 和 R_3' 有相同的标称值，R_4 和 R_4' 有相同的标称值。图 19-50 给出了电路的相应公式。

双二阶滤波器又称为 TT（Tow-Thomas）滤波器。这种滤波器可以通过改变 R_3 来调谐，同时不影响电压增益，这是它的第一个优点。图 19-50 所示的双二阶滤波器有一个低通输出，在有些应用中，需要同时得到带通和低通响应，这是它的第一个优点。

双二阶滤波器还有第三个优点，如图 19-50 所示，其带宽为：

$$BW = \frac{1}{2\pi R_2 C}$$

对于图 19-50 所示的双二阶滤波器来说，可以独立地通过 R_1 改变电压增益，通过 R_2 改变带宽，并通过 R_3 改变中心频率。电压增益、带宽和中心频率全部独立可调是双二阶滤波器的主要优点，也是其广泛应用的一个原因（双二阶滤波器也称为四次滤波器）。

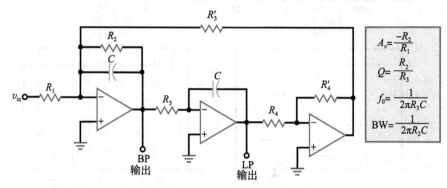

图 19-50　双二阶滤波器

通过加入第四个运放和更多的元件，可以得到高通、带阻和全通滤波器。当元件的容差不可忽略时，通常使用双二阶滤波器。因为相对于萨伦-凯和多路反馈滤波器来说，双二阶滤波器对元件参数值的变化不敏感。

19.12.2　可变状态滤波器

可变状态滤波器又以发明者的名字命名为 KHN 滤波器（Kerwin、Huelsman、Newcomb）。它有两种结构：反相结构和同相结构。图 19-51 所示是一个二阶可变状态滤波器。它同时有三个输出：低通、高通和带通。该特性在有些应用中可能具有优势。

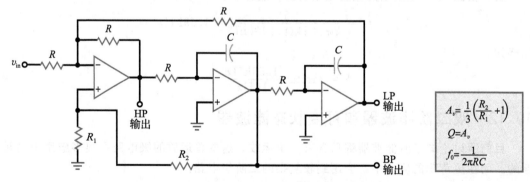

图 19-51　可变状态滤波器

通过增加第四个运放和更多的元件，电路的 Q 值可以独立于电压增益和中心频率。即当中心频率变化时 Q 值保持不变。恒定的 Q 值意味着带宽与中心频率的比是固定的。例如，当 $Q=10$ 时，带宽是 f_0 的 10%。该特性适用于一些中心频率可变的应用。

相对于 VCVS 和多路反馈滤波器，可变状态滤波器需要更多元件，这一点与双二阶滤波器相同。但是，额外的运放和其他元件使得该滤波器更适合高阶滤波和关键应用。而且，双二阶滤波器和可变状态滤波器对元件的灵敏度更低，使该滤波器更易于生产，且所需的修正更少。

19.12.3 结论

表 19-7 总结了用于不同逼近类型的四种基本滤波器电路。其中，萨伦-凯滤波器属于 VCVS 滤波器类型，多路反馈滤波器缩写为 MFB，双二阶滤波器又称为 TT 滤波器，可变状态滤波器又称为 KHN 滤波器。在一个二阶级电路中，VCVS 和 MFB 滤波器只使用一个运放，电路复杂度低；而 TT 和 KHN 滤波器要使用 3～5 个运放，因此电路复杂度高。

表 19-7 基本滤波器电路

类型	别称	复杂度	灵敏度	调谐	优点
萨伦-凯	VCVS	低	高	难	结构简单，同相
多路反馈	MFB	低	高	难	结构简单，反相
双二阶	TT	高	低	易	稳定，有额外输出，恒定带宽
可变状态	KHN	高	低	易	稳定，有额外输出，恒定 Q 值

VCVS 和 MFB 滤波器对元件容差的灵敏度高，而 TT 和 KHN 滤波器对元件的灵敏度相对低得多。VCVS 和 MFB 滤波器的调谐较困难，因为其电压增益、截止频率、中心频率和 Q 值相互影响。TT 滤波器易于调谐，它的电压增益、中心频率和带宽可以独立调谐。KHN 滤波器的电压增益、中心频率和 Q 值可以独立调谐。VCVS 和 MFB 滤波器的电路简单，TT 和 KHN 滤波器可以提供稳定和额外的输出。当带通滤波器的中心频率变化时，TT 滤波器的带宽恒定，KHN 滤波器的 Q 值恒定。

尽管五种基本逼近（巴特沃斯、切比雪夫、反切比雪夫、椭圆和贝塞尔）都可以用运放电路实现，但较复杂的逼近（反切比雪夫和椭圆）不能用 VCVS 和 MFB 电路实现。表 19-8 总结了五种逼近对应的滤波器可使用的级电路的类型。可以看到，阻带响应有纹波的反切比雪夫和椭圆逼近需要较复杂的滤波器，如 KHN（可变状态）滤波器来实现。

表 19-8 逼近类型和电路

类型	通带	阻带	可用级电路
巴特沃斯	平坦	单调	VCVS、MFB、TT、KHN
切比雪夫	纹波	单调	VCVS、MFB、TT、KHN
反切比雪夫	平坦	纹波	KHN
椭圆	纹波	纹波	KHN
贝塞尔	平坦	单调	VCVS、MFB、TT、KHN

本章讨论了四种最基本的滤波器电路，列于表 19-7。这些基本电路十分常见且应用广泛。但应该清楚的是：用计算机程序可以设计更多的滤波器电路，包括以下二阶级电路：Akerberg-Mossberg、Bach、Berha-Herpy、Boctor、Dliyannis-Friend、Fliege、Mikhael-Bhattacharyya、Sculdety 和 twin-T。目前使用的所有有源滤波器都各有优缺点，需要设计者根据实际应用做出最好的折中选择。

总结

19.1 节 滤波器的五种基本频率响应类型是：低通、高通、带通、带阻和全通。前四种有通带和阻带。理想情况下，通带衰减为零，阻带抑制为无穷大，且具有垂直的过渡带。

19.2 节 可以通过低衰减和边缘频率来定义通带；

可以通过高衰减和边缘频率来定义阻带。滤波器的阶数等于电抗元件的数量。对于有源滤波器，通常是电容的数量。五种逼近方式是巴特沃斯（最大通带平坦）、切比雪夫（通带有纹波）、反切比雪夫（通带平坦且阻带有纹波)、椭圆(通带和阻带都有纹波)和贝塞尔(最大时延平坦)。

19.3 节　低通 LC 滤波器参数有中心频率 f_0 和 Q 值。当 $Q=0.707$ 时响应达到最大平坦。当 Q 值增加时,在谐振频率中心出现峰值。当 Q 值大于 0.707 时,响应为切比雪夫特性。当 $Q=0.577$ 时,响应为贝塞尔特性。Q 值越高,过渡带越陡峭。

19.4 节　一阶滤波器有一个电容和一个或多个电阻。所有一阶滤波器都是巴特沃斯响应特性,因为只有二阶滤波器中才有峰值。一阶滤波器的响应特性可以是低通或高通。

19.5 节　二阶滤波器是最常用的单级滤波器,因为它易于实现和分析。各级的 Q 值产生不同的 K 值。如果有峰值时,则低通滤波器的极点频率乘以 K 值便可得到谐振频率、截止频率、3dB 频率。

19.6 节　高阶滤波器通常由二阶滤波器级联构成,当滤波器的阶数为奇数时需要级联一个一阶电路。当滤波器级联时,每级增益分贝数相加便得到总增益的分贝数。为了得到高阶巴特沃斯滤波器,需要各级 Q 值交错;为了得到切比雪夫和其他响应,需要各级极点频率和 Q 值交错。

19.7 节　萨伦-凯等值元件滤波器通过设定电压增益来控制 Q 值。电压增益必须小于 3 以避免振荡。用该电路获得高 Q 值比较困难,因为元件的容差对滤波器的电压增益和 Q 值起到了重要的决定作用。

19.8 节　VCVS 高通滤波器与对应的低通滤波器一样,只是电阻和电容的位置互换了。同样,由 Q 值决定 K 值。需要用极点频率除以 K 值来得到谐振频率、截止频率、3dB 频率。

19.9 节　可以通过将低通和高通滤波器级联得到 Q 值小于 1 的带通滤波器。当带通滤波器的 Q 值大于 1 时,得到的是窄带滤波器而不是宽带滤波器。

19.10 节　带阻滤波器可用来将某个特殊频率滤掉,例如交流电力线的 60Hz 有害噪声。对于萨伦-凯陷波器,电压增益控制电路的 Q 值,所以电压增益必须小于 2 以避免振荡。

19.11 节　全通滤波器的表述不是很恰当,它并不是使全部频率无衰减通过的意思。设计这种滤波器的目的是控制输出信号的相位。尤其重要的是,全通滤波器可用作相位或时延均衡器。使用其他滤波器得到所需的幅频响应特性,使用全通滤波器得到所需的相频响应特性,从而使滤波器总的响应具有线性相频特性,相当于最大平坦时延响应。

19.12 节　双二阶或 TT 滤波器由三个或四个运放构成。尽管电路比较复杂,但该滤波器的元件灵敏度很低而且易于调谐。这种滤波器可以同时提供低通和高通输出。可变状态或 KHN 滤波器也需要三个或更多的运放。当使用四个运放时,调谐非常方便,其电压增益、中心频率和 Q 值都是独立可调的。

定义

(19-1)　带宽

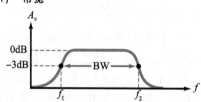

(19-4)　滤波器阶数

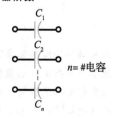

$n=$ #电容

(19-5)　纹波数量

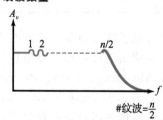

#纹波 $=\dfrac{n}{2}$

推论

(19-2) 中心频率

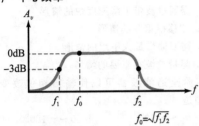

$$f_0=\sqrt{f_1 f_2}$$

(19-3) 单级 Q 值

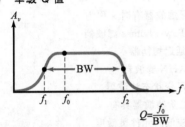

$$Q=\dfrac{f_0}{\text{BW}}$$

(19-22) ～ (19-24) 中心频率，截止频率，3dB 频率

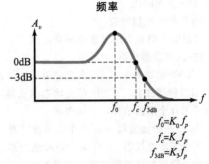

$$f_0=K_0 f_p$$
$$f_c=K_c f_p$$
$$f_{3\text{dB}}=K_3 f_p$$

选择题

1. 通带和阻带之间的区域称为
   - a. 衰减
   - b. 中心
   - c. 过渡带
   - d. 纹波

2. 带通滤波器的中心频率通常等于
   - a. 带宽
   - b. 截止频率的几何平均
   - c. 带宽除以 Q 值
   - d. 3dB 频率

3. 窄带滤波器的 Q 值通常
   - a. 很小
   - b. 等于带宽除以 f_0
   - c. 小于 1
   - d. 大于 1

4. 带阻滤波器有时又称为
   - a. 吸收电路
   - b. 移相器
   - c. 陷波器
   - d. 时延电路

5. 全通滤波器
   - a. 无通带
   - b. 有一个阻带
   - c. 所有频率下的增益相同
   - d. 频率大于截止频率后下降很快

6. 通带具有最大平坦特性的逼近是
   - a. 切比雪夫
   - b. 反切比雪夫
   - c. 椭圆
   - d. 考尔

7. 通带有纹波的逼近是
   - a. 巴特沃斯
   - b. 反切比雪夫
   - c. 椭圆
   - d. 贝塞尔

8. 数字信号失真最小的逼近是
   - a. 巴特沃斯
   - b. 切比雪夫
   - c. 椭圆
   - d. 贝塞尔

9. 如果一个滤波器由六个二阶和一个一阶滤波器级联，则它的阶数为
   - a. 2
   - b. 6
   - c. 7
   - d. 13

10. 如果巴特沃斯滤波器由九个二阶滤波器级联，则它的过渡带下降速度是
    - a. 20dB/十倍频程
    - b. 40dB/十倍频程
    - c. 180dB/十倍频程
    - d. 360dB/十倍频程

11. 如果 $n=10$，过渡带下降速度最快的逼近是
    - a. 巴特沃斯
    - b. 切比雪夫
    - c. 反切比雪夫
    - d. 椭圆

12. 椭圆逼近具有
    - a. 比考尔逼近的过渡带下降速度慢
    - b. 阻带纹波
    - c. 通带最大平坦
    - d. 阻带单调

13. 线性相移等同于
    - a. Q 值为 0.707
    - b. 阻带最大平坦
    - c. 恒定时延
    - d. 通带有纹波

14. 过渡带下降速度最慢的滤波器是
    - a. 巴特沃斯
    - b. 切比雪夫
    - c. 椭圆
    - d. 贝塞尔

15. 一阶有源滤波器有
    - a. 一个电容
    - b. 两个运放

c. 三个电阻　　　　d. 高 Q 值

16. 一阶滤波器不具有
    a. 巴特沃斯响应
    b. 切比雪夫响应
    c. 通带最大平坦响应
    d. 20dB/十倍频程的过渡带下降速度

17. 萨伦-凯滤波器也称
    a. VCVS 滤波器　　b. 多反馈带通滤波器
    c. 双二阶滤波器　　d. 可变状态滤波器

18. 为了设计十阶滤波器，应该级联
    a. 10 个一阶滤波器　b. 5 个二阶滤波器
    c. 3 个三阶滤波器　　d. 2 个四阶滤波器

19. 设计八阶巴特沃斯滤波器，要求每级
    A. Q 值相等　　　　b. 中心频率不等
    c. 有电感　　　　　　d. Q 值交错

20. 设计十二阶切比雪夫滤波器，要求每级
    a. Q 值相等
    b. 中心频率相等
    c. 带宽交错
    d. 极点频率和 Q 值交错

19. 萨伦-凯等值元件二阶滤波器的 Q 值取决于
    a. 电压增益　　　　b. 中心频率
    c. 带宽　　　　　　d. 运放的 GBW

22. 对于萨伦-凯高通滤波器，极点频率必须
    a. 加上 K 值　　　b. 减去 K 值
    c. 乘以 K 值　　　d. 除以 K 值

23. 如果带宽增加，则
    a. 中心频率减小
    b. Q 值减小
    c. 过渡带下降速度增加
    d. 阻带出现纹波

24. 当 Q 值大于 1 时，带通滤波器应该由下列哪种滤波器构成？

a. 低通和高通级　　b. 多路反馈级
c. 陷波级　　　　　d. 全通级

25. 全通滤波器用于
    a. 需要过渡带下降速度快的情形
    b. 相移很重要的情形
    c. 需要通带最大平坦的情形
    d. 阻带纹波很重要的情形

26. 二阶全通滤波器可以使输出相位改变的范围是
    a. $90\sim-90°$　　　　b. $0\sim-180°$
    c. $0\sim-360°$　　　　d. $0\sim-720°$

27. 全通滤波器有时又称为
    a. Tow-Thomas 滤波器
    b. 延迟均衡器
    c. KHN 滤波器
    d. 可变状态滤波器

28. 双二阶滤波器具有
    a. 较低的元件灵敏度
    b. 使用三个或更多的运放
    c. 也称为 Tow-Thomas 滤波器
    d. 以上全部

29. 可变状态滤波器
    a. 具有低通、高通和带通输出
    b. 调谐困难
    c. 对元件的灵敏度高
    d. 使用的运放少于三个

30. 如果 GBW 有限，则每级的 Q 值应
    a. 保持不变　　　　b. 加倍
    c. 减小　　　　　　d. 增加

31. 对有限增益带宽积进行修正，可以采用
    a. 恒定时延　　　　b. 预失真
    c. 线性相移　　　　d. 通带纹波

习题

19.1 节

19-1　一个带通滤波器的下限和上限截止频率分别是 445Hz 和 7800Hz，求带宽、中心频率和 Q 值。该滤波器是宽带的还是窄带的？

19-2　一个带通滤波器的两个截止频率分别为 20kHz 和 22.5kHz，求带宽、中心频率和 Q 值。该滤波器是宽带的还是窄带的？

19-3　确定下列滤波器是窄带还是宽带：
　　a. $f_1=2.3\text{kHz}$　　$f_2=4.5\text{kHz}$
　　b. $f_1=47\text{kHz}$　　$f_2=75\text{kHz}$
　　c. $f_1=2\text{Hz}$　　　$f_2=5\text{Hz}$
　　d. $f_1=80\text{Hz}$　　$f_2=160\text{Hz}$

19.2 节

19-4　一个有源滤波器有 7 个电容，其阶数为多少？

19-5　一个巴特沃斯滤波器有 10 个电容，其过渡带下降速度是多少？

19-6　一个切比雪夫滤波器有 14 个电容，其通带有几个纹波？

19.3 节

19-7　若图 19-17 滤波器中的 $L=20\text{mH}$、$C=$

5μF、且 $R=600\Omega$，求谐振频率和 Q 值。

19-8 若将题 19-7 中的电感值减半，求谐振频率和 Q 值。

19.4 节

19-9 若图 19-21a 电路中的 $R_1=15k\Omega$、$C_1=270nF$，求截止频率。

19-10 ▥▥▥Multisim 若图 19-21b 电路中的 $R_1=7.5k\Omega$、$R_2=33k\Omega$、$R_3=20k\Omega$、$C_1=680pF$，求截止频率和通带电压增益。

19-11 ▥▥▥Multisim 若图 19-21c 电路中的 $R_1=2.2k\Omega$、$R_2=47k\Omega$、$C_1=330pF$，求截止频率和通带电压增益。

19-12 若图 19-22a 电路中的 $R_1=10k\Omega$、$C_1=15nF$，求截止频率。

19-13 若图 19-22b 电路中的 $R_1=12k\Omega$、$R_2=24k\Omega$、$R_3=20k\Omega$、$C_1=220pF$，求截止频率和通带电压增益。

19-14 若图 19-22c 电路中的 $R_1=8.2k\Omega$、$C_1=560pF$、$C_2=680pF$，求截止频率和通带电压增益。

19.5 节

19-15 ▥▥▥Multisim 若图 19-24 电路中的 $R=75k\Omega$、$C_1=100pF$、$C_2=200pF$。求极点频率、Q 值、截止频率和 3dB 频率。

19-16 若图 19-25 电路中的 $R=51k\Omega$、$C_1=100pF$、$C_2=680pF$。求极点频率、Q 值、截止频率和 3dB 频率。

19.7 节

19-17 若图 19-31 电路中的 $R_1=51k\Omega$、$R_2=30k\Omega$、$R_3=33k\Omega$、$C=220pF$。求极点频率、Q 值、截止频率和 3dB 频率。

19-18 若图 19-31 电路中的 $R_1=33k\Omega$、$R_2=33k\Omega$、$R=75k\Omega$、$C=100pF$。求极点频率、Q 值、截止频率和 3dB 频率。

19-19 若图 19-31 电路中的 $R_1=75k\Omega$、$R_2=56k\Omega$、$R=68k\Omega$、$C=120pF$。求极点频率、Q 值、截止频率和 3dB 频率。

19.8 节

思考题

19-31 带通滤波器的中心频率为 50kHz，Q 值为 20，其截止频率是多少？

19-32 带通滤波器上限截止频率为 84.7kHz，带宽为 12.3kHz，其下限截止频率是多少？

19-33 如果对巴特沃斯滤波器进行测量，其参数

19-20 若图 19-35a 电路中的 $R_1=56k\Omega$、$R_2=10k\Omega$、$C=680pF$。求极点频率、Q 值、截止频率和 3dB 频率。

19-21 ▥▥▥Multisim 若图 19-35a 电路中的 $R_1=91k\Omega$、$R_2=15k\Omega$、$C=220pF$。求极点频率、Q 值、截止频率和 3dB 频率。

19.9 节

19-22 若图 19-39 电路中的 $R_1=2k\Omega$、$R_2=56k\Omega$、$C=270pF$。求电压增益、Q 值和中心频率。

19-23 若图 19-40 电路中的 $R_1=3.6k\Omega$、$R_2=7.5k\Omega$、$R_3=27\Omega$、$C=22nF$。求电压增益、Q 值和中心频率。

19-24 若图 19-41 电路中的 $R_1=28k\Omega$、$R_3=1.8\Omega$、$C=1.8nF$。求电压增益、Q 值和中心频率。

19.10 节

19-25 ▥▥▥Multisim 若图 19-43 带阻滤波器中的 $R=56k\Omega$、$C=180nF$、$R_1=20k\Omega$、$R_2=10k\Omega$。求电压增益、中心频率、Q 值和带宽。

19.11 节

19-26 若图 19-45a 电路中的 $R=3.3k\Omega$、$C=220nF$。求中心频率和中心频率以上一倍频处的相移。

19-27 ▥▥▥Multisim 若图 19-45b 电路中的 $R=47k\Omega$、$C=6.8nF$。求中心频率、中心频率以下一倍频处的相移。

19.12 节

19-28 若图 19-50 电路中的 $R_1=24k\Omega$、$R_2=100k\Omega$、$R_3=10k\Omega$、$R_4=15k\Omega$、$C=3.3nF$。求电压增益、Q 值、中心频率和带宽。

19-29 若题 19-28 中的 R_3 是 $2\sim10k\Omega$ 可变的。求最大中心频率、最大 Q 值、最大和最小带宽。

19-30 若图 19-5 电路中的 $R=6.8k\Omega$、$C=5.6nF$、$R_1=6.8k\Omega$、$R_2=100k\Omega$。求电压增益、Q 值和中心频率。

为：$n=10$、$A_p=3dB$、$f_c=2kHz$。在频率为 4kHz、8kHz 和 20kHz 处的衰减是多少？

19-34 萨伦-凯单位增益低通滤波器的截止频率为 5kHz。如果 $n=2$、$R=10k\Omega$。为实现巴特沃斯响应，C_1、C_2 应是多少？

19-35 切比雪夫萨伦-凯单位增益低通滤波器的截止频率为 7.5kHz。纹波深度为 12dB。如果 $n=2$、$R=25k\Omega$，C_1、C_2 应是多少？

求职面试问题

1. 画出四种滤波器的理想频率响应特性，并分别指出通带、阻带和截止频率。
2. 描述滤波器设计中的五种逼近方式。说出通带和阻带的特点，需要的话可以画草图。
3. 数字系统中的滤波器需要线性相位响应或最大平坦时延。解释这句话的含义，并说明其重要性。
4. 说明十阶切比雪夫低通滤波器的实现方法。应包括对级电路的中心频率和 Q 值的考虑。
5. 为得到快速下降的过渡带和线性相移特性，可将巴特沃斯滤波器和全通滤波器级联。说明每级滤波器的作用。
6. 说明各种滤波器频率响应特性在通带和阻带的区别。
7. 什么是全通滤波器？
8. 滤波器的频率响应所表示的是什么？
9. 有源滤波器过渡带下降速度是多少（十倍频程和倍频程）？
10. 什么是多路反馈滤波器？它有哪些用途？
11. 哪种类型的滤波器可用于延迟均衡？

选择题答案

1. c   2. b   3. d   4. c   5. c   6. b   7. c   8. d   9. d   10. d   11. d   12. b   13. c   14. d   15. a
16. b   17. a   18. b   19. d   20. d   19. a   22. d   23. b   24. b   25. b   26. c   27. b   28. d   29. a   30. d
31. b

自测题答案

19-1 $f_c=34.4kHz$

19-2 $f_c=16.8kHz$

19-3 $Q=0.707$；$f_p=13.7kHz$；$f_c=13.7kHz$

19-4 $C_2=904pF$

19-5 $Q=3$；$f_p=3.1kHz$；$K_0=0.96$
      $K_c=1.35$；$K_3=1.52$；$A_p=9.8dB$
      $f_c=4.19kHz$；$f_{3dB}=4.71kHz$

19-6 $A_v=1.59$；$Q=0.709$；$f_p=21.9kHz$

19-7 $A_v=1.27$；$Q=0.578$；$f_p=4.82kHz$

      $f_c=3.79kHz$

19-9 $Q=0.707$；$f_p=988Hz$；$f_c=988Hz$

19-10 $A_v=2.75$；$Q=4$；$f_p=5.31kHz$
      $K_0=0.98$；$K_c=1.38$；$K_3=1.53$
      $A_p=12dB$；$f_0=5.42kHz$
      $f_c=3.85kHz$；$f_{3dB}=3.47kHz$

19-11 $BW=1.94kHz$；$f_{0(min)}=15kHz$
      $f_{0(max)}=35.5kHz$

19-12 $R_2=12kHz$；$C=60nF$

第20章

非线性运算放大器电路的应用

单片集成运算放大器价格便宜、用途广泛且性能可靠。它们不仅可以用于线性电路，如电压放大器、电流源和有源滤波器，而且可以用于**非线性电路**，如比较器、波形生成器和有源二极管电路。非线性运放电路的输出通常与输入信号的波形不同，这是因为运放在输入周期的某个时间段内达到饱和。因此，必须分析两种不同的工作模式以便了解整个周期的工作状况。

目标

在学习完本章后，你应该能够：

■ 解释比较器的工作原理及参考点的重要性；

■ 分析具有正反馈的比较器的工作原理并计算电路的翻转点和迟滞电压；

■ 识别并分析波形变换电路；

■ 识别并分析波形产生电路；

■ 解释几种有源二极管电路的工作原理；

■ 分析积分器和微分器电路；

■ 解释 D 类放大器的工作原理。

关键术语

有源半波整流器（active half-wave rectifier）　　振荡器（oscillator）

有源峰值检测器（active peak detector）　　上拉电阻（pullup resistor）

有源正向钳位器（active positive clamper）　　脉冲宽度调制（pulse-width modulation，PWM）

有源正向限幅器（active positive clipper）　　张驰振荡器（relaxation oscillator）

D 类放大器（class D amplifier）　　施密特触发器（Schmitt trigger）

比较器（comparator）　　加速电容（speed-up capacitor）

微分器（differentiator）　　热噪声（thermal noise）

迟滞（hysteresis）　　阈值（threshold）

积分器（integrator）　　传输特性（transfer characteristic）

利萨如图形（Lissajous pattern）　　翻转点（trip point）

非线性电路（nonlinear circuit）　　窗口比较器（windows comparator）

集电极开路比较器（open-collector comparator）　　过零检测器（zero-crossing detecto）

20.1　过零比较器

在电路中，经常需要比较电压的大小，此时，**比较器**是很好的选择。比较器和运算放大器相似，有两个输入电压（同相和反相）和一个输出电压。与线性运放电路不同的是，比较器只有两个输出状态，即低电平和高电平。因此，比较器通常用于模拟和数字电路的接口。

20.1.1　基本概念

构造比较器最简单的方法是直接连接运放而不使用反馈电阻，如图 20-1a 所示。由于比较器具有很高的开环电压增益，正的输入电压会产生正向饱和，而负的输入电压会产生负向饱和。

图 20-1a 中的比较器称为**过零检测器**，因为理想情况下，输出会在输入电压经过零点时从低转换到高或从高转换到低。图 20-1b 显示了过零检测器的输入-输出响应。使输出达到饱和的最小输入电压为：

$$v_{\text{in(min)}} = \frac{\pm V_{\text{sat}}}{A_{VOL}} \tag{20-1}$$

如果 $V_{\text{sat}} = 14\text{V}$，则比较器输出摆幅约为 $-14 \sim +14\text{V}$。如果开环电压增益为 $100\,000$，那么使电路饱和所需的输入电压为：

$$v_{\text{in(min)}} = \frac{\pm 14\text{V}}{100\,000} = \pm 0.14\text{mV}$$

即当输入电压大于 $+0.14\text{mV}$ 时，比较器将进入正向饱和；当输入电压小于 -0.14mV 时，则比较器进入负向饱和。

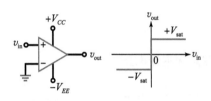

a）比较器　　b）输入-输出响应特性　　　　　　　c）741C的响应特性

图 20-1　反相比较器

比较器的输入电压通常远大于 $\pm 0.14\text{mV}$。所以输出是两态电压，即 $+V_{\text{sat}}$ 或 $-V_{\text{sat}}$。通过观察输出电压，便可以立刻知道输入电压是否大于零。

知识拓展　图 20-1 中比较器的输出可以认为是数字的，其输出为高电平 $+V_{\text{sat}}$ 或低电平 $-V_{\text{sat}}$。

20.1.2　利萨如图形

在示波器的横轴和纵轴输入谐波相关信号时，便会出现**利萨如图形**。观察电路输入/输出响应的一个简便方法便是通过利萨如图形，其中，将电路的输入和输出电压作为两个谐波相关的信号。

例如，图 20-1c 显示了 741C 的输入-输出响应，其电源电压为 $\pm 15\text{V}$。通道 1（纵轴）的灵敏度为 5V/格。可以看到，输出电压为 -14V 或者 $+14\text{V}$，取决于比较器处于负向饱和还是正向饱和。

通道 2（横轴）的灵敏度为 10mV/格。在图 20-1c 中，过渡区看起来几乎是垂直的。说明微小的正向输入电压会产生正向饱和，微小的负向输入电压会产生负向饱和。

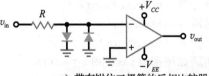

a）带有钳位二极管的反相比较器

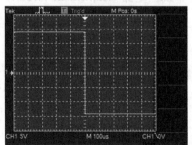

b）输入-输出响应特性

图　20-2

20.1.3　反相比较器

有时，需要使用如图 20-2a 所示的反相比较器。同相输入端接地，输入信号驱动比较器的反相输入端。此时，微小的正向输入电压会使输出达到负向最大值，如图 20-2b 所示。反之，微小的负向输入电压会使输出达到正向最大值。

20.1.4 二极管钳位

前面的章节讨论了二极管钳位器对敏感电路的保护作用。图 20-2a 是一个实际的例子。可以看到，两个钳位二极管保护比较器的输入，避免电压过大。例如，LF311 是一个集成比较器，其最大输入电压范围是 ±15V。如果输入电压超过了这个限度，LF311 就会损坏。

有些比较器的最大输入电压范围只有 ±5V，而有些比较器可能高达 ±30V。无论哪种情况，都可以使用钳位二极管以防止比较器被大输入电压损坏，如图 20-2a 所示。当输入电压幅度小于 0.7V 时，这些二极管对电路的工作没有影响。当输入电压幅度大于 0.7V 时，其中一个二极管就会导通并将反相输入端电位钳制在 0.7V 左右。

有些集成电路进行了比较器性能的优化，优化后的比较器输入级通常都有内置的钳位二极管。使用时，需要在输入端串联一个电阻，目的是将内部二极管的电流限制在安全范围内。

20.1.5 将正弦波转换为方波

比较器的**翻转点**（也称**阈值**或**参考电压**）是指使比较器的输出电压状态发生改变（从低到高或者从高到低）的输入电压。在前面讨论的同相和反相比较器中，翻转电压为零，因为输出状态在该电压下发生改变。过零检测器是两态输出，任何经过零点的周期性输入信号都会产生方波输出。

例如，将正弦信号作为同相比较器的输入，阈值为 0V，则输出为如图 20-3a 所示的方波。可以看到，输入电压每经过零阈值点一次，过零检测器的输出状态便转换一次。

图 20-3b 所示是阈值为 0V 时反相比较器的输入正弦波和输出方波。经过过零检测器，输出方波与输入正弦波的相位相差了 180°。

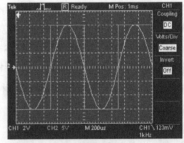

a）同相波形

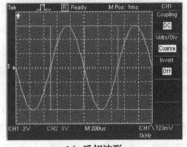

b）反相波形

图 20-3 比较器将正弦波转换为方波

20.1.6 线性区

图 20-4a 所示是一个过零检测器。如果比较器开环增益无穷大，则正负饱和区之间的过渡区将是垂直的。在图 20-1c 中显示的过渡区是垂直的，因为通道 2 的灵敏度是 10mV/格。

当通道 2 的灵敏度变为 200μV/格时，可以看到过渡区不再是垂直的，如图 20-4b 所示。到达正向或负向饱和需要大约 ±100μV 的电压。这是比较器的典型值。−100 ～ +100μV 之间的狭窄输入范围称为比较器的线性区。输入信号经过零点时，通过线性区的速度通常很快，只能看到比较器在正负饱和状态之间的跳变。

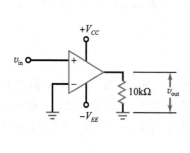

a)

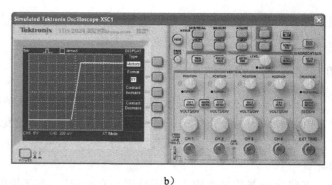

b)

图 20-4　典型比较器的线性区很窄

20.1.7　模拟与数字电路的接口

比较器的输出端通常连接数字电路，如 CMOS、EMOS 或者 TTL 电路（晶体管-晶体管逻辑电路，数字电路的一种类型）。

图 20-5a 所示是过零检测器与一个 EMOS 管相连的电路。当输入电压大于零时，比较器的输出为高电平。使功率场效应管导通并产生较大的负载电流。

图 20-5b 所示是过零检测器与 CMOS 反相器连接的电路。原理与图 20.5a 所示电路基本相同。比较器的输入端大于零时，将会产生高电平作为 CMOS 反相器的输入。

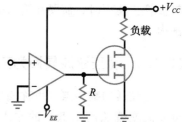

a）连接功率场效应管

多数 EMOS 器件和 CMOS 器件都可以处理大于 ±15V 的输入电压。因此，可以直接与典型比较器的输出端连接，不需使用电平转换或钳位电路。而 TTL 逻辑电路要求的输入电压较低。因此，比较器和 TTL 的连接方法有所不同（下一节将讨论）。

20.1.8　钳位二极管与补偿电阻

使用钳位二极管的限流电阻时，可以在比较器的另一输入端增加一个相同阻值的补偿电阻，如图 20-6 所示。这仍是过零检测器，只是多了补偿电阻以减小输入偏置电流的影响。

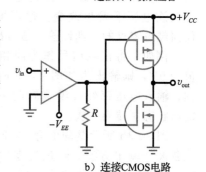

b）连接CMOS电路

图 20-5　与比较器连接的电路

如前所述，二极管通常处于关断状态，对电路工作没有影响。只有当输入超过 ±0.7V 时，其中一个钳位二极管导通，防止比较器的输入电压过大。

20.1.9　限幅输出

在某些应用中，过零检测器的输出摆幅可能过大。这时可以使用背靠背连接的齐纳二极管限制输出幅度，如图 20-7a 所示。在该电路中，反相比较器的输出受限，原因是其中一个二极管正向导通而另一个工作在击穿区。

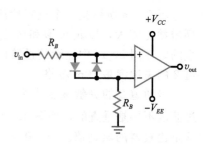

图 20-6　使用补偿电阻以减小 $I_{in(bias)}$ 的影响

例如，1N749 的齐纳电压为 4.3V，加在两个二极管上的电压约为 ±5V，如果输入是峰值电压为 25mV 的正弦波，则输出电压是反相的峰值为 5V 的方波。

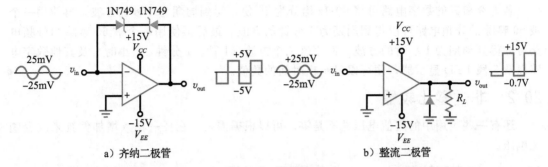

a) 齐纳二极管   b) 整流二极管

图 20-7 限幅输出

图 20-7b 所示是另一个限幅输出的例子。输出端的二极管将输出电压负半周的波形削掉。当输入是峰值电压为 25mV 的正弦波时，输出电压被限制在 −0.7～+15V 之间。

第三种输出限幅的方法是将齐纳二极管接到输出端。例如，将图 20-7a 所示的背靠背齐纳二极管连接在输出端，则输出电压被限制在 ±5V。

应用实例 20-1 图 20-8 所示电路的作用是什么？

解：这个电路用来比较不同极性的电压并确定其大小关系。如果 v_1 的幅度比 v_2 大，则同相输入端为正，比较器输出正电压，绿色 LED 发光。反之，如果 v_1 的幅度比 v_2 小，则同相输入端为负，比较器输出负电压，红色 LED 发光。如果使用 741C 运算放大器，LED 在输出端则不需要限流电阻，因为最大输出电流约为 25mA。D_1 和 D_2 为输入钳位二极管。

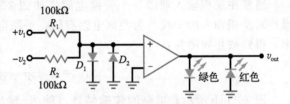

图 20-8 不同极性电压的比较

应用实例 20-2 图 20-9 所示电路的作用是什么？

解：在输出端，二极管将输出的负半周波形削掉，此外还包含一个选通信号。当选通信号为正时，晶体管饱和并将输出电压下拉到零电位附近。当选通信号为零时，晶体管截止，且比较器输出正电压。因此，当选通信号为低时，比较器的输出变化幅度为 −0.7～+15V。当选通信号为高时，输出被禁止。该电路中的选通信号是用于在特定时刻或特定条件下将输出断开的控制信号。

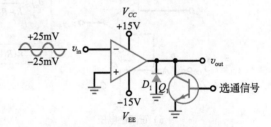

图 20-9 有选通功能的限幅比较器

应用实例 20-3 图 20-10 所示电路的作用是什么？

解：这是一种产生 60Hz 时钟的电路，该方波信号可以用于价格低廉的电子钟的基本定时机制。变压器将电力线电压降至交

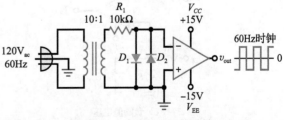

图 20-10 产生 60Hz 的时钟

流 12V。二极管钳位电路将输入限制在 ±0.7V。反相比较器则产生 60Hz 的方波输出信号。输出信号被称为时钟是因为可以从该频率得到秒、分和小时的时间。

名为分频器的数字电路可将 60Hz 均分为 60 份,得到周期为 1 秒的方波。再使用一个被 60 整除的分频电路可以得到周期为 1 分钟的方波。最后再使用一个被 60 整除的分频电路可以得到周期为 1 小时的方波。使用这三个方波（1 秒、1 分钟、1 小时）及其他数字电路以及 7 段 LED 显示器,便可以显示出时间的数值。◀

20.2 非过零比较器

还有一些应用中的阈值电压并不是零。可以根据需要,在任一输入增加偏置来改变阈值电压。

20.2.1 改变翻转点

在图 20-11a 中,分压器在反相输入端产生如下的参考电压:

$$v_{\mathrm{ref}} = \frac{R_1}{R_1 + R_2} V_{CC} \tag{20-2}$$

当 v_{in} 大于 v_{ref} 时,差分输入电压为正值,输出为高电压。当 v_{in} 小于 v_{ref} 时,差分输入电压为负值,输出为低电压。

通常在反相输入端接一个旁路电容,如图 20-11a 所示。这可以减小电源纹波及其他噪声对反相输入的干扰。为使该电路有效,旁路电容的截止频率应当远小于电源的纹波频率。得到截止频率为:

$$f_c = \frac{1}{2\pi (R_1 \parallel R_2) C_{BY}} \tag{20-3}$$

图 20-11b 所示是电路的**传输特性**（输入–输出响应）,翻转点电压为 v_{ref}。当 v_{in} 大于 v_{ref} 时,比较器的输出进入正向饱和。当 v_{in} 小于 v_{ref} 时,比较器的输出进入负向饱和。

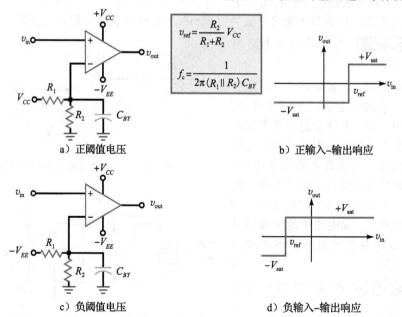

a) 正阈值电压　　　　　　　　　b) 正输入–输出响应

c) 负阈值电压　　　　　　　　　d) 负输入–输出响应

图 20-11　阈值可变的比较器

这样的比较器通常称为限幅检测器,因为正电压输出说明输入超过了某个限定值。选

取不同的 R_1 和 R_2，可以在 $0 \sim V_{CC}$ 之间设定任意的限定值。如果需要负的限定值，可将 $-V_{EE}$ 接到分压器上，如图 20-11c 所示。此时负的参考电压加到了反相输入端。当 v_{in} 比 v_{ref} 正向幅度大时，差分输入端电压为正，输出为高电压，如图 20-11d 所示。当 v_{in} 比 v_{ref} 负向幅度大时，则输出为低电压。

20.2.2 单电源比较器

741C 等典型运放可以工作在单一的正电源电压下，即将 $-V_{EE}$ 端接地，如图 20-12a 所示。输出电压只有一个极性，即较低或较高的正电压。例如，当 $V_{CC} = 15V$ 时，输出摆幅可从约 $+1.5V$（低态）变化到 $+13.5V$ 左右（高态）。

如图 20-12b 所示，当 v_{in} 大于 v_{ref} 时，输出高电平；当 v_{in} 小于 v_{ref} 时，输出低电平。无论哪种情况，输出都是正极性，这一点在许多数字电路应用中更为适用。

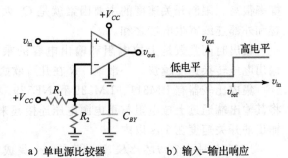

a）单电源比较器   b）输入-输出响应

图 20-12 单电源比较器

20.2.3 集成比较器

虽然 741C 等运算放大器可以作为比较器，但它的摆率会限制电压的改变速度。741C 的输出电压改变速度不超过 $0.5V/\mu s$，因此，741C 在 $\pm 15V$ 的电源电压下需要超过 $50\mu s$ 的时间完成输出状态的转换。解决摆率问题的一种方法是使用更快的运放，如 LM318。它的摆率可达 $70V/\mu s$，在 $-V_{sat} \sim +V_{sat}$ 之间的切换仅需 $0.3\mu s$。

另一个解决方法是去掉普通运放中的补偿电容。因为比较器通常用于非线性电路，补偿电容是不必要的，所以可以去掉补偿电容以使摆率大幅提高。如果集成芯片专门作为比较器进行优化，该器件在数据手册中会单独列出。因此通用数据手册中的运放和比较器是分开的。

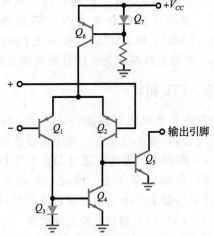

a）集成比较器的简化电路图

20.2.4 集电极开路器件

图 20-13a 是**集电极开路比较器**的简化电路图。它在单一正电源电压下工作。输入级是差分放大器（Q_1 和 Q_2）。电流源 Q_6 提供尾电流。差分放大器驱动有源负载 Q_4。输出级是一个集电极开路的晶体管 Q_5。集电极开路使用户能够控制比较器的输出摆幅。

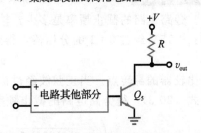

b）集电极开路的输出级采用上拉电阻

图 20-13 集成比较器电路

第 16 章讨论的典型运算放大器的输出级是有源上拉级，因为其中含有两个 B 类推挽连接的器件，通过上端的有源器件导通并将输出上拉到高电平。而图 20-13a 所示的集电极开路输出级则需要与外加元器件相连接。

　　为了使输出级正常工作，用户必须用一个外加电阻将开路的集电极连接到电源电压，如图 20-13b 所示。该电阻称为**上拉电阻**，因为当 Q_5 关断时，该电阻将输出电压拉至高电平。当 Q_5 处于饱和时，输出电压为低电平。因为输出级是一个晶体管开关，该比较器产生两态的输出。

　　图 20-13a 所示电路中没有补偿电容，只有很小的分布电容，所以该电路输出电压的摆率很高。限制开关速度的主要因素就是 Q_5 两端的电容。这个输出电容是内部集电极电容和外部连线寄生电容之和。

　　输出时间常数是上拉电阻和输出电容的乘积。因此，图 20-13b 中的上拉电阻越小，输出电压转换速度越快。一般地，R 在几百欧姆到几千欧姆之间。

　　集成比较器有 LM311、LM339 和 NE529。它们都具有集电极开路的输出级，即必须将其输出端通过上拉电阻与正电源电压连接起来。因为具有很高的摆率，这些集成比较器输出的开关速度在 $1\mu s$ 以内。

　　LM339 是一个四芯比较器，即在一个集成芯片封装中含有四个比较器。它可以工作在单电源或者双电源电压下。因为价格便宜且使用方便，LM339 是应用较多的比较器。

　　并不是所有的集成比较器都具有集电极开路输出级。有些比较器是集电极有源输出级，如LM360、LM361 和 LM760。有源上拉的转换速度更快，并且这些高速集成比较器需要双电源。

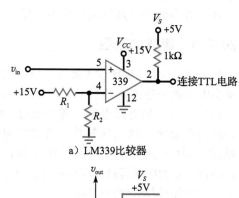

a）LM339比较器

b）输入-输出响应

图 20-14　比较器与 TTL 器件的互连

20.2.5　TTL 驱动

　　LM339 是集电极开路器件。图 20-14a 所示是 LM339 与 TTL 器件的互连。该比较器的电源电压是+15V，而开路的集电极通过 $1k\Omega$ 的上拉电阻连接到+5V 的电源电压上。因此，其输出摆幅是 0～+5V，如图 20-14b 所示。该输出信号对于工作电压为+5V 的 TTL 器件来说是理想的。

　　应用实例 20-4　图 20-15a 中，输入电压是峰值为 10V 的正弦波。电路的翻转点电压是多少？旁路电路的截止频率是多少？输出波形是怎样的？　　**▓▓▓Multisim**

　　解：+15V 经过 3:1 的分压器，得到参考电压为：

$$v_{\text{ref}} = +5\text{V}$$

这就是比较器的翻转点。当正弦波经过该电压点时，输出状态发生改变。

　　由式（20-3），得旁路电路的截止频率为：

$$f_c = \frac{1}{2\pi(200\text{k}\Omega \parallel 100\text{k}\Omega) \times 10\mu\text{F}} = 0.239\text{Hz}$$

这个截止频率很低，意味着 60Hz 的参考电源电压波动将会大为衰减。

　　图 20-15b 所示是输入正弦波，它的峰值为 10V。输出方波的峰值大约为 15V。注意观察输入正弦波经过+5V 的翻转点时输出电压的转换情况。　　◀

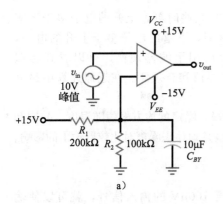
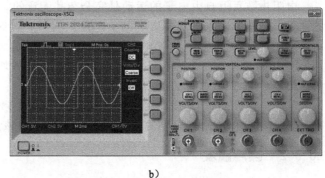

图 20-15　计算占空比

自测题 20-4　将 20-15a 电路中的 $200\mathrm{k}\Omega$ 电阻改为 $100\mathrm{k}\Omega$，$10\mu\mathrm{F}$ 电容改为 $4.7\mu\mathrm{F}$。计算电路的翻转点和截止频率。

应用实例 20-5　图 20-15b 所示输出波形的占空比是多少？

解：占空比是指脉冲宽度与周期的比值。其等效的定义为：占空比等于导通角除以 360°。

图 20-15 中正弦波的峰值为 10V，因此，输入电压为：

$$v_{\mathrm{in}} = 10\sin\theta$$

输出的方波在输入电压经过 +5V 时状态发生转换，此时，上述公式变为：

$$5 = 10\sin\theta$$

可以解出发生转换时 θ 的值：

$$\sin\theta = 0.5$$

或者

$$\theta = \arcsin 0.5 = 30° \text{ 和 } 150°$$

第一个解 $\theta = 30°$，此时输出由低转换到高。第二个解 $\theta = 150°$，此时输出由高转换到低。占空比为：

$$D = \frac{\text{导通角}}{360°} = \frac{150° - 30°}{360°} = 0.333$$

图 20-15b 的占空比可表示为 33.3%。

20.3　迟滞比较器

如果比较器的输入包含大量噪声，当 v_{in} 接近翻转点时输出电压就会不稳定。减小噪声影响的一种方法是使用正反馈连接的比较器。正反馈产生两个独立的翻转点，可以防止由输入端噪声造成的错误翻转。

20.3.1　噪声

噪声是不希望存在的信号，它与输入信号无关或与输入信号的谐波相关。电动机、霓虹灯、电力线、汽车点火、闪电等，都会产生电磁场并给电路带来噪声。电源电压波动也属于噪声，因为它与输入信号不相关。通过使用稳压电源及屏蔽设施，可以将波动与耦合噪声减小到可以容忍的程度。

热噪声是由电阻中自由电子的随机运动造成的（见图 20-16a）。使这些电子运动的能量来自于环境中的热能。环境温度越高，电子越活跃。

电阻中数百万自由电子的运动是完全杂乱无章的。在某些时刻，上升的电子多于下落的电子，就造成了电阻两端微小的负电压。在另一些时刻，下落的电子多于上升的电子，就造成了电阻两端微小的正电压。如果将噪声经放大后用示波器观察，可以看到类似图 20-16b 的图像。和其他电压一样，噪声电压也有方均根值和有效值。在近似计算中最大噪声峰值约为方均根值的四倍。

电阻中电子的随机运动产生的噪声分布在几乎整个频段。噪声的均方根值随温度、带宽和电阻值的增加而增加。在电路的分析和设计过程中，应该清楚地认识噪声对比较器输出的影响。

20.3.2　噪声触发

如 20.1 节所述，比较器的高开环增益意味着只需要 $100\mu V$ 的输入信号，就可以使输出状态发生转换。如果输入信号中的噪声具有 $100\mu V$ 或者更大的峰值电压，则比较器将能检测出噪声产生的过零点。

图 20-17 显示了比较器在没有输入信号，只有噪声情况下的输出。当噪声的峰值电压足够大时，比较器输出将发生不希望的翻转。例如，噪声在 A、B 和 C 点达到峰值时，使输出产生了本不该有的从低到高的翻转。当有输入信号时，噪声将叠加在输入信号上并导致不稳定的翻转。

a）电阻中电子的随机运动　　b）示波器显示的噪声

图 20-16　热噪声

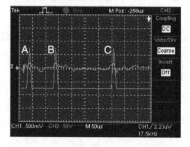

图 20-17　噪声对比较器的误触发

20.3.3　施密特触发器

解决噪声干扰的标准方法是使用如图 20-18a 所示的比较器。输入信号加在反相输入端。因为反馈电压使输入电压增强，所以是正反馈。这种采用正反馈的比较器通常称为**施密特触发器**。

当比较器正向饱和时，正电压被反馈到同相输入端，正反馈电压使输出保持在高电平。类似地，当输出电压负向饱和，负电压被反馈到同相输入端，并使输出保持在低电平。无论哪种情况下，该正反馈使输出所处的状态得到增强。

反馈系数为：

$$B = \frac{R_1}{R_1 + R_2} \tag{20-4}$$

当输出正向饱和时，加到同相端的参考电压为：

$$v_{\text{ref}} = + BV_{\text{sat}} \tag{20-5a}$$

当输出负向饱和时，参考电压为：

$$v_{\text{ref}} = - BV_{\text{sat}} \tag{20-5b}$$

在输入电压超过该状态下的参考电压之前，输出的电压将保持在给定的状态。例如，如果输出正向饱和，参考电压为 $+BV_{\text{sat}}$。输入电压只有增加到大于 $+BV_{\text{sat}}$ 时才能使比较器的输出由正电压变为负电压，如图 20-18b 所示。当输出为负向饱和时，它将保持这个状态直到输入电压比$-BV_{sat}$更低。此时输出从负电压转换为正电压（参见图 20-18b）。

20.3.4 迟滞特性

图 20-18b 所示的特殊的响应特性称为**迟滞**特性。为了理解这个概念，将手指放在图线上端
的$+V_{sat}$处。假设这就是当前的输出电压。
将手指沿水平方向向右移动。在这个方向
上，输入电压发生变化，而输出电压始终等
于$+V_{sat}$。当手指到达右上角时，v_{in}等于
$+BV_{sat}$。当v_{in}略大于$+BV_{sat}$时，输出电压
进入高低状态之间的转换区域。

如果将手指沿垂直线向下移动，将
模拟输出电压由高到低的变换过程。当
手指到达下面的横线时，输出电压达到
负向饱和，等于$-V_{sat}$。

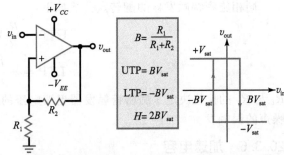

a）反相施密特触发器　b）具有迟滞特性的输入-输出响应

图 20-18 反相施密特触发器及其特性

为了转换回高电平状态，移动手指直到左下角。在这里，v_{in}等于$-BV_{sat}$。当v_{in}
比$-BV_{sat}$略低时，输出电压将进入由低到高的转换区域。如果将手指沿垂直方向向上移
动，将模拟输出电压由低变高的变换过程。

在图 20-18b 中，翻转电压被定义为使输出电压发生状态改变的两个输入电压值。高
值翻转点（UTP）的值为：

$$UTP = BV_{sat} \tag{20-6}$$

低值翻转点（LTP）的值为：

$$LTP = -BV_{sat} \tag{20-7}$$

两个翻转点之差定义为迟滞（也称死区）：

$$H = UTP - LTP \tag{20-8}$$

利用式（20-6）和（20-7），得到：

$$H = BV_{sat} - (-BV_{sat})$$

其值等于：

$$H = 2BV_{sat} \tag{20-9}$$

正反馈导致了图 20-18b 所示的迟滞特性。如果没有正反馈，B 将等于零，迟滞便会
消失，因为翻转点等于零。

施密特触发器需要迟滞特性，以防止噪声引起错误触发。如果噪声峰值电压小于迟滞
电压，则噪声不会导致误触发。例如，若 UTP = +1V、LTP = -1V、H = 2V，此时，只
要噪声峰峰值小于 2V，施密特触发器将
不会发生误触发。

20.3.5 同相电路

图 20-19a 所示是同相施密特触发器。
其输入-输出响应有一个迟滞回路，如
图 20-19b 所示。它的工作原理如下：当
图 20-19a 电路的输出正向饱和时，反馈到同
相输入端的电压是正的，使正向饱和进一步

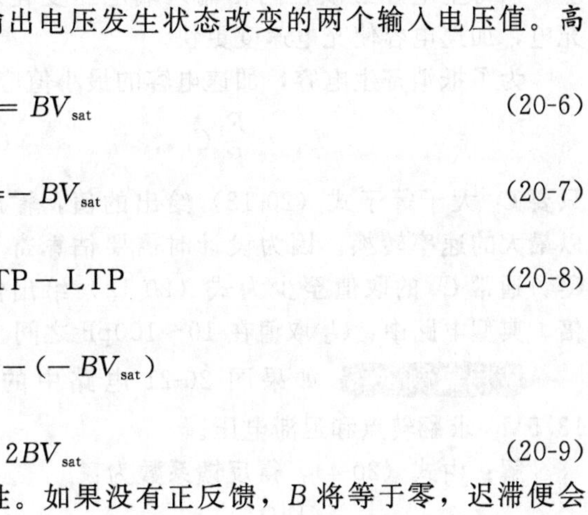

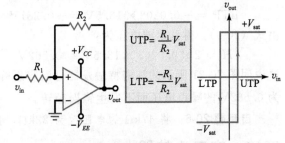

a）同相施密特触发器　b）输入-输出响应

图 20-19 同相施密特触发器及其特性

加强。同理，如果输出负向饱和，反馈到同相输入端的是负电压，使负向饱和进一步加强。

假设输出负向饱和，反馈电压将使输出保持在该状态直至输入电压比 UTP 更高。此时，输出由负向饱和转换为正向饱和。在正向饱和时，输出状态保持直至输入电压比 LTP 更低时，输出再次转换回到负向状态。

同相施密特触发器的翻转点公式如下：

$$\text{UTP} = \frac{R_1}{R_2} V_{\text{sat}} \tag{20-10}$$

$$\text{LTP} = -\frac{R_1}{R_2} V_{\text{sat}} \tag{20-11}$$

R_1 与 R_2 的比值决定了施密特触发器迟滞电压的大小。可以设计足够大的迟滞电压以避免噪声的误触发。

20.3.6 加速电容

正反馈可以抑制噪声的影响，同时还可以加速输出状态的转换。当输出电压开始变化时，这个变化量也反馈到同相输入端并被放大，驱使输出更快地转换。有时将一个电容 C_2 与电阻 R_2 并联，如图 20-20 所示。该电容作为**加速电容**，可以抵消 R_1 两端寄生电容引起的旁路效应。该寄生电容必须在同相输入端电压变化之前被充电，加速电容使充电速度更快。

为了抵消寄生电容，加速电容的最小值应为：

$$C_2 = \frac{R_1}{R_2} C_1 \tag{20-12}$$

只要 C_2 大于等于式（20-12）给出的值，输出将会以最大的速率转换。因为设计时需要估算寄生电容 C_1，通常 C_2 的取值至少为式（20-12）给出值的两倍。典型电路中，C_2 取值在 $10 \sim 100\text{pF}$ 之间。

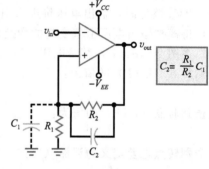

图 20-20 加速电容对寄生电容的补偿

应用实例 20-6 如果图 20-21 电路中的 $V_{\text{sat}} = 13.5\text{V}$，求翻转点和迟滞电压。

解：由式（20-4），得反馈系数为：

$$B = \frac{1\text{k}\Omega}{48\text{k}\Omega} = 0.0208$$

由式（20-6）和式（20-7），得到翻转点电压为：

UTP $= 0.0208 \times 13.5\text{V} = 0.281\text{V}$

LTP $= -0.0208 \times 13.5\text{V} = -0.281\text{V}$

由式（20-9），得到迟滞电压为：

$$H = 2 \times 0.0208 \times 13.5\text{V} = 0.562\text{V}$$

这说明图 20-21 所示的施密特触发器可以容忍峰峰值为 0.562V 的噪声电压而不发生错误翻转。

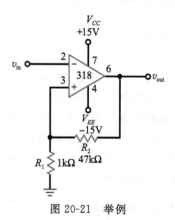

图 20-21 举例

自测题 20-6 将 47kΩ 的电阻改为 22kΩ，重新计算例 20-6。

20.4 窗口比较器

普通比较器所显示的是当输入电压超过某个限定值或阈值时的状态。**窗口比较器**（也称双端限幅检测器）检测的是处于两个限定值之间的输入电压，这个中间区域称为窗口。为了实现窗口比较器，需要使用两个具有不同阈值电压的比较器。

20.4.1　限定值内的输出为低电平

图 20-22a 所示的窗口比较器电路中，当输入电压处于下限和上限电压之间时，输出为低电平。该电路的两个阈值为 LTP 和 UTP。参考电压可以通过由齐纳二极管或其他电路构成的分压器产生。图 20-22b 所示是窗口比较器的输入/输出响应。当 v_{in} 小于 LTP 或大于 UTP 时，输出为高电平。当 v_{in} 在 LTP 和 UTP 之间时，输出为低电平。

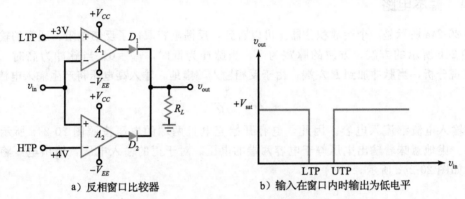

a）反相窗口比较器　　　　b）输入在窗口内时输出为低电平

图 20-22　反相窗口比较器及其特性

下面是其工作原理。假设正翻转电压为：LTP＝3V，UTP＝4V。当 $v_{in}<3V$ 时，比较器 A_1 的输出为正，A_2 的输出为负。二极管 D_1 导通，D_2 截止。因此，输出电压为高电平。同理，当 $v_{in}>4V$ 时，比较器 A_1 的输出为负，A_2 的输出为正。二极管 D_1 截止，D_2 导通，输出电压为高电平。当 $3V<v_{in}<4V$ 时，A_1 的输出为负，A_2 的输出也为负，二极管 D_1 和 D_2 都截止，则输出电压为低电平。

20.4.2　限定值内的输出为高电平

图 20-23a 所示是另一个窗口比较器。该电路使用了一个 LM339，它是一个四芯比较器，需要外接上拉电阻。当上拉电源为＋5V 时，其输出可以驱动 TTL 电路。图 20-23b 为输入/输出响应。可以看到，当输入处于两个限定值之间时的输出为高电平。

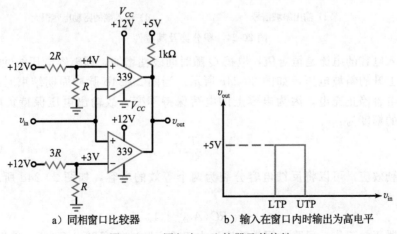

a）同相窗口比较器　　　　b）输入在窗口内时输出为高电平

图 20-23　同相窗口比较器及其特性

这里假设参考电压与上一节中相同。当输入电压小于 3V 时，下方的比较器将输出下拉到零。当输入电压高于 4V 时，上方的比较器将输出下拉到零。当输入处于 3～4V 之间时，每个比较器中的输出晶体管均截止，故输出被上拉到 +5V。

20.5 积分器

积分器是可以实现数学中积分操作的电路。积分器最常见的用途就是产生斜坡电压，即线性上升或下降的电压。积分器有时称为密勒积分器，这是为了纪念它的发明者。

20.5.1 基本电路

图 20-24a 所示是一个运放积分器。可以看到，反馈电容取代了反馈电阻。通常的输入是如图 20-24b 所示的方波。方波的脉宽为 T。当脉冲为低时，$v_{in}=0$。当脉冲为高时，$v_{in}=V_{in}$。直观分析，当脉冲加到 R 左端，由于反相输入端虚地，输入高电压将产生输入电流：

$$I_{in} = \frac{V_{in}}{R}$$

所有的输入电流都流入电容。因此，电容开始充电且两端的电压按照图 20-24a 所示的极性增加。虚地意味着输出电压等于电容两端的电压。对于正的输入电压，输出电压将负向增加，如图 20-24c 所示。

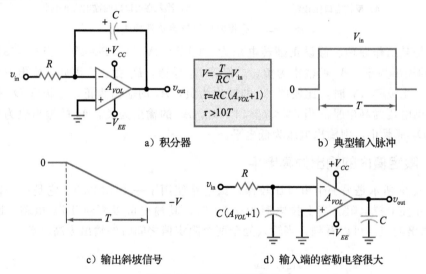

a）积分器

$$V = \frac{T}{RC}V_{in}$$
$$\tau = RC(A_{VOL}+1)$$
$$\tau > 10T$$

b）典型输入脉冲

c）输出斜坡信号

d）输入端的密勒电容很大

图 20-24　积分器及其特性

因为流入电容的电流是恒定值，电荷 Q 随时间线性增加，即电容电压线性增长，等效于输出负向上升的斜坡电压，如图 20-24c 所示。当图 20-24b 脉冲周期结束时，输入电压变回到零且电容停止充电。因为电容上的电荷保持不变，故输出电压保持负电压 −V 不变。该电压的幅度为：

$$V = \frac{T}{RC}V_{in} \tag{20-13}$$

因为密勒效应，可以将反馈电容分裂为两个等效的电容，如图 20-24d 所示。输入回路时间常数 τ 为：

$$\tau = RC(A_{VOL}+1) \tag{20-14}$$

为了使积分器正常工作，回路时间常数应远大于输入脉冲的宽度（至少 10 倍以上），公式表示为：

$$\tau > 10T \qquad (20\text{-}15)$$

在典型的运放积分器中，回路时间常数非常大，所以这个条件很容易满足。

20.5.2 消除输出失调

图 20-24a 所示电路需要经过微小的修改才能使用。因为电容对直流信号开路，所以在零频时没有负反馈。因为没有负反馈，电路会将输入失调电压作为有效的输入电压，使电容充电，并使输出达到正向或负向饱和，结果是不确定的。

减小输入失调电压影响的方法之一是减小零频时的电压增益。可以加入一个与电容并联的电阻，如图 20-25a 所示。该电阻应至少比输入电阻大 10 倍。如果增加的电阻为 10R，闭环电压增益为 10，输出失调电压下降到可以容忍的范围内。当输入信号有效时，附加电阻对电容的充电没有影响，故输出电压仍是理想的斜坡信号。

消除输入失调电压影响的另一个方法是使用一个结型场效应管作开关，如图 20-25b 所示。结型管栅极的复位电压为 0V 或 $-V_{CC}$，足以使该管关断。可以在积分器空闲时将 JFET 置成低阻态，在积分器有效时将其置为高阻态。

JFET 使电容放电，为下一个输入脉冲作准备。下一个输入脉冲到来之前，复位电压置为 0V，电容放电。当下一个脉冲到来的同时，复位电压置为 $-V_{CC}$，使 JFET 关断。积分器便可以产生斜坡输出电压。

知识拓展 图 20-25 中的反馈电阻也可以分成两个等效电阻。在输入端，$z_{in} = R_f/(1+A_{VOL})$。

应用实例 20-7 图 20-26 电路在输入脉冲结束时的输出电压是多少？如果 741C 的开环电压增益是 100 000，则积分器的回路时间常数是多少？

解：由式（20-13）得到输入脉冲结束时输出负电压的幅值是：

$$V = \frac{1\text{ms}}{2\text{k}\Omega \times 1\mu\text{F}} \times 8\text{V} = 4\text{V}$$

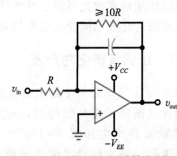

a）跨接在电容上的电阻可减小输出失调电压

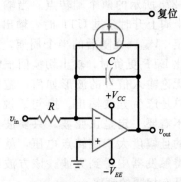

b）结型场效应管用来使积分器复位

图 20-25 消除输出失调

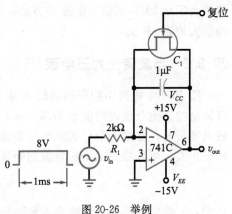

图 20-26 举例

由式（20-14）得回路时间常数为：

$$\tau = RC(A_{VOL}+1) = 2\text{k}\Omega \times 1\mu\text{F} \times 100\ 001 = 200\text{s}$$

因为 1ms 的脉冲宽度远小于回路时间常数，所以只在电容充电的最初时间段是指数关系。

而指数项的初始部分近似线性，故输出电压是近乎理想的斜坡电压。示波器中的线性扫描电压就是通过积分器产生的线性斜坡信号。 ◀

📝 **自测题 20-7** 将图 20-26 电路中的 2kΩ 电阻改为 10kΩ，重新计算例 20-7。

20.6 波形变换

可以使用运算放大器将正弦波转化为方波或将方波转化为三角波等。本节将介绍一些将输入波形转化成不同输出波形的基本电路。

20.6.1 正弦波转化为方波

图 20-27a 所示是一个施密特触发器，图 20-27b 是其输入-输出关系曲线。当输入信号

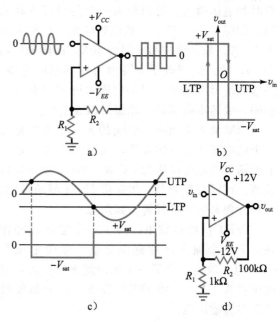

是周期性（循环重复）信号时，施密特触发器的输出将产生如图 20-27b 所示的方波。这里假设输入信号足够大并能够通过图 20-27c 所示的两个翻转点。当输入电压在正半周上升时超过 UTP 时，输出电压将切换至 $-V_{\text{sat}}$。在随后的半个周期，当输出电压比 LTP 更负时，输出切换回 $+V_{\text{sat}}$。

无论输入信号的波形如何，施密特触发器总是产生方波输出。换句话说，输入信号不需要一定是正弦波。只要波形是周期性的且幅度大于翻转点电压，就可以从施密特触发器中得到方波。该方波与输入信号具有相同的频率。

例如，图 20-27d 展示了一个翻转点约为 UTP = +0.1V，LTP = -0.1V 的施密特触发器。如果输入电压是周期性的且峰峰值大于 0.2V，则输出电压是方波，其峰峰值大约为 $2V_{\text{sat}}$。

图 20-27 施密特触发器的输出是矩形波

20.6.2 方波转化为三角波

图 20-28a 电路中积分器的输入是方波。因为输入信号的直流分量或均值为零，所以其输出的直流分量或均值也为零。如图 20-28b 所示，在输入信号的正半周期输出为下降的斜坡信号，在输入信号的负半周期输出为上升的斜坡信号。因此，输出是与输入同频率的三角波。可以看到输出三角波的峰峰值为：

$$V_{\text{out(pp)}} = \frac{T}{2RC} V_p \tag{20-16}$$

式中，T 是信号周期。用频率表示的公式为：

$$V_{\text{out(pp)}} = \frac{V_p}{2fRC} \tag{20-17}$$

式中，V_p 是输入电压峰值，f 是输入信号频率。

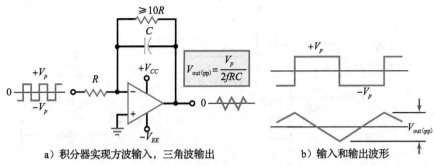

a）积分器实现方波输入，三角波输出　　　　b）输入和输出波形

图 20-28　方波转化为三角波

20.6.3　三角波转化为脉冲波

图 20-29a 所示是将三角波转化为方波的电路。通过改变 R_2，可以改变输出脉冲的宽度，相当于改变占空比。图 20-29b 中，W 表示脉冲宽度，T 是周期。如前所述，占空比 D 是脉宽与周期的比值。

在某些应用中，需要使占空比发生改变。图 20-29a 所示的可调幅值检测器可以实现这个功能。将该电路的翻转点从零移动到一个正电压，当输入三角波电压超过翻转点时，输出为高电平，如图 20-29c 所示。因为 v_{ref} 可调，可以改变输出脉冲的宽度，相当于改变占空比。使用该电路可以使占空比改变的范围近似为 0～50%。

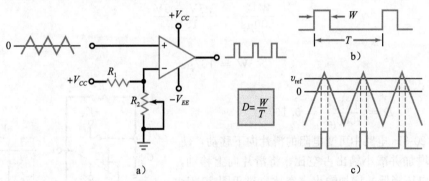

图 20-29　幅值检测器实现三角波输入、方波输出

应用实例 20-8　当图 20-30 电路中输入频率为 1kHz 时，其输出电压是什么？

解： 利用式（20-17）求得输出三角波的峰峰值为：

$$V_{out(pp)} = \frac{5V}{2 \times 1kHz \times 1k\Omega \times 10\mu F}$$
$$= 0.25V（峰峰值）\blacktriangleleft$$

自测题 20-8　若使图 20-30 电路产生 1V（峰峰值）的输出电压，电容值应为多少？

应用实例 20-9　20-31a 所示电路的输入是三角波。可变电阻的最大值为 10kΩ。如果输入三角波的频率为 1kHz，当可变电阻的滑片在中点位置时，输出的占空比是多少？

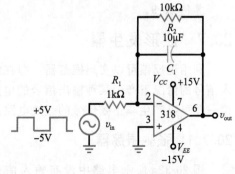

图 20-30　举例

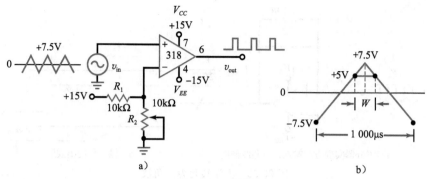

图 20-31 举例

解： 当滑片在中点位置时，电阻值为 5kΩ。则参考电压为：

$$v_{\text{ref}} = \frac{5\text{k}\Omega}{15\text{k}\Omega} \times 15\text{V} = 5\text{V}$$

信号的周期为：

$$T = \frac{1}{1\text{kHz}} = 1000\mu\text{s}$$

该值显示于图 20-31b。输入电压从 -7.5V 增加到 $+7.5\text{V}$ 需要 $500\mu\text{s}$，相当于半个周期的时间。比较器的翻转电压是 $+5\text{V}$，则其输出脉冲的宽度为 W，如图 20-31b 所示。

根据图 20-31b 所示的几何关系，可以在电压和时间之间建立比例关系为：

$$\frac{W/2}{500\mu\text{s}} = \frac{7.5\text{V} - 5\text{V}}{15\text{V}}$$

解得：

$$W = 167\mu\text{s}$$

占空比为：

$$D = \frac{167\mu\text{s}}{1000\mu\text{s}} = 0.167$$

将图 20-31a 电路中可变电阻的滑片向下移动，使参考电压增加并减小输出占空比。将滑片向上移动，则使参考电压降低并增加输出占空比。对于图 20-31a 电路参数，可使输出占空比从 0 变化到 50%。◀

✎ **自测题 20-9** 当输入频率为 2kHz 时，重新计算例 20-9。

20.7 波形发生器

利用正反馈可以实现**振荡器**，即在没有外加输入信号的情况下产生某种输出信号的电路。本节讨论一些可以产生非正弦信号的运放电路。

20.7.1 张驰振荡器

图 20-32a 所示电路中没有输入信号，但是能产生矩形波输出信号。该输出是在 $-V_{\text{sat}} \sim +V_{\text{sat}}$ 之间变化的方波。原理如下：假设图 20-32a 中的输

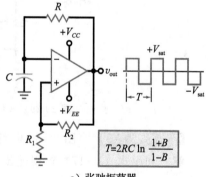

a）张驰振荡器

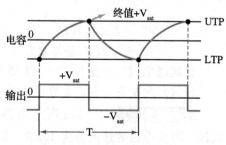

b）电容充放电波形与输出波形

图 20-32 张驰振荡器及其特性

出正向饱和，反馈电阻 R 使电容呈指数规律充电到 $+V_{sat}$，如图 20-32b 所示。但是电容电压不可能达到 $+V_{sat}$，当该电压超过 UTP 时，输出将转换至 $-V_{sat}$。

此时的输出处于负向饱和，电容开始放电，如图 20-32b 所示。当电容电压过零时，电容开始负向充电至 $-V_{sat}$。当电压经过 LTP 时，输出转换至 $+V_{sat}$。这个过程将周而复始。

因为电容连续地充放电，输出是一个占空比为 50% 的矩形波。分析电容指数充放电的过程，可以推导出矩形波输出的周期为：

$$T = 2RC\ln\frac{1+B}{1-B} \tag{20-18}$$

其中，B 是反馈系数，其表达式如下：

$$B = \frac{R_1}{R_1 + R_2}$$

式（20-18）使用了自然对数，它以 e 作为对数基底。该方程必须使用自然对数的科学计算器或者表格。

图 20-32a 所示电路被称为**张弛振荡器**，指的是所产生的输出信号频率取决于电容充放电的电路。如果增加 RC 时间常数，电容电压充电至翻转点需要更长的时间。因此，频率更低。通过对 R 的调节，可以得到 50:1 的调谐范围。

20.7.2 产生三角波

将一个张弛振荡器和一个积分器级联，可以得到如图 20-33 所示的三角波产生电路。张弛振荡器的矩形波输出驱动积分器，使其产生三角波输出。该矩形波在 $+V_{sat} \sim -V_{sat}$ 之间变化。可以通过式（20-18）计算其周期，三角波的周期和频率与张弛振荡器相同。由式（20-16）可计算输出峰峰值。

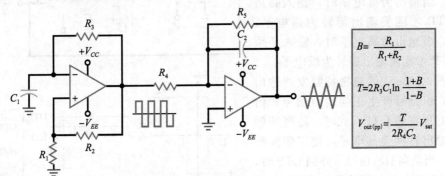

图 20-33　张弛振荡器驱动积分器产生三角波输出

应用实例 20-10 图 20-34 电路输出信号的频率是多少？

Multisim

解：反馈系数为：

$$B = \frac{18k\Omega}{20k\Omega} = 0.9$$

由式（20-18）得：

$$T = 2RC\ln\frac{1+B}{1-B} = 2 \times 1k\Omega \times 0.1\mu F \times \ln\frac{1+0.9}{1-0.9} = 589\mu s$$

频率为：

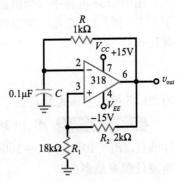

图 20-34　举例

$$f = \frac{1}{589\mu s} = 1.7\text{kHz}$$

图 20-34 电路的输出方波频率为 1.7kHz，峰峰值 $2V_{\text{sat}}$ 约为 27V。◀

自测题 20-10 将图 20-34 电路中的 18kΩ 电阻改为 10kΩ，重新计算输出频率。

应用实例 20-11 图 20-33 所示电路中使用例 20-10 中的张驰振荡器驱动积分器。假设振荡器输出的峰值电压为 13.5V。如果积分器中 $R_4 = 10\text{k}\Omega$，$C_2 = 10\mu\text{F}$，则输出三角波的峰峰值是多少？　　　　　　　　　　　　　　　　　　　　　　　　　　**▌▌▌Multisim**

解： 可以使用图 20-33 中的公式进行电路分析。在例 20-10 中，计算出反馈系数为 0.9，周期为 589μs。这里计算输出三角波的峰峰值为：

$$V_{\text{out(pp)}} = \frac{589\mu s}{2 \times 10\text{k}\Omega \times 10\mu\text{F}} \times 13.5\text{V} = 39.8\text{mV}（峰峰值）$$

该电路产生方波的峰峰值大约为 27V，三角波的峰峰值为 39.8mV。◀

自测题 20-11 将图 20-34 电路中的 18kΩ 电阻改为 10kΩ，重新计算例 20-11。

20.8 典型的三角波发生器

图 20-35a 所示同相施密特触发器的输出是矩形波，作为积分器的输入。积分器的输出是三角波，该三角波反馈回来驱动施密特触发器。这样得到一个非常有趣的电路：第一级驱动第二级，而第二级又驱动第一级。

图 20-35b 所示是施密特触发器的传输特性。当输出为低电平时，输入必须超过 UTP 才能使输出翻转为高电平。类似地，当输出为高电平时，输入必须低于 LTP 才能使输出翻转为低电平。

当图 20-35c 中的施密特触发器输出为低时，积分器产生正向斜坡信号，信号电压上升直到 UTP。此时，施密特触发器的输出转换至高电平，使三角波改变方向。当负向斜坡信号下降到 LTP 时，施密特触发器的输出再次发生改变。

图 20-35c 电路中三角波的峰峰值等于 UTP 和 LTP 之差。可以得到频率的表达式：

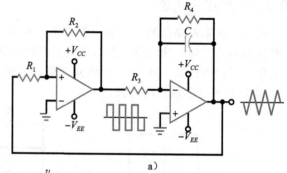

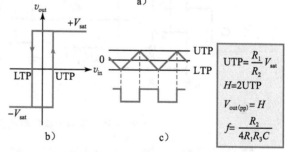

图 20-35　施密特触发器与积分器产生方波和三角波

$$f = \frac{R_2}{4R_1R_3C} \tag{20-19}$$

图 20-35 给出了该式及其他方程。

应用实例 20-12 图 20-35a 所示的三角波发生器的电路参数为：$R_1 = 1\text{k}\Omega$，$R_2 = 100\text{k}\Omega$，$R_3 = 10\text{k}\Omega$，$R_4 = 100\text{k}\Omega$，$C = 10\mu\text{F}$。当 $V_{\text{sat}} = 13\text{V}$ 时，输出的峰峰值是多少？三角波的频率是多少？

解： 根据图 20-35 中的公式，可得 UTP 的值为：

$$\text{UTP} = \frac{1\text{k}\Omega}{100\text{k}\Omega} \times 13\text{V} = 0.13\text{V}$$

输出三角波的峰峰值等于迟滞电压：

$$V_{\text{out(pp)}} = H = 2\text{UTP} = 2 \times 0.13\text{V} = 0.26\text{V}$$

频率为：

$$f = \frac{100\text{k}\Omega}{4 \times 1\text{k}\Omega \times 10\text{k}\Omega \times 10\mu\text{F}} = 250\text{Hz}$$ ◀

自测题 20-12 将图 20-35 电路中的 R_1 改为 $2\text{k}\Omega$，C 改为 $1\mu\text{F}$。计算 $V_{\text{out(pp)}}$ 和输出频率。

20.9 有源二极管电路

运算放大器可以增强二极管电路的性能。一方面，带有负反馈的运放可以减小阈值电压的影响，实现对信号的整形、峰值检测和低电压信号（幅度小于阈值电压）的钳位。同时，由于运放的缓冲作用，可以减小信号源和负载对二极管电路的影响。

20.9.1 半波整流器

图 20-36 所示是一个**有源半波整流器**。当输入信号为正值时，输出为正且二极管导通。此时电路类似一个电压跟随器，且负载电阻上呈现正半周波形。当输入为负值时，运放输出为负且二极管截止。因为二极管开路，所以负载电阻上没有电压输出。最终的输出近似为理想的半波信号。

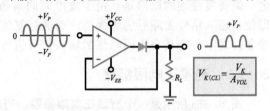

图 20-36 有源半波整流器

电路有两种工作模式或工作区域。第一种：当输入电压为正时，二极管导通，工作在线性区。此时，输出电压反馈到输入，形成负反馈。第二种：当输入电压为负时，二极管不导通且反馈环路开路。此时，运放的输出与负载电阻相互隔离。

运放的高开环电压增益几乎消除了阈值电压的影响。例如，若阈值电压为 0.7V，且 A_{VOL} 为 100 000，则使二极管导通的输入电压仅为 $7\mu\text{V}$。

闭环阈值电压由下式决定：

$$V_{K(CL)} = \frac{V_K}{A_{VOL}}$$

硅二极管的 $V_K = 0.7\text{V}$。因为闭环阈值电压很小，所以有源半波整流器可以工作在 μV 量级的低电压信号场合。

20.9.2 有源峰值检测器

对于小信号的峰值检测，可以采用图 20-37a 所示的**有源峰值检测器**。这里的闭环阈值电压也是 μV 量级，即可以对低压信号进行峰值检测。当二极管导通时，负反馈产生的戴维南输出阻抗接近零。这意味着充电时间常数很小，电容可以迅速被充电至正峰值。当二极管截止时，电容通过 R_L 放

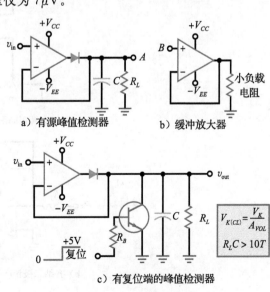

a) 有源峰值检测器 b) 缓冲放大器

c) 有复位端的峰值检测器

图 20-37 峰值检测器

电。放电时间常数 R_LC 可以比输入信号周期长很多，因此能够对小信号进行近似理想的峰值检测。

电路工作在两种不同的工作区。第一种：当输入电压为正时，二极管导通，工作在线性区。此时，电容充电至输入信号的峰值。第二种：当输入电压为负值时，二极管不导通，且反馈环路开路。此时，电容通过负载电阻放电。只要放电时间常数远大于信号周期，则输出电压与输入信号的峰值近似相等。

如果峰值检测信号驱动的负载较小，可以使用运放缓冲器以避免负载效应。例如，将图 20-37a 所示电路的 A 点与图 20-37b 所示电路的 B 点连接起来，则负载小电阻和峰值检测器被电压跟随器隔离，从而防止负载小电阻使电容过快放电。

R_LC 时间常数的最小值应当至少比输入信号最慢周期 T 大 10 倍。表示为：

$$R_LC > 10T \tag{20-20}$$

如果该条件满足，输出电压的误差将在峰值输出的 5% 以内。例如，如果最低频率为 1kHz，其周期为 1ms，此时，R_LC 时间常数至少应为 10ms，以使误差小于 5%。

有源峰值检测器中通常包含复位端，如图 20-37c 所示。当复位端输入低电平时，晶体管开关断开，使电路正常工作。当复位端输入高电平时，晶体管开关闭合，使电容迅速放电。需要复位端的原因是：由于放电时间常数很长，电容上的电荷将保持很长一段时间，即使在输入信号去除后仍然保持。而通过复位端输入高电平，可以使电容迅速放电，以便准备好对下一个具有不同峰值的输入信号进行检测。

20.9.3 有源正向限幅器

图 20-38a 所示是一个**有源正向限幅器**。当滑片在最左端时，v_{ref} 为零且同相输入端接地。当 v_{in} 为正时，运放的输出为负，且二极管导通。由于二极管的阻抗很低，即反馈电阻接近于零，所以形成较强的负反馈。这种情况下，对于 v_{in} 的所有正值，输出节点都是虚地的。

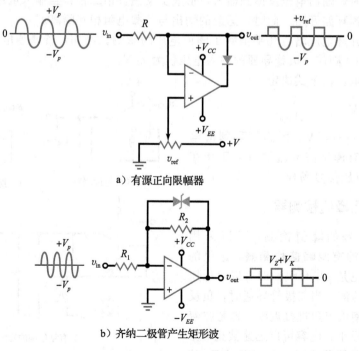

a）有源正向限幅器

b）齐纳二极管产生矩形波

图 20-38　正向及双向限幅器

当 v_{in} 为负时，运放的输出为正，使二极管截止，且使回路开路。当回路开路时，虚地点消失，v_{out} 与输入电压的负半周相等。因此，可以看到图 20-38a 中所示的负半周波形。

可以通过移动滑片来调整限幅电平，从而得到不同的 v_{ref} 值。这样，可以得到如图 20-38a 所示的输出波形。参考电压的变化范围是 $0 \sim +V$。

图 20-38b 所示的是在两个半周期都进行钳位的有源电路。反馈回路中的两个齐纳二极管背靠背连接。当输出小于齐纳电压时，电路的闭环增益为 R_2/R_1。当输出超过齐纳电压与一个正向二极管的压降之和时，齐纳二极管就会击穿，同时输出电压为虚地电压加上 $V_Z + V_K$。从而得到如图 20-38b 所示的输出波形。

20.9.4 有源正向钳位器

图 20-39 所示是一个**有源正向钳位器**。该电路将一个直流分量加在输入信号上，使得输出与输入信号的大小和形状都相同，只是具有直流的偏移。

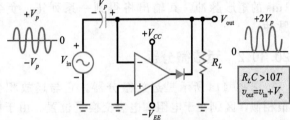

工作原理如下：输入的第一个负半周信号通过未充电的电容耦合到输入端，使运放产生正的输出，并使二极管导通。由于虚地，电容被充电至输入负半周期的峰值电压，极性如图 20-39 所示。当输入比负峰值稍大时，二极管截

图 20-39 有源正向钳位器

止，环路处于开路状态，虚地消失。此时，输出电压是输入电压与电容电压之和：

$$v_{out} = v_{in} + V_p \tag{20-21}$$

由于 V_p 被叠加到正弦输入电压上，因此最终的输出波形将正向平移 V_p，如图 20-39 所示。被正向钳位的输出波形摆幅从 $0 \sim +2V_p$，即其峰峰值为 $2V_p$，与输入相同。同时，负反馈将阈值电压减小为原来的 $1/A_{VOL}$ 左右，说明电路实现了对低电平输入的理想钳位。

图 20-39 给出运放的输出。在信号周期的大部分时间里，运放工作在负饱和状态。但是在负输入的峰值处，运放产生一个尖锐的正脉冲，它补偿了钳位电容在负输入峰值之间的电荷损失。

20.10 微分器

微分器是可以实现微分运算的电路。其输出电压与输入电压的瞬时变化率成正比。微分器通常用于检测矩形脉冲的前沿和后沿，或是由斜坡输入生成矩形输出。

20.10.1 RC 微分器

图 20-40a 所示的 RC 电路可以用来对输入信号进行微分。典型的输入信号是矩形脉冲，如图 20-40b 所示。电路的输出是一系列正、负尖峰脉冲。正尖峰出现在输入的前沿，负尖峰出现在输入的后沿。这些尖峰脉冲是很有用的信号，它们指示出矩形脉冲的起点和终点。

图 20-40c 有助于理解 RC 微分器的工作

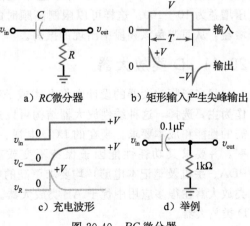

a) RC 微分器

b) 矩形输入产生尖峰输出

c) 充电波形

d) 举例

图 20-40 RC 微分器

原理。当输入电压从 0 变化到 $+V$ 时，电容开始以指数规律充电。经过 5 个时间常数的时间，电容电压与最终值的差在 1% 以内。根据基尔霍夫电压定律，图 20-40a 中电阻上的电压为：

$$v_R = v_{in} - v_C$$

由于 v_C 的初始值为 0，输出电压从 0 跳变至 V，然后以指数下降，如图 20-40b 所示。同理，矩形脉冲的后沿产生负的尖峰脉冲。图 20-40b 中的尖峰值约为 V，等于电压阶跃值。

如果用 RC 微分器来产生窄脉冲，则时间常数应小于脉冲宽度 T 的 1/10：

$$RC < 10T$$

如果脉冲宽度是 1ms，则 RC 时间常数应小于 0.1ms。图 20-40d 所示是一个时间常数为 0.1ms 的 RC 微分器。如果该电路的输入是周期大于 1ms 的矩形脉冲，其输出将得到一系列正、负尖峰脉冲。

20.10.2 运放微分器

图 20-41a 所示是运放微分器。它与运放积分器很相似，区别在于电阻和电容交换了位置。由于虚地点的存在，电容电流经过反馈电阻，并在电阻上产生压降。电容电流的公式为：

$$i = C \frac{\mathrm{d}v}{\mathrm{d}t}$$

$\mathrm{d}v/\mathrm{d}t$ 的值等于输入电压的斜率。

运放微分器通常用于产生非常窄的脉冲，如图 20-41b 所示。与简单 RC 微分器相比，运放微分器的优势在于尖峰脉冲来自低阻抗信号源，更易于驱动典型电阻负载。

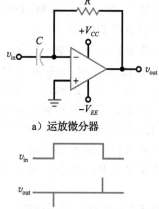

a）运放微分器

b）矩形输入产生尖峰输出

图 20-41 运放微分器

20.10.3 实际的运放微分器

图 20-41a 所示的运放微分器有可能发生振荡。为避免振荡，实际的运放微分器往往包含与电容串联的电阻，如图 20-42 所示。附加电阻的典型值为 $0.01R \sim 0.1R$。有了这个电阻，闭环电压增益为 $10 \sim 100$。这样可以限制高频时的闭环电压增益，从而避免该频段中出现的振荡。

20.11 D 类放大器

很多音频放大器的设计中将 B 类或 AB 类放大器作为主要选择，这种线性放大器结构可以达到通常所需的性能和成本要求。

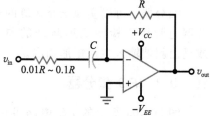

图 20-42 输入串联电阻以防止振荡

现在的 LCD 电视、等离子电视、台式 PC 等产品要求更大的输出功率，并要求其功耗性能因子保持不变或有所降低，且成本不增加。便携功率器件（如 PDA、手机及笔记本电脑）均要求更高的电路效率。由于具有高效率和低功耗的特性，D 类放大器在很多应用中优于 AB 类放大器。在前面讨论过的很多电路应用中，都可以使用 D 类放大器。

20.11.1　分立 D 类放大器

D 类放大器的偏置不在线性工作区，其输出晶体管处于开关工作状态，这使得每个晶体管工作在截止区或饱和区。当处于截止时，电流为 0。当处于饱和时，其压降很低。在每种模式下，功耗都很低。这种工作模式提高了电路的效率，所需的电源功率更低，放大器的散热片也更小。

采用半桥结构的基本 D 类放大器电路如图 20-43 所示，包含一个用作比较器的运放以及两个用作开关的 MOS 管。比较器有两个输入信号，一个是音频信号 V_A，另一个是频率很高的三角波 V_T。比较器的输出电压 V_C 约为 $+V_{DD}$ 或 $-V_{SS}$。当 $V_A > V_T$ 时，$V_C = +V_{DD}$；当 $V_A < V_T$ 时，$V_C = -V_{SS}$。

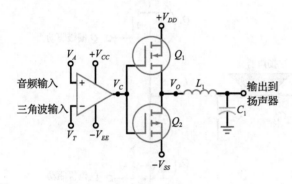

图 20-43　基本 D 类放大器

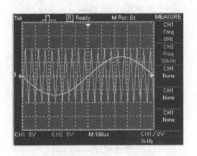

图 20-44　输入波形

比较器输出的正电压或负电压驱动两个互补的共源 MOS 管。当 V_C 为正时，Q_1 导通而 Q_2 截止。当 V_C 为负时，Q_2 导通而 Q_1 截止。每个晶体管的输出电压略小于电源电压值 +V 和 -V。L_1 和 C_1 构成低通滤波器。当选择适当的参数值时，该滤波器将开关晶体管输出的平均值传输到扬声器。如果音频输入信号 V_A 为 0，V_O 将是一个均值为 0 的对称方波。

图 20-44 显示了电路的工作原理。1kHz 的正弦信号加到输入端为 V_A，20kHz 的三角波信号加到输入端为 V_T。实际三角波信号的频率会比这里所显示的高很多。常用的频率是 $250 \sim 300$kHz。这个频率与 $L_1 C_1$ 的截止频率 f_c 相比应尽可能高，以使输出失真最小。同时 V_A 的最大电压约为 V_T 的 70%。

开关晶体管的输出 V_O 是**脉冲宽度调制**（PWM）波形。由波形的占空比产生的输出电压均值跟随音频输入信号变化，如图 20-45 所示。当 V_A 处于正峰值时，输出脉冲的宽度为正值最大，产生高的正值平均输出。当 V_A 处于负峰值时，输出脉冲宽度为负值最大，产生高的负值平均输出。当 V_A 为零时，输出是正值和负值相等，使得平均值为零。

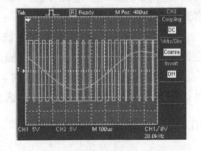

图 20-45　输出波形跟随输入信号变化

图 20-46 所示是采用全桥（H 桥）结构的 D 类放大器的例子。该结构也称为桥系荷载（Bridge-Tied Load，BTL）。全桥需要两个半桥向滤波器提供极性相反的脉冲。对于给定的 V_{DD} 和 V_{SS} 电源，这意味着与半桥结构相比，全桥结构可以提供两倍的输出信号和四倍

的输出功率。虽然半桥结构电路更简单，且其栅极驱动电路复杂度较低，但全桥结构电路可以获得更好的音频性能。桥式拓扑的差分输出结构具有消除偶阶谐波失真和直流失调的能力。全桥结构的另一个优点是，它可以采用单电源（V_{DD}）工作，而不需要大的耦合电容。

在半桥拓扑结构中，部分输出能量在开关过程中从放大器泵回电源。该部分能量主要是存储在低通滤波器的线圈中，这导致总线电压的波动和输出的失真。全桥结构的互补开关支路能够收集另一侧的能量，从而减少输送回电源的能量。

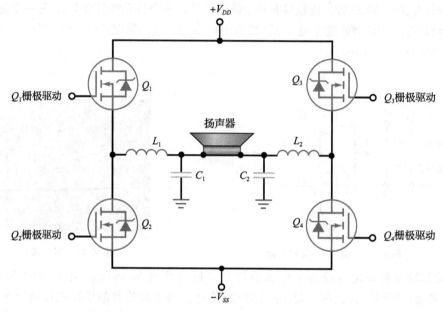

图 20-46　全桥 D 类输出

对于任意一种拓扑结构，开关时间的误差都可能导致 PWM 信号的非线性。为了防止击穿，必须限定一个小的"死区时间"来确保 H 桥某一支路上的两个功率 FET 管不同时导通。如果这个时间间隔太大，会导致输出的总谐波失真（THD）显著增加。输出电路的高频开关也会产生电磁干扰（EMI）。因此，使引脚、电路走线及连接线尽可能短是非常重要的。

有一种 D 类放大器称为无滤波器 D 类放大器。这种放大器使用的调制技术与前面讨论的不同。在这个放大器中，当输入信号为正时，输出是一串 PWM 脉冲，它们在零和＋V_{DD} 之间切换。当输入信号为负时，输出调制脉冲在零和－V_{SS} 之间切换。当输入信号为零时，输出为零而不是对称方波，这样扬声器就不需要连接低通滤波器了。

20.11.2　集成 D 类放大器

对于低功耗 D 类放大器，将所有电路全部在一个集成电路中实现具有许多优点。LM48511 是 D 类集成电路放大器的一个例子，其中集成了开关电流升压转换器，以及高效率的 D 类音频放大器。D 类放大器可为 8Ω 扬声器提供 3W 的连续功率，采用低噪声 PWM 结构，输出端无须 LC 低通滤波器。LM48511 是专门为便携式设备设计的，如 GPS、移动电话和 MP3 播放器。它具有 80% 5V 的效率，与 AB 类放大器相比，可以延长电池寿命。下面分析该集成电路的工作原理。

图 20-47 所示为 LM48511 应用于音频放大器的简化框图。图中显示了集成电路的几个内部功能模块，以及特殊输入信号的控制连接，这些模块需要一个+3.0～+5.5V 的外部电源 V_{DD}，还有少量必要的外部元件。

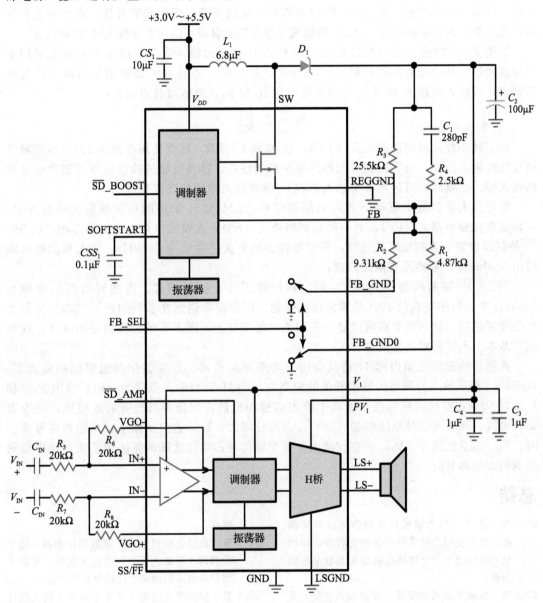

图 20-47　LM48511 音频放大器典型应用电路

　　LM48511 的上半部分构成开关稳压器。这种类型的稳压器称为升压转换器，因为它能将电源电压 V_{DD} 升高。开关稳压器的细节将在后续的章节中解释，这里只分析基本原理。

　　开关升压稳压器由内部振荡器、调制器、FET 管，以及外部元件 L_1、D_1、C_2 和由 R_1～R_3 构成的分压网络组成。上方的振荡器模块给调制器提供 1MHz 频率的驱动信号。调制器产生占空比可变的 1MHz 波形输出到内部开关 FET 管，反馈到调制器的信号 FB 使占空比根据输出电压的需要而变化。当 FET 管导通时，电流通过 L_1，能量存储在磁场中。当 FET 管截止时，L_1 周围的磁场转换为电压，该电压与输入电压 V_{DD} 串联。电容 C_2

通过肖特基二极管 D_1 充电至 $(V_{DD}+V_L)+V_{diode}$ 的值。电压被提升的值取决于反馈电阻采用的是 R_1 还是 R_2，该电压由 C_2 滤波并连接到放大器输入端 V_1 和 PV_1。当 V_{DD} 为 5V 时，升压输出电压约为 7.8V。为了节省电池的功耗，可以通过信号控制调制器将升压电路关闭。当需要输出的电压很小时，就应该将升压电路关闭，而不需要升压。由于开关频率高，建议使用等效串联电阻（ESR）较低的多层陶瓷电容器，C_2 为单片低 ESR 的钽电容。

如图 20-47 所示，LM48511 的下半部分为 D 类放大器。该芯片的输入和输出采用全差分放大器，其典型的共模抑制比（CMRR）为 73dB。差分放大器的增益由四个外接电阻确定，即输入电阻 R_5 和 R_7，以及反馈电阻 R_6 和 R_8。电压增益表示为：

$$A_r = 2x\frac{R_f}{R_{in}}$$

为了减小放大器的谐波失真（THD）并提高 CMRR，需要使用容差为 1% 或匹配精度更高的电阻。此外，为了提高放大器的噪声抑制性能，这些电阻的位置应尽可能靠近芯片的输入端。必要时，可采用两个输入电容 C_{in} 隔离输入声源的直流分量。

差分放大器的输出驱动下方的调制器模块。LM48511 采用两种脉冲宽度调制方案：一种是固定频率模式（FF），另一种是扩频模式（SS）。该模式由与内部振荡器相连的 SS/$\overline{FF}$ 控制线设置。当控制线接地时，调制器输出的开关速度恒为 300kHz。放大器的输出频谱由 300MHz 的基频及其谐波组成。

当 SS/$\overline{FF}$ 控制线连接到 $+V_{DD}$ 时，调制器工作在扩频模式。调制器的开关频率在 330kHz 中心频率左右的 10% 范围内随机变化。固定频率调制在基频和开关频率的倍频处产生频谱能量。扩频调制则将能量分散到更大的带宽上，而不影响音频信号的恢复。这种模式基本上不需要输出滤波器。

调制器的输出驱动内部 H 桥（全桥）功率开关器件。如果工作在固定频率模式下，从 $PV1$（稳压输入）到地的输出开关的频率为 300kHz。当输入信号为 0 时，输出 V_{LS+} 和 V_{LS-} 以 50% 占空比同相切换，使两个输出信号相抵消，则扬声器没有有效电压，也没有负载电流。当输入信号电压增加时，V_{LS+} 占空比增大，V_{LS-} 占空比减小。当输入信号减小时，V_{LS+} 占空比减小，V_{LS-} 占空比增大。每个输出的占空比之间的差决定了通过扬声器的电流的大小和方向。

总结

20.1 节　参考电压为零的比较器称为过零检测器。经常使用二极管钳位保护比较器，以防输入电压过大。比较器的输出常与数字电路连接。

20.2 节　在某些应用中需要非零的阈值电压，具有非零参考电压的比较器有时称为限幅检测器。虽然运放可用作比较器，但集成比较器去掉了内部的补偿电容，增加了翻转速度，更适合于这种应用。

20.3 节　任何不希望存在的信号，包括不能从输入中提取或与输入的谐波相关的信号都是噪声。噪声可能导致比较器的误触发。可采用正反馈来产生迟滞效应以防止噪声的误触发。正反馈同时可以加速输出状态间的翻转。

20.4 节　窗口比较器也称双端限幅检测器，用于检测两个限幅电压之间的输入信号。可以采用翻转点不同的两个比较器来产生窗口。

20.5 节　积分器可以用来将矩形脉冲转换成线性斜坡信号。由于输入密勒电容较大，只有充电的最初阶段是指数特性。而这个起始阶段几乎是线性的，所以输出的斜坡信号几乎是理想的。积分器可用于产生示波器的扫描线。

20.6 节　可以使用施密特触发器将正弦波转换为矩形波。使用积分器可以将方波转换为三角波。通过对限幅检测器的电阻进行调节，可以控制占空比。

20.7 节 通过正反馈可以构成振荡器。电路可以在没有输入信号的情况下产生输出信号。张弛振荡器利用电容的充放电产生输出信号。将张弛振荡器与积分器级联，便可以生成三角波。

20.8 节 用同相施密特触发器驱动一个积分器。如果将积分器的输出作为施密特触发器的输入，则得到可以产生方波和三角波的振荡器。

20.9 节 利用运放可以构成有源半波整流器、峰值检测器、削波器和钳位器。在这些电路中，闭环阈值电压等于阈值电压除以开环电压增益。因此可以用于对低电压信号的处理。

20.10 节 当 RC 微分器的输入是方波时，输出是一系列窄的正、负尖峰脉冲。利用运放可以改善微分特性并得到较低的输出阻抗。

20.11 节 D 类放大器采用处于开关工作状态的输出晶体管。这些晶体管不是工作在线性区，而是被比较器的输出驱动至饱和区和截止区。D 类放大器的电路效率非常高，并且普遍应用于便携式音频放大设备中。

定义

(20-8) 迟滞特性

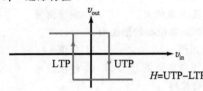

$H=UTP-LTP$

推论

这里省略详细的推导，请参见本章中相应的图示。

(20-9) 迟滞特性

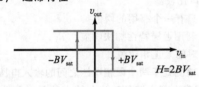

$H=2BV_{sat}$

(20-12) 加速电容

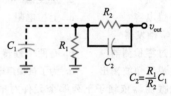

$$C_2 = \frac{R_1}{R_2} C_1$$

选择题

1. 在非线性运放电路中
   a. 运放不会饱和　　　　b. 反馈环不会开路
   c. 输出与输入波形相同　d. 运放可能饱和

2. 要检测输入信号何时大于某个特定值时，可选用
   a. 比较器　　　　　　　b. 钳位器
   c. 限制器　　　　　　　d. 张弛振荡器

3. 施密特触发器的输出电压是
   a. 低电平　　　　　　　b. 高电平
   c. 低电平或高电平　　　d. 正弦波

4. 滞回特性可以防止由下列哪种因素引起的误触发？
   a. 正弦输入　　　　　　b. 噪声电压
   c. 寄生电容　　　　　　d. 翻转点

5. 如果积分器的输入是矩形脉冲，其输出是
   a. 正弦波　　　　　　　b. 方波
   c. 斜坡信号　　　　　　d. 矩形脉冲

6. 当施密特触发器的输入是幅度较大的正弦波时，其输出是
   a. 矩形波　　　　　　　b. 三角波
   c. 整流正弦波　　　　　d. 一系列斜坡信号

7. 如果脉冲宽度减小而周期保持不变，那么占空比
   a. 减小　　　　　　　　b. 保持不变
   c. 增加　　　　　　　　d. 为 0

8. 张弛振荡器的输出是
   a. 正弦波　　　　　　　b. 方波
   c. 斜坡信号　　　　　　d. 尖峰脉冲

9. 如果 $A_{VOL} = 100\,000$，硅二极管的闭环阈值电压为

a. $1\mu V$ b. $3.5\mu V$

c. $7\mu V$ d. $14\mu V$

10. 若峰值检波器的输入是峰峰值为 8V、均值为 0 的三角波，其输出为

    a. 0   b. 4V

    c. 8V   d. 16V

11. 若正限制器的输入是峰峰值为 8V、均值为 0 的三角波，参考电压为 2V，则输出峰峰值为

    a. 0   b. 2V

    c. 6V   d. 8V

12. 若峰值检测器的放电时间常数为 100ms，那么可用的最低频率应为

    a. 10Hz   b. 100Hz

    c. 1kHz   d. 10kHz

13. 翻转点为 0 的比较器又称为

    a. 阈值检测器   b. 过零检测器

    c. 正相限制检测器   d. 半波检测器

14. 为了能正常工作，许多集成比较器需要一个外接的

    a. 补偿电容   b. 上拉电阻

    c. 旁路电路   d. 输出级

15. 施密特触发器采用

    a. 正反馈   b. 负反馈

    c. 补偿电容   d. 上拉电阻

16. 施密特触发器

    a. 是过零检测器   b. 有两个翻转点

    c. 生成三角波输出   d. 为了被噪声电压触发

17. 张弛振荡器依赖于下列哪个元件对电容的充放电？

    a. 电阻   b. 电感

    c. 电容   d. 同相输入

18. 斜坡电压

    a. 总是上升   b. 是矩形脉冲

    c. 线性上升或下降   d. 由迟滞电路产生

19. 运放实现的积分器利用了

    a. 电感   b. 密勒效应

    c. 正弦输入   d. 迟滞

20. 比较器的翻转点是指能引起下列哪种现象的输入电压？

    a. 电路振荡

    b. 检测到输入信号的峰值

    c. 输出改变状态

    d. 发生钳位

21. 在运放积分器中，电流通过输入电阻流入

    a. 反相输入端   b. 同相输入端

    c. 旁路电容   d. 反馈电容

20. 有源半波整流器的拐点电压为

    a. V_K b. 0.7V

    c. 大于 0.7V   d. 远小于 0.7V

23. 有源峰值检测器的放电时间常数

    a. 远大于周期

    b. 远小于周期

    c. 等于周期

    d. 与充电时间常数相同

24. 如果参考电压为零，则有源正限制器的输出为

    a. 正值   b. 负值

    c. 正值或负值   d. 斜坡信号

25. 有源正钳位器的输出为

    a. 正值   b. 负值

    c. 正值或负值   d. 斜坡信号

26. 正钳位器

    a. 在输入叠加了一个正的直流电压

    b. 在输入叠加了一个负的直流电压

    c. 在输出叠加了一个交流信号

    d. 增加一个翻转点

27. 窗口比较器

    a. 只有一个有用的阈值

    b. 利用迟滞特性加快响应

    c. 对输入正相钳位

    d. 检测处于两个限幅电压之间的输入电压

28. RC 微分器电路的输出与输入的哪个参数的瞬时变化率相关？

    a. 电流   b. 电压

    c. 电阻   d. 频率

29. 运放微分器用来产生

    a. 方波输出   b. 正弦波输出

    c. 尖峰电压输出   d. 直流电平输出

30. D 类放大器效率很高，因为

    a. 输出晶体管工作在截止区或饱和区

    b. 不需要直流电源

    c. 利用了 RF 调谐级

    d. 传输 360°的输入信号

习题

20.1 节

20-1 图 20-1a 中比较器的开环电压增益为 106dB，当电源电压为 ±20V 时，使输出达到正向饱和的输入电压是多少？

20-2　如果图 20-2a 中的输入电压为 50V，当 $R=$ 10kΩ 时，通过左端钳位二极管的电流大约是多少？

20-3　图 20-7a 中每个齐纳二极管均为 1N4736A，当电源电压为 ±15V 时，输出电压是多少？

20-4　将图 20-7b 中的双电源减至 ±12V，二极管反向，求输出电压。

20-5　如果将图 20-9 中的二极管反向，电源减至 ±9V，当选通开关分别为高、低电平时，求输出电压。

20.2 节

20-6　图 20-11a 电路中，双电源电压为 ±15V，$R_1=47$kΩ，$R_2=12$kΩ，参考电压是多少？如果旁路电容为 0.5μF，截止频率是多少？

20-7　在图 20-11c 中，电源电压为 ±12V，$R_1=$ 15kΩ，$R_2=7.5$kΩ，参考电压是多少？如果旁路电容为 1.0μF，截止频率是多少？

20-8　图 20-12 电路中的 $V_{CC}=9$V，$R_1=22$kΩ，$R_2=4.7$kΩ，当输入是峰值为 7.5V 的正弦波，其输出的占空比是多少？

20-9　图 20-48 电路中，若输入是峰值为 5V 的正弦波，输出占空比是多少？

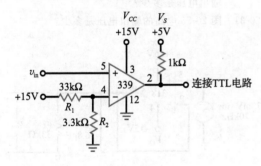

图　20-48

20.3 节

20-10　图 20-18a 电路中的 $R_1=2.2$kΩ，$R_2=$ 18kΩ，$V_{sat}=14$V，求翻转点和迟滞电压。

20-11　若图 20-19a 电路中的 $R_1=1$kΩ，$R_2=20$kΩ，$V_{sat}=15$V，在不出现误触发的情况下，电路所能承受的最大噪声峰峰值是多少？

20-12　图 20-20 中施密特触发器的 $R_1=1$kΩ，$R_2=18$kΩ，如果 R_1 上的寄生电容为 3.0pF，则需要多大的加速电容？

20-13　若图 20-49 电路中的 $V_{sat}=13.5$V，求翻转点和迟滞电压。

20-14　若图 20-50 电路中的 $V_{sat}=14$V，求翻转点和迟滞电压。

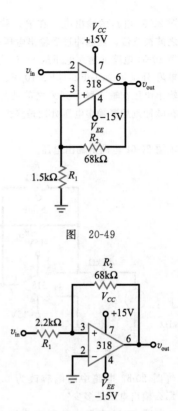

图　20-49

图　20-50

20.4 节

20-15　若图 20-22a 电路中的 LTP 与 UTP 分别为 +3.5V 和 +4.75V，$V_{sat}=12$V，输入是峰值为 10V 的正弦波，输出电压波形是什么？

20-16　若将图 20-23a 电路中的 2R 电阻改为 4R，3R 电阻改为 6R，求新的参考电压。

20.5 节

20-17　当图 20-51 电路的输入脉冲为高电平时，电容充电电流是多少？

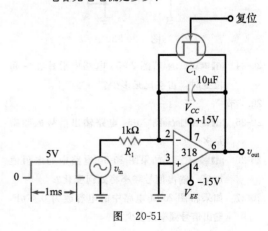

图　20-51

20-18 图 20-51 电路的输出电压在输入脉冲到来之前被复位，当脉冲过后输出电压是多少？

20-19 图 20-51 电路的输入电压从 5V 改为 0.1V，电容分别取 $0.1\mu F$、$1\mu F$、$10\mu F$、$100\mu F$，输出电压在输入脉冲到来之前被复位，则在脉冲过后其输出电压分别是多少？

20.6 节

20-20 求图 20-52 电路的输出电压。

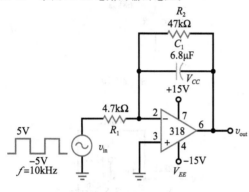

图 20-52

20-21 将图 20-52 电路中的电容改为 $0.068\mu F$，那么输出电压是多少？

20-22 如果图 20-52 电路中的频率改为 5kHz 和 20kHz，输出电压分别是多少？

20-23 ⅧMultisim若图 20-53 电路中滑片在顶端和底端时，占空比分别是多少？

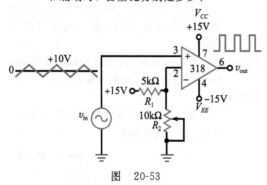

图 20-53

20-24 ⅧMultisim若图 20-53 电路中滑片在中间位置时，占空比是多少？

20.7 节

20-25 ⅧMultisim图 20-54 电路输出信号的频率是多少？

20-26 ⅧMultisim如果图 20-54 电路中的电阻值加倍，输出信号频率将如何变化？

20-27 如果将图 20-54 电路中的电容改为 $0.47\mu F$，输出信号频率是多少？

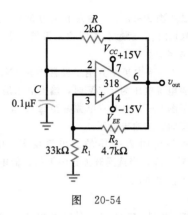

图 20-54

20.8 节

20-28 图 20-35a 电路中的 $R_1 = 2.2k\Omega$，$R_2 = 22k\Omega$，$V_{sat} = 12V$，求施密特触发器的翻转点和迟滞电压。

20-29 图 20-35a 电路中的 $R_3 = 2.2k\Omega$，$R_4 = 22k\Omega$，$C = 4.7\mu F$，如果施密特触发器的输出是一个峰峰值为 28V，频率为 5kHz 的方波，求三角波发生器输出的峰峰值。

20.9 节

20-30 图 20-36 电路输入正弦波的峰值为100mV，输出电压是多少？

20-31 图 20-55 电路的输出电压是多少？

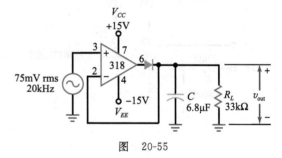

图 20-55

20-32 图 20-55 电路的最低频率应是多少？

20-33 假设图 20-55 电路中的二极管反向，输出电压是多少？

20-34 图 20-55 电路的输入电压从 75mV（方均根值）变为 150mV（峰峰值），输出电压是多少？

20-35 若图 20-39 电路输入电压的峰值为100mV，输出电压是多少？

20-36 图 20-39 所示正向钳位器中的 $R_L = 10k\Omega$，$C = 4.7\mu F$，最低频率应是多少？

20.10 节

20-37 图 20-40 电路的输入电压是 10kHz 方波，微分器在 1s 内将产生多少个正、负尖峰脉冲？

20-38　图 20-41 电路的输入电压是 1kHz 方波，求

思考题

20-39　若要得到 1V 参考电压，图 20-48 电路应如何修改？

20-40　图 20-48 所示电路中跨接在输出端的寄生电容为 50pF，求输出波形从低转换为高的上升时间。

20-41　在图 20-48 所示电路中 3.3kΩ 电阻上并联一个 47μF 的旁路电容，求该旁路电路的截止频率。若电源的纹波为 1V（方均根值），则反相输入端的最大纹波是多少？

20-42　如果图 20-14a 电路的输入是峰值为 5V 的正弦波，$R_1 = 33kΩ$，$R_2 = 3.3kΩ$，求通过 1kΩ 电阻的平均电流。

20-43　图 20-49 电路中电阻的容差为 ±5%，最小迟滞电压是多少？

20-44　图 20-23a 电路的 LTP 与 UTP 分别为 +3.5V 和 +4.75V，当 $V_{sat} = 12V$，输入是峰值为 10V 的正弦波时，输出的占空比是多少？

20-45　如果利用图 20-51 电路生成斜坡信号，摆幅从 0 变化到 +10V 的时间分别为 0.1ms、1ms、10ms，电路需要如何改变？（可有多种答案。）

20-46　如果使图 20-54 电路的输出为 20kHz，则电路需要如何改变？

输出正、负尖峰脉冲的时间间隔。

20-47　图 20-48 电路的输入噪声可能达到 1V（峰峰值），如何避免噪声电压的影响？请提出一种或多种改进方法。

20-48　XYZ 公司大批量生产张弛振荡器，假设输出电压至少为 10V（峰峰值），请提供一些方法用来检测每个元件的输出是否不低于 10V（峰峰值）。（思考尽可能多的方法，可以利用本章和之前章节学过的器件或电路。）

20-49　设计一个电灯控制电路，当环境光线暗时打开电灯，当环境光线充足时关闭电灯。（利用本章和之前章节所学内容，寻找尽可能多的方法。）

20-50　有些电子设备在电力线电压过低时会发生故障。设计一种或多种方案，实现当电压低于 105V（方均根值）时的声音警报。

20-51　雷达波的传播速度为 186 000mi/s，从地球向月球发射雷达波，其回波反射回地球。将图 20-51 电路中的 1kΩ 电阻改为 1MΩ，在雷达波向月球发出的同时输入矩形脉冲，当接收到回波时脉冲结束。如果输出的斜坡电压从 0 下降至 -1.23V，试计算地球到月球的距离。

故障诊断

针对图 20-56 回答以下问题。A～E 每个测试点的波形均由示波器显示，基于电路和波形的信息，确定最可能出现故障的模块。先熟悉一下常用的操作和正确的测量方法，然后解答下列问题。

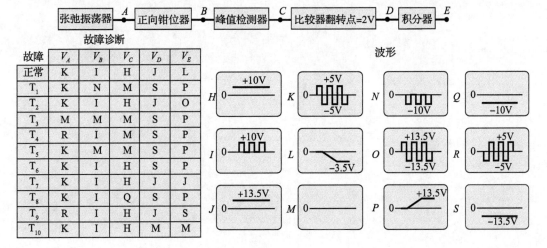

图　20-56

20-52 确定故障 1 和 2。

20-53 确定故障 3～5。

20-54 确定故障 6 和 7。

20-55 确定故障 8～10。

求职面试问题

1. 画出过零检测器的草图，并描述其工作原理。

2. 如何防止输入噪声对比较器的触发？画出必要的电路图和波形。

3. 说明积分器的工作原理，并画出电路图和波形。

4. 已知一种大批量生产的电路，其直流输出在 3～4V 之间。应该选择那种比较器？如何将绿色或红色的 LED 连接到比较器的输出以指示产品测试是否合格？

5. 解释限幅输出的含义。如何用简单的方法实现？

6. 施密特触发器与过零检测器有什么不同？

7. 如何防止比较器的输入电压过大？

8. 集成比较器与普通运放有何区别？

9. 如果积分器的输入是矩形脉冲，会得到怎样的输出？

10. 有源二极管电路对阈值电压有什么作用？

11. 张弛振荡器有什么作用？简述其工作原理。

12. 如果微分器的输入是矩形脉冲，输出会是怎样的？

选择题答案

1. d 2. a 3. c 4. b 5. c 6. a 7. a 8. b 9. c 10. b 11. c 12. b 13. b 14. b 15. a
16. b 17. a 18. c 19. b 20. c 21. d 22. d 23. a 24. b 25. a 26. a 27. d 28. b 29. c 30. a

自测题答案

20-4 $V_{ref}=7.5V$
  $f_C=0.508Hz$

20-6 $B=0.0435$
  $UTP=0.587V$
  $LTP=-0.587V$
  $H=1.17V$

20-7 $V=0.800V$
  时间常数 $=1000s$

20-8 $C=2.5\mu F$

20-9 $W=83.3\mu s$
  $D=0.167$

20-10 $T=479\mu s$
  $f=2.1kHz$

20-11 $V_{out(pp)}=32.3mV$（峰峰值）

20-12 $V_{out(pp)}=0.52V$
  $f=2.5kHz$

振 荡 器

RC 振荡器可以用来产生频率在 1MHz 以下的近乎完美的正弦波。这些低频振荡器的振荡频率由运放和 RC 谐振电路来确定。当频率在 1MHz 以上时，则主要采用 LC 振荡器。这些高频振荡器由晶体管和 LC 谐振电路构成。本章将讨论一种常用的芯片——555 定时器。这种芯片多用来实现延时、压控振荡器，以及对输出信号的调制。本章还将讨论一种重要的通信电路——锁相环（PLL）。最后介绍常用的 XR-2206 函数发生器集成电路。

目标

在学习完本章后，你应该能够：

- 说明环路增益和相位的含义，并指出它们与正弦波振荡器的关系；
- 描述 RC 正弦波振荡器的工作原理；
- 描述 LC 正弦波振荡器的工作原理；
- 说明晶振对振荡器的控制原理；
- 说明 555 定时器芯片的性能、工作原理及构成振荡器的方法；
- 解释锁相环的工作原理；
- 解释函数发生器 XR-2206 芯片的工作原理。

关键术语

阿姆斯特朗振荡器（Armstrong oscillator）

非稳态（astable）

双稳态多谐振荡器（bistable multivibrator）

捕获范围（capture range）

载波（carrier）

克莱普振荡器（Clapp oscillator）

考毕兹振荡器（Colpitts oscillator）

调频（frequency modulation，FM）

移频键控（frequency-shift keying，FSK）

基频（fundamental frequency）

哈特莱振荡器（Hartley oscillator）

超前-滞后电路（lead-lag circuit）

锁定范围（lock range）

调制信号（modulating signal）

单稳态（monostable）

封装电容（mounting capacitance）

多谐振荡器（multivibrator）

自然对数（natural logarithm）

陷波滤波器（notch filter）

鉴相器（phase detector）

锁相环（phase-locked loop，PLL）

相移式振荡器（phase-shift oscillator）

皮尔斯晶体振荡器（Pierce crystal oscillator）

压电效应（piezoelectric effect）

脉冲位置调制（pulse-position modu-lation，PPM）

脉冲宽度调制（pulse-width modu-lator，PWM）

石英晶体振荡器（quartz-crystal oscillator）

谐振频率（resonant frequency，f_r）

双 T 型振荡器（twin-T oscillator）

压控振荡器（voltage-controlled osci-llator，VCO）

电压-频率转换器（voltage-to-frequency converter）

文氏电桥振荡器（Wien-bridge oscillator）

21.1　正弦波振荡原理

为了实现正弦波振荡器，需要利用带有正反馈的放大器，这样能够用反馈信号代替输入信号。只要反馈信号足够大并且具有正确的相位，即使没有外部输入信号，振荡器也能够产生输出信号。

21.1.1　环路增益和相位

图 21-1a 电路中放大器的输入是交流电压源。其输出电压为：

$$v_{out} = A_v v_{in}$$

该电压驱动反馈电路，通常是谐振电路。可以在某个频率点得到最大的反馈值。在图 21-1a 电路中 x 点的反馈电压为：

$$v_f = A_v B v_{in}$$

其中，B 是反馈系数。

如果信号通过放大器和反馈网络后的相移为 0°，则 $A_v B v_{in}$ 与 v_{in} 同相。

假设将 x 点与 y 点相连接，同时去掉电压源 v_{in}，那么反馈电压 $A_v B v_{in}$ 将作为放大器的输入信号，如图 21-1b 所示。

x
y
+
A_vBv_{in}
−
+
v_{in}
−
A_v
v_{out}
B
A_v
v_{out}
B
a）反馈电压返回x点
b）连接x点和y点
c）减幅振荡
d）增幅振荡
e）等幅振荡
图 21-1　反馈振荡原理

下面来看输出电压。如果 $A_v B$ 小于 1，$A_v B v_{in}$ 小于 v_{in}，则输出信号将衰减并消失，如图 21-1c 所示。而当 $A_v B$ 大于 1 时，$A_v B v_{in}$ 大于 v_{in}，则输出信号幅度逐渐增加（见图 21-1d）。当 $A_v B$ 等于 1 时，$A_v B v_{in}$ 等于 v_{in}，则输出电压是一个稳定的正弦波，如图 21-1e 所示。此时，电路自身提供了输入信号。

在电路刚上电时，振荡器的环路增益都是大于 1 的，输入端的一个小的启动电压，就会使输出电压建立起来，如图 21-1d 所示。当输出电压达到一定值时，$A_v B$ 将自动降回到 1，此后输出信号的峰峰值将是一个常数（见图 21-1e）。

知识拓展　多数振荡器中的反馈电压是输出电压的一部分。此时，电压增益 A_v 必须足够大，保证 $A_v B=1$。或者说，放大器的电压增益至少应足以克服反馈网络的损耗。然而，如果放大器是射极跟随器，则反馈网络必须要有较小的增益以保证 $A_v B=1$。例如，若射极跟随器的增益为 0.9，则 B 必须等于 1/0.9，即 1.11。射频通信电路的振荡器中有时会采用射极跟随器作为放大器。

21.1.2　起始电压是热噪声

引起振荡的起始电压是从哪里来的？如第 20 章所述，电阻包含自由电子，受周围温度影响，这些自由电子向不同的方向随机运动，并在电阻两端产生噪声电压。由于运动的随机性，噪声能覆盖高达 1000GHz 的频率范围。可以将每个电阻想象成一个包含所有频率的小的交流电压源。

在图 21-1b 电路中所发生的现象为：当电源刚打开时，系统中仅有的信号是电阻产生的热噪声电压。这些噪声电压被放大后出现在输出端口。放大后的噪声中包含所有频率分量，并作为谐振反馈电路的驱动。可以在设计中有意使环路增益在谐振点处大于 1，且相

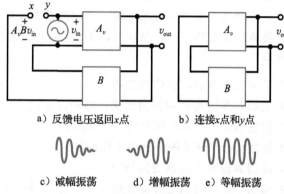

移为 $0°$。这样反馈电路便会在谐振点建立起振荡。

21.1.3　A_vB 降低到 1

使得 A_vB 降低到 1 的途径有两种：A_v 降低或者 B 降低。在一些振荡器中，信号幅度可以持续增加，直至进入饱和或截止限幅区，这相当于降低了电压增益 A_v。在其他振荡器中，信号增幅振荡并且使 B 在发生限幅之前下降。这两种情况都使 A_vB 的乘积下降到 1。

以下是任意反馈振荡器的基本原理：

1. 初始时，环路增益 A_vB 在环路相移为 $0°$ 的频率处应大于 1；
2. 当达到一定输出幅度后，必须通过 A_v 或者 B 的降低使 A_vB 减小到 1。

21.2　文氏电桥振荡器

文氏电桥振荡器是标准的中低频振荡电路，频率范围在 $5\mathrm{Hz}\sim1\mathrm{MHz}$。文氏电桥振荡器可用于绝大部分商用音频信号发生器，在其他低频应用中也经常使用。

21.2.1　延时电路

图 21-2 电路的旁路电压增益为：

$$\frac{v_{\mathrm{out}}}{v_{\mathrm{in}}} = \frac{X_C}{\sqrt{R^2 + X_C^2}}$$

相位角为：

$$\phi = -\arctan\frac{R}{X_C}$$

这里 ϕ 是输入和输出信号之间的相位差。

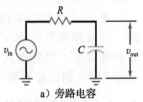

a) 旁路电容

b) 矢量图

图 21-2　滞后电路

相位公式中包含一个负号，表示输出电压滞后于输入电压，如图 21-2b 所示。因此，旁路电路也称为**滞后电路**。图 21-2b 中的半圆表示输出电压矢量的可能位置，可见输出矢量可能滞后于输入矢量的相位在 $0°\sim-90°$ 之间。

21.2.2　超前电路

图 21-3a 所示是耦合电路，其电压增益为：

$$\frac{v_{\mathrm{out}}}{v_{\mathrm{in}}} = \frac{R}{\sqrt{R^2 + X_C^2}}$$

相位角为：

$$\phi = \arctan\frac{X_C}{R}$$

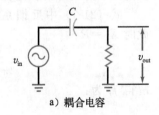

a) 耦合电容

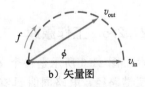

b) 矢量图

图 21-3　超前电路

这里的相位是正值，说明输出电压超前于输入电压，如图 21-3b 所示。因此，耦合电路也称为**超前电路**。图 21-3b 中的半圆表示输出电压矢量可能出现的位置，可见输出矢量可能超前于输入矢量的相位在 $0°\sim90°$ 之间。

耦合和旁路电路只是相移电路的例子。这些电路使输出信号相对于输入信号的相位为正（超前）或为负（滞后）。正弦波振荡器通常采用某种相移电路产生单一频率的振荡。

21.2.3 超前-滞后电路

在文氏电桥振荡器中所采用的谐振反馈电路称作**超前-滞后电路**（见图 21-4）。当频率很低时，串联电容对于输入信号开路，没有输出信号。当频率很高时，并联电容近似短路，也没有输出。输出电压在这两个区域之间达到最大值（见图 21-5a）。输出达到最大值的频率是**谐振频率** f_r。在该频率处，反馈系数 B 达到最大值 1/3。

图 21-5b 所示是输出电压相对于输入电压的相位角。当频率很低时，相位角为正值（超前）；当频率很高时，相位角为负值（滞后）。在谐振频率处的相移为 0°。输入和输出电压的矢量图如图 21-5c 所示。矢量图的端点可以在虚线圆圈的任意处。因此，相位角可以在 +90° ~ -90° 之间变化。

图 21-4 所示的超前-滞后电路的工作类似于谐振电路。在谐振频率 f_r 处，反馈系数 B 达到最大值 1/3，相位角等于 0°。当频率大于或小于谐振频率时，反馈系数小于 1/3，相位角不等于 0°。

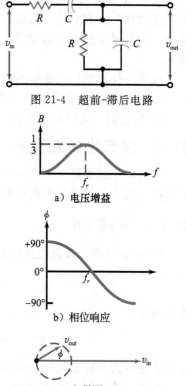

图 21-4 超前-滞后电路

a）电压增益

b）相位响应

c）矢量图

图 21-5 特性曲线和矢量图

21.2.4 谐振频率公式

通过对图 21-4 电路进行复数域分析，可以得到以下两个公式：

$$B = \frac{1}{\sqrt{9 - (X_C/R - R/X_C)^2}} \qquad (21\text{-}1)$$

$$\phi = \arctan \frac{X_C/R - R/X_C}{3} \qquad (21\text{-}2)$$

上述两个公式的图形化表示如图 21-5 的 a 和 b。

式（21-1）中反馈系数在谐振频率处获得最大值，此时 $X_C = R$：

$$\frac{1}{2\pi f_r C} = R$$

解得 f_r 为：

$$f_r = \frac{1}{2\pi RC} \qquad (21\text{-}3)$$

21.2.5 工作原理

图 21-6 所示是一个文氏电桥振荡器。由于存在两条反馈路径，电路同时具有正反馈和负反馈。其中正反馈路径是从输出端通过超前-滞后电路返回到同相输入端；而负反馈路径则是从输出端通过分压电路返回到反相输入端。

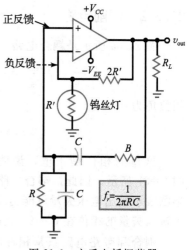

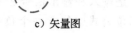

图 21-6 文氏电桥振荡器

当电路初始导通时，正反馈强于负反馈，如前所述，电路能够建立振荡。当输出信号达到一定幅度后，负反馈增强，使得环路增益 A_vB 降为 1。

增益 A_vB 能降低到 1 的主要原因如下。刚上电时，钨丝灯表现出低电阻，负反馈比较小。因此环路增益大于 1，振荡器在谐振频率处建立起振荡；随着振荡的建立，钨丝灯渐渐变热且电阻随之增加。在多数电路中，流过灯丝的电流不足以使之发光，但可使其电阻增加。

在某个高输出电压时，钨丝灯的电阻为 R'。此时，从同相输入端到输出的闭环电压增益降低为：

$$A_{v(CL)} = \frac{2R'}{R'} + 1 = 3$$

由于超前-滞后电路的 B 为 $1/3$，所以环路增益为：

$$A_{v(CL)}B = 3 \times \frac{1}{3} = 1$$

当电源刚接通时，钨丝灯的电阻小于 R'。这使得从同相输入端到输出的闭环电压增益大于 3，且 $A_{v(CL)}B > 1$。

随着振荡的建立，输出的峰峰值增大到足以使钨丝的电阻提高；当钨丝电阻达到 R' 时，环路增益恰好等于 1。振荡在该点达到稳定，输出电压具有恒定的峰峰值。

21.2.6 初始条件

刚上电时，输出电压为 0，且钨丝灯的电阻小于 R'，如图 21-7 所示。当输出电压增加时，钨丝电阻随之增大。当钨丝灯两端电压达到 V' 时，其电阻为 R'。这意味着 $A_{v(CL)}$ 的值为 3，环路增益值为 1。此后，输出电压幅度将停止增长并且保持恒定。

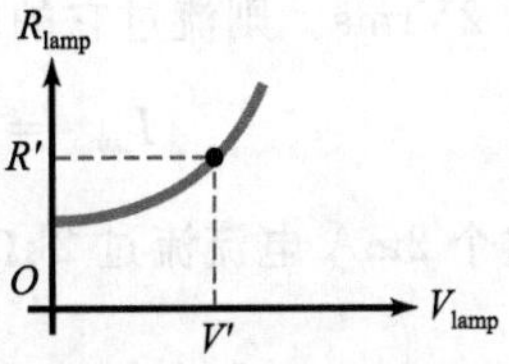

图 21-7 钨丝灯的电阻

21.2.7 陷波滤波器

图 21-8 所示是文氏电桥振荡器的另一种形式。其中，左半部分是超前-滞后电路，右半部分是分压器。这个交流电桥称为文氏电桥，它在振荡器以外的其他电路中也经常使用。该电桥的输出是误差电压。当电桥达到平衡时，误差电压为 0。

文氏电桥就像一个**陷波滤波器**，在特定频率处输出为 0。对于文氏电桥，陷波频率等于：

$$f_r = \frac{1}{2\pi RC} \tag{21-4}$$

由于运放所需的误差电压非常小，所以文氏电桥可以达到近似理想的平衡状态，且振荡频率非常接近于 f_r。

应用实例 21-1 计算图 21-9 电路的最高和最低振荡频率。其中两个可变电阻是配套的，即两者的值随滑片的位置调节同时发生变化，并且数值相同。

解：由式（21-4），得最低振荡频率为：

$$f_r = \frac{1}{2\pi \times 101\text{k}\Omega \times 0.01\mu\text{F}} = 158\text{Hz}$$

最高振荡频率为：

$$f_r = \frac{1}{2\pi \times 1\text{k}\Omega \times 0.01\mu\text{F}} = 15.9\text{Hz}$$

◀

自测题 21-1 当输出频率为 1000Hz 时，确定图 21-9 电路中可变电阻的值。

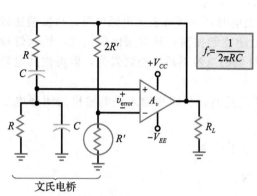

$$f_r = \frac{1}{2\pi RC}$$

图 21-8 文氏电桥的另一种电路形式

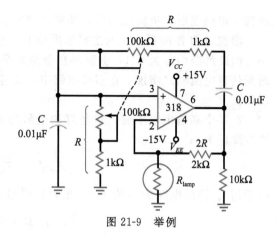

图 21-9 举例

应用实例 21-2 图 21-10 所示是图 21-9 电路中灯丝电阻与其两端电压的关系曲线。如果灯丝两端电压表示为 Vrms，那么振荡器的输出电压是多少？

解： 图 21-9 电路中的反馈电阻为 $2k\Omega$。因此，当灯丝电阻等于 $1k\Omega$ 时，振荡器输出信号变为定值，此时闭环增益为 3。

图 21-10 电路中灯丝电阻等于 $1k\Omega$ 时对应的电压为 2Vrms。则流过它的电流为：

$$I_{lamp} = \frac{2V}{1k\Omega} = 2mA$$

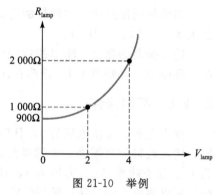

图 21-10 举例

这个 2mA 电流流过 $2k\Omega$ 反馈电阻，则振荡器的输出电压为：

$$V_{out} = 2mA(1k\Omega + 2k\Omega) = 6Vrms$$

◀

自测题 21-2 将反馈电阻值改为 $3k\Omega$，重新计算例 21-2。

21.3 其他 *RC* 振荡器

虽然文氏电桥振荡器是 1MHz 以下频率的工业标准，但其他 *RC* 振荡器也会在不同的场合中使用。本节将讨论两种基本电路：**双 T 型振荡器**和**相移式振荡器**。

21.3.1 双 T 型滤波器

图 21-11a 所示是一个双 T 型滤波器。对该电路进行数学分析发现它类似一个超前-滞后电路，且相位角可以改变，如图 21-11b 所示。当相移为 0°时，其频率为 f_r。图 21-11c 显示，电压增益在低频和高频时都为 1；在两者之间存在一个电压增益降为 0 的频率 f_r。

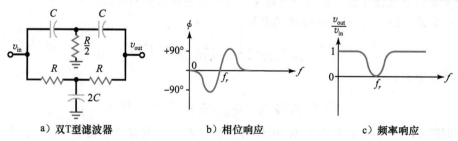

a) 双T型滤波器   b) 相位响应   c) 频率响应

图 21-11 双 T 型滤波器及其频响特性

双 T 型滤波器是陷波振荡器的一个例子，它可以使频率在 f_r 附近的信号衰减。双 T 型滤波器的谐振频率与文氏电桥振荡器中的表达式相同：

$$f_r = \frac{1}{2\pi RC}$$

21.3.2　双 T 型振荡器

图 21-12 所示为一个双 T 型振荡器。正反馈通过分压器返回到同相输入端，负反馈则通过双 T 型滤波器。当电源刚接通时，灯丝电阻 R_2 很低，此时正反馈强度最大。当振荡建立后，灯丝电阻开始变大，正反馈减弱。随着正反馈的减弱，振荡幅度停止增加并保持恒定。因此，灯丝起到了稳定输出电压幅度的作用。

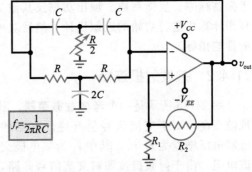

图 21-12　双 T 型振荡器

在双 T 型滤波器中，电阻 $R/2$ 是可调的。因为电路的振荡频率与谐振频率有微小的偏差，所以需要电阻可调。为了保证振荡频率接近陷波频率，分压器的电阻 R_2 应远大于 R_1。R_2/R_1 的参考值范围在 10～1000 之间，这样可使振荡器的工作频率在陷波频率附近。

T 型振荡器并不常用，因为它只能在一个频点正常工作，不像文氏电桥振荡器那样可以在较大的频率范围内调节。

21.3.3　相移式振荡器

图 21-13 所示是一个相移式振荡器，其反馈回路中含有三个超前电路。每个超前网络产生 0～90°的相移，相移大小取决于频率。在某一频率下，三个超前电路的总相移可达到 180°（大约每个 60°）。有些相移式振荡器采用四级超前电路来产生 180°的相移。由于信号输入到放大器的反相输入端，还有另外 180°的相移。所以整个环路的最终相移为 360°（0°）。如果 A_vB 在此特定频率下大于 1，则振荡器将会起振。

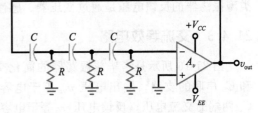

图 21-13　含有三个超前电路的相移式振荡器

图 21-14 所示是一种备选设计方案。它采用三个滞后电路，工作原理类似。放大器产生 180°相移，滞后电路在更高的频率处贡献 −180°相移，使得环路总相移为 0°。如果 A_vB 在该频率下大于 1，则振荡器将会起振。相移式振荡器并不是常用的电路。该电路的主要问题也是不易于实现大频率范围内的调节。

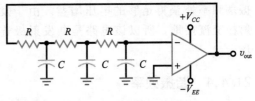

图 21-14　含有三个滞后电路的相移式振荡器

21.4　考毕兹振荡器

虽然文氏电桥振荡器在低频时特性很好，但并不适用于高频（1MHz 以上）。主要问题是它受到运放有限带宽（f_{unity}）的限制。

21.4.1　*LC* 振荡器

产生高频振荡的一种方法是采用 *LC* 振荡器，它可用于频率在 $1 \sim 500\mathrm{MHz}$ 的应用。该频率范围超过了大多数运放的带宽（f_{unity}）。因此通常采用双极型晶体管或场效应晶体管作为放大器。利用一个放大器和 *LC* 振荡电路，可以将具有正确幅度和相位的信号反馈回来，以维持振荡。

对于高频振荡器的分析与设计是比较困难的。因为在高频时，分布电容和导线电感对于振荡频率、反馈系数、输出功率及其他交流参数的影响变得非常明显。所以设计者通常利用计算机进行初始的近似设计，然后对可以建立起振荡的电路做进一步调节，达到所需的性能指标。

21.4.2　共发射极连接

图 21-15 所示是一个**考毕兹振荡器**。其中分压器确定了静态工作点。射频扼流圈的感抗值很高，对于交流信号呈开路。电路的低频电压增益为 r_c/r'_e，其中 r_c 为集电极交流电阻。由于射频扼流圈对交流信号开路，集电极交流电阻是谐振电路交流电阻的主要部分。该交流电阻在谐振频率处达到最大值。

考毕兹振荡器有很多种变换形式。识别考毕兹振荡器的一种方法是观察其是否包含由 C_1 和 C_2 组成的电容分压器。电容分压器提供振荡所必需的反馈电压，其他类型振荡器的反馈电压是通过变压器、感性分压器或其他器件构成的。

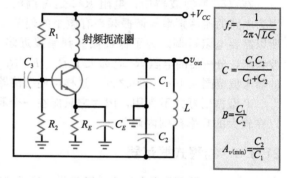

$$f_r = \frac{1}{2\pi\sqrt{LC}}$$

$$C = \frac{C_1 C_2}{C_1 + C_2}$$

$$B = \frac{C_1}{C_2}$$

$$A_{v(\min)} = \frac{C_2}{C_1}$$

图 21-15　考毕兹振荡器

21.4.3　交流等效电路

图 21-16 所示是考毕兹振荡器的简化交流等效电路，其中谐振环路电流经过电容 C_1 和 C_2 串联的支路。输出电压 v_{out} 等于电容 C_1 两端的交流电压；反馈电压 v_f 等于电容 C_2 两端的交流电压。这一反馈电压驱动基极并且维持着谐振电路的振荡，使电路在振荡频率处获得足够的电压增益。由于发射极交流接地，所以该电路是共发射极连接方式。

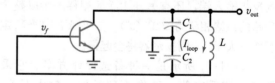

图 21-16　考毕兹振荡器的等效电路

21.4.4　谐振频率

多数 *LC* 振荡器采用 Q 值大于 10 的振荡电路，其谐振频率近似为：

$$f_r = \frac{1}{2\pi\,\sqrt{LC}} \tag{21-5}$$

当 Q 值大于 10 时，该计算结果的误差低于 1%。

式（21-5）中用到的电容是振荡电路中电流经过的等效电容。在图 21-16 所示的考毕兹振荡器中，环路电流流过 C_1 和 C_2 串联的支路，所以其等效电容为：

$$C = \frac{C_1 C_2}{C_1 + C_2} \tag{21-6}$$

例如，如果 C_1 和 C_2 各为 100pF，则式（21-5）中的电容为 50pF。

知识拓展 对于图 21-15 所示电路，重要的是使 LC_2 支路在谐振频率点的净电抗呈现感性，而且 LC_2 支路的感性净电抗等于 C_1 的容性电抗。

21.4.5 启动条件

任何振荡器的启动条件都是振荡电路在谐振频率处 $A_v B > 1$，相当于 $A_v > 1/B$。图 21-16 电路中，输出电压出现在 C_1 两端而反馈电压出现在 C_2 两端，此类振荡器的反馈系数为：

$$B = \frac{C_1}{C_2} \tag{21-7}$$

为了使振荡能够启动，所需的最小电压增益为：

$$A_{v(\min)} = \frac{C_2}{C_1} \tag{21-8}$$

A_v 的数值取决于放大器的上限截止频率。对于双极晶体管放大器，在基极和集电极之间存在旁路电路。如果旁路电路的截止频率大于振荡频率，则 A_v 约等于 r_c/r_e'。如果截止频率低于振荡频率，则电压增益小于 r_c/r_e'，且经过放大器会产生附加相移。

21.4.6 输出电压

在轻度反馈（B 值较小）时，A_v 仅略大于 $1/B$，此时近似为 A 类工作模式。当电源刚接通时，振荡开始建立，信号的摆幅超过交流负载线的程度逐渐增加。随着摆幅增大，电路的工作状态从小信号转变到大信号。同时，电路的电压增益略有下降。在轻度反馈时，$A_v B$ 的值可以在不限幅的条件下降低到 1。

在深度反馈（B 值较大）时，图 21-15 电路中较大的反馈信号驱动基极，使之进入饱和及截止，从而使电容 C_3 充电，在基极产生负的直流钳位电压。负的钳位电压自动将 $A_v B$ 调整到 1。如果反馈深度过大，则由于寄生功率的损失，会导致一部分输出电压的损失。

在实现振荡器时，可以通过调整反馈得到最大的输出电压，即通过足够强的反馈使得电路能够在所有条件下（不同的晶体管、温度和电压等）启动。但反馈不要太深，以免输出电压的损失太多。设计高频振荡器具有挑战性，大多数设计者使用计算机来建立高频振荡器的模型。

知识拓展 由于图 21-15 电路中 LC_2 支路的净电抗是感性的，该支路上的电流在谐振频率点滞后于谐振电压 $90°$。此外，由于 C_2 上的电压必然滞后其电流 $90°$，所以反馈电压滞后振荡电压（集电极交流电压）$180°$。可见，反馈网络产生了所需的相对于 v_{out} 的 $180°$ 相移。

21.4.7 负载耦合

精确的振荡频率取决于电路的 Q 值，可以由下式来计算：

$$f_r = \frac{1}{2\pi\sqrt{LC}}\sqrt{\frac{Q^2}{Q^2+1}} \tag{21-9}$$

当 Q 值大于 10 时，该式可以简化为式（21-5）。如果 Q 值小于 10，振荡频率将低于理想

值。而且低 Q 值会阻止电路的起振，这是因为低 Q 值可能会使高频电压增益低于起振值 $1/B$。

图 21-17a 所示是将振荡信号耦合到负载电阻的一种方式。如果负载电阻较大，只会给谐振回路施加很小的负载，并且回路的 Q 值将大于 10。但是如果负载电阻较小，Q 值降低到 10 以下，电路可能会不起振。解决低负载电阻问题的一种方法是采用一个小电容 C_4，使其阻抗 X_C 大于负载电阻。这样可以防止谐振回路的负载过重。

图 21-17b 所示是链接耦合，是另一种将振荡信号耦合到小负载电阻的方式。链接耦合使用二次绕组匝数较少的射频变压器。这种轻度耦合保证了不会出现由于负载电阻而降低振荡电路在起振点的 Q 值所导致的不起振。

无论是电容耦合还是链接耦合，都是使负载效应尽可能小。这样，振荡电路的高 Q 值就可以保证无失真的正弦波输出和可靠的起振。

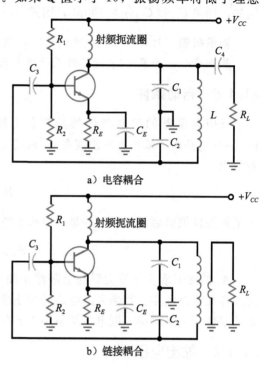

a）电容耦合

b）链接耦合

图 21-17 负载的耦合方式

21.4.8 共基极连接

当振荡器的反馈信号驱动晶体管基极时，输入端存在一个很大的密勒电容。这将导致相对较低的截止频率，可能使得谐振频率处的电压增益过低。

为了得到较大的截止频率，电路中的反馈信号可加到发射极，如图 21-18 所示。电容 C_3 将基极交流接地，使得晶体管共基极工作。由于高频增益大于共发射极振荡器，这种电路可以振荡在较高的频率点。输出端采用链接耦合，振荡电路的负载较轻，其谐振频率可以由式（21-5）来计算。

共基极振荡器的反馈系数略有不同。它

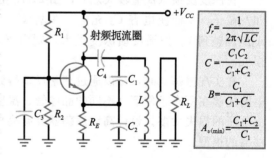

图 21-18 共基极振荡器比共发射极
振荡器的工作频率更高

的输出电压出现在串联的电容 C_1 和 C_2 两端，反馈电压出现在电容 C_2 两端。理想情况下，反馈系数为：

$$B = \frac{C_1}{C_1 + C_2} \tag{21-10}$$

为了能够起振，A_v 必须大于 $1/B$，近似为：

$$A_{v(\min)} = \frac{C_1 + C_2}{C_1} \qquad (21\text{-}11)$$

这里只是估算，忽略了与电容 C_2 并联的发射极输入阻抗。

21.4.9 场效应管考毕兹振荡器

图 21-19 所示是一个场效应晶体管构成的考毕兹振荡器，其中反馈信号加在栅极。由于栅极输入电阻很高，这种振荡器的负载效应要比双极晶体管振荡器小得多。该电路的反馈系数为：

$$B = \frac{C_1}{C_2} \qquad (21\text{-}12)$$

使场效应管振荡器起振的最小电压增益为：

$$A_{v(\min)} = \frac{C_2}{C_1} \qquad (21\text{-}13)$$

场效应管振荡器的低频电压增益为 $g_m r_d$。当频率高于放大器的截止频率时，电压增益将下降。在式（21-13）中，$A_{v(\min)}$ 是振荡频率处的电压增益。一般会尽量使振荡频率低于放大器的截止频率。否则，放大器的附加相移可能会阻碍振荡器正常起振。

应用实例 21-3 求图 21-20 电路的振荡频率和反馈系数。该电路起振所需的最小电压增益是多少？ ▌▌▌Multisim

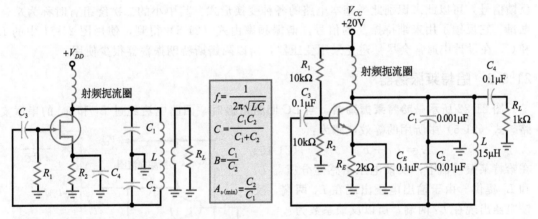

图 21-19 结型场效应晶体管谐振回路的负载效应较小　　图 21-20 举例

解： 这是共发射极考毕兹振荡器。由式（21-6）得到等效电容为：

$$C = \frac{0.001\mu\text{F} \times 0.01\mu\text{F}}{0.001\mu\text{F} + 0.01\mu\text{F}} = 909\text{pF}$$

电感值为 $15\mu\text{H}$。由式（21-5）可得振荡频率为：

$$f_r = \frac{1}{2\pi\sqrt{15\mu\text{H} \times 909\text{pF}}} = 1.36\text{MHz}$$

根据式（21-7）得到反馈系数为：

$$B = \frac{0.001\mu\text{F}}{0.01\mu\text{F}} = 0.1$$

为正常起振，电路所需的最小电压增益为：

$$A_{v(\min)} = \frac{0.01\mu\text{F}}{0.001\mu\text{F}} = 10 \qquad \blacktriangleleft$$

✎ **自测题 21-3**　当输出频率为 1MHz 时，图 21-20 电路中 15μH 电感应近似取值多少？

21.5　其他 LC 振荡器

考毕兹振荡器是应用最为广泛的 LC 振荡器，其谐振电路中的容性分压器可以方便地提供反馈电压。在实际应用中也会使用其他类型的振荡器。

21.5.1　阿姆斯特朗振荡器

图 21-21 所示是**阿姆斯特朗振荡器**。该电路中，集电极驱动一个 LC 谐振回路。反馈信号由一个小的二次绕组提供并且反馈到基极。变压器的相移为 180°，即环路总相移为 0°。如果忽略基极的负载效应，则反馈系数为：

$$B = \frac{M}{L} \tag{21-14}$$

其中，M 为两线圈的互感，L 是一次绕组。为了使阿姆斯特朗振荡器能够起振，电压增益必须大于 $1/B$。

阿姆斯特朗振荡器利用变压器耦合来产生反馈信号，可以此来识别此类基本电路的各种变换形式。其中小的二次绕组有时称为反馈电感，它反馈了用来维持振荡的信号。谐振频率由式（21-5）得到，使用图 21-21 中的 L 和 C。在设计中通常会尽量避免采用变压器，所以阿姆斯特朗振荡器很少使用。

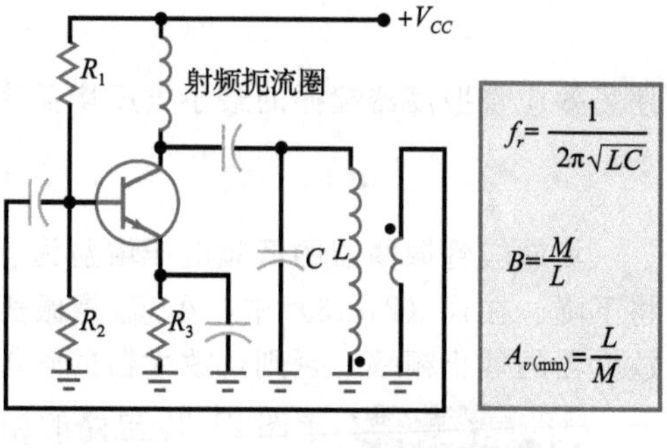

图 21-21　阿姆斯特朗振荡器

$$f_r = \frac{1}{2\pi\sqrt{LC}}$$

$$B = \frac{M}{L}$$

$$A_{v(min)} = \frac{L}{M}$$

21.5.2　哈特莱振荡器

图 21-22 所示是**哈特莱振荡器**。当 LC 回路谐振时，回路电流经过 L_1 和 L_2 的串联支路。式（21-5）中所用的等效电感为：

$$L = L_1 + L_2 \tag{21-15}$$

在哈特莱振荡器中，反馈电压由感性分压器 L_1 和 L_2 提供。由于输出电压出现在 L_1 两端，反馈电压出现在 L_2 两端，所以反馈系数为：

$$B = \frac{L_2}{L_1} \tag{21-16}$$

通常忽略基极的负载效应。为了能够起振，电压增益必须大于 $1/B$。

哈特莱振荡器经常采用中央抽头的电感而不是两个分立的电感。另一个变化是将反馈信号返回到发射极而不是基极。也可以用场效应管取代双极晶体管。输出信号可以采用电容耦合也可以采用链接耦合。

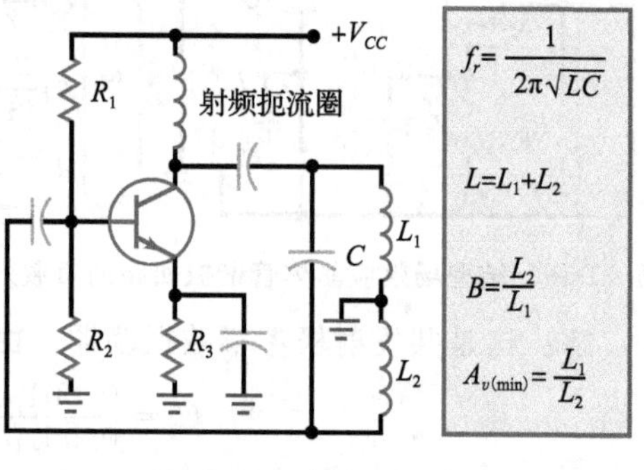

图 21-22　哈特莱振荡器

$$f_r = \frac{1}{2\pi\sqrt{LC}}$$

$$L = L_1 + L_2$$

$$B = \frac{L_2}{L_1}$$

$$A_{v(min)} = \frac{L_1}{L_2}$$

21.5.3　克莱普振荡器

图 21-23 所示的**克莱普振荡器**是考毕兹振荡器的改进型电路。如前文所述，反馈信号由容性分压器产生，另一个电容 C_3 与电感串联。由于环路电流经过 C_1、C_2 和 C_3 的串联支路，用来计算谐振频率的等效电容为：

$$C = \frac{1}{1/C_1 + 1/C_2 + 1/C_3} \tag{21-17}$$

在克莱普振荡器中 C_3 比 C_1 和 C_2 小得多；这使得 C 近似等于 C_3，谐振频率为：

$$f_r \approx \frac{1}{2\pi \sqrt{LC_3}} \tag{21-18}$$

这一点很重要，因为 C_1、C_2 与晶体管和其他分布电容并联，这些额外的电容会略微改变 C_1 和 C_2 的电容值。在考毕兹振荡器中，谐振频率由晶体管和分布电容决定。但在克莱普振荡器中，晶体管和分布电容对 C_3 没有影响，其振荡频率更加稳定和精确。因此，偶尔也会看到克莱普振荡器在实际中的应用。

知识拓展　在考毕兹振荡器中，通过调整谐振回路的电感来改变振荡频率；而在哈特莱振荡器中，是通过调整电容来改变振荡频率。

21.5.4　晶体振荡器

当振荡频率的精确度和稳定性比较重要时，就需要采用**石英晶体振荡器**。在图 21-24 所示电路中，反馈信号来源于电容抽头。后续章节中将要讨论到，晶体（缩写为 XTAL）的作用类似于一个与小电容串联的电感（类似于克莱普振荡器）。因此，谐振频率与晶体管和分布电容几乎无关。

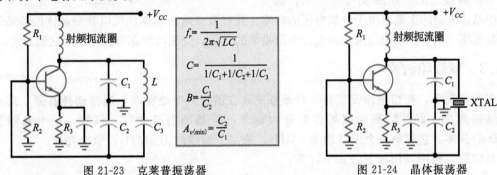

图 21-23　克莱普振荡器　　　　　　　图 21-24　晶体振荡器

例 21-4　在图 21-20 所示的电路中，若加入一个 50pF 电容与 15μH 电感串联，电路将变为克莱普振荡器。求电路的振荡频率。　　　　　　　　　　　　　　**‖‖‖Multisim**

解：可以由式（21-17）来计算等效的电容：

$$C = \frac{1}{1/0.001\mu F + 1/0.01\mu F + 1/50pF} \approx 50pF$$

1/50pF 一项对总电容的影响可能很小，因为 50pF 要比其他电容值小很多。振荡器的频率为：

$$f_r = \frac{1}{2\pi \sqrt{15\mu H \times 50pF}} = 5.81MHz \qquad \blacktriangleleft$$

自测题 21-4　将 50pF 换成 120pF，重新计算例 21-4。

21.6　石英晶体

当对振荡频率的精确度和稳定性要求较高时，自然会选择石英晶体振荡器。因为晶振能提供精确的时钟频率，所以广泛用于电子手表和其他要求精确时间的应用中。

21.6.1　压电效应

研究发现，自然界中有些晶体会产生**压电效应**。在它的两端施加交流电压时，晶体会随电压频率而振动。相反地，如果通过力学手段使其振动时，便会产生同频率的交流电压。能产生压电效应的材料主要包括石英、罗谢尔盐[⊖]和电气石。

罗谢尔盐的压电活性最强。对给定的交流电压，它比石英和电气石的振动更剧烈。但从力学上讲，它易碎，是最脆弱的。罗谢尔盐已被用来制作麦克风、留声机唱针头、头戴耳机以及扬声器。电气石的压电活性最弱，但强度最高，它是最贵的，偶尔会在较高频率的场合使用。

石英的压电活性和强度介于罗谢尔盐和电气石之间。由于价格不贵且易于开采，所以石英被广泛应用于射频振荡器和滤波器中。

21.6.2 晶振片

石英晶体天然的形状是带锥尖的六棱柱形（见图 21-25a）。为了从中得到能使用的晶体，制造厂家将天然晶体切割成矩形片。图 21-25b 所示的矩形片厚度为 t。从一块天然石英晶体中所能切割出来的矩形片的数量取决于片的尺寸以及切割的角度。

为了在电路中使用，晶振片必须固定在两个金属板之间，如图 21-25c 所示。该

a) 天然石英晶体　b) 晶体片　c) 谐振时的输入电流最大

图 21-25　晶振片

电路中晶体振动的次数取决于外加电压的频率。通过改变电压频率，可以找到晶体振动最强的谐振频率。由于振动的能量是由交流电源提供的，所以交流电流在谐振频率处达到最大。

21.6.3 基频和谐波

多数情况下，在切割和安装晶体时最好使其在谐振频率处振动，通常选择**基频**，或称最低谐振频率。那些较高的谐振频率称为谐波，是基频的整数倍。例如，一个基频为 1MHz 的晶体，它的第一个谐波约为 2MHz，第二个谐波约为 3MHz，依次类推。

晶体的基频可以用如下公式来计算：

$$f = \frac{K}{t} \tag{21-19}$$

其中 K 是常数，t 是晶体的厚度。由于基频值与晶体的厚度成反比，所以基频的最大值是受限的。晶体越薄越脆弱，振动时越容易损坏。

基频为 10MHz 以下的石英晶体的工作性能良好。当频率更高时，可以使用晶体的谐波频率，使频率达到 100MHz。当频率更高时，偶尔也会使用较贵且强度较好的电气石。

21.6.4 交流等效电路

晶体为什么可以被看作交流源呢？当图 21-26a 中晶体不振动时，可等效为一个电容 C_m，因为它有两个金属极板，中间有电介质隔离。该电容称为**封装电容**。

当晶体振动时，它的作用就像一个谐振电路。图 21-26b 所示是晶体在基频振动

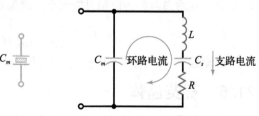

a) 封装电容　b) 晶体振动时的交流等效电路

图 21-26　晶振的交流等效电路

⊖　Rochelle salts，又名罗氏盐、酒石酸钾钠。——译者注

时的等效电路。其典型值 L 为几亨，C_s 为零点几皮法，R 为几百欧姆，C_m 为皮法量级。例如，一个晶体等效电路参数值为 $L = 3\text{H}$，$C_s = 0.05\text{pF}$，$R = 2\text{k}\Omega$，$C_m = 10\text{pF}$。

晶体的 Q 值非常高，上述例子中电路参数对应的 Q 值近 4000。晶体的 Q 值经常超过 10 000，如此高的 Q 值意味着晶振的频率稳定度非常高。通过谐振频率表达式（21-9），可以证明这一点：

$$f_r = \frac{1}{2\pi \sqrt{LC}} \sqrt{\frac{Q^2}{Q^2 + 1}}$$

当 Q 近似为无穷大时，谐振频率接近由 L 和 C 确定的理想值。晶体中的 L 和 C 是精确的，比较而言，考毕兹振荡器中的 L 和 C 有很大的容差，其频率的精度较低。

21.6.5 串联谐振与并联谐振

晶体的串联谐振频率 f_s 是图 21-26b 中 LCR 支路的谐振频率。在该频率下，因为 L 和 C_s 谐振，所以支路电流达到最大值。谐振频率为：

$$f_r = \frac{1}{2\pi \sqrt{LC_s}} \tag{21-20}$$

晶体的并联谐振频率 f_p 是图 21-26b 中环路电流达到最大值时的频率。由于该环路电流必须流经串联的 C_s 和 C_m，其等效电容为：

$$C_p = \frac{C_m C_s}{C_m + C_s} \tag{21-21}$$

并联谐振频率为：

$$f_p = \frac{1}{2\pi \sqrt{LC_p}} \tag{21-22}$$

对于任意晶体，C_s 比 C_m 小得多。所以 f_p 只比 f_s 略大一点。当晶体用于如图 21-27 所示的交流等效电路时，电路中存在与 C_m 并联的附加电容，因此振荡频率处于 f_p 和 f_s 之间。

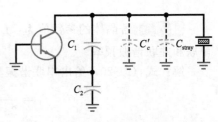

图 21-27　分布电容与封装电容并联

21.6.6 晶体的稳定性

任何振荡器的频率都会随时间发生微小的改变。这种漂移是由温度、老化程度及其他因素造成的。晶体振荡器的频率漂移很小，每天的漂移量通常小于 $1/10^6$。这样的稳定度对于电子手表很重要，因为其中的时间基准器件采用的是石英晶体振荡器。

将晶振置于恒温箱中，可以得到小于 $1/10^{10}$ 的日频率漂移。采用这种漂移参数的时钟每 300 年产生 1s 的误差。这样的稳定度对于频率和时间基准来说是必要的。

21.6.7 晶体振荡器

图 21-28a 所示是考毕兹晶体振荡器。容性分压器提供反馈到晶体管基极的反馈电压。晶体的工作类似一个电感与电容 C_1 和 C_2 发生谐振。振荡频率在晶体的串联和并联谐振频率之间。

图 21-28b 所示是考毕兹晶体振荡器的一种变换形式。反馈信号输入到发射极，而不是基极。这种变化使电路可以工作在更高的谐振频率。

图 21-28c 所示是一个场效应管克莱普振荡器，目的是通过减小分布电容的影响改善频

率稳定性。图 21-28d 所示的电路是皮尔斯晶体振荡器。它的主要优点是电路简单。

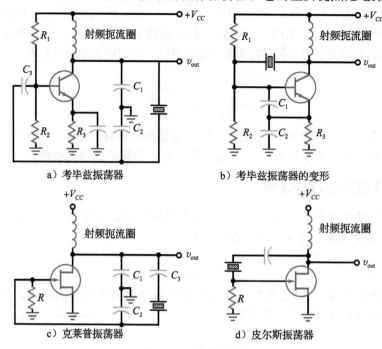

图 21-28 晶体振荡器

例 21-5 若晶体的参数值为：$L = 3\text{H}$，$C_s = 0.05\text{pF}$，$R = 2\text{k}\Omega$，$C_m = 10\text{pF}$，求晶振的串联和并联谐振频率。

解：式（21-20）给出串联谐振频率为：

$$f_s = \frac{1}{2\pi \sqrt{3\text{H} \times 0.05\text{pF}}} = 411\text{kHz}$$

由式（21-21）得到并联等效电容为：

$$C_p = \frac{10\text{pF} \times 0.05\text{pF}}{10\text{pF} + 0.05\text{pF}} = 0.0498\text{pF}$$

由式（21-22）求得并联谐振频率为：

$$f_p = \frac{1}{2\pi \sqrt{3\text{H} \times 0.0498\text{pF}}} = 412\text{kHz}$$

可见，晶体的串联谐振频率和并联谐振频率非常接近。当晶体用于振荡器时，振荡频率将在 411～412kHz 之间。◀

自测题 21-5 若 $C_s = 0.1\text{pF}$，$C_m = 15\text{pF}$，重新计算例 21-5。

表 21-1 列出了一些 RC 振荡器和 LC 振荡器的特性。

表 21-1 振荡器

类型	特性
	RC 振荡器
文氏电桥振荡器	• 利用超前–滞后反馈电路 • 需要配套的 R_s 进行调谐 • 5Hz～1MHz 范围内低失真输出（带宽受限） • $f_r = \dfrac{1}{2\pi RC}$

（续）

类型	特性
双 T 型振荡器	• 利用陷波滤波器电路 • 只在一个频率点工作良好 • 宽频带输出时的调节困难 • $f_r = \dfrac{1}{2\pi RC}$
相移式振荡器	• 利用 3～4 个超前-滞后电路 • 不能用于宽频带范围的调节
LC 振荡器	
考毕兹振荡器	• 利用一对中间抽头的电容 • $C = \dfrac{C_1 C_2}{C_1 + C_2}$ $f_r = \dfrac{1}{2\pi\sqrt{LC}}$ • 应用广泛
阿姆斯特朗振荡器	• 利用变压器作为反馈 • 不常用 • $f_r = \dfrac{1}{2\pi\sqrt{LC}}$
哈特莱振荡器	• 利用一对中央抽头的电感 • $L = L_1 + L_2$ $f_r = \dfrac{1}{2\pi\sqrt{LC}}$
克莱普振荡器	• 利用一对中间抽头的电容、一个电容和一个电感串联 • 输出稳定且精确 • $C = \dfrac{1}{\dfrac{1}{C_1} + \dfrac{1}{C_2} + \dfrac{1}{C_3}}$ $f_r = \dfrac{1}{2\pi\sqrt{LC}}$
晶体振荡器	• 利用石英晶体 • 非常稳定且精确 • $f_p = \dfrac{1}{2\pi\sqrt{LC_p}}$ $f_s = \dfrac{1}{2\pi\sqrt{LC_s}}$

21.7 555 定时器

NE555（LM555，CA555 和 MC555）是广泛使用的集成定时器，它可以在两种模式下工作：**单稳态**（有一种稳定状态）或**非稳态**（不稳定状态）。在单稳态模式下，它可以产生从几微秒到几小时范围内的准确延时；在非稳态模式，可以产生占空比可变的方波。

21.7.1 单稳态工作模式

图 21-29 显示了 555 定时器在单稳态模式的工作情况。555 定时器在初始状态下的输出是低电压，并维持该输出不变。当它在 A 时刻接收到一个触发信号时，输出电压从低电平变为高电平。输出电压在高电平维持一段时间，在经过延时 W 后返回到低电平。然后输出维持低电平直至下一个触发信号到来。

多谐振荡器是一个具有"0"和"1"或两个稳定输出状态的双态电路。555 定时器工作在单稳态模式时，只有一个稳态，常被称作单稳态多谐振荡器。555 定时器在输出低电平时是稳定的，当接收到触发输入信号后，输出电压会暂时变为高电平。当脉冲结束后输出还是会返回到低电平，所以输出高电平时并不是稳态。

当工作在单稳态模式时，555 定时器常被看作单发多谐振荡器，这是因为每次输入触发只产生一个输出脉冲。这个输出脉冲的持续时间可由外部电阻和电容来精确控制。

555 定时器是一个 8 引脚的集成电路芯片。图 21-29 显示了其中的 4 个引脚。引脚 1 与地相连，引脚 8 与正电源电压相连。555 定时器的电源电压可以在 +4.5～+18V 之间。触发信号从引脚 2 输入，引脚 3 是输出。其他引脚在这里没有显示，它们与一些决定输出脉冲宽度的外部元件相连。

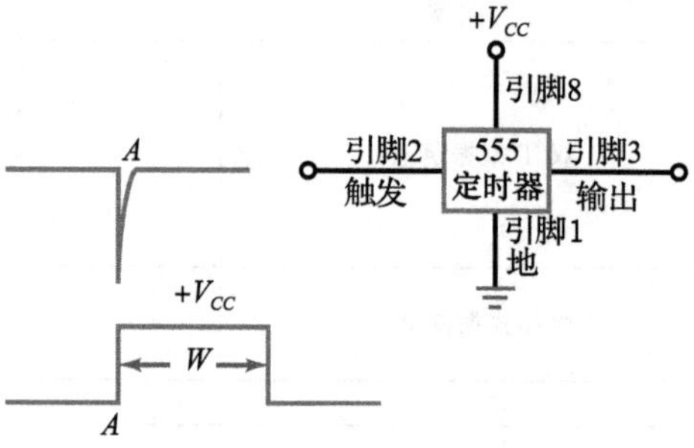

图 21-29　工作在单稳态（单次触发）的 555 定时器

21.7.2　非稳态工作模式

555 定时器也可以连接成一个非稳态多谐振荡器。在该模式下没有稳定状态，即任一状态都不能无限保持。或者说，当 555 定时器工作在非稳态时会产生振荡，并输出方波信号。

图 21-30 所示是 555 定时器在非稳态模式的应用。可见，其输出是一系列的方波脉冲。由于输出的产生不需要输入信号触发，工作在非稳态模式的 555 定时器有时也称为自由振荡多谐振荡器。

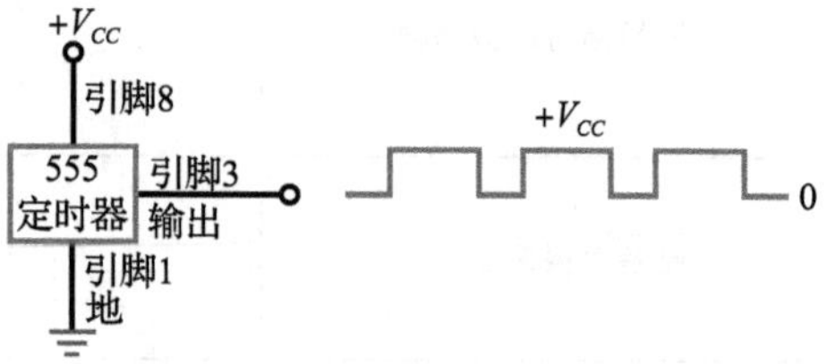

图 21-30　非稳态（自由振荡）模式工作的 555 定时器

21.7.3　功能框图

555 定时器的电路图非常复杂，包含 20 多个元件，如二极管、电流镜和晶体管。图 21-31 所示是 555 定时器的功能框图，这个框图包含了分析中所需的所有关键部分。

如图 21-31 所示，555 定时器包含一个分压器、两个比较器、一个 RS 触发器和一个 npn 晶体管。由于分压器中的电阻都相等，上方比较器的翻转电压为：

$$\mathrm{UTP} = \frac{2V_{CC}}{3} \qquad (21\text{-}23)$$

下方比较器的翻转电压为：

$$\mathrm{LTP} = \frac{V_{CC}}{3} \qquad (21\text{-}24)$$

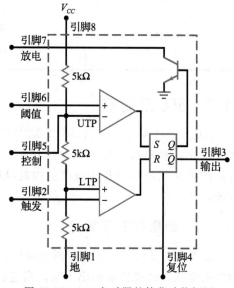

图 21-31　555 定时器的简化功能框图

在图 21-31 中，引脚 6 连接到上方比较器。引脚 6 的电压称为阈值，该电压产生于图中未显示的外部元件。当阈值电压高于 UTP 时，上方比较器输出高电平。

引脚 2 连接到下方比较器，该引脚上的电压称为触发电压，它是 555 定时器在单稳态模式下的触发电压。当定时器未被触发时，触发电压为高电平。当触发电压降至 LTP 以下时，下方比较器输出高电平。

引脚 4 可以用来使输出电压置零，引脚 5 可以在 555 定时器工作在非稳态时控制输出频率。在很多应用中并不使用这两个引脚，其连接状态为：引脚 4 连接到 $+V_{CC}$，引脚 5 通过一个电容短接到地。后文将讨论引脚 4 和 5 在高性能电路中的应用。

21.7.4　RS 触发器

在分析 555 定时器与外部元件组成的电路之前，首先需要了解其中包含的 S、R、Q、$\overline{Q}$ 模块的工作原理。该模块称为 RS 触发器，具有两个稳态。

图 21-32 所示是一种 RS 触发器的构成。该电路中的一个晶体管饱和，另一个截止。例如，若右侧的晶体管饱和，则其集电极电压约为 0。这意味着左侧晶体管没有基极电流。所以左侧晶体管截止，使集电极产生高电压。该集电极的高电压使右侧晶体管产生较大的基极电流，从而使之维持在饱和状态。

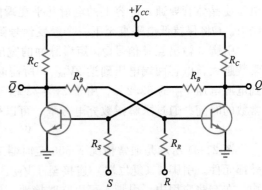

图 21-32　由晶体管构成的 RS 触发器

RS 触发器具有两个输出，Q 和 $\overline{Q}$。它们都是双态输出，即低电平或高电平，而且这两个输出总是相反的。当 Q 为低时 $\overline{Q}$ 为高，Q 为高时 $\overline{Q}$ 为低。$\overline{Q}$ 称为 Q 的互补输出端。$\overline{Q}$ 上面的一条横杠表示它与 Q 是互补的。

输出的状态可以通过 R 和 S 输入端来控制。如果 S 端施加较大的正电压，则左侧晶体管进入饱和，使得右侧晶体管截止。此时，Q 将为高而 $\overline{Q}$ 为低，而且 S 端的高电平可以去掉，因为左侧饱和晶体管可以使右侧管保持在截止状态。

同理，可以在 R 端施加较大的正电压，使右侧晶体管饱和，左侧晶体管截止。此时，Q 为低而 $\overline{Q}$ 为高。当该状态建立后，R 端的高电平就不再需要，可以去掉。

由于该电路在两种状态下均能稳定，所以有时也称作**双稳态多谐振荡器**。双稳态多谐振荡器可以将双态中的一种锁定。S 端的高输入电压会驱使 Q 进入高电平状态，而 R 端高电压会使 Q 回到低电平状态。输出电压在被触发翻转之前，会保持在给定的状态。

S 端有时也称为置位输入，它将输出 Q 置为高电平；R 端称为复位输入，它将输出 Q 复位到低电平。

21.7.5　单稳态工作

图 21-33 所示的 555 定时器连接成单稳态工作方式。电路外接电阻 R 和电容 C。电容两端电压输入到引脚 6 作为阈值电压。当触发信号到达引脚 2 时，电路将在引脚 3 输出一个矩形脉冲。

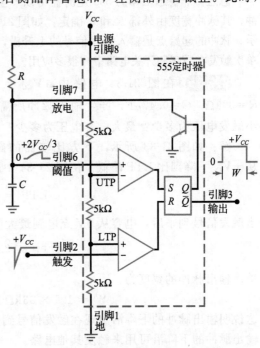

图 21-33　用作单稳态的 555 定时器

下面介绍工作原理。初始状态时，RS 触发器的 Q 输出为高，晶体管饱和，并将电容两端电压钳制在地电位。电路将保持该状态直至触发信号到来。由于分压器的存在，翻转点电压如前所述：$\text{UTP}=2V_{CC}/3$，$\text{LTP}=V_{CC}/3$。

当触发信号降到比 $V_{CC}/3$ 略低时，下方比较器使触发器复位。由于 Q 被复位到低电平，晶体管截止，使电容进行充电。与此同时，$\overline{Q}$ 变为高电平，电容将按指数充电，如图 21-33 所示。当电容电压升高到比 $2V_{CC}/3$ 略高时，上方比较器使触发器置位。Q 端的高电压使晶体管导通，电容上的电荷几乎在瞬间放电。同时，$\overline{Q}$ 回到低电平状态，输出脉冲结束。$\overline{Q}$ 将保持低电平直至下一个触发信号到来。

引脚 3 输出互补信号 $\overline{Q}$。矩形脉冲的宽度取决于通过电阻 R 给电容充电的时间。时间常数越大，电容两端电压到达 $2V_{CC}/3$ 所需时间越长。在一倍时间常数内，电容能够充电到电源电压 V_{CC} 的 63.2%。由于 $2V_{CC}/3$ 相当于 V_{CC} 的 66.7%，所以需要略大于一倍时间常数的时间。通过求解指数充电方程，可以得到关于脉冲宽度的公式：

$$W = 1.1RC \tag{21-25}$$

图 21-34 所示是通常情况下 555 定时器工作在单稳态的电路图，图中只画出了引脚和外部元件。引脚 4（复位端）连接至 $+V_{CC}$。如前文所述，这样可避免引脚 4 对电路的影响。在有些应用中，引脚 4 可以临时接地，使电路停止工作。当引脚 4 接到高电平时，则恢复工作状态。后续的讨论将具体描述这种复位方式的用法。

引脚 5（控制端）是特殊的输入端，可以用来改变 UTP，从而改变脉冲宽度。后文将讨论脉冲宽度调制，即通过在引脚 5 施加外部电压改变脉冲宽度。图 21-33 中将引脚 5 对地旁路，通过将引脚 5 交流接地，防止电磁噪声对 555 定时器的工作造成干扰。

总之，非稳态工作的 555 定时器可以产生单脉冲，其脉冲宽度由外部 R 和 C 确定，如图 21-34 所示。脉冲的起始点是输入触发信号的上升沿，这种单次触发在数字和开关电路中有很多应用。

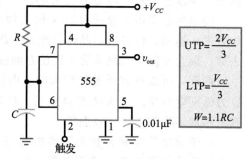

图 21-34　单稳态定时电路

例 21-6 在图 21-34 电路中，$V_{CC} = 12\text{V}$，$R=33\text{k}\Omega$，$C=0.47\mu\text{F}$，产生输出脉冲所需的最小触发电压为多少？最大电容电压为多少？输出脉冲宽度为多少？

解： 如图 21-33 所示，下方比较器的翻转点为 LTP。引脚 2 的输入触发信号需要从 $+V_{CC}$ 下降到比 LTP 略低。由图 21-34 中所给的公式得：

$$\text{LTP} = \frac{12\text{V}}{3} = 4\text{V}$$

当触发信号到来后，电容从 0V 充电到最大值 UTP：

$$\text{UTP} = \frac{2 \times 12\text{V}}{3} = 8\text{V}$$

单次输出脉冲的宽度为：

$$W = 1.1 \times 33\text{k}\Omega \times 0.47\mu\text{F} = 17.1\text{ms}$$

这说明输出脉冲的下降沿出现在触发信号到来 17.1ms 之后。可以把这 17.1ms 作为延时，输出脉冲的下降沿可用来触发其他电路。　◀

自测题 21-6 将图 21-34 电路中的 V_{CC} 变为 15V，R 变为 100kΩ，重新计算例 21-6。

例 21-7 如果 $R=10\text{M}\Omega$，$C=470\mu\text{F}$，那么图 21-34 电路的脉冲宽度为多少？

解：

$$W = 1.1 \times 10\text{M}\Omega \times 470\mu\text{F} = 5170\text{s} = 86.2\text{min} = 1.44\text{h}$$

这里得到的脉冲宽度大于 1 小时，此脉冲的下降沿发生在 1.44 小时之后。 ◀

21.8 555 定时器的非稳态工作模式

很多应用中需要产生从几微秒到几小时的延时。555 定时器也可以用于非稳态或自由振荡多谐振荡器。在该模式下，需要两个外接电阻和一个电容来确定振荡频率。

21.8.1 非稳态模式

图 21-35 所示的 555 定时器工作在非稳态。翻转点电压与单稳态相同：

$$\text{UTP} = \frac{2V_{CC}}{3}$$

$$\text{LTP} = \frac{V_{CC}}{3}$$

当 Q 为低时，晶体管截止，电容通过总电阻充电，该电阻等于：

$$R = R_1 + R_2$$

因此，充电时间常数为 $(R_1 + R_2)C$。阈值电压（引脚 6）随着电容充电而增加。

最终，阈值电压超过 $+2V_{CC}/3$。这时，上方比较器使触发器置位，Q 为高，晶体管饱和，引脚 7 接地，电容通过 R_2 放电。放电时间常数为 R_2C。当电容电压下降到比 $V_{CC}/3$ 略低时，下方比较器使触发器复位。

图 21-36 显示了波形。电容电压在 UTP 和 LTP 之间按指数上升和下降。输出是摆幅在 $0 \sim V_{CC}$ 之间的方波。由于充电时间常数比放电时间常数大，所以输出是不对称的。占空比在 $50\% \sim 100\%$ 之间，取决于电阻 R_1 和 R_2。

通过对充放电方程的分析，得到下列公式，脉冲宽度为：

$$W = 0.693(R_1 + R_2)C \quad (21\text{-}26)$$

输出脉冲的周期为：

$$T = 0.693(R_1 + 2R_2)C \quad (21\text{-}27)$$

周期的倒数为频率：

$$f = \frac{1.44}{(R_1 + 2R_2)C} \quad (21\text{-}28)$$

脉冲宽度与周期的比即为占空比：

$$D = \frac{R_1 + R_2}{R_1 + 2R_2} \quad (21\text{-}29)$$

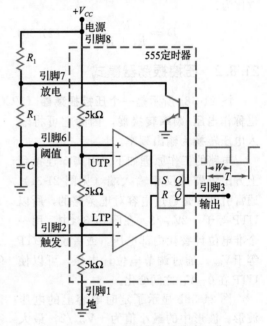

图 21-35 555 定时器的非稳态工作

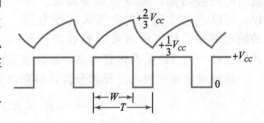

图 21-36 非稳态电路中电容电压和输出电压的波形

当 R_1 远小于 R_2 时，占空比接近 50%。反之，当 R_1 远大于 R_2 时，占空比接近 100%。

图 21-37 所示是常见的 555 定时器非稳态工作的电路图。引脚 4（复位端）连接到电源电压，引脚 5（控制端）通过 $0.01\mu F$ 电容旁路到地。

可以将图 21-37 电路进行修改，使占空比小于 50%。将一个二极管与 R_2 并联（正极接引脚 7），电容将通过 R_1 和二极管高效充电，并通过 R_2 放电。因此，得到占空比为：

$$D = \frac{R_1}{R_1 + R_2} \tag{21-30}$$

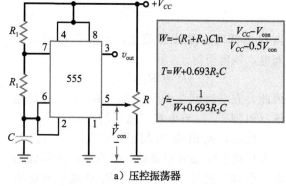

21.8.2 压控振荡器模式

图 21-37 非稳态多谐振荡器

图 21-38a 所示是一个**压控振荡器**（VCO），是 555 定时器的另一种应用。该电路有时也称作**电压-频率转换器**，因为它可将输入电压转换为输出频率。

电路的工作原理如下。引脚 5 连接到上方比较器的反相输入端（见图 21-31）。通常引脚 5 是通过电容对地旁路的，所以 UTP 等于 $+2V_{CC}/3$。在图 21-38a 中，用一个准电位计替代内部电压。或者说，UTP 等于 V_{con}。通过调节电位计电压，可以使 UTP 在 $0\sim V_{CC}$ 之间变化。

图 21-38b 显示了定时电容上的电压波形。波形中的最小值为 $+V_{\text{con}}/2$，最大值为 $+V_{\text{con}}$。如果增加 V_{con}，则电容的充放电时间会增加，从而使频率降低。所以，可以通过改变控制电压来改变电路的输出频率。控制电压可以是如图所示的电位计，也可以是晶体管电路、运放或其他器件的输出。

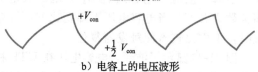

a) 压控振荡器

b) 电容上的电压波形

图 21-38 由 555 定时器构成的压控振荡器

通过对电容充放电方程的分析，得到以下公式：

$$W = -(R_1 + R_2)C \ln \frac{V_{CC} - V_{\text{con}}}{V_{CC} - 0.5V_{\text{con}}} \tag{21-31}$$

上述公式需要用到**自然对数**，对数的底为 e。如果有科学计算器，可使用 ln 键进行计算。周期为：

$$T = W + 0.693R_2C \tag{21-32}$$

频率为：

$$f = \frac{1}{W + 0.693R_2C} \tag{21-33}$$

例 21-8 图 21-37 所示 555 定时器电路中的 $R_1 = 75\text{k}\Omega$，$R_2 = 30\text{k}\Omega$，$C = 47\text{nF}$。输出信号的频率为多少？占空比为多少？

解： 由图 21-37 中所给公式得到：

$$f = \frac{1.44}{(75\text{k}\Omega + 60\text{k}\Omega) \times 47\text{nF}} = 227\text{Hz}$$

$$D = \frac{75\text{k}\Omega + 30\text{k}\Omega}{75\text{k}\Omega + 60\text{k}\Omega} = 0.778$$

相当于 77.8%。 ◀

自测题 21-8　在 $R_1 = R_2 = 75\text{k}\Omega$ 的情况下,重新计算例 21-8。

例 21-9　图 21-38a 所示 VCO 电路中的 R_1、R_2 以及 C 与例 21-8 中的相同,那么在控制电压 V_{con} 为 11V 时,输出频率和占空比分别为多少? 当 V_{con} 为 1V 时,频率和占空比又为多少?

解:利用图 21-38 中的公式,解得:

$$W = -(75\text{k}\Omega + 30\text{k}\Omega) \times 47\text{nF} \times \ln\frac{12\text{V} - 11\text{V}}{12\text{V} - 5.5\text{V}} = 9.24\text{ms}$$

$$T = 9.24\text{ms} + 0.693 \times 30\text{k}\Omega \times 47\text{nF} = 10.2\text{ms}$$

占空比为:

$$D = \frac{W}{T} = \frac{9.24\text{ms}}{10.2\text{ms}} = 0.906$$

频率为:

$$f = \frac{1}{T} = \frac{1}{10.2\text{ms}} = 98\text{Hz}$$

当 V_{con} 为 1V 时,计算得到:

$$W = -(75\text{k}\Omega + 30\text{k}\Omega) \times 47\text{nF} \times \ln\frac{12\text{V} - 1\text{V}}{12\text{V} - 0.5\text{V}} = 0.219\text{ms}$$

$$T = 0.219\text{ms} + 0.693 \times 30\text{k}\Omega \times 47\text{nF} = 1.2\text{ms}$$

$$D = \frac{W}{T} = \frac{0.219\text{ms}}{1.2\text{ms}} = 0.183$$

$$f = \frac{1}{T} = \frac{1}{1.2\text{ms}} = 833\text{Hz}$$

◀

自测题 21-9　当 $V_{CC} = 15\text{V}$,$V_{\text{con}} = 10\text{V}$ 时,重新计算例 21-9。

21.9　555 电路的应用

555 定时器的输出级可以提供 200mA 的电流,即在高电压输出时可以提供高达 200mA 的负载电流(拉电流)。因此,555 定时器可以驱动相对较重的负载,如继电器、灯和扬声器。555 定时器的输出级同样也可以吸收 200mA 的电流,即当低电压输出时可以承受最高 200mA 的对地电流(灌电流)。例如,用 555 定时器驱动 TTL 负载,当输出为高时,对外输出负载电流;当输出为低时,从外部吸收负载电流。本节中将讨论 555 定时器的一些应用。

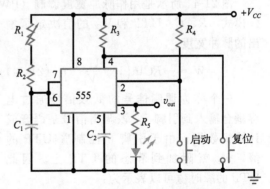

图 21-39　带有启动和复位键的脉冲宽度可调的单稳态定时器

21.9.1　启动和复位

图 21-39 所示是一个在前文所述单稳态定时器基础上进行修改后的电路。首先,触发

信号输入端（引脚 2）由一个按钮式开关（启动）控制。此开关在通常情况下是断开的，引脚 2 处于高电平，电路不工作。

当按下并释放启动开关时，引脚 2 暂时被拉到地电位。此时，输出变为高且 LED 点亮。如前文所述，电容 C_1 正向充电，充电时间常数随电阻 R_1 而改变。可通过这种方式得到从几秒到几小时的延时。当电容电压比 $2V_{CC}/3$ 略高时，电路复位且输出电压变为低。同时，LED 熄灭。

下面来看复位开关。它可以在脉冲输出的任意时刻将电路复位。此开关通常情况下是断开的，引脚 4 为高，且对定时器的工作没有影响。当复位开关闭合时，引脚 4 被下拉到地电位，输出被复位到零。设置复位开关使得用户可以在需要时终止高电平输出。例如，当输出脉冲宽度被设置成 5 分钟时，用户可以在预置时间之前通过按下复位键停止此脉冲。

21.9.2 鸣笛和报警

图 21-40 所示是将非稳态 555 定时器用作报警器的电路。通常情况下，报警开关是闭合的，它将引脚 4 下拉到地电位。此时，555 定时器未被激活且没有输出。当报警开关断开后，电路将产生方波输出，且其频率由 R_1、R_2 和 C_1 决定。

引脚 3 的输出通过电阻 R_4 驱动扬声器，该电阻的大小取决于电源电压和扬声器的阻抗。电阻 R_4 和扬声器所在的支路电阻应该将输出电流限制在 200mA 或更小，因为这是 555 定时器所能提供的最大电流。

可以对图 21-40 电路加以改进，使之可以向扬声器输出更大的功率。例如，可以利用引脚 3 的输出来驱动一个 B 类推挽功率放大器，用放大器的输出驱动扬声器。

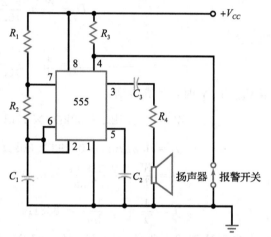

图 21-40　用作鸣笛或报警的非稳态 555 电路

21.9.3 脉冲宽度调制器

图 21-41 所示是用作**脉冲宽度调制**（PWM）的电路。其中，555 定时器处于单稳态工作模式，R、C、UTP 和 V_{CC} 的值决定了输出的脉冲宽度：

$$W = -RC\ln\left(1 - \frac{\text{UTP}}{V_{CC}}\right) \quad (21\text{-}34)$$

一个称为**调制信号**的低频信号通过电容耦合输入到引脚 5，该调制信号是语音或计算机数据。由于引脚 5 控制着 UTP 的值，v_{mod} 就附加到静态的 UTP 上。因此 UTP 的瞬时值可以表示为：

$$\text{UTP} = \frac{2V_{CC}}{3} + v_{\text{mod}} \quad (21\text{-}35)$$

例如，当 $V_{CC}=12\text{V}$ 且调制信号的峰值

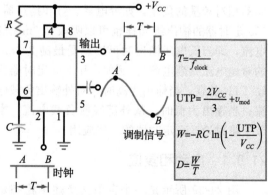

$$T = \frac{1}{f_{\text{clock}}}$$

$$\text{UTP} = \frac{2V_{CC}}{3} + v_{\text{mod}}$$

$$W = -RC\ln\left(1 - \frac{\text{UTP}}{V_{CC}}\right)$$

$$D = \frac{W}{T}$$

图 21-41　555 定时器用于脉冲宽度调制器

为 1V 时，由式（21-31）得到：

$$UTP_{max} = 8V + 1V = 9V$$
$$UTP_{min} = 8V - 1V = 7V$$

这说明 UTP 的瞬时值是在 7～9V 之间变化的正弦波。

引脚 2 输入的是一个的触发信号序列，称为时钟。每一个触发信号产生一个脉冲输出。由于触发信号的周期为 T，输出信号将是周期为 T 的方波脉冲序列。调制信号对周期 T 没有影响，但它可以改变每一个输出脉冲的宽度。如图 21-41 所示，在 A 点，即调制信号的正向峰值点，输出脉冲较宽；在 B 点，即调制信号的负向峰值点，输出脉冲较窄。

PWM 常用于通信领域。用低频调制信号（声音或数据）改变高频信号的脉冲宽度，该高频信号称为**载波**。被调制的载波可以通过铜导线、光缆或空间传输到接收器。接收器恢复出调制信号并驱动扬声器（声音）或计算机（数据）。

21.9.4 脉冲位置调制

PWM 改变脉宽，但周期并不改变，因为周期由触发信号的频率决定。由于周期固定，所以每一个脉冲的位置是相同的，即脉冲前沿出现的时间间隔总是固定的。

脉冲位置调制（PPM）则不同。在这种调制中，每个脉冲的位置（前沿）是变化的。对于 PPM，脉冲宽度和周期都随调制信号变化。

图 21-42a 所示是脉冲位置调制器电路。与前文中所述的 VCO 类似，由于调制信号耦合到引脚 5，UTP 的瞬时值由式（21-35）给出：

$$UTP = \frac{2V_{CC}}{3} + v_{mod}$$

当调制信号增加时，UTP 和脉冲宽度均增加。当调制信号减小时，UTP 和脉冲宽度均减小。因此，其脉冲宽度发生如图 21-42b 所示的变化。

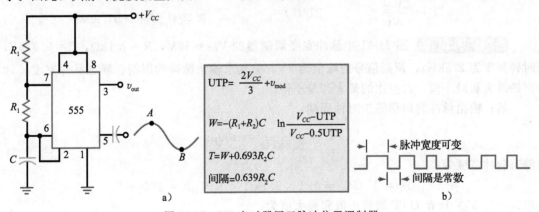

图 21-42　555 定时器用于脉冲位置调制器

脉冲宽度和周期为：

$$W = -(R_1 + R_2)C \ \ln \frac{V_{CC} - UTP}{V_{CC} - 0.5UTP} \tag{21-36}$$

$$T = W + 0.693R_2C \tag{21-37}$$

在式（21-37）中，第二项是两个脉冲之间的间隔；

$$间隔 = 0.693R_2C \tag{21-38}$$

该间隔是脉冲的下降沿与下一个脉冲上升沿之间的时间。由于 V_{con} 未出现在公式（21-38）

中，所以脉冲的时间间隔是常数，如图 21-42b 所示。

由于间隔是固定的，所以脉冲前沿的位置取决于脉冲的宽度。这种调制称作脉冲位置调制。PWM 和 PPM 用于通信系统中对声音和数据的传输。

21.9.5 斜坡信号的产生

通过电阻对电容充电，可以产生指数波形。如果用恒定电流源代替电阻对电容充电，则电容上产生的是斜坡电压。这就是图 21-43a 电路的工作原理。这里将单稳态电路中的电阻替换为 pnp 电流源，产生恒定的充电电流：

$$I_C = \frac{V_{CC} - V_E}{R_E} \quad (21\text{-}39)$$

当图 21-43a 电路中的触发信号使单稳态 555 启动后，pnp 电流源迫使恒定电流向电容充电。电容上便会产生斜坡电压，如图 21-43b 所示。该斜坡电压的斜率为：

$$S = \frac{I_C}{C} \quad (21\text{-}40)$$

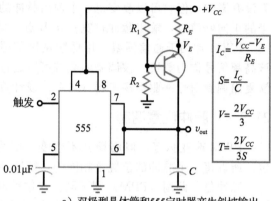

由于电容电压在放电前所能达到的最大值是 $2V_{CC}/3$，斜坡的峰值电压如图 21-43b 所示：

$$V = \frac{2V_{CC}}{3} \quad (21\text{-}41)$$

斜坡的持续时间为：

$$T = \frac{2V_{CC}}{3S} \quad (21\text{-}42)$$

a）双极型晶体管和555定时器产生斜坡输出

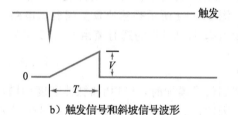

b）触发信号和斜坡信号波形

图 21-43 斜坡信号产生电路

应用实例 21-10 图 21-41 中脉冲宽度调制器的 $V_{CC} = 12\text{V}$，$R = 9.1\text{k}\Omega$，$C = 0.01\mu\text{F}$，时钟频率为 2.5kHz，调制信号的峰值为 2V。分别求输出脉冲的周期、静态脉冲宽度、脉宽的最大和最小值、占空比的最大和最小值。

解：输出脉冲的周期等于时钟周期：

$$T = \frac{1}{2.5\text{kHz}} = 400\mu\text{s}$$

静态脉冲宽度为：

$$W = 1.1RC = 1.1 \times 9.1\text{k}\Omega \times 0.01\mu\text{F} = 100\mu\text{s}$$

由式（21-35）计算 UTP 的最小值和最大值为：

$$\text{UTP}_{\text{min}} = 8\text{V} - 2\text{V} = 6\text{V}$$

$$\text{UTP}_{\text{max}} = 8\text{V} + 2\text{V} = 10\text{V}$$

由式（21-34）计算脉宽的最小值和最大值为：

$$W_{\text{min}} = -9.1\text{k}\Omega \times 0.01\mu\text{F} \times \ln\left(1 - \frac{6\text{V}}{12\text{V}}\right) = 63.1\mu\text{s}$$

$$W_{\text{max}} = -9.1\text{k}\Omega \times 0.01\mu\text{F} \times \ln\left(1 - \frac{10\text{V}}{12\text{V}}\right) = 163\mu\text{s}$$

占空比的最小值和最大值为：

$$D_{\min} = \frac{63.1\mu s}{400\mu s} = 0.158$$

$$D_{\max} = \frac{163\mu s}{400\mu s} = 0.408 \qquad \blacktriangleleft$$

✎ **自测题 21-10** 参照例 21-10，将 V_{CC} 变为 15V，计算最大脉冲宽度和最大占空比。

(应用实例 21-11) 图 21-42 所示脉冲位置调制器中的 $V_{CC} = 12V$，$R_1 = 3.9k\Omega$，$R_2 = 3k\Omega$，$C = 0.01\mu F$。输出脉冲的静态宽度和周期为多少？如果调制信号峰值为 1.5V，那么脉冲宽度的最小和最大值分别为多少？脉冲之间的间隔为多少？

解：在不加调制信号时，输出脉冲的静态周期就是 555 定时器用作非稳态多谐振荡器时的周期。根据式 (21-26) 和 (21-27)，计算脉冲静态宽度和周期如下：

$$W = 0.693(3.9k\Omega + 3k\Omega) \times 0.01\mu F = 47.8\mu s$$

$$T = 0.693(3.9k\Omega + 6k\Omega) \times 0.01\mu F = 68.6\mu s$$

由式 (21-35) 计算得到 UTP 的最小值和最大值为：

$$\text{UTP}_{\min} = 8V - 1.5V = 6.5V$$

$$\text{UTP}_{\max} = 8V + 1.5V = 9.5V$$

由式 (21-26) 得到脉冲宽度的最小值和最大值为：

$$W_{\min} = -(3.9k\Omega + 3k\Omega) \times 0.01\mu F \times \ln\frac{12V - 6.5V}{12V - 3.25V} = 32\mu s$$

$$W_{\max} = -(3.9k\Omega + 3k\Omega) \times 0.01\mu F \times \ln\frac{12V - 9.5V}{12V - 4.75V} = 73.5\mu s$$

由式 (21-37) 得到周期的最小值和最大值为：

$$T_{\min} = 32\mu s + 0.693 \times 3k\Omega \times 0.01\mu F = 52.8\mu s$$

$$T_{\max} = 73.5\mu s + 0.693 \times 3k\Omega \times 0.01\mu F = 94.3\mu s$$

任意一个脉冲的下降沿与下一个脉冲的上升沿的间隔为：

$$\text{间隔} = 0.693 \times 3k\Omega \times 0.01\mu F = 20.8\mu s \qquad \blacktriangleleft$$

(应用实例 21-12) 图 21-43 所示的斜波发生器具有恒定的集电极电流 1mA。如果 $V_{CC} = 15V$，$C = 100nF$，求输出斜波的斜率、峰值和持续时间。

解：斜率为：

$$S = \frac{1mA}{100nF} = 10V/ms$$

峰值为：

$$V = \frac{2 \times 15V}{3} = 10V$$

斜坡的持续时间为：

$$T = \frac{2 \times 15V}{3 \times 10V/ms} = 1ms \qquad \blacktriangleleft$$

✎ **自测题 21-12** 如果图 21-43 电路中的 $V_{CC} = 12V$，$C = 0.2\mu F$，重新计算例 21-12。

21.10 锁相环

锁相环（PLL）电路包含鉴相器、直流放大器、低通滤波器和压控振荡器（VCO）。当锁相环的输入信号频率为 f_m 时，其 VCO 将输出一个频率等于 f_m 的信号。

21.10.1 鉴相器

图 21-44a 所示是一个**鉴相器**，它是 PLL 中的第一级。该电路产生一个正比于两个输入信号相位差的输出电压。例如，图 21-44b 所示是相位差为 $\Delta\phi$ 的两个输入信号。鉴相器根据该相位差产生一个与 $\Delta\phi$ 成正比的直流输出电压，如图 21-44c 所示。

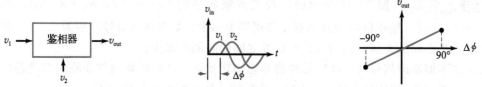

a）鉴相器具有两个输入和一个输出　　b）具有相位差的等频率正弦波　　c）鉴相器的输出与输入的相位差成正比

图 21-44　鉴相器

如图 21-44b 所示，如果 v_1 超前于 v_2，$\Delta\phi$ 为正值；如果 v_1 滞后于 v_2，$\Delta\phi$ 则为负值。典型的鉴相器在 $-90°\sim+90°$ 之间具有线性响应特性，如图 21-44c 所示。可见，当 $\Delta\phi=0°$ 时，鉴相器的输出为 0；当 $\Delta\phi$ 在 $0°\sim90°$ 之间时，输出为正电压；当 $\Delta\phi$ 在 $-90°\sim0°$ 之间时，输出为负电压。鉴相器的关键特性是产生的输出电压与两个输入信号的相位差成正比。

21.10.2 压控振荡器

在图 21-45a 中，VCO 的输入电压 v_{in} 决定了输出信号的频率 f_{out}。典型 VCO 的频率变化范围是 10∶1，而且变化是线性的，如图 21-45b 所示。当 VCO 的输入电压为 0 时，VCO 在静态频率 f_0 处自由振荡。当输入电压为正时，VCO 的输出频率高于 f_0；当输入电压为负时，VCO 的频率低于 f_0。

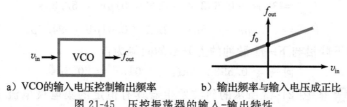

a）VCO的输入电压控制输出频率　　b）输出频率与输入电压成正比

图 21-45　压控振荡器的输入-输出特性

21.10.3 锁相环的原理框图

图 21-46 是 PLL 的原理框图。其中鉴相器输出一个正比于两输入信号相位差的直流电压。鉴相器的输出电压通常很小，所以第二级是一个直流放大器。放大后的相位差经滤波后输入到 VCO。VCO 的输出最终反馈回鉴相器。

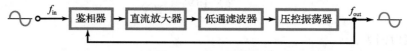

图 21-46　PLL 原理框图

知识拓展　VCO 的传输函数或转换增益 K 可以表示为每单位直流输入电压变化 ΔV 时的频偏量 Δf。数学表示为 $K=\Delta f/\Delta V$，其中 K 是输入-输出传输函数，量纲为 Hz/V。

21.10.4 输入频率等于自由振荡频率

为了理解 PLL 的工作原理，首先分析输入频率等于 f_0 的情况，f_0 是 VCO 的自由振荡频率。此时，鉴相器的两个输入信号具有相同的频率和相位。因此相位差 $\Delta\phi$ 为 0，且鉴相器的输出为 0。VCO 的输入电压为 0，即 VCO 在 f_0 频率下自由振荡。只要输入信号的频率和相位保持相同，VCO 的输入电压将一直为 0。

21.10.5 输入频率不等于自由振荡频率

假设输入信号和 VCO 自由振荡频率都为 10kHz，如果输入频率上升到 11kHz，这个增加将会带来相位的增加，因为 v_1 在第一个循环结尾处超前于 v_2，如图 21-47a 所示。由于输入信号超前于 VCO 信号，$\Delta\phi$ 为正值。此时，图 21-46 中的鉴相器将产生正的输出电压，经过放大和滤波之后，这个正电压将使 VCO 的频率提高。

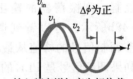

a) 输入频率增加产生相位差

VCO 的频率持续增加直至与输入信号频率 11kHz 相等。当 VCO 频率等于输入信号频率时，VCO 将与输入信号保持锁定。即使鉴相器的两个输入信号频率都为 11kHz，但它们仍存在相位差，如图 21-47b 所示。这个正相位差将产生一个电压以维持 VCO 的频率比自由振荡频率略高。

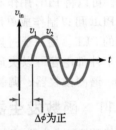

如果输入频率继续增加，VCO 的频率也随之增加以维持频率的锁定。例如，当输入频率增加至 12kHz 时，VCO 也将增加为 12kHz。鉴相器的两个输入信号之间的相位差将相应增加以产生正确的电压对 VCO 进行控制。

b) VCO频率增加后仍存在相位差

图 21-47 鉴相器输入信号的相位差

21.10.6 锁定范围

PLL 的**锁定范围**指的是 VCO 能够锁定到输入信号的最大频率范围，它与可检测的最大相位差有关。假设鉴相器可以对 $-90°\sim+90°$ 之间的相位差 $\Delta\phi$ 产生输出电压，鉴相器在相位差的极限处将产生最大的输出电压，其值可为正或负。

如果输入的频率过低或过高，相位差将超出 $-90°\sim+90°$ 的范围。因此，鉴相器将不能产生维持 VCO 锁定的控制电压。PLL 将在极限处失去对输入信号的锁定能力。

锁定范围通常定义为 VCO 频率的百分比。例如，若 VCO 自由振荡频率在 10kHz，锁定范围为 $\pm20\%$，则 PLL 能够锁定的频率范围在 $8\sim12$kHz 之间。

21.10.7 捕获范围

捕获范围与锁定范围有所不同。假设输入的频率在锁定范围之外，那么 VCO 在 10kHz 自由振荡。假设输入频率向 VCO 频率方向改变，PLL 在某一时刻将能够锁定到输入频率上。PLL 能够建立起锁定的输入频率范围称为**捕获范围**。

捕获范围用自由振荡频率的百分比来描述。如果 $f_0=10$kHz，且捕获范围为 $\pm5\%$，则 PLL 能够锁定的输入频率在 $9.5\sim10.5$kHz 之间。通常捕获范围小于锁定范围，原因是捕获范围取决于低通滤波器的截止频率。截止频率越低，捕获范围越小。

低通滤波器的截止频率应保持较低，以防止高频成分，如噪声或其他无用信号进入 VCO。滤波器的截止频率越低，驱动 VCO 的信号越纯净。因此，设计时需要在捕获范围和低通滤波器带宽之间进行折中选择，以便为 VCO 提供纯净的信号。

21.10.8 应用

PLL 有两种主要的应用。第一种是用来锁定输入信号，使输出频率等于输入频率。优点是可以净化带噪声的输入信号，因为低通滤波器可以滤除高频噪声和其他无用成分。由于输出信号来源于VCO，所以最终的输出信号是稳定且几乎无噪声的。

PLL的第二种应用是FM解调器。**频率调制**（FM）的理论在通信课程中讲授，这里仅讨论其基本思想。图21-48a中的*LC*振荡器中包含一个可变电容。如果调制信号对该电容进行控制，则振荡器的输出被频率调制，如图21-48b所示。可以看到调频波的频率是如何随着调制信号的峰值从最小变化到最大的。

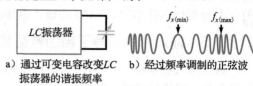

a）通过可变电容改变*LC*振荡器的谐振频率　　b）经过频率调制的正弦波

图 21-48　频率调制

如果调频信号是PLL的输入，VCO的频率将锁定到该调频信号上。由于VCO的频率是变化的，所以$\Delta\phi$随着调制信号变化。于是，鉴相器的输出是将原始调制信号复原了的低频信号。可以将PLL用作FM解调器，一种能从调频波中将调制信号恢复出来的电路。

PLL可以制作成单片集成电路。例如，NE565就是一个包含鉴相器、VCO和直流放大器的PLL。用户通过连接外部元件，如定时电阻和电容，来设定VCO的自由振荡频率。另一个外部电容可以决定低通滤波器的截止频率。NE565可用于调频信号解调器、频率综合器、遥测接收器、调制解调器和音频解码器等。

21.11　函数发生器集成电路

特殊函数发生器IC结合了众多前文中所讨论过的独立电路的功能。这些IC电路能够生成的波形包括正弦波、方波、三角波、斜坡信号以及脉冲信号等。输出波形的幅度和频率可以通过改变外部电阻和电容或施加外部电压来改变。外部电压使这些IC能够实现电压-频率转换（V/F）、调幅和调频信号产生、压控振荡器（VCO）和频移键控（FSK）等功能。

21.11.1　XR-2206

XR-2066是特殊函数发生器IC的一个实例。通过外部控制，该单片IC可以得到从0.01Hz～1MHz以及更高的频率。IC的原理框图如图21-49所示。框图中含有四个主要的功能模块，包括VCO、模拟相乘器、正弦波形成器、单位增益缓冲放大器以及一系列电流开关。

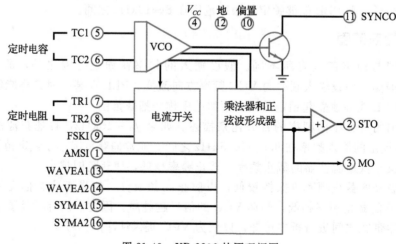

图 21-49　XR-2206 的原理框图

VCO的输出频率与输入电流成正比，输入电流由一系列外部定时电阻决定。这些电阻分别连接到引脚 7、8 和地。由于有两个定时引脚，所以可以得到两个独立的频率。输入到引脚 9 的信号的高低控制着电流开关的通断，再由电流开关选择定时电阻。如果引脚 9 的输入信号在高与低之间交替变化，VCO 的输出频率将在不同频率点之间切换。这一过程称为**频移键控**（FSK），常用于电子通信领域。

VCO 的输出驱动乘法器和正弦波形成器及一个输出开关管。输出开关管工作在截止区和饱和区，从引脚 11 输出方波信号。乘法器和正弦波形成器的输出连接到单位增益缓冲放大器，它决定了整个 IC 的输出电流能力以及输出电阻。引脚 2 的输出可能是正弦波也可能是三角波。

21.11.2 正弦波和三角波输出

图 21-50a 所示是生成正弦波和三角波的外部电路连接和内部元件。振荡频率 f_0 是由连接到引脚 7 或 8 的定时电阻 R 和跨接在引脚 5、6 之间的外部电容 C 确定的。通过计算得到振荡频率为：

$$f_0 = \frac{1}{RC} \tag{21-43}$$

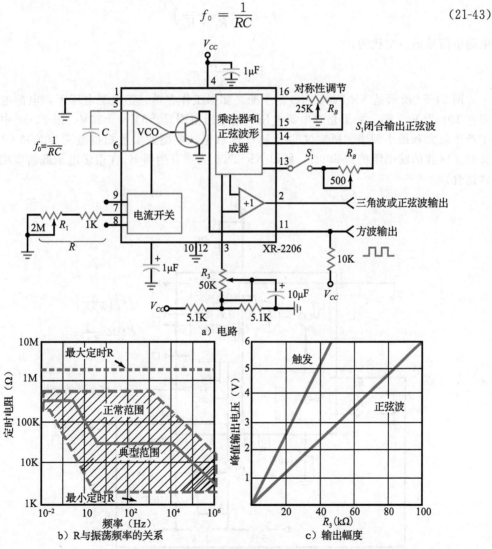

a）电路

b）R 与振荡频率的关系

c）输出幅度

图 21-50 正弦波的产生

虽然电阻 R 可以取到 $2\mathrm{M}\Omega$，但最大的温度稳定区域在 $4\mathrm{k}\Omega < R < 200\mathrm{k}\Omega$。图 21-50b 给出了 R 与振荡频率的关系图。电容 C 的推荐取值范围是 $1000\mathrm{pF} \sim 100\mu\mathrm{F}$。

在图 21-50a 中，当开关 S_1 闭合时，引脚 2 的输出为正弦波。引脚 7 处的电位计 R_1 可以对所需的频率进行调节。可调电阻 R_A 和 R_B 用来改变输出信号波形，以调节对称性和失真度。当 S_1 打开时，引脚 2 处的输出信号从正弦波转换为三角波。接在引脚 3 上的电阻 R_3 控制着输出波形的幅度。如图 21-50c 所示，输出信号的幅度与电阻 R_3 成正比。对于给定的电阻 R_3，三角波的幅度大约为正弦波的 2 倍。

21.11.3 脉冲信号和斜波信号的产生

图 21-51 给出了用来产生锯齿波（斜坡）和脉冲输出时的外部电路连接。引脚 11 输出的方波与引脚 9 的 FSK 端短接，这使得电路能够自动在两个独立频率之间切换。当引脚 11 的输出由高变为低或由低变为高时，频率发生切换。解得输出频率为：

$$f = \frac{2}{C}\left(\frac{1}{R_1 + R_2}\right) \tag{21-44}$$

电路中信号的占空比为：

$$D = \frac{R_1}{R_1 + R_2} \tag{21-45}$$

图 21-52 所示是 XR-2206 的数据手册。如果工作在单一正电源电压下，电源电压范围可在 $10 \sim 26\mathrm{V}$ 之间。如果是双电源电压，则电压范围是 $\pm5\mathrm{V} \sim \pm13\mathrm{V}$。图 21-52 中也给出了产生最大和最小频率时所建议的 R 和 C 的取值，典型的参数扫描范围为 $2000:1$。三角波和正弦波的输出阻抗为 600Ω，所以 XR-2206 函数发生器 IC 在很多电子通信应用中都非常适合。

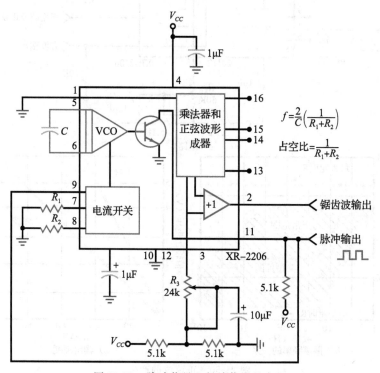

图 21-51 脉冲信号和斜波信号的产生

XR-2206

EXAR

直流电气特性

测试环境：$V_{CC}=12V$，$T_A=25℃$，$C=0.01\mu F$，$R_1=100k\Omega$，$R_2=10k\Omega$，$R_3=25k\Omega$

除非另外说明，S_1 打开时输出三角波，S_1 闭合时输出正弦波。

参数	XR-2206M/P			XR-2206CP/D			单位	条件
	最小值	典型值	最大值	最小值	典型值	最大值		
基本特性								
单电源电压	**10**		**26**	10		26	V	
双电源电压	**±5**		**±13**	±5		±13	V	
电源电流		12	**17**		14	20	mA	$R_1 \geqslant 10k\Omega$
振荡器部分								
最高工作频率	**0.5**	1		0.5	1		MHz	$C=1000pF$ $R_1=1k\Omega$
最低实际频率		0.01			0.01		Hz	$C=50\mu F$ $R_1=2M\Omega$
频率精确度		±1	±4		±2		f_0 %	$f_0=1/R_1C$
频率的温度稳定度		±10	±50		±20		ppm/℃	$0℃\leqslant T_A\leqslant 70℃$ $R_1=R_2=20k\Omega$
正弦波幅度稳定度[1]		4800			4800		ppm/℃	
电源灵敏度		0.01	**0.1**		0.01		%/V	$V_{LOW}=10V$ $V_{HIGH}=20V$ $R_1=R_2=20k\Omega$
扫描范围	1000：1	2000：1			2000：1		$f_H=f_L$	$f_H @ R_1=1k\Omega$ $f_L @ R_1=2M\Omega$
扫描线性度								
10：1 扫描		2			2		%	$f_L=1kHz$, $f_H=10kHz$
1000：1 扫描		8			8		%	$f_L=100Hz$, $f_H=100kHz$
调频失真		0.1			0.1		%	±10%偏差
推荐的定时元件								
定时电容：C	**0.001**		100	0.001		100	μF	
定时电阻：R_1 & R_2	**1**		2000	1		2000	k\Omega	
三角波和正弦波输出[2]								
三角波幅度		160			160		mV/k\Omega	S_1 打开
正弦波幅度	**40**	60	80		60		mV/k\Omega	S_1 闭合
最大输出摆幅		6			6		V(峰峰值)	
输出阻抗		600			600		Ω	
三角波线性度		1			1		%	
幅度稳定度		0.5			0.5		dB	对于1000：1的扫描
正弦波失真								
未校准		2.5			2.5		%	$R_1=30k\Omega$
校准后		0.4	**1.0**		0.5	1.5	%	
幅度调制								
输入电阻	50	100		50	100		k\Omega	
调制范围		100			100		%	
载波抑制		55			55		dB	
线性度		2			2		%	对于95%的调制
方波输出								
幅度		12			12		V(峰峰值)	在引脚11测得
上升时间		250			250		ns	$C_L=10pF$
下降时间		50			50		ns	$C_L=10pF$
饱和电压		0.2	**0.4**		0.2	0.6	V	$I_L=2mA$
泄漏电流		0.1	**20**		0.1	100	μA	$V_{CC}=26V$
FSK键控电压（引脚9）	0.8	1.4	**2.4**	0.8	1.4	2.4	V	参见电路控制部分
参考旁路电压	2.9	3.1	**3.3**	2.5	3	3.5	V	在引脚10测得

说明：

1. 为了得到最大限度的稳定度，R_3 应该是拥有正温度系数的电阻；
2. 输出幅度正比于引脚3处的电阻 R_3；

加粗的参数是经过产品测试检验的并且在工作温度范围内得到保证的。

Rev. 1.03

图 21-52 XR-2206 数据手册

应用实例 21-13　在图 21-50 中，$R=10\text{k}\Omega$，$C=0.01\mu\text{F}$。当 S_1 闭合时，引脚 2 和 11 的输出波形是什么？输出频率是多少？

解： 由于 S_1 闭合，引脚 2 的输出是正弦波，而引脚 11 的输出是方波。两个输出的频率是相同的，可以计算如下：

$$f_0 = \frac{1}{RC} = \frac{1}{10\text{k}\Omega \times 0.01\mu\text{F}} = 10\text{kHz} \quad \blacktriangleleft$$

自测题 21-13　当 $R=20\text{k}\Omega$，$C=0.01\mu\text{F}$，且 S_1 打开时，重新计算例题 21-13。

应用实例 21-14　在图 21-51 中，$R_1=1\text{k}\Omega$，$R_2=2\text{k}\Omega$，$C=0.1\mu\text{F}$，计算方波的输出频率和占空比。

解： 利用式（21-32）得到引脚 11 输出信号的频率为：

$$f = \frac{2}{0.1\mu\text{F}} = \left(\frac{1}{1\text{k}\Omega + 2\text{k}\Omega}\right) = 6.67\text{kHz}$$

由式（21-33）得到占空比为：

$$D = \frac{1\text{k}\Omega}{1\text{k}\Omega + 2\text{k}\Omega} = 0.333 \quad \blacktriangleleft$$

自测题 21-14　当 $R_1=R_2=2\text{k}\Omega$，且 $C=0.2\mu\text{F}$ 时，重新计算例题 21-14。

总结

21.1 节　为了实现正弦波振荡器，需要采用带有正反馈的放大器。为了使振荡器能够起振，环路增益必须在相移为 0 时大于 1。

21.2 节　文氏电桥振荡器是 5Hz～1MHz 低中频段的标准振荡器，能产生几乎理想的正弦波。常用钨丝灯或其他非线性电阻将环路增益降低到 1。

21.3 节　双 T 型振荡器利用放大器和 RC 电路在谐振频率点提供所需的环路增益和相移。它能在一个频率点良好工作，但却不适用于频率可调的振荡器。相移式振荡器也是利用放大器和 RC 电路来产生振荡。放大器的工作类似于相移振荡器，因为其每一级存在寄生的超前和滞后电路。

21.4 节　RC 振荡器通常不能工作在 1MHz 以上频率，原因是放大器内部引入了附加相移。因此在 1～500MHz 时常用 LC 振荡器。这一频率范围超过了大多数放大器的单位增益带宽 f_{unit}，所以常采用双极晶体管或场效应晶体管作为放大器。考毕兹振荡器是最常用的 LC 振荡器之一。

21.5 节　阿姆斯特朗振荡器通过一个变压器来产生反馈信号。哈特莱振荡器是利用感性的分压器来产生反馈信号。克莱普振荡器在电感支路串联一个小电容，能够减小分布电容对谐振频率的影响。

21.6 节　一些晶体表现出压电效应，这种效应使振动的晶体像一个具有很高 Q 值的 LC 谐振电路。石英是用来产生压电效应的最重要的晶体。它常被用于对频率的精度和稳定性要求较高的晶体振荡器中。

21.7 节　555 定时器包含两个比较器、一个 RS 触发器和一个 npn 晶体管，具有高、低两个翻转点。处于单稳态模式工作时，输入的触发信号必须低于 LTP 才能启动定时器。当电容电压略高于 UTP 时，放电晶体管导通，使电容放电。

21.8 节　当 555 定时器在非稳态模式工作时，产生的方波输出信号的占空比在 50%～100% 之间。电容在 $V_{CC}/3 \sim 2V_{CC}/3$ 之间充电。当采用控制电压时，它将 UTP 变为 V_{con}。该控制电压决定了输出频率。

21.9 节　555 定时器可用于产生延时、报警及斜坡信号。用 555 定时器实现脉冲宽度调制器时，将调制信号加在控制信号输入端，并在触发端输入一系列的负向触发信号。555 定时器还可以用作脉冲位置调制器，在定时器非稳态工作模式下，将调制信号加到控制输入端。

21.10 节　锁相环包含鉴相器、直流放大器、低通滤波器和压控振荡器（VCO）。鉴相器产生与输入信号相位差成正比的控制电压，控制电压经过放大和滤波后改变 VCO 的输出频率，使之锁定到输入信号频率。

21.11 节 函数发生器 IC 能够产生正弦波、方波、三角波、脉冲及锯齿波。输出波形的频率和幅度可以通过外部电阻和电容进行调节。这类 IC 还可以实现一些特殊功能，包括产生 AM/FM 信号、电压-频率转换以及频移键控等。

定义

(21-20)　晶体的串联谐振

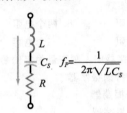

$$f_P = \frac{1}{2\pi\sqrt{LC_S}}$$

(21-22)　晶体的并联谐振

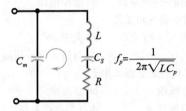

$$f_p = \frac{1}{2\pi\sqrt{LC_p}}$$

推论

(21-1) 和 (21-2)　超前-滞后电路的反馈系数和相位角

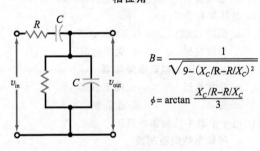

$$B = \frac{1}{\sqrt{9-(X_C/R-R/X_C)^2}}$$

$$\phi = \arctan\frac{X_C/R-R/X_C}{3}$$

$$B = \frac{1}{\sqrt{9-(X_C/R-R/X_C)^2}}$$

$$\phi = \arctan\frac{X_C/R-R/X_C}{3}$$

(21-9)　精确的谐振频率

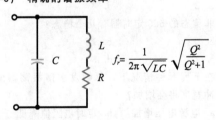

$$f_r = \frac{1}{2\pi\sqrt{LC}}\sqrt{\frac{Q^2}{Q^2+1}}$$

(21-19)　晶体的频率

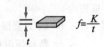

$$f = \frac{K}{t}$$

(21-21)　并联等效电容

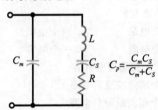

$$C_p = \frac{C_m C_S}{C_m + C_S}$$

(21-23) 和 (21-24)　555 定时器的翻转点

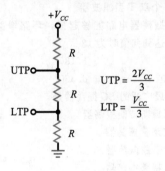

$$UTP = \frac{2V_{CC}}{3}$$

$$LTP = \frac{V_{CC}}{3}$$

选择题

1. 振荡器中通常要求放大器具有
   a. 正反馈　　　　　b. 负反馈
   c. 两种反馈　　　　d. *LC* 谐振电路
2. 振荡器的启动电压是由下列哪项产生的？
   a. 电源电压的波动

   b. 电阻的噪声电压
   c. 来自信号源的输入信号
   d. 正反馈
3. 文式电桥振荡器可用于
   a. 低频　　　　　　b. 高频

c. LC 谐振电路
d. 小信号输入

4. 滞后电路的相位角

  a. 在 $0°\sim90°$ 之间

  b. 大于 $90°$

  c. 在 $0°\sim-90°$ 之间

  d. 与输入电压相同

5. 耦合电路是

  a. 滞后电路
  b. 超前电路

  c. 超前-滞后电路
  d. 谐振电路

6. 超前电路的相位角

  a. 在 $0°\sim90°$ 之间
  b. 大于 $90°$

  c. 在 $0°\sim-90°$ 之间
  d. 与输入电压相同

7. 文式电桥振荡器采用了

  a. 正反馈
  b. 负反馈

  c. 两种反馈
  d. LC 谐振电路

8. 文式电桥在初始时的环路增益为

  a. 0
  b. 1

  c. 低
  d. 高

9. 文式电桥有时被称为

  a. 陷波滤波器
  b. 双 T 型振荡器

  c. 相移器
  d. 惠斯顿电桥

10. 可以通过改变下列哪个量来实现对文式电桥频率的改变?

  a. 一个电阻
  b. 两个电阻

  c. 三个电阻
  d. 一个电容

11. 相移式振荡器通常具有

  a. 两个超前或滞后电路

  b. 三个超前或滞后电路

  c. 一个超前-滞后电路

  d. 一个双 T 型滤波器

12. 为使振荡器电路能够起振,环路增益必须在相移达到何值时为 1?

  a. $90°$
  b. $180°$

  c. $270°$
  d. $360°$

13. 应用最广泛的 LC 振荡器是

  a. 阿姆斯特朗振荡器

  b. 克莱普振荡器

  c. 考毕兹振荡器

  d. 哈特莱振荡器

14. LC 振荡器中的深度反馈,可以

  a. 阻止电路起振

  b. 引起饱和与截止

  c. 产生最大输出电压

  d. 说明 B 比较小

15. 当考毕兹振荡器的 Q 值降低时,振荡频率将

  a. 下降
  b. 保持不变

c. 增加
d. 不定

16. 链接耦合是指

  a. 电容耦合
  b. 变压器耦合

  c. 电阻耦合
  d. 功率耦合

17. 哈特莱振荡器使用了

  a. 负反馈
  b. 两个电感

  c. 钨丝灯
  d. 反馈绕组

18. 为改变 LC 振荡器的频率,可以通过改变下列哪一项来实现?

  a. 一个电阻
  b. 两个电阻

  c. 三个电阻
  d. 一个电容

19. 在下列振荡器中,频率最稳定的是

  a. 阿姆斯特朗振荡器

  b. 克莱普振荡器

  c. 考毕兹振荡器

  d. 哈特莱振荡器

20. 具有压电效应的材料为

  a. 石英晶体
  b. 罗谢尔盐

  c. 电气石
  d. 上述所有材料

21. 晶体具有非常

  a. 低的 Q 值
  b. 高的 Q 值

  c. 小的电感
  d. 大的电阻

22. 晶体的并联和串联谐振频率

  a. 非常接近
  b. 相距很远

  c. 相等
  d. 在低频

21. 电子手表中的振荡器属于

  a. 阿姆斯特朗振荡器

  b. 克莱普振荡器

  c. 考毕兹振荡器

  d. 石英晶体振荡器

24. 单稳态的 555 定时器有几个稳态?

  a. 0
  b. 1

  c. 2
  d. 3

25. 非稳态的 555 定时器有几个稳态?

  a. 0
  b. 1

  c. 2
  d. 3

26. 在下列哪种情况下,单触发多谐振荡器的脉冲宽度将会增加?

  a. 电源电压增加
  b. 定时电阻值降低

  c. UTP 下降
  d. 定时电容增加

27. 555 定时器的输出波形为

  a. 正弦波
  b. 三角波

  c. 方波
  d. 椭圆波

28. 在脉冲宽度调制器中保持不变的量为

  a. 脉冲宽度
  b. 周期

  c. 占空比
  d. 间隔

29. 在脉冲位置调制器中保持不变的量为
    a. 脉冲宽度　　　　b. 周期
    c. 占空比　　　　　d. 间隔
30. 当 PLL 锁定到输入频率时，VCO 的频率
    a. 略低于 f_0　　　b. 高于 f_0
    c. 等于 f_0　　　　d. 等于 f_{in}
31. PLL 中的低通滤波器带宽决定了
    a. 捕获范围　　　　b. 锁定范围

c. 自由振荡频率　　d. 相位差
32. XR-2206 的输出频率可以通过调节下列哪项来改变？
    a. 外部电阻　　　　b. 外部电容
    c. 外部电压　　　　d. 上述任意一种
33. FSK 是对下列哪个参数进行控制的一种方法？
    a. 功能　　　　　　b. 幅度
    c. 频率　　　　　　d. 相位

习题

21.2 节

21-1 图 21-53a 所示文氏电桥振荡器中采用了特性如图 21-53b 的灯丝。其输出电压为多少？

21-2 图 21-53a 电路中，开关位于 D 时振荡器的频率范围最大。可以通过调节配套的可变电阻来改变其频率。求振荡器在该范围内的最小频率和最大频率。

21-3 计算图 21-53a 电路中开关在各位置时的最小和最大频率。

21-4 为了将图 21-53a 电路中输出电压变为 6Vrms，可以怎样实现？

21-5 在图 21-53a 电路中，带有负反馈的放大器的截止频率至少为振荡器的最高频率的 10 倍，求它的截止频率。

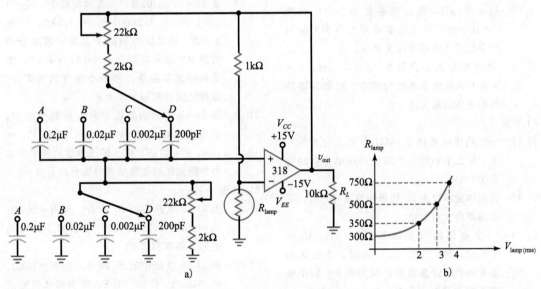

图　21-53

21.3 节

21-6 图 21-12 电路中双 T 型振荡器的 $R=10\text{k}\Omega$，$C=0.01\mu\text{F}$，求振荡频率。

21-7 如果将题 21-6 中的数值加倍，则振荡频率将如何变化？

21.4 节

21-8 图 21-54 电路中发射极的直流电流约为多少？集电极到发射极之间的电压为多少？

21-9 图 21-54 电路的振荡频率约为多少？反馈系数 B 的数值为多少？起振所需的 A_v 的最小值为多少？

21-10 如果将图 21-54 电路中的振荡器重新设计为类似图 21-18 电路中的共基极放大器，那么反馈系数为多少？

21-11 如果将图 21-54 电路中的电感值加倍，则振荡器的工作频率为多少？

21-12 为了使图 21-54 电路的振荡频率加倍，其中的电感将如何改变？

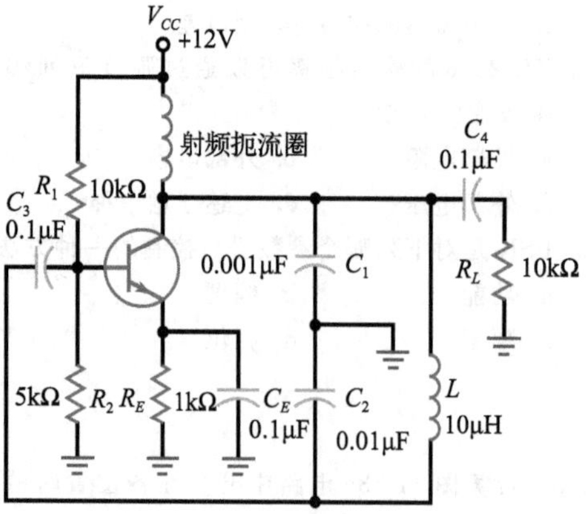

图　21-54

21.5 节

21-13　如果将图 21-54 电路中 47pF 电容与 $10\mu H$ 电感串联，电路将变为克莱普振荡器，求它的振荡频率。

21-14　图 21-22 所示哈特莱振荡器中的 $L_1 = 1\mu H$，$L_2 = 0.2\mu H$，其反馈系数为多少？如果 $C = 1000pF$，那么振荡频率为多少？起振所需的最小电压增益为多少？

21-15　阿姆斯特朗振荡器中 $M = 0.1\mu H$，$L = 3.3\mu H$，其反馈系数为多少？起振所需的最小电压增益为多少？

21.6 节

21-16　一个晶体的基频为 5MHz，那么它的第一个、第二个和第三个谐波的频率分别约为多少？

21-17　设晶体的厚度为 t，如果将它减小 1%，那么频率将如何变化？

21-18　一个晶体的参数如下：$L = 1H$，$C_s = 0.01pF$，$R = 1k\Omega$，$C_m = 20pF$，串联谐振频率和并联谐振频率分别为多少？每个频率下的 Q 值分别为多少？

21.7 节

21-19　将 555 定时器连接成单稳态工作模式，如果 $R = 10k\Omega$，$C = 0.047\mu F$，求输出脉冲的宽度。

21-20　若图 21-34 电路中的 $V_{CC} = 10V$，$R =$ 2.2kΩ，$C = 0.2\mu F$，产生输出脉冲所需的最小触发电压为多少？电容上的最大电压为多少？输出脉冲的宽度为多少？

21.8 节

21-21　一个非稳态的 555 定时器电路中的 $R_1 = 10k\Omega$，$R_2 = 2k\Omega$，$C = 0.0022\mu F$，它的频率是多少？

21-22　图 21-37 所示 555 定时器电路中的 $R_1 = 20k\Omega$，$R_2 = 10k\Omega$，$C = 0.047\mu F$，输出信号的频率为多少？占空比为多少？

21.9 节

21-23　图 21-41 所示的脉冲宽度调制器中，$V_{CC} = 10V$，$R = 5.1k\Omega$，$C = 1nF$，时钟频率为 10kHz，如果调制信号的峰值为 1.5V，那么输出脉冲周期和静态脉冲宽度分别为多少？脉冲宽度的最大值和最小值分别为多少？占空比的最大值和最小值分别为多少？

21-24　图 21-42 所示的脉冲位置调制器中，$V_{CC} = 10V$，$R_1 = 1.2k\Omega$，$R_2 = 1.5k\Omega$，$C = 4.7nF$，输出脉冲的静态宽度和周期分别为多少？如果调制信号的峰值为 1.5V，那么脉冲宽度的最大和最小值分别为多少？脉冲之间的间隔为多少？

21-25　图 21-43 所示的斜坡信号发生器电路中，恒定集电极电流为 0.5mA，如果 $V_{CC} = 10V$，$C = 47nF$，那么输出斜坡的斜率为多少？斜坡的峰值和持续时间分别为多少？

21.11 节

21-26　图 21-50 电路中的 S_1 闭合，且 $R = 20k\Omega$，$R_3 = 40k\Omega$，$C = 0.1\mu F$，求引脚 2 的输出波形、频率和幅度。

21-27　图 21-50 电路中的 S_1 断开，且 $R = 10k\Omega$，$R_3 = 40k\Omega$，$C = 0.01\mu F$，求引脚 2 的输出波形、频率和幅度。

21-28　图 21-51 电路中的 $R_1 = 2k\Omega$，$R_2 = 10k\Omega$，$C = 0.1\mu F$，求引脚 11 的输出频率和占空比。

故障诊断

21-29　文氏电桥振荡器（见图 21-53a）中，当下列故障发生时，其输出电压将如何变化（增大、减小或保持不变）？

a. 灯丝断开

b. 灯丝短路

c. 上方的电位计短路

d. 电源电压降低 20%

e. 10kΩ 电阻断开

21-30 如果图 21-54 所示的考毕兹振荡器不能起振，请找出至少三种可能的故障。

21-31 假设在设计和实现一个放大器时，发现它能够放大输入信号，但在示波器上看到的的输出波形是混乱的。当触摸电路时，杂波消失，显示出理想信号。那么问题可能是什么？应怎样解决？

思考题

21-32 设计一个类似图 21-53a 中的文式电桥振荡器。满足以下条件：输出电压为 5Vrms 时，其频率覆盖范围为 20Hz～20kHz 的三个十倍频程。

21-33 选择图 21-54 电路中电感 L 的值，使之得到 2.5MHz 的振荡频率。

21-34 图 21-55 所示为一个由运放构成的相移式振荡器。如果 $f_{2(CL)}=1$kHz，那么环路相移在 15.9kHz 处为多少？

21-35 设计一个 555 定时器，使其自由振荡频率为 1kHz，且占空比为 75%。

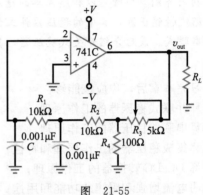

图 21-55

求职面试问题

1. 正弦波振荡器是如何在没有输入信号的情况下产生输出信号的？

2. 在 5Hz～1MHz 频率范围应用的是哪种振荡器？为什么输出波形是正弦波而不是限幅波？

3. 哪种振荡器在 1～500MHz 频段最常用？

4. 为了得到准确和稳定的振荡频率，最常用的是哪种振荡器？

5. 555 定时器在一般的应用中被广泛用于定时，其在单稳态和非稳态模式工作时的电路连接有什么不同？

6. 画出 PLL 的简单框图，并且解释它锁定输入频率的基本原理。

7. 脉冲宽度调制是什么意思？脉冲位置调制是什么意思？画出波形进行解释。

8. 假设实现一个三级放大器。测试时发现在未加输入信号的情况下有输出信号产生，请解释原因，并找到消除这些无用信号的方法。

9. 振荡器在没有输入信号的情况下是如何起振的？

选择题答案

 1. a　 2. b　 3. a　 4. c　 5. b　 6. b　 7. c　 8. d　 9. a　10. b　11. b　12. d　13. c　14. b　15. a
16. b　17. b　18. d　19. b　20. d　21. b　22. a　21. d　24. b　25. a　26. d　27. c　28. b　29. d　30. d
31. a　32. d　33. c

自测题答案

21-1 $R=14.9$kΩ

21-2 $R_{lamp}=1.5$kΩ；$I_{lamp}=2$mA；$v_{out}=9$Vrms

21-3 $L=28\mu$H

21-4 $C=106$pF；$f_r=4$MHz

21-5 $f_s=291$kHz；$f_p=292$kHz

21-6 LPT=5V；UTP=10V；$W=51.7$ms

21-8 $f=136$Hz；$D=0.667$ 或 66.7%

21-9 $W=3.42$ms；$T=4.4$ms
$D=0.778$；$f=227$Hz

21-10 $W_{max}=146.5\mu$s；$D_{max}=0.366$

21-12 $S=5$V/ms；$V=8$V；$T=1.6$ms

21-13 引脚 2 为三角波；引脚 11 为方波。两种波的频率均为 500Hz

21-14 $f=2.5$kHz；$D=0.5$

第22章
稳 压 电 源

利用齐纳二极管可以构造简单的稳压器。本章将讨论负反馈对稳压性能的改善作用。首先介绍线性稳压器，其中的稳压器件工作在线性区。然后讨论两种形式的线性稳压器：并联式和串联式。最后介绍开关式稳压器，其中的稳压器件工作在开关模式以提高功率效率。

目标

在学习完本章后，你应该能够：
■ 解释并联式稳压器的工作原理；
■ 解释串联式稳压器的工作原理；
■ 解释集成稳压器的工作原理和特性；
■ 解释 DC-DC 转换器的工作原理；
■ 说明电流增强和限流的功能和用途；
■ 描述开关式稳压器的三种基本结构。

关键术语

升压式稳压器（boost regulator）

升压-降压式变换器（buck-boost regulator）

降压式稳压器（buck regulator）

电流增强（current booster）

限流（current limiting）

电流检测电阻（current-sensing resistor）

DC-DC 转换器（dc-to-dc converter）

电磁干扰（electromagnetic inference，EMI）

压差（dropout voltage）

转折电流限制（foldback current limiting）

电压幅度余量（headroom voltage）

集成稳压器（IC voltage regulator）

电源电压调整率（line regulation）

负载调整率（load regulation）

片外晶体管（outboard transistor）

传输晶体管（pass transistor）

分相器（phase splitter）

射频干扰（radio-frequency interference，RFI）

短路保护（short-circuit protection）

并联式稳压器（shunt regulator）

开关式稳压器（switching regulator ）

热关断（thermal shutdown）

拓扑结构（topology）

22.1 电源特性

决定电源质量的参数有负载调整率、电源电压调整率和输出电阻等，它们是器件手册中描述电源特性的常用参量，本节将对相关特性进行分析。

22.1.1 负载调整率

图 22-1 所示是一个带有电容输入滤波器的桥式整流器。改变负载电阻将会改变负载电压。如果负载电阻减小，则变压器线圈和二极管上将产生更大的纹波和额外压降。所以负载电流的增加通常会使负载电压降低。

负载调整率表示的是当负载电流变化时负载电压的变化情况，它的定义为：

$$负载调整率 = \frac{V_{NL} - V_{FL}}{V_{FL}} \times 100\% \tag{22-1}$$

其中，V_{NL}＝无负载电流时的负载电压，V_{FL}＝满负载电流时的负载电压。

在该定义中，负载电流为零时负载电压为 V_{NL}，负载电流为设计最大值时负载电压为 V_{FL}。

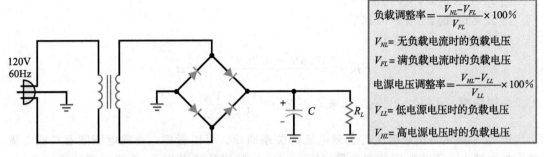

图 22-1 带电容输入滤波器的桥式整流器

例如，假设图 22-1 中的电源参数如下：

当 $I_L = 0$ 时，$V_{NL} = 10.6\text{V}$；

当 $I_L = 1$ 时，$V_{FL} = 9.25\text{V}$。

由式（22-1）得到：

$$负载调整率 = \frac{10.6\text{V} - 9.25\text{V}}{9.25\text{V}} \times 100\% = 14.6\%$$

负载调整率越小，电源的特性越好。例如，一个稳压特性良好的电源的负载调整率低于 1%。即当负载电流的变化量达到满量程时，负载电压的变化小于 1%。

22.1.2 电源电压调整率

在图 22-1 中，输入电源电压的标称值为 120V。实际上从电源插座出来的电压的有效值在 105～125V 之间变化，具体数值取决于时间、地点和其他因素。由于二次电压与电源电压成正比，所以图 22-1 中的负载电压随着电源电压的变化而变化。

描述电源质量的另一个量是**电源电压调整率**，其定义如下：

$$电源电压调整率 = \frac{V_{HL} - V_{LL}}{V_{LL}} \times 100\% \tag{22-2}$$

其中，V_{HL}＝最高电源电压时的负载电压，V_{LL}＝最低电源电压时的负载电压。

例如，假设图 22-1 中电源的测量值如下：

当电源电压＝105Vrms 时，$V_{LL} = 9.2\text{V}$；

当电源电压＝125Vrms 时，$V_{HL} = 11.2\text{V}$。

由式（22-2）可得：

$$电源电压调整率 = \frac{11.2\text{V} - 9.2\text{V}}{9.2\text{V}} \times 100\% = 21.7\%$$

与负载调整率一样，电源电压调整率越小，电源的特性越好。例如，一个稳压性能良好的电源的电源电压调整率可以低于 0.1%。即电源电压的有效值在 105～125V 之间变化时，负载电压的变化小于 0.1%。

22.1.3 输出电阻

负载调整率由电源的戴维南电阻或输出电阻决定。如果电源的输出电阻较小，它的负载调整率也较低。计算输出电阻的方法如下：

$$R_{TH} = \frac{V_{NL} - V_{FL}}{I_{FL}} \tag{22-3}$$

例如，前文得到图 22-1 电路的参数如下：

当 $I_L = 0A$ 时，$V_{NL} = 10.6V$；

当 $I_L = 1A$ 时，$V_{FL} = 9.25V$。

则该电源的输出电阻为：

$$R_{TH} = \frac{10.6V - 9.25V}{1A} = 1.35\Omega$$

知识拓展 式（22-3）也可以表示为 $R_{TH} = \dfrac{V_{NL} - V_{FL}}{V_{FL}/R_L}$。

图 22-2 所示是负载电压与负载电流的关系曲线。可以看到，负载电压随着负载电流的增加而减小。负载电压的变化量（$V_{NL} - V_{FL}$）除以负载电流 I_{FL} 等于电源的输出电阻。输出电阻与曲线的斜率相关，曲线越平，输出电阻越小。

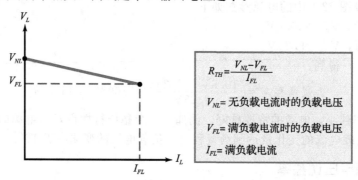

图 22-2　负载电压与负载电流的关系曲线

如图 22-2 所示，当负载电流 I_{FL} 达到其最大值时，负载电阻最小。所以，负载调整率的等价表达式为：

$$负载调整率 = \frac{R_{TH}}{R_{L(min)}} \times 100\% \tag{22-4}$$

例如，如果电源的输出电阻为 1.5Ω，最小负载电阻为 10Ω，则它的负载调整率为：

$$负载调整率 = \frac{1.5\Omega}{10\Omega} \times 100\% = 15\%$$

22.2　并联式稳压器

对于大多数应用来说，未经稳压的电源的电源电压调整率和负载调整率是过大的。如果在电源和负载之间加入稳压器，可以有效地改善电源电压调整率和负载调整率。线性稳压器采用的是工作在线性区的器件来保持负载电压的恒定，它的两种基本形式是并联和串联。在并联式中，稳压器件与负载是并联的。

22.2.1　齐纳稳压器

图 22-3 所示的齐纳二极管电路是最简单的**并联式稳压器**。齐纳二极管工作在击穿区，产生的输出电压与齐纳电压相等。当负载电流变化时，齐纳电流相应增大或减小以保持通

过 R_S 的电流不变。对于并联式稳压器，负载电流的变化通过相反变化的并联电流得到补偿。如果负载电流增加 1mA，则并联电流减小 1mA。反之，如果负载电流减小 1mA，则并联电流增加 1mA。

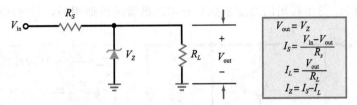

图 22-3 齐纳稳压器是并联式稳压器

如图 22-3 所示，流过串联电阻的电流公式为：

$$I_S = \frac{V_{in} - V_{out}}{R_S}$$

串联电流等于并联式稳压器的输入电流。当输入电压恒定时，输入电流在负载电流改变时也几乎是恒定的。该特性可作为对并联式稳压器的识别依据，即负载电流的改变对输入电流几乎没有影响。

在图 22-3 电路中，稳压状态下负载电流达到最大值时所对应的齐纳电流几乎为零，所以稳压状态下的最大负载电流等于输入电流。该结论适用于任何并联式稳压器。

知识拓展 图 22-3 所示电路最重要的特点是：当齐纳电流改变时，V_{out} 的变化非常小。V_{out} 的变化可以表示为 $\Delta V_{out} = \Delta I_Z R_Z$，其中 R_Z 为齐纳阻抗。

22.2.2 齐纳电压上增加一个二极管压降

由于图 22-3 中齐纳电阻上电流的变化会显著改变输出电压，所以当负载电流进一步增加时，齐纳稳压器的负载调整率会变差（增加）。可以通过在电路中增加一个晶体管的方法来改善大负载电流下的负载调整率，如图 22-4 所示。该稳压器的负载电压等于：

$$V_{out} = V_Z + V_{BE} \tag{22-5}$$

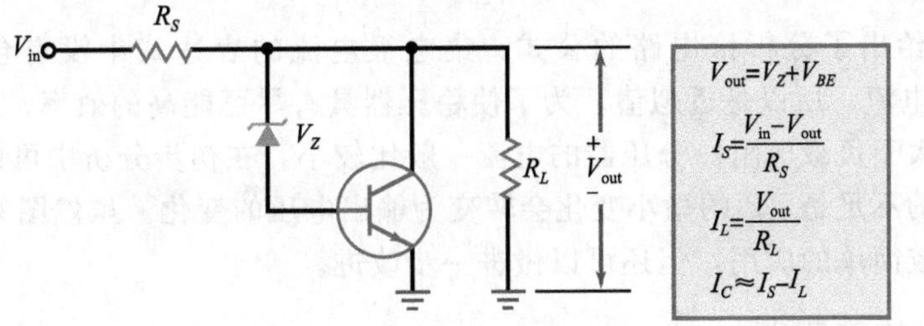

图 22-4 改进的并联式稳压器

该电路的原理如下：如果输出电压增大，其增量通过齐纳二极管耦合到三极管的基极。基极电压的增加使流过 R_S 的集电极电流增加，从而使 R_S 上产生更大的压降，这将会抵消输出电压的大部分增量。所以负载电压只有微小的增加。

反之，如果输出电压下降，反馈到基极的电压使集电极电流减小，从而使 R_S 上的压降减小。这样，输出电压的变化被串联电阻压降的相反变化所抵消。输出电压也只表现出微小的下降。

22.2.3 更高的输出电压

图 22-5 所示是另一种并联式稳压器，该电路的优点是可以采用低温度系数的齐纳电压（5～6V 之间）。稳压输出的温度系数与齐纳二极管的近似相同，但电压值更高。

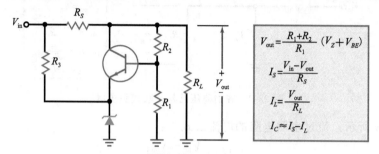

$$V_{out} = \frac{R_1 + R_2}{R_1}(V_Z + V_{BE})$$

$$I_S = \frac{V_{in} - V_{out}}{R_S}$$

$$I_L = \frac{V_{out}}{R_L}$$

$$I_C \approx I_S - I_L$$

图 22-5　输出电压较高的并联式稳压器

负反馈机理与前面的稳压器相似。输出电压的变化会反馈到晶体管，作用的结果几乎将输出电压的变化完全抵消。所以输出电压的变化比没有负反馈时小很多。

基极电压为：

$$V_B \approx \frac{R_1}{R_1 + R_2} V_{out}$$

这只是近似值，没有包括基极电流对分压器的负载效应。基极电流通常很小，可以忽略。求解上述方程，得到输出电压为：

$$V_{out} \approx \frac{R_1 + R_2}{R_1} V_B$$

图 22-5 电路中，基极电压等于齐纳电压加上一个 V_{BE} 压降：

$$V_B = V_Z + V_{BE}$$

带入前一个公式，得：

$$V_{out} \approx \frac{R_1 + R_2}{R_1}(V_Z + V_{BE}) \tag{22-6}$$

图 22-5 中给出了分析该电路的公式。集电极电流的表达式中没有包含通过分压器（R_1 和 R_2）的电流，所以是近似值。为了使稳压器具有尽可能高的效率，通常将 R_1 和 R_2 的值设计得远大于负载电阻。分压器的电流一般比较小，在初步分析中可以忽略。

该稳压器的不足是 V_{BE} 的微小变化会转变为输出电压的变化。虽然图 22-5 所示的电路可以直接用于较简单的应用，但还可以做进一步改进。

22.2.4 改进的稳压器

图 22-6 所示的并联式稳压器可以减小 V_{BE} 对输出电压的影响。其中齐纳二极管使运放反相输入端的电压保持恒定。由 R_1 和 R_2 组成的分压器对负载电压采样，并将反馈电压返回正相输入端。运放的输出作为并联晶体管的基极输入。由于是负反馈，输出电压几乎不随电源电压和负载发生变化。

例如，如果负载电压增加，则反馈到正相输入端的反馈信号也将增加。这样使得运放输出到基极的信号增强，从而使集电极电流增加。通过 R_S 的集电极电流增大，导致 R_S 上的电压增加，该电压抵消了负载电压的大部分增量。当负载电压降低时也会产生类似的校正过程。总之，负反馈抵消了输出电压的变化。

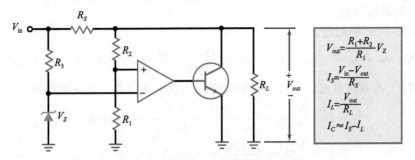

图 22-6 具有深度负反馈的并联式稳压器

由于图 22-6 电路中运放的高电压增益，公式（22-6）中没有出现 V_{BE}。（与第 20 章中所述的有源二极管电路的情况类似。）因此，负载电压可表示如下：

$$V_{\text{out}} = \frac{R_1 + R_2}{R_1} V_Z \tag{22-7}$$

22.2.5 短路保护

并联式稳压器的一个优点是它具有内置的**短路保护**。例如，如果将图 22-6 所示电路的负载端短路，该并联式稳压器中的任何器件都不会被损坏。只有输入电流增加为：

$$I_S = \frac{V_{\text{in}}}{R_S}$$

对于通常的并联式稳压器来说，这样的电流不会造成任何元件的损坏。

22.2.6 效率

在对不同稳压器进行比较时，会用到一个指标：**效率**。其定义如下：

$$\text{效率} = \frac{P_{\text{out}}}{P_{\text{in}}} \times 100\% \tag{22-8}$$

其中 P_{out} 表示负载功率（$V_{\text{out}} I_L$），P_{in} 表示输入功率（$V_{\text{in}} I_{\text{in}}$）。$P_{\text{out}}$ 和 P_{in} 的差 P_{reg} 是消耗在稳压器元件中的功率：

$$P_{\text{reg}} = P_{\text{in}} - P_{\text{out}}$$

在图 22-4 到 22-6 所示的并联式稳压器中，R_S 和晶体管的功耗占稳压器功耗中的大部分。

例 22-1 图 22-4 电路中的 $V_{\text{in}} = 15\text{V}$，$R_S = 10\Omega$，$V_Z = 0.8\text{V}$，$R_L = 40\Omega$。它的输出电压、输入电流、负载电流和集电极电流分别是多少？　**||||Multisim**

解：根据图 22-4 中给出的公式，得到：

$$V_{\text{out}} = V_Z + V_{BE} = 9.1\text{V} + 0.8\text{V} = 9.9\text{V}$$

$$I_S = \frac{V_{\text{in}} - V_{\text{out}}}{R_S} = \frac{15\text{V} - 9.9\text{V}}{10\Omega} = 510\text{mA}$$

$$I_L = \frac{V_{\text{out}}}{R_L} = \frac{9.9\text{V}}{40\Omega} = 248\text{mA}$$

$$I_C \approx I_S - I_L = 510\text{mA} - 248\text{mA} = 262\text{mA} \qquad \blacktriangleleft$$

自测题 22-1 当 $V_{\text{in}} = 12\text{V}$，$V_Z = 6.8\text{V}$ 时，重新计算例 22-1。

例 22-2 图 22-5 所示并联式稳压器的电路参数为：$V_{\text{in}} = 15\text{V}$，$R_S = 10\Omega$，$V_Z = 6.2\text{V}$，

$V_{BE}=0.81\text{V}$，$R_L=40\Omega$。如果 $R_1=750\Omega$，$R_2=250\Omega$，求输出电压、输入电流、负载电流和集电极电流的近似值。

解：由图 22-5 中的公式得：

$$V_{\text{out}} \approx \frac{R_1+R_2}{R_1}(V_Z+V_{BE}) = \frac{750\Omega+250\Omega}{750\Omega}(6.2\text{V}+0.81\text{V}) = 9.35\text{V}$$

由于 R_2 上有基极电流，所以实际输出电压比这个值略高。电流近似为：

$$I_S = \frac{V_{\text{in}}-V_{\text{out}}}{R_S} = \frac{15\text{V}-9.35\text{V}}{10\Omega} = 565\text{mA}$$

$$I_L = \frac{V_{\text{out}}}{R_L} = \frac{9.35\text{V}}{40\Omega} = 234\text{mA}$$

$$I_C \approx I_S - I_L = 565\text{mA} - 234\text{mA} = 331\text{mA}$$　◀

自测题 22-2　当 $V_Z=7.5\text{V}$ 时，重新计算例 22-2。

例 22-3　求例题 22-2 电路的效率近似值和稳压器的功耗。

解：负载电压近似为 9.35V，负载电流近似为 234mA。负载功率为：

$$P_{\text{out}} = V_{\text{out}}I_L = 9.35\text{V}\times234\text{mA} = 2.19\text{W}$$

图 22-5 电路的输入电流为：

$$I_{\text{in}} = I_S + I_3$$

对于任何设计良好的稳压器，为了保持高效率，I_S 要比 I_3 大得多。所以输入功率等于：

$$P_{\text{in}} = V_{\text{in}}I_{\text{in}} \approx V_{\text{in}}I_S = 15\text{V}\times565\text{mA} = 8.48\text{W}$$

稳压器的效率为：

$$效率 = \frac{P_{\text{out}}}{P_{\text{in}}}\times100\% = \frac{2.19\text{W}}{8.48\text{W}}\times100\% = 25.8\%$$

与后面将要讨论的其他稳压器（串联式稳压器和开关式稳压器）相比，它的效率偏低。效率低是并联式稳压器的缺点，主要原因是串联电阻和并联晶体管的功率消耗较大，其值为：

$$P_{\text{reg}} = P_{\text{in}} - P_{\text{out}} \approx 8.84\text{W} - 2.19\text{W} = 6.29\text{W}$$　◀

自测题 22-3　当 $V_Z=7.5\text{V}$ 时，重新计算例 22-3。

例 22-4　图 22-6 所示并联式稳压器的参数如下：$V_{\text{in}}=15\text{V}$，$R_S=10\Omega$，$V_Z=6.8\text{V}$，$R_L=40\Omega$。如果 $R_1=7.5\text{k}\Omega$，$R_2=2.5\text{k}\Omega$，求输出电压、输入电流、负载电流和集电极电流的近似值。

解：根据图 22-6 中所示的公式，有：

$$V_{\text{out}} \approx \frac{R_1+R_2}{R_1}V_Z = \frac{7.5\text{k}\Omega+2.5\text{k}\Omega}{7.5\text{k}\Omega}\times6.8\text{V} = 9.07\text{V}$$

$$I_S = \frac{V_{\text{in}}-V_{\text{out}}}{R_S} = \frac{15\text{V}-9.07\text{V}}{10\Omega} = 593\text{mA}$$

$$I_L = \frac{V_{\text{out}}}{R_L} = \frac{9.07\text{V}}{40\Omega} = 227\text{mA}$$

$$I_C \approx I_S - I_L = 593\text{mA} - 227\text{mA} = 366\text{mA}$$　◀

自测题 22-4　将例 22-4 中的 V_{in} 改为 12V，计算晶体管集电极电流的近似值。并求 R_S 的功耗近似值。

例22-5 分别计算例22-1、22-2、22-4电路的最大负载电流。

解： 如前文所述，并联式稳压器的最大负载电流近似等于通过 R_S 的电流。在例22-1、22-2、22-4中已经求得 I_S，那么它们的最大负载电流等于：

$$I_{max} = 510mA$$
$$I_{max} = 565mA$$
$$I_{max} = 593mA \qquad ◀$$

例22-6 对图22-5所示的并联式稳压器进行测试，得到以下数值：$V_{NL} = 9.91V$，$V_{FL} = 9.81V$，$V_{HL} = 9.94V$，$V_{LL} = 9.79V$。求负载调整率和电源电压调整率。

解：

$$负载调整率 = \frac{9.91V - 9.81V}{9.81V} \times 100\% = 1.02\%$$

$$电源电压调整率 = \frac{9.94V - 9.79V}{9.79V} \times 100\% = 1.53\% \qquad ◀$$

自测题22-6 当电路参数为 $V_{NL} = 9.91V$，$V_{FL} = 9.70V$，$V_{HL} = 10.0V$，$V_{LL} = 9.68V$ 时，重新计算例22-6。

22.3 串联式稳压器

并联式稳压器的缺点是效率低，原因是串联电阻和并联晶体管上的功耗较大。这种稳压器的优点是结构简单，可用于对效率指标要求不高的场合。

22.3.1 效率更高

当效率成为重要指标要求时，就需要采用串联式稳压器或开关式稳压器。在所有稳压器中，开关式稳压器的效率是最高的。它的全负载效率大约在 $75\% \sim 95\%$ 之间。但是开关式稳压器是有噪声的，因为晶体管开关工作的频率约为 $10 \sim 100kHz$，会产生**射频干扰**（RFI）。开关式稳压器的另一个缺点是设计及实现的复杂度最高。

串联式稳压器则是无噪声的，因为它的晶体管始终工作在线性区。而且，相对于开关式稳压器，串联式稳压器更易于设计和实现。串联式稳压器的全负载效率在 $50\% \sim 70\%$ 之间。对于负载功率在 $10W$ 以内的大部分应用来说已经足够了。

由于上述原因，串联式稳压器在负载功率不太高的应用中是首选结构。它相对简单、噪声低，且晶体管的功耗在可接受范围，所以该稳压器的应用较广。下面将详细讨论串联式稳压器。

22.3.2 齐纳跟随器

图22-7所示的齐纳跟随器是最简单的串联式稳压器。齐纳二极管工作在击穿区，齐纳电压作为电路中的基极电压。晶体管连接成射极跟随器形式。负载电压等于：

$$V_{out} = V_Z - V_{BE} \qquad (22-9)$$

如果电源电压或负载电流变化，齐纳电压和发射结电压只有微小改变。因此，当电源电压或负载电流的变化较大时，输出电压的变化比较小。

对于串联式稳压器，负载电流约等于输入电流。因为流过 R_S 的电流通常很小，在做初步分析时可忽略。由于全部负载电流都流过晶

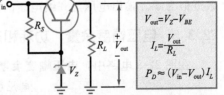

图22-7 齐纳跟随器是串联式稳压器

体管，所以该晶体管被称作**传输晶体管**。

因为用传输晶体管代替了串联电阻，所以串联式稳压器比并联式稳压器的效率更高。电路中功耗较大的只有晶体管。由于串联式稳压器的效率较高，它比并联式稳压器更适合于在负载电流较大时使用。

当负载电流改变时，并联式稳压器的输入电流总是稳定的。而串联式稳压器则不同，它的输入电流与负载电流几乎相等。当串联式稳压器的负载电流发生变化时，其输入电流会发生相同的变化。可以此作为判别并联式或串联式稳压器的依据。在并联式稳压器中，输入电流在负载电流变化时保持稳定；而在串联式稳压器中，输入电流随着负载电流的改变而改变。

22.3.3　双晶体管稳压器

图 22-8 所示是之前讨论过的双晶体管串联式稳压器。如果 V_{out} 由于电源电压或负载电阻的增加而增加，则更大的电压将会被反馈到 Q_1 的基极。这将使流过 R_4 的 Q_1 集电极电流增大，同时 Q_2 基极电压减小。Q_2 基极电压的减小使得该射极跟随器的输出几乎可以抵消输出电压的增加量。

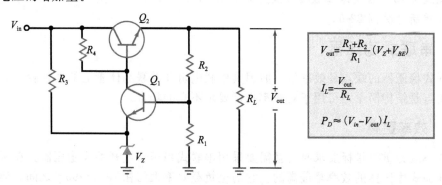

图 22-8　分立器件构成的串联式稳压器

同理，如果输出电压由于电源电压或负载电阻的降低而降低，在 Q_1 的基极将会产生一个较小的反馈电压。这将使 Q_2 的基极电压增加，从而增加输出电压，并几乎完全抵消输出电压的减少量。总体来看，输出电压的降低很小。

22.3.4　输出电压

图 22-8 电路的输出电压为：

$$V_{out} = \frac{R_1 + R_2}{R_1}(V_Z + V_{BE}) \tag{22-10}$$

在与图 22-8 类似的串联式稳压器中，可以使用较低的齐纳电压（5～6V），其温度系数近似为零。输出电压与齐纳电压的温度系数近似相等。

22.3.5　电压幅度余量、功耗和效率

在图 22-8 电路中，**电压幅度余量**定义为输入和输出电压之差：

$$电压幅度余量 = V_{in} - V_{out} \tag{22-11}$$

图 22-8 电路中流过传输晶体管的电流等于：

$$I_C = I_L + I_2$$

其中 I_2 是流过 R_2 的电流。为保持高效率，设计时使 I_2 远小于 I_L 的全负载。所以，在负

载电流较大时，可以忽略 I_2：

$$I_C \approx I_L$$

在大负载电流时，传输晶体管上的功耗等于电压幅度余量与负载电流的乘积。

$$P_D \approx (V_{in} - V_{out})I_L \qquad (22\text{-}12)$$

在某些串联式稳压器中，传输晶体管的功耗非常大。此时需要使用大的散热片，有时还需要使用风扇来驱散器件内部的热量。

在全负载电流情况下，稳压器的大部分功耗在传输晶体管中。由于传输晶体管中的电流近似等于负载电流，所以效率为：

$$效率 \approx \frac{V_{out}}{V_{in}} \times 100\% \qquad (22\text{-}13)$$

在这种近似下，当输出电压近似等于输入电压时，效率达到最高。这说明电压幅度余量越小，效率越高。

为改进串联式稳压器，常采用达林顿连接作为传输晶体管。这样可以使用低功率晶体管来驱动功率管。在达林顿连接时可以使用阻值较大的 $R_1 \sim R_4$ 来提高效率。

22.3.6　调整率的改进

图 22-9 所示电路利用运放来提高调整率。如果输出电压增加，则反馈到反相输入端的电压增大。这将使运放的输出降低，从而导致传输晶体管的基极电压和输出电压降低。如果输出电压降低，则反馈回运放的电压减小，使传输晶体管的基极电压增加，这样几乎可以抵消输出电压的降低量。

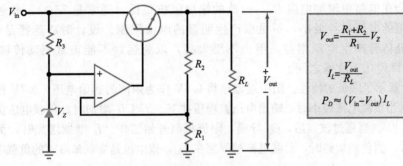

图 22-9　带有深度负反馈的串联式稳压器

输出电压的推导与图 22-8 所示稳压器几乎完全相同，区别在于运放的高电压增益使得 V_{BE} 不出现在等式中。所以，负载电压表示为：

$$V_{out} = \frac{R_1 + R_2}{R_1}V_Z \qquad (22\text{-}14)$$

图 22-9 电路中的运放被用作正向放大器，其闭环电压增益为：

$$A_{v(CL)} = \frac{R_2}{R_1} + 1 \qquad (22\text{-}15)$$

被放大的输入电压是齐纳电压，所以有时式（22-14）可表示为：

$$V_{out} = A_{v(CL)}V_Z \qquad (22\text{-}16)$$

例如，如果 $A_{v(CL)} = 2$，$V_Z = 5.6\text{V}$，则输出电压等于 11.2V。

22.3.7　限流

与并联式稳压器不同，图 22-9 所示的串联式稳压器没有短路保护。如果将负载端短路，则负载电流将会无限增大，损坏传输晶体管，也可能会损坏稳压器中由未稳压的电源所驱动的二极管。为避免负载的意外短路，串联式稳压器通常包含某种**限流**措施。

图 22-10 给出了一种能将负载电流限制在安全范围内的方法。R_4 是一个小电阻，称为**电流检测电阻**。这里使用的是一个 1Ω 电阻。负载电流必须通过 R_4，从而形成 Q_1 的 V_{BE}。

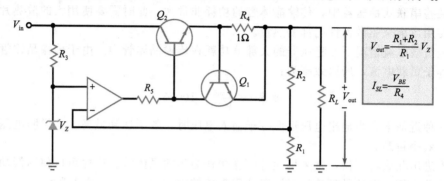

图 22-10　带有限流的串联式稳压器

当负载电流小于 600mA 时，R_4 上的电压小于 0.6V。此时，Q_1 截止，稳压器的工作如前文所述。当负载电流在 600～700mA 之间时，R_4 上的电压在 0.6～0.7V 之间，Q_1 导通。Q_1 的集电极电流流过 R_5，使得 Q_2 的基极电压降低，继而减小了负载电压和负载电流。

当负载短路时，Q_1 导通电流很大，将 Q_2 的基极电压拉低大约 1.4V($2V_{BE}$)。通过传输晶体管的电流通常被限制在 700mA，也可能略大或略小，取决于两个晶体管的特性。

有时，会在电路中增加电阻 R_5。运放的输出阻抗很低（通常是 75Ω），如果没有 R_5，电流检测电阻的电压增益很小，不足以产生明显的电流限制。设计时将选择足够大的 R_5 使电流检测晶体管产生电压增益，但也不要太高，以免运放不能正常驱动传输管。通常 R_5 的值为几百到几千欧姆之间。

图 22-11 显示了限流的特性。图中近似地将 0.6V 作为限流的起始电压，0.7V 作为短路负载下的电压。当负载电流较小时，输出电压被稳压在 V_{reg}。当 I_L 增加时，负载电压保持恒定直至 V_{BE} 约为 0.6V。当超过该点后，Q_1 导通，限流机制开始工作。I_L 继续增加时，负载电压降低，稳压失效。当负载短路时，负载电流被限制在 I_{SL}，该电流是负载短路时的负载电流。

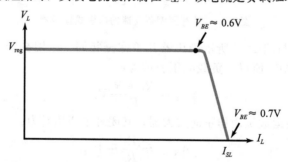

图 22-11　简单限流情况下负载电压与负载电流的关系

当图 22-10 电路的负载端短路时，负载电流如下：

$$I_{SL} = \frac{V_{BE}}{R_4} \tag{22-17}$$

其中 V_{BE} 近似等于 0.7V。对于大负载电流，电流检测晶体管的 V_{BE} 可能更高一些。这里 R_4 采用 1Ω。通过改变 R_4 的值，可以任意改变限流的起始点。例如，当 $R_4 = 10\Omega$ 时，则会在负载电流大约为 60mA 时开始限流，其负载短路电流约为 70mA。

知识拓展　在商用稳压电源中，图 22-10 中的 R_4 通常是可变电阻。以便用户可针对特定应用对最大输出电流进行设置。

22.3.8　转折电流限制

限流可以明显改善电路性能。当负载端意外短路时，限流可以保护传输晶体管和整流二极管。但缺点是当负载端短路时，几乎所有的输入电压都加载在传输晶体管上，所以传输晶体管的功耗很大。

为避免负载短路时传输管的功耗过大，可以设计一个**转折电流限制**（见图 22-12）。电流检测电阻 R_4 上的电压经过分压器（R_6 和 R_7）后驱动 Q_1 的基极。在负载电流的大部分区间内，Q_1 的基极电压小于发射极电压，V_{BE} 是负值，使 Q_1 保持在截止状态。

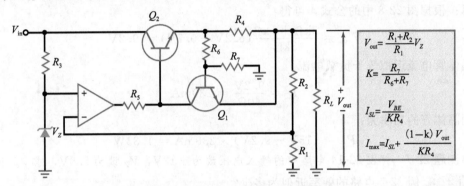

图 22-12　采用转折限流的串联式稳压器

当负载电流足够大时，Q_1 的基极电压将大于发射极电压。当 V_{BE} 在 $0.6\sim0.7V$ 之间时，开始进入限流区。超出该点后，负载电阻的进一步降低将导致电流发生转折（降低）。从而使得短路电流比没有转折限流时小得多。

图 22-13 显示了输出电压随负载电流的变化。负载电流达到最大值 I_{max} 之前，负载电压保持恒定值。在该点处，开始进入限流区。当负载电阻继续降低时，电流发生转折。当负载端短路时，负载电流等于 I_{SL}。转折限流的主要优点是降低了传输晶体管在负载端短路时的功耗。

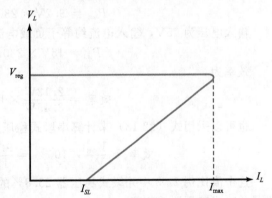

图 22-13　转折限流时的负载电压与负载电流的关系曲线

图 22-13 显示全负载时传输晶体管的功率为：

$$P_D = (V_{in} - V_{reg})I_{max}$$

负载短路时，其功耗约为：

$$P_D \approx V_{in}I_{SL}$$

在通常的设计中 I_{SL} 为 I_{max} 的 $1/3\sim1/2$，这样可以保证传输管的功耗比全负载情况下低。

例 22-7　计算图 22-14 电路输出电压的近似值，并求传输晶体管的功率。　‖‖‖ Multisim

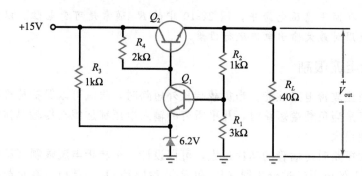

图 22-14　举例

解： 根据图 22-8 中的公式，可得：

$$V_{\text{out}} = \frac{3\text{k}\Omega + 1\text{k}\Omega}{3\text{k}\Omega}(6.2\text{V} + 0.7\text{V}) = 9.2\text{V}$$

晶体管电流近似等于负载电流：

$$I_C = \frac{9.2\text{V}}{40\Omega} = 230\text{mA}$$

则晶体管的功率为：

$$P_D = (15\text{V} - 9.2\text{V}) \times 230\text{mA} = 1.33\text{W} \quad \blacktriangleleft$$

自测题 22-7　将图 22-14 电路中的输入电压改为 +12V，V_z 改为 5.6V，求 V_{out} 和 P_D。

例 22-8　例 22-7 电路的效率近似为多少？

解： 负载电压为 9.2V，负载电流为 230mA，则输出功率为：

$$P_{\text{out}} = 9.2\text{V} \times 230\text{mA} = 2.12\text{W}$$

输入电压为 15V，输入电流约等于负载电流的值，为 230mA。所以，输入功率为：

$$P_{\text{in}} = 15\text{V} \times 230\text{mA} = 3.45\text{W}$$

效率为：

$$效率 = \frac{2.12\text{W}}{3.45\text{W}} \times 100\% = 61.4\%$$

也可以采用式（22-13）来计算串联式稳压器的效率：

$$效率 = \frac{V_{\text{out}}}{V_{\text{in}}} \times 100\% = \frac{9.2\text{V}}{15\text{V}} \times 100\% = 61.3\%$$

这个值比例 22-3 中并联式稳压器 25.8% 的效率要高得多。通常，串联式稳压器的效率是并联式稳压器的两倍。　◀

自测题 22-8　将输入电压改为 +12V，V_z 改为 5.6V，重新计算例 22-8。

应用实例 22-9　图 22-15 电路的输出电压近似为多少。为什么要采用达林顿管？

‖‖‖ Multisim

解： 由图 22-9 中的公式可得：

$$V_{\text{out}} = \frac{2.7\text{k}\Omega + 2.2\text{k}\Omega}{2.7\text{k}\Omega} \times 5.6\text{V} = 10.2\text{V}$$

负载电流为：

$$I_L = \frac{10.2\text{V}}{4\Omega} = 2.55\text{A}$$

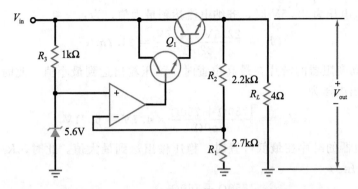

图 22-15 采用达林顿晶体管的串联式稳压器

如果采用电流增益为 100 的普通晶体管作为传输晶体管，则所需基极电流为：

$$I_B = \frac{2.55\text{A}}{100} = 25.5\text{mA}$$

该输出电流对于典型的运放来说过大。如果采用达林顿管，传输管的基极电流将会减小很多。例如，电流增益为 1000 的达林顿管的基极电流仅为 2.55mA。◄

自测题 22-9 若将图 22-15 电路中的齐纳电压改为 6.2V，求输出电压。

应用实例 22-10 搭建图 22-15 所示的串联式稳压器并进行测试。测得数据如下：$V_{NL} = 10.16\text{V}$，$V_{FL} = 10.15\text{V}$，$V_{HL} = 10.16\text{V}$，$V_{LL} = 10.17\text{V}$。求负载调整率和电源电压调整率。

解：

$$负载调整率 = \frac{10.16\text{V} - 10.15\text{V}}{10.15\text{V}} \times 100\% = 0.0985\%$$

$$电源电压调整率 = \frac{10.16\text{V} - 10.07\text{V}}{10.07\text{V}} \times 100\% = 0.894\%$$

该例题说明了负反馈可以有效减小电源和负载变化的影响。这两种情况下，稳压后输出电压的变化均小于 1%。◄

应用实例 22-11 电路如图 22-16 所示。V_{in} 在 17.5~22.5V 间变化，求最大齐纳电流、稳压输出电压的最大值和最小值。如果稳压输出为 12.5V，限流开始启动时的负载电阻为多少？短路电流的近似值为多少？

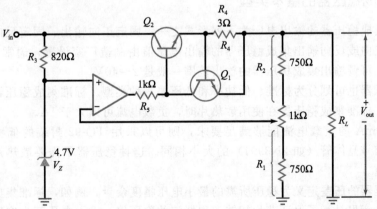

图 22-16 举例

解： 当输入电压为 22.5V 时，齐纳电流达到最大值，为：

$$I_Z = \frac{22.5V - 4.7V}{820\Omega} = 21.7mA$$

当 1kΩ 滑动变阻器的滑片在最高位置时，稳压输出达到最小值。此时，$R_1 = 1750\Omega$，$R_2 = 750\Omega$，输出电压为：

$$V_{out} = \frac{1750\Omega + 750\Omega}{1750\Omega} \times 4.7V = 6.71V$$

当滑动变阻器的滑片在最低位置时，稳压输出达到最大值。此时，$R_1 = 750\Omega$，$R_2 = 1750\Omega$，输出电压为：

$$V_{out} = \frac{1750\Omega + 750\Omega}{750\Omega} \times 4.7V = 15.7V$$

当限流电阻上的电压约等于 0.6V 时，限流电路开始工作。此时的负载电流为：

$$I_L = \frac{0.6V}{3\Omega} = 200mA$$

当输出电压为 12.5V 时，限流电路开始工作，此时的负载阻抗近似为：

$$R_L = \frac{12.5V}{200mA} = 62.5\Omega$$

当负载端短路时，电流检测电阻上的电压约为 0.7V，负载短路电流为：

$$I_{SL} = \frac{0.7V}{3\Omega} = 233mA$$

◀

自测题 22-11 设齐纳电压为 3.9V，电流检测电阻为 2Ω，重新计算例 22-11。

22.4 单片线性稳压器

线性**集成稳压器**的种类繁多，引脚数从 3 到 14 不等。它们都属于串联式稳压器，因为串联式稳压器比并联式稳压器的效率更高。有些在特殊场合应用的集成稳压器可以通过外接电阻来对限流和输出电压等进行设置。应用最广泛的是三端集成稳压器，三个引脚分别为：电压输入端、稳压输出端和接地端。

三端稳压器有塑封和金属封装，由于价格便宜且使用方便，应用非常广泛。除了两个可选的旁路电容之外，不需要任何额外的元件。

22.4.1 集成稳压器的基本类型

大部分集成稳压器的输出电压为下列形式之一：固定正向输出、固定反向输出或可调输出。固定正向或反向输出集成稳压器的输出电压值由制造厂家设置，通常为 5～24V 之间的固定值。可调输出集成稳压器的输出范围一般是 2～40V。

集成稳压器也可划分为标准、低功率和低压差三种类型。标准集成稳压器用于一些简单的应用中。标准集成稳压器在使用散热片时，负载电流可以大于 1A。

如果 100mA 的负载电流能够满足要求，则可以采用 TO-92 封装的低功率集成稳压器，它与小信号晶体管（如 2N3904）的大小相同。这种稳压器不需要散热片，所以使用起来非常便捷。

集成稳压器的**压差**定义为稳压所需的最小电压幅度余量。例如，标准集成稳压器的压差为 2～3V。意思是为了保证芯片能够实现特定的稳压值，输入电压至少应比输出稳压值大 2～3V。在不能提供 2～3V 压差的应用中，就需要使用低压差集成稳压器。在负载电流为 100mA 时，这类稳压器的压差通常为 0.15V，负载电流为 1A 时的压差为 0.7V。

22.4.2　板级稳压与单点稳压

使用单点稳压时，需要用一个大的稳压电源，将其稳压输出分配到系统中不同的电路板上（印制电路板）。这会带来一些问题。首先，单稳压器需要提供很大的负载电流，等于所有电路板的电流之和。其次，稳压电源和电路板之间的连接线会引入噪声或其他**电磁干扰**（EMI）。

由于集成稳压器价格低廉，由多个电路板构成的电路系统通常使用板级稳压。即每个电路板上都有各自的三端稳压器来提供该板上器件所需要的电压。使用板级稳压可以将未经稳压的电源电压分配到每个电路板上，再由局部稳压器提供各电路板的稳压电压。这样可以避免单点稳压的大负载电流和噪声。

22.4.3　负载调整率和电源电压调整率的重新定义

此前使用的是电源电压调整率和负载调整率的原始定义。固定输出集成稳压器的制造厂家通常更愿意给出在负载电压和电源电压幅度余量内的输出电压变化量。下面是固定输出稳压器的数据手册中对负载和电源电压调整率的定义：

$$负载调整率 = 负载电流变化范围内的 \Delta V_{out}$$
$$电源电压调整率 = 输入电压变化范围内的 \Delta V_{out}$$

例如，LM7815 是固定输出正 15V 电压的集成稳压器。数据手册中列出了典型的负载调整率和电源电压调整率：

$$负载调整率 = 12mV, I_L = 5mA \sim 1.5A \ 时$$
$$电源电压调整率 = 4mV, V_{in} = 17.5V \sim 30V \ 时$$

负载调整率取决于测试条件。前面给出的负载调整率是在 $T_J = 25℃$、$V_{in} = 23V$ 条件下测得的。类似的，前面给出的电源电压调整率是在 $T_J = 25℃$、$I_L = 500mA$ 条件下得到的。两种情况下器件的结温均为 25℃。

22.4.4　LM7800 系列

LM78XX 系列（这里的 XX＝05、06、08、10、12、15、18 或 24）是典型的三端集成稳压器。7805 的输出是＋5V，7806 的输出是＋6V，7808 的输出是＋8V，以此类推，7824 的输出是＋24V。

图 22-17 所示是 78XX 系列的原理框图。内建参考电压 V_{ref} 驱动运放的同相输入端。稳压器和前文中的类似。由 R'_1 和 R'_2 组成的分压器对输出电压采样并将电压反馈到高增益运放的反相输入端。输出电压为：

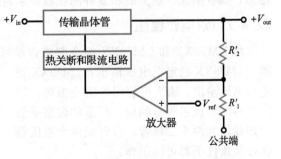

图 22-17　三端集成稳压器的原理框图

$$V_{out} = \frac{R'_1 + R'_2}{R'_1} V_{ref}$$

式中，参考电压相当于前文中的齐纳电压。R'_1 和 R'_2 右上角的标号表示它们是集成电路的内部电阻，而不是外部电阻。在 78XX 系列中，这些电阻由厂家调整好以得到不同的输出电压（5～24V）。输出电压的容差为 ±4%。

LM78XX 系列包括一个传输晶体管，该管在有散热条件下能处理 1A 负载电流。同时也包括热关断和限流电路。**热关断**是指当内部温度过高，达到 175℃ 左右时，芯片会自动关断。这是防止功耗过大的预防措施，取决于环境温度、散热形式和其他可变因素。由于具有限流和热关断功能，78XX 系列的内部器件几乎不会损坏。

22.4.5　固定输出稳压器

图 22-18a 所示是一个连接成固定输出稳压器的 LM7805。引脚 1 是输入端，引脚 2 是

输出端，引脚 3 是接地端。LM7805 的输出电压为 +5V，最大负载电流大于 1A。在负载电流为 5mA～1.5A 时，其典型负载调整率是 10mV。当输入电压为 7～25V 时，其典型电源电压调整率是 3mV。它的纹波抑制比为 80dB，即可以将输入波纹减小10 000 倍。它的输出电阻近似为 0.01Ω，所

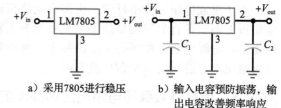

a）采用7805进行稳压　　b）输入电容预防振荡，输
　　　　　　　　　　　　　　出电容改善频率响应

图 22-18　举例

以在允许的电流范围内，LM7805 对所有负载来说是一个准理想电压源。

当集成芯片与未经稳压的电源滤波电容之间的距离超过 6 英寸时，连线电感可能会使芯片内部电路产生振荡。所以厂家会建议在引脚 1 加一个旁路电容 C_1（见图 22-18b）。为改善稳压输出的瞬态响应，有时会在引脚 2 增加旁路电容 C_2。每个旁路电容的典型值为 0.1～1μF。78XX 系列的数据手册中建议输入电容采用 0.22μF，输出电容采用 0.1μF。

78XX 系列稳压器的压差为 2～3V，取决于输出电压的大小。即输入电压应比输出电压大 2～3V。否则，芯片将失去稳压功能。同时，为了避免过大的功耗，芯片有最大输入电压的限制。例如，LM7805 能够稳压的输入电压范围约为 8～20V。78XX 系列的数据手册中给出了在其他预置输出电压下，其输入电压的最大值和最小值。

22.4.6　LM79XX 系列

LM79XX 系列是反向电压稳压器，预置电压分别为 −5、−6、−8、−10、−12、−15、−18 和 −24V。例如，LM7905 的输出稳压值为 −5V，LM7924 的输出稳压值为 −24V。79XX 系列在使用散热器时，负载电流可以超过 1A。LM79XX 系列与 78XX 系列相似，具有限流、热关断和良好的纹波抑制特性。

22.4.7　双电源稳压

将 LM78XX 和 LM79XX 组合起来，就可以实现对双电源输出的稳压，如图 22-19 所

示。LM78XX 稳定正电压输出，LM79XX 稳定负电压输出。输入电容用来防止振荡，输出电容用来改善瞬态响应。厂家的数据手册中建议增加两个二极管，以保证两个稳压器在任何条件下都可以工作。

双电源的一种替代方法是采用双通道稳压器，即在一个集成电路封装中包含了正压

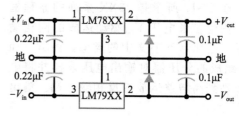

图 22-19　采用 LM78XX 和 LM79XX 实现双电压输出

和负压两个稳压器。当该稳压器可调时，可以用一个可变电阻来改变两个电源电压。

22.4.8　可调稳压器

很多集成稳压器（LM317、LM337、LM338 和 LM350）都是可调的。它们的最大负载

电流在 $1.5\sim5A$ 之间。例如，LM317 是一个正值三端稳压器，在输出为 $1.25\sim37V$ 可调范围内可提供 $1.5A$ 的负载电流。其纹波抑制比为 80dB，即输出纹波比输入纹波小10 000倍。

为了适应集成稳压器的特性，厂家对负载调整率和电源电压调整率作了重新定义。可调稳压器的数据手册中对负载调整率和电源电压调整率的定义如下：

$$负载调整率＝在负载电流变化范围内，V_{out}\ 的变化百分比$$

$$电源电压调整率＝输入电压每发生单位伏特变化时，V_{out}\ 的变化百分比$$

例如，LM317 的数据手册中列出了典型的负载调整率和电源电压调整率，为：

$$负载调整率＝0.3\%，当\ I_L＝10mA\sim1.5A\ 时$$

$$电源电压调整率＝0.02\%/V$$

由于输出电压在 $1.25\sim37V$ 之间可调，将负载调整率定义为百分比是有意义的。例如，若稳压值为 10V，上述负载调整率说明，当负载电流从 10mA 变化到 1.5A 时，输出电压的变化不会超过 10V 的 0.3%（或 30mV）。

电源电压调整率为 0.02%/V，意思是输入电压变化 1V 时输出电压只变化 0.02%。如果稳压输出设置为 10V，当输入电压增大 3V 时，输出电压将会增大 0.06%，即 60mV。

图 22-20 所示的是用未经稳压的电源驱动 LM317 的电路。LM317 的数据手册中给出了输出电压的公式：

$$V_{out}＝\frac{R_1＋R_2}{R_1}V_{ref}＋I_{ADJ}R_2 \qquad (22\text{-}18)$$

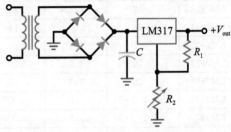

图 22-20　采用 LM317 实现稳压输出

式中，V_{ref} 的值为 1.25V，I_{ADJ} 的典型值为 $50\mu A$。在图 22-20 电路中，I_{ADJ} 是流经中间引脚（在输入和输出引脚之间的引脚）的电流。因为该电流会随着温度、负载电流和其他因素发生变化，通常在设计时使式（22-18）中的第一项远大于第二项。因此可以用如下公式对 LM317 进行初步分析：

$$V_{out}\approx\frac{R_1＋R_2}{R_1}\times1.25V \qquad (22\text{-}19)$$

知识拓展　图 22-20 电路中滤波器电容 C 的值要足够大，从而当 V_{out} 和 I_L 同时达到最大值时，保证 V_{in} 比 V_{out} 大 $2\sim3V$。即 C 必须是一个很大的滤波电容。

22.4.9　纹波抑制比

集成稳压器的纹波抑制比很高，约为 $65\sim80dB$。这是一个极大的优势，不需要在电源上使用大的 LC 滤波器来减小纹波，只需要一个电容输入滤波器将未经稳压的电源电压纹波的峰峰值减小到 10%。

例如，LM7805 的纹波抑制比的典型值为 80dB。如果桥式整流器和电容输入滤波器产生 10V 的未稳压输出的纹波峰峰值为 1V，可以采用 LM7805 来产生只有 0.1mV 纹波峰峰值的 5V 稳压输出。使用集成稳压器的额外好处是不需要在未经稳压的电源电压上使用大的 LC 滤波器。

22.4.10　稳压器一览表

表 22-1 列出了一些广泛使用的集成稳压器。第一组是 LM78XX 系列，固定正输出电

压为 $5\sim24\mathrm{V}$。在有散热器的情况下,负载电流可以高达 $1.5\mathrm{A}$。它们的负载调整率在$10\sim$ $12\mathrm{mV}$ 之间。电源电压调整率在 $3\sim18\mathrm{mV}$ 之间。纹波抑制比的最好情况是在电压最小时 $(80\mathrm{dB})$,最坏情况是在电压最高时 $(66\mathrm{dB})$。全系列产品的压差都是 $2\mathrm{V}$。当输出电压在最小值和最大值之间变化时,输出阻抗从 $8\mathrm{m}\Omega$ 变化到 $28\mathrm{m}\Omega$。

表 22-1 常用集成稳压器的典型参数 (25℃)

型号	V_{out}/V	I_{max}/A	负载调整率/mV	电源电压调整率/mV	纹波抑制比/dB	压差/V	$R_{out}/\mathrm{m}\Omega$	I_{SL}/A
LM7805	5	1.5	10	3	80	2	8	2.1
LM7806	6	1.5	12	5	75	2	9	0.55
LM7808	8	1.5	12	6	72	2	16	0.45
LM7812	12	1.5	12	4	72	2	18	1.5
LM7815	15	1.5	12	4	70	2	19	1.2
LM7818	18	1.5	12	15	69	2	22	0.20
LM7824	24	1.5	12	18	66	2	28	0.15
LM78L05	5	100mA	20	18	80	1.7	190	0.14
LM78L12	12	100mA	30	30	80	1.7	190	0.14
LM2931	$3\sim24$	100mA	14	4	80	0.3	200	0.14
LM7905	5	1.5	10	3	80	2	8	2.1
LM7912	12	1.5	12	4	72	2	18	1.5
LM7915	15	1.5	12	4	70	2	19	1.2
LM317	$1.2\sim37$	1.5	0.3%	0.02%/V	80	2	10	2.2
LM337	$-1.2\sim-37$	1.5	0.3%	0.01%/V	77	2	10	2.2
LM338	$-1.2\sim-32$	5	0.3%	0.02%/V	75	2.7	5	8

LM78L05 和 LM78L12 是分别与 LM7805 和 LM7812 相对应的低功耗型号。这些低功耗集成稳压器可以用 TO-92 封装,不需要散热片。如表 22-1 所示,LM78L05 和 LM78L12 的负载电流可达 100mA。

表中的 LM2931 是一款低压差稳压器。该可调稳压器可以产生 $3\sim24\mathrm{V}$ 之间的输出电压,负载电流可达 100mA。它的压差只有 $0.3\mathrm{V}$,即输入电压只需要比稳压输出大 $0.3\mathrm{V}$。

LM7905、LM7912 和 LM7915 是应用广泛的负值稳压器。它们的参数与 LM78XX 系列相应稳压器的参数类似。LM317 和 LM337 分别为可调的正、负稳压器,可以提供 $1.5\mathrm{A}$ 的负载电流。LM338 是一个可调正稳压器,可提供 $1.2\sim32\mathrm{V}$ 之间的稳压输出,负载电流高达 $5\mathrm{A}$。

表 22-1 列出的所有稳压器都具有热关断功能。这意味如果芯片温度过高,稳压器将会使导通晶体管截止,电路停止工作。当器件冷却下来,稳压器将会尝试重新启动。如果导致温度过高的问题解决了,则稳压器将会正常工作。如果没有解决,稳压器将再次关断。热关断是单片稳压器的一个优点,是芯片安全工作所必需的。

应用实例 22-12 求图 22-21 电路中的负载电流和输出纹波。 ‖‖‖Multisim

解:LM7812 产生 $+12\mathrm{V}$ 的稳压输出。所以负载电流为:

$$I_L = \frac{12\mathrm{V}}{100\Omega} = 120\mathrm{mA}$$

可以利用第 4 章给出的公式计算输入纹波的峰峰值,为:

$$V_R = \frac{I_L}{fC} = \frac{120\mathrm{mA}}{120\mathrm{Hz}\times1000\mu\mathrm{F}} = 1\mathrm{V}$$

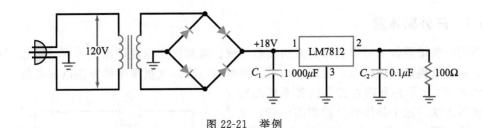

图 22-21　举例

表 22-1 中给出 LM7812 纹波抑制比的典型值为 72dB。如果将 72dB 进行简单转换（60dB＋12dB），其值大约为 4000。利用科学计算器，得到精确的波纹抑制比为：

$$RR = \text{antilog}\, \frac{72\text{dB}}{20} = 3981$$

输出纹波的峰峰值约为：

$$V_R = \frac{1\text{V}}{4000} = 0.25\text{mV}$$　◀

✎ **自测题 22-12**　若采用稳压器 LM7815 和 $2000\mu\text{F}$ 的电容，重新计算例题 22-12。

应用实例 22-13　如果图 22-20 电路中的 $R_1 = 2\text{k}\Omega$，$R_2 = 22\text{k}\Omega$，其输出电压为多少？如果 R_2 增加到 $46\text{k}\Omega$，输出电压又是多少？

解：由式（22-19）可知：

$$V_{\text{out}} = \frac{2\text{k}\Omega + 22\text{k}\Omega}{2\text{k}\Omega} \times 1.25\text{V} = 15\text{V}$$

当 R_2 增加到 $46\text{k}\Omega$ 时，输出电压增加到：

$$V_{\text{out}} = \frac{2\text{k}\Omega + 46\text{k}\Omega}{2\text{k}\Omega} \times 1.25\text{V} = 30\text{V}$$　◀

✎ **自测题 22-13**　若图 22-20 电路中的 $R_1 = 330\Omega$，$R_2 = 2\text{k}\Omega$，求输出电压。

应用实例 22-14　当输入电压在 $7.5 \sim 20\text{V}$ 之间时，LM7805 可以使输出稳压在特定值。求它的最大效率。

解：LM7805 产生 5V 的输出，由式（22-13）可知，最大效率为：

$$效率 \approx \frac{V_{\text{out}}}{V_{\text{in}}} \times 100\% = \frac{5\text{V}}{7.5\text{V}} \times 100\% = 67\%$$

因为电压幅度余量接近压差，所以这样的高效率是有可能的。

另外，当输入电压最大时效率最小。此时，电压幅度余量最大，导通晶体管的功耗最大。它的最小效率为：

$$效率 \approx \frac{5\text{V}}{20\text{V}} \times 100\% = 25\%$$

由于未经稳压的输入电压一般处于输入电压的两个极值中间，可以估计 LM7805 的效率在 $40\% \sim 50\%$ 之间。　◀

22.5　电流增强电路

虽然表 22-1 中列出的 78XX 系列稳压器的最大负载电流为 1.5A，但数据手册中的许多参数是在 1A 情况下测量的。例如，在 1A 负载电流下测量电源电压调整率、波纹抑制比和输出阻抗。所以，在使用 78XX 系列器件时，负载电流的实际极限值是 1A。

22.5.1 片外晶体管

使用**电流增强**技术可以获得更大的负载电流。需要提高运放输出电流时，可以用运放给外部晶体管提供基极电流，使之产生更大的输出电流。这里采用的方法也很类似。

图 22-22 所示是利用外部晶体管来提高输出电流的方法。这个晶体管是功率晶体管，又称**片外晶体管**。R_1 是 0.7Ω 的电流检测电阻。这里使用的电阻是 0.7Ω 而不是 0.6Ω，原因是功率晶体管比小信号晶体管（前文中所采用的）需要更大的基极电压。

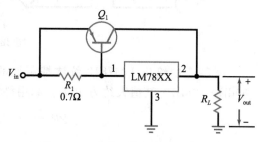

图 22-22　片外晶体管增加负载电流

当负载电流小于 1A 时，电流检测电阻上的电压小于 0.7V，晶体管截止。当负载电流大于 1A 时，晶体管导通，所增加的 1A 以上的负载电流几乎全部由该晶体管提供。所以当负载电流增加时，通过 78XX 的电流增加得很少。这使得电流检测电阻上的电压增大，导致片外晶体管的导通电流更大。

对于大负载电流，片外晶体管的基极电流很大。78XX 芯片除了要提供一部分负载电流，还需要提供这个基极电流。当提供较大基极电流有困难时，片外晶体管可以采用达林顿连接方式。此时，电流检测电压约为 1.4V，则电阻 R_1 需要增大到约 1.4Ω。

22.5.2 短路保护

图 22-23 所示的电路增加了短路保护。采用两个电流检测电阻，一个用于驱动片外晶体管 Q_2，另一个用于使 Q_1 导通从而提供短路保护。负载电流大于 1A 时 Q_2 导通，大于 10A 时 Q_1 提供短路保护。

该电路工作原理如下：当负载电流大于 1A 时，电阻 R_1 上的电压大于 0.7V，使得片外晶体管 Q_2 导通。该晶体管提供了所有大于 1A 的负载电流。片外电流需要通过电阻 R_2。因为电阻 R_2 只有 0.07Ω，所以只要片外电流小于 10A，它两端的电压就小于 0.7V。

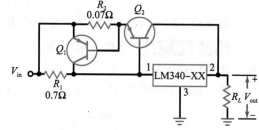

图 22-23　用于限流的片外晶体管

当片外电流为 10A 时，电阻 R_2 上的电压为：

$$V_2 = 10A \times 0.07\Omega = 0.7V$$

这时限流晶体管 Q_1 处于导通的边缘。当片外电流大于 10A 时，Q_1 充分导通。由于 Q_1 的集电极电流经过 78XX，当器件过热时将导致热关断。

使用片外晶体管不会改善串联式稳压器的效率。在典型的电压幅度余量内，效率在 40%～50% 之间。如果希望在较大电压变化时获得更高的效率，则需要采用完全不同的方法来实现稳压。

22.6　DC-DC 转换器

有时需要将直流电压从某个值转换成另一个值。例如，对于一个＋5V 电源系统，可以用一个 **DC-DC 转换器**将＋5V 转换为＋15V 输出。这样该系统就可以有两个电源电压：＋5V 和＋15V。

DC-DC 转换器的效率非常高。因为其中的晶体管工作在开关状态，使其功耗大为减小，典型的效率为 65%～85%。本节讨论未稳压的 DC-DC 转换器。下一节将讨论利用脉冲宽度调制进行稳压的 DC-DC 转换器。这些 DC-DC 转换器通常叫作**开关式稳压器**。

22.6.1 基本原理

在典型的未稳压的 DC-DC 转换器中，直流电压作为方波振荡器的输入。方波的峰峰值正比于输入电压。方波驱动变压器的一次绕组，如图 22-24 所示。频率越高，变压器和滤波器的元件尺寸越小。如果频率过高，则很难通过垂直变换产生方波。方波频率一般在 10～100kHz 之间。

图 22-24 未稳压 DC-DC 转换器的功能框图

为了改善效率，一种特殊的变压器被用于更昂贵的 DC-DC 转换器中。这种变压器有一个具有方形磁滞回线的环状铁心，使二次电压为方波。二次电压经过整流和滤波便得到直流输出电压。通过选择不同的匝数比，可以使二次电压升高或降低。这样便可以实现将输入电压升高或降低的 DC-DC 转换器。

一种常见的 DC-DC 转换是将 +5V 转换为 ±15V。在数字系统中，大多数集成电路的标准电源电压是 +5V，而在运放等线性集成电路中可能需要 ±15V。在这种情况下，可以通过低功率 DC-DC 转换器将 +5V 的直流输入转换为 ±15V 的双路直流输出。

22.6.2 设计举例

DC-DC 转换器的设计方法有很多种，其决定因素包括采用器件的类型（双极型、功率场效应管）、转换频率、对输入电压的变换方式（升高、降低）等。图 22-25 所示是一个采用双极型功率管的例子。在电路中，一个张弛振荡器产生方波，方波的频率由 R_3 和 C_2 确定。该频率在 kHz 量级，典型值为 20kHz。

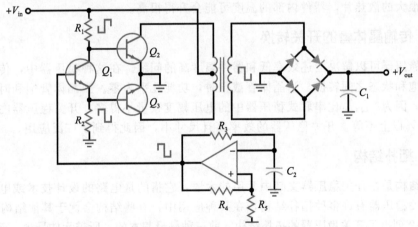

图 22-25 未稳压的 DC-DC 转换器

方波驱动**分相器** Q_1，产生幅度相同、相位相反的方波。这些方波作为 B 类推挽开关晶体管的 Q_2 和 Q_3 的输入。Q_2 管导通半个周期，Q_3 管导通另外半个周期。变压器的一次绕组电流为方波，如前文所述，二次绕组也会产生方波。

二次绕组输出的方波电压作为桥式整流器和电容滤波器的输入。由于信号是经整流的 kHz 方波，所以很容易滤波。最终得到与输入不同的直流输出电压。

22.6.3 商用 DC-DC 转换器

图 22-25 所示 DC-DC 转换器的输出是未经稳压的，这是典型的 DC-DC 转换器，它的价格便宜，效率从 65％到 85％以上不等。例如，便宜的 DC-DC 转换器适用于 375mA 电流下＋5V 到±12V 的转换，200mA 电流下＋5V 到＋9V 的转换，250mA 电流下±12V 到±5V 的转换……所有这些转换器都需要固定的输入电压，因为它们不包含稳压器。而且，它们的开关频率在 10～100kHz 之间。因此，它们带有 RFI 屏蔽罩。有些元件的 MTBF（故障平均间隔时间）高达 200 000 小时。

22.7 开关式稳压器

开关式稳压器属于 DC-DC 转换器，因为它将直流输入电压转换为另一个较低或较高的直流输出电压。但是开关稳压器包含稳压部分，通常利用脉冲宽度调制控制晶体管的开关时间。通过改变占空比，可以使开关稳压器在电源电压和负载变化的情况下保持输出电压的恒定。

22.7.1 传输晶体管

在串联式稳压器中，传输晶体管的功耗近似等于电压幅度余量乘以负载电流：

$$P_D = (V_{in} - V_{out})I_L$$

如果电压幅度余量等于输出电压，稳压器的效率近似为 50％。例如，7805 芯片的输入为 10V，负载电压为 5V，那么效率是 50％左右。

三端串联式稳压器非常流行，因为它们使用方便，且在负载功耗小于 10W 情况下能够满足大部分需求。当负载功耗等于 10W 且效率为 50％时，传输晶体管的功耗也是 10W。这表明有大量功率被浪费了，同时还有器件内部产生的热量。当负载功耗接近 10W 时，需要很大的散热片，器件内部的温度可能会升得很高。

22.7.2 传输晶体管的开关转换

开关稳压器可以解决上述效率低和器件温度高的问题。在这种稳压器中，传输晶体管在截止和饱和状态之间转换。当晶体管截止时，功耗几乎为零。当晶体管饱和时，功耗仍然非常低，因为 $V_{CE(sat)}$ 比串联式稳压器中的电压幅度余量小得多。开关稳压器的效率从约 75％到 95％以上不等。开关稳压器的效率高且尺寸小，因此得到了广泛应用。

22.7.3 拓扑结构

拓扑结构是在开关稳压器文献中常用的术语，它指的是电路的设计技术或电路的基础连接。开关稳压器有许多种拓扑结构，在某种应用中，有些结构会优于其他结构。

表 22-2 列出了开关稳压器的拓扑结构。前三种是最基本的，所需元件最少，而且能够提供高达 150W 的负载功率。它们的复杂度低，因此应用广泛，尤其是集成开关稳压器。

表 22-2 开关稳压器的拓扑结构

拓扑结构	稳压方向	扼流圈	变压器	二极管	晶体管	功耗/W	复杂度
降压	降低	有	没有	1	1	0～150	低
升压	升高	有	没有	1	1	0～150	低
升压-降压	双向	有	没有	1	1	0～150	低

（续）

拓扑结构	稳压方向	扼流圈	变压器	二极管	晶体管	功耗/W	复杂度
回扫	双向	没有	有	1	1	0～150	中等
半前向	双向	有	有	1	1	0～150	中等
推挽	双向	有	有	2	2	100～1000	高
半桥	双向	有	有	4	2	100～500	高
全桥	双向	有	有	4	4	400～2000	非常高

在采用变压器隔离时，回扫和半前向结构可用于负载功率小于150W的情况。当负载功率在150～2000W时，需要采用推挽、半桥和全桥拓扑结构。最后三种结构需要的元件较多，因此电路复杂度较高。

22.7.4 降压式稳压器

图22-26a所示是**降压式稳压器**，它是最基本的开关式稳压器结构。降压式稳压器的作用是将电压降低，用一个晶体管、双极型晶体管或功率场效应晶体管作为开关器件。脉冲宽度调制器输出的方波信号控制开关的通断，比较器控制脉冲的占空比。例如，脉冲宽度调制器可能是一个单触发多谐振荡器，由比较器作为控制输入。如第21章所述的单稳态555定时器，控制电压的增加使占空比增加。

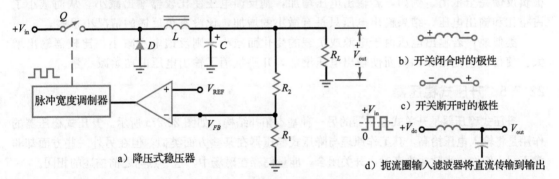

a）降压式稳压器

b）开关闭合时的极性

c）开关断开时的极性

d）扼流圈输入滤波器将直流传输到输出

图22-26　降压式稳压器及分析

当脉冲为高电平时，开关闭合，二极管反偏。所有的输入电流经过电感，在电感附近产生磁场。储存在磁场中的能量为：

$$能量 = 0.5Li^2 \tag{22-20}$$

流过电感的电流对电容充电，并给负载提供电流。当开关闭合时，电感两端的电压极性如图22-26b所示。当流过电感的电流增加时，储存在磁场中的能量增加。

当脉冲为低时，开关断开。在断开的瞬间，电感周围的磁场开始减弱，使得电感上感应出反向电压，如图22-26c所示。这个反向电压叫作感应反冲。因为感应反冲的存在，使二极管正向偏置，电流通过电感继续向同一方向流动。此时，电感向电路释放出其储存的能量。换言之，电感充当了电源，继续向负载提供电流。

电感中一直有电流流过，直至其所有能量都释放到电路中（非连续模式）或开关再次关闭（连续模式）。在任一种情况下，电容器依然会在开关断开的部分时间中提供负载电流。这样，负载上的波动就被最小化。

开关不断地闭合和断开，频率从10kHz到100kHz以上不等（有些集成稳压器的开关频率超过1MHz）。流过电感的电流方向始终不变，在工作周期的不同时间段，电流经过开关或二极管。

对于准理想输入电压和理想二极管，扼流圈送到滤波器输入端的电压是矩形波（见图 22-26d）。扼流圈输入滤波器的输出等于滤波器输入的直流分量或平均值。这个平均值与占空比相关，公式如下：

$$V_{out} = DV_{in} \tag{22-21}$$

占空比越大，直流输出电压越大。

当电源刚接通时，没有输出电压，R_1 和 R_2 构成的分压器上也没有反馈电压。因此，比较器输出电压很大，使占空比接近 100%。然而，随着输出电压的增大，反馈电压 V_{FB} 使比较器输出减小[⊖]，从而使占空比减小。在某一时刻，输出电压达到平衡，此时由反馈电压产生的占空比与输出电压相同。

因为比较器的高增益，它的输入端虚短意味着：

$$V_{FB} \approx V_{REF}$$

由此，可以推导出输出电压的表示式：

$$V_{out} = \frac{R_1 + R_2}{R_1} V_{REF} \tag{22-22}$$

在达到平衡之后，由电源电压或负载的变化所引起的输出电压的任何改变，几乎都会被负反馈完全抵消。例如，若输出电压增加，则反馈电压使比较器输出减小。从而减小了占空比和输出电压。结果输出电压只是有微小的增加，比没有负反馈的情况小很多。

类似地，若输出电压由于电源或负载的变化而减小，则反馈电压减小，比较器输出增大。使得占空比增加，从而使输出电压增加，几乎抵消了输出电压的初始减小量。

22.7.5 升压式稳压器

升压式稳压器是开关式稳压器的另一种基本拓扑结构，如图 22-27a 所示。升压式稳压器的作用是将输入电压抬高，其工作原理与降压式稳压器在某些方面类似，但在另外一些方面却非常不同。例如，当脉冲为高时，开关闭合，能量储存在磁场中，这一点与之前描述的相同。

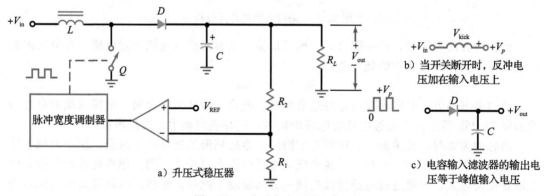

图 22-27 升压式稳压器及分析

当脉冲为低时，开关断开。电感周围的磁场减弱，同时在电感上感应出反向电压，如图 22-27b 所示。注意，这时的输入电压需要与感应反冲电压相加，即电感右端的峰值电压为：

⊖ 当比较器两输入端电压差很小时，比较器的输出幅度会降低。——译者注

$$V_P = V_{in} + V_{kick} \tag{22-23}$$

感应反冲电压取决于磁场中储存的能量多少，即 V_{kick} 与占空比成正比。

对于准理想输入电压，图 22-27c 所示电容输入滤波器的输入端电压是矩形波形。因此，输出稳压值约等于式（22-33）给出的峰值电压。由于 V_{kick} 总是大于零，则 V_p 总是大于 V_{in}。所以升压式稳压器总是将电压抬高。

除了使用电容输入滤波器而不是扼流圈输入滤波器之外，这种升压拓扑结构的稳压器与降压结构的稳压器相类似。由于比较器的高增益，反馈电压几乎等于参考电压。因此，输出稳压值仍可以由式（22-22）得出。如果输出电压增加，则反馈电压增大，使比较器输出减小，从而占空比减小，感应反冲也减小。这样使得峰值电压降低，抵消了输出电压的初始增加量。如果输出电压减小，则反馈电压减小，导致峰值电压增加，抵消了输出电压的初始减小量。

22.7.6 降压-升压式稳压器

图 22-28a 所示的**降压-升压式稳压器**是开关式稳压器的第三种最基本的拓扑结构。降压-升压式稳压器在正输入电压驱动时，输出电压总是负的。当 PWM 输出为高时，开关闭合，能量储存在磁场中。此时，电感上的电压等于 V_{in}，极性如图 22-28b 所示。

当脉冲为低时，开关断开。电感周围的磁场减弱，电感上感应出反冲电压，如图 22-28c 所示。反冲电压与储存在磁场中的能量成正比，其大小受占空比控制。如果占空比小，则反冲电压接近于零。如果占空比大，则反冲电压可能大于 V_{in}，电压大小取决于储存在磁场中的能量的多少。

图 22-28d 电路中，峰值电压的幅度可以小于输入电压，也可以大于输入电压。经过二极管和电容输入滤波器后产生的输出电压等于 $-V_p$。由于该输出电压的幅度可比输入电压大或小，所以这种拓扑结构又叫作"降压-升压"结构。

图 22-28a 电路中使用了一个反向放大器，将反馈电压反向后再输入比较器。稳压工作过程如前文所述。输出电压的增加会使占空比减小，从而减小峰值电压，反之，输出电压的减小会使占空比增加。任一情况下，负反馈都会使得输出电压基本保持恒定。

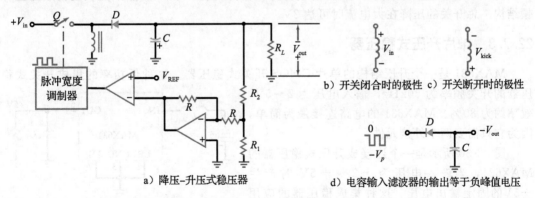

a）降压-升压式稳压器　　　　b）开关闭合时的极性　c）开关断开时的极性

d）电容输入滤波器的输出等于负峰值电压

图 22-28　降压-升压式稳压器及分析

22.7.7 单片降压式稳压器

一些集成开关式稳压器只有 5 个外部引脚。例如，LT1074 是一个降压结构的双极型单片开关式稳压器，它包含了上述大部分元件，如 2.21V 的参考电压、开关器件、内部振荡器、脉冲宽度调制器和比较器。它工作时的开关频率是 100kHz，能够处理 +8V ~ +40V 的输入电压，当负载电流为 1~5A 时的效率为 75%~90%。

图 22-29 所示是连接成的降压式稳压器的 LT1074。引脚 1(FB) 连接反馈电压，引脚 2(COMP) 用于防止高频振荡的频率补偿，引脚 3(GND) 接地，引脚 4(OUT) 是内部开关器件的开关输出，引脚 5(IN) 用于直流电压输入。

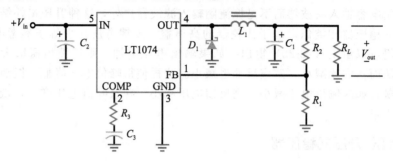

图 22-29　用 LT1074 实现降压式稳压器

D_1、L_1、C_1、R_1 和 R_2 的功能与前文讨论的降压式稳压器相同。这里使用了肖特基二极管来提高稳压器的效率，因为肖特基二极管的阈值电压较低，浪费的功率较少。LT1074 的数据手册中建议在输入端增加一个 $200~470\mu F$ 的电容 C_2 来进行电源滤波。同时建议使用一个 $2.7k\Omega$ 的电阻 R_3 和一个 $0.01\mu F$ 的电容 C_3 来稳定反馈环路（防止振荡）。

LT1074 的应用很广泛。原因如图 22-29 所示，开关稳压器是分立电路中最难设计和实现的电路之一，而这个电路却异常简单。LT1074 的集成电路已经完成了所有困难的工作，除了不能集成的元件（扼流圈和滤波器电容）和留给用户选择的元件（R_1 和 R_2）之外的所有元件全部集成在芯片内。通过选择 R_1 和 R_2 的值，可以得到 2.5~38V 的稳压输出。由于 LT1074 的参考电压是 2.21V，其输出电压为：

$$V_{out} = \frac{R_1 + R_2}{R_1} \times 2.21V \tag{22-24}$$

电压幅度余量至少应为 2V，因为内部开关器件含有一个 npn 管和 pnp 管构成的达林顿结构。总开关的压降在大电流时可达 2V。

22.7.8　单片升压式稳压器

MAX631 是一个升压结构的单片 CMOS 开关式稳压器。这种低功率的集成开关式稳压器的开关频率为 50kHz，输入电压为 2~5V，效率约为 80%。MAX631 的电路连接最为简单，因为它只需要两个外接元件。

图 22-30 所示是一个连接成升压式稳压器的 MAX631，当输入电压为 +2 ~ +5V 时产生 +5V 的固定输出电压。这种集成稳压器的应用之一是移动设备，因此其输入电压通常来自电池。数据手册中建议使用 $330\mu H$ 的电感和 $100\mu F$ 的电容。

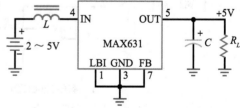

图 22-30　用 MAX631 实现升压式稳压器

MAX631 是一种 8 引脚的器件，其未使用的引脚可以接地或悬空。在图 22-30 中，引脚 1(LB1) 可以用作电压探测，也可接地。尽管 MAX631 通常被用作固定输出稳压器，也可以通过一个外部分压器来提供反馈电压送入引脚 7(FB)。当引脚 7 接地时，输出电压是厂家预置的＋5V。

除了 MAX631 以外，还有输出电压为＋12V 的 MAX632 和输出电压为＋15V 的 MAX633。MAX631～MAX633 系列稳压器包含引脚 6，称为电荷泵，是一个低阻抗的缓冲器，可以产生矩形输出信号。该信号在振荡频率处的输出摆幅为 0～V_{out}，也可以被负向钳位并通过峰值探测获得负的输出电压。

例如，图 22-31a 所示是 MAX633 利用电荷泵来获得约－12V 输出的电路。C_1 和 D_1 是负向钳位器，C_2 和 D_2 是负峰值探测器。电荷泵的工作原理如下。图 22-31b 所示是引脚 6 输出的理想电压波形，因为负钳位器的存在，D_1 上的理想电压是经负向钳位的波形，如图 22-31c 所示。该波形驱动负峰值探测器产生约－12V 的输出电压，其电流为 20mA。该电压的幅度约比输出电压低 3V，包括两个二极管的压降（D_1 和 D_2），以及缓冲器（约 30Ω）输出阻抗上的压降。

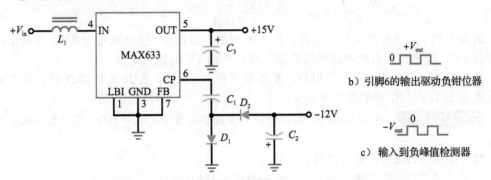

a）使用MAX633的电荷泵来产生负输出电压

b）引脚6的输出驱动负钳位器

c）输入到负峰值检测器

图 22-31　举例

如果采用电池作为线性稳压器的输入电压，那么输出电压会减小一些。升压式稳压器不仅比线性稳压器的效率更高，而且可以在电池供电系统中实现升压作用。这一点非常重要，也是单片升压式稳压器应用如此广泛的原因。随着低成本可充电电池的出现，单片升压式稳压器已成为电池供电系统的标准选择。

MAX631～MAX633 系列器件的内部参考电压是 1.31V。当这些开关稳压器与一个外部分压器共同使用时，其稳压输出的公式如下：

$$V_{out} = \frac{R_1 + R_2}{R_1} \times 1.31\text{V} \tag{22-25}$$

22.7.9　单片降压-升压式稳压器

LT1074 的内部设计能够支持降压-升压式的外部连接。图 22-32 所示的是一个连接成降压-升压式稳压器的 LT1074。这里使用了肖特基二极管来提高效率。如前文所述，当内部开关闭合时，能量储存在电感的磁场中。当开关断开时，磁场减弱，并将二极管正偏。电感上的负向反冲电压经电容输入滤波器峰值检测后，产生－V_{out}。

在之前讨论的降压-升压拓扑结构中（见图 22-28a），使用了一个反向放大器来获得正反馈电压，这是因为从分压器采样得到的输出电压是负的。LT1074 在内部设计中考虑了这个问题。数据手册中建议将 GND 引脚返回到负输出电压，如图 22-32 所示。这样可以产生正确的电压差作为比较器的输入，控制脉冲宽度调制器。

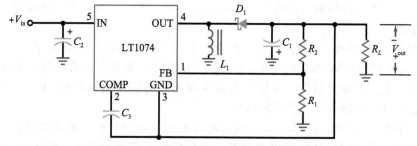

图 22-32　用 LT1074 实现降压-升压式稳压器

应用实例 22-15　图 22-29 所示降压式稳压器中的 $R_1 = 2.21\text{k}\Omega$，$R_2 = 2.8\text{k}\Omega$。其输出电压是多少？在此输出电压下可使用的最小输入电压是多少？

解： 由式（22-24），可以计算：

$$V_{\text{out}} = \frac{R_1 + R_2}{R_1} V_{\text{REF}} = \frac{2.21\text{k}\Omega + 2.8\text{k}\Omega}{2.21\text{k}\Omega} \times 2.21\text{V} = 5.01\text{V}$$

因为 LT1074 中开关元件的压降，输入电压最少应比 5V 输出电压高 2V，即最小输入电压为 7V。若需要更大的电压幅度余量，可以使用 8V 的输入电压。◀

自测题 22-5　将 R_2 改为 5.6kΩ，重新计算例题 22-15。当 $R_1 = 2.2\text{k}\Omega$ 时，若使输出电压为 10V，R_2 的取值应为多少？

应用实例 22-16　在图 22-32 所示的降压-升压式稳压器中，$R_1 = 1\text{k}\Omega$，$R_2 = 5.79\text{k}\Omega$，求输出电压。

解： 由式（22-24），可以计算：

$$V_{\text{out}} = \frac{R_1 + R_2}{R_1} V_{\text{REF}} = \frac{1\text{k}\Omega + 5.79\text{k}\Omega}{1\text{k}\Omega} \times 2.21\text{V} = 15\text{V}$$
◀

自测题 22-16　如果图 22-32 电路中的 $R_1 = 1\text{k}\Omega$，$R_2 = 4.7\text{k}\Omega$，求输出电压。

22.7.10　LED 驱动的应用

单片 DC-DC 转换器可用于各种应用场合。应用之一就是对 LED 的高效驱动。CAT4139 是一个升压转换器，也称为 DC/DC 升压转换器，用于在驱动 LED 链时提供恒定的电流。图 22-33 显示了 CAT4139 的简化框图。该 LED 驱动器只需要 5 个引脚连接和最少的外部元件，能够提供的开关电流高达 750mA，可以驱动 LED 链的电压高达 22V。

下面来分析一下该 IC 芯片的基本功能。V_{IN} 连接 IC 的电源输入端。恒流输出时输入电压可在 2.8～5.5V 之间。如果 V_{IN} 低于 1.9V，就会进入欠压锁定（UVLO），器件停止工作。逻辑低电平（0.4V）作为关机逻辑输入到引脚 $\overline{\text{SHDN}}$ 上，使 CAT4139 进入关机模式。在此期间，芯片从输入电源中索取的电流几乎为零。当 $\overline{\text{SHDN}}$ 引脚电压高于 1.5V 时，器件进入工作状态。$\overline{\text{SHDN}}$ 的输入也可以由 PWM 信号作为驱动，控制输出电流在正常输出电流 I_{LED} 的 0% 到 100% 之间变化。GND 是接参考地的引脚，应直接连接到该表面贴装器件的印制电路板的接地线上。

开关引脚 SW 连接到内部 MOS 管开关的漏极以及串联电感与肖特基二极管的连接点。MOS 管开关频率为 1MHz，占空比可变，并由 PWM 和逻辑模块控制。电流感应电阻 R_S 连接到 MOS 管的源极引脚。MOS 管电流在电阻上产生的电压降与平均电流成比例。该电压在电流感应运算放大器中用于限流和控制。因为该芯片是一个升压变换器，所以在 SW 引脚的电压将高于输入电源电压。当该电压达到 24V 时，过电压保护电路将使器件进入低压工作模式，以防止 SW 电压超过最大额定值 40V。

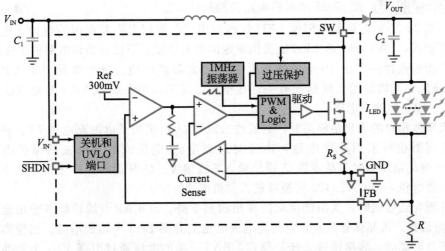

图 22-33　简化框图（经 SCILLC dba ON Semiconductor 许可使用）

在图 22-33 中，串联电阻连接在 LED 负载链的负极节点和地之间，通过该电阻的电压加在芯片的反馈引脚 FB 上。该电压与 300mV 的内部参考电压相比较。可以调节和控制内部开关的开/关占空比，以保持该电阻上的电压恒定。由于通过 LED 的电流也流过这个串联电阻，输出电流可以通过以下公式得到：

$$I_{OUT} = \frac{0.3V}{R} \tag{22-26}$$

例如，当串联电阻为 10Ω 时，输出电流为 30mA。如果电阻变为 1Ω，则输出电流变为 300mA。

CAT4139 的典型应用如图 22-34 所示。V_{IN} 端的输入电压为 5V。4.7μF 的输入电容 C_1 连接在尽可能靠近输入电压引脚的位置。1μF 的电容 C_2 与肖特基二极管的输出端相连接。对于 C_1 和 C_2，推荐使用 X5R 或 X7R 级别的陶瓷电容，因为它们的温度范围稳定。图 22-34 中所示的 22μH 电感必须能够承受超过 750mA 的电流，且具有较低的串联直流电阻。所采用的肖特基二极管必须能够安全地承受通过它的峰值电流。为了实现电路的高效率，二极管的正向导通压降必须要低，且其频率响应特性能够满足 1MHz 开关频率的要求。

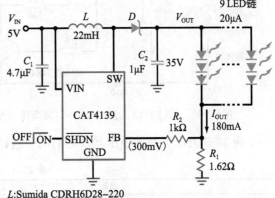

L:Sumida CDRH6D28-220
D:Central CMSH1-40（额定40V）

图 22-34　典型应用电路（经 SCILLC dba ON Semiconductor 许可使用）

如图 22-34 所示，当 LED 作负载时，可以将几个 LED 链按串联或并联排列。在本例中，使用了 9 条 LED 链。每条 LED 链需要 20mA 的电流，总负载电流为 180mA。由公式（22-36）可以推导出串联电阻 R_1 的值为：

$$R_1 = \frac{0.3V}{I_{OUT}} = \frac{0.3V}{180mA} = 1.66Ω$$

在图 22-34 中，采用了 1.62Ω 的电阻。除可用于 20mA 的 LED 串并联阵列以外，这种升压转换器也可以提供数百毫安的电流以驱动中等功率及大功率 LED。

应用实例 22-17 图 22-35 所示的电路功能是什么？　　　　　　　||||| **Multisim**

解： 图 22-35 的电路是太阳能 LED 灯的应用。它使用太阳能面板给电池充电。电池作为电源输入，CAT4139 给 LED 链提供恒定的电流驱动。下面分析该电路的工作原理。

太阳能板包含一个由 10 个串联单元组成的太阳能模块。每个单元产生大约 $0.5 \sim 1.0V$ 的电压，与周围的光线情况有关。在空载情况下，可在 SOLAR＋与地（GND）之间产生 $5 \sim 10V$ 的输出电压。

当太阳能模块的输出足够高时，它通过二极管 D_2 给锂离子电池充电 3.7V。锂离子电池（如有需要也可采用并联电池）内置对过充电流/电压或放电电流的保护电路。在 SOLAR＋端的电压同时为晶体管 Q_1 提供输入基极偏置。Q_1 导通时，R_1 上的电压下降将集电极拉向地电位，使 CAT4139 转换器进入关机模式。

当环境光线较弱时，太阳能模块的输出明显下降。SOLAR＋端较低的输出电压不再使 Q_1 正向偏置。该晶体管截止，它的集电极电压上升到 BAT＋端的电压。当锂离子电池充电电压足够高时，转换器进入开关模式，BAT＋端的电压通过引脚 VIN 为转换器提供输入电压。在此期间，D_2 可以防止从电池到太阳能模块的反向电流。这样，DC-DC 升压转换器则为 LED 链提供了所需的输出电压和电流。LED 的恒定电流由电阻 R_4 控制，这里 $I_{LED} = 0.3V/3.3\Omega = 91mA$。　　◄

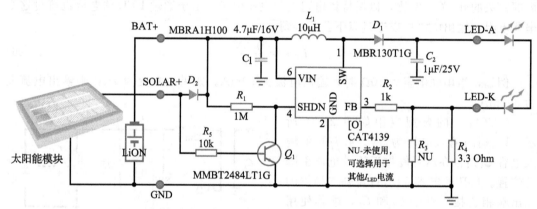

图 22-35　CAT4139 太阳能 LED 灯原理图（经 SCILLC dba ON Semiconductor 许可使用）

表 22-3 列出了几种稳压器及它们的一些特性。

表 22-3　稳压器

类型	特性
齐纳并联式稳压器 V_{in} R_S V_{out} V_Z R_L	• $V_{out} = V_Z$ • 实现简单 • $\Delta V_{out} = \Delta I_Z R_Z$
晶体管并联式稳压器 V_{in} R_S V_{out} R_3 R_2 Q_1 V_Z R_1 R_L	• $V_{out} = \dfrac{R_1 + R_2}{R_1}(V_Z + V_{BE})$ • 改进的稳压方式 • 内置短路保护 • 效率低

（续）

类型	特性
晶体管串联式稳压器 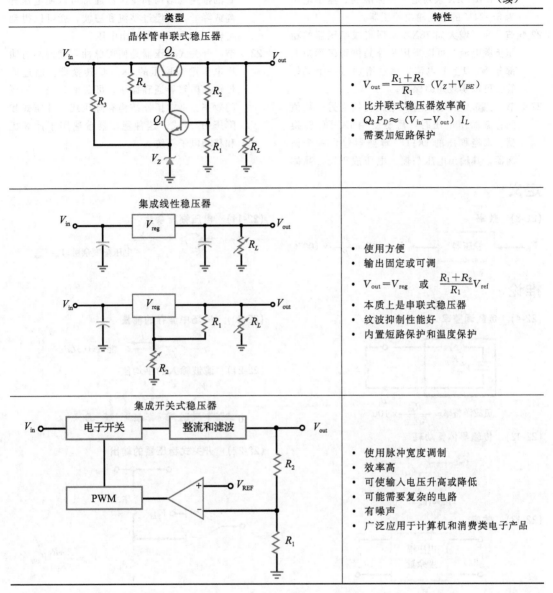	• $V_{out} = \dfrac{R_1 + R_2}{R_1}\ (V_Z + V_{BE})$ • 比并联式稳压器效率高 • $Q_2\, P_D \approx\ (V_{in} - V_{out})\ I_L$ • 需要加短路保护

集成线性稳压器

• 使用方便
• 输出固定或可调
• $V_{out} = V_{reg}$　或　$\dfrac{R_1 + R_2}{R_1} V_{ref}$
• 本质上是串联式稳压器
• 纹波抑制性能好
• 内置短路保护和温度保护

集成开关式稳压器

• 使用脉冲宽度调制
• 效率高
• 可使输入电压升高或降低
• 可能需要复杂的电路
• 有噪声
• 广泛应用于计算机和消费类电子产品

总结

22.1 节 负载调整率指的是当负载电流变化时，输出电压的变化情况。电源电压调整率指的是当电源电压变化时，负载电压的变化情况。输出电阻决定了负载调整率。

22.2 节 齐纳稳压器是最简单的并联式稳压器。通过增加晶体管和运放，可以实现具有良好电源电压调整率和负载调整率的并联式稳压器。该稳压器的主要缺点是效率低，原因是串联电阻和并联晶体管的功耗较大。

22.3 节 如果使用传输晶体管来代替串联电阻，便可实现比并联式稳压器效率更高的串联式稳压器。齐纳跟随器是最简单的串联式稳压器。通过增加晶体管和运放，可以实现具有良好电源电压调整率、负载调整率和限流功能的串联式稳压器。

22.4 节 集成稳压器具有三种电压输出形式：固定正电压，固定负电压和可调电压。集成稳压器也可分为标准、低功耗、低压差三种类型。LM78XX 系列是一种标准的、输出电压为 5～24V 的固定输出稳压器。

22.5 节　为了增大如 78XX 系列集成稳压器的稳压负载电流，可以采用片外晶体管来承担大部分 1A 以上的电流。通过增加另一个晶体管，可以实现短路保护。

22.6 节　当希望将输入直流电压转换为另一数值的直流输出电压时，需要使用 DC-DC 转换器。未经稳压的 DC-DC 转换器包含一个振荡器，其输出电压与输入电压成正比。晶体

管的推挽式结构和变压器通常可以使电压升高或降低，再经过整流和滤波，就可以得到与输入电压不同的输出电压。

22.7 节　开关式稳压器是使用脉冲宽度调制对输出电压进行稳压的 DC-DC 转换器。通过使传输晶体管导通和截止，可获得 70%～95% 的效率。基本拓扑结构有降压式、升压式和降压-升压式。这种稳压器普遍用于计算机和移动电子系统。

定义

(22-8)　效率

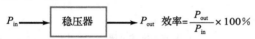

$$效率=\frac{P_{out}}{P_{in}} \times 100\%$$

(22-11)　电压幅度余量

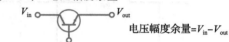

$$电压幅度余量=V_{in}-V_{out}$$

推论

(22-4)　负载调整率

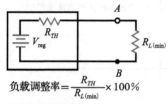

$$负载调整率=\frac{R_{TH}}{R_{L(min)}} \times 100\%$$

(22-12)　传输晶体管功耗

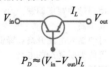

$$P_D \approx (V_{in}-V_{out})I_L$$

(22-13)　效率

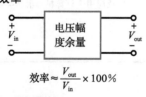

$$效率 \approx \frac{V_{out}}{V_{in}} \times 100\%$$

(22-17)　短路负载电流

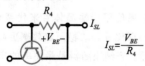

$$I_{SL}=\frac{V_{BE}}{R_4}$$

(22-19)　LM317 的输出电压

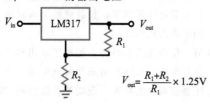

$$V_{out}=\frac{R_1+R_2}{R_1} \times 1.25V$$

(22-20)　磁场中储存的能量

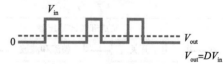

$$能量=0.5Li^2$$

(22-21)　滤波输入的平均值

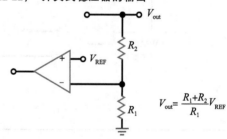

$$V_{out}=DV_{in}$$

(22-22)　开关式稳压器的输出

$$V_{out}=\frac{R_1+R_2}{R_1}V_{REF}$$

(22-23)　提升的峰值电压

$$V_p=V_{in}+V_{kick}$$

选择题

1. 稳压器通常使用
   - a. 负反馈
   - b. 正反馈
   - c. 无反馈
   - d. 相位限制

2. 稳压过程中，传输晶体管的功耗等于 V_{BE} 乘以
   - a. 基极电流
   - b. 负载电流
   - c. 齐纳电流
   - d. 转折电流

3. 在没有限流的情况下，短路负载可能会
   - a. 产生零负载电流
   - b. 损坏二极管和晶体管
   - c. 负载电压等于齐纳电压
   - d. 负载电流太小

4. 电流检测电阻通常
   - a. 为零
   - b. 很小
   - c. 很大
   - d. 开路

5. 简单限流时，产生过多热量的是
   - a. 齐纳二极管
   - b. 负载电阻
   - c. 传输晶体管
   - d. 周围空气

6. 在采用转折限流时，负载电压接近于零，负载电流接近于
   - a. 一个很小的值
   - b. 无穷大
   - c. 齐纳电流
   - d. 破坏性的程度

7. 在分立稳压器中，需要采用电容来避免
   - a. 负反馈
   - b. 过大的负载电流
   - c. 振荡
   - d. 电流检测

8. 当负载电流在最小值和最大值之间变化时，稳压器的输出电压在 14.7～15V 之间变化，那么它的负载调整率为
   - a. 0
   - b. 1%
   - c. 2%
   - d. 5%

9. 当电源电压在限定范围内变化时，稳压器的输出在 19.8～20V 之间变化，那么它的电源电压调整率为
   - a. 0
   - b. 1%
   - c. 2%
   - d. 5%

10. 稳压器的输出阻抗
    - a. 很小
    - b. 很大
    - c. 等于负载电压除以负载电流
    - d. 等于输入电压除以输出电流

11. 与稳压器的输入波纹相比，它的输出波纹
    - a. 数值相等
    - b. 大得多
    - c. 小得多
    - d. 无法确定

12. 一个稳压器的纹波抑制比为 −60dB，如果输入纹波为 1V，那么输出纹波为
    - a. −60mV
    - b. 1mV
    - c. 10mV
    - d. 1000V

13. 集成稳压器会发生热关断的情况是
    - a. 功耗过低
    - b. 内部温度过高
    - c. 通过器件的电流过低
    - d. 以上任何一种情况

14. 如果一个线性集成三端稳压器与滤波电容的距离大于几英寸，芯片内部可能会发生振荡，除非
    - a. 采用限流措施
    - b. 在输入引脚上增加一个旁路电容
    - c. 在输出引脚上增加一个耦合电容
    - d. 采用经稳压的输入电压

15. 78XX 系列稳压器产生的输出电压是
    - a. 正的
    - b. 负的
    - c. 或正或负
    - d. 未经稳压的

16. LM7812 产生的稳压输出是
    - a. 3V
    - b. 4V
    - c. 12V
    - d. 78V

17. 用于电流增强的晶体管是
    - a. 与集成稳压器串联
    - b. 与集成稳压器并联
    - c. 串联或并联
    - d. 与负载并联

18. 要使电流增强器件工作，可以用下列哪个元件上的电压来作为基极-发射极端口的驱动？
    - a. 负载电阻
    - b. 齐纳阻抗
    - c. 另一个晶体管
    - d. 电流检测电阻

19. 分相器产生的两个输出电压
    - a. 相位相同
    - b. 幅度不同
    - c. 相位相反
    - d. 很小

20. 串联式稳压器属于
    - a. 线性稳压器
    - b. 开关式稳压器
    - c. 并联式稳压器
    - d. DC-DC 转换器

21. 为了使降压式开关稳压器的输出电压更大，必须要
    - a. 减小占空比
    - b. 降低输入电压
    - c. 增大占空比
    - d. 增加开关频率

22. 增加电源的输入电压通常会
    - a. 减小负载电阻
    - b. 增加负载电压
    - c. 降低效率
    - d. 减少整流二极管的功耗

23. 对于输出阻抗较低的电源，下列哪项参数较低？
   a. 负载调整率　　b. 限流
   c. 电源电压调整率 d. 效率

24. 齐纳二极管稳压器是
   a. 并联式稳压器　　b. 串联式稳压器
   c. 开关式稳压器　　d. 齐纳跟随器

25. 并联式稳压器的输入电流是
   a. 可变的
   b. 恒定的
   c. 等于负载电流
   d. 用于在磁场中储存能量

26. 并联式稳压器的一个优点是
   a. 有内置短路保护
   b. 传输晶体管的功耗低
   c. 效率高
   d. 浪费的功率少

27. 在什么情况下稳压器的效率高？
   a. 输入功率低　　b. 输出功率高
   c. 功率浪费少　　d. 输入功率高

28. 并联式稳压器的效率不高，是因为
   a. 功率的浪费
   b. 使用了串联电阻和并联晶体管
   c. 输出功率与输入功率的比值低
   d. 以上都对

29. 开关式稳压器
   a. 无噪声　　　　b. 有噪声
   c. 效率低　　　　d. 是线性的

30. 齐纳跟随器是
   a. 升压式稳压器
   b. 并联式稳压器
   c. 降压式稳压器
   d. 串联式压器

31. 串联式稳压器比并联式稳压器的效率更高，是因为
   a. 它有串联电阻
   b. 它可以升高电压
   c. 用传输晶体管代替了串联电阻
   d. 传输晶体管在开关状态转换

32. 线性稳压器在什么情况下效率较高？
   a. 电压幅度余量低　b. 传输晶体管的功耗高
   c. 齐纳电压低　　　d. 输出电压低

33. 如果负载短路，当稳压器具有下列哪种功能时，传输晶体管的功耗最小？
   a. 转折限流　　　　b. 低效率
   c. 降压拓扑结构　　d. 高齐纳电压

34. 标准单片线性稳压器的压差接近于
   a. 0.3V　　　　　　b. 0.7V
   c. 2V　　　　　　　d. 3.1V

35. 在降压式稳压器中，输出电压的滤波是通过
   a. 扼流圈输入滤波器
   b. 电容输入滤波器
   c. 二极管
   d. 分压器

36. 效率最高的稳压器是
   a. 并联式稳压器　　b. 串联式稳压器
   c. 开关式稳压器　　d. DC-DC 转换器

37. 在升压式稳压器中，输出电压的滤波是通过
   a. 扼流圈输入滤波器
   b. 电容输入滤波器
   c. 二极管
   d. 分压器

38. 降压-升压式稳压器也是
   a. 降压稳压器　　　b. 升压稳压器
   c. 反向稳压器　　　d. 以上都是

习题

22.1 节

22-1　电源的 $V_{NL}=15V$，$V_{FL}=14.5V$，它的负载调整率是多少？

22-2　电源的 $V_{HL}=20V$，$V_{LL}=19V$，它的电源电压调整率是多少？

22-3　如果电源电压的变化是 $108\sim135V$，负载电压的变化是 $12\sim12.3V$，该电源的电源电压调整率是多少？

22-4　电源的输出电阻是 2Ω，如果最小负载电阻是 50Ω，那么负载调整率是多少？

22.2 节

22-5　图 22-4 电路中的 $V_{in}=25V$，$R_S=22\Omega$，$V_Z=18V$，$V_{BE}=0.75V$，$R_L=17\Omega$。求输出电压、输入电流、负载电流和集电极电流。

22-6　图 22-5 中并联式稳压器的电路参数如下：$V_{in}=25V$，$R_S=15\Omega$，$V_Z=5.6V$，$V_{BE}=0.77V$，$R_L=80\Omega$。如果 $R_1=330\Omega$，$R_2=680\Omega$，求输出电压、输入电流、负载电流和集电极电流的近似值。

22-7　图 22-6 中并联式稳压器的电路参数如下：$V_{in}=25V$，$R_S=8.2\Omega$，$V_Z=5.6V$，$R_L=50\Omega$。如果 $R_1=2.7k\Omega$，$R_2=6.2k\Omega$，求输出电压、输入电流、负载电流和集电极电

流的近似值。

22.3 节

22-8 图 22-8 电路中的 $V_{in} = 20V$, $V_Z = 4.7V$, $R_1 = 2.2kΩ$, $R_2 = 4.7kΩ$, $R_3 = 1.5kΩ$, $R_4 = 2.7kΩ$, $R_L = 50Ω$。那么输出电压是多少？传输晶体管中的功耗是多少？

22-9 题 22-8 中的效率约为多少？

22-10 将图 22-15 电路中的齐纳电压改为 6.2V，其输出电压约为多少？

22-11 图 22-16 电路中的 V_{in} 可以在 $20\sim30V$ 之间变化，齐纳电流的最大值是多少？

22-12 如果将图 22-16 电路中的 1kΩ 电位器改为 1.5kΩ，那么最小和最大稳压输出分别是多少？

22-13 如果图 22-16 电路的稳压输出是 8V，那么开始限流工作时的负载电阻是多少？短路负载电流约为多少？

22.4 节

22-14 图 22-36 中的负载电流是多少？电压幅度余量是多少？LM7815 的功耗是多少？

22-15 图 22-33 电路的输出纹波是多少？

22-16 如果图 22-20 电路中的 $R_1 = 2.7kΩ$, $R_2 = 20kΩ$，那么输出电压是多少？

22-17 LM7815 的输入电压可以在 $18\sim25V$ 间变化，求效率的最大值和最小值。

22.6 节

22-18 DC-DC 转换器的输入电压是 5V，输出电压是 12V，如果输入电流是 1A，输出电流是 0.25A，则该 DC-DC 转换器的效率是多少？

22-19 DC-DC 转换器的输入电压是 12V，输出电压是 5V，如果输入电流是 2A，效率是 80%，其输出电流是多少？

22.7 节

22-20 降压式稳压器的 $V_{REF} = 2.5V$, $R_1 = 1.5kΩ$, $R_2 = 10kΩ$，其输出电压是多少？

22-21 如果占空比是 30%，输入到扼流圈输入滤波器的脉冲峰值是 20V，其稳压输出是多少？

22-22 升压式稳压器的 $V_{REF} = 1.25V$, $R_1 = 1.2kΩ$, $R_2 = 15kΩ$，其输出电压是多少？

22-23 降压-升压式稳压器的 $V_{REF} = 2.1V$, $R_1 = 2.1kΩ$, $R_2 = 12kΩ$，其输出电压是多少？

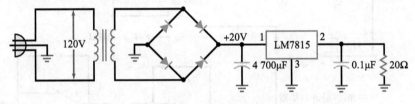

图 22-36 举例

思考题

22-24 图 22-37 所示是具有电子关断功能的 LM317 稳压器。当关断电压为零时，晶体管截止，对电路没有影响。当关断电压约为 5V 时，晶体管饱和。求当关断电压为零时，输出电压的可调范围。当开关电压为 5V 时，输出电压等于多少？

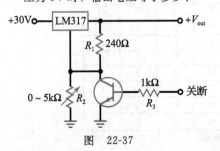

图 22-37

22-25 当图 22-37 电路中的晶体管截止时。为了

获得 18V 的输出电压，可调电阻的值应为多少？

22-26 当桥式整流器和电容输入滤波器作为稳压器的输入时，电容电压在放电过程中是近似理想的斜坡电压。为什么得到的是斜坡电压而不是通常的指数波形？

22-27 如果负载调整率是 5%，无负载电压是 12.5V，那么满负载电压是多少？

22-28 如果电源电压调整率是 3%，低电源电压是 16V，那么高电源电压是多少？

22-29 电源的负载调整率是 1%，最小负载电阻是 10Ω，它的输出电阻是多少？

22-30 图 22-6 中并联式稳压器的输入电压是 35V，集电极电流是 60mA，负载电流是 140mA。如果串联电阻是 100Ω，求负载电阻。

22-31 若希望图 22-10 电路在约 250mA 处开始限流。R_4 的取值应为多少？

22-32 图 22-12 电路的输出电压是 10V，如果限流晶体管的 $V_{BE} = 0.7V$，$K = 0.7$，$R_4 = 1\Omega$。求短路负载电流和负载电流的最大值。

22-33 图 22-35 电路中的 $R_5 = 7.5k\Omega$，$R_6 = 1k\Omega$，$R_7 = 9k\Omega$，$C_3 = 0.001\mu F$，求降压式稳压器的开关频率。

22-34 图 22-16 电路中滑动变阻器的滑片处于中心位置时，输出电压是多少？

故障诊断

针对图 22-38 回答下列问题，完成开关式稳压器的故障诊断。在开始之前，观察故障列表中的"正常"一行，了解正常的波形及其正确的峰值电压。在这项练习中，多数故障都属于集成电路的问题而不是电阻的问题。当集成电路出现故障时，任何状况都可能发生，如引脚可能内部开路、短路等。无论集成电路内部发生什么故障，最为常见的现象就是输出固定。这是指输出电压固定在正饱和或负饱和状态。如果输入信号没问题，则必须更换输出固定的集成电路。下列问题中的故障是输出被固定在 $+13.5V$ 或 $-13.5V$ 的情况。

22-35 确定故障 1。

22-36 确定故障 2。

22-37 确定故障 3。

22-38 确定故障 4。

22-39 确定故障 5。

22-40 确定故障 6。

22-41 确定故障 7。

22-42 确定故障 8。

22-43 确定故障 9。

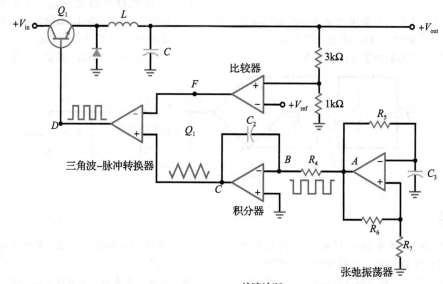

故障	V_A	V_B	V_C	V_D	V_E	V_F
正常	N	I	M	J	K	H
T_1	P	I	U	T	I	L
T_2	T	L	V	O	R	O
T_3	N	Q	M	V	I	T
T_4	P	N	L	T	Q	L
T_5	P	V	L	T	I	L
T_6	N	Q	M	O	R	T
T_7	P	I	U	I	Q	L
T_8	P	I	U	L	Q	V
T_9	N	Q	M	O	R	V

故障诊断

波形

图 22-38

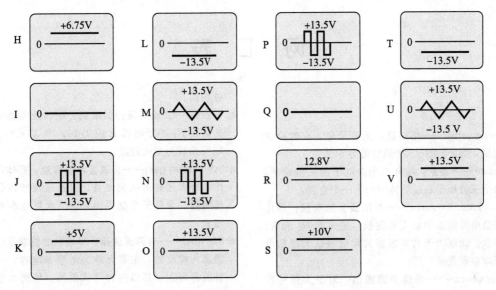

图 22-38 （续）

求职面试问题

1. 画出任意一种并联式稳压器并说明其工作原理。
2. 画出任意一种串联式稳压器并说明其工作原理。
3. 解释为什么串联式稳压器比并联式稳压器的效率高。
4. 开关式稳压器的三种基本类型是什么？哪一种可使电压升高？哪一种是由正输入电压产生负输出电压？哪一种可使电压降低？
5. 在串联式稳压器中，电压幅度余量的含义是什么？它与效率的关系如何？
6. LM7806 和 LM7912 的区别是什么？
7. 解释电源电压调整率和负载调整率的含义。对于高质量电源，这两个指标应该是高还是低？
8. 电源的戴维南电阻或输出电阻与负载调整率有什么关系？高质量电源的输出电阻应该是高还是低？
9. 简单限流和转折限流有什么区别？
10. 热关断是什么意思？
11. 三端稳压器的厂家建议，当芯片与未稳压电源的距离大于 6 英寸时，应在输入端使用旁路电容。该电容的作用是什么？
12. LM78XX 系列的典型压差是多少？它的含义是什么？

选择题答案

1. a 2. b 3. b 4. b 5. c 6. a 7. c 8. c 9. b 10. a 11. c 12. b 13. b 14. b 15. a
16. c 17. b 18. d 19. c 20. a 21. c 22. b 23. a 24. a 25. b 26. a 27. c 28. d 29. b 30. d
31. c 32. a 33. a 34. c 35. a 36. c 37. b 38. d

自测题答案

22-1 $V_{out}=7.6V$；$I_S=440mA$
$I_L=190mA$；$I_C=250mA$

22-2 $V_{out}=11.1V$；$I_S=392mA$
$I_L=277mA$；$I_C=115mA$

22-3 $P_{out}=3.07W$；$P_{in}=5.88W$；效率=52.2%

22-4 $I_C=66mA$；$P_D=858mW$

22-6 负载调整率=2.16%；电源调整率=3.31%

22-7 $V_{out}=8.4V$；$P_D=756mW$

22-8 效率=70%

22-9 $V_{out}=11.25V$

22-11 $I_Z=22.7mA$；$V_{out(min)}=5.57V$
$V_{out(max)}=13V$；$R_L=41.7\Omega$；$I_{SL}=350mA$

22-12 $I_L=150mA$；$V_R=198\mu V$

22-13 $V_{out}=7.58V$

22-15 $V_{out}=7.81V$；$R_2=7.8k\Omega$

22-16 $V_{out}=7.47V$

词　汇　表

A

absolute value ——**绝对值**：无符号值，有时称为幅度，如 +5 和 −5 的绝对值为 5。

acceptor ——**受主**：具有三个价电子的三价原子。每个三价原子在硅晶体中产生一个空穴。

ac collector resistance ——**集电极交流电阻**：晶体管集电极的总等效交流阻抗，通常与 R_C 和 R_L 并联。此值对于共基极或共发射极放大器的电压增益有重要作用。

ac compliance ——**最佳交流输出**：对于大信号放大器，当其工作点 Q 处于交流负载线中点时，可以得到最大的无切顶输出电压峰峰值。

ac current gain ——**交流电流增益**：指晶体管集电极交流电流与基极交流电流的比值。

ac cutoff ——**交流截止点**：交流负载线的下端点。晶体管在该点进入截止区，且交流信号波形被切顶。

ac emitter feedback ——**发射极交流反馈**：交流信号经过非旁路的发射极电阻 r_e。

ac emitter resistance ——**发射结交流电阻**：发射结交流电压与发射极交流电流的比值。该值通常设为 r'_e，计算公式为 $r_e'=25\mathrm{mV}/I_E$。该值对于输入阻抗和双极放大器的增益有重要作用。

ac equivalent circuit ——**交流等效电路**：令直流电源值为零，并将所有电容短路⊖后得到的电路。

ac ground ——**交流接地点**：通过电容旁路到地的节点。将该节点用探头接至示波器时无交流电压显示，但是当用电压表测量时仍会显示出直流电压。

ac load line ——**交流负载线**：交流信号驱动晶体管时的瞬态工作点的轨迹。当交流负载阻抗和直流负载阻抗不同时，该负载线与直流负载线是不同的。

ac resistance ——**交流电阻**：器件在交流小信号工作状态时呈现的电阻，是电压与电流的变化量的比值。交流电阻值可随直流工作点改变。

ac saturation ——**交流饱和点**：交流负载线的上端点。晶体管在该点进入饱和区且交流信号波形被切顶。

ac short ——**交流短路**：如果耦合电容及旁路电容的阻抗 X_C 小于电阻 R 的 1/10，即 $X_C<0.1\mathrm{R}$，则可视其为交流短路。

active current gain ——**有源区电流增益**：晶体管工作在有源区时的电流增益。这是通常所指的电流增益，常见于数据手册中。（参见饱和电流增益）

active filter ——**有源滤波器**：早期的滤波器是由无源器件构成的，主要元件为电感和电容，一些滤波器现在仍然以这种方式制造。然而对于较低频段的无源滤波器，其电感值变得非常大。运算放大器的使用提供了另一种构造滤波器的方法，可以避免在低频时使用大电感。使用运算放大器构成的滤波器称为有源滤波器。

active half-wave rectifier ——**有源半波整流器**：能够对输入电压小于 0.7V 的信号进行整流的运放电路。该电路利用了运放极高的开环增益，可作为精密整流器。

active loading ——**有源负载**：将双极或 MOS 晶体管作为负载电阻，可以节省芯片面积或获得无源电阻难以达到的高阻抗。

active-load resistor ——**有源负载电阻**：将场效应管的栅极与漏极相连接所构成的两端器件，可等效为电阻。

active peak detector ——**有源峰值检测器**：用来检测低电平信号的运放电路。

active positive clamper ——**有源正向钳位器**：用来给输入信号增加一个正向直流分量的运放电路。

active positive clipper ——**有源正向限幅器**：用来精确控制正向输出电压的可调节运放电路。

active region ——**有源区**：有时称之为线性区。指集电极电流输出曲线近似水平的那段区域。当晶体管用来作放大器时，它工作在有源区。在有源区，发射结正向偏置，集电结反向偏置，集电极电流和发射极电流近似相等，基极电流比集电极和发射极电流小很多。

all-pass filter ——**全通滤波器**：一种专门的滤波

⊖　这里指电路中用于耦合及旁路的数值较大的电容。——译者注

器，具有使频率在零到无穷大的信号全部通过的能力。这种滤波器也称为相位滤波器，可以改变信号的相位而不改变幅度。

ambient temperature——环境温度：器件所处环境的温度。

amplifier——放大器：能够增加信号的峰峰值电压、电流或功率的电路。

amplitude——幅度：信号的大小，通常为峰值。

analog——模拟电路：电子电路中处理无限变化量的分支。通常指线性电子电路。

analogy——类似：不同事物之间相似的方面。比如，双极型晶体管和结型场效应管之间的相似性。由于器件是类似的，描述它们特性的许多表达式是相同的，只有一些下标变化而已。

anode——正极：电子器件中接收电子流的极。

approximation——近似/逼近：一种常用于半导体器件计算的有效方法。确切的答案需要极为繁琐的计算，并且消耗大量的时间，其结果的精确性在真实的电子世界中几乎不能被证明。另外，近似计算可以快速得到答案的近似值，在通常情况下可以满足目前的工作要求。

Armstrong oscillator——阿姆斯特朗振荡器：采用变压器耦合反馈信号的振荡器电路。

astable——非稳态：无稳态的数字电路。该电路又称为自由振荡电路。

attenuation——衰减：信号强度的减小，通常用分贝表示。在相同输入幅度的条件下，某频率的输出信号幅值与滤波器中心频率输出信号幅值的比值称为该频点的衰减量。数学表达式为：衰减 $=v_{out}/v_{out(mid)}$，分贝衰减 $=20\log$ 衰减。

audio amplifier——音频放大器：工作在音频范围（$20\text{Hz}\sim20\text{kHz}$）的放大器。

automatic gain control（AGC）——自动增益控制：根据输入信号的幅度调整放大器增益的电路。

avalanche effect——雪崩效应：当 pn 结两端反向偏置电压较大时发生的现象。自由电子被加速后达到足够大的速度，与原子碰撞后使其中的价电子脱离共价键。当该情况发生时，价电子成为自由电子，然后又会使其他价电子成为自由电子$^{\ominus}$。

averager——平均器：一种运放电路，其输出电压值是所有输入电压的平均值。

⊖ 自由电子的数量犹如雪崩一样倍增，导致电流急剧增加。——译者注

B

back diode——反向二极管：反向特性比正向导通特性更好的二极管。一般用于弱信号的整流。

bandpass filter——带通滤波器：能使输入信号幅度在一定频率范围内的衰减最小，同时阻止所有低于截止频率 f_1 和高于截止频率 f_2 的频率分量通过，其中 $f_2>f_1$。

bandstop filter——带阻滤波器：能够阻止一定频率范围内的信号分量通过，并使得低于截止频率 f_1 和高于截止频率 f_2 的频率分量能够有效通过。这种滤波器也称为陷波滤波器。

bandwidth——带宽：放大器的两个主要临界频率之间的差。如果放大器没有较低的临界频率，则带宽等于较高的临界频率。

barrier potential——势垒：耗尽层上的电压。该电压存在于 pn 结中，是 pn 结两侧离子形成的电位差。硅二极管的势垒近似等于 0.7V。

base——基极：晶体管的中间部分。基极较薄且掺杂浓度较低，使从发射极发射的电子从此经过并到达集电极。

base bias——基极偏置：使晶体管工作在有源区的最差的一种偏置方式，通过固定基极电流建立偏置。

Bessel filter——贝塞尔滤波器：该滤波器提供了所需的频率响应并且在通带内有恒定的群延时。

BIFET op amp——Bi-FET 运算放大器：场效应管与双极型晶体管相结合的集成运算放大器。通常在器件的前端使用场效应管构成的源极跟随器，后级是由双极型晶体管构成的增益级。

bipolar junction transistor（BJT）——双极型晶体管：这种晶体管在正常工作时，自由电子和空穴都起重要作用。

biquadratic filter——双二阶滤波器：一种有源滤波器，通常称为 TT 滤波器，使用单独的电阻分别对其电压增益、中心频率及带宽进行独立调整。

Bode plot——波特图：能够表示电路在不同频率处的增益或相位性能的图形。

boost regulator——升压式稳压器：输出电压比输入电压高的开关稳压电路。

bootstrapping——自举电路：具有"跟随"功能，反向输入电压随着同相输入电压初始值的变化

词汇表 709

迅速产生相同幅度的增加或减小。

breakdown region——击穿区：对于二极管或晶体管，击穿区是雪崩或齐纳击穿发生的区域。除齐纳二极管外，其他二极管均应避免进入击穿区，因为器件在击穿区通常会被损坏。

breakdown voltage——击穿电压：二极管在雪崩击穿或齐纳击穿效应发生之前所能承受的最大反向电压。

breakover——击穿导通：当晶体管击穿时，它两端的电压仍然很高。但对于晶闸管来说，击穿使其进入饱和区。击穿导通是晶闸管由击穿立即进入饱和的方式。

bridge rectifier——桥式整流器：最常见的整流电路。包含四个二极管，其中两个同时导通。对于给定的变压器，它以最小的纹波产生最大的直流输出电压。

buck-boost regulator——降压-升压式稳压器：输入电压为正，输出电压为负的基本开关稳压电路。

buck regulator——降压式稳压器：输出电压比输入电压低的基本开关稳压电路。

buffer——缓冲器：具有高输入阻抗和低输出阻抗的单位增益放大器（电压跟随器）。主要用于电路中两级之间的隔离。

buffer amplifier——缓冲放大器：用来隔离两级电路的放大器，一般用于其中一级电路过载的情况。缓冲放大器通常具有很高的输入阻抗和很低的输出阻抗，且电压增益为 1。这些性能意味着缓冲放大器将第一级电路的输出传输到第二级电路的输入而不使信号发生改变。

bulk resistance——体电阻：半导体材料的欧姆电阻。

Butterworth filter——巴特沃斯滤波器：这是一种频率响应在整个通频带内都较平坦的滤波器，即输出电压在通频带内几乎保持不变。在截止频率外，电压幅度将以 $20n$ dB/十倍频程的速率衰减，n 是滤波器的极点个数。

bypass capacitor——旁路电容：用来将节点接地的电容。

C

capacitive coupling——电容耦合：信号的交流部分通过电容从一级传输到另一级，而直流部分则被电容阻断。

capacitor input filter——电容输入滤波器：只用一个电容跨接在负载电阻两端。这种无源滤波器是最常见的。

capture range——捕获范围：锁相环（PLL）电路可以锁定的输入频率范围。

carrier——载波：发射机的高频输出信号，其幅度、频率或相位随调制信号变化。

cascaded stages——级联级：两级或更多级连接在一起，前一级的输出作为后一级的输入。

case temperature——管壳温度：晶体管管壳或封装的温度。触摸晶体管时所感到的热度就是管壳温度。

cathode——阴极（负极）：电子器件中提供电子流的极。

CB amplifier——共基极放大器：信号由发射极输入、集电极输出的放大器。

CC amplifier——共集电极放大器：信号由基极输入、发射极输出的放大器，也称为射极跟随器。

CE amplifier——共发射极放大器：使用最广泛的放大器结构。信号由基极输入、集电极输出。

channel——沟道：场效应晶体管源极和漏极之间的 n 型或 p 型半导体材料中形成的主要电流通路。

Chebyshev filter——切比雪夫滤波器：具有非常好的频率选择特性的滤波器。过渡带衰减速率比巴特沃斯滤波器要高很多。这种滤波器的主要问题是通带存在纹波。

chip——芯片：有两种含义。第一种，集成电路制造厂家在一个半导体大圆片上制造数以百计的电路，该圆片被切割成许多独立的芯片，每个芯片包含独立的电路。此时的芯片上没有引出连线，只是单个硅片。第二种，将上述芯片进行封装并用导线引出引脚，得到的成品集成电路称为芯片，如可以将 741C 称为芯片。

chopper——斩波器：一种结型场效应管电路。采用并联或串联开关，将直流输入电压转换为方波输出。

clamper——钳位器：将直流分量加至交流信号的电路，也称直流恢复电路。

Clapp oscillator——克莱普振荡器：串联调谐考毕兹电路结构，其突出特点是具有良好的频率稳定性。

class A operation——A 类工作：晶体管在交流信号整个周期内导通，而不会进入饱和或截止区。

class AB operation——AB 类工作：有偏置的功率放大器。每个晶体管在交流输入信号的一个周期内导通略大于 180°，从而消除交越失真。

class B operation——B 类工作：晶体管的偏置使之在交流输入信号的周期内导通半个周期。

class C operation—— C 类工作：放大器的偏置使晶体管在交流输入信号的一个周期内导通小于 180°。

class D amplifier——D 类放大器：放大器的输出晶体管工作在饱和区和截止区。输出波形在两种状态间转换，其占空比由输入信号的电压决定，本质上是脉冲宽度调制。D 类放大器的输出晶体管功耗很低，因此效率高。

clipper—— 削波器：电路中信号的一部分被削除。该特性在限幅器等电路中是需要的，而在线性放大器中是不希望出现的。

closed-loop quantity—— 闭环量：由负反馈引起的改变量，如电压增益、输入阻抗和输出阻抗。

closed-loop voltage gain—— 闭环电压增益：运放输出与输入之间存在反馈路径时的电压增益，表示为 $A_{v(CL)}$ 或 A_{CL}。

CMOS inverter——CMOS 反向器：由互补 MOS 晶体管构成的电路。当输入电压为低或高时，输出电压为高或低。

cold-solder joint—— 虚焊点：由于焊接过程中热度不够造成的不良焊接点。虚焊点表现为断续的连接或完全无连接。

collector—— 集电极：晶体管中体积最大的一部分。称为集电极是因为它收集了从发射极发射到基极的载流子。

collector cutoff current—— 集电极截止电流：基极电流为零时，共发射极连接的晶体管中存在的集电极小电流。理想情况下，该电流不应存在。形成该电流的原因是集电结中的少子和表面漏电流。

collector diode—— 集电极二极管（集电结）：由晶体管的基极和集电极形成的二极管。

collector-feedback bias——集电极反馈偏置：在集电极和基极之间连接电阻以达到稳定晶体管电路 Q 点的目的。

Colpitts oscillator——考毕兹振荡器：LC 振荡器中使用最广泛的一种。包含一个双极晶体管或场效应管以及 LC 谐振电路。电路的特点是谐振回路中有两个电容，它们作为电容分压器产生反馈电压。

common-anode——共阳极：七段显示器电路中所有阳极连接在一起，并连接到同一个直流电源的正极。

common base(CB) ——共基极：信号从发射极输入，从集电极输出的放大器。

common-cathode—— 共阴极：七段显示器电路中所有的阴极接在一起，并连接到同一个直流电源的负极。

common-collector amplifier—— 共集放大器：集电极交流接地的放大器。信号从基极输入，从发射极输出。

common-emitter circuit—— 共发射极电路：发射极作为共地端的晶体管电路。

common-mode rejection ratio(CMRR) —— 共模抑制比：放大器中差模增益与共模增益的比，用来衡量放大器对共模信号的抑制能力，通常用 dB 表示。

common-mode signal——共模信号：加在差分放大器或运算放大器两个输入端的相同的信号。

common-source(CS) amplifier—— 共源放大器：结型场效应管放大器。其输入信号直接耦合至栅极，交流输入电压全部加在栅极和源极之间，产生反向放大的交流输出电压。

comparator——比较器：检测输入电压是否大于预定电压值的电路或器件，输出为低或高电压。预定电压值称为翻转点。

compensating capacitor——补偿电容：运算放大器中防止振荡的电容，也指通过负反馈路径对放大器起稳定作用的电容。如果没有该电容，放大器将会振荡。补偿电容产生一个较低的转折频率，并使电压增益在高于中频区时以 20dB/十倍频的速率下降。在单位增益频率处，相移在 270° 附近。当相移达到 360° 时，电压增益小于 1，则不可能发生振荡。

compensating diodes—— 补偿二极管：在 B 类推挽射极跟随器中使用的二极管。由于这些二极管的电流-电压特性与晶体管发射结的特性相同，因此可以对器件随温度的变化进行补偿。

complementary Darlington—— 互补达林顿管：由 npn 和 pnp 管组成的达林顿方式连接的复合晶体管。

complementary MOS(CMOS) ——互补 MOS 管：将 n 沟道和 p 沟道 MOS 场效应管结合起来的电路，可以减小数字电路的漏电流。

conduction angle——导通角：在交流信号输入的一个周期中，半导体晶闸管导通的角度。

conduction band——导带：电子可自由移动的半导体能带。该能带比价带高一个能级。

correction factor—— 修正系数：用来描述两个量之间差别的系数。该值可用于对发射极电流和集电极电流的比较，用来确定误差率。

coupling capacitor——耦合电容：用来将交流信号从一个节点传输到另一个节点的电容。

coupling circuit——耦合电路：将信号从信号发生器耦合到负载的电路。电容串联在信号发生器的戴维南等效电阻和负载电阻之间。

covalent bond——共价键：晶体中的两个硅原子之间的共用电子对称为共价键。相邻的硅原子都吸引共用电子，就像两个队拔河一样。

critical frequency——转折频率：也称为截止频率、拐点频率、转角频率等。在该频率点上，RC 电路的总电阻等于总电抗。

crossover distortion——交越失真：由于 B 类射极跟随放大器的晶体管被偏置在截止区而产生的输出失真。该失真发生在一个晶体管截止而另一个晶体管导通期间。可通过将晶体管偏置在稍高于截止区（AB 类工作区）来减小交越失真。

crowbar——短路器：当可控硅整流器用于负载过压保护时，其作用就像是一个短路器。

crystal——晶体：硅原子结合在一起形成的几何结构。每个硅原子与四个硅原子相邻，构成特定的结构，称为晶体。

current amplifier——电流放大器：可以将输入电流进行放大输出的一种放大器结构。由运放构成的流控电流源电路的输入阻抗非常低，输出阻抗非常高。

current booster——电流增强：通过一个器件（通常是晶体管）使运放电路可允许的最大负载电流增加。

current-controlled current source(ICIS)——流控电流源：一种负反馈放大器，其输入电流被放大并输出。由于具有稳定的电流增益、零输入阻抗和无穷大的输出阻抗，因此特性理想。

current-controlled voltage source(ICVS)——流控电压源：有时也称为跨阻放大器，这种负反馈放大器由输入电流控制输出电压。

current drain——消耗电流：由直流电压源提供给放大器的总的直流电流 I_{dc}。该电流是偏置电流和流过晶体管集电极电流的总合。

current feedback——电流反馈：反馈信号和输出电流成比例的一种反馈类型。

current gain——电流增益：输出电流与输入电流的比值，表示为 A_i。

current limiting——限流：通过电路方式减小电源电压使得电流不会超过预定的限值。限流对保护二极管和晶体管是必要的，在负载短路情况下，通常比熔丝更快实现断电保护。

current mirror——电流镜：充当电流源的电路，电流值是流过偏置电阻和二极管电流的镜像值。

current-regulator diode——整流二极管：一种特殊的二极管，当输入电压变化时能保持电流恒定。

current-sensing resistor——电流检测电阻：与传输晶体管串联的小电阻，用于控制串联稳压器的最大输出电流。在电阻上形成的压降与负载电流成比例。当负载电流过大时，该电阻上的电压将会使得一个有源器件开启，从而达到限制输出电流的目的。

current source——电流源：理想情况下，可以在任意负载电阻下产生恒定电流的电源。二阶近似下，它包含一个与之并联的阻值很高的电阻。

current-source bias——电流源偏置：使用双极型晶体管对场效应管进行偏置的方法[一]，相当于用恒流源来控制漏极电流。

current-to-voltage converter——电流-电压转换器：将输入电流值转换为相应的输出电压的电路。在运放电路中，也称为跨阻放大器或流控电压源电路。

curve tracer——特性扫描仪：能在阴极射线管上显示特性曲线的电子仪器。

cutoff frequency——截止频率：等同于转折频率。在讨论滤波器时多数人习惯使用截止频率。

cutoff point——截止点：近似为负载线的下端点。确切的截止点是基极电流等于零的地方。在该点处，集电极有微小泄漏，即截止点略高于直流负载线的最低点。

cutoff region——截止区：在共发射极连接中，基极电流等于零的区域。在此区域，发射结和集电结均不导通，只有由少子和表面漏电流构成的非常微弱的集电极电流。

D

damping factor——阻尼系数：滤波器减小输出谐振尖峰的能力。阻尼系数 α 与电路的 Q 值成反比。

Darlington connection——达林顿组合：将两个晶体管连接起来，使总电流增益等于两个晶体管

㊀ 电流源偏置一般对晶体管的类型没有明确限制。——译者注

电流增益的乘积。这种组合连接的晶体管具有很高的输入阻抗和很大的输出电流。

Darlington pair——达林顿对：连接成达林顿结构的两个晶体管。这种对管可以由分立的晶体管构成，也可以是封装在一起的达林顿对管。

Darlington transistor——达林顿晶体管：两个晶体管连接在一起以获得很高的 β 值。第一个晶体管的发射极驱动第二个晶体管的基极。

dc alpha(α_{dc}) —— 直流电流系数：直流集电极电流与发射极电流的比。

dc amplifier——直流放大器：能够放大包括直流信号在内的极低频率信号的放大器。这种放大器也称为直接耦合放大器。

dc beta(β_{dc}) —— 直流电流系数：直流集电极电流与基极电流的比。

dc equivalent circuit——直流等效电路：将电路中所有电容开路后得到的电路。

dc return——直流回路：指直流通路。对于很多晶体管电路，只有当晶体管的三端均与地构成直流通路时才能工作。以差分放大和运放电路为例，其输入端到地必须构成直流回路。

dc-to-ac converter——直流-交流转换器：能够将直流电流，通常是电池电流，转换为交流电流的电路。这种电路也称为反向器，是不间断电源的基本组成部分。

dc-to-dc converter——直流-直流转换器：将直流电压从一个值转换到另一个值的电路。直流输入电压通常被斩波或转换为方波电压，然后根据需要升高或降低，再经过整流和滤波得到直流输出电压。

dc value——直流值：与平均值相同。对于时变信号，直流值等于波形上所有点的平均值。直流电压表读取的是时变电压的平均值。

decade——十倍：取值为 10 的因子。经常用于十倍频，十倍频意味着 10∶1 的频率改变。

decibel power gain——功率增益的分贝值：输出功率与输入功率的比值。其数学定义为 $A_{p(dB)} = 10\log \dfrac{P_{out}}{P_{in}}$

decibel voltage gain——电压增益的分贝值：定义为普通电压增益取对数后的 20 倍。

defining formula——定义公式：用来对一个新参量进行定义或给出其数学意义的公式或等式。在第一次使用定义公式之前，该参量没有在其他公式中出现过。

definition——定义：为在科学观察基础上建立的

新概念而创造的公式。

delay equalizer——延迟均衡器：用来补偿另一个滤波器的延时所使用的全通有源滤波器。

depletion layer——耗尽层：p 型和 n 型半导体的结合区域。由于扩散，自由电子和空穴在 pn 结处复合，在结两边产生电荷相反的离子对。该区域的自由电子和空穴被耗尽。

depletion-mode MOSFET——耗尽型 MOS 场效应晶体管：一种场效应晶体管，其绝缘栅通过对耗尽层的作用来控制漏极电流。

derating factor——减额系数：表示当温度比数据手册中给出的参考值每高 1℃，额定功率应随之相应减小的值。

derivation——推论：由其他数学公式推导得到的公式。

derived formula——导出公式：通过对一个或多个已知等式的数学重组得到的公式或等式。

diac——二端双向可控硅开关：一种硅双向器件，可用作三端双向可控硅等器件的门控开关。

diff amp——差分放大器：由两路晶体管电路构成，其交流输出对两个基极之间的交流输入信号进行放大。

differential input——差分输入：差分放大器的反相输入端与同相输入端的输入信号之差。

differential input voltage——差模输入电压：差分放大器的有用输入电压，与共模输入电压相对。

differential output——差分输出：差分放大器的输出电压，等于两个集电极电压的差。

differential voltage gain——差模电压增益：对差分放大器的有用输入信号的放大倍数，与共模输入信号相对。

differentiator——微分器：输出与输入信号随时间的变化率成比例的有源或无源电路。该电路可以实现微分运算。

digital——数字：信号电平是两种不同的状态。数字状态可用于信息的存储、处理和传输。

digital-to-analog（D/A）converter——数-模转换器：用来将数字信号转换为模拟信号的电路或器件。

diode——二极管：由 pn 结构成的器件，具有正向偏置导通、反向偏置截止的特性。

direct coupling——直接耦合：两级之间不是通过耦合电容，而是用导线直接连接。在连接之前，必须确认将要连接的两点的直流电压近似相等。

discrete circuit——分立电路：电阻、晶体管等电路元件是通过焊接或其他机械方式连接在一起的。

distortion——**失真**：信号的波形和相位出现不希
望发生的改变。当放大器出现失真时，其输出
波形不是输入波形的真实再现。

dominant capacitors——**主电容**：对电路的低频和
高频截止频率起主要作用的电容。

donor——**施主**：五价原子，即有五个价电子。每
个五价原子在硅晶体中产生一个自由电子。

doping——**掺杂**：在本征半导体中掺入一种杂质
元素来改变其导电特性。五价杂质或施主杂质
增加自由电子的数量，三价杂质或受主杂质增
加空穴的数量。

drain——**漏极**：场效应晶体管的一个端口，相当
于双极型晶体管的集电极。

drain-feedback bias——**漏极反馈偏置**：场效应管
的一种偏置方法。在晶体管的漏极和栅极之间
接一个电阻。漏极电流的增加或减小使得漏极
电压减小或增大。该电压反馈到栅极从而稳定
晶体管的 Q 点。

driver stage——**驱动级**：为功率放大器提供适当
输入信号的放大器。

dropout voltage——**压差**：集成稳压器实现正常稳
压所需要的最小电压幅度余量。

duality principle——**对偶原理**：对于电路分析中的
任何原理，均存在一个与之对偶（对立）的原
理，将其中某个初始量用其对偶量替代。该原
理可运用于戴维南定理和诺顿定理中。

duty cycle——**占空比**：脉冲宽度与周期的比值。
通常将该比值乘以 100% 得到百分比值。

E

Ebers-Moll model——**EM 模型**：早期的晶体管交
流模型，也称为 T 模型。

edge frequency——**边缘频率**：低通滤波器通带的
最高频率。由于它位于通带边缘，也称截止频
率。截止频率处的衰减量可以指定为小于 3dB
的值。

efficiency——**效率**：电路中交流负载功率与直流
电源功率的比值乘以 100%。

electromagnetic interference(EMI) ——**电磁干扰**：
高频能量辐射引起的一种干扰形式。

elliptical approximation——**椭圆逼近**：一种有源滤
波器，其过渡带非常陡峭，通带和阻带内会产
生纹波。

emitter——**发射极**：晶体管中发射载流子的部分。

对于 npn 型晶体管，发射极向基极发射自由电
子。对于 pnp 型晶体管，发射极向基极发射
空穴。

emitter bias——**发射极偏置**：使晶体管工作在有
源区的最佳偏置方式，其关键在于建立稳定的
发射极电流。

emitter diode——**发射极二极管（发射结）**：由晶
体管的发射极和基极构成的二极管。

emitter-feedback bias——**发射极反馈偏置**：通过
增加发射极电阻稳定 Q 点的基极偏置电路。发
射极电阻构成负反馈。

emitter follower——**射极跟随器**：与共集电极放大
器相同。称为射极跟随器是因为它能更好地描
述该放大器发射极交流电压对基极交流电压的
跟随特性。

enhancement-mode MOSFET——**增强型 MOS 场效
应晶体管**：一种场效应晶体管，通过绝缘栅控
制反型层的导电特性。

epitaxial layer——**外延层**：一层薄的晶体淀积层，
在该层中形成半导体和集成电路中电结构的一
部分。

error voltage——**误差电压**：运放两个输入端之间
的电压，相当于运放的差模输入电压。

experimental formula——**实验公式**：通过实验或观
察得到的公式或方程。它反映自然界存在的某
些规律。

extrinsic——**非本征**：指掺杂半导体。

F

feedback attenuation factor——**反馈衰减系数**：表
征输出电压通过反馈到达输入端时的衰减量。

feedback capacitor——**反馈电容**：接在放大器输
入端和输出端之间的电容。该电容将输出信号
的一部分反馈回输入端，从而影响放大器的电
压增益和频率特性。

feedback fraction B-**反馈系数 B**：在 VCVS 或同相
放大器结构中，反馈电压与输出电压之比。该
值也称为反馈衰减系数 B。

feedback resistor——**反馈电阻**：在电路中为负反
馈信号提供通路的电阻。该电阻用于控制增益
及放大器的稳定性。

FET Colpitts oscillator——**场效应管考毕兹振荡器**：
一种将反馈信号加在栅极的场效应管振荡器。

field effect——**场效应**：对场效应管中栅极和沟道
之间耗尽层宽度的控制作用。耗尽层的宽度控

制了漏极电流的大小。

field-effect transistor——场效应晶体管：导通特性
受电场强度控制的晶体管。

filter——滤波器：对某一频段范围内的信号具有
导通或阻断特性的电子网络。

firing angle——触发角：半导体晶闸管电特性的拐
点，器件在该点被触发且交流输入波形开始呈
现导通特性。

firm voltage divider——稳定分压器：一种分压器，
其有载输出电压的变化量在空载输出电压的
10%以内。

first-order response——一阶响应：具有以 20dB/
十倍频程下降特性的有源或无源滤波器的频率
响应。

555 timer——555 定时器：一种广泛应用的电路，
有两种工作模式：单稳态和非稳态。单稳态模
式时，可以产生精确的延时；非稳态模式时，
可以产生占空比可变的方波。

flag——标志：可用来表征事件已经发生的电压。
典型情况下，低电压表示事件尚未发生；高电
压表示事件已经发生。比较器的输出就是一种
标志电压。

floating load——浮空负载：负载的两端都是非零
电位的节点。在电路图中该负载的任一端都没
有接地。

FM demodulator——FM 解调器：使用锁相环
（PLL）从调频波中恢复调制信号的电路。

foldback current limiting——转折电流限制：简单
的限流方法是当负载电压下降到零时允许负载
电流达到最大值。转折电流限制在此基础上实
现了进一步的限流。它允许电流达到最大值，
当负载电阻继续减小时负载电流和负载电压都
会减小。转折电流限制的主要优点是当负载短
路时，晶体管的功耗更小。

formula——公式：表征物理量之间关系的规则。
这种规则可以是方程、等式，或其他形式的数
学描述。

forward bias——正向偏置：外加的偏置电压可以
克服势垒。

four-layer diode——四层二极管：内部包含 $pnpn$
四层互连结构的半导体元件。当达到某导通电
压时，该二极管中的电流单向导通。在导通后，
它将维持导通状态直至电流低于维持电流
值 I_H。

free electron——自由电子：与原子核结合不紧密
的电子。因为它在较大的轨道上运动，相应能

级较高，所以也称为导带电子。

frequency modulation(FM)——调频：基本的电子
通信技术，输入数据信号（调制信号）使输出
（载波信号）频率发生变化。

frequency response——频率响应：放大器的电压
增益关于频率的特性曲线。

frequency scaling factor(FSF)——频率缩放因子：
用于成比例缩放极点频率的公式，其值等于截
止频率除以 1kHz。

frequency-shift keying——频移键控：一种用于传
输二进制数据的调制技术。输入信号使输出信
号在两个特定频率间变换。

full-wave rectifier——全波整流器：一种具有中心
抽头二次绕组和两个二极管的整流器，相当于
两个背靠背的半波整流器。每个二极管分别提
供输出波形的一半，输出是全波整流电压。

fundamental frequency——基频：晶体有效振荡并
产生输出的最低频率。这个频率取决于晶体的
材料常数 K 和它的厚度 t，且 $f=\dfrac{K}{t}$。

G

gain-bandwidth product(GBW)——增益带宽积：
放大器增益为 0dB(单位增益) 时的频率。

gate——栅极：场效应晶体管中控制漏极电流的
是栅极。栅极也是在半导体晶闸管中控制器件
导通的电极。

gate-bias——栅极偏置：场效应管的一种简单偏
置方式，即将电压源通过源极电阻与栅极连接
起来。由于场效应管参数变化范围很大，因此
该偏置不适用于有源区的偏置，多用于对场效
应管在电阻区的偏置。

gate-source cutoff voltage——栅源截止电压：使耗
尽型器件漏极电流下降到近似为零时的栅源
电压。

gate trigger current I_{GT}——栅极触发电流 I_{GT}：使
可控硅整流器导通的最小栅电流。

geometric average——几何平均：带通滤波器的中
心频率 f_0，可由几何平均式 $f_0=\sqrt{f_1 f_2}$ 得到。

germanium——锗：最早使用的半导体材料之一。
和硅一样拥有四个价电子。

go/no-go test——合格/不合格测试：一种检验或
测量方法，其读数有明显区别，如高或低。

ground loop——地环路：如果在多级放大器中使
用的地节点不止一个，不同地节点之间的电阻

会产生反馈电压，这就是地环路，它可能使某些放大器产生不应有的振荡。

guard driving——驱动保护：通过对共模电位的自举和屏蔽，使导线的泄漏电流和导线间电容的影响最小。

H

h parameter——***h* 参数**：早期描述晶体管行为的数学方法，现在在数据手册中仍然使用。

half-power frequencies——半功率频点：负载功率下降到最大值的一半时的频率，也指截止频率。在该频率处，电压增益为其最大值的 0.707 倍。

half-wave rectifier——半波整流器：只有一个二极管与负载电阻串联构成的整流器。输出是半波整流电压。

hard saturation——深度饱和：晶体管工作在负载线的上端点位置，基极电流为集电极电流的 1/10。这种过度饱和是为了确保晶体管在所有工作条件、温度条件及晶体管替换等情况下都处于饱和状态。

harmonic distortion——谐波失真：信号通过非线性系统或被放大后产生的失真，输出信号中含有基频信号的倍频成分。

harmonics——谐波：频率为基频正弦波频率整数倍的正弦波。

Hartley oscillator——哈特莱振荡器：该振荡器采用电感抽头的谐振回路。

headroom voltage——电压幅度余量：晶体管串联稳压器或三端集成稳压器的输入与输出电压之差。

heat sink——散热器：贴在晶体管管壳上便于散热的金属块。

high-frequency border——高频分界点：当频率超过该频点时，电容可视为交流短路。在该频点的阻抗是总串联电阻的 1/10。

high-pass filter——高通滤波器：使低于某截止频率 f_C 的信号被阻止、高于该截止频率的信号全部通过的滤波器。

high-side load switch——高侧负载开关：电子有源开关器件，用于将输入电压和电流传输到负载而不需要限流。

holding current——保持电流：使闸流晶体管保持在闩锁导通状态的最小电流。

hole——空穴：价带轨道上的空位。例如，硅晶体中的每个原子价带轨道上通常有 8 个电子。

若热能使其中一个电子脱离轨道，则形成一个空穴。

hybrid IC——混合集成电路：在一个封装中包含两个或多个单片电路的大功率集成电路，或者由薄膜与厚膜电路相结合的电路。混合集成电路常用于大功率音频放大。

hysteresis——迟滞：施密特触发器两个触发点之间的差。在其他应用中，迟滞指的是传输特性中两个触发点之间的差。

I

IC voltage regulator——集成稳压器：当输入电压和负载电流发生变化时，输出电压能保持恒定的集成电路。

ideal approximation——理想化近似：器件最简单的等效电路，只包含器件的几个基本特性而忽略许多次要因素。

ideal diode——理想二极管：二极管的一阶近似。将二极管看作一个智能开关，在正向偏置时关闭，在反向偏置时断开。

ideal transistor——理想晶体管：晶体管的一阶近似。假设晶体管只有两部分：发射结和集电结。发射结可看作理想二极管，而集电结是一个受控电流源。流过发射结的电流控制集电极电流。

initial slope of sine wave——正弦波初始斜率：正弦波的起始部分为一条直线，这条直线的斜率就是正弦波的初始斜率。该斜率与正弦波的频率和峰值有关。

input bias current——输入偏置电流：差分放大器或运放的两个输入端电流的平均值。

input offset current——输入失调电流：差分放大器或运放的两个输入端电流之差。

input offset voltage——输入失调电压：如果将运放的两个输入端均接地，在输出端仍会有失调电压。输入失调电压定义为消除输出失调电压所需的输入电压。造成输入失调电压的原因是两个输入晶体管的 V_{BE} 曲线存在差异。

inrush current——浪涌电流：容性负载充电时产生大电流浪涌，可能导致元件损坏。

input transducer——输入传感器：将非电学量，如光、温度或者压力转换成电学量的器件。

instrumentation amplifier——仪表放大器：一种具有高输入阻抗和高共模抑制比的差分放大器。仪表放大器可用于测量仪器，如示波器的输入级。

insulated-gate bipolar transistor(IGBT)——**绝缘栅双极型晶体管**：一种混合半导体器件，其输入和输出部分具有场效应管的特性。这种器件主要用于大功率开关控制电路。

insulated-gate FET(IGFET)——**绝缘栅场效应管**：MOS管的别称，栅极与沟道是绝缘的，栅极电流比结型场效应管的小。

integrated circuit——**集成电路**：含有晶体管、电阻和二极管的器件。完整的集成电路由许多微小器件构成，所占体积与一个分立晶体管相当。

integrator——**积分器**：能够进行积分运算的电路。常见的应用之一是由方波产生斜坡信号，这是示波器时基产生的原理。

interface——**接口**：能够使一种器件或电路与另一种器件或电路之间形成通信或控制关系的电子元件或电路。

internal capacitance——**内部电容**：晶体管中的 pn 结电容。这些电容在低频时可以忽略，但在高频时会为交流信号提供旁路通道并使电压增益下降。

intrinsic——**本征**：指纯净的半导体。只含有硅原子的晶体是纯净的，或本征的。

inverse Chebyshev approximation——**反切比雪夫逼近**：具有平坦的通带响应和快速衰减特性的有源滤波器。它的缺点是阻带内有纹波。

inverting input——**反相输入端**：差分放大器或运放中产生反相输出信号的输入端。

inverting voltage amplifier——**反相电压放大器**：放大器的输出电压与输入电压反相。

J

junction——**结**：p 型和 n 型半导体相接触所形成的界面。在 pn 结中会产生一些特殊的现象，如耗尽层、势垒电压等。

junction temperature——**结区温度**：半导体 pn 结内部的温度。由于电子-空穴对的复合作用，结区温度通常高于环境温度。

junction transistor——**结型晶体管**：三端晶体管，其中 p 型区和 n 型区可互换。有 pnp 和 npn 两种类型。

K

knee voltage——**阈值电压**：二极管电流-电压曲线中正向电流陡增时对应的点或区域。该电压近似等于二极管的势垒电压。

L

lag circuit——**延迟电路**：旁路电路的别称。延迟指的是输出电压的相位角相对于输入电压是负的，相位角在 $0 \sim -90°$ 之间变化。

large signal operation——**大信号工作**：放大器交流输入信号的峰峰值使晶体管工作于交流负载线的大部分或全部区域。

laser diode——**激光二极管**：一种半导体激光器件，是由辐射激发的光放大器的简称。这种有源电子器件将输入功率转化成频带很窄且高强度的相干可见光束或红外光束。

laser trimming——**激光修正**：通过激光将半导体芯片上某些区域的电阻烧掉，从而得到非常精确的电阻值。

latch——**闩锁**：用两个正反馈连接的晶体管实现晶闸管的特性。

law——**定律**：对自然界中存在并可被实验验证的关系的总结归纳。

lead circuit——**超前电路**：耦合电路的别称。超前指的是输出电压的相位角相对于输入电压是正的，相位角在 $0 \sim +90°$ 之间变化。

lead-lag circuit——**超前-滞后电路**：电路中包含旁路和耦合电路。输出电压的相位角相对于输入电压可正可负，相位角在 $-90°$（滞后）$\sim +90°$（超前）之间变化。

leakage current——**泄漏电流**：常用于描述二极管的总反向电流，包括热电流和表面泄漏电流。

leakage region——**泄漏区域**：反偏齐纳二极管在电流为零和击穿之间的区域。

LED drive——**LED驱动**：能产生足够的电流使LED发光的驱动电路。

lifetime——**寿命**：自由电子和空穴从产生到复合所经历的平均时间。

light-emitting diode——**发光二极管**：可发出红、绿、黄等颜色的光或者不可见光（如红外光）的二极管。

linear——**线性**：通常指电阻的电流-电压关系。

linear op-amp circuit——**线性运放电路**：线性电路中的运放在通常工作条件下不会发生饱和，即放大输出波形和输入波形具有相同的形状。

linear phase shift——**线性相移**：滤波器电路频响特性中相移随频率的增加而线性增加，如贝塞尔滤波器。

linear regulator——**线性稳压器**：串联稳压器是线

性稳压器的一种。线性稳压器中的传输晶体管
工作在有源区或线性区。另一种线性稳压器是
并联稳压器。这种稳压器中的晶体管与负载并
联，晶体管也工作在有源区，所以也属于线性
稳压器。

line regulation——**电源电压调整率**：电源的一项
参数指标，表明在给定输入电压变化时，输出
电压的变化情况。

line voltage——**电力线电压**：电源线上的电压，
有效值通常为 115V。在某些地方可能低至
105V 或者高达 125V。

Lissajous pattern——**利萨如图形**：当两个谐波信
号分别加到示波器的水平和垂直输入端时示波
器所显示的图形。

load line——**负载线**：用于确定二极管电流和电压
精确值的一种工具。

load power——**负载功率**：负载电阻上的交流
功率。

load regulation——**负载调整率**：当负载电流从最
小值变化到最大值时负载电压的变化。

lock range——**锁定范围**：使压控振荡器处于锁定
状态的输入信号频率范围。锁定范围通常换算
成相对于 VCO 频率的百分比。

logarithmic scale——**对数坐标**：以所在坐标点数
值的对数作为坐标的刻度。这种坐标将较大的
数值压缩，可以表示很宽的数据范围。

loop gain——**环路增益**：差模电压增益 A 与反馈
系数 B 的乘积。这个乘积值通常很大。如果在
反馈放大环路中任意选定一点，从该点开始经
过环路回到原点的增益即为环路增益。环路增
益通常由两部分组成，放大器增益（大于 1）
和反馈电路增益（小于 1），这两者的乘积为环
路增益。

low-current drop-out——**低电流截止**：闩锁电路由
导通到截止的转换，这是闩锁电流减小到足够
低，使晶体管脱离饱和的结果。

lower trip point(LTP)——**低值翻转点**：使输出电
压状态发生改变的两个输入电压之一。LTP＝
$-BV_{sat}$。

low-pass filter——**低通滤波器**：能使直流到截止
频率 f_C 之间的信号通过的滤波器。

LSI——**大规模集成电路**：单片集成元件数超过
100 的集成电路。

M

majority carrier——**多数载流子**：载流子是自由电

子或空穴。如果自由电子比空穴数量多，那么
电子是多数载流子；如果空穴数量比电子多，
则空穴是多数载流子。

maximum forward current——**最大正向电流**：正向
偏置的二极管在击穿或性能退化之前所能够承
受的最大电流。

measured voltage gain——**测量电压增益**：通过测
量输入和输出电压计算出的电压增益。

metal-oxide semiconductor FET（MOSFET）——**金
属-氧化物-半导体场效应晶体管**：一种常用于
开关放大应用的晶体管。这种晶体管即使在大
电流下的功耗也很低。

midband——**中频区**：中频区指 $10f_1 \sim 0.1f_2$ 之间
的频段。在该频段内，电压增益的变化在最大
增益的 0.5% 以内。

Miller's theorem——**密勒定理**：反馈电容可以等效
为两个电容：一个跨接在输入端，另一个跨接
在输出端。最重要的是输入端等效电容值等于
反馈电容乘以电压增益，这里假设放大器是反
向的。

minority carrier——**少数载流子**：占少数的载流子
（参见多数载流子的定义）。

mixer——**混音器**：运放电路对不同的输入信号具
有不同的电压增益。输出信号是输入信号的
叠加。

modulating signal——**调制信号**：用以控制输出信
号的幅度、频率、相位或其他特性的低频信号
或者智能输入信号（通常是声音或数据）。

monolithic IC——**单片集成电路**：全部电路均集成
在同一个芯片上。

monostable——**单稳态**：只具有一个稳定状态的数
字开关电路。该电路也指单触发电路，用于
定时。

monotonic——**单调**：指阻带内没有纹波的滤波器。

motorboating——**低频寄生振荡**：扬声器发出的低
频的噗噗声。表明放大器产生了低频振荡，原
因通常是电源的戴维南阻抗过大。

mounting capacitance——**封装电容**：晶体不振荡
时的等效电容 C_m。晶体的物理结构是两块由介
质隔开的金属板。

MPP value——**MPP 值**：也称输出电压摆幅，是放
大器输出未发生限幅的峰峰值。在运算放大器
中，MPP 的理想值就是两个电源电压之差。

MSI——**中等规模集成电路**：含有 $10 \sim 100$ 个集成
元件的集成电路。

multiple feedback(MFB)——**多路反馈**：使用一条

以上反馈支路的有源滤波器。反馈通路常常通过单独的电阻或电容连接到运放的反相输入端。

multiplexing——**多路技术**：使多路信号在一种信号媒介中传输的技术。

multistage amplifier——**多级放大器**：由两个或两个以上的单级放大器级联起来的放大器结构。第一级放大器的输出作为第二级放大器的输入，第二级放大器的输出则作为第三级放大器的输入。

multivibrator——**多谐振荡器**：电路中具有正反馈并包含两个有源器件，当一个器件工作时另一个器件关闭。多谐振荡器有三种工作类型：自由振荡多谐振荡器、触发器和单稳态电路。自由振荡多谐振荡器或非稳态多谐振荡器产生方波输出，类似于张弛振荡器。

N

n-type semiconductor——**n 型半导体**：自由电子多于空穴的半导体。

narrowband amplifier——**窄带放大器**：工作频率范围较窄的放大器，这种放大器常用于射频通信电路中。

narrowband filte——**窄带滤波器**：品质因数 $Q>1$ 且通带频率范围很小的带通滤波器。

natural logarithm——**自然对数**：以 e 为底的对数。对电容进行充放电分析时常用到自然对数。

negative feedback——**负反馈**：将与输出信号成比例的信号反馈回放大器的输入端，该反馈信号的相位与输入信号的相位相反。

negative resistance——**负阻**：电子元件的一种伏安特性，表现为随着正向电压的增大，正向电流减小。

noninverting input——**同相输入端**：差分放大器或运算放大器中能产生同相输出的输入端。

nonlinear circuit——**非线性电路**：在放大器电路中，一部分输入信号会使得放大器进入饱和区或截止区，导致输出信号的波形与输入信号波形不同。

nonlinear device——**非线性器件**：器件的电流-电压特性曲线不是直线。该器件不能作为普通的电阻对待。

normalized variable——**归一化变量**：将一个变量除以与它具有相同单位或尺度的变量。

Norton's theorem——**诺顿定理**：衍生于对偶原理。该法则规定负载电压等于诺顿电流乘以与负载电阻并联的诺顿电阻。

notch filter——**陷波滤波器**：可以阻止某一种频率的信号通过的滤波器。

nulling circuit——**调零电路**：用来减小输入失调电压和输入失调电流的影响的外加运放电路。该电路用于输出误差不能忽略时的情形。

O

octave——**倍频**：频率变化的比例因子为 2。将频率加倍，即倍频，表示频率的变化为 2∶1。

ohmic region——**电阻区**：漏电流特性曲线中从原点到夹断电压所对应部分的那段区域。

op amp——**运算放大器**：一种高直流增益的放大器。它可以对从 0Hz 到 1MHz 以上频率范围内的信号进行电压放大。

open——**开路**：指电路中的元件或连线断开的情况，等效于一个近似无穷大的阻抗。

open-collector comparator——**集电极开路比较器**：一种需要外接上拉电阻的运放比较器电路。集电极开路使得输出具有更高的开关速度，同时适用于具有不同电压电路的接口。

open device——**开路器件**：具有无穷大电阻的器件，通过该器件的电流为零。

open-loop bandwidth——**开环带宽**：运算放大器的输入与输出端之间没有反馈路径时的频率响应。由于内部补偿电容的存在使得截止频率 $f_{2(OL)}$ 通常很小。

open-loop voltage gain——**开环电压增益**：常用 A_{VOL} 或 A_{OL} 表示，它代表运放无反馈时的最大电压增益。

optimum Q point——**最佳 Q 点**：交流负载线上的工作点，在该点处正负两个半周期的最大信号摆幅相等。

optocoupler——**光耦合器**：连接 LED 与光敏二极管的器件，其中 LED 的输入信号转换成能被光敏二极管检测的可变光。它的优点是输入与输出之间具有非常高的隔离电阻。

optoelectronics——**光电子学**：将光学和电子学相结合的技术，包括很多基于 pn 结的器件。典型的光电器件有 LED、光敏二极管和光耦合器。

order of a filter——**滤波器阶数**：一种描述滤波器效果的基本方法。一般来说，滤波器的阶数越高，越接近理想响应。无源滤波器的阶数取决于电感和电容的数量。有源滤波器的阶数由 RC 电路或极点的个数决定。

oscillations——**振荡**：放大器的致命问题。当放大器具有正反馈时，可能会进入振荡状态，产生不需要的与被放大的输入信号无关的高频信号。因此，振荡会干扰有用信号，使放大器失去作用。这也是在运放中采用补偿电容的原因，它可以防止振荡发生。

outboard transistor——**片外晶体管**：与稳压电路并联的晶体管，用于增加整个电路稳压时的负载电流。当负载电流达到预定的电流值时，片外晶体管开始工作，提供负载需要的额外电流。

output error voltage——**输出误差电压**：当输入电压为零时运放的输出电压，理想值为零。

output impedance——**输出阻抗**：放大器的戴维南阻抗的另一种表述。它意味着放大器经过戴维南转换，从负载看进去只是一个与戴维南等效电压源串联的电阻。该电阻就是戴维南阻抗或称为输出阻抗。

output offset voltage——**输出失调电压**：实际输出电压与理想输出电压的偏差。

output transducer——**输出传感器**：将电学参量转换为温度、声音、压力和光等非电学参量的器件。

overloading——**过载**：由于负载电阻太小，使放大器的电压增益显著下降。根据戴维南定理，过载发生在负载电阻与戴维南电阻相比很小的情况下。

P

parasitic body-diode——**寄生体二极管**：由于内部 pn 结的结构关系，在功率 MOS 管中形成的二极管。

parasitic oscillations——**寄生振荡**：能够引起各种异常现象的高频振荡，使得电路无规律地工作。若振荡器产生多个输出频率，造成的后果包括运放将产生不可计量的失调，电源电压中将包含不可解释的波动，视频显示中将出现雪花现象等。

passband——**通带**：信号能够有效通过且衰减最小的频率范围。

passive filter **无源滤波器**：由电阻、电容和电感构成，不包含放大器件的滤波器。

pass transistor——**传输晶体管**：在分立串联稳压器中承受主要电流的晶体管。由于与负载串联，该晶体管必须传输全部的负载电流。

peak detector——**峰值检波器**：与带电容输入滤波器的整流器相同。理想情况下，电容被充电至输入电压的峰值。这个峰值用于产生峰值检波器的输出电压。因此该电路称为峰值检波器。

peak inverse voltage——**峰值反向电压**：整流电路中加在二极管两端的最大反向电压。

peak value——**峰值**：时变电压的最大瞬时值。

periodic——**周期的**：对具有相同的基本形状不断重复的波形进行描述的形容词。

phase detector——**鉴相器**：锁相环（PLL）电路中产生与两个输入信号的相位差成正比的输出电压的电路。

phase-locked loop——**锁相环**：利用反馈和相位比较器对频率或速率进行控制的电路。

phase shift——**相移**：矢量电压在 A 点和 B 点的相位差。要使振荡器正常工作，放大器及反馈的环路相移在谐振频率处必须等于 360°，即等于 0°。

phase splitter——**分相器**：能够产生幅度相同、相位相反的两个电压的电路。这种电路适于驱动 B 类推挽放大器。例如，增益为 1 的发射极负反馈 CE 放大器就可作为分相器，因为发射极电阻和集电极电阻上的交流电压的幅度相同且相位相反。

photodiode——**光敏二极管**：对光照敏感的反偏二极管。光照越强，少子形成的反向电流越大。

phototransistor——**光敏晶体管**：集电结暴露以接受光照的晶体管。它对光照的敏感度比光敏二极管更强。

Pierce crystal oscillator——**皮尔斯晶体振荡器**：一种常用的由场效应晶体管构成的振荡器。其优点是结构简单。

piezoelectric effect——**压电效应**：在晶体两端施加交流信号时产生的振动。

Ⅱ model——**Ⅱ 模型**：晶体管的交流模型，其电路图形状与希腊字母Ⅱ相似。

pinchoff voltage——**夹断电压**：对于耗尽型器件，当栅电压为 0 时电阻区与恒流区的边界。

PIN diode——**PIN 二极管**：在 n 型和 p 型半导体材料之间夹有一层本征半导体材料的二极管。反偏时，PIN 二极管等效于一个固定电容；正偏时，则等效于一个流控电阻。

pn junction——***pn* 结**：p 型和 n 型半导体的交界面。

pnp transistor——***pnp* 晶体管**：一种含有夹层的半导体结构，在两个 p 型区域之间有一个 n 型区域。

pole frequency——**极点频率**：用于计算高阶有源滤波器的特殊频率。

poles——**极点**：有源滤波器中 RC 电路的个数。有源滤波器中极点的个数决定了滤波器的阶数和响应特性。

positive clamper——**正钳位器**：能够使信号的直流电平正向移动的电路。将输入信号整体电位向上移动，直至信号负向峰值为 0 电位，正向峰值为 $2V_p$。

positive feedback——**正反馈**：该反馈中，反馈回来的信号使输入信号增强。

positive limiter——**正限幅器**：将输入信号的正向部分削平的电路。

power amplifier——**功率放大器**：能输出从几百 mW 到几百 W 功率的大信号放大器。

power bandwidth——**功率带宽**：不会使运算放大器的输出信号产生失真的最高频率。功率带宽与输出信号的峰值成反比。

power dissipation——**功耗**：电阻或其他非电抗性器件中电压和电流的乘积，用于衡量器件内部产生热量的速率。

power FET——**功率场效应晶体管**：用于控制马达、电灯和开关电源中所需电流的增强型 MOS 管，与数字电路中使用的小功率增强型 MOS 管不同。

power gain——**功率增益**：输出功率与输入功率的比值。

power rating——**额定功率**：元器件在产品手册中给定的工作条件下所能消耗的最大功率。

power supply——**电源**：电子系统中的一部分，它将交流电力线电压转换为直流电压。该电路还根据系统需求提供必要的滤波和稳压措施。

power supply rejection ratio(PSRR)——**电源电压抑制比**：电源电压抑制比等于输入失调电压的变化量与电源电压变化量的比值。

power transistor——**功率晶体管**：功耗超过 0.5W 的晶体管。它的物理尺寸比小信号晶体管大。

preamp——**前置放大器**：用于处理幅度较小的信号的放大器。其主要功能是提供所需的输入阻抗并产生符合后级放大器要求的输出信号。

predicted voltage gain——**电压增益估值**：在电路图中根据电路参数计算出来的电压增益。如 CE 放大器的电压增益估值等于集电极交流电阻除以发射结交流电阻。

predistortion——**预失真**：一种通过降低 Q 值来补偿运放带宽限制的设计方法。

preregulator——**前置稳压器**：用于驱动齐纳稳压器电路的前一个齐纳二极管。前置稳压器给稳压器提供适当的直流输入。

programmable unijunction transistor(PUT)——**可编程单结晶体管**：具有与 UJT（单结晶体管）的开关特性相类似的半导体器件，只是其本征偏差比是由外部电路（编程）确定的。

proportional pinchoff voltage——**比例夹断电压**：在栅电压任意的情况下，电阻区与恒流区的边界。

prototype——**原型**：初级电路，设计者可以在此基础上加以改进。

p-type semiconductor——**p 型半导体**：空穴多于自由电子的半导体。

pullup resistor——**上拉电阻**：为了使集成电路器件能够正常工作，用户必须加在电路中的电阻。上拉电阻一端与器件相连，另一端与正电源相连。

pulse-position modulation——**脉冲位置调制**：脉冲的位置随着模拟信号的幅度变化的过程。

pulse-width modulation——**脉冲宽度调制**：为了加入信息或者控制平均直流电平而对矩形波的宽度加以控制。

push-pull connection——**推挽连接**：用于对两个晶体管的连接，使得在信号的半个周期内一个管导通而另一个管截止。这样其中一个管放大信号的前半个周期，另一个管放大信号的后半个周期。

Q

quartz-crystal oscillator——**石英晶体振荡器**：一种利用石英晶体的压电效应来确定振荡频率的非常稳定和精确的振荡器电路。

quiescent point (Q point) ——**静态工作点（Q 点）**：通过集电极电流曲线和电压曲线得到的工作点。

R

r′ parameters——**$r′$ 参数**：一种描述晶体管特性的方法，该模型使用的参数有电流放大系数 β 和发射结电阻 r'_e 等。

radio-frequency(RF) amplifier——**射频放大器**：也称前置选频器，这种放大器具有初始增益和频率选择性。

radio-frequency interference(RFI)——**射频干扰**：由电子器件发出的高频电磁波干扰。

rail-to-rail op amp——轨到轨运算放大器：输出电压摆幅能够达到正负电源电压的运算放大器。多数运放的输出摆幅要比每个电源电压小$1\sim2V$。

RC differentiator——RC 微分器：用于将输入信号进行微分运算的 RC 电路，可将矩形脉冲转换为正负尖脉冲系列。

recombination——复合：自由电子和空穴的结合。

rectifiers——整流器：只允许电流单向流动的电源电路。该电路将输入的交流波形转换为脉动直流波形。

rectifier diode——整流二极管：一种适用于将交流信号转换为直流信号的二极管。

reductio ad absurdum——归谬法：将电子器件等效为电流源或电阻的一种判断方法。可首先将器件假设为电流源并进行计算。如果结果出现矛盾，则可知最初的假设是错误的。然后将器件改为电阻模型，再完成计算。对于具有两个状态的系统，如果不能确定其处于哪个状态，采用归谬法通常是有效的。

reference voltage——基准电压：非常精确稳定的电压通常是由击穿电压为$5\sim6V$的齐纳二极管产生的。在这个电压范围内，齐纳二极管的温度系数约为零，即齐纳电压在很宽的温度范围内稳定。

relaxation oscillator——张弛振荡器：一种不需要交流输入信号而能产生交流输出信号的电路。这种振荡器的频率由 RC 充放电时间常数决定。

resonant frequency——谐振频率：当超前-滞后电路或 LC 谐振电路的电压增益和相移满足振荡条件时所对应的频率。

reverse-bias——反向偏置：二极管上的外加电压使势垒增强，且使电流几乎为零。但当外加反向电压超过击穿电压时则属于例外的情况。当反偏电压足够大时，会引起雪崩击穿或齐纳击穿。

reverse saturation current——反向饱和电流：与二极管中少子电流相同。该电流是反向的。

ripple——纹波：在电容输入滤波器中，由于电容的充放电造成负载电压的波动。

ripple rejection——纹波抑制：用于稳压器。表示稳压器对输入纹波的抑制或衰减程度。数据手册中通常用分贝表示，每 20dB 表示纹波衰减为原来的 1/10。

rise time——上升时间：波形从最大值的 10% 上升到 90% 所用的时间，简写为 T_R。上升时间可以通过公式 $f_2 = 0.35/T_R$ 与频率响应联系起来。

rms value——均方根值：用于时变信号，也称有效值和热值。它与时变信号在一个完整周期内产生相同热量或功耗的直流源的值等效。

RS flip-flop——RS 触发器：具有两个状态的电路。也称多谐振荡器。可以处于自由振荡（与振荡器类似）状态，或表现为一个或两个稳定状态。

R/2R ladder——R/2R 电阻阶梯：一种数模转换器电路。它利用两种阻值的电阻排列成阶梯状的结构，可以简化电阻值的计算，改善转换精度，并使负载效应最小。

S

safety factor——安全系数：实际工作电流、电压等值与数据手册中给出的最大额定值之间的余量。

Sallen-Key equal-component filter——萨伦-凯等值元件滤波器：一种利用两个等值的电阻和两个等值的电容构成的 VCVS 有源滤波器。电路的 Q 值由电压增益确定：$Q=1/(3-A_v)$。

Sallen-Key low-pass filter——萨伦-凯低通滤波器：一种有源滤波器结构，其中运算放大器连接成压控电压源（VCVS）形式。这种滤波器能够近似实现基本巴特沃兹、切比雪夫和贝塞尔低通滤波器。

Sallen-Key second-order notch filter——萨伦-凯二阶陷波器：一种过渡带非常陡的 VCVS 有源带阻滤波器。电路的 Q 值由电压增益确定：$Q=0.5/(2-A_v)$。

saturation current——饱和电流：反偏二极管中由热激发产生的少子形成的电流。

saturation current gain——饱和电流增益：晶体管处于饱和区时的电流增益。该增益小于有源区的电流增益。对于轻度饱和，电流增益比有源区电流增益略小；对于深度饱和，电流增益大约为 10。

saturation point——饱和点：饱和点接近负载线的上端点。由于集电极-发射极电压不为零，所以饱和点的确切位置要略低一些。

saturation region——饱和区：集电极曲线中从原点沿曲线向上直至有源区或水平区的起点位置。当晶体管工作在饱和区时，集电极-发射极电压通常只有几百 mV。

sawtooth generator——**锯齿波发生器**：能够产生缓慢线性上升、且快速下降的波形的电路。

schmitt trigger——**施密特触发器**：具有迟滞特性的比较器，有两个触发点，对峰峰值小于迟滞电压的噪声具有抑制作用。

Schockley diode——**肖克利二极管**：是四层二极管、$pnpn$ 二极管和硅单边开关（SUS）的别称。以其发明者 Schockley 命名。

Schottky diode——**肖特基二极管**：一种特殊用途二极管。该二极管没有耗尽层，其反向恢复时间非常短，能够对高频信号进行整流。

second approximation——**二阶近似**：在理想化近似的基础上增加更多特征。对于二极管或晶体管，这种近似器件模型中包括势垒。在分析硅二极管和晶体管时，势垒值取 0.7V。

self-bias——**自偏置**：这种偏置用于结型场效应管，因为偏置电压可以由源极电阻建立。

semiconductor——**半导体**：具有四个价电子且导电特性介于导体和绝缘体之间的材料的统称。

series regulator——**串联式稳压器**：这是线性稳压器中最常见的类型，采用一个与负载串联的晶体管构成。其稳压作用是通过对晶体管基极电压的控制，改变其电流和电压，从而使负载电压保持恒定。

series switch——**串联开关**：一种结型场效应管模拟开关，其中结型管与负载电阻串联。

seven-segment display——**七段显示**：包含七个矩形 LED 的显示方式。

short——**短路**：最常见的电路故障之一。当电阻接近零时就会发生短路故障。因此，当电压加在短路的零电阻两端，电流将会非常大。元件内部有可能发生短路，外部电路中由于飞溅的焊锡或连线错误也可能会导致短路。

short-circuit output current——**短路输出电流**：当负载电阻为零时，运放能够输出的最大电流。

short-circuit protection——**短路保护**：多数现代电源系统具有该特性，这意味着电源系统具有某种限流措施来防止在输出短路时负载电流过大。

shorted device——**短路器件**：器件的电阻为零，导致器件两端的压降为零。

shunt regulator——**并联式稳压器**：稳压电路中稳压器件与负载并联。该器件可以是一个简单的齐纳二极管、齐纳晶体管，或者是齐纳晶体管与运放的组合结构。

shunt switch——**并联开关**：一种结型场效应管模拟开关，其中结型管与负载电阻并联。

sign changer——**符号转换器**：一种电压增益可在 $-1\sim1$ 之间进行调节的运算放大器。数学表达为 $-1<A_v<1$。

silicon——**硅**：应用最为广泛的半导体材料。它有 14 个质子且轨道中有 14 个电子。一个独立的硅原子有 4 个价电子。因为 4 个相邻的硅原子可彼此共享 1 个价电子，所以晶体中的硅原子有 8 个价电子。

silicon controlled rectifier——**可控硅整流器**：具有阳极、阴极和栅极三个外部引脚的晶闸管。栅极可以使可控硅整流器导通，但不能关断。当可控硅整流器导通后，必须通过减小电流使之小于保持电流才能将它关断。

silicon unilateral switch（SUS）——**硅单边开关**：肖克利二极管的别称，该器件只允许电流单方向流动。

single ended——**单端**：从差分放大器的一个集电极引出电压作为输出。

sink——**电流槽**：类似于排水槽，电流槽指的是电流流入或流出地的节点。

slew rate——**摆率**：运放输出电压变化的最大速率，在高频大信号时会导致失真。

small-signal amplifier——**小信号放大器**：这种放大器用于接收机的前端，其输入信号非常微弱（发射极电流的峰峰值小于发射极直流电流的 10%）。

small-signal operation——**小信号工作**：指输入电压很小，只使电压和电流产生很小波动的工作情况。小信号晶体管工作的一个判断原则就是发射极电流的峰峰值小于发射极直流电流的 10%。

small-signal transistor——**小信号晶体管**：功耗不大于 0.5W 的晶体管。

soft saturation——**轻度饱和**：晶体管工作在负载线的上端点，基极电流的大小刚好可以使器件进入饱和区。

solder bridge——**焊锡桥**：可导致两条导线或电路连接在一起的多余的飞溅焊锡。

source——**源极**：场效应晶体管的一个端口，对应于双极晶体管的发射极。

source follower——**源极跟随器**：结型场效应管放大器的最主要形式，比其他结型管放大器的应用更广泛。

source regulation——**电源电压调整率**：当输入电压或电源电压从最小值变化到指定的最大值时，被稳压的输出电压的变化量。

speed-up capacitor——加速电容：用于增加电路转换速度的电容。

squelch circuit——静噪电路：一种用于通信系统的特殊电路。当电路中没有输入信号时，输出信号自动减弱。

SSI——小规模集成电路：指集成元件不多于 10 个的集成电路。

stage——级：将包含一个或多个有源器件的电路划分为一个功能块。

state-variable filter——可变状态滤波器：一种可调谐有源滤波器，当中心频率变化时能够维持 Q 值恒定。

stepdown transformer——降压式变压器：一次绕组匝数比二次绕组匝数大的变压器，其二次电压小于一次电压。

step-recovery diode——阶跃恢复二极管：具有反向快速关断特性的二极管，pn 结附近的掺杂浓度较小。这种二极管常用于频率倍增器。

stiff current source——准理想电流源：内阻至少为负载电阻的 100 倍的电流源。

stiff voltage divider——准理想分压器：有载输出电压与无载输出电压的差小于 1% 的分压器。

stiff voltage source——准理想电压源：内阻至少为负载电阻的 1/100 的电压源。

stopband——阻带：输入信号被有效阻止或不允许输出的频率范围。

stray wiring capacitance——连线分布电容：连线与地之间的无用电容。

substrate——衬底：耗尽型 MOS 管中与栅极相对的区域。在该区域中形成沟道，使电子从源极流到漏极。

summer——加法器：输出电压等于两个或者多个输入电压之和的运放电路。

superposition——叠加：如果电路有多个信号源，可以先确定每个源单独作用时的响应，然后将各个响应相加得到所有源同时作用时的响应。

surface-leakage current——表面漏电流：沿着二极管表面流动的反向电流，随反向电压的增加而增加。

surface-mount transistors——表面贴装晶体管：晶体管的一种封装形式，可以不用过孔而直接贴装在电路板上。利用表面贴装技术（SMT）可以制造高密度电路板。

surge current——浪涌电流：流过整流器中二极管的较大初始电流。这是上电时对没有充电的滤波器电容进行充电的结果。

swamped amplifier——发射极负反馈放大器：具有发射极反馈电阻的共射放大电路。这个反馈电阻比发射结交流电阻大的多。

swamp out——掩蔽：用电阻或其他器件来掩蔽电路中其他元件的影响。比如非旁路发射极电阻常用来掩蔽晶体管 r'_e 的影响。

switching circuit——开关电路：使晶体管工作在饱和区或截止区的电路。这两个不同的工作状态使得晶体管能够用于数字电路和具有输出功耗控制的计算机电路中。

switching regulator——开关式稳压器：线性稳压器中的晶体管工作在线性区。开关式稳压器中晶体管的工作状态则在饱和区和截止区之间转换。因此晶体管只有在状态转换瞬间工作在有源区。这意味着开关式稳压器中传输晶体管的功耗比线性稳压器中的小得多。

T

tail current——尾电流：差分放大电路中流过共享的发射极电阻 R_E 的电流。如果两个晶体管匹配良好，则每个晶体管的发射极电流为 $I_E = I_T/2$。

temperature coefficient——温度系数：物理量相对于温度改变的速率。

theorem——定理：可以通过数学推导证明的推论。

thermal energy——热能：半导体材料在有限温度下所具有的随机动能。

thermal noise——热噪声：电阻或其他元件中自由电子的随机运动产生的噪声，也称 Johnson 噪声。

thermal resistor——热电阻：一种热转换特性参数，用于确定半导体的管壳温度和散热要求。

thermal runaway——热击穿：当晶体管发热时，它的结温上升，导致集电极电流增大，这又迫使结温进一步上升，使集电极电流继续增大，直至晶体管被烧毁。

thermal shutdown——热关断：现代三端集成稳压器的性能之一。当稳压器温度超过安全工作温度时，则传输晶体管关断，且输出电压为零。当器件温度下降后，传输晶体管重新导通。如果导致温度过高的因素仍然存在，则稳压器还会再次关断；当导致温度过高的问题解决后，稳压器能够正常工作。该性能可使稳压器免于烧毁。

thermistor——**热敏电阻器**：随温度变化其电阻发生较大变化的器件。

Thevenin's throrem——**戴维南定理**：基本电路定理，描述的是当电路驱动负载时可以转换为一个信号源与电阻串联的形式。

third approximation——**三阶近似**：二极管或晶体管的精确近似，在需要尽可能详细的设计中使用。

threshold——**阈值**：比较器的翻转点或能够使输出电压改变状态的输入电压值。

threshold voltage——**阈值电压**：能够使增强型MOS 场效应管开启的电压。在阈值电压作用下，源极和漏极间形成反型层。

thyristor——**晶闸管**：有闩锁特性的四层半导体器件。

T model——**T 模型**：形状像字母 T 的晶体管的交流模型。在 T 模型中，发射结等效为交流电阻，集电结等效为电流源。

topology——**拓扑结构**：用来描述开关式稳压器基本结构的名词。常见的开关式稳压器的拓扑结构有降压式、升压式和降压-升压式。

total voltage gain——**总电压增益**：由各级增益的乘积决定的放大器的总电压增益。数学表达式为 $A_v = A_{v1} A_{v2} A_{vX}$。

Transconductanc——**跨导**：交流输出电流与交流输入电压之比，衡量输入电压对输出电流的控制能力。

transconductance amplifier——**跨导放大器**：这种放大器的传输特性是输入电压控制输出电流。也称为电压-电流转换器或 VCIS 电路。

transconductance curve——**跨导特性曲线**：表示场效应晶体管中 I_D 与 V_{GS} 之间关系的曲线。该曲线表现了场效应管的非线性特性，它具有平方律特性。

transfer characteristic——**传输特性**：电路的输入-输出响应。传输特性表现的是输入信号对输出信号的控制情况。

transfer function——**传输函数**：运放电路的输入和输出可以是电压、电流或者二者的组合。当输入输出量采用复数表示时，输出与输入之比就是频率的函数。该函数称为传输函数。

transformer coupling——**变压器耦合**：利用变压器将交流信号从一级传输到另一级，同时将直流分量隔离。变压器还具有级间阻抗匹配的能力。

transition——**过渡带**：滤波器频率响应中介于截止频率 f_C 和阻带起始频率 f_S 之间的、特性曲线呈现下降的区域。

transresistance amplifier——**跨阻放大器**：放大器的传输特性是输入电流控制输出电压，也称电流-电压转换器或 ICVS 电路。

triac——**三端双向可控硅开关**：能够在两个方向导电的晶闸管，常用于控制电流的转换，等效于两个相反极性并联的可控硅整流器。

trial and error——**试解法**：假如需要求解两个联立方程，不采用常规的数学方法，而是先假设一个变量的解，然后根据这个解计算所有的未知量。所计算出的未知量之一就是假设的那个变量。比较该变量的计算值与假设解之间的差别然后再假设一个新解，使二者之差减小。经过反复多次试解，当二者之差变得足够小时，就得到了近似解。

trigger——**触发信号**：用于使晶闸管或其他开关器件开启的尖脉冲电压或电流信号。

trigger current——**触发电流**：开启晶闸管的最小电流。

trigger voltage——**触发电压**：开启晶闸管的最小电压。

trip point——**翻转点（阈值）**：使比较器或施密特触发器的输出发生翻转的输入电压值。

troubleshooting——**故障诊断**：利用已知的电路理论知识和电子测量仪器来确定电路故障的方法。

tuned RF amplifier——**可调谐射频放大器**：一种窄带放大器，常采用高 Q 值谐振电路。

tunnel diode——**隧道二极管**：具有负阻特性的二极管。该二极管的击穿电压为 0V，用于高频振荡器电路。

twin-T oscillator——**双 T 型振荡器**：振荡器中的正反馈通过分压器返回到同相输入端，负反馈则通过双 T 型滤波器。

two-stage feedback——**两级反馈**：一种电路结构，其中第二级输出的一部分反馈至第一级的输入，从而控制总的增益和稳定性。

two-state output——**双态输出**：这是数字电路或开关电路的输出电压。称为双态是因为输出只有高电平和低电平两种稳定状态。只有当电路在两个状态之间进行转换的瞬间，电路才处于两个状态之间，所以在高低电平之间的区域是不稳定的。

two-supply emitter bias(TSEB)——**双电源发射极偏置**：采用可以提供正负电源电压的电源作

偏置。

U

ultra-large-scale integration（ULSI）——**甚大规模集成电路**：在单个芯片中集成的元件数超过 100 万的集成电路。

unidirectional load current——**单向负载电流**：负载上的电流只能单向流动，类似半波或全波整流器。

unijunction transistor——**单结晶体管**：简写为 UJT。这种低功耗晶闸管常用于电子计时、波形整形和控制应用中。

uninterruptible power supply（UPS）——**不间断电源（UPS）**：在停电时可以使用的供电设备。由电池和直流-交流转换器构成。

unity-gain frequency——**单位增益频率**：运放的电压增益为 1 时的频率，表示最高可用频率。这是一个重要参数，因为它的值即为增益带宽积。

universal curve——**万用曲线**：一种可以用来求解所有电路问题的图解方法。以自偏置结型场效应管的万用曲线为例，万用曲线 I_D/I_{DSS} 可用来图解 R_D/R_{DS}。

unwanted bypass circuit——**多余的旁路电路**：晶体管内部电容和连线分布电容在晶体管的基极或集电极呈现的旁路电路。

up-down analysis——**参量增减分析法**：一种利用独立变量和相关变量的电路分析方法。当独立变量（如电源）增大或减小时，对相关变量（如电阻的压降或电流）的改变情况进行预测。

upper trip point（UTP）——**高值翻转点**：使输出电压改变状态的两个输入电压之一。UTP$=BV_{sat}$。

upside-down *pnp* bias——**倒置 *pnp* 偏置**：如果电路中有正电源和 *pnp* 晶体管，通常在电路图中将晶体管倒置过来。这种画法对于同时具有 *pnp* 和 *npn* 晶体管的电路尤其有用。

V

varactor——**变容二极管**：一种反向电容特性优化的二极管。反向电压越大，电容越小。

varistor——**压敏电阻**：类似于两个背靠背的齐纳二极管的器件。跨接在功率变压器的一次绕组上，以阻止尖峰脉冲进入设备。

very-large-scale integration（VLSI）——**超大规模集成电路**：在单个芯片上集成几千至几十万个元件的集成电路。

vertical MOS（VMOS）——**垂直 MOS 管**：具有 V 型槽状沟道的功率 MOS 管，可以控制大电流并承受高电压。

virtual ground——**虚地**：运放在负反馈应用时，其反向输入端呈现的一种接地状态。之所以称为虚地，是因为它并不完全具有机械接地的特性。尤其要注意的是，虚地是针对电压的，而不是针对电流的。虚地的节点相对于地的电压为 0V，但该节点没有对地电流。

virtual short——**虚短**：由于理想运放具有极高的内部增益和极大的输入阻抗，因此两个输入端之间的电压差（$v_1 - v_2$）为零，两个输入端的输入电流 I_{in} 为零。虚短指的是电压相当于短路，而电流相当于开路。所以在分析运放电路时可以认为其反向输入端和同向输入端之间是虚短。

voltage amplifier——**电压放大器**：为达到最大电压增益而设计的放大器。

voltage-controlled current source（VCIS）——**压控电流源**：也称跨导放大器。这种负反馈放大器的输入电压控制输出电流。

voltage-controlled device——**压控器件**：输出受输入电压控制的器件，类似于结型管或 MOS 管。

voltage-controlled oscillator（VCO）——**压控振荡器**：一种振荡器电路。其输出频率是直流控制电压的函数，也称电压-频率转换器。

voltage-controlled voltage source（VCVS）——**压控电压源**：理想运放就是一种压控电压源。它具有无穷大的电压增益、单位增益频率、输入阻抗和共模抑制比，且输出阻抗为零，偏置和失调为零。

voltage-divider bias（VDB）——**分压器偏置**：基极偏置电路中包含分压器，该分压器相对于基极输入电阻来说是准理想的。

voltage feedback——**电压反馈**：反馈信号与输出电压成正比的反馈类型。

voltage follower——**电压跟随器**：采用同向电压反馈的运放电路。该电路具有极大的输入阻抗和极小的输出阻抗，电压增益为 1，非常适合作缓冲放大器。

voltage gain——**电压增益**：定义为输出电压与输入电压的比，表明信号被放大的程度。

voltage multiplier——**电压倍增器**：一种无变压器的直流电源电路，能够使交流电力线的电压上升。

元件的集成电路。

voltage reference——**基准电压源**：能产生非常精确、稳定的输出电压的电路。该电路常封装为特殊功能的集成电路。

voltage regulator——**稳压器**：能够使负载电压在负载电流和电源电压变化时保持恒定的器件或电路。理想情况下，稳压器是输出电阻或戴维南电阻近似为零的准理想电压源。

voltage source——**电压源**：在理想情况下能够为任意负载电阻提供恒定的负载电压的电源。二阶近似时，电压源包括一个串联的内阻。

voltage step——**阶跃电压**：当突变电压作为放大器的输入时，它的输出响应取决于放大器输出电压的变化率，即摆率。

voltage-to-current converter——**电压-电流转换器**：该电路等效于受控电流源，由输入电压控制电流，其电流恒定且独立于负载电阻。

voltage-to-frequency converter——**电压-频率转换器**：由输入电压控制输出信号频率的电路，也称压控振荡器。

W

wafer——**晶片**：用作集成电路基底的晶体薄片。

wideband amplifier——**宽带放大器**：工作频率范围较宽的放大器。这种放大器一般不能采用阻性负载调谐。

wideband filter——**宽带滤波器**：Q 值小于 1 且通带较宽的带通滤波器。

Wien-bridge oscillation——**文氏电桥振荡器**：包含一个放大器和文氏电桥的 RC 振荡器，是最常见的低频振荡器，非常适于产生 5Hz~1MHz 的频率。

windows comparator——**窗口比较器**：用于对处于两个预定的电压之间的输入电压进行检测的电路。

Z

zener diode——**齐纳二极管**：工作于反向击穿状态的二极管，具有非常稳定的压降。

zener effect——**齐纳效应**：有时称作场致激发。当反偏二极管中电场强度足够高时，使价电子被激发，即发生齐纳效应。

zener follower——**齐纳跟随器**：包含齐纳稳压器和射极跟随器的电路。晶体管使得齐纳管的电流比普通齐纳稳压器小得多。该电路也具有低输出阻抗的特性。

zener regulator——**齐纳稳压器**：由电源或串联电阻的直流输入电压及齐纳二极管组成的电路，电路的输出电压小于电源电压。

zener resistance——**齐纳电阻**：齐纳二极管的体电阻。该电阻比齐纳二极管串联的限流电阻小得多。

zener voltage——**齐纳电压**：齐纳二极管的击穿电压。近似等于齐纳稳压器的输出电压。

zero-crossing detector——**过零检测器**：一种比较器电路，能够将输入电压与 0V 基准电压进行比较。

答案（奇数编号的习题）

第1章

1-1 $R_L \geqslant 10$

1-3 $R_L \geqslant 5k\Omega$

1-5 $0.1V\Omega$

1-7 $R_L \geqslant 100k\Omega$

1-9 $1k\Omega$

1-11 4.80mA，非准理想

1-13 6mA，4mA，3mA，2.4mA，2mA，1.7mA，1.5mA

1-15 V_{TH} 不变，R_{TH} 加倍

1-17 $R_{TH} = 10k\Omega$，$V_{TH} = 100V$

1-19 短路

1-21 电池或互联线

1-23 0.08Ω

1-25 断开电阻并测量电压

1-27 因为电阻可能有很多值，所以运用戴维南定理来求解会比较容易。

1-29 $R_S > 100k\Omega$，用 100V 的电池与 100kΩ 电阻串联。

1-31 $R_1 = 30k\Omega$，$R_2 = 15k\Omega$

1-33 首先，测量端口电压——戴维南电压；然后将电阻跨接在端口，并测量电阻上的电压；计算负载电阻上的电流；再从戴维南电压中减掉负载电压；用电压差除以电流；最后得到戴维南电阻。

1-35 故障1：R_1 短路；故障2：R_1 开路或 R_2 短路；故障3：R_3 开路；故障4：R_3 短路；故障5：R_2 开路或 C 节点开路；故障6：R_4 开路或 D 节点开路；故障7：E 节点开路；故障8：R_4 短路。

第2章

2-1 —2

2-3 a. 半导体；b. 导体；c. 半导体；d. 导体

2-5 a. 5mA；b. 5mA；c. 5mA

2-7 最小值＝0.60V；最大值＝0.75V

2-9 100nA

2-11 减小饱和电流，使 RC 时间常数最小。

第3章

3-1 27.3mA

3-3 400mA

3-5 10mA

3-7 12.8mA

3-9 19.3mA，19.3V，372mW，13.5mW，386mW

3-11 24mA，11.3V，272mW，16.8mW，289mW

3-13 0mA，12V

3-15 9.65mA

3-17 12mA

3-19 开路

3-21 二极管短路或电阻开路

3-23 二极管反向电压的读数小于2V，说明有漏电。

3-25 阴极（负极），正向

3-27 1N914：正向电阻 $R = 100\Omega$，反向电阻 $R = 800M\Omega$；1N4001：正向电阻 $R = 1.1\Omega$，反向电阻 $R = 5M\Omega$；1N1185：正向电阻 $R = 0.095\Omega$，反向电阻 $R = 21.7k\Omega$

3-29 23kΩ

3-31 4.47μA

3-33 正常工作时，加在负载上的是 15V 电源电压。左边的二极管正向偏置，使 15V 电源为负载提供电流；由于右边二极管的负极接 15V，正极接 12V，所以是反向偏置，阻止了 12V 电池的作用。当 15V 电源失去作用时，右边二极管将不再处于反偏，12V 电池可以为负载提供电流。左边二极管将变为反偏，防止有电流流入 15V 电源。

3-35 源电压值不变，其余变量均减小

3-37 V_A，V_B，V_C，I_1，I_2，P_1，P_2；由于 R 很大，对分压器没有影响，所以与分压器相关的参量值不变。

第4章

4-1 70.7V，22.5V，22.5V

4-3 70.0V，22.3V，22.3V

4-5 20Vac，28.3V（峰值）

4-7 21.21V，6.74V

4-9 15Vac，21.2V（峰值），AC 15V

4-11 11.42V，7.26V

4-13 19.81V，12.60V

4-15 0.5V

4-17 21.2V，752mV

4-19 纹波值加倍

4-21 18.85V，334mV

4-23 18.85V

4-25 17.8V；17.8V；没有；更高

4-27 a. 2.12mA；b. 2.76mA

4-29 11.99V

4-31 电容将损坏

4-33 0.7V，50V

4-35 1.4V，1.4V

4-37 2.62V

4-39 0.7V，89.7V

4-41 3393.6V

4-43 4746.4V

4-45 10.6V，−10.6V

4-47 以 1°为步长求得各电压值的总和，再除以 180。

4-49 约为 0V。每个电容均被充电至同一值，但极性相反。

第 5 章

5-1 19.2mA

5-3 53.2mA

5-5 $I_S = 19.2mA$，$I_L = 10mA$，$I_Z = 9.2mA$

5-7 43.2mA

5-9 $V_L = 12V$，$I_Z = 12.2mA$

5-11 15.05～15.16V

5-13 是，167Ω

5-15 784Ω

5-17 0.1W

5-19 14.25V，15.75V

5-21 a. 0V；b. 18.3V；c. 0V；d. 0V

5-23 R_S 短路

5-25 5.91mA

5-27 13mA

5-29 15.13V

5-31 齐纳电压为 6.8V，R_S 小于 440Ω

5-33 24.8mA

5-35 7.98V

5-37 故障 5：A 节点开路；故障 6：R_L 开路；故障 7：E 节点开路；故障 8：齐纳管短路。

第 6 章

6-1 0.05mA

6-3 4.5mA

6-5 19.8μA

6-7 20.8μA

6-9 350mW

6-11 理想情况：12.3V，27.9mW；二阶近似：12.7V，24.7mW

6-13 −55～+150℃

6-15 可能损坏

6-17 30

6-19 6.06mA，20V

6-21 负载线的左侧端点应下降，右侧端点不变。

6-23 10mA，5V

6-25 负载线的左侧端点将降低一半，右侧端点不变。

6-27 最小值：10.79V；最大值：19.23V

6-29 4.55V

6-31 最小值：3.95V；最大值：5.38V

6-33 a. 不饱和；b. 不饱和；c. 饱和；d. 不饱和

6-35 a. 增加；b. 增加；c. 增加；d. 减小；e. 增加；f. 减小

第 7 章

7-1 10V，1.8V

7-3 5V

7-5 4.36V

7-7 13mA

7-9 R_C 可能短路；晶体管的集电极-发射极间可能开路；R_B 可能开路，使晶体管截止；R_E 可能开路；基极电路开路；发射极电路开路。

7-11 晶体管短路；R_B 值很低；V_{BB} 过高。

7-13 发射极电阻开路。

7-15 3.81V，11.28V

7-17 1.63V，5.21V

7-19 4.12V，6.14V

7-21 3.81mA，7.47V

7-23 31.96μA，3.58V

7-25 27.08μA，37.36μA

7-27 1.13mA，6.69V

7-29 6.13V，7.18V

7-31 a. 减小；b. 增加；c. 减小；d. 增加；e. 增加；f. 不变

7-33 a. 0V；b. 7.26V；c. 0V；d. 9.4V；e. 0V

7-35 −4.94V

7-37 −6.04V，−1.1V

7-39 晶体管将损坏

7-41 R_1 短路，增加电源值。

7-43 9.0V，8.97V，8.43V

7-45 8.8V

7-47 27.5mA

7-49 R_1 短路

7-51 故障 3：R_C 短路；故障 4：晶体管的端口短路在一起

7-53 故障 7：R_E 开路；故障 8：R_2 短路

7-55 故障 11：电源不工作；故障 12：晶体管的发射结开路

第 8 章

8-1 3.39Hz

8-3 1.59Hz

8-5 4.0Hz

8-7 18.8Hz

8-9 0.426mA

8-11 150

8-13 40μA

8-15 11.7Ω

8-17 2.34kΩ

8-19 基极：207Ω，集电极：1.02kΩ

8-21 最小 $h_{fe}=50$；最大 $h_{fe}=200$；电流为 1mA；温度为 25℃。

8-23 234mV

8-25 212mV

8-27 39.6mV

8-29 269mV

8-31 10

8-33 不变（直流）；减小（交流）

8-35 电容上有一定的漏电流，经过电阻并在电阻上产生压降。

8-37 2700μA

8-39 72.6mA

8-41 故障 7：C_3 开路；故障 8：集电极电阻开路；故障 9：无 V_{CC}；故障 10：基极-发射极间二极管开路；故障 11：晶体管短路；故障 12：R_G 或 C_1 开路。

第 9 章

9-1 0.625mV，21.6mV，2.53V

9-3 3.71V

9-5 12.5kΩ

9-7 0.956V

9-9 0.955 to 0.956V

9-11 $z_{in(base)}=1.51$kΩ；
$z_{in(stange)}=63.8\Omega$；

9-13 $A_v=0.992$；$v_{out}=0.555$V

9-15 0.342Ω

9-17 3.27V

9-19 A_v drops to 31.9

9-21 9.34mV

9-23 0.508V

9-25 $V_{out}=6.8$V；$I_Z=16.1$mA

9-27 $u_p=12.3$V；down$=24.6$V

9-29 64.4

9-31 56mV

9-35 均为 5mV；极性相反的信号（相位相差 180°）

9-37 $V_{out}=12.4$V

9-39 1.41W

9-41 337mV（峰峰值）

9-43 故障 1：C_4 开路；故障 2：节点 F 和 G 间开路；故障 3：C_1 开路。

第 10 章

10-1 680Ω，1.76mA

10-3 10.62V

10-5 10.62V

10-7 50Ω，277mA

10-9 100Ω

10-11 500

10-13 15.84mA

10-15 2.2%

10-17 237mA

10-19 3.3%

10-21 1.1A

10-23 34V（峰峰值）

10-25 7.03W

10-27 31.5%

10-29 1.13W

10-31 9.36

10-33 1679

10-35 10.73MHz

10-37 15.92MHz

10-39 31.25mW

10-41 15mW

10-43 85.84kHz

10-45 250mW

10-47 72.3W

10-49 从电学方面来说，触摸是安全的，但可能会因温度过高而导致烫伤。

10-51 不会。集电极是感性负载才行。

第 11 章

11-1 15GΩ

11-3 20mA，-4V，500Ω

11-5 500Ω，1.1kΩ

11-7 -2V，2.5mA

11-9 1.5mA，0.849V

11-11 0.198V

11-13 20.45V

11-15　14.58V

11-17　7.43V，1.01mA

11-19　−1.18V，11V

11-21　−2.5V，0.55mA

11-23　−1.5V，1.5mA

11-25　−5V，3200μS

11-27　3mA，3000μS

11-29　7.09mV

11-31　3.06mV

11-33　0mV（峰峰值），24.55mV（峰峰值），∞

11-35　8mA，18mA

11-37　8.4V，16.2mV

11-39　2.94mA，0.59V，16mA，30V

11-41　R_1 开路

11-43　R_D 开路

11-45　栅极-源极开路

11-47　C_2 开路

第 12 章

12-1　2.25mA，1mA，250μA

12-3　3mA，333μA

12-5　381Ω，1.52，152mV

12-7　1MΩ

12-9　a. 0.05V；b. 0.1V；c. 0.2V；d. 0.4V

12-11　0.23V

12-13　0.57V

12-15　19.5mA，10A

12-17　12V，0.43V

12-19　+12V～0.43V 的方波

12-21　12V，0.012V

12-23　1.2mA

12-25　1.51A

12-27　30.5W

12-29　0A，0.6A

12-31　20s，2.83A

12-33　14.7 V

12-35　$5.48×10^{-3}$ A/V^2，26 mA

12-37　$104×10^{-3}$ A/V2，84.4 mA

12-39　1.89W

12-41　14.4μW，600μW

12-43　0.29Ω

第 13 章

13-1　4.7V

13-3　0.1ms，10kHz

13-5　12V，0.6ms

13-7　7.3V

13-9　34.5V，1.17V

13-11　11.9ms，611Ω

13-13　10°，83.7°

13-15　10.8V

13-17　12.8V

13-19　22.5V

13-21　30.5V

13-23　10V

13-25　10V

13-27　980Hz，50kHz

13-29　T1：DE 开路；T2：无电源电压；T3：变

　　　压器；T4：熔丝开路

第 14 章

14-1　196，316

14-3　19.9，9.98，4，2

14-5　−3.98，−6.99，−10，13

14-7　−3.98，−13.98，−23.98

14-9　46dB，40dB

14-11　31.6，398

14-13　50.1

14-15　41dB，23dB，18dB

14-17　100mW

14-19　14dBm，19.7dBm，36.9dBm

14-21　2

14-23　参见图 1

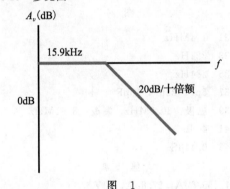

图　1

14-25　参见图 2

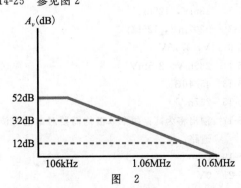

图　2

14-27　参见图 3

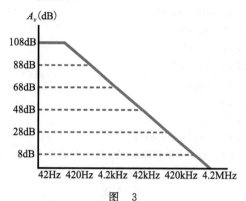

图　3

14-29　参见图 4

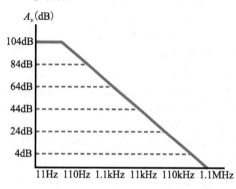

图　4

14-31　1.4MHz

14-33　222Hz

14-35　284Hz

14-37　5pF, 25pF, 15pF

14-39　栅极：30.3MHz；漏极：8.61MHz

14-41　40dB

14-43　0.44μS

第 15 章

15-1　55.6μA, 27.8μA, 10V

15-3　60μA, 30μA, 6V(右), 12V(左)

15-5　518mV, 125kΩ

15-7　−207mV, 125kΩ

15-9　4V, 1.75V

15-11　286mV, 2.5mV

15-13　45.4dB

15-15　237mV

15-17　输出将为高；两个基极均需要对地的电流
　　　通路。

15-19　C

15-21　0V

15-23　2M

15-25　10.7Ω, 187

第 16 章

16-1　170μV

16-3　19 900, 2000, 200

16-5　1.59MHz

16-7　10, 2MHz, 250mV（峰峰值）, 49mV（峰
　　　峰值）, 参见图 5。

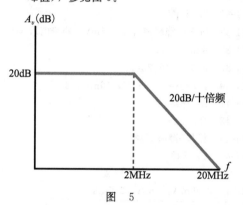

图　5

16-9　40mV

16-11　22mV

16-13　50mV（峰峰值）, 1MHz

16-15　1~51, 392kHz~20MHz

16-17　188mV/μs, 376mV/μs

16-19　38dB, 21V, 1000

16-21　214, 82, 177

16-23　41, 1

16-25　1, 1MHz, 1500kHz

16-27　达到正向或负向饱和

16-29　2.55V（峰峰值）

第 17 章

17-1　0.038, 26.32, 0.10%, 26.29

17-3　0.065, 15.47

17-5　470MΩ

17-7　0.0038%

17-9　−0.660V（峰值）

17-11　185mArms, 34.2mW

17-13　106mArms, 11.2mW

17-15　834mA（峰峰值）, 174mW

17-17　2kHz

17-19　15MHz

17-21　100kHz, 796mV（峰值）

17-23　1V

17-25　510mV, 30mV, 15mV

17-27　110mV, 14mV, 11mV

17-29 200mV

17-31 2kΩ

17-33 0.1～1V

17-35 T1：C、D 间开路；T2：R_2 短路；T3：R_4 电路

17-37 T7：A、B 间开路；T8：R_3 短路；T9：R_4 开路

第 18 章

18-1 2，10

18-3 −18，712Hz，38.2kHz

18-5 42，71.4kHz，79.6Hz

18-7 510mV

18-9 4.4mV，72.4mV

18-11 0，−10

18-13 15，−15

18-15 −20，±0.004

18-17 不平衡

18-19 −200mV，10 000

18-21 1V

18-23 19.3mV

18-25 −3.125V

18-27 −3.98V

18-29 24.5，2.5A

18-31 0.5mA，28kΩ

18-33 0.3mV，40kΩ

18-35 0.02，10

18-37 −0.018，−0.99

18-39 1_1，f_1：4.68Hz；f_2：4.82Hz；f_3：32.2Hz

18-41 102，98

18-43 1mA

18-45 T4：K-B 开路；T5：C-D 开路；T6：J-A 开路

第 19 章

19-1 7.36kHz、1.86kHz、0.25、宽带

19-3 a. 窄带；b. 窄带；c. 窄带；窄带

19-5 200dB/十倍频，60dB/倍频

19-7 503Hz，9.5

19-9 39.3Hz

19-11 −21.4，10.3kHz

19-13 3，36.2kHz

19-15 15kHz，0.707，15kHz

19-17 21.9kHz，0.707，21.9kHz

19-19 19.5kHz，12.89kHz，21.74kHz，0.8

19-21 19.6Hz，1.23，18.5Hz，18.5Hz，14.8Hz

19-23 −1.04，8.39，16.2kHz

19-25 1.5，1，15.8Hz，15.8Hz

19-27 127°

19-29 24.1kHz，50，482Hz(最大和最小)

19-31 48.75kHz，51.25kHz

19-33 60dB，120dB，200dB

19-35 148pF，9.47nF

第 20 章

20-1 100μV

20-3 ±7.5V

20-5 0，0.7～−9V

20-7 −4V，31.8Hz

20-9 40.6％

20-11 1.5V

20-13 0.292V，−0.292V，0.584V

20-15 当输入电压在 3.5～4.75V 之间时，输出电压为低。

20-17 5mA

20-19 1V，0.1V，10mV，1.0mV

20-21 0.782V（峰峰值）（三角波）

20-23 0.5，0

20-25 923Hz

20-27 196Hz

20-29 135mV（峰峰值）

20-31 106mV

20-33 −106mV

20-35 峰值为 0～100mV

20-37 20 000

20-39 使 3.3kΩ 电阻可变

20-41 1.1Hz，0.001V

20-43 0.529V

20-45 采用 0.05μF、0.5μF 和 5μF 的不同电容，加一个反相器。

20-47 将 R_1 增加至 3.3kΩ

20-49 采用迟滞比较器，采用相对独立的电阻构成的分压器作为输入。

20-51 228 780 英里

20-53 T3：张弛振荡器电路；T4：峰值检测器电路；T5：正钳位器电路

20-55 T8：峰值检测器电路；T9：积分器电路；T10：比较器电路

第 21 章

21-1 9Vrms

23-3 a. 33.2Hz，398Hz；b. 332Hz，3.98kHz；c. 3.32kHz，39.8kHz；d. 33.2kHz，398kHz

21-5 3.98MHz

21-7 398Hz

21-9 1.67MHz，0.10，10

21-11 1.18MHz

21-13 7.34MHz

21-15 0.030，33

21-17 频率将增加 1%。

21-19 517μs

21-21 46.8kHz

21-23 100μs，5.61μs，3.71μs，8.66μs，
0.0371，0.0866

21-25 10.6V/ms，6.67V，0.629ms

21-27 三角波，10kHz，5V（峰值）

21-29 a. 减小；b. 增加；c. 不变；d. 不变；
e. 不变

21-31 波形的模糊不清可能是振荡。要消除振
荡，需要确保连线短，且彼此不要靠得太
近。在反馈路径中采用铁氧连线也可以消
除振荡。

21-33 4.46μH.

21-35 选择 R_1 的值，如 $R_1 = 10$kΩ，$R_2 = 5$kΩ，
$C = 72$nF。

第 22 章

22-1 3.45%

22-3 2.5%

22-5 18.75V，284mA，187.5mA，96.5mA

22-7 18.46V，798mA，369mA，429mA

22-9 84.5%

22-11 30.9mA

22-13 50Ω，233mA

22-15 421μV

22-17 83.3%，60%

22-19 3.84A

22-21 6V

22-23 14.1V

22-25 3.22kΩ

22-27 11.9V

22-29 0.1Ω

22-31 2.4Ω

22-33 22.6kHz

22-35 T1：三角波-脉冲波转换器

22-37 T3：Q_1

22-39 T5：张弛振荡器

22-41 T7：三角波-脉冲波转换器

22-43 T9：三角波-脉冲波转换器